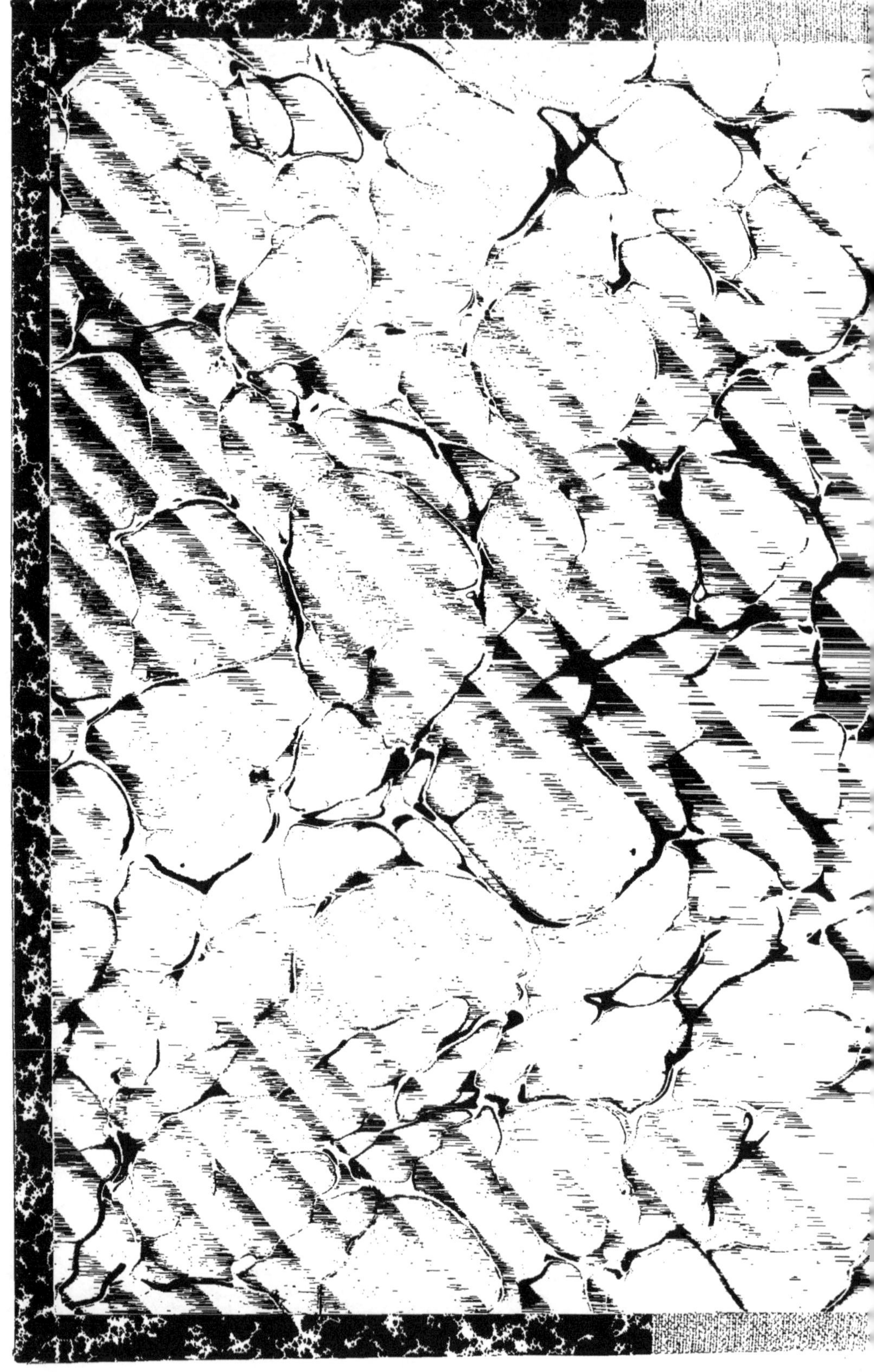

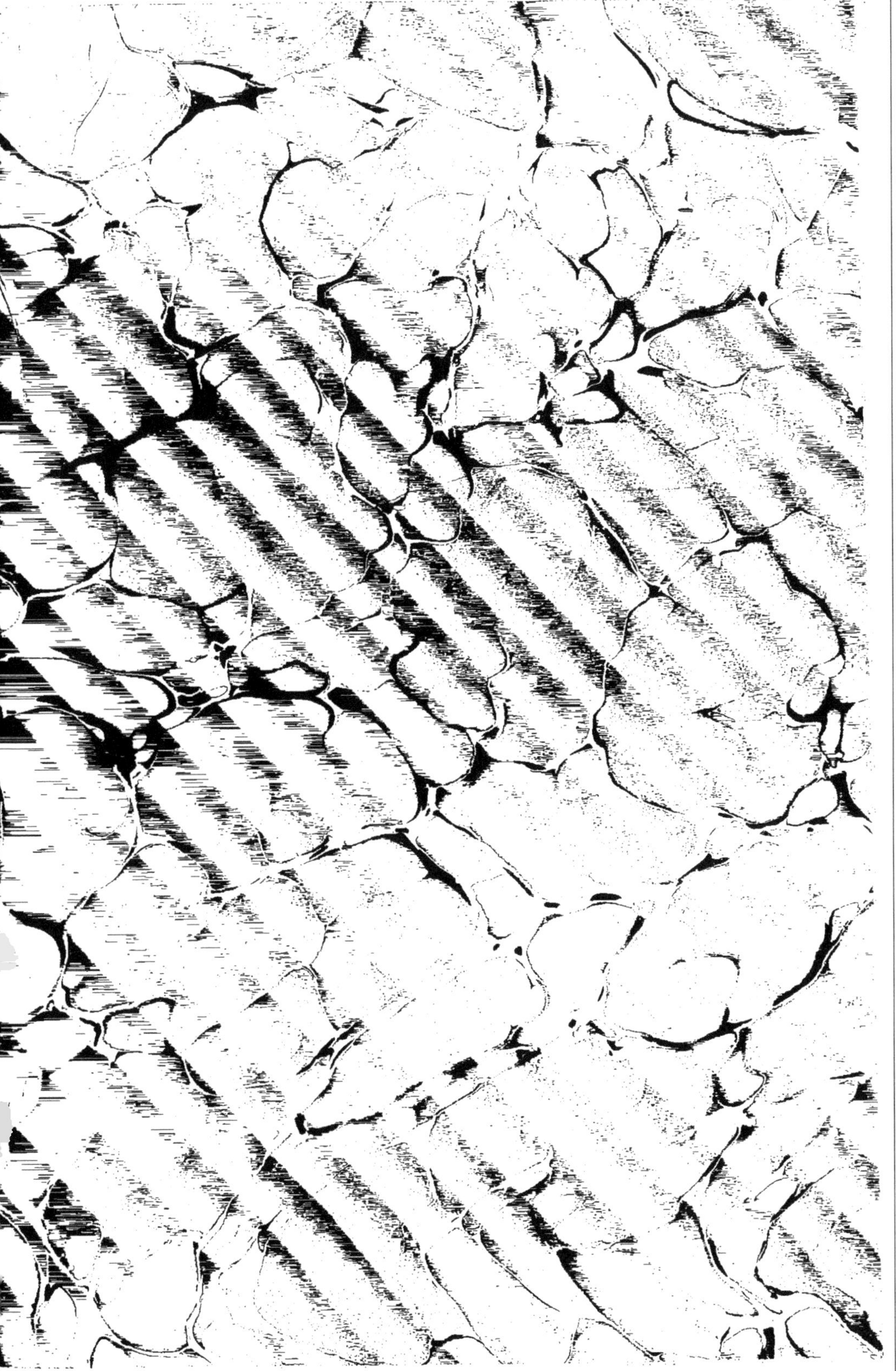

MANUEL

DE

L'AMATEUR D'ESTAMPES

TOME VI

TYPOGRAPHIE PILLET ET DUMOULIN

RUE DES GRANDS-AUGUSTINS, 5, A PARIS

MANUEL

DE

L'AMATEUR D'ESTAMPES

PAR

M. EUGÈNE DUTUIT

OUVRAGE CONTENANT

Un aperçu sur les plus anciennes gravures, sur les estampes en manière criblée,
Sur les livres xylographiques, sur les estampes coloriées,
Sur les cartes à jouer, sur quelques livres à figures du quinzième siècle, sur les danses des morts, sur les livres d'heures.
Un nouveau catalogue de livres de broderie et un essai sur les nielles ou gravures d'orfèvres:
2e Les Écoles italienne, allemande, flamande et hollandaise, française et anglaise.

ET ENRICHI

DE FAC-SIMILÉS DES ESTAMPES LES PLUS RARES REPRODUITES PAR L'HÉLIOGRAVURE.

ÉCOLES FLAMANDE ET HOLLANDAISE

TOME III

PARIS	LONDRES
A. LÉVY, LIBRAIRE-ÉDITEUR	DULAU et Cie, LIBRAIRES
RUE LAFAYETTE, 13, PRÈS L'OPÉRA	SOHO SQ. W.

1885

PRÉFACE

Ce nouveau volume complète les écoles flamande et hollandaise. Le grand nombre de pages qu'il renferme tient à l'importance des graveurs dont on décrit les œuvres. Pour ne pas fatiguer le lecteur, nous avons abrégé les descriptions, et nous avons été aussi avare de mots que cela nous a été possible[1].

Fidèle à notre système de faciliter les recherches, nous avons suivi les numéros des cinq premiers volumes du *Peintre-Graveur* de Bartsch et ceux du supplément de Weigel. Après l'œuvre d'*Everdingen* nous avons ajouté une table de concordance avec les numéros de Drugulin. Quand il s'est agi de graveurs qui ne se trouvaient pas dans les cinq volumes cités plus haut, nous avons toujours adopté les numéros de Bartsch en y joignant le supplément de Passavant. A l'égard de *Rembrandt et de son école*, ce sont les numéros de Claussin qui nous ont servi de guide. Pour d'autres artistes qui ne sont pas décrits par Bartsch, nous avons adopté les numéros de M. Van der Kellen. Dans l'œuvre de *Rubens et de son école*, nous n'avions rien de mieux à faire que de conserver les divisions et les numéros de Basan, en y ajoutant la concordance avec ceux de M. Voorhelm-Schneevoogt.

Nous avons maintenu pour *Suyderhoef* les numéros de Wussin et de M. Hymans, en inscrivant, quand le besoin s'en faisait sentir, des numéros doubles et triples. *Teniers* a été décrit dans le catalogue Rigal ; ses numéros nous étaient naturellement indiqués. Pour *Cornelis Visscher*, nous avons gardé les divisions et les numéros de Smith, en y ajoutant une table de concordance avec les numéros de Wussin. Enfin nous avons cru devoir donner, dans le *Supplément* de ce volume, une table qui mettra en présence les numéros de

1. Nous avons fait en sorte que chaque volume puisse être partagé facilement. Le tome Ier peut être divisé après *Van Dyck*, le deuxième à *Rembrandt*, et le troisième après *Ruisdael* ou après *Sunnevelt*.

*

notre catalogue de *Van Dyck* avec ceux de M. Wibiral. L'importance de cet appendice n'échappera à personne, surtout pour la partie relative à Rembrandt[1].

Nous avons eu recours aux lumières de plusieurs iconophiles dont les connaissances sont justement appréciées. M. Jules Bouillon, de la maison Clement, a bien voulu revoir les épreuves de *Rubens et de son école*, et porter aussi son examen sur d'autres graveurs dont nous l'avions prié de prendre connaissance.

M. Hymans a eu l'obligeance de jeter un coup d'œil et de nous adresser plusieurs observations sur l'analyse trop succincte que nous avons donnée de son *Histoire de la gravure dans l'école de Rubens*. Nous ne pouvions avoir un meilleur guide : on sait que cet excellent ouvrage a été couronné par l'Académie royale de Belgique.

M. Middleton, l'auteur d'un catalogue très estimé de Rembrandt, nous a envoyé, sur un certain nombre de graveurs, un travail dont nous avons tiré le plus grand profit.

M. le docteur Sträter a eu la bonté de revoir de son côté les épreuves de la plus grande partie de ce volume, et il l'a enrichi de nombre de remarques que, sans lui, nous n'eussions jamais connues.

Nous avons ajouté une liste de seize dessins de Rembrandt, qui sont au musée de Hambourg. Ils nous sont révélés par l'obligeance de M. Suermondt, l'éminent amateur, dont le goût et les connaissances sont universellement reconnus. M. le docteur Sträter a pris la peine de nous les faire parvenir.

Ces honorables iconophiles nous permettront de faire connaître ici la part qu'ils ont prise à notre ouvrage, ainsi que le témoignage de notre reconnaissance.

Malgré tous ces secours, nous avons peut-être pour notre part commis encore bien des fautes; nous réclamons donc l'indulgence du public, en considération de ce qui peut se trouver de bon dans le grand travail que nous avons entrepris.

---

1. Le Supplément à l'œuvre de *Rembrandt* forme un fascicule qui pourra, si on le désire, être reporté à la fin du tome précédent, quand il sera relié de nouveau.

OUVRAGES ET CATALOGUES

MENTIONNÉS DANS CE VOLUME

OUVRAGES SUR LA GRAVURE

ALVIN. — Catalogue raisonné de l'œuvre des trois frères Jean, Jérôme et Antoine Wierix, par L. Alvin... Bruxelles, T. J. I. Arnolde... 1866. 1 vol. in-8°.

BASAN. — Catalogue des estampes gravées d'après P. P. Rubens, avec une méthode pour blanchir les estampes les plus rousses, et en ôter les tâches d'huile. Nouvelle édition corrigée, considérablement augmentée, et précédée de la Vie de Rubens, par F. Basan, graveur, faisant suite au Dictionnaire des graveurs anciens et modernes. A Paris, et se vend à Liège, chez J. Dessain..... 1767. 1 vol. in-8.

DUPLESSIS. — Eaux-fortes de J. Ruysdael, reproduites et publiées par Amand-Durand. Texte par Georges Duplessis, conservateur-adjoint du département des estampes à la Bibliothèque nationale. Paris... 1878. 1 vol. in-fol.

HYMANS. — Histoire de la Gravure dans l'École de Rubens, par Henri Hymans, conservateur des estampes à la Bibliothèque royale de Belgique... Bruxelles, chez Fr. J. Olivier, libraire, 11, rue des Paroissiens... 1879. In-8°.

HYMANS. — Jonas Suyderhoef. Son œuvre, classé et décrit par M. J. Wussin, conservateur en chef de la Bibliothèque de l'Université de Vienne. Traduit de l'allemand, annoté et augmenté par H. Hymans, de la Bibliothèque royale de Bruxelles. Bruxelles, imprimerie de Labroue et Mertens... 1862. In-8°.

MICHIELS. — Rubens et l'école d'Anvers, par Alfred Michiels. Paris, 1854.

PIOT. — Le cabinet de l'Amateur et de l'Antiquaire, quatrième volume, 1845 et 1846. Paris, au bureau de la Revue, chez J. Techener, libraire, place du Louvre, 12, 1845 et 1846. In-8°.

SCHNEEWOOGT. — Catalogue des estampes gravées d'après P. P. Rubens, avec l'indication des collections où se trouvent les tableaux et les gravures, par M. C. G. Woorhelm-Schneevoogt, directeur du musée Teyler, à Harlem, 1873. Harlem, les héritiers Loosjes. 1 vol. in-8°.

SMITH. — A Catalogue of the works of CORNELIUS VISSCHER. By WILLIAM SMITH, Esq. F. S. A., F. R. H. S., M. R. I. Reprinted from the Fine Arts Quarterly Review, for private Circulation Only, By John Childs and son, Bungay. 1864. Grand in-8°.

Wussin. — Cornel Visscher. Verzeichniss Seiner Kupferstiche Bearbeitet von JOHANN WUSSIN, 1. Custos der K. K. Universitats-Bibliothek in Wien. Nebst zwei Abbildungen und dem Portrait des Meisters. Leipsig, verlag von Rudolph Weigel, 1865. Pet. in-8°.

CATALOGUES DE VENTE

Catalogue de l'œuvre presque complet de Lucas de Leyde. Vente aux enchères publiques à Leipzig, dans la maison Gellerstrasse, n° 2, le lundi 29 octobre 1883, sous la direction de M. Alexandre Danz.

Katalog der berühmten VAN DYCK-SAMMLUNG eines wohlbekannten HAMBURGER KUNSTFREUNDES ehemals im besitz des verstorbenen geheimen raths D^r. H. WOLFF in Bonn. Versteigerung zu BERLIN Montag den 23 Februar und folgende Tage... AMSLER et RUTHARDT, Kunstantiquariat.

(Voir, pour les autres ouvrages et catalogues cités, les deux tomes précédents).

ÉCOLES FLAMANDE ET HOLLANDAISE

RENESSE (A. C.), peintre et graveur à l'eau-forte, né en Hollande dans la première moitié du dix-septième siècle.

Kermesse avec charlatans. Sur le devant, à gauche, se voit une voûte en briques sous laquelle un paysan est accroupi. Derrière, une grande foule regarde une scène exécutée par deux charlatans montés sur des tréteaux placés au bas d'une architecture en ruine. Sur le devant de la droite est un autre charlatan debout, vêtu à l'espagnole, qui vend de la mort aux rats ; il tient de la main gauche un grand bâton au haut duquel est un panier d'osier où se trouve un rat.

Haut., 126 millim.; larg., 198.

1er état. A l'eau-forte pure, moins travaillé, extrêmement rare, c'est ainsi qu'il est décrit dans le catalogue Verstolk.

Verstolk, 61 francs.

* Un premier état est ainsi décrit dans le catalogue Weber : « Avant nombre de travaux et de changements faits depuis à la gauche de l'estampe ; sous la colonne, sur la muraille, sur le bras droit, la main et la camisole de l'homme grimpant sur le mur, ainsi que sur les cheveux, le visage et sur la camisole d'un autre placé au-dessous du premier ; tous les travaux extrêmement fins à la pointe sèche sont distinctement visibles. » Nous croyons que notre épreuve est dans cette condition.

Weber, 70 francs.

2°. Terminé.

Verstolk, 111 fr. 30 c.

Ce très beau morceau a été attribué, mais à tort, à Simon de Vlieger,

RODERMONT, peintre et graveur à l'eau-forte, né en Hollande dans la première moitié du dix-septième siècle.

ŒUVRE DE RODERMONT

1. *Jacob et Ésaü.* Celui-ci vend à son frère son droit d'aînesse pour un plat de lentilles. La tête couverte d'un bonnet auquel est attaché une plume tombante, il est assis à gauche, tenant de la main droite un arc, et de l'autre s'appuyant sur une table, portant un carquois garni de flèches. Vers la droite est Jacob, levant de la main droite le couvercle du plat. Du même côté, dans une cour, Rébecca donne à manger à des poules ; plus loin, Isaac arrive par un escalier. Au bas de la gauche : *Rembrandt f.*

Haut., 275 millim.; larg., 103.

1er état. A l'eau-forte. La figure de Rébecca et l'escalier ne sont qu'au trait ; on ne voit pas encore le nom de Rembrandt.

* 2e. Celui décrit.

Robert-Dumesnil, 25 fr. 45 c.

2. *Le Suppliant, ou Siméon annonçant à Jacob la mort de Joseph.* On voit un homme à genoux devant un Oriental assis sur un trône placé à droite. A côté est une vieille femme présentant un jeune homme qu'elle tient par la main. Dans le fond, à gauche, un long corridor voûté avec des arceaux gothiques. Sur le devant, du même côté, un chien ronge un os. Dans le haut de la gauche : *R. M. F.*

Haut., 144 millim.; larg., 122.

1er état. Les personnages sont peu travaillés ; le dos de l'homme à genoux est tout blanc ; la jambe droite de l'homme qui a une toque est à peine tracée ; l'arcade gothique n'existe pas dans le fond ; de la plus grande rareté.

* 2°. Terminé ; c'est celui décrit.

Robert-Dumesnil, 26 fr. 70 c.

3. *Portrait de Jean Second.* Vu presque de face, le corps tourné vers la gauche de l'estampe, avec cheveux crépus et barbe courte, il est coiffé d'un bonnet à rebords orné d'un bandeau de perles et enveloppé dans une robe de docteur sur laquelle passe une chaîne ; sa main droite pose sur sa poitrine, un papier est dans la gauche. A droite, un rideau va de haut en bas ; dans le fond de la gauche, sur une place blanche : *Rodermont fecit.* Dans la marge du bas : IOANNES SECUNDUS HAGIENCIS *poeta.*

Haut., 158 millim.; larg., 140.

* 1er état. Non décrit, avant le nom de Rodermont dans l'estampe et avant l'inscription dans la marge.

2e. Celui décrit. Dans cet état même, cette pièce est rare.

Robert-Dumesnil, 25 fr. 45 c.

Jean Second, poète latin célèbre, né à la Haye le 10 novembre 1511, était fils d'un père distingué dans la jurisprudence et la haute magistrature, Nicolas Everardi (en hollandais Klaas Everts). Jean Second montra un goût passionné pour la poésie latine dans laquelle il eut pour rivaux deux de ses frères. Après avoir suivi Charles-Quint dans son expédition contre Tunis, il revint mourir à Tournay, le 8 octobre 1536, n'étant encore âgé que de vingt-cinq ans. Ses *Baisers* ont rendu son nom célèbre, et ceux de Dorat, qui en sont la traduction ou l'imitation, leur sont bien inférieurs malgré les vignettes qui les sauvent encore de l'oubli. L'imagination de Jean Second était riche, son pinceau suave, il peut presque rivaliser avec les anciens, et rien ne l'égala de son temps. Cet éminent poète prit, dit-on, le nom de Jean Second parce qu'il avait un oncle paternel qui portait aussi ce prénom. C'est ainsi, ajoute-t-on, qu'il avait voulu se distinguer de son oncle. On sait que le célèbre Mirabeau a donné une traduction des *Baisers*.

On attribue encore à Rodermont les estampes suivantes :

4. *David en prière*. Il est à genoux devant un pupitre et tourné vers la droite, priant les mains jointes et élevées. Sa tête nue est presque de profil; un large manteau le couvre. A terre, son turban et sa harpe; au milieu du haut, un lustre.

Haut., 158 millim.; larg., 113.

5. *L'Ecce Homo*. Jésus-Christ, couvert d'un manteau noué sur la poitrine et couronné d'épines, est vu à mi-corps, presque de face, dirigé à droite. Derrière Jésus, à gauche, on voit Pilate, la tête couverte d'une espèce de toque et tenant un bâton de la main droite ; plus bas, du même côté, un jeune garçon, la main droite étendue devant le Christ, tient de cette main une grande torche ou cierge allumé. A droite, un soldat présente au Christ une branche de roseau. Sans marque.

Haut., 138 millim. ; larg., 103.

* Épreuve provenant des doubles du Musée d'Amsterdam.

6. *Buste d'un pontife*. Il est de profil, tourné vers la gauche, la tête presque chauve, portant une longue barbe et revêtu d'une chape. Au milieu de la gauche : *PL* entrelacés : *Rod ou Rott*. Pièce non décrite.

Haut., 105 millim.; larg., 80.

* Vente Visser, 32 francs.

7. *J. G. Brüch.* Il est en longs cheveux, presque de face, portant une cravate de dentelles et un baudrier. On lit au bas: *J. G. Brüch Bipontini Palatinus. A° 1671.* Pièce ovale.

Haut., 110 millim.; larg., 79.

8. *Buste d'homme à grande barbe frisée.* Vu de trois quarts, tourné vers la gauche. Il est coiffé d'un bonnet plat et porte une chaîne autour du cou. Le fond est chargé d'une ombre presque égale; elle est faite avec quelques petits traits courts, traversés par des points. Morceau médiocre, sans nom d'auteur, mais qu'on pense être de Rodermont.

Haut., 97 millim.; larg., 81.

9. *Turc à mi-corps.* Sur la gauche, un vieillard habillé à l'orientale a sur la tête un turban orné d'une plume. Il tient une espèce de baguette de la main gauche. Au haut de la droite, le commencement d'un rideau; toute la partie du bas est en blanc. Ce petit morceau n'est pas achevé.

Haut., 45 millim.; larg., 41.

10. *Guerrier en armure.* A mi-corps, à gauche, nu-tête, la main droite sur la garde de son épée, de l'autre il tient un chapeau à plumes. Eau-forte sans nom.

Haut., 158 millim.; larg., 115.

Robert-Dumesnil, 51 francs; Catalogue Van der Kellen, 30 francs.

11. *Buste d'une femme.* Elle est tournée à gauche, vue de face, où elle regarde, vêtue d'un manteau de brocart fixé sur sa poitrine par une agrafe de pierreries. Une longue chevelure lui tombe sur les épaules, et sa tête est ceinte d'un bandeau et d'une aigrette. Le fond est clair à l'exception d'une ombre légère au bas de la gauche. Sans marque.

Haut., 104 millim.; larg., 79.

Robert-Dumesnil, 51 francs.

ROGMAN, ROGHMAN ou ROCHMAN (Roland, Roelant ou Roelandt), peintre et graveur à l'eau-forte, né à Amsterdam en 1597. Il fut lié avec Gerbrand van den Eeckhout et avec Rembrandt. Bartsch

dit qu'il vivait encore à l'âge de quatre-vingt-huit ans, mais que l'année
de sa mort est inconnue ; le catalogue Camberlyn place cette époque
en 1687. Ses estampes représentent des vues de villages, d'anciens
châteaux. Elles sont gravées d'une pointe rapide et souvent négligée.
Plusieurs d'entre elles, qui n'avaient pas bien réussi à l'eau-forte, ont
été soumises une seconde fois à cette opération ; ce sont, pour la plus
grande partie, celles qui ont l'air le plus cru et le plus négligé. Outre
quarante estampes gravées par notre artiste, on en connaît un certain
nombre d'autres gravées sur ses dessins par Gertrude Roghman. On
ignore, dit Bartsch, le degré d'affinité qui peut avoir existé entre cette
Gertrude et Roland, mais on sait que ce dernier n'a jamais été marié.
Une note de M. Favart est ainsi conçue : « On regarde à présent
Gertrude Rogman comme sœur de notre artiste. »

ŒUVRE DE ROGMAN

1-8. *Différentes vues de Hollande.* Première suite de huit estampes,
numérotées de 1 à 8.

Haut., 129 à 132 millim.; larg., 162.

1. *Schoonhoven.* A droite est le Leck, qui se perd dans le lointain ;
à gauche, un cavalier, dont un batelier conduit la monture par la bride,
va entrer dans une barque. Sur le bord, sont trois maisons, dont la plus
éloignée est dans un fort bouquet d'arbres. Presque au milieu de la
planche : *t'Veer by Schoonhoven.*

2. *Velsen.* Dans le fond, à gauche, une église, avec un clocher
pointu qui s'élève le long du bord de l'estampe. Sur le devant, à
droite, près d'une pièce d'eau qui occupe presque toute la largeur de la
planche, se voit une hutte entourée de grands arbres. On remarque
trois groupes de figures; dans celui qui est au milieu du devant, un
homme marche à côté d'un jeune garçon portant un gros bâton sur
l'épaule. Au haut, vers le milieu : *Velsen.*

3. *Slooten.* Sur le devant, presque au milieu, s'élève un arbre, qui
se courbe vers la droite, et dont le feuillage dépasse le haut de la

planche. Au bas de cet arbre, un pêcheur à la ligne est assis sur le bord d'un canal partant de la droite, coulant dans le lointain, sur lequel est un petit pont. Des deux côtés, à droite, il est bordé d'arbres, et, vers le fond, du même côté, se voit un clocher pointu. A gauche, sur un chemin longeant le canal, plusieurs figures ; la plus avancée vers le spectateur est vue par le dos, l'épée au côté, portant un fusil sur l'épaule et tenant un bâton.

4. *L'ancienne et la nouvelle église à Slooten.* Sur la droite sont quelques piliers très élevés, soutenus par des éperons, joints par des murs bas et délabrés, où se voit une petite porte ouverte; ce sont les restes de l'ancienne église. La nouvelle, vers le milieu de la planche, est adossée à l'ancienne. Un clocher très pointu s'élève à une des extrémités de son toit. Sur le devant, à droite, une pièce d'eau ; à gauche, une souche et un arbre en partie dénudé. Au milieu du bas : *Raghman ;* dans le haut : *Ou. en nuwe* (et non neuve) *kerck tot Slooten.*

5. *Hedighuisen,* ou *Hekesen.* La rivière de Diest coule du côté gauche, vers le lointain de la droite. Sur le devant, de ce côté, est un terrain peu élevé, garni de plusieurs arbres ; près de l'un d'eux, un homme parle à un autre, assis sur une butte devant lui. A gauche, une haie basse, interrompue par places, se continue jusqu'au milieu ; derrière elle, deux arbres près l'un de l'autre. Sur le devant, de ce même côté, se voit une barrière parallèle à cette haie. Au milieu, vers le haut : *Hedickhuysen.*

6. *L'église de Maersseveen.* Elle est à gauche, surmontée d'un clocher bas et massif, dont le toit pointu contient une horloge. Quelques arbres ombragent aux deux côtés cette église bâtie sur une élévation, au bas de laquelle coule une rivière traversée par un pont. On remarque plusieurs figures, parmi lesquelles, au milieu du devant, un homme, vu de dos, est accompagné d'une femme menant un enfant par la main. Vers le bas, à gauche : *R. Rogman feset ;* en haut, de ce même côté : *de Maersse en Maersseveense Kerck.*

7. *Monster.* Ce village très boisé occupe toute la largeur du fond, du milieu s'élève une grande tour carrée. Au devant du village, des

troupeaux pâturent ; parmi plusieurs figures, on distingue deux cavaliers galopant vers une partie de bois qui est à gauche. Au milieu, vers le haut : *Monster*.

8. *Ryswyck*. On arrive en droiture, dans cette localité, par un chemin qui, partant du bas de l'estampe, et orné de cinq arbres très hauts, aboutit dans une large rue. A droite, un pont de bois, qui traverse la Meuse, conduit à une autre partie du village , sur la rive opposée. Vers le haut de la droite : *Ryswyck*. Dans la marge du bas à gauche : *Roelant Rogman invent. et fecit ;* à droite : *Clement de ionge Excudit*.

M. Middleton nous signale trois états :

1er. Avant le titre et l'inscription ;

2e. Avec le titre et l'inscription, mais avant les numéros ;

3o. Les pièces sont numérotées.

Rigal, 11 francs ; Robert-Dumesnil, 39 fr. 80 c.

M. le docteur Sträter mentionne un état avec les angles aigus de la planche ; ce serait probablement un troisième état qui devait se placer après notre deuxième.

Nous ne savons pourquoi Bartsch n'a pas suivi les numéros indiqués sur les pièces ; peut-être étaient-ils grattés ou enlevés sur la suite qu'il avait sous les yeux. Sur son numéro 1 on lit, presque au milieu, le numéro 4 et, dans le haut, sur son numéro 2-7, 3-8, 4-6, 5-2, 6-5, 7-3, 8-1. Nous avons suivi l'ordre de Bartsch, quelque défectueux qu'il soit, pour ne pas toujours changer celui des numéros.

* **9-16.** *Différentes vues de Hollande.* Deuxième suite de huit estampes numérotées au milieu de la marge du bas.

Haut., 126 millim.; larg., 203 à 207.

9. *Vue près de Narden.* A gauche, un mur de jardin, en dehors duquel s'élèvent deux grands arbres, au bord d'une mare ; à droite, commence une rue de village se dirigeant vers le fond. Vers le milieu de l'estampe, entre le mur et la première maison, se voit un paysan à cheval qui en conduit un autre à la main. Vers la droite du haut : *Buyten Naerden ;* dans la marge du bas, à gauche : *Roelant Roghman inventer et fecit ;* à droite : *Clement de Iongh excudit* (1).

10. *Vue près de Harlem.* A droite, sur un chemin, un homme debout parle à deux bergers assis ; un peu plus loin, le chemin se partage en deux ; il monte du même côté, sur une colline, où l'on voit

un cavalier se dirigeant vers le fond. Tout à fait à droite s'élève une maison rustique, entourée de grands arbres, et bordée d'une clôture sur le devant. L'autre chemin s'enfonce vers la gauche, où l'on remarque plusieurs personnes et un chariot; dans le fond, une rivière et, plus loin, un vaste pays. Au haut, à gauche : *Buyten Haerlem* (2).

11. *Vue près d'Utrecht.* Sur un chemin, à droite, un homme et une femme de distinction se dirigent vers une grande auberge, à la porte de laquelle sont plusieurs personnes ; à la suite on aperçoit plusieurs maisons, dans le fond. A gauche, sur le chemin, s'avance un cavalier, suivi de deux piétons, le long d'une clôture, où l'on remarque de grands arbres. Vers le haut, à droite : *Buyten Uytrecht* (3).

12. *Vue près de Campen.* Vers le milieu, une maison rustique s'élève près d'un canal, qui coule à la gauche et au delà duquel sont des chaumières et un pays garni d'arbres. A droite, un homme, tenant un chien en laisse, se dirige vers le fond, sur un chemin séparé de la maison rustique par une petite éminence garnie d'arbres. Sur le terrain, vers la gauche : *R. Roghman f.* Dans le haut du même côté : *Buyten Campen* (4).

13. *Vue près d'Utrecht.* En avant, sur toute la largeur, coule une rivière venant du fond ; sur une langue de terre, un homme pêche à la ligne. On voit, dans le fond, une espèce de pont de bois, aboutissant à un grand mur, derrière lequel sont des arbres et un clocher pointu ; sur l'autre bord, à gauche, un pavillon, entouré d'arbres, près d'une clôture. A droite, près d'une hutte entourée d'arbres, un chemin gravit une éminence. Au bas de la gauche, sur l'eau : *R. Roghman f*, au haut, du même côté : *aen Uytrecht* (5).

14. *Dans le bois de Seunig.* Ce bois semble être partagé en trois parties ; à droite, une route se dirige vers le fond, entre deux bouquets de bois ; une autre va vers la gauche. On y remarque, sur le devant, deux chasseurs ayant chacun un fusil sur l'épaule ; vers le fond, un cavalier et un piéton. Dans le milieu du haut : *int Seuniger bos* (6).

15. *Près de Maerseveen*. A gauche, une large rivière s'étend du fond jusque sur le devant ; elle est bordée, à gauche, par une rive très boisée ; quelques saules et de grands arbres ombragent l'autre rive, à droite ; un peu plus loin, du même côté, sur un chemin, un coche et plusieurs hommes ; tout à fait à droite, un grand nombre d'arbres ; sur le devant, une mare. Sur l'eau, à gauche *: R. Roghman f*; vers le haut, presque au milieu : *in Maerseveen* (7).

16. *Aerckel*. La rivière de Souwe serpente à la gauche ; ses deux rives sont bordées de grands arbres. Vers le milieu du fond, s'élève une église à clocher pointu, entourée de grands arbres, près de laquelle passe un chemin qui, serpentant sur le devant et vers la droite, monte près d'une tour en ruines. Dans le haut, vers la droite : *Aerckel*; dans le bas, du même côté, il y a comme une indication du nom de Roghman (8).

17-24. *Différentes vues de Hollande*. Troisième suite de huit estampes. Ces morceaux sont numérotés dans la marge du bas, à droite.

Même dimension que les précédentes.

17. *Vue de Watering*. Sur le bord opposé d'une rivière qui, du devant à gauche, se tire vers le fond à droite, est le village que nous venons de nommer. Une église, surmontée de deux clochers, dont un peu élevé et très massif, occupe le milieu. Au milieu de la rivière, un petit bateau; à gauche, une barque. Un homme et une femme se promènent sur le devant, à droite. Plus en avant, vers le milieu, un homme pêche à la ligne. Sur le milieu du haut : *Wateringe.* ; dans la marge du bas, à gauche : *Roelant Roghman invent. et fecit;* à droite : *Clement de jonge excudit.*

18. *Vue de Heesben*. Presque au milieu de ce village, qui est à gauche, un coche est arrêté devant une église surmontée par un clocher pointu. Sur le devant, au milieu, un seigneur, tenant un bâton à la main, et une dame se promènent ; un valet les suit. Au milieu du haut : *Heesben.*

M. le docteur Sträter nous a signalé une épreuve, avant le nom, au Musée d'Amsterdam.

19. *Vue d'Abcoude*. Ce village, qui est dans le lointain, à droite, se fait remarquer par une église que surmontent deux clochers pointus. Sur la rivière qui le borde, se prolongeant du milieu du fond jusqu'au devant de la droite, se voit un bateau chargé. A gauche, plusieurs groupes d'arbres s'élèvent au bord de l'eau. Vers le milieu du haut : *Abcou*.

20. *Vue de Sandvoort*. Ce village, où l'on remarque un clocher pointu, occupe toute la largeur de la planche. Un chemin creux, garni de quelques figures, serpente dans un terrain accidenté qu'entrecoupent divers fossés. Vers le milieu du haut : *Santvoort*.

21. *Vue de Tienhoven*. Un clocher, se terminant en pointe, se fait remarquer dans une partie du village qui est à gauche. Une colline boisée et garnie, vers le bas, de quelques arbres à haute tige, s'élève sur le devant, à droite. On remarque, vers la gauche, un homme enveloppé d'un manteau court ; une femme, menant un enfant par la main , l'accompagne ; ils sont vus de dos. Au milieu du haut : *tienhooven* (5).

22. *Vue d'Ameide* ou *ter Mey*. Le Leck qui occupe la droite se perd dans le lointain ; sur son bord, à gauche, le village d'*Ameide*. Du même côté, sur le devant, un homme à cheval qui en conduit un autre par la bride passe à côté de deux personnes suivies d'un chien ; un homme et un jeune garçon sont un peu plus en avant. Au milieu du haut : *Amyden* (6).

23. *Vue de Rysbergen*. Une église entourée d'arbres, ayant devant elle deux chaumières, et surmontée d'un clocher à flèche est dans le milieu. Sur le devant, à droite, un grand arbre dont on ne voit pas tout à fait la cime s'élève près d'un autre qui est tronqué. A gauche, un chasseur conduit deux chiens en laisse, près de lui un autre homme avec un chien. Au haut, vers le milieu : *Rysbergen* (7)

M. le docteur Sträter a bien voulu nous faire part qu'il existe au Musée d'Amsterdam une épreuve avant la lettre, avant les rameaux secs aux troncs d'arbres à droite. Il en tire la conséquence que cette suite peut bien exister avant les numéros et avant plusieurs travaux.

24. *Vue de Bergh*. Une colline surmontée d'une grande église dont
le clocher est important montre sur sa pente, à droite, une rangée de
cinq arbres. Sur le devant, presque au milieu, se promène un seigneur
avec une dame qui conduit un enfant par la main. Au-dessous de ces
figures : *R. Roghman fe ;* dans le haut : *Den Bergh* (8).

Deux états nous sont cités par M. Middleton :
1er. Avant le nom du maître et les indications de lieux ;
2e. Celui décrit.

25-32. *Vues d'Italie*. Suite de huit estampes, mise au jour par
Jérémie Wolff, à Augsbourg, et numérotées au milieu de la marge du
bas.

25. *La Colonne*. Dans un pays montueux on voit sur le devant, à
droite, une colonne qu'ornent, dans le haut, des sujets de sainteté
exécutés en tableaux et surmontés d'un petit toit. Dans la marge du bas,
à gauche : *Roeland Rogman fecit ;* à droite : *Jeremias Wolff Excud.
Aug. Vind.* (1).

Haut., 126 millim.; larg., 243.

26. *Le Quartier de rocher*. Au pied d'une masse de rochers
escarpés, d'une grande hauteur, coule une rivière. Sur le devant, à
droite, deux hommes accompagnés d'un chien passent devant un grand
quartier de rocher (2).

Même dimension.

27. *La Hotte au pied de l'arbre*. Sur le devant, à gauche, auprès
d'un grand arbre, un voyageur se repose auprès de sa hotte chargée.
A droite, une rivière coule du fond jusqu'au bas ; sur le bord opposé on
voit plusieurs arbres au-dessous desquels s'élèvent deux rochers
escarpés d'une immense hauteur. Dans la marge du bas, à droite :
Jerm. Wolff Excud. Aug. Vind. (3).

Haut., 131 millim.; larg., 164.

28. *Le Pin*. Il est à droite, à demi desséché et incliné. A gauche
s'élève une masse de rochers escarpés ; une grande ouverture y figure
l'entrée d'une caverne. Le terrain devant cette ouverture est couvert

d'arbres touffus ; du même côté un quartier de rochers surmonté de deux arbres (4).

Même dimension.

29. *La Croix*. Elle est plantée vers la droite du fond ; vis-à-vis, presque au milieu du devant, un berger est couché à terre. A droite, une chaîne de montagnes fuit dans le lointain ; à gauche, se croisent trois arbres à hautes tiges plantés à des distances presque égales. Dans la marge du bas, à droite : *Jeremias Wolff Excudit* (5).

Même dimension.

30. *La Chute d'eau*. Elle s'étend depuis le bord droit jusque dans le milieu de l'estampe, où l'on voit, sur la rive gauche, quatre arbres isolés ; des biches sont à leurs pieds. Deux groupes d'arbres s'élèven à gauche ; au delà, une montagne qui, dans le lointain, se tire vers la droite (6).

Haut., 117 millim.; larg., 146.

31. *Le Pont*. Il est construit en pierres, formé de deux arches au-dessus d'une rivière qui occupe toute la largeur de l'estampe. Sur le pont, au-dessus de la première arche, s'élève un toit en charpente ; au delà de l'autre arche, un édifice se dresse sur un rocher. Sur le devant plusieurs moutons et chèvres (7).

Haut., 131 millim.; larg., 162.

32. *Le Chariot*. Il est au milieu, vu par derrière, dans un chemin montant qui va vers le fond. Sur le devant, à droite, un homme marche à côté d'un cheval lourdement chargé, suivi d'un autre homme qui a un bâton sur l'épaule. Dans la marge du bas, à droite : *Jerem* : *Wolff Excud. Aug. Vind.* (8).

Même dimension.

Weigel décrit quatre états :

1er. Avec l'adresse de M. Küssel, savoir, sur la première feuille : *Zu Augspurg bey Melchior Küssel in den Kollergassen*, et sur la dernière : *Verkaufft by M. Küssel, Augspurg.* Toutes les autres pièces de la suite n'ont aucune adresse.

2e. Celui décrit. Avec l'adresse de *Jeremias Wolff Excud. Aug. Vind.*, aux numéros 1, 3, 5 et 8.

3e. Avec l'addition suivante : *Joh. Balth. Probst Haer*, sur la première pièce à laquelle est aussi ajouté, dans le milieu du bas, le numéro 8 de l'éditeur ainsi qu'aux numéros 3, 5 et 8.

4ᵉ. Toute adresse est supprimée. Dans cet état les épreuves sont mauvaises et communes.

M. Favart dit qu'il y a du numéro 27 des épreuves moins travaillées : le ciel et la seconde partie du rocher ont peu de travaux ; le grand nuage au haut de la pièce ne se dessine pas et ne se prolonge pas en se perdant par derrière le rocher ; plusieurs petits nuages et les oiseaux manquent ; le plan de montagnes très éloignées ne se trouve pas entre le bouquet à gauche des arbres du second plan et le second rocher. L'adresse et le numéro 3 s'y voient.

33. *La Rupture des digues.* Quatre pièces sur une même feuille. Deux sont dans le haut.

Haut., 145 millim.; larg., 523.

Deux autres sont au-dessous.

Haut., 108 millim.; larg., 260.

Des marges de deux millimètres séparent les sujets.

Première vue. On lit dans le haut : *Den doorgebrooken Dÿck bÿ Jaaphannes.* On voit une grande étendue d'eau. Dans le milieu, plusieurs maisons sur une partie de terrain non submergée ; à gauche, sur un terrain, où s'élève une machine qui sert à enfoncer des pieux, une foule de personnes ; à droite, des moulins, et, en avant, dans l'eau, des pierres qui émergent ; dans le fond, une digue. A gauche et à droite, sur le ciel, des noms de localités. Cette pièce occupe le haut.

Deuxième vue. Dans tout le haut : *Den doorgebrooken Dÿck bÿ Houtewael.* Dans le milieu, s'élève une maison auprès de laquelle sont des piles de bois ; on y communique par une digue, encore intacte, qui part de la gauche sur laquelle sont plusieurs hommes ; sur le devant on voit un homme, une femme et un enfant suivis d'un chien ; un peu plus loin, vers la droite, plusieurs hommes. Du même côté, s'est opérée la rupture de la digue ; tout à fait à droite, sur une partie qui subsiste encore, un certain nombre d'hommes. Sur le ciel, plusieurs noms de localités. A terre, vers le milieu : *Roelant Roghman fecit.* Ce morceau est au-dessous du premier.

Troisième vue. On lit dans le haut : *Het doorbreecken vanden Dÿck bÿ Houtewael, Op Sondach den 5 Maert A°.* 1651. A droite et à gauche, sont deux parties de la digue qui subsistent et sur lesquelles on voit un certain nombre de personnes. L'eau se précipite à droite et à gauche, divisée par un morceau de la digue qui n'a pas encore été emporté. Vers la gauche, sur le ciel, les noms de deux localités.

Quatrième vue. Aldus vertoonden hem't gadt aan Jaaphannes. Le milieu du devant est occupé par un terrain non submergé ; vers le fond, quatre parties de la digue sortent de l'eau, sur celles de droite et de gauche, il y a beaucoup de personnes : ces dernières sont très petites ; tout au fond, la mer.

On lit une certaine quantité de légendes en hollandais, énumérées depuis la lettre A jusqu'à L, correspondant aux mêmes lettres qui sont dans les vues. Tout au coin du bas à droite, dans une partie séparée : *t'Amsterdam. Bij Loodewijck Spillebout Boeckvercooper inde Calverstraat.*

* Pièce de la plus grande rareté. Bartsch ne parle que du troisième morceau. La pièce entière, comme celle que je possède, est citée pour la première fois dans le catalogue Rigal. Notre épreuve a de la marge.

Rigal, 103 francs ; Verstolk, 203 fr. 50 c.

Weigel dit qu'il y a des épreuves de la deuxième feuille, avec cette adresse : *t'Amsterdam by Spillebout.*

34-39. *Vues du bois de la Haye.* Suite de six pièces, numérotées de 1 à 6, à terre ou dans les marges.

Haut., 205 millim. ; larg., 257 à 259.

34. *Deux hommes précédés d'un chasseur.* Ils sont à cheval dans le milieu, s'avançant dans un chemin qui vient de la gauche du fond, occupant toute la largeur du bas de la planche. Dans la marge : *Verscheyde Ghesichten, in't Haechsche Bos na't Leven geteykent door Roelant Rogman. — Peter Nolpe Excudit t'Amsterdam* (1).

35. *Paysan vu par le dos.* Il marche, au milieu, ayant un panier au bras droit, et portant un bâton sur l'épaule. A gauche, deux chasseurs, suivis de trois chiens, vont vers le fond (2).

36. *Les quatre figures.* Dans le milieu est un homme debout, appuyé sur un bâton, ayant un chien derrière lui ; plus loin, un autre

homme plus petit se dirige vers le devant ; au fond, à côté d'un cavalier, une petite figure (3).

37. *Des Chèvres sous des arbres.* Elles sont au nombre de huit, paissant à droite, vers le devant, où se trouve un homme tenant un bâton à la main (4).

38. *Homme, un bâton à la main.* Il se dirige vers la gauche entre deux groupes d'arbres (5).

39. *Un Cerf et une Biche.* Ils sont près d'une pièce d'eau à gauche ; à droite, vers le fond, deux animaux semblables (6).

Weigel décrit cinq états :

1er. De la main du maître. On lit : *Roelant Rogman fecit* ou *R. Roghman fecit et excudit.* Ces épreuves qui ressemblent à des eaux-fortes pures ont un ton argentin ; on les rencontre quelquefois, mais rarement, en feuilles séparées, mais on ne connaît qu'un exemplaire complet de cette suite.

2e. Avec les retouches de Peter Nolpe exécutées au maillet et qui ont complètement changé ces beaux morceaux. Ce graveur y a ajouté de nouveaux numéros sur la terre, à gauche, toutefois en changeant l'ordre. Il a interverti le numéro 2 pour en faire le numéro 3. Dans les bonnes épreuves on trouve encore des traces de ces mots : *R. Rogman fecit,* etc. On lit, en tête de la première pièce, l'inscription citée par Bartsch, et sur les autres l'adresse de Nolpe. Je ne possède que le numéro 37. On lit au pied d'un grand arbre, à gauche : *Pieter Nolpe Excudit,* et plus bas, sur l'eau, *le numéro 4.*

3e. On lit cette adresse : *N. Visscher excudit.*

4e. A l'adresse de l'état précédent on a ajouté : *P. Schenk Excudit.*

5e. Cette dernière adresse a été supprimée.

Weigel termine en disant que les planches existent encore, mais que les épreuves sont détestables.

Weigel 40. *Les corps morts des deux frères de Witt.* Ils sont nus, éventrés, suspendus à une échelle dans le bois de la Haye. La scène est éclairée, à droite, par une torche allumée que tient un valet, près duquel est un homme saisi d'effroi ; à gauche, sous les arbres, un cavalier, dont le domestique porte un flambeau ; en avant, un grand poteau. Sans nom de maître.

Haut., 275 millim.; larg., 216.

* Pièce très rare dont Bartsch n'a pas donné la description.

Rigal, 100 francs.

Un attentat aussi extraordinaire contre deux hommes qui, de leur vivant et peu de temps même après leur mort, ont été placés au nombre des plus grands

citoyens de leur pays ne peut s'expliquer que par des événements très graves, que pa
des passions furieuses et par un profond antagonisme.

Les immenses services que le prince d'Orange, Guillaume le Taciturne, avai
rendus, en Hollande, à la cause de la liberté lui assurèrent pendant toute sa vie une
influence et un pouvoir incontestés. Après sa mort ils passèrent à son fils, Maurice de
Nassau. Celui-ci les soutint par de grands talents militaires et par une guerre heureuse
contre les Espagnols, mais il ne put empêcher qu'un parti purement républicain n'es
sayât de limiter son pouvoir. Leur but était de rendre temporaire la dignité de stathouder et d'assurer la prédominance des États-Généraux : pour atteindre ce résultat il fal-
lait amener la paix avec les Espagnols; après beaucoup d'efforts ils parvinrent à faire
conclure une trève assez longue. Maurice en conçut le plus vif ressentiment contre
Barneveldt, qui était grand pensionnaire et l'âme du parti qui lui était opposé. A cette
époque s'élevait en Hollande une querelle religieuse. Un des partis voulait maintenir
dans toute leur rigidité les principes de Calvin; il était représenté par le docteur
François Gomare. L'autre, qui voulait mitiger ces principes et en adoucir la rigueur,
avait à sa tête Jacques Arminius. Le premier parti reçut le nom de *Gomaristes*; les
sectateurs de l'autre prirent le nom d'*Arminiens* ou de *Remontrants*. Barneveldt appartenait à ces derniers; Maurice embrassa naturellement l'autre parti. En 1618, Maurice
convoqua à Dordrecht un synode de toutes les églises calvinistes. Les Arminiens y furent
absolument condamnés : l'exil, la prison et toutes les rigueurs frappèrent le parti
vaincu. La prison de Grotius et sa délivrance sont trop connues pour que nous en
parlions ici. Barneveldt fut arrêté, accusé de crimes imaginaires, jugé par des com-
missaires vendus à Maurice, condamné à mort et exécuté à La Haye le 13 mai.

Les princes d'Orange qui succédèrent à Maurice jouirent de la même autorité
qu'ils soutinrent d'ailleurs par de grands talents militaires. En 1650, Guillaume II,
stathouder, mourut à vingt-quatre ans de la petite vérole, laissant enceinte sa veuve,
Henriette-Marie Stuart, fille de Charles Ier, roi d'Angleterre; elle accoucha d'un fils
qui fut le célèbre Guillaume III. Le stathoudérat en subsistant de droit cessa de fait; le
pouvoir se trouva dans les mains de Jean de Witt, grand pensionnaire, dont le frère
était un amiral distingué. De Witt signala son gouvernement par des victoires navales
sur les Anglais. Il força Louis XIV à évacuer la Franche-Comté qu'il avait conquise sur
les Espagnols; enfin il entreprit de faire abolir définitivement le stathoudérat. Il réussit
dans cette entreprise, sauf en Zélande où cette dignité fut encore maintenue en faveur
du prince d'Orange. Louis XIV avait conçu le plus vif ressentiment contre les Hollandais;
étant parvenu à rompre la triple alliance qui les protégeait, il résolut d'envahir les
Provinces-Unies. De Witt effrayé de l'orage qui menaçait son pays, et n'ayant
d'ailleurs que très peu de troupes de terre à opposer à l'envahisseur, essaya de
l'apaiser et offrit toutes les soumissions; mais le peuple, en ce moment si critique, se
souleva, demanda que le prince d'Orange, malgré son jeune âge, fût mis à la tête de
l'armée et peu après exigea que le stathoudérat fût rétabli. C'est alors que le frère
du grand pensionnaire, accusé d'un complot contre la vie du prince d'Orange, fut
arrêté et mis à la torture; mais l'accusation était tellement dénuée de preuves que,
malgré les passions du moment, il ne fut condamné qu'au bannissement. Le grand
pensionnaire s'étant rendu à la prison, pour le délivrer dit-on, fut assailli avec son
frère par la populace en fureur qui les massacra tous deux. Le soir eut lieu, dans le
bois de La Haye, la scène que représente la gravure de Roghman. Le prince d'Orange

qui n'avait rien fait pour les sauver permit qu'on leur donnât la sépulture. Plus tard on frappa des médailles en leur honneur. Une d'entre elles représente les deux frères avec cette devise : *Hic armis, Maximus ille toga*. Le mot *Maximus* placé au milieu laisse la balance indécise. Nous ne suivrons pas Guillaume dans sa carrière ; il devint roi d'Angleterre et balança la puissance de Louis XIV. Toutefois le parti républicain était loin d'être abattu. En 1701, après la mort de Guillaume qui ne laissait qu'un parent éloigné, le stathoudérat fut de nouveau aboli et le grand pensionnaire Heinsius resta le chef seul de la République. Cet état de choses se prolongea jusqu'en 1747. Après la prise de Berg-op-Zoom par les Français, le peuple demanda de nouveau que le stathoudérat fût rétabli, et malgré la paix qui fut faite en 1748, cette dignité ne fut pas supprimée. Beaucoup plus tard, une nouvelle lutte recommença entre le parti républicain et le prince d'Orange. Celui-ci avait épousé une princesse de Prusse ; il obtint, en 1787, que les troupes prussiennes entrassent en Hollande, dont il s'aliéna ainsi les habitants [1].

Survint la Révolution française. Après la bataille de Fleurus, la Belgique fut conquise et peu de temps après la Hollande envahie. Le parti républicain seconda les Français et le prince d'Orange fut chassé. Plus tard les Hollandais soutinrent énergiquement le nouvel état de choses, mais le blocus continental qui les ruinait, le renversement de la république érigée en royaume et ensuite réduite en départements français les rendirent complètement hostiles. A la nouvelle du désastre de Leipzig, la Hollande entière se souleva. Peu de mois après reparaissait le prince d'Orange, fils de Guillaume V, non plus cette fois comme stathouder, mais comme prince souverain des Pays-Bas. En 1815, il obtenait le titre de roi, sous le nom de Guillaume Ier. Telle fut l'issue de cette longue lutte et le résultat des efforts de Barneveldt, des frères de Witt et d'Heinsius.

Service postal entre la Hollande et ses colonies. Suite sans nom de maître, mais avec des explications en hollandais.

Haut., 146 millim.; larg., 286.

1. Hôtel de la poste, d'où un postillon suit avec une longue vue les signaux que lui fait un bateau de poste.

2. Le postillon à cheval va avec ses dépêches vers la ville, et fait des signaux au bateau de poste.

3. A cause du mauvais temps, un homme descend d'une chaloupe, et porte ses dépêches à l'hôtel de la poste.

---

1. Guillaume V, stathouder, avait épousé, le 4 octobre 1767, Frédérique-Sophie-Wilhelmine de Prusse, nièce du grand Frédéric et fille du prince Auguste de Prusse ; elle était sœur de Frédéric-Guillaume qui succéda au grand Frédéric.

L'insurrection de la Hollande contre Guillaume V, dernier stathouder, éclata à Amsterdam le 28 mai 1787. Les Prussiens entrèrent dans cette ville le 20 septembre suivant ; le stathouder fut rétabli le 9 octobre. Les Prussiens n'évacuèrent la Hollande qu'en août et septembre 1788.

4. Le postillon reçoit les dépêches de la chaloupe.

5. Un bateau de pêche de harengs est sur la plage ; le bateau de poste lève l'ancre.

6. Le bateau de poste, rencontrant des vaisseaux qui entrent, prend le nom de chaque vaisseau et des capitaines, et reçoit les dépêches.

7. Le bateau de poste indique le lieu où l'ancre doit être virée (?).

8. Le bateau de pilote indique une manœuvre à un navire (Fluitschip).

9. En cas de tempête, le postillon longe la plage pour annoncer qu'il y a un obstacle au départ.

1er état. Avant toute explication dans la marge du bas, il y a des numéros de 1 à 10 au milieu des ciels. La dixième pièce est *la Bourse des négociants* (armateurs) à Amsterdam. Cette suite complète, avec de très grandes marges, faisait partie de la collection Kalle ; vendue 612 fr. 50 c.

2°. Celui décrit. On y lit les inscriptions que nous avons cherché à traduire. Les planches sont nettoyées et les numéros enlevés. On comptait neuf pièces dans la collection Kalle, et le même nombre est à la bibliothèque de Vienne. Vente Kalle, 50 francs.

William Esdaile, qui a possédé les neuf pièces qui sont à Vienne, les attribue à Roelant Rogman.

M. Vignères a mentionné dans un catalogue : *Une grande vue de maisons hollandaises avec figures*; au milieu, un homme mène une chèvre qui est attelée à un petit traîneau. Pièce non décrite qu'il donne à R. Rogman.

On joint ordinairement à l'œuvre de R. Rogman une série d'estampes qui, selon les uns, sont dues à Gertrude ou Gertruydt Rogman ou Rochmans, d'après les dessins du premier, et, suivant d'autres, à la collaboration de deux graveurs.

1-14. Paysages. Suite de quatorze estampes numérotées à la droite du bas, dans la marge.

Haut., 115 millim.; marge du bas, 16; larg., 118 à 121.

1. *Titre.* Sur une toile attachée à un vieux mur : PLAISANTE LANTSCHAPPEN *ofte vermakelijcke* GESICHTEN *na t'Leven geteekent door Roelant Rogman en Gedruckt by C I Visscher.* A droite, une roue et une barrière rustique ; à gauche, un fond de paysage.

2. A gauche, s'élève une grande tour, près d'un mur en ruines ; sur un chemin à droite, une certaine quantité de personnes se dirigent vers le fond ; sur le terrain, vers la gauche : G. R. Dans le bas : *D. Oudskerck tot Muyderbergh.*

3. Une église, surmontée d'un petit clocher, se voit à droite ; sur le devant, trois hommes, dont un debout ; au milieu du fond, une vieille tour et une grange ; à gau-

che, trois vaches, dont deux couchées; sur le terrain, au milieu : *R. R.* Dans la marge : *De Nieuwekerck tot Muyderbergh.*

4. A gauche, sur un monticule, s'élève une vieille tour, vers laquelle un homme, qui est sur le devant, se dirige; au milieu, une vaste plaine; à gauche, une pièce d'eau. Dans la marge : *De Zeekant van Muyderbergh.*

5. A gauche, sur une langue de terre, entre deux bras de rivière, une maison en planches; sur le devant, du même côté, plusieurs personnes; au milieu, un pont; dans le fond, une ville, où l'on remarque, à droite, un clocher carré. Dans la marge : *Sloterdÿck aent Schouw.*

6. Sur le devant, une rivière, au bord de laquelle, à gauche, sont quatre hommes, dont un pêche à la ligne; du même côté, un homme sur un bateau; au fond, une ville, où s'élève le même clocher carré; à droite. deux vaches dans un pré; sur l'eau, à droite : *GR.* Dans la marge : *Sloterdÿck aen de Westkant.*

7. Au milieu, s'élève une vieille église, qui paraît n'être qu'une partie de la primitive, dont les ruines, y attenantes, s'étendent à gauche; à droite, un homme et un enfant vont vers le fond, où est un bois; une rivière occupe tout le devant. Dans le bas, à gauche, sur l'eau : *RR.* Dans la marge : *Sloter Kerck.*

8. La même église, vue par derrière; au sommet, des cigognes; à droite, deux hommes assis : l'un d'eux est occupé à lire ; sur le terrain, vers la gauche : *GR.* Dans la marge : *Kerck tot Sloten.*

9. Tout le fond est occupé par un village entremêlé d'arbres; au milieu, s'élève une église remarquable par son clocher pointu; à droite, sur un chemin qui mène au village, plusieurs personnes; au milieu, vers la gauche, un canal, où est une barque. Dans la marge : *Het Dorp Amsterveen.*

10. Le milieu est occupé par un village, montrant sur le devant une grande construction, devant laquelle sont deux hommes, appuyés sur des lices; à droite, une femme, assise près d'un canal; à gauche, une maison, sur une petite hauteur. Au milieu, sur un canal : *G. R.* Dans la marge : *t'Rechthuys tot Ouderkerck.*

11. Dans le milieu, se voit un groupe de maisons, surmontées par un clocher; près d'une maison, à gauche, des charrettes et, tout à fait sur le devant, quelques personnes. Vers la droite, au second plan, des animaux. Dans la marge : *Het Dorp Spaerwouw.*

12. A droite, devant une auberge, des hommes sont attablés; deux autres, du même côté, paraissent s'y diriger; vers la gauche, une église, surmontée d'un clocher, et, plus loin, un moulin. Au premier plan, sur un peu d'eau : *R. R.* Dans la marge : *Spaerwouw aen de laegewech.*

13. Au milieu, s'étend un canal, où l'on remarque un pont qui se lève; à droite, un village, entouré d'arbres; à gauche, une grande maison, devant laquelle sont des lices et de grands pieux; sur le devant, à gauche, un homme, une femme et un chien. Sur l'eau, à gauche : *R. R.* Dans la marge : *De Brugh tot Maersen.*

14. Un village occupe le fond. A gauche, sur une hauteur, une assez vaste maison séparée du village par une route. Le terrain, sur le devant, est très acci-

denté; il est animé par quelques figures. Au bas, à gauche : *R. R.* Dans la marge :
Het Dorp Muyderbergh.

Plusieurs de ces épreuves sont tirées sur papier aux armes d'Amsterdam, d'autres
sur papier à la folie.

Notre suite vient des doubles du Musée d'Amsterdam. 56 fr. 70 c.

15. *Le Château de Zuylen.* Il est à droite, entouré d'un canal que borde, vers le
fond, à gauche, un mur au delà duquel s'élèvent plusieurs grands arbres. Sur le
devant, de ce même côté, un homme, vu par le dos, est assis à terre et entouré de
quatre chasseurs accompagnés de leurs chiens. Dans la marge du bas : T'HUYS TE
ZUYLEN; à gauche : *Roelandt Rochman delineavit;* à droite : *Gertruydt Rochmans
sculpsit.* Dans un cartouche, au milieu du bas : *Nicolaus Visscher excudit.*

Haut., 378 millim.; la marge du bas, 18 ; larg., 520.

Pièce très rare. Bartsch dit qu'elle est dans la manière d'Herman Saftleven.

Weigel indique un deuxième état avec cette adresse : *Tot Amsterdam by Gerard
van Keulen.*

Il paraît que la planche a passé dans les mains de Peter Nolpe qui l'a grossièrement retravaillée. Aussi les épreuves que l'on rencontre montrent-elles la manière
de ce dernier graveur.

Nous devons à l'obligeance de **M.** Middleton de pouvoir encore faire connaître
quelques pièces qui sont attribuées à Gertrude Rogman.

A. Dans le milieu de l'estampe, on voit des figures dont les toits sont élevés ;
il y a des arbres sur la droite et, le long du premier plan, un canal avec cette inscription : *Devecht ;* sur la droite, au-dessus des toits des fabriques : *t'Huys le Niewero-
den.* Sans nom de maître.

Haut , 130 millim.; larg., 205.

On trouve les cinq pièces suivantes au British Museum :

1. Deux femmes assises sont occupées à coudre. Un léger trait de bordure entoure la planche. Dans le coin du bas, à gauche, le numéro 1, et, en trois lignes :
Geertruyt Rogman invenit et sculpsit. 1 Covens et C. Mortier exc.

Haut., 211 millim.; larg., 168.

2. Une femme, assise à une table, sur la gauche, examine une pièce de toile
qu'elle tient des deux mains. Dans le coin du bas , à droite : 2; sur la gauche :
Geertruyd Rogman invenit et sculpsit.

Haut., 200 millim.; larg., 163.

3. Une femme, assise, vue par le dos, s'inclinant sur le feu et faisant la cuisine ; on voit, à droite, des ustensiles, tels que pots et terrines. Dans le coin, à
droite, 3; vers la gauche, la même inscription que dans le numéro précédent.

Haut., 205 millim.; larg., 166.

4. Une femme filant; vers le fond, à gauche, un enfant. Au bas, dans le coin, à droite : 4; même inscription que dans le numéro 2.

Même dimension que le numéro 3.

5. Une femme pétrissant (roulant du pain) vue par le dos, inclinée sur un grand coffre, devant une fenêtre. Au bas, à droite : 5; à gauche : *Gertruyt Rogman invenit.*

Haut., 213 millim.; larg., 171.

ROOS (IOHANN HEINRICH). Voir *École allemande.*

RUBENS (PIERRE-PAUL), né à Siégen [1], le 29 juin 1577, et non à Cologne, dans la maison où Marie de Médicis est décédée en 1642, était le cinquième enfant de Jean Rubens et de Marie Pypering. Après la mort de son mari, arrivée en 1587, sa veuve était retournée à Anvers, dont elle était originaire. Son fils Pierre-Paul y fit les plus brillantes études. Dès qu'il eut, très jeune, terminé ses humanités, sa mère le plaça en qualité de page chez Marguerite de Ligne, veuve du comte de Lalaing ; mais Rubens s'étant vite dégoûté de ce séjour, et ayant manifesté une vocation irrésistible pour la peinture, sa mère le fit entrer d'abord chez Tobie Verhaegt, ensuite chez Adam Van Noort, dont les mauvaises manières ne tardèrent pas à révolter Rubens ; il fut admis de là chez Otho Vénius, aussi doux et aussi poli que le premier était brutal et incivil. Le 9 mai 1600, Rubens se dirigea vers l'Italie. Ses talents ne tardèrent pas à s'y révéler ; il fut distingué par plusieurs princes de ce pays. Vincent de Gonzague, duc de Mantoue, voulant envoyer au roi d'Espagne de magnifiques présents, chargea Rubens de cette mission. Ses manières nobles charmèrent le monarque Sa mission accomplie, il vint en rendre compte au duc de Mantoue, dont il fut parfaitement accueilli. Peu de temps après, le duc lui permit de parcourir le reste de l'Italie; mais, pendant ce temps, au mois de novembre 1608, une triste nouvelle vint lui apprendre que sa mère était dangereusement malade, il se mit immédiatement en route ; sa mère étant morte le 14 du même mois, il n'arriva à Anvers que lorsque celle-ci était déjà inhumée dans l'abbaye de Saint-Michel, où il lui fit élever un

---

1. Voir *Rubens et l'École d'Anvers,* par Alfred Michiels. Paris, 1854. On peut consulter aussi l'*Histoire de Rubens,* etc., par André Van Hasselt. Bruxelles, 1840.

monument funèbre. Accablé de douleur, il allait immédiatement quitter la Belgique, lorsque l'archiduc Albert et Isabelle, ne voulant pas laisser partir un artiste d'un si grand mérite, le firent prier de se rendre à la cour, l'accueillirent avec la plus grande distinction ; pour l'engager à demeurer en Belgique, ils le nommèrent leur peintre officiel, avec 500 florins d'appointements. Les lettres patentes de cette dignité lui furent remises le 23 septembre 1609. Mais une autre cause plus puissante le décida encore à rester, c'est la rencontre qu'il fit d'Isabelle Brandt, dont la sœur était mariée avec le frère de notre artiste. Rubens épousa cette jeune fille, le 13 octobre 1609, et il alla demeurer chez son beau-père. L'année suivante, il acheta une habitation spacieuse dans la rue qui porte son nom, y fit construire une maison splendide, dont les frais s'élevèrent à 60,000 florins, somme très considérable pour l'époque ; c'est dans cette maison qu'il produisit ses plus beaux ouvrages.

M. Alfred Michiels dit que le nombre de ses tableaux s'élève à treize cents [1]. Il est à croire que, pour plusieurs, il s'est fait aider par ses élèves, comme cela a eu lieu pour la galerie de Médicis. Quoique nous ayons beaucoup de peine à penser qu'il ait exécuté, dans une seule journée, la fameuse kermesse qui est au Louvre, il est certain qu'il travaillait très facilement et que sa fécondité était prodigieuse. En 1626, il perdit sa première femme qui fut inhumée dans le tombeau de sa mère. On ne connaît pas la date précise de la mort d'Isabelle Brandt ; mais on sait qu'elle eut lieu avant le 15 juillet de l'année précitée. C'est à cette époque que Rubens fit un voyage en Hollande. Tout le monde connaît les missions diplomatiques dont il fut chargé en Espagne et en Angleterre. Négociateur heureux de la paix entre ces deux souverains, Charles Ier et Philippe IV, il reçut de chacun d'eux le titre de chevalier. L'archiduchesse Isabelle était morte le 1er décembre 1633, et Rubens, ayant éprouvé d'ailleurs quelques désagréments avec un personnage trop vain pour garder les convenances vis-à-vis d'un si grand homme, se retira des affaires publiques et continua à résider à Anvers. Il y était retenu d'une manière définitive, car, plusieurs années auparavant, le 6 décembre 1630, il avait épousé une jeune

1. Il en décrit douze cent quatre-vingts.

personne, nommée Hélène Fourment, quoiqu'il fût alors âgé de cinquante-trois ans. Le mariage avait été célébré à l'église Saint-Jacques. Sa femme était sa nièce par alliance ; la sœur aînée d'Isabelle Brandt avait épousé Daniel Fourment. La jeune personne était belle, mais modeste, pieuse et régulière ; elle lui donna cinq enfants. Depuis plusieurs années, Rubens éprouvait de fréquentes attaques de goutte. Le 17 avril 1640, dans une lettre qu'il écrivait à François Duquesnoy, il semblait pressentir sa fin prochaine. Le 30 mai suivant, un accès de goutte remontée mettait fin à sa glorieuse existence ; il était âgé de soixante-deux ans et onze mois ; son inhumation eut lieu en grande pompe dans l'église Saint-Jacques, sa paroisse. Il repose dans une chapelle, derrière le chœur ; sa pierre sépulcrale est placée devant l'autel que décore l'un de ses plus beaux tableaux. Rubens, à sa mort, laissait sa femme enceinte de trois semaines seulement ; elle accoucha, le 3 février 1641, de Constance-Albertine, qui prit le voile dans le monastère de la Cambre, près de Bruxelles. Rubens avait eu deux fils de sa première femme. L'aîné devint un savant distingué ; il avait été nommé secrétaire du conseil privé par l'archiduc Léopold.

Rubens paraît avoir réuni tous les genres de mérite : doué d'un grand génie, il y joignait une belle physionomie, une rare distinction de manières, une instruction vaste et complète ; il savait concilier l'autorité qui s'impose à l'art de la faire accepter. Parmi les peintres, il forma de nombreux élèves, entre autres : Van Dyck, Jordaens, Snyders, Crayer, les Teniers, Quellyn le Vieux, Jean Van Hoeck, van Thulden, Diepenbeeck, etc. Une foule de graveurs ont travaillé sous sa direction, parmi lesquels se font remarquer les deux Bolswert, Pontius, Vorsterman, Suyderhoef, Soutman, Witdouck et autres, dont il a lui-même souvent retouché les œuvres.

L'influence du génie de ce grand peintre sur l'école flamande, qu'il a transformée ou plutôt recréée, l'importance de son œuvre, si admirablement reproduit par tant d'illustres graveurs, nous imposent la nécessité de le décrire. Mais cette tâche est difficile : si l'on veut faire connaître tout ce qui a été gravé d'après lui, on peut être entraîné à parler d'estampes de peu de valeur et même modernes. Nous croyons qu'il faut se borner à mentionner toutes les œuvres qui émanent d'artistes formés par Rubens lui-même et par ceux qui ont fait leur apprentissage sous les premiers, qui ont reçu leurs leçons et leurs conseils et qui en sont, pour ainsi dire, une émanation : c'est ainsi Rubens continué. Le titre de cet article doit être : *Rubens et son école.*

Plusieurs guides se présentent à nous. D'abord le catalogue de Basan , dont l'ouvrage est une reproduction améliorée de celui d'Hecquet. La dernière édition de ce travail est de 1767 ; il est devenu suranné et présente de nombreuses lacunes. Un auxiliaire important a fait connaître de nouvelles pièces et des remarques inconnues : c'est le catalogue de Messire del Marmol, publié en Belgique en 1794. Enfin se place celui des estampes, gravées d'après P. P. Rubens par C. C. Voorhelm Schneevoogt, directeur du musée Teyler, à Harlem, qui a paru en 1873.

Ce dernier est le plus ample de tous ; mais ici l'abondance devient excessive. On est exposé à parler de reproductions modernes, qui ne sont pas toutes heureuses ; ou à citer des estampes par trop médiocres. Nous comptons nous borner, comme nous l'avons dit plus haut, à l'Ecole de Rubens ; mais nous ne serons pas absolument exclusif, et nous n'hésiterons pas à décrire d'autres pièces moins anciennes, lorsqu'elles seront d'un mérite incontestable. Nous maintiendrons les numéros de Basan ; mais, lorsqu'il s'agira de copies ou de pièces exécutées de sens opposé, nous serons forcé d'avoir souvent des numéros doubles, triples, etc. Les gravures, d'après des sujets qui n'auront pas été décrits, devront être renvoyées, s'il y a lieu, en supplément à la fin de chaque partie.

Un certain nombre de tableaux de Rubens se sont présentés dans les ventes depuis le commencement de ce siècle ; mais, comme il ne serait pas toujours possible d'en garantir l'authenticité, nous citerons aux différents articles les tableaux dont les gravures nous paraîtront bien réellement les reproductions. La modicité du prix de la plupart de ceux qui ont figuré dans les ventes ne laisse pas que d'inspirer des doutes ; mais nous ne pouvons résister au désir d'en citer au moins un qui, acheté en 1840 par M. Tencé, de Lille, pour la somme modique de 25,700 francs, à la vente Schamp, de Gand, tableau connu sous le nom des *Miracles de saint Benoît*, vient d'être acquis, pour le musée de Bruxelles ou pour le roi des Belges, au prix de 170,000 francs. C'est une perte pour notre pays où cette remarquable esquisse a séjourné plus de quarante et un ans. Delacroix en avait fait une belle copie qui, croyons-nous, n'est même pas restée en France.

Les tableaux de Rubens décorent en Belgique la plupart des églises ; on en trouve également à Gênes et même à Rome. Ils font l'ornement d'un grand nombre de musées. Celui du Louvre possède, en y comprenant la galerie de Médicis, quarante toiles de l'illustre artiste flamand, ainsi qu'une assez grande quantité de dessins.

Nous nous proposons de mentionner, autant que cela sera possible, les endroits où se trouvent les tableaux que les gravures ont reproduits, d'après les recherches particulières que nous aurons pu faire, d'après l'ouvrage de Smith et celui de M. Michiels.

Nous avons particulièrement consulté l'œuvre si remarquable de la Bibliothèque nationale de Paris, celui du British Museum et de nombreux catalogues.

RUBENS ET SON ÉCOLE

SUJETS DE L'ANCIEN TESTAMENT

1. *Chute des anges rebelles*. Dans le haut, saint Michel, armé d'un bouclier où brille le nom de Dieu, renverse les démons dans les enfers. Au haut, à gauche, deux anges, dont un est armé d'une lance ; à droite, deux autres anges. Dans la marge : PHILIPPO IIII. HISPANIARVM REGI CATHOLICO INDIARUM MONARCHÆ *Humill. Lucas Vorsterman sculptor D.D.*, au-dessous : *P.P. Rubens inuent. Cum priuilegijs Regis Christianissimi, Principum Belgarum et Ord. Batauiœ A°.1621.* (Basan, 1, Voorhelm-Schneevoogt, 1.)

Haut., 547 millim.; larg., 425.

* 1er état. Avant l'adresse de *Gasp. Huberti*. Collection Camberlyn.

2e. Avec cette adresse qui a été effacée dans l'état suivant.

Une contre-épreuve était dans la collection de Messire del Marmol (V. n° 3).

Le tableau original est dans la galerie de Munich.

Il existe une copie en sens contraire. Titre : DEIECISTI EOS DUM ELEVARENTUR. Psalm. 72. A gauche : *PP. Rubens invent*; au milieu : *F. Ragot fecit et excudit*; vers la droite : *Cum vrivilegio. A Paris, en l'Isle du Palais, au deux Croissants, sur le quay qui regarde la Megisserie, en sa boutique au Palais dans la Gallerie des Prisonniers.* (V. S. 2.) Haut., 540 millim; larg., 432.

Cette copie n'est citée ni par Basan, ni par le catalogue de Messire del Marmol· Nous l'avons vue à Rouen chez M. Vallery, légiste et amateur.

La même composition. Également en sens contraire, sans nom de peintre ni de graveur. Titre : *Quis ut Deus.* . . à gauche : *Cor de Boudt excu. Ant.* ; à droite : *Corn. Galle excudit Antwerpiæ.* (V. S. 3.) Haut., 437 millim. ; larg., 331.

La même composition. Même titre. A droite seulement : *C. Galle.* (V. S. 4.) Haut., 297 millim. ; larg., 207.

2. *Chute des anges rebelles.* Dans le haut, saint Michel, armé d'un bouclier où brille le nom de l'Éternel, renverse, vers la droite, Satan qui a le poing droit fermé ; à gauche, deux diables tombent renversés. Titre : s. MICHAEL. ; à gauche, *Pet. Paul. Rubens pinxit. ;* au-dessous: *Iacobus Neeffs sculpsit.*; à droite : *Gillis Hendricx excudit.* Cette pièce est connue, sous le nom de « Petite chute des anges ». (B. 2, V. S. 5.)

Haut., 414 millim.; larg., 348.

* 1er état. Non décrit, avant divers travaux et avant des modifications dans les flammes ; les étincelles sont noires.

* 2e. Avec les divers travaux ajoutés pour donner plus d'effet; les étincelles sont blanches.

Le tableau original a péri dans l'incendie de l'église des Jésuites, à Anvers, le 18 juillet 1718.

3. *Loth sortant de Sodome.* Il se dirige vers la droite, conduit par un ange ; sa femme l'accompagne et ses filles le suivent. Dédicace : ERVDITIONE ET PROBITATE CL^{mo} V. D. IOHANNI BRANTIO LC^{to} URBI ANTVERPIENSI. . . PETRVS PAVLVS RVBENS GENER. OBSERVANTIÆ ERGO D.D. Au-dessous : *P.P. Rubens pinxit., Cum priuilegijs, Regis Christianissimi, Principum Belgarum, et Ordinum Batauiæ. Lucas Vorsterman Sculp. et excud. An^c.1620.* (B. 3, V. S. 9.)

Haut., 318 millim. ; larg., 385.

* 1er état. Celui décrit. Collection du marquis de Brême.

2e. Le millésime est 1647.

Le tableau original est au Musée du Louvre, où l'on voit aussi un dessin attribué à Rubens, mais plutôt fait sous sa direction.

Il existe une copie en sens opposé, titre : *Igne et sulphure pluit. . . . . Uxor in salis statuam vertitur. Gene,* 19.15. Au-dessous, seize vers hollandais. Dans la gravure au milieu : *P.P. Rubens invent., J.-C. Visscher Excudit,* sans nom de graveur. (V. S. 10.) Haut., 370 millim. ; larg., 510.

4. *Loth enivré par ses filles.* Il est assis à droite, regardant à gauche. Sans titre. Dans l'estampe, à gauche : *P.P. Rubens pinxit.* A

droite : *W. P. Leeuw fecit*. Les trois premières lettres forment un monogramme. (B. 4, V. S. 12.)

Haut., 269 millim.; larg., 390.

1er état. Avant *Danker Danherts exc.* — 2e. Avec cette adresse.
3e. *C. Dankerts ex.* — 4e. *F. de Wit ex.*
Le tableau, offert par la ville d'Anvers au duc de Marlborough, faisait partie de la galerie de Bleinheim, vendue récemment.

5. *Le même sujet.* Loth, qui est entre ses deux filles, embrasse celle qui est à gauche. Au milieu, dans la planche : *Pet. Paul Rubbens pinxit., W. Swanenburg sculp. An°.* 1612. Dans la marge du bas, quatre vers latins :

Quid vetiti pariant. . . . .
  hæc sculpta tabella refert.. . . . *N. a Wassenaer.* (B. 5, V. S. 13.)

Haut., 291 millim.; larg., 374.

1er état. Avant *Jan Jansen ex.* et les quatre vers latins. — 2e. Avec cette adresse. — 3e. On lit : *C. de Jongh ex.* — 4e. *F. Ricœur ex.*
Au Cabinet des estampes de Paris, il existe un état avant l'adresse, mais avec les quatre vers latins.
On trouve une copie de cette pièce, moins haute de 30 millim.; mais la fille de Loth, qui verse à boire, est à gauche, et non à droite, comme le dit Basan. A droite : *N. a Wassenaer*, comme dans l'original.

6. *Loth enivré par ses filles.* La scène se passe sur la droite, et l'on voit, dans le lointain, la ville de Sodome en feu. Titre : DIXITQVE MAIOR FILIARVM LOT. . . . DORMIAMVSQVE CVM EO, etc., *gen.* cha. XIX, Ver. XXXI et XXXII. Au-dessous, à gauche : *P. P. Rubens pinxit.* A droite : *I. Coelmans sculpsit* 1702. (B. 6, V. S. 15.)

Haut., 250 millim.; larg., 295.

Le premier état est avant l'adresse de *Lebas.*

6 *bis. Le même sujet.* Titre. *L'aînée des filles de Loth. . . . . . ;* d'après le tableau de P. P. Rubens, gravé par Seb. Barras. (V. S. 16.)

Haut., 259 millim.; larg., 279, y compris la bordure.

7. *Job tourmenté par sa femme et par les diables.* Il est vers la gauche ; pendant que les diables lui tirent les cheveux, sa femme, qui est à droite, lui adresse des reproches. Titre : *Homo natus de*

mulicre. . . . In eodem statu permanet. Job. 14. Au bas, à gauche :
P. P. Rubens pinxit.; à droite : *L. Vorsterman excud. cum privileg.*
(B. 7, V. S. 17.)

Haut., 369 millim.; larg., 257.

1er état. Celui décrit.

2e. Avec l'adresse de *Lebas*. Les épreuves sont retouchées. Le tableau, qui était
dans l'église Saint-Nicolas, a été détruit par le bombardement de Bruxelles, en 1695.
Une esquisse est au Musée de Munich.

7 bis. Iobs tentatie. A. Swerts exc. (V. S. 18.)

Haut., 329 millim.; larg., 248.

On trouve des épreuves avant l'adresse de *Leblond ex*. Le tableau est au Musée de
Darmstadt.

8. *Job tenté par ses amis et tourmenté par les diables.* Job est
assis vers la gauche, tourmenté par les diables; à droite, sa femme
et un de ses amis. On lit, au haut de l'estampe : *In nidulo meo moriar,*
et ut palma multiplicabo dies. Job 29. Dans le bas, cinq lignes de
texte. Sans nom de peintre ni de graveur. (B. 8, V. S. 20.)

Haut., 173 millim.; larg., 190.

9. *Job sur le fumier.* Il est au milieu, tourmenté par sa femme et
ses amis : ceux-ci sont à gauche et sa femme à droite. Titre : *Con-*
clusitque me Deus apud iniquum. Job. XVI. *Ingeniosissimo ac*
Famosissimo Domino DN° JACOBO BERGE . . . . Au-dessous : *P. P.*
Rubbens pinxit, Horst delin'. (B. 9, V. S. 21.)

Haut., 334 millim.; larg., 252.

Le tableau, qui était dans l'église Saint-Nicolas, a péri dans le bombardement de
Bruxelles, en 1695.

10. *Melchisédec, ayant béni du pain et du vin, les présente à*
Abraham. Celui-ci est à droite, le casque en tête, couvert d'une
armure ; Melchisédec est à gauche. Titre : MELCHISEDECH *Rex Sa-*
lem . . . . . cœlum et terram. A gauche : *P. P. Rubens pinxit.*, et
au-dessous : *H. Witdouc sculp. A°.* 1638; à droite : *Cum priuilegiis*
Regis Christianissimi, Principum Belgarum et Ord. Batauiæ. (B. 10,
V. S. 22.)

Haut., 385 millim. larg., 438.

1er état. Avant la lettre et avec des différences considérables dans les travaux.

2e. Celui décrit. — 3e. Avec l'adresse d'*Huberti*.

Le tableau est dans la galerie de Hesse-Cassel.

11. *Melchisédec et Abraham.* Melchisédec arrivant de la droite présente le pain à Abraham qui est debout, vers la gauche. Composition dans une bordure, avec colonnes sur les côtés. Titre : *Abrahæ a Regum. . . . decimas omnium divisit. Hebre, cap. VII.* Sur la base de la colonne de gauche : *Pet. Paul Rubbens pinxit. Iac Neefs sculpsit.* Sur la base de la colonne de droite : *Gaspar Huberti excudit Antverpiæ.* En deux planches. (B. 11, V. S. 23.)

Haut., 635 millim.; larg., 873.

1er état. Mentionné dans le catalogue de Messire del Marmol (n° 26); les noms du peintre et du graveur sont au bas de l'estampe, sur un fond blanc.

2e. Avec l'adresse de *Rombout Van de Velde*.

3e. Avec celle de *Gasp. Huberti.*

Smith dit que le tableau se trouve dans la galerie de Grosvenor.

Prenner a gravé le même sujet d'après le tableau de la galerie du Belvédère, à Vienne. (V. S. 24.)

12. *Le Sacrifice d'Abraham.* Isaac est à genoux à droite; l'ange arrête le bras du patriarche. Dans l'estampe, à gauche : *Petro Paulo Rubens pincit.;* au milieu : *cum privilegio;* au-dessous, deux distiques latins : *Cur quatum o Abrahame. . . . . .* Tout au bas : *Hondius excudit* 1638 ; *Andreas Stock sculp.* (B. 12, V. S. 25.)

Haut., 396 millim.; larg., 325.

1er état. Avant l'adresse d'*Hondius.* — 2e. Celui décrit. — 3e. Avec *C. Galle exc.*; sans le nom de Stock. — 4e. La planche est coupée; il ne reste que les deux distiques.

Le tableau original est au Musée de Berlin ou à Potsdam.

12 bis. *Même sujet,* n'ayant que deux vers au bas. . . . *Michiel Bunel. C. Galle.*

Décrit dans le catalogue de Messire del Marmol (n° 30.)

13. *Sacrifice d'Abraham.* Titre. *Fidelissimum Abrahamæ Sacrificium.* Sans nom de peintre ni de graveur. *C. Galle ex.* (B. 13, V. S. 26.)

Haut., 288 millim.; larg., 222.

Le tableau, qui était dans l'église des Jésuites, à Anvers, a été détruit par un incendie, en 1718.

14. *Réconciliation de Jacob et d'Ésaü.* Ce dernier est à droite, couvert de son armure, suivi de plusieurs guerriers ; Jacob est à gauche avec Rachel et Lia, ses enfants et ses serviteurs ; ses troupeaux sont presque de tous côtés. Dans la marge du bas : ecce qvam bonvm et qvam ivcvndvm, etc. Au-dessous, sur deux colonnes, quatre distiques latins : *En germanus Amor . . . . . corda inimica manu.;* plus bas : *Domino* martino kretser *Artis Pictorie admiratori. . . . .* ioannes de heem *Dicat Consecratqùe Antuerpie 24. Febr.* 1652.; tout au bas, à gauche : *Pet. Paul. Rubbens pinxit.;* au milieu : *Pet. de Balliu sculpsit.;* à droite : *Romboudt vande Velde excudit.* (B. 14, V. S. 30.)

Haut., 453 millim.; larg., 410.

* 1er état. Avant toute adresse. Collection Drugulin.
2e. Celui décrit. — 3e. Avec *Gaspard de Hollander exc.*
Le catalogue de Messire del Marmol (n° 33) mentionne une contre-épreuve.
Le tableau est dans la galerie de Munich.

15. *Le même sujet.* Jacob à genoux, suivi de ses femmes, se présente à son frère qui est tout armé et à la tête d'une troupe de soldats. Ce sujet traité différemment est gravé par *Prenner.* Cette estampe fait partie de pièces qui ont été exécutées d'après des tableaux de la galerie impériale de Vienne. (B. 15, V. S. 31.)

Haut., 162 millim.; larg., 225.

16. *Le Serpent d'airain.* Moïse et Aaron sont à droite, montrant le signe du salut. A gauche et dans le fond, on voit des hommes, des femmes et des enfants qui se débattent contre des serpents. Au milieu de la marge, des armes empiètent sur la gravure. Des deux côtés, le titre suivant : fecit ergo moyses serpentem ænevm. . . . . . *Numeri* 21 ; au-dessous une dédicace : nobili ac generoso domino. . . . . . d. c. q. ægidivs henrici ; à gauche : *Pet. Paul Rubbens pinxit.;* plus bas : *S. à Bolswert sculpsit.;* à droite : *Antuerpiæ.* (B. 16, V. S. 33.)

Haut., 455 millim.; larg., 610.

1er état. Avant la lettre; annoncé par Basan et par Voorhelm-Schneevoogt.
* 2e. Avant les armes et la dédicace. Collection Pagin.
Debois, 400 francs.

*3ᵉ. Avant le raccord des travaux au-dessus des armes et avec la dédicace, mais avant l'adresse de *Gillis Hendricx.* Collection de Vos.

Debois, 180 francs.

4ᵉ. Avec l'adresse mentionnée ci-dessus; le tour des armes est raccordé.

5ᵉ. *Gasp. Huberti exc. An'v.*

6ᵉ. *Van Merlen exc. Antv.*

7ᵉ. Toute adresse est effacée.

On connaît quatre tableaux : un à la Galerie nationale de Londres, un autre à l'Escurial, un autre à Potsdam et un quatrième chez Sir Owen, en Angleterre.

Il existe une copie de sens opposé. Titre : *Fecit ergo Moyses.... Sanabantur :* *E. Bago fecit et excudit.* (V. S. 34.) Haut., 455 millim.; larg., 600; et une autre de sens opposé aussi : *C. Galle.* (V. S. 35.) Haut., 343 millim.; larg., 459.

17. *Samson tuant le lion.* Le héros juif est à gauche. Dans la marge : *Pet. Paul Rubenius pinxit. Franciscus van den Wyngaerde fecit et excudit.* (B. 17, V. S. 39.)

Haut., 122 millim.; larg., 115.

Le tableau a été brûlé dans l'incendie de l'église des Jésuites à Anvers, en 1718.

18. *Le même sujet.* Sans titre : *E. Quellinus fecit in aquaforti.* (B. 18, V. S. 40.)

Haut., 113 millim.; larg., 135.

1ᵉʳ état. Celui décrit. — 2ᵉ. *Rombout Van de Velde, ex.*

Les dessins originaux des esquisses pour les deux tableaux étaient dans la collection de Sir Th. Lawrence.

19. *Samson surpris pendant son sommeil.* Il repose à demi-couché sur les genoux de Dalila, tandis qu'un Philistin lui coupe les cheveux. Dans un cartouche, à la gauche de l'estampe : *Nob. et ampliss.* v.d.NICOLAO ROCOXIO. . . . . Dans la marge, deux distiques latins : *Qui genus humanum. . . .* ; à gauche : *Cum privil. Sa. Cæs. M.;* à droite : *P. Pauolo Rubens pinxit;* au-dessous : *Ja. Matham sculp. et excud.* (B. 19, V. S. 41.)

Haut., 360 millim.; larg., 434.

Le tableau est dans la galerie de Munich.

C'est probablement le même que celui qui a été gravé par *Green,* à l'aquatinte, et qu'il a dédié à Ch. Théodore, électeur de Bavière. (V. S. 42.)

20. *Sacrifice de Samuel à l'occasion du recouvrement de l'arche enlevée par les Philistins.* En deux planches ; gravé par *Lommelin.* (B. 20, V. S. 44.)

Haut., 635 millim.; larg., 956.

21. *David qui étouffe un ours.* David est vers la gauche, l'ours qu'il serre dans ses bras lui mord la cuisse ; il y a aussi un lion mort et un bélier étranglé. Dans la gravure, au milieu : *P. P. Rubenius invent.*, et à droite : *G. Panneels fecit.* (B. 21, V. S. 45.)

Haut., 105 millim.; larg., 140.

22. *David coupant la tête de Goliath.* Le héros juif est vers la gauche, le pied sur Goliath étendu dans le milieu, les jambes vers la droite. Dans le bas de l'estampe : *Ex inu* RVBENI. *fec. Discip. eius. Guil^s. Panneels. coloni. Agrip.* 1630. Dans la marge, à droite : *F. v. W. ex.* (B. 22, V. S. 46.)

Haut., 140 millim.; larg., 169.

1er état. Celui décrit.
2e. Les initiales sont remplacées par *Fran. vanden Wyngarde ex.*

23. *Abigaïl venant fléchir la colère de David.* David est représenté venant de la gauche, suivi de guerriers ; devant lui, Abigaïl à genoux ; derrière elle, des personnages de sa suite. Titre : ET AIT DAVID AD ABIGAÏL. . . . . IN OCCVRSVM MEVM. Au bas, à gauche : *P. P. Rubens Pinxit.*, et au-dessous : *Adrian Lommelin sculp.;* à droite : *Gillis Hendricx excudit.* (B. 23, V. S. 49.)

Haut., 423 millim.; larg., 685.

1er état. Avant toute adresse. — 2e. Celui décrit. — 3e. Cette adresse est remplacée par *Gaspar Huberti ex.* — 4e. On lit l'adresse de *Corn. Van Merlen.* Dans cet état, la planche est retouchée. — 5e. Cette adresse est effacée.
Selon Smith, le tableau se trouve dans la galerie de Paul Methuen esq.

24. *Le Jugement de Salomon.* Il est assis à gauche sur son trône ; la bonne mère est à genoux et la mauvaise mère debout à droite ; dans le milieu, est l'enfant mort, ainsi que le bourreau prêt à couper en deux l'enfant vivant. Dédicace : *Nobilissimis Amplissimisq₃ viris* D.D. FRANCISCO VAN DÉR EE *Prætori. Engelberto de Tay Consuli* . . . . *Schema hoc Salomonici Iudicij ad aram Themidis DD.CC. Boëtius à Bolswert.* Dans l'estampe, à gauche : *P.P. Rubens pinxit;* au milieu : *Cum Priuilegijs Regis Christianissimi. Serenissimæ Infantis. et Ordinum confederatorum;* à droite : *B. à Bolswert sculp. et excudit.* (B. 24, V. S. 51).

Haut., 420 millim.; larg., 510.

1er état. Celui décrit.

* 2e. Après le mot *Themidis*. Il n'y a plus qu'un seul *D* et qu'un seul *C*. Collection Camberlyn.

Le tableau original est dans la galerie de Copenhague.

Citons encore : *La même composition*. Titre : *Femines dirimit — tendit habere suam*. *F. Ragot fec., à Paris, chez P. Mariette*. (V. S., 53.) Haut., 412 millim ; larg., 540.

La même composition. Même titre, avec quatre vers hollandais, par un anonyme. Dans la planche, à droite : *P. P. Rubens inv. J. C. Visscher excudit*. (V. S., 54.) Haut., 230 millim.; larg., 297.

La même composition. Titre : *Melior est sapientia. . . quam fortis. Van Somer f.* (V. S., 56.) Haut., 419 millim.; larg., 513.

La même composition : Même titre, par un anonyme. A droite : *P.P. Rubbens inv. C. Danckerts exc.* (V. S., 57.) Haut., 405 millim.; larg., 497, avec la bordure.

24 *bis. La Reine de Saba devant Salomon*. Salomon est assis sur le trône, à droite. La reine, accompagnée de sa suite, est à genoux devant lui. Composition de dix figures gravée à l'eau-forte par *Spruyt*. Sans nom de peintre. (V. S. 64.)

Haut., 274 millim.; larg., 312.

25. *Sennacherib épouvanté*. Il est dans le milieu tombant de son cheval, aux crins duquel il essaye de se retenir. A droite, son armée s'enfuit dans le plus grand désordre en voyant dans les airs l'ange du Seigneur ; à gauche, plusieurs cavaliers, dont l'un tombe de son cheval qui rue. Dans la marge : *Venit Angelus Domini, et percussit in castris Assyriorum. . . . . et mansit in Ninive. 4 : Reg. 19;* au-dessous, à gauche : *P.P. Rubens Pinxit;* au milieu : *Cum Priuil;* à droite : *P. Soutman Effigiauit et Excud.* (B. 25, V. S. 67.)

Haut., 358 millim.; larg., 460.

* 1er état. Avant les tailles sur la figure de l'homme qui est entre les deux chevaux, en bas. — Dans le 2e, cette figure est couverte de travaux qui la rendent méconnaissable.

26. *Élie auquel un ange apporte sa subsistance*. L'ange arrivant du fond, à droite, présente à Élie le pain et le vin. Le sujet est entouré d'une bordure avec colonnes. Titre : *Hic pascitur ab angelo. . . . .* *ac totus veneratur Orbis*. Dans la gravure, au bas de la droite : *Petr.*

Paulus Rubens pinxit, Coenr. Lauwers sculpsit et excudit Antuerpiæ cum privilegio. (B. 26, V. S. 65.)

Haut., 645 millim.; larg., 509.

Le tableau est au Musée du Louvre, acheté par Louis XVIII, au général Sébastiani qui l'avait rapporté d'Espagne.

26 bis. *Même composition.* Sans titre. L'ange qui est à droite offre à Élie le pain et le vin. Dans la marge : *Ex inu* RUBENI. *Se discip eius Guil. Panneels fe.* (B. 26 bis, V. S. 66.)

Haut., 144 millim.; larg., 113.

1ᵉʳ état. Celui décrit. La bordure est fine.

* 2ᵉ. Complètement retravaillé, le trait de bordure est très fort. On lit dans la marge : *P. P.* RUBENI IN. *Discip eius Guil. Panneels fe.*; à droite : *franc v. Wyngaerde ex.*

3ᵉ. Cette adresse est effacée.

27. *Judith coupant la tête d'Holopherne.* Celui-ci est renversé sur la droite, à moitié sorti de son lit. Judith est à gauche, et derrière elle, au milieu, la servante. Dans le haut, une gloire d'anges. A gauche, dans l'estampe : *Cornelius Galle sculp. et excud.* Dans la marge, six vers latins : *Cedite Romani ductores,* . . . . *perniciem Vna manus;* au-dessous : *Clariss°. et amicissimo viro* D.IOANNI WOVERIO. . . . . PETRVS PAVLLVS RVBENIVS. . . . . *promissi iam olim Veronæ.* . . . . DAT DICAT. (B. 27, V. S. 79.)

Haut., 521 millim.; larg., 376.

* 1ᵉʳ état. Avant toutes lettres, très rare.

* 2ᵒ. Celui décrit, mais avant l'adresse de *C. Collaert excudit,* qu'on lit dans le troisième état.

Le tableau original est, dit-on, dans la galerie de Brunswick.

On connaît une copie du sens opposé. Judith est à droite. On lit au bas deux distiques latins. *Fœmina quid potuit.* . . . . *P. P. Rubens inuent. et pinxit. F. Ragot fecit et excud. Cum privilegio Regis. A Paris en l'Isle du Palais aux deux Croissants, sur le quay qui regarde la Megisserie* . . . . (V. S. 81.)

Haut., 513 millim.; larg., 378.

28. *Judith.* Elle donne la tête d'Holopherne à sa servante qui est à gauche, tenant un sac. Dans la marge, un distique : ASPICE QVID PO-TVIT. . . . . . EN HOLOFERNIS HABET. A gauche : *Petr. Paul. Rubens pinxit.* A droite : *Alex. Voet iunior sculpsit et excudit.* (B. 28, V. S. 82.)

Haut., 298 millim.; larg., 227.

1ᵉʳ état. Celui décrit. — 2ᵒ. *C. Galle ex.*

3ᵉ. Retouché. — 4ᵉ. *A Paris chez Le Bas.*

28 *bis*. Le catalogue de Messire del Marmol (n° 70), mentionne encore : *Judith tirant le sabre pour couper la tête d'Holopherne*. A l'eau-forte, sans inscription ni titre.

29. *Esther devant Assuérus*. Assuérus, à gauche, se lève de son trône pour secourir la reine agenouillée devant lui. A droite, derrière Esther, des soldats et personnages de sa suite. En bas, quatre vers latins : *Estheris obtinuit populo. . . . . Si tua vota feret*. Dédicace : *R^{do} admodum. . . . . L. M. D. C. G. Rumoldus vande Velde*. Au bas, à gauche : *Pet. Paul. Rubbens pinxit*. Au milieu : *Richardo Colins sculpsit*. A droite : *Romboudt vande Velde excudit*. (B. 29, V. S. 69.)

Haut., 439 millim.; larg., 567.

1er état. Celui décrit. — 2e. On lit : *Franciscus ven den Wyngaerde exc.*
Le tableau est dans la collection de M. Norton.

29 *bis*. *Le même sujet*. Assuérus se lève à gauche pour secourir la reine agenouillée ; à droite, des soldats. Titre : *Ex inue*. RUBENI *fec. Discip. eius. Guil^{s}. Panneels*. A droite : *Fran^{c}. v. Wyngaerde ex.* (B. 29 *bis*, V. S. 70.)

Haut., 168 millim.; larg., 239.

29 *ter*. *La même composition*, gravée par *Spruyt*. (V. S. 71.)

30. *Daniel dans la fosse aux lions*. Il est assis à gauche, entouré de huit lions. Sans titre. *W. P. Leuw fecit*. (B. 30, V. S. 72.)

Haut., 405 millim.; larg., 554.

* 1er état. Avant l'adresse de *Danckerts ex*. Collection Debois.
Debois, 95 francs.
2e. Avec l'adresse indiquée ci-dessus.
Le tableau original, qui était dans la collection du duc d'Hamilton, vient d'être vendu 123,000 francs.

31. *La même composition*. Sans titre et sans noms d'artistes, gravée à l'eau-forte par *R. Stricker*. Très rare. (B. 31, V. S. 73.)

Haut., 250 millim.; larg., 340.

32. *Daniel dans la fosse aux lions*. Il est assis à gauche, entouré de quatre lions seulement. Au bas, dans la marge : *P. P. Rubens pinxit., A Blooteling ex. Cum privilegio*. (B. 32, V. S. 74.)

Haut., 326 millim.; larg., 247.

32 *bis*. *Le même sujet*, gravé avec des changements, en manière noire. *J. Smith ex.*

Cette pièce est citée dans le catalogue de Messire del Marmol. (V. n° 76.)

33. *Suzanne et les vieillards*. Elle est assise dans le milieu, regardant vers la droite. Dans la marge : *Lectissimæ virgini* ANNÆ ROEMER VISSCHERS. . . . . *Petrus Paulus Rubenius. L. M. D. D.* Au-dessous : *P. P. Rubens pinxit., Cum priuilegÿs, Regis Christianissimi.... Lucas Vorsterman, sculp. et excud. A^{no} 1620* (B. 33, V. S. 84.)

Haut., 370 millim. ; larg., 277.

1er état. Avant l'année. — 2e. Avant *excud.* — 3e. Celui décrit.

34. *Suzanne surprise par les vieillards*. Elle est vers la gauche, presque nue, dans un jardin, près d'une fontaine. Les deux vieillards sont à droite ; l'un la découvre, l'autre lui pose la main sur l'épaule. Dans la marge : TURPE SENILIS AMOR. A gauche : *Petrus Paulus Rubenius pinxit.* Au-dessous : *Paulus Pontius sculpsit* [1]. A droite : *Cum priuilegÿs Regis Christianissimi, Serenissimæ Infantis et Ordinum confœderatorum. Anno 1624.* (B. 34.) (V. S. 90.)

Haut., 342 millim.; larg., 275.

* Collection Robert-Dumesnil.
Le tableau original est dans la galerie de Munich.

34 *bis*. *Suzanne surprise par les vieillards*. Cette pièce est du sens opposé avec quelques changements. Titre : *Suzanne avec les vieillards, gravé d'après le dessin original de Rubens, tiré du cabinet de M. le prince de Galitzin.* . . . . Gravé par *Quirin Marck*. (V. S. 91.)

Haut., 264 millim.; larg., 227.

35. *Suzanne surprise par les vieillards*. M.L. Ces initiales de *Michel Lasne* se voient sur la terrasse dans le sujet. Titre : *Suzanne surprise.* . . . . *conserve sa chasteté*. (B. 35, V. S. 92.)

Haut., 270 millim.; larg., 212.

35 *bis*. *La même composition*. Dédicace : *Lectissimæ Virgini* ANNÆ ROEMER VISSCHERS. . . . . *Petrus Paulus Rubenius, L. M. D. D.*

---

1. M. Hymans, conservateur du Cabinet des estampes de Bruxelles, nous fait remarquer, dans un article critique sur notre IIe volume du *Manuel de l'Amateur d'estampes* (écoles flamande et hollandaise), que Pontius n'est pas né en 1596, mais sept ans plus tard, et qu'il est mort, âgé de cinquante-cinq ans, le 16 janvier 1658.

En dessous, au milieu : *P. Rubens pinxit.* Le monogramme de *Michel Lasne* est daus le bas de la gravure, à droite. (V. S. 93.)

Haut., 300 millim.; larg., 240.

36. *Suzanne surprise par les vieillards.* Elle est assise au milieu de l'estampe, entre les deux vieillards. Gravé en taille de bois par *Jegher.* Dans la planche, vers la gauche : *P. P. Rub. delin. et exc.* CVM PRIVILEGIIS, *Cristoffel Iegher sc.* (B. 36, V. S. 94.)

Haut., 448 millim.; larg., 580.

Dans les épreuves du deuxième état, l'adresse de *Jegher* est substituée à celle de *Rubens*; le premier état est celui décrit.

37. *Suzanne surprise par les vieillards.* Cette pièce a été gravée à l'eau-forte en 1763, par *Spruyt*, peintre à Anvers. (B. 37, V. S. 95.)

Haut., 270 millim.; larg., 367.

Le catalogue de Messire del Marmol (nᵒˢ 87 et 88) décrit une épreuve avant toutes lettres; celles du deuxième état sont avant la lettre, mais avec *P. P. Rubens pinxit. P. S. scul.*

37². *Le même sujet.* Par le même graveur, aussi à l'eau-forte. (V. S. même numéro.)

Haut., 223 millim.; larg., 288.

37³. *Suzanne surprise par les vieillards.* Elle est assise au milieu de l'estampe. Les vieillards sont derrière elle; celui de droite porte une très grande barbe et a la tête couverte d'un haut turban. Titre : CONSTANS. Dans la gravure, à droite, la date de 1655. Gravure à l'eauforte, sans noms d'artistes.

Haut., 400 millim.; larg., 280.

Cette pièce est classée dans l'œuvre de Rubens au Cabinet des estampes de Paris.

37⁴. *Jonas jeté dans la mer.* La barque est dans le milieu de l'estampe; la tête de la baleine est vers la gauche, la queue se voit à droite. Dans la marge du bas, à gauche: *P.P. Rubens pinx.;* à droite: *P.J. Tassaert fecit, aqua forti.* Il n'y a pas de titre. (V. S. 78.)

Haut. 401 millim.; larg., 445.

Le tableau ornait jadis la chapelle des Poissonniers à Notre-Dame de Malines.

SUJETS DU NOUVEAU TESTAMENT

1. *Le Mariage de la Vierge*. Marie est à droite, suivie de sainte Anne et de plusieurs autres femmes ; saint Joseph, nu-tête, est dans le milieu, et le grand prêtre à gauche ; en haut, des anges jettent des fleurs. Fond d'architecture. Titre : VIRGO DESPONSATA VIRO CUI NOMEN ERAT IOSEPH DE DOMO DAVID ET NOMEN VIRGINIS MARIA. *Lucæ*. I. Au-dessous, à gauche : *Pet. Paul. Rubens pinxit*, plus bas : *S. à Bolswert sculpsit*, à droite : *Gillis Hendricx excudit*. (B. 1, V. S. 14.)

Haut., 443 millim.; larg., 340.

* 1ᵉʳ état. Avant toutes lettres. — 2ᵉ. Avant *G. Hendricx excudit*.
3ᵉ. Celui décrit. — 4ᵉ. Après l'adresse, on lit : *Antwerpiæ C. P.*
5ᵉ. L'adresse est effacée. — 6ᵉ. *A Paris, chez le Bas.*
Il existe une copie de cette estampe qui n'a de hauteur que 441 millim., avec le même titre, mais sans nom de graveur. On lit : *Geeraet Donck excudit Antwerpiæ*.

2. Ce sujet a encore été gravé par *Coenr. Lauwers*, avec le même titre. (B. 2, V. S. 15.)

Même dimension.

1ᵉʳ état. Celui décrit. — 2ᵉ. *A. Voet exc.*
On connaît la *même composition* avec le même titre en sens contraire sur deux feuilles. Au milieu de la planche : *F. Ragot fecit et excudit*. (V. S. 18.) Haut., 912 millim.; larg., 644.

3. *L'Annonciation*. La Vierge est à genoux, à droite, près d'un prie-Dieu sur lequel brûle une lampe ; elle a la main droite sur un livre. L'ange Gabriel est à genoux, à gauche. En l'air, le saint Esprit, et des deux côtés, deux anges. Dédicace : PERILLUSTRI SODALITATI PARTHENIÆ MAIORI LITTERATORUM, *quam ipsa* VIRGINIS ANNUNCIATÆ. . . . . *hanc in æs incisam Martinus vanden Enden officii causâ D.C.Q.;* au-dessous, à gauche : *Pet. Paul. Rubbens pinxit.;* plus bas : *S. à Bolswert sculpsit.;* à droite : *Martinus vanden Enden excud.;* encore plus bas : *Antwerpiæ cum priuilegio.* (B. 3, V. S. 1.)

Haut., 440 millim.; larg., 331.

* 1ᵉʳ état. Celui décrit.
2ᵉ. La première adresse est remplacée par celle de *Gillis Hendricx*.
On trouve un tableau de cette composition dans la Galerie du Belvédère, à Vienne et un autre dans celle du duc de Marlborough, à Bleinheim.

3 *bis*. *L'Annonciation*. La Vierge est agenouillée sur un prie-Dieu vers la droite : l'ange est debout à côté d'elle. Titre : *Anxia ne ti-meas. . . . . Virgo Parensq simul.* Au-dessous, à gauche : *P. P. Rubens inv. fr. Luycx S. O. M. pict. delineavit. francisco de Steen S. C. M. sculpcit.* (V. S. 2.)

Haut., 353 millim.; larg., 345.

Les deux épreuves qui sont dans l'œuvre de Rubens, au Cabinet des estampes de Paris, ne portent que le nom du graveur.

3 *ter*. *La même composition.* En sens contraire, par un anonyme. Titre : *Ave Maria gratia plena. . . . . Gillis Hendricx exc. Antwerpiæ.* (V. S. 3.)

Haut., 466 millim.; larg., 365.

Les pièces suivantes sont au Cabinet des estampes de Paris.

L'Annonciation. L'Ange est à gauche et la Vierge à droite, sans nom de graveur.

Haut., 285 millim.; larg., 190.

Cette estampe, décrite sous le numéro 3 *bis* de Basan, gravée par *J. Collaert*, est la même que celle qu'il décrit dans les *différentes suites*, n° 5-1.

Il existe une copie du même sens, mais plus grande, ainsi qu'une autre copie plus petite.

L'Annonciation. La Vierge est à genoux, à gauche; sans nom de maître.

Haut., 296 millim.; larg., 194.

Autre Annonciation. La Vierge est à genoux, à droite.

Haut., 257 millim.; larg., 169.

4. *La Visitation.* A gauche, sous un portique à colonnes, la sainte Vierge est reçue par sainte Anne, tandis que saint Joachim accueille saint Joseph. Derrière celui-ci, à droite, sur un escalier, une jeune femme ayant un panier sur la tête. Dans le bas, au milieu, un homme décharge l'âne; à gauche, un coq et des poules. Dans la marge : ELISA-BETH *ait. . . . . Et ait* MARIA. . . . . *in Deo salutari meo, etc.;* à gauche, *P. P. Rubens pinxit.;* au-dessous : *Petrus de Iode Junior*[1] *sculpsit ;* à droite: *Cum priuilegÿs Regis Christianissimi, Serenissimæ Infantis et Ordinum confœderatorum.* (B. 4, V. S. 6.)

Haut., 621 millim.; larg., 493.

1. M. Hymans nous apprend que ce graveur n'est pas né en 1602, mais bien le 22 octobre 1606.

* 1ᵉʳ état. Avant toutes lettres. Collection Dfugulin. On trouve au Cabinet des estampes de Paris une épreuve du même état, avec des retouches qui sont attribuées à Rubens lui-même.

* 2ᵉ. Avant *Gasp. Huberti excudit.*

3ᵉ. Avec l'adresse que nous venons de citer.

4ᵉ. Cette adresse est remplacée par celle de *Van Merlen.*

Le tableau original forme le volet droit de la *Descente de croix* qui est dans la cathédrale d'Anvers.

Cette même pièce existe aussi gravée en contre-partie, par *Ragot.* Titre : *Vt audivit* SALVTATIONEM. . . . . IN VTERO EIUS. Au-dessous : *P. P. Rubens pinxit. F. Ragot fecit et excudit. Avec privilége du Roy et se vendent en sa boutique au Palais, dans la gallerie des prisonniers proche la chancellerie.* Haut., 615 milim.; larg., 488.

5. *L'Adoration des Bergers.* La Vierge et saint Joseph sont à gauche montrant l'enfant Jésus aux bergers qui arrivent de la droite; du même côté, l'âne et le bœuf. Composition de neuf figures. Dédicace : NOBILISSIMO ET AMPLISSIMO VIRO. . . . . RUBENUS DEDICAT CONSECRATQUE. Au-dessous, à gauche : *P. P. Rubens Pinxit.* Au milieu : *Cum privilegÿs Regis Christianissimi, Principum Belgarum, et Ordinum Bataviæ.* A droite : *Lucas Vorsterman sculp. et excud.* Anº 1620. (B. 5, V. S. 23.)

Haut., 572 millim.; larg., 440.

Le tableau fut peint pour l'église des Capucins, à Aix-la-Chapelle.

On connaît la même composition en sens contraire. Titre : *Virgo quem genuit adoravit. F. Ragot fecit et excudit.* (V. S. 24.) Haut., 540 millim.; larg., 422.

6. *L'Adoration des Bergers.* La Vierge est à genoux derrière le berceau où est l'enfant Jésus, dont elle soulève la tête ; derrière elle, saint Joseph ; plus loin, en l'air, une gloire d'anges ; au bas du même côté, le bœuf et l'âne. Au milieu, une vieille femme est à genoux ; derrière elle une autre est debout, tenant une cruche sur la tête ; autour d'elle quelques bergers. Dédicace: PETRO VENIO LCᵗᵒ CLᵐᵒ HAGIENSIS OPIDI SYNDICO. . . . . AMICISSIMOQ. PETRVS PAVLVS RVBENS. . . . . LVBENS MERITO DEDIT DEDICAVIT QVE. Au-dessous, à gauche : *P.P. Rubens pinxit.* Au milieu : *Cum priuilegÿs Regis Christianissimi, Principum Belgarum, et Ordinum Batauiæ* ; à droite : *Lucas Vorsterman sculp. et excud. Aⁿᵒ.* 1620. (B. 6, V. S. 28.)

Haut., 275 millim.; larg.ʳ 439.

Une épreuve avant la lettre est au British Museum.

Le tableau original fut peint pour l'église des Dominicains, à Anvers, où il ne se trouve plus.

On voit au Musée du Louvre le dessin de cette estampe; il est à la plume et à la pierre noire, lavé d'encre de Chine et de bistre, rehaussé de blanc, sur papier gris.

6 *bis. L'Adoration des Bergers.* C'est une copie en sens contraire. Titre : NATVS EST VOBIS SALVATOR. Sans nom de peintre. A droite : *C. Galle.* (V. S. 29.)

> Haut., 326 millim.; larg., 443.

7. *La Nativité.* L'enfant Jésus est au milieu, entre la Vierge agenouillée à gauche, et saint Joseph à droite. Dans le haut, une gloire d'anges tenant une banderole. Titre : VIRGO, QVEM GENVIT ADORAVIT. A gauche : *P. Paulus Rubbens pinxit., S. à Bolswert fecit.* A droite : *Martinus vanden Enden exc. Antuerpiæ cum priuilegio Regis.* (B. 7, V. S. 19.)

> Haut., 420 millim.; larg., 315.

* 1er état. Avec l'adresse de *Martinus vanden Enden,* mais avant le nom de la ville et le privilège. — 2e. Celui décrit.

3e. Avec l'adresse de *Gillis Hendricx.* — 4e. *A Paris, chez Le Bas.*

Il existe une copie en contre-partie. *Mariette excudit.*

8. *La Nativité.* La Vierge est à gauche avec saint Joseph montrant aux bergers l'enfant Jésus qui est au milieu de l'estampe. Titre et dédicace : *Christe Redemptor omnium. . . . . Doctoris Theolog. etc.* Au-dessous : *Guilielmus Panneels, Discip. Rubeni. inu. et fec. franco-furti ad Mœnum.* MDCXXX. · . . . . *F. v. W. ex.* (B. 8, V. S. 34.)

> Haut., 195 millim.; larg., 160.

Le catalogue de Messire del Marmol (n° 114) mentionne une copie au burin en contre-partie; avec quelques changements, sans nom de peintre ni de graveur.

9. *La Nativité.* La Vierge est dans le milieu, suivie de saint Joseph à gauche. Sans titre et sans nom de graveur. Cette pièce est remarquable parce qu'il y a six capucins qui adorent l'enfant Jésus, ils sont à droite. Au bas dans l'estampe : *P.P. Rubens inuent.* (B. 9, V. S. 100.)

> Haut., 156 millim.; larg., 200.

10. *La Nativité.* La Vierge est à droite, montrant l'enfant Jésus aux bergers qui sont dans le milieu et vers la gauche. Saint Joseph est der-

rière Marie ; en l'air, un grand nombre d'anges; sur le devant, à droite,
le bœuf et l'âne. Titre : ECCE VIRGO CONCIPIET. . . . . *Isaiae* 7. Au coin
du bas, à gauche : *P. P. Rubbens pinxit.* ; au-dessous : *Paul Pontius
sculpsit.* ; à droite, en deux lignes : *Gillis Hendricx excudit Antuerpiœ.* Pièce cintrée. (B. 10, V. S. 35.)

Haut., 590 millim.; larg., 380.

* 1er état. Avant la lettre. Collection d'Affry.
2e. Celui décrit. — 3e. Avec *Gasp. Huberti.*
4e. Cette adresse est effacée. On connaît une copie en contre-partie.
Le tableau original est dans la galerie de Munich.

11. *La Nativité*. La Vierge est à droite, découvrant l'enfant Jésus;
près d'elle, vers le milieu, saint Joseph ; au fond l'étable, et au bas le
bœuf et l'âne. Deux bergers adorent le Sauveur, plus loin une femme
verse du lait dans un pot ; une femme est debout avec un panier sur la
tête ; derrière elle, des bergers. Titre : SALVATOR NOSTER, DILECTISSIMI
HODIE NATVS EST EXVLTET SANCTVS, ... *De natiuitate Domim.*
P.P. Rubens Inuent, Joan. Witdoeck sculp., et au-dessous, à droite:
Cum priuilegiis Regis. J. de Berti. ; à gauche : *H. Witdoeck excud.
Antwerpiœ.* (B. 11, V. S. 36.)

Haut., 380 millim.; larg., 550.

* 1er état. C'est celui décrit. Les gorges des femmes sont nues. Collection Mailand.
2e Retravaillé par *Witdoeck* ; les gorges sont couvertes. On lit: *Corn. Coebrechts exc.*
3e. Le nom de *Witdoeck* est effacé, on ne voit plus l'adresse précédente. Au bas,
à gauche : *S. à Bolswert et Martinus Van den Enden, exc.; J. de Berti* est toujours resté
dans le coin du bas, à droite.
4e. Après *exc.: Antwerpiœ C. P.* — 5e. Avec l'adresse de *Gillis Hendrix.*
6e. Cette adresse est remplacée par celle d'*Huberti.*
7e. *I. de Berti.* — 8e. *Corn Van Merlen ex.*
Ce tableau a été peint pour l'église des Capucins à Lille.

11². *La même composition*, gravée en contre-partie. Titre
*Veram orbi lucem. . . . . pectore Marce geris. F. Ragot fecit et
excudit.* (V. S. 37.)

Haut., 387 millim.; larg., 561.

11³. *Autre Nativité*. Composition de sept figures, gravée à Paris
d'après le dessin original de Rubens, d'après lequel on avait déjà reproduit l'*Adoration des bergers*, dont on trouve la description dans les
différentes suites. La Vierge et saint Joseph sont à gauche, les bergers
à droite. Titre: *Quel éclat brillant !* Au-dessous : *à Paris, chez Basan.*

Au bas de la gravure, à gauche : *P. P. Rubens inv.* A droite : *F. Basan excudit.* (B. 11 *bis,* V. S. 41.)

Haut., 284 millim. larg., 198.

11⁴. *Adoration des bergers ou Nativité.* Sans nom de peintre ni de graveur. Titre : *Et verbum caro factum est et habitavit in nobis. Gaspar Huberti ex.* (V. S. 42.)

Haut., 277 millim.; larg., 198.

11⁵. *Nativité ou Adoration des bergers,* par un anonyme. *Même composition* en contre-partie que le numéro 11³. Titre : *Nascitur in stabulo. . . . . dat vndique sœclis.* Au-dessous : *Pet. Paul. Rubbens inuent. Michael Snyers excud.* (V. S. 45.)

Haut., 270 millim.; larg., 190.

11⁶. *Autre Nativité,* gravée probablement par *P. Spruyt.* Deux anges tiennent une banderole où on lit : *Gloria in excelsis.* (V. S. 46.)

Haut., 167 millim.; larg., 122.

12. *L'Adoration des Rois.* La Vierge est assise à gauche, tenant l'enfant Jésus sur ses genoux. Les trois mages, suivis de leur suite arrivant de la droite, lui offrent des présents. Dans la marge du bas, huit vers latins : *Ceu qvondam Patribus. . . . . suppliciter genibus flexis, atque ordine soluunt.* Dans la gravure, à gauche : *P. P. Rubens pinxit.* A droite : *Nicolaes Ryckemans sculp. et excud. Ecdam.* (B. 12, V. S. 57.)

Haut., 565 millim.; larg., 435.

1ᵉʳ état. Celui décrit. — 2ᵉ. Avec *Gaspard Huberti ex.*
3ᵉ. Avec *Corn. van Merlen*; épreuve retouchée. — 4ᵉ. Cette adresse est effacée.
On trouve des contre-épreuves avec l'adresse du premier état.

13. *L'Adoration des Rois.* La sainte Vierge est à gauche, présentant l'enfant Jésus à un vieux roi à genoux. Dans la marge : ET PROCIDENTES ADORAVERVNT IESVM. Au bas, à gauche : *P. P. Rubbens pinx.* A droite : *C. Galle excud.* (B. 13, V. S. 58.)

Haut., 383 millim.; larg., 270.

14. *L'Adoration des Rois.* La Vierge est à gauche; un des rois est prosterné ; dans le fond, un roi coiffé d'un turban. Sans titre. A gauche : *Pet. Paul Rubbens pinxit.* A droite : *Remoldus Eynhouedts fecit.* (B. 14, V. S. 59.)

Haut., 317 millim.; larg., 250.

Le tableau original est au musée d'Anvers.

15. *L'Adoration des Rois*. La sainte Vierge est à droite tenant l'enfant Jésus; derrière elle est saint Joseph. Dans le milieu sont les trois rois; à gauche, leur suite. Titre: ET PROCIDENTES ADORAVERVNT EVM. *Math*. 2. Plus bas, à gauche: *P. Paulus Rubbens pinxit.*; au-dessous: *S. à Bolswert fecit.*; à droite: *Martinus vanden Enden excudit.*; au-dessous: *Antuerpiæ cum privilegio Regis*. (B. 15, V. S. 60.)

Haut., 424 millim.; larg., 318.

1er état. Avant toutes lettres. On trouve une épreuve au Cabinet des estampes, qui paraît retouchée de la main de Rubens.

2e. Celui décrit. — 3e. Avec l'adresse de *Gillis Hendricx*.

Le Musée du Louvre possède le tableau original.

16. *L'Adoration des Rois*. La Vierge qui est à droite, accompagnée de saint Joseph, leur présente l'enfant Jésus ; à gauche, les rois. Titre : *Hostis Herodes impie . . . . Ex inu Rubeni fecit, discip. eius Guiliel^s Panneels Francofurti ad mœnum. . . . . * MDCXXX. Au bas, à droite : *F. v. W. ex.* (B. 16, V. S. 63.)

Haut., 200 millim.; larg., 156.

17. *L'Adoration des Rois*. La Vierge est dans le milieu, vers la droite, tenant l'enfant Jésus qu'un des rois à genoux adore ; les deux autres sont debout, à gauche, et la suite sur un escalier à l'entrée de la crèche. Au bas, à droite, un jeune homme à genoux tient l'encens, un autre debout l'encensoir et le troisième porte un flambeau. Titre : *Intrantes domum Inuenerunt puerum cum Maria matre eius, ... obtulerunt ei munera aurum thus et mÿrrham*. A gauche : *Petrus Paulus Rubens pinxit.*; au dessous : *N. Lauwers*[1] *sculpsit.*; à droite : *Cum priuilegÿs Regis Christianissimi, principum Belgij et Ordinum Batauiæ*. (B. 17, V. S. 68.)

Haut., 598 millim.; larg., 451.

Une épreuve avant toutes lettres se trouve au British Museum.

Le tableau original est au Musée de Bruxelles ; une esquisse se trouve à l'Ermitage, à Saint-Pétersbourg.

18. *Adoration des Rois*. La Vierge est à gauche tenant l'enfant Jésus qu'elle présente aux rois, dont deux lui offrent des présents ; le roi nègre est derrière eux avec sa suite. Saint Joseph est à gauche,

---

1. M. Hymans nous fait remarquer que N. Lauwers n'est pas né à Leuze dans le Hainaut, mais à Anvers en 1600 ; il est mort dans la même ville en 1652.

en arrière de la Vierge. Titre : PROCIDENTES ADORAVERVNT EVM. *Matt. cap. II;* au-dessous, deux lignes de psaumes. A gauche : *P. P. Rubens pinxit.;* au-dessous : *H. Witdouc sculp. A°. 1678.* A droite : *Cum priui-legiis Regis Christianissimi, Principum Belgarum et Ord. Batauiæ.* (B. 18, V. S. 73.)

Haut., 454 millim.; larg., 325.

* 1er état. Avant toutes lettres. Collections Woodhouse, de Fries et Camberlyn.

On voit, au British Museum, une épreuve du même état avec des retouches au pinceau.

* 2°. Avec la lettre, mais avant divers changements, principalement à la tête du roi qui est au milieu des deux autres; cette tête est bien plus brune que dans l'état suivant. Collection d'Ursel, de Fries et Camberlyn.

3ᵉ. Avec les changements.

Le tableau original est dans la galerie Grosvenor.

Même composition. Titre : *Et procidentes adoraverunt Jesum.* Aux pieds du roi prosterné qui tient un encensoir de la main gauche, on voit un chien. Sans nom de peintre ni de graveur. *C. Galle excud.* (V. S. 74.) Haut., 396 millim.; larg., 219.

19. *Adoration des Rois.* La Vierge, à droite, suivie de saint Joseph, présente l'enfant Jésus aux Rois mages qui sont à gauche avec leur suite. Titre : ET APERTIS THESAVRIS SVIS OBTVLERVNT ET MVNERA AVRVM THVS ET MYRRHAM. *Matthei 2.* Dédicace : *Nobilissimo amplissimoqᵇ viro, Domino D.* HENRICO A WERVIO. . . . . . *Ægidius Henricius Antver-pianus Observantiæ testandæ ergo Lub. Mer : dedicat consecratq₃. Anno 1694.* Au bas, à gauche : *Pet. Paul Rubbens pinxit.* Au-dessous : *Adrian Lommelin sculpsit;* à droite : *Gillis Hendricx excudit Antuerpiæ.* (B. 19, V. S. 77.)

Haut., 593 millim.; larg., 460.

* 1ᵉʳ état. Avant la lettre et avant divers travaux. Collection Camberlyn.

2ᵉ. Avec l'adresse du graveur.

3ᵉ. Celui décrit.

4ᵉ. Avec l'adresse de *Gasp. Huberti cx.*

5ᵉ. Cette adresse est remplacée par *Van Merlen.*

20. *L'Adoration des Rois.* La Vierge, à gauche, suivie de saint Joseph, présente l'enfant Jésus qui reçoit les présents des Rois placés à droite avec leur suite. Titre : ET APERTIS THESAVRIS SVIS OBTVLERVNT EI MVNERA AVRVM THVS ET MYRRHAM. *Matthei 2.* Dédicace : *Nobilissimo Amplissimoq₃. viro Domino D.* HENRICO VANDEN WERVE. . . . . *Ægidius*

Hendricx Antverpianus. A°. 1663. Au bas, à gauche : *P. P. Rubbens pinxit*, au-dessous : *Adrianus Lommelin sculpsit.* ; à droite : *Gillis Hendricx excudit.* (B. 20, V. S. 78.)

Haut., 372 millim.; larg., 492.

1er état. Celui décrit, l'inscription est en deux lignes.

2°. L'inscription est en trois lignes, on lit : *Nunc autem consuli Primario. L M. D. C. Q. Ægidius Hen Iricx Antverpianus* A°. 1663.

3°. L'adresse de *Gillis Hendricx* est effacée.

21. *La même composition.* Avec quelques légers changements par un anonyme. L'enfant Jésus est vu de trois quarts, au lieu d'être de profil ; la Vierge a le sein découvert ; on voit quelques brins de paille au pied de la table sur laquelle l'enfant Jésus est posé. Même sens que la précédente. Titre : ECCE MAGI AB ORIENTE VENERVNT. . . . . *Matthæi 2 capite.* Par un anonyme. (B. 21, V. S. 79.)

Même dimension.

22. *L'Adoration des Rois.* La Vierge est debout, à gauche, avec saint Joseph ; elle tient l'enfant Jésus qui est debout sur une table couverte de paille ; un des rois mages est à genoux devant lui. En deux feuilles. Dédicace : SERENISSIMO MAXIMILIANO. . . . . DEDICAT CONSECRABATQ̃. Au-dessous : *Cum privilegijs, Regis Christianissimi, Principum Belgarum, et Ordinum Bataviæ.* Dans la planche, à gauche : *P. P. Rubens Pinxit.* A droite : *Lucas Vorsterman sculp. et excud.* A". 1621. (B. 22, V. S. 80.)

Haut., 561 millim.; larg., 732.

Le tableau, selon Nagler, se trouve dans l'église de Saint-Jean, à Malines.

Le catalogue de Messire del Marmol (n° 150) mentionne *la même composition* gravée du même sens sur une seule feuille. Titre : VENITE ADOREMVS... *C. Galle* ; sans nom de peintre ni de graveur. (V. S. 81.)

Haut., 120 millim.; larg., 434.

Il cite aussi (n° 151) une partie de la même composition. Titre : FELICES MAGI REGEM ADORANT... Pièce en sens contraire, gravée par *A. Voet.*

22 *bis. L'Adoration des Rois.* En sens contraire de celle de C. Galle. Titre : PROCIDENTES ADORAVERVNT EVM. . . . . ; avec quatre vers hollandais, par un anonyme. *P. P. Rubens inventor J. C. Visscher excudit.* (V. S. 82.)

Haut., 360 millim.; larg., 573.

23. *L'Adoration des Rois*. La Vierge est debout, à droite, avec saint Joseph ; elle tient l'enfant Jésus qui prend une coupe que lui donne un des rois mages à genoux devant lui. Le roi nègre tient un coffret ouvert. Dédicace : SERENISSIMO ET POTENTISSIMO ALBERTO. . . . . PETRUS PAVLVS RVBENS EX FIDO CVLTV HVMILITER DEDICAT CONSECRATQVE. Au-dessous, à gauche : *P. P. Rubens pinxit*. Au milieu : *Cum privilegÿs, Regis Christianissimi, Principum Belgarum, et Ordinum Bataviæ*. A droite : *Lucas Vorsterman sculp. et excud. A° 1620*. (B. 23, V. S. 84.)

Haut., 563 millim.; larg., 435.

Le tableau peint pour l'église des Capucins, à Tournai, fut endommagé par un boulet pendant le siège de cette ville.

23 *bis*. Basan et Messire del Marmol citent une copie de même grandeur et du même sens. On lit la même dédicace et le même privilège. *Peter Nolpe fecit*. (B. 23 *bis*, V. S. 85.) (V. Marmol, n° 153.)

23 *ter*. *Autre Adoration des Rois*. Sans titre. Au bas : *S. à Bolswert fecit., Martinus van den Enden Excudit cum priuilegio*. Probablement d'après Rubens.

24. *Adoration des Rois*. Sans titre. La Vierge est assise à gauche, ayant l'enfant Jésus sur ses genoux ; saint Joseph est derrière, un mur à sa droite ; ils sont adorés par les Rois. En haut, quatre anges. Dans la planche : *Girolamo Frezza scul*. A gauche, dans la bordure : *P. P. Rubens pinxit*. Au milieu : *Si Stampano e si uendono. . . . . anno 1692*. (B. 24, V. S. 90.)

Haut., 486 millim.; larg., 365 sans la bordure.

1er état. C'est celui décrit. — 2°. On lit : *presso Carlo Antonini*.

24 *bis*. *L'Adoration des Rois*. Cette estampe paraît avoir servi pour un dessus de thèse. Les assistants sont vêtus à la hongroise ; chaque roi offre sa couronne à l'enfant Jésus. Titre : UT OLIM TRES PRINCIPES. . . . . *N. Lauwers sculp*. (V. S. 68 *bis*.)

Haut., 598 millim.; larg., 451.

On trouve des épreuves de cette pièce, sans l'inscription ; catalogue de Messire del Marmol (n° 157).

On connaît encore : *Adoration des Rois*. Titre : *Magi intrantes domum. . . . . adoraverunt cum*. Par un anonyme. *C. Danckerts excudit*. (V. S. 94.) Haut., 385 millim., larg. 513.

25. *La Circoncision.* Le grand prêtre est à gauche ; l'enfant Jésus sur une table, au milieu. Dans le haut, une gloire d'anges. Titre : *Circumcisio Iesu Christi.* Au bas, à gauche : *P. P. Rubbens pinxit ;* au-dessous : *Adrianus Lommelin sculpsit.* A droite : *Gillis Hendricx excudit.* (B. 25. V. S. 47 *bis.*)

Haut., 422 millim.; larg., 336.

Le tableau est à l'église de Saint-Ambroise, à Gênes.

26. *La Fuite en Égypte.* La marche se dirige vers la droite. Titre : *Joseph consurgens accepit puerum et matrem eius nocte et secessit in Ægyptum.* MATT. CAP. II. Au bas, à gauche, en trois lignes : *Cum privilegÿs Regis Cristianissimi, Serenissimæ Infantis et Ordinum Confœderatorum.* A droite : *P. P. Rubbens pinxit. Marinus* [1] *sculpsit.* (B. 26, V. S. 102.)

Haut., 357 millim.; larg., 458.

[1] 1er état. Avant toutes lettres.

2e. Celui décrit. Les épreuves postérieures sont retouchées.

Le tableau original est au musée du Louvre.

27. *La même composition.* En contre-partie. Sans titre. *Corn. Galle.* (B. 27, V. S. 104.)

Haut.. 239 millim.; larg., 135.

28. *Fuite en Égypte.* A l'eau-forte, par un graveur anonyme. Dans le haut de l'estampe, et vers la gauche : *P. Paul Rubbens fecit.* (B. 28, V. S. 105.)

Haut., 113 millim.; larg., 146.

Autre fuite en Égypte. Titre : *Fuge dilecte mi.* Cant. 8. La Vierge tient dans ses bras l'Enfant Jésus auquel un ange présente une rose. A gauche, saint Joseph, tenant un bâton dans sa main gauche, indique le chemin. Par un anonyme. *C. Galle.* Sous le titre : *Se vend chez J. Hoest, à Anvers.* (V. S. 106.) Haut., 459. millim.; larg., 342.

29. *Retour d'Égypte.* La Vierge, à gauche, et saint Joseph, à droite, ayant l'enfant Jésus au milieu d'eux se dirigent vers le devant ; au-dessus de Jésus plane le saint Esprit. Dans le haut, Dieu le Père. Titre : ET ERAT SVBDITVS ILLIS. *Luc.* 2; à gauche : *P. P. Rubbens pinxit., S. à Bolswert fecit.*; à droite : *Martinus vanden Enden excudit cum priuilegio.* (B. 29, V. S. 116.)

Haut., 422 millim.; larg., 320.

---

1. Notre erreur était plus grave au sujet de Marinus. M. Hymans nous fait remarquer qu'il est né en 1599, et non en 1626. Il ne fut pas élève de Bolswert, mais de Vorsterman, dans l'atelier duquel il fut admis en 1631.

* 1er état. C'est celui décrit. Collection Camberlyn.

2°. L'adresse de *Gillis Hendricx ex.* remplace la première.

Le catalogue de Messire del Marmol (n° 169) mentionne une copie du sens opposé avec le même titre, mais sans nom de peintre ni de graveur.

M. Voorhelm (n° 117) mentionne la même composition en sens contraire par *S. à Bolswert* avec l'adresse de *Mart. van den Enden.* Même dimension.

29 *bis. Retour d'Égypte.* C'est la même composition gravée par *A. Voet,* avec quelques changements. (B. 29 *bis,* V. S. 123.)

Haut., 237 millim.; larg., 142.

30. *Retour d'Égypte.* Saint Joseph mène son âne par la bride ; en haut, à gauche, une cigogne. Titre : DEI ET MATRIS ET FILII FVGAM IN ÆGYPTVM. Dédicace : NOBILI VIRO IOANNI VELASCO. . . . . PETRVS PAVLVS RVBENS BENIVOLENTIÆ CAVSSA INSCRIPSIT. Au-dessous, à gauche : *P. P. Rubens pinxit.* Au milieu : *Cum priuilegÿs Regis Christianissimi, Principum Belgarum, et Ordinum Bataviæ.* A droite : *Lucas Vorsterman sculp. et excud. An*° 1620. (B. 30, V. S. 124.)

Haut., 400 millim.; larg., 3C8.

On connaît des contre-épreuves.

Le dessin fait sous la direction de Rubens, à la pierre noire et à la plume, avec quelques touches d'encre de Chine et de blanc, est au Musée du Louvre. Le tableau original appartient au duc de Marlborough ; il se trouve au palais de Bleinheim.

Le catalogue de Messire del Marmol (n° 172) mentionne un autre *Retour d'Égypte.* Titre : DUM NUSQUAM... *Joannes Thomas inventor. F. V. D. Wyngaerde fecit aqua forti.* Cette estampe n'est pas de Rubens ; mais, dit le catalogue, comme on possède une épreuve avant la lettre corrigée par Rubens lui-même, pour servir de guide au graveur, on a cru bien faire de la joindre à l'œuvre du grand maître. Cette assertion pourra paraître contestable. Haut., 291 mill. ; larg., 401.

On connaît encore :

La même composi ion que le numéro 30. Titre : *Jesus matris deliciæ...* Sans nom de peintre ni de graveur. *Gaspar Huberti.* (V. S. 128.) Haut., 225 mill. ; larg., 142.

La même composition en sens contraire, sans titre ni nom de peintre et de graveur. *Gaspar Huberti.* (V. S. 130.) Haut., 131 mill.; larg., 95.

31. *Retour d'Égypte.* Titre : IESVS MARIA IOSEPH. . . . . Sans nom de peintre ni de graveur. *Huberti ex.* (B. 31, V. S. 131.)

Haut., 227 millim.; larg., 135.

L'estampe est imprimée dans un passe-partout de fleurs, d'après le Père Seghers.

32. *Le Massacre des Innocents.* Pièce en deux feuilles. On voit à gauche l'édit d'Hérode sur un pilier, et des femmes qui luttent contre des soldats ; dans le fond, un grand édifice avec des colonnes ; à droite, des soldats massacrent des enfants ; les ruines d'un édifice et un temple en rotonde. Trois anges planent dans les airs. A gauche, dédicace en quatre lignes ; sur la première feuille : PERILLVSTRI ET REVERENDISSIMO DOMINO, D. ANTONIO TRIEST, EPISCOPO GANDAVENSI. . . . . INTER CVIVS CIMELIA HVIVS TABVLÆ EXSTAT ARCHETYPON. Dans l'estampe, à gauche : *Pet. Paul. Rubenius pinxit.;* au-dessous : *Paulus Pontius sculpsit.* Sur la feuille de droite, on voit dans la marge, à gauche, les armes de l'évêque ; suivent trois lignes : *Contemplare, spectator, in hoc tabellâ, furentem innocentissimis infantibus trucidendis, sœuitiam; . . . . frustra extinguere nititur.* C. G. Dans l'estampe, à droite : *Cum priuilegio,* et au-dessous : *Anno* 1643. (B. 32, V. S. 107.)

Haut., 605 millim.; larg., 915.

* 1ᵉʳ état. Avant toutes lettres dans la marge et avant toute inscription dans l'estampe. — 2ᵉ. Celui décrit. — 3ᵉ. On lit : *Huberti exc.*

4ᵉ. L'adresse est effacée ; l'estampe est retouchée.

Le tableau original est dans la galerie de Munich.

On connaît un *Massacre des Innocents* en six feuilles. Titre : *Infantes matrem... filius ipse Dei,* Matth. cap. 2, avec des vers en trois langues. Par un anonyme. (V. S. 109.) Haut., 851 mill.; larg., 1269.

Il existe un autre *Massacre des Innocents* du sens opposé. Titre : HERODES VALDE IRATVS... Math. ch. 2, *P. P. Rubens pinxit; F. Ragot fecit et excudit,* avec son adresse : *Rue Saint-Jacques en face la fontaine Saint-Séverin.* (V. S. 111.) Haut., 716 millim.; larg., 1,070.

Massacre des Innocents. Sans titre, par un anonyme. A droite, dans la planche : *P. P. Rubens invent.;* à gauche : *Rombout van der Hoeye exc.* (V. S. 108.) Haut., 360 millim.; larg., 509.

33. *La même Composition.* Également en sens contraire. Titre : VOS PRIMA CHRISTI VICTIMA. . . . . ., et trois lignes de texte français. *Car. Dupuis sculp. A Paris, chez Duchange, graveur du Roi.* C'est la copie de l'estampe de Pontius. (B. 33, V. S. 112.)

Haut., 315 millim.; larg., 464.

34. *La Présentation au temple.* Saint Siméon est à droite, tenant l'enfant Jésus dans ses bras et levant les yeux au ciel ; il est suivi d'un

prêtre et d'un jeune lévite portant un flambeau ; vers le fond, sainte
Anne ; à gauche, la sainte Vierge les mains étendues, et auprès d'elle
saint Joseph à genoux tenant deux colombes. Dans l'estampe, vers le
milieu : *Nunc dimitte seruum tuum domine. . . . . salutare tuum*
LUCÆ CAP II; plus à gauche : *P. Rubens inuent., P. Pontius sculpsit.
A° 1638*; à droite : *Cum Priuilegiis Regis Christianiss. Principum
Belgarum et Ordinū Batauiæ.* (B. 34, V. S. 48.)

Haut., 640 millim.; larg., 490.

1er état. Avant toutes lettres. Catalogue de Messire del Marmol (n° 177). A la Bibliothèque nationale, il existe une épreuve du même état, mais avec des retouches de la
main de Rubens.

* 2e. Avant les rayons. Collection Robert-Dumesnil.

3e. Avant l'adresse d'*Huberti*. — 4e. Avec *Gasp. Huberti excudit.*

5e. L'adresse de *Van Merlen* a remplacé celle-ci.

Le tableau original forme un des volets intérieurs de la *Descente de Croix* qui est
dans la cathédrale d'Anvers.

Il existe de cette pièce une copie en plus petit avec des changements. *Gillis
Hendricx exc. Antu., J. de Man ex.*

35. *La Vierge et saint Joseph ramenant Jésus du Temple.* On voit
Jérusalem dans le fond. Titre : ET NON INVENIENTES. . . . . *Gillis
Hendricx excudit Antverpiæ*, sans nom de graveur. (B. 35, V. S. 134.)

Haut., 414 mill.; larg., 331.

36. *Le Baptême de Jésus-Christ.* Saint Jean est à gauche. Titre :
HIC EST FILIVS MEVS DILECTVS. Matth., 17. Au bas, à gauche : *P. Paul
Rubbens pinxit., Adr. Lommelin sculp.* A droite : *Gillis Hendricx
excudit Antuerpiæ.* (B. 36, V. S. 138.)

Haut., 426 millim.; larg., 338.

Le tableau original est peint sur l'extérieur du volet du grand tableau de
l'*Adoration des Rois* dans l'église de Saint-Jean, à Malines.

36 *bis. La même composition.* Gravée en contre-partie par *Pan-
neels.* Sans titre. Cette dernière pièce est supérieure à la précédente.
On lit dans la gravure : *Guilᵇ. Panneels fe. P. P. Rubeni in.* 1630.
Dans la bordure : *F. v. W. ex.* (B. 36 *bis*, V. S. 136.)

Haut., 164 millim.; larg., 137.

36 *ter. Autre Baptême.* Le Christ est à droite, dirigé à gauche.
Titre : ET BAPTISATVS EST A IOANNE. Marci 1. Au bas de la gravure, à

gauche : *P. P. Rubens p.* A droite : *J. L. Krafft sc.*, 1765. A l'eau-
forte. (V. S. 137.)

Haut., 380 millim.; larg., 218.

37. *Tentation de Jésus-Christ dans le désert.* Le fils de Dieu est
assis à gauche; le diable, qui est à droite, lui offre des pains; au milieu,
un serpent. Dans la marge : CVM PRIVILEGIIS; à gauche : *P. P. Rub.
delin. et exc.;* à droite : *Christoffel Iegher sc.* En taille de bois. (B. 37,
V. S. 138.)

Haut., 393 millim.; larg., 428.

1er état. Sans nom d'auteur; la montagne du bas n'est pas faite.
* 2e. Terminé. Celui décrit.
Le tableau qui faisait partie du plafond de l'église des Jésuites, à Anvers, a été
détruit par un incendie, le 18 juillet 1718.

38. *Décollation de saint Jean.* Le bourreau est à gauche; il met
dans un plat, tenu par Salomé, la tête de saint Jean. Au-dessous, à
gauche : *Pet. Paul Rubens pinxit. franciscus vanden Wyngaerde
excudit.* Plus bas : *Petrus de Iode fecit.* Titre : SPICVLATOR DECOLAVIT
IOANNEM IN CARCERE. Pièce dans un ovale. (B. 38, V. S. 160.)

Haut., 100 millim.; larg., 75.

L'original se trouve sur un des volets du grand tableau de l'*Adoration des Rois*,
dans l'église de Saint-Jean, à Malines.

39. *Le Bourreau donnant la tête de saint-Jean à Salomé, fille
d'Hérodiade.* Le bourreau, qui est à gauche, met la tête de saint
Jean dans le plat que tient Salomé accompagnée de sa servante;
elles se dirigent vers la droite. Titre : SPICULATOR DECOLLAVIT IOANNEM
IN CARCERE., etc. Marci C. 6. D. Au-dessous, à gauche : *P. P. Rubens
pinxit.* Au milieu :*Cum priuilegio.* A droite : *S. à Bolswert sculp. et
excud.* (B. 39, V. S. 162.)

Haut., 264 millim.; larg., 225.

* 1er état. Celui décrit. Collection Camberlyn.
2e. *A Bonenfant exc C. P. R.*
Nagler mentionne la même composition par Ragot. (V. S. 166.)
Le même sujet. Saint Jean décapité est couché à terre; le bourreau donne la tête à
Salomé. A gauche, on voit la salle du festin d'Hérodiade. Un chien est couché au pied
d'un escalier. Sans nom de peintre ni de graveur. Titre : *Herodes Herodiadis*, et huit
vers hollandais, Marci Cap. VI. *C. Danckerts exc.* (V. S. 167.)

Haut., 378 millim.; larg., 491.

40. *La fille d'Hérodiade tenant la tête de saint Jean.* Elle est au milieu, éclairée par une servante qui est à gauche. Dans la marge : *Et tu puer Propheta Altissimi Vocaberis. . . . . Cant. Zacha. Luc. 1.* Dédicace : *Admodum reuerendo ac Deuotissimo Patri in Christo Dno. Joanni Ziglero. . . . . Guilielmus Panneels, Discip. Rubeni, Francofurti ad Mœnum fe. ;* au-dessous : *P. P. Rubeni, in. F. v. W. ex. G. P. fec. in aqua forti* M.DCXXXI. (B. 40, V. S. 168.)

Haut., 150 millim.; larg., 124.

* Le catalogue de Messire del Marmol (n° 193) signale un premier état avant le nom de Rubens.

2°. Celui décrit. — 3°. L'adresse de *F. v. W. ex.* est effacée.

Il existe des contre-épreuves de cette pièce.

41. *La fille d'Hérodiade présentant la tête de saint Jean.* Hérode et Hérodiade sont assis au bout de la table à gauche ; Salomé debout devant eux leur présente la tête de saint Jean dans un plat. Titre : MISITQVE ET DECOLAVIT. . . . ET ATTVLIT MATRI SVÆ. *Mathej 14. cap.* Au bas, à gauche : *Petr. Paul Rubens pinxit.* Au-dessous : *S. à Bolswert sculpsit.* A droite : *Gillis Hendricx exc.* Cette estampe est connue sous le nom de *Festin d'Hérodiade.* (B. 41, V. S. 170.)

Haut., 406 millim.; larg., 610.

* 1er état. Avant toutes lettres. Cabinets Debois et Van den Zande.

Debois, 199 francs ; Van den Zande, 220 francs.

2°. Celui décrit.

Le tableau est à Christiansbourg, à Copenhague.

La même composition avec le même titre, en contre-partie par Ragot. DECOLLAVIT est écrit avec deux L ; au-dessous, la traduction en français ; *François Ragot sculpsit.* (V. S. 172.)

Haut., 513 millim.; larg., 974.

La même composition. Avec le même titre, en contre-partie, *Aubertus Clouet sculpsit., Gillis Hendricx. ex.* Une autre estampe du même graveur porte *Gasp. Huberti, ex.* (V. S. 171.)

Haut., 405 millim.; larg., 554.

La même composition, en contre-partie.

Titre : *Filia Herod'adis dat..... matri suæ in patina. Marci. 6. v. 27,* et quatre vers hollandais, français, allemands et anglais ; par un anonyme. Dans la planche, à gauche : *P. P. Rubens pinx., N. Visscher excud.* (V. S. 173.)

Haut., 378 millim.; larg., 631.

42. *Le Denier de César.* Titre : REDDITE QVÆ SVNT CÆSARIS. . . . et seize vers hollandais, par un anonyme. A gauche, sur le piédesta d'une colonne : *P. P. Rubens invent., J. C. Visscher excudit.* (B. 42 V. S. 211.)

Haut., 360 millim.; larg., 564.

On connaît *la même composition* avec le même titre, par un anonyme. *C. Galle.* (V. S. 213.)

Haut., 324 millim.; larg., 486.

43. *Le Denier de César.* Jésus est à gauche. Composition de neu figurés à mi-corps. Titre dans le haut de la gravure : REDDITE QVÆ SVNT CÆSARIS CÆSARI LT QVÆ DEI DEO. *Matth.* 22. Dédicace en bas REVERENDO DOMINO DÑO BERNARDO CAMPMANS. . . . LUCAS VORSTER MAN SCULPTOR BENIUOLENTER D. D. Au-dessous, à gauche : *P. P. Rubens pinxit.* A droite : *Cum privilegijs Regis Christianiss : Principum Belg. et Ordin : Bataviæ. A°.* 1621. (B. 43, V. S. 207)

Haut., 261 millim.; larg., 360.

Il existe des contre-épreuves de cette pièce.

Le catalogue de Messire del Marmol (n° 201) mentionne la même composition en très grand format en deux feuilles. *P. Landry Parisijs*, sans nom de graveur.

Haut., 702 millim.; larg., 923.

Il mentionne également (n° 202) une copie en contre-partie, sans nom de peintre ni de graveur.

Le tableau original est au musée du Louvre.

On voit au British Museum :

Le Denier de César. Cette composition est de sens opposé et plus grande que le numéro 43, auquel elle ressemble, mais Jésus-Christ a trois disciples derrière lui.

Avant toutes lettres.

On voit aussi la même composition, mais de sens opposé à celle-ci. Il y a une colonne qui n'existait pas dans les autres pièces. On lit, sur le piédestal : *P. P. Rubens invent. C. Danckerts excud.* (V. S. 209.) Haut., 374 mill.; larg., 576.

44. *La Pêche du poisson pour payer le tribut.* Composition de six figures. A gauche, une femme porte sur sa tête une corbeille remplie de poissons. Titre : *Vade ad mare et mitte hamum. . . . . inuenies staterem.* MAT. XVII. A gauche : *P. P. Rubens pinxit.* A droite : *Cum priuilegiis Regis Christianissimi, Principum Belgarum, et Ord. Batauiæ.* Sans nom de graveur. Cette estampe est toujours classée parmi les œuvres de Vorsterman. (B. 44, V. S. 188.)

Haut., 274 millim.; larg., 360.

Cette composition est peinte sur l'intérieur du volet de la *Pêche miraculeuse*, dans la cathédrale de Malines.

La même composition. En contre-partie. Même titre par un anonyme. *Joan Galle,* ex. (V. S. 189.)

Haut., 185 millim.; larg., 227.

La même composition. En contre-partie. Le titre est le même, on lit deux vers hollandais. Par un anonyme. *I. C. Visscher excudit.* (V. S. 190.)

Haut., 237 millim.; larg., 329.

45. *La même composition.* Avec quelques changements dans le fond. Titre : GEEF SHATTINGH, TOL EN CER. . . . . *S. Savry sculpsit.* (B. 45, V. S. 192.)

Haut., 365 millim.; larg., 513.

Le même sujet. Titre : *Tobias capit piscem in denarium inventum in pisce. P. P. Rubens pinxit in ecclesia beatæ Mariæ ultra deliam Mechliniæ. P. Spruyt.* (V. S. 193.)

Haut., 259 millim.; larg., 216.

Le même sujet, probablement par P. Spruyt en deux planches. Titre de la planche gauche : *Tobias capit piscem*; titre de la planche droite : *Denarium inventum in pisce.* A gauche : *P. P. Rubens pinx.* En bas : *Rubens pinxit in beata Maria ultra deliam Mechliniæ.* (V. S. 194.)

Haut. totale de chaque planche, 232 millim.; larg., 97.

46. *La même composition.* Elle est augmentée d'un des disciples à genoux, vu par le dos et tenant une corde de la main droite. En bas, quatre vers : *Flagitat a Domino. . . . . tributa man.* Au milieu : *P. P. Rubens pinxit.* Dans la gravure, au bas, à gauche : *Nicolaes Lauwers excudit en Anuers.* (B. 46, V. S. 191.)

Haut., 266 millim.; larg., 351.

1ᵉʳ état. Celui décrit. — 2ᵉ. On lit : *C. de Ionghe exc.*

47. *La Pêche miraculeuse.* Les pêcheurs, au nombre de six, montés sur deux barques qui se dirigent à droite, abordent le rivage. Titre : *Impletum, læti, ducunt. . . . . Piscis A dest. cum priuil.* A gauche : *P. P. Rubens Inuent.* A droite : *P. Soutman Excud. et fecit.* (B. 47, V. S. 140.)

Haut., 233 millim.; larg., 324.

* 1ᵉʳ état. Celui décrit. Collection d'Affry.
2ᵉ. *Clément de Ionghe exc.*

48. *La grande Pêche miraculeuse.* Pièce en trois feuilles. Notre-Seigneur est vers la gauche, debout, sur la barque, parlant à saint Pierre ; les pêcheurs tirent leurs filets ; à gauche, deux hommes nagent ; à droite, un homme dans une barque. Titre : *Ait ad Simonem* IESUS. . . . . *homines eris capiens. Lucæ* cap. V. Au-dessous, au milieu : *Cum priuilegijs Regis christianissimi, Principum Belgarum et Ordinum Batauiæ;* sur le morceau de gauche : *Petrus Paulus Rubens pinxit.;* sur celui de droite : *Schelte à Bolswert sculp. et excud.* (B. 48, V. S. 141.)

Haut., 545 millim., larg., 842.

* 1er état. Les deux pièces de côté de l'estampe ne sont pas encore séparées. Avec l'adresse du graveur. — 2e. Avec celle de *Mart. Van den Enden.*

Le tableau est dans la cathédrale de Malines.

, 49. *Jésus-Christ donnant les clefs à saint Pierre.* Notre-Seigneur est à droite, et les disciples sont groupés autour de lui, à gauche. Dans la marge du bas : TIBI DABO CLAVES REGNI CÆLORUM. . . . . SOLVTVM ET IN CÆLIS. *Matth.* 16. Au-dessous, à gauche : *Erasm. Quellinius excudit.* A droite : *Cum Priuilegio.* (B. 49, V. S. 178.)

Haut., 410 millim.; larg., 315.

* 1er état. Au-dessous de la première ligne : *Celeberrimo Excellentissimoq͠z, in art: pictoria viro Ioanni Breugelio... D. D. Petrus de Iode;* au bas, dans le milieu : *Petrus de Iode excudit.* La marge du bas à 28 millim. L'estampe offre d'ailleurs les différences suivantes : Les bras, le corps et les vêtements du Christ montrent de grandes places blanches sans travaux; les rayons de la gloire qui entoure sa tête en sont éloignés d'un centimètre, tandis qu'ils la touchent dans l'état suivant; il n'y a pas de tailles, à gauche, sur le fer de la clef dont la poignée est toute blanche; de nombreuses places blanches se voient sur la tête et le vêtement de saint Pierre; la joue gauche d'un disciple, sous le bras droit du Christ, montre une large place blanche, le pli en forme de *V* qui est sur son vêtement n'a qu'une taille, ainsi qu'un long pli que l'on voit plus bas, vers la droite; il y a une large place blanche sur la colonne, et le pilastre qui est à côté, vers la gauche, n'offre, dans la plus grande partie, qu'une seule taille; le fond à côté n'est ombré que de deux tailles. Tout à fait à gauche, dans le bas, la quatrième taille qui est horizontale manque sur le vêtement de saint Pierre

2e. Celui décrit, avec les travaux additionnels. La dédicace et le nom de *Petrus de Iode* ont été enlevés; la marge n'a plus que 12 millimètres.

* 3e. L'adresse de *Quellinius* est effacée ainsi que le privilège. On lit au-dessous du titre, à gauche : *Pet. Paul Rubben: ¿ inxit.* A droite : *Mart. vanden Enden excudit.*

4e. L'adresse de *Mart. vanden Enden* est remplacée par celle de *Van Merlen.*

Basan dit que cette estampe a été copiée en manière noire dans un ovale accompagné de deux branches de laurier, au-dessous duquel sont trois cartouches. Il ne donne pas le nom du graveur. Le tableau original faisait partie de la collection de Guillaume II, roi des Pays-Bas; il fut acheté par M. Mawson 36,900 francs à la vente de cette collection.

50. *Jésus-Christ donnant les clefs à saint Pierre.* Le Prince des apôtres lui baise la main, tandis que le Seigneur lui montre deux brebis dont on ne voit que les têtes. Titre : *Dixit Jesvs Simoni.* . . . . *Joan C. 21.*, avec la traduction française. Au bas de la gravure, à gauche : *P. P. Rubens pinxit;* à droite : *F. Eisen del et f.* (B. 50, V. S. 181.)

Haut., 221 millim.; larg., 185.

51. *Le même sujet.* Gravé par *J. L. Krafft*, d'après le dessin d'Eisen. En contre-partie. (B. 51, V. S. 183.)

Haut., 220 millim.; larg., 180.

52. *La même composition.* Gravée par *H. Winstanley*, 1728. Titre : *Juxta exemplar in Ædibus præ nobilis Jocobi comitis Derby.* . . . . (B. 52, V. S. 184.)

Haut., 237 millim.; larg., 196.

Le tableau original avait d'abord été attribué à Van Dyck, mais cette gravure n'est faite que d'après une copie de Rubens qui se trouve dans l'église de Sainte-Gudule, à Bruxelles. On trouve une copie de cette estampe en contre-partie de même dimension.

53. *La même composition.* En sens contraire et à l'eau-forte, par *P. Spruyt.* (B. 53, V. S. 185.)

Haut., 200 millim.; larg., 153.

On connaît une copie en contre-partie de cette dernière estampe.

54. *Jésus-Christ donnant les clefs à saint Pierre.* Tous les disciples sont présents. Titre : Tv es petrvs. . . . . *Mathœi 16.* A gauche, dans l'estampe. *Raphaello Vrbÿn pinxit., P. Soutman delin., et excud., cum Privil.* (B. 54, V. S. 187.)

Haut., 315 millim.; larg., 482.

1er état. Avant les mots *cum priuilegio.* — 2e. Avec *de Wit Amstelodami.* — 3e. Retouché en plusieurs endroits.

Cette estampe a été gravée sur un dessin fait par *Rubens*, d'après un tableau de *Raphaël.*

55. *La Madeleine chez le Pharisien.* Notre-Seigneur est assis à gauche. Au bas, six vers latins : *Acceptat Dominus.* . . . . *gaudia*

tanta dare. A gauche : *Pet. Paul Rubbens pinxit.*, *Michael Natalis sculpsit.* A droite : *Abraham à Diepenbeke excudit Antuerpiæ cum priuilegio.* (B. 55, V. S. 150.)

Haut., 396 millim.; larg., 500.

56. *La même composition.* Sans titre, gravée à l'eau-forte, du même sens que la précédente. On lit au bas de la gravure : P. P. RUBENI *in. Guiliel.* Pannels fe. f. v. W. ex. (B. 56, V. S. 151.)

Haut., 140 millim; larg., 171.

1er état. Non terminé, avec l'inscription suivante : *Ex inu* RUBENI *fe Guiliel*s *Pannels vyn eius.* — 2e. Celui décrit.

La même composition. Sans titre : *Franciscus van Beusecom exc.* (V. S. 152.) Haut., 410 millim. ; larg. 518.

57. *La même composition.* Sans nom de peintre. Titre et dédicace : MARIA MADDALENA IN ATTO. . . . . . Au milieu, *Pietro Monaco del scol. e forma in Venezia.* (B. 57, V. S. 153.)

Haut., 360 millim.; larg., 534.

1er état. Avant la lettre. — 2e. Celui décrit. — 3e. *Scamaglia ex.* — 4o. *Vicro exc.*

57². *La même composition.* Notre-Seigneur est assis à droite. Sans titre. Au bas, à gauche : *Rubens Pinx.*., *G. farington delin.*. A droite : *Rich.*d *Earlom sculps.*. En bas du même côté : *Puplished August I_s*t *1777 by John Boydell Engraver in cheapside London.* En manière noire. (V. S. 154.)

Haut., 448 millim.; larg., 583.

57³. *La même composition.* En contre-partie avec le même titre que la gravure de Natalis, et avec six vers français. *F. Ragot fecit et excudit.* (V. S. 155.)

Haut., 459 millim.; larg., 554.

57⁴. *La même composition.* Aussi en contre-partie. Mêmes titre et vers français, gravée par *Ragot*, en deux feuilles. *A Trouvain exc. à Paris.* (V. S. 156.)

Haut., 621 millim.; larg., 972.

57⁵. *La même composition.* Également en contre-partie. Titre : *Venientem ad me non ejiciam foras;* avec des vers hollandais, latins et français, par un anonyme. *Nic Visscher excudit.* (V. S. 157.)

Haut., 385 millim.; larg., 567.

57⁶. *La même composition.* Toujours en contre-partie. Titre : *Maria Magdalena wascht Christus voeten. . . . .*, et quatre vers, par un anonyme. *Te Amsterdam bij Frederick de Wit.* (V. S. 158.)

Haut., 394 millim.; larg., 484.

Le tableau est au musée de Brunswick.

57⁷. *Le même sujet.* Composition toute différente, par un anonyme, mais attribuée à N. Lauwers. Dans un cartouche : *Remittuntur ei peccata multa quoniam dilexit multum. Luca 7.* Outre la Madeleine, il y encore trois autres figures sur cette planche. *Mart. Vanden Enden excudit Antwerpiœ.* (V. S. 159¹).

Haut., 385 millim.; larg., 277.

58. *Jésus-Christ instruisant Nicodème.* Jésus est à droite. Titre : TV ES MAGISTER. . . . . *Joan: cap. 3. V.* 10. Au-dessous : *Ad archetÿpum. . . . . De Doncker Bruxellis.* Au bas de la gravure, à gauche : *I. L Krafft fec. aqua forti.* Pièce en demi-figures. (B. 58, V. S. 139.)

Haut., 273 millim.; larg., 220.

Les premières épreuves sont avant la lettre.

59. *La Femme adultère.* Composition en demi-figures. On lit au bas : *P. J. Tassard F. aquaforti.* (B. 59, V. S. 195.)

Haut., 274 millim.; larg., 369.

Les premières épreuves sont avant toutes lettres; il y a des contre-épreuves dans le même état.

59 *bis. La même composition.* En sens contraire. Le Christ est à gauche : *Dédie à Monsieur Knyff, chanoine Noble, gradué de L'Église Cathédrale d'Anvers, etc., etc., gravé d'après le tableau original du célèbre Rubens qui se trouve dans son cabinet et dont les figures sont de grandeur naturelle, par sa très humble servante Marie Elisabeth Simons.* (V. S. 196.)

Haut., 314 millim.; larg., 425.

Il y a des épreuves avant toutes lettres.

---

1. Cette pièce, que nous indiquons d'après M. Voorhelm Schneevoogt, nous paraît être la même que celle décrite sous le numéro 1 des *Allégories sacrées.*

59 *ter*. *La même composition*. Sans nom de graveur. Au fond de la planche, dans une bordure : *Remittuntur ei peccata multa.* . . . . *N. Lauwers exc.* (V. S. 198.)

Haut., 385 millim.; larg., 268.

60. *Le Bon Pasteur*. Jésus-Christ au milieu d'un troupeau de brebis. Titre : PASTOR BONVS. . . . . Au bas, à gauche : *Ex. Archetypis P. P. Rubens*. A droite: *Gillis Hendricx excudit.* (B. 60, V. S. 201.)

Haut., 415 millim.; larg., 335.

61. *Résurrection de Lazare*. Jésus-Christ est à gauche ; autour de lui, de nombreux spectateurs ; à droite, Lazare sort du tombeau à demi enveloppé de son linceul. Titre : LAZARE, VENI FORAS. *Joan II.* Au-dessous : *Cum Privilegijs Regis Christianissimi, Serenissimæ Infantis, et Ordinum Confederatorum*. Au bas, à gauche : *Petrus Paulus Rubens pinxit.* A droite : *Boëtius à Bolswert sculp. et excud.* (B. 61, V. S. 203.)

Haut., 638 millim.; larg., 500.

1ᵉʳ état. Avant toutes lettres. Une épreuve faisait partie de la collection Marshall. Marshall, 750 francs.

*2ᵉ. Avec l'adresse ci-dessus.

La même composition avec le même titre. En sens contraire. Au milieu : *F. Ragot fecit et excudit cum privilegio*. (V. S. 204.)

Haut., 634 millim.; larg., 486.

Le même sujet. Pièce cintrée. *Ex inv. Rubeni fe. discip. eius. Guill. Panneels. F. v. W. ex.* (V. S. 206.)

Haut., 324 millim.; larg., 189.

62. *La Cène*. Notre-Seigneur est à table, dans le milieu, tenant de la main gauche le pain qu'il bénit de la droite ; à gauche, un livre ouvert entre deux flambeaux allumés ; au bas, du même côté, des vases dans un bassin. Dans la marge du bas : *Accepit* IESVS *panem.* . . . . . *sumite* HOC EST CORPVS MEVM. Marc, cap. XIIII. Au bas, à gauche : *P. P. Rubens pinxit.* A droite : *Boetius a Bolswert sculp. et excud.* Au milieu : *Cum Priuiligijs Regis Christianissimi, Serenissimæ Infantis et Ordinum confœderatorum.* (B. 62, V. S. 220.)

Haut., 636 millim.; larg., 490.

* 1ᵉʳ état. Avant l'adresse d'*Huberti*. Collection Camberlyn.

2ᵉ. Avec l'adresse précitée.

Le tableau original se trouvait dans l'église de Saint-Rombout, à Malines.

63. *La même composition*. Avec le même titre, gravée par Ragot, même grandeur. (B. 63, V. S. 224.)

La *même composition*, en neuf feuilles. Sur une banderole, à gauche : *P. P. Ru bens pinxit.*, *Petrus Landry, Parisiis via Jacobae sub signo sancti Francisci de Sal s. P. Deveaux f.* (V. S. 225.) Haut., 2024 mill.; larg., 1431.

La *Cène*. Sans titre ni nom de graveur, finissant au-dessus des têtes des apôtres. Dans une banderole, à droite : *P. P. Rubens pinxit. Parisis, apud P. Landry, rue Jacobaea sub signo S! Francisci d Sales.* (V. S. 230.) Haut., 486 mill.; larg., 702.

64. *La Cène*. Dessinée par Rubens, d'après le tableau de Léonard de Vinci. Cette estampe est en deux feuilles du sens opposé au tableau. Judas est à droite près de Jésus-Christ. Dans le bas : *Matth. 26. Accepit Jesus panem. . . . . in meam commemorationem.* Au dessous, à gauche : *Lionardo da Vinci pinxit. P. Soutman effigiauit et excud cum Privilegio.* Dans le milieu : *La cœna stupenda da Leonardo d'Auinci chi moriua nelle braccie di Re di francia.* (B. 64, V. S. 231.)

Haut., 992 millim.; larg., 271.

* 1er état. Avant le nom de *Rubens*. Collection Camberlyn.
Basan prétend que cette pièce est sans nom de graveur.
2°. On lit le nom de *Rubens* à la place de celui de Soutman.
3°. On lit : *Cl. de Ionghe exc.* — 4°. *De Wit exc.*
5°. *Le Bas exc.* — 6°. L'adresse est effacée.
Tout le monde sait que la fresque de Léonard de Vinci est à Milan.

64 *bis. La Cène*. Dans le haut, deux lampes sont suspendues ; à droite, on voit un chien.

Haut., 295 millim.; larg., 195.

64 *ter. La même composition*. Du même sens que la précédente.

Hauteur, 300 millim.; larg., 197.

On connait une copie plus petite, dans le même sens. L'endroit où est le chien forme une marche blanche dont le dessous est ombré.

65. *Le Lavement des pieds*. Le Sauveur est à genoux, au milieu, tourné à droite. Titre : ET CŒPIT LAVARE PEDES DISCIPVLORVM *Joan.* 13, Au bas, à gauche : *P. P. Rubens pinsxit.* Au milieu : *A. Lommelin sculp.* (B. 65, V. S. 217.)

Haut., 407 millim.; larg., 331.

On voit au British Museum le *Lavement des pieds*, gravé par le *capitaine Baillie*, en 1787, d'après un tableau qui était aussi dans l'église de Saint-Rombout, à Malines. (V. S. 218.) Haut., 387 mill.; larg., 500.

Le même sujet. Titre : **P. P. Rubens pinxit in ecclesia Sᵗ Remualdi Mechliniæ-Sacillum S. Sacrementum. P. Spruyt sculp.** (V. S. 219.) Haut., 210 mill.; larg., 270.

66. *Prière au jardin des Oliviers.* Le Christ est à genoux dans le milieu, tourné à gauche, vers l'ange qui lui présente le calice; dans le bas, à droite, on voit les disciples endormis. Dédicace: *Amplissimo ac Reverendo A dᵐ* D. IACOBO ROOSE. . . . . *DD. humilis cliens* FRᶜᵛˢ VAN WYNGAERDE; au-dessous, à gauche : *Pet. Paul. Rubbens pinxit.;* au milieu : *Franciscus vanden Wyngaerde excudit.* A droite : *Petrus de Bajlliu sculpsit.* (B. 66, V. S. 234.)

Haut., 311 millim.; larg., 265.

* 1ᵉʳ état. Celui décrit. Collection du marquis de Brême.
2ᵉ. *Gaspar Huberti ex.* — 3ᵉ. *Jac. Peters ex.*

67. *La même composition.* Titre : GAVDET ET AVDET. . . . . Par un anonyme. *Gaspar Huberti excudit Antwerpiæ.* (B. 67, V. S. 135.)

Haut 405 millim.; larg., 324.

1ᵉʳ état. Celui décrit. — 2ᵉ. *Jac. Peters exc.*

67 *bis. La même composition* a été aussi copiée et gravée par *A. Melar.* Elle est en contre-partie : *Gillis Hendricx exc.* (B. 67 *bis,* V. S. 237.)

68. *La même composition.* Jésus est à gauche. Titre : IESVS POSITIS GENIBVS. . . . . CALICEM ISTVM A ME ETC. *Luc.* 22. Au-dessous, à gauche : *P. P. Rubbens. pinxit. Ant. Coget sculp.* (B. 68, V. S. 238.)

Haut., 412 millim.; larg., 336.

68 *bis. Jésus-Christ au jardin des Oliviers.* Il est tourné à droite; en haut, du même côté, les instruments de la Passion et quelques figures relatives aux péchés, ainsi qu'un ange tenant un calice. Titre : *Tristis est anima mea vsque ad mortem. Matth.* 26. Au-dessous : *S. Bolswert fecit et excudit cum Priuilegio.* (V. S. 241.)

Haut., 272 millim.; larg., 199.

68 *ter. Jésus-Christ au jardin des Oliviers.* Titre : RESPICE SVDANTEM

LACRYMIS. . . . . *P. P. Rubens pinx., Crisp. de Pas junior fec.*
(V. S. 240.)

1ᵉʳ état. C'est celui décrit.
2ᵉ. On ne ne voit plus le nom de Rubens, mais on lit : *Crisp. de Pas inv. et ex. Crispinus de Pas junior fec.*

69. *Jésus-Christ attaché à une colonne.* Le Christ est dirigé à gauche. En haut, dans la gravure : O VOS OMNES QUI TRANSITIS. . . SICUT DOLOR MEVS, IEREM THREN I°. En bas, une dédicace : *Amplissimo ac prœstantissimo Domino Dnô.* IOANNI VAN WERDEN. . . *in benevolentiœ affectum dedicat, consecratque, Matthœus Borrekens CIƆ. IC. LI.* Au-dessous, à gauche : *Pet. Paulus Rubbens inventor.* Au milieu : *Erasmus Quellinus delineavit.* A droite : *Matth. Borrekens excud. Cum priuileg. habitans Antverp. propre monetam.* (B. 69, V. S. 240.)

Haut., 997 millim.; larg., 410.

Basan ne pense pas que l'original de cette estampe soit de Rubens.

70. *La Flagellation.* Le Christ est au milieu. Le soldat qui est à droite le frappe avec une corde : SICVT FRAGMENTVM MALIPVNICI. Au bas, à gauche : *P. Paulus Rubens pinxit.* A droite : *Paul Pontius sculpsit.* Au milieu, en bas : *C. van der Stock excudit.* (B. 70, V. S. 245.)

Haut., 360 millim.; larg., 288.

1ᵉʳ état. Celui décrit. — 2ᵉ. *Gillis Hendrix excudit Antwerpiœ.*
Le tableau est dans l'église des Dominicains d'Anvers.
On connaît plusieurs compositions semblables.

70 bis. *Couronnement d'épines.* Titre : PLECTENTES CORONAM. . . . . Sans nom de peintre ni de graveur. *Sandrart excudit.* (V. S. 249.)

Haut., 351 millim.; larg., 293.

Le tableau a été peint pour l'église Santa Croce in Gerusalemo, à Rome.

71. *Un tête d'Ecce Homo.* En buste, vu de face. Titre : ASPICIENTES IN AVCTOREM. . . . . *ad Hebr. XII.* Au bas, à gauche : *P. P. Rubens pinxit.* A droite : *P. Dannoot fecit.* (B. 71, V. S. 55, *Histoire, Allégories, etc.*)

Haut., 207 millim.; larg., 160.

72. *Ecce Homo*. Jésus est vu de face ; à gauche, un soldat tient son manteau. Titre : EGREDIMINI ET VIDETE. . . ILLUM MATER SUA. Cant. 3. Au-dessous, une ligne de dédicace. Au bas, à gauche : *Petrus Paulus Rubenius pinxit*. Au milieu : *Corn. Galleus sculpsit*. A droite : *Theodorus Galleus excudit*. (B. 72, V. S. 250.)

Haut., 338 millim.; larg., 280.

1er état. Celui décrit. — 2e. On lit : *Jo Galleus exc.*

On rencontre le même sujet avec le même titre, mais gravé en plus petit, sans nom de graveur. *Nicolaus Lauwers exc*. (V. S. 253.)

Haut., 257 millim.; larg., 178.

Il existe une même composition copiée très exactement par un anonyme. A gauche : *Pietro Paolo Rubens pinx.* (V. S. 252.)

Haut., 340 millim.; larg., 291.

Nous signalerons encore cette composition :

72 *bis*. *Ecce Homo*. Demi-figure. Sans titre, sans nom de peintre ni de graveur. *Luc. Vorsterman excudit, C. P.* (V. S. 254.)

Haut., 318 millim.; larg., 243.

73. *Jésus-Christ*, en demi-figure, les mains garrottées, un roseau dans la main gauche, auprès d'une colonne où la verge est attachée. Titre : *Ecce Homo*. Sans nom de peintre ni de graveur. *Corn. Galle*. (B. 73, V. S. 255.)

Haut., 225 millim.; larg., 131.

74. *Ecce Homo*. Autrement dit : *Jésus devant Pilate*. Celui-ci est à droite, debout sur une estrade ; devant lui, Jésus est debout, les mains liées, couronné d'épines et le manteau de pourpre sur les épaules. A gauche et à droite, des soldats. Le peuple est représenté par quelques personnages en demi-figures au bas de la composition. Titre : *Exiuit ergo* IESUS. . . CRVCIFIGE CRVCIFIGE EUM. Ioan. c. 19. Au bas, à gauche : *Pet. Paul. Rubenius inuenit*. Au milieu : *Cum priuilegio Consilii Sanctioris et Brabantiæ*. A droite : *Nic. Laeuwers sculpsit*. (B. 74, V. S. 256.)

Haut., 634 millim.; larg., 455.

1er état. Celui décrit.

2e. Au lieu de *Nic. Laeuwers*, on lit : *S. a Bolswert*, qui probablement a eu part à cette gravure.

3e. *G. Huberti exc.* — 4e. *Van Merlen exc.* — 5e. Sans aucune adresse.

74 *bis*. *La même composition*. Titre : ECCE *Deum luctu*. . . . .
Gaspar Huberti excudit Antwerpiæ. Par un anonyme. (V. S. 257.)

Haut., 488 millim.; larg., 326.

74 *ter*. *La même composition*, en contre-partie. Titre : *Exiuit ergo
Jésus*. . . . . *Crucifige crucifige eum*. Sans nom de peintre ni de graveur. A droite, dans la planche : *Herman Weyen excudit*. (V. S. 258.)

Haut., 446 millim.; larg., 351.

75. *Le Portement de croix*. Jésus, dirigé à droite, est tombé sous le
poids de la croix. La Vierge est à droite, ainsi que la Madeleine qui
essuie le front de Notre-Seigneur. Titre : IESVS BAIVLANS CRVCEM. . .
CALVARIÆ LOCVM. Ioan cap. XIX. Au-dessous : *Apprehenderunt* SIMO-
NEM... *interficerentur*. Au bas, à gauche : *Petrus Paul Rubens pinxit*.,
Paulus Pontius sculpsit. A droite : *Cum privilegijs Regis christia-
nissimi, serenissimæ Infantis et Ordinum confederatorum. A° 1632*.
(B. 75, V. S. 262.)

Haut., 597 millim.; larg., 455.

Debois, 52 francs.

Le tableau est au musée de Bruxelles.

On connaît la *même composition* en contre-partie. *F. Ragot fecit, C. P. R. Typis
Petri Mariette*. (V. S. 264.)

Haut., 581 millim.; larg., 428.

Autre *même composition* avec le même titre, sans nom de peintre. *Adr. Melar
fec. C. Galle*. (V. S. 265.)

Haut., 277 millim.; larg., 203.

76. *Le Portement de croix*. Le Christ est dirigé à gauche. Titre,
six vers latins : *Sanguine currentes*. . . . . *et mutua reddit Amor*.
Au bas, à gauche : *P. P. Rubens pinxit*. A droite : *Coenr Lauwers
sculpsit*. (B. 76, V. S. 266.)

Haut., 428 millim.; larg., 305.

77. *Le même sujet*. Titre : CHRISTO CONDOTTO AL CALVARIO. . . . .
P. Monaco del. scol. forma in Venezia. (B. 77, V. S. 267.)

Haut., 486 millim.; larg., 355.

77 *bis*. *Le même sujet, autre composition*. Le Christ est dirigé à
droite. Titre : SUCEPERUNT AUTEM IESUM... QUI DICITUR CALVARIÆ

LOCUM. Ioan. 19 cap. Dédicace : *Amplissimo, Prestantissimoꝗ, Dn̄ō* IACOBO EDELHEER..... *Alexander Voet sculptor Dicat consecratꝗ*. Au bas, à gauche : *Cum Priuilegio.* A droite : *Alex. Voet sculp. et exc.* La planche est en trois feuilles. (V. S. 269.)

Haut., 670 millim.; larg., 554.

77 *ter. Le même sujet.* Titre : *Qui mare, qui cœlum.* . . . . Par un anonyme. *Gaspar Huberti excudit Antwerpiæ.* (V. S. 271.)

Haut., 432 millim.; larg., 315.

78. *Élévation en croix.* En trois feuilles. Sur celle du milieu, Notre-Seigneur, cloué sur l'instrument du supplice, est penché vers la droite au milieu d'un groupe qui est prêt à l'élever ; à droite, un homme couvert d'une armure semble faire un violent effort. Sur la feuille de droite, on voit la sainte Vierge, saint Jean et les saintes femmes dans la plus grande affliction. Sur celle de gauche, un guerrier romain est à cheval, tenant dans sa main le bâton de commandement ; il préside au supplice ; devant lui on cloue un des larrons sur la croix et d'autres hommes entraînent le second. Dans le milieu du bas, dédicace à D. CORNELIO VANDER GEEST. . . . . *Author et p̄r̄motor fuit.* Au bas, à gauche : *P.P. Rubens pinxit* ; au-dessous : *H. Withouc sculpsit A°.* 1638 ; à droite : *Cum priuilegiis Regis Christianissimi, Principum Belgarum et Ordinum Batauiæ.* (B. 78, V. S. 273.)

Haut., 660 millim.; larg., 1254.

* 1er état, non décrit. Avant toutes lettres dans le bas, avant toute inscription sur l'écriteau de la croix. Avant des travaux sur le bras droit au-dessous, ainsi que sur l'arbre au haut du rocher à droite ; avant la pierre dans le bas au-dessous de l'homme d'armes qui s'efforce d'élever la croix ; sur la feuille droite, avant de nombreux travaux sur le vêtement de la Vierge et de saint Jean et sur les rochers du fond ; dans la feuille de gauche, on voit une place blanche sur le poitrail du cheval du commandant romain.

* 2e. Entièrement terminé, mais avant la réunion des trois feuilles. Collection Van den Zande.

3e. On lit : *J. J. Chereau exc.*[1]

78 *bis. L'Élévation de la croix.* Titre : VNVS QVISQVE NOSTRVM GRATIAS AGAT. . . . . *P.P. Rubens pinxit., F. Ragot fecit et excudit.* ; avec son adresse, rue Saint-Jacques. (V. S. 275.)

Haut., 666 millim.; larg., 1413.

---

1. On voit au musée du Louvre un dessin qui est la première pensée du grand tableau à trois compartiments. Celui-ci fut peint en 1620 pour l'église Sainte-Valburge d'Anvers. Il est aujourd'hui dans la cathédrale de la même ville et sert de pendant à la *Descente de croix.*

78 *ter*. *La même composition.* Titre : *Postquam venerunt.* . . . . .
Sans nom de peintre ni de graveur. *Alex Voet excudit Antwerpiœ.*
(V. S. 279.)
Haut., 450 millim.; larg., 331.

79. *Jésus-Christ en croix.* Titre, quatre vers latins : *Flet cœlum
moriente.* . . . . *flere recusat homo.* Par un anonyme. Au bas, à
gauche : *Pet. Paulus Rubbens pinxit.* A droite : *Ioan Meysens exc.*
(B. 79, V. S. 283.)
Haut., 153 millim.; larg., 113.

80. *Jésus-Christ en croix.* Il porte sur son corps les marques de la
flagellation. Sans nom de graveur. (B. 80, V. S. 284.)
Haut., 176 millim.; larg., 133.

80 *bis*. *Le même sujet.* Sans titre ; par un anonyme. Sur un fond
blanc, on voit la ville de Jérusalem; sur le bois de la croix : *Jesus
Nazarenus Rex Judœorum.* Dans la planche, à gauche : *P. P. Rubens
pinxit. ;* à droite : *P. Bol exc.* (V. S. 285.)
Haut., 261 millim.; larg., 135.

81. *Jésus-Christ en croix.* Le Christ a la tête tournée à gauche. Au
bas, quatre vers latins : *Vita caret vita.* . . . . . *Vtrunque nouo.*
Au-dessous, à gauche : *P. P. Rubens inu.* A droite : *M. fecit,* et au-
dessus, du même côté : *A. bon enfant excu.* (B. 81, V. S. 286.)
Haut., 376 millim.; larg., 260.

82. *Le Christ en croix.* Pièce cintrée par le haut. Le ciel est ora-
geux. Dans le fond, la ville de Jérusalem. Sans titre. Au bas, à gauche :
P. Van Sompelen sculpsit. A droite : *P. Soutman excud cum Privil.*
(B. 82. V. S. 287.)
Haut., 561 millim.; larg., 370.

1er état. C'est celui décrit.

2e. On lit en bas, au milieu : P. P. RUBENS *pinxit.* Les épreuves sont un peu renforcées au burin.

83. *Jésus-Christ en croix.* Il lève les yeux au ciel sur lequel plane
un orage. A gauche, se voit la ville de Jérusalem. Titre : *Clamans voce
magna.* . . . . . Lucæ 23. A droite : *pinxit et P. Soutman excud.*
(B. 83, V. S. 288.)
Haut., 425 millim.; larg., 278.

Basan dit que ce Christ se rencontre rarement beau d'épreuve.

On connaît *ce même Christ,* en sens contraire ; sans titre ni nom de peintre, ni de graveur ; sur le bois de la croix l'inscription est différente. (V. S. 289.)

Haut., 450 millim.; larg., 331.

84. *Jésus-Christ en croix.* Le ciel est orageux, la ville de Jérusalem se voit à gauche. Titre : SOL *cognouit, non cognouit homo. . . . . et omnis ordo cœlestium contúrbatus est.* Dédicace : *Ornatissimo viro* D. GODEFRIDO HOVTAPPELS. . . . . *D. D. Lucas Vorsterman.* Au bas, à droite : *Et excud. cum priuilegijs.* (B. 84, V. S. 290.)

Haut., 371 millim.; larg., 250.

85. *Le Christ en croix.* La face levée au ciel et la bouche ouverte. Titre : CHRISTVS CRVCIFIXVS. Au bas, à gauche : *Pet. Paul Rubens pinxit., S. à Bolswert sculpsit.* (B. 85, V. S. 292.)

Haut., 530 millim.; larg., 320.

Les premières épreuves sont avant toutes lettres.

Il existe une copie en contre-partie.

Selon Nagler, le tableau est dans la galerie de Copenhague.

86. *Le Christ entre les deux larrons.* Il a la tête penchée, un peu tournée vers la droite ; le bon larron qui est du même côté est réellement à gauche du Christ ; au fond, Jérusalem ; dans le lointain, deux croix vides ; au pied de la croix du Christ, une tête et un os de mort. Titre : ET LATRONES VNVM A DEXTRIS. . . . . SINISTRIS, Luc 23. Dans la marge, à gauche : *Pet Paul Rubens pinxit., S. à Bolswert sculpsit.* A droite : *Gillis Hendricx excud Antuerpiæ.* (B. 86, V. S. 328.)

Haut., 590 millim.; larg., 427.

* 1er état. Avant le titre ET LATRONES, etc.

Debois, 111 francs.

2e. Celui décrit :

Le catalogue de messire del Marmol (nº 284) mentionne une épreuve probablement unique puisqu'il n'y a d'achevé que les trois figures en croix ; même les tailles de la croix ne sont encore croisées qu'en partie ; tout le reste est absolument blanc.

Le tableau est dans l'église des Capucins, à Anvers.

87. *Jésus-Christ en croix entre les deux larrons.* A gauche, un guerrier perce le côté du Sauveur, et un des bourreaux casse les jambes du mauvais larron. Jésus-Christ expire, tourné vers la gauche ; à droite, saint Jean et les saintes femmes. Titre : IESVS CRVCIFIXVS *Venerunt. . . . . Sanguis et aqua.* Ioan. 19. Au-dessous, à gauche :

P. P. Rubens pinxit. A droite : *B. à Bolswert sculp. et excudit.* Au milieu : *Cum Priuilegijs Regis Christianissimi, Serenissimæ Infantis, et Ordinum confederatorum.* (B. 87, V. S. 333.)

Haut., 590 millim.; larg., 430.

1er état. Peut-être unique. Avant toutes lettres et avant divers travaux. Cabinet des estampes de Paris.

* 2e. Celui décrit. L'estampe est terminée.

3e. Avec *A°.* 1631.

Le tableau est au musée d'Anvers ; l'esquisse était dans la collection de **M.** Suermont, à Aix-la-Chapelle.

87². *Même composition;* avec le même titre. *F. Ragot fecit.* (V. S. 334.)

Haut., 547 millim.; larg., 432.

87³. *Même composition;* avec le même titre ; par un anonyme. Dans le bas de la gravure, à droite : *P. Nolpe excudit.* Au-dessous de l'inscription, en bas : *P. P. Rubens Inv.* (V. S. 335.)

Haut., 495 millim.; larg., 385.

87⁴. *Même composition.* Titre : *Crucifierunt eum. . . . . a sinistris.* Par un anonyme. *Franciscus vanden Enden excudit.* (V. S. 337.)

Haut., 500 millim.; larg., 360.

On connaît la *même composition,* en sens constraire. La croix est affermie par trois pieux ; au pied est une tête de mort. Titre : *Jesus crucificus.* L'inscription sur la planche est en trois langues. *B. Kilian sculp.* (V. S. 338.)

Haut., 605 millim.; larg., 439.

La *même composition* gravée par *Melar,* citée par Leblanc. (V. S. 340.)

88. *Le Christ en croix,* gravé sur un fond blanc, par un anonyme. (B. 88, V. S. 294.)

Haut., 443 millim.; larg., 185.

89. *Jésus-Christ en croix,* surnommé *au coup de poing,* parce qu'un ange qui est à droite va frapper un démon ; à gauche, la Mort est renversée par un ange. Dans le bas, Jérusalem. Titre : *Clamans voce magna* IESVS *ait. . . . . et hæc dicens expirauit. Lucæ* 23. A gauche : *Petrus Paulus Rubenius pinxit; Paulus Pontius sculpsit;* à droite : *Cum priuilegijs Regis Christianissimi, Serenissimæ Infantis et Ordi-*

num confœderatórum. An. 1631. Planche cintrée du haut. (B. 89,
V. S. 295.)

Haut., 588 millim.; larg., 383.

* Collection Camberlyn.

Le dessin du tableau par *Rubens* est au musée Boymans, à Rotterdam. Le tableau
était autrefois dans le réfectoire de l'abbaye de Tongerloo.

89 *bis. Le même Christ*, sans les anges, avec une autre inscription
sur le bois de la croix. Titre : *Iesvs avtem. . . . . spiritvm.* Au-
dessous : *P. P. Rubens pinxit. Se vend à Paris chez la veufue
de F. Ragot, rue St-Iacques, près St-Iues, auec priuilége du Roy.*
(V. S. 298.)

Haut., 594 millim.; larg., 459.

90. *Le même Christ*, gravé du sens opposé. Sur le bois de la croix :
Jesus Nazarenus Rex Judæorum. Corn. Galle ex. Antwerpiœ. (B. 90,
V. S. 300.)

Haut., 434 millim.; larg., 320.

91. *Jésus-Christ en croix.* On voit dans le lointain la ville de
Jérusalem ; le reste du fond est blanc. Titre : PRÆDICAMVS CHRISTUM
CRVCIFIXVM. . . . . *Bernardi Harfeld sculpsit, Petrus Overstadt ex.*
(B. 91, V. S. 302.)

Haut., 299 millim.; larg., 246.

91 *bis. Un Christ.* A ses pieds, la Madeleine à genoux, la sainte
Vierge et saint Jean debout ; un ange recueille dans un calice le sang
qui coule de la plaie. Titre : FLET CŒLVM. . . . .. *Jean Meyssens exc.*
(B. 91 *bis*, V. S. 318.)

Haut., 162 millim.; larg., 117.

Un tableau semblable est au musée du Louvre.

91 *ter. La même composition.* Sans titre, par un anonyme. Dans
la planche : *Rubens inv., C. Galle ex. Corn., de Baudt exc. Ant.*
(V. S. 319.)

Haut., 297 millim.; larg., 198.

92. *Jésus-Christ en croix.* Au bas, saint François. Titre : *Exstat
apud. . . . . I. de Meere sculp.* Au bas, à gauche : *P. P. Rubens P.*
Cette pièce est très mal dessinée et gravée. (B. 92, V. S. 323.)

Haut., 243 millim.; larg., 156.

93. *Le Christ en croix.* Il a la tête penchée vers la gauche. On voit la ville de Jérusalem. Dans la marge : Præðicamvs Christvm crvcifixvm. . . . . Au-dessous, *Reu^{do} admodum atque Eximio* Patri Mro. F. Bartholomæo de los Rios et Alarcon. . . . . *D. C. Q. Martinus vanden Enden.* Plus bas, à gauche : *P. Paulus Rubbens pinxit;* au-dessous : *S. à Bolswert sculpsit;* à droite, en deux lignes : *Martinus vanden Enden exc. Antuerpiæ cum priuilegio Regis.* (B. 93, V. S. 304.)

Haut., 518 millim.; larg., 344.

* 1er état. Celui décrit. Collection Camberlyn.

Debois, 76 francs.

2e. L'adresse de *Martinus vanden Enden* a été effacée et remplacée par *G. Hendricx exc.*

3e. *Huberti exc.* — 4e. *Van Merlen exc.*

Le tableau est dans la galerie de Munich.

93 *bis. Le même Christ.* Gravé avec beaucoup de force dans le même sens. On lit : *Petrus Rubens inventor.* Sans nom de graveur. (V. S. 305.)

Même dimension.

94. *Le même Christ.* Gravé sur un fond blanc, sous la même adresse que le numéro 93, par *Corn. Galle.* (B. 94, V. S. 306.)

Haut., 144 millim.; larg., 92.

95. *Le même Christ,* encore gravé sur un fond blanc et sous la même adresse, par un anonyme. (B. 95, V. S. 307.)

Haut., 466 millim.; larg., 191.

95 *bis. Le même Christ.* Titre : *Et inclinato capite tradidit spiritum.* Sans nom de peintre ni de graveur. *C. Galle.* (V. S. 308.)

Haut., 432 millim.; larg., 324.

On trouve dans le catalogue de messire del Marmol, aux numéros 297 à 299 :

Un Christ en croix. La ville de Jérusalem dans le fond. Titre : o vos omnes qui . . . . ; sans nom de peintre. *Corn. Galle Junior sculpsit.* (V. S. 315.)

Un Christ en croix. Il a de chaque côté sept emblèmes. Titre : septem christi verba. Sans nom de peintre. *Joan. Galle inv et exc.* (V. S. 316.)

Un Christ. La Vierge est debout le glaive dans le sein, sainte Catherine de Sienne est à genoux au bas de la croix, le tout sur un fond blanc. Titre dans la gravure, en

bas : AD MATREM DOLOROSAM. . . . . *sit sua crux* PETRO PAULUM. . . . . *et tuus ensis erit.*
En dessous : *Mater ad filium. S. Catharina ad Iesum.* Plus bas, huit vers latins séparés
par une draperie en forme d'armoiries, sur laquelle est cette inscription : NVITIATVS
BRVXELLENSIS. . . . . S. DOMINICI *dedicat consecratque.* Dans le bas de la gravure, à
droite : *Bolswert sculpsit.* (V. S. 317.)

Haut., 380 millim.; larg. 244.

96. *Le Christ en croix.* Il recommande la sainte Vierge à saint Jean ;
celui-ci a la main sur l'épaule de la mère de Dieu. Titre : ECCE MATER
TVA. *Ioan* 19. Au bas, à gauche : *P. P. Rubens pinxit., Iacob Neefs
sculpsit.* A droite : *Gillis Hendricx excud Antuerpiæ.* (B. 96, V. S. 324.)

Haut., 610 millim.; larg., 445.

96². *Jésus-Christ en croix.* La sainte Vierge est à gauche, et saint
Jean à droite. Titre : INCLINATO CAPITE EMISIT SPIRITUM. Au bas, à
gauche : *P. Paul Rubens inu.* A droite : *Corn. Galle exc.* (V. S. 326.)

Haut., 315 millim.; larg., 216.

96³. *Le Christ seul, couvert de gouttes de sang.* Dans le fond,
la ville de Jérusalem. En bas, dans la gravure : *P. P. Rubens pinxit,
P. Bal excud.*

Haut., 258 millim.; larg. 134.

96⁴. *Petit Christ seul.* En bas : *P. P. Rubbens pinxit., C. Galle
junior fec., M. vanden Enden cum Priuilegio.*

Haut., 145 millim.; larg. 92.

Autre *Christ seul.* Dans le bas, à gauche : *P. P. Rubbens pinxit, Martinus vanden
Enden excudit Antuerpiæ, cum priuilegio.*

Haut., 472 millim.; larg., 190.

97. *La Descente de Croix.* Plusieurs hommes descendent le corps
du Sauveur ; à gauche, deux hommes sur une échelle ; à droite, la
Vierge et deux saintes femmes. Titre et dédicace : REVERENDO ADMODVM
NOBILI DOCTISSIMOQ VIRO DOMINO DNO. GVILLIELMO VAN HAMME. . . . .
DD. C. JOANNES MEYSSENS. Au bas, à gauche : *P. Paul Rubbens pinxit.*
Au milieu : *Petrus Clouwet sculpsit.* A droite : *Ioannes Meyssens
excudit.* (B. 97, V. S. 364.)

Haut., 536 millim.; larg., 417.

· Ce tableau a été peint pour l'église des Capucins, à Lille.

98. *La Descente de croix.* La composition est différente. La Vierge est à gauche et la Madeleine est à genoux au pied de la croix. Dédicace : *Illmo et Excell^{mo} Dominus Dominus Maximilianus Wilibaldus*. . . . . *Cingulariter obseruand L. M. D. C. Q. Ioannes Meyssens.* Au-dessous, à gauche : *Pet. Paul Rubbens pinxit.* Au milieu : *Coenr. Waumans sculpsit.* A droite : *Ioannes Meyssens exc. Antverpiæ* (B. 98, V. S. 365.)

Haut., 458 millim.; larg., 349. ·

1er état. Celui décrit. — 2e. On lit : *C. Galle exc.*

99. *La Grande descente de croix.* Le Christ est dans le milieu ; dans le bas, à gauche, deux disciples le soutiennent ; à droite, la Vierge et deux saintes femmes. Dans l'estampe, à gauche : *Lucas Vorsterman sculp. et excud. An^o. 1620.* Dans la marge : ILLVSTRISSIMO EXCELL^{mo} AC PRVDENTISSIMO DOMINO. *D^{no.}* DVDLEYO CARLETON EQVITI. . . . . *Petrus Paulus Rubens, gratitudinis et beniuolientiæ ergo nuncupat, dedicatque.* Au-dessous, à droite : *Cum priuilegÿs, Regis Christianissimi, Principum Belgarum, et Ordinum Batauiæ.* (B. 99, V. S. 342.)

Haut., 569 millim.; larg., 430.

* 1er état. Celui décrit. Collections Scitivaux et Debois.
Debois, 249 francs ; Van den Zande, 275 francs.
2e. Avec l'adresse de *Corn. van Merlen.*

Le dessin fait sous la direction de *Rubens* est au musée du Louvre. Il est aux trois crayons et à la plume lavé d'encre de Chine et rehaussé de blanc. Le tableau, peint pour la confrérie des arquebusiers d'Anvers, est dans la cathédrale de cette ville.

100. *Descente de croix.* La Vierge est à droite et la Madeleine à genoux au pied de la croix. Titre : *Joseph ab arimathia.* . . . . *Matthæi, 26.* Au-dessous, à droite : *P. P. Rubens pinxit. N. Lauwers ex.* (B. 100, V. S. 366.)

Haut., 376 millim.; larg., 273.

Le tableau a été peint pour l'église des Capucins, à Lierre.

100 bis. *Descente de croix.* La Madeleine soutient et baise les pieds du Sauveur. Titre : *De cruce depositum.* . . . . . ; par un anonyme. *Gaspar Huberti exc. Antv.* (Voir cat. del Marmol, n° 311.) (V. S. 367.)

101. *Le Christ mort sur les genoux de la Vierge.* Marie est à gauche, on voit deux anges à droite. A gauche, saint François et

autres personnages. La Madeleine est aux pieds du Christ. Titre : CHRISTI FVNVS ; à gauche : *Petrus Paulus Rubens in summa P. P. Capucinorum ara pinxit Bruxellis, Paulus Pontius æri incidit ;* à droite : *Cum priuilegÿs Regis Christianissimi, Serenissimæ Infantis et Ordinum confederatorum. Anno* 1628. (B. 101, V. S. 368.)

Haut., 464 millim.; larg., 374.

1ᵉʳ état. Avant la lettre. Cabinet des estampes de Paris. A Vienne, il existe un état sans titre portant à droite : *P. Pontius sculp.*

* 2ᵉ. Avant les contre-tailles au-dessus du genou droit de saint François. Elle est aussi tirée avant que la marge du bas ait été réduite de 4 millimètres. Elle mesure 29 millimètres au lieu de 25. Collection Camberlyn.

* 3ᵉ. Avec les contre-tailles au-dessus du genou de saint François, la marge du bas est réduite à 25 millimètres.

Le tableau est maintenant au musée de Bruxelles.

Le dessin original au crayon, vigoureusement lavé de bistre et d'encre de Chine, et retouché à l'huile, est au musée du Louvre.

Le même sujet a aussi été gravé en contre-partie, avec le même titre, par *F. Ragot.* (V. S. 372.)

Haut., 564 millim.; larg., 420.

102. *La même composition,* avec quelques changements. Sur le papier, au-dessous de la couronne d'épines, au lieu d'une inscription en hébreu, on lit : IESVS NAZARENVS REX IVDÆORVM. Dans l'estampe, au milieu du bas : *P. P. Rubens pinxit., S. à Bolswert sculp. et excud. cum priuilegio.* Dans la marge, trois distiques latins : *Angele sanguinea vulnus. . . . . corpore vulnus habet ;* au-dessous : ADMODUM Rᵈᵒ P. F. GEORGIO MAIGRETIO S. T. D. . . . . D. D. S. A BOLSWERT. (B. 102, V. S. 375.)

Haut., 450 millim.; larg., 348.

1ᵉʳ état. Avant la dédicace. — 2ᵉ. Celui décrit.
3ᵉ. *Meyssens exc.* — 4°. Cette adresse est effacée.

103. *Jésus que l'on porte au tombeau.* Titre: *Acceperunt corpus Jesus. . . . . Corn Galle fecit.* (B. 103, V. S. 384.)

Haut.,'119 millim.; larg., 149.

104. *Jésus-Christ mort sur les genoux de la Vierge.* Il est couché en travers, la tête à droite dans les bras de la Vierge ; saint Jean est derrière elle ; la Madeleine lui baise la main droite ; un ange pleure ; au bas, à droite, dans un plat, la couronne d'épines. Dans la marge :

A Hunc, qui tantillos nos tantum tantus amavit. . . . . . *Sed magis
ingratis sic obysse dolet.* Au milieu : *P. Paulus Rubens pinxit.*, *N.
Lauwers fe. et ex.* (B. 104, V. S. 376.)

Haut., 322 millim.; larg., 232.

104 *bis. Le même sujet.* Titre : *O astra ! O cœli.* . . . . *qui mihi
lumen erat.* Sans nom de peintre. *Henr. Snyers sc.* (V. S. 377.)

Haut., 270 millim.; larg., 189, avec la bordure.

105. *La même composition*, avec cette différence que le plat ne
s'y trouve plus. La couronne d'épines et deux clous sont vers le bas
de la droite. Titre : VOCATE ME MARA. . . . . OMNIPOTENS. *Ruth.* 1.
Dédicace : *Reverendissimo Amplissimoꝗ Domino* D. IOANNI CHRYSOS-
TOMO VANDER STERRE. . . . . *Hoc Pietatis opus D. D. C. Q. Cornelius
Galle.* En dessous, au milieu. *Petr. Paulus Rubens pinxit.*, *Cornelius
Galle sculpsit et excudit.* (B. 105, V. S. 378).

Haut., 376 millim.; larg.. 274.

1er état. Avant toutes lettres. Catalogue de messire del Marmol (n° 324).
* 2e. Celui décrit.

105 ². *Jésus-Christ mort.* Il est sur les genoux de la sainte
Vierge assise auprès d'un tronc d'arbre ; à gauche, dans la planche :
Lommelin fec. (V. S. 379.)

Haut., 108 millim.; larg., 70.

105 ³. *Jésus descendu de la croix.* Il est étendu au milieu de l'estampe, la tête et le haut du corps appuyés sur la sainte Vierge, qui est
assise à droite. Composition de huit figures. En bas : *Gravé d'après le
tableau original de P. P. Rubens.* . . . . *Du cabinet de M. Fricx,
imprimeur de S. M. I. et R. A. a Bruxelles.* Au bas de la gravure, à
gauche : *P. P. Rubens pinx.* A droite : *F. de Roy fec aqua forti.*

Haut., 473 millim.; larg., 384.

105 ⁴. *Jésus-Christ mort.* Il est sur les genoux de la Vierge, qui
est entourée d'une auréole, et dont sept glaives percent la poitrine ; de la
main gauche elle soutient la tête du Sauveur ; les deux figures occupent
toute la planche. Sans titre ni nom de graveur. *Gillis Hendricx
excudit.* (V. S. 380.)

Planche à peu près carrée.

Nagler mentionne encore une estampe, représentant le Christ mort, avec ce titre :
Flet cœlum moriente. . . , gravée par Jean Meyssens (V. t. IX, p. 236, n° 1). (V. S. 383.)

106. *Jésus-Christ porté au tombeau.* Une des saintes femmes
à gauche, apporte de la paille. Titre : O TRISTES ANIMÆ. . . . . IANVA
LÆTITIÆ. Au bas, à gauche : *P. P. Rubens inuent., Jo. Witdoeck
sculp.* A droite : *Joan Witdoeck excud cum gratia et priuilegio Regis.
J. de Berti.* (B. 106, V. S. 385.)

Haut., 353 millim.; larg., 486.

Le tableau a été peint pour l'église des Capucins, à Cambrai.

Le catalogue de messire del Marmol (n° 321) mentionne le même sujet dessiné par
Rubers, d'après *Raphaël*, et gravé par *Vorsterman*. Même titre. Il signale aussi une
copie de cette estampe de même grandeur et en contre-partie. *Mich. van Lochem exc*

Le même sujet. Titre : *Christ mort.* Dessiné par *Rubens*, d'après un tableau de
M. A. Caravage, qui est à Rome dans la nouvelle église. Gravé par *P. Soutman.* (V. S. 387.

Haut., 304 millim.; larg., 225.

107. *Jésus-Christ au tombeau.* Une des saintes femmes lui ferme
les yeux. Il est couché vers la droite où sont deux hommes, dont un
le soutient ; à gauche, saint Jean, la Vierge et des saintes femmes
Titre : *Rex meus est Jesus. . . . . Rex erit ille meus*; à gauche : *Ruben
pinxit.*; à droite : *P. Soutman effigiavit et excud.*; au milieu : *cum
priuil.* (B. 107, V. S. 390.)

Haut., 297 millim.; larg., 385.

1ᵉʳ état. Avant la retouche de *Witdoeck.*
2ᵉ. Retouché par *Wit-loeck* pour lui donner plus d'effet.
3ᵉ. Le nom de *Soutman* est effacé. On lit : *Huberti ex.*
4ᵉ. Cette adresse est remplacée par *de Man ex.*

108. *Jésus-Christ au tombeau.* Il est assis au milieu sur une pierre
et sur de la paille. La sainte Vierge et saint Jean sont à gauche. A
droite, dans l'estampe : *P. P. Rubens in., Nicolaus Ryckemans sculp*
Dans la marge : *Aspicientes in Auctorem fidei et consumatorem Iesum
Ad Hebr.* 12. (B. 108, V. S. 394.)

Haut., 270 millim.; larg., 192.

Le tableau peint d'abord pour le tombeau de M. Michelsens, à l'église de Notre
Dame, est aujourd'hui au musée d'Anvers.

108 *bis. Jésus-Christ au tombeau.* Autre composition. Titre
Accepto corpore Joseph. . . . .; avec quatre vers hollandais; par un
anonyme. Dans la planche, au milieu : *P. P. Rubens inventor., J. C
Visscher excudit.* (V. S. 397.)

Haut., 365 millim.; larg., 513.

109. *La Résurrection de Notre-Seigneur*. A gauche, le Christ sort du tombeau tenant son étendard de la main droite ; les gardes sont au milieu et à droite. Dans la marge du bas : CHRISTVS RESVRGENS EX MORTVIS IAM NON MORITVR. *ad Rom.* 4.; plus bas, à gauche : *P. Paulus Rubbens pinxit;* au-dessous : *S. à Bolswert fecit;* à droite : *Martinus vanden Enden excud. Antwerpiæ cum priuilegio Regis.* (B. 109, V. S. 398.)

Haut., 405 millim.; larg., 294.

* 1er état. Avec l'adresse de *Mart. vanden Enden* et une seule ligne de titre, au lieu de trois qu'on voit dans les états suivants. (B 109.) Collection Camberlyn.

2e. *G. Hendricx ex.* — 3e. Cette adresse est effacée.

4e. *Mariette ex.* — 5e. Cette dernière adresse est effacée ; à droite, le numéro 5.

Ce tableau, qui décorait le tombeau de la famille *Moretus*, est maintenant au musée d'Anvers.

On connaît *la même composition* gravée en manière noire par *Earlom.* (V. S. 399.)

Haut., 554 millim.; larg., 426.

109². *La même composition*. Titre : *Christus Resurgens. . . . .* avec quatre vers hollandais. Par un anonyme. A gauche, dans la planche : *P.P. Rubens inventor., J. C. Visscher exc.* (V. S. 402.)

Haut., 513 millim.; larg., 405, avec la bordure.

109³. *La même composition*. Le titre est le même. Par un anonyme. *Herman Weyen exc.* (V. S. 405.)

Haut., 430 millim.; larg., 358.

109⁴. *Le même sujet*. Titre : *P. P. Rubens pinxit in ecclesia S. Joannes Mechelinea. P. Spruyt sculpsit.* (V. S. 407.)

Haut., 210 millim.; larg., 270.

110. *Jésus-Christ assis sur son tombeau*. Au bas, à gauche : *Pet. Paul Rubbens. Pinxit.* A droite : *Remondus. Eynhouedts. fecit.* Pièce gravée à l'eau-forte. (B. 110, V. S. 408.)

Haut., 210 millim.; larg., 245.

On connaît *le même sujet* en contre-partie.

Le tableau fut peint pour le tombeau de la famille Cock dans l'église de Sainte-Walburge, à Anvers.

110 *bis*. *Le même sujet*. Par un anonyme. A gauche, dans la planche : *PP. Rubens inventor., J. C. Visscher excud.* (V. S. 409.)

Haut., 369 millim.; larg., 420.

Le catalogue de Messire del Marmol (n° 338) cite encore :

Le même sujet, sans nom de peintre. **S. à Bolswert fec. et exc. Gillis Hendricx exc**

Le même sujet. En petit, dans un ovale, sans les anges. **H. Witdoeck exc.** (V. S 410-411.)

111. *L'Apparition des anges aux saintes femmes.* La scène se pass
au tombeau de Jésus-Christ. Les saintes femmes sont à droite
Dédicace : *Lectissimis Matronis D.* MARIÆ. . . . . *Offerebat Luca
Vorsterman.* Au-dessous, à droite : *P. P. Rubens pinxit.*, *L. Vorsterman excudit cum priuilegÿs.* (B. 111, V. S. 412.)

Haut., 310 millim.; larg., 448.

112. *L'Apparition de Jésus-Christ à sainte Madeleine.* Il es
debout, à gauche, en costume de jardinier. On lit quatre vers latins : *T
simul abscondis.* . . . . *ludere nouit* AMOR. Au bas, à gauche : *P. P
Rubbens inuent.* A droite : *Franciscus vanden Wyngaerde fecit e
excudit.* (B. 112, V. S. 415.)

Haut., 281 millim.; larg., 229.

1er état. Les nuages sont très légers ; la montagne du fond est presque blanche
ainsi que celle derrière la porte. Les terrains et les personnages sont peu travaillés.

2e. La planche est entièrement retravaillée ; les montagnes, les terrains, le
personnages sont complètement ombrés ; il n'y a aucun changement dans le
inscriptions.

Nagler dit que le tableau est dans la galerie de Cassel.

113. *La même composition.* Elle est du sens opposé avec quelques
changements. Titre : RABBONI NOLI ME TANGERE. . . . . Dédicace : *Nobil
viro D. J. B. de la Faille. D. D. C. Q. Ægidius Hendricx A°.* 1673. Au
bas, à gauche : *P. P. Rubbens Pinxit.*, *Ad. Lommelin sculp.* A droite
Gillis Hendricx excudit Antwerpiæ. (B. 113, V. S. 417.)

Haut., 448 millim.; larg., 360.

Les premières épreuves sont avant le titre : RABBONI...

114. *Jésus-Christ à table avec les pèlerins d'Emmaüs.* L'un d'eux
ôte son chapeau. Notre-Seigneur est à table, à gauche ; les deux disciples sont à droite ; derrière eux l'hôte tient un pot de la main gauche.
Titre : *Accepit* IESVS *panem.* . . . . . *et agnouerunt eum.* Au milieu :
LUCÆ *cap.* XXIIII. Au bas, à gauche : *P. P. Rubens pinxit.*, *H. Witdouc
sculp.* A°. 1638. A droite : *Cum priuilegiis Regis Christianissimi, Principum Belgarum et Ordinum Bataviæ.* (B. 114, V. S. 418.)

Haut., 428 millim.; larg., 455.

* 1ᵉʳ état. Avant toutes lettres.ᵗ— 2ᵉ. Celui décrit.

On voit au Cabinet des estampes de Paris une épreuve dont les retouches paraissent être de la main de Rubens.

Il y des épreuves imprimées en clair-obscur ; elles sont très rares.

Le tableau est dans la galerie de Munich.

On connaît *la même composition* en contre-partie, Jésus-Christ est dans une auréole. (V. S. 419.)

Haut., 324 millim., larg., 504.

1ᵉʳ état. Avant la lettre.

2ᵉ. Même titre que la pièce précédente. *Van Merle ex.*

115. *Jésus-Christ à table avec les pèlerins d'Emmaüs.* Il bénit le pain ; à côté de lui une vieille debout, tenant un verre plein ; à droite, un homme apporte un plat. Au bas, huit vers : *Me quantus ignis torret. . . . .* Dans la planche en bas : *P. Paul Rubenius pinxit., P. Soutman Effigiavit et excud. Cum Privil., P. van Sompelen sculp.* Sur le pied de la table : *A°.* 1643. (B. 115, V. S. 420.)

Haut., 344 millim.; larg., 320.

1ᵉʳ état. Celui décrit. — 2ᵉ. *Clém. de longhe exc.* — 3ᵉ. *J. Valck exc.*

Le tableau est à Madrid, au palais Parada.

116. *La même composition.* Elle est du sens opposé. En bas, six vers latins : *Si quis Apellea. . . . . nostri miramur Apellis. P. S. extempore.* Dans le bas de la gravure, à gauche : *Pet. Paul Rubens pinxit.. W. Swanenburg sculp. et excud. an.* 1611. (B. 116, V. S. 421.)

Haut., 295 millim.; larg., 313.

1ᵉʳ état. Celui décrit. — 2ᵉ. *J. Jansen exc.*

3ᵉ. *Cl. de Jonghe exc.* Estampe retouchée.

On connaît une copie de cette pièce, mais du sens opposé à la précédente. *Pet. Paul Rubens pinxit, Daret excudit.* (V. S. 422.)

Autre, également en sens contraire, du numéro 116, avec le même titre. *P. Paul Rubens in., P. D. Iode exc.* (V. S. 423.)

Deux autres par *Van Lochem* et par *Picart.* (V. S. 424 et 425.)

Haut., 295 millim.; larg., 304.

117. *La même composition.* Il y a une auréole autour de la tête de Jésus-Christ et avec un autre fond d'architecture. Titre : *In fractione panis agnoverunt evm. Luc.* 24. Au bas, à gauche : *P. P. Rubens pinxit.* A droite : *A. Lommelin sculp.* (B. 117, V. S. 426.)

Haut., 428 millim.; larg., 340.

1ᵉʳ état. Celui décrit. — 2ᵉ. *G. Huberti exc.*

117 *bis*. *La même composition*. Il y a quelques changements. On voit le corps entier de l'homme qui apporte un plat; par une porte ouverte, un paysage avec trois pèlerins; sur le devant, un grand chat. Par un anonyme. *J. C. Visscher exc.* (V. S. 427.)

Haut., 392 millim.; larg., 489.

118. *L'Ascension de Jésus-Christ*. Notre-Seigneur s'enlève vers la gauche; deux anges sont vers la droite; au bas, les disciples. Titre : VIDENTIBVS ILLIS, ELEVATVS EST. *Act.* 1, *V.* 9. Au bas, à gauche : *Pet. Paul Rubbens pinxit.;* au-dessous : *S. à Bolswert sculpsit.;* à droite : *Martinus vanden Enden excud.;* au-dessous : *Antwerpiæ cum Priuilegio.* (B. 118, V. S. 436)

Haut., 450 millim.; larg.. 336.

* 1er état. Celui décrit. — 2e. Avec *G. Hendricx exc.*

3e. Cette adresse est effacée. — On connaît une contre-épreuve de cette estampe.

Le tableau qui se trouvait au plafond de l'église des Jésuites, à Anvers, a été détruit par un incendie, en 1718.

119. *La Descente du saint Esprit*. Il plane tout au haut. La sainte Vierge est dans le milieu; les langues de feu tombent sur les apôtres; un d'eux, à droite, est à genoux, le corps et la tête renversés en arrière; à gauche, une rampe avec des balustres. Titre : ANIMIS ILLABERE NOS- TRIS. A gauche : *Petrus Paulus Rubenius pinxit ;* au-dessous : *Paulus Pontius sculpsit ;* à droite : *Cum priuilegijs Regis Christianissimi, Serenissimæ Infantis et Ordinum confederatorum. Anno* 1627. (B. 119, V. S. 438.)

Haut., 571 millim.; larg., 406.

* 1er état. Non décrit. Avant toutes lettres. Collection Camberlyn.

2e. Celui décrit.

On trouve des contre-épreuves.

Le tableau est dans la galerie de Munich.

Il existe une copie en sens contraire avec le même titre. *Franc. Ragot fecit et excudit.* (V. S. 439.)

Haut., 567 millim.; larg., 419.

Le même sujet. Dans un hexagone; par un anonyme. Titre : *Repleti sunt spiritu sancto. F. Huberti exc.* (V. S. 441.)

Haut., 126 millim.; larg., 88.

120. *La Sainte Trinité*. Dédicace : *Prænobili ac generoso Viro* D. EDUARDO DE BERTI. . . . . . *Hanc S.S. Triados imagine D. D. Ægid.*

Hendricx. En bas, au milieu : *Anno* 1664. A gauche : *P. P. Rubens pinxit.*, *Adr. Lommelin sculp.*, *Gillis Hendricx excudit.* (B. 120, V. S. 442.)

Haut., 432 millim.; larg., 340.

121. *Le même sujet*, sans les anges et sans titre. Au bas, à gauche : *P. P. Rubenius pinxit.* Au milieu : *Lucas Vorstermans iunior fecit.* A droite : *Franciscus vanden Wyngaerde excud.* (B. 121, V. S. 443.)

Haut., 281 millim.; larg., 230.

Le tableau est au Musée de Munich.

121 *bis. La même composition;* par un anonyme. Titre : SANCTA TRINITAS VNVS DEVS. *Gillis Hendricx exc.* (V. S. 444.)

Haut., 279 millim.; larg., 207.

122. *La même composition*, gravée au burin. Titre : ET HI TRES UNUM SUNT. *C. Galle.* (B. 122, V. S. 445.) (V. cat. del Marmol, n° 367.)

Haut., 158 millim., larg., 97.

Le catalogue Voorhelm Schneevooght décrit aussi une pièce sous le numéro 122, mais en ajoutant que cette pièce et la précédente sont peut-être la même. (V. S. 446.)

123. *La Trinité.* Au-dessus de la tête de Dieu plane le Saint-Esprit tourné vers la droite ; le Christ est couché sur les genoux de son père, la tête tournée vers la gauche. A droite, un ange tient la lance et la couronne d'épines ; à gauche, un autre ange verse des larmes. Titre : HIC EST FILIVS MEVS DILECTVS. *Matth.* 17, v. 5., plus bas, à gauche : *Pet. Paul Rubbens pinxit ;* au-dessous : *S. à Bolswert sculpsit ;* à droite : *Martinus vanden Enden excud.;* au-dessous : *Antwerpiæ Cum priuilegio.* (B. 123, V. S. 447.)

Haut., 432 millim ; larg., 340.

* 1ᵉʳ état. Celui décrit.

2ᵉ. L'adresse de *M. Vanden Enden* est remplacée par celle de *Gillis Hendricx.*

Le tableau est au Musée d'Anvers.

123 *bis. La même composition.* Titre : *Est pater in diuis. . . . . . præstat amoris opem.* Par un anonyme. *Gaspar Huberti exc. Antwerpiæ.* (V. S. 450.)

Haut., 696 millim.; larg., 338.

123 *ter. La même composition.* En contre-partie par un anonyme. Titre : SIC DEVS DILEXIT . . . . . *Joan.* 3, avec une traduction hollandaise

et française. *Gillis Hendricx excudit.* D'après le dessin original qui existe dans le cabinet du comte de Cuypers de Rymenam, à Bruxelles. (V. S. 451.)

Haut., 422 millim.; larg., 335.

124. *Le Jugement dernier.* En deux feuilles. Titre : OMNES ENIM NOS. . . . . SIVE MALVM. 2 Cor. 5. Au bas, à gauche: *P. Paul Rubens pinxit. Corn. Visscher sculp.* Au milieu : *Cum priuilegio.* (B. 124, V. S. 453.) (Voir C. Visscher, n° 36.)

Haut., 594 millim.; larg., 468.

* 1er état. Avant l'adresse de *Pet. Soutman excud.* qui se lit à droite de l'estampe.
2e. Avec cette adresse ; les épreuves sont retouchées.
3e. *F. de Wit et Soutman exc.* — 4e. L'adresse est effacée.
Le tableau est au musée de Munich.

125. *Chute des Réprouvés.* Titre : *Dvcvnt in bonis . . . . . Job. Cap.* 21e. Au bas, à gauche : *P. Paulus Rubbens Inuenit et pinxit.* A droite : *Ioes Van Orley delineavit et Rich. van Orley fecit in aquaforti.* Pièce en deux feuilles. (B. 125, V. S. 457.)

Haut., 813 millim.; larg., 615.

1er état. Avant la crevasse de la bombe.
2°. Avec cette crevasse.
Le tableau est au musée de Munich et l'esquisse dans la collection Suermondt, à Aix-la-Chapelle.

126. *Chute des Réprouvés.* Au haut, à gauche, on aperçoit une femme renversée, traînée par les cheveux ; dans le milieu un homme est avalé par une des têtes de l'hydre dont les autres têtes sont à la droite du bas. Titre : *Lapsum Draconis cum omnibus Angelis ejus, ... Ob oculos hic positum Vides, Tu fuge ;* au bas, à droite : *A°.* 1642, et au-dessous, en trois lignes : *P. Soutman effigiauit cum Priuil.* Pièce en deux feuilles. La partie droite est en sens contraire de la précédente. (B. 126, V. S. 458.)

Haut., 572 millim.; larg., 410.

* 1er état. Celui décrit. Collections Lousbergs et Camberlyn.
2e. On lit l'adresse de *Phil. Bouttaets ;* les épreuves sont retouchées.

127. *Chute des Réprouvés.* Dans le milieu du haut, des anges armés de lances et un autre d'un bouclier, lançant la foudre de la main gauche, les précipitent dans les enfers. Au bas, à droite, un groupe d'hommes et de femmes. Dans le bas, titre et dédicace : *Superbiæ ergo depulsi*

*e cœlis Luciferi, Vindicem Michaelem, Constantino Hugens . . . .
Musarum Apollini dedicat Seseꝗ ejus Clarissimo Nomini L. M. Q.
devovet Petrus Soutman. Cum Priuil.;* plus bas, à gauche : *P. Paulo
Rubens Pinxit;* à droite : *I. Suyderhoef Sculp. A°. 1642.* (B.127,V.S.459.)

Haut., 640 millim.; larg., 541.

* 1er état. Les nudités sont découvertes. Collection d'Affry.

2e. Des draperies cachent les nudités.

3e. Avec l'adresse de *F. de Wit* qui a remplacé celle de *Soutman.*

4e. Les épreuves sont retouchées; elles sont dures et sèches.

Le tableau est dans la galerie de Munich. Une réduction pour la gravure exécutée
par Rubens est chez M. Marsuzi de Aguirre.

128. *Les quatre Évangélistes.* Saint Marc et saint Luc sont à
droite, saint Mathieu et saint Jean à gauche. En bas, quatre lignes
en latin : *Si quod duorum ab ore. . . . . terra clamat et mare.*
Au-dessous, dédicace : *Ornatissimo amplissimoꝗ Viro* D. PETRO
HANNEKART. . . . . *Nic. Lauwers amoris sui reciproci quale quale
symbolii L. M. D. C. Q.* Dans la gravure, en bas, sur une tablette à
gauche : *Pet. Paul Rubens pinxit et S. à Bolswert sculpsit.* A droite :
Nicolaus Lauwers excudit. Antverpiæ. (B. 128, V. S. 461.)

Haut., 515 n.illim.; larg., 482.

* 1er état. Sans aucune adresse. — 2e. Celui décrit.

3e. *G. Hendricx exc.* — 4e. *J. Audran exc.*

Le tableau est dans la galerie Grosvenor.

128 *bis. La même composition.* Le titre est le même ; sans nom de
peintre ni de graveur. *Gaspar Huberti.* (V. S. 462.)

Haut., 281 millim.; larg., 200.

128 *ter. La même composition.* En contre-partie, avec le même titre
mais sans dédicace. *Coenradus Lauwers sculpsit. Nico.-Lauwers excudit Antwerpiæ.* (V. S. 463.)

Haut., 482 millim.; larg., 475.

129. *La Conversion de saint Paul.* Il est renversé au milieu de
l'estampe ; son cheval est tombé sur les genoux, à gauche; les autres
personnages sont effrayés par l'apparition de Jésus-Christ, près duquel
on lit : *Saule, Saule quid me persequeris ?* A droite, un cheval qui se

cabre va désarçonner son cavalier ; au-dessus de la tête de saint Paul : *Domine, quid me vis facere.* Dans l'estampe, vers la gauche : *P.F. Rubens pinxit*; au milieu : *Cum Priuilegijs Regis Christianissimi, Serenissimæ Infantis, et Ordinum confederatorum;* vers la droite : *S. à Bolswert sculp. et excudit.* Dédicace : *Illustrissimo ac Reuerendissimo Domino*, D. ANTONIO TRIST *Gandensium, Dei gratia, Episcopo.....S. à Bolswert MM. DD. SS.* (V. S. 468.) Omis par Basan.

Haut., 430 millim.; larg., 600.

1er état. Avant *Cum privilegijs regis*, etc. Collections Scitivaux et Debois.
Debois, 145 francs.
2e. Celui décrit.
On connaît une copie. Titre : *Saulus iter facieb it.....* au milieu, *Ragot fecit. C. P. R.* En contre-partie. (V. S. 470.)
Un tableau représentant ce sujet est à Munich.

Haut., 486 millim.; larg., 594.

On connaît aussi la même composition sans autre titre que S. *Paulus*; par un anonyme. *Gaspar Huberti exc. Antwerpiæ.* Pièce en contre-partie. (V. S. 473.)

Haut., 500 millim.; larg., 594.

ALLÉGORIES SACRÉES ET SUJETS DE DÉVOTION

1. *Jésus-Christ et les quatre Pénitents.* Ce sont: David, saint Pierre, la Madeleine et le Bon Larron. Jésus-Christ est à gauche, et les quatre pénitents à droite. Au bas de l'estampe, dans un cartouche posé sur une tablette : *Remittuntur ei..... multum. Lucæ* 7. Au bas, à gauche : *P. P. Rub. Pinx.* A droite : *N. Lauwers ex.* (B. 1, V. S. 1.)

Haut., 384 millim.; larg., 262.

1er état. Celui décrit.
2e. Les épreuves avec l'adresse de *Martinus vanden Enden* sont postérieures.

2. *Les quatre Pères de l'Église.* Saint Jérôme est à droite. Dédicace : REVERENDO ADMODVM NOBILI DOCTISSIMOQ VIRO DOMINO DNŌ GVILLIELMO VAN HAMME. . . . . HERMANVS DE NEYT ANTVERP. Au-dessous, à gauche : *P. Paulus Rubens inuentor.* Au milieu : *Cum priuilegio.* A droite : *Corn. Galle sculpsit., Gillis Hendricx excudit.* (B. 2, V. S. 2.)

Haut., 463 millim.; larg. 469.

* 1er état. Avant toutes lettres.

2e. Avec la lettre, mais avant que la planche ait été élargie par deux bandes de cuivre que l'on a soudées de chaque côté; dans cet état, comme dans le premier, la largeur n'est que de 401 millimètres.

3e. Celui décrit.

3. *Les quatre Pères de l'Église.* Ils sont représentés à mi-corps, tournés à gauche. Titre : *In Effigiem Quatuor Virorum*, AMBROSII, GREGORII, HIERONIMI, ET AUGUSTINI, *Patrum de Ecclesia Christi optime meritorum.* Au-dessous, sur deux colonnes, huit vers latins : *Adspice, Posteritas.. . . . posse perire negat.* A gauche : *P. P. Rubens pinxit.* A droite : *C. Van Dalen junior sculpsit., A. Blotelingh exc.* Au-dessous du dernier vers, il y a un *P* et un *L* liés ensemble. (B. 3, V. S. 3.)

Haut., 285 millim.; larg., 250.

*1er état. Avant l'adresse de *Blotelingh*. Collection Camberlyn.

2e. Celui décrit.

4. *Les Pères de l'Église.* Sainte Claire est au milieu d'eux tenant le saint Sacrement, ainsi que saint Dominique ayant un livre sous le bras; à droite un pape et deux évêques; à gauche, un cardinal et un moine. Dans le haut, le Saint-Esprit, au-dessus duquel planent des anges tenant une banderole où est inscrite une légende. Titre : DOCTORVM *æthereo. . . . . tu quoque crede fide.* Dans la planche, à gauche, sur une base de colonne : *Pet. Paul. Rubens pinxit et S. à Bolswert sculpsit;* à droite, sur une autre base : *Nicolaus Lauwers excudit Antverpiæ.* (B. 4, V. S. 5.)

Haut., 513 millim.; larg., 482.

*C'est le pendant des *Quatre évangélistes.*

Le tableau est dans la Galerie Grosvenor.

Il existe de cette estampe une copie en contre-partie. *Coenr. Lauwers sculp. Nicol. Lauwers exc. Antwerpiæ.* (V. S. 6.)

On en trouve une autre également en sens contraire à Dresde, sans nom de peintre ni de graveur, *Gaspar Huberti.* (V. S. même numéro.)

Haut., 284 millim ; larg., 196.

5. *La même composition.* Le fond est entièrement changé. Sans titre. Au bas, à gauche : *Pet. Paul Rubbens pinxit.* A droite, *Remoldus Eynhouedts fecit.* (B. 5, V. S. 7.)

Haut., 279 millim.; larg., 335.

1er état. Celui décrit.

2e. Avec l'adresse de *J. Audran.*

On connaît cette même composition en sens contraire. On y a réuni les *Quatre évangélistes*, de sorte que les deux estampes n'en font qu'une seule. Le fond est en-

tièrement changé. On lit huit vers latins : *Si quod duorum ... tu quoque crede fide.*
Chez *N. Bonnart, rue St-Iaques à l'aigle.* (V S. 8.)

Haut., 507 millim.; larg., 720

La même composition, avec les mêmes vers et cette inscription au-dessous : *La vérité de l'Eucharistie reconnue... de l'Eglise. Gravé par F. Ragot.* (V. S. 10.)

Haut., 621 millim.; larg., 948.

6. *La Destruction de l'Idôlatrie.* On voit, dans le haut à gauche, un ange tenant une hostie environnée d'une gloire. En bas, six vers latins : *Cede* Deo *mala..... exili qui latet orbe* Deus. Au-dessous la dédicace : Serenissimo principi Leopoldo Gvlielmo. Archidvci Austriœ. .... Petr. Hannecart dedicabat. A gauche des vers : *Pet. Paul. Rubbens pinxit.*, *S. à Bolswert sculpsit* A droite : *Nicolaus Lauwers excudit Antuerpiœ. Cum priuilegio.* Cette estampe est en deux feuilles. (B. 6, V. S. 13.)

Haut., 637 millim.; larg., 961.

Le tableau fut peint pour le cloître de Loeches, près de Madrid.

On connaît la même composition en deux feuilles, mais en contre-partie. Titre : *La Destruction de. . . . .; la Religion chrétienne. Gravé par François Ragot.* (V. S. 14.)

Même dimension.

La même composition. Sur une seule feuille. Titre : *La Destruction de. . . . .; de la Religion chrétienne. E. Picart le Romain f, Rue St-Jacques, devant les Mathurins, avec privilége.* (V. S. 15.)

Haut., 513 millim.; larg., 736.

7. *Triomphe de la Nouvelle Loi.* Une femme debout sur un char tenant un calice surmonté d'une hostie, se dirige vers la droite ; elle est accompagnée d'un ange soutenant une croix. En bas, huit vers : *Sic vehitur*, nova lex..... *Corde fouere fidem :* Dédicace : seren. principi leopoldo guilielmo. . . dedicabat petr. hannecart senator antverpian. A gauche : *Petr. Paul. Rubbens pinxit.* A droite : *Nicolaus Lauwers sculpsit et excudit Antuerpiœ Cum priuilegio.* En deux feuilles. (B. 7, V. S. 16.)

Haut., 637 millim.; larg., 883.

Le tableau est au Musée du Louvre. Il a été acheté par Louis XVIII, avec *Élie* et *l'Ange*, au général Sébastiani, qui les avait rapportés d'Espagne.

On connaît une copie par Ragot. On lit au haut de l'estampe, dans un cartouche : novæ legis trivmphvs. Dans le bas : *Peint par P. P. Rubens, gravé par Ragot,* avec son adresse, en sa boutique au Palais. Dans le bas, six vers latins... *G. P. L.* En contre-partie.

Le catalogue Voorhelm Schneevoogt dit la même composition en deux feuilles, avec le même titre, gravée par *F. Ragot,* même dimension. (V. S. 17.)

8. *Le Triomphe de l'Église par l'Eucharistie*. Une femme assise sur un char, portant le Saint-Sacrement et entourée des attributs de la papauté, se dirige à droite. En bas, huit vers : *Perge triumphatrix Ecclesia... exornet trina corona tuum*. Dédicace : SERENISSIMO PRINCIPI LÉOPOLDO GVILIEMO... DEBITI OBSEQVI ERGO PET. HANNEKART D. C. Au-dessous, à gauche : *Pet. Paul. Rubbens pinxit*. A droite : *Nicolaus Lauwers excudit Antuerpiæ Cum priuilegio*. En haut, au milieu, dans une banderole : ECCLESIA PER S. EVCHARISTIAM TRIUMPHANS. (B. 8, V. S. 20.)

Haut.' 637 millim.: larg., 1030.

* 1er état. Avant toutes lettres, non décrit. Collection Camberlyn.

2e. Avant *Cum priuilegio*. — 3e. Celui décrit.

Le tableau a été peint pour le cloître de Loeches, près de Madrid.

On connaît les estampes suivantes :

La même composition. Sans titre, sans nom de peintre ni de graveur. *Nic. Lauwers exc. Antwerpiæ*. (V. S. 21.)

Haut., 410 millim.; larg., 576.

La même composition. On lit les mêmes vers et l'inscription dans la banderole du haut. Par un anonyme. *Gillis Hendricx excudit*. (V. S. 22.)

Haut., 359 millim.; larg., 666.

La même composition. Avec le même titre par François Ragot, en deux feuilles. (V. S. 23.)

Haut., 594 millim.; larg., 990.

La même composition. Titre : *Ecclesia per S. Eucharistiam triumphans*. Sans nom de peintre ni de graveur. *C. Galle*. (V. S. 24.)

Haut., 167 millim.; larg., 208.

Ces quatre derniers numéros sont en contre-partie de l'estampe de *Bolswert*.

9. *Le Triomphe de la Charité*. Elle est debout sur un char entouré d'anges et traîné par deux lions qui se dirigent à droite. En haut, au milieu, sur une banderole : AMORIS DIVINI TRIVMPHVS. Au bas, à gauche, dans la gravure : *Pet. Paul. Rubbens prinxit., Adrian Lommelin sculpsit*. A droite : *Gillis Hendricx excudit Antuerpiæ*. En deux feuilles, sans titre. (B. 9, V. S. 26.)

Haut., 626 millim.; larg., 885.

10. *Le Temps découvrant la Vérité et terrassant l'Hérésie*. En haut, au milieu, dans une banderole :·TEMPVS VERITATEM PRODVCENS. En bas, à gauche : *P. P. Rubbens pinxit*. Au-dessous : *Adrian Lommelin sculpsit*. A droite : *G. Hendricx excudit*. En deux feuilles, sans titre. (B. 10, V. S. 27.)

Haut., 635 millim.: larg , 885.

11. *Les Pères de l'Église agitant la question de l'Eucharistie.*
Dieu le père est dans le haut. Saint Jérome est au milieu, tourné à
droite. Titre : *Christus in hac. . . . . mysticus ille leo.* Dédicace :
A dm̃ R^{do} P^{ri} F^{ri} CHRISTOPHORO MEICHSNER. . . . . *Anno* 1643. Au bas, à
gauche : *Pet. Paul. Rubens pinxit., Henr. Snyers sculpsit.* A droite :
Abraham à Diepenbeke excudit Antuerpiæ Cum priuilegio. (B. 11,
V. S. 28.)

Haut., 621 millim ; larg., 434.

1er état. Avant toutes lettres, non décrit.—2e. Celui décrit plus haut.
Le tableau a été peint pour l'église des Dominicains, à Anvers.

12. *Le Combat de l'esprit contre la chair.* On voit une figure ailée
attachée à une corde, dont un ange tire un bout vers le ciel, et les
diables l'autre bout vers l'enfer. Dieu le père est dans le haut.
P. Pontius. (B. 12, V. S. 31.)

Haut., 313 millim.; larg., 254.

13. *Le Purgatoire.* Il y a dans le haut le nom de Jésus dans un
soleil et plusieurs chérubins. Titre : MISEREMINI MEI. Sans nom de
peintre ni de graveur. *C. Galle.* (B. 13, V. S. 32.)

Haut., 416 millim.; larg., 331.

Le tableau est dans la cathédrale de Tournai.

14. *Le Purgatoire.* Titre : MISEREMINI MEI, SALTEM VOS AMICI MEI.
On voit le nom de Jésus et deux anges sur les côtés. *C. Galle.* (B. 14,
V. S. 33.)

Haut., 81 millim.; larg., 122.

15. *Autre Purgatoire.* On voit les mêmes âmes souffrantes
auxquelles on a ajouté quelques figures et deux anges qui tirent les
âmes hors des flammes. Au haut de l'estampe, le triangle, signe de la
Sainte-Trinité. Sans titre, sans nom de peintre ni de graveur. (B. 15,
V. S. 34.)

15 *bis. La même composition.* Mais au lieu du triangle on a mis en
hébreu le nom de Jéhovah. (Voir le cat. de messire del Marmol, n° 415.)
(V. S. 35.)

16. *Sujet allégorique.* Il est représenté par cinq femmes. Celle du
milieu a les mains jointes ; à sa droite, une autre à genoux est appuyée

sur un fauteuil et tient un chapelet. Derrière celle-ci, une troisième paraît entretenir le feu d'une lampe ; un autre, à gauche de la première, tient un livre ; la cinquième est en méditation. On voit deux anges, dont l'un sonne de la trompette. Sans nom de peintre. A l'eau-forte, par un anonyme, dans le goût d'*Eynhouedts*. (B. 16, V. S. 39.)

Haut., 324 millim.; larg., 318.

17. *Le Tableau de la chapelle où est le tombeau de Rubens.* La Vierge est à gauche assise au pied d'un berceau de feuillage, tenant l'enfant Jésus qui reçoit les hommages de saint Bonaventure, derrière lequel sont trois figures de femmes ; à leur suite est Rubens sous la figure de saint Georges, tenant un drapeau à la main ; sur le devant, saint Jérôme à genoux sur un lion ; dans le haut, trois anges dont deux couronnent l'enfant Jésus. Titre : LAVDATE DOMINVM IN SANCTIS EJVS. *Psalm.* 150. *Tabula Epitaphii* PETRI PAULI RUBBENS IN *œde divi Iacobi Antwerpiœ visitur*. Au bas, à gauche : *P. P. Rubbens pinxit.*, *P. Pontius sculpsit*. A droite : *Gillis Hendricœ excudit Antuerpiœ*. (B. 17, V. S. 48.)

Haut., 526 millim.; larg., 432.

* 1er état. Avant toutes lettres et avant la planche terminée. Presque toutes les figures sont blanches. Collection d'Affry. Une épreuve semblable se trouvait chez messire del Marmol, n° 420.

* 2e. Avant la lettre ; seulement avec les noms du peintre, du graveur et de l'éditeur. L'estampe est terminée. Collection Camberlyn.

3e. Celui décrit avec la lettre.

Le tableau orne toujours l'autel de la Sainte-Vierge dans l'église Saint-Jacques, à Anvers. On voit au pied l'épitaphe de Rubens.

18. *La même composition.* Sans titre, avec cette différence que le troisième ange tient un flambeau au lieu d'une branche de palmier. Au bas, à gauche : *Pet. Paul. Rubbens pinxit*. A droite : *Remoldus Eynhouedt fecit*. (B. 18, V. S. 49.)

Haut., 237 millim.; larg., 212.

Dans le deuxième état, on a fait quelques corrections dans les parties blanches.

A Dresde, il y a une contre-partie de cette estampe.

La même composition. En sens contraire. Saint Georges, le dragon et l'ange à la palme ne s'y trouvent pas. Titre et dédicace : *O nunc diva tuum.....* D. D. C. *Gaspar Huberti. Paul Pontius sculpsit.*, *Gaspar Huberti excudit Antwerpiœ*. (V. S. 51.)

Haut., 453 millim.; larg., 322.

La même estampe, avec le même titre et la même adresse ; sans nom de graveur (V. S. 52.)

Haut., 414 millim.; larg., 304.

19. *L'Épitaphe de Rubens.* On voit un portique orné de six têtes de chérubins et d'une tête de mort. Sur les côtés, deux figures allégoriques, et, dans le haut, deux flambeaux renversés. Sur le tout, une lampe sépulcrale. *P. Clouet sculp.* (B. 19, V. S. 53.)

1er état. Avant les inscriptions.

20 . *L'Épitaphe de Gevartius.* Au-dessus de l'inscription on voit une colombe tenant un rameau d'olivier, avec cette devise : *Non semper imbres.* Dans le haut, le buste du personnage surmonté d'une lampe sépulcrale; sur les côtés, la Justice et la Prudence. *Lommelin sculp.* (B. 20. V. S. 54.)

Haut., 264 millim.; larg., 169.

Le catalogue de messire del Marmol décrit trois variétés (nos 427, 428, 429) :

1re. Avant les inscriptions et avec *E. Quellinus del. Lommelin, sculpt.*

2e. Avec les inscriptions et *P. P. Rubens, delin., Lommelin sculp.,* et au bas une autre épitaphe en imprimé.

3e. La même estampe avec les mêmes adresses, mais sans l'épitaphe en imprimé.

21. *Des Anges dans une gloire.* Les uns jouent des instruments et les autres chantent. Pièce gravée à l'eau-forte, sans nom de peintre ni de graveur. (B. 21, V. S. 40.)

Haut., 322 millim.; larg., des 2 pl., 506.

Ce sont deux planches imprimées sur une même feuille.

Smith cite un tableau de ce genre dans la galerie de Potsdam.

22. *Deux Anges environnés de nuages et tenant un soleil d'où sortent des rayons ;* sans nom de peintre. (B. 22, V. S. 42.)

Haut., 234 millim.; larg., 137.

23-24. *Bustes de Jésus-Christ et de la sainte Vierge,* et qui font pendants. Le Sauveur est tourné à droite, et la sainte Vierge à gauche. Titre sous le premier : SPERAMVS IN DEVM VIVVM. . . . . Au bas, à droite : *P.P. Rubens.* Titre sous la Vierge : SVB TVVM PRŒSIDIVM. . . . . Au bas, à droite : *N. Ryckemans sculp.* Les deux sujets sont réunis sur une même feuille. (B. 23-24, V. S. 68-69.)

Haut. de chaque pièce : 160 millim.; larg., 113.

25. *Une tête de Christ.* De profil à gauche, dans un ovale. Titre : IESU DVLCISSIME. . . . . ANTE FACIEM TVAM. *D. Augustinus in Medi-*

tationibus. Au-dessous, une inscription en quatre lignes. Au milieu, en bas : *A d sacræ vetustatis.   . . . Petrus Paulus Rubens delineabat, P. Pontius incidebat.* (B. 25, V. S. 70.)

Haut., 365 millim.; larg., 273.

26. *Une Tête de Vierge dans un ovale.* Titre : *O beata Maria. . . . .* Par un anonyme. *G. Hendricx ex. Ant.* (B. 26, V. S. 71.)

Haut., 386 millim.; larg., 311.

25-26². *Le même Buste de Christ*, à droite, dans un ovale. Titre : *Speciosus forma præ filiis hominum. Psalm. 44. Petr. Paul. Rubens delineavit., Ægid. Rucholle sculpsit., Michael Hayé excudit.* (V.S.72.)

Haut., 353 millim.; larg., 270.

La Sainte Vierge. En regard de son fils. Titre : *Mater pulchræ dilectionis.* Avec les mêmes adresses. (V. S. 73.)

Même dimension.

25-26³. *Le même Buste de Christ*, dans un ovale. Titre : *Jesu Christi* et sept lignes de texte latin. Par un anonyme. *Joan Galle excudit Antvertpiæ.* (V. S. 74.)

Haut., 356 millim.; larg., 268.

La Sainte Vierge. En face, pendant du précédent. Titre : *Sancta Maria* et sept lignes de texte latin. Par un anonyme. Même adresse. (V. S. 75.)

Même dimension.

25-26⁴. *Tête de Christ.* Dans un ovale. En haut : *Via veritas et vita.* Titre : *Jesu dulcissime. . . . . ante faciem tuam. C. Galle.* (V. S. 76.)

Haut., 320 millim.; larg., 246.

La Sainte Vierge. C'est le pendant du précédent. En haut : *Magnificat anima mea Dominum.* Titre : *O beata Maria.... sue curresti perdito. C. Galle.* (V. S. 77.)

Même dimension.

25-26⁵ *Une Tête de Christ.* Dans l'ovale : *Ego sum via veritas et vita.* Titre : *Jesu dulcissime. . . . .* En latin, hollandais et français, par un anonyme. *Gillis Hendricx exc. Antwerpiæ.* (V. S. 78.)

Haut., 419 millim.; larg., 345.

La Sainte Vierge. C'est le pendant du morceau précédent. Dans l'ovale, en haut : *Beatam me dicent omnes generationes.* Titre : O BEATA MARIA. . . . . *Succurristi perdito ?*

S. August. Serm. 18. *de santis.* En latin, hollandais et français. Au bas, à gauche : *P. P. Rubens pinxit.* A droite : *Gillis Hendricx excudit Antverpiæ.* (V. S. 79.)

Haut., 385 millim.; larg., 311.

27. *La Tête de Jésus-Christ et celle de la Vierge,* en regard. Sans titre et sans nom de graveur. (B. 27, V. S. 83.)

Haut., 160 millim.; larg., 115.

SUJETS DE VIERGES

1. *Immaculée Conception.* La Vierge couronnée tient sur la main droite l'enfant Jésus debout dans une auréole. Elle est debout sur un globe, entouré par un serpent qu'elle écrase du pied gauche. Titre : *Ipsa conteret caput tuum. Genesis* 3. Au bas, à gauche : *P. P. Rubens pinxit. Cum priuilege Regis.* A droite : *S. à Bolswert sculp.* (B. 1, V. S. 1.)

Haut., 410 millim.; larg.; 296.

1ᵉʳ état. Celui décrit.

2ᵉ. On lit : *Ant. Bonenfant excudit cum privilegio Regis.*

3ᵉ. Cette adresse est effacée.

Le tableau est à l'Escurial.

La même composition existe en contre-partie, mais sans nom de graveur. *C. Galle exc.* (V. S. 7).

Haut., 450 millim.; larg., 387.

1 ². *La même Vierge.* Titre : *Et ait Dominus Deus. . . . . N. Ryckmans sculp et ex. Edam.* (sic). (Cat. del Marmol, nᵒ 439, V. S. 2.)

1 ³. *La même composition.* Titre : *Illustrissimis Brabantiæ ordinibus. . . . . G. Hendricx exc.* (Catalogue de messire del Marmol, nᵒ 437.)

1 ⁴. *La même Vierge.* Titre : *Gallicæ variarum. . . . . erectæ. Antwerpiæ.* Sans nom de peintre ni de graveur. *Mart. van den Enden excudit.* (V. S. 3.)

Haut., 405 millim.; larg., 297.

1 ⁵. *La même Vierge.* Titre : *Aligerum regina. . . . . illa neces.* Par un anonyme. *Gaspar Huberti.* (V. S. 5.)

Haut., 441 millim.; larg., 297.

2. *L'Immaculée Conception.* La sainte Vierge est debout sur un globe entouré du serpent. Le fond est blanc. Dédicace : *Venerandæ Adm.* MARIÆ. . . . . *Dominæ longe Dignissimæ.* Au bas, à gauche : *Pet. Paul. Rubbens pinxit., Matt. Borrekens sculpsit.* A droite : *Mart. vanden Enden D. C. qui et excudit* 1644. (B. 2, V. S. 9.)

Haut., 252 millim.; larg., 124.

Les premières épreuves sont avant la dédicace.
Cette estampe est la copie de la Vierge seule du numéro 62 (voir plus bas).

3. *La même Vierge.* Elle est encore gravée avec la même adresse, mais elle est sur un piédestal au lieu de l'être sur un globe. Sur le piédestal : REGINA CŒLI. (B. 3, V. S. 10.)

Haut., 446 millim.; larg., 205.

3 *bis. La même Vierge sur un piédestal. S. à Bolswert sculpsit., Galle exc.* (V. S. 11.)

Haut., 249 millim.; larg., 135.

4. *L'Assomption de la sainte Vierge.* Le sépulcre est placé à l'entrée d'un souterrain à gauche. Dédicace : MAGNIFICO ET CLARISSIMO DOMINO LUCÆ LANCELOTTO L. V. Q. DOCTORI MVSARVM AMICO. . . . . MARTINUS VANDEN ENDEN. Au-dessous, à gauche : *P. P. Rubens pinxit., S. à Bolswert sculpsit.* A droite : *Martinus vanden Enden excud. Antverpiæ cum priuilegio.* Pièce cintrée. (B. 4, V. S. 12.)

Haut., 620 millim.; larg., 424.

* 1ᵉʳ état. Avant toutes lettres. Collection Archinto.
2ᵉ. Celui décrit. — 3ᵉ. *G. Hendricx exc Antw.*
Le tableau est dans la cathédrale d'Anvers.

4 *bis. La même composition.* En sens contraire, sans titre. On lit au bas, à gauche : *P. P. Rubbens pinxit., S. à Bolswert sculpsit.* (V. S. 19.)

Même dimension.

M. Voorhelm Schneevoogt commet une erreur en indiquant cette pièce comme une répétition du numéro suivant.

5. *Assomption de la Vierge.* Un des disciples lève la pierre du sépulcre qui est vers la gauche. Dédicace : R. P. GVARDIANO FF. MINORUM. . . . . MARTINVS VANDEN ENDEN D. C. Q. Au-dessous, à gauche :

Petrus Paul. Rubbens pinxit., *S. à Bolswert sculpsit.* A droite : *Martinus vanden Enden excudit Antuerpiæ Cum privilegio.* (B. 5, V. S. 18.)

Haut., 615 millim.; larg., 439.

1er état. Avant toutes lettres. Cabinet des estampes de Paris.

*2e. Celui décrit. Collection Drugulin.

3e. *G. Hendricx exc.* — 4e. *Gasp. Huberti exc.*

5e. *Corn. van Merlen exc.* — 6e. Toute adresse est effacée.

On connaît une contre-épreuve de cette estampe.

Il existe deux tableaux représentant cette composition : l'un dans la Galerie de Vienne, l'autre au Musée de Bruxelles.

Le catalogue de Messire del Marmol cite deux épreuves : l'une avec le titre tronqué, l'autre avec l'adresse tronquée (voir nos 446 et 448).

La même composition. En sens contraire. Titre : *Assumpta est... gaudent angeli. F. Ragot fecit et excudit C. P.* (V. S. 20.)

Haut., 628 millim.; larg., 432.

6. *La même composition.* Sans aucun changement. Titre : *Assumpta est Maria in cælum gaudent angeli. Arnoldus Loemans sculpsit. Mart. van den Enden excud. Antwerpiæ Cum priuilegio.* (B. 6, V. S. 22.)

7. *La même Vierge.* Cette estampe reproduit les numéros 5 et 6, mais en sens contraire. Titre : *Janua cæli. C. Galle exc.* (B. 7, V. S. 23.)

Haut., 230 millim.; larg., 140.

Le catalogue de messire del Marmol (n° 449) dit que c'est le haut de l'estampe de *Loemans*, n° 6. Basan dit que cette estampe a été répétée deux fois sous la même adresse, mais avec des changements.

8. *L'Assomption de la sainte Vierge.* Elle est à genoux sur les nues. Saint Pierre et saint Jean sont agenouillés contre le sépulcre ouvert, dont la pierre est tout à fait à droite. Sans titre. Au bas, à gauche : *P. P. Rubens pinxit., H. Witdouc sculpsit. A° 1639.* A droite : *Cum priuilegiis Regis Christianissimi, Principum Belgarum et Ord. Batauiæ.* (B. 8, V. S. 26.)

Haut., 625 millim.; larg., 480.

1er état. Avant la lettre. British Museum.

* 2e. *Huberti ex.*

3e. *Corn. van Merlen exc.* L'estampe est retouchée.

Le tableau est dans la galerie Lichtenstein, à Vienne. Le dessin origninal se trouve dans le musée de Florence, la Vierge est tournée vers la droite.

On connaît la *même composition*. Au bas, quatre vers latins. *N. Ragot fecit et excudit*. (V. S. 27.)

Haut., 621 millim.; larg., 432.

9. *L'Assomption de la Vierge*. Marie est enlevée dans le haut de la gauche ; autour du tombeau, dans le bas, de nombreux personnages. Dans la marge : ASSVMPTA EST MARIA IN CŒLVM. A gauche : *Petrus Paulus Rubenius pinxit., Paulus Pontius sculpsit.* ; à droite, *Cum priuilegijs Regis Christianissimi. . . . . Anno* 1624. (B. 9, V. S. 28.)

Haut., 640 millim.; larg., 438.

Smith cite deux tableaux : l'un dans la galerie d'Augsbourg, l'autre dans celle de Munich.

La même composition. Dédicace : *Venerabilibus D. D. Decano consecrat Franciscus Ragot. F. Ragot sculpsit et excud. Cum priuilegio.* (V. S. 29.)

Haut., 626 millim.; larg., 432.

10. *La même composition*. Le tombeau est au bas de la droite. La sainte Vierge planant sur une gloire d'anges, au haut à gauche, adore Notre-Seigneur qui apparaît au milieu. Cette planche n'est pas cintrée. Au bas, à gauche, dans la gravure : *Rubens pinxit*. Vers le milieu : *Masson scul*. Et à droite, un écusson d'armes. (B. 10, V. S. 30.)

Haut., 648 millim.; larg., 450.

1er état. Avant la lettre et l'écusson.
2e. Celui décrit.

11. *La même composition*. En sens contraire, avec cette différence qu'on y a ôté la figure de Jésus-Christ. *Ant. Sallarts del., Christ. Jegher sculp*. (B. 11, V. S. 31.)

Haut., 198 millim.; larg., 137.

12. *L'Assomption de la Vierge*. A droite, les saintes femmes se trouvent dans un souterrain près du sépulcre, sur les marches duquel sont placés les apôtres. Sans titre. Dans la planche : *Ex inv. Rubeni fe Discip. eius Guil^s. Panneels. F. v. W. ex*. Planche cintrée. (B. 12, V. S. 32.)

Haut., 320 millim.; larg., 180.

13. *L'Assomption de la Vierge*. Dix anges entourent la sainte Vierge ; les apôtres et les trois saintes femmes sont autour de son tombeau qui est vers la droite. Titre : ASSVMPTA EST MARIA IN CŒLVM.

Au bas, à gauche : *P.P. Rubens pinxit.*, *A. Lommelin sculpsit.* A droite :
Gillis Hendricx excudit Antverpiæ. Planche cintrée. (B. 13, V. S. 34.)

Haut., 435 millim.; larg., 356.

On connaît des contre-épreuves.

Il existe deux autres Assomptions :

L'Assomption de la Vierge. Sans titre ni nom de peintre; au milieu de la planche :
Michel Lasne f. (V. S. 37.)

Haut., 243 millim.; larg., 162.

Autre Assomption de la Vierge. Titre : *Durat adhuc cœlo..... ductura triumphis.*
Gravé par *F. Ragot.* (V. S. 38.)

Haut., 610 millim.; larg., 477.

14. *Autre Assomption.* En sens contraire, sans la partie inférieure de
la planche et sans titre. Au bas, à gauche : *Rubens pinxit.* Au milieu :
Coenr. Waumans sculpsit. A droite : *P. de Bailliu ex.* (B. 14, V. S. 13.)

Haut., 254 millim.; larg., 137.

14 *bis.* *La même composition*, en contre-partie, sans titre. Au bas,
à droite : *A. Voet.*

Haut , 235 millim.; larg. 140.

15. *Le Couronnement de la Vierge.* La Vierge sur des nuages est
couronnée par Dieu le père qui est à gauche et Dieu le fils qui est à
droite. Dans le haut est le Saint-Esprit. Sans titre. Dans le bas, à
gauche : *P. P. Rubens delin. et excud.* Au milieu : CUM PRIVILEGIIS.
A droite : *Christoffel Iegher Sc.* Pièce gravée sur bois. (B. 15, V. S. 40.)

Haut., 320 millim.: larg., 435.

* Collection d'Affry.

Le tableau qui était dans l'église des Jésuites, à Anvers, a péri dans l'incendie.

16. *Le Couronnement de la Vierge.* Jésus-Christ est à gauche et
Dieu le Père à droite; ils tiennent une couronne au-dessus de la tête
de la Vierge. Titre : CORONATIO DIVÆ VIRGINIS. Au bas, à gauche :
P. P. Rubens pinxit. A droite : *Paulus Pontius sculpsit.*, *Gillis Hendricx excudit.* (B. 16, V. S. 41.)

Haut., 348 millim.; larg., 258.

1er état. Celui décrit.

2°. On lit à la place du nom du graveur et de l'adresse : *Ioan Meyssens excud.* Basan
et M. Voorhelm Schneevoogt indiquent ce deuxième état comme étant une reproduction par un anonyme. (V. S. 42.)

Le catalogue de messire del Marmol (n° 463) mentionne la *même composition*, gravée
par un anonyme. Titre : *Veni de Libano sponsa mea.... Mart. van den Enden exc.*
(V. S. 43.)

17. *Le Couronnement de la Vierge*. D'après un tableau appartenant au marquis Guerini, à Florence. Même composition que la précédente, du même sens. Titre : *Quadro di Pietro Paolo Rubens alto palmi 3 largo palmi 2 once 5.* Au bas de la gravure, à gauche : *Loren. Lorenzo dis.* A droite : *Carlo Faucci sc.* (B. 17, V. S. 44.)

Haut., 350 millim., larg., 260.

18. *Le Couronnement de la Vierge*. La sainte Vierge assise sur les nuages, au milieu d'une gloire d'anges, tient l'enfant Jésus sur son bras droit. Titre : Qvæ est ista. . . . . . terribilis vt castrorvm acies ordinata. *caut. c. 6.* Au bas, à gauche : *P. Paulo Rubens Pinxit, Cum Privilegio.* A droite : *P. Soutmanno Dirigente. Corn. Vischer sculpsit.* Pièce connue sous le nom de : *La Reine des Anges.* (B. 18, V. S. 46.)

Haut., 616 millim.; larg.; 458.

1er état. Avant les noms du peintre et du graveur. — 2e. C'est celui décrit. 3e. Au milieu du bas : *F. de Wit excudit.* — 4e. Cette adresse est effacée. On connaît deux tableaux : l'un au musée du Louvre, l'autre à Potsdam.

19. *La même composition*. En sens contraire. Eau-forte exécutée en petit par un anonyme. Titre : ave domina angelorvm. Au bas, à gauche : *P. Paul Rubens inuent.* A droite : *F. L. D. Ciartres excudit. C. P. R.* On attribue la gravure à Laurent de la Hyre. (B. 19, V. S. 47.)

Haut., 304 millim.; larg.; 217.

ENFANCE DE JÉSUS

20. *La sainte Vierge donnant à teter à l'enfant Jésus*. Sainte Anne est derrière. Sans titre. *A. de Paulis fecit.* (B. 20, V. S. 48.)

Haut., 113 millim.; larg.; 88.

21. *La sainte Vierge qui présente le sein à l'enfant Jésus*. Titre : *Meliora sunt ubera tua vino. Cant. 2. Pontius sculp. J. Cnobaert ex.* (B. 21, V. S. 49.)

Haut., 115 millim.; larg., 86.

21 *bis. Le même sujet*. La Vierge est dans une auréole; sainte Anne est derrière elle, à sa droite. Sans titre et sans nom de peintre. *S. à Bolswert fecit et excud. C. P.* (V. S. 50.)

Haut., 122 millim.; larg., 88.

22. *La Vierge et l'Enfant Jésus qui dort dans un berceau.* Titre :
Cum essem parvulus. . . . . Ad Corint. 3. Par un anonyme. *M. van
den Enden ex.* (B. 22, V. S. 53.)

Haut., 254 millim.; larg., 164.

22 bis. *La sainte Vierge regardant l'enfant Jésus qui dort sur un
lit.* La Vierge est tournée à droite. Dans la gravure : *Pet. Pauli
Rubens pinxit.* Dans le bas, quatre vers latins. *Dormit in extructo*
Sobeles. . . . . Astra *tuus iam sua* natus *habet*[1].

Haut., 190 millim.; larg., 150.

23. *Repos en Égypte.* La sainte Vierge est assise à droite, près
d'un arbre, ayant l'enfant Jésus sur ses genoux ; à droite, trois anges
conduisent un mouton. Saint Joseph est endormi dans le fond vers la
gauche, près d'un arbre. Au bas, dans la gravure, à gauche : *P. P. Rub.
delin. et exc.* Au milieu : Cum Privilegiis. Vers la droite : *C. Iegher
sculp.* Pièce gravée sur bois (B. 23, V. S. 114, N. T.)

Haut., 459 millim.; larg., 600.

* 1er état. L'épreuve est tirée sur deux planches non entièrement terminées. Elle
est retouchée au pinceau par Rubens pour servir de modèle au graveur. On remarque
sur le terrain, à gauche, un trait noir, gros et court, produit par le relief du bois réservé
pour y graver les lettres *C. I.* Collection Camberlyn.

2e. Avec les lettres *C. I.* Epreuve terminée. — 3e. Celui décrit.

On trouve des épreuves gravées en clair obscur couleur de bistre, avec les deux
planches terminées; on voit sur le terrain, à gauche, les lettres *C. I.*

24. *Le Repos en Égypte.* Même composition que la précédente, en
contre-partie. Titre : *Obdormit ecce Jesulus, formosus ille Jesulus,
Dilectus ille Jesulus, Compescito Labellula.* Au bas, à gauche : *Pet.
Paul. Rubens pinxit.* A droite : *Corn. Galle excudit.* (B. 24, V. S. 115,
N. T.)

Haut., 313 millim.; larg., 428.

Cette pièce passe pour avoir été gravée par *Edelinck*, quand il était élève de Corneille Galle.

25. *La Vierge et l'enfant Jésus qui dort devant elle.* Au bas,
quatre vers : *Dormit in extructo soboles. . . . . jam sua natus habet.*
Dans la planche : *Vorsterman fecit. Corn. Galle ex.* (B. 25, V. S. 54.)

Haut., 180 millim.; larg., 151.

1 Cette pièce pourrait bien être un premier état du numéro 25, avant le nom de Vorsterman.

1er état. Celui décrit. — 2e. L'adresse de *C. Galle* est effacée. — 3e. *J. Meyssens. ex.*
Le tableau fut offert à l'église Saint-Nicolas, à Bruxelles, pour l'épitaphe de Henry
Ausroos.

Le même sujet. Titre : *Mater amabilis. E. P. Spruyt sculp.* (V. S. 55.)

Haut., 178 millim.; larg., 142.

La même Vierge a été gravée avec peu de différence. Titre : parvoque lacte. *S. à
Bolswert sculp.* Cat. del Marmol, n° 475. (V. S. 56.)

26. *La Vierge faisant couler du lait dans la bouche de l'enfant
Jésus.* La Vierge est assise à gauche, tournée à droite. Au bas, quatre
vers latins : *Hyblæi rores. . . . . viuus in ore pudor.* Au-dessous :
P. P. Rubens Pinxit cum Priuil. Sans nom de graveur. (B. 26, V. S. 51.)

Haut., 143 millim.; larg., 137.

27. *La même composition.* Sans titre. *Pilsen sculp.* (B. 27, V. S. 52.)

Haut., 124 millim.; larg., 99.

28. *La Vierge tenant l'enfant Jésus sous un bras.* La sainte
Vierge est au milieu, vue de face. Titre : *Diva parens teneros. . . . .
numine cuncta replet.* Par un anonyme. A droite, à la suite du titre :
P. P. Rubens pinxit., Nicolaes Lauwers excudit en Anuers. (B. 28,
V. S. 57.)

Haut., 254 millim.; larg., 166.

Les premières épreuves sont avant le titre.

28 ². *Le même sujet.* La Vierge tient l'enfant Jésus tout nu debout
sur ses genoux, entre ses deux mains, devant une table couverte d'un
large coussin. Titre : *De fructu ventris tui ponam super sedem tuam.
Et. Guil. Panneels discip. Rubeni fecit.* (V. S. 59.)

Haut., 158 millim.; larg., 122.

28 ³. *La même composition.* Sans titre. A gauche, dans le bord
de la table : *E. P. Spruyt fecit* 1765. (V. S. 60.)

Haut., 198 millim.; larg., 149.

28 ⁴. *La Vierge dans une auréole.* Elle tient l'enfant Jésus entre ses
mains. Saint Joseph tenant un livre est à sa gauche. Titre : *Mater
amabilis.* Gravé par *E. P. Spruyt,* 1781. (V. S. 61.)

Haut., 198 millim.; larg., 126.

29. *La Vierge tenant l'enfant Jésus nu entre ses bras.* Elle est
vue à mi-corps, dirigée à droite, avec une couronne sur la tête. Le

sujet est dans une bordure ovale. Titre : MARIA MATER DEI, REGINA CŒLI. Au-dessous : *Cum gratia et priuilegio Regis. I. de Berti.* A gauche : *P. P. Rubens pinxit.* A droite : *Io. Witdoeck sculp.* (B. 29, V. S. 62.)

Haut., 280 millim.; larg., 215.

1ᵉʳ état. Les quatre angles autour de l'ovale ne sont pas encore chargés de tailles. 2ᵉ. *I. de Berti.* — 3ᵉ. Le nom de Witdoeck est effacé.

30. *La Vierge que l'enfant Jésus embrasse.* Marie est légèrement tournée vers la gauche. Dans la marge : OSCVLETVR ME OSCVLO ORIS SVI. *Cant. I.* A gauche : *P. Paulus Rubbens pinxit., S. à Bolswert fecit.* A droite : *Martinus vanden Enden excud. Antverpiæ, cum priuilegio Regis.* (B. 30, V. S. 63.)

Haut., 428 millim.; larg., 327.

* 1ᵉʳ état. Non décrit; avant l'adresse de *Martinus vanden Enden.* 2ᵉ. Celui décrit. — 3ᵉ. *Gillis Hendricx excudit.*

On connaît la même composition en contre-partie. Titre : *Osculetur me osculo oris sui...* Sans nom de peintre ni de graveur. *Mariette exc.* (V. S. 64.)

Haut., millim.; larg., 419.

Le même composition. Titre : *Est nimium dilecta Deo...* Sans nom de peintre ni de graveur. *Gaspar Huberti excudit.* (V. S. 65.)

Haut., 426 millim.; larg., 324.

31. *Le même sujet.* En sens contraire, avec quelques changements, surtout à la tête de l'enfant; dans le fond, à gauche, une colonne avec sa base. Au bas, quatre vers : *Cum mea mens sacræ. . . .* Au-dessous, au milieu : *P.P. Rubens Pinxit.*, et à droite : *I. Suyderhoef sculp.;* au milieu, tout au bas : *Cum Priuil.* (B. 31, V. S. 66.)

Haut., 205 millim.; larg., 166.

1ᵉʳ état. Avant la lettre. Le contour des mains est à peine visible. — 2ᵉ. Celui décrit; le contour des mains est très arrêté [1].

32-33. *La sainte Vierge et l'enfant Jésus nu.* La Vierge est à gauche, ayant devant elle l'enfant Jésus appuyé sur un berceau. Titre : *Virgo Dei genitrix. . . . . pectore matrem.* Par un anonyme. A gauche : *Petrus Paulus Rubbens pinx.* A droite : *Petrus de Iode excud.* (B. 32-33, V. S. 68.)

Haut., 324 millim.; larg., 259.

---

[1]. A la Bibliothèque royale de Bruxelles il existe une épreuve probablement unique. Dans la marge du bas les quatre vers sont écrits à la plume; à la gauche du bas, on a tracé à l'encre : *P. P. Rubenius pinxit.*

;er état. Celui décrit.

2e. On lit : *Erasm. Quellinus excudit. Cum Priuilegio.* Dans cet état, les épreuves ont été tellement retouchées que l'effet du clair obscur est tout à fait différent. Il y a, dit-on, des épreuves avant l'adresse. On croit cette estampe gravée par *Michel Lasne.*

34. *La Vierge tenant l'enfant Jésus monté sur un piédestal.* Tous les deux sont tournés vers la gauche, où coule une fontaine. Dans la marge : PUTEVS AQVARVM VIVENTIVM. *Cant. 4.* Au-dessous : *Fonteyn der houen. Cant. 4.* A gauche : *P. P. Rubens pinxit. Cum priuilegio.* A droite : *S. à Bolswert sculp. et excudit.* (B. 34, V. S. 69.)

Haut., 279 millim.; larg., 239.

* 1er état. Avant l'adresse du graveur. Collection d'Affry.

2e. Avec l'adresse du graveur. — 3e. *M. van den Enden ex.*

On connaît *La Vierge avec l'enfant Jésus endormi,* gravé en taille de bois par C. Jegher. Cité par Nagler, t. VI, p. 436, n° 11. (V. S. 74.)

35. *La sainte Vierge et l'enfant Jésus.* Des anges lui présentent une corbeille de fruits; la Vierge est assise à gauche contre un pommier. Titre : SVB VMBRA ILLIVS. . . . . DVLCIS GVTVRI MEO. Au-dessous, à gauche : *Pet. Paul Rubbens pinxit.* A droite : *Alex. Voet iunior sculpsit et excudit Antuerpiæ.* (B. 35, V. S. 75.)

Haut., 394 millim., larg., 291.

35 *bis. La même estampe.* En sens contraire, même titre et même adresse, elle a été gravée une seconde fois par *A. Voet jun.* (V. S. 76.)

Haut., 423 millim., larg., 331.

Jésus-Christ sur les genoux de la sainte Vierge. Il est debout. Titre : DE FRVCTV VENTRIS TVI.... *G. Panneels Discip. Rubeni fecit.* (Cat. del Marmol, n° 489.)

36. *La sainte Vierge tenant l'enfant Jésus sur ses genoux.* Un globe est dans sa main droite ; Jésus tient un sceptre de la main gauche. Titre : MARIA MATER DEI, REGINA CŒLI. Au bas, à gauche : *P. P. Rubens pinxit. Cum priuilegio.* A droite : *S. à Boiswert sculp. et excudit.* (B. 36, V. S. 79.)

Haut., 279 millim.; larg., 218

* 1er état. Celui décrit. Collection d'Affry.—2e. Avec l'adresse de *Mart. vanden Enden.*

36 *bis. La même composition.* En sens contraire ; l'enfant Jésus tient toujours le sceptre de la main gauche. Même titre. Par un anonyme. *C. Galle excudit.* (V. S. 81.)

Haut., 275 millim.; larg., 196.

A Dresde, on trouve une copie de cette pièce avec l'adresse de *J.-C. Visscher.*

37. *La même composition.* Titre : Regina cœli. Au bas, à gauche : *P.P. Rubens pinxit. Aubert Clouet sculpsit.* A droite : *Gilis Hendrix excud. Antuerpiæ.* (B. 37, V. S. 82.)

Haut., 425 millim.; larg., 320.

37 *bis. Sainte Famille.* La sainte Vierge tient l'enfant Jésus debout sur une table où sa robe est étalée ; Jésus tend la main à saint Jean qui est assis sur les genoux de sa mère ; saint Joseph est dans le fond à droite. Dédicace : *Dédiée à Son Altesse Royale Monseigneur le duc Charles de Lorraine et de Bar. . . . . Par son très humble et très obéissant serviteur. P.J. Tassaert, Peintre et Graveur de Son Altesse.* Au bas de la gravure, à gauche : *P. P. Rubens pinxit.* A droite : *P. I. Tassaert fecit.* (B. 37 *bis*, V. S. 104)

Haut., 312 millim.; larg., 246.

Les premières épreuves sont avant la lettre.

37 *ter. La même composition.* Du même sens. Au bas de la gravure, à gauche : *P.P. Rubens pinxit.* A droite : *F. de Roy fecit aqua forti.* Au-dessous: *Le tableau original peint par* P. P. Rubens *est au cabinet de S.A.R. le duc Charles de Lorraine et de Bar*, etc., etc., *à Bruxelles.*

Haut., 315 millim.; larg., 277.

38. *La sainte Vierge tenant sur ses genoux l'enfant Jésus.* Saint Jean lui présente une corbeille de fruits. Eau-forte, sans titre ; par un anonyme. *F. Van den Wyngaerde ex.* (B. 38, V. S. 87.)

Haut., 95 millim.; larg., 86.

39. *La sainte Vierge avec l'enfant Jésus et saint Jean.* Ils carressent un agneau. Pièce en ovale, sans titre. *Vorsterman fecit.* (B. 39, V. S. 88 *bis*.)

Haut., 124 millim.; larg., 86.

40. *L'Enfant Jésus et saint Jean.* Ils jouent avec un agneau dans un paysage. L'enfant Jésus est assis à gauche, tourné à droite. Sans titre. Dans la tablette en bas, à gauche : *P.P. Rub. delin. et excudit.* Au milieu : Cvm privilegiis. A droite : *C. Iegher. sculp.* Gravé en taille de bois. (B. 40, V. S. 91.)

Haut., 324 millim.; larg., 450.

1ᵉʳ état. Celui décrit. — 2ᵉ. *Et excudit* est effacé. Le tableau est à Potsdam.

41. *La même composition.* En sens contraire. L'enfant Jésus est couvert d'une chemise. Titre : *O Baptista, quis fuit. . . . . . adhuc utero clausus exultaras.* Par un anonyme. Au-dessous, à gauche : *P. P. Rubens delin.* A droite : *Corn. Galle excudit.* (B. 41, V. S. 92.)

Haut., 318 millim.; larg., 434.

On connaît *la même composition*, dans le même sens, sans titre ni nom de peintre ou de graveur. Cette pièce est attribuée par quelques-uns à Rubens lui-même. (V. S. 93.)

Haut., 144 millim.; larg., 203.

42. *La même composition.* Gravée en taille de bois par *C. Jeghers.* (B. 42.) Fait double emploi avec le numéro 40. Maintenu pour l'ordre des numéros.

43. *La même composition.* L'enfant Jésus est nu et entouré d'une auréole; on a ajouté la croix de saint Jean avec une banderole sur laquelle on lit : ECCE AGNVS DEI. Titre : *Est puer hic. . . . . delicias ne putet.* Par un anonyme. *Gaspar Huberti excudit Antwerpiæ.* (B. 43. V. S. 95.)

Haut., 412 millim.; larg., 302.

SAINTES FAMILLES.

44. *La sainte Vierge.* Elle est assise à terre, à droite, ayant sur ses genoux l'enfant Jésus qui joue avec saint Jean accompagné de sa mère et monté sur un agneau. Titre, quatre vers latins : *Agnus adest Agnis. . . . . Agnus virumque notat.* Au bas, à gauche : *P. Paulus Rubbens pinxit., S. à Bolswert fecit.* A droite : *Martinus vanden Enden excud. Antuerpiæ Cum priuilegio.* (B. 44, V. S. 96.)

Haut., 425 millim.; larg., 320.

* 1er état. Celui décrit.

2e. L'adresse est remplacée par *G. Hendricx ex.*

3e. Cette dernière adresse est effacée.

Il existe une copie en contre-partie avec le même titre par un anonyme, où l'on voit des armoiries sur la colonne. (V. S. 97.)

On en connaît une autre sans les armes sur la colonne. Elle est aussi en contre-partie. Titre : *Pascet Dominus quasi..... Alex. Voet excud.* (V. S. 98.) Voir, pour ces deux pièces, catal. del Marmol, n° 499.

Le *même sujet.* Titre : *Agnus adest......* Par un anonyme. *Mart. van den Enden exc.* (V. S. 99.)

Haut., 419 millim.; larg., 315.

44 bis. *La même composition.* Aussi gravée par *Panneels* (B. 44 *bis*, V. S. 102.)

Haut., 122 millim.; larg., 137.

45. *Sainte Famille.* La sainte Vierge et les deux enfants sont les mêmes que dans les deux planches précédentes. Saint Joseph est debout derrière saint Jean ; un ange présente à la sainte Vierge, qui est assise au milieu, tournée à gauche, une corbeille chargée de raisins. Sans titre. Dans le bas de la gravure, à gauche : *Ex inu* RUBENI *fe Discip eius Guilᵉ Panneels.* (B. 45, V. S. 103.)

Haut., 122 millim.; larg., 135.

46. *Sainte Famille.* La sainte Vierge, assise au milieu de l'estampe, donne à teter à l'enfant Jésus à qui saint Jean tient le pied d'une main, ayant l'autre appuyée sur la tête d'un agneau. Saint Jean est à droite avec sainte Élisabeth. Titre : QUIS MIHI DET. . . . . . NEMO DESPICIAT. *Cant. VIII.* Dans la gravure en bas, à gauche : *P.P. Rubens pinxit.* A droite : *Joan Witdoeck sculptor.* Au-dessous du titre, à gauche : *H. Witdoeck excudit Antwerpiæ.* A droite : *Cum priuilegio Regis. J de Berti.* (B. 46, V. S. 106.)

Haut., 404 millim.; larg., 315.

1ᵉʳ état. Celui décrit.

2ᵉ. Avec l'adresse de *Moermans.* — 3ᵉ. *J. Huberti exc.*

47. *Sainte Famille.* Saint Jean veut enlever un moineau à l'enfant Jésus. Titre : *Cum essem parvulus sapiebam ut parvulus. 1 A d Corint. 13.* Sans nom de graveur, mais on attribue cette estampe à S. à Bolswert. *Martinus van den Enden excudit.* (B. 47, V. S. 108.)

Haut., 358 millim.; larg., 257.

On trouve des contre-épreuves. Le tableau est au Musée de Cologne.

48. *Sainte Famille.* La Vierge est appuyée sur le berceau dans lequel est l'enfant Jésus qui caresse saint Jean; sainte Elisabeth, à droite, a les mains jointes, et saint Joseph est à gauche, derrière la Vierge. Titre : *Me vocat Eliæ Carmelus. . . . . Christe faueqꝫ meis.* Par un anonyme. A gauche : *P. P. Rubens pinxit.* A droite : *Lucas Vorsterman excud. Cum priuilegÿs.* (B. 48, V. S. 110.)

Haut., 315 millim.; larg., 246.

Le tableau est au palais Pitti, à Florence.

49. *La même composition* a été gravée aussi d'après le même tableau par *Cosmo Magalli*, d'après le dessin de *Petrucci*. (B. 49, V. S. 112.)

Haut., 329 millim.; larg., 293.

49 *bis. Sainte Famille.* La Vierge à gauche, est assise, au pied d'un arbre avec l'enfant Jésus à qui sainte Elisabeth apporte du fruit. Au bas de la gravure, à gauche : *P. P. Rubens pinx.* A droite : *F. De Roy fec. aqua forti.* Dans la marge du bas : *Gravé d'après le tableau original de* PIERRE PAUL RUBENS *qui est dans l'église de Saint-Jacque, dit Coudenbergh, à Bruxelles. Haut de 11 pieds et large de 7 pieds.* (B. 49 *bis*, V. S. 105.)

Haut., 354 millim.; larg., 265.

50. *Sainte Famille.* La Vierge assise, tient l'enfant Jésus qui dort sur son sein ; sainte Elisabeth debout, ayant le pied sur un marchepied, tient saint Jean sur son genou ; saint Joseph, à gauche, est appuyé sur un piédestal. Titre : *Quondam prægnantem Virgo. . . . . numinis igne fibras.* Au bas, à gauche : *P. P. Rubens pinxit.* Au milieu : *Cum grati et priuilegio Regis. J. de Berti.* A droite : *Jo. witdoeck sculp.* (B. 50, V. S. 115.)

Haut., 378 millim.; larg., 300.

* 1ᵉʳ état. Celui décrit. — 2ᵉ. On lit : *Moermans exc.*

50 *bis. La même sainte Famille.* Titre : *O quam pulchra es. . . . .* Sans nom de peintre ni de graveur. *A dr. Gaspar Huberti.* (V. S. 116.)

Haut., 272 millim.; larg., 196.

Le même sujet, en sens contraire. Saint Joseph s'appuie sur un piédestal près d'une balustrade ajourée, ornée de plantes et d'un arbre. Par un anonyme. (V. S. 118.)

Haut., 324 millim.; larg., 441.

On connaît de cette pièce des épreuves avant la lettre.

51. *Sainte Famille.* L'enfant Jésus embrasse sa mère ; derrière, sainte Anne ayant les mains jointes. Titre : *Osculetur me oculo oris. . . . . Cant. caput 1. I. N. Ryckmans sculp.* (B. 51, V. S. 119.)

Haut.; 183 millim.; larg., 245.

Un tableau représentant le même sujet est chez le duc de Marlborough.

52. *Sainte Famille.* L'enfant Jésus, nu, debout, est appuyé sur la sainte Vierge qui est au milieu, vers la gauche; saint Joseph est der-

rière, regardant l'enfant. On voit, à droite, un perroquet sur une colonne. Titre : *Miratur matrem fieri. . . . . miracula vincit.* Au-dessous, à gauche : *P. Paulus Rubbens Inuentor Bolswert fecit.* A droite : *A Bon enfant excu. Cum priuilege Regis.* (B. 52, V. S. 120.)

Haut., 319 millim.; larg., 403.

1ᵉʳ état. Celui décrit. — 2ᵉ. L'adresse de *Bon-Enfant* est supprimée.

C'est, dit-on, la même Vierge que celle du numéro 68. Rubens a peint le tableau pour sa réception à l'Académie d'Anvers ; il y est encore conservé. Rubens fut directeur de l'Académie en 1631.

On connaît la même composition en sens contraire. Titre : *Ecce tu pulcher es dilecta mi et decorus.* Par un anonyme. *G. Hendricx exc.* (V. S. 122.)

Haut., 322 millim.; larg., 428.

53. *Sainte Famille.* L'enfant Jésus fait des caresses à sa mère, qui est assise à gauche sur un banc. Le jeune saint Jean, présenté par saint Joseph, est suivi de son agneau. Quatre vers latins : *Divide filiolo. . . . . pro Christo victima sero cades.* Au-dessous, à gauche : *P. P. Rubbens inuent.* A droite : *Petrus de Iode excudit.* Dans la gravure, à la droite du bas : *Michel Lasne sculp.* (B. 53, V. S. 123.)

Haut., 236 millim.; larg., 180.

On connaît la *même composition,* en sens contraire, avec le même titre. *Nicolaes Lauwers excud.* (V. S. 124.)

Haut., 232 millim.; larg., 176.

Il existe la *même composition* dans un petit ovale ; l'agneau de saint Jean ne s'y trouve pas. *A. Lommelin fecit et ex.* (V. S. 125.)

Haut., 99 millim.; larg., 70.

54. *La même sainte Famille.* On a ajouté en plus la figure de sainte Anne qui, derrière la Vierge, à gauche, s'appuie sur le berceau de l'enfant Jésus. Titre et dédicace : ADRIANO PEDEZ. . . . . MERITO DEDICAVIT. A gauche : *P. P. Rubens pinxit.* A droite : *Lucas Vorsterman sculp. et excud. An°* 1620. Du même côté, dans la gravure : *Cum priuilegijs Regis Christianissimi, Principum Belgarum et Ordinum Batavie.* (B. 54, V. S. 126.)

Haut., 252 millim.; larg., 200.

1ᵉʳ état. Celui décrit. — 2ᵉ. *Pedez* a été corrigé en *Perez.* — 3ᵉ. *P. Schenck ex.* Le tableau est dans la collection du duc de Marlborough.

54 *bis. La même composition,* sans aucune différence, mais en contre-partie. En bas, quatre lignes : *Ut hospitali vagit.. . . . repente*

possimus mori. Au-dessous, au milieu : *P. P. Rubens pinxit.* Par un anonyme. *Car. Allard exc.* (B. 54 *bis*, V. S. 129.)

Haut., 250 millim.; larg., 198.

1er état. Avec *Cl. de Jonghe exc.*

2e. *Car. Allard exc* Celui décrit.

3e. Cette adresse est effacée.

On connait aussi la même composition, de sens opposé comme la précédente. Titre : JESUS, MARIA, IOANNES, ANNA, IOSEPH, *I Troyen fecit.* (V. S. 130.)

Haut., 254 millim.; larg., 189.

Il en existe une autre, mais plus petite, en ovale. *A. Lommelin fec. et exc.* (V. catal. del Marmol, n° 519.)

55. *Sainte Famille.* L'enfant Jésus fait des caresses à la sainte Vierge. Saint Joseph, debout à gauche, est appuyé au fauteuil sur lequel la sainte Vierge est assise. Titre : DILECTVS MEVS MIHI, ET EGO ILLI. *Cant.* 2. En bas, à gauche : *P. P. Rubens pinxit.* A droite : *S. à Bolswert fecit et excud.* Dans le bas de la gravure, vers la gauche : *Cum priuilegio.* (B. 55, V. S. 133.)

Haut., 415 millim ; larg., 334.

1er état. Celui décrit. — 2e. Avec l'adresse d'*Ant. Bon-Enfant.*

On connait la *même composition* en contre-partie. Par un anonyme. *Geeraet Donck exc.* (V. S. 134.)

Même dimension.

Il y a un état avec *Mart vanden Enden exc.*

Le même sujet. En contre-partie, par un anonyme. Au bas, huit vers latins. *Parvule Virgineis.....* (V. catal. del Marmol, n° 523.)

56. *La même sainte Famille.* La sainte Vierge est assise au milieu, tournée à droite. Les figures n'y sont que jusqu'aux genoux, et le berceau ne s'y trouve pas; au bas, il y a quatre vers latins: *Quam bene complexum. . . . . triplex quam bene stringit Amor.* Au-dessous, à gauche : *P. Paulus Rubbens pincxit.* A droite : *Ioan Meysens excudit.* (B. 56, V. S. 136.)

Haut., 225 millim.; larg., 182.

1er état. Celui décrit — 2e. On lit : *P. Pontius sculp. J. Meyssens exc.*

On connait une *composition analogue.* Titre : *Jesus, Maria, Joseph, Anna,* et quatre vers latins. Par un anonyme. *J. Sandrart exc.* (V. S. 137.)

Haut., 345 millim.; larg., 270.

Autre composition. En sens contraire. Sans titre ni nom de peintre ou de graveur. (V. S. 138.)

Haut., 223 millim.; larg., 185.

57. *La même sainte Famille*. Mais sainte Anne y est supprimée. *Lœva tangens*. . . . . *A Voet fec.*, *J. v. d. Sande exc.* (B. 57, V. S. 139.)

Haut., 257 millim.; larg., 203.

58. *Sainte Famille*. Elle est à gauche, à l'entrée d'un berceau fait en treillage. L'enfant Jésus nu tient une ficelle à laquelle est attaché un oiseau. Titre : Deliciæ meæ esse cvm filiis hominvm. *Prou.* 8, *V.* 31. Au bas, à gauche : *Pet. Paul Rubbens pinxit*, et au-dessous : *S. à Bolswert sculpsit.* (B. 58, V. S. 140.)

Haut., 381 millim.; larg., 304.

* 1ᵉʳ état. Celui décrit. — 2ᵉ. On lit l'adresse de *Gillis Hendricx*. Le tableau est au Musée de Cologne.

59. *La même composition.* Gravée en sens contraire par un anonyme. Même titre. *Gillis Hendricx excudit Antwerpiæ.* (B. 59, V. S. 141.)

Haut., 426 millim.; larg., 338.

On trouve des épreuves avec *Alex Voet exc Antwerpiæ*, et d'autres avec *Moncornet exc*.

60. *Sainte Famille*. L'enfant Jésus se tourne en arrière pour embrasser sa mère. Titre : *Felicia prorsus oscula*. . . . . *applaudebat in gremio*. En dessous, au milieu : *Bern. Ser. i. de Assumpt. B. Mariæ*. A gauche : *Theodor Galle excud.* A droite : *Gio. Batt. Barbé f.* (B. 60, V. S. 142.)

Haut., 151 millim.; larg., 147.

1ᵉʳ état. Celui décrit. — 2ᵉ. On lit : *P. P. Rubens inv.* On connaît encore :

Sainte Famille. La Vierge a sur ses genoux l'enfant Jésus, qui embrasse saint Jean, agenouillé sur un livre. Saint Joseph, qui soutient sa tête, appuyé sur un piédestal, les regarde. Titre : s. maria ora pro nobis. Sans nom de peintre ni de graveur. *N. Lauwers ex.* Cette pièce est gravée dans la manière de *Tassaert* ou de *Spruyt*. (V. S. 147.)

Haut., 259 millim.; larg., 234.

Sainte Famille. La Vierge, assise sur une chaise, tient debout l'enfant Jésus, qui l'entoure de son bras droit, en regardant saint François, qui l'adore. Aux deux côtés de la Vierge, sainte Anne et saint Joseph. Sans titre. *P. Spruyt sculpsit.* (V. S. 148.)

Haut., 169 millim.; larg., 239.

Le tableau appartient à la reine d'Angleterre.

Autre Sainte Famille. Saint Joseph est assis, à gauche, dans un fauteuil ; devant lui, sainte Anne tient l'enfant Jésus sur ses genoux, tandis qu'à sa droite, près du berceau, on voit la sainte Vierge et deux anges. Titre : *Tenui eum ..* Sans nom de peintre ni de graveur. *C. Galle.* (V. S. 149.)

Haut., 207 millim.; larg., 291.

SUPPLÉMENT

Nous avons trouvé au Cabinet des estampes les compositions suivantes, qui n'ont pas été cataloguées par Basan.

1. *La sainte Vierge tenant sur son sein l'enfant Jésus endormi.* Dans le bas, quatre vers latins. *P. P. Rubens pinxit Cum priuil.*

2. *La sainte Vierge et l'enfant Jésus dans un paysage.* Il a la main sur le sein de sa mère. Dans l'épreuve du Cabinet des estampes, la marge du bas est coupée.

Haut., 260 millim.; larg., 206.

SUJETS PARTICULIERS DE VIERGES

61. *La sainte Vierge assise sur le haut d'un degré.* Elle est entourée de plusieurs saints et saintes. Rubens, sous la figure de saint Georges est debout vers la droite, le pied gauche sur le dragon. Dédicace : *Reverendo in Christo. . . . . Abr. van Diepenbeke.* Au bas, à gauche : *Pet. Paul Rubens pinxit et Hendrick Snyers sculpsit.* A droite : *Abraham à Diepenbeke excudit Antuerpiœ. Cum priuilegio.* (B. 61, V. S. 154.)

Haut., 663 millim.; larg., 464.

* 1er état. Celui décrit, avant la retouche. Collection d'Affry.

2e. La planche a été retravaillée pour lui donner plus d'effet ; il y a des troisièmes et des quatrièmes tailles ajoutées presque partout. La chape de saint Augustin et la dalmatique de saint Laurent sont d'un ton lourd et presque sans aucun trait de lumière.

Le tableau est dans l'église de Saint Jacques, à Anvers.

62. *La même composition.* Sans titre. Gravée à l'eau-forte, du même sens que la précédente. A gauche : *Pet. Paul Rubbens pinxit.* A droite : *Remoldus Eynhouedts fecit.* (B. 62, V. S. 155.)

Haut., 401 millim.; larg., 284.

63. *Une Vierge dans une niche.* Des anges y attachent des guir-
landes de fruits. En haut de la niche : EGO QUASI VITIS FRUCTIFICAVI.
Eccli 24 ; au bas, huit vers latins : *Quam bene Virgo. . . . . vitales*
VITÆ *sola dat* ARBOR *opes.* Au-dessous, une dédicace : NOBILISSIMO
AMPLISSIMOQVE VIRO. D. NICOLAO ROCCOXIO. . . . . HERMANNUS DE
NEYT, EDITOR, LUB. MER. DEDICAB. Plus bas, à gauche : *P. Paulus
Rubens, inuentor.* A droite : *Corn. Galle sculpsit. Cum privilegio.*
(B. 63, V. S. 156.)

Haut., 526 millim.; larg., 403.

On connait *la même composition.* Elle est en sens contraire. Titre : *Hunc Virgo.....
fundere divus opes.* Sans nom de peintre ni de graveur. (V. S. 157.)

Haut., 135 millim.; larg., 97.

La même composition. Avec huit vers latins. *Quam bene Virgo..... Sola dat arbor opes.*
Par un anonyme. *Hend. Lamb. Roghman excudit.* (V. S. 158.)

Haut., 567 millim.; larg., 405.

64. *La sainte Vierge en extase.* Elle est à genoux, au milieu de
l'estampe, dirigée à droite, entre deux anges dont l'un retire un glaive
de son sein. Sur le devant, une croix avec quelques instruments de la
passion. Au bas, deux vers latins : *O cor, et, o, Mariæ. . . . . dolor
ille venit. C. G. Plemp.* Dans la planche, à gauche : *P. P. Rubens
Invent.* A droite : *P. W. Leeuw fecit.* (B. 64, V. S. 159.)

Haut., 295 millim.; larg., 210.

1er état. Avec cinq petits cailloux auprès des clous.
2e. Avec quatre petits cailloux.
3e. On voit auprès des clous : *J. Ph. Le Bas excudit.*

65. *La Vierge ayant sur son bras l'enfant Jésus.* Il tient un chapelet,
tandis que Marie en donne un autre à saint Dominique qui est à gauche,
accompagné d'un religieux. Sur le devant est un pape à genoux, de
l'autre côté un dominicain baise le chapelet. Titre : B. MARIA ROSARII.
Au bas, à gauche : *P.P. Rubbens pinxit., Adrianus Lommelin sculpsit.*
A droite : *Gillis Hendricx excudit.* (B. 65, V. S. 161.)

Haut., 439 millim.; larg., 355.

66. *La sainte Vierge debout tenant l'enfant Jésus.* Elle donne le
scapulaire à saint Simon Stock Carme qui est à genoux à ses pieds. Sans
titre. *P. de Iode sculp.* (B. 66, V. S. 162.)

Haut., 284 millim.; larg., 210.

67. *Intercession de la Vierge près de son fils.* La Vierge, à genoux
sur un nuage, présente à son divin fils le sein qui a servi à l'allaiter.

Jesus-Christ, à gauche, debout sur un autre nuage, tient sa croix, aidé par un ange. Titre : *Mariam vere Dei matrem agnoscimus. . . . . vbi tot sunt charitatis insignia? S. Germanus Episcopus, Constantinop.* Dédicace : REVERENDO DOMINO, D. LAVRENTIO BEYERLINCK. . . . . THEODORUS GALLÆUS DICAT, CONSECRATQVE. Dans la gravure, au pied de la croix : *Pet. Paul Rubens pinxit.* Au bas, à gauche, aussi dans la gravure : *Egb. van Panderen sculp. Theod. Gallæus excud.* (B. 67, V. S. 163.)

Haut., 410 millim.; larg , 302.

Le tableau est au Musée de Bruxelles.

68. *La sainte Vierge tenant un sceptre à la main.* Une couronne fermée est sur sa tête. Elle est debout, sur un globe entouré d'un serpent dans un ciel où des petits anges lui offrent des palmes et des couronnes de laurier. Titre : B. MARIA DE LA VICTORIA. Sans nom de peintre ni de graveur. L'estampe gravée par *Corn. Galle* passe pour être du dessin de Rubens. (B. 68, V. S. 165.)

Haut., 243 millim.; larg., 156.

68 *bis. La même composition* avec quelques changements. La Vierge n'a pas de sceptre, son divin fils n'a pas de couronne ; il n'y a que deux anges sans palmes. Dédicace : *Illustrissimis Brabantiæ Ordinibus. . . . . D. D. Ægidius Hendricx.* Par un anonyme. (V. S. 166.)

Haut., 405 millim.; larg., 297.

Citons encore :

La sainte Vierge sur un croissant. Elle est vue jusqu'aux genoux, entourée d'une auréole qui couvre toute la planche ; elle tient l'enfant Jésus sur ses genoux. Sans titre sans nom de peintre ni de graveur. *C. Galle.* (V. S. 168.)

Haut., 270 millim.; larg., 216.

Notre-Dame de Halle. Titre : *Mulier amicta sole. Apoc. XII,* avec une inscription en trois langues. Grande composition, sans nom de peintre ni de graveur. (Voir catalogue del Marmol, n° 543). (V. S. 169.)

Notre-Dame de Bonne-Espérance. Titre : MATER ET DECOR CARMELI et une dédicace à la princesse de Chimay. Sans nom de graveur. *Jacob Meysens exc. Antv.* (Même catalogue, n° 544). (V. S. 170.)

La Vierge de douleurs. La sainte Vierge est à genoux à droite, regardant à gauche les instruments de la passion que l'on aperçoit dans le fond. Un glaive lui perce la poitrine. Titre : *Tuam ipsius animam pertransibit gladius. Luc. 2.* Au-dessous : *S. à Bolswert fecit et excudit. Cum priuilegio.*

Haut., 270 millim.; larg., 189.

Cette pièce, citée par Basan, p. 67, comme étant de Sallarts, se trouve rangée dans l'œuvre de Rubens au Cabinet des estampes de Paris.

SUJETS DE SAINTS

1. *La mort de saint Antoine.* Il est couché dans le milieu ; à droite, un personnage porte une croix ; à gauche, un moine qui tient un cierge lui soutient le bras. Titre et dédicace : B. ANTONIVS ÆGYPIUS NOBILIS. . . . . *amicis distribuit.* A gauche : *P. P. Rubbens pinxit* ; à droite : *Petrus Clouwet sculpsit.* 1649. Cette date est dans l'estampe. (B. 1, V. S. 9.)

Haut., 437 millim.; larg.; 313.

1er état. Avant le nom de *Clouwet* et l'année. — 2e. Celui décrit.

On trouve ensuite des épreuves avec les adresses de *Huberti*, de *Meyssens* et de *Hendricx.*

2. *Le Martyre de saint André.* La Vierge et les saintes femmes sont à droite. Titre : S. ANDREAS APOSTOLVS ET MARTYR. Au bas, à gauche : *Pet Paul Rubbens pinxit.* A droite : *Alex. Voet Iunior sculp. et excud. Antuerpiæ.* (B 2, V. S. 5.)

Haut., 561 millim.; larg., 464.

Le tableau se trouve à l'Escurial.

Le catalogue de Messire del Marmol mentionne la même composition un peu plus large et cintrée du haut. N° 552.

3. *La même composition.* Par un graveur anonyme. *Jean Dirckx excudit Antwerpiæ.* (B. 3, V. S. 6.)

Haut., 578 millim.; larg., 446.

3 *bis. Lapidation de saint Etienne.* Le saint est à genoux au milieu de l'estampe, dirigé à droite. Titre : *Gravé d'après l'original de P. P. Rubens, au cabinet de S. E. Monseigneur le comte de Cobenzl, Ministre Plénipotentiaire de S. M. I. R. et Apost. à* BRUXELLES, *chevalier de la Toison d'Or,* etc., etc. Au bas de la gravure, à gauche : *P. P. Rubens Delineauit.* A droite : *P. J. Tassaert fecit.* (V. S. 20.)

Haut., 480 millim.; larg., 328.

Épreuve peu avancée, retouchée au crayon rouge ; avant toutes lettres.

Il existe une contre-épreuve entièrement retouchée au bistre.

Ces deux pièces de la plus grande rareté sont au Cabinet des estampes de Paris.

4. *Saint Grégoire pape.* On voit, à gauche, une femme qui représente la Prudence, et, à droite, un homme de guerre, appuyé sur un

bâton ; des anges au-dessus d'une porte tiennent le portrait de la Vierge.
Dans la marge : *Pet. Paul. Rubbens pinxit., Remoldus Eynhouedts
fecit.* (B. 4, V. S. 64.)

Haut., 353 millim.; larg., 228.

4 *bis. Saint Ambroise et Théodose le Grand.* Le pontife est debout,
à droite, à l'entrée de la cathédrale de Milan, revêtu des habits
sacerdotaux et suivi de son clergé. De la gauche arrive l'empereur
Théodose, à qui le saint refuse l'entrée de la maison de Dieu. En bas,
le titre rapporté ci-dessus, et une dédicace : *A l'impératrice Catherine II*, avec les armoiries russes. Au bas de la gravure, à gauche :
Peint par P. P. Rubens. A droite : *Gravé à Vienne en 1784, par
J. Schmuzer.*

Haut., 500 millim.; larg., 465.

1er état. Avant toutes lettres.

2e. Avec les noms des artistes et les armes russes.

3e. Celui décrit, avec la lettre.

La même composition a aussi été gravée par P. Spruyt et A. Prenner. (V. S. 3 et 4.)

5. *Saint Augustin.* Il est debout, dirigé à droite. Titre : S. P. Av-
GVSTINVS A PVERVLO APPARENTE DOCETVR ABYSSVM TRINIT. Au bas, à
gauche : *Pet. Paul Rubbens pinxit.* A droite : *Alex. Voet iunior sculp.
et excudit Antuerpiæ.* (B. 5, V. S. 11.)

Haut., 466 millim.; larg., 365.

6. *Le même Saint.* Autre composition. Il est dirigé à droite. Titre :
S. AVGVSTINVS. Au bas, à gauche : *P. P. Rubbens pinxit., Jac. Neeffe
sculpsit.* A droite : *Gillis Hendricx excudit.* (B. 6, V. S. 6.)

Haut., 258 millim.; larg., 195.

7. *La Conversion de saint Bavon.* Le comte de Hesbaye, accompagné d'un cortège, est à genoux aux pieds d'un abbé qui le reçoit sur
l'escalier de son monastère. En bas, vers la gauche, est la fille du comte;
sur la droite, un groupe de pauvres auxquels on distribue de l'argent.
Dédicace : *Illmo ac Reu^mo Dnô D. Joann. Bap^a de Smet. . . . . Hoc
animo miles fortior astra petit.* R. V. A. c. Au bas de la gravure, à
gauche : *P. P. Rubens pinx: In Ecclesia S^ti Bauonis Gand^i.* A droite :
F. Pilsen Sculp. Gand. Planche cintrée. (B. 7, V. S. 14.)

Haut., 610 millim.; larg., 367.

Le tableau est dans l'église de Saint-Bavon, à Gand.

Spruyt a gravé *la même composition* à l'eau-forte, mais en sens contraire. On en trouve des épreuves avant toutes lettres. (V. S. 15.)

Haut., 351 millim.; larg., 230.

8. *Saint Christophe.* Il est à droite, l'ermite est à gauche. Sans titre. Dans la marge : *Pet. Paul Rubbens pinxit;* à droite : *Remoldus Eynhouedts fecit.* (B. 8, V. S. 17.)

Le catalogue de Messire del Marmol (n° 652) décrit trois états :
1er. Avant toutes lettres, avec le petit pied gauche.— 2e. Avec le pied sur le bord. 3e. Avec la lettre, avec le grand pied sur le bord.

Le tableau original est sur l'extérieur d'un des volets de la *Grande Descente de croix.*

On connaît *la même composition* gravée par *C. Van Tienen.* (B. 8 *bis*, V. S. 18.)

Haut., 290 millim.; larg., 230.

Saint Christophe. Il est sur un fond blanc. Titre : S. Christophorvs. *Adr. Lommelin.* (Voir catalogue del Marmol, n° 564.)

9. *Saint François d'Assise à genoux.* Il est à gauche, la tête penchée du même côté, recevant les stigmates. Gravé à l'eau-forte, sans titre ni nom de graveur. A gauche, sur la planche : *P. Paul Rubens.* (B. 9, V. S. 22.)

Haut., 135 millim.; larg., 104.

* Cette gravure est attribuée à Rubens lui-même. Collection Archinto.
* Le catalogue del Marmol, n° 571, décrit deux états :
1er. On lit seulement *D. M. R.* — 2e. Il y a le nom de *Rubens.*
Sainte Madeleine fait le pendant de la pièce précédente. Ces deux sujets sont gravés sur une même planche. (Voir Saintes, n° 28.)

Nous citerons : *Saint François* le regard dirigé vers deux têtes d'anges, devant un livre posé sur une tête de mort. Par un anonyme. *C. Galle.* (V. S. 23.)

Haut., 297 millim.; larg., 216.

Le même Saint, gravé à l'eau-forte. Titre : *P. P. Rubens, pinxit in ecclesia, P. R. PP. Recolletorum Gandæ. P. Spruyt f.* (V. S. 24.)

Haut., 171 millim.; larg., 119.

10. *Saint François recevant les stigmates.* Il est à genoux, tourné à gauche. Titre : S. Franciscvs. Par un anonyme. Au bas, à gauche : *Petrus Paulus Rubens pinxit.* A droite : *Corn. Galle excudit Antuerpiæ.* (B. 10, V. S. 25.)

Haut., 427 millim.; larg., 328.

Le tableau est au Musée de Cologne.

11. *Le même Saint recevant les stigmates.* Il est à droite, à genoux devant Jésus-Christ sur la croix qui lui apparaît ; un religieux qui l'accompagne est prosterné, à droite, et se couvre le visage. Dédicace : ORNATISSIMIS LVDOVICO ET ROGERIO CLARÌSSE. . . . . PETRVS PAVLVS RVBENS. . . . . EX ANIMO NVNCVPAVIT. A gauche : *P.P. Rubens pinxit ;* au milieu : *Cum priuilegÿs, Regis Christianissimi, Principum Belgarum, et Ordinum Bataviæ. . . . . ;* à droite : *Lucas Vorsterman sculp. et excud. A° 1620.* (B. 11, V. S. 26.)

Haut., 500 millim.; larg., 344.

1er état. Avant le privilège.
* 2e. Celui décrit. Collection Camberlyn.
3e. *G. Huberti ex.* — 4e. L'adresse est effacée.
Le tableau est à l'Académie de Gand.
Le dessin fait sous la direction de Rubens se voit au Musée du Louvre ; il est à la pierre noire et à la plume avec des rehauts de blanc.

11 *bis. La même composition,* en sens contraire. Sans titre. *Petrus de Balliu fecit. Gaspar Huberti exc.* (V. S. 27.)

Haut., 264 millim.; larg., 338.

12. *Le même Saint.* Il est agenouillé auprès d'un rocher derrière lequel un religieux l'observe. Sans titre. *J. D. Picchianti sculp. Franc Petrucci del.* (B. 12, V. S. 30.)

Haut., 457 millim.; larg., 362.

Dans les premières épreuves, le nom du graveur ne s'y trouve pas.
Le tableau serait dans la Galerie de Florence.

13. *Saint François d'Assise.* Il reçoit l'enfant Jésus des mains de la sainte Vierge. Titre : CVPIO DISSOLVI, ET ESSE CVM CHRISTO. *philip ·I·* A gauche : *P. P. Rubens pinxit.* A droite : *P. Soutman excud. cum priuil.* (Voir *l'œuvre de Visscher,* n° 14.) (B. 13, V. S. 34.)

Haut., 423 millim.; larg., 351.

* 1er état. Celui décrit. Collection Verstolk de Soelen.
2e. Avec le nom de *Visscher* et la même adresse.
3e. Le nom de *de Wit* a remplacé celui de *Soutman.*
4e. Toute adresse est effacée.
La tête du saint est seule gravée par *Visscher.*
Le tableau fut peint pour l'église des Capucins, à Anvers.

14. *La même composition.* Seulement, à gauche, au-dessous du nuage qui soutient la Vierge, on voit un morceau de rocher sur lequel est un lézard et une inscription clouée, portant ces mots : *P. Pau. Rubenius inuent. M. Lasne f.* A droite, dans la planche : *Theod. Galle excud.* En outre, quatre vers latins : *Divitias alias. . . . .* et plus bas, cinq lignes de dédicace. (B. 14, V. S. 35.)

Haut., 405 millim.; larg., 297.

1er état. Celui décrit.

2e. Il y a aussi des épreuves où la dédicace ne se trouve pas. On lit : *Joan Galle exc.*

14 bis. *Saint François recevant l'enfant Jésus.* Même composition que la précédente, en contrepartie. Au bas : S. FRANCISCVS. Au bas, à gauche : *P. P. Rubbens pinxit ;* au-dessous : *Adrian Lommelin sculpsit.* A droite : *Gillis Hendricx excudit.* (V. S. 37.)

Haut., 398 millim.; larg., 329.

On connaît encore *Saint François* couvrant le globe de son manteau et le défendant contre le courroux de Jésus-Christ qui descend du ciel, le tonnerre dans la main droite, pendant que la Vierge agenouillée sur les nues implore sa clémence. Titre et dédicace : *Dei Mater filium.....* Sans nom de peintre ni de graveur. *Adrien Possemier exc.* (V. S. 38.)

Haut., 513 millim.; larg., 345.

On trouve deux tableaux : l'un au Musée de Bruxelles, l'autre dans celui de Lyon.

La même composition. Titre : *P. P. Rubens pinx. in templo R. R. P. P. Recollec¹orum Gandæ. P. Spruyt S.* Planche cintrée. (V. S. 39.)

Haut., 178 millim.: larg., 126.

La même composition a été gravée à l'eau-forte avant toute lettre dans le goût de *P. Spruyt.* Pièce cintrée. (V. S. 40.)

Haut., 324 millim.; larg., 259.

Une autre existe encore en sens contraire ; par un anonyme. Planche cintrée. (V. S. 40 *bis.*)

Haut., 169 millim.; larg., 115.

15. *Saint François d'Assise mourant.* Il est à genoux, à gauche, soutenu par ses frères, prêt à recevoir la communion du prêtre qui est à droite ; dans le haut, des anges. Titre : *Educ de Custodia aiam meam, ... retribuas mihi. ex. Ps.* 141. v. 8. cap. 14. Dédicace : *Rdo in Christo Patri* F. PETRO STEENBERGHEN. *. . . Provinciæ Infer. Germ. definitori, etc.* Au-dessous, à gauche : *Pet. Paul Rubens pinxit*

et Hendrick Snyers sculpsit. A droite : *Abraham à Diepenbeke excudit Antuerpiæ. Cum priuilegio.* Pièce cintrée. (B. 15, V. S. 41.)

Haut., 582 millim.; larg., 373.

1ᵉʳ état. Avant toutes lettres, non entièrement terminé. La place du pied à côté de la cuisse gauche du saint est entièrement blanche. Le trait de bordure n'est pas indiqué. — 2ᵉ. Celui décrit.

16. *Saint François-Xavier.* Debout sur un piédestal, à gauche, i ressuscite un mort et guérit plusieurs malades que l'on voit à droite ; du même côté, vers le fond, une idole tombe en morceaux ; au-dessus du saint, la Religion entourée d'anges tenant une croix. Titre : S. FRANCISCVS XAVERIVS INDIÆ ORIENTALIS APOSTOLVS. A gauche : *Cum Priuilegijs Regis Christianissimi, Principum Belgarum et Ordinum Bataviæ ;* à droite, *P. P. Rubens pinxit, Marinus sculpsit.* (B. 16, V. S. 47.)

Haut., 549 millim.; larg., 442.

* Collection Gawet et Lamothe-Fouquet de Cologne.

Le dessin fait sous la direction de Rubens est au musée du Louvre. Il est à la pierre noire et à la plume avec quelques rehauts de blanc.

Le tableau, fait pour les Jésuites d'Anvers, est dans la galerie de Vienne.

17. *La même composition.* En sens contraire. Avec le même titre. On a ajouté : *Certis anni temporibus. . . . .* Par un anonyme. *Gasp. Huberti excudit Antwerpiæ.* (B. 17, V. S. 48.)

Haut., 624 millim.; larg., 466.

18. *Saint François-Xavier.* Il est tourné vers la gauche, debout devant un crucifix, les mains croisées sur la poitrine. Titre : S. FRANCISCVS XAVERIVS *obiit anno* M. D. LII..... *Martij in santorum numerum relatus.* Dédicace : ILLᴹᴼ AC REVERENDISS. DOMINO D. IACOBO BOON..... B. ET S. A. BOLSWERT. FRATRES DD. CC. Q. Dans la gravure, à gauche : *P.P. Rubens pinxit.* Au milieu : *S. à Bolswert sculp.* A droite : *Cum priuilegio.* (B. 18, V. S. 51.)

Haut., 369 millim.; larg., 256.

Nous citerons ces deux pièces :

Le même Saint. Avec six lignes de texte latin. *S. à Bolswert sculp. C. P.* (V. S. 53

Haut., 151 millim.; larg., 90.

Le même Saint. Il est couché sur le dos, au bord de la mer, sous un toit, tenant des deux mains un crucifix sur sa poitrine. Titre : *S. P. Francisci Xaverij Societat·s*

Jesus ver effigies. Sans nom de peintre ni de graveur. *Corn. Galle excudit Antwerpiæ* (V. S. 57.)

Haut., 432 millim ; larg. 340.

18 *bis. Saint François-Xavier.* Il est debout sur un fond blanc, dirigé à gauche, devant un crucifix posé sur un piédestal. Titre : S. FRANCISCVS XAVERIVS. Au bas, à gauche : *Pet. Paul Rubbens pinxit. Matth. Borrekens sculpsit.* A droite : *Martinus vanden Enden excud. Antwerpiæ.* (B. 18 *bis,* V. S. 59.)

Haut., 257 millim.; larg., 130.

Le même Saint mourant. Titre : S. P. *Francisci Xaverij, etc. C. van Caukerken faciebat.* (Voir Catalogue messire del Marmol, n° 599). (V. S. 60.)

19. *Saint François de Paule.* Il reçoit l'enfant Jésus des mains de la sainte Vierge qui est debout à gauche sur un nuage. Titre : *Deliciis affluens innixus. . . . . Deus in æternum Ps.* 72. Dans la planche : *Th. Galle excud., P.P. Rubens inuent., M. Lasne fe.* (B. 19, V. S. 42.)

Haut., 320 millim.; larg., 220.

M. Voorhelm Schneevoogt dit qu'au milieu du titre on lit : S. *Franciscus de Paula* ce qui constituerait un deuxième état.

20. *Saint François de Paule aux nues dans une gloire.* En bas plusieurs malades implorent le saint que l'on voit dans une gloire au haut de l'estampe. Titre : S. FRANCISCVS DE PAVLA, ORDINIS MINIMORVM FVNDATOR. . . . . *Om den noot. Eccli.* 38. Dans la gravure, au bas de la droite : *Pet. Paul Rubbens pinxit, Gillis Collaert excudit.* (B. 20, V. S. 44.)

Haut., 200 millim.; larg., 144.

1er état. On lit *Lommelin sculpsit.* — 2°. Celui décrit.

21. *Saint François de Paule à genoux.* Une tiare papale, entourée d'anges formant un cercle en se tenant par la main, paraît suspendue au-dessus de sa tête ; près du saint, dirigé à droite, sont deux bêches. Sans titre, sans nom de peintre ni de graveur. A l'eau-forte. (B. 21, V. S. 45.)

Haut., 267 millim.; larg., 212.

Le catalogue de messire del Marmol (n° 602) cite encore : *Saint François de Paule tenant un bâton des deux mains. R. Collins fecit.* Le même sujet, par *Spiers.* (V. S. 46.)

22. *Saint Georges*. Il combat le dragon, monté sur son cheval, dirigé à gauche. Sans titre. Dans la marge du bas : *Ex inu Rubeni fecit Discip, cius Guill⁵ Panneels. M. Balen* 1630. (B. 22, V. S. 61.)

Haut., 225 millim.; larg., 185.

23. *Saint Grégoire pape*. Il est entre six autres figures devant un portique ; au-dessus, est un écusson de guirlandes de fruits soutenues par cinq anges, et dans lesquelles, sur une banderole, on lit : *S. P. Q. R.* Sans titre, par un anonyme. (B. 23, V. S. 65.)

Haut., 203 millim.; larg., 149.

On trouve des épreuves postérieures avec *J. B. de Wit* et ce titre : *S. Gregorius*.

23 *bis. Saint Grégoire*. Il est représenté à mi-corps, assis devant un bureau qui est à gauche. A droite, un ange tient sa croix. Titre : S. GREGORIVS. A droite : *C. Galle*, sans nom de peintre. (V. S. 66 ?)

Haut., 271 millim.; larg., 193.

24. *Saint Ignace de Loyola*. Il est sur une estrade devant un autel placé à gauche, guérissant des possédés ; près de lui, une réunion de jésuites ; dans le milieu, un possédé se débat; à droite, un homme renversé qu'un autre essaye de relever ; au-dessus du saint et des jésuites, une gloire d'anges ; deux diables dans les airs. Titre : S. IGNATIVS LOYOLA MAGNÆ SOCIETATIS IESV FVNDATOR. A gauche : *Cum Priuilegijs Regis Christianissimi, Principum Belgarum et Ordinum Bataviæ;* à droite : *P. P. Rubbens pinxit, Marinus sculpsit.* C'est le pendant du numéro 16. (B. 24, V. S. 67.)

Haut., 546 millim.; larg., 441.

1ᵉʳ état. De la plus grande rareté, il est au Cabinet des estampes de Paris. Avant toutes lettres ; non terminé, avant nombre de travaux, le haut de l'estampe n'est pas fait ; tout le bord à gauche est presque blanc, ainsi que le chien.

*2ᵉ. Avant toutes lettres, terminé. Collection Gawet et Lamothe-Fouquet de Cologne.

* 3ᵉ. Avec la lettre ; celui décrit.

Le tableau est dans la galerie du Belvédère, à Vienne. Il appartenait précédemment aux Jésuites d'Anvers. Le dessin fait sous la direction de Rubens est au Musée du Louvre. Il est exécuté à la pierre noire, gouaché et rehaussé de blanc.

La même composition a été copiée avec le même titre par un anonyme. *Gasp. Huberti excudit.* (V. S. 68.)

Haut., 594 millim.; larg., 457.

25. *Saint Ignace de Loyola.* Il est debout devant le nom de Jésus que l'on voit dans une gloire. Il a la main sur un livre ouvert posé sur un piédestal à droite, dans lequel on lit : AD MAIOREM DEI GLORIAM. Titre : S. IGNATIVS DE LOIOLA *societatis* IESV *auctor obijt anno* M. D. LVI. . . . . *A°* 1622. 12.*Martij in Sanctorum numerum relatus.* Dédicace : ILL.ᴹᵒ AC REVERENDISS. DOMINO D. IACOBO BOON. . . . . B. ET S. A BOLSWERT FRATRES DD. CC. Q. Dans la gravure, à gauche : *P. P. Rubens pinxit.* A droite : *S. à Bolswert sculp. Cum priuilegio.* C'est le pendant du numéro 18. (B. 25, V. S. 70.)

Haut., 369 millim.; larg., 256.

Le tableau, selon Nagler, tome XIII, page 566, est à Warwick-Castle.

On connaît le *même Saint.* Avec le même titre, mais sans la dédicace S. *à Bolswert sculpsit C. P.* (V. S. 71.) `

Haut., 151 millim.; larg., 92.

25 *bis. Le même Saint.* Il est sur un fond blanc. Même composition que la précédente, du même sens. Titre : S. IGNATIVS DE LOIOLA. A gauche : *Pet. Paul Rubbens pinxit. Matth. Borrekens sculpsit.* A droite : *Martinus vanden Enden excud. Antuerpiæ.* (B. 25 *bis,* V. S. 73.)

Haut., 257 mil im.; larg., 130.

26. *Le même saint Ignace.* Demi-figure. Titre : *S. Ignatius de Loyola.* . . . . . *In sanctorum numerum relatus. S. à Bolswert fecit et ex. C. P.* (B. 26, V. S. 78.)

Haut., 133 millim.; larg., 90.

27. *Saint Ignace de Loyola et saint François-Xavier.* Ils sont sur une même feuille. Saint Ignace est à gauche, et saint François-Xavier à droite. Titre, dans la partie gauche, au-dessous de saint Ignace : S. IGNATIVS DE LOIOLA *societatis* IESV. . . . . *A°* 1622.12.*Martij in sanctorum numeru relatus.* Dans la partie droite, au-dessous de saint François-Xavier : S. FRANCISCVS XAVERIVS *obijt anno M. D. LII.* . . . . *A°* 1622.12.*Martij in sanctorum numerum relatus.* Dans la gravure, au bas à droite : *S. à Bolswert fecit et excud. cum priuilegio.* (B. 27, V. S. 79.)

Haut., 314 millim.; larg., 240.

1ᵉʳ état. Celui décrit, avant le nom de Rubens. — 2ᵉ. Avec le nom du peintre.

On en a une copie en manière noire.

Le catalogue de messire del Marmol (n° 607) cite la même pièce en petit. *Mich. Snyders exc.*

28. *Saint Ignace de Loyola.* Il est vu à mi-corps, dirigé à gauche, en prière devant un crucifix. Titre : B. P. IGNATIVS. . . . . . OBIIT AN. M. D. LVI. IVLII XXXI. Dédicace : R^do *Dnō* D. IOANNI DEL RIO. . . . *ac Canonico Antuerpiensi dignissimo D. D.* Au-dessous, au milieu : *Lucas Vorsterman sculp. et exc. A°. 1621. Cum priuil.* (B. 28, V. S. 81.)

Haut., 312 millim.; larg., 264.

Il existe une copie en contre-partie. Avec le même titre ; par un anonyme. *Gasp. Huberti excudit Antwerpiæ.* (V. S. 82.)

Haut., 348 millim.; larg., 252.

29. *Saint Ignace de Loyola maltraité par les diables pendant son sommeil. G. Audran sculp.* D'après le dessin qui se trouvait dans la collection Mariette. (B. 29, V. S. 83.)

Haut., 113 millim.; larg., 97.

30. *Le même Saint.* Il est à mi-corps, les mains jointes devant un crucifix. Titre : *Sanctus Ignatius. . . . . A° 1622. Marty 12.* Par un anonyme. *Gasp. Huberti excudit Antwerpiæ.* (B. 30, V. S. 84.)

Haut., 306 millim.; larg., 48.

31. *Sainte Ildephonse.* Tourné à droite, il reçoit une chasuble des mains de la sainte Vierge, assise dans une niche et accompagnée de quatre saints. Dans le haut, trois anges se tiennent par la main. Titre : *S. Ildephonsus Archiepiscopus Toletanus.* A gauche : *P.P. Rubens pinxit. H. Witdouc sculp. A°. 1638.* A droite : *Cum priuilegiis Regis Christianissimi. Principum Belgarum et ord. Baluiæ.* (B. 31, V. S. 85.)

Haut., 515 millim.; larg., 369.

1er état. Décrit dans le catalogue de messire del Marmol (n° 611), non terminé. On voit, à la droite, le dessous de la niche tout blanc, et la figure de la femme y jointe n'est encore drapée qu'en partie. Avant toutes lettres.

2e. Avant toutes lettres ; plus terminé, mais la seconde marche à droite est aiguë. Cabinet des estampes de Paris.

* 3e. Également avant la lettre, mais la deuxième marche à droite est courbe.

4e. Avec le titre ci-dessus, mais la deuxième marche n'est plus courbe, elle se perd dans la marge.

5°. On a ajouté une nouvelle partie à la draperie de la femme qui est devant la niche à droite.

M. Voorhelm Schneevoogt dit cette pièce avec l'adresse de *Gasp. Huberti*.

Le tableau est dans l'église Saint-Jacques de Caudenbergh, à Bruxelles.

31 *bis. Le même Saint*. Même composition que la précédente, du même sens. Titre : S. ILDEPHONCE. Au-dessous : *Gravé d'après le tableau original de* PIERRE PAUL RUBENS *qui est dans l'église St Jacque dit Caudenbergh à Bruxelles, haut 11 pieds et large de 7 pieds.* Au bas de la gravure, à gauche : *P.P. Rubens pinx*. A droite : *F. de Roy fec aqua forti.* (V. S. 86.)

Haut., 500 millim ; larg., 368.

32. *Étude qui se voit dans le sujet précédent, sur la gauche de la Vierge.* Composition de quatre figures, dirigées à gauche, gravée à l'eau-forte, par *Watelet*, d'après un dessin de Rubens. (B. 32, V. S. 87.)

Haut., 267 millim.; larg., 157.

Il y a des épreuves non terminées, où le pied de la sainte, qui est debout sur le devant, n'est pas indiqué.

32 *bis. Saint Jean l'Évangéliste.* Il écrit son livre dans l'île de Pathmos. Titre : *Apostolus et evangelista. P.P. Rubens pinxit in ecclesia St Joannis Mechelinea., P. Spruyt sc.* (V. S. 93.)

Haut., 306 millim.; larg., 149, avec la bordure.

32 *ter. Saint Jean mis dans une chaudière d'eau bouillante. La décollation de saint Jean-Baptiste.* Les deux sujets sont sur une même planche. Titre : *P. P. Rubens pinxit in ecclesia St. Joannis Mechelineæ., P. Spruyt sculpsit,* et en bas, en lettres plus grandes : *Pro Christo patiuntur.* (V. S. 95.)

Haut., 230 millim.; larg., 99.

Ces deux sujets sont peints sur les volets du grand tableau de l'*Adoration des rois*, dans l'église de Saint-Jean, à Malines.

33. *Saint Joseph.* Il est dans un paysage, se dirigeant à droite ; il porte l'enfant Jésus auquel un ange debout présente des fruits ; Dieu le père et le saint Esprit sont au milieu de l'estampe, en haut. En bas, deux anges tiennent une pierre monumentale avec cette inscription :

Divvs Joseph Carmeli patronvs. Suit une dédicace : *Reu^do Adm. Patri nostro.* P. F. Ioanni a Matre dei. . . . . *Humilis filius* F. Ioseph *a sancta* Barbara *Humiliter D C.* Au-dessous, à gauche : *P.P. Rubbens pinx.* A droite : *G. Donck excudit Antuerpiæ.* Sans nom de graveur. Au bas de la planche, une oraison à saint Joseph, en trois langues. (B. 33, V. S. 98.)

Haut., 429 millim.; larg., 334.

34. *Saint Joseph en demi-figure.* Il est dirigé à droite, portant l'enfant Jésus dans ses bras. Au bas, à gauche : *P.P. Rubbens pinxit.* A droite : *F. de Roy fecit aqua forti.* Sans titre. (B. 34, V. S. 97.)

Haut., 216 millim.; larg , 162.

34 *bis. Saint Joachim.* Éclairé par le saint Esprit, il tient contre sa poitrine l'enfant Jésus qui a un lis dans la main gauche. Titre : *S! Joachim.* Sans nom de peintre ni de graveur. A droite : *C. Galle.* (V. S. 96.)

Haut , 284 millim.; larg., 207.

35. *Saint Juste décollé.* Il est à gauche, dirigé à droite, tenant sa tête entre ses mains. Deux personnes qui sont devant lui, à droite, paraissent émerveillées. Dans le lointain, quelques cavaliers s'éloi‑ gnent : Dédicace : *Clariss^mo viro D. Balthazari Moreta. . . . . salutis* 1639, *bene ominantes. D. D. C. Q. P.P. Rubbens pinxit, Joan Witdoeck sculpsit Antuerpiæ.* Un peu au-dessous, à droite : *Cum gratia et priuilegio Regis, J. de berti.* Dans la gravure, au milieu du bas : *Joan Witdoeck excud.* (B. 35, V. S. 99.)

Haut., 421 millim.; larg., 320.

1er état. Celui décrit. — 2e. Avec l'adresse de *Fr. van den Wyngaerde.*

36. *Le Martyre de saint Liévin, évêque de Gand.* Le saint est à genoux, à droite ; un des bourreaux le tient par la barbe, un autre lui ayant arraché la langue la donne à un chien ; dans le haut, une gloire d'anges ; l'un d'eux tient la foudre à la main ; à gauche, un homme tenant une hallebarde s'enfuit épouvanté. Dédicace : *Perillust. nobiliss. amplissimisq. . . . . Cornelius van Caukercken* 1657. (B. 36, V. S. 108.)

Haut., 574 millim.; larg., 435.

* 1ᵉʳ état. Avant toutes lettres.
* 2ᵉ. Celui décrit. Collection d'Affry.
3ᵉ. Avec l'adresse de *Gasp. de Hollander*.
Le tableau est au Musée de Bruxelles.

Le même sujet, gravé du même sens, à l'eau-forte, mais en plus petite dimension par *Spruyt*. (Cat. del Marmol, n° 632.)

On en trouve des épreuves avant la lettre.

37. *Le Martyre de saint Laurent*. Il est dans le milieu, à droite ; un soldat s'apprête à l'étendre sur le gril ; au bas, un homme attise le feu. A gauche, un grand prêtre et des soldats ; au haut, du même côté, la statue de Jupiter. Dédicace : *Pietate Reverendo, Virtute spectabili, Eruditione Clarissimo* D. LAVRENTIO BEYERLINCK. . . . . *ex toto adfectu benivolenter inscribebat*. A gauche : *Cum priuilegijs, Regis Christianissimi, Principum Belgarum, et Ordinum Batauiæ.* A droite : *P.P. Rubens pinxit*. Dans la gravure, à gauche : *Lucas Vorsterman sculp. et excud. A° 1621.* (B. 37, V.S. 100.)

Haut., 372 millim.; larg., 274.

* Collection Camberlyn.
Le tableau est au Musée de Munich.

37 *bis*. *La même composition*, mais en contre-partie. Titre : s. LAU-RENTIUS MARTYR. *C. Galle.* (V. S. 101.)

Haut., 291 millim.; larg., 214.

37 *ter*. *La même composition*. Également en contre-partie. Titre : s. LAURENTIUS. Aussi sans nom de peintre ni de graveur. *C. Galle.* (V. S. 102.)

Haut., 231 millim.; larg., 144.

On connaît *la même composition*. En contre-partie. Titre : *D. O. M. et glorioso in cruciatuum..... delineabat.* Par un anonyme. *Johannes Meyssens excud. Antwerpiæ.* (V. S. 104.)

Haut., 99 millim.; larg., 272.

38. *Saint Martin*. Il donne la moitié de son manteau à un pauvre. *Corn. Galle sculp.* (B. 38, V.S. 110.)

Haut., 277 millim.; larg., 198.

39. *Saint Martin à cheval*. Il est à cheval, dirigé à gauche, et se retourne pour partager son manteau avec les pauvres qui sont à droite.

Titre : S! MARTIN DIVIDING HIS CLOACK. Au-dessous : *From the Original Picture Painted by Peter Paul Rubens. . . . . et most dutiful servant. J.* BOYDELL. Au bas de la gravure, à gauche : *Rubens Pinx! R. Earlom delin!* A droite : *Tho! Chambars sculpt.*, publié en 1766. (B. 39, V. S. 111.)

Haut., 432 millim.; larg., 404.

Le tableau du Musée de Londres, d'après lequel cette estampe est gravée, offre exactement la même composition qu'un *Saint Martin* de Van Dyck.

40. *Saint Michel foudroyant Satan.* Il est vu de face, le pied droit sur Satan qui est tombé dans le bas, la tête à droite. Titre : S. MICHAEL. Au bas, à gauche : *P. P. Rubens inu. Adr. Melar sc.* A droite : *C. Galle exc.* (B. 40, V. S. 116.)

Haut., 419 millim.; larg., 316.

41. *Saint Michel.* Il est debout sur le corps du démon, il tient de la main gauche un bouclier. Au bas, à gauche : *P.P. Rubens pinxit, Petr. Clouet sculpsit.* A droite : *Gillis Hendricx excudit Antwerpiæ.* Sans titre. (B. 41, V. S. 117.)

Haut., 256 millim.; larg., 134.

41 bis. *Saint Norbert.* Debout sur un piédestal, gravé par *P. Clouwet.* (V. S. 119.)

Haut , 252 millim.; larg., 133.

42. *Saint Pépin et Sainte Bégue à mi-corps.* Le saint est à droite, et la sainte à gauche. Dans le haut de la planche : *S. Begga Pipini F. Brab. Dux III. S. Pipinus I Brabantiæ Dux.* Au bas, une dédicace : *Clarissimo præstantissimo viro. . . . . dedicabat Francisc. van den Wyngaerde. Francisc. van den Steen sculpsit., Franc. van den Wyngaerde excud. Antwerpiæ.* (B. 42, V. S. 121.)

Haut., 311 millim.; larg., 252.

* Il y a de cette pièce des épreuves avant toutes lettres, en épreuves d'essai et épreuves terminées.

On connaît des contre-épreuves.

Cette estampe a été gravée sur un desssin de Rubens d'après les deux tableaux originaux de *Hubert van Eyck* qui se trouvent au Musée du Belvédère, à Vienne.

Citons encore d'après le catalogue del Marmol, n° 649 :

Saint Philippe de Néri. Il est dans un ovale entouré de fleurs et de fruits. Titre : S. PHILIPPI NERI VERA EFFIGIES. *C. Galle.* (V. S. 125.)

43. *Saint Pierre et saint Paul.* Ils sont au-devant d'un portique, percé de deux arcades. Saint Paul est à gauche, et saint Pierre à droite. Sans titre. Au bas, à gauche : *Pet. Paul Rubbens pinxit.* A droite : *Remoldus Eynhouedts fecit.* (B. 43, V. S. 127.)

Haut., 252 millim.; larg., 313.

Ces deux figures ont été peintes pour les portes d'une petite chapelle de l'église des Capucins à Auvers.

Un tableau semblable est au Musée de Munich.

44. *Saint Roch.* Au bas, plusieurs pestiférés implorent la protection du saint. Jésus-Christ lui montre cette inscription : *Eris in Peste Patronvs.* Titre : SANCTE ROCHE ORA PRO NOBIS. Au-dessous, à gauche : *Petrus Paulus Rubenius pinxit. Paulus Pontius sculpsit.* A droite : *Cum priuilegijs Regis Christianissimi Serenissimæ Infantis et Ordinum confederatorum. Anno* 1626. (B. 44, V. S. 133.)

Haut., 532 millim ; larg., 359.

* Cette estampe est un des chefs-d'œuvre de Pontius.

Robert-Dumesnil, 51 francs; Debois, 66 francs.

On connaît des contre-épreuves.

Le tableau est dans l'église de Saint-Roch, à Alost.

Le dessin est exposé dans la Galerie de Florence. Saint Roch regarde à gauche.

Il existe une copie en contre-partie, sans nom de graveur.

44 bis. *Le même sujet.* Gravé dans le même sens, par un anonyme ; avec des changements. La voûte, au-dessus de laquelle est saint Roch, est surbaissée ; la tête du vieillard qui se détache sur le fond dans la planche précédente touche dans celle-ci cette voûte, et sa main droite dépasse le pied du saint. La partie supérieure de la composition est carrée au lieu d'être cintrée. Sans titre ni noms d'auteurs [1].

On connaît encore :

La même composition, dans le même sens, avec le même titre ; par un anonyme. A gauche : *Jan. Bap. de Wit ;* à droite : *Gasp. Huberti.* (V. S. 136.)

Haut., 264 millim.; larg , 146.

Saint Roch. Avec le même titre. *Corn. Meyssens sc., Joan Meyssens excudit Antwerpiæ.* (V. S. 138.)

Haut., 261 millim.; larg., 158.

---

1. La description de cette pièce est prise dans le catalogue Camberlyn.

La même composition. Avec quelques changements; sans titre; par un anonyme.
A. Voet. (V. S. 139.)

Haut., 250 millim.; larg., 146.

45. *Saint Sébastien couronné par un ange.* Il est au milieu, attaché à un arbre. Dans le haut, à gauche, un ange qui soutient une couronne au-dessus de la tête du saint. Sans titre et sans nom de peintre. *Guillel* *Panneels inu. et fe.*; à l'eau-forte. (B. 45, V. S. 141.)

Haut., 176 millim.; larg., 108.

On connaît des contre-épreuves.

45 *bis. Le même Saint.* Sans titre. A droite, dans la planche : *P. P.* *Rubens pinxit, J. Meyssens exc.* (V. S. 142.)

Haut., 252 millim.; larg., 135.

46. *Saint Simon de Valence.* Il est à mi-corps dans un ovale, tenant d'une main une croix et de l'autre un lis. *Corn. Galle sculp.* Titre : *Viva Imago S. Simonis.* (B. 46, V. S. 143.)

Haut., 160 millim.; larg., 95.

47. *Sacre d'un évêque.* Assis au milieu, de face. Sans titre. Dans l'estampe, en bas : *P. Soutman fecit et Excud. P. P. Rubens Inuent. cum Priuil.* (B. 47; V. S., Hist. et allég. sacrées, n° 12.)

Haut., 322 millim.; larg., 210.

* Collection d'Affry. — Il y a des épreuves où le nom de *Soutman* ne se trouve pas.

48. *Le Martyre de saint Thomas.* Il est à droite, au pied de la croix, massacré par des hommes en fureur; à gauche, un temple; au milieu, un dieu sur une colonne; dans le haut, une gloire d'anges apporte à l'apôtre la couronne céleste. Titre : S. THOMAS APOSTOLVS INDORVM ET MARTYR. A gauche : *Pet. Paul Rubbens pinxit.* A droite : *Jacobus Neeffs sculpsit.* Au milieu : *Cum priuilegio. Consilii sanctioris et Brabantiæ.* (B. 48, V. S. 144.)

Haut., 550 millim.; larg., 435.

1er état. Avant toutes lettres. Cabinet des estampes de Paris. — * 2e. Celui décrit.

On connaît des contre-épreuves.

Basan dit qu'il existe un série de saints et d'hommes illustres de la Compagnie de Jésus, tels que : *saint Louis de Gonzague, saint Stanislas Kotska, Alphonse Rodriguez* ; mais, selon lui, cette suite d'estampes gravée par *Bolswert* n'est pas de Rubens.

Il n'admet pas non plus : *saint Dominique* à mi-corps, *saint Jacques le Majeur* mettant les Maures en déroute, *saint Louis, saint Philippe de Néri* et quatre autres saints qui sont de l'invention de *Soutman,* et gravés par *Corn. Visscher.*

SUJETS DE SAINTES

1. *Sainte Aldegonde.* Sujet de demi-figure. Elle est dirigée à gauche, un ange est à son côté. Il y a dans les coins des petits sujets, dans des ronds, se rapportant à la vie de cette sainte. Dans un cartouche, en haut : S. ALDEGVNDIS VIRGO. Dans un autre, en bas : S. ALDEGVNDIS *virgo filia Walberti Hannoniæ Comitis. . . . . Anno Domini circiter* 672. *die* 30 *Ianuary* 1619. A gauche du cartouche : *Th. Galle excud.* Dans la marge du bas : DVLCISSIMÆ MEMORIÆ B. ALDEGVNDIS. . . DEVOTÆ VENERATIONIS ERGO. DD. CC. (B. 1, V. S. 3.)

Haut., 248 millim.; larg., 200.

2. *Sainte Anne instruisant la sainte Vierge.* Marie encore jeune, tenant un livre, est auprès d'elle à sa droite. Saint Joachim est derrière, près d'une balustrade. Il y a deux anges dans le haut. Titre : AVDI FILIA ET VIDE. . . . . REX DECOREM TVVM. *Ps* 44. Au-dessous, à gauche : *P. P. Rubbens pinxit., S. à Bolswert fecit.* A droite : *Martinus vanden Enden excudit. Cum priuilegio.* (B. 2, V. S. 4.)

Haut., 423 millim.; larg., 317.

* 1ᵉʳ état. Non décrit; avant toutes lettres. — 2ᵉ. Celui décrit. — * 3ᵉ. Avec dédicace par *Martinus vanden Enden.* — 4ᵉ. *Gillis Hendrix exc.* — 5ᵉ. *Le Blond exc.*

Il y a plusieurs copies en contre-partie. — Le tableau est à l'Académie d'Anvers.

Même sujet. En contre-partie. Sans saint Joachim; les deux anges sont sur un fond blanc. Au bas de l'estampe, vers la droite : *P. P. Rubens pinxit. C. Waumans sculpsit. Pet. de Balliu excudit.* (V. S. 6.)

Haut., 245 millim.; larg., 135.

La même composition. En contre-partie avec le même titre. On lit au bas, à gauche : *P. Paulus Rubbens pinxit.* A droite : *Mariette excudit.* (V. S. 5.)

Haut., 412 millim.; larg., 311.

Même sujet. En contre-partie. Titre : SAINTE ANNE. A gauche : *Rubens pinxit.* A droite : *Dossier sculpsit.* Sous le titre, des vers français et latins et l'adresse de *I. Audran.* (V. S. 8.)

Haut., 310 millim.; larg., 222.

La même composition. Gravée par *Langot. Herman Weyen exc.* (V. S. 14.)

Haut., 419 millim.; larg., 315.

Le même sujet. Sans saint Joachim, dans un carré encadré d'une guirlande de fruits. Gravé par *Voet.* (V. S. 7.)

Haut., 455 millim., larg., 345.

Le même sujet. Même titre que le numéro 2. La sainte Vierge est à droite de sainte Anne; à gauche de celle-ci, on voit un livre ouvert au frontispice Par un anonyme. *Gaspar Huberti excudit habitans Antwerpiæ.* Estampe en deux feuilles. (V. S. 13)

Haut., 999 millim.; larg., 432.

3. *Sainte Anne.* Elle est assise au milieu, vue de face; la Vierge est auprès d'elle, à droite. Titre : S. Anna. A gauche, en bas: *Pet. Paul Rubbens inuentor. Corn. van Kaukercken sculpsit.* A droite: *C. Galle excudit.* (B. 3, V. S. 15.)

Haut., 234 millim.; larg., 170.

1er état. Avant toutes lettres et beaucoup de travaux, sans cordons pour retenir les rideaux, au haut de la droite. — 2e. Avec la lettre; entièrement terminé; avec l'adresse de *Mathæus Antonius.* — 3e. Celui décrit. — 4e. Avec l'adresse de *De Boudt.*

3 bis. *Anne de Jésus, compagne de sainte Thérèse.* Elle est à mi-corps, dirigée à gauche, tenant à la main un cœur qu'elle présente à un ange qui est en haut à gauche. Titre: *Vera effigies* V. M. Annæ a Iesu. *Hæc.* s. m. *Teresiæ socia. . . . . obijt Bruxellæ 4 Martij* 1641. Au-dessous, à gauche : *P.P. Rubens pinxit. C. Galle Sc. excud.*

Haut., 241 millim.; larg., 184.

4. *Sainte Agnès.* Elle est à genoux, ayant une palme à la main gau-che et un agneau près d'elle. Sans titre : *P.P. Rubens in. G. Panneels fecit.* A l'eau-forte. (B. 4, V. S. 1.)

Haut., 98 millim.; larg., 74.

1er état. Celui décrit. — 2e. Le nom de Rubens est enlevé.

L'original formait un des volets du grand tableau du *Martyre de saint George*, peint pour les Arbalétriers de Lierre; il appartint depuis à Sir Edward Gray.

5. *La même sainte.* Elle est debout, accompagnée d'un mouton. *A. Voet sculp.* (B. 5, V. S. 2.)

Haut., 257 millim.; larg., 142.

6. *Sainte Barbe dans une gloire.* Elle est debout, dirigée à gauche, tenant une palme de la main droite. Au haut, à gauche, deux anges la couronnent. Titre : Sancta Barbara virgo et martyr. Au-dessous, à gauche : *Pet. Paul Rubbens pinxit.* Au milieu : *S. à Bolswert fecit et excud. Cum priuilegio.* (B. 6, V. S. 18.)

Haut., 367 millim.; larg., 238.

1er état. Avant le nom de *Rubbens.* — 2e. Celui décrit.

Le tableau est dans le château de Sans-Souci, à Potsdam.

7. *La même sainte.* On n'y voit pas les anges. Titre : *S. Barbara.* Par un anonyme : *L. Vorsterman exc. cum privil.* (B. 7, V. S. 21.)

Haut., 306 millim.; larg., 223.

Le tableau se trouvait dans l'église de Saint-Gomare, à Lierre.

8. *Sainte Barbe.* Sans titre et sans nom de peintre. *P. G. Panneels fecit.* (B. 8, V. S. 22.)

Haut., 81 millim.; larg., 68.

9. *La même sainte.* Elle est tournée à gauche et tient une palme de la main droite. On voit le dôme d'une église. Titre : *S. Barbara. S. à Bolswert sculpsit.* (B. 9, V. S. 23.)

Haut., 254 millim.; larg., 133.

1er état. *Mart. vanden Enden exc.* — 2e. *Gillis Hendricx.* — 3e. *G. Huberti exc.*

10. *Sainte Barbe.* Elle porte une petite tour sur la main. Titre : *Sancta Barbara. Math. Borekens sculpsit.* (B. 10, V. S. 24.)

Haut., 437 millim.; larg., 203.

On connaît la *même composition*, sans nom de peintre. Titre : S. Barbara. *Petrus de Balliu fecit et excud. cum priuilegio.*

Haut., 257 millim.; larg., 136.

11. *Sainte Barbe.* Debout dans un paysage où est une tour; à la main droite un calice, à l'autre une palme; un ange la couronne. Titre : *S. Barbara.* Sans nom de peintre. *C. Galle.* (B. 11, V. S. 26.)

Haut., 283 millim.; larg., 203.

12. *Sainte Catherine.* Tournée à droite, une palme à la main gauche. Titre : *Sancta Catherina. S. à Bolswert sculpsit.* (B. 12, V. S. 28.)

Haut., 259 millim.; larg., 135.

13. *La même sainte.* Debout, tenant une palme de la main droite, et de l'autre un glaive sur lequel elle s'appuie. Au haut, à droite, deux anges la couronnent. Titre : Sancta Catharina virgo et martyr. Au-dessous, à gauche : *Pet. Paul Rubbens pinxit.* Au milieu : *S. à Bolswert fecit et excud. Cum priuilegio.* C'est le pendant du numéro 6. (B. 13, V. S. 29.)

Haut., 367 millim.; larg., 238.

L'original est l'un des volets de l'*Exaltation de la croix*, dans la cathédrale d'Anvers.

13 *bis. La même sainte.* Elle est vue de face, ayant la main droite

sur sa poitrine et tenant un glaive de l'autre. Sans nom de peintre :
Petrus de Baillu. (V. S. 31.)

Haut., 216 millim.; larg., 115.

14. *Sainte Catherine.* Sa figure est placée dans une niche. Elle est gravée sur un dessin de Rubens. *S. Catharina ex marmore antiquo. L. Vorsterman. C. P.* (B. 14, V. S. 34.)

Haut., 275 millim.; larg., 83.

15. *Sainte Catherine.* Elle est debout sur un nuage, le pied gauche posé sur la roue de son supplice. Elle tient une palme de la main droite, et de la gauche une épée sur laquelle elle s'appuie. On lit au bas, à gauche : *P. Paul. Rubens fecit.* Cette pièce est gravée à l'eau-forte par Rubens. (B. 15, V. S. 35.)

Haut , 297 millim.; larg., 200.

M. Hymans nous fait connaître trois états : 1er. Avant le nom de Rubens; 2e. Celui décrit, mais encore léger d'épreuve et avec de fortes salissures, le long du bord gauche, et dans le bas, à droite; * 3e. L'estampe a tout son effet, les salissures ont presque disparu à gauche, et il en reste peu de traces dans le bas, à droite.

Collection du prince Tuffiakin.

Le tableau a été consumé par un incendie dans l'église des Jésuites, à Anvers.

16. *Le Couronnement de sainte Catherine par l'enfant Jésus.* Il est debout sur les genoux de sa mère. Sainte Catherine est à genoux devant lui, à gauche. Titre : Virgineo capiti Catharinæ impone coronam. . . . . Domino D. Philippo Vaecx. . . . . *honoris et favoris ergo, offert. Joannes Meyssens Pictor.* Au-dessous, à gauche : *P. Paulus Rubbens pinxit.* Au milieu : *Petrus de Iode sculpsit.* A droite : *Ioannes Meyssens excudit Antuarpiæ.* (B. 16, V. S. 36.)

Haut., 405 millim.; larg., 320.

Les premières épreuves ont l'adresse de Meyssens.

Le tableau est à Belvoir-Castle, chez le duc de Rutland.

On connaît une copie de la pièce précédente. Elle est en contre-partie. Par un anonyme. Au bas, quatre vers latins : *Ense tuum lictor.* . . . . *Gaspar Huberti excudit Antwerpiæ.* (V. S. 37.)

Haut., 416 millim.; larg., 320.

16 *bis. La même composition.* Avec quelques changements. Titre : *En castitatis et martirii.* . . . . *Alex. Voet fecit.* (V. S. 39.)

Haut., 448 millim.; larg., 335.

17. *La même composition.* D'après un tableau du musée de Dresde qu'on attribue à E. Quellinus d'après l'original de Rubens. Titre : *Veni sponsa mea coronaberis. Laur. Zucchi sculp.* (B. 17, V. S. 40.)

Haut., 594 millim.; larg., 405.

18. *Sainte Catherine.* Elle est à mi-corps, appuyée sur un morceau de la roue, instrument de son supplice. Titre : *S. Catharina.* Elle tient une épée d'une main, et de l'autre une palme. *B. Bolswert sculp.* (B. 18, V. S. 41.)

Haut., 259 millim.; larg., 230.

19. *La même Sainte.* Sans titre et sans nom de peintre. *G. Panneels fecit.* (B. 19, V. S. 42.)

Haut., 81 millim.; larg., 68.

20. *Sainte Catherine debout.* Elle est couronnée par un ange ; elle s'appuie sur une épée et foule du pied un morceau de la roue. Titre : *S. Catharina.* Sans nom de peintre. *C. Galle.* (B. 20, V. S. 43.)

Haut., 284 millim.; larg., 205.

20 bis. *Sainte Catherine.* Demi-figure dans un ovale. Aux quatre angles il y a des petits sujets relatifs à la vie de cette sainte. Dans le haut, un cartouche où se lit : *Santa Catharina Virgo et Martyr.* Dans le bas, un cartouche avec titre et dédicace. *Joan. Galle exc.* (V. S. 44.)

Voir Catalogue del Marmol, nº 677.

21. *Le Martyre de sainte Catherine.* Elle est au milieu, à genoux, tournée à droite ; plusieurs saintes sont à ses côtés, une lui met un bandeau sur les yeux. Le bourreau est à gauche, vu de dos, monté sur la même estrade que la sainte. Titre : Sancta Catherina virgo et martyr Passa est svb maximino. Au bas, dans la gravure, à gauche : *P. P. Rub. inv.* A droite : *W. P. L. f.* (Les lettres W. P. L. entrelacées sont le monogramme de W. P. Leuw.)(B. 21, V. S. 45.)

Haut., 515 millim.; larg., 397.

Le tableau a été peint pour l'église Sainte-Catherine, à Lille.

On connaît une copie un peu moins grande. Titre : virgo et martyr sta. cath. *Gasp. Huberti exc.* Catalogue del Marmol, nº 683.

21 *bis. La même composition.* En contre-partie. Titre : S. Catharina. Au bas, à gauche : *P.P. Rubbens pinxit. Adrian Lommelin sculpsit.* A droite : *Gillis Hendricx excudit.* (V. S. 46.)

Haut., 437 millim.; larg., 340.

22. *Sainte Cécile.* Elle est à mi-corps, tournée vers la droite, jouant
du clavecin ; deux anges sont près d'elle. En bas, cette inscription :
P.P. Rubeni *in discip. eius. Guil. Panneels f. franc v. wingaerde ex.*
(B. 22, V. S. 47.)

Haut., 142 millim.; larg., 134.

1er état. Avec cette inscription en bas : *Ex. inu* Rubeni *f. Discip. eius Guil. Panneels.*
2e. Celui décrit.

23. *La même sainte.* C'est la même composition en sens contraire.
Titre : *S. Cæcilia. A. Lommelin sculp. Gillis Hendricx exc.* (B. 23,
V. S. 48.)

Haut., 249 millim.; larg., 198.

1er état. Celui décrit.
2e. La première adresse est supprimée, on lit : *Franc. Huberti exc.*

23 *bis. Sainte Cécile.* Dans un petit ovale, dirigée à droite, jouant
du clavecin ; un ange est près d'elle. Titre : *S. Cæcilia.* Au bas, à gauche : *P.P. Rubbens.* A droite : *Barbe fecit et ex. C. Priuilegio.*
(V. S. 49.)

Haut., 75 millim.; larg., 56.

On connaît la *même composition* avec les mêmes inscriptions, mais la palme, la
tête et le clavecin sont différents.

24. *Sainte Cécile.* Figure entière. Elle est assise dans le milieu
touchant du clavecin ; à droite, un ange monté sur une chimère qui le
supporte ; dans le fond, deux anges derrière lesquels sont des colonnes.
A gauche, près d'une colonne, un ange tenant des fleurs plane au-dessus
de la sainte ; dans le bas, un chien. Dans la marge, deux distiques latins :
ficta prior post hac sileat. . . . . ad sva plectra trahit. Au-
dessous, à gauche : *P.P. Rubens pinxit., Io. witdoeck sculpsit. ;* au
milieu : *Cum.gratia.et.priuilegio.Regis., J. de.Berti.;* à droite : *Joan
witdoeck excud.* (B. 24, V. S. 50.)

Haut., 360 millim.; larg., 293.

* 1er état. Celui décrit, la planche n'est pas encore retouchée. Collections Lousberg
et Camberlyn.

2ᶜ. Avec l'adresse de *Gillis Hendricx*.

3ᵉ. Le nom de *S. à Bolswert* a remplacé celui de *Witdoeck*.

Les épreuves quoique retouchées sont cependant estimées. Le tableau est à Potsdam.

25. *Sainte Dorothée.* C'est une demi-figure tenant d'une main une palme, et de l'autre des roses. *Corn. Galle.* (B. 25, V. S. 51.)

Haut., 230 millim.; larg., 176.

26. *Sainte Hiltrude.* Demi-figure dans une bordure ovale. On voit, dans les coins, quatre petits sujets relatifs à la vie de cette sainte. Dans le haut, un cartouche, où on lit: S. Hiltrvdis Virgo. Dans le cartouche du bas : S. Hiltrvdis *Virgo*. . . . . *magna fidelium devotione coluntur ex historia vitæ eius M. S.* 1617. A gauche: *P. Paul Rubbens inu.* A droite : *Theod. Galle excud.* Dans la marge du bas. Dédicace: R^{do} admodvm domino ac Patri Antonio de Winghe. . . . . Theodorvs Gallœvs D. D. (B. 26, V. S. 52.)

Haut., 250 millim.; larg., 197.

27. *Sainte Madeleine foulant aux pieds ses bijoux.* Elle est assise à gauche, dirigée à droite ; une autre sainte est debout, dans le fond à droite. Titre : *Ite procul, vestes.* . . . . *corpore nuda sequar.* A gauche : *P.P. Rubens pinx.* A droite : *L. Vorsterman exc. c̄u priuileg.* (B. 27. V. S. 53.)

Haut., 293 millim.; larg., 221.

1ᵉʳ état. Celui décrit.

2ᵉ. Le nom de *Vorsterman* est effacé. Le catalogue del Marmol (n° 695) indique un état avec *Ph. Le Bas exc.*

Le tableau est dans la galerie du Belvédère, à Vienne.

On connaît la *même composition* en sens contraire ; par un anonyme. (V. S. 54.)

Même dimension.

28. *La même sainte.* Elle s'arrache les cheveux, elle est à genoux, dirigée vers la gauche. Sans titre. On lit au bas de la gauche : *P. Paul Rubbens.* Cette pièce gravée à l'eau-forte, par un anonyme, est attribuée à Rubens lui-même. (B. 28, V. S. 56.)

Haut., 138 millim.; larg., 102.

Le premier état est avant le nom de *P. Paul Rubbens.* (Voir le numéro 9 *des Saints.*)

29. *La même sainte.* Elle est à peu près nue, tournée vers la droite, assise au bas d'un rocher, foulant aux pieds une tête de mort entourée d'un serpent. Titre : *Gravé d'après le tableau original de P. P. Rubens, 1 pied 1 pouce de large, 1 pied 7 pouces de haut.* Au bas de la gravure, à gauche : *P. P. Rubens pinx.* A droite : **N. V. D. Bergh f. aqua forti.** (B. 29, V. S. 57.)

Haut., 230 millim.; larg., 170.

Le catalogue de messire del Marmol, n° 697, mentionne un premier état avant la lettre.

On connaît :

La même sainte posant des bijoux sur une table où sur un pupitre est placé un livre ouvert. Titre : *Contemptus mundi, P. Spruyt f.*, à l'eau-forte. Dans le coin droit, au haut de la planche : *P. P. Rubens pinx.* (V. S. 59.)

Haut., 153 millim.; larg., 124.

La même sainte. Elle jette ses bijoux de la main droite et tient un crucifix dans la gauche, sans nom de peintre. *Petrus de Bailliu.* (V. S. 60.)

Haut., 216 millim.; larg., 115.

La même sainte. Elle est à genoux sur un rocher, tournée à gauche. Titre : S. MARIA MAGDALENA. Au bas, à gauche : *P. P. Rubbens.* A droite : *C. Galle ex.* (V. S. 61).

Haut , 128 millim.; larg., 89.

30. *Sainte Madeleine expirante.* Elle est soutenue par deux anges et tournée à gauche. Titre : GLORIOSVS OBITVS BEATÆ MARIÆ MAGDALENÆ. Au-dessous, à gauche : *P. P. Rubbens pinxit.* Au milieu : *Pet. de Bâillieu sculpsit.* A droite : *Franciscus vanden Wyngaerde excudit.* (B. 30, V. S. 62.)

Haut., 302 millim.; larg., 266.

1er état. Le catalogue de messire del Marmol, n° 698, cite des épreuves avant la lettre ; il en existe avant le nom du graveur.

2e. Celui décrit. — 3e. Avec *Jac. Moermans exc.*

Le tableau fut peint pour l'église des Frères Récollets.

30 *bis. Sainte Marguerite.* Elle tient de la main gauche une croix et une palme ; derrière elle est un dragon. *Petrus de Bailliu fecit et excudit.* (V. S. 63.)

Haut., 232 millim.; larg., 122.

Le tableau a été brûlé dans l'incendie de l'église des Jésuites, à Anvers.

31. *Sainte Rosalie.* Elle est environnée d'une gloire et présente une corbeille de fleurs à un ange debout dans un paysage. Titre : *S. Rosalia*. Sans nom de peintre ni de graveur. *C. Galle.* (B. 31, V. S. 64.)

Haut., 223 millim.; larg., 115.

31 *bis*. *La même sainte.* Elle a dans la main gauche un lis, tandis qu'elle pose la droite sur une tête de mort. Titre : *S. Rosalia virgo Palermitana.* . . . . Sans nom de peintre ni de graveur. *Corn. Galle excudit Antwerpiæ.* (V. S. 65.)

Haut., 439 millim.; larg., 340.

32. *Sainte Thérèse agenouillée devant le saint Esprit.* Elle est au milieu, dirigée à droite; le saint Esprit lui apparaît en haut, du même côté. Titre : s. TERESIA. Au-dessous, à gauche : *Pet. Paul. Rubens inuent.* Au milieu : *Pet. Verschippen sculpsit.* A droite : *Math. Antonius excudit Antuerpiæ.* (B. 32, V. S. 66.)

Haut.; 291 millim.; larg., 198.

1ᵉʳ état. Celui décrit.

2ᵉ. Avec l'adresse de *N. Le Cat;* les épreuves sont retouchées, le manteau de la sainte est plus noir.

33. *Sainte Thérèse intercédant pour les âmes du purgatoire.* Elle est à genoux, à gauche, devant le Christ debout; à droite, derrière le Sauveur, un ange tire une âme du purgatoire que l'on voit dans le bas. En l'air, deux anges. Titre : *Exstimulat* CHRVS DŇS S.M. TERESIAM *vt opem ferat animæ* D. BERNARDINI MENDOZY, *ignibus purgatorij detentæ.* . . . . Dans le bas, à gauche : *Pet. Paul. Rubenius pinxit. S. à Bolswert sculpsit ;* à droite : *Martinus van den Enden. excud. Antuerpiæ Cum priuilegio.* (B. 33, V. S. 67.)

Haut., 439 millim.; larg., 338.

* 1ᵉʳ état. Celui décrit. Collections Lousbergs et Camberlyn.

2ᵉ. Avec *G. Hendricx ex.* — 3ᵉ. Cette adresse est effacée.

Le tableau est à l'Académie d'Anvers.

33 *bis*. *La même composition.* Elle est en sens contraire. Titre : *P.P. Rubens, p. tiré du cabinet de M. van Sassegem.* (V. S. 68 *bis*.)

Haut., 109 millim.; larg., 119.

Le tableau a passé depuis dans la collection Patureau et dans celle du marquis du Blaizel.

34. *Sainte Thérèse.* Elle est à genoux et reçoit la visite de Jésus-Christ accompagné de deux anges, dont l'un lui perce le cœur d'une flèche. *Deroy fecit aqua forti. Gravé d'après le tableau original qui est dans l'église des R. R. P. P. petittes Carmes à Bruxelles.* (B. 34, V. S. 69.)

Haut., 306 millim.; larg., 223.

34 *bis. Sainte Thérèse agenouillée devant un autel.* Au mur, un tableau où on lit : *Misericordias Domini in æternum cantabo.* Au fond, à gauche, on voit la cellule de la sainte avec une planche chargée de livres. Titre : *S. Virgo est Mater Teresa. . . . . fundatrix. C. Galle.* (V. S. 71.)

Haut., 432 millim.; larg., 311.

· Le tableau original est au Musée de Leyde.

34 *ter. Le massacre de sainte Ursule et des onze mille vierges.* Titre : *P. P. Rubens p. du cabinet de M. van Sasseghem de Gand. P. Spruyt sculpsit.* (V. S. 72.)

Haut., 156 millim.; larg., 113.

· Le tableau est au Musée de Bruxelles.

On connaît la *même composition* en sens contraire. Elle est attribuée à *Spruyt.* (V. S. 73.)

Haut., 318 millim.; larg., 243.

SUJETS DE LA FABLE

1. *Achille à la cour de Lycomède.* Il est reconnu par Ulysse, qui est à gauche avec un homme qui l'accompagne. Titre, six vers latins : *Ecce puellares oculos. . . ad arma manu.* Au bas, à gauche : *P.P. Rubens pinxit. Corn. Visscher sculp.* A droite : *Pet^r Soutman excud. Cum privilegio.* Voir œuvre de C. Visscher, n° 37. (B. 1, V. S. 6, Histoire.)

Haut., 539 millim.; larg., 444.

Le tableau est dans la galerie de M. Abraham Hume.

2. *Le même sujet.* Avec les mêmes vers latins : *Ecce puellares oculos. . . Ithacus ad arma manu.* Au bas, à gauche : *P. P. Rubens pinxit.* A droite : *Nicolaes Ryckemans sculp et excud. Edam.* (B. 2, V. S. 7, Hist.)

Haut., 455 millim.; larg., 356.

1er état. Celui décrit. -- 2e. Le mot *excud.* est effacé.

3. *Le même sujet.* Il y a un portique avec deux colonnes torses. Gravé à l'eau-forte, sans titre et sans nom de graveur. (B. 3, V. S. 8, Hist.)

Haut., 472 millim.; larg., 360.

4. *Copie de la pièce précédente.* Sans nom de graveur. (V. S. 9.)

Haut., 445 miilim.; larg., 284.

5. *Apollon et Daphné.* Daphné changée en laurier s'enfuit vers la gauche, poursuivie par Apollon. Sans titre. En bas, on lit : *Excelientissimi Pictori. P. P.* Rvbeni *Inuent. Guil^s Panneels fecit.* 1631. Pièce cintrée. (B. 5, V. S. 26.)

Haut., 153 millim.; larg., 90.

6. *Borée enlevant Orythie.* Ils sont dans les nuages. Borée, dirigé à droite, tient Orythie dans ses bras; en bas, quatre Amours. Gravé à l'eau-forte. Sans titre. Au bas de la gravure, à gauche : *P. P. Rubens Pinxit.* A droite : *E. Spruyt f.* Au milieu du bas : *Gravé à l'eau-forte, d'après le tableau original de P. P. Rubens. . . . . Du cabinet de M. Verspecht a brux.* (B. 6, V. S. 80.)

Haut., 283 millim.; larg., 273.

Les premières épreuves sont avant le nom de *Spruyt.* Le catalogue del Marmol, n° 715, mentionne des épreuves avant la lettre.

Le tableau fait partie de la galerie de Salzthalen.

6 *bis. Le même sujet.* Du même sens. Au bas de la gravure, à droite : *P. P. Rubens p^t.* Au-dessous, quatre vers latins et cette inscription : *Hanc incomparabili P. P. Rubenii adumbratam penicillo Tabellam incidi curavit possessor ipse D^{nus} Verspecht, Concilii Brabantiæ Advocatus A° 1745.*

Haut., 339 millim.; larg., 304.

7. *Enlèvement de Déjanire.* Le centaure Nessus tient dans ses bras Déjanire à moitié nue. Ils se dirigent à gauche. En bas : *Guiliel*. *Panneels Discip. Rubeni in. fecit francofurti.* 1630. Sans titre. (B. 7, V. S. 108.)

Haut., 164 millim.; larg., 135.

M. Voorhelm Schneevoogt décrit à la place de cette pièce : *Nymphe ou Bacchante endormie,* etc. *Guillel. Panneels fecit. F. v. W. ex.,* et dit : « Cette planche est abusivement désignée par Basan comme : *Enlèvement de Déjanire.* » Nous croyons sa description et sa note inexactes; la pièce que nous indiquons, ainsi que Basan, existe dans l'œuvre de Rubens au Cabinet des Estampes de Paris. M. V. S. nous semble, sous ce numéro, décrire une pièce qu'il a déjà indiquée aux Sujets de la fable, nº 3, sous ce titre : *Jupiter éveillé et Antiope endormie,* sujet que nous décrivons également au numéro 17 de notre catalogue, Sujets de la fable.

8. *Danaé.* A demi couchée, accompagnée d'une vieille, elle reçoit Jupiter transformé en pluie d'or. Gravé par *J. L. Krafft,* sur un dessin fait par Rubens d'après le Titien. (B. 8, V. S. 6.)

Haut., 65 millim.; larg., 113.

8 *bis. Diane et ses nymphes surprises au bain par Actéon.* Titre : *Sicut erant nudæ. . . . . corporibus texere suis. P. Spruyt sc.* 1781. (V. S. 18.)

Haut., 266 millim.; larg., 356.

9. *Le Repos de Diane.* La déesse est nue et couchée au milieu de ses nymphes. Trois satyres, à gauche, les regardent; à droite, des chiens; dans le bas, au milieu, beaucoup de gibier. Dédicace : *Suam Dianam. . . . . P. Soutman consecrat.* Au-dessous, à gauche : *P. P. Rubens Pinxit.* Au milieu : *Cum Priuil. Sa. Cæ. M.* A droite : *P. Soutman excud.* Au bas de la gravure, à droite : *J. Louÿs sculpsit.* (B. 9, V. S. 21.)

Haut., 322 millim.; larg., 398.

* 1ᵉʳ état. Celui décrit. Collections Lousbergs et Camberlyn.
2ᵉ. Avec cette adresse : *C. Visscher excudit.*
Le tableau est dans la galerie de Munich.

On connaît le *même sujet* en sens contraire. Titre : *Nymphs and Satyrs in his Majestys collection.... Windsor Castle. Rich. Earlom sculpsit* 1784. En manière noire. (V. S. 22)

Haut., 432 millim.; larg., 583.

10. L'estampe surnommée mal à propos *Enée descendant aux Enfers. Luc. Vorsterman junior fecit.* **F.** *van den Wyngaerde exc.* (B. 10, V. S. 12, Histoire.)

11. *Erichtonius dans la corbeille.* Il est au milieu, couché dans une corbeille qu'une des princesses vient d'ouvrir contre la défense de Minerve. Dans le haut, à gauche, une fontaine surmontée d'une figure de femme ayant cinq mamelles et tenant deux dauphins. Titre : *Ora Myron humeros Lysippus. . . . . vocem fingere nemo potest.* À gauche : *P. P. Rubens pinxit.* Au milieu : *P. Soutman excud. Cum Priuil.* A droite : *P. Van Sompel sculpxit.* (B. 11, V. S. 78.)

Haut., 330 millim.; larg., 479.

1er état. Celui décrit. — 2e. Sous le nom de Rubens, à gauche, on lit l'adresse de *Clément de Jonghe,* celle de *Soutman* est toujours au milieu. — 3e. *F. de Wit exc.* — 4e. Cette adresse est effacée.

Le tableau est dans la galerie du prince de Lichtenstein, à Vienne.

On connaît *la même composition* à l'eau-forte par un anonyme, probablement par *Spruyt.* (V. S. 79.)

Haut., 169 millim.; larg., 200.

12. *Les Trois Grâces.* Elles se tiennent embrassées. Celle du milieu est vue de dos. Titre : GRATIÆ DECENTES ALTERNO TERRAM QVA-TIVNT PEDE. *Horatius.* Au-dessous, à gauche : *Pet. Paulus Rubens pinxit.* Au milieu : *Petrus de Iode sculpsit.* (B. 12, V. S. 73.)

Haut., 455 millim.; larg., 343.

* 1er état. Avant l'adresse. Celui décrit. Collection Drugulin.
2e. *F. Vanden Enden excud.*
Smith cite deux tableaux, l'un dans la galerie de l'Escurial, l'autre dans celle de Florence.

13. *Les mêmes Grâces.* Sans les accessoires; au trait; par un anonyme. (B. 13, V. S. 74.)

Haut., 205 millim.; larg., 133.

14. *Hercule exterminant la Fureur et la Discorde.* Hercule tenant sa massue est prêt à frapper la Fureur, représentée par une figure de femme qu'il tient sous son pied droit. Gravé en taille de bois. Dans la

gravure, au milieu du bas : *Christoffel Iegher sc.* A droite : *P. P. Rub. delin et ex.* Cvm privilegiis (B. 14, V. S. 68.)

Haut., 594 millim.; larg., 365.

Les secondes épreuves n'ont pas l'adresse de Rubens.

15. *Enlèvement d'Hippodamie.* C'est le combat des Centaures et des Lapythes. Ils se dirigent à gauche. Au bas, huit vers latins : *Duxerat Hyppodamen. . . . . erat urbis imago. Pub. Ouid. metamorph. lib. XII.* Au milieu, entre les vers : *P. P. Rubens pinxit. P. de Bailliu sculpsit. N. Lauwers ex. Cum Privilegio.* (B. 15, V. S. 105.)

Haut., 362 millim.; larg., 518.

1ᵉʳ état. Avant l'adresse de *Lauwers.* — 2ᵉ. Celui décrit. — 3ᵉ. L'adresse de *Lauwers,* effacée et remplacée par celle de *C. Galle.*
Le tableau est, dit-on, à l'Escurial.

16. *Jupiter et Junon.* Ils sont sur les nues. La déesse est à genoux à droite, aux pieds de Jupiter. Pièce ovale ; dans le bas, autour du cercle : *Excellentissimi Pictoris P. P. Rubeni inuent. Guilielˢ. Panneels Francofurti fecit. Anno* 1631. Dans la marge du bas, à droite : *F. V. W.* (B. 16, V. S. 2.)

Haut., 176 millim.; larg., 143.

17. *Jupiter et Antiope.* Antiope est assise vers la droite, vue de face. Au bas, dans la gravure : *Guilelˢ Panneels fecit.* Rvbeni *inu. F. v. W. ex.* (B. 17, V. S. 3.)

Haut., 162 millim.; larg., 117.

1ᵉʳ état. Non terminé; l'inscription est : *Guilelˢ Panneels. Discip.* rvbeni *inu et fe.* 2ᵉ. Celui décrit.

18. *Ixion trompé par Junon.* Il est assis à droite, tenant dans ses bras la nue, à laquelle Jupiter avait donné la forme de Junon. Dédicace : *Viro Jngenÿ subtilitate Claro, ... ex toto affectu Beneuolenter Jnscribit. Cum Priuil.* A gauche : *P. P. Rubens Pinxit.* A droite : *P. Van Sompel sculpsit. P. Soutman excud.* (B. 18, V. S. 11.

Haut., 234 millim.: larg., 321.

1ᵉʳ état. Celui décrit.— 2ᵉ. Avec l'adresse de *G. Valk.*— 3ᵉ. Avec celle de *J. C. Visscher.*

19. *Méléagre présentant à Atalante la hure du sanglier de Cali-*

don. Celle-ci est assise à droite, Méléagre est à gauche. Un amour se voit dans le milieu. Titre : ROBORA FEMINEIS SEPE VIRILIA CEDVNT. A gauche : *Petrus Paulus Rubens pinxit;* à droite : *Ioan Meysens fecit et excudit.* (B. 19, V. S. 85.)

Haut., 297 millim., larg , 223.

20. *La même composition.* En contre-partie. Sans titre. En bas à gauche : *P. P. Rubens p.* Au milieu : *Alta* 6 ☉ 6 ☉. *Lata* 5 ☉ 11 ☉. A droite : *Bartsch sc.* (B. 20, V. S. 87.)

Haut., 336 millim.; larg.; 304.

On connaît des épreuves avant la lettre.
Le tableau est au Musée de Dresde.

21. *Méléagre présentant la hure du sanglier à Atalante.* Atalante est assise au milieu, vue de face, tenant sur ses genoux la hure du sanglier; Méléagre est à gauche. Dans la marge, six vers latins : *Atq₃ ita, sume mei spolium. . . . . erat agmine murmur. Ovid. Metam. Lib.* 8. Au-dessous : *P. P. Rubens pinxit. Corneli₉ Bloemaert sculp : et excud.* (B. 21, V. S. 88.)

Haut., 203 millim. larg.; 162.

1ᵉʳ état. Avant le nom du graveur. — 2ᵉ. Celui décrit.
Le tableau appartient au duc de Marlborough.

21 *bis. Le même sujet,* du même sens, gravé à l'eau-forte, sans nom de graveur. Dans la gravure, au haut, à droite : *P. P. Rubens P.*

Haut., 145 millim.; larg., 128.

22. *Méléagre présentant la hure du sanglier.* D'après une autre composition. Atalante est dans le milieu, tournée vers la gauche où est Méléagre; à droite, deux chiens; un homme sonne du cor. Sur une pierre, à gauche : *P. P. R. in.* GUILLIELMUS PANNEELS *fecit.* (B. 22, V. S. 91.)

Haut., 85 millim.; larg., 127.

Il y a des premières épreuves à l'eau-forte pure, et avant les initiales du peintre au-dessus du nom du graveur.

23. *Le Jugement de Midas.* Titre : *Tmoli judicium. . . . . Tabula extat in œdibus Caroli de Sutter etc. F. Pilsen sculp et excud. Gand.* (B. 23, V. S. 27.)

Haut., 212 millim.; larg., 286.

Le tableau est à l'Escurial.

24. *Neptune et Cybèle.* (Voir n° 28 *des Allégories et sujets parti-culiers.)*

25. Le Quos ego. Neptune debout, à droite, accompagné de Tritons et de Nymphes. Il commande aux vents de faire cesser la tempête, qui agite une mer chargée de vaisseaux. En bas, des armoiries, et à droite, cette inscription : *Tableau de P. P. Rubens de la Gallerie royalle de Dresde. Haut. 11 pieds. 8 Pouc. Larg. 13 Pi. 8 Pouc.* La même inscription, en italien, à gauche des armoiries. Au bas de la gravure, à gauche : *Dessiné par C. Hutin.* A droite : *Gravé par J. Daullé, G^r du Roy,* 1752. Dans la marge, à droite : n° 48. (B. 25, V. S. 34.)

Haut., 395 millim.; larg., 456.

Il existe de cette pièce des épreuves avant la lettre.

Le tableau est dans la galerie de Dresde. M. Voorhelm-Schneevoogt dit : *Neptune et Cybèle.*

25 *bis. Neptune et Thétis.* On voit, à droite, une nymphe appuyée sur un crocodile. Titre : Neptune et Thetis. Au-dessous, une dédicace à Léopold II, avec armoiries. Au bas de la gravure, à gauche : *Peint par P. P. Rubens.* A droite : *Gravé par Jacques Schmutzer, Conseiller et Directeur à l'Académie Roy^e des Beaux-Arts,* 1790. *Tableau tiré de la galerie du comte de Schönborn.* (B. 25 *bis,* V. S. 33.)

Haut., 624 millim.; larg., 505.

Il y a des épreuves avant toutes lettres. M. Woorhelm-Schneevoogt dit : *Neptune et Cybèle.*

26. *Nymphes avec du gibier.* Quatre Nymphes, arrivant de gauche, portant du gibier, sont précédées de trois Satyres qui sont chargés de fruits et se dirigent à droite. Titre : *Sic vobis lassæ. . . . . poma feræque bene.* Ce morceau est connu sous le nom de *Retour de la chasse de Diane.* Au-dessous du titre, à gauche : *Pet. Paul Rubbens pinxit. S. à Bolswert sculpsit.* A droite : *Gillis Hendricx excud. Antuerpiæ.* (B. 26, V. S. 24.)

Haut., 292 millim.; larg., 350.

* 1er état. Non décrit. Avant toutes lettres et avant que la planche ait été terminée et régularisée. La marge du bas porte de hauteur, à gauche, 29 millim., et à droite,

27 millim., au lieu que dans l'état suivant cette marge n'est plus que de 19 millim.
Collections Van den Zande et Camberlyn.

Van den Zande, 161 francs.

* 2ᵉ. C'est l'état décrit ci-dessus.

26 *bis*. *Le groupe des quatre Femmes de l'estampe précédente.*
Sujet de demi-figures. Titre : *Gravé sous les yeux de M. le comte de
Lamberg, d'après cette pièce unique en miniature de Rubens, dont
l'original est entre les mains de S. E. Monsieur le Landgrave de
Furstenberg. Melini sculp.* (B. 26 *bis*, V. S. 25.)

Haut., 48 millim.; larg., 68.

27. *Des Nymphes surprises par des satyres qui veulent les enlever.*
Gravé par *Lorenzini*, d'après un tableau qui est au palais Pitti. Il est
douteux qu'il soit de Rubens. (B. 27, V. S. 106.)

Haut., 474 millim.; larg.; 1026.

27 *bis*. *Nessus percé d'une flèche.* Il se dirige à gauche. Sans
nom de maître. Cabinet des estampes de Paris.

Haut., 350 millim.; larg., 223.

Le *même sujet*, du même sens, a été gravé par *Schultze*, dans la galerie Le Brun.

28. *Orphée obtenant de Pluton le retour d'Eurydice.* Orphée et
Eurydice sont debout devant Pluton qui est assis à gauche. Titre :
ORPHÉE, et quatre vers français : *Une musique douce. . . . . ferait
aboyer Cerbere.* Au-dessous : *Gravé d'après le tableau de P.P. Rubens, qui est dans le cabinet de* MONSIEUR DE FONSPERTUIS; plus bas,
à droite : *Ce vend à Paris chez Tardieu.* Au bas de la gravure, à
gauche : *Peint par P.P. Rubens.* A droite : *Gravé par L. Desplaces.*
(B. 28, V. S. 67.)

Haut., 328 millim.; larg., 446.

Le tableau, qui n'est qu'une esquisse, se trouve dans la galerie de Potsdam.

29. *Le Jugement de Pâris.* Il est assis à gauche, au pied d'un arbre
sur lequel s'appuie Mercure. Les trois déesses, accompagnées d'A-
mours, sont vers la droite. Titre : DETVR PVLCHERRIMÆ. Dédicace :
DE IACOBO DÜARTE *nobili domestico Regis Angliæ. . . . .* L. M. D.
C. Q. ÆGIDIUS HENDRICX. Au bas, à gauche : *Pet. Paul Rubbens
pinxit. A. Lommelin sculpsit.* (B. 29, V. S. 60.)

Haut., 435 millim.; larg., 623.

Les premières épreuves sont avant la dédicace.

Smith cite trois tableaux représentant le même sujet: l'un à Dresde, un autre à l'Escurial et un troisième autrefois dans la galerie d'Orléans.

30. *La même composition.* Titre : *Le Jugement de Pâris ;* gravé d'après le tableau original. . . . . 1750. *Gravé par P. F. Tardieu, terminé au burin par P. E. Moitte.* (B. 30, V. S. 61.)

Haut., 560 millim.; larg., 486.

31. *Le Jugement de Pâris et le Triomphe de Galatée.* Le premier sujet fait le tour de l'aiguière ; d'un côté, Jupiter, assis près de son aigle ; de l'autre, un fleuve ; Vénus est entre Minerve et Junon ; Pâris est assis sur une pierre ; auprès de lui, Mercure tient la pomme. Le second est le fond du bassin ; la marche se dirige vers la droite ; divers sujets couvrent la bordure. *Theodorus Rogiers celauit argento ; Jacobus Neefs fecit aqua forti. Gillis Hendricx exudit Antverpiæ.* Cette pièce est dite *l'Aiguière de Charles Ier*, ce qui est attesté par l'inscription de la pièce : *P.P. Rubens pinxit pro Carolo I magnæ Britanniæ.* . . . . (B. 31, V. S. 65.)[1]

Haut., 340 millim. ; larg., 473.

32. *Persée et Andromède.* Andromède est à droite, debout et nue, deux amours sont derrière elle. Titre : PERSÉE ET ANDROMEDE. Au-dessous : *Tableau de 5 pieds de longueur sur 3 de hauteur qui est dans la Gallerie de S. E. Mgr le comte de Brühl.* . . . . *Ministre de Sa Majesté le Roy de Pologne, Electeur de Saxe.* Au milieu, les armoiries du comte. Au bas de la gravure, à gauche : *P.P. Rubens Pinxit, A. Friederich Oeser deli.* A droite : *P. F. Tardieu sculp.* Dans la marge, à droite : n° 27. (B. 32, V. S. 96.)

Haut., 350 millim.; larg., 486.

Les premières épreuves sont avant le numéro. Cat. de Messire del Marmol, n° 763.

Le tableau est dans la galerie de Potsdam.

---

1. C'est à tort que M. Wauters affirme que le titre de roi de la Grande-Bretagne n'a été adopté qu'en 1707, après l'union des deux monarchies d'Angleterre et d'Écosse. Jacques Ier a pris, en 1606, *de son autorité privée*, le titre de Roi de la Grande-Bretagne. Ce titre est donné à Charles Ier dans plusieurs portraits de l'Iconographie de Van Dyck. Ce n'est pas sur ce fait que nous nous appuierions pour déclarer faux le diplôme accordé par Charles Ier à Rubens.

33. *Chute de Phaéton*. Il tombe d'un char traîné par quatre chevaux qui se dirigent à droite. Sujet en plafond, de forme ronde. En bas, autour du sujet : *Guiliel⁵ Panneels. Discip. Rubeni. in. et fec. francofurti*. 1630. (B. 33, V. S. 93.)

Haut., 192 millim.; larg., 167.

34. *Philémon et Baucis*. Ceux-ci sont à gauche; on voit à droite Jupiter et Mercure. Titre : BAVCIS *et* PHILEMON *vt inter mortales beatissimi. . . . . a* IOVE *et* MERCVRIO *inui=suntur*. Sans nom de graveur. A gauche : *Petrus Paulus Rubbens pinxit ;* à droite *: Ioan. Meysens excudit*. (B. 34, V. S. 7.)

Haut., 286 millim.; larg., 395.

1ᵉʳ état. Celui décrit.

2ᵉ. Le nom du peintre, à gauche, est écrit en plus petits caractères, et à droite, en mêmes caractères, on lit : *Ioannes Meyssens excudit*.

34 *bis*. *La même composition*, avec le même titre : *Corn. Galle sculp. Mart. Vanden Enden excud.* (Cat. del Marmol, n° 768.)(V. S. 8.)

34 *ter*. *Le même sujet*, composition différente. A droite est Baucis qui veut attraper l'oie. A gauche, Philémon, debout, verse à boire à Jupiter. Cette pièce, avant toutes lettres, se trouve dans l'œuvre de Rubens, au Cabinet des estampes de Paris. Au bas, à gauche, est écrit à l'encre : *Van Hoeck*. (V. S. 10.)

Haut., 248 millim.; larg., 340.

35. Basan dit : *Pomone*, etc., renvoyée au numéro 22 des Allégories.

Ce renvoi est inexact, puisque au numéro indiqué et suivants, il ne parle pas de cette pièce. D'après le catalogue del Marmol, n° 929, nous indiquons une pièce que l'on croit être *Pomone*. (Voir ci-après, Allégories et Sujets particuliers.)

36. *Progné faisant voir à son époux la tête de son fils*. Le roi Térée est assis à droite; devant lui, Progné, accompagnée d'une servante, lui présente la tête de son fils. Titre : PROGNE ITYN. . . . . . ÆPULANDUM PROPONIT. Au-dessous, quatre vers latins. En bas, à gauche : *P.P. Rubens inv*. A droite : *C. Galle exc*. C'est le pendant de l'*Enlèvement d'Hippodamie*. (B. 36, V. S. 94.)

Haut., 267 millim.; larg., 518.

* 1ᵉʳ état. Épreuve d'essai de la planche inachevée, plusieurs parties de la composition sont indiquées au simple trait. Peut-être unique. Collection Camberlyn.

2ᵉ. Le titre est en trois lignes; à gauche, le nom du peintre; à droite, l'adresse de *Galle.*

37. *L'Enlèvement de Proserpine.* Pluton et Proserpine sont dans un char, traîné par deux chevaux, qui se dirigent à droite. En bas, quatre vers : *Incerta Volucri fertur Proserpina. . . . . ad nubila fundit inanes.* A gauche : *P.P. Rubens Pinxit.* A droite : *Cum Privilegio,* et au-dessous : *P. Soutman fecit et excud.* (B. 37, V. S. 66.)

Haut., 200 millim.; larg., 320.

1ᵉʳ état. Décrit dans le catalogue Marmol, n° 772, avant l'adresse; tous les *P* son retournés. Ainsi, on lit *q. q. Rubens qinxit cum qriuilegio.*

2ᵉ. Tous les *P* sont remis du bon sens. On lit : *P. Soutman fecit et excud.*

3ᵉ. *C. de Jonghe exc.* — 4ᵉ. Retouché et avec l'adresse de *de Wit.*

Le tableau est dans la galerie Marlborough.

38. *Psyché recevant d'un aigle la coupe de beauté.* Elle est assise à droite, recevant la coupe d'un aigle qui apparaît dans le haut, à gauche. Pièce gravée dans un ovale. Au bas, à gauche : *G. Panneels fec. P. P. R. in.* A droite : *f. v. W. ex.* (B. 38, V. S. 72.)

Haut.; 78 millim.; larg., 66.

1ᵉʳ état. A l'eau-forte pure. A gauche, on lit seulement : *G. Panneels fec.*

2ᵉ. Celui décrit.

39. *Le Satyre.* Il est vu de face, tenant deux flûtes dont il joue. Au bas, dans la gravure, on lit le nom de *Panneels* légèrement gravé à la pointe. (B. 39, V. S. 113.)

Haut., 173 millim.; larg., 104.

40. *Satyre voulant forcer une bergère.* Eau-forte. Sans titre. Sans nom de peintre ni de graveur. Cette pièce est attribuée à *J. Thomas.* (B. 40, V. S. 112.)

Haut., 137 millim. ; larg., 108.

41. *Les Noces de Thétis et de Pelée.* Ils sont assis à gauche. Minerve est debout à droite. Sans titre. Au bas, à gauche : *Pet. Paul Rubenius inuenit.* A droite : *Franciscus vanden Wyngaerde fecit et excud.* (B. 41, V. S. 98.)

Haut., 290 millim.; larg., 412.

Une épreuve avant toutes lettres est au Cabinet des estampes de Paris.

42. *Vénus sortant des eaux.* Elle est à gauche, à genoux sur un dauphin et environnée de Nymphes et de Tritons. Titre : Venvs orta mari. Dédicace : Nobilissimo et ervditissimo ivveni Theodoro Theodosy Kerckrinck. . . . . Dedicabat franciscus vanden Enden. Au-dessous, à gauche : *Petr. Paulus Rubbens pinxit.* Au milieu : *Petrus de Iode sculpsit.* A droite : *Martinus vanden Enden excudit.* (B. 42, V. S. 37.)

Haut., 372 millim.; larg., 522.

* 1er état. Avant la lettre, avec les noms d'auteurs seulement. Cabinet des estampes de Paris, et aussi chez Messire del Marmol (n° 779).

* 2e. Celui décrit. Collections Lousbergs et d'Affry.

42 bis. *La même composition.* Titre et dédicace : *Mare maxime periculosum. Eg. P. de la Pinja Pictori dedicatum a P. Spruyt,* 1761. A l'eau-forte. (V. S. 38.)

Haut., 95 millim.; larg., 144.

43. *Vénus sur les eaux.* La déesse entourée de Tritons arrange sa chevelure, et est dirigée à droite. Neptune et Amphitrite la regardent. Titre : *Venus orta mari.* A gauche : *P.P. Rubens pinxit.* A droite : *P. Soutman delin et excud. cum Privil.* (B. 43, V. S. 39.)

Haut., 383 millim.; larg., 480.

* 1er état. Celui décrit. — 2e. Avec *F. de Wit. excudit.*

3e. Avec l'adresse de *Clement de Jonghe.* — 4e. Cette adresse est effacée.

44. *Vénus allaitant les Amours.* Elle est placée à la gauche. Titre : crescetis amores. Dans le bas de l'estampe, à droite : *PP. Rubens pinxit. Corn. Galle sculp.* (B. 44, V. S. 44.)

Haut., 203 millim.; larg., 168.

Le tableau est dans la galerie de Potsdam.

45. *La même composition.* En sens contraire. Sans titre ; gravée à l'eau-forte par *Watelet* d'après le dessin original de Rubens. *H. W. sculp.* 1755. (B. 45, V. S. 49.)

Haut., 173 millim.; larg., 169.

46. *La même composition.* Avec quelques changements dans le

paysage. Titre : *L'Amour enfant, gravé par L. Surugue,* 1742.
(B. 46, V. S. 45.)

Haut., 207 millim.; larg., 279.

47. *Vénus nue et couchée.* Un petit Amour repose sur son sein.
Gravé au trait par *J. L. Krafft,* sur un dessin de Rubens, d'après
le Giorgion. (B. 47, V. S. 50.)

Haut., 65 millim.; larg., 122.

48. *Vénus à sa toilette.* Elle est assise à gauche; à droite, un
Amour soutient son miroir. En bas, on lit : *Excellentissimi Pictoris.
Petri Pauli Rubeni. inue. Discipulus Guiliel. Panneels. Antuerpiensis Francofurti ad Mœnum fecit* 1631. *F. v. w. ex.* Planche
cintrée. (B. 48, V. S. 40.)

Haut., 156 millim.; larg., 95.

1er état. Avant l'adresse de **Wyngaerde**. — 2e. Celui décrit
On connaît des contre-épreuves.

49. *Vénus et Mars.* Vénus est assise à gauche, retenant Mars
que des Amours revêtent de son armure. Dans la gravure, au milieu : *P.P. Rubens Pinx.* Gravé à l'eau-forte par un anonyme. Au bas,
six vers flamands. *A. V. Hoorn exc.* (B. 49, V. S. 52.)

Haut., 385 millim.; larg., 453.

1er état. Celui décrit. — 2e. Les six vers flamands ont été coupés.
Cette planche a été retouchée au burin et gâtée.

49 *bis. Mars va à la guerre.* Il est au milieu. Vénus cherche
à le retenir. Titre : *Mars va à la guerre.* Au-dessous, à droite :
*A Paris, chez Avril rue de la Huchette la porte cochère vis-à-
vis la rue Zacharie.* Au bas de la gravure, à gauche : *P.P. Rubens
pinx.* A droite : *J. Avril Sculp.* (V. S. 12.)

Haut., 346 millim.; larg., 497.

1er état. Avant la lettre. — 2e. Celui décrit.

Le même sujet a été gravé en sens contraire par *Ferd. Gregory* en 1778, avec
dédicace à Son Excellence le comte Alexis d'Orlow. (M. Voorhelm-Schneevoogt nous
semble décrire cette pièce deux fois : Fables, n° 13, et Histoire et Allégories, n° 156.)

Haut., 370 millim.; larg., 620.

49 *ter. Mars au retour de la guerre.* Il est à gauche, pressant Vénus dans ses bras. La partie droite est occupée par des armures, des drapeaux et armes de guerre. Titre : MARS AU RETOUR DE LA GUERRE. Au-dessous, quatre vers français, et au milieu du bas : *A Paris chez Avril rue de la Huchette la porte cochère vis-à-vis la rue Zacharie.* Au bas de la gravure, à gauche : *P.P. Rubens pinx.* A droite : *J. J. Avril sculp.* 1778. (V. S. 14.)

Haut., 358 millim.; larg., 504.

1er état. Avant la lettre. — 2e. Celui décrit.

50. *Vénus et Adonis.* Il s'apprête à partir pour la chasse. Vénus l'embrasse, tandis qu'un petit Amour le retient par le genou. Sans titre : *Fr. Lorenzini min sculpsit.* En trois feuilles, d'après le tableau de la Galerie de Florence. (B. 50, V. S. 54.)

Haut., 569 millim.; larg., 986.

51. *Vénus et Adonis.* La déesse, descendue de son char, embrasse son amant. Celui-ci tient une lance dans la main droite ; trois chiens l'accompagnent ; un petit Amour s'accroche à sa jambe. *Dédié à S. E. Monseigneur Le Comte de Cobenzl. . . . . Par Son très humble et très Obéissant Serviteur P. I. Tassaert.* Au bas de la gravure, à gauche : *P. P. Rubens pinxit.* A droite : *P. I. Tassaert Fecit.* (B. 51, V. S. 56.)

Haut., 405 millim.; larg., 466.

Le tableau était dans la collection du roi des Pays-Bas, vendue en 1851.

52. *Vénus pleurant la mort d'Adonis.* Elle est à genoux, à droite, dirigée à gauche. Adonis est étendu mort devant elle. En bas : *Guil^s Panneels fecit. Rubens in. fran^c v. Wyn ex.* (B. 52, V. S. 59.)

Haut., 72 millim.; larg., 106.

1er état. A l'eau-forte pure ; l'inscription du bas est : *Guil^s. Panneels Discip. Rubeni. in et fec franco-furti ad Mœnum.*
2e. Celui décrit.

52 *bis. Minerve écarte le Dieu de la Guerre et protège la Fécondité.* Minerve, debout derrière une femme nue allaitant un enfant, repousse le dieu de la Guerre, qui est à droite. Titre rapporté ci-dessus. Au-dessous : *Dédié à sa Majesté la Reine de france. Par son très humble et très fidel sujet Henriquez.* Au bas de la gra-

vure, à gauche : *Peint par P. P. Rubens.* A droite : *Gravé par B. L. Henriquez. . . . de l'Académie Imp^{le} de St Pétersbourg.* (V. S. 16.)

Haut., 459 millim.; larg., 651.

Il existe de cette pièce des épreuves avant la lettre et avant la dédicace.

M. Voorhelm Schneevoogt, dans son catalogue, décrit la pièce suivante :

Le Festin des Dieux. Neptune se trouve à gauche, Jupiter au milieu; un satyre leur verse à boire. A droite, deux femmes avec une corne d'abondance contenant des fruits; en haut, trois Amours. Cette pièce gravée à l'eau-forte avant toutes lettres porte écrit à la main : *P. Paulus Rubens pinxit; Adrianus Van den Bergh fecit, Vienne.* (V. S. 1.)

Haut., 288 millim.; larg., 401.

BACCHANALES

53. *Bacchanale dans une grotte.* Au premier plan est un faune ivre couché et appuyé sur un tigre et sur une corbeille remplie de raisins. A gauche, est une terrasse chargée de vases. Sans titre. Au bas, à gauche : *Petrus Paulus Rubenius pinxit.* A droite : *Franciscus vanden Wyngaerde fecit aqua forti excudit Antuerpiæ.* (B. 53, V. S. 123.)

Haut., 320 millim.; larg., 427.

54. *Bacchanale.* Bacchus ivre est soutenu par un satyre et par un faune, il est accompagné de deux Bacchantes et d'un tigre; la marche se dirige de gauche à droite. Titre: *Visus Hebet. . . . Animusue suum.* A gauche : *P.P. Rubens Pinxit.* A droite : *Cum Priuilegio P. Soutman excud.* Dans la gravure, au bas de la droite : *I. S. (Suyderhoeff) Sculpsit.* (B. 54, V. S. 124.)

Haut., 280 millim.; larg., 343.

1er état. Celui décrit. Collection d'Affry. — 2e. On lit : *Clement de Jonghe Excudit.* 3e. *F. de Wit exc.* — 4e. Cette adresse est effacée.

55. *Bacchus ivre.* Un faune et un satyre le soutiennent. Le satyre tient une grappe de raisin à laquelle mord le tigre. Sans titre. *G. Panneels fecit.* (B. 55, V. S. 125.)

Haut., 149 millim.; larg., 216.

56. *Bacchus couronné de pampre.* Un faune et une Bacchante l'accompagnent. Il tient un tapis avec des grappes de raisin; tandis que

le faune lui presse du vin sur la tête. Les figures sont vues jusqu'aux genoux. Titre : A BACCHANALIAN. Au-dessous : *From the Original Picture by Sir Peter Paul Rubens in the Collection of Thomas Lewis Esqr Published according. . . . . . in Cheapside London.* 11 *April.* 1763. Au bas de la gravure, à gauche : *J. Baptista Cipriani del.* A droite : *Carol. Faucÿ Sculpsit.* (B. 56, V. S. 126.)

Haut., 346 millim.; larg., 306.

57. *Bacchus ivre.* Il est soutenu par des satyres et des Bacchantes. Ils se dirigent à droite. A gauche, deux petits satyres tettent leur mère qui semble endormie. Sans titre. En bas dans la gravure : *Guiel. Panneels fecit. P.P. Rubeni inu. F. v. W. ex.* (B. 57, V. S. 127.)

Haut., 139 millim.; larg., 152.

1er état. A l'eau-forte pure. On lit au bas, dans la gravure : *Guil. Panneels Condam. Dicip. P. P. Rubeni. fecit Argentorat* 1632.

2°. Celui décrit.

58. *Bacchus ou Silène ivre.* Il tient une grappe de raisin, soutenu par un satyre et un maure ayant une coupe à la main ; la marche se dirige vers la droite. Les figures sont vues jusqu'aux genoux. Titre : *Pet. Paul. Rubenius Pinxit ;* et au-dessous : *P. Soutman excud. Cum Priuil.* Sans nom de graveur, mais l'estampe est de *Suyderhoef.* (B. 58, V. S., 128.)

Haut., 307 millim.; larg., 267.

1er état. Avant toutes lettres et avant le ciel.

2°. Avant les contre-tailles près du nuage ; l'inscription dans la marge est celle donnée plus haut.

3°. *P. Soutman excud.;* comme dans l'état précédent, Bacchus n'est pas encore couvert d'une draperie ; mais il y a les contre-tailles dans le ciel au-dessus de l'épaule droite du dieu.

4°. On lit : *Clement de Jonghe Excudit,* au-dessous de l'adresse de *Soutman.*

5°. Bacchus est couvert d'une draperie. Même adresse.

6°. Avec F. *de Wit exc.* — 7°. Cette adresse est effacée.

Le tableau original est à la Pinacothèque de Munich.

59. *Bacchus ivre.* Il tient à la main un pampre auquel mord un tigre, soutenu par un satyre et par un maure accompagnés de Bacchantes, dont une qui est ivre est tetée par ses enfants. Titre : *Luctantur gressus,*

cerebro vindemia feruet. Au bas, à gauche : *P. Paulus Rubens In. et pinxit.* A droite : *Rich. Van Orley fecit.* (B. 59, V. S. 129.)

Haut., 373 millim.; larg., 292.

Le tableau est au Musée de Munich.

60. *Bacchus assis sur un tonneau.* Il a le pied gauche posé sur un tigre couché à droite ; une Bacchante lui verse à boire ; sur le devant un enfant qui pisse. Au bas des vers italiens : *Spezza i saldidi viltà e scoglio. P.) Peiroleri inc.* 1758. *Della Galleria del signor Barone de Thiers in Parigi.* (B. 60, V. S. 130.)

Haut., 220 millim.: larg., 257.

60 *bis. La même composition.* En sens contraire. Titre : SILENO COLLA SUA COMPAGNIA. Avec dédicace au grand-duc Ferdinand-Joseph de Toscane. Au bas, à gauche : *P.P. Rubens pinxit.* A droite : *Jac Schmutzer sculp. S. C. R. A. M. Chalcographus sculp. et excud. Viennæ* 1793. (V. S. 131.)

Haut., 456 millim.; larg., 326.

61. *Le Triomphe de Bacchus ivre.* Il est monté sur un âne où un satýre le soutient. Il est entouré de Bacchantes, de satyres et d'enfants. La marche se dirige de gauche à droite. Titre : ECCE QVID IMMODICVS. . . . . IMPETVOSVS, INERS. Dans la gravure, vers la gauche : *Johannes Popels, fecit.* A droite : *P.P. Rubens, pins.* (B. 61, V. S. 133.)

Haut., 311 millim.; larg., 470.

62. *Un Satyre.* Il tient dans ses bras une corbeille pleine de raisins et d'autres fruits. A droite, une Bacchante le regarde. Titre : MERO ET LIBIDINI INDVLGERE. . . . . SOLA MEA VOLVPTAS. Au-dessous, à gauche : *Pet. Paul Rubbens pinxit.* A droite : *Alex. Voet iunior sculpsit et excudit Antuerpiæ.* (B. 62, V. S. 114.)

Haut., 390 millim.; larg., 472.

63. *Un Satyre qui presse une grappe de raisin dans une coupe.* Il y a deux tigres : l'un dort ; l'autre paraît vouloir mordre à la grappe de raisin. Sans titre. Au bas, à gauche : *L. Vorsterman sculp.* A droite : *Franc. Vanden Wyngaerde ex.* Dans la gravure, au bas, à droite : *P. P. Rubens, inue.* (B. 63. V. S. 117.)

Haut., 304 millim.; larg., 212.

* 1ᵉʳ état. Avant le nom de *Vorsterman* et l'adresse. — 2ᵉ. Celui décrit.

Le tableau est dans la galerie de Dresde.

64. *Silène ivre soutenu par un satyre et par une négresse.* On voit, à gauche, deux satyresses couchées, dont une allaite ses enfants ; du même côté, deux satyres montent sur un arbre. Titre : *Silenum Patrem, Bacchi nutritium, ... tabella hæc exhibet.* Au-dessous, à gauche : *P.P. Rubens Pinxit.* A droite : *P. Soutman Effigiavit Cum Priuil. A°. 1642.* (B. 64, V. S. 135.)

Haut., 425 millim.; larg., 485.

1ᵉʳ état. Avant les draperies de Silène et du satyre (catalogue del Marmol, nº 821).

2ᵉ. On lit : *de Wit exc.* — 3ᵉ. Cette adresse est effacée.

Earlom a gravé la *même composition* en sens contraire. Sans titre. En manière noire. (V. S. 136.)

Haut., 387 millim.; larg., 453.

65. *La même composition.* En sens contraire, avec quelques petits changements. On y lit le même titre. Sans nom de graveur. (B. 65, V. S. 137.)

Haut., 185 millim.; larg., 380.

66. *Bacchus ivre soutenu par un satyre et par une autre figure.* Ils se dirigent de gauche à droite. En bas, quatre vers latins : *Ebrietas mentis. . . . . provocat ante diem.* A gauche : *P.P. Rub. delineau.* A droite : *S. A. Bolswert d. d.* (B. 66, V. S. 138.)

Haut., 414 miillim.; larg., 326.

* 1ᵉʳ état. Avant le nom de *Bolswert.* — * 2ᵉ. Celui décrit. Collection d'Affry.

3ᵉ. On lit : *F. H. de Wit exc.* — 4ᵉ. Cette adresse est effacée.

A Paris, cette pièce se trouve avec les désignations suivantes, à gauche : *P.P. Rub. delineau et. excud* A droite : *Nicol Fontanus, M. D.*

67. *La même composition.* Du même sens. Sans titre. En bas, à gauche, dans la marge : *P.P. Rub. delineau. et excud.* Au milieu : CVM PRIVILEGIIS. A droite : *Christoffel Iegher Sculp.* En taille de bois. (B. 67, V. S. 139.)

Haut., 428 millim.; larg , 337.

67². *La même composition.* En sens contraire ; un tigre et deux figures ont été ajoutés ; il y a aussi un changement dans le paysage. Dédicace à Guillaume V, prince d'Orange, en hollandais et français, avec armoiries du prince. L'original est dans le Cabinet de Monsieur Benjamin Teixeira. Au bas de la gravure, à gauche : *P.P. Rubens pinx.* A droite : *G. Sibelius Del. et sculp.* (V. S. 141.)

Haut., 272 millim.; larg., 371.

67³. *Bacchus ivre soutenu par un satyre et par un nègre.* A ses pieds sont trois enfants qui jouent avec des grappes de raisins ; il est suivi de deux nymphes, dont l'une joue du tambourin, et l'autre est caressée par un jeune satyre qui regarde la première. Au bas de la gravure, à gauche : *Rubens Pinxit.* A droite : *C. H. Hodges Sculpsit.* Au milieu de la marge du bas : *Publish'd Aug^st I^st 1789 by John et Josiah Boydell. . . . . Pall Mall. London.* (V. S. 142.)

Haut., 436 millim.; larg., 582.

Le tableau est dans la collection du duc de Marlborough.

67⁴. *Marche de Silène.* Il s'avance vers la droite, portant de la main droite une branche de raisins. Le graveur a ajouté au coin gauche une tête de bouc. Composition de neuf figures. Titre : MARCHE DE SILÈNE. Au milieu du bas, des armoiries et une dédicace au-dessous du titre ; à gauche : *Peint par P.P. Rubens ;* à droite : *Et gravé par N. de Launay.* (V. S. 144.)

Haut., 348 millim.; larg., 462.

De cette pièce il existe : 1° des épreuves à l'état d'eau-forte ; 2° terminées avant toutes lettres ; 3° avant la dédicace ; 4° avec la dédicace.

HISTOIRE, ALLÉGORIES ET SUJETS PARTICULIERS

1. *Le Combat des Amazones.* Dans le milieu, une rivière sur laquelle est un pont où se livre le combat. Dans le haut, des guerriers avec des étendards viennent de la droite ; dans le bas, des amazones renversées ; dans le milieu, au-dessous du pont, des femmes à la nage et d'autres dans une barque ; à gauche, des amazones renversées, des chevaux qui tombent, et dans le haut, d'autres qui s'enfuient. Dans la marge, dédicace : EXCELLENT^ME HEROINÆ ALATHIÆ TABOTH MAGNI COMITIS ARVNDELLI

SUPREMI BRITANNIÆ MARESCHALCI CONIVGI. . . . . PETRVS PAVLVS RVBENS *L.M.D.D.;* au-dessous, à gauche: *Lucas Vorsterman fecit*; au milieu: *Anturpiæ kal.Ianuarij CIꝹ.IꝹC.XXIII;* à droite : *Cum priuilegijs. Regis Christianissimi, Principum Belgarum et Ordinum Batauiæ.* Pièce en six feuilles. (B. 1, V. S. 1 .)

Haut., 845 millim.; larg., 1190.

    * 1er état. Celui décrit. Collection d'Affry.

    2°. Avec l'adresse de *Van Merlen.*

Le tableau qui était autrefois dans la galerie de Dusseldorf est aujourd'hui dans celle de Munich.

On connaît la *même composition,* copiée sur trois feuilles, par *Ragot.* Le titre est en six lignes, l'adresse est *rue Saint-Jacques.* (V. S. 2.)

Également la *même composition.* Dédicace : *Excellentissimæ Heroinæ Margarita de Rohan. . . . Cornelius Danckerts L. M. D. D., Nicolaas Visscher excud.* (V. S. 4.)

Haut., 810 millim.; larg., 1161.

2. *La même composition.* En sens contraire, copiée sous la conduite de *G. Duchange;* en une seule feuille. Titre : SIC VICTORIA VICTIS. Plus trois lignes et demie de texte français. *A Paris, chez Duchange.* (B. 2, V. S.5.)

Haut., 318 millim.; larg., 440.

1er état. Celui décrit. — 2e Avec l'adresse de *Bonvalet.*

3. *Cambyse, roi des Perses.* Après avoir fait écorcher un juge inique, il fait mettre sa peau sur le siège du tribunal et y fait asseoir le fils du juge, pour rendre la justice. Il est debout, à gauche, regardant le fils du juge qui est assis sur le trône, à droite. Sans titre. Au bas, à gauche: *Pet. Paul Rubbens pinxit.* A droite: *Rem. Eyndhouets fecit.* (B. 3, V. S. 13.)

Haut., 272 millim.; larg., 270.

Le tableau, qui était à l'Hôtel de ville de Bruxelles, fut brûlé par le bombardement de la ville.

4. *Cléopâtre se faisant piquer le sein par deux aspics.* Elle est assise, à gauche, dirigée à droite. En bas, on lit: *Viri nobilissimi ac Pictoris excellentissimi* PETRI PAVLI RVBENI *Inuent. Olim Discipᵉ Guileᵗ Panneels Antuerpiensis fecit francofurti ad Mœnum* 1631. Au-dessous, à gauche : *F. v. W. ex.* (B. 4, V. S. 38.)

Haut., 169 millim.; larg., 140.

1er état. Avant *F. v. W. exc.* —2°. Celui décrit.

5. *L'empereur Constantin combattant contre Maxence*. Titre, six vers français : *Constantin agité. . . . . mieux que ses armes*. *Balt. Moncornet excud. C. P. R.* (B. 5, V. S. 45.)

Haut., 326 millim.; larg., 556.

1er état. Celui décrit. — 2e. Avec l'adresse de *Drevet*. — 3e. On lit celle de *Mazot*. Le tableau appartient à M. Henri Brooksbank, Esq.

6. *Maxence tombant dans le Tibre*. Titre : *Maxence espouuanté. . . . . ne sert qu'à sa ruine*. *Balt. Moncornet excud. C. P. R.* (B. 6, V. S. 46.)

Haut., 360 millim.; larg., 632.

Mêmes remarques que dans la pièce précédente.

Le tableau se trouve dans la collection de M. Wm Rogers, Esq. Ces deux estampes offrent le même sujet que les numéros 4 et 5, de l'*Histoire de Constantin*, gravée par *N. Tardieu* (Différentes suites, n° 13.)

7. *Trophée à la gloire de Constantin*. Contantin est à droite, une Renommée qui est à gauche se penche devant un trophée d'armes pour couronner l'empereur. En bas, six vers séparés par des armoiries : ROME *goûtant le fruit. . . . . couronné des mains de la Victoire*. Au-dessous, à gauche : *P. Paul Rubens Inuentor et pinxit*. A droite : *Balt. Moncornet excu. cum priuilegio Regis*. Au milieu du bas : *Dedié au Sieur Hipolite de Comans. . . . . seigneur de la petite Flandre*. (B. 7, V. S. 47.)

Haut., 359 millim.; larg., 292.

Mêmes remarques que précédemment.

Le tableau se trouve dans la galerie de M. Henry Brooksbank, Esq.

8. *Une grande Bataille*. Sans titre : Gravé par *Fra-Antonio Lorenzini*, d'après le tableau qui est dans la Galerie des Offices à Florence. C'est vraisemblablement *Henri IV à Ivry*. Pièce en trois feuilles. (B. 8, V. S. 58.)

Haut., 564 millim.; larg., 709.

9. *Le Triomphe d'un souverain*. Sans titre, par le même graveur. C'est vraisemblablement le *Triomphe d'Henri IV après la bataille d'Ivry*. D'après le tableau qui est au Musée des Offices à Florence. En deux feuilles. (B. 9, V. S. 59.)

Même dimension.

10. *L'Union de Henri IV et de Marie de Médicis.* Titre : *Gravé par P. Martenasie d'après l'esquisse originale de P. P. Rubens tirée du cabinet de M. Van Schorel.* (B. 10, V. S. 56.)

Haut., 227 millim.; larg., 117.

Le tableau est aujourd'hui dans la collection du général Phipps.

11. *Naissance de Louis XIII.* Titre : *Le tableau est dans la galerie de Monsieur Van Schorel de Wilryck à Anvers. P. Martenasie fecit.* Ce sujet est traité allégoriquement. (B. 11, V. S. 57.)

Haut., 207 millim.; larg., 97.

Collection du général Phipps.

12. *Apothéose de Jacques Ier, roi d'Angleterre.* Trois pièces :

1re. Le roi est dans le milieu, sur son trône, tenant un sceptre ; des génies lui apportent une couronne de chêne ; à gauche, la Paix et l'Abondance s'embrassent. Des deux côtés, dans des médaillons ovales des divinités mythologiques ;

2e. Le roi est assis sur son trône, à droite ; à gauche, l'union de l'Angleterre et de l'Écosse, ayant entre elles le jeune Charles Ier. Des deux côtés, Hercule et Minerve dans des médaillons ;

3e. Le roi assis sur un globe que soutient l'aigle est enlevé dans les cieux par la Justice et la Religion ; des anges descendent et lui apportent une couronne royale et des couronnes de fleurs ; des deux côtés, des frises de génies.

Sur la deuxième planche, au milieu, on voit les armes d'Angleterre ; des deux côtés une inscription de cinq lignes ; à gauche, en anglais : *Grav'd by Sim: Gribelin. . . . . in the year* 1720. Cum privil. defunc: Annæ Regin: — A droite, en latin : *Æri incidit Sim: Gribelin. . . . . Londini Anno D^{ni}. MDCCXX. et Excudit.* Au-dessous, en trois lignes, la description du sujet ; à gauche, en anglais ; à droite, en latin. (B. 12, V. S. 60.)

Haut., 324 millim.; larg., 1370.

* Collection Drugulin.

Ces sujets ornaient la salle des banquets du palais de White-Hall. C'est aujourd'hui une chapelle.

13. *Le milieu seul de la même Apothéose.* En contre-partie. Dans la bordure, autour de l'ovale, à gauche : *P. P. Rubens pinxit. Lucas*

Vorsterman iun sculp. A droite : *Franciscus van den Wyngaerde excud. Antwerp.* Pièce dans un ovale. (B. 13, V. S. 61.)

Haut., 302 millim.; larg., 202.

1er état. Avant toute adresse. — 2e Celui décrit. — 3e. Avec l'adresse de *Gillis Hendricx.* — 4e. Cette adresse a été remplacée par celle de *Ph. Le Bas.*

14. *Deux Frises où sont représentés des jeux d'enfants.* Elles représentent en sens contraire celles qui accompagnent l'Apothéose de Jacques Ier. *Lucas Vorsterman junior fecit. Franciscus van den Wyngaerde excudit.* (B. 14, V. S. 62.)

Haut., 75 millim.; larg., 378.

15. *Rémus et Romulus allaités par une louve.* La louve est couchée, la tête vers la droite. Titre : *Nutricis naturam auidæ. . . . . caperent vbera sola Lupæ.* Dédicace : *Nobilissimo Clarissimoq3 viro D. D. Alphonse de Loppez. . , . . Cum priuilegio Reg. Chris.* Par un anonyme. (B. 15, V. S. 28.)

Haut., 279 millim.; larg., 405.

Le tableau est au Musée du Capitole.

16. *L'Enlèvement des Sabines.* Romulus est assis sur le trône, à gauche, ordonnant le rapt, au milieu de la fête. Titre : L'ENLÈVEMENT DES SABINES. Au-dessous : *Dédié à son Altesse Royale Monseigneur le duc Charles de Lorraine et Bar. . . . . Grand-Maître de l'Ordre Teutonique,* etc., etc. Au-dessous, à droite : *Par son humble et très soumis serviteur Pitre Martenasie. . . . . et de sculpture d'Anvers.* A gauche : *Gravé d'après le tableau original de P.P. Rubens. . . . . au cabinet de Mad^{me} Boschaert à Anvers.* Au bas de la gravure, à gauche : *Peint par P.P. Rubens.* A droite : Gravé par *Pitre Martenasie* 1769. (B. 16, V. S. 30.)

Haut., 459 millim.; larg., 630.

1er état. On connaît des eaux-fortes sans lettre. — 2e. Retouché au burin, mais avant toutes lettres. — 3e. Avant la lettre, mais avec les armes. — 4e. Avec les armes et la lettre.

Le tableau est au British Museum.

17. *La Continence de Scipion.* Il est assis sur le trône, à gauche ; devant lui sont plusieurs personnages debout, parmi lesquels le jeune

prince Allutius à qui il remet sa fiancée que lui avaient amenée ses soldats après la prise de Carthagène. Titre : SCIPIO AFRICANVS *Valerius Max: Lib. 4. de abstinentia et continentia.* A gauche : *P.P. Rubens pinxit. S. à Bolswert sculpsit.* A droite : *Gillis Hendricx excud. Antuerpiæ.* (B. 17, V. S. 35.)

Haut., 400 millim.; larg. 582.

1er état. Avant l'adresse de *Gillis Hendricx.*
* 2e. On lit l'adresse de *Gillis Hendricx.* Collection Drugulin.
Le tableau a été brûlé en 1836, chez M. Yates, à Londres.

18. *Le même sujet.* Différemment composé, en sens contraire, d'après l'esquisse du cabinet du comte Cuypers de Rymenam. Gravé à l'eau-forte par *P. Spruyt.* (B. 18, V. S. 37.)

Haut., 277 millim. larg., 320.

19. *Sénèque debout dans le bain.* Il est au milieu, vu de face, dictant ses dernières paroles à ses amis. Titre : LVCIVS ANNÆVS SENECA. Au bas, à gauche : *Petr. Paul Rubbens pinxit.* A droite : *Alex. Voet iunior sculpsit et excudit.* (B. 19, V. S. 39.)

Haut., 390 millim.; larg., 268.

1er état. Celui décrit.
2e. Le nom d'*Alex. Voet* est remplacé par *Corn. Galle excudit.*

20. *Sénèque debout dans le bain.* Il est seul, prêt à rendre le dernier soupir. La cuve est dans une niche. Dans le bas de la gravure, à droite : *Corn. Galle sculp.* Sans titre. (B. 20, V. S. 40.)

Haut., 333 millim.; larg., 196.

Rubens a dessiné la figure d'après le marbre antique qui était chez le prince Borghèse et qui, aujourd'hui, est au Musée du Louvre. La draperie a été ajoutée par le graveur.

21. *La tête de Senèque dans une niche.* Tourné à gauche. Titre : L. ANNÆUS SENECA. Sans nom de peintre, ni de graveur. Elle a été dessinée par Rubens d'après l'antique et gravée par *Corn. Galle.* (B. 21, V. S. 41.)

Haut., 306 millim.; larg., 189.

22. *Thomiris, reine des Scythes.* Elle est à droite sur une estrade, accompagnée de ses femmes, regardant la tête de Cyrus que l'on va

plonger dans un bassin rempli de sang humain ; au milieu et à gauche, plusieurs personnages et guerriers habillés les uns en Turcs, les autres en Polonais et en chevaliers. Titre : SATIA TE SANGVINE QVEM SEMPER SITISTI. A gauche : *Petrus Paulus Rubens pinxit ;* au-dessous : *Paulus Pontius sculpsit ;* à droite : *Cum priuilegijs Regis Christianissimi, Serenissimæ Infantis et Ordinum Confœd. A°.* 1630. (B. 22, V. S. 14.)

Haut., 390 millim , larg., 586.

1ᵉʳ état. Avant la lettre et avant divers travaux. Catalogue E. Durand.

* 2ᵉ. Celui décrit. — 3ᵉ. Avec *G. Huberti excud.*

4ᵉ. On lit l'adresse de *C. van Merlen.* L'épreuve est retouchée.

23. *La même composition,* en contre-partie. Même titre, et au-dessous, douze vers français. Au bas de la gravure, à gauche : *Peint par Rubens.* A droite : *A Paris chez Duchange graveur du Roy rue Sᵗ-Jacques.* (B. 23, V. S. 15.)

Haut., 309 millim.; larg., 465.

Sur une épreuve de cette pièce, au Cabinet des estampes de Paris, est une inscription manuscrite disant qu'elle est gravée par *Lépicié,* étant élève de *Duchange,* et que les douze vers en bas sont également de lui.

Le tableau est au musée du Louvre.

Un deuxième état porte l'adresse de la *Vᵉ F. Chereau.*

On connaît la *même composition* dans le même sens. Épreuve avant la lettre, gravée par *Pontius.* Il semble que l'artiste en reproduisant ce sujet ait eu l'intention de le graver sur deux feuilles. Cette pièce, très rare, ne représente que la moitié du sujet l'autre n'existe pas. (V. S. 16.)

Haut., 503 millim.; larg., 461.

La même composition avec le même titre. *Ragot fecit et excudit.* En deux feuilles. (V. S. 18.)

Haut., 389 millim.; larg., 576.

Nous citerons encore les pièces suivantes.

Achille et Priam. Ils se dirigent à gauche. On lit au bas, à gauche : *Pet. Paul. Rubenius pinxit; Lucas Vorstermans iunior sculpsit, Franciscus Van den Wyngaerde excud.*

Haut., 288 millim.; larg., 228.

Mucius Scevola. Il se brûle la main droite devant Porsenna. Au bas, dédicace allemande et française : *Au Prince de Kaunitz. Jac. Schmutzer, S. C. R. A. M. Chalcographicus sculps. et excud. Viennæ* 1776. (V. S. 33.)

Haut., 482 millim.; larg., 468.

1ᵉʳ état. Avant toutes lettres.

2ᵉ. Avant la lettre, mais avec les noms des artistes.

3ᵉ. Avec la lettre.

Le tableau est dans la galerie du prince de Lichtenstein.

ALLÉGORIES ET SUJETS PARTICULIERS

24. *L'Abondance*. Pièce à l'eau-forte. Sans nom de peintre ni de graveur. (B. 24, V. S. 78.)

Haut., 102 millim.; larg., 72.

25. *La Famine*. A l'eau-forte de la même manière. Dans le catalogue de Messire del Marmol (nº 838), la gravure de ces deux pièces formant pendants est attribuée à *P. Mansaert*. (B. 25, V. S. 79.)

Même dimension.

26. *L'Abondance*. Elle est symbolisée par un groupe de trois génies qui soutiennent une corne d'abondance. Cette pièce est gravée sur un fond blanc avec le nom de Rubens, et au bas le numéro 6. Sans nom de graveur. (B. 26, V. S. 81).

Haut., 243 millim.; larg., 182.

27. *L'Abondance*. Elle est représentée par deux femmes debout qui tiennent une corne remplie de fruits, tandis qu'une autre femme assise prend des fruits dans un panier et les donne à un singe. Au bas, à gauche : *Petr. Paul Rubbens pinxit. Théod. van Kessel fecit aqua forti*. A droite: *Gillis Hendricx excudit Antuerpiæ*. (B. 27, V. S. 82.)

Haut., 402 millim.; larg. 316.

Il y a des épreuves avant la lettre.

Le tableau est dans la galerie de Potsdam.

28. *L'Alliance de la terre et de la mer*. Elle est représentée par Cybèle et Neptune, qui est assis à gauche, vu de dos. Cybèle est à droite, tenant une corne d'abondance. Au bas, à gauche : *Pet. Paul Rubens pinxit. Pet. de Iode sculpsit*. A droite : *Gillis Hendricx excudit*. C'est le pendant de la pièce précédente. (B. 28, V. S. 30.)

Haut., 444 millim.; larg., 315.

* 1er état. Avant toutes lettres. Coll. Camberlyn.
2e. Celui décrit.

29. *Un Arc de Triomphe.* Dans le haut sont les armes de Ferdinand, Cardinal-Infant, sous lesquelles on lit : IN TE SPES INCLINATA RECVMBIT. Vers la droite, on voit le prince en habit de cardinal conduit par Minerve ; sur la gauche, une figure représentant les sept provinces est terrassée par la Guerre et l'Hérésie. Au bas, deux cartouches avec inscriptions. Au-dessous, à gauche : *S. à Bolswert sculpsit.* A droite : *G. Hendricx excudit Antuerpiæ.* Sans nom de peintre. (B. 29, V. S. 66.)

Haut., 476 millim.; larg., 363.

1er état. Avant la lettre. (Catalogue de Messire del Marmol, n° 863.)
* 2e. Celui décrit.

30. *Armoiries.* Elles portent pour blason une levrette avec deux cors de chasse. On voit deux femmes pour supports et deux enfants au-dessus tenant chacun un cartouche armorié ; sur celui de gauche : *Logica ;* sur celui de droite : *Phisica.* (B. 30, V. S. 89.)

Haut., 308 millim.; larg., 378.

31. *Armoiries ayant pour blason trois coquilles.* A chaque côté du cartouche sont quatre autres coquilles, avec un arbre et un panier rempli de fruits. (B. 31, V. S. 90.)

Haut., 288 millim.; larg., 387.

Peut-être cette pièce est-elle de *Lommelin* comme la précédente.

32. *La Bohémienne ou la diseuse de bonne aventure.* Groupe de quatre figures ; un filou vole une femme qui consulte la bohémienne. Sans titre, sans nom de peintre ni de graveur. Les figures sont à mi-corps. (B. 32, V. S. 95.)

Haut., 198 millim.; larg., 179.

Il y a des épreuves avant toutes lettres. (Catalogue Messire del Marmol, n° 866.)

33. *La Broyeuse de couleurs.* Titre : *Pictura,* et six vers français : *Estre impudent et travailler. . . . . . N. Lauwers excud.* Sans nom de peintre. *Corn. Galle sculp.* (B. 33, V. S. 91.)

Haut., 275 millim.; larg., 196.

1er état. Avant les vers. — 2e. Celui décrit.

34. *Le grand Sultan,* ou son visir à cheval accompagné de ses principaux officiers. Ils se dirigent à gauche. Titre : *Heu quantus armis. . . . . Imperium reparate Graijs.* Au-dessous, au milieu: *P.P. Rub. pinxit. Cum Priuil.* A droite : *P. Soutman fecit et Excud.* (B. 34, V. S. 70.)

Haut., 290 millim.; larg., 218.

1ᵉʳ état. On lit : *Adam E'sheimer invent.*
* 2ᵉ. On a remplacé le nom d'*Elsheimer* par *P.P. Rubens pinxit.* Collection d'Affry.
Le dessin se trouve au British Muséum.

35. *Cimon et Pero,* ou la Charité romaine. Le vieillard est couché, à gauche, sur de la paille; sa fille lui donne le sein en le regardant. Dans le haut, à droite, une fenêtre. Dédicace : *Perillustri ac Reuerendissimo* DOMINO D. CAROLO *van den* BOSCH *dicat consecratq₃ Corn. van Caukercken;* au-dessous, quatre vers latins avec des armoiries au milieu. Au bas, à gauche : *Petrus P. Rubbens pinxit* , à droite: *C. van Caukercken fecit et excud.* (B. 35, V. S. 48.)

Haut., 326 millim.; larg., 421.

1ᵉʳ état. Celui décrit. — 2ᵉ. *Gaspar de Hollander excudit Antwerpiæ.*
Le tableau est dans la galerie de l'Ermitage, à Saint-Pétersbourg.

36. *Le même sujet.* Dans le même sens, mais la femme est debout. Dans la gravure, à gauche : *Ex inue Rubeni fec. Discip. eius Guilˢ. Panneels S. v. W. ex.* (B. 36, V. S. 51.)

Haut., 140 millim.; larg., 91.

37. *La Charité romaine.* Le père est à genoux, enchaîné, à droite; sa fille, assise, lui présente le sein et regarde vers la gauche. Titre : EN PIA NATA. . . . . CARCERE PRESSVS ERAT. Au bas, à gauche : *Petr. Paul. Rubbens pinxit.;* à droite : *Alex. Voet iunior sculp. et excud.* (B. 37, V. S. 52.)

Haut., 257 millim.; larg., 313.

Un tableau semblable, mais où l'enfant de la fille est caché sous un drap, se trouve dans la galerie de Marlborough.

38. *Conversation entre plusieurs amants.* Sur la droite, on voit Rubens et sa femme, un Amour est derrière eux. Sans titre. Au milieu du bas dans la gravure : *P. P. Rub delin et ex. Cum Priuilegijs.* A droite : *Christoffel Iegher.* Pièce en deux feuilles. (B. 38, V. S. 109.)

Haut., 460 millim.; larg., 1200.

* Collection d'Affry.

On voit au Cabinet des estampes de Paris une épreuve qui, selon toute apparence, a été retouchée par Rubens.

39. *Autre composition semblable.* A gauche, une fontaine où une femme verse de l'eau par les mamelles; à droite, un homme et une femme derrière lesquels est un Amour. Composition avec de nombreuses figures dans un jardin. Au bas : VENVS LVSTHOFF. . . . . ; avec des vers flamands et une dédicace : PRÆSTANTISSIMO, PROBOQ₂ JUVENI D. JOANNI VAN WEERDEN. . . . . D. D. C. Q. RVMOLDUS VAN DE VELDE. Tout au bas, à gauche : *Pet. Paul. Rubbens pinxit.* Au milieu : *Pet. Clouwet sculpsit.* A droite : *Romboudt van de Velde excudit.* . . . . Pièce connue sous le nom de *Jardin de plaisance de Vénus;* ce que signifie le titre flamand. (B. 39, V. S. 110.)

Haut., 407 millim.; larg., 615.

* 1ᵉʳ état. Avant que le titre et les vers flamands aient été remplacés par un titre et des vers français. Collection Camberlyn.

2ᵉ. Titre : *Jardin des Muscs,* et vers français. — 3ᵉ Les vers sont effacés. — 4ᵉ. Avec l'adresse de *Corn van Merlen;* épreuve retouchée.

On voyait, dans la collection Camberlyn, un premier état tiré sur une feuille de papier contenant, au verso, des sentences imprimées en différentes langues.

On trouve au musée du Louvre deux dessins de Rubens. L'un est une étude de jeune femme debout, aux trois crayons avec quelques retouches d'encre de Chine; l'autre, une étude de jeune femme inclinée, aux trois crayons. Cette étude et la précédente sont reproduites dans la composition que nous venons de décrire.

Le tableau original est, dit-on, au musée de Madrid. M. Voorhelm-Schneevoogt dit qu'il est dans la galerie du duc de l'Infantado. Une répétition, en petit, avec quelques changements, est au musée de Dresde. On attribue ce dernier tableau à un élève de Rubens.

40. *Le même sujet.* Avec quelques légères différences. Titre : LE JARDIN D'AMOUR. Au milieu, des armoiries et une dédicace à Monseigneur le duc d'Aumont. Au milieu du bas, de chaque côté des armoiries : *Tiré du Cabinet de Monsieur De Piles.* Au bas de la gravure, à gauche : *P. P. Rubens Pinxit.* A droite : *L. Lempereur Sculpsit.* (B. 40, V. S. 111.)

Haut., 446 millim.; larg., 588.

* 1ᵉʳ état. Avant toutes lettres.

2ᵉ. Celui décrit.

41. *Une Danse.* On voit seize personnes qui dansent en rond auprès

d'un grand arbre, dans les branches duquel se trouve un homme jouant du chalumeau. Dans la gravure, vers la gauche : *Cum Privilegio.* Au milieu : *P. P. Rubens. Inven Leo van Heil Excudit.* Pièce gravée à l'eau-forte. (Voir n° 20 des petits Paysages.) (B. 41, V. S. 112.)

Haut., 212 millim.; larg., 288.

* Collection Camberlyn.

Il y a quelques années, le tableau se trouvait dans la collection de M. Thomas Emerson Esq.

42. *Un groupe de quatre enfants avec des fruits et un mouton.* Gravé à l'eau-forte par *Spruyt.* (B. 42, V. S. 98.)

Haut., 243 millim.; larg., 315.

On connaît des épreuves avant la lettre.

Il y a un tableau à Potsdam et un autre pareil dans la galerie du Belvédère, à Vienne.

43. *Une Femme dans le bain.* Elle est accompagnée de deux autres femmes. Titre : *Ou c'est Vénus ou c'est Diane.* . . . . . Gravé par *H. Simon Thomassin* 1712, *à Paris, chez G. Duchange.* (B. 43, V. S. 143.)

Haut., 501 millim.; larg., 427.

La même estampe, avec le même titre, gravée par *Simon Thomassin,* sous la conduite de *B. Picart, à Paris, chez Basan.*

La même composition a été gravée en contre-partie par *Surugue,* 1716. Titre : C'EST VAINEMENT... Pièce en ovale. (V. S. 144.)

Cette estampe a été copiée en carré sous l'adresse de *J. Wolf à Augsbourg.* (V. S. 145.)

44. *Trois Femmes habillées.* Tournées à droite et accompagnées de cinq Amours, dont un, en haut, met une couronne sur la tête de celle qui est au milieu. Elles ont assez de rapport avec les trois Grâces; sans nom de peintre ni de graveur, dans la manière d'Eynhouedts. (B. 44, V. S. 151.)

Haut., 224 millim.; larg., 252.

45. *Une vieille Femme.* Elle tient de la main un pot à anse, et de l'autre une chandelle à laquelle un jeune garçon, qui est à gauche, veut allumer la sienne; derrière lui, un squelette. En haut, il est écrit: CVRSVS MVNDI. Dédicace : *In Aula Reuerendissimi ac Illustrissimi Principis ac* DOMINI DÑI : ANSHELMI CASIMIRI . . . *P. P. Rubenij inv.* 1631. *franc. V. Wyngaerde ex. Gravé par Guillielmus Panneels* (B. 45, V. S. 133.)

Haut., 205 millim.; larg., 167.

46. *La Femme à la chandelle*. Elle porte pendu au bras un panier et tient une chandelle à laquelle un jeune garçon, qui est à droite, veut en allumer une autre. Titre : *Quis vetet apposito, ... deperit inde nihil*. Au bas, à gauche : *Pet. Paul. Rubenius inuenit et excud*. A droite : *Cum Priuilegiis Regis christianissimi serenissimæ infantis et ordinum confederāt*. Les épreuves ont été terminées par *Vorsterman* ou par *Pontius*. (B. 46, V. S. 134.)

Haut., 218 millim.; larg., 191

Le catalogue de Messire del Marmol (n° 892) mentionne une épreuve avant la lettre. Il y en a une dans le même état au Cabinet des estampes de Paris.

* Notre épreuve est reliée dans l'*œuvre de Van Dyck*.

Le tableau est dans la collection de M. Hastings Elevyn, Esq. Un autre très inférieur se trouve au Musée de Dresde.

47. *Le même sujet*. Copié trait pour trait par *Corn. Visscher*, mais en sens contraire avec le même titre. L'enfant est à gauche. Sans nom de graveur. *P.P. Rubens inuenit*. (B. 47, V. S. 135.)

Haut., 218 millim.; larg., 191.

On connaît encore la *même estampe* en sens contraire. Le titre est le même, mais au lieu de former quatre lignes, il n'y en a que deux. A droite : *Rubbens inv*. et sous ce nom : *J. Stahl*, 1646. (V. S. 136.)

Haut., 225 millim.; larg., 196.

On voit au British Museum : *La Femme à la chandelle*, estampe retouchée de blanc et de bistre à l'effet d'un dessin sans aucune lettre. On a écrit au bas : *P. P. R. F.* Du sens opposé à la gravure de Rubens.

48. *Vieille Femme*. Elle tient un pot à anse, duquel un petit garçon tire un charbon allumé. *V. Piort sculp*. (B. 48, V. S. 138.)

Haut., 173 millim.; larg., 133.

49. *Une Femme tenant un pot à anse*. On y voit des charbons qu'un jeune garçon souffle, pendant qu'un autre y regarde. La vieille femme tenant le pot est à droite. Au milieu du bas, des armoiries ; à droite, on lit : *Tableau de P.P. Rubens de la Gallerie Royale de Dresde haut. 4. pieds 1 pouçe Large. 3. pi: 3. pouç:*. La même inscription en italien, à gauche des armoiries. Tout au bas, à droite : *n° 49*. Au bas de la gravure, à gauche : *C. Hulin delin*. A droite : *C. F. Boëce sculps*. (B. 49, V. S. 139.)

Haut., 385 millim.; larg., 313.

50. *La même estampe.* Elle est copiée en sens contraire, sans bordure. Titre : L'EFFET SINGULIER. *F. Basan excud.* (B. 50, V. S. 140.)

Haut., 335 millim.; larg., 269

Il existe de cette pièce des épreuves avant toute lettre.

51. *Femme seule debout.* Elle porte une fraise au cou et est dirigée à gauche. Sans titre. Au bas à gauche : *P. P. Rubbens pinxit. P. Clouwet sculp.* A droite : *Gillis Hendricx excud. Antuerpiæ.* C'est une étude pour la fille de Saint Bavon dont il est parlé à l'article des Saints. (B. 51, V. S. 142.)

Haut., 253 millim.; larg., 134.

    * Collection d'Affry.

52. *Fête flamande.* On y compte de nombreuses figures. On voit vers le fond, à gauche, deux couples qui s'embrassent; on en remarque deux autres semblables dans le milieu; à droite, un cabaret; sous des arbres, de nombreuses personnes sont attablées, d'autres sur le devant sont à terre et boivent; dans le bas, à gauche, de nombreux ustensiles; un chien semble dévorer quelque aliment dans un baquet. Titre : FESTE FLAMANDE. Au milieu, un écusson avec les armoiries royales, avec dédicace : *Au Roy.* Au-dessous : *Gravée d'après le tableau Original de Pierre Paul Rubens qui est dans le Cabinet du Roy, par Etienne Fessard Graveur du Roy, de sa Bibliothèque, et de l'Académie Royalle de Parme.* Au-dessous, à gauche : *Haut de 4 pieds 11 pouces sur 7 pieds 11 pouces de large peint sur bois.* A droite : *Cette planche a été déposée au Cabinet de sa Majesté.* Au bas de la gravure, à gauche : *P. P. Rubens pinxit.* A droite : *St Fessard Sculp.* 1762. Le nom de Rubens est aussi dans la gravure, en bas de la gauche. (B. 52, V. S. 113.)

Haut., 426 millim.; larg., 761.

1er état. A l'eau forte. — 2e. Terminé au burin avant la lettre, mais avec les armes.
3e. Celui décrit.
Duplessis-Bertaux a gravé à l'eau-forte le groupe du milieu des figures de cette pièce.

52 *bis. Fête flamande.* Composition de quinze personnages. Titre : LA DANSE FLAMANDE. Au-dessous du titre : *Peint par Pierre Paul Rubens et gravé par René Charpentier.* Au milieu du bas, une ligne indiquant la mesure du tableau, et à droite, l'adresse du graveur. Au bas

de la gravure, à gauche : *P. P. Rubens pinxit.*; à droite, *le Charpentier sculpsit* 1769. (V. S. 114.)

Haut., 354 millim.; larg., 482.

52 *ter. Pastorale.* Un berger, ayant sa musette au dos, embrasse une bergère au sein nu, assise dans un paysage où il y a deux brebis au pied d'un tronc d'arbre. Titre : LE CROC EN JAMBE *gravé par J. J. Avril* 1781. (V. S. 122.)

Haut., 500 millim.; larg., 558.

Les premières épreuves sont avant : LE CROC EN JAMBE.

53. *Un Fleuve.* Sans lettre et sans nom de graveur. Le catalogue de Messire del Marmol (n° 903) dit : *G. P. Mansaert.* (B. 53, V. S. 88.)

Haut., 88 millim.; larg., 63.

53 *bis. Le Gouvernement.* Il est représenté par une femme qui reçoit une couronne que la Providence aidée d'un génie lui met sur la tête; sur le devant, la Justice foule aux pieds une hydre. Titre : REGIMEN. *P. de Iode sculp. G. Hendricx exc.* (B. 53 *bis*, V. S. 84.)

Haut., 232 millim.; larg., 178.

54. *Un Héros armé de toutes pièces.* Il est couronné par la Vertu que représente une femme nue qui est à droite. Il foule aux pieds l'Ivrognerie et tourne le dos à l'Amour et à l'Envie. Au milieu du bas, des armoiries. A droite, titre : *Tableau de P. P. Rubens de la Galerie Royale de Dresde. Haut 7. pieds 2. pouc: Large 7. pi: 10. pouc.* A gauche des armoiries, la même inscription en italien. Au bas de la gravure, à gauche : *C. Hutin del.* A droite : *P. Tanjé sculp.* (B. 54, V. S. 53.)

Haut., 310 millim.; larg., 329.

Le tableau est au musée de Dresde.

54 *bis. Un héros assis sur un monceau de vaincus et des morts.* Sans nom de peintre ni de graveur, quoique connu pour être de *P. G. Mansaert.* (Cat. del Marmol, n° 908.) (V. S. 54.)

54 *ter. La Victoire assise au bas d'un trophée de guerre où est enchaîné un captif.* Elle tient de la main droite une couronne de laurier, et de la gauche une palme. *G. Panneels inv. fec.* Voir le Cat. del Marmol, n° 931. (V. S. 56.)

55. *Monument élevé à la gloire de Balthasar-Charles, fils de Philippe III, roi d'Espagne, pour avoir tué à la chasse un taureau et un sanglier*. Au milieu, une grande inscription surmontée des bustes de Minerve, de Diane et de Mercure. D'un côté est le jeune prince, un fusil à la main, accompagné d'un écuyer ; de l'autre, un page tient une peau de lion sur laquelle sont les armes d'Autriche. Au bas, un sanglier et un taureau morts. Sans nom de peintre. *C. Galle sculpsit Bruxellis* 1642. (B. 55, V. S. 67.)

Haut., 457 millim.; larg., 326.

56. *La Nature embellie par les Grâces*. Dans le haut, une femme jeune, ayant de nombreuses mamelles, est couronnée par deux Génies et entourée de trois femmes nues, dont celle de gauche est montée sur un homme accroupi ; au-dessous d'un piédestal, est un dieu assis tenant un flambeau, ayant auprès deux autres personnages et au-dessous un satyre, une satyresse et deux autres femmes qui folâtrent entre des guirlandes de fruits. Dans la marge, quatre vers : *Tu sola creatorum . . . . conservatore Deo*. Au-dessous, à gauche : *Petrus Paulus Rubens pinxit ;* ensuite la dédicace au duc de Buckingham ; à gauche : *Cornelius van Dalen Iunior Sculpsit, et Excudit*. (B. 56, V. S. 85.)

Haut., 603 millim.; larg., 417.

1ᵉʳ état. Celui décrit.
*2ᵉ. Le mot *Excudit* est effacé, mais avant l'adresse de *Blotelingh*. Coll. Drugulin.
3ᵉ. Avec l'adresse précitée. — 4ᵉ. On lit une inscription française, mais sans adresse.

57. *La Paix et la Guerre, l'Age d'or et l'Age de fer*. Ils sont symbolisés par des figures et des trophées. Titre : *From an emblematical picture. . . . . dedicated to his Grace John Duke of Argyll by G. Bickham Ir*. (B. 57, V. S. 152.)

Haut., 520 millim.; larg., 621.

Le tableau est dans la collection du marquis de Bute.

58. *La Paix et la Félicité d'un État*. La figure principale est couronnée par la Victoire, soutenue par la Force et la Justice, et accompagnée de l'Industrie et de l'Abondance. Sur la gauche sont les attributs de la Guerre et deux figures enchaînées. (B. 58, V. S. 155.)

Haut., 264 millim.; larg., 405.

1ᵉʳ état. Avant la lettre. — 2ᵉ. On lit : *Remoldus Eynhouedts fecit*.

59. *Bataille de paysans ivres.* Composition de sept figures dans un paysage. Vers la droite, trois personnes cherchent à retenir un homme donnant un coup de fléau sur le dos d'un paysan qui est à gauche, voulant arracher une fourche des bras d'une femme assise à terre devant lui. En bas, des vers latins : *Tityrus et sterili quondam... Nescio quid maius Brabantica rura tulere.* Au-dessous, une dédicace : CLARISS. PRÆSTANTISSIMOQ. VIRO DÑO IOANNI BRVEGELIO, PETRI BRVE-GLII SVI TEMPORIS APELLIS FILIO. . . ARTIFICIOSISSIMVM, L. M. Q. D. D. *Lucas Vorsterman. excud. cum priuil.* Dans la gravure, vers la gauche : *Pet. Bruegel inuent.* (B. 59, V. S. 124.)

Haut., 405 millim.; larg. 512.

On range cette estampe dans l'œuvre de Rubens, parce qu'elle est gravée d'après un dessin que ce maître a fait du tableau de *Breughel.*

Le tableau est au musée de Dresde.

60. *Pastorale.* Berger et bergère se tenant par la main ; dans le lointain des moutons, une chèvre et quelques maisons ; sans aucune lettre. Pièce gravée à l'eau-forte, attribuée à *Thomas.* (B. 60. V. S. 117.)

Haut., 178 millim.; larg. 144.

Au musée d'Amsterdam, on voit une épreuve avec *P.P. Rubens f.;* une autre au Cabinet de Dresde portant dans la bordure : *P.P. RuBBens fecit aqua forti,* et au Cabinet de Vienne une contre-épreuve avec *P. P. Rubins.*

61. *Pastorale.* On y voit trois bergers et trois bergères. Un des bergers veut prendre des libertés avec une d'elles, une autre repousse les caresses d'un berger qui tient une fourche à foin dans la main ; le troisième berger, à droite, joue de la musette. En bas, six vers : *Ne pense pas à mal. . . . . la cotte d'Amarill se leve par le vent.* Au bas, à droite : *Ioannes Thomas fecit.* Sans nom de peintre. (B. 61, V. S. 118.)

Haut., 250 millim.; larg., 351.

1ᵉʳ état. Avant le nom du graveur. — 2ᵉ. Celui décrit.

Cette estampe est généralement regardée comme appartenant à *Thomas* seul ; d'autres la rangent dans l'œuvre de Rubens.

Pastorale. Plusieurs bergers et bergères sont sous un arbre : à gauche, trois brebis ; à droite, quelques chèvres ; un berger appuyé sur sa houlette joue de la musette. Sans titre. *P.P. Spruyt sc.* (V. S. 119.)

Haut., 250 millim.; larg. 335.

Cette pièce, que nous indiquons d'après M. Voorhelm-Schneevoogt, nous semble être la même que celle qu'il décrit sous son numéro 116 avec ce titre : *Sors tua quem-que beat. Domino M. Bryan ex. Collectione i·teus*, etc. 1798. *P. Spruyt f.* Ce qui constituerait deux états pour cette estampe.

Pastorale. Une bergère ayant le sein nu, coiffée d'un chapeau, sa houlette sur l'épaule droite, donne la main à un homme qui a la tête découverte et porte sur l'épaule gauche un mouchoir auquel pend son chapeau. Les deux figures, tournées vers la gauche, sont à mi-corps. Sans titre. Par un anonyme, peut-être par *Thomas.* (V. S. 120.)

Haut., 142 millim.; larg. 110.

62. *Pastorale.* Un berger, ayant à son côté sa musette, veut embrasser de force une bergère coiffée d'un chapeau orné de fleurs. Sans titre et sans nom de peintre. A gauche : *Coryn Boel f.* (B. 62, V. S. 121.)

Haut., 167 millim., larg., 185.

On connait des épreuves avant toutes lettres.
Le tableau est dans la galerie de Munich.

63. *Des Soldats faisant tapage.* Un d'eux tient un verre; un autre veut donner des coups de hallebarde à des paysans; un troisième, à gauche, embrasse une paysanne. Sans titre. Au bas, à gauche : *Pet. Paul Rubbens pinxit.* A droite : *Fransiscus vanden Wyngaerdt fecit et excudit.* (B. 63, V. S. 128.)

Haut., 243 millim., larg., 354.

Le tableau est au musée de Munich.

64. *Le Temps couronnant le Travail et punissant l'Oisiveté.* Le Temps est au milieu, vu de face; le Travail est personnifié par un homme à genoux, à gauche, tenant une bêche. Titre : TEMPVS, et quatre vers latins : *Dum tempus viresque. . . . . Ecce manus.* Au bas, à gauche : *Pet. Paul Rubens pinxit. Anton. Cochet sculpsit.* A droite : *Gillis Hendricx excudit.* (B. 64, V. S. 80.)

Haut., 399 millim.; larg., 338.

1er état. Avant toutes lettres. — 2e. Celui décrit. — 3e. le nom de *Rubens* effacé ainsi que les vers, remplacés par deux vers français et deux vers flamands.

65. *Dessus de thèse.* Au bas, saint François porte trois globes, avec l'inscription : *Seraphicus Atlas.* La sainte Vierge est assise sur l'un de

ces globes, au-dessus de laquelle on lit : *Austro-Seraphicum cælum*. A droite, les quatre Vertus théologales dans un char traîné par des lions. Sur la gauche est un autre char, traîné par quatre aigles, et dans lesquels sont plusieurs princes de la maison d'Autriche. Du même côté, plus bas, on voit Philippe IV à la tête d'une troupe de cordeliers. Du côté opposé, Jean Scot est aux prises avec le diable. De nombreux rouleaux renferment diverses inscriptions. *Paul Pontius sculp.* (B. 65, V. S. 69.)

Haut., 270 millim.; larg., 702.

Le tableau a fait partie de la collection de M. Van Sasseghem.

Nous citerons les thèses suivantes :

La même composition. Dédicace : *Virgo immaculata ad Archetypum P.P. Rubenii ex collectione Domini Domenici Clemens. . . dedicavit P. Spruyt, Gandavo 1784, P. Spruyt fecit.* (V. S. 70.)

Haut., 261 millim.; larg., 278.

Autre thèse en l'honneur du pape Urbain VIII. Titre : *Urbane Pontifex sanctissime.* Il est représenté à divers âges et dans diverses fonctions de son pontificat. Il est accompagné d'une foule de petits génies avec des accessoires. *Abrah. à Diepenbeke del. S. à Bolswerts ex.* (V. S. 71.)

Hau'., 540 millim.; larg., 702.

Thèse sur la Guerre et la Paix. L'empereur Ferdinand, vêtu du costume impérial, est debout sur un monument dont la base offre les figures de la Guerre et de la Paix. Titre : BELLO ET PACE. On voit une infinité de génies avec des écriteaux et des attributs. Sans nom de peintre ni de graveur. (V. S. 72.)

Haut., 1036 mill.; larg., 675.

Thèse en l'honneur de Ferdinand d'Autriche. On voit plusieurs figures allégoriques, quelques personnages dans le costume du temps ainsi que de nombreux petits génies avec des accessoires. Titre : *Augusto Principe Fernando. . . Claudio Comes de Colladts et S. Salvat. Abr. à Diepenbeeke del., Paulus Pontius sculp.* (V. S. 73.)

Haut., 1036 millim.; larg., 675.

Thèse de théologie, dédiée à Louis XIII. Sans nom de peintre ni de graveur, mais attribuée par Hecquet à Rubens. En deux feuilles. (Voir Cat. del Marmol, n° 921.) (V. S. 74.)

Dessus de Thèse dédié à l'Empereur. Titre : MORI MAJORUM. Sans nom de peintre. S. à Bolswert fec. (Voir Cat. del Marmol, n° 923.) (V. S. 75.)

Ces sept thèses sont très rares.

66. *Thèse philosophique.* Elle fut soutenue à Douai, en 1636. Elle représente la dispute de Neptune et de Minerve. Dédicace : URBANO PONT. MAX. *P. Pontius sculp.* En deux feuilles. Le bas de la thèse

est orné de différents petits sujets allégoriques à la personne et aux armes d'Urbain VIII. (B. 66, V. S. 64.)

Haut., 486 millim.; larg., 581.

67. *La Vieille, le Soldat et la Signora.* Il y a six vers : *Fault faire courir la souris. . . . . vous avez mine d'Escroqueur.* Dans le haut de la gravure, entre la tête de la vieille et du soldat : *P. P. Rubens Pinx. R. Persyn fecit.* Au bas, à gauche : *Mariette excud.* (B. 67, V. S. 125.)

Haut., 176 millim.; larg., 224.

1ᵉʳ état. Avant l'adresse. — 2ᵉ. Celui décrit.

67 *bis. Une jeune femme,* que l'on croit être Pomone, assise contre une élévation et ayant des fruits dans sa robe, qu'elle tient sous son bras. Devant elle, est assise une vieille femme qui semble lui conter quelque histoire; gravé à l'eau-forte. Sans nom. (Voir Cat. del Marmol, n° 929.) (V. S. 147.)

68. *Le Prêtre.* Il est revêtu d'une aube et d'une chasuble, son coude est appuyé sur un coussin, étendu sous une arcade couronnée de deux torches renversées. Dans le fond, une tête de mort sur un piédestal. *N. van der Horts delin. Corn. Galle junior sculp.* (B. 68.)

Haut., 146 millim.; larg., 236.

Cette pièce représente le tombeau de Roger de Tassis, doyen de la cathédrale d'Anvers.

PORTRAITS

PRINCES SOUVERAINS

Allemagne et Nord, etc.

1. *Charles-Quint, empereur d'Allemagne.* En cuirasse, à mi-corps dirigé à gauche, tenant son épée de la main droite. Titre : IMP. CAES. CAROLVS V. AVG. A gauche : *E. Titiani Prototypo P. P. Rubens excud.* A droite : *Cum Priuilegijs.* (B. 1, V. S. 144.)

Haut., 412 millim.; larg., 318.

Rubens a fait graver ce portrait, comme on le présume, par *L. Vorsterman,* d'après une copie qu'il avait faite sur le tableau original de *Titien.*

2. *Le même.* Il est gravé en taille de bois, dans une bordure ronde

et imprimé en clair obscur pour l'édition des *Médailles des Empe-reurs*, d'*Hubert Goltzius*, publiée à Anvers en 1617. Dans la bordure : *Carolus V, Aug. Imp. Cæs.* (B. 2, V. S. 145.)

Diamètre, 167 millim.

3. *Ferdinand II, empereur d'Allemagne.* Dans la bordure : *Ferdinandus II, Rom. Imp. Sem. Aug. G. H. B. Rex.* Également pour l'ouvrage de *Goltzius.* (B. 3, V. S. 146.)

Même diamètre.

3 *bis. Le même, dans un ovale*, formé de différents feuillages, surmonté d'un aigle et de figures représentant la Paix, la Force et la Tristesse ; au bas, des captifs ; au haut de la planche : *Ferdinandus II, D. G. Romanor. Imperator semper Augustus.* Au bas, dans un ovale long : *Familia Austriacæ sacrum. . . . . vitæ Lix. Imperii XVIII Icones Parerga. P. P. Rubenius invenit.* On attribue la gravure à *Vorsterman.* (V. S. 147.)

Haut., 648 millim.; larg., 507.

3 *ter. Le même.* Il est en buste, vu de trois quarts et tourné vers la gauche. Titre : PROXIMVS. A. SVMMO. FERNANDVS. CAESARE CARLO. . . . . SVAE. XXIX ANN. M.D.XXXI. Sans nom, mais avec le monogramme *BB* au haut de la droite (Barthelemy Beham). Au bas est écrit : *Ce portrait est peint du temps de Ferdinand et repeint par l'ordre de S. A. l'Archiduc Albert pour son cabinet, par le fameux Pierre-Paul Rubens. . . . .* (Voir catalogue del Marmol, n° 945.) (V. S. 148.)

Haut., 205 millim.; larg., 133.

1ᵉʳ état. Avant le monogramme en haut.

2ᵉ. Avec le chiffre, mais avant l'adresse de *J. ab Heyden*, et avant la retouche.

3ᵉ. Avec cette adresse, et retouché en plusieurs parties.

Le tableau est à l'Escurial.

4. *Maximilien.* Il est en buste, tourné à droite, dans une bordure ovale, ornée de festons et de guirlandes de fleurs. Titre : *Maximilianús Archidúx Aústriæ. . . . . Súpremús Commendator.* Au-dessous : *P. P. Rúbens Pinxit, P. Soútman effigiaúit et excud. Cúm Priúil. Sa. Cæ. M. I. Súÿderhoef scúlpxit* (B. 4, V. S. 149.)

Haut., 398 millim.; larg., 267.

5. *Le même.* En buste, tourné à droite. Titre : Maximilianvs archi-dvx avstriæ. Au-dessous, à gauche : *P. P. Rubens pinx*. A droite : *L. Vorstermᵢ̃ Cū priuileg.* (B. 5, V. S. 150.)

Haut., 149 millim.: larg., 142.

1ᵉʳ état. Celui décrit. (Voir catalogue del Marmol, n° 941.)
2ᵉ. Avec : *Franciscus van den Wijngaerde excu·l. Antu.*
Nous pensons que le premier état est celui décrit.

6. *Le même.* En buste, tourné à gauche, dans une bordure ovale. Titre : Maximilianvs archidvc avstriæ. . . . . Svpremvs comenda-tor. Le titre en deux lignes, séparées par des armoiries. Au-dessous, à gauche : *Petr. Paul. Rubbens pinxit*. Au milieu : *Petrus de Iode sculp.* A droite : *Ioannes Meÿssens excudit.* (B. 6, V. S. 151.)

Haut., 149 millim.; larg., 117.

1ᵉʳ état. Avant le nom de *Rubens.* — 2ᵉ. Celui décrit.

7. *Ferdinand, comte palatin du Rhin, duc de Bavière.* Sans nom de peintre. Titre : *Serenissimus Ferdinandus.* . . . . *Bavariæ Dux. P. de Iode exc.* Pièce ovale. (B. 7, V. S. 153.)

Haut., 173 millim., y compris le titre ; larg., 113.

8. *Wolfgang Guillaume, comte palatin de Juliers, de Clèves, etc.* En buste, dans un ovale, dirigé à gauche. Titre : Wolfgangvs wilhel-mvs D. G. *Comes Palatinus Rheni.* . . . . *et Montium, etc.* Au dessous, à droite : *Petrus de Iode exc.* (B. 8, V. S. 154).

Haut., 125 millim.; larg., 94.

Le catalogue del Marmol (n° 946) mentionne une copie, par *Moncornet.*

9. *Gilbert de la Marche, évêque et prince de Liège.* En buste, tourné à droite. Titre : Gisberte de la marche epis. leodiensis. Au-dessous, à gauche : *P. P. Rubens pinxit.* A droite : *P. van Schuppen sculpsit.* (B. 9, V. S. 155.)

Haut., 139 millim.; larg., 113.

10. *Wladislas Sigismond, prince de Pologne.* Il est représenté à mi-corps, tourné à gauche ; la tête couverte d'un chapeau orné d'une aigrette, la main gauche sur la garde de son épée. Titre : Wladislavs sigismvndvs. . . . . sever cfrd. Dux. Au-dessous : *Ex archetypa Petri Pauli Rubenij Paulus Pontius fecit anno CIↃ IↃ CXXIII.*

Au coin, à droite : *Cum priuilegijs Regis Christianissimi Serenissimæ Infantis et Ordinū confederatorū* (B. 10, V. S. 156.)

Haut., 293 millim.; larg., 215.

Les premières épreuves sont avant le nom du graveur.

On connaît deux répétitions en sens contraire :

1re. En ovale sans nom de peintre ni de graveur. Titre : *Vladislaus IV D. G. Rex Poloniæ. . . Dux Moscoviæ.* (V. S. 158.)

Haut., 259 millim.; larg., 162.

2e. Dans un ovale blanc, sans nom de peintre ni de graveur. Titre : *Vladislaus IV, D. G. Rex Poloniæ. . . Got. Vand Rex. . .* (V. S. 159.)

Haut., 131 millim.; larg., 104.

FRANCE

11. *Louis XIII, roi de France.* Il est en buste, dirigé à gauche, dans une bordure ovale, ornée d'une guirlande de fruits. Titre : *Lúdovicús XIII, Christianissimús Galliarúm et Naúarræ Rex Inúictissimús.* Au-dessous, à gauche : *P.P. Rubens Pinxit.* Au milieu : *Cúm Priúil. Sa. Cæ. M.* A droite : *I. Loú¨s sculpsit.* Plus bas : *P. Soúlman Effigiaúit Et Excúd.* (B. 11, V. S. 160.)

Haut., 401 millim.; larg., 270.

11 *bis. Marie de Médicis.* Elle est dans un médaillon posé sur un arbre, dont les branches finissent en fleurs de lis, au milieu desquelles sont représentés les enfants de la Reine. Au-dessous du médaillon, dans un cartouche : JE COVVRE DE MON OMBRE TOVTE LA TERRE. Au bas, quatre vers français. Sans noms d'auteurs. (V. S. 163.)

Haut., 232 millim.; larg., 180.

12. *Anne d'Autriche, femme de Louis XIII.* En buste, tournée à droite, dans une bordure ovale, ornée d'une guirlande de fleurs. Titre : *Anna Lúdovici XIII Vxor. . . . . Regina Inúictissima.* Au-dessous, à gauche : *P. P. Rúbens Pinxit.* Au milieu : *Cúm Priúil. Sa. Cæ. M.* A droite : *I. Loúijs Scúlpsit.* Plus bas, au milieu : *P. Soúlman Effigiaúit et excúd.* (B. 12, V. S. 161.)

Haut., 396 millim.; larg., 270.

12 *bis. La même,* dans une guirlande de fleurs, soutenue par les

trois déesses, Vénus, Pallas et Junon. Titre : REINE DONT LES VERTVS...
N. V. *Horst. Cor. Galle fecit* (V. S. 162.)

(Voir catalogue del Marmol, nᵘ 954.)

12 ter. Les bustes d'Henri IV, roi de France, et de son épouse, dans
une couronne de laurier et d'olivier. Titre : HOC REGES HABENT. Sans
nom de graveur ni de peintre. (V. S. 165.)

(Voir catalogue del Marmol, n° 956.)

ESPAGNE

13. *Saint Ferdinand, ou Ferdinand III, roi d'Espagne.* Il est
debout, la tête couronnée et entourée d'une auréole, tenant d'une main
une épée et de l'autre un globe. A droite, une ville où se livre une
bataille contre les Sarrasins. Dédicace : *S. Ferdinandum Hispaniarum
Regem dicat, consecratque.* Sans nom de peintre ni de graveur. *C.
Galle excudit Antverpiæ* (B. 13, V. S. 169.)

Haut., 410 millim.; larg., 322.

Basan attribue ce portrait à un des élèves de Rubens.

14. *Philippe III, roi d'Espagne.* En buste, tourné à droite, dans une
bordure ovale. Titre : PHILIPPE III *du nom, Roy d'Espagne. . . . . mourut en octobre l'an* 1611. Le titre en quatre lignes, séparées par les
armoiries d'Espagne. Au-dessous, à gauche : *P. P. Rubbens pinxit.
Petr. de Iode Sculp.* A droite : *Ioan. Meyssens excudit Antverpiæ.*
(B. 14, V. S. 170.)

Haut., 147 millim.; larg., 113.

Ce portrait fait partie de la même suite que les numéros 33 et 33 *bis.* Philippe III
est mort le 30 mars 1621.

15. *Charles d'Autriche, fils de Philippe III.* En buste, dans
un ovale; dirigé à droite. Titre : CAROLUS AUSTRIACUS, INFANS HISPA-
NIARUM, FILIUS PHILIPPI III : *Natus anno Chr.* 1607. *Obijt anno
Christi* 1632. *ætatis* 25. Au-dessous, à gauche : *Pet. Paul Rubenius
pinxit. Pet. de Iode excudit.* (B. 15, V. S. 171.)

Haut., 117 millim.; larg., 88.

16. *Philippe IV, roi d'Espagne.* A mi-corps, dirigé à droite,

dans une bordure cintrée. Dans le bas, sur un cartouche, dédicace :
D. PHILIPPO IV, AVSTRIO HISPANIARUM, INDIARUMQ̄. REGI CATHOLICO. . .
dedicabat Paulus Pontius Antuerpianus D. N. M. Q. E. Dans le coin
du cartouche, à droite : A° M.DCXXXII. Sur la bordure, à gauche : *P. Paul
Rubbens Pinxcit.* A droite : *Cum Priuilegio.* (B. 16, V. S. 172.)

Haut., 446 millim.; larg., 332.

  * 1ᵉʳ état. Avant la moustache retroussée. Collection d'Affry.
  2ᵉ. Celui décrit; avec la moustache retroussée.
  3ᵉ. Avec l'adresse de *G. Hendricx.*

17. *Élisabeth de Bourbon, femme de Philippe IV.* A mi-corps,
dirigée à gauche, avec fraise au cou, dans une bordure cintrée. Dans
le bas, sur un cartouche, dédicace : D. ELISABETHÆ BORBONIÆ PRINCIPI.
SERENISSIMÆ D. PHILIPPI IV. . . . . . DEDICABAT *Paulus Pontius,
sculptor.* D. N. M. Q. E. Dans le coin du cartouche, à droite : A° MDCXXXII.
Sur la bordure, à gauche : *P. Paul. Rubbens Pñxcit.* A droite : *Cum
priuilegio.* (B. 17, V. S. 173.)

Haut., 446 millim.; larg., 335.

1ᵉʳ état. Celui décrit. — 2ᵉ. Avec l'adresse de *Gillis Hendricx.*
Le tableau ainsi que le précédent sont au musée de Munich.

17 *bis. Les copies des deux précédents portraits.* Du même
sens, sans bordure. Titre en bas du portrait du roi : *D. Philippo iiii.
austrio hispaniarum indiarumq̃. . . . . patri patriæ.* Au-dessous :
P. Paul Rubbens Pinx. N. Vienot fecit J. Valet. excudit. Titre au bas
du portrait de la reine : *D. Elisabethæ borboniæ principi. . . . . incomparabili.* Au dessous : *P. Paul Rubbens pinx. N. Vienot fecit. J. Valet excudit.* (B. 17 *bis*, V. S. 178.)

Haut , 263 millim.; larg., 194.

On en connaît encore deux autres, gravés en plus petit format, mais l'habillement
de Philippe IV est changé. Titre : *Mille date o Superi !... connubium felix.* (Catalogue
del Marmol, n° 961.)

18. *Philippe IV, roi d'Espagne.* Dans une bordure ovale, sans
nom de graveur. (B. 18, V. S. 180.)

Haut., 378 millim.; larg., 329.

C'est une copie de notre numéro 16.

19. *Philippe IV, roi d'Espagne.* En buste, dirigé à gauche, dans

une bordure ovale, ornée de festons et de guirlandes de fleurs.
Titre : *Philippus IV. Catholicús. . . . . Monarcha Potentissimús.*
Au-dessous, à gauche : *P. P. Rúbens Pinxit.* Plus bas : *P. Soútman
effigiaúit et excúd.* A droite : *I. Loúÿs schulpxit.* Et au-dessous : *Cúm
priúil. Sa. Cœ. M.* (B. 19, S. V. 181.)

Haut., 396 millim.; larg., 270.

20. *Élisabeth de Bourbon, femme de Philippe IV.* En buste,
tournée à droite, dans une bordure ovale, ornée d'une guirlande de
fleurs. Titre : *Elizabetha Philipp. IV Vxor. . . . . Regina Poten-
tissima.* A gauche : *P. P. Rúbens pinxit.* A droite : *I. Loúÿs scúlpsit.*
Au-dessous : *P. Soútman effigiaúit et excúd. Cúm Priúil. Sa. Cœ. M.*
(B. 20, V. S. 182.)

Haut., 597 millim ; larg.; 272.

21. *Philippe IV, roi d'Espagne.* Titre : *Philippus IV Hispaniarum
Indiarumque Rex Cathol. P. P.* Par un anonyme. (B. 21, V. S. 183.)

Haut., 482 millim.; larg., 322.

22. *Le même souverain.* Dédicace : *Philippo Hispaniarum et
Indiarum Regi Catholico.* Sans nom de peintre ni de graveur. (B. 22,
V. S. 184.)

Haut., 168 millim.; larg., 93.

23. *Le même souverain.* Dans un ovale. Sans nom de peintre.
Vorsterman sculp. (B. 23, V. S. 185.)

Haut., 189 millim.; larg., 162.

24. *Le même souverain couronné.* En buste, dirigé à gauche, dans
un ovale. Titre : PHILIPPVS IV[us] PHILIPPI III F. . . . . OMNIVM GAVDIO,
A° MDCXLVIII. Au-dessous, sur un cartouche, séparés par des armoiries,
huit vers latins de *P. Scriverius.* (B. 24, V. S. 186.)

Haut., 399 millim.; larg., 291.

Citons encore : *Philippe IV*, dans un ovale. Il est tourné à droite et porte le collier
de la Toison d'or; sans noms d'auteurs.

Haut., 119 millim.; larg., 93.

Le même souverain. A mi-corps, tourné à droite, la couronne royale sur la tête.
Titre : PHILIPPVS PORTVGALLIAE REX XX,, etc. Dans le haut de la gravure, à gauche : *Corn.
Galle sculpsit ;* avec texte au verso, sans nom de peintre.

Haut., 166; millim. larg., 126.

M. Voorhelm-Schneevoogt donne le titre ainsi : *Philippus Portugalliæ Rex XIX, vixit an. XLII. M. XI. obiit A° MDCXXI.* Sans nom de peintre ni de graveur; il ne parle pas non plus de texte au verso, peut-être est-ce un premier état? (V. S. 187.)

PAYS-BAS

25. *Albert, archiduc d'Autriche.* En buste, dirigé à gauche, dans une bordure ovale, ornée de festons et de guirlandes de fruits. Titre : *Albertús, Archidúx Aústriæ. . . . . et Belgarúm Princeps optimús.* Au-dessous du titre : *P. P. Rúbens Pinxit. I. Súÿderhoef Scúlpsit. P. Soútman Effigiauit et Excúd. Cúm Priúil. S. Cæ. M.* (B. 25, V. S. 188.)

Haut., 400 millim.; larg., 266.

(Voir œuvre de Suyderhoef.)

26. *Isabelle-Claire-Eugénie, princesse des Pays-Bas, épouse du précédent personnage.* En buste, vue de face, dans une bordure ovale, ornée de festons et de guirlandes de fleurs. Titre : *Isabella Clara Eugenia, ... Et Burgundio^{num} Princeps.* Au-dessous, à gauche : *P. P. Rubens Pinxit.* A droite : *I. Suyderhoef Sculpxit.* Plus bas, au milieu : *P. Soutman Effigiauit et Excud. Cum Priuil. Sa. Cæ. M.* C'est le pendant du portrait ci-dessus. (B. 26, V. S. 189.)

Haut., 401 millim.; larg., 270.

Deux tableaux de ces personnages se trouvent à l'Hôtel de ville d'Anvers.
Ces deux portraits font partie de la suite gravée par *Suyderhoef, Soutman, Louys.*
(Voir Œuvre de Suyderhoef.)

27. *Albert, archiduc d'Autriche.* Il est à mi-corps, dirigé à droite, ayant la main sur la garde de son épée. Dédicace : SERENISSIMO ET POTENTISSIMO ALBERTO AVSTRIÆ ARCHIDVCI, BVRGVNDIÆ DVCI, PRINCIPI ET DOMINO BELGARVM. *Ioannes Muller sculptor devotionis ergõ D. D. Ex. Archetypo Petri Paul Rubenij,* SERENITATIS SVÆ, *Pictoris* CIↃ. IↃ. C. XV. A droite : *Cum priuileg.* (B. 27, V. S. 190.)

Haut., 376 millim.; larg., 289.

1er état. Avant la lettre. Weigel signale une épreuve d'essai où la tête seule est terminée. — 2°. Avant le : *Cum priuileg.* — 3°. Celui décrit La planche existe encore.

28. *Isabelle-Claire-Eugénie, épouse du précédent.* Elle est assise, tournée à gauche, portant un très large col de dentelles, ayant dans les mains un éventail et un mouchoir. Dédicace : SERENISSIMÆ ISABELLÆ CLARÆ EUGENIÆ INFANTIS HISPANIARVM, PRINCIPI ET DOMINÆ BELGARVM *Ioannes Muller Sculptor devotionis ergõ D. D. Ex. Archetypo Petri Pauli Rubenij serenitatis svæ Pictoris* CIƆ. IƆ. C. XV. A droite : *Cum priuileg.* (B. 28, V. S. 191.)

Haut., 376 millim.; larg., 288.

1er état. Avant la lettre. Weigel signale même une épreuve d'essai où la tête seule est finie. — 2e. Avant le : *Cum privileg,* et avant que la chaise à droite soit terminée. 3e. Celui décrit. La planche existe encore.

Mentionnons aussi :

Albert, archiduc d'Autriche. En sens contraire. Dans un ovale formé d'une guirlande de feuilles avec quatre triangles. . . Titre : *Albertus Aertshartogh. . . Vorst der Nederlanden.* Sans nom de peintre ni de graveur. (V. S. 194.)

Haut., 259 millim.; larg., 198.

Isabelle-Claire-Eugénie. Également en sens contraire, dans un simple ovale sans triangles. Titre : *Isabella Clara Eugenia. . . Vorstinne der Nederlanden.* Sans nom de peintre ni de graveur. (V. S. 195.)

Même dimension.

Ces deux portraits ne sont pas des pendants.

29. *Albert, archiduc d'Autriche.* Il est à genoux, tourné à gauche ayant un livre entre ses mains. Saint Jacques, debout, est à sa droite. Sans titre. Au bas, à gauche : *P. P. Rubeni Pinxit. F. Eisen Delineavit.* A droite : *F. Harrewijn sculpsit.* Plus bas : *Se vend à Brusselles, chez ledit Harrewijn à la Monois.* (B. 29, V. S. 196.)

Haut., 507 millim.; larg., 180.

30. *Isabelle, infante d'Espagne, son épouse.* Elle est à genoux, tournée à droite et récitant son chapelet. A côté d'elle, sainte Claire, sa patronne, lui présente une couronne de fleurs. Sans titre. Au bas, à gauche : *P. P. Rubens pinxit. F. Eisen delineavit.* A droite : *F. Harrewijn sculpsit.* Plus bas : *Se vend à Brusselles, chez ledit Harrewijn à la Monoie.* (B. 30, V. S. 197.)

Même dimension.

A Vienne, on trouve des contre-épreuves de ces estampes.

Les deux originaux furent peints sur deux volets du tableau de *Saint Ildefonse,* dans l'église de Caudenberg, à Bruxelles; ils se trouvent aujourd'hui dans la galerie du Belvédère, à Vienne. (Voir Nagler, t. XIII, p. 592.)

31. *Les mêmes princes.* En bustes, en regard l'un de l'autre, dans une bordure ronde, composée de feuilles de laurier et d'olivier. Au bas de la planche : *Quod enim præstabilius. . . . . simillimi* PRIN-CIPES 2. Au-dessous : *Plin. Paneg. Traian.* ; avec texte au verso. Gravé d'après un dessin de Rubens fait sur une médaille. (B. 31, V. S. 198.)

Diam., 59.

32. *Albert, archiduc d'Autriche.* Titre : *Serenissimus Albertus Archidux Austriæ Dux Burgundiæ. . . . .* Sans nom de peintre ni de graveur. *P. de Iode ex. Obiit anno Christi* 1621. (B. 32, V. S. 199.)

Haut., 153 millim.; larg., 122.

33. *Le même personnage.* En buste, dirigé à droite, dans un double ovale, à l'intérieur duquel, au milieu du bas, on lit : PULCHRUM CLARESCERE VTROQVE. Titre : ALBERT, *surnommé le Pieux. . . . .* *S. Sacrement de miracle.* Le titre en cinq lignes séparées par des armoiries. Au-dessous, à gauche : *P. P. Rubbens pinx.* A droite : *Petr. de Iode sculp.* (B. 33, V. S. 200.)

Haut., 147 millim.; larg., 117.

C'est une copie du numéro 25.

33 *bis. Isabelle-Claire-Eugénie.* En buste, vue de face, la couronne royale sur la tête, dans un encadrement ornementé, à l'intérieur duquel on lit : ITER PARA TVTVM. Titre : ISABELLE CLAIRE EVGENIE. . . . *proche de son mary.* Le titre est en cinq lignes séparées par des armoiries. Au-dessous, à gauche : *P. P. Rubbens pinxit.* A droite : *Pet. de Iode sculpsit.* (V. S. 201.)

Haut., 147 millim.; larg., 117.

Quoique l'encadrement diffère, ces deux derniers portraits se font pendants : ils sont du même graveur, de même grandeur, et portent les numéros LI et LII, du livre intitulé : *Les Effigies des Souverains, Princes et Ducs de Brabant. . . . .* A Anvers, chez J. Meyssens, 1 vol. in-4º.

Albert d'Autriche, Archiduc Prince des Pays-Bas. Dans un ovale. *M. ex.* Le graveur est présumablement *Moncornet.* (V. S. 202.)

Isabelle-Claire-Eugénie. Dans un ovale, devant une draperie, elle est en habit de religieuse tenant son chapelet de la main droite, et la gauche posée sur un bréviaire. Titre : *Vera effigies Isabellæ Claræ Eugeniæ. . . minoritica sepeliri voluit. B. Moncornet excudit.* (V. S. 203.)

Haut., 137 millim.; larg., 108.

34. *Isabelle-Claire-Eugénie.* Elle est dans une bordure ovale. On voit deux enfants, dont l'un tient une couronne et l'autre des armoiries. *Nicolas Lauwers sculptor.* (B. 34, V. S. 204.)

Haut., 137 millim.; larg., 99.

35. *La même, en habit de religieuse.* Elle est en buste, dirigée à gauche, dans un médaillon rond orné des signes du zodiaque, posé sur un piédestal sur lequel on lit : LA PEINTURE DE LA SERENISSIME PRINCESSE ISABELLE CLAIRE EUGENIE INFANTE D'ESPAGNE. Sur la base du piédestal, à droite : *Pet. Paul. Rubens Pinxit. Corn. Galle sculpsit.* Au-dessous de la gravure : A ANVERS, EN L'IMPRIMERIE PLANTINIENNE. M. DC. XXXIV. (B. 35, V. S. 205.)

Haut., 183 millim.; larg., 130.

1er état. Avant la lettre, non entièrement terminé et avant les signes du zodiaque autour du médaillon. — 2e. Celui décrit.

On trouve des épreuves où, sur le piédestal, on lit seulement : *La peinture de l'infante Isabelle.* Sans nom de graveur.

36. *La même.* Elle est en habit de religieuse, dans une bordure carrée, surmontée d'une draperie, soutenue par deux anges. Elle tient des deux mains les pans de son voile. Titre, dans le haut de la planche : D. ISABELLA CLARA EVGENIA, HISPANIARVM INFANS, etc. En bas, sur un cartouche, huit vers latins : *Cæsaribus proauis et magno nata Philippo Evgenia. . . . . CLARA ISABELLA, tuis. C. Guartius lud.* Au-dessous, à gauche : *Cum Priuilegijs.* Sur le bas de la bordure, à gauche : *P. P. Rubens pinxit.* A droite : *P. Pontius sculpsit.* (B. 36, V. S. 206.)

Haut., 578 millim.; larg., 128.

Les premières épreuves sont avant la retouche (Voir Cat. del Marmol, nos 972-973.)

36². *Le même portrait.* Il est sur un fond formant une espèce de tapisserie où l'on voit semé le monogramme *I. H. S.*, et à gauche des écussons en losange dont la moitié est vide. Même titre que ci-dessus.

Sans nom de peintre ni de graveur. Dans la planche à gauche : *J. C. Visscher excu.* (V. S. 208.)

Haut., 291 millim.; larg., 250.

Ce portrait est attribué par quelques personnes à *Pontius.*

36³. *Le même portrait.* La tapisserie est changée, on n'y voit plus le monogramme de Notre-Seigneur. On lit : SERENISSIMA ISABELLA CLARA EUGENIA HISPANIARUM INFANS. *Abr. Verhoeven junior sculp. Abraham Verhoeven exc.* (V. S. 209.)

36⁴. *Le même portrait.* Il est dans un ovale, avec des angles gravés. La princesse a la main droite sur le bréviaire et tient son chapelet de la main gauche. A gauche, des armoiries. Titre : *Vera effigies. . . . .* (V. S. 210.)

Haut., 122 millim.; larg., 97.

36⁵. *Le même portrait.* Il est dans un ovale sur un fond blanc. Titre : ISABELLA CLARA. . . . . *Alex. Voet D. D. fecit et exc.* (V. S. 211.)

Haut., 140 millim.; larg., 104.

Le catalogue del Marmol (n° 975) cite encore :
La même. Avec les angles gravés : Titre : VERA EFFIGIES ISABELLÆ. *Pet. de Iode exc.*

37. *La même.* En buste, dirigée à gauche, en habit de religieuse, dans une double bordure ovale sur laquelle on lit : D. ISABELLA CLARA EVGENIA HISPANIARVM INFANS, etc. En bas, à gauche, quatre vers latins, et à droite les mêmes vers en flamand. Au milieu du bas : *P. P. Rubens Pinxcit.* Sans nom de graveur. (B. 37, V. S. 212.)

Haut., 358 millim.; larg., 289.

Nous citerons : *Le même portrait*, avec le même titre. A gauche : *Ex archetypo Rubeni ejus permissu. Abraham junior sculpsit.* (V. S. 213.)

Haut., 311 millim.; larg., 251.

Le même portrait. Avec le même titre. En haut, à gauche, il y a des armoiries. Par un anonyme. (V. S. 214.)

Haut., 207 millim.; larg., 146.

38. *Ferdinand, cardinal-infant d'Espagne.* Ce gouverneur des Pays-Bas est à cheval, dirigé à gauche, coiffé d'un chapeau; au-dessus de sa tête, on voit un aigle et une femme lançant la foudre sur

l'armée des Suédois que ce prince avait vaincue à Nordlingen. Titre : *Cœli progenies. . . . . spirat in effigie.* Au-dessous, à gauche : *P. Paul Rubens pinxit. Paulus Pontius sculpsit.* A droite : *C : Geuartius lud.* (B. 38, V. S. 218.)

Haut., 448 millim.; larg., 322.

39. *Le même personnage.* Il est en buste, dirigé à droite, la tête couverte d'un chapeau à larges bords. Titre mis par inadvertance : *L'Archiduc Albert Gouverneur des pays bas.* Au-dessous, à gauche : *P. Rubens pinx.* A droite : *Susanna Silvestre sculp.* (B. 39, V. S. 219.)

Haut., 250 millim.; larg., 186.

40. *Le même à mi-corps.* Sans nom de peintre ni de graveur. Titre : *Quam forti pectore et armis.* (B. 40, V. S. 220.)

Haut., 358 millim.; larg., 277.

41. *Le même.* Il est debout et armé de pied en cap, tenant de la main droite son bâton de commandement, et posant la gauche sur la garde de son épée; le haut de son corps est enveloppé d'un manteau. *Erasmus Quellinus delin. Cristoffel Jegher sculp. et excudit.* Cette pièce est gravée sur bois, probablement d'après une composition de Rubens. (B. 41, V. S. 221.)

Haut., 338 millim.; larg., 243.

41². *Le même.* Il est en pied, avec quelques changements. Titre : PALLIDA CŒSORUM REFERAS. . . . . *P. P. Rubbens pinx. V. Prenner del et exc.* Dans une bordure. (Catalogue del Marmol, n° 981). (V. S. 222.)

41³. *Le même.* En costume de cardinal, il tient un livre dans la main gauche. Titre : *Serenissimus Princeps Ferdinandus Austriacus. . . . . Alexander Voet fecit et excud.* Dans un ovale. (V. S. 223.)

Haut., 178 millim.; larg., 92.

Le tableau est dans la galerie du Belvédère, à Vienne.

41⁴. *Le même.* Sans livre, avec le même titre. *Alexander Voet fecit et excud.* (V. S. 224.)

Haut., 124 millim.; larg., 92.

42. *Le même cardinal.* Il est à cheval, dirigé à gauche, tête nue ; en haut, la Victoire et la Renommée le couronnent. Vers le haut de la droite, deux Amours tiennent une carte où est représentée la vue de la bataille de Nordlingen qui se voit aussi dans le fond. En bas, trente-six lignes latines : *Sta quisquis es In hac effigie virtutem coli .*. . . . *M. F. Bartholomæus de los Rios y Alarcon. Ord. Erem. S. Augustini.* Au-dessous, à gauche : *Anton. vander Does Sculpsit.* Au milieu : *Cum Priuilegio.* A droite : *Martinus van den Enden excudit.* Sans nom de peintre. (B. 42, V. S. 225.)

Haut., 378 millim.; larg., 313.

1er état. Celui décrit. — 2°. On a déplacé le nom du graveur, effacé l'adresse et ajouté, tout à fait sur la gauche : *Abraham à Diepenbeck invenit.*

Dans le catalogue del Marmol (n° 983), nous lisons : *La même estampe*, épreuve moderne où l'on a découpé le titre et ajouté au-dessus de la bataille : *Norlinga.*

Nous lisons dans le même catalogue (n° 984) :

Le même cardinal. Il a la tête nue, la Victoire le couronne ; le bas de l'estampe est semé de morts et de mourants. Titre : *Ferdinandus Austriacus Philippi IV, Regis frater...* Sans nom de peintre ni de graveur.

Même dimension.

Le même, gravé en contre-partie; on voit aussi dans le fond la bataille de Nordlingen. C'est un sujet en petit. Au bas, un sonnet en vers flamands et six vers latins.

L'Empereur Ferdinand II, à cheval, du même graveur, avec quatre vers latins gravés au bas, et plus bas un sonnet en vers flamands.

Le portrait de l'archiduc Ferdinand. Il est en habit ecclésiastique, dans un ovale. Titre : SERENISSIMVS PRINCEPS. . . Un sonnet en vers flamands est imprimé dans le bas.

Le même portrait. En contre-partie, en habit de guerrier, dans une bordure ornée d'un trophée de vaincus et titre : SER^{mus} PRINCEPS FERDINANDUS PRO PHILIPPO. . . *J. Meyssens inv. C. Galle f.*

Le portrait de Léopold-Guillaume. Il est dans une bordure ovale avec des ornements. Titre : LÉOPOLDUS-GUILLELMUS D. G. . . *C. Galle sc.*

Le portrait du même personnage. Il est aussi dans une bordure ovale avec le même titre écrit sur la base; par le même.

Le même personnage, aussi par *Galle*. Dédicace : SER^{mo} LEOPOLDO PRO REGI BELGARUM · *J. Meyssen exc.*

Dans le catalogue del Marmol (n°s 985-986), aucune mesure n'est indiquée.

ITALIE

43. *Côme de Médicis.* Il est en buste, dirigé à droite, dans un médaillon rond. Titre : COSMVS MEDICES, PATER PATRIÆ. Au-des-

sous, à gauche : *Pet. Paul. Rubens pinxit.* A droite : *Luc. Vorstermans sculpsit.* (B. 43, V. S. 226.)

Diam., 115 millim.

44. *Laurent de Médicis.* En buste, dirigé à droite, dans un médaillon rond. Titre : LAVRENTIVS MEDICES, PET. F. COSM. NEP. Au-dessous, à gauche : *Pet. Paul. Rubens pinxit.* A droite : *Luc. Vorstermans sculpsit.* (B. 44, V. S. 227.)

Diam., 115 millim.

45. *Léon X, pape.* En buste, dirigé à droite, dans un médaillon rond, gravé sur une planche octogone. Titre : LEO X PONT. MAX. MEDICES, LAUR. F. Au-dessous, à gauche : *Pet. Paul. Rubens pinxit.* A droite : *Luc. Vorstermans sculpsit.* (B. 45, V. S. 228.)

Diam., 117 millim.

46. *Urbain VIII, pape.* En buste, dirigé à gauche. Titre : VRBANVS VIII. BARBERINVS PONT. MAX. Dans le haut de la gravure, à droite : *Cor. Galle fe.* Sans nom de peintre. (B. 46, V. S. 229.)

Haut., 178 millim.; larg., 133.

Ce portrait a été gravé pour être mis en tête des *Poésies* de ce pontife, dont *Corn. Galle* avait gravé le titre.

47. *Isabelle d'Este, marquise de Mantoue.* Assise dans un fauteuil, dirigée à droite. Titre : ISABELLA ESTENSIS FRANCISI GONZAGÆ MARCH. MANTOVÆ VXOR. A gauche : *E. Titiani Prototypo P. P. Rubens exc.* A droite : *Cum Priuilegijs.* On croit ce portrait gravé par *Vorsterman.* (Voir la Galerie du Luxembourg.) (B. 47, V. S. 230.)

Haut., 414 millim.; larg., 318.

Une épreuve d'essai, retouchée par le maître, se trouve au Cabinet des Estampes de Paris.

RUBENS ET SA FAMILLE

48. *Rubens à l'âge de trente ans.* Il est tourné vers la gauche, coiffé d'un grand chapeau, portant les moustaches et la barbe, enveloppé d'un manteau à collet de velours, dans une grande bordure cintrée au haut de laquelle on lit : M.DC.XXX. Dans le bas : PETRVS

PAVLVS RVBENS; tout au bas, à gauche : *Paulus Pontius sculpsit et excudit;* à droite : *Cum priuilegio.* (B. 48, V. S. 1.)

Haut., 365 millim.; larg., 271.

* 1ᵉʳ état. Avant toutes lettres. L'ombre sur le front du personnage, surtout à droite, est à peine prononcée; le nez n'est pas séparé de la moustache. Le portrait est seulement dans un ovale, mais on ne voit pas encore la bordure. Collection Durand. Une autre épreuve est au Cabinet des Estampes de Paris.

On connaît deux variantes ou deux états dans cette condition :

1ʳᵉ variante. L'ombre sur le front, partant de la racine du nez, est plus prononcée ; la moustache, à droite, se divise en deux mèches qui ont la même forme et s'élèvent à la même hauteur.

2ᵉ variante. L'ombre sur le front, en partant de la racine du nez, paraît éclaircie; la moustache, à droite, se partage toujours en deux mèches, mais celle qui est le plus à droite, quoique diminuée à son extrémité, est plus haute que l'autre de deux millimètres.

2ᵉ état. Avant la lettre, mais avec la bordure. L'ombre sur le front, à droite, est beaucoup plus forte, formée par des tailles et des contre-tailles. L'ombre sur la racine du nez est moins prononcée, mais la moustache, à droite, qui était partagée en deux mèches, ne forme plus qu'une touffe d'égale hauteur, dont les poils sont un peu espacés. Une épreuve de cet état se trouvait dans la collection Marshall vendue en 1864. Cette épreuve fut adjugée au prix de 1012 fr. 50 c.

* 3ᵉ. Avec la lettre ; l'ombre sur le front a été notablement renforcée. La moustache, à droite, a été diminuée et partagée en deux mèches; à son extrémité elle ne monte que jusqu'à l'aile du nez; on voit sur le devant, à droite, une mèche de cheveux qui n'existait pas précédemment.

Le tableau est dans la collection de la reine d'Angleterre.

48 bis. *Le même.* Dirigé à gauche, sans encadrement, gravé en manière noire. Titre : PETRUS PAULUS RUBENS, etc. Au-dessous, à gauche : *Sold by* J. BOWLES *at the Black Horse in Cornhill.* A droite : *P. Pelham fec : et Excudit,* 1724. (V. S. 2.)

Haut., 306 mill.; larg., 251.

48 ter. *Le même.* En buste dirigé à droite. Titre : PETRVS PAVLVS RVBENS. Au bas, à droite : *S. Saverij exc.* (V. S. 8.)

Haut , 237 millim.; larg., 187.

49. *Portrait de Rubens.* Il est représenté à l'âge de cinquante ans, en buste, tourné vers la gauche, coiffé d'un grand chapeau, dans une bordure ovale ornementée. Titre : *Excellentisᵐᵘˢ Dñs*: D. PETRVS PAVLVS RVBENIVS..... *et ad Regem Angliæ Legatum Extraordinarium misit.* Au bas, dans la gravure à gauche : *W Hollar fecit.* A droite : *F. van den Wyngarde ex.* (B. 49, V. S. 37.)

Haut., 244 millim.; larg., 184.

50. *Le même portrait.* Le personnage, coiffé d'un grand chapeau, est tourné vers la droite, dans une bordure octogone. Titre : *Excellentissimus D̅ͦˢ* D. PETRVS PAVLVS RVBENIVS... . *Fecit. D. V. studiosissimus Guilelmus Panneels* 1630. (B. 50, V. S. 46.)

50 *bis. Portrait de Rubens et de Van Dyck.* En buste, en regard l'un de l'autre, sur une même feuille, dans deux cartouches ornementés, avec leurs armoiries au-dessous de chaque portrait; celui de Rubens est à gauche. On lit en haut du cartouche : PET. PAVL RVBENS EQVES PICTOR ANTVERPIENS. Au haut du cartouche renfermant celui de Van Dyck, on lit : ANTONIVS VAN DYCK EQVES PICTOR ANTVER. Au bas, huit vers latins, et au-dessous, à gauche : *Ant. van Dyck facies pinxit.* Au milieu : *Erasm. Quellinius delin., franc Huberti excudit Antuerpiæ.* A droite : *Paulus Pontius facies sculp.* (V. S. 51.)

Haut., 315 millim.; larg., 439.

1ᵉʳ état. Avec l'adresse de **Martin Vanden Enden.** — 2ᵉ. Cette adresse est effacée. — 3ᵉ. Celui décrit.

51. *Le Portrait de Rubens.* D'après celui qui fait partie des portraits de peintres dans la Galerie de Florence. Titre : *Pietro Paolo Rubens. . . . . mori l'anno* 1640. *Gio Dom Campiglio del., G. M. Preisler sculp.* (B. 51, V. S. 70.)

Haut., 225 millim.; larg., 167.

51 *bis. Rubens et sa première femme.* En pied, assis dans un jardin, se donnant la main, coiffés l'un et l'autre d'un chapeau à larges bords. Titre : RUBENS AND HIS FIRST WIFE. A droite, le même titre en français. Au-dessous, une dédicace à Charles Théodore, électeur palatin et duc de Bavière, par Rupert Green. Au coin de la gravure, à gauche : *Painted by Rubens.* A droite : *Engraved by Charles Hess.* (V. S. 86.)

Haut., 578 millim.; larg., 410.

52. *Rubens et sa femme.* En pied, se dirigeant à gauche ; un jeune enfant, que la femme tient par les lisières, les précède. Titre : *Rubens with his Wife and Child.* Au-dessous : *From the Original in the Collection of his Grace the Duke of Marlborough at Blenheim.* Au bas de la gravure, à gauche : *Sʳ Peter Paul Rubens pinxᵗ.* A droite : *Jˢ M Ardell fecit.* En manière noire. (B. 52, V. S. 84.)

Haut., 470 millim.; larg., 355.

* 1er état. Avant toutes lettres. — 2e. Celui décrit.

Le tableau est au château de Bleinheim, dans la galerie du duc de Marlborough.

52 *bis. Hélène Fourment.* Elle est représentée en pied sortant d'un palais, se dirigeant à gauche. Elle est suivie d'un page, qui a le chapeau à la main. Titre : RUBEN'S WIFE. *In the collection of his Grace the Duke of Marlborough. Published July 15*[th] *1782, by John Boydell. Engraver, in Cheapside, London.* Au bas de la gravure, à gauche : *Rubens, Pinxit. Josiah Boydell, delin*[t]. A droite : *Rich*[d] *Earlom sculpsit.* (V. S. 107.)

Haut., 460 millim.; larg., 355.

1er état. Avant toutes lettres, les noms d'artistes à la pointe. — 2e. Celui décrit.

53. *Hélène Fourment, seconde femme de Rubens.* Elle est habillée en bergère et vue dans un encadrement de fenêtre; elle est tournée à droite. Dédicace : *A George Henri Lee, Earl of Lithfield, engraved from an original picture in the possession of M. Bradford by W. Elliot. T. Bradfort excudit Fleetstreet.* (B. 53, V. S. 94.)

Haut., 189 millim.; larg., 164.

53[2]. *Hélène Fourment.* Elle est habillée en bergère, à mi-corps, dirigée à gauche. Sur la tête un petit chapeau de paille, le sein gauche nu. Elle tient de la main droite un bouquet, et une houlette qu'elle porte sur son épaule. Titre : HELENA FORMAN, WIFE OF RUBENS. *Done from a Picture Painted by Rubens, in the collection of B. Bates, M. D. of Alesbury, by his obliged Friend and Humble Servant* W. PETHER. (V. S. 97.)

Haut., 400 millim.; larg., 355.

53[3]. *La même.* En sens contraire. Sans titre. Au bas de la gravure, à gauche : *Rubens Pinx*[t]. A droite : *W. Pether fecit.* Au milieu : *Published Sep., 1775. sold by W. Pether in Broad Street S*[t]*-James.* (V. S. 98.)

Haut., 232 millim.; larg., 175.

53[4]. *Hélène Fourment.* En buste, dirigée à gauche. Même portrait que le numéro 53, mais sans la fenêtre. En manière noire. Titre : HELENA FOREMAN, *Whife to Sir Peter Paul Rubens.* Au bas, à gauche : *P. P. Rubens Pinx.* A droite : *W. Dickinson fecit.* En manière noire. (V. S. 96.)

Haut., 312 millim.; larg., 253.

54. *Le fils de Rubens.* Il est dans sa première enfance, assis dans une chaise à bras, en robe et en toquet, jouant avec des bonbons. Dirigé à gauche. Titre : LE FILS DE PAUL RUBENS. Au-dessous, les armoiries et une dédicace au marquis de Grimaldi, par son très humble et très obéissant serviteur SALVADOR. Au bas de la gravure, à gauche : *Peint par Paul Rubens.* A droite : *Gravé par Salvador pension^re de S. M. Catholique, et graveur du Roy de France.* 1762. (B. 54, V. S. 127.)

Haut., 286 millim.; larg., 198.

Le tableau est au musée de Francfort.

54 *bis. Un petit garçon.* Il est assis à une table à gauche, et regarde sa bonne pendant qu'il cherche à prendre des raisins. La scène se passe dans un office où différentes provisions sont peintes par *Snyders.* Titre : RUBENS'S SON AND NURSE. *In the Collection of the Right Honourable the Earl of Bute.* Au bas de la gravure, à gauche : *Rubens Pinxit. Josiah Boydell delin^t.* A droite : *Richd Earlom Sculpsit.* (V. S. 131.)

Haut., 453 millim.; larg., 578.

1er état. Avant la lettre. — 2e. Celui décrit.

Le tableau est dans la galerie du marquis de Bute.

54 *ter. Un fils de Rubens.* Derrière une table, sur laquelle est posée une corbeille de fruits, est debout un enfant nu qui mange après une grappe de raisin. En bas : *P. P. Rubens Pinx^t. J. Spilsbury fecit.* En manière noire.

Haut., 315 millim.; larg., 252.

55. *Les deux fils de Rubens dans l'adolescence.* Ils sont debout, appuyés contre une colonne. Le plus grand, vêtu d'un pourpoint noir à crevés, tient un livre sous le bras droit. Son autre bras est passé autour du cou de son frère, qui s'amuse à faire voler un oiseau qu'il tient attaché par la patte. Au milieu du bas, les armoiries de la galerie de Dresde. A droite : *Tableau de P. P. Rubens, de la Gallerie Royale de Dresde, haut. 5 p. 6 pouc., larg. 3 1/2 po.* A gauche, la même inscription en italien. Au bas de la

gravure, à gauche : *Dessiné par Charles Hutin.* A droite : *Gravé par J. Daullé Gr. du Roy à Paris* 1752. (B. 55, V. S. 123.)

Haut., 350 millim.; larg., 208.

1er état. Avant toutes lettres et avant les contre-tailles. Catalogue del Marmol, no 1010.) — 2°. Celui décrit.

56. *Les mêmes.* D'après le même tableau. Titre : *Les Enfants de Rubens. Danzel sculp.* (B. 56, V. S. 124.)

Même dimension.

57. *La même composition.* Elle est du sens opposé, avec armoiries en bas. Titre : FILIOS HOS SUOS P. P. RUBENS IPSEMET PINXIT *in pinacotheca Vinnæ Princip. Lichensteiniana existentes.* Au-dessous, à droite : *G. A. Müller Sculpsit.* (B. 57, V. S. 125.)

Haut., 417 millim.; larg., 252.

Le tableau original est dans la galerie du prince Lichtenstein, à Vienne.

57 *bis. Les Enfants de Rubens.* Ils sont trois ; au milieu, un garçon est monté sur un chien, qui lui lèche la figure ; sa sœur lui attache le col, derrière, à gauche, le plus jeune enfant est dans un chariot. Titre : RUBEN'S THREE CHILDREN. *Done from a Capital Picture, in the Possession of Monsieur* I BERTELS *at* ANTWERP. Au bas de la gravure, à gauche : *P. P. Rubens pinxit.* A droite : *P. J. Tassaert fecit.* En manière noire. (V. S. 132.)

Haut., 470 millim.; larg., 378.

58. *Philippe Rubens, frère du peintre.* Buste dans une niche, posée sur un piédestal, sur lequel on lit : PIIS MANIBVS PHILIPPI RVBENI SACR. Tout au bas, à droite : *Corn. Gallæus sculpsit.* (B. 58, V. S. 143.)

Haut., 206 millim.; larg., 130.

PERSONNES ILLUSTRES PAR LEUR RANG, ET AUTRES PARTICULIERS

59. *Thomas, comte d'Arondel.* Buste à droite, dans un ovale, avec divers ornements. *J. Houbraken sculpsit Amst.* 1743, *pour la suite des Hommes illustres d'Angleterre.* (B. 59, V. S. 232.)

Haut., 356 millim. ; larg., 221.

Le tableau appartient au comte de Carlisle.

60. *Le cardinal Bellarmin.* Il est assis près d'une table couverte de livres, dans une attitude recueillie ; de sa main droite il tient une plume, et dans la gauche sa calotte. Titre : *Robertus Bellarminus Politianus societatis Jesu. . . . . B. et S. à Bolswert fratres D. L. C. C. S. à Bolswert fecit et excudit. Cum priuilegio.* (B. 60, V. S. 239.)

Haut., 362 millim.; larg., 257.

Basan doute que le tableau soit de Rubens.

61. *Charles de Longueval, comte de Buquoy.* Il est en buste dans une bordure ovale, formée de feuillages ; au bas, les armoiries ; en haut, un aigle, et figures allégoriques sur les côtés, représentant la Paix, la Force et la Tristesse ; de chaque côté du cartouche renfermant le titre, deux esclaves enchaînés. (L'ornementation est la même que celle du portrait de Ferdinand II, décrit ci-dessus, nᵒ 3 *bis*, mais en contre-partie.) Titre : CAROLVS DE LONGVEVAL COMET. HANNONIÆ GVBERNATOR, etc. Au bas, à gauche : *P. P. Rubens inuent.* A droite : *Lucas Vorsterman sculp. et excud.* (B. 61, V. S. 257.)

Haut., 590 millim.; larg., 480.

* 1ᵉʳ état. Non décrit; avant toutes lettres. Collection du marquis de Brême.

2ᵉ. Avec la grande marge du bas, avant que l'on ait ajouté quelques vers latins et avant l'œil de la Providence.

3ᵉ. Avec la marge du bas coupée en partie et avec l'œil de la Providence.

Le catalogue del Marmol (nᵒ 1027) parle d'une épreuve où l'on a ajouté au bas quelques vers latins.

On voit au British Museum le dessin de cette pièce par *Vorsterman* ; le buste est à la plume, il est tourné à gauche.

62. *Christophe, Marquis de Castel-Rodrigo.* Il est représenté en riche costume, en buste, dirigé à droite, avec manteau de fourrure et large fraise autour du cou ; dans une bordure carrée ornementée. Au haut, les armoiries de la famille. Gravé par *Pontius.* L'épreuve du Cabinet des Estampes de Paris, ainsi que celle de l'Albertine à Vienne, sont avant toutes lettres et avant les noms des artistes. Au verso de cette dernière est écrit à l'encre : *De Cristoval marchio de Castel Rodrigo. Exc. Dom. Christophorus de Moura de Castel Rodrigo. Hispaniarum magnus primus Lusitaniæ Prorex*, etc. (B. 62, V. S. 242.)

Haut., 310 millim.; larg., 216.

63. *Manuel de Castel-Rodrigo.* En buste, dirigé à droite, très richement costumé, avec une grande croix sur la poitrine ; dans une bordure carrée formée de deux colonnes surmontées de deux génies qui tiennent des guirlandes de fruits. Au milieu du haut, un écusson où sont les armoiries du personnage avec celles de sa mère, dont le portrait est décrit au numéro suivant. Gravé par *Pontius.* Au verso de l'épreuve de l'Albertine, qui est comme la précédente avant toutes lettres, est écrit à l'encre : *D. Manuel de Moura Cortereal, marchio de Castel Rodrigo, comes de Luminares, Majestatis ordinis Christi, Commendator suæ Majestatis a cubiculis & consilius status primarius universali pace tractanda plenipotentiarius Belgii Gubernator.* L'épreuve du Cabinet des Estampes de Paris est aussi avant toutes lettres. (B. 63, V. S. 243.)

Même dimension.

Le catalogue del Marmol (n° 1029) indique une épreuve avant toutes lettres et avant que les génies du haut de la bordure aient été gravés.

Le même catalogue (n° 1031) mentionne le cadre de la bordure de ce portrait avec les armes écartelées du personnage. Copie faite par *Lommelin.*

M. Voorhelm-Schneevoogt dit que c'est le même personnage que le précédent.

64. *Une Dame espagnole.* En buste, un peu dirigée à gauche, dans une bordure carrée formée de colonnes torses sur les côtés. Elle porte une grande fraise autour du cou et un collier de pierreries qui lui tombe sur la poitrine. Les armoiries sont au milieu du haut. Gravé par *Pontius.* L'épreuve du Cabinet des Estampes de Paris est avant toutes lettres, ainsi que celle de l'Albertine. Il n'y a pas d'inscription à l'encre au verso de cette dernière, mais en bas, au recto, on lit d'un côté : *Rubens pinx*; de l'autre : *P. Pontius sculpsit ;* ces deux noms écrits à l'encre. (B. 64, V. S. 245.)

Même dimension.

Les trois épreuves de la bibliothèque Albertine sont rehaussées de blanc, probablement par Rubens ou le graveur Pontius.

Basan prétend que c'est la mère du marquis de Castel Rodrigo. Le catalogue de Messire del Marmol (n° 1028) dit que c'est sa femme.

Basan fait connaître que dans l'œuvre *de Rubens* appartenant à Mariette il y avait des épreuves de ces trois pièces retouchées par Rubens lui-même.

65. *Le marquis de Castel-Rodrigo.* Copie en contre-partie du numéro 63, indiqué ci-dessus. Titre : *Excellentissimus Dominus D.*

*Manuel de Moura Cortereal, Marchio de Castel-Rodrig. . . . . A.
Does sculpsit, P. de Jode exc. Antverpiæ.* (B. 65, V. S. 244.)

Haut., 156 millim.; larg., 117.

66. *Gaspar Gevaert.* Il est assis à une table, tourné vers la gauche,
ayant une plume à la main et un buste antique devant lui. Titre :
GASPERIVS GEVARTIVS. IO F. IVRISCONSVLTVS, HISTORIOGRAPHVS, AR-
CHIGRAMMATEVS ANTVERPIANVS. Au-dessous, à gauche : *Petr. Paul-
lus Rubenius pinxit.* A droite : *Paull. Pontius sculpsit.* Les armoiries
sont dans le haut de la gravure, à droite. (B. 66, V. S. 249.)

Haut., 280 millim.: larg., 207.

1er état. Avant toutes lettres et avant les armes. (Catalogue del Marmol, n° 1033.)
2e. Avant la lettre, mais avec les armes. (Même catalogue, n° 1034.)
3e. Celui décrit. — 4e. Avec les armes écartelées.
Le tableau appartient au baron Roose, à Bruxelles.

67. *Juste Lipse.* Il est en buste, dirigé à droite, dans une bordure ovale, ornée de deux cornes d'abondance; un serpent entor-
tille celle de droite; celle de gauche est entourée d'une inscription.
Au-dessous, sur un piédestal, entre deux médaillons, on lit : MORIBVS
ANTIQVIS. Plus bas, un cartouche avec le titre : LIPSIDÆ *velum
est timantis. . . . . nisi nube potest. Henr. d'Oultremannus.* Au
bas, dans la gravure, à droite : *Corn. Galle sculp.* (B. 67, V. S. 255.)

Haut., 288 millim.; larg., 187.

Le dessin a été fait par Rubens, d'après *Otto Venius,* pour servir à l'édition de
Sénèque annotée par Juste Lipse.

67 *bis. Le portrait de Juste Lipse.* Il porte un chapeau. *Ætat.
an. XXVI.* Par *L. Vorsterman.* (V. S. 256.)

On connaît des épreuves avec et sans l'adresse de *Meÿssens exc.* (Catalogue del
Marmol, n° 1039.)

68. *Léonard Lessius.* Il est assis, tourné à gauche, devant une
table où se voit un livre ouvert sur un pupitre; il tient une plume de la
main droite. Titre en bas, sur un cartouche : LEONARDVS LESSIVS E
SOCIETATE IESV. . . . . *Obijt XV Ianuarij, anno M.DC.XXIII prope
septuagenarius.* Au-dessus du cartouche, à droite : *Corn. Galle
sculpsit.* (B. 68, V. S. 252.)

Haut., 288 millim.; larg., 184.

Léonard Lessius est l'auteur d'un livre intitulé : *De Justitia*.
Basan doute que cette estampe ait été faite d'après un original de Rubens.

69. *Édouard Lupus, maître de musique en l'église de Lisbonne.*
Il est vu à mi-corps, dirigé à gauche. Titre : EDVARDVS LVPVS IN
OLISIPONENSI ECCLESIA MVSICES PRÆFECTVS. Par un anonyme. (B. 69,
V. S. 259.)

Haut., 180 millim.; larg., 123.

70. *Le comte d'Olivarès, duc de San Lucar.* En buste, dirigé à
droite, entouré de palmes et d'attributs divers formant médaillon
posé sur un piédestal, où sont ses armoiries ; de chaque côté du
piédestal sont deux anges assis : celui de droite tient une peau de
lion, et celui de gauche un bouclier. Titre en haut : EXCELL.ᴹᵛˢ DO-
MINVS GASPAR GVSMAN COMES OLIVARIENSIS. . . . . VIRTVTE ET FAMA
INCLYTVS. En bas, sur la base du piédestal, douze vers latins :
Bœtis OLIVIFERÆ *debet cui serta* CORONÆ. . . . . *in orbe comas.*
Au-dessous : *Gasp. Geuartius lud.* Plus bas, à gauche : *Cum pri-*
uilegijs. Ex Archetypo Velasquez. A droite : *P. P. Rubenius orna-*
uit et Delineauit. L. M. P. Pontius sculpsit. (B. 70, V. S. 263.)

Haut., 601 millim.; larg., 437.

1ᵉʳ état. Avant le mot *de* après *Gaspar*. La barbe ne va que jusqu'au rabat.

2ᵉ. Également avant le mot *de*. La barbe est allongée.

3ᵉ. Avec le mot *de*. Nous n'avons pas rencontré d'épreuves de ce troisième état.

Rubens a dessiné ce portrait d'après *Velasquez*. Il y a ajouté des ornements dont
une partie consiste en deux anges dont l'un soutient l'égide de Minerve et l'autre une
peau de lion.

Le tableau était dans la collection du duc d'Hamilton.

71. *Le même portrait.* Il est en sens contraire, avec les mêmes
ornements, mais sans les deux anges. Titre, dans le haut. : ILLVSTRᴹ̇ˢ
ET EXCELL.ᴹᵛˢ DOMINVS DON GASPAR DE GVSMAN. . . . . SENATV MAGNVS
CANCELLARIVS, ETC. Au bas, deux vers latins : *Qui* COMITIS. . . .
COMITEM *atq₃* DVCEM. Dans le bas de la gravure, à gauche : *Pet.*
Paul Rubenius pinxit. A droite : *Cor. Galleus Iunior sculps.* (B. 71,
V. S. 264.)

Haut., 254 millim.; larg., 167.

Ce portrait a été peint par *Rubens*.

71 *bis. Opalinski, seigneur polonais.* Il est en buste, vu à mi-
corps, avec manteau garni de fourrures, dans une bordure orne-

mentée; en haut, deux Amours tenant chacun une couronne. Titre :
CHRISTOPHORVS COMES DE BNIN OPALENSKI. . . . . SVPREMA CVM POTES-
TATE IN GALLIAS LEGATVS. En bas, vers la droite : *L. Vorsterman.*
(V. S. 265.)

Haut., 306 millim.; larg., 210.

72. *Michel Ophoven,* ou *Ophovius.* Il est à mi-corps, vu de face, de
la main droite relevant son manteau, et faisant un signe de la gauche. Titre : *Illust.=D. Michael Ophoviüs. . . . P. P. Rùbenij Confes-
sariùs Antv. apùd P. P. Præd.* Au bas de la gravure, à gauche :
P. P. Rubens Pinx. A droite : *N. v. D. Bergh. f. aqùa forti.* (B. 72,
V. S. 266.)

Haut., 260 millim.; larg., 191.

Le portrait est au musée de La Haye.
Le catalogue de messire del Marmol (n° 1047) cite *le même.* Titre : *Ophovius Syl-
veduc Episcopus VI.* Par un anonyme. (V. S. 267.)

73. *Théophraste Paracelse.* Il est en buste, vu de face, coiffé
d'un bonnet de fourrure, avec médaillon sur la poitrine retenu
par un ruban. Titre : EFFIGIES PARACELSI MEDICI CELEBERRIMI. Au-
dessous, huit vers latins : *Edura fortis. . . . . solvet favilla.* Plus
bas, à gauche : *P. Soutman Inuen. Effigiauit et Excud.* A droite :
Cum priuil. P. van Sompel sculp. (B. 73, V. S. 268.)

Haut., 268 millim.; larg., 212.

1er état. Celui décrit. — 2e. A gauche, à la place du nom et de l'adresse de *Soutman,* on lit : *P. P. Rub. pinxit,* et au milieu : *P. Soutman Excud.*

On trouve dans la collection du duc de Marlborough un portrait de *Paracelse;* il
tient un livre à la main; le paysage est peint par Wildens.

73 *bis. Le même personnage.* En buste, vu de face, coiffé d'un
bonnet de fourrure; un livre à la main; dans une bordure carrée.
Titre : *The Liuly portraiture of y most famous and profound Phi-
losopher. . . . . Who was Poysned the* 47th *year of his age.* Au-dessous : *Are to be sould by Williā Webb at y Globe. . . . . Payne sculp.*

Haut., 152 millim.; larg., 110.

Ce portrait est probablement gravé d'après le tableau qui est dans la collection du
duc de Marlborough, dont il est parlé ci-dessus.

74. *Marcellianus de Barea.* En buste, vu de face, dans un
ovale, en habit de capucin. Titre, en bas, sur une banderole : *L. Mar-*

cellianus de Barea. Au-dessous, à gauche : *P. P. Rubens pinxit.* A droite : *N. Lauwers fe.* (B. 74, V. S. 236.)

Haut., 164 millim.; larg., 115.

75. *Heliodorus de Barea.* En buste, dans un ovale, dirigé à gauche, en habit de capucin. Titre, en bas, sur une banderole : *L. Heliodorus de Barea.* Au-dessous, à gauche : *P. P. Rubens pinxit.* A droite : *N. Lauwers fe.* (B. 75, V. S. 237.)

Même dimension.

Le catalogue del Marmol (n° 1052) cite ces deux portraits avec le même titre, mais en contre-partie, *N. Lauwers exc.*, et (n° 1053) les *deux mêmes portraits* par le même graveur, mais avec des changements dans le titre du premier. On lit : *F. Marcellianus de Barea hel F. ex veteris.*

75 *bis. Carafa.* Il est à mi-corps, assis dans un fauteuil, dirigé à gauche, en costume d'évêque. Titre : PETRVS ALOYSIVS CARAFA EPISCOPVS TRICARICENSIS, AD TRACTVM RHENI ET INFERIORIS GERMANIÆ PROVINCIAS CVM POTESTATE LEGATI A LATARE NVNTIVS.

Haut., 135 millim.; larg., 109.

Ce portrait, sans nom de peintre ni de graveur, est classé dans l'œuvre de Rubens au Cabinet des Estampes de Paris.

76. *Un Carme à mi-corps.* Il est dirigé à gauche, en prière devant un crucifix. Sans titre. Au bas de la gravure, à gauche : *P. P. Rubens : Pinx.* A droite : *N : V : D : Bergh f : aquà forti.* C'est le pendant du portrait de F. J. van der Linden. (B. 76, V. S. 283.)

Haut., 260 millim.; larg., 196.

77. *La mère Anne de Jésus.* Cette religieuse carmélite est vue à mi-corps, dirigée à gauche, tenant un cœur à la main; un ange lui apparaît avec un calice surmonté d'une hostie. Titre : *Vera effigies* V. M. ANNÆ A JESV. . . . . *Obijt Bruxellœ 4 Martij.* 1644. Au-dessous, à droite : *P. P. Rubens pinxit. C. Galle sc. excud.* (B. 77, V. S. 231.)

Haut., 239 millim.; larg., 185.

Plus tard l'inscription a été enlevée et remplacée par *S. Mater et virgo Theresa.*

78. *Nicolas Rockox, bourgmestre d'Anvers.* Il est tourné vers la droite, en buste dans un double ovale. On y lit : NICOLAVS ROCKOX, EQVES. . . . . . ME DVLCIS SATVRET QVIES. Sur une tablette, au-dessous,

trois distiques latins. Plus haut, sur la console de support à gauche :
Paul Pontius fecit. (B. 78, V. S. 273.)

Haut., 252 millim., y compris la marge du bas ; larg., 271.

(Voir œuvre de Van Dyck, nº 217.) On y décrit neuf états. Sur le sixième état on lit: *Pet. Paul Rubenius. Paul Pontius sculpsit* 1630. A droite: *H. de Neyt.*

Le portrait de ce bourgmestre et celui de sa femme ont été peints pour leur tombeau qui se trouve dans une chapelle de l'église des Franciscains, à Anvers.

79. *Mutius Attendulus cognomento Sfortia.* En buste, vu de profil à droite, coiffé d'un bonnet, dans un médaillon rond, gravé par un anonyme sur une planche de forme octogone. Titre : MVTIVS ATTENDVLVS, COGNOMENTO SFORTIA. Au-dessous, à gauche : *Pet. Paul. Rubens pinxit.* (B. 79, V. S. 275.)

Diam., 133 millim.

80. *Ambroise Spinola.* En buste, dirigé à droite, décoré de la Toison d'or, dans un médaillon ovale. Titre : ILLVSTRISSIMVS PRINCEPS AMBROSIVS SPINOLA. . . . . EQVES AVREI VELLERIS, ETC. Au-dessous, à gauche : *P. P. Rubens pinx.* A droite : *P. de Iode sculp. ex.* (B. 80, V. S. 276.)

Haut., 148 millim.; larg. 110.

Le portrait de Spinola est dans la galerie de l'Ermitage, à Saint-Pétersbourg.

Dans le catalogue del Marmol (nº 1060) est décrit un autre portrait de Spinola, vu à mi-corps, dans une bordure ovale. Titre : SPINOLA PACIS AMANS. *P. de Iode excudit.*

Il range aussi, sous les numéros 1058 et 1059, le portrait du même personnage, gravé par J. *Muller*, d'après Mirevelt, dont nous ne parlons ici que pour mémoire.

81. *Emmanuel Sueiro.* Il est devant une draperie, couvert d'une cuirasse; son casque est sur une table, à gauche, où est un livre ouvert, sur lequel il pose la main droite; sa main gauche tient la garde de son épée. En haut, à gauche, des armoiries, avec cette devise : IN SCVTO SALVS. Titre : EMANVEL SVEIRO EQVES MILITIÆ DÑI NRI IESV CHRISTI, ETC. *Ætat. an. XXXVII.* Au-dessous, à droite : *Pet. de Iode fecit.* Dans la gravure, à droite : 1624. Sans nom de peintre. (B. 81, V. S. 277.)

Haut., 247 millim.; larg., 170.

Ce portrait a été gravé pour une édition des *Annales de Flandre.*

82. *Jean van Havre, seigneur de Walle.* En buste, dirigé à droite, dans un médaillon formé par une couronne de feuilles de

chêne. En haut, on lit : NESCIT LABI VIRTVS. Titre : D. IOANNES VAN HAVRE WALÆI TOPARCHA VIR CONSVLARIS GAND. Sans noms d'art stes, mais gravé par *Corn. Galle*. (B. 82, V. S. 251.)

Haut., 200 millim.; larg. 157.

83. *E. J. van der Linden*. Sa main gauche est sur une tête de mort posée sur une table; au haut, dans le coin gauche, il y a des armoiries. Titre : *F. van der Linden, Eques Jerosolymitanus, Alexianorum Provincialis. N. v. d. Bergh f. aqua forti*. (B. 83, V. S. 254.)

Haut., 259 millim.; larg. 198.

Nous citerons encore :

Henri de Vicq. Cet ambassadeur des Pays-Bas à la cour de France est dans une bordure ovale avec sa devise : *Espoir m'attire. C. Van Caukerken pinxit*. (V. S. 281.)

Son portrait est au musée du Louvre; il a été acheté en 1850 à la vente du roi de Hollande. On dit que c'est par son intermédiaire que Rubens fut invité par Marie de Médicis pour peindre la galerie dite du Luxembourg.

PORTRAITS DE PERSONNAGES DONT LES NOMS SONT IGNORÉS

84. *Un jeune Abbé*. (Portrait présumé du duc de Verneuil.) Il est vu à mi-corps, la main gauche appuyée sur une balustrade. Il porte un habit d'abbé, avec grand manteau et col blanc lui tombant sur les épaules. Sans aucunes lettres ni noms d'artistes. (B. 84, V. S. 282.)

Haut., 175 millim.; larg., 132.

85. *Portrait d'un docteur de Louvain*. Il est en buste, dirigé à gauche, dans une bordure ovale, ornée de deux branches de lis. En bas on lit : *Un docteur de Louvain, peint par P. P. Rubens et gravé par Iᶜ Coelemans*. M. Voorhelm-Schneevoogt le nomme : le docteur Van Thulden. (B. 85, V. S. 280.)

Haut., 203 millim.; larg., 173.

Ce portrait est tiré du Cabinet de Boyer d'Aguilles. C'est probablement le même Portrait gravé par *Coelemans* au bas duquel on lit : LE DOCTEUR DE LOUVAIN.

86. *Un Ministre anglais*. En buste, dirigé à droite, la tête nue, manteau avec col de fourrure, médaillon ovale, sans bordure. Au-dessous, à gauche, *P. P. Rubens f*. (B. 86, V. S. 284.)

Haut., 124 millim.; larg., 108.

Le catalogue del Marmol (n° 1073) en mentionne une épreuve à l'eau-forte, avant d'être achevée.

87. *Un Portrait dans un ovale blanc*. Le personnage est en buste, dirigé à droite, les cheveux courts et une petite barbe. Il porte, comme habit, une draperie retenue par un bouton sur l'épaule droite. Sans nom de peintre ni de graveur. (B. 87, V. S. 285.)

Haut., 59 millim.; larg., 45.

87 *bis*. *Portrait d'homme*. En buste, décoré de la Toison d'or, dirigé à droite, de forme ovale, dans une double bordure sur laquelle on lit : HOC VIRTVTIS OPVS. Sans noms d'artistes.

Haut., 87 millim.; larg., 67.

87 *ter*. *Portrait d'homme*. En buste et cuirasse, avec longs cheveux tombant sur les épaules, dans un médaillon avec armoiries au bas, posé sur une draperie. Au bas, à droite : *C. Galle f.* Sans nom de peintre.

Haut., 158 millim.; larg., 109.

Ces deux portraits sont classés dans l'œuvre de Rubens au Cabinet des Estampes de Paris.

88. *Portrait d'homme*. En buste, tourné à gauche. Gravure en clair obscur. Dans le haut de la gravure, à gauche : *P. P. Ruben delin. et excudit.* A droite : *Christoffel Ieghers sculp.* (B. 88, V. S. 286.)

Haut., 284 millim.; larg., 215.

Les premières épreuves sont avant le nom du peintre et du graveur. (Catalogue del Marmol, n° 1075.)

89. *Une Mère assise avec un enfant sur ses genoux*. Elle est assise sur une chaise, dirigée à droite, ayant un enfant nu sur les genoux. Trois autres enfants sont debout devant elle. Titre : THE *Original Picture* BY Sʳ. PETER PAUL REUBENS *in the* COLLECTION *of Samson Gideon* Esqʳ *at* BELVIDERE, *in* KENT. *To whom this* PRINT *is Humbly Dedicated by His most Obedient and Devoted Servant, William Jell.* Gravé en manière noire par *J. Mac Ardell.* (B. 89, V. S. 122.)

Haut., 426 millim.; larg., 457.

Cette planche ayant été altérée dès le commencement, les belles épreuves en sont très rares.

90. *Le Portrait d'un Espagnol.* En buste, dirigé à droite. Au milieu du bas, les armoiries de la Galerie de Dresde. A droite : *Tableau de P. P. Rubens de la Gallerie Royale de Dresde.* A gauche, la même inscription en italien, et au-dessous la mesure du tableau, en français et en italien. Au bas de la gravure, à gauche : *C. Hutin del.* A droite : *Fr. Zucchi sculps.* (B. 90, V. S. 287.)

Haut., 230 millim.; larg., 190.

91. *Le Portrait d'une femme.* En buste, dirigée à gauche, avec grande collerette et collier de perles. Les inscriptions au bas de la gravure, sauf l'indication de la mesure du tableau, sont les mêmes qu'au numéro précédent. Ce portrait paraît ressembler à la première femme de Rubens. (B. 91, V. S. 288)

Haut., 237 millim.; larg., 178.

92. *Portrait en pied d'une femme.* (Hélène Fourment). Elle est représentée en pied, se dirigeant à droite, coiffée d'un chapeau à larges bords, et de la main gauche elle tient une plume. Titre : RUBENS 2^d WIFE. *from the Original at Houghton Hall, in the Collection of the Earl of Orford.* Au bas de la gravure, à gauche : *Sr Ant. Van Dyke pinxit.* A droite : *J. Mc Ardell fecit.* Au bas, du même côté, le numéro 54. (B. 92, V. S. 108.)

Haut., 338 millim.; larg., 253.

1er état. Avant la lettre. — 2e. Celui décrit.
Selon Nagler, le tableau serait au musée de Berlin.

92 *bis. La même.* Gravée en contre-partie, par *Th. Chambars,* et publiée par J. Boydell en 1767. (V. S. 110.)

Haut., 476 millim.; larg,, 361.

1er état. Avant la lettre. — 2e. Avec la lettre.

92 *ter. La même.* Également en contre-partie, gravée par *L. Sailliar* et publiée par John Boydell en 1783. Cette pièce et la précédente portent, comme le numéro 92, le nom de *Van Dyke* comme peintre. (V. S. 109.)

Haut., 540 millim.; larg., 378.

1er état. Avant la lettre. — 2e. Avec la lettre.

93. *Le Buste de la même femme.* Dirigée à droite, regardant de

face. Gravé à l'eau-forte par un anonyme. Au bas, à gauche, on lit : *P. P. Rubens p^t*. (B. 93, V. S. 112.)

Haut., 112 millim.: larg., 81.

Au musée de Francfort, ce portrait est dit : *Marie, duchesse de Lancastre*.

94. *Une Petite fille*. Elle est coiffée en cheveux, portant des deux mains un panier de cerises. Gravé par *Exshaw*, d'après le tableau qui se trouvait chez M. Yver, à Amsterdam. (B. 94, V. S. 180, *Allégories*, etc.)

Haut., 324 millim.; larg., 351.

95. *Portrait d'un Guerrier*. Il porte une draperie en forme de manteau par-dessus sa cuirasse. Gravé en manière noire, sans nom de peintre ni de graveur. (B. 95, V. S. 289.)

Haut., 119 millim.; larg., 146.

96. *Portrait d'un Vieillard*. Il porte une grande barbe. Gravé sur bois, sans noms de peintre ni de graveur. (B. 96, V. S. 290.)

Haut., 133 millim.; larg., 99.

97. *Portrait d'un Vieillard*. En buste, vu de face, gravé en manière noire, d'après un dessin de Rubens. Sans noms de peintre ni de graveur. Au bas, à gauche, un *R*. Au milieu : 1734, et à droite un *C*. (B. 97, V. S. 291.)

Haut., 200 millim.; larg., 140.

1er état. Celui décrit. Non terminé ; il y a dans le bas une marge blanche mesurant 65 millim. de hauteur.

2e. Cette marge est couverte de travaux ; la planche est entièrement terminée.

98. *Une Tête d'enfant*. Elle est vue de trois quarts, couverte d'une toque chargée de plumes. *A. Blotelingh fecit et exc*. (B. 98, V. S. 326.)

Haut., 252 millim.; larg., 203.

99. *La même Tête d'enfant*. Elle est vue de profil ; la gravure porte les noms de *Rubens* et de *Blotelingh*. (B. 99, V. S. 327.)

Haut., 252 millim.; larg., 203.

Les premières épreuves sont avant le nom de *Rubens*.

100. *Une Étude pour la tête d'un homme*. On croit que c'est celle d'un paralytique que Rubens a placé dans un de ses tableaux. Il est de

profil, tourné à droite, coiffé d'un mouchoir; les yeux sont levés au ciel. *H. Blotelingh fecit et excu.* (B. 100, V. S. 292.)

Haut., 252 millim.; larg., 205.

100 *bis. Deux religieux barbus.* Ils sont représentés en buste, dirigés à droite, lisant dans un livre de musique. Titre : *Two friars of the* ORDER *of St Anthony.* Au-dessous : *Printed for J. Spilsbury. . . May 26th 1766.* Au bas de la gravure, à gauche : *S^r p. Paul Rubens pinx^t.* A droite : *J. Spilsbury fecit.* (V. S. 315.)

Haut., 304 millim.; larg., 253.

100 *ter. Portrait de femme.* Elle est représentée assise dans un fauteuil, vue jusqu'aux genoux, dirigée à gauche. Titre : LADY SITTING IN A CHAIR. *In the Gallery at Houghton. . . . . Published Decr 1st. 1778 by John Boydell Engraver in Cheapside London.* Au bas de la gravure, à gauche : *Rubens Pinxit. G. Farington delin^t.* Au milieu : *John Boydell excudit* 1778. A droite : *James Watson sculpsit.* Gravée en manière noire. Cintrée du haut. (V. S. 318.)

Haut., 410 millim , larg., 305.

1er état. Avant la lettre. — 2e. Celui décrit.

Nous citerons encore :

Portrait d'homme. De face à mi-corps devant une draperie; il porte un large col blanc; un manteau le couvre, il tient son chapeau de la main droite, et sa main gauche sur la hanche. Titre : *Tiré du Cabinet de M. Van Sassegem. P. Spruyt s.* A l'eau-forte. (V. S. 293.)

Haut., 173 millim.; larg. 122.

Portrait d'une femme. Elle porte un petit bonnet et un grand col ; de la main gauche, elle tient la chaîne de sa ceinture et s'appuie de la droite sur une table. Titre : *Tiré du Cabinet de Monsieur Van Sassegem, à Gand. P. Spruyt s.* A l'eau-forte. C'est le pendant du précédent. (V. S. 294.)

Même dimension.

Portrait d'un homme âgé. Il est tourné à gauche, portant un large col blanc plissé et un vêtement noir à quinze boutons. Le titre est en italien et en français. *Tableau de* P.P. RUBENS *de la Gallerie royale de Dresde. Dessiné par C. Hutin, gravé par J. Daullé* 1757. (V. S. 295.)

Haut., 223 millim., larg., 171.

Portrait d'une femme âgée. Elle est tournée à droite, coiffée d'un bonnet, ayant un large col blanc, un vêtement à dix-sept boutons et un manteau noir à manches. Titre en italien et en français : *Tableau de P. P. Rubens de la galerie de Dresde. C. Hutin del: P. Tanjé sculp.* C'est peut-être le pendant du précédent (V. S. 296).

Haut., 239 millim.; larg., 189.

Portrait d'une jeune personne, ayant un chapeau sur la tête; gravé dans une espèce d'ovale, à l'eau-forte, par *Tassaert.*

Il y a des épreuves avant et avec le nom de Rubens.

Le même portrait, sans nom, et le petit portrait d'une fille tenant un panier de fruits et de fleurs. Titre : CHAPEAU DE PAILLE.

(Voir catalogue del Marmol, nᵒˢ 1093 et 1094.)

MÉDAILLES, PIERRES, CORNALINES, MARBRES
ET BAS-RELIEFS ANTIQUES

1. *Figure seule.* Elle est assise près du Terme de Janus, le coude appuyée sur un globe et tenant de l'autre main les attributs de la Prudence et du bon Gouvernement. Titre : *Varie figueri de agati antique desinati da Pietro Paolo Rubenii.* Gravé par *Lucas Vorsterman et Paulus Pontius.* (B. 1, V. S. 23.)

Haut., 243 millim.; larg., 189.

Cette figure sert de titre à une suite d'Agates antiques que Rubens avait l'intention de publier et dont il a fait graver divers morceaux, entre autres :

1. *Camée de la Sainte-Chapelle de Paris,* nommée *Gemma Augustea.* On voit Auguste, mis au rang des dieux, et son successeur Tibère, accompagné des membres de sa famille. Au bas, des nations dans l'esclavage.

Haut., 387 millim.; larg. 257.

Il existe des épreuves avant la lettre et une copie de même grandeur en contre-partie. (Cat. del Marmol, nᵒ 1096.)

2. *Autre Camée.* Il représente Auguste, Livie, Germanicus et Tibère, ainsi que des soldats qui dressent un trophée. *Gemma Tiberiana.* Ce camée est d'une forme assez irrégulière.

Haut., 196 millim ; larg., 243.

Au cabinet impérial de Vienne, il existe une copie en contre-partie gravée par *Fr. van den Stein.*

3. *Camée.* Il représente le triomphe de Germanicus et d'Agrippine, dans un char attelé de deux centaures. Planche inachevée, cintrée par le haut et par le bas.

Dimension en travers, 293 millim.

Le catalogue del Marmol mentionne une épreuve avec quelques variantes.

4. *Camée en ovale*. Il représente un empereur triomphant, dans un quadrige, sous lequel sont des nations barbares terrassées.

Haut., 177 millim.; larg., 221.

5. *Trois Têtes de profil, d'après des camées*. On voit, dans un ovale, Agrippine entre deux cornes d'abondance, d'où sortent les têtes des deux enfants de cette princesse.

Haut., 102 millim.; larg., 87.

5 *bis. Un Homme* coiffé d'un casque, couronné de lauriers. *Un autre* avec un diadème et une corne d'abondance qui lui entoure l'oreille.

Chacun dans un rond : diam., 113.

Les trois sont sur une même feuille.

6. *Six Têtes rangées sur une même planche*. Elles sont d'après des camées antiques. La plus grande, dans le milieu de la seconde rangée, représente Tibère portant une couronne de chêne et une égide sur la poitrine.

Dimension de l'ovale : haut., 81 millim.; larg., 61.

Les cinq autres montrent des têtes de Romains. La troisième est Mécène, la quatrième une jeune femme coiffée d'une trompe d'éléphant, la cinquième est Pallas. Sans noms de peintre ni de graveur.

Même dimension que plus haut.

Le catalogue del Marmol mentionne une épreuve où il ne se trouve que cinq têtes et la place de la sixième est vide.

La sixième se trouve sur une planche séparée. Cet amateur possédait également la cinquième imprimée seule sur une planche.

7. *Quatre Têtes de profil sur une même planche*, d'après des originaux antiques : *Germanicus Cæsar, C. Cæsar Augusti Nepos, Solon et Socrates*. Par *L. Vorsterman*.

Haut., 156 millim.; larg., 102.

Dans la collection del Marmol, la tête de Socrate était séparément sur une feuille.

8. *Quatre autres Têtes sur une même planche*. Plato, Nicias, Pallas et Alexander Magnus.

Haut., 142 millim.; larg., 103.

Les premières épreuves de ces pièces sont, dit-on, avant la lettre.

2. *Planche sur laquelle sont vingt-quatre ronds*. Huit sont vides

et les autres occupés par des médailles de Jules-César. (B. 2,
V. S. 24.)

Haut., 241 millim.; larg., 162.

Le catalogue del Marmol (n° 1097) mentionne une feuille où sont huit ronds ou
médailles, ainsi que sur une autre feuille la suite des médailles et vignettes du livre
intitulé : *Pompa introitus Ferdinandi Aust...* en plusieurs petites planches. (B. 2,
V. S. 2

3. *Un Hermès* ou Terme, portant une double tête de Mercure et de
Pallas. Cette dernière dirigée à droite. Sans noms de peintre ni de graveur, mais par *Corn. Galle*. (B. 3.)

Haut., 212 millim.; larg., 144.

4. *Le Buste de Platon*, d'après le marbre antique. Il est placé dans
une niche cintrée, dirigé à droite. C'est le pendant du numéro suivant. Titre : PLATO ARISTONIS F. Au-dessous, à gauche : *Pet. Paul
Rubens pinxit*. A droite : *Luc. Vorstermans sculp.* (B. 4.)

Haut., 130 millim.; larg., 94.

5. *Le Buste de Sénèque*, d'après le marbre antique. Il est placé
dans une niche cintrée, vu de face. Titre : L. ANNÆUS SENECA. Au-
dessous, à gauche : *Pet. Paul Rubens pinxit*. A droite : *Luc
Vorstermans sculp.* (B. 5.)

Haut., 130 millim.; larg., 98.

6. *Suite de douze bustes ou têtes de philosophes et d'empereurs*,
dessinés d'après l'antique. (B. 6, V. S. 25) Voici les titres :

1. SOPHOCLES SOPHILI F. ATHENIENSIS. *P. Pontius sculpsit*, 1638.

Haut., 288 millim.; larg., 216.

2. SOCRATES SOPHRONISCI FILIVS ATHENIENSIS. Buste dans une niche.
P. Pontius sculpsit, 1638.

Haut., 391 millim.; larg., 264.

3. DEMOCRITVS GELASINVS ABDERITES. *L. Vorstermans sculp.*

Haut., 248 millim.; larg., 207,

4. HIPPOCRATES HERACLIDÆ. F. CONS. *P. Pontius sculp.* 1638.

Haut., 276 millim.; larg., 216.

5. PLATO ARISTONIS F. ATHENIENSIS. *L. Vorsterman sculp.*

Haut., 276 millim.; larg., 185.

6. DEMOSTHENES DEMOSTHENIS F. ATHENIENSIS ORATOR. *H. Withouc
sculpsit.* A. 1638.

> Haut., 315 millim.; larg., 230.

7. P. CORNELIVS SCIPIO AFRICANVS. *P. Pontius sculpsit*, 1638.

> Haut., 286 millim.; larg., 216.

8. M. TVLLIVS CICERO. *H. Withouc sculp.* A° 1638.

> Haut., 322 millim.; larg., 227.

9. C. CÆSAR DICT. PERPETVO. *B. à Bolswert sculpsit.*

> Haut., 267 millim.; larg., 207.

10. M. BRVTVS IMP. *L. Vorstermans sculpsit* 1638.

> Haut., 267 millim.; larg., 191.

11. LVCIVS ANNÆVS SENECA. *L. Vorstermans sculp.*

> Haut., 280 millim.; larg., 198.

12. IMP. NERO CÆSAR AVGVSTVS. Buste dans une niche. *P. Pontius sculpsit* 1638.

> Haut., 298 millim.; larg., 198.

On voit au Cabinet des estampes de Paris trois de ces portraits avant toutes lettres retouchés par *Rubens*. Ce sont ceux de *César*, de *Scipion l'Africain* et de *Néron*.

7. *Autre suite d'estampes*, pour le livre intitulé : *Philippi Rubenii Electorum libri II, Antv. ex officina Plantiniana*. 1608. Consistant en six pièces, d'après les dessins de Rubens, dont suit la description. (B. 7, V. S. 61.)

1. Représente une figure répétée trois fois sur la même feuille, vêtue d'une toge comme l'étaient communément les Romains. Titre en haut : ICONISMVS STATVÆ TOGGATÆ. Au coin supérieur, à droite : *Pag.* 21. En bas : *Corn. Galle Sculp.*

> Haut., 196 millim.; larg., 270

II. Représente une course de chars dans un cirque, qui se dirigent à droite. Elle est dessinée d'après un bas-relief qui se voyait près de la Porte-Pie. Titre : ICONISMVS CIRCENSIVM ET MISSIONIS MAPPÆ. Au coin du haut, à droite : *Pag.* 33. En bas, au milieu : *Corn. Galle Sculp.*

> Haut., 196 millim.; larg., 311.

III. Représente deux figures, dont l'une est debout à droite, et l'autre assise à gauche. Elles sont vêtues d'une tunique, vêtement sans manches que les Romains portaient sous leur toge. Titre : INCONISMVS DVPLICIS STATVÆ TVNICATÆ. Au haut, à droite : *Pag.* 67. Au milieu du bas : *Corn. Galle Sculp.*

> Haut., 262 millim.; larg., 272.

IV. Représente la tête d'un Flamine, vue de profil, avec son bonnet. A côté est un autre bonnet de Flamine. Sans titre ni pagination, mais se trouve dans le livre à la page 73.

Haut., 89 millim.; larg., 112.

V. Représente une frise chargée d'ustensiles servant aux sacrifices des anciens Romains et d'un bonnet de Flamine. Titre : ICONISMVS APICIS IN LAPIDE CLIVI CAPITOLONI. Au haut, à droite : *Pag.* 74. Au bas, vers la gauche : *Corn. Galle Sculp.*

Haut., 192 millim.; larg., 294.

VI. Représente une médaille de Faustine, ayant pour revers l'établissement que cette princesse fit pour l'éducation d'un nombre de filles, qui furent appelées de son nom. Elle est imprimée sur la page 87.

TITRES DE LIVRES, VIGNETTES, CULS-DE-LAMPE

1. AGVILONII (FRANCISCI) E SOCIETATE IESV OPTICORVM LIBRI SEX . . . Au bas, dans un cartouche: ANTVERPIÆ, EX OFFICINA PLANTINIANA. . . M. DC. XIII. On voit un corps d'architecture ; à côté, sont deux Termes: l'un figure Mercure, l'autre Minerve. Au-dessus, est Junon avec un soleil. Sans nom de peintre ni de graveur. (B. 1, V. S. 1.)

Haut., 311 millim.; larg., 195.

2. ANATOMIA TOTIVS AVGVSTISSIMÆ DOCTRINÆ AVGVSTINÆ. Ce titre est écrit dans un cartouche, au-dessus duquel est saint Augustin; accompagné de plusieurs papes, il foule aux pieds Pélage, Célestius et Julien d'Eclane. Le même titre a servi à l'édition de l'*Augustinus* de Jansénius. *C. Galle fecit.* (B. 2, V. S. 2.)

Haut., 293 millim.; larg., 189.

3. ANNALES SACRI, ... AVCTORE AVGVSTINO TORNIELLO : : : : : ANTVERPIÆ EX OFFICINA PLANTINIANA. . . . . M. DC. XX. On voit sur le titre un corps d'architecture où se trouvent, à gauche, Moïse, et à droite, un autre prophète. En haut, dans un cartouche, l'image de la Trinité, au-dessus du globe de la terre. Au bas, Jésus-Christ donne les clefs à saint Pierre. Sans nom de peintre ni de graveur. (B. 3, V. S. 3.)

Haut., 324 millim.; larg., 216.

Les premières épreuves sont avant la lettre.

4. ANNALES DE FLANDRES POR EMANVEL SVEYRO . . . . Dans la marge du bas : EN ANVERS. . . . . M. DC. XXIV. Le titre est sur un

piédestal. On y voit la Flandre sous la figure d'une femme ; aux deux
côtés, Mercure et Cérès. Au bas, deux fleuves représentant l'Escaut
et la Lys. *P. de Iode sculp.* (B. 4, V. S. 4.)

Haut., 246 millim ; larg., 172.

Basan doute que le dessin soit de Rubens. L'épreuve du Cabinet des Estampes de
Paris ne porte ni nom de peintre, ni de graveur.

5. APOSTOLICARVM PII QVINTI PONT. MAX. EPISTOLARVM. . . . *curà*
FRANCISCI GOUBAU. Dans la marge du bas : ANTVERPIÆ. . . M. DC. XL.
Dans le haut est le portrait de Pie V ; à gauche, un ange paraît dé-
livrer des captifs ; de l'autre côté, un ange foudroie les hérétiques.
Sans nom de peintre ni de graveur. (B. 5, V. S. 5.)

Haut., 178 millim.; larg., 130.

6. BIBLIA SACRA CVM GLOSSA ORDINARIA. . . . . En bas, dans un
cartouche : DVACI EXCVDEBAT BALTAZAR BELLERVS. . . . . *Antuerpiensis sumptibus. Anno* CIↃ.ICↃ.XVII. Dans le bas, à gauche : *Pet. Paul
Rubenius inuent.* A droite : *Ioan. Collaert sculpsit.* Ce titre est
dans un cartouche d'architecture au-dessus duquel est la Théologie,
sous la figure d'une femme, tenant deux flambeaux. Aux deux côtés.
deux Termes représentent l'ancienne et la nouvelle Loi. (B. 6, V. S. 6.)

Haut., 390 millim.; larg., 250.

La première édition est de 1617.

7. VENERABILIS PATRIS D. LVDOVICI BLOSII MONASTERII LÆTIENSIS
ORDINIS . . . . OPERA. Dans la marge du bas : ANTVERPIÆ. . . .
M.DC.XXXII. CVM PRIVILEGIIS CÆSAREO ET DVORVM REGVM. Dans la
gravure, vers le bas, à droite : *Corn. Galle sculp.* L'abbé bénédic-
tin offre à genoux à Jésus-Christ et à la sainte Vierge son ouvrage
soutenu par quatre femmes représentant les principales Vertus mona-
cales. (B. 7, V. S. 7.)

Haut., 305 millim.; larg., 212.

Les premières épreuves sont avant toutes lettres.

8. BONARTI (R. P. OLIVERI) *Societ. Iesv theologi in* ECCLESIAS-
TICVM COMMENTARIVS. Dans le bas : ANTVERPIÆ APVD IOANNEM MEVR-
SIVM. ANNO M.DC.XXIV. *Cum Priuilegijs.* Au-dessous, à gauche :
Pet. Paul. Rubens inuent. A droite : *Corn. Galle sculp.* Salomon,

à genoux, offre l'Ecclésiaste à la Sagesse divine représentée par une femme qu'un soleil environne; elle est assise sur un trône, supporté par des nuages. Dans le fond, le paradis terrestre; sur le devant, une caverne où sont les limbes. (B. 8, V. S. 8.)

Haut., 320 millim ; larg., 196.

Les premières épreuves sont avant la lettre.

9. BREVIARVM ROMANVM *Ex decreto Sacrosancti Concilii Tridentini restitutum.* . . . . . Au-dessous, dans un cartouche : ANTVERPIÆ. . . . . . M.DC.XXVIII. Sans nom de peintre ni de graveur. Le titre est sur un piédestal au-dessus duquel est l'Église, ayant dans la main un livre ouvert. Aux deux côtés, saint Pierre et saint Paul. Au bas, les armes du pape Grégoire XV. (B. 9, V. S. 9.)

Haut., 342 millim.; larg., 217.

1ᵉʳ état. Celui décrit. — 2ᵉ. Les armes d'Urbain VIII, consistant en trois abeilles, ont été substituées aux précédentes armoiries.

10. CATENA SEXAGINTA QVINQVE GRÆCORVM PATRVM IN S. LUCAM. . . . . *à* BALTHASARE CORDERIO *Antuerp. Doctore Theologo* SOC. IESV. Dans la marge du bas : ANTVERPIÆ, EX OFFICINA PLANTINIANA, M.DC.XXVIII. Le titre est écrit sur une peau de bœuf, au-dessus de laquelle est saint Luc. Aux côtés, saint Augustin et un autre saint. (B. 10, V. S. 10.)

Haut., 304 millim.; larg., 205.

11. COMMENTARIA IN PENTATEVCHVM MOSIS, *Auctore* R. P. CORNELIO CORNELII A LAPIDE, ... ANTVERPIÆ. . . . . M.DC.XLVIII. Dans la marge du bas : *Cum Priuilegio Cæsareo, Regis Hispaniarum.* Le titre est dans un corps d'architecture avec quatre colonnes corinthiennes, au-dessus duquel Moïse tient les tables de la Loi. (B. 11, V. S. 11.)

Haut., 312 millim.; larg., 196.

12. COMMENTARIA IN PENTATEVCHVM MOSIS, *Auctore* R. P. J. BONFRERIO SOCIET. IESV. Autour de ce titre, dans des petits cartouches, divers emblèmes tirés de l'Écriture sainte. (B. 12, V. S. 12.)

Haut., 311 millim.; larg., 213.

Ce même titre se trouve dans une autre composition représentant Jésus-Christ et deux Évangélistes. *C. Galle sculp.* C'est l'édition de 1634; la précédente est de 1618. (V. S. 13.)

Même dimension.

13. COMMENTARIA IN DVODECIM PROPHETAS MINORES, *Auctore* R. P. CORNELIO CORNELII A LAPIDE, *e Societate* IESV. . . . *Antverpiæ.* . . . . M.DC.XXV. Autour, les douze petits Prophètes, tenant chacun un passage de leurs ouvrages. Au-dessus, la sainte Trinité. *Corn. Galle sculp.* (B. 13. V. S. 14.)

Haut., 315 millim.; larg., 192.

14. COMMENTARIA IN ACTA APOSTOLORVM, EPISTOLAS CANONICAS, ET APOCALYPSIN. AUCTORÈ R. P. CORNELIO CORNELII A LAPIDE . . . . . Au bas, dans un cartouche : ANTVERPIÆ APVD MARTINVM NVTIVM. M.DC.XXVII. Dans le bas, à droite : *Corn. Galle sculpsit.* Ce titre est orné d'un sujet de l'Apocalypse. Au bas, les quatre Évangélistes. (B. 14, V. S. 15.)

Haut., 310 millim.; larg., 198.

Les premières épreuves sont avant toutes lettres. (Catalogue del Marmol, n° 1118.)

14 *bis.* COMMENTARIA IN ECCLESIASTICUM, AUCTORE P. P. CORNELIO CORNELII A LAPIDE. . . . . 1634. Le titre est sur un tapis étendu. Dans le haut, Jésus entouré d'une auréole; à gauche, une figure assise, aux pieds de laquelle est écrit : *Jesus auctor;* à droite, une autre avec l'inscription : *Jesus interpres.* Sans nom de peintre. *C. Galle sculp.* (V. S. 16.)

Haut., 324 millim.; larg., 200.

15. DE CONTEMPLATIONE DIVINA LIBRI SEX, *Auctore* R. P. F. THOMA A IESU. . . . . En bas, dans un cartouche : *Antverpiæ.* . . . M.DC.XX. Sans nom de peintre ni de graveur. Le titre est sur une draperie que soutiennent deux anges. On voit, d'un côté, saint Jean de la Croix, et de l'autre sainte Thérèse. Dans le haut, le nom de Dieu. (B. 15, V. S. 17.)

Haut., 157 millim ; larg., 97.

16. CRVX TRIVMPHANS ET GLORIOSA, A IACOBO BOSIO, *descripta* LIBRIS SEX. . . Au bas, dans un cartouche ornementé : ANTVERPIÆ. . . M.DC.XVII. A gauche : *Pet. Paul Rubenius inuenit.* A droite : *Corn. Galleus sculpsit.* Le titre est sur un piédestal où se voit Jésus-

Christ tenant sa croix, et qu'accompagnent deux Vertus. (B. 16,
V. S. 18.)

Haut , 326 millim.; larg , 210.

On connaît des épreuves avant la lettre.

17. DICTELII (A. GUILLEMI) EXERCITATIO THEOLOGICA. ANTV. 1631.
Ce titre se lit dans un corps d'architecture en forme d'arc de triomphe,
orné de quatre colonnes corinthiennes, terminé par deux Victoires
qui couronnent un globe. (B. 17, V. S. 19.)

Haut., 297 millim.; larg., 196.

18. DIVERSES PIECES POVR LA DEFENSE DE LA ROYNE MERE DU ROY
TRÈS-CHRESTIEN LOVYS XIII, FAITES ET REVEVES PAR MESSIRE MATTHIEV
DE MORGVES. . . . . Sans nom de peintre ni de graveur. D'un côté
du titre, le Temps tire la Vérité du fond d'un puits ; de l'autre, le Temps
confond l'Envie. (B. 18, V. S. 20.)

Haut., 282 millim ; larg. 178.

On connaît des copies en contre-partie. (Catalogue del Marmol, n° 1121.)

18 *bis*. EXPOSITIO PATRUM GRÆCORUM IN PSALMOS, TOMUS I, II, III.
Antv. 1643. Le roi David à genoux joue de la harpe ; au bas, sont les
Patriarches dans les limbes. (V. S. 21.)

Haut., 392 millim.; larg., 198.

19. GENERALE KERCKELYCKE HISTORIE. . . . . En bas : T'ANTWER-
PEN. . . . . *Anno* M.DC.XXIII. Au coin de la gravure, à droite : *P. P.
Rubens inu. L. Vorsterman sculp.* Le titre en flamand est écrit sur une
draperie soutenue par deux anges aux côtés desquels sont saint Pierre
et saint Paul. Au bas, l'Église avec une tiare sur la tête, tenant un
flambeau auquel des petits anges en allument d'autres qu'ils distri-
buent à divers peuples. (B. 19, V. S. 22.)

Haut., 330 millim.; larg., 230.

20. GENERALE LEGENDE DER HEYLIGHEN. . . . . En bas, dans un
cartouche : T'ANTWERPEN. . . . . M.DC.XIX. Ce titre en flamand est
environné de divers saints et saintes jouissant de la Gloire céleste;
dans le haut, la sainte Vierge. Sans nom de peintre ni de graveur.
(B. 20, V. S. 23.)

Haut., 320 millim.; larg., 205.

21. GRÆCIÆ UNIVERSÆ, ASIÆQUE MINORIS. . . . . . HUBERTO GOLTZIO SCULPTORE. *Antv.* 1618. Ce titre est sur un piédestal que surmonte un aigle, tenant dans ses serres la foudre; aux côtés, des trophées. *M. Lasne sculp.* (B. 21, V. S. 24.)

Haut., 279 millim.; larg., 176.

22. FRANCISCI HARÆI ANNALES DVCVM SEV PRINCIPVM BRABANTIÆ TOTIVSQ. BELGII. . . . . Au bas, dans un cartouche : ANTVERPIÆ . . . M.DC.XIII. Le titre est sur un piédestal, au-dessus duquel une femme assise représente l'Histoire éclairant le monde de son flambeau; à côté, Mars et la déesse de la Paix. Sans nom de peintre ni de graveur. (B. 22, V. S. 25.)

Haut., 286 millim.; larg., 175.

1ᵉʳ état. Il n'y a rien de dessiné sur le globe; avant toutes lettres.
2ᵉ. Celui décrit.

Sur le titre du troisième volume imprimé aussi en 1623, on voit le temple de Janus, dont la porte est ouverte par la Fureur, la Discorde et l'Envie; sur le rideau qui couvre la baie de la porte est le titre du livre. Sans nom de peintre ni de graveur.

Haut., 293 millim.; larg., 177.

23. DE HIERARCHIA MARIANA LIBRI SEX. *Antv.* 1641. Philippe IV, auquel est dédié le livre, et le R. P. Barthélemy de los Rios, moine augustin, sont à genoux devant la sainte Vierge; saint Augustin en religieux tient un cœur enflammé. *C. Galle sculp.* (B. 23, V. S. 26.)

Haut., 270 millim.; larg., 178.

24. HISTOIRE CURIEUSE DE TOUT CE QUI S'EST PASSÉ A L'ENTRÉE DE LA REINE MÈRE DU ROI T. C. DANS LES VILLES DES PAYS-BAS, 1632. Dans l'estampe qui orne le titre, l'infante Isabelle embrasse la reine. *Corn. Galle sculp.* (B. 24, V. S. 27.)

Haut., 284 millim.; larg., 176.

24 *bis*. HISTORIA DE LAS GVERRAS CIVILES QVE HA AVIDO EN LOS ESTADOS DE FLANDES. . . . . EN BRVSELAS . . . . 1625. *Cum priuilegio de* 12 *años.* Sans nom de peintre ni de graveur. Une femme assise tient les armes d'Espagne; dans le bas, un écusson d'armoiries. (B. 24 *bis*, V. S. 28.)

C'est le même titre que celui de notre numéro 22, avec cette différence que la femme assise, au lieu d'un flambeau, tient les armes d'Espagne.

25. HISTORICA, THEOLOGICA ET MORALIS TERRÆ SANCTÆ ELUCIDATIO. *Antv.* 1639. Ce titre est au milieu d'un corps d'architecture, aux côtés duquel sont Abraham et saint François; en haut, Dieu le père avec Moïse et plusieurs saints; au bas, une femme assise sur des ruines. (B. 25, V. S. 29.)

Haut., 304 millim.; larg., 203.

26. IANSENII (CORNELII) EPISCOPI IPRENSIS. . . . . AVGVSTINVS. LOVANII TYPIS ET SVMPTIBVS IACOBI ZEGERI. Dans la marge du bas : *Cum Gratia* & *priuilegio S. Cæsareæ* & *Catholicæ Maiestatis. An :* 1640. Sans nom de peintre ni de graveur. C'est la même planche retouchée que pour l'ouvrage ci-dessus, numéro 2. (B. 26, V. S. 30.)

Haut., 297 millim.; larg., 188.

27. ICONES IMPERATORVM ROMANORVM, *Ex priscis Numismatibus.* . . . . Dans la marge du bas : ANTVERPIÆ, EX OFFICINA PLANTINIANA BALTHASARIS MORETI. M. DC. XLVI. Dans le bas de la gravure, à gauche : *Pet. Paul Rubenius inuenit.* A droite : *Corn. Galleus sen. sculpsit.* Le titre se voit sur le piédestal où César est assis. D'un côté, Constantin; de l'autre, l'empereur Rodolphe Iᵉʳ. (B. 27, V. S. 31.)

Haut., 297 millim.; larg., 200.

Il y a des épreuves avant toutes lettres.

28. IMPERATORVM ROMANORVM NVMISMATA AVREA. . . . . Dans la marge du bas : ANTVERPIÆ. . . . . M.DC.XV. Sans nom de peintre ni de graveur. Le fond est une grotte; une femme figurant la Monnaie est sur le devant, tenant une corne d'abondance et pesant des médailles. (B. 28, V. S. 32.)

Haut., 162 millim.; larg., 127.

Les premières épreuves sont avant l'adresse de l'imprimeur et l'année 1615.

29. IVSTI LIPSII V. C. OPERA OMNIA. . . . . Dans la marge du bas : ANTVERPIÆ IN OFFICINA PLANTINIANA BALTHASARIS MORETI. M.DC.XXXVII. CVM PRIVILEGIIS CÆSAREO ET PRINCIPVM BELGARVM. Dans le bas de la gravure, à gauche : *Pet. Paul. Rubenius inuenit.* A droite : *Corn. Galleus sculpsit.* Le titre est au milieu d'un portique rustique, orné de deux Termes, représentant Sénèque et Tacite. En

haut, dans un médaillon, le portrait de l'auteur. Le tout est entouré
de plusieurs figures allégoriques. (B. 29, V. S. 33.)

Haut., 305 millim.; larg., 197.

Il existe des épreuves avant toutes lettres.

30. DE IVSTITIA ET IVRE. . . . . AVCTORE LEONARDO LESSIO. . . . .
ANTVERPIÆ. . . . . M.DC.XXVI. Dans le bas de la gravure, à gauche :
Pet. Paul Rubenius inuent. A droite : *Cor. Galleus sculpsit.* Dans
la marge du bas : CVM PRIVILEGIIS CÆSAREO ET PRINCIPVM BELGARVM.
Le titre est dans un ovale, au-dessus duquel est la Justice, entre
les signes du Lion et de la Balance. D'un côté, la Terre, et de l'autre,
l'Abondance. Au bas, sont enchaînés un satyre et un homme les
yeux bandés. (B. 30, V. S. 34.)

Haut., 314 millim.; larg., 194.

1er état. Avant la lettre. — 2e. Celui décrit. La Justice ne porte pas de voile.
3e. La tête de la Justice est couverte d'un voile.

31. DE KERCKELYCKE HISTORIE VAN DE GHEBOORTE ONSES HEEREN
IESV CHRISTI TOT HET TEGENWOORDICH IAER M. DC. XXII. . . . . .
Dans une tablette, en bas : TOT ANTWERPEN, BY HIERONYMVS VERDVS-
SEN, ... M. DC. XXII. A gauche : *Pet. Paul. Rubens inu.* A droite :
Ioan. Collaert sculp. Le titre flamand est sur un piédestal que surmonte
la Religion, tenant d'une main une croix, et de l'autre une tiare. A côté
du piédestal, l'Histoire et la Vérité ; au bas, deux Vices symboliques
sont enchaînés. (B. 31, V. S. 35.)

Haut., 324 millim.; larg., 205.

Il y a une seconde édition, en 1624, où le titre offre quelques différences.

31 *bis.* KERKELIJKE HISTORIE VAN DE GHEELE. . . . . D'un côté,
Constantin, et de l'autre, Charlemagne. *A. Lommelin sculp.* (Voir
Catalogue del Marmol, n° 1124.) (V. S. 36.)

32. LEGATVS FREDERICI DE MARSELAER EQVITIS TOPARCHÆ DE PARCK,
COS : BRVX : AD PHILIPPVM IV HISPANIARVM REGEM. . . . *Antverpiæ, ex
officina plantiniana.* M. DC. LXVI. Ce titre est sur un écusson terminé
par un Terme, portant une couronne murale et ayant deux anges à ses
côtés. A droite et à gauche de l'écusson, Mercure et Minerve. Au

bas, un petit bas-relief représente des jeux d'enfants. Sans nom de
peintre ni de graveur. (B. 32, V. S. 37.)

Haut., 315 millim.; larg., 207.

Le catalogue del Marmol (n° 1137) cite le même titre avant la lettre, et de la première édition.

33. LVITPRANDI SVBDIACONI TOLETANI. . . . . Dans la marge du bas :
ANTVERPIÆ, ... M. DC. XL. Dans le bas de la gravure, à gauche :
E. Quellinius dilineavit. Au milieu : *Pet. Paul Rubennius inuenit.* A
droite : *Corn. Galleus iunior sculpsit.* Le titre est sur un piédestal, où
pose l'Histoire tenant un flambeau d'une main et écrivant de l'autre.
D'un côté, Mercure orne un palmier d'une banderole ; de l'autre, une
femme suspend des médailles à un laurier. Au bas, l'enlèvement d'Europe. (B. 33, V. S. 38.)

Haut., 264 millim.; larg., 177.

33 *bis.* LE LYS DIVIN ET LE SAMSON MYSTIQUE, *où sont representez
les amours de Samson avec Dalile.* . . . . Dans la marge du bas :
A BRUXELLES, CHEZ GODEFROY SCHOEVAERTS, 1638. Dans la gravure, au
bas de la droite : *C. Galle f.* Le titre est dans un ovale sous un arc
triomphal. A gauche, l'Église est représentée par une femme tenant une
croix et une tiare ; à droite, Samson ayant un lion à ses pieds. (V. S. 39.)

Haut., 169 millim.; larg., 122.

Nous citerons encore :

Lux Evangelica... per Henricum Engelgrave... Antv. 1648. Ce titre est sur un
tapis que tiennent quatre anges ; à droite, une représentation symbolique. Sans nom
de peintre. *Snyers ex.* (V. S. 40.)

34. MAPHÆI S. R. E. CARD. BARBERINI NVNC VRBANI PP. VIII. POEMATA.
Dans la marge du bas : ANTVERPIÆ, EX OFFICINA PLANTINIANA BALTHA-
SARIS MORETI. M. DC. XX. XIV. Dans la gravure, à gauche : *Pet. Paul
Rubens pinxit.* A droite : *Corn. Galle sculpsit.* On voit Samson qui
enlève un rayon de miel de la gueule du lion. (B. 34, V. S. 41.)

Haut., 177 millim.; larg., 137.

On trouve des épreuves avec et sans les noms de *Rubens* et de *Galle*. (Catalogue
del Marmol, n° 1139.)

35. LA MAGDELEINE DE F. RENÉ DE BEAUVAIS. . . . . 1617. On voit
Jésus-Christ qui lui apparaît sous la forme d'un jardinier. Derrière,

deux palmiers joignant leurs branches servent de siège à deux enfants soutenant des armes. (B. 35, V. S. 42.)

Haut., 142 millim.; larg., 90.

36. AVGVSTINI MASCARDI SILVARVM LIBRI IV..... Au bas, dans un cartouche : *Antverpiæ. . . . .* M. DC. XXII. A gauche : *Pet. Paul. Rubenius pinxit.* A droite : *Th. Galleus incidit.* Le titre est sur un piédestal près duquel sont deux génies, l'un jouant de la lyre et l'autre de deux flûtes. (B. 36, V. S. 43.)

Haut., 185 millim.; larg., 125.

Il y a des épreuves avant toutes lettres.

On trouve ce titre avec les mêmes lettres, mais avec ces mots : *Las Obras en verso...*

37. EL MEMORABLE Y GLORIOSO VIAJE DEL INFANTE CARDINAL D. FERNANDO DE AVSTRIA. EN AMBERES . . . . . M. DC. XXXV. Au bas, à gauche : *P. P. Rubens inuent.* A droite : *Marinus sculps.* 1635. On lit le titre dans un cartouche formé par Mars et la Victoire ; dans le haut, les armes du personnage. (B. 37, V. S. 44.)

Haut., 162 millim.; larg., 117.

On trouve ce titre dans l'édition française du même ouvrage qui parut la même année, intitulé : *Le Voyage du prince Fernande, Infant d'Espagne, Cardinal. Anvers,* 1635.

38. DE MILITIA EQVESTRI ANTIQVA ET NOVA. . . . . LIBRI QVINQVE. . . . . En bas : ANTVERPIÆ. . . . . M. DC. XXX. Ce titre est écrit sur une tour que porte un éléphant entouré de plusieurs cavaliers armés de diverses manières. Dans la gravure, à gauche : *Corn. Galleus sculpsit.* (B. 38, V. S. 45.)

Haut., 304 millim.; larg., 183.

Les premières épreuves sont avant toute lettre. (Catalogue del Marmol, n° 1143.)

38 *bis.* MISSALE ROMANVM. . . . . C'est la même composition que celle du numéro 9 ci-dessus ; seulement, à la place des armes du pape, on voit un cartouche sur lequel est gravé : TVLLI LEVCORVM. *Apvd Simonem Belgrand Typograp. Tulleñ.* Dans le milieu du bas : *A. Hanzelet fecit.* (B. 38 *bis,* V. S. 46.)

Haut., 335 millim.; larg., 213.

39. LVDOVICI NONNI COMMENTARIVS IN HVBERTI GOLTZI GRAECIAM, INSVLAS, ET ASIAM MINOREM. Dans la marge du bas : ANTVERPIÆ. . . . . CIƆ. IƆC. XV. Cette planche avait servi deux ans auparavant pour l'ouvrage décrit sous le numéro 24. (B. 39, V. S. 47.)

Haut., 268 millim.; larg., 177.

40. LVDOVICI NONNI COMMENTARIVS IN NOMISMATA IMP. IVLI. AVGVSTI. ET TIBERI. HVBERTO GOLTZIO SCVLPTORE. Au milieu du bas : ANTVERPIÆ..... M.DCXX. A droite : *M. Asinius* (Lasne) *sculp*. (B. 40, V. S. 48.)

Haut., 257 millim.; larg., 167.

Cette planche est la même que celle qui avait servi trois ans auparavant pour les éditions des *Médailles des empereurs romains*. (Voir n° 41.)

41. NUMISMATA IMPERATORUM ROMANORUM OPERA JACOBI BICEI. *Antv.* 1617. Ce titre est sur un piédestal portant la ville de Rome assise, couronnée par la Victoire. Au bas, la louve, des captifs et des trophées. *M. Asinius* (Lasne) *sculp*. (B. 41, V. S. 49.)

Haut., 257 millim ; larg., 167.

42. OBSIDIO BREDANA ARMIS PHILIPPI IIII..... Dans la marge du bas : ANTVERPIÆ, EX OFFICINA PLANTINIANA, M. DC. XXVI. Le titre est dans un ovale, surmonté des armes d'Espagne et supporté par Hercule et Pallas. Au bas, une femme que le Désespoir saisit. (B. 42, V. S. 50.)

Haut., 276 millim.; larg., 183.

1er état. Celui décrit. — 2e Avec le titre latin. — 3e Le titre est en français; on y lit : *Corn. Galleus sculpsit. Antverpiæ*..... M. DC. XXXI.

Nous devons faire remarquer que le catalogue del Marmol (n° 1146) cite une édition avec ce titre : SITIO DE BREDA RENDIDA A LAS ARMAS DEL REY DON PHELIPE IV..... ANTVERPIÆ. . . . . M. DC. XXVII. Sans nom de peintre ni de graveur.

43. OBRAS DE CAIO CORNELIO TACITO. Le piédestal où on lit ce titre est surmonté par la Renommée qui y est assise; à ses côtés, Minerve et Mars; au bas, dans une caverne, la louve romaine; à côté de la caverne, deux Fleuves. Sans nom de peintre ni de graveur. (B. 43, V. S. 51.)

44. OBRAS EN VERSO DE DON FRANCISCO DE BORJA..... AMBERES EN LA EMPRENTA PLANTINIANA 1663. *Theod. Galleus incidit*. (B. 44, V. S. 52.)

Haut., 189 millim.; larg., 135.

45. OPERA S. DIONISII AREOPAGITÆ..... Au-dessous, sur une tablette : ANTVERPIÆ . . . . . M. DC. XXXIIII. Dans le bas, à gauche : *Pet. Paul Rebenus pinxit*. A droite : *Corn. Galleus sculpsit*. Le titre est écrit sur une table que tient le saint évêque au milieu de l'estampe. Saint Pierre, saint Paul et trois Vertus cardinales l'accompagnent. (B. 45, V. S. 53.)

Haut., 304 millim.; larg., 205.

On trouve des épreuves avant toutes lettres. (Catalogue del Marmol, n° 1147.)

46. PARADIJS DER WELLUSTIGHEIT. . . . . *t'Anverpen* 1630. On voit
ce titre sur un piédestal où l'enfant Jésus est rayonnant de gloire et
tenant sa croix. Aux deux côtés, deux figures de femmes; l'une tient
un miroir, l'autre un cœur enflammé. (B. 46, V. S. 54.)

Haut., 142 millim.; larg., 99.

47. PHILOMATHI MUSÆ JUVENILES *Antverpiæ.* 1654. Au milieu de la
composition, un laurier auquel sont suspendues les armoiries de la
famille Chigi. Au pied de l'arbre, sont assis, d'un côté, Apollon, et de
l'autre, Mercure. (B. 47, V. S. 55.)

Haut., 149 millim.; larg., 95.

48. PHILIPPUS PRUDENS. . . . . . *Antv.* 1639. Ce titre est sur le globe,
au sommet duquel figure le roi d'Espagne, sous la forme d'un lion couronné terrassant un dragon. *E. Quellinus pinxit; J. Neefs sculpsit.*
(B. 48, V. S. 56.)

Haut., 286 millim.; larg., 180.

Malgré le nom de *Quellinus,* on croit cette composition de Rubens.

49. REGIA VIA CRVCIS. . . . . Dans la marge du bas : ANTVERPIÆ. . . . .
M. DC. XXXV. Sans nom de peintre ni de graveur. Le titre se lit sur une
pierre où est Jésus-Christ portant sa croix et invitant trois de ses
disciples à porter aussi la leur. Au bas, dans un médaillon, le labarum
de Constantin. (B. 49, V. S. 57.)

Haut., 141 millim.; larg., 88.

On connaît des épreuves avant toutes lettres.

50. REPETITIO DE DONATIONIBVS. Dédicace : *Illmo et Exc^{mo} Domino
D. Georgio Adamo Borzitæ.* . . . . Dans le bas de la droite : *C. Galle f.*
Au bas de l'estampe, une partie du globe de la terre où sont marqués les
villes de Louvain et de Prague; la Justice sur un nuage apparaît entre
le signe du Lion et celui de la Balance. (B. 50, V. S. 58.)

Haut., 222 millim.; larg., 153.

51. RES BRASILIÆ IMPERANTE *illustr^{mo} comite* 1 MAVRITIO NASSO-
VIÆ, etc. COMITE. . . . . Ce titre est environné de guirlandes de fruits
entremêlées d'enfants et de diverses armoiries. Dans le haut, celles
de Nassau; sur un piédestal : SENECA IN MEDEA TIPHISQVE NOVOS DETEGET

ORBES. Au-dessous, les lettres M.DCI entrelacées formant probablement la date de 1601. (B. 51, V. S. 59.)

Haut., 335 millim.; larg., 240.

52. ROMANÆ ET GRÆCÆ ANTIQVITATIS MONVMENTA. . . . . Dans la marge du bas : ANTVERPIÆ, EX OFFICINA PLANTINIANA BALTHASARIS MORETI. M. DC. XLV. Dans la gravure, à gauche : *Pet. Paul. Rubenius inuenit.* A droite : *Corn Galleus sculpsit.* Au-dessus du titre se tient l'Antiquité sous la forme d'un Terme ; à droite, le Temps et la Mort précipitent les héros anciens dans la caverne de l'oubli, tandis que, de l'autre côté, Hercule et Mercure les en retirent. (B. 52, V. S. 60.)

Haut., 304 millim.; larg., 200.

Les premières épreuves sont avant toutes lettres.

53. MATHIÆ CASIMIRI SARBIEVII E SOC. IESU LYRICORVM LIBRI IV. . . . . Dans la marge du bas : ANTVERPIÆ, EX OFFICINA PLANTINIANA. . . . . M.DC.XXXII CVM PRIVILEGIIS CÆSAREO ET REGIO. Dans la gravure, à gauche : *Pet. Paul Rubens pinxit.* A droite : *Corn. Galle sculpsit.* D'un côté, sous un palmier, Apollon pose sa lyre sur un autel où est le titre ; de l'autre, sous un laurier, une muse veille sur le jeune Hésiode, couché dans un berceau, et dans la bouche duquel des abeilles ont déposé leur miel. (B. 53, V. S. 62.)

Haut., 183 millim.; larg., 130.

1er état. Avant toutes lettres. — 2e état. Celui décrit.

54. CAROLI SCRIBANI E SOCIETATE IESV. . . . . PHILIPPO IV. HISPANIARVM REGI DD. Au-dessous, dans un cartouche : ANTVERPIÆ. . . . . M.DC.XXIV. Au bas, à gauche : *R. pinxit.* A droite : *Cor. Galle sculpsit.* Le titre se lit dans un cartouche, entre la Politique et l'Abondance. (B. 54, V. S. 63.)

Haut., 200 millim.; larg., 135.

55. SENECÆ (L. ANNÆI) PHILOSOPHI OPERA. . . . . *Antv.* 1615. Ce titre est au milieu d'un portique d'architecture d'ordre dorique ; d'un côté, Zenon ; de l'autre, Cléanthe ; au bas, trois médaillons : Sénèque, Epictète, l'Honneur et la Vertu ; au haut, trois autres médaillons ayant pour titre : Hercule, Pallas, Ulysse. (B. 55, V. S. 64.)

Haut., 313 millim.; larg., 189.

Dans la première édition, publiée en 1605, la tête du buste de Sénèque qui se voit dans le haut est de profil; dans celle de 1615, elle est vue de trois quarts. Rubens corrigea cette tête pour la rendre plus ressemblante à l'antique. Le reste de l'estampe ne lui appartient pas. Il existe une édition postérieure, de 1632.

Le catalogue del Marmol (n° 1151) cite encore une édition de 1652.

56. LE SIEGE DE LA VILLE DE DOLE CAPITALE DE LA FRANCHE-COMTE. . . . . Dans la marge du bas : A ANVERS, ... M.DC.XXXVIII. Dans la gravure, à droite : *C. Galle f.* Au-dessus du piédestal où est le titre, on voit la Franche-Comté à genoux devant Philippe IV qui reçoit l'hommage de cette province. (B. 56, V. S. 65.)

Haut., 178 millim.; larg., 129.

57. STEPHANI SIMONINI SEQUANI. . . . . *Antv.* 1637. *Corn. Galle sculpsit.* Ce titre avait déjà servi pour l'ouvrage de Sarbievius, n° 53. (B. 57, V. S. 66.)

58. SVMMA CONCILIORVM OMNIVM . . . . Dans un cartouche, en bas : ANTVERPIÆ. . . . . M.DC.XXIII. Ce titre se lit sur le piédestal aux côtés duquel sont saint Pierre et saint Paul. L'Église, que l'on voit dans le haut, est entourée de cardinaux et d'évêques; au bas, l'Hérésie enchaînée. Sans nom de peintre ni de graveur. (B. 58, V. S. 67.)

Haut., 308 millim.; larg., 205.

Il existe des épreuves d'essai avant toutes lettres.

59. DE SYMBOLIS HEROICIS LIBRI IX. . . . . Dans la marge du bas : ANTVERPIÆ. . . . M.DC.XXXIV. CVM PRIVILEGIIS CÆSAREO ET REGIO. Au bas, dans la gravure, à gauche : *Pet. Paul Rubens pinxit.* A droite : *Corn. Galle sculpsit.* Le titre est écrit sur un autel antique, au delà duquel on voit un Génie qui, d'une main, s'appuie sur la Nature, et de l'autre reçoit des pinceaux qui lui sont offerts par Mercure. (B. 59, V. S. 68.)

Haut., 177 millim.; larg., 137.

Il y a des épreuves avant toutes lettres.

60. TRÉSOR DE LA DOCTRINE CHRÉTIENNE PAR N. TURLOT. . . . . *Liège,* 1631. *Corn Galle sculp.* Cité seulement par Basan (B. 60, V. S. 69.)

60 *bis.* THESAVRVS MORALIS R. P. FRANCISCI LABATÆ. . . . . Au bas : ANTVERPIÆ, ... M.DC.LII. Au bas, à gauche : *Pet. Paul Rubens*

inu. A droite : *Ioan Collaert sculp.* Le titre a servi au livre flamand, décrit sous le numéro 35. (B. 60 *bis*, V. S. 70.)

61. R. P. IACOBI TIRINI ANTVERPIANI..... Au bas, dans un cartouche : ANTVERPIÆ. .... M.DC.XXXII. Au-dessous : *Cum priuilegio Cæsareo, et Regis Hispania.* A droite : *Corn. Galle sculp.* Le titre est dans un ovale, aux côtés duquel sont saint Pierre et saint Paul; dans le haut, la Vierge à genoux et la Trinité dans une gloire entourée de saints. Au bas sont Moïse et Aaron. Sans nom de peintre. (B. 61, V. S. 71.)

Haut., 320 millim.; larg., 205.

62. TVADERS BOECK TLEVEN ENDE SPREVCKEN DER VADEREN *Beschreuen door* DEN H. HIERONYMVS..... T'ANTWERPEN *by Hieronymus Verdussen*..... 1617. Dans la gravure, à gauche : *Pet. Paul. Rubenius inuent.* A droite : *Ioan. Collaert sculp.* Le titre se voit sur une draperie attachée à une niche rustique. Aux deux côtés, saint Paul ermite, et saint Antoine ; au bas, sainte Eugénie et sainte Paule, à genoux ; en haut, Élie et saint Jean- Baptiste. (B. 62, V. S. 72.)

Haut., 316 millim.; larg., 198.

63. VERITAS ET SVBLIMIS EXCELLENTIA VERBI INCARNATI JESU CHRISTI D. N....*Auctore P. Francisco Bourgoino, Parisino, Congregationis Oratorii.* ..... (B. 63, V. S. 73.)

64. VITÆ PATRVM. DE VITA ET VERBIS SENIORVM..... LIBRI X. ..... ANTVERPIÆ. .... M. DC. XXVIII. Ce titre est au milieu d'un corps d'architecture, orné de quatre pilastres corinthiens et des statues de saint Paul et de saint Antoine ermites. Aux quatre angles, Élie, saint Jean-Baptiste, sainte Eugénie et sainte Euphrosine. *C. Galle sculp.* (B. 64, V. S. 74.)

Haut., 313 millim. larg., 194.

Il y a des épreuves avant toutes lettres. (Catalogue del Marmol, n° 1157.)

65. VITÆ PATRVM DE VITA ET VERBIS SENIORVM. ... ANTVERPIÆ. .... M.DC.XVIII. Sans nom de peintre ni de graveur. Ce titre est écrit sur une draperie attachée à un rocher, sur lequel sont assis deux solitaires dans une grotte. Aux côtés de celle-ci, Élie et saint Jean-Baptiste tiennent ensemble un livre ouvert. (B. 65, V. S. 75.)

Haut., 307 millim.; larg., 195.

Il y a des épreuves avant toutes lettres.

On trouve au Cabinet des estampes de Paris les pièces suivantes placées dans l'œuvre de Rubens :

Ioannis Cassiani opera omnia cvm commentariis D. Alardi Gazæi. . . . . . En bas, dans un cartouche : *Atrebati. Apud Ioannem Baptistam.* . . . . M.DC.XXVIII. Au-dessous : *Pet. de Iode.*

Haut., 272 millim.; larg., 166.

DE TRIPLICI CŒNA CHRISTI AGNI, VVLGARI, EVCHARISTICA. *Auctore* R. P. IOANNE WALTERIO. . . . . Au bas, dans un cartouche : ANTVERPIÆ. . . . . M.DC.XVII. *Cum gratia et priuilegio.* Sans nom de peintre ni de graveur.

Haut., 205 millim.; larg., 161.

VITÆ P. AVRELLI AUGUSTINI LIBRI IV. AUCTORE R. P. IOANNE RIVIO. Sans nom de peintre ni de graveur.

Haut., 173 millim.; larg., 130.

IOANNIS MALDERI EPISCOPI ANTVERPIENSIS DE VIRTVTIBVS THEOLOGICIS ET IVSTITIA ET RELI-GIONE COMMENTARIA. . . . . Au-dessous, dans un cartouche : *Antverpiæ, ex officina Plantiana.* . . . . M.DC.XVI.

Haut., 310 millim.; larg., 191.

REGOLE MILITARI DEL CAVALIER MELZO SOPRA IL GOVERNO E SERVITIO DELLA CAVALLERIA. Dans le bas : IN ANVERSA. . . . . M.DC.XI. Sans nom de peintre ni de graveur.

Haut., 261 millim.; larg., 164.

R. P. SEBASTIANI BARRODII OLISSIPONENSIS E SOCIETATE IESV. . . . . COMMENTARIO IN CONCOR-DIAM EVANGELICAM. . . . . Au-dessous, sur un piédestal : *Antverpiæ.* . . . . M.DC.XII. Sans nom de peintre ni de graveur.

Haut., 349 millim.; larg., 213.

FRONTISPICES ET TITRES SANS ÉCRITURE

Nous citerons, d'après M. Voorhelm-Schneevoogt :

Un titre en deux compartiments. Dans celui du haut, représentation symbolique où deux enfants portent une croix. Au second, champ carré encadré de deux colonnes pour le titre. Celle de gauche montre les symboles de la Paix, celle de droite les instruments de la Passion de Notre-Seigneur. A gauche : *P. Rubenius inv.* Sans nom de graveur. (V. S. 76.)

Haut., 183 millim.; larg., 113.

Un titre en blanc. Une sainte entourée d'un nuage, ayant une hostie dans la main, est debout sur un dragon qui plane au-dessus d'une mer agitée. A droite, sur un navire de guerre : *Peniíentia tabula* 2ª *post naufragium.* En bas, une coquille ouverte et d'autres coquillages. Au-dessus de la planche, dans une gloire : *Attende et aüdi.* A gauche : *Rubens pinx.* Sans nom de graveur. (V. S. 77.)

Haut., 180 millim.; larg., 129.

66. *Un frontispice.* Dans le milieu, un écusson entouré d'une chaîne

d'où pend une croix et surmonté d'une couronne ; aux deux côtés,
Mercure et le Gouvernement ; ils soutiennent un cadran qui se trouve
dans le haut. Au bas, est une rangée d'écussons avec diverses armoiries. Sans nom de peintre ni de graveur. (B. 66, V. S. 78.)

Haut., 189 millim.; larg., 142.

67. *Façade d'un portique.* On voit, au milieu, une pyramide chargée
d'armoiries, posant sur un piédestal orné d'un bas-relief où se trouve
la Foi tenant les armes de la maison d'Autriche. Au bas : *Utriusque
mundi regna...* Sans nom de peintre ni de graveur. *Mart. van den
Enden, etc.* In-folio. (B. 67, V. S. 79.)

68. *Un titre.* On voit une figure assise, appuyée sur un piédestal et
regardant tristement un cartouche soutenu par plusieurs anges. Au-
dessus, d'autres anges tiennent un niveau, une balance. Sans nom de
peintre ni de graveur. (B. 68, V. S. 80.)

Haut., 194 millim.; larg., 146.

68 ². *Titre sans écriture.* Au fond est un corps d'architecture
rustique, au-devant duquel est une draperie soutenue par l'archiduc
Albert et par l'infante Isabelle. Dans le haut, un guerrier à cheval
accompagné de deux anges. (B. 68 *bis,* V. S. 81.)

Haut., 297 millim.; larg., 183.

68 ³. *Titre.* La Religion sur un piédestal et tenant un grand livre
ouvert ; dans le bas, un autel sur lequel il y a du feu : aux deux côtés
de l'autel sont deux femmes ; celle qui est à droite tient la foudre ; celle
de gauche, qui est voilée, reçoit le livre que donne la Religion. Sans
lettres ni noms.

Haut., 340 millim.; larg., 220.

68 ⁴. *Un titre.* On voit un compas ouvert entre les montants
duquel on lit : *Sacrum sanctuarium Crucis.....* *Antv. Plant.,* 1644.
In-4.

68 ⁵. *Un frontispice.* Au milieu, un pape debout sur les marches
d'un autel, tenant un livre de la main droite, posé sur son genou,
entouré de personnages. Composition de sept figures. En haut, un

écusson entouré d'Amours et de guirlandes de fruits. Sur l'écusson se lisent les lettres : *S. P. Q. R.* Dans le bas de la gravure, à gauche : *P. P. Rubens inven.*

Haut., 203 millim.; larg., 147.

VIGNETTES ET CULS-DE-LAMPE.

69. Six sujets pour un livre d'optique, gravés par *J.-B. Barbe,* mais sans qu'il y ait mis son nom (B. 69, V. S. 82.)

Haut., 97 millim.; larg., 142.

1. *Philosophe assis à droite,* parlant à trois petits génies ; à côté de lui, un globe, une sphère et des livres.

2. *Plusieurs génies dissèquent un œil tiré de la tête d'un cyclope.* Un philosophe assis, à gauche, les regarde.

3. *Ce philosophe est à gauche et regarde avec une lentille deux petits ronds que lui montrent deux génies.*

4. *Ce philosophe, debout, à gauche, regarde avec un instrument le colosse de Rhodes;* un génie, derrière lui, fait la même observation.

5. *Ce philosophe appuyé à une table* considère deux rayons partant de deux lampes que tient un génie, à droite.

6. *Le philosophe porte sur ses épaules la sphère du ciel;* un génie en l'air tient un flambeau qui marque sur la terre l'ombre de la sphère céleste ; deux autres génies la considèrent et la mesurent.

70. *Vignette avec les armes du duc de Bavière.* Le cartouche est orné d'un côté d'une couronne de laurier, et de l'autre, d'une guirlande de fleurs ; il est supporté par un aigle et un paon posés chacun sur un flambeau allumé. Le tout est surmonté d'une étoile et d'un arc-en-ciel. Sans nom de peintre ni de graveur. (B. 70, V. S. 83.)

Haut., 88 millim.; larg., 170.

Il existe de cette pièce des épreuves d'essai, avant les armoiries gravées sur le cartouche.

71. *Vignette pour un livre dédié au pape Urbain VIII.* Le cartouche, supporté par saint Pierre et par saint Paul, est surmonté d'une tiare et de deux clefs passées en sautoir. (B. 71, V. S. 84.)

Haut., 113 millim.; larg., 180.

Il y a des épreuves avant les armes terminées.

72. *La même vignette.* Elle est gravée sur bois par *Christophe Jegher.* (B. 72, V. S. 85.)

73. *Cul-de-lampe.* On y voit une poule qui couve ; par-dessus, est une lampe allumée ; aux deux côtés, un coq, un hibou et les têtes de Mercure et de Minerve. Sur une banderole, on lit : *Noctu incubando divqve;* c'était la devise de *Balthasar Moretus.* Au bas, dans la gravure, à gauche : *Pet. Paul Rubens pinxit.* A droite : *Corn. Galle sculpsit.* (B. 73, V. S. 86.)

Haut., 126 millim.; larg., 162

Il y a des épreuves avant les noms du peintre et du graveur.

74. *Le même cul-de-lampe,* du même sens. En bas, à gauche : *Pet. Paul Rubens pinxit.* A droite : *Alex. Voet sculp.* (B. 74, V. S. 87.)

Haut., 70 millim.; larg., 90.

On voit au Cabinet des estampes de Paris la même composition, sans nom de peintre ni de graveur.

Haut., 88 millim.; larg., 124.

75. *Cul-de-lampe,* composé d'un cartouche orné de cornes d'abondance et de guirlandes ; il contient un globe couronné de laurier, surmonté d'une tête représentant le soleil avec ces mots : FOVET ET ORNAT. Au bas, à gauche : *Pet. Paul Rubens inuent.* A droite : *Ioan Collaert sculpsit.* (B. 75, V. S. 88.)

Haut., 122 millim.; larg., 186.

76. *Le même cul-de-lampe.* Il est gravé en contre-partie ; par un anonyme ; mais sans la légende. (B. 76, V. S. 89.)

Haut., 119 millim.; larg., 180.

77. *Cul-de-lampe.* Il est composé d'un cartouche, dans lequel est un pélican. Dans le fond, saint François reçoit les stigmates. Sur une banderole : VERVS PELICANVS ALIT SVO SANGVINE. (B. 77, V. S. 90.)

Haut.; 61 millim.; larg., 100.

78. *Cul-de-lampe.* On voit un cartouche orné d'une couronne de laurier; une main tient un compas entrelacé d'une banderole, où est écrit : LABORE ET CONSTANTIA. C'est la devise de Plantin. Hercule et la Constance supportent le cartouche. (B. 78, V. S. 91.)

Haut., 110 millim.; larg., 150.

Sur l'épreuve du Cabinet des estampes de Paris, les noms de *Rubens* et de *Corn. Galle* y sont écrits à l'encre.

79. *Même sujet* gravé sur bois, par *Christophe Jegher.* Au bas, à gauche, les lettres I.C.I. (B. 79, V. S. 92.)

Haut., 120 millim.; larg., 100.

Citons encore :

Une vignette. Dans un ovale, l'Amour, au sein des nues, verse un philtre dans un vase. Aux deux côtés de l'ovale, des enfants jouent de la flûte. Celle de gauche est entourée d'épis de blé, celle de droite d'un pampre. Sur l'ovale : *Materiam superavit opus.* Au bas : *Dius Amor opere... maximum semet dedit.* Par un anonyme (V. S. 93.)

Haut., 248 millim.; larg., 171.

Des anges a lorent des fers tordus suspendus à un anneau. Dans le bas : RITRATO VER-DADERO DEL SANTO CLAVO QVE ESTA EN EL DOMO DE MILAN, *Pag*ᵃ. 72. Cabinet des estampes de Paris.

Haut., 169 millim.; larg., 121.

DIFFÉRENTES SUITES D'APRÈS RUBENS

SUITES DE SUJETS TIRÉS DE L'HISTOIRE SAINTE; SUJETS DE DÉVOTION

1. *Suite de vingt-trois estampes* représentant Jésus-Christ, deux vierges, quatre anges, les douze apôtres et les quatre Évangélistes. Titre : SS. APOSTOLORVM ICONES A PET. PAVLO RVBENIO *delineatœ* A CORNELIO GALLE *evulgatœ* ANTVERPIÆ. Les figures sont en pied et gravées par *S. à Bolswert et Corn. Galle.* Avec l'adresse de *C. Galle.* Basan dit : Avec l'adresse de *Gillis Hendricx,* ce qui consti-tuerait un deuxième état. (B. 1, V. S. 1.)

Haut., 254 millim.; larg., 133.

Le catalogue de messire del Marmol (n° 1170) mentionne plusieurs de ces estampes avec des adresses différentes, quelques-unes avant la lettre et avec variantes.

On croit qu'une suite de quatre Évangélistes, gravée par *Lommelin,* appartient à cette collection, la grandeur des planches étant la même. Les piédestaux sur lesquels sont posés les quatre apôtres diffèrent entre eux. Quelques-uns sont aussi gravés par *P. Clouwet.* M. Michiels dit que les figures séparées des douze apôtres furent peintes par Rubens pour le palais Rospigliosi, à Rome.

1 *bis. Une suite de douze apôtres, de saint Paul et de la sainte Vierge,* debout sur des piédestaux, avec le même titre, mais en sens contraire. *S. S. Apostolorum icones a Pet. Paulo Rubenio delineatæ a Gerardo Valck Amstelaedamensis G. Valck exc.* (V. S. 2.)

Haut., 259 millim.; larg., 135.

2. *Jésus-Christ, les douze apôtres et saint Paul,* en demi-figures. Chaque apôtre tient l'instrument de son martyre. Chaque planche est numérotée au bas de la droite et porte le nom de l'apôtre au milieu du bas, avec deux lignes du Credo, en latin d'un côté, et en flamand de l'autre. Le Sauveur porte ce titre : SALVATOR MVNDI. Au-dessous : *P. P. Rubens inuent. Nicolaus Ryckemans sculp. et excud.* D'un côté, trois vers latins ; de l'autre, les mêmes vers en flamand. (B. 2, V. S. 3.)

Haut., 185 millim.; larg., 140.

Les premières épreuves sont javant l'adresse d'*Engels Koning,* marchand d'estampes à Amsterdam.

3. *La même suite.* Gravée à l'eau-forte par un anonyme, sur fond blanc. Elle porte le nom des apôtres et le numéro de la planche dans le haut de la gauche. Au haut de la droite, on lit : *P. P. Rubens Pinxit.* Le Sauveur est en sens contraire de la suite précédente. (B. 3, V. S. 4.)

Haut., 220 millim.; larg., 162.

Cette suite est rare.

4. *La même suite.* Elle est gravée par *P. Isselburg,* mais avec quelques changements dans les barbes et dans les cheveux. Sur la première estampe, en haut : SALVATOR MVNDI, puis en bas une dédicace à l'évêque de Bamberg, par *Petrus Isselburg Coloniensis.* Chaque apôtre porte en souscription un passage du Credo, sauf saint Paul. Le nom de chaque apôtre est en haut, et le numéro au milieu du bas. (B. 4, V. S. 5.)

Haut., 234 millim.; larg., 201.

4 *bis. Même suite.* Elle est gravée par un anonyme. Les figures sont

dans un paysage ; le Sauveur est en sens contraire. A gauche : *Pet.
Paul Rubens pinxit ;* au milieu, les noms des apôtres ; à droite : *Gaspar
Huberti excudit,* et le numéro de chaque pièce. (V. S. 6.)

Même dimension.

On connaît encore la *même suite* gravée par un anonyme avec quelques changements dans les figures et dans l'ordre des numéros qui se voient à gauche. *G. Donck
exc.* (V. S. 7.)

Haut., 270 millim.; larg., 498.

Le catalogue del Marmol (n° 1175) mentionne l'ouvrage suivant : *Breviarium Romanum. Antv. Plant.* 1614. Première édition. Ce bréviaire contient onze estampes, y compris le titre. Celui-ci seul a une inscription ; les autres sont sans lettres. Gravées par
C. Galle, Van Panderen, et autres.

5. Basan parle de deux suites d'estampes imprimées à Anvers,
pour des Missels, dans l'atelier de Moretus. Tous deux ont le même
nombre de planches. (B. 5, V. S. 8.)

Les premières en date sont gravées par *Collaert,* et les autres, par
C. Galle le Vieux. On n'y trouve ni nom de peintre, ni de graveur. En
voici les sujets :

1. *L'Annonciation.* L'ange est en l'air dans celle de *Collaert ;* dans
celle de *Galle,* l'ange est incliné un genou en terre.

2. *L'Adoration des bergers.* — 3. *L'Adoration des Rois.*

4. *La Cène.* Notre-Seigneur, bénissant le pain, a la tête de profil.

5. *Jésus-Christ en croix.* La Vierge et saint Jean sont au pied de
la croix. Saint Jean est à droite ; il porte une main à sa poitrine, et
tient l'autre étendue. Dans l'estampe de *C. Galle,* on voit, au pied de la
croix, la Vierge, saint Jean et la Madeleine. Un ange recueille dans
un calice le sang qui coule de la plaie du côté.

6. *La Résurrection.* — 7. *L'Ascension.* — 8. *La Descente du saint
Esprit.* — 9. *L'Assomption.* — 10. *La Toussaint ou les saints réunis.*
— 11. *David à genoux.*

Haut., 297 millim.; larg., 194.

Corn. Galle le jeune a fait une copie de ces pièces.

Haut., 239 millim.; larg., 149.

On connaît du Missel de *C. Galle* des exemplaires en grand papier et des épreuves
avant la lettre.

Le catalogue del Marmol (n° 1177) cite encore :

Autre Missel composé de dix estampes, des bordures et du même frontispice. Titre : *Missale Romanum. Antv. Plant.* 1623.

On trouve ces estampes sans les bordures et sans le frontispice.

On rencontre encore dans ces sortes de missels, dit Basan, des bordures composées de différents petits sujets qui se rapportent à l'histoire sainte, mais qui ne sont pas de Rubens. *Quellinus* et *Diepenbecke* en sont les auteurs. On n'attribue à Rubens qu'une suite de ces bordures : c'est celle dans laquelle circule un arbre généalogique, servant de siège aux rois de la tribu de Juda, desquels est issu Jésus-Christ.

6. *Les plafonds de l'église des Jésuites à Anvers.* Jacob de Wit, peintre hollandais, dessina les plafonds que Rubens avait peints dans l'église citée plus haut, et qui furent détruits par un incendie en 1718. Il entreprit de graver les dessins qu'il avait faits, mais il n'exécuta que dix estampes.

1. *Saint Michel ou la chute des anges rebelles.*— 2. *La Naissance du Sauveur.* — 3. *La Tentation au désert.*—4. *La Résurrection.*— 5. *Le Triomphe de Joseph en Égypte.* — 6. *L'Ascension.* —7. *L'Enlèvement du prophète Élie.* — 8. *L'Assomption.* — 9. *Esther devant Assuérus.* — 10. *Le couronnement de la Vierge.*

En 1751, Jacques Punt, graveur à Amsterdam, proposa une souscription non seulement pour reproduire les dix morceaux exécutés par *Jacob de Wit*, mais pour les quatre galeries entières. On voit en tête du titre deux pages d'avertissement et une autre page pour la dédicace à Adam Gottlob Moltke, comte Bragntwed.

Première galerie du haut.

1. *Saint Michel ou la chute des anges rebelles.* L'Archange est tourné à gauche. — 2. *Naissance du Sauveur.* Saint Joseph et la sainte Vierge sont à droite. —3. *La reine de Saba devant Salomon.* Celui-ci est à gauche, la reine est à genoux au milieu. —4. *Adoration des Rois.* La sainte Vierge est à gauche. — 5. *David coupant la tête à Goliath.* David, tourné à gauche, a le pied droit sur la tête du géant. —6. *Tentation de Jésus-Christ au désert.* Notre-Seigneur est assis à droite. — 7. *Melchisédec offrant des pains à David.* Celui-ci est à gauche. — 8. *La Cène.* Jésus-Christ est assis à droite. — 9. *Moïse en prière soutenu par Aaron et Ur.* Moïse est tourné vers la gauche.

Seconde galerie du haut.

10. *Élévation en croix.* Notre-Seigneur est tourné vers la gauche.
— 11. *Sacrifice d'Abraham.* Isaac, les yeux bandés, est à droite. —
12. *Résurrection du Sauveur.* Il s'élance vers la gauche.— 13. *Triomphe de Joseph en Égypte.* Il est à droite, se dirigeant vers la gauche,
— 14. *Ascension.* — 15. *Enlèvement d'Élie.* Le char se dirige vers
la gauche. — 16. *Assomption.* La Vierge lève les yeux vers la droite.
— 17. *Esther devant Assuérus.* Le roi, assis à droite, étend son
sceptre. — 18. *Couronnement de la Vierge.* Dieu le Père à droite, et
Jésus-Christ du côté opposé, lui posent la couronne sur la tête.

Première galerie du bas.

19. *Saint Athanase.* Il tient une crosse de la main droite. —
20. *Sainte Anne et la sainte Vierge.* Toutes deux regardent vers la
gauche. — 21. *Saint Basile.* Au-dessus de sa tête, un ange vient de la
droite. — 22. *Sainte Marie-Madeleine.* Assise au milieu, elle regarde
vers la gauche.— 23. *Le nom de Marie dans une gloire entourée d'anges.* — 24. *Sainte Cécile.* Elle regarde le ciel et touche d'un orgue
placé à gauche. — 25. *Saint Grégoire de Naziance.* Il frappe de sa
crosse le démon qui tombe à gauche. — 26. *Sainte Catherine.* Elle
foule aux pieds un guerrier renversé sur lequel elle appuie une
épée qu'elle tient de la main droite. —27. *Saint Jean-Chrysostôme.*
Placé à gauche, il ordonne de renverser une idole.

Seconde galerie du bas.

28. *Saint Jérôme.* Sa jambe droite est posée sur le lion et sa
main gauche est sur un livre. — 29. *Sainte Lucie.* Un bourreau,
qui est à droite, la perce d'une épée. — 30. *Saint Augustin.* Il
s'élance vers les cieux tenant un cœur percé d'une flèche. —31. *Sainte
Barbe.* Tournée à gauche, elle montre sa prison.— 32. *Le nom de Jésus dans une gloire environnée d'anges.* — 33. *Sainte Marguerite.*
Elle tient un dragon enchaîné qui est à gauche. — 34. *Saint Am-*

broise. Il tient un livre de la main droite, et sa crosse de la gauche. — 35. *Sainte Eugénie.* Un bourreau, qui est à gauche, lève sa hache pour lui trancher la tête. — 36. *Saint Grégoire, pape.* Il regarde la sainte Vierge et l'enfant Jésus qui sont à gauche.

En tête de la collection, *Punt* a placé le portrait de Rubens; à gauche, l'église des Jésuites est en feu. (B. 6, V. S. 9-10.)

Haut. des planches, 306 millim.; larg. 369.

7. La première galerie du haut et la première du bas sont aussi gravées par *G. M. Preisler*, seulement *sainte Claire* a remplacé *sainte Catherine*. En tête de l'œuvre, on a placé les portraits de Rubens et de Van Dyck. Ces planches qui diffèrent de grandeur sont tantôt dans une bordure ovale, tantôt dans une bordure carrée ou dans un hexagone. (B. 7, V. S. 11.)

On a joint un titre et une préface imprimés.

8. *Vie de saint Ignace.* C'est une suite de soixante-dix-huit estampes précédées d'un frontispice, où sont représentés les principaux saints Jésuites, et d'un titre : VITA BEATI P. IGNATII LOIOLÆ SOCIETATIS IESV FVNDATORIS. ROMÆ M.DC.IX. (B. 8, V. S. 12.)

Haut., 144 millim., en y comprenant l'espace pour l'explication du sujet ; larg., 95.

Les pièces numérotées 13, 43, 46, 49, 50, 55, 56, 64, 67, 69, 73, 74, 77, ainsi qu'une dernière sans numéro, très rare, représentant les cérémonies de la canonisation de saint Ignace, sont gravées d'après les dessins faits par Rubens lorsqu'il était à Rome. Mariette possédait un exemplaire de la suite entière, épreuves de graveur, apostillée de Rubens et chargée de beaucoup de ses corrections, qui toutes ont été suivies. Quoique toutes ces planches ne portent pas de nom de graveur, on est certain qu'elles sont dues à *Galle le père*.

Au Cabinet des estampes de Paris, il existe une suite unique de cette vie de saint Ignace; plusieurs pièces sont avant la lettre et d'autres avant une infinité de changements et de corrections.

9. *Suite d'estampes connues sous le nom de vélins.* Elles sont attribuées à Rubens, mais Basan ne lui en garantissait pas le quart. Elles sont en général gravées par *Schelle à Bolswert* ou par *C. Galle* qui en a copié aussi plusieurs d'après le premier graveur. Dans la collection de messire del Marmol, il y avait plus de quatre-vingt-dix de ces pièces. Basan en décrit soixante-huit. (B. 9, V. S. 13.)

1. *Visitation,* sans titre. — 2. *Adoration des bergers. Mart. van den*

Enden exc. C. P. — 3. *Adoration des rois.* Même adresse. — 4. *L'enfant Jésus assis sur un coussin posé sur un nuage, bénissant d'une main le globe qu'il tient de l'autre.*—5. *La sainte Vierge faisant couler du lait dans la bouche de son divin Fils.*Titre : *Parvoque lacte pastus est.* . . — 6. *La sainte Vierge tenant l'enfant Jésus emmailloté.* Titre : *Orditur jam nunc.* . .— 7. *La sainte Vierge tenant l'enfant Jésus emmailloté et la tête posée sur son front.* Titre : *S. Maria mater Dei.* — 8. *La sainte Vierge tenant l'enfant Jésus emmailloté.* On voit trois anges et quatre chérubins. Titre : *Quis mihi det.* . .— 9. *La sainte Vierge la joue posée sur la tête de l'enfant Jésus.* — 10. *L'enfant Jésus embrassant la sainte Vierge.* Titre : *Lœva ejus sub capite* . .— 11. *La sainte Vierge tenant dans ses bras l'enfant Jésus.* On voit un bout du berceau. Titre : *Sancta Maria ora pro nobis.* — 12. *L'enfant Jésus sur les genoux de Marie.* Il tient une poire. Titre : *S. Maria, mater Iesu, ora.* . .— 13. *La sainte Vierge jouant avec l'enfant Jésus.* On voit trois têtes de chérubins. — 14. *L'enfant Jésus debout sur les genoux de sa mère.* — 15. *La sainte Vierge tenant sur ses genoux l'enfant Jésus auquel saint Jean montre un oiseau;* sainte Élisabeth est derrière ; un ange est à droite. Titre : *Ergo diligentes.* . .— 16. *L'enfant Jésus dormant sur les genoux de Marie, auquel saint Jean tient les mains.* Titre : *Obdormit ecce Jesulus.* . . . — 17. *La sainte Vierge tenant dans ses bras l'enfant Jésus qui caresse saint Jean.* — 18. *L'enfant Jésus appuyé sur une main caresse saint Jean de l'autre.* — 19. *L'enfant Jésus ayant le bras passé sur l'épaule de saint Jean;* ils caressent tous deux un agneau. — 20. *L'enfant Jésus, la Vierge et saint Joseph à table;* ils font la prière. —21. *L'enfant Jésus sur les genoux de sa mère met une bague au doigt de sainte Catherine.* — 22. *Le même sujet,* en contre-partie, avec quelques différences. — 23. *L'enfant Jésus debout sur une table, ayant la main posée sur le globe du monde et l'autre au cou de sa mère.* — 24. *Jésus tenant le globe du monde dans la main gauche.* Titre : *Jesus Dei filius, Rex Regum.* — 25. *La même composition;* la tête est tournée plus à droite. Même titre. —26. *La sainte Vierge,* servant de pendant au précédent. Titre : *Maria Mater Dei, Regina Cœli.* M. Woorhelm-Schneevoogt dit qu'au musée Teyler il y a trois estampes différentes de ce numéro gravées par *Bolswert* et avec le même titre.

— 27. *S. Antonius. Mart. van den Enden exc.* — 28. *S. Antonius de Padua.* — 29. *S. Augustinus.* — 30. *S. Bernardus.* — 31. *S. Franciscus.* — 32. *S. Franciscus de Paula.* : .. — 33. *S. Hubertus. Mart. van den Enden ex.* — 34. *S. Ignatius de Loyola.* — 35. *S. Joannes Baptista.* — 36. *Saint Jean tenant un calice.* — 37. *Saint Joseph. Nutrite Jesu ora pro nobis.* — 38. *Saint Joseph tenant une branche de lis et l'enfant Jésus.* — 39. *Saint Joseph;* il tient dans ses bras l'enfant Jésus qui couronne une sainte. — 40. *S. Paulus.* — 41. *Sainte Agnès,* vue à droite. — 42. *Sainte Agnès,* vue à gauche.— 43. *Sainte Agnès,* vue de face. — 44. *Sta Agatha.* — 45. *Sainte Anne* montrant à lire à la sainte Vierge. — 46. *Sta Apollonia. Mart. van den Enden exc.* — 47. *Sainte Catherine;* elle tient un livre à la main. — 48. *Sainte Catherine.* — 49. *Sainte Catherine;* elle est appuyée sur une roue. — 50. *Sta Catharina Senensis.* — 51. *Sta Cecilia,* la tête de profil. — 52. *Sta Cecilia,* la tête de trois quarts; elle tient une palme. — 53. *Sta Clara.* — 54. *Sta Dorothea.* — 55. *Sta Helena.* — 56. *Sta Lucia.* — 57. *Sta Margareta.* — 58. *Sta Maria Magdalena;* elle a les bras croisés sur la poitrine et regarde le ciel. — 59. *Sta Maria Magdalena.* Elle est à genoux dans une grotte. *P.P. Rubens. C. Galle.* — 60. *Sta Maria Magdalena;* elle se défait de ses bijoux. Titre : *Vanitas vanitatum.* . . . — 61. *La même composition,* plus en profil, avec quelques changements. — 62. *Sta Maria Magdalena,* vue de face. Titre : *Vanitas vanitatum.* . . . — 63. *Sta Maria Magdalena;* elle prie devant un crucifix. Titre : *Inveni quem.* . . . — 64. *La même composition,* avec quelques changements. La sainte est de trois quarts. — 65. *Sta Maria Magdalena.* La tête baissée, elle est en méditation devant un crucifix. — 66. *Sta Maria Magdalena.* Elle embrasse un crucifix. Titre : *Inveni quem diligit anima mea.* . . . — 67. *Sta Theresa à Jesu.* — 68. *Sta Ursula.*

Au musée Teyler, on trouve encore plusieurs estampes gravées par *Bolswert* et *Galle;* peut-être appartiennent-elles à la même suite. *Bolswert* a gravé :

Saint Dominique ayant dans une main un chapelet et dans l'autre un crucifix et une fleur de lis;

Saint François-Xavier en contemplation;

Sanctus Petrus Pœnitens. Mart. Van den Enden excud.;

Sanctus Rochus. Mart. Van den Enden Excudit. C. P.;

Sancta Barbara. Mart. Van den Enden excud.;

Sancta Monica ;

L'Enfant Jésus à mi-corps, ayant le globe du monde dans la main gauche et élevant la droite pour bénir. *Mart. Van den Enden excudit C. P.;*

La Sainte Vierge tenant l'Enfant Jésus debout sur ses genoux et en même temps tenant le globe du monde. En haut, Dieu le père leur envoie le saint Esprit. *Mart. van den Enden excudit C. P.*

Haut. de ces estampes, 122 millim.; larg., 90.

Le catalogue del Marmol mentionne encore :

(N° 1189.) Suite d'estampes qui se trouvent dans le livre intitulé : *Exercices spirituels de saint Ignace.* 24 estampes; une partie seule est d'après Rubens ;

(N° 1190.) *Recueil de XII estampes* à l'eau-forte d'après des tableaux peints par P. P. Rubens qui sont dans les églises de SS. Rombout, Jean et Notre-Dame, à Malines. *P. Spruyt sculpsit Gand.* Ce titre se trouve à la tête du recueil. (V. S. 14.)

SUITES D'HISTOIRES, RECUEILS PARTICULIERS D'ESTAMPES,
SUJETS D'ARCHITECTURE, ETC.

10. *Histoire d'Achille* en huit morceaux, qui ont été exécutés en tapisserie. *Franc. Ertinger fecit. A° 1679 in Antwerp.* (B. 10, V. S. 15.)

1. *Achille plongé dans le Styx par Thétis, sa mère.*

Haut., 293 millim.; larg., 257.

2. *Achille instruit par le centaure Chiron.*

Haut., 296 millim.; larg., 257.

3. *Achille reconnu par Ulysse à la cour de Lycomède.*

Haut., 286 millim.; larg., 380.

4. *Thétis reçoit de Vulcain les armes d'Achille.*

Haut., 291 millim.; larg., 331.

5. *Colère d'Achille contre Agamemnon.*

Haut., 292 millim.; larg., 281.

6. *Entrevue d'Achille et de Polyxène.*

Haut., 284 millim.; larg., 387.

7. *Achille tue Hector pour venger Patrocle.*

Haut., 290 millim.; larg., 340.

8. *Achille, au moment d'épouser Polyxène, est blessé mortellement par Pâris.*

Haut., 297 millim.; larg., 311.

11. *La même histoire et les mêmes compositions,* gravées à Londres

par *B. Baron*, en 1724. En huit planches qui portent des inscriptions latines et anglaises. Titre : *Achilles's Life, Painted by Sr Peter Paul Rubens*. . . Ce titre est sur une planche séparée. (B. 11, V. S. 16.)

Une suite de ces tableaux donnés à Rubens figurait, en 1855, dans la vente Collot. Ils se vendirent ensemble 10,000 francs. Nous croyons que cette suite a été séparée.

12. *Histoire de Decius*, gravée d'après les tableaux originaux qui se trouvent dans la galerie du prince Lichtenstein, à Vienne ; suite de cinq pièces. Le numéro 1 est avec deux différentes armoiries et deux différentes inscriptions ; ensemble huit pièces en largeur. (B. 12, V. S. 17.)

1. *Decius Mus*, debout sur un piédestal, propose à ses cinq centurions de se faire jour à travers les Samnites. Titre et dédicace : *P. Decium Murem Trib. mil.* . . . *Andreas et Jos. Schmuzer fratres, Vienna. Austria.*

Haut., 466 millim.; larg., 414.

2. *Decius*, après avoir fait consulter les entrailles des victimes dans une bataille contre les Latins, l'an de Rome 413, apprend qu'elles ne sont pas favorables. Titre et dédicace : ARVSPICEM. P. DECIO MVRI. . . . . EXPRESSVM T. LIV. IX, 9. *And. et Ios. Schmuzer fratres D.D.D. Viennæ Austriæ*. A gauche, la mesure du tableau.

Haut., 464 millim.; larg., 655.

Cette *même composition* a été gravée à l'aqua-tinta par *C. M. Metz*, d'après le tableau qui appartenait à M. Rich. Cosway Esq.

Haut., 250 millim.; larg., 304.

3. *Decius*, voyant plier les Romains, se dévoue aux dieux infernaux. Titre et dédicace : P. DECIVM. MVREM. COS. . . . . . EXPRESSVM. T. LIV. VIII. 9. *And. et Jos. Schmuzer fratres D.D.D. Viennæ Aust.* A gauche, la mesure du tableau.

Haut., 466 millim.; larg., 578.

4. *Decius*, ayant ordonné à ses licteurs de se retirer vers le consul Manlius, son collègue, monte à cheval pour fondre sur les ennemis. Titre : PUBLIUM DECIUM MUREM. . . . . Au-dessous, à droite : *G. A. Müller*. . . . *sculpsit A°* 1759. A gauche, la mesure du tableau.

Haut., 473 millim.; larg., 569.

5. *Decius*, blessé mortellement, tombe de son cheval, et les Latins

s'enfuient. Titre : P. DEC. MUS. COS. POSTQUAM. . . Au-dessous, à droite :
G. A. Müller. . . . sculpsit A° 1762. A gauche, la mesure du tableau.

Haut., 473 millim.; larg., 882.

6. *Les Funérailles de Decius.* Titre et dédicace : P. DECII
MURIS. . . . *Adam Bartsch sculpsit 1794. Artaria et Societas.*

Haut., 477 millim.; larg., 864.

7. *Roma triumphans.* Composition de deux figures symboliques où
l'on voit la ville de Rome dans le lointain. *Titre :* ROMA TRIUMPHANS.
Au-dessous, les armoiries et une dédicace au prince de Lichtenstein.
Au bas de la gravure, à gauche : *P. P. Rubens pinxit.* A droite : *Adam
Bartsch sculpsit 1798.*

Haut., 473 millim.; larg., 432.

Basan dit que ces estampes sont rares et difficiles à trouver belles d'épreuves.

13. *Histoire de Constantin.* Suite de douze estampes par *Nicolas
Tardieu,* d'après des tableaux qui étaient autrefois dans la galerie
d'Orléans. Toutes ont un titre latin et français. (B. 13, V. S. 18.)

1. *Le double mariage de Constance Chlore, père de Constantin, et
de Maximien Galerius.* — 2. *Apparition de la croix à Constantin.*
— 3. *Constantin se fait apporter l'étendard, sur lequel il fait tracer
en or et pierreries la croix qu'il a vue.* — 4. *Bataille de Constantin
contre Maxence.* — 5. *Défaite et mort de Maxence.* —6. *La ville de
Rome, à l'entrée de Constantin, reçoit la couronne des mains de la
Victoire.* — 7. *Constantin reçoit l'hommage des sénateurs auxquels
il a rendu la liberté.* — 8. *Trophée à la gloire de Constantin.* —
9. *Entrevue de Constantin et de son fils Crispus, à Byzance, après
la bataille de Gallipoli.* — 10. *Fondation de Constantinople.* —
11. *Sainte Hélène présente la vraie croix à Constantin son fils.* —
12. *Constantin reçoit le baptême.*

Ces deux derniers sujets ont été gravés à l'eau-forte par *B.-L. Prévost* et terminés
au burin par *L. Delignon.* Titre du numéro 11 : *Constantin adore la vraie croix;* du
numéro 12 : *Baptême de Constantin.* Il a encore été gravé par *Baroni,* Mantua, 1765 ;
avec dédicace : CAROLO III.

Haut., 418 millim.; larg., 540.

Ces compositions ont été reproduites dans le recueil appelé *La Galerie du Palais-
Royal.*

14. *Recueil de la galerie du Luxembourg*, consistant en vingt-quatre estampes, non compris le portrait de Rubens, gravé par *Audran*, d'après le tableau original de *Van Dyck*. Cette suite est trop connue pour entrer ici dans tous les détails. Elle a été gravée pendant les années 1707 à 1710. *Massé, G. Edelinck, L. Chatillon, G. Duchange, Loir, J. Audran, A. Trouvain, B. Audran, Picart, Simonneau l'aîné, B. Picart, C. Vermeulen*, ont concouru à son exécution.

Le Roi partant pour la guerre d'Allemagne a été aussi gravé en sens contraire par *William Douglas*.

Il existe une copie en contre-partie de *la Félicité de la Régence*. (Voir École française.) (B. 14, V. S. 19.)

La même réunion que la galerie du Luxembourg existe à Vienne, mais de dimension plus petite. Elle a été reproduite en 24 planches par plusieurs graveurs, parmi lesquels nous citerons *Duthé* et *Gabriel.* (V. S. 20.)

Mentionnons encore : *Suite de quatre planches*, d'après quatre tableaux peints par Rubens, Snyders et Langjan, pour l'évêque de Bruges, et qui sont maintenant dans la galerie de l'Ermitage, à Saint-Pétersbourg. *Earlom* les a gravées en manière noire, avec les titres suivants : *A Fruitmarket, A Fishmarket, A Herbmarket* et *A Gamemarket*. Cette dernière est rare. Rubens n'a peint que les figures. (V. S. 21.)

Haut., 333 millim.; larg., 549.

15. Basan décrit une suite de tableaux appartenant à l'empereur d'Autriche, gravés par *Ant. Joseph Prenner :* 1. *Réconciliation de Jacob et d'Ésaü.* — 2. *Jésus-Christ tenant la croix*, demi-figure en manière noire. — 3. *La seconde femme de Rubens;* au bas, douze vers latins. — 4. *Saint Pépin et saint Bègue*, demi-figures ; au bas, seize vers latins.—5. *L'Archiduc Ferdinand d'Autriche*, en habit hongrois, tenant une masse d'armes à la main. — 6. *Ferdinand, cardinal-infant, en habit de guerre.* — 7. *Le corps mort de Jésus-Christ étendu dans le sépulcre;* autour de lui, les saintes femmes. —8. *Un petit Faune couronné de pampres*, demi-figure. — 9. *Fête en l'honneur de Vénus,* célébrée dans un bocage par des Nymphes et des Satyres. La plupart de ces pièces sont en hauteur. (B. 15.)

Les autres tableaux de Rubens de la même galerie se trouvent gravés en très petit format dans l'ouvrage intitulé : *Prodromus..... ou Catalogue figuré de tous les tableaux de S. M. Imp.*, *publié par les Srs Stamparts et Prenner.* Ils contiennent huit sujets.

16. *Suite de quatre bas-reliefs de l'invention de Rubens.* Dans la marge du bas de chaque pièce, à gauche, on lit: *P. P. Rubens inuenit. Theod. van Kessel fecit.* (B. 16, V. S. 22.)

Haut., 185 millim.; larg., 310.

1. *Le Triomphe de Galatée.* — 2. *Une Syrène dans les bras d'un Triton.* — 3. *Une Syrène, sur un cheval marin, entourée de quatre génies.* — 4. *Un Faune assis au pied d'un rocher, accompagné de quatre enfants et tenant un bouc attaché par le cou.*

Un anonyme, qui a gravé le premier et le troisième sujet, y a mis fort mal à propos le nom de *Van Opstal inv.*

Le catalogue del Marmol mentionne (nᵒ 1205) deux Centaures enlevant chacun une Nymphe; ils se dirigent vers la droite. A gauche, un petit Amour semble les aider. D'après un bas-relief. Épreuve avant toutes lettres, non terminée; tout le bas est dessiné à la terre noire.

La *même estampe* terminée, avec le nom de *G. V. Opstal inventor; Coryn Boel fe.*

17. *Pompa introitvs honori serenissimi principis Fernandi Avstriaci Hispaniarvm Infantis. . . . . a S. P. Q. Antverp. decreta et adornata; cum mox a nobilissimâ ad Norlingam portâ Victoriâ Antverpiam auspicatissimo aduentu suo bearet,* xv. *Kal. Maii, Ann.* cıɔ.ıɔc.xxxv. *Arcus, Pegmata, Iconesq₃ à Pet. Pavlo Rvbenio, Eqvite, inuentas et delineatas inscriptionibus et Elogiis ornabat, libroq₃ commentario illustrabat Gasperivs Gevartivs. . . . . Accessit Lavrea Calloana, eodem Auctore descripta. Antverpiæ, venevnt exemplaria apud Theod. a Tvlden qui Iconum Tabulas et Archetypis Rubenianis delineavit et sculpsit.* Ouvrage illustré par Rubens; grand in-folio de 189 pages non compris la dédicace, la préface, la description du frontispice et les deux tables. Ce livre contient quarante-trois estampes en y comptant le frontispice où est le portrait de Philippe IV, ensuite le portrait du prince Ferdinand représenté debout et gravé par *J. Neefs,* d'après Van Thulden; le reste des estampes, représentant toutes les scènes et les arcs de triomphe de cette remarquable entrée, a été gravé par *Theod. van Thulden.* (B. 17, V. S. 27.)

1. *Frontispice.* Dans le haut, portrait de Philippe IV, roi d'Espagne, et titre de l'œuvre. — 2. *Portrait de l'Infant à mi-corps.* Au fond, la bataille de Nordlingen.—3. *Marche de l'Infant depuis la citadelle jus-*

16

qu'à la porte d'Anvers.— 4. La porte de l'Empereur.— 5. Une jeune fille offre une couronne de laurier à l'Infant. — 6. L'Arc de félicitation. Trois tableaux en trois compartiments. *Adventus Seren. Principis gratulatio. — 7. Répétition de Neptune sur les flots.* Le tableau est connu sous le nom de *Quos ego.* L'original est dans la galerie de Dresde. — 8. *Répétition du second tableau.* Une femme, représentant les Pays-Bas, félicite l'Infant à cheval. — 9. *Répétition du troisième tableau.* L'Infant se réunit à Ferdinand III, près de Nordlingen. — 10. *Arc de Portugal,* élevé par des Portugais établis à Anvers. Façade antérieure.— 11. Façade du côté opposé.— 12. *L'Arc de Philippe IV.* Dans le tableau du haut, l'alliance de Maximilien avec Marie de Bourgogne. — 13. *Le même tableau,* en grand. —14. *Façade postérieure du même arc.* Dans le haut, alliance de la maison d'Autriche et de celle d'Espagne. — 15. *Le même tableau,* en grand. — 16. *L'Arc impérial.* Titre : *Porticus Cœsario Austriaca.* — 17, 18, 19, 20, 21 et 22. Copies en grand des portiques de cet arc. — 23. *Plan de l'Arc impérial.* — 24. *L'Arc de l'infante Isabelle.* Titre : *Apotheosis D. Isabellæ, Claræ, Eugeniæ.* Au milieu, en haut, un grand tableau représente l'apothéose de cette princesse. — 25. *Le même tableau,* en grand. — 26. *L'Arc de Ferdinand.* Au milieu de l'attique, en haut, un tableau qui représente la bataille de Nordlingen. — 27. *Le même tableau,* en grand.— 28. Façade postérieure du même arc. Dans le tableau du haut, le triomphe du prince. — 29. *Le même tableau,* en grand. — 30. *Le Temple de Janus.* Titre : *Templum Jani.* — 31. *La porte du temple de Janus,* en grand. — 32. *L'arbre généalogique de la maison d'Autriche,* au milieu d'une espèce d'arc de triomphe. Au pied de l'arc, la figure allégorique de l'Église, assise sur un trône. — 33. *Corps d'architecture d'ordre toscan rustique.* Dans le milieu, percé d'une arcade, un tableau où le Commerce, sous la forme de Mercure, est près de disparaître. Au bas, un fleuve représentant l'Escaut et la ville d'Anvers. — 34. *Le même tableau,* en grand. — 35. *Arc de triomphe de la Monnaie.* Façade du devant. — 36. Autre façade du même arc. — 37. *L'Arc de triomphe de l'abbaie de Saint-Michel.* Dans le haut, un tableau montre l'Infant dans sa jeunesse, sous la figure d'Hercule ; l'Amour et Bacchus tâchent de le séduire, tandis que Minerve le

guide dans le chemin de la gloire.— 38. *Le même tableau,* en grand.—
39. Autre façade de cet arc. Dans le haut, combat de Bellérophon
contre la Chimère. — 40. *Même tableau,* en grand. — 41. *Cathédrale d'Anvers,* dont la tour est embrasée par un feu d'artifice. —
42. *Plan de la ville d'Anvers.* — 43. *Char de triomphe,* avec figures
allégoriques et trophée à la gloire de l'Infant. Ce char, traîné par
quatre chevaux, est conduit par la Providence.

* Notre exemplaire, en grand papier de premier tirage, avec le faux titre en sept
lignes et la date de 1641, porte les armes de Philippe IV, roi d'Espagne. Il vient de la
vente Didot.

On joint à cette suite un projet d'arc de triomphe qui n'a point été exécuté faute
de temps. Une moitié de cet arc est ornée de colonnes torses, et l'autre de colonnes
droites, mais plus petites. La première devait faire la façade principale et l'autre la
façade postérieure ; le tout est couronné d'un dôme. Cette pièce est sans nom de
graveur. Ne faisant pas partie du livre, elle est devenue rare.

18. *Palazzi di Genova.* Voici, selon Brunet, le titre de l'édition
de 1622 : *Palazzi di Genova, con le loro piante ed alzati, da P. Paolo
Rubens delineati. Anversa,* 1622. Ce livre est divisé en deux parties ; il
contient les plans et élévations, coupes et profils de quelques églises
et des principaux palais de la ville de Gênes. La première partie renferme soixante-douze planches, et la seconde soixante-sept. Le livre
a été réimprimé en 1652, 1663 et 1708. Voici le titre de l'édition de
1663 : PALAZZI ANTICHI DI GENOVA RACCOLTI E DESIGNATI DA PIETRO PAOLO
RVBENS. *in Anversa, Appresso* GIACOMO MEVRSIO. *Anno* M.DC.LXIII. Le
titre de la deuxième partie est le même ; seulement, au lieu de : *Palazzi Antichi,* on lit : *Palazzi moderni.* Sur ces deux titres, est imprimé, comme fleuron, le cul-de-lampe décrit ci-dessus, n° 73, page 228.
(B. 18, V. S. 29.)

19. *La maison de Rubens.* Il la fit bâtir après son retour d'Italie.
Une première vue la représente du côté de la cour. Titre : *Maison Hil-
werue à Anuers dit l'hostel Rubens* 1684. A gauche : *J. van Croes del.*
A droite : *Harrewijn fecit.* (B. 19, V. S. 28.)

Haut., 286 millim.; larg., 353.

1ᵉʳ état. Avant le portrait dans le haut. — 2°. On voit dans le haut le portrait
d'un ecclésiastique devenu propriétaire de la maison.

Seconde vue prise du côté du jardin. On y voit la coupe du salon que Rubens avait fait construire pour y mettre ses curiosités, ainsi que la coupe de sa chambre. Dans une banderole, en haut, vers la gauche, on lit : *Parties de La maison* HILWERUE *A Anvers* 1692. Au-dessous de la vue générale de la maison, au milieu du bas : *Harrewyn fecit.*

Haut., 328 millim.; larg., 423.

20. *Plan et Élévation de l'Église de la maison professe des Jésuites à Anvers*, bâtie en partie sur les dessins de Rubens. Titre : *Frontispicium Domus Professæ Societatis Jesu Antuerpiensis.* Sans nom de graveur. (B. 20, V. S. 30.)

Haut., 420 millim.; larg., 439.

Portail de la même église, en plusieurs feuilles. *La tour de la même église*, en plusieurs feuilles. *Vue perspective de l'église et de la maison professe des Jésuites d'Anvers.* Titre : *Templum inchoatum anno* 1614, *absolutum* 1621. . . . *Jacobus Neefs fecit aquaforti.*

Haut., 342 millim.; larg., 486.

SUITES DE CHASSES ET DE PAYSAGES.

21. *Douze sujets de chasse*, que l'on joint ordinairement ensemble.

1. *Chasse aux lions.* On voit vers le fond trois cavaliers attaquant un lion qui s'acharne sur un homme qu'il vient de renverser de son cheval ; à gauche, un autre lion attaque un homme à moitié renversé qui se défend avec son épée ; de la gauche, un homme armé d'une épée et d'un bouclier vient à son secours ; vers la droite, on voit un homme renversé tenant une épée. Dans l'estampe, à gauche : *P. P. Rubens pinxit;* dans le milieu : *Cum Priuilegijs Regis Christianissimi, Serenissimæ Infantis, et Ordinum Confœderatorum;* à droite : *S. a Bolswert sculp. et excud.* Dédicace : *Excellentissimo Heroi* ALEXANDRO CROY, CHIMAY, D'ARENBERGHE *Principi S. Imperij et Chimaij.* . . . . . *Picturæ Sculpturæq₃ admiratori, Dño suo, S. a Bolswert D. C.* (B. 21, V. S. 31.)

Haut., 410 millim.; larg., 590.

* Rare à trouver belle d'épreuve.

Debois, 90 francs.

Le tableau original est dans la galerie de Munich.

Le dessin, fait sous la direction de Rubens, est exposé au musée du Louvre. Il est exécuté à la pierre noire, lavé d'encre de Chine et retouché à l'huile.

2. *Chasse aux lions et aux tigres.* On voit, à gauche, deux ca-

valiers attaquant une lionne tenant dans sa gueule un petit lionceau ; plus bas, un tigre renversé ; dans le milieu, un lion saute
sur le dos d'un cavalier, dont le cheval se renverse ; à droite, un
cheval vu par le dos envoie une ruade à un lion qui tient un
homme sous lui. Dédicace : *In adfectús et Venerationis Pignús Idoneúm Leoninam Venationem Iudoco Vander Graft Cognato Súo.. . . .
P. Soutman Editor. D.D.D.* Au-dessous, à gauche : *P. P. Rubens
Pinxit. I. Syderhoef Sculpsit;* à droite : *Cum Priuil. Sa. Cœ. M.
P. Soutman Excud.* (V. S. 2.)

Haut.; 442 millim.; larg., 573.

La première épreuve est avant le trait de bordure.
Le même sujet a été gravé, plus en petit, par *Moyreau,* d'après le tableau du cabinet de Julienne.
La même chasse a été gravée en contre-partie par *C. F. Letellier.*

Haut., 180 millim. ; larg., 239.

3. *Chasse au lion et à la lionne.* Il y a trois hommes à cheval, trois autres sont à terre ; un cheval est renversé. Titre :
FORTITER INSTA. . . . . CONTERET ORE LEO. Au bas, à gauche :
P. P. Rubens inventor. A droite : *P. Soutman, Inuenit Effigiauit et
excud, Cum Priuil.* (V. S. 3.)

Haut., 455 millim.; larg., 634.

* 1er état. Celui décrit. Collection Drugulin. — 2e. *Van Merlen exc.* — 3e. *C. Danckerts exc.* — 4e. *J. de Wit exc.*

4. *La même chasse.* Gravée du même sens, sans titre. Dans la
marge du bas, à gauche : *P. P. Rubens invent. C. Dankertz excudit.*
A droite : *W. P. Leeuw fecit.* Les lettres *W. P. L.* entrelacées.(V. S. 4.)

Haut., 446 millim.; larg., 639.

Le catalogue del Marmol (nos 1220, 1221, 1222) indique plusieurs états: — avec
F. de Witt excudit, — avec *C. Dankertz excudit,* — et avec les adresses effacées.
Il existe aussi des épreuves avec l'adresse de *Van Merlen,* qui a remplacé celle de
Dankertz.
La même chasse a été gravée en contre-partie par *Le Bas.*

Haut., 173 millim.; larg., 234.

5. *La chasse aux loups.* A gauche, on voit une dame et un
gentilhomme, tous deux à cheval ; dans le milieu, des chiens attaquent plusieurs loups ; vers la droite, un homme dont le cheval
se cabre ; à droite, deux hommes, dont un est armé d'une pique.
Titre : DVM VIGILAT PASTOR, VENATOR DARDA MINATVR. TVNC PECVDVM

TREPIDVS DESERIT ARVA LVPVS. A gauche : *P. P. Rubens inventor ;*
à droite : *P. Soutman Inuenit Effigiauit et Excud. Cum Priuil.*
(V. S. 5.)

Haut., 450 millim.; larg., 620.

* 1er état. Celui décrit. Collection Drugulin.

2e. *Van Merlen excud.* — 3e. *C. Danckerts exc.* — 4e. L'adresse est effacée.

La même chasse, avec le même titre, a été gravée par *J. Troyen. Nicolas Visscher excu.*

Haut., 396 millim.; larg., 527.

6. *La même chasse.* Du même sens. Titre : EVGE, LVPOS MVLTÂQVE
VIRIVI PERDITE, ... SVA TVTA GREGI. A gauche: *P. P. Rubens inventor.*
A droite: *W. P. Leuw fecit.* Les lettres *W. P. L.* entrelacées. (V. S. 6.)

Haut., 416 millim.: larg., 574.

1er état. Avec *C. Dankertz excudit* dans le haut de l'estampe, à droite.

2 . Cette adresse est effacée; on lit au bas, vers la gauche : *F. de Wit exc.*

3e. Cette adresse est remplacée par celle de *Corn. Van Merlen.*

7. *La chasse au sanglier.* Il y a deux hommes et deux femmes
à cheval sur la gauche; un autre homme, dans le milieu, donne
un coup d'épée au sanglier; sur la droite, quatre piqueurs, dont
un sonne du cor de chasse. Titre : LAXENTVR CANES, ... NI
PERIMIS, PERIMET. A gauche : *P. P. Rubens Pinxit.* A droite : *P. Soutman Inuenit Effigiauit, et Excud. Cum Priuil.* (V. S. 7.)

Haut., 453 millim.; larg., 626.

Le tableau est dans la galerie de Munich.

8. *La même chasse.* Du même sens. Sans titre. Dans la marge du
bas, à gauche : *P. P. Rubens invent.* A droite : *W. P. Leuw fecit.*
Les lettres *W. P. L.* entrelacées. (V. S. 8.)

Haut., 443 millim.; larg., 612.

1er état. On lit *Frederick de Witt exc.* — 2e. Cette adresse est remplacée par celle
de *Van Merlen.* — 3e. Toute adresse est effacée.

M. Voorhelm-Schneevoogt dit que Basan a décrit ces deux pièces en sens contraire
de leur disposition réelle.

9. *La chasse au sanglier.* Pièce en deux feuilles. On voit dans
la feuille de gauche deux cavaliers, dont un frappe de son épée
le sanglier, que pressent vivement les chiens; à droite, derrière
un tronc d'arbre renversé, des hommes armés d'épieux; vers le
fond, un homme sonne du cor. Dans l'estampe, à gauche : *P. Paul
Rubens Pinxit ;* dans la marge : *Masculam quicunq : Venationem*

amas huc oculos flecte. . . . . ut lacerent, et lacerentur. Au-dessous, à droite : *P. Soutman Effigiauit. Cum Priuil A°.* 1642. (V. S. 9.)

Haut., 438 millim.; larg., 800 millim.; les deux feuilles.

Les premières épreuves sont avant *J. Van Keulen exc.*

10. *La chasse au sanglier de Calydon.* L'animal, déjà blessé par Atalante, est percé d'un dard par Méléagre. Sans titre et sans nom de graveur. Mais on la croit gravée par Van Kessel. Dans le bas de la gravure, vers la gauche : *P. Paulus Rubens pinxit.* Au milieu : *Cum privilegio.* A droite : *H. de Neyt excudit.* (V. S. 10.)

Haut., 442 millim.; larg., 592.

Au Cabinet des estampes de Paris, il y a une contre-épreuve avant toutes lettres.

* 1er état. Celui décrit. — 2e. *Jacobus Moermans excudit.* — 3e. *Corn. Van Merlen exc.* — 4e. *J. Huberti exc.*

Le tableau est dans la galerie du Belvédère, à Vienne.

La même chasse a encore été gravée par *A. J. V. Prenner.*

Le même sujet, mais d'une composition toute différente. *R. Earlom sculpsit. London* 1786. En manière noire.

Haut., 466 millim.; larg., 838.

Le tableau appartient à lady Stuart.

11. *Chasse au crocodile et à l'hippopotame.* Vers la gauche, près d'une touffe de roseaux, un homme portant un carquois est renversé et un crocodile s'apprête à le dévorer, tandis qu'un chien lui mord la queue ; à droite, sous le crocodile, est un homme renversé ; deux autres attaquent vigoureusement un hippopotame, que des cavaliers armés de lances pressent de toutes parts. Titre : HIPPOTAMVS CROCODILVM DVM. . . . . DEFICIT IPSE MANV ; à gauche : *P. P. Rubens Pinxit* ; à droite : *P. Soutman Inuenit, Effigiauit, et Excud. Cum Priuil.* (V. S. 11.)

Haut., 440 millim.; larg., 628.

* 1er état. Celui décrit. Collection Drugulin. — 2e. *C. Danckerts exc.* — 3e. *Van Merlen exc.* — 4e. *De Vit exc.* — 5e. Toute adresse est effacée.

Le tableau est dans la galerie de Munich.

12. *La même composition,* gravée dans le même sens. Sans titre. Dans la marge du bas, à gauche : *P. P. Rubens invent. C. Dankertz excudit.* A droite : *W. P. Leeuw fecit.* Les lettres *W.P.L.* entrelacées. (V. S. *id.* 11.)

Haut., 450 millim.; larg., 639.

1er état. Celui décrit. — 2e. *F. de Witt excudit.* — 3e *Corn. Van Merlen exc. An'v.* — 4e. Toute adresse est effacée. (Voir catalogue del Marmol, nos 1245 et suivants.)

M. Woorhelm-Schneevoogt (no 32) mentionne une suite de quatre chasses : au loup, au sanglier, au cerf et à l'ours, à l'eau-forte, par un anonyme. Au coin droit des quatre planches : *P. P. Rubbens.*

Haut., 131 millim.; larg., 173.

22. *Chasse aux lions et aux tigres.* Gravée d'après le tableau original qui était dans le cabinet de M. de Julienne. Titre : CHASSE AUX LIONS ET AUX TIGRES. Au bas, à gauche : *P. P. Rubens pinx.* A droite : *J. Moyreau sculp.* Même composition que celle gravée par *Suyderhoef.* (B. 22, V. S. 33.)

Haut., 281 millim.; larg., 405.

23. *Chasse aux cerfs*, par Diane et ses Nymphes. La déesse, suivie de ses Nymphes, est à gauche, se dirigeant à droite. Titre : *Servatur exemplar in Ædibus Nobilissimi Viri Domini Roberti Walpole* . . . . . *Nobilissimi Ordinis Periscelidis Equitis, etc.* Au bas à gauche : *P. P. Rubens pinxit.* A droite : *Jos. Goupy Londini fecit.* (B. 23, V. S. 34.)

Haut., 291 millim.; larg., 503.

24. *Chasse aux marcassins.* Un chasseur, précédé de ses chiens, les poursuit pendant qu'ils se réfugient près d'une laie, qui se met en défense dans les roseaux. Gravé par *Winstanley*, d'après le tableau du comte de Darby. La figure du chasseur est seule de *Rubens;* les animaux sont de *Sneyders.* (B. 24, V. S. 35.)

Haut., 279 millim.; larg., 351.

Le catalogue de Messire del Marmol (no 1251) cite ensuite un paysage dans lequel on voit deux tigres, d'après le tableau de Rubens, appartenant au comte Cuypers de Rymenam. Gravé en manière noire. *Brookshaw fecit.*

25. *Chasse aux lions.* Sur le devant, on voit un lion et une lionne qui allaite ses petits. Dans le lointain, des chasseurs poursuivent un autre lion. Titre : *Tableau de P. P. Rubens, de la Galerie Roïale de Dresde. Haut. 7 pieds. 4 pouces larg. 13. pieds. 5. pouces.* A gauche des armoiries, la même inscription en italien. Au bas, à gauche : *C. Hutin del.* A droite : *J. Ridinger Sculp.* (B. 25, V. S. 37.)

Haut., 258 millim.; larg., 477.

26. *Suite de six grands paysages*, dont les cinq premiers sont gravés par *S. à Bolswert*, et le sixième par *P. Clouwet.* (B. 26, V. S. 52.)

1. *Philémon et Baucis.* Ils sont à droite, sur une éminence, avec Jupiter et Mercure. Au milieu, un vaste paysage, une rivière tombant en cascade : à gauche, des personnes sont foudroyées ; le ciel est tout en feu. Au bas, à gauche : *Pet. Paul Rubbens pinxit.*, *S. à Bolswert sculpsit*; à droite : *Gillis Hendricx excudit Antuerpiæ Cum priuilegio.* Au milieu, plusieurs vers latins. *Occidit. Una domus. . . . . Sententia poenas. Ovidii Metamorph.*, *L. I.* Dédicace : *D*⁰. *ac Magistro* PHILIPPO VAN VALKENIS *L. V. Q. L.*

Haut., 468 millim.; larg., 639.

Le tableau est dans la galerie du Belvédère, à Vienne.

2. *La Tempête d'Énée.* A gauche, sur le rivage, des hommes font du feu ; au milieu, un pont; sur un torrent, un pin cassé ; à droite, un vaisseau qui va être englouti; au fond, une montagne surmontée d'un phare; dans le lointain, la mer. A gauche : *Pet. Paul. Rubbens pinxit. S. à Bolswert sculpsit ;* à droite : *Gillis Hendricx excud. Antuerpiæ Cum priuilegio.* Au milieu : *Tum mihi cæruleus. . . . . gurgite vasto. Æneid. Lib. 3.* Dédicace : *Clarissimo Viro D.* GASPERIO GEVARTIO. . . . . . D. D. ÆGIDIVS HENRICI. C'est le pendant de l'estampe précédente.

Haut., 454 millim.; larg., 639.

1ᵉʳ état. Avant la dédicace; seulement les vers latins. — 2ᵉ. Celui décrit.
Le tableau est dans la collection de Sir Thomas Hope Esq.

3. *La chasse de Méléagre et d'Atalante.* Celle-ci est vers la droite, contre le tronc d'un arbre renversé ; deux cavaliers accourent du même côté; au milieu, près d'une pièce d'eau, le sanglier attaqué par deux chiens; à gauche, un homme avec une pique. La scène se passe à l'entrée d'une forêt. Sans titre. A gauche : *Pet. Paul. Rubens pinxit.*, *S. à Bolswert sculpsit.;* à droite : *Gillis Hendricx excudit.*

Haut., 459 millim.; larg., 635.

4. *La Vue de Malines.* A gauche, des moissonneurs; au milieu, un grand troupeau de moutons se dirige vers le fond; à droite, un homme conduit un chariot attelé de deux chevaux; au fond, du même côté, la ville de Malines. Riche paysage. A gauche : *Pet. Paul. Rubbens. pinxit; S. à Bolswert sculpsit*; à droite, *Gillis Hendricx excudit Antuerpiæ.* Au milieu : *Temporibus cer-*

tis. . . . . verrit humum. Ouid. Lib. I. de Remedio. Dédicace : *Nob. Ampl.ᵐᵒᵠ Viro.* D. PHILIPPO LE ROY. . . . . ÆGIDIUS HENRICVS.

Haut., 439 millim.; larg., 630.

*1ᵉʳ état. Avant toutes lettres et avec quelques retouches au pinceau. — *2ᵉ. Avant la dédicace ; seulement les vers. — 3ᵉ. Celui décrit.

La Vue de Malines a été gravée du sens opposé, par *Vivarès*, en 1775, sous le titre de *Harvest-time, le tems de la récolte.*

Haut., 378 millim.; larg., 493.

Nous avons vu plusieurs états de cette dernière pièce au British Museum :

1ᵉʳ état. Non terminé ; on lit au bas, tracés à la pointe, les noms du peintre et du graveur. — 2ᵉ. Épreuve retouchée de blanc et de bistre par le graveur. — 3ᵉ. Avant toutes lettres; terminée. On n'y voit plus les noms du peintre et du graveur tracés à la pointe.

Le tableau est, dit-on, dans la galerie de Windsor, mais il en existe un autre de la plus grande beauté au palais Pitti, à Florence. Il a pour pendant un tableau de Rubens de la même grandeur, représentant Ulysse et Nausicaa.

M. Woorhelm-Schneevoogt (nº 64) dit que ce sujet a été gravé par Aubert père; mais il figure dans la galerie Aguado, qui peut-être avait une copie.

5. *L'Enfant prodigue.* Il est à genoux, à gauche, près d'une auge, dans laquelle une femme verse de l'eau pour donner à boire à des porcs; au milieu, des vaches dans une étable; à droite, des chevaux dans une écurie. Sans titre. A gauche : *P. P. Rubens pinxit., S. à Bolswert sculpsit;* à droite : *Gillis Hendricx excud. Antuerpiæ.*

Haut., 439 millim.; larg., 615.

En 1829, le tableau appartenait à Sir Thomas Lawrence.

6. *Vue d'hiver.* Vers la gauche, des gens assis à terre se chauffent; du même côté, sous un hangar, des vaches que l'on trait; au milieu, un homme debout près d'un cheval et d'une jument que son poulain tette; à droite et dans le fond, la campagne où il neige. A gauche : *P. Paul Rubens pinxit., Pet. Clouet sculpsit;* à droite : *Gillis Hendricx excudit.*

Haut., 441 millim.; larg., 621.

*Nous possédons de cette pièce une épreuve d'essai dont les animaux qui sont sous le hangar, à gauche, et le buste de la jeune femme debout la plus près du bord de la planche du même côté, ne sont indiqués qu'au trait.

Le tableau est dans la galerie de Windsor.

* Notre suite, deuxième état, vient de la collection Debois; vendue 101 francs.

27. *Suite de vingt et un paysages,* gravés par *S. à Bolswert,* con-

nue sous le nom de *Petits paysages de Rubens*. (B. 27, V. S. 53.)

Les premières épreuves sont avant la lettre ; les deuxièmes avec l'adresse de *Mart. Van den Enden* ; les troisièmes avec celle de *Gillis Hendricx*.

1. *Paysage où se voient plusieurs ruines.* Sur le devant, deux femmes passent un ruisseau ; à droite, un paysan avec trois vaches.

Haut., 308 millim.; larg., 447.

* Notre épreuve est avant toutes lettres. Collection Camberlyn.
Le tableau est cité dans Smith, n° 1204.

2. *Paysage avec de grandes ruines.* Sur le devant, quatre femmes, dont une, portant un panier, passe un ruisseau. *Pel. Paul Rubbens pinxit Romæ.*

Haut., 329 millim.; larg., 445.

Décrit par Smith, n° 1208.

3. *Paysage avec un oiseleur.* Son large filet est attaché à des arbres ; sur le devant, deux hommes scient un tronc d'arbre ; à gauche, un moulin à vent.

Haut., 310 millim.; larg., 459.

Le tableau est au musée du Louvre. Le même paysage a été gravé en sens contraire par M. A. *Duparc.*

Haut., 198 millim.; larg., 353.

4. *Forêt traversée par un ruisseau*, sur lequel est un petit pont de bois ; à côté, un berger, appuyé sur sa houlette, gardant un troupeau de moutons.

Haut., 305 millim.; larg. 447.

* Notre épreuve est avant toutes lettres. Collection Camberlyn.

Le tableau est dans la galerie du comte de Carlisle.
Ce paysage a été gravé en contre-partie par un anonyme. *Gaspar Huberti excudit Antv.*

Haut., 306 millim.; larg., 448.

5. *Paysage rocheux.* Il est éclairé par la lune qui se lève et par le soleil couchant. Sur le devant, une charrette attelée de deux chevaux descend par un chemin creux.

Haut., 318 millim.; larg., 446.

Le tableau est à l'Ermitage, à Saint-Pétersbourg.

Citons : *le même Paysage,* gravé en sens contraire par *C. Galle.*

Haut., 318 millim.; larg., 428.

Le même Paysage, gravé par *S. Browne,* en 1776, à Londres.

Haut., 428 millim.; larg., 572.

Le même graveur a aussi reproduit ce paysage en manière noire.

Le même Paysage, gravé en sens contraire par *G. Faithorne*.

6. *Paysage.* Au fond, on voit un nuage épais qui cache le sommet des montagnes éloignées; à leur pied est une espèce de château fort; à droite, une rivière.

Haut., 318 millim.; larg., 447.

7. *Paysage.* Une montagne rocheuse et une ville assise au bord de la mer, au-dessus de laquelle éclate un orage. A gauche, un troupeau de moutons, puis un homme et une femme effrayés.

Haut., 291 millim.; larg., 428.

Le tableau est au palais Pitti, à Florence.

Ce paysage a été gravé en contre-partie par un anonyme. Titre : *Et cœlum et Terram... Et Sibi bella gerunt. Gaspar Huberti excudit antuerpiæ.*

Haut., 295 millim.; larg., 412.

8. *Paysage.* Un étang, rempli de plantes aquatiques, entoure une île couverte d'arbres; à gauche, deux laitières, dont une puise de l'eau; derrière elle, trois vaches.

Haut., 309 millim.; larg., 439.

* Notre épreuve est avant toutes lettres.

Smith (n° 1205) cite ce tableau comme se trouvant alors dans la collection de Jeremiah Harman Esq.

9. *Paysage.* On y voit des saules et une petite rivière; un tronc d'arbre sert de pont; un homme monté sur un cheval le fait boire dans la rivière.

Haut., 310 millim.; larg., 444.

Cité par Smith, n° 1202.

10. *Paysage avec un arc-en-ciel et une rivière.* Sur le devant sont deux brebis; un berger est couché près d'une laitière ; à droite, un berger, assis au pied d'un arbre, se dispose à jouer du flageolet; à côté de lui, un homme veut embrasser une femme.

Haut., 318 millim.; larg., 449.

Gravé en contre-partie par *Garreau.*

Haut., 252 millim.; larg., 486.

11. *Un paysage avec des prairies et un arc-en-ciel.* A gauche, sont trois arbres, sous lesquels marchent deux femmes; à droite, un homme se dispose à charger du foin sur une voiture.

Haut., 239 millim.; larg., 455.

Le tableau est au musée de Munich.

On trouve au British Museum une double répétition de ce paysage : l'un avant toutes lettres ; les deux femmes sont à droite ; l'arc-en-ciel est à gauche. Larg., 445 millim. L'autre est du sens opposé, mais gravé d'un taille plus fine ; celui-ci a les noms des artistes. Larg., 450 millim.

12. *Paysage*. On voit, à gauche, une colline surmontée d'un château ; au pied, un puits et une rivière, où un homme abreuve des chevaux ; au milieu, un coucher de soleil.

Haut., 273 millim.; larg., 417.

Cité par Smith, n° 1207.

13. *Paysage*. Sur le ciel, un grand nuage. A gauche, un homme fait boire deux chevaux ; une femme garde deux vaches et un veau. A droite, une autre laitière a sur la tête un pot à lait ; un homme couché joue du flageolet.

Haut., 310 millim.; larg., 455.

Aux premières épreuves il n'y a point de figures. Nous croyons qu'il y a un état avant la lettre au British Museum.

Le tableau est cité par Smith, no 1203.

14. *Paysage*. Il est éclairé par la lune et les étoiles ; un cheval seul est auprès d'une rivière, où se montre un reflet du clair de lune.

Haut., 313 millim.; larg., 449.

* Notre épreuve est avant toutes lettres.

Le tableau est dans la collection de Lord Mulgrave.

15. *Paysage*. On voit, au milieu, un château entouré d'une rivière. Sur le devant, des personnes de qualité se livrent à des amusements.

Haut., 315 millim.; larg. 448.

* Notre épreuve est avant toutes lettres.

Le tableau est dans la galerie du Belvédère, à Vienne.

On connaît une reproduction en contre-partie, sans nom de peintre ni de graveur.

Haut., 97 millim.: larg., 149.

16. *Paysage*. C'est une plaine fertile entrecoupée d'arbres ; à gauche, une église de campagne ; sur le devant, deux mares ; on voit une femme, ayant un panier sur la tête, et qu'un homme précède portant aussi un panier au bout d'un bâton appuyé sur son épaule.

Haut., 298 millim.; larg., 479.

* Notre épreuve est avant toutes lettres.

Smith cite ce tableau sous le numéro 1210.

17. *Paysage*. Il représente une forêt illuminée par un coup de soleil ; on y voit une chasse.

Haut., 307 millim.; larg., 444.

* Notre épreuve est avant toutes lettres.
Le tableau est cité par Smith, n° 730.

18. *Paysage*. Au fond, un village éclairé par le soleil couchant ; sur le devant, un berger gardant des moutons est assis sur une pierre et joue de la flûte.

Haut., 311 millim.; larg., 459.

* Notre épreuve est avant toutes lettres.
Ce tableau est dans la collection de lord Farnborough.

19. *Paysage*. On voit une ferme et un pré, où sont douze vaches que trois femmes s'occupent à traire ; à gauche, dans une forêt traversée par une rivière, des chasseurs tirent sur des canards.

Haut., 308 millim.; larg., 445.

* Notre épreuve est avant toutes lettres. Collection Marshall.
Le tableau est dans la galerie de Munich.

20. *Ronde villageoise*. On y compte seize personnes.

Haut., 308 millim.; larg., 450.

* Notre épreuve est avant toutes lettres.
Ce même sujet a été gravé à l'eau-forte par *Leo Van Heil*. On connaît des copies en contre-partie pour la plupart, où l'on a représenté des scènes bibliques. Elles ont toutes l'adresse de *J. C. Visscher* ou de *C. Danckerts*. Très médiocres.

21. *Sujet représentant une tempête*. Quoique cette marine soit de *Van Artveld*, on la joint ordinairement aux vingt pièces précédentes. Dans la marge, à gauche : *Andreas van Artvelt pinxit, S. à Bolswert sculpsit*. A droite : *Gillis Hendricx excudit*.

Haut., 317 millim.; larg., 443.

27 *bis*. *Paysage représentant un orage*. Au bas, quatre vers latins et les armoiries du comte de Bruhl. Au bas, à gauche : *P. P. Rubbens Pinx*. A droite : *P. Moitte sculp*. (B. 27 *bis*, V. S. 53.)

Haut., 293 millim.; larg., 407.

C'est le même paysage que celui qui est décrit plus haut, n° 27-7.

28. *Suite de quatre paysages* gravés d'après *Rubens*, par *Lucas Van Uden*. (B. 28, V. S. 54.)

1. *Paysage.* On voit une ferme, et dans le fond, un ermitage. Sur le devant, deux ermites parlent à des personnes de distinction accompagnées d'un enfant.

Haut., 216 millim.; larg., 318.

Cité par Smith, n° 1216.

2. *Paysage.* Sur le devant, il est traversé par une rivière où un homme fait boire deux chevaux; un autre homme fait sortir deux vaches de la rivière, au bord de laquelle est une laitière ayant devant elle trois vaches. Au fond, une forêt accidentée de rochers.

Haut., 183 millim.; larg., 275.

Le tableau appartient au duc de Buccleugh.

Browne a gravé le même sujet en 1770, alors que le tableau appartenait au duc de Montaigu; titre : *The Watering place.* Il l'a également gravé en manière noire.

Haut., 432 millim.; larg., 572.

Il a été gravé en contre-partie et en manière noire, par *R. Brookshaw.*

3. *Paysage.* Sur le devant, une rivière bordée de joncs; on voit deux vaches dont l'une est traite par une femme; à droite, une cabane entourée d'arbres.

Haut., 212 millim.; larg., 318.

Cité par Smith, n° 1196.

4. *Paysage.* Sur le devant, dans un pâturage, cinq vaches, dont une est traite par une femme; une autre s'occupe de son pot à lait; une troisième porte sur la tête un panier rempli de fruits

Haut., 196 millim.; larg., 296.

Les premières épreuves sont avant le nom de Rubens.

Le catalogue del Marmol (n° 1257) y joint un cinquième paysage : *Le Chariot chargé que l'on redresse.*

29. *Deux paysages.* Dans le premier, on voit sur le devant, au milieu, un homme conduisant une charrette remplie de légumes; plus loin, un homme et une femme à cheval conduisent des bœufs; sur la droite, de grands arbres; plusieurs villages dans le lointain. Dédicace: *Ornatissimo Viro Domino. . . . D. C. Q. Th. van Kessel.* Au bas, à gauche : *P. P. Rubbens pinxit. Theod. van Kessel fecit.* (B. 29, V. S. 55.)

Haut., 300 millim.; larg., 426.

Ce paysage est très rare. Le tableau est dans la galerie de Windsor.

Gravé également par *Browne* en 1783. Titre: *Goyng to market.* Haut., 509 millim.; larg., 729.

Le second est la même composition, en contre-partie, que celle décrite sous le numéro 28-4. Au bas de la gauche, on lit : *Pet. Paul Rubens pinxit. Iac. Neefs fecit aqua forti.* Dans la marge du bas, à gauche : *I. B. van Tienen ex.* A droite : *Gasp. Huberti exc. Antuerp.*

Haut., 317 millim.; larg , 435.

30. *Paysage montueux.* Au milieu s'élève un grand arbre sous lequel passe un berger conduisant un troupeau de moutons, précédé de deux hommes à cheval; à gauche, dans le lointain, une riche campagne. Titre : VÛE DE FLANDRE. Au bas, à gauche : *Rubens Pinx*. A droite : *Major sculp*. (B. 30, V. S. 56.)

Haut., 254 millim.; larg., 358.

Cité par Smith, n° 1201.

31. *Un Paysage,* gravé dans un ovale par *J. Coelmans.* Une femme est assise, la tête appuyée sur la main; deux moutons broutent près d'elle. Du cabinet de Boyer d'Aguilles. (B. 31, V. S. 57.)

Haut., 108 millim.; larg., 149.

Cité par Smith, n° 1197.

32. *Paysage* où se voient quatre figures, une chèvre et un mouton. Dans la marge du bas, à gauche, on lit : *P. P. Rubbens pinxit,* mais sans nom de graveur. (B. 32, V. S. 58.)

Haut., 264 millim.; larg., 397.

Citons encore :

Paysage au lever du soleil. Au milieu, quatre arbres sur un rocher; à gauche, un autre groupe de sept arbres. On voit trois vaches dont une couchée. *J. Dansaert fecit aqua forti.* (V. S. 59.)

Haut., 243 millim.; larg., 340.

Cité par Smith, n° 1200.

Paysage. On y voit des chariots en route. Cette estampe est *dédiée au comte Cobenzel... tiré de son cabinet et gravé de la même grandeur du tableau par A. Cardon.* (V. S. 60.)

Haut., 302 millim.; larg., 439, avec la bordure.

Paysage. Au milieu est une église entourée d'arbres; à droite, trois arbres s'élèvent près d'un ruisseau traversé par un pont, sur lequel passent un homme et une femme portant un paquet sur la tête; à gauche, trois figures; l'une d'elles est une femme montée sur un âne. *Pet. Paul Rubb. f.* (V. S. 61.)

Haut., 113 millim.; larg.. 149.

Paysage. Il représente un pays inculte, avec l'Escurial dans le fond. Gravé par *S. à Bolswert.* (V. S. 63. Il n'a pas indiqué la mesure.)

Le tableau est dans la galerie de Dresde.

SUITES D'ÉTUDES ET DE SUJETS DE FANTAISIE

33. *Un livre à dessiner*, contenant vingt morceaux, y compris le titre. Sur une peau de bœuf attachée au devant d'une niche, sur laquelle est écrit : PETRVS PAVLVS RVBBENS DELINEAVIT, et au bas : ANTVERPIÆ *Apud Alexander Voet*. Au bas de la gravure, à gauche : *Paul Pontius sculpsit*.

Une feuille remplie d'yeux et d'oreilles, et de têtes au nombre de neuf. — *Une autre contenant cinq mains.* — *Une autre contenant quatre pieds.* — *Cinq feuilles où sont des écorchés.* — *Deux feuilles de bras et de mains disséqués.* — *Une feuille où l'on voit un homme attaché à un arbre.* — *Deux feuilles contenant plusieurs têtes.* — *Une feuille remplie d'études de têtes.* — *Une autre où sont une écurie, trois chevaux et un paysan.* — *Une autre contenant des vaches.* — *Une autre où sont deux chapiteaux ou vases.* — *Une autre avec Déjanire et le centaure Nessus.* — *Une autre où l'Amour dompte un centaure.* (B. 33, V. S. 65.)

34. *Une suite d'études de lions* en quatre feuilles. Sur la première, on lit ce titre : VARIÆ LEONUM ICONES *pictæ a Petro P. Rubens*. Au bas, à gauche : *Abraham Bloteling fecit*. A droite : *Nicolaus Visscher excudit*. Sur les autres pièces on lit, dans la marge du bas, à gauche : *P. P. Rubens pinxit*. A droite : *A. Bloteling fecit*. Elles sont numérotées au bas de la droite. (B. 34, V. S. 42.)

Haut., 120 millim.; larg., 173.

Les premières épreuves ne sont pas numérotées. Celles du deuxième état ont été retouchées principalement dans les fonds.

Nous mentionnerons :

Un livre à dessiner, contenant trente et une études de têtes antiques. Le titre est dans un ovale entouré d'une bordure et surmonté d'un buste de Rubens. *Antique Greek and Roman coins, gems. . . engraved from original drawings of Rubens by G. Van der Gucht*. (V. S. 66.)

Un livre à dessiner. On lit sur le titre : *Théorie de la figure humaine, considérée dans ses principes, soit en repos ou en mouvement. Ouvrage traduit du latin, de Pierre-Paul Rubens, avec XLIV planches gravées par Pierre Aveline*, d'après les dessins de ce célèbre artiste, à Paris, 1773.

En tête est le portrait de Rubens, d'après la gravure de *Pontius*, avec le grand chapeau. On lit à gauche : *Pet. Aveline sculp.* (V. S. 67.)

Haut., 221 millim.; larg., 156.

Le manuscrit original et les dessins sont dans la bibliothèque Didot.

35. *Deux feuilles*, gravées par *Hollar*, d'après les dessins de Rubens. (B. 35, V. S. 43.)

1. *Trois tigres mangeant du raisin* que deux enfants leur donnent.
2. *Une étude de six lions.*

Haut., 135 millim.; larg., 210.

36. *Combat de dragons, de serpents et d'autres animaux singuliers.* Sans nom de graveur. On lit à gauche, dans la marge du bas : *P. P. Rubens pinx.* (B. 36, V. S. 49.

Haut., 122 millim.; larg., 176.

* Cette estampe est une partie de la *Chute des réprouvés*, gravée par *Suyderhoef;* on lui attribue aussi la gravure de cette pièce.

1er état. Celui décrit. — 2º. Avec l'adresse de *N. Visscher.*

Cette pièce, dans la vente Drugulin, faite à Londres en juin 1866, était attribuée à A. Bloteling.

37. *Une suite d'études* pour des têtes de différents caractères, précédée d'un frontispice sur lequel on lit: *Recueil de têtes d'Antoine van Dyck, tirées du Cabinet de M. de Crozat et gravées par M. le C. de C.* (le comte de Caylus) 1735. (B. 37, V. S. 69.)

Chaque planche : haut., 108 millim.; larg., 77.

C'est à tort qu'on a attribué à Van Dyck le dessin de ces têtes. Deux seules lui appartiennent. Il les a faites pour son tableau de *Saint Augustin.* Les autres sont incontestablement de Rubens, qui pour la plupart les a placées dans des tableaux connus.

38. *Une feuille* remplie de plusieurs grotesques gravées à l'eauforte d'après Rubens par le *comte de Caylus* (B. 38, V. S. 70.)

Haut., 239 millim.; larg., 203.

39. *Un mors de cheval à l'antique.* Autour, plusieurs anges sont en attitude d'adoration. Cette pièce fait partie du *Voyage du prince Ferdinand, infant d'Espagne.* (B. 39.)

Haut., 176 millim.; larg., 122.

Ce mors passait pour avoir été fabriqué avec les clous de la vraie croix par ordre de l'empereur Constantin. Basan dit que, quoique le nom de Rubens s'y trouve, il n'est pas certain que le dessin soit de lui.

Le catalogue del Marmol mentionne encore :

Les portraits des comtes de Hollande. Titre: CELSISSIMO PRINCIPI FREDERICO-HENRICO... P. *Soutman inven. effigiavit et excud.* Sept estampes y compris le titre.

Quoique le nom et l'adresse de *Soutman* semblent indiquer que tout est de son invention, on est certain que tous les ornements ou cadres sont de Rubens, aussi bien que ceux qui suivent.

Recueil de grands personnages, tels que rois, princes, princesses et autres. *P. Van Sompel sculp. P. Soutman effigiavit et exc.*; en vingt et une estampes, sans titre. (Voir Catalogue del Marmol, n°⁵ 1270 et 127i.)

Au musée de Dresde, il existe aussi une collection d'estampes de différents graveurs. M. Voorhelm-Schneevoogt qui les cite n'affirme en aucune manière qu'elles soient de Rubens, sauf la première. Il décrit dix-neuf pièces, dont plusieurs portent le nom de *Galle*, de *N. Lauwers* et de *P. de Jode*; peut-être doit-on leur en attribuer l'invention. (V. S. 68.)

SUITES D'EMBLÈMES

40. *Suite de six emblèmes*, gravés d'après Rubens par un anonyme. B. 40, V. S. 71.)

Haut. de chacun, 63 millim.; larg., 56.

1. *Deux enfants.* Un des deux passe le bras sur l'épaule de l'autre. Le premier, qui a des lunettes sur le nez, en tient dans la main une autre paire, à travers laquelle il regarde une mouche.

2. *Deux enfants.* L'un tient un flambeau; l'autre, ayant un soufflet à la main, est devant une cheminée où brûle un monceau de cœurs.

3. *Deux enfants.* Ils conduisent des bœufs attelés à une charrue. Quatre figures dans le lointain et trois maisons, sur l'une desquelles sont des pigeons.

4. *Deux enfants assis.* L'un est sur un carquois, tenant un parasol; l'autre tient un éventail à la main.

5. *Minerve.* Elle est armée d'un bouclier et d'une pique. Deux enfants l'accompagnent; l'un tient une marotte et l'autre un arc. Près de la déesse voltige un hibou.

6. *Deux enfants.* Ils tiennent, chacun par une anse, un vase dans lequel l'un d'eux verse de l'eau. Sur le devant, un arc et un carquois.

Ces six pièces sont d'une grande rareté. Basan ne les avait vues que dans le Cabinet Mariette.

Au Cabinet des estampes de Paris, se trouvent quatre autres pièces allégoriques qui nous semblent faire partie de la même suite, quoique un peu plus grandes.

Haut., 63 millim.; larg., 73.

41. *Sujets emblématiques*, au nombre de vingt et un, sans nom de

peintre ni de graveur. Ils paraissent tous faire allusion à des sujets de politique ou de morale. (B. 41.)

Haut. de chacun, 63 millim.; larg. 72.

1er état avant la lettre. — 2e. Avec huit vers flamands au bas de chaque pièce. Cette suite est très rare.

Basan joint encore à l'œuvre de Rubens les pièces suivantes, sans pouvoir affirmer qu'elles lui appartiennent.

Suite de quatre emblêmes. Sans nom de peintre ni de graveur.

1. *Un aigle* couvrant de ses ailes un aiglon.

2. *Un aigle* qui porte sur ses ailes les écussons d'Autriche et d'Espagne.

3. *Un aigle* tenant avec son bec les armes du Cardinal-Infant.

4. *Un aigle* armé de la foudre combattant un lion.
Chacun de ces sujets a une légende.

Suite de sujets allégoriques ayant rapport à l'Eucharistie. Quatre pièces ayant chacune une légende; sans nom de peintre ni de graveur.

Suite de quatre emblêmes. Sans nom de peintre ni de graveur.

1. *La Fortune* présentant plusieurs villes à un enfant armé d'une cuirasse.

2. *Autre représentant Amphion* élevant les murs de Thèbes.

3. *Autre avec un trophée d'armes* au milieu des morts.

4. *Autre représentant un arc-en-ciel.*

Un cartouche, contenant une table, sur laquelle paraissent deux mains sortant d'un nuage et traçant plusieurs lignes géométriques. Sans nom de graveur.

Autre cartouche contenant un coffre sur une table. On voit dans un nuage une main qui va ouvrir ce coffret.

Petit cartouche au milieu duquel est un livre portant ces mots : IN SCRIPTVRA VERITAS. Sans nom de graveur. Des armoiries autour d'un cep de vigne chargé de plusieurs tiares, couronnes, mitres, etc. Au-dessous d'un calice, on lit : TIMORE DOMINI. Sans nom de graveur.

Il serait très regrettable d'être forcé de se borner seulement à la sèche nomenclature que l'on vient d'exposer. On doit désirer de trouver enfin quelques détails sur la magnifique école de gravure que Rubens a sinon créée, mais du moins dirigée avec toute la puissance de son génie. Grâce à M. Henri Hymans, conservateur des estampes de la Bibliothèque royale de Bruxelles, nous pouvons combler cette lacune.

Le savant conservateur a publié l'*Histoire de la gravure dans l'école de Rubens*[1]. Son livre a été couronné par l'Académie royale de Belgique.

M. Hymans pose en principe dans sa préface qu'en parcourant l'œuvre gravé de Rubens, on acquiert la conviction que presque tous les interprètes de ses toiles ne sont pas ses élèves, que presque tous avaient fait leur apprentissage sous d'autres maîtres. En d'autres termes, Rubens n'eut jamais un atelier de graveurs, et il eut rarement à ses gages plus d'un graveur à la fois.

1. Bruxelles, *chez Fr. J. Olivier*, libraire, 11, rue des Parcissiens. 1879.

Dans la plupart des estampes importantes, les frais d'exécution étaient à sa charge. En France, dans toute la monarchie espagnole, ainsi qu'en Hollande, c'était à lui qu'avaient été accordés les privilèges destinés à protéger ses œuvres contre les contrefaçons.

Il eut un certain nombre d'éditeurs, tels que : Van den Enden, Gillis Hendrickx, Lauwers et Meyssens; mais leur rôle fut assez restreint par l'intervention personnelle du maître dans la publication de ses estampes.

Les premiers graveurs associés à l'œuvre de Rubens sortent de l'atelier de Philippe Galle. Ses fils, son gendre et son élève Barbé ont reproduit des dessins du grand peintre après son retour à Anvers. Certaines planches ont dû être gravées d'après des dessins envoyés d'Italie.

M. Hymans cite d'abord les illustrations du livre de Philippe Rubens : *Electorum libri II. Antv.* 1608, dont le privilège est du 15 novembre 1607, avant que Pierre-Paul fût revenu à Anvers.

Il faudrait mentionner ensuite la *Vie de saint Ignace* publiée en 1609. Il est très douteux que les compositions soient de Rubens, mais les gravures, quoique anonymes, sont de Corneille Galle le père. On regarde plutôt les dessins comme étant l'œuvre de Barbé. Ce dernier paraît n'avoir été employé par Rubens que pour graver des vignettes.

M. Hymans cite ensuite quelques estampes importantes auxquelles ont coopéré Corneille et Théodore Galle, entre autres une *Grande Judith*, etc. Ceux-ci s'occupèrent ensuite du *Missel*, 1613, dont Rubens a dessiné quelques compositions. Quoiqu'il n'en ait signé aucune, il a retouché deux grandes planches, l'*Annonciation* et le *Crucifiement*. C'est en 1614 que Rubens refit le portrait de Sénèque, dans la seconde édition de l'ouvrage de Juste Lipse; le graveur fut Corneille Galle.

A partir de 1611, on voit intervenir des graveurs hollandais. M. Hymans signale Swanenburg, qui grava cette année les *Disciples d'Emmaüs*[1], et *Loth et ses filles*, en 1612; Egbert van Panderen, qui exécuta la *Vierge intercédant auprès du Christ, Sainte Aldegonde, Sainte Hiltrude* en 1617. On doit à Andréas Stock le *Sacrifice d'Abraham*, à Jacques Matham *Dalila*. Muller, en 1615, mit au jour les portraits d'*Albert* et d'*Isabelle*.

Toutefois ces graveurs n'interprétaient qu'imparfaitement la pensée de Rubens; il songea à s'en adjoindre d'autres. Le premier graveur qu'après C. Galle on trouve en relations directes avec Rubens est un Français, Michel Lasne, de Caen. Sa collaboration ne fut pas très longue, puisqu'en 1621 Michel Lasne était de retour en France. Il est probable que Rubens ne fut pas satisfait de ses travaux. On a aussi parlé de la collaboration de Jode le père, mais elle est difficile à établir.

Nous voyons arriver Pierre Soutman, de Harlem. On ignore l'année de sa naissance; mais vers une époque que l'on ne peut préciser, il était venu s'établir à Anvers. Il a gravé une quinzaine d'estampes d'après Rubens. A raison d'une certaine fougue qui le distingue, il était très propre à reproduire des sujets comme les grandes chasses; mais, probablement à cause de son procédé de gravure, il règne toujours dans ses estampes une certaine froideur, et Soutman à notre sens ne peut se placer que parmi les artistes secondaires. A défaut de date, on ne sait pas trop à quelle époque Soutman a publié ses planches.

Ce fut en 1619 que Rubens eut la pensée de demander un privilège pour ses

1. Le même sujet, qui est à Madrid, a été gravé par WITDOECK.

estampes. Il s'adressa aux États généraux de Hollande; mais sa demande pour une période de dix années fut repoussée le 17 mai; plus tard, le 8 juin, par l'intermédiaire de Sir Dudley Carleton, ambassadeur du roi d'Angleterre, elle fut accordée pour sept années seulement.

Au mois d'octobre 1619, Rubens obtint un privilège de la France par les bons offices du célèbre Peiresc. Il avait obtenu un privilège en Belgique.

Nous n'insisterons pas sur le titre de graveur accordé à Rubens; plusieurs planches lui sont attribuées, et non sans raison. Dans tous les cas, on peut être certain qu'il aurait gravé avec un grand talent s'il avait voulu prendre cette peine. Parmi les pièces qui lui sont attribuées, la *Sainte Catherine* se place en première ligne, et nous n'hésitons pas à l'en reconnaître comme l'auteur.

Vers 1620, et peut-être plus tôt, apparaît Vorsterman, l'un des meilleurs interprètes de Rubens. Qu'il nous suffise de citer le *Combat des Amazones* et la *Grande Descente de croix*. On connaît neuf estampes publiées par Vorsterman sous la date de 1620. Mais dès 1622 Vorsterman, qui était devenu fou, avait quitté Anvers. Il fit un assez long séjour en Angleterre[1]. Sa folie ne fut que momentanée. Ce fut probablement à son retour à Anvers qu'il acheva le portrait de Bucquoy.

Nous ne suivrons pas plus loin Vorsterman, qui consacra son talent à reproduire de nombreux portraits de *l'Iconographie de Van Dyck.*

Ryckemans paraît avoir succédé à l'éminent graveur que Rubens avait perdu. C'est lui qui a signé une planche du recueil des *Palais de Gênes*, tandis que la vignette du titre est due à Corneille Galle; mais Ryckemans a gravé d'autres planches plus importantes. Plusieurs d'entre elles portent cette mention : *sculp. et excud. Edam.* La présence de ce graveur dans une localité secondaire de la Hollande fait naître des doutes au sujet de sa qualité d'Anversois. Il n'est pas cependant très certain qu'il ait été sous la direction de Rubens.

Les deux Lauwers se montrent ensuite. C'étaient le père et le fils. Le premier, Nicolas, naquit à Anvers en 1600, et le second, Conrad, en 1632. Rubens confia à Nicolas une toile importante, *l'Adoration des mages,* dont il avait peint le tableau pour les Capucins de Tournai; ce qui est prouvé par la mention sur la planche des divers privilèges obtenus par Rubens. Bolswert fut lié avec Nicolas Lauwers et collabora à plusieurs de ses planches. Snyers fut élève de Nicolas. Celui-ci fut également graveur et éditeur de planches.

Mais le véritable successeur, comme talent, de Vorsterman fut Paul du Pont, autrement dit Pontius. Il était né en 1603. Ses premières planches sont de 1624 et nous le montrent travaillant déjà sous la direction de Rubens. La *Chaste Suzanne*, qui est de 1624, est munie du triple privilège. Rubens lui confia ensuite *l'Assomption de la Vierge,* qui depuis peu d'années ornait la cathédrale d'Anvers, et Rubens n'eut point à regretter sa confiance, quoique le jeune graveur n'eût que vingt et un ans. C'est en 1626 que Pontius fit sa plus belle planche peut-être, *Saint Roch patron des pestiférés.* Rubens partit pour l'Espagne en 1628, et ne fut de retour à Anvers qu'en 1630. C'est vers cette année que Pontius grava sa *Thomyris.* Il travailla ensuite à nombre de portraits de *l'Iconographie de Van Dyck.* Rubens était absent d'Anvers à cette époque. En ce même temps,

---

1. Il était marié alors depuis longtemps. M. Hymans se propose de publier dans les *Mémoires de l'Académie* toutes les pièces qu'il a réunies à ce sujet.

Pontius grava un certain nombre de portraits d'après ce grand maître. Quand Rubens fut de retour, Pontius interpréta d'une manière supérieure le *Christ* dit *au coup de poing;* en 1638, Pontius gravait encore pour Rubens, comme le constate une de ses plus belles planches, la *Présentation au temple.* C'est vers 1631 que nous voyons paraître les deux frères Boèce et Schelte de Bolswert.

Artistes complets quand ils arrivèrent en Belgique, ils avaient vu le jour en Frise, mais s'étaient fait connaître en Hollande avant de se fixer dans le Brabant. On place la date de la naissance de Boetius Bolswert à l'année 1580; c'est vers 1618 qu'il vient en Belgique; en 1620, il est reçu maître de la gilde de Saint-Luc. Après avoir gravé d'après un certain nombre de peintres, ce n'est que vers la fin de sa carrière qu'il entra en relations avec Rubens, dont il n'a reproduit qu'un petit nombre de tableaux. Nous citerons particulièrement : le *Jugement de Salomon,* la *Résurrection de Lazare,* la *Cène* et le *Christ au coup de lance.* Boèce Bolswert mourut à Bruxelles le 25 mars 1633.

Schelte[1] Bolswert fut admis à la gilde de Saint-Luc au commencement de 1626. On dit qu'il vivait dans l'intimité de Rubens; et cependant, parmi les nombreuses épreuves retouchées que conserve le Cabinet des estampes de Paris, on ne trouve qu'une seule pièce de la main de Bolswert. Rubens n'inscrit ses privilèges que sur la *Pêche miraculeuse,* la *Conversion de saint Paul,* la *Chasse au lion.*

Les deux frères, dit-on, dès qu'ils furent établis à Anvers, y firent un commerce fructueux d'estampes. M. Hymans fait remarquer qu'en dehors de leurs travaux personnels, ils ne mirent en vente qu'un nombre très borné d'estampes. Schelte n'apparaît que comme l'éditeur de quelques-unes de ses propres œuvres, et c'est de lui que Van den Enden, le célèbre éditeur, reçut les éléments de ses principales publications. Il faut donc ranger en première ligne les planches éditées par lui, ensuite celles qui portent l'adresse de Martinus van den Enden, Nicolas Lauwers et Gillis Hendrickx.

Une des premières planches gravées par S. Bolswert d'après Rubens est le *Christ au tombeau,* que Pontius a aussi reproduit. Il a exécuté d'après le même maître les figures en pied de *Saint Ignace,* de *Saint François-Xavier,* de *Sainte Catherine* et de *Sainte Barbe.* Nous citerons plusieurs *Vierges* et l'*Immaculée Conception* (B. 1, V. S. 1). La *Pêche miraculeuse* peut passer pour le chef-d'œuvre du graveur.

On ne sait pas si Martinus van den Enden édita des gravures d'après les tableaux de Rubens du vivant de celui-ci, ou si ce ne fut qu'après sa mort. Van den Enden céda la suite de ses affaires à Gillis Hendrickx entre les années 1641 et 1655.

On a peu de données sur la vie de S. à Bolswert, mais sa carrière fut longue. Ainsi, en 1653 il mettait au jour une de ses pièces les plus importantes : l'*Entrée à Gand de l'archiduc Léopold-Guillaume.* Il survécut plusieurs années à cette œuvre considérable. Il avait gravé, en 1652, le *Christ en croix adoré par saint Dominique* et *Sainte Catherine de Sienne.* Ce fut dans les dernières années de sa vie qu'il exécuta pour Antoine Bonenfant (Goetkint) la *Vierge au Perroquet* et la *Décollation de saint Jean,* d'après Rubens. Il mourut en 1659, âgé de soixante-treize ans.

Ce fut pour Gillis Hendrickx que Bolswert grava le *Serpent d'airain, Diane au retour de la chasse,* les *Trois croix,* le *Crucifix* (B. 85, V. S. 292), le *Mariage de la Vierge* et les *Cinq grands paysages,* tous d'après Rubens; mais alors ce grand peintre n'existait

---

1. Ce prénom n'est qu'une variante de *Childéric.* M. Hymans (p. 325) fait connaître que sur le frontispice du livre de Girard Thibault, on lit : *Scheldéric A. Bolswert sculp. Bruxellæ.*

plus. L'*Annonciation de la Vierge* (B. 3, V. S. 1) fut encore publiée par Van den Enden, mais après la mort de Rubens. Si le peintre a dirigé plusieurs planches de Bolswert, on voit qu'alors celui-ci pouvait se passer de la direction du maître.

Cependant, malgré son talent supérieur, S. Bolswert ne paraît avoir formé aucun élève : pas un jeune homme ne s'est présenté à la gilde de Saint-Luc comme ayant fait son apprentissage chez lui. M. Hymans ne peut donner l'explication d'un pareil fait.

Le seul portrait qu'on paraisse avoir de lui se trouve dans l'*Iconographie de Van Dyck*, gravé par Lommelin, publié par Gillis Hendrickx. On lit au bas : *Scelte à Bolswert, calcographius Antverpiæ*. La pièce est très médiocre. D'abord elle portait le nom de *Hubert du Hot*, dont la tête fut plus tard effacée pour faire place à celle de Schelte à Bolswert, qui peut-être est de pure fantaisie [1].

Si les Bolswert n'eurent pas d'élèves, ils eurent en revanche des copistes. Citons d'abord Ragot qui signa ses planches. Il y eut des copistes qui allèrent jusqu'à contrefaire l'adresse de Mart. van den Enden ; quelquefois leurs contrefaçons sont assez trompeuses. M. Hymans accuse M. Voorhelm-Schneevoogt de s'y être lui-même mépris. Il cite l'*Adoration des mages* (B. 15, V. S. 60), le *Retour en Égypte* (B. 29, V. S. 116). Ni la *Sainte Famille* (B. 44, V. S. 96), ni la *Vierge* (B. 34, V. S. 69), en contre-partie, ne sont mentionnées. Il existe des copies trompeuses de la *Sainte Famille* (V. S. 134) et de la *Vierge* (V. S. 63). Voir M. Hymans, pages 360 et 361.

A l'époque de Rubens, la gravure pouvait être qualifiée d'*art franc* ; mais certains graveurs voulaient s'attribuer le droit de copier impunément toutes les estampes qui voyaient le jour, même au mépris des privilèges accordés aux auteurs.

En 1633, Jean-Baptiste Barbé fait un procès à Nicolas Lauwers en usurpation de privilège. Beaucoup de témoins parmi les graveurs comparaissent alors, et Rubens est à leur tête, à raison de l'enquête ordonnée par le Conseil de Brabant. Paul Halmalius, échevin, et le secrétaire Philippe van Valkenissen avaient été délégués par le magistrat d'Anvers pour procéder à cette enquête.

Rubens avait intenté en France un autre procès à des contrefacteurs dans les années 1619-1620, et il eut gain de cause devant le parlement de Paris. Mais cette solution se fit attendre bien longtemps, comme le constate une lettre de Rubens le 21-31 mai 1635. M. Hymans malheureusement ne nous fait pas connaître l'issue du procès intenté par Barbé à Lauwers.

Rubens ne se désintéressa jamais de la reproduction de ses œuvres. Il fut en relations suivies avec les graveurs, retoucha leurs épreuves, et à sa mort il restait à régler entre ses héritiers et Jacques Moermans un compte pour estampes vendues. C. Moermans était un véritable chargé de pouvoirs de Rubens et son ancien élève.

Il nous reste encore à mentionner un graveur qui paraît aussi avoir été employé par Rubens dans les derniers temps de sa vie. C'est Antoine van der Does, né à la Haye en 1610. On peut citer de lui le *Portrait équestre du cardinal-infant*, publié par Van den Enden et que l'on place dans l'œuvre de Rubens. Il fit aussi, sous le nom de Rubens, le portrait du marquis de Castel-Rodrigo que publia de Jode. Van der Does mourut en 1680.

---

1. Le portrait original de du Hot, indiqué comme âgé de cinquante-huit ans en 1632, peint par Van Dyck, figure, sous le nom de Jordaens, au Musée de Douai. (Voir M. Hymans, *Notes sur quelques œuvres d'art conservées en Flandre et dans le nord de la France*, dans le *Bulletin des commissions royales d'art et d'archéologie*, tome XXII page 217.

Rubens employa aussi des graveurs à l'eau-forte ; mais leur rôle ne fut que secondaire. On trouve au Cabinet des estampes de Paris une épreuve des *Noces de Thétis et de Pélée* (B. 41, V. S 98), gravée à l'eau-forte par François van den Wyngaerde On y voit quelques retouches à la plume qu'on a crues de la main de Rubens. Le trident est dessiné sur la planche même. Mariette croit Rubens l'auteur de ces corrections. On connaît encore de lui le *Satyre à la vaisselle*, et les merveilles d'orfèvrerie qu'on voit dans la planche faisaient elles-mêmes partie de la collection de Rubens. Wyngaerde est au fond plus marchand que graveur.

On ne sait si Rubens a coopéré à quelques eaux-fortes de Van Kessel. Il est vrai qu'on trouve à Paris une épreuve de la *Chasse de Méléagre* retouchée au pinceau. L'estampe n'est pas sans mérite. On fait observer que Van Kessel, né en Hollande vers 1620, n'est venu s'établir à Anvers que vers 1652. M. Hymans doute de l'intervention de Rubens.

Panneels, quant à lui, est un élève du maître Il est inscrit comme tel à la gilde de Saint-Luc. Du reste, il prend ce titre sur ses estampes. Il en a gravé beaucoup d'après le peintre anversois ; mais sa meilleure pièce est un portrait de Rubens qui porte la date de 1630. Dans l'inscription de cette pièce, Panneels ne donne pas à Rubens le titre de chevalier qui lui avait été conféré par le roi d'Angleterre ; ce qui a fait douter que ce titre lui eût été réellement conféré, quoique les descendants du maître conservent le diplôme délivré à cette occasion. Panneels, qui devait être bien informé, dit que l'épée lui a été remise non par Charles Ier, mais par le roi d'Espagne.

Panneels travaillait chez Rubens en 1628. On ne connaît pas de lui de planche antérieure à 1630. Il fit un long séjour en Allemagne. Beaucoup de ses planches sont datées de Francfort-sur-le-Mein. Toutes ses estampes sont de petit format.

Lucas van Uden a gravé quatre paysages d'après Rubens. On ne sait si ces planches ont passé sous les yeux de Rubens, mais le nom du maître ne figure pas sur les premiers états. Van Uden fut collaborateur de Rubens pour les fonds de paysages de ses toiles. Presque toutes les eaux-fortes de Van Uden ont eu pour éditeur Van den Wyngaerde.

A la première génération des graveurs d'après Rubens succède la seconde. Parut d'abord Pierre de Jode le jeune. Il fut élève de son père. En 1631-1632, il travaillait à Paris. Ce fut un graveur fécond : on cite de lui au delà de trois cents pièces. Il fit sous la direction de Rubens la *Visitation de la Vierge*, composition légèrement amplifiée du sujet que l'on voit sur un des volets de la *Descente de Croix*. Une première épreuve qui est au Cabinet des estampes de Paris est retouchée par Rubens. C'est probablement en 1638 que cette planche fut exécutée. La *Présentation au temple*, de Pontius, autre volet du même tableau, est de cette année ; mais d'autres planches, telles que l'*Alliance de Neptune et de Cybèle*, *Vénus naissant des eaux*, les *Trois Grâces*, ne virent probablement le jour qu'après la mort de Rubens. On ignore la date de la mort de Pierre de Jode. Arnold de Jode, son fils, naquit en 1638.

Dans les dernières années de la vie de Rubens, Witdoeck joue un rôle important. Il était né à Anvers en 1615. Vorsterman, son maître, l'avait fait admettre à la gilde de Saint-Luc en 1630 ; il travaillait chez Rubens en 1635. Celui-ci retoucha sa planche de *Saint Ildephonse*. Nous citerons *Abraham offrant le pain et le vin à Melchisédec*, les *Pèlerins d'Emmaüs*, l'*Exaltation de la Croix*. En 1639, il fit l'*Assomption de la Vierge* et le

Miracle de saint Juste. On sait que ce graveur est bien inférieur à Vorsterman, à Pontius et aux Bolswert. A cette époque, Rubens, souffrant de la goutte, déclarait ne pouvoir suffire à donner du travail à l'unique graveur qu'il employait en ce moment. Son éditeur le plus fréquent est J. de Berti. Witdoeck n'a aucune planche de sa main datée après 1639 : peut-être après la mort de Rubens s'adonna-t-il exclusivement au commerce des estampes. On ignore l'année de sa mort.

Voici maintenant le tour de Martin Robin, connu sous le nom de *Marinus.* Il passe pour avoir vu le jour à Londres en 1599. Il devint en 1630 élève de Vorsterman; en 1632-1633, il était reçu parmi les maîtres; il mourut le 27 avril 1639. Rubens lui confia *Saint François-Xavier guérissant les malades* et *Saint Ignace de Loyola exorcisant les possédés.* Ces pièces sont très recommandables. Sa *Fuite en Égypte* d'après le tableau du Musée du Louvre met en relief toutes ses qualités. Ces trois planches furent publiées par Rubens et portent son privilège. Nous ne parlerons pas d'autres pièces qu'il a gravées d'après Jordaens et autres maîtres. Neefs travailla aussi du temps de Rubens; il est probable que son *Martyre de saint Thomas* passa sous les yeux du peintre. Le tableau est une des dernières productions de celui-ci; fait pour l'église des Augustins de Prague, auxquels il fut remis en 1639, il n'a point quitté ce sanctuaire. Neefs coopéra avec Van Thulden à la *Pompa introitus Ferdinandi.* C'est pour Gillis Hendrickx qu'il grava la pièce dite l'*Aiguière de Charles Ier.*

Le procédé de l'eau-forte fut très peu pratiqué par les artistes et les graveurs flamands; mais nous le voyons au contraire largement employé par Van Thulden. Ce fut à lui que la municipalité d'Anvers confia la mission de reproduire à l'eau-forte tous les arcs de triomphe, *Spectaculi,* etc., en vingt-cinq planches simples et autant de planches doubles, moyennant une somme de 2,000 florins. Il est probable que Rubens fut appelé à contrôler l'exécution d'une partie de ces planches. Comme l'ensemble émanait du peintre, il n'est pas possible que le graveur n'ait pas eu recours à ses conseils.

Le dernier des peintres graveurs qui a travaillé avec Rubens est Remoldus (Rombaut) Eynhouedts, né à Anvers en 1613. Le nombre de ses eaux-fortes ne va pas à une vingtaine, bien que l'artiste ait survécu quarante ans à Rubens. On cite de lui l'*Adoration des Mages,* la *Vierge adorée par plusieurs saints et saintes.* Cette planche est supérieure à celle de Pontius; le *Saint Christophe* d'après un volet extérieur de la *Descente de croix,* le *Pape saint Grégoire et d'autres saints.* M. Hymans reconnaît dans ses travaux l'élan et la fermeté de fort bons croquis.

La gravure sur bois ne joue qu'un rôle secondaire. Christophe Jegher, plutôt Jegherendorff, fut le collaborateur du peintre. On le croit d'origine allemande; il fut admis à la maîtrise dans la corporation de Saint-Luc d'Anvers en 1627-1628. Barbé en était alors le doyen. On a la preuve qu'il gravait aussi sur du plomb. Le tirage alors coûtait peu de chose : en 1630, un imprimeur anversois touchait 16 florins pour avoir imprimé cinq mille épreuves d'une planche de Jegher.

On ne sait à quelle époque il fut employé par Rubens, mais il grava la marque de l'imprimerie Plantinienne dont Rubens avait donné le dessin; il fut payé, le 24 juillet 1631, 7 florins 39, à Jegher qui a signé la vignette de ses initiales. De sa collaboration avec Rubens sont sorties une douzaine de planches dont le peintre fut d'abord l'éditeur. Les planches furent gravées sur les dessins de Rubens, qui en surveilla l'exécution.

Ceci est prouvé par des contre-épreuves qui sont au Cabinet des estampes de Paris. Son procédé fut la taille de bois, mais on croit que le *Repos en Egypte* a été gravé sur une planche de plomb. Jegher paraît s'être intimement associé à la pensée de Rubens; il semble, en regardant ses productions, qu'on a sous les yeux les dessins du maître. Une de ses planches les plus importantes et les plus rares est imprimée en trois teintes, de manière à rendre plus complètement un dessin sur papier brun rehaussé de blanc.

Jegher eut un fils qui était aussi graveur, mais qui ne fut inscrit à la gilde de Saint-Luc qu'en 1642-1643. Il signait Jean Jegher.

Après la mort de Rubens, son école de gravure fut suivie d'une décadence rapide. En Hollande, une autre, sous la direction de Soutman, s'inspira des œuvres de Rubens, mais en modifiant le style. En France, une école de gravure se fonda et ne tarda pas à devenir la première du monde.

A Anvers, les conditions d'existence s'étaient profondément modifiées pour les graveurs. Les intérêts mercantiles allaient prévaloir, et la volonté des éditeurs réglera la production. Ce furent les marchands qui eurent la direction de l'école.

Nous citerons d'abord Mart. van den Enden, dont les tirages furent excellents, et qui édita particulièrement les œuvres de S. Bolswert. Van den Enden fut inscrit à la gilde de Saint-Luc en 1630-1631. Nous ne le revoyons plus en 1645. A cette époque, le nom de Gillis Hendrickx est déjà inscrit sur les planches.

Gillis Hendrickx était très habile pour imprimer les estampes, mais il ne paraît avoir eu que des collaborateurs secondaires. C'est ce que l'on remarque dans l'*Iconographie de Van Dyck*. Gaspard Huberti (Huybrechts) paraît avoir succédé à Gillis Hendrickx; il mourut en 1724. Gérard et Jean Edelinck firent leur apprentissage chez Huberti, qui était aussi graveur.

A côté de Mart. van den Enden, le graveur Nic. Lauwers tenait un commerce d'estampes où il vendait non seulement les siennes, mais celles d'autres graveurs, et aussi celles de Pierre Balliu. Lauwers avait des graveurs non seulement pour reproduire les œuvres des maîtres, mais un atelier de copistes; ce qui est établi par plusieurs témoins dans son procès avec Barbé. Son fils Conrad, Henri Snyers, Nicolas Blau, furent ses élèves. Lauwers édita le *Combat des Lapithes et des Centaures* d'après Rubens par Pierre Balliu. On doit à ce graveur plusieurs autres planches d'après le grand peintre. Rombout van de Velde fut inscrit comme éditeur à la gilde de Saint-Luc en 1645-1646. C'est en 1660 que Conrad Lauwers fut inscrit officiellement parmi les francs-maîtres, mais il n'a dans l'œuvre de Rubens qu'une importance secondaire. Il paraît avoir copié certaines planches de Bolswert, le *Mariage de la Vierge* et les *Quatre Évangélistes;* mais il a exécuté directement d'après Rubens *Elie au désert* (B. 26, V. S. 65). On présume que S. Bolswert avait un peu coopéré à cette œuvre.

L'année même de la mort de Rubens, la gilde de Saint-Luc recevait un peintre graveur, alors âgé de vingt-huit ans, qui devint un éditeur célèbre; ce fut Jean Meyssens. On lui doit un recueil de portraits d'après Van Dyck. Il mourut le 18 septembre 1670, et son fonds semble avoir passé, du moins en partie, dans les mains de Jacobus de Man. Parmi les graveurs que Meyssens avait employés, on peut citer Henri Snyers, Michel Natalis et Corneille van Caukerken, qui donnaient encore quelque éclat à l'école flamande. Ils travaillèrent à côté d'Abraham van Diepenbeke, qui avait été élève de Rubens et qui édita leurs planches.

M. Hymans fait connaître aussi le sort d'une certaine quantité de planches de Rubens. Nous n'entrerons pas dans ce détail; mais il n'est pas moins curieux de savoir que la *Descente de croix* de Vorsterman se retrouve, sous une manière noire de Hodges, publiée à Amsterdam en 1805.

Un ensemble de cuivres originaux était aussi à Amsterdam. Un recueil parut, 1804-1808, sous le titre de : *Œuvres de P. P. Rubens et A. Van Dyck.* Le tout formait ensemble 68 planches d'après ces deux maîtres. Une tradition dit, qu'après le tirage effectué, les éditeurs détruisirent les planches.

A la Calcographie du Louvre, on trouve de Vorsterman : le *Combat des Amazones*, la *Sainte Famille* de 1620, *Suzanne et les vieillards*, *Job tourmenté par les démons*; de Bolswert, le *Mariage de la Vierge*, la *Nativité*, le *Retour d'Egypte*, la *Résurrection*, l'*Ascension, Sainte Barbe, Sainte Catherine*; de Pontius, la *Suzanne* de 1624. Au Cabinet des estampes de Bruxelles, on conserve de Pontius le cuivre du grand portrait de l'*Infante Isabelle.*

L'école de Rubens produisit au delà de cinq cents planches inspirées de son illustre chef. Son influence se fit sentir en France, et, indépendamment des copistes, Masson s'essaya à graver de son chef l'*Assomption de la Vierge* (B. 10, V. S. 30). Il y réussit médiocrement. On trouve un souvenir des Flamands et même plus dans Pierre Daret, Gilles Rousselet, Étienne Picart dit le Romain. Pierre Landry et François Langot, en essayant d'agrandir le maître, arrivèrent à des planches monstrueuses qui ont jusqu'à quatre mètres de superficie. Plus tard, un certain nombre de graveurs français se réunirent pour reproduire d'une manière très distinguée la *Galerie du Luxembourg*. Fessard et Lempereur produisirent aussi des planches remarquables d'après Rubens.

En Hollande, sous l'influence de Soutman, on peut citer Jonas Suyderhoef et Corneille Visscher. La *Chute des réprouvés* et *Silène*, de Suyderhoef, la *Vierge aux enfants*, de Visscher, peuvent compter parmi les meilleures planches gravées d'après Rubens. Corneille van Dalen se rapprocha aussi des graveurs de Rubens. En Angleterre, les graveurs reproduisent peu, dans les commencements, les œuvres de Rubens. On peut toutefois citer une planche de Faithorne, le *Chariot embourbé*. Les estampes de Payne rappellent fréquemment des œuvres de Bolswert. On peut encore mentionner l'eau-forte rarissime de Robert Streater d'après *Daniel dans la fosse aux lions*, tableau qui, comme on le sait, a été vendu dans la galerie du duc d'Hamilton.

En Allemagne, Rubens fut peu reproduit. On peut indiquer Pierre Isselburg, né en 1580, mort après 1630. Il grava la suite du *Christ et les Apôtres*, qu'il dédia à l'évêque de Bamberg, et il fit une copie trompeuse du portrait de *Wladislas de Pologne*, d'après Pontius.

Hollar n'intervient dans l'œuvre de Rubens que par des planches insignifiantes. En Belgique, les reproductions du maître deviennent de plus en plus rares. C'est enfin avec Richard van Orley, qui vécut de 1662 à 1732, et avec Pilsen, né en 1676, que s'éteint réellement l'école dite de Rubens et que finit le grand mouvement imprimé par l'illustre artiste.

M. Hymans conclut en disant que toute la gravure moderne dérive de son système pratiqué avec plus ou moins d'habileté : l'éclat du coloris joint à la perfection des moyens imitatifs. L'étude de l'œuvre gravé de Rubens s'impose dès lors à quiconque veut apprécier dans toute sa puissance le génie du grand peintre flamand.

RUBENS ET SON ÉCOLE

TABLE DES CLASSES ET DE LEURS DIVISIONS

* Cette pièce : *le Retour d'Egypte* (V. S. 117), n'est qu'une copie où l'on a mis faussement le nom de Bolswert et l'adresse de Mart. Van den Enden.

OMISSIONS. — ERRATUM

Nouveau Testament. N° 25. *Sennacherib*. Une épreuve avant la lettre est mentionnée dans le catalogue de Messire del Marmol.

Allégories sacrées, etc. N° 16. *Sujet allégorique*. Une épreuve avant la lettre était dans la même collection.

Suite d'études et de sujets de fantaisie. N° 33, 2ᵉ ligne : après le mot *titre*, lisez une virgule au lieu d'un point.

NOTE SUR QUELQUES COLLECTIONS D'ESTAMPES DE L'ÉCOLE DE RUBENS

On trouve dans les principaux cabinets d'estampes de l'Europe des collections considérables d'estampes gravées d'après Rubens ; par exemple : au musée d'Amsterdam, à Bruxelles, à Dresde, à Francfort, à Londres, à Paris, à Stuttgard, à Harlem et à Vienne. Dans cette dernière ville il faut aussi mentionner les œuvres qui se trouvent à l'Albertina et au Musée impérial. Deux collections sont à Dresde, celle de la reine douairière et celle du Musée royal renfermée dans quinze volumes in-folio.

Nous ne pouvons parler que de deux collections capitales, celle de Paris dont nous avons fait connaître beaucoup de pièces rares, et celle qui se trouve à Harlem, au musée Teyler, à laquelle a été ajoutée une collection du même genre, qui avait appartenu au célèbre Garrick, et qui, reliée en huit volumes, était restée absolument intacte, après avoir passé successivement en plusieurs mains différentes. Celle de Londres, que nous avons eu occasion de voir il y a déjà un certain nombre d'années, était loin de pouvoir être regardée comme très importante.

Dans le siècle dernier, deux collections particulières ne craignaient pas de rivalité : celle de Mariette, vendue en 1775, comprenait onze cents pièces, parmi lesquelles se trouvait nombre de raretés ; elle atteignait la somme de 7,857 livres, considérable pour le temps. Les prix d'un certain nombre de pièces ne seraient pas dépassés aujourd'hui.

Quant à celle de Messire del Marmol, le catalogue en fut publié en 1794. Elle est annoncée comme la plus belle qui ait jamais existé, tant pour la beauté des épreuves que pour la rareté des pièces qui s'y trouvent et qui sont uniques dans leur genre. Elle fut vendue en entier 12,000 florins, soit 25,396 francs, à M. Neyman, célèbre marchand d'estampes et de dessins à La Haye. Après la mort de celui-ci, le reste de cette collection et ce qui en formait encore la plus grande partie a été vendu publiquement. Cette collection, prétendait-on, en 1820, a été vendue 25,000 florins.

Elle comprenait aussi un œuvre de Van Dyck de Jordaens, de C. Seghers, de Diepenbeke, Fruytiers, Quellinus et autres, et beaucoup d'œuvres de maîtres qu'il serait trop long d'énumérer ici.

Il a passé en vente de nos jours deux collections importantes ; en première ligne : celle du chevalier Camberlyn, vendue à Paris le 20 novembre 1865, comprenant 184 numéros, qui ont produit la somme de 5,532 francs ; ensuite celle de M. d'Affry, faite en février 1869 : 212 numéros, qui produisirent la somme de 2,827 francs. Cette réunion était bien inférieure à la précédente.

L'œuvre de Rubens, appartenant à M. H. Lacroix, se compose de huit cents pièces presque toutes en premier état, c'est-à-dire avec les premières adresses. Une quarantaine d'épreuves sont avant la lettre, parmi lesquelles un certain nombre d'Earlom, la *Kermesse*, gravée par Fessard, la *Fille d'Hérodiade*, le *Mariage de la Virge*, les *Trois Croix*, la *Descente de Croix*, les *Pélerins d'Emmaüs*, *Saint François-Xavier*... Les épreuves de cet œuvre sont en très belle condition.

Les estampes qui composent l'œuvre de Rubens sont aujourd'hui un peu négligées des amateurs, et n'ont pas atteint dans la curiosité les prix que beaucoup d'autres ont obtenus ; cela tient peut-être à la dimension des pièces généralement assez grandes, et surtout à la difficulté de pouvoir réunir un choix d'épreuves de ce genre en très belle condition, ainsi qu'à la quantité de portefeuilles qu'il faut pour les contenir. On a d'ailleurs assez rarement l'occasion de les apprécier, puisque nous n'avons pu faire connaître qu'un petit nombre de collections particulières. Cependant c'est une des séries les plus dignes de tenter les efforts d'un amateur, et une de celles où le peintre a pu imprimer le plus sa direction aux artistes qui l'ont reproduit, et qui par là ont su exprimer le mieux la pensée du maître et donner une plus haute idée de son génie.

RUÏSDAEL ou RUYSDAEL (Jakob)[1], peintre et graveur à l'eau-forte;
né vraisemblablement vers 1630, et non vers 1635 ou 1636, à Harlem,
était, selon quelques-uns, fils d'un ébéniste, selon le docteur Willigen,
fils d'Isaak Ruysdael, marchand de tableaux et fabricant de cadres. Il
était présumablement issu d'une première union. On lit dans le registre
de mariages de mars 1642, qu'Isaak Ruysdael, veuf de Naarden, épouse
par-devant échevins Barbartjen Hoevenaers, jeune fille de Harlem.
D'après le docteur Willigen, Salomon Ruysdael aurait été le frère
d'Isaak, puisqu'il était inscrit dans la Gilde en 1623. En 1647, il était
commissaire, et doyen en 1648. Salomon mourut en 1670 et fut
inhumé à Saint-Bavon, en haut du chœur, n° 22. Les frais s'élevèrent à 24 florins.

Jacob Ruïsdael fut d'abord destiné par son père à la profession de
médecin que, dit-on, il exerça même quelque temps avec succès. Il est
vraisemblable que, si ce fait est exact, il abandonna promptement la
médecine pour la peinture. On présume que son premier maître fut
Berghem; on sait qu'il fut étroitement lié avec celui-ci, qui orna
plusieurs fois de ses figures les tableaux de Ruïsdael. Notre artiste,
d'après une note de V. L. van der Vinne, est entré dans la Gilde
en 1648.

Il est certain que Ruïsdael a longtemps habité Amsterdam. On lit
dans le registre des transferts de Harlem, le 11 avril 1668, que « l'honorable Isaak Ruysdael, résidant en cette ville, déclare céder en toute
propriété par la présente à son fils, l'honorable Jacobus Ruysdael,
demeurant à Amsterdam. . . . . , tous ses biens meubles. . . . . ,
ainsi que les obligations et tout ce que lui, comparant, possède et pourrait posséder à l'avenir; le tout en payement des sommes que son fils
lui a prêtées. . . . Fait et passé en la susdite ville de Harlem. . . .
J. V. D. Camer, not. public. »

On a peu de détails sur la vie de Ruïsdael à Amsterdam[2], mais il n'y

1. Ruïsdael ne signe jamais ou presque jamais Ruysdael, cependant le numéro 5 est signé de cette
manière, peut-être le nom n'a-t-il pas été écrit par le maître. Un tableau au musée du Louvre et un
autre dans la collection Besborodko portent cette signature : *Ruysdael.*

2. M. Scheltema, archiviste d'Amsterdam, nous révèle cette particularité : le 2 novembre 1668,
Ruïsdael fut témoin du mariage de *Mindert Hobbema.*

fît pas fortune, ce que démontre amplement le fait suivant noté au mémorial des bourgmestres de Harlem, le 28 octobre 1681 :

« Les amis de Jacob Ruysdael d'Amsterdam ayant manifesté le désir de lui procurer une place dans l'hospice (*aalmoezeniershuis*) à Harlem, et s'engageant en outre de payer sa pension, nous avons consenti à leur demande et prions les régents de se faire bien payer, afin que le susdit pensionnaire ne soit point à charge mais au profit dudit hospice. »

On présume que les *amis* de Jacob Ruïsdael étaient des Mennonites, à la secte desquels le peintre appartenait. Notre artiste prit-il sa résidence dans l'hospice, cela est douteux, mais voici ce qu'apprend le registre des décès du 13 mars 1682 :

« Une ouverture de tombeau pour Jacob Ruysdael en l'église de Saint-Bavon, circuit du sud, n° 177. Frais 4 florins. »

Il est certain que les tableaux de ce grand peintre ne furent pas appréciés à Amsterdam, on ne le sent que trop à la profonde mélancolie dont ils sont empreints ; il y règne souvent une grande poésie, mais pleine d'une tristesse sombre. Quoiqu'il soit certain qu'il ait secouru son père, il est possible que la crise effroyable que subit la Hollande, en 1672, ait achevé la ruine de notre artiste dont les toiles alors ne se vendaient probablement plus, ou du moins fort peu de chose.

Probablement pour vivre, Ruïsdael dut s'imposer un travail forcé et sans relâche, car ses tableaux ne sont pas rares. Depuis plus de quarante ans, nous en avons vu une assez grande quantité dans les ventes ; ce nom figure dans tous les catalogues. La vente du duc de Berry et toutes celles qui se sont succédé depuis suffisent pour l'attester. Il serait trop long de les énumérer ici ; un des plus capitaux qu'il nous ait été donné de voir figurait dans la collection Denon, où il fut retiré au prix de 18,700 francs. Il est passé plus tard dans la galerie de lord Hertford, dont il est devenu un des plus beaux ornements. Il est bien regrettable qu'il n'ait pas été acquis par le musée du Louvre ; il eût remplacé sans trop de désavantage la magnifique toile qu'en 1815 il fut obligé de rendre au musée de Cassel. Deux autres furent aussi restitués à cette époque. Notre musée possède six tableaux de Ruïsdael, parmi lesquels quatre sont justement célèbres. Nous citerons d'abord *le Buisson;* il est impossible de voir un plus bel effet de lumière et en même temps un tableau plus poétique. *La Tempête sur les bords des digues de la Hollande* suffit pour placer Ruïsdael au premier rang des peintres de marine. *Le Coup de soleil* peut soutenir la comparaison avec ces belles toiles ; Wouverman a enrichi celui-ci de ses figures, et Berghem a orné des siennes un autre tableau nommé *la Forêt*.

Pour bien posséder ce maître sur toutes ses faces, il faut réunir une cascade, une vue de plaine, un intérieur de forêt et une marine,

Nous possédons deux tableaux de cet artiste : la vue d'une plaine, provenant de la vente du colonel de Biré, et une chute d'eau, toile pleine de poésie que nous avons acquise à la vente Rhôné. Une vue de forêt se trouvait à la vente Patureau ; quoique un peu fatiguée, elle donnait encore une parfaite idée du talent du maître dans cette partie. Vendue 7,000 francs en 1857, elle s'élevait à 17,000 francs en 1881.

Les dessins de Ruïsdael sont également très remarquables, mais ils sont moins communs que ses tableaux ; ordinairement ils ne sont pas signés. Un très beau est au Musée du Louvre ; deux sont au Musée Teyler, à Harlem, signés *J. Ruïsdael*, et un autre à Francfort. M. le docteur Sträter en possède un venant de la vente Lambruggen, marqué d'un *R* seulement. Dans la vente Revil faite en 1842, trois dessins sont décrits : l'un, *Vue d'un village de Hollande*, vendu 240 francs ; un autre, représentant l'*Entrée d'un village*, s'éleva à 701 francs ; enfin un troisième, *Deux grands chênes et un tronc d'arbre renversé*, atteignait le prix de 750 francs. Ce dessin à la plume, légèrement colorié sur vélin, était regardé par le rédacteur du catalogue comme la première pensée de l'estampe intitulée *les trois Chênes*.

En 1845, ce même dessin, qui avait été retiré par M. Revil, parut douteux et tomba à 303 francs, mais le *Chemin dans la forêt* atteignit le chiffre de 1,902 francs. M. Simon en devint l'acquéreur ; il fut plus tard reproduit par Bléry, graveur à l'eau-forte. A la vente Simon, nous avons racheté ce dessin.

On comptait sept dessins du maître dans la collection Verstolk, et celle de Jacob de Vos, vendue en 1883, en renfermait dix.

Un certain nombre de dessins de Ruïsdael figurait à la vente Gigoux; la plupart se sont retrouvés cette année dans celle de Beurnonville.

Cet artiste a gravé douze estampes et peut-être treize. Bartsch, qui n'en a connu que sept, cite en première ligne les numéros 1 à 4. Il dit que ces eaux-fortes montrent la vitesse et la légèreté extrême de la main de leur auteur. On dirait qu'elles sont moins dessinées qu'écrites. Le feuillé est un griffonnement spirituellement confus, composé de zigzags continus, qui servent à merveille à représenter la vraie nature dont toutes les formes ne doivent pas être trop clairement déterminées, si l'on veut éviter le risque de tomber dans ce que l'on appelle manière. Il n'y a rien de ce que l'on nomme méthode, mais il y règne partout un goût rare et la plus grande vérité. Les eaux-fortes de Ruïs-dael sont très difficiles à rencontrer; les six derniers numéros sont à peu près introuvables.

ŒUVRE DE RUISDAEL

1. *Le petit Pont.* On voit, à la gauche, une grande chaumière à la porte de laquelle est une femme; à droite, une rivière dans laquelle trempe un tronc d'arbre renversé; un peu plus loin, du même côté, un homme, suivi d'un petit chien, traverse un pont de bois. Dans la marge, vers le milieu : *.Ruïsdael f.*

Haut., 185 millim.; larg., 264.

* 1ᵉʳ état. A l'eau-forte pure. Le ciel est complètement blanc; avant une quantité de travaux sur la maison, sur les arbres, notamment sur le tronc d'arbre renversé sur l'arbre qui le touche, dont la partie inférieure ne se détache pas; sur le tronc d'arbre et les branches du saule qui est à gauche et au-dessus de la claie du même côté, sur le toit de la cabane et sur le premier montant à gauche qui supporte l'encor-bellement, marqué seulement par quelques traits; tout à fait à droite, les herbes ne se détachent pas de l'eau. Les angles du cuivre sont aigus. Collections Van Leyden et Weigel.

Arosarena, 610 francs.

* 2ᵉ. Le ciel est tracé dans toute la longueur; on remarque de gros nuages à gauche sur la chaumière et quelques autres à mi-hauteur, à droite, au-dessus du petit pont. L'estampe est retravaillée dans toutes ses parties, notamment au tronc d'arbre ren-

versé, au bas de l'arbre qui est derrière, sur le tronc et les branches du saule et au-dessus de la claie qui se trouve au bas de la gauche, sur le toit de la maison. Le montant de bois à gauche qui supporte l'encorbellement est très noir; à droite, des travaux vigoureux profilent le bas des herbes et les détachent des eaux. Le nuage à mi-hauteur à droite est parfaitement accusé. Épreuve sur papier à la folie. Les angles de la planche sont arrondis. Encore très rare. On connaît quelques épreuves où les angles sont encore aigus.

Basan ayant retrouvé en Hollande les numéros 1, 2 et 3 en a fait tirer des épreuves. On les reconnaît à leur impression lourde et boueuse; dans le numéro 1, le nuage au-dessous du pont est très affaibli. Ce n'est pas un état, mais le résultat de l'usure de la planche. Aujourd'hui ces sortes d'épreuves ne sont pas communes. On les rencontre plus souvent en Allemagne.

2. *Les deux Paysans et leur chien.* Dans un paysage pittoresque, on voit à droite un vieux chêne se terminant par deux énormes branches tronquées dont l'une est tout à fait sèche; au-dessous est un tronc d'arbre renversé; dans le fond, une chaumière au delà d'un monticule; au-dessous du gros arbre, une pièce d'eau, et de l'autre côté, à gauche, sur un chemin boisé, deux hommes se dirigent vers le fond. Au milieu du bas dans la marge : *.Rvisdael. f.*

Haut., 180 millim.; larg., 270.

* 1er état. Le ciel est entièrement blanc. Avant des tailles et des contre-tailles, le long du tronc d'arbre renversé, dans le bas, avant quelques travaux sur les feuilles du gros chêne, qui touchent ce tronc d'arbre. Très rare. Collection Arosarena.

Arosarena, 850 francs.

* 2e. Un azur est tracé sur toute la longueur de la planche. Sur l'arbre renversé, dans le bas, on voit un nouveau travail continu en zigzag. Une série de tailles courtes et vigoureuses détachent le tronc d'arbre du feuillage du gros chêne. Epreuve sur papier à la folie. Rare.

3e. Remordu à l'eau-forte et retouché. Dans le haut, à l'angle de droite, on voit de forts traits à la pointe sèche, ainsi que dans le nuage à gauche.

3. *La Chaumière au haut de la colline.* Elle est entourée d'arbres dont un très grand et presque renversé pend au-dessus d'une rivière qui vient de sa droite et occupe tout le devant; de l'autre côté de la rivière, une chaumière, et plus loin une église dans les montagnes. Dans la marge, au milieu : *Rüisdael.*

Haut., 187 millim.; larg., 268.

1er état. Avant le ciel; extrêmement rare. Une épreuve se trouvait dans la collection Verstolk; une est dans le Cabinet des estampes de Paris.

* 2e. On voit un azur et de gros nuages à droite. Il y a quelques nouveaux travaux à la pointe sèche dans les arbres. On remarque une tache noire dans la marge à droite, au bord de l'eau. Sur papier à la folie. Rare.

3e. Retouché à l'eau-forte, principalement dans les parties ombrées ; la tache d'eau-forte dans la marge a disparu.

Weigel pense que les planches doivent se trouver en Angleterre.

4. *Les Voyageurs.* Les eaux d'une large pièce d'eau qui s'étend sur presque tout le devant baignent les racines d'un très grand chêne qu'on voit à gauche. Dans le fond du bois, un sentier, où sont vers la droite trois figures et un chien. Du même côté, au coin du bas : *J. Rvisdael.*

Haut., 185 millim.; larg., 270.

1er état. Le trait de bordure très fin est interrompu par places. Le tronc du gros arbre qui est à gauche est presque blanc ; seulement ombré légèrement sur le bord droit ; à gauche, il y a quelques traits fins ; dans l'état suivant, il est presque entièrement ombré dans le haut, contre les branches, et ce travail descend en diminuant, vers la droite, de manière à former un triangle allongé. L'arbre qui est à côté, à gauche, montre de larges taches blanches dans le milieu. L'ombre portée dans l'eau n'a pas dans le milieu de tailles perpendiculaires ; le troisième arbre à gauche n'a pas sur le tronc, dans le bas, de contre-tailles verticales ; l'ombre portée dans le coin du gros arbre offre au milieu une large place blanche. De la plus grande rareté.

Isendoorn, épreuve de la vente Verstolk, 6,321 francs, au Bristish Museum.

* 2e. Avec les travaux qui ne se trouvent pas dans l'état précédent, mais où le ciel à droite n'est qu'indiqué légèrement et où l'on ne voit pas encore le nuage ovale, ombré de hachures en différents sens. Collections de Vos et Revil.

Revil, 400 francs ; Debois, 550 francs ; Detmol, 1,130 francs ; Arosarena, 1,280 francs ; Marshall, 1,725 francs ; Isendoorn, 1,050 francs.

3e. Le ciel est terminé ; il est formé par des travaux serrés, surtout dans le haut, tirés horizontalement. Au-dessous est un gros nuage à contours bien arrêtés, surtout à droite, où il contraste avec un nuage blanc. Le petit nuage au bas du ciel a été ébarbé. Les éraillures obliques ont disparu sur le ciel ; elles sont affaiblies sur les branches sèches, à droite. Le fond et les devants du même côté produisent moins d'effet. Sur les eaux, au-dessous du gros arbre, les parties accentuées sont très affaiblies, mais le gros tronc d'arbre a été retravaillé dans beaucoup de places. Au-dessous de la première branche du bas, on aperçoit plusieurs contre-tailles horizontales qui n'existaient pas précédemment. Le long du tronc, à droite, nombre de places blanches sont éteintes, et ce tronc est plus fortement accusé ; il en est de même pour les racines que l'eau baigne. Entre le gros arbre et celui qui se voyait derrière, une large place blanche, qui existait au quart de la hauteur du tronc le plus gros, a été complètement éteinte. Entre ce deuxième arbre et le troisième il y avait, au niveau de l'eau, un large clair qui a disparu et dont il ne subsiste qu'une petite partie. Au-dessus des herbes qui étaient sur le bord, on voyait un clair, où l'horizon était indiqué par une ligne très fine ; toute cette partie est couverte par des roseaux très noirs. Dans le groupe d'arbres, beaucoup de masses de feuillage ont été accusées par des travaux noirs et durs. Encore très rare.

Rigal, 201 francs ; His de la Salle, 1,000 francs.

Les quatre paysages, premières épreuves, y compris le tout premier état du numéro 4 : Verstolk, 1,470 francs ; deuxième état, 655 francs.

Weigel signale une bonne et assez pittoresque copie du numéro 4, par M. L. *Wagner*, de Francfort. Sans nom de graveur.

Haut., 183 millim.; larg., 259.

Dans le catalogue Rigal, on mentionne une copie en contre-partie, beaucoup plus petite, assez mal exécutée, sans nom de graveur.

Haut., 92 millim.; larg., 151.

Copie sans désignation : Isendoorn, 54 fr. 50 c.

Le même sujet, peint par Hobbéma, figurait sous le nom de l'*Arbre renversé*, dans la vente du colonel de Biré, faite en mars 1841. Le catalogue indiquait que la vue était prise dans la province de Groningue, en Hollande, près le château d'Alberda. Le tableau fut vendu 23,000 francs.

5. *Le Champ de blé, ou le Champ bordé d'arbres.* Il est à gauche ; on voit, du côté opposé, un vieux chêne et de grands arbres ; sur le devant est un buisson, près duquel est un tronc d'arbre couché sur l'herbe. Du même côté, sur le ciel : *J. Ruysdael fe.*, et au bas, dans la marge : *F. v. W. excud.*

Haut., 99 millim.; larg., 246.

1er état, non décrit. Avant le ciel. Peut-être unique, au British Museum.

* 2e. Avant *J. Ruysdael fe* sur le ciel, et *F. v. W. excud.* dans la marge ; avant qu'on ait renforcé les ombres fortes par des traits de burin ; ce qu'on remarque particulièrement sur le tronc d'arbre renversé. Très rare.

Verstolk, 388 francs ; Arosarena, 720 francs ; Isendoorn, 462 francs.

* 3e. Avec les retouches au burin ; le tronc d'arbre renversé se détache beaucoup mieux, les contours du gros arbre et les branches ont été retravaillés. Avec le nom du maître et l'adresse de *F. v. W.* (*François van Vyngaerde*), mais le trait de bordure est fin. Filigrane : écu avec fleur de lis couronné.

* 4e. Il y a encore d'autres retouches. Des tailles diagonales, de droite à gauche, se voient sur le tronc de l'arbre, au centre du premier plan, et des tailles régulières ombrent la partie inférieure de la souche qui est à terre, dans le milieu ; le trait de bordure est fort.

Isendoorn, 159 fr. 50 c.

5e. Signalé par M. Middleton, avec d'autres retouches peu faciles à définir. Des égratignures accidentelles traversent les lignes presque parallèles qui marquent l'azur du ciel au-dessus des arbres.

Regnault-Delalande, dans le catalogue Rigal, indique une copie du sens de l'original où le nom du peintre et l'adresse ne sont que légèrement tracés à la pointe, mais elle est plus petite de 2 millim. sur la hauteur, et de 4 sur la largeur.

6. *Les trois grands Chênes*. Ils sont vers le milieu d'un tertre qui s'élève sur la droite ; deux troncs sont renversés dans le coin du même côté ; d'autres arbres s'élèvent dans le fond. A gauche coule une rivière, sur laquelle nagent deux canards et dont la rive est bordée d'arbres, de saules et de joncs. Dans la marge, vers le milieu : *.J. Rüis-dael. iu. f.* j649 ; le chiffre 4 est retourné. A gauche : *F. v. W. ex.*

Haut., 126 millim., sans la marge ; larg., 154.

* 1er état. Très rare. A l'eau-forte pure ; avant les contre-tailles sur les arbres contre le trait carré, à droite ; avec la bordure légèrement indiquée ; avant *F. v. W. ex.*

Arosarena, 910 francs

* 2e. La bordure est renforcée au burin ; avec les contre-tailles sur les arbres, près du trait carré, à droite, avec *F. v. W. ex.* Sur notre épreuve, nous n'avons pu savoir si cette adresse n'existait pas ou si elle avait été grattée.

Rigal, 160 francs ; Verstolk, 141 francs ; Debois, 215 francs ; Arósarena, 550 francs ; Isendoorn, 199 francs ; Kalle, 525 francs.

La meilleure copie est celle exécutée par *P. Veith*, de Dresde ; elle est dans le même sens que l'original. Dans la copie, au lieu de *iu*, on lit *in*.

On trouve au Cabinet des estampes de Paris une copie du même sens durement exécutée et peu trompeuse. A gauche, entre les arbres et le trait, il y a une série de tailles formant l'azur ; elles sont plus nombreuses et plus dures que dans l'original. Cette copie a été vendue 215 francs, chez Debois, comme étant la pièce originale.

7. *Pays où serpente une petite rivière bordée d'un rang de six saules*. Au delà, à droite, une chaumière et un enclos ; sur le devant, à gauche, une maison ; au bord de l'eau, une vieille barrière, une colline, une haie vive et de grands arbres ; dans les airs, presque au-dessus de l'arbre le plus élevé, et près du trait carré, un oiseau ; à droite, sur le ciel : *J. Rüisdael f.* 1646. Vers la gauche, dans la marge du bas, toute couverte de travaux, on lit très difficilement : *J. Ruis-dael in fe* 1646. De la plus grande rareté. Dans le bas, sur toute la longueur, une forte barre arrête le travail, et au-dessous on voit des travaux préparatoires pour agrandir la planche. (D. 8.)

Haut., 203 millim.; larg., 230.

Rigal, 770 francs ; Verstolk, 493 fr. 50 c. ; Isendoorn, 1,490 francs, épreuve rognée du haut. Elle est aujourd'hui au Cabinet des estampes de Paris.

L'épreuve de Rigal est chez l'archiduc Charles (Albertina).

SUPPLÉMENT

W. 8. *Vue d'un pays presque couvert d'eau.* A gauche, une échelle sert à monter à deux terrains élevés réunis par un petit pont de bois, à l'extrémité duquel est un bouquet de grands arbres. Dans la marge prise sur l'ovale qui entoure la composition : *J. Rüysdael f.* (D. 10.)

Haut., 65 millim.; larg., 76.

Rigal, 125 francs.

Cette pièce de la dernière rareté a passé de la collection Rigal dans celle de l'archiduc Charles (Albertina).

W. 9. *Paysage avec un ruisseau.* Il est ombragé en partie par des arbres qui le bordent ; à droite, des saules ; au delà, une chaumière, et sur le ciel les lettres *JR* réunies. Pièce de forme ovale. (D. 11.)

Haut., 72 millim.; larg., 81.

Rigal, 99 francs ; Isendoorn, 3,071 francs.

Bartsch, qui n'avait eu sous les yeux qu'une épreuve coupée, avait cru devoir l'attribuer à Everdingen, dans l'œuvre duquel il l'a décrite sous le numéro 3. Regnault-Delalande, dans le catalogue Rigal, rectifie cette erreur. L'épreuve du Cabinet Rigal est entrée dans la collection de l'archiduc Charles. *J. Burnet*, peintre et graveur anglais, a fait une copie très ressemblante de cette estampe.

W. 10. *Paysage avec une mare.* Elle le borde en partie. Auprès, vers la gauche, est un gros chêne et deux autres arbres ; derrière ceux-ci sont deux chaumières ; on voit deux villageois, l'un assis à terre et l'autre debout accompagné de son chien ; à droite, sur l'herbe : *J. Rvisdael f.* 1647. (D. 7.)

Haut., 136 millim.; larg., 200.

Rigal, 799 francs.

L'épreuve, qui était chez Rigal, offrait des marques de l'imperfection du cuivre, principalement à gauche ; de ce même côté, sur une chaumière et sur les arbres, de grands traits de grattoir très prononcés ; une épreuve semblable est au musée d'Amsterdam, ainsi que chez l'archiduc Charles (Albertina).

M. Sheepshanks en a fait exécuter, comme de la précédente, une excellente copie par *J. Burnet*.

11. *Paysage.* On voit à gauche un bouquet d'arbres et des touffes de bois. Dans le fond, au delà d'un monticule, une grande chaumière au devant de laquelle, vers la droite, est un bâtiment ouvert, soutenu par des poteaux. Sur le devant de ces deux bâtiments, un bouquet d'arbres ; à droite, le commencement d'un champ. Le ciel est couvert ; à droite, de grandes hachures croisées dans tous les sens ; au milieu de la marge du bas : *Rūysdael. in. f.* 1646. (D. 9.)

Haut., 144 millim.; larg., 203.

Cette épreuve est au musée d'Amsterdam. *Boland* en a gravé un fac-similé très fidèle.

12. *Petit Paysage en ovale.* A gauche, deux saules avec de gros troncs : l'un à peine couvert de feuilles, l'autre très touffu ; tous deux sont au bord d'un ruisseau qui coule à la droite du bas. Au-dessous, dans un espace réservé : *Ruisdael f.* (D. 10.)

Haut., 162 millim.; larg., 74.

M. Middleton, qui a bien voulu nous envoyer une description de cette pièce, l'appelle : *Le Moulin à eau*, mais il dit que le moulin qui est dans le milieu n'est pas bien indiqué.

Ces deux derniers morceaux ne sont pas décrits par Weigel, mais ils figurent dans le catalogue de Ruïsdael qui a été rédigé par M. Duplessis.

13. *Étude de feuillage.* Elle remplit entièrement la planche, à l'exception d'une petite partie du premier plan, où l'artiste a figuré de l'eau.

Haut., 102 millim.; larg., 76.

M. Middleton, qui a bien voulu nous indiquer cette planche, dont la seule épreuve connue est au British Museum, ajoute que le travail est quelque peu confus, mais qu'il présente un mode de traiter la lumière et l'ombre plein d'effet. Il n'est pas impossible que l'auteur ne soit Ruïsdael, mais cela est douteux.

SAENREDAM (Jean), dessinateur et graveur au burin, né à Assendelf, en 1565, mort à Leyde, en 1607; élève de H. Goltzius et de Jacques de Ghein. Bartsch, tome III, décrit cent vingt-trois pièces de ce maître (*voir Œuvre de Goltzius*).

Le comte Ernest de Nassau et une infinité de peuple, arrivant sur les côtes de Bewnevie, pour considérer une baleine longue de soixante pieds échouée sur le rivage. A gauche, dans le ciel, la Fortune de la Hollande renversée par la Mort qui la perce de ses traits. Cette baleine qui coïncide avec des éclipses et un tremblement de terre semblait présager quelque chose de sinistre. Dans le bas, trente-deux vers latins : *Africus infestum, glomerato. . . . Secundus.*, et, dans le milieu du haut, la dédicace : *Illustri generoso Ernesto. . . . . . Comiti de Nassau D. D. D. J. Saenredam.* — Au milieu du bas de l'estampe, la description du monstre ; à gauche, sur un papier où l'artiste fait son dessin : *Joannes Saenredam inue. et sculptor. A° 1602.*

Haut., 389 millim.; la marge du bas, 18 ; larg., 590.

* 1er état. Avant le groupe de la Fortune renversée par la Mort, qui se voit à gauche, dans le ciel, et avant cette adresse : *Amstelodami Joannes Janssonius excudit. A° 1618.* Très rare. Collection Debois.

Debois, 91 francs.

Cet état n'est décrit ni par Bartsch ni par Weigel.

* 2e. Avec les deux figures allégoriques, mais avant l'adresse.

3e. Avec l'adresse de *Janssonius*.

SAFT-LEVEN, ZAFTELEVEN ou ZACHTLEEVEN (Herman), peintre et graveur à l'eau-forte, né à Rotterdam en 1609 ; mort à Utrecht en 1685. On ne sait rien sur sa vie ; il passe pour avoir été élève de Van Goyen. Bartsch décrit trente-six pièces auxquelles on en ajoute quelques autres dont la plupart sont douteuses. Les estampes de ce maître ont été exécutées entre les années 1640 et 1669, comme l'apprennent les dates qu'elles portent presque toutes. Il n'a commencé à graver qu'à trente et un ans, et Bartsch fait remarquer que toutes ses estampes sont d'un mérite presque égal; on n'y trouve ni l'inexpérience du jeune homme, ni la décadence du vieillard. Les tableaux de ce maître ne se montrent que rarement en France et en Angleterre. Le musée du Louvre n'en possède qu'un seul. Nous ne savons pas si cette rareté provient de ce qu'ils sont peu appréciés, mais depuis quarante ans, nous n'en avons rencontré qu'un seul qui est dans notre collection. On les trouve plus fréquemment en Hollande. Il existe des tableaux de ce maître aux musées de Brunswick, de Cassel, de Francfort, de Munich ; le musée de Dresde en possède seize paysages. Ses dessins se trouvent plus fréquemment. M. Guichardot en avait réuni un certain nombre. Notre collection en renferme quelques-uns.

ŒUVRE DE H. SAFT-LEVEN

1. *Portrait d'Herman Saft-Leven.* Il est vu à mi-corps et de face, la tête couverte d'une petite calotte, d'où s'échappent des cheveux frisés ; il tient un papier roulé dans la main droite qui sort de dessous son manteau. Dans la marge du bas : HERMAN SAFTLEVEN, et plus bas, vers la gauche : *D. Saftleven pinx.* 1660.

Haut., 135 millim.; la marge, 25 ; larg., 113.

1ᵉʳ état. Avant la lettre.

2ᵉ. Celui décrit.

On trouve des épreuves modernes assez bonnes ; elles ont été tirées sur un papier fort, et d'autres sur un papier mince et brunâtre. La planche existe encore en Angleterre.

2-11. Suite de dix pièces, y compris *le Paysan ;* avec l'année 1647 et le chiffre de l'artiste.

Haut. des neuf premières pièces, 50 millim.; larg., 36.
Le Paysan, haut., 38 millim.; larg., 32.

2. *Le Mercier.* Il est vu de profil se dirigeant vers la droite, portant sa marchandise dans son panier. Dans la marge du bas : *Bedrieger* (Trompeur). (1.)

3. *Vieillard lisant dans un livre.* Debout, de profil, dirigé vers la droite, il porte une barbe longue, un chapeau rond et un manteau court. *Waerheyt* (Vérité). (2.)

4. *Jocrisse.* Il est de profil, assis, dirigé vers la gauche, comptant des grains qu'il laisse tomber dans un pot placé sur ses genoux. *Gorttentelder* (Compteur de gruau, Jocrisse). (3.)

5. *Le Tâte-Poule.* Paysan vu presque de dos dirigé vers la gauche,

assis sur une butte, tâtant une poule qu'il a sur ses genoux : *Henne-taster* (Jean qui fait tout). (4.)

6. *Le Buveur*. Il boit dans une cruche, tandis qu'à sa droite coule un tonneau devant lequel il est debout. *Utsvyper* (Valet qui mange et ruine son maître). (5.)

7. *La Charité*. Une paysanne assise, tournée vers la gauche, a sur ses genoux un petit enfant. *Liefde* (Charité, Tendresse). (6.)

8. *La Patience*. Un pêcheur à la ligne est assis sur une butte et dirigé vers la gauche. *Patiencie* (Patience). (7.)

9. *Le Pouilleux*. Assis sur une butte, dirigé vers la droite, il cherche ses poux. *Luisseuanger* (Celui qui cherche ses poux). (8.)

10. *Gueux qui nettoie son chien*. Assis à terre, un peu vers la droite, il cherche les puces d'un grand chien qu'il tient dans ses jambes. *Vloyeuanger* (Chercheur de puces). (9.)

11. *Le Paysan*. Il est de profil, se dirigeant vers la droite, portant un petit paquet attaché à un bâton qui est sur son épaule. Vers le bas, à droite, le chiffre du maître. (10.)

Cette suite est très rare. Les épreuves modernes ne sont pas communes.

12-17. *Différents paysages* en largeur, suite de six pièces, sans numéros.

Haut., 83 millim.; larg., 117 à 122.

12. *Le Bateau*. Il est sur une grande rivière qui occupe toute la largeur de l'estampe, distingué par un petit mât et attaché à un palis, sur le bord de la droite, où sont plusieurs rochers garnis en partie d'arbres. Dans le lointain, deux autres bateaux font voile sur le devant. Dans le coin du bas, à gauche, *HSL* réunis, chiffre du maître. (1.)

13. *L'Homme monté sur un âne*. Sur la droite, une haute montagne a son sommet partagé en trois parties ; plus bas, elle est garnie d'arbres ; au pied se voit une ville située à quelque distance d'une rivière qui s'étend jusqu'au bas de la droite. Sur le devant, à gauche, dans

l'ombre, un homme monté sur un âne longe plusieurs gros quartiers de rochers. Vers le milieu du bas, le chiffre du maître. (2.)
 * Collection Camberlyn. Camberlyn, 29 francs.

14. *Le Fendeur de bois.* Il s'occupe à fendre un des quatre troncs d'arbres étendu devant lui. Sur le second plan, plusieurs grands arbres. Dans le fond, un chemin creux conduit à un rocher escarpé surmonté de fabriques. Dans le lointain, une plaine terminée par quelques autres montagnes. A la droite du bas, le chiffre et 1640. (3.)
 * Collection Camberlyn. Camberlyn, 14 francs.

15. *Les Ruines.* Un bâtiment ruiné, placé de biais, se trouve à gauche. Sur le devant, à droite, près d'un mur totalement ombré, un homme est assis à terre tenant un bâton. Vers le milieu du bas, sur une pierre : *H. S. L. inuent.* Le monogramme y est répété une seconde fois. (4.)

16. *Le Fanal.* Sur une grande rivière, qui occupe plus de la moitié de la planche et s'étend sur le devant à gauche, se voient trois bateaux à différentes distances : l'un est attaché au bord droit, près d'un grand fanal. Sur le devant, un homme debout pêche à la ligne. Le côté gauche qui forme le bord opposé de la rivière offre une chaîne de montagnes. Au bas, dans le coin à gauche : le chiffre et 1640. (5.)
 * Collection Camberlyn.

17. *Le Pays montueux.* Au milieu s'élève un rocher dont le sommet est garni de grands arbres. Vers le fond, à droite, un autre rocher très escarpé est surmonté d'une maison contiguë à une tour ronde dont le toit se termine en pointe. Sur le devant, à droite, près d'un tronc d'arbre, s'avance un homme portant un paquet sur le dos, se dirigeant vers le rocher du milieu. Au bas, dans le coin à gauche : *H. S. L.* 1640, gravés à rebours.
 Rigal, 60 francs, avec le portrait; Verstolk, 52 fr. 50 c., et 67 francs avec remarques, sans autre désignation.

18. *Le Paysage à la grande rivière.* Elle serpente de la droite à la gauche, dans le fond de l'estampe. Sur le bord formant le lointain au delà, se dresse une chaîne de montagnes, au bas desquelles, vers le milieu, est une ville que surmonte une tour carrée. Vis-à-vis et en

deçà de la rivière, on voit deux villages dont un se fait remarquer par un clocher pointu. Sur le devant, à droite, un homme est assis au haut d'une colline entièrement ombrée. A gauche, dans la marge du bas, le chiffre et 1667.

Haut., 95 millim.; larg., 122.

M. Middleton nous décrit ainsi les deux états :

1er état. Le sommet du rocher sur le côté gauche est élevé au-dessus du trait de bordure qui touche la marge du bas de 64 millim.

2e. Le sommet du rocher s'élève à 74 millim.

Verstolk, 1er état, 75 fr. 50 c.; 2e, 29 fr. 50 c.; Debois, 41 francs.

19. *Le Laboureur.* Sur le devant, à droite, un paysan est assis près de la porte d'une haie; à peu de distance, deux paysans debout parlent ensemble. Sur le second plan, un homme laboure. Le champ va en montant vers la droite du fond, où s'élève un grand rocher escarpé, surmonté de fabriques; plus loin se dresse une haute montagne couverte de bois. On y voit au travers quelques maisons; sur la gauche, au bas du champ, un moulin près d'un ruisseau traversé par un petit pont, où marche un homme portant un sac de farine. A la gauche de l'estampe, dans un vaste lointain, une ville baignée par une rivière que surmonte une grande montagne.

Même dimension que le morceau précédent, auquel il sert de pendant.

1er état. Le chapeau et le dos de l'homme assis au premier plan ne sont pas ombrés; avant la teinte à la pointe sèche, à la droite de la pierre qui lui sert de siège et au petit tronc d'arbre près de lui.

2e. Ils sont ombrés par des tailles verticales et horizontales et avec la teinte à la pointe sèche.

Rigal, numéros 18, état ordinaire, et 19, premier état, 70 francs; Verstolk, deuxième état, 42 francs.

On connaît une copie en contre-partie, par **A. Winter**, imprimée par **C. Danckerts.**

20. *Les deux Bateaux.* Ils sont sur une large rivière qui occupe toute la largeur du bas de l'estampe et passent à droite, devant un rocher au haut duquel est une baraque. Plus bas, sur une espèce de balcon en planches, un homme semble parler à un marinier monté sur le bateau le plus rapproché. Dans le fond, sur le bord opposé, une haute montagne couverte de bois, bordée dans le bas de quelques maisons; le lointain offre un pays montueux le long

duquel la rivière coule, vers la droite. Dans la marge du bas, à gauche, le chiffre du maître et 1667.

Haut., 117 millim.; larg., 99.

* Pièce rare. Verstolk, 31 fr. 50 c.

21. *La Maison au bas du rocher*. Elle est dans le milieu, entourée d'arbres, surplombée par un immense rocher qui s'élève à droite, presque jusqu'au haut de l'estampe. Il est partagé en deux parties séparées par quelques arbres. Sur le devant, à droite, un homme vu du dos. Au milieu, sur un chemin où se reposent un homme et une femme, un paysan pousse devant lui un âne chargé de paniers ; plus loin, vers le fond, un autre homme portant un paquet. Dans le fond, à gauche, une rivière serpente ; plus loin, des hautes montagnes. Dans la marge, à gauche, le chiffre et 1667.

Même dimension.

1er état. Avant les tailles diagonales sur la face du rocher droit, à la gauche des arbres du haut.

* 2e. On voit des tailles diagonales, tirées de droite à gauche.

Il existe une copie en sens inverse, par *Winter*.

22-25. *Les Quatre Saisons*. Suite de quatre pièces.

Haut., 119 millim.; la marge du bas, 14 ; larg., 133.

1. *Le Printemps*. Trois jeunes gens se baignent dans une large rivière, sur le bord de laquelle, à droite, on remarque trois hommes dont l'un ôte sa chemise. Au fond, du même côté, deux tours séparées par une langue de terre, et, tout à fait à droite, un grand rocher surmonté d'une forteresse. Dans le fond, à gauche, une rivière avec plusieurs embarcations ; à l'horizon, une montagne ; au bas, deux vers latins :

> *VER aperit terras, ...*
> *. . . . . corpora mergere aquis.*
> *H. Saftleven. Invent. et sculpsit. Anno 1650.*

* 1er état. Avant quelques tailles sur l'épaule de l'homme, debout près de celui qui ôte sa chemise. Tout le bord à droite du rivage, dans le bas, est presque blanc. Les tailles qui accusent les eaux sont espacées, à gauche, contre le trait de bordure ; près de l'homme qui nage, il y a un espace blanc, presque sans travaux. Les hommes qui sont sur la langue de terre sont moins travaillés. La première tour est séparée du

rocher à droite par un intervalle blanc de 2 millim. Entre les deux tours, il n'y a, sur la montagne, que quelques traits obliques espacés. L'azur, à gauche, est très légèrement indiqué.

* 2e. Il y a quelques tailles de plus, près de l'épaule de l'homme debout sur la berge à droite. Le rivage est ombré dans presque toute sa longueur, et sur la partie restée claire, dans le milieu, on distingue quelques tailles légères. On remarque sur les eaux, à droite, une série de contre-tailles assez fortes ; des entre-tailles ont éteint presque toutes les parties claires. A gauche, il y a une série de tailles horizontales nouvelles près de l'homme qui nage. Les hommes qui sont sur la langue de terre sont ombrés par quelques tailles descendantes. Un prolongement de rocher a éteint la partie blanche qui était contre la tour ; contre la dernière tour, les tailles obliques de la montagne sont remplacées par des tailles longitudinales. L'azur à gauche a été renforcé d'une manière régulière ; on voit un petit azur au-dessous.

2. *L'Été*. A gauche, des moissonneurs coupent un champ de blé ; sur le devant, un homme et une femme occupés à lier une gerbe ; à droite, trois hommes, deux assis et un debout, sont au pied d'un grand rocher. Dans le milieu du fond, sur une montagne escarpée, des fabriques ; à droite, une rivière bordée par une montagne. Dans la marge, deux vers latins :

Gratior Agricolis ÆSTAS, ...
. . . . . *messis falce resecta cadit.*
H. Saftleven. Invent. et sculpsit. Anno 1650.

* 1er état. L'homme, assis à droite, qui boit, n'a sur sa culotte que deux tailles obliques ; sur le terrain, dans le coin du bas à droite, il n'y a qu'un rang de tailles ; le rocher au-dessus n'est ombré que de deux tailles en losange jusqu'aux premières broussailles ; dans le ruisseau, au-dessous de la planche servant de pont, les tailles ne touchent pas le bord droit. Autour de la femme et de l'homme qui lie une gerbe, presque tout le terrain est blanc ; l'homme n'a pas de contre-tailles, ni l'ombre portée de la gerbe et de la femme. Le blé que l'on moissonne est plus clair ; le terrain est presque blanc, près des gerbes à terre et autour de l'homme qui monte. Le terrain plus loin n'est ombré que de quelques tailles clair-semées. Au delà du ravin où sont les arbres, la colline n'a que quelques contre-tailles dans le bas. Les fabriques, à gauche, sur le rocher, n'ont que quelques contre-tailles sur la droite. Les façades à droite sont blanches, ainsi que presque tout le rocher au-dessous. La montagne tout au fond n'est ombrée que de quelques tailles obliques espacées. L'azur du ciel est très léger et le nuage n'a pas de contre-tailles.

* 2e. Dans le haut, des entre-tailles ont renforcé l'azur qui est très serré ; on voit à plusieurs places une série de contre-tailles sur le nuage ; un azur serré descend jusqu'sur les arbres. La montagne du fond, à gauche, est couverte de tailles fines et serrées. A gauche, les maisons sur le rocher sont ombrées de tailles horizontales, croisées par des perpendiculaires ; sauf la façade de la grande, les autres maisons sont couvertes de tailles verticales, le rocher au-dessous en est également ombré. Le

terrain au delà du ravin est couvert dans le bas de contre-tailles très serrées; de nouvelles entre-tailles au-dessus ont rendu cette partie très noire. En deçà du ravin, le champ a reçu beaucoup de nouvelles entre-tailles et les travaux touchent presque le bras de l'homme qui tient un bâton. Les travaux ont été renforcés sur le blé qu'on moissonne, surtout dans le haut à gauche. Près de l'homme qui monte, autour des gerbes, autour de l'homme et de la femme, le terrain est ombré par une série de tailles très fines. Il y a des contre-tailles sur l'ombre portée de la femme, entre la cuisse et le bras de l'homme qui lie la gerbe. Dans le ruisseau, sur le devant, les tailles touchent la rive droite. L'homme, qui boit à droite, a des tailles perpendiculaires depuis la ceinture jusqu'à terre. Il y a des contre-tailles obliques, tirées de gauche à droite sur le terrain, au bas dans le coin; le rocher au-dessus est ombré d'une troisième taille presque verticale.

3. *L'Automne.* Vers le milieu, près d'une pièce d'eau qui s'étend sur presque tout le devant, des hommes coulent du vin dans des tonneaux. Un peu plus loin, à gauche, un homme porte une hotte chargée de raisins, et se dirige vers un grand bâtiment qui occupe le milieu du fond où l'on foule les raisins. A gauche, un homme gravit un monticule où l'on vendange; à droite, un autre homme vu de dos se dirige vers la maison; le fond est occupé par des montagnes. Dans la marge, deux vers latins .

> *Vitibus AUTUMNUS. . . . .*
> *. . . . . sub pede musta fluunt.*
> *H. Saftleven. Invent. et sculpsit. Anno* 1650.

* 1ᵉʳ état. Au bas, à gauche, l'ombre portée du rocher ne touche pas les petites pierres; dans la pièce d'eau, il y a une langue de terre très pointue. Sur le monticule où l'on vendange, on ne voit des contre-tailles que devant l'homme qui monte, un panier vide sur le dos; la montagne dans le haut n'est ombrée que de tailles obliques espacées. Dans le milieu, les hommes sont avant divers travaux; la maison n'est ombrée que par des tailles et des contre-tailles rectangulaires. La fumée qui sort de la cheminée n'est formée que par des tailles horizontales et n'a que quelques contours dans la partie large du haut. De l'autre côté de l'homme vu de dos qui monte à droite, tout le terrain n'a pas de contre-tailles; il n'y a que deux tailles sur le même terrain tout à fait à droite. Le tonneau, à droite, n'est ombré au milieu que de quelques tailles verticales espacées; le tonneau qui est dans l'eau a une assez forte place blanche à son sommet.

* 2ᵉ. Au bas de la gauche, l'ombre portée du rocher touche les pierres; la langue de terre a été enlevée, au bord de l'eau; il n'y a plus en cet endroit qu'une petite partie ronde; le tonneau dans l'eau n'a plus qu'un petit point blanc. Tout le monticule où l'on vendange est ombré de contre-tailles obliques; la montagne du haut est couverte de tailles fines serrées, avec des contre-tailles çà et là. Les hommes qui sont dans le milieu ont sur le bas de leurs vêtements des tailles verticales; sur le dernier

tonneau, les premières tailles sont croisées par des horizontales ; à droite, sur le terrain, où monte l'homme, on voit une troisième taille oblique et une deuxième sur le terrain de l'autre côté. La maison est ombrée de tailles obliques tirées de gauche à droite ; la fumée est formée de tailles beaucoup plus serrées, qu'on remarque également sur la partie où elle s'élargit dans le haut.

4. *L'Hiver*. Sur un canal qui baigne les murs d'une ville, où l'on remarque deux grosses tours couvertes s'élevant à la gauche, on remarque un grand nombre de patineurs. Dans le lointain, à droite, une maison entourée d'arbres. Dans la marge, deux vers latins :

Frigida vénit HIEMS,
Lubrica prœbet iter.
H. *Saftleven. Invent et sculpsit. Anno* 1650.

* 1er état. Avec un azur très léger qui ne dépasse pas le premier volier d'oiseaux et avec quelques traces d'azur au-dessus du rempart à gauche, contre la grosse tour. La grande poutre debout contre le colombier n'offre que quelques travaux ; les figures à droite sont moins achevées ; on ne voit pas les contre-tailles obliques sur l'épaule droite du patineur qui est près du chien.

* 2e. Le ciel dans tout le haut est croisé de nouvelles tailles en losange. L'azur descend presque jusque sur les arbres du fond. A gauche, sur le rempart contre la grosse tour, l'azur est croisé de tailles et de contre-tailles ; la grande poutre debout contre le colombier est entièrement ombrée de tailles horizontales; les figures, à droite, sont plus travaillées, notamment le patineur près du chien, qui a des contre-tailles obliques sur l'épaule droite.

Rigal, les quatre épreuves en premier état, 151 francs; Verstolk, deuxième état, 84 francs.

Nous avons acquis les quatre dessins originaux à la vente Visser ; ils sont au bistre et en contre-partie.

26. *Le Paysan en repos*. Presque de face, assis à terre, le corps un peu tourné vers la gauche et la tête vers la droite, il tient des deux mains une grande cruche. Un laboureur se dirigeant vers la gauche herse son champ. Au bas de la droite : 1646 et le chiffre ; dans la marge, quatre vers latins : *Terrâ factus homo*. . . . .

Haut., 210 millim.; la marge, 43 ; larg., 162.

1er état. A l'eau-forte pure, sans les nuages au ciel, où il n'y a que quelques petites hachures. Extrêmement rare.

* 2e. Le ciel est tout couvert de nuages. Collection Camberlyn.

Rigal, 40 francs ; Camberlyn, 38 francs.

27. *Le Bois*. Sur la droite est une colline accidentée, couverte d'arbres dont les deux plus grands s'élèvent à la gauche. Au second plan,

vers le milieu, un chasseur, son fusil sur l'épaule, auquel un autre chasseur semble indiquer quelque chose de la main ; à gauche, une rivière, un bois et des montagnes ; au bas, du même côté, le chiffre du maître et 1644.

Haut., 266 millim.; larg., 223.

* 1ᵉʳ état. Non décrit. Avant les tailles horizontales sur la colline où se trouvent les deux hommes, et avant beaucoup de travaux dans les feuillages et les branches du haut. On voit sur l'estampe des indications à la sanguine, probablement de la main du maître. Extrêmement rare.

* 2ᵉ. Terminé avec les travaux additionnels. Collection Debois.

Debois, 81 francs ; Rigal, 58 francs avec le numéro suivant.

Bartsch a eu soin de faire remarquer que cette estampe, d'abord faiblement gravée, avait été retouchée une seconde fois à l'eau-forte par le maître.

28. *Le grand Arbre.* Ce morceau est le pendant du précédent. Cet arbre s'élève à droite ; il est accompagné d'un autre tronqué, dont le haut est desséché ; tout à fait à droite, une grosse souche, et vers le fond quelques arbres moins vieux. Dans le milieu sont trois hommes ; l'un d'eux fait un geste de la main droite. A gauche, une campagne qu'arrose une rivière, et dans le fond une ville derrière laquelle sont de hautes montagnes. Vers la gauche du bord de la terrasse, le chiffre et 1647.

Haut., 254 millim.; larg., 224.

* Très belle pièce. Collection Lamothe-Fouquet, de Cologne.

Filigrane : une folie. Dans le bas, *B D.*

Verstolk, 126 francs.

Nous avons acquis le dessin original à la vente Guichardot.

29. *La Porte des Femmes-Blanches.* C'est une des portes de la ville d'Utrecht : on y accède par un pont-levis, précédé d'un pont de pierre où est une grosse tour carrée ; en avant du pont de pierre, un piéton et un cavalier. Sur le pont-levis sont deux hommes ; à la gauche du devant, un garçon d'écurie fait baigner deux chevaux ; dans la marge à gauche, le chiffre ; au milieu : *De Wittevrouwen-poort* (la porte des Femmes-Blanches) ; à droite : *A° 1646.*

Haut., 277 millim., y compris la marge de 23 millim.; larg., 232.

1ᵉʳ état. Mentionné dans le catalogue du comte de Fries ; avant les nuages qui plus tard couvriront le ciel et avant toute inscription dans la marge.

* 2ᵉ. Le ciel est resté dans le même état, mais avec le monogramme et l'année, ainsi qu'avec l'inscription citée plus haut. Collection B. Picart, Kram d'Utrecht, et Lamothe-Fouquet de Cologne.

Rigal, 121 francs, avec troisième état; Verstoik, 424 francs.
3°. Avec les nuages sur le ciel.

30. *Le Porcher*. Il est dans le milieu du devant, portant un paquet
sur le dos, tenant un bâton et faisant marcher devant lui quatre
cochons qui vont vers la gauche ; du même côté, deux hommes chargés
se dirigent vers le fond ; plus à gauche, un homme à pied conduit un
cheval par la bride ; sur le terrain qui va en montant, on aperçoit une
maison, et plus haut s'élève une montagne boisée où se voient deux
chaumières ; vers le fond, dans le milieu, on aperçoit plusieurs hommes
et un chariot ; vers la droite, une belle campagne dominée par de hautes
montagnes. Tout à fait à droite le soleil se lève ; vers la droite du devant,
quelques arbustes et des broussailles. Dans le bas, à gauche, le chiffre
du maître, et au-dessous : 1649. Très belle pièce.

Haut., 235 millim., y compris la marge de 18 millim.; larg., 271.

* 1er état. Le chapeau du porcher est blanc à droite, ainsi que tout le bord du
même côté; son épaule gauche, le bas de son habit, à droite, sa culotte, sa jambe
gauche et une partie de la droite offrent des places blanches. L'ombre qui est devant
lui est moins travaillée ; elle ne dépasse pas beaucoup le premier cochon ; autour de
ces animaux, le terrain est blanc ; les trois derniers n'ont pas de contre-tailles sur la
croupe. Tout le terrain sur le devant est presque blanc ; à droite, les broussailles n'ont
pas de contre-tailles, et le long du bord, en remontant, on voit de nombreuses places
blanches. Tout le terrain à gauche en montant, et surtout devant les deux hommes vus
de dos, offre de nombreuses places blanches, et plus haut n'a pas de contre-tailles ; il y
a une place claire sur le milieu de la maison à mi-côte ; derrière cette maison, le
terrain n'est marqué que par quelques traits ; la montagne escarpée et les arbres qui
l'ombragent sont peu travaillés ; le toit de la première chaumière est blanc. Dans le
fond, en descendant vers le milieu, la cime des arbres est presque blanche. Sur le
tertre où est le chariot et sur tout le terrain qui s'étend vers la droite, il n'y a que de
simples tailles ; la plaine, la ville et les hautes montagnes sont peu travaillées. Les
nuages moins accusés, vers la droite, n'offrent pas de contre-tailles. Le grand nuage,
vers la gauche, offre dans le milieu une solution de continuité où l'on voit seulement
de simples tailles horizontales. Le nuage, tout à fait à gauche, n'a des contre-tailles
que par places, et le coin du haut n'est pas raccordé.

Rigal, 201 francs.

* 2°. Le chapeau du porcher est complètement ombré, tout le bord à droite est
ombré ; toutes les places blanches sur le porcher sont éteintes par des tailles très fines.
L'ombre devant lui est très noire, et s'étend en s'élargissant sur tout le devant de la
planche ; sur les croupes des trois derniers cochons, on voit des contre-tailles. Le
terrain sur le devant est très noir, à gauche on distingue à peine le chiffre et la date.
Sur les broussailles, à droite, il y a des contre-tailles, et les places blanches contre le
trait de bordure sont éteintes. Sur le terrain à gauche en montant, on voit devant les

deux hommes une série de tailles obliques, assez légères ; tout le terrain contre
l'arbre dénudé est ombré ; plus haut on voit d'assez fortes contre-tailles ; le toit de la
maison est d'un ton uniforme. Le terrain par derrière, près de l'homme vu de dos,
est ombré par une série de tailles ; la montagne et les arbres sont beaucoup plus
travaillés ; sur le toit de la première chaumière il y a une série de tailles obliques ;
tous les arbres, en descendant vers la plaine, sont assez fortement ombrés ; le terrain
où est le chariot est accusé dans toute sa longueur par des contre-tailles horizontales.
Une série de travaux fait ressortir les arbres, la ville et tous les accidents de la plaine ;
les montagnes du fond sont plus travaillées, et sur celle du milieu on voit distinctement trois mamelons superposés. Les nuages, à droite, sont parfaitement marqués ;
dans le grand nuage, à gauche, il n'y a aucune solution de continuité ; le coin du haut
à gauche est raccordé par quelques tailles.

Arosarena, 102 francs.

Il se trouve une bonne copie dans le *Painters Etchings* de Walker.

31. *Vue du village de Nieuwenrode.* Il est sur la rivière de Vecht
près d'Utrecht, qui occupe toute la largeur du devant ; un grand bâtiment, surmonté dans le milieu d'une grosse tour et vers la droite d'un
campanile, s'étend du milieu de l'estampe jusqu'à la gauche, où l'on
n'aperçoit que quelques arbres ; tout à fait à droite, une rue de village bordée d'un côté de constructions, et d'une rangée d'arbres de
l'autre. Sur l'eau, à droite, près du trait de bordure : le chiffre du
maître et 1653.

Haut., 156 millim.; larg., 284.

* 1er état. Avant les armoiries et l'écu dans la marge. Très rare. Filigrane : Agnus
Dei.

* 2e. Avec les armoiries et l'écu.

M. le docteur Sträter possède le dessin original de ce numéro, provenant de la
collection Guichardot.

32. *Le Chemin par-dessus la montagne.* Un homme avec une
hotte sur le dos est assis sur le devant d'une campagne ; il parle à un
voyageur qui se dirige vers un chemin à mi-côte d'une montagne qui
est à droite ; sur le chemin, quatre piétons ; du côté opposé, une rivière
avec un pont de bois, où passe un villageois ; au milieu du bas, la
marque du maître.

Haut., 207 millim.; larg., 290.

* Pièce très rare. Dans notre épreuve le travail n'est pas faible, comme le dit Rigal.
Arosarena, 215 francs.

Bartsch n'a pas connu l'original, il n'a vraisemblablement décrit qu'une copie en
contre-partie. Cette copie est dure, mais ne manque pas d'expression. La marque
qu'elle porte ressemble à un C et à une S. L'original faisait partie de la collection
Rigal.

33. *Les Éléphants.* A droite, l'un d'eux dirige sa trompe vers sa bouche ; il est vu presque de face ; vers le fond, à gauche, un autre éléphant de profil, tourné vers la droite, lève sa trompe en l'air ; du même côté, sur le devant, une grande plante ; à droite, un chardon ; une vaste campagne déserte occupe le fond. Dans le milieu du bas : le chiffre et l'année 1646.

Haut., 362 millim.; larg., 439.

1er état. On voit des places blanches où l'eau-forte n'a pas mordu, au-dessous des larges feuilles de la plante.

* 2e. Complètement terminé.

34. *La Femme trayant une vache.* On voit trois vaches au bas de la droite ; une femme est à genoux près de la première. Le milieu est occupé par une prairie traversée par un chemin. Dans le fond, à gauche, au milieu et à droite, s'étend un village richement garni d'arbres. Dans la marge du bas, à droite, on lit : *Saft Leven f.*

Haut., 156 millim , y compris une marge de 14 millim. ; larg., 189.

* 1er état. Très rare. A l'eau-forte pure, avant beaucoup de travaux ajoutés, avant le travail à la pointe sèche et avant le nom du maître. Les angles du cuivre sont aigus.

* 2e. Celui décrit. Avec les travaux au burin, ajoutés particulièrement sur le premier plan à gauche.

3e. Avec l'adresse de *Huijch Allardt*, à gauche dans la marge.

4e. Cette adresse est remplacée par celle de *R.* et *J. Ottens.* Nous croyons que Weigel a interverti les deux états.

5e. Toute adresse a été enlevée. Les épreuves sont mauvaises.

Rigal, 131 francs, deux épreuves : avant l'adresse d'*Allardt* et avec cette adresse, et en même temps avec le numéro 33, premier état.

Bénard, dans le catalogue Paignon-Dijouval, attribuait ce morceau à Moyaert ; M. Favart dans une note de son catalogue le donne à I. Gronwelt, d'après un dessin de Van Goyen. Nous nous rangeons à l'avis de Weigel qui qualifie ce morceau de *plus que douteux.*

35. *Vue de la ville d'Utrecht* ; en trois feuilles selon Bartsch ; en deux feuilles d'après Rigal. La ville occupe toute la largeur du fond ; presque au milieu du devant de l'estampe, un peu à gauche, un chasseur debout près d'un dessinateur assis à terre ; vers le côté opposé, un cavalier et une dame ; au bord de la terrasse, où est un buisson, le chiffre : *H. S. L.* 1648. Les principaux bâtiments de la ville sont marqués de lettres d'alphabet destinées à être rapportées à une explication.

Haut., d'après Bartsch, 289 millim.; larg., 1355 ; d'après Rigal, les deux feuilles,
haut., 294 millim., larg., 1071.

Les deux pièces paraissent identiques; nous ne savons comment expliquer cette différence de mesure.

M. Middleton nous signale deux états :

1ᵉʳ. Avant les lettres alphabétiques qui marquent les édifices.

Rigal, 130 francs.

2ᵉ. Avec ces lettres. Il s'agirait de savoir si, dans le deuxième état, la planche n'a pas été agrandie et tirée sur trois feuilles; c'est ce qui pourrait expliquer la différence de près de 300 millim. entre les deux pièces.

36. *Vue de la ville d'Utrecht en quatre feuilles.* Sur la première feuille, quatre paysans au sommet d'une petite colline, un chasseur accompagné de cinq chiens et un cavalier; sur la deuxième, un carrosse attelé de quatre chevaux; sur la troisième, beaucoup de figures, parmi lesquelles on remarque une marchande de poissons; sur la quatrième, deux chariots, l'un à quatre roues, attelé de deux chevaux, l'autre à deux roues, traîné par un seul cheval. Au bas de la droite, on lit sur une espèce de banderole : *Herman Saftleven Inue. sculp. et excud.* 1669. Les bâtiments principaux sont marqués de lettres alphabétiques.

Haut., 351 millim.; larg., 1598; 1ᵉʳ morceau, 396; 2ᵉ morceau, 396 ; 3ᵉ morceau, 407; 4ᵉ morceau, 399.

1ᵉʳ état. Celui décrit.

2ᵉ. Après *excudit* il y a dans l'inscription : *Jasper Specht* 1684. La date de 1669 a été effacée. On voit les lettres 1, 2... sur la planche et les principaux édifices.

3ᵉ. Les édifices sont maintenant désignés par leurs noms. Une inscription paraît à la droite sur un rouleau : *A + beelding van de Stadt Utrecht, etc.*

Nous avons rencontré une épreuve entourée d'un encadrement noir rapporté. Dans le haut, en caractères blancs sur un fond noir : *Ultraeictum Urbs antiquissima et Celeberrima Batavorum Urbs a parte occidentali.* Dans le bas, une longue légende de douze colonnes numérotées, se terminant par ғɪɴɪs. Au-dessous sont trente-six numéros de renvois correspondant à ceux qui sont dans l'estampe; plus bas : *t'*ᴜᴛʀᴇᴄʜᴛ *Gedrucht by* ᴍᴇɪɴᴀʀᴅᴜs *van* ᴅʀᴇᴜɴᴇɴ *anno* 1669. Haut. totale de la planche, 610 millim., larg., 1660.

PIÈCES ATTRIBUÉES A H. SAFT-LEVEN

36 *bis. Les Moissonneurs.* A droite, un bouquet d'arbres s'élève jusqu'au haut de l'estampe; vers la gauche, un paysan vu de dos, tenant une faux, est debout près d'un autre assis à terre qui boit dans une

cruche. De ce côté, dans le fond, deux moissonneurs travaillent. Dans le lointain, vers la droite, deux cavaliers galopent vers un bosquet qui est à la gauche. Sans nom de maître.

Haut., 246 millim.; larg., 275.

Cette pièce est gravée à l'eau-forte d'une manière dure ; Bartsch ne la regarde pas comme appartenant au maître.

M. Middleton n'en connait que deux épreuves; mais, selon lui, si le dessin appartient à Saft-Leven, il n'en est pas de même de l'estampe.

W. 37. *Le Chasseur de canards.* Une large rivière coule du fond de la gauche jusqu'au milieu du devant. Au second plan, une haute montagne dont la pente fuit dans le lointain, à gauche, où l'on aperçoit une tour ronde à demi ruinée ; sur le devant, à gauche, un chasseur le genou à terre est prêt à tirer. Derrière lui, un autre chasseur regarde attentivement; un chien couché est près du premier. Sans nom de maître.

Haut., 178 millim.; larg., 207.

Ce morceau était chez le comte de Fries qui le regardait comme authentique et de peu d'importance. On le joint quelquefois à l'œuvre d'*Hercule Seghers*. Il est décrit dans le *Dictionnaire de Brulliot*, nᵒ 2,346. M. Middleton, dans une note qu'il a bien voulu nous communiquer, ne regarde pas cette estampe comme étant de Saft-Leven.

W. 38. *Les deux Voyageurs.* Dans un paysage, une rivière serpente ; on y remarque une barque conduite par un homme. Sur le devant, à droite, deux cavaliers s'avancent l'un derrière l'autre, sur un chemin bordé, à droite, de rochers escarpés, surmontés de plusieurs arbres. Sans marque.

Haut., 70 millim.; larg., 90.

Cette estampe est gravée à la pointe sèche dans le goût de Rembrandt; T. Wilson croit ce morceau authentique et le décrit dans son *Cata ogue raisonné d'un amateur*, Londres, 1828 ; on en trouve la copie faite par lui-même à la page 131. La grandeur est la même.

M. Middleton rejette également cette pièce qu'il regarde comme l'œuvre de Benjamin Wilson. D'après son sentiment, l'original et la copie sont d'un mérite égal. On les distingue par les signes suivants : Dans l'original de Benjamin Wilson, des égratignures accidentelles de la planche s'élèvent de la montagne, sur la gauche, en forme de cercle, tandis que dans la copie de T. Wilson, elles ont la forme d'un Y.

Pour ne rien omettre, nous citerons cinq pièces, mentionnées dans le catalogue Rigal sous les numéros 38 à 41.

Haut., 85 millim.; larg , 119.

Différents paysages : 1. *Vue de trois chaumières* entourées de buissons et de grands arbres ; en avant, deux vaches couchées, deux chèvres et un chien ; à peu de distance, un chevrier appuyé sur son bâton et une femme assise à terre. Au milieu du ciel, sur une banderole : *H. S. L. excudit.*

2. *Pays couvert d'arbres et de broussailles,* entre lesquels on aperçoit des habitations champêtres ; à gauche, sur le devant, deux hommes.

3. *Groupe de chaumières entourées de bois.* Vers la droite du devant, deux cavaliers en manteau.

4. *Cavalier dans une campagne.* Un pauvre lui demande l'aumône ; plus loin, un pâtre et des moutons ; dans le fond, un bois.

5. *Femme sur le devant d'une campagne.* Elle parle à un paysan assis à terre, près d'une butte ; à gauche, à terre : *H. S. L.* 1627. A terre, au coin de la gauche, les numéros 1 à 5.

Cette suite est très rare. Rigal, 90 francs.

Rechberger regardait ces estampes comme appartenant à Saft-Leven, et, dans la collection de l'archiduc Charles, les avait classées dans l'œuvre du maître. Il faudrait d'abord supposer que celui-ci les avait gravées à l'âge de dix-huit ans, mais depuis longtemps l'opinion est fixée sur ce point. Weigel ne les attribue pas à Saft-Leven, et M. Middleton qui a pu les voir au British Museum les repousse également.

Brulliot, dans son *Dictionnaire,* tome 1er, n° 2,403, les donne comme l'ouvrage d'un peintre allemand, nommé *H. L. Schaerer,* et décrit encore une sixième pièce :

Vue d'une ancienne petite ville. On remarque, au milieu, une porte avec une tour pointue. Sur le devant, un dessinateur assis, vu de dos. A gauche, le monogramme sur le bassin d'une fontaine, et à droite, sur un tronc d'arbre : 1612. Cette estampe ne porte pas de numéro.

Haut., 81 millim.; larg., 117.

Ce millésime prouve assez que cette estampe ne peut être de Saft-Leven. Toutefois elle diffère assez des précédentes pour que Weigel hésite à l'attribuer au même graveur qui a exécuté les cinq premières.

Nous devons pourtant rappeler que pour celles-ci elles ont été attribuées à H. Saft-Leven dans d'anciens catalogues hollandais, et notamment dans celui de Van der Dussen, n° 5,323.

SCHALKEN (Gottfried ou Godefroy), né à Dordrecht, en 1643, mort à La Haye, le 16 novembre 1706. Il fut d'abord élève de Samuel van Hoogstraeten, puis de Gérard Dow. Il affectionnait surtout les scènes de nuit et représentait souvent des figures éclairées par des flambeaux ou des lumières artificielles. Ses tableaux ne sont pas communs. Le musée du Louvre en possède quatre; deux figurent dans la galerie de La Haye.

Portrait de Gérard Dow. Le peintre est tourné vers la gauche, coiffé d'une toque plate. Sa tête, presque de face, montre de longs cheveux qui tombent sur le manteau qui le couvre; dans sa main droite est un rouleau de papier; autour de l'ovale : *G. Dov Pictor Lugd. Batav.;* dans le bas : *Honoris ergo Praeceptorem suum delineavit G. Schalcken.*

Haut., 158 millim.; larg., 117; mesure prise sur le témoin du cuivre.

1er état. Avant que l'ovale ait été coupé de chaque côté.
Van den Zande, 15 francs.

SOUTMAN (Pierre), dessinateur et graveur au burin, né à Harlem, élève de Rubens, florissait vers 1630; il a gravé d'après ses propres compositions, mais surtout d'après Rubens. M. van der Willigen, p. 266, parle de Pieter Claesz Soutman, peintre du roi de Pologne, qu'il quitta pour retourner à Harlem. Il y épousa, le 21 avril 1630, Gondela Frans, jeune fille de sa ville natale; il était, en 1633, commissaire de la Gilde de Saint-Luc. Il fit son portrait en 1630. Ce peintre ne serait autre que le graveur dont nous avons parlé plus haut : ce qui est constaté par la somme qui fut allouée pour huit fois dix estampes de la maison de Nassau, et par l'offre qu'il avait faite à la ville d'un livre contenant les portraits de tous les comtes de Hollande, qu'il se proposait de dessiner et de faire graver avec des inscriptions de Scriverius. Cette offre ne fut pas acceptée.

Il mourut à Harlem le 16 août 1657, et fut enterré, le 21, dans l'église Saint-Bavon, circuit du sud, n° 302; les frais s'élevèrent à 31 florins, somme alors très forte. M. van der Willigen cite la lettre d'invitation à la cérémonie funèbre; elle fait connaître que Pierre Soutman demeurait sur le quai dit *Bakenessergracht*. (Voir œuvre de Rubens.)

D. ✶ V. DIRK VAN STAR (Le Maître à l'étoile). On ne connaît rien sur la date, ni le lieu de sa naissance; son nom même serait assez douteux. Il est nommé par Paul Behaim, dans son catalogue de 1618, *Dietricht von Stern*. Il a vécu dans le seizième siècle et florissait de 1522 à 1544. Bartsch dit qu'il était Hollandais. Passavant ajoute que le style de ses ouvrages ne laisse aucun doute qu'il n'ait appartenu à la Hollande. Bartsch, tome VIII, pages 26 et suivantes, décrit dix-neuf gravures ; Passavant affirme qu'Ottley possédait encóre un *Saint Christophe*, à propos duquel des notes précises lui manquent; il n'ajoute à l'œuvre qu'une gravure sur bois.

Nous devons à l'obligeance de M. Lhers, conservateur au musée de Dresde, de faire connaître cinq pièces cataloguées par Heinecken et qui n'ont pas été décrites, sans pouvoir affirmer toutefois qu'elles soient de Star [1].

ŒUVRE DE DIRK VAN STAR

SUJETS DE SAINTETÉ

1. *Ève et Caïn enfant*. Celui-ci est près de sa mère, qui lui montre une pomme de la main gauche élevée. A droite, se voit un pommier. A gauche, au bas de l'estampe : 1522; au milieu, la marque de l'artiste; à droite : A. G. (Augusti) 19.

Haut., 56 millim.; larg., 41.

2. *Le Déluge*. On remarque l'arche de Noé dans le fond, à gauche. C'est une composition riche en figures dans diverses attitudes; sur le milieu du devant, un homme pousse une brouette. Dans le bas, vers la gauche de l'estampe : la marque du maître et l'année 1544. Cabinet des estampes de Paris.

Haut., 302 millim.; larg., 395.

* Notre épreuve est coupée dans le bas.

---

1. Heinecken : *Dictionnaire des artistes et d'estampes*, tome XIX. Manuscrit de Dresde, dont le plus grande partie est inédite.

3. *Jésus-Christ appelant à lui saint Pierre et saint André.* Le Sauveur, vu de profil, leur fait signe de la main droite, tandis qu'ils sont occupés de leur pêche dans un petit bateau, vers le fond de la gauche. La marque de l'artiste est au milieu du bas, au-dessus d'une pierre, sur laquelle on lit : 1523. MEY. 30.

Haut., 149 millim.; larg., 108.

* Belle épreuve.

4. *Saint Pierre marchant sur l'eau.* Jésus-Christ, debout sur la mer, est à la gauche, tendant la main à saint Pierre qui paraît s'enfoncer dans l'eau. Dans le milieu du fond, une barque. Au haut, à droite : 1525. DES. 30. La marque de l'artiste est sur la poupe de la barque.

Haut , 153 millim.; larg., 110.

5. *Jésus-Christ tenté par le démon.* On le voit debout, à gauche, se retournant vers le tentateur qui tient une pierre de la main gauche. Au bas : 1525. D. ★ V. APRIL. II.

Haut., 110 millim.; larg., 77.

6. *Jésus-Christ et la Samaritaine.* Ils sont près du puits, Notre-Seigneur à la gauche et la femme à droite. Au milieu du bas, sur une pierre, la marque du maître, et l'année 1523 se voit au haut de la planche.

Haut., 108 millim.; larg., 79.

Le catalogue Brizart, de Gand, signale une copie en contre-partie, inconnue à Bartsch.

7. *La Vierge et sainte Anne.* Marie est assise à droite, soutenant l'enfant Jésus qui tend les mains pour saisir un fruit que sainte Anne lui présente à genoux ; on voit une chambre dans le fond. Au milieu du bas, la marque de l'artiste ; à gauche : 1522 ; à droite : D. C. (Decembris) 31.

Haut.; 75 millim.; larg., 50.

8. *Saint Bernard.* Il adore l'enfant Jésus que la sainte Vierge tient dans ses bras. Le saint à genoux, presque au milieu de l'estampe, est de profil, tourné vers la Vierge assise à gauche. Le fond présente un portique, dans le style de la Renaissance, au tra-

vers duquel on voit un paysage. Au bas de la droite, la marque du graveur est sur une pierre. Au milieu du haut : 1524 oct. 3. Le chiffre 4 est à rebours.

* Très belle pièce.

Haut., 171 millim.; larg., 122.

9. *Saint Luc peignant le portrait de la sainte Vierge.* Un bœuf est couché aux pieds de l'évangéliste; la sainte Vierge est assise à terre, sur le devant, à droite, ayant l'enfant Jésus sur ses genoux. Sur une espèce de tabouret placé au devant de la gauche, le chiffre du maître; au milieu du bas : 1526. in ivli. 28.

Haut., 169 millim.; larg., 122.

10. *Sainte Élisabeth.* Elle est à assise à terre, à la droite de l'estampe, tenant de la main gauche un livre ouvert, et de l'autre donnant l'aumône à un pauvre estropié; à terre, sur le devant à gauche, deux couronnes royales; le fond offre la vue d'une chambre. Au bas de la planche, à gauche : 1524; au milieu, la marque de l'artiste, et à droite : nove. 15.

Haut., 77 millim.; larg., 50.

SUJETS DIVERS

11. *Vénus.* Elle est portée sur les eaux dans une conque, se dirigeant vers la gauche; elle tient de la main droite un petit mât dont la voile est déployée, et de l'autre agite une rame. Au haut de la droite, l'Amour dans les airs tient son arc. Au milieu du haut : 1254; au bas, à gauche : oct.; au milieu, la marque du maître, et à droite, le chiffre 20.

Haut., 72 millim.; larg., 50.

On trouve cette mention dans le catalogue Brizart : « On a joint une copie non indiquée par Bartsch. »

12. *Le Faune.* Il est assis sur un tonneau, la main droite élevée et l'autre appuyée sur sa hanche. Dans le lointain, un cep de vigne, et sur le devant à droite, du même côté que le cep, un vase est à terre. Au bas de l'estampe, à gauche : 1522; au milieu le chiffre, et à droite : sept. 14.

Haut., 68 millim.; larg., 50.

Bartsch cite une copie très bien gravée par un anonyme; on la reconnaît à ce que le vase à terre ne s'y trouve pas. Elle est plus petite.

Haut., 65 millim.; larg., 41.

13. *L'Homme au poisson chimérique.* Il est nu, portant sur le dos un mantelet flottant, tenant des deux mains un grand poisson chimérique, sur lequel il pose le pied droit; au-dessus de lui vole un oiseau qui ressemble à un aigle. Au bas de la planche, à gauche: 1522; au milieu, la marque du maître, à droite : AG. (Augusti) 16.

Haut., 68 millim.; larg., 45.

14. *L'Orfèvre.* Un genou à terre, devant une pierre carrée, il frappe avec un marteau de la main droite sur une plaque de métal qu'il tient de la gauche; vers le fond, à droite, un petit chien est couché. Sur la pierre carrée, le chiffre du maître. Pièce gravée à l'eau-forte.

Haut., 61 millim.; larg., 41.

15. *L'Homme qui dort.* Il est assis à terre, la tête appuyée sur son bras gauche; un chien est à la gauche couché à ses pieds; sur le devant, à droite, un panier est à terre. Au bas de la planche: 1523; au milieu, la marque du graveur; à droite : OCT. 10. Pièce gravée à l'eau-forte.

Haut., 63 millim.; larg., 45.

16. *Le Tambour ivre.* Le pied gauche posé sur sa caisse, il regarde au fond d'un pot vide qu'il tient de la main droite élevée; dans le fond orné de quelques fabriques, on voit, à droite, un homme conduisant un cheval par la bride. Au milieu du bas, le chiffre de l'artiste. On lit au haut de la droite : 1525. MERT. 8. Pièce gravée à l'eau-forte.

Haut., 92 millim.; larg., 56.

17. *Le Tambour et l'enfant.* Il conduit par la main un enfant qui tient un cerceau de la main gauche élevée, et se dirige vers la gauche. Au milieu du haut, dans une tablette : 1523. OCT. 14., et le chiffre du graveur. Pièce gravée à l'eau-forte.

Haut., 90 millim.; larg., 63.

18. *L'Homme tenant un écusson d'armes.* Un soldat debout, vu presque de dos, le corps tourné vers la droite et la tête dirigée du

côté opposé, tient une massue de la main droite, et de l'autre un écu avec des armoiries où sont deux barres et deux étoiles. La marque du maître est à droite, et l'année 1522 à gauche. Pièce en losange.

Hauteur et largeur mesurées d'un angle à l'autre, 56 millim.

19. *La Femme tenant un écusson.* Presque nue, relevant de la main droite une draperie qui lui descend des épaules, elle soutient de l'autre un écu armorié en forme de losange. A côté, le chiffre du maître ; à droite, l'année 1525.

Même forme, même dimension.

GRAVURE SUR BOIS

Allégorie. Au milieu, un bœuf ailé tient de la patte droite de devant un écusson avec les trois palettes, écusson de la corporation de Saint-Luc ; derrière lui se trouve une fleur. Plus bas, sur une tablette : WTIONSTEN. VERSAEMT., et, à côté, le monogramme. Des lambrequins pendent aux côtés ; on voit, dans le haut, les armes de l'empire, et auprès : PLVS OVLTRE, et au dessus : 1526.

Passavant présume que cette pièce a dû son origine à quelque acte confirmatif de la corporation des peintres dans les Pays-Bas, émané de l'empereur Charles-Quint, comme l'indiquerait l'inscription : *Uit gunsten verzamelt. Par grâce réunis,* accompagnée des armes impériales. Oxford.

Cette œuvre en très belle épreuve figurait dans la collection Brizart ; sur les dix-neuf numéros décrits par Bartsch il manquait seulement les numéros 1 et 14 (voir le *Voyage d'un Iconophile,* page 331).

SUPPLÉMENT D'HEINECKEN

Saint François adorant la sainte Vierge. In-4.
La Figure de Vénus et la figure de Mars. 1522. Deux pièces.
Un Homme qui dort auprès de son panier. Petite pièce. SEPT. 14.
Un Enfant qui tient un serpent. 1552. AG. 10.

Dans la vente Blackuysen, à Rotterdam, se trouvaient dix-sept dessins de Star pour l'*Apocalypse de saint Jean.* Ils étaient fort beaux et furent achetés par Gutekunst pour la somme de 700 florins.

STOCK (Ignace van der), peintre graveur à l'eau-forte, florissait
dans les Pays-Bas pendant le dix-septième siècle. On ignore la date de
sa naissance et celle de sa mort. On sait seulement qu'il a été reçu, en
1660, comme franc-maître de la confrérie de Saint-Luc à Bruxelles. On
présume qu'il a été élève de Fouquières et maître du peintre de paysages A.-F. Boudewyns. Rigal a décrit trois pièces de ce maître; le
catalogue Camberlyn en cite quatre pièces. M. Van der Kellen en a dressé
le catalogue; il comprend neuf estampes et une douteuse. Nous suivons
ses numéros.

ŒUVRE DE VAN DER STOCK

D'APRÈS SES PROPRES COMPOSITIONS

1. *L'Arbre au devant de la droite*. Son tronc presque droit se divise
vers la moitié de la hauteur de la planche en deux grandes branches
dont le feuillage s'élève jusqu'à la bordure supérieure. Au second plan,
du même côté, une pièce d'eau dont les bords sont couverts de joncs
s'étend jusqu'au milieu, et se perd derrière des collines boisées qui
se trouvent à gauche; à droite, de l'autre côté de la rivière, quelques
maisons entourées d'arbres. A droite est une place blanche sans
travaux. Sans nom de maître.

Haut., 87 millim.; larg., 126.

2. *Le Marécage*. On voit à droite une éminence escarpée au bas de
laquelle s'élèvent une grande quantité de roseaux; le sommet est couronné par des arbres serrés, dont un plus gros surplombe sur une
pièce d'eau qui s'étend du bas de la gauche jusqu'au fond de l'estampe
terminée par un paysage accidenté et couvert de beaucoup d'arbres;
à gauche, s'élève une montagne boisée en partie, vers le milieu de
laquelle se voient deux petites fabriques contiguës et de hauteur
inégale. Dans l'eau, à gauche, des roseaux. Dans la marge du même
côté : *Ignatius vander Stock pinxit et sculpsit.*

Haut., sans la marge, 169 millim.; larg., 239.

* 1ᵉʳ état. Le trait de bordure est fin et très léger ; les angles de la planche sont
aigus. Tout à fait à droite, les arbres sont peu travaillés; dans le haut, à quatre mil-

limètres du trait de bordure, il y a une place blanche ; plus bas, on voit une large place sans travaux traversée par un tronc d'arbre profilé seulement par deux traits ; plus bas, sur le terrain dans les broussailles, une place blanche est très apparente ; sur le grand arbre, on remarque sur le feuillage de nombreuses places claires. Au milieu dans le fond, on ne voit que quelques indications d'arbres, et la montagne, derrière, n'existe pas. Au milieu de l'eau, la langue de terre qui semble unir les deux rives, à partir des arbres qui s'élèvent à gauche, n'est pas ombrée de tailles longitudinales ; le groupe d'arbres qui est sur cette langue de terre est peu travaillé ; le tronc de l'arbre qui les borde de l'autre côté de la gauche n'est pas profilé à droite, dans le bas ; les travaux sur l'eau, ainsi que les roseaux, sont très légers. Tout à fait à gauche, les arbres sont presque blancs ; vers le milieu de la montagne, on voit une indication de deux fabriques, mais il n'y a pas d'arbres autour ; de ce côté, la montagne du fond n'est pas faite. A gauche, il n'y a pas de travaux sur le ciel. Collection Camberlyn.

Camberlyn, 91 francs.

*2e. Ou variante. Les arbres du fond sont plus fortement tracés. Le feuillage vers la droite du premier à gauche paraît retravaillé ; la tache noire voisine, qui s'étend sur une longueur de 32 millimètres, paraît à peine ; elle est très forte dans l'état précédent. A gauche, entre les deux troncs d'arbres, les herbes ont été retravaillées. Dans le bas, du même côté, les tailles qui étaient interrompues à une longueur de 11 millimètres, et qui ensuite devenaient plus courtes dans l'état précédent, ont été reprises et allongées, quoique toujours de longueur inégale ; près de la première touffe de roseaux, vers la droite, les tailles longitudinales se suivent sans interruption ; elles ne sont pas continues dans l'état précédent. Nous ne croyons pas que ces différences puissent provenir du tirage. Collection d'Isendoorn.

Filigrane : écu couronné à la fleur de lis.

Isendoorn, 99 francs.

3e. Cité par M. Guichardot ; encore avant les nom et prénom du maître, mais avec tous les travaux que nous allons énumérer ci-dessous.

*4e. Toutes les places blanches, dont nous avons parlé, sur les arbres et sur les broussailles à droite, sont éteintes par des tailles fines ; le tronc d'arbre, qui n'était profilé que par deux traits, est complètement ombré. Tout le fond est orné d'une certaine quantité d'arbres, et en arrière se voit une colline qui paraît boisée. Sur la langue de terre qui partage la pièce d'eau, tous les arbres sont terminés et des tailles longitudinales la couvrent ; toutes les tailles qui marquent la pièce d'eau ainsi que les roseaux ont été retravaillés ; tous les arbres à gauche ont été repris et poussés à leur effet ; les deux petites chaumières sont entourées d'arbres, et par derrière s'élève une montagne boisée ; dans le milieu et à gauche, le ciel est couvert d'un azur léger ; un fort trait de bordure entoure la composition.

Filigrane : écu couronné à la fleur de lis.

3. *Vue de Linkenbeek.* Un homme et une femme portant un paquet sur la tête, tous deux vus de dos, marchent dans un chemin creux qui va du milieu du devant vers le fond. Au pied d'une colline très boisée qu'on voit à droite, sont deux arbres réunis à la base, dont l'un

est coupé par le bord supérieur de la planche ; sur une hauteur, à gauche, s'élèvent deux habitations champêtres, ombragées par des arbres ; en avant, du même côté, est assis un homme tenant un papier à la main. Dans la marge : *Ignatius van der Stock pinxit et sculpsit.* LINKENBEEK AD VITAM.

Haut., 169 à 171 millim., sans la marge ; larg., 241.

1er état. Décrit par Nagler. Avant beaucoup de travaux, entre autres avant le ciel, avant le fond, etc.

2e. Avec le ciel et le fond... Celui décrit.

4. *Le Berger.* Dans un chemin creux descendant vers le devant et bordé des deux côtés par de grands arbres, un berger, un bâton sur l'épaule droite et accompagné d'un chien, fait marcher devant lui deux vaches et trois moutons ; plus loin, est un homme vu de dos, et plus loin encore, deux hommes. A gauche, s'étend un vaste paysage garni de beaucoup d'arbres, traversé par une rivière ; on y remarque une charrette, chargée de marchandises, près de laquelle marche un conducteur le fouet à la main. Dans la marge, à gauche : *Ignatius van den Stock pinxit et fecit aqua forti.*

Haut., 224 millim., sans la marge ; larg., 320.

5. *Le Cavalier faisant l'aumône.* A droite, dans un chemin montant, une villageoise précédée d'un chien et tenant un panier sous le bras gauche ; près d'elle, deux enfants, dont l'un est vu de dos ; plus en arrière, un cavalier, vu de dos, fait l'aumône à un mendiant ; plus loin enfin, un homme se dirige vers le fond ; vers le bas du chemin, un arbre mort renversé se voit près d'une pièce d'eau qui occupe la gauche du devant. Vers le milieu de la marge : *Ignatius van den Stock pinxit et fecit aqua forti.*

Haut., 218 millim., sans la marge ; larg., 322.

Robert-Dumesnil, 69 fr. 75 c.

6. *Les deux Cerfs.* On les voit à gauche sous un bouquet de grands arbres, bordant un chemin où deux cavaliers sont arrêtés : l'un de ceux-ci, vu de face, a le bras droit étendu et parle à deux piétons, dont l'un s'incline en tenant son chapeau à la main ; du fond, s'avance un troisième cavalier suivi d'un piéton ; de l'autre côté du chemin, vers la

droite, s'élève un grand arbre dont les rameaux s'étendent des deux côtés; sur un autre chemin, qui vient de la droite, montent plusieurs personnes; on aperçoit du même côté, vers le bord, un clocher; un riche paysage baigné par une rivière. Dans la marge, à droite : *Ign. van den Stock fecit.*

Haut., 220 millim., sans la marge; larg., 324.

* Belle pièce.

7. *La Laitière.* Elle porte une corbeille sur la tête et un panier au bras gauche, poussant devant elle un âne chargé de chaque côté de corbeilles dans lesquelles on distingue des vases de lait. Plus en arrière s'avance un homme, un bâton sur l'épaule. Sur le devant, à gauche, des canards nagent sur une pièce d'eau remplie de roseaux où l'on voit vers le milieu un pêcheur assis. Au milieu de la marge : *Ignatius van der Stock pinxit et fec* ou *fecit aqua forti.*

Haut., 228 à 230 millim., non compris la marge; larg., 326.

D'APRÈS FOUQUIÈRES

8. *La Forêt.* A droite, des arbres s'élèvent jusqu'au bord supérieur; près de l'arbre le plus rapproché du spectateur, un chemin descend un peu de la droite vers le milieu du devant; au milieu est une pièce d'eau dont les bords sont couverts de joncs; à gauche, de l'autre côté de la pièce d'eau, les arbres sont moins élevés que les autres. A travers l'échappée, entre ces deux massifs, on aperçoit un vaste paysage boisé, traversé par une rivière, de l'autre côté de laquelle s'élèvent deux maisons. En bas, à gauche : *Foquier pinxit*, à droite : *Ignatius van der Stock sculpsit.*

Haut., 170 millim.; larg., 237.

* 1er état. Avant quelques travaux, notamment sur le ciel, et avant les noms du peintre et du graveur. Collection Camberlyn.

* 2e. C'est celui décrit.

Camberlyn, 55 francs.

Robert-Dumesnil cite cette pièce avec cette inscription sur la terrasse : *Ignatius Vander Stock sculpsit.* 44 fr. 25 c. avec *la Vue de Linkenbeek.*

9. *La Clairière.* A milieu, on voit un chemin qui passe entre un grand arbre penché à gauche et un plus petit à droite. Toute la partie

gauche est occupée par quelques grands arbres semés çà et là, et qui se terminent par un groupe plus serré; contre le trait de bordure est un tronc d'arbre presque déraciné. A droite s'étend un paysage traversé par une rivière et animé par des villages. Tout près du bord droit, s'élève une colline surmontée d'un château. A gauche : *Foquier pinxit;* à droite : *Ignatius vander Stock sculpsit.*

Haut., 170 millim., sans la marge; larg., 239.

* Morceau rare.

Camberlyn, 80 francs ; Robert-Dumesnil, avec *les Deux Cerfs,* 57 fr. 25 c.

M. Van der Kellen mentionne encore une pièce douteuse: *l'Oiseau de proie.* Il va attaquer trois poules et quelques poussins qui vont se réfugier près d'un coq. Sur le devant, un ruisseau à la surface duquel s'étalent des feuilles de nénuphar. Au fond, un beau paysage avec une cabane entourée d'arbres. Sans nom de maître.

Haut., 202 à 204 millim.; larg., 286 à 289.

M. Van der Kellen dit que les arbres et le fond sont exécutés dans la manière de Van der Stock. La seule épreuve connue se trouve dans la Collection royale de Munich, où elle est classée dans l'œuvre gravé d'après *Hondekoeter;* on l'attribue également à *P. Boel.*

Une gravure d'après *Paul Bril,* représentant un sujet de l'Ancien Testament, est attribuée à Ignace Stock dans le catalogue Robert-Dumesnil (1837). Cette pièce est due au burin de *A. Stock (André).*

STOOP (Thierry ou Dirk, Théodore ou Roderigo), peintre et graveur, originaire des Pays-Bas. Il fit un voyage à Lisbonne, et de là se rendit à Londres, en qualité de peintre de la cour, à la suite de Catherine de Bragance qui allait épouser Charles II. En 1678, il retourna dans sa patrie et y mourut en 1686. Nous avons vu un seul tableau de lui, mais, quoiqu'il fût agréablement peint et composé, il ne pouvait faire classer son auteur que dans les maîtres secondaires de l'école hollandaise. Bartsch fait connaître dix-neuf pièces ; le catalogue Rigal ajoute vingt-quatre sujets numérotés pour les *Fables d'Ésope* et une *Vue de Lisbonne.* Robert-Dumesnil décrit huit vues de la même ville que quelques autres iconographes avaient mentionnées ; Weigel, dans son supplément, a donné des détails sur plusieurs autres pièces.

ŒUVRE DE STOOP

1-12. *Suite de différents sujets de figures et de chevaux.*

Haut., 144 à 146 millim.; larg., 189.

1. *Un Cavalier au galop*. On le voit vers la gauche, se dirigeant vers le fond; un chien assis derrière lui se gratte l'oreille; à droite, une écurie d'où sortent deux chevaux : l'un monté, l'autre mené par la bride; près de la porte un cavalier se chausse, un chien est à ses pieds. Au bas, du même côté : *D. Stoop f.* 1651; au milieu : *Clement de Iongh excudit.*

1ᵉʳ état. Eau-forte très légère. Avant le ciel, avant l'adresse de *Clément de Iongh.* British Museum.

* 2ᵉ. Avec l'adresse précitée, mais l'homme qui se chausse, à droite, n'a sur le visage que de faibles tailles horizontales; son vêtement est moins travaillé, ses jambes ne sont pas profilées; le chien à ses pieds n'est pas profilé vers la droite; derrière lui, l'ombre portée est à peine marquée et très courte; près de la porte de l'écurie, la jambe de devant du cheval, conduit par la bride, n'est pas profilée. Le montant extérieur de la seconde porte n'est pas profilé dans le haut; en cet endroit, il y a sur le mur une place blanche finissant en pointe. Contre la tête du chien qui se gratte, on voit à droite une place blanche. Il n'y a pas de contre-tailles obliques sur les jambes de devant du cheval qui prend le galop. Il n'y a pas de travaux sur le terrain, à gauche, où sont les deux figures dans le fond; la montagne par derrière est blanche, à l'exception de quelques indications légères; il n'y a dans le haut, à gauche, que quelques nuages au trait, mais aucun azur n'est tracé sur le ciel. Le terrain offre des places blanches, notamment sous le ventre du cheval au galop, et le long de sa jambe gauche de derrière. Avant le numéro 1.

* 3ᵉ. Sur l'homme qui se chausse, à droite, tous les travaux ont été renforcés; ses deux jambes sont fortement profilées; le contour du chien vers la droite est repris; son ombre portée a été prolongée par des tailles obliques; la jambe de devant du cheval conduit par la bride est profilée, ainsi que le montant le plus éloigné de la porte; auprès, la place blanche est éteinte; il en est de même de toutes celles qu'on voyait sur le terrain, près du chien qui se gratte et du cheval qui s'apprête à galoper; il y a des contre-tailles obliques sur les jambes de devant de celui-ci; le terrain où sont les deux figures du fond et les montagnes plus loin sont ombrés; les nuages offrent des tailles ondoyantes; au-dessus et au-dessous, l'azur du ciel est tracé. Toujours avant le numéro.

Il existe une copie du numéro 1, d'après le troisième état, avec le numéro et avec l'adresse de *F. de Wit*, dans l'*Universal Kuntsbuch*, publié par l'Institut bibliographique de Hildbourghausen.

2. *Le jeune Garçon menant boire le cheval*. Ils sont sur le bord d'une mare placée à gauche; un homme à cheval vient par derrière, son fouet déployé. Dans le fond, à gauche, un cavalier vu de dos, accompagné d'un chien et précédé d'un piéton portant sur son épaule un bâton auquel un paquet est attaché. Au bas, à droite : *D. Stoop.*

1ᵉʳ état. Près de la cuisse droite du devant du cheval qu'on mène boire, le terrain est blanc; la jambe droite et l'épaule de celui qui galope vers le premier sont blancs, de même que l'extrémité de sa croupe. Le haut du chapeau de son cavalier, une partie de son bras droit, sa poitrine, son flanc et sa jambe droite ne sont que faiblement ombrés. Le terrain, derrière le chien, la montagne, entre les jambes du cheval se dirigeant vers le fond, n'ont presque pas de travaux. Il n'y a aucune indication de ciel, à l'exception de deux petites bandes d'azur à gauche. Avant le numéro.

* 2e. Au haut de la cuisse droite du cheval qu'on mène boire, quelques tailles horizontales légères ont fait disparaître la place blanche; les jambes de devant du cheval qui galope vers celui-ci sont ombrées, ainsi que son épaule et sa croupe ; des tailles fines obliques ont fait disparaître les parties claires sur le chapeau, le visage, le bras, la poitrine et la jambe du cavalier qui le monte. Un peu en arrière du chien, le terrain est ombré par des tailles fines longitudinales ; ainsi que la montagne entre les jambes du cheval; au delà du piéton, on voit des tailles obliques. Le léger azur qui était à gauche est prolongé jusqu'au cavalier et s'étend de l'autre côté ; on voit une série de nuages à gauche; dans le milieu et à droite, il y a des bandes d'azur. Toujours avant le numéro.

3. *Les deux Chevaux au pâturage.* L'un, sur une petite éminence est occupé à brouter ; l'autre, plus loin, est au repos, debout; tous deux sont tournés vers la gauche. A droite, un chariot avec plusieurs personnes ; plus loin, un pont. Au bas, du même côté : *D. Stoop f.*

* 1er état. A l'eau-forte pure. Il n'y a qu'une faible indication de nuages, à gauche ; le reste du ciel est blanc. L'arbre à gauche, ainsi que la barrière, sont très légèrement tracés. A partir de la tête du cheval qui broute et derrière l'autre cheval, la prairie est presque blanche, on n'y voit que quelques herbes; devant le cheval, à gauche, l'ombre portée est très fine ; devant ses jambes de derrière, l'ombre portée est très courte ; le reste de l'espace entre les jambes de devant n'offre que des herbes sans aucune taille. Dans le fond, au delà de l'homme qui conduit un troupeau, la montagne n'existe pas; il se détache sur un fond clair. Avant le numéro.

* 2º. Tout le haut du ciel est couvert par des bandes d'azur ; plus bas, des nuages se prolongent jusqu'au garrot du cheval de droite; au-dessous, à partir de l'arbre, quelques bandes d'azur. L'arbre et la barrière ont été retravaillés; derrière le cheval de droite, la prairie est ombrée ; l'ombre portée de ses jambes de devant est plus accusée, elle se confond avec celle des jambes de derrière, qui occupe tout le dessous du cheval. Une montagne tracée depuis le pont, et se continuant en s'inclinant presque à l'extrémité de la gauche, couvre l'homme qui est au fond, à l'exception de la tête. Toujours avant le numéro.

4. *Le Cheval au piquet.* Il est à droite, tourné vers la gauche, attaché par sa longe à un piquet qui est au milieu de l'estampe. A gauche, un homme assis, ayant auprès de lui deux chiens; plus loin, un homme vu de dos selle son cheval. A terre, vers la gauche : *D. S.*

* 1er état. A l'eau-forte pure. Le ciel est entièrement blanc ; la montagne à gauche,

et même entre les jambes du cheval que l'on selle, n'est pas ombrée ; l'homme assis n'a contre son bras droit que quelques tailles qui descendent seulement jusqu'au bas de l'épaule ; on ne voit pas de contre-tailles obliques, au bas de la pierre qui lui sert de siège, ni sur l'ombre portée du chien sur lequel il s'appuie, ni sur l'ombre portée de son pied gauche ; il n'y en a pas non plus sur le terrain dans le coin, à gauche ; entre les jambes du cheval attaché, les tailles dans le fond laissent voir des lacunes ; le terrain, à droite, présente plusieurs taches blanches. Avant le numéro.

* 2e. Le ciel a des nuages à gauche, et des bandes d'azur vers la droite ; la montagne à gauche est ombrée ; il y a des tailles continues, entre l'homme qui selle son cheval et celui qui est assis ; des tailles suivent tout le bras de celui-ci ; on voit des tailles obliques sur la pierre qui lui sert de siège, sur l'ombre portée de son pied gauche, sur celle du chien ; on voit également des tailles obliques sur le terrain à gauche ; entre les jambes du cheval attaché, toutes les lacunes du fond sont raccordées ; les diverses places blanches sur le terrain, à droite, sont éteintes. Toujours avant le numéro.

5. *Le Cheval qui pisse.* Il est dans le milieu, attaché à un tronc d'arbre, tourné vers la droite, où un homme est assis à terre. Sur une pierre, du même côté : *D. Stoop f.*

* 1er état. A l'eau-forte pure. Avant le ciel ; la montagne est à peine tracée ; elle n'existe pas à gauche, vers le trait de bordure ; à droite, à la hauteur des troncs d'arbres, les tailles ne touchent pas le trait de bordure ; plus loin, les broussailles sont légèrement indiquées et ombrées en partie ; le bout du chapeau, le visage et le bras droit de l'homme ne sont pas ombrés. Avant le numéro.

* 2e. Tout le ciel est couvert, à droite, d'un azur qui descend très bas, ainsi que dans le milieu ; au-dessous de l'azur, qui est au haut à gauche, on voit des bandes de nuages. Dans le fond, la montagne est formée de plusieurs mamelons. Le chapeau de l'homme, son visage, sa poitrine et son bras droit sont entièrement ombrés ; sur les broussailles, à droite, les tailles s'étendent jusqu'aux deux grandes tiges ; les travaux touchent partout le trait de bordure. Toujours avant le numéro.

6. *Le Villageois tenant un cheval par la bride.* Il est à gauche, tenant un cheval tourné vers lui, accompagné de deux chiens : l'un debout, l'autre couché. Sur le second plan, à droite, un cavalier achève de gravir une éminence ; plus loin, accourt un homme vu à mi-corps précédé d'un chien. Au bas de la droite, près du coin : *D. Stoop*, répété deux fois.

* 1er état. A l'eau-forte pure. On voit à peine une indication de nuages au haut, à gauche. Il n'y a pas de colline derrière l'homme qui tient le cheval par la bride ; on voit une légère indication de terrain sous les jambes de l'animal ; le terrain que gravit le cavalier est blanc en grande partie. Avant le numéro.

* 2e. Il y a de l'azur au haut du ciel et de nombreux nuages descendent çà et là ; la colline est ombrée derrière l'homme qui tient le cheval, ainsi que le mouvement du

terrain sous les jambes de l'animal; devant le cavalier qui monte, le terrain est régulièrement ombré. Toujours avant le numéro.

7. *Les deux Chevaux de charrue dans un champ.* Ils sont à gauche, l'un vu de face, l'autre par derrière. A droite, s'élèvent des arbres; vers le fond deux hommes, et plus bas une espèce de barrière. Dans le bas, à gauche : *D. Stoop f.*

* 1er état. A l'eau-forte pure. Avant le ciel; à droite, le terrain et les arbres ne sont pas tracés; on ne voit pas les deux hommes dans le fond ; à gauche, les montagnes n'existent pas ; la prairie, dans laquelle sont les deux chevaux, est presque claire. Avant le numéro.

Filigrane : folie à deux cornes avec trois boules dans le bas.

* 2e. On voit, à droite, un terrain montant couronné d'arbres, à l'extrémité duquel sont les deux hommes. Toute la prairie, à partir des jambes de derrière du cheval vu de face, offre de nombreux travaux ; les montagnes du fond sont figurées par des tailles horizontales; un trait noir, qui traversait la queue du cheval vu du dos et qui touchait le trait de la bordure, a été effacé. Le ciel est couvert de bandes d'azur, à gauche et à droite, avec des indications de nuages. Toujours avant le numéro.

8. *Deux Chevaux à l'abreuvoir.* A droite, un paysan, monté sur un cheval qui boit, en tient un autre qui s'apprête à boire près d'une grande auge en pierre. Un cavalier accourt du fond, à gauche. Sur le devant de l'auge : *D. Stoop f.*

* 1er état. A l'eau-forte pure. On ne voit, sur le ciel, que quelques indications de nuages, à gauche. Avant quelques travaux sur la montagne; à droite, les arbres, au sommet, ne touchent pas le trait de bordure ; entre les jambes du cheval qui s'apprête à boire, la montagne du fond est blanche; il n'y a que quelques traits, dans le haut, entre les deux jambes de derrière de ce cheval; le cavalier qui vient du fond, sa monture et son chien sont à peine tracés; son chapeau et son visage ne sont pas arrêtés; les montagnes du fond ne se voient pas. Avant le numéro.

* 2e. Le ciel est tracé à droite ; des bandes d'azur touchent le chapeau et même l'épaule du paysan qui fait boire son cheval; des nuages descendent vers la gauche, et des bandes d'azur touchent le cavalier du fond. A droite, la montagne a été reprise et les arbres touchent le trait de bordure. Entre les jambes du second cheval, la montagne est ombrée, les travaux n'offrent aucune solution de continuité entre ses jambes de derrière jusqu'au cavalier, et se prolongent ensuite jusqu'au trait de bordure à gauche; le cavalier, le cheval et le chien sont bien profilés dans toutes les parties. Une série de traits échappés, qui s'étendaient presque en ligne droite depuis la croupe du second cheval jusqu'à la tête du cavalier à gauche, ont été enlevés ; on n'aperçoit plus en cet endroit que quelques traits échappés tirés obliquement.

9. *Le Cheval attaché à un palis.* Il est dans le milieu, tourné vers la droite; un chien est couché près de lui; tout à fait à droite, un paysan

à cheval fait marcher des bœufs devant lui. Du même côté, sur le devant : *D. Stoop f.*

* 1ᵉʳ état. A l'eau-forte pure. On voit, à gauche, quelques indications de nuages avec un peu d'azur dans le milieu du haut et quelques légères bandes à droite. Près du chien et entre les jambes du cheval attaché, il n'y a aucun travail sur les palis ; sous le ventre du chien, il n'y a pas de tailles sur le terrain ; les deux ombres portées des pattes sont très courtes ; le terrain au delà du cheval ne consiste qu'en quelques ombres interrompues ; l'homme qui marche dans le fond n'est qu'au trait ; la montagne voisine n'est pas ombrée ; à gauche, le terrain est marqué par des tailles espacées et interrompues. Le trait de bordure est interrompu dans le haut à gauche, mais peut-être est-ce un manque d'impression. Avant le numéro.

Filigrane : aigle, avec les ailes étendues, ayant une fleur de lis au-dessus de la tête.

* 2ᵉ. Un azur assez fort s'étend depuis la droite jusqu'aux deux tiers de l'estampe ; à gauche, il y a des nuages, et au-dessous deux légères bandes d'azur ; à droite, au-dessus de la tête du paysan, un azur accidenté. Le dessous de la clôture est couvert de tailles fines obliques ; l'homme dans le fond est ombré ; la montagne est ombrée à gauche ; le terrain dans le fond offre des tailles continues ; au delà du cheval, le terrain est ombré de tailles presque non interrompues ; entre les jambes du chien, on voit une série de tailles fines et même contre sa queue. Le trait de bordure, complet dans toutes ses parties, paraît renforcé.

Nous avons acquis à la vente Jacob de Vos le dessin original ; il est du sens opposé.

10. *Le Cheval qui pisse.* Un homme debout, à droite, le tient par la bride ; à gauche, un autre homme, monté sur un cheval, boit le coup de l'étrier à la porte d'une auberge, où l'on voit un homme nu-tête ; derrière lui, deux chiens ; au milieu, dans le fond, deux mulets. Dans le bas, à droite : *D. Stoop f.*

* 1ᵉʳ état. Eau-forte peu terminée. Dans le haut, à droite, et près de la tête du cheval qui pisse, il y a quelques légères indications d'azur. L'auberge, à gauche, n'est ombrée que de tailles très fines d'un ton uniforme. L'avant-toit, sur sa façade, n'est marqué que par quelques tailles fines ; les plantes, dans le haut, sont à peine marquées. L'auge est très légèrement faite et à peine ombrée sur la gauche ; le chapeau de l'homme à cheval n'est pas ombré dans le milieu ; le lévrier a les pattes de derrière presque blanches ; sa queue n'est formée que de deux brins et ne se termine pas par un croissant ; il y a un clair assez prononcé sur le terrain dans le coin du bas, à gauche ; toute la croupe du cheval qui pisse est presque blanche ; le dossier de la selle n'a pas de contre-tailles ; près du pommeau, il y a des places claires ; près de son cou, les crins sont assez espacés ; sur son cou, il y a une large place blanche ; son front, du côté de l'œil droit, est blanc ; le nez, la bride qui l'entoure et le museau sont blancs ; les jambes et la poitrine sont moins travaillés ; le chapeau de l'homme qui le tient, son visage et ses jambes, ainsi que son bras droit, sont presque blancs ; il n'y a

pas de contre-tailles obliques sur son épaule gauche ni sur son avant-bras ; le terrain, dans le milieu, ainsi que les deux mulets, ne sont ombrés que de traits légers espacés ; tout à fait à droite, le terrain du fond n'est indiqué que par deux ou trois tailles fines. Avant le numéro.

* 2e. Tout le ciel est occupé par des bandes d'azur qui descendent très bas, et qui, dans le milieu, sont entrecoupées par des nuages. Toutes les tailles qui ombrent l'auberge ont été renforcées ; un petit avant-toit, dans le haut à gauche, est devenu apparent ; les pailles de l'avant-toit de la façade et les broussailles du haut sont plus fortement accusées. L'auge est plus travaillée, et le pied, à gauche, est devenu très noir ; le chapeau du cavalier est complètement ombré, à l'exception du haut de la forme ; le lévrier est plus travaillé partout ; ses pattes de derrière et sa croupe sont couvertes de nouvelles tailles ; sa queue formée de plusieurs brins se termine par un croissant ; les tailles sur le bras gauche de l'homme debout à la porte de l'auberge ont été enlevées. La croupe du cheval qui pisse est complètement ombrée, sauf une place blanche près de la selle ; il y a des contre-tailles sur le dossier de celle-ci, et il n'y a aucune place blanche sur le pommeau ; les crins sur le cou ont été augmentés ; la large place blanche qui s'étendait depuis le haut du front jusqu'à l'épaule droite est couverte de travaux, ainsi que le nez, la bride et le museau ; l'épaule gauche a été reprofilée ; les clairs sur la poitrine ont été diminués comme sur les jambes de devant et de derrière ; le chapeau de l'homme qui tient le cheval est entièrement ombré, sauf à droite ; ses cheveux, qui précédemment ne formaient qu'une masse, sont divisés en plusieurs mèches ; on voit de fortes contre-tailles obliques sur ses épaules et sur son bras gauche ; son visage est devenu noir ; le bras droit est plus travaillé surtout dans le bas, de même que pour le sac où la partie claire est presque éteinte ; partout les travaux du terrain ont été renforcés ; les mulets sont ombrés de tailles plus serrées ; le terrain, dans le fond à droite, est accusé par une série de tailles. Aussi avant le numéro.

Au British Museum on voit une estampe avant les nuages, ayant peu d'effet ; elle est très confuse ; peut-être antérieure à notre premier état. Nous croyons qu'il existe des épreuves terminées où le ciel est seulement très léger.

11. *Le Cheval attaché à la mangeoire.* Il est tourné vers la gauche où l'on voit une maison devant laquelle picorent des poules ; près du cheval, un chien couché ; plus loin, la croupe d'un cheval ; deux hommes viennent du milieu du fond. Au bas, à gauche : *D. Stoop f.*

* 1er état. Quelques nuages sont légèrement indiqués dans le milieu, ainsi qu'un peu d'azur ; il en existe également contre la cheminée vers la droite ; le reste du ciel est blanc. Au delà du cheval, les travaux n'existent pas contre ses jambes de devant et là où sont les pierres ; il n'y a que quelques tailles devant ses jambes ; on n'en voit aucune sous la mangeoire entre les deux pieds du fond ; il n'y a pas de tailles sur le terrain près des deux hommes ; les montagnes du fond ne sont pas ombrées de tailles horizontales. Avant le numéro.

Filigrane : écu surmonté d'une couronne aux fleurs de lis, ayant dans le milieu un agneau tenant une croix avec oriflamme.

* 2°. Le haut du ciel est couvert d'azur; les nuages sont entièrement ombrés; des bandes d'azur descendent plus bas; derrière le cheval on voit des bandes d'azur; entre les jambes du cheval jusqu'aux pierres, on voit une série de traits fins; ils se prolongent au delà, jusqu'à la mangeoire; entre les deux pieds de celle-ci et un peu plus loin, on voit plusieurs traits fins; il y a des tailles sur le terrain près des deux hommes; les montagnes du fond sont ombrées par des tailles horizontales. Aussi avant le numéro.

12. *Le Villageois gardant une meute de chiens.* Il est assis à droite avec cinq chiens, dont trois sont couchés et deux debout; dans le fond, du même côté, un homme à cheval vu de dos, précédé d'un piéton et de deux chiens. Dans le bas, vers la droite : *D. Stoop f.*

* 1er état. On ne voit, sur le ciel à gauche, que quelques légers nuages; des deux côtés de l'arbre mort quelques fines indications d'azur; dans tout le bas, quelques nuages au trait; avant quelques traits obliques qui, de la jambe gauche du piéton vu dans le fond, touchent le terrain. Avant le numéro.

Filigrane : écu couronné comme le précédent avec un agneau tenant une croix ornée d'une oriflamme. On trouve des épreuves du même état sur un papier avec la folie à double corne ayant trois boules dans le bas.

* 2°. Tout le haut est rempli d'azur coupé par de gros nuages; cet azur très accidenté encadre l'arbre mort; dans le bas, à gauche, les nuages sont ombrés; en avant du piéton, on voit trois tailles obliques partant du nuage voisin.

Toute notre suite du deuxième état est tirée sur papier ayant pour filigrane l'écu couronné offrant, dans le milieu, le mouton à l'oriflamme; nous avons vu d'autres épreuves sur papier à la folie à deux cornes sur la tête, avec trois boules dans le bas, et d'autres enfin sur papier à l'écu avec la fleur de lis dans le milieu.

Entre ces trois tirages nous n'avons pu constater aucune différence.

3°. Avec les numéros de 1 à 12; avec l'adresse : *F. de Wit excudit,* qui a remplacé celle de *Clément de Iongh.*

4°. Cette adresse est effacée. On tire encore des épreuves modernes, mais elles sont très mauvaises.

13-19. *Voyage de l'infante de Portugal, Catherine de Bragance, allant épouser le roi d'Angleterre Charles II.* Suite de sept pièces.

Haut., 169 à 171 millim.; larg., 540 à 567.

Charles II ayant été rétabli sur le trône d'Angleterre, en 1660, résolut de contracter une union. Il se décida à demander la main de Catherine de Bragance, née en 1638, fille de Jean IV, alors duc de Bragance, et d'Eléonore de Guzman. Le roi d'Angleterre fut séduit par sa riche dot. Outre 500,000 livres sterling, somme considérable à cette époque, elle apportait en mariage les forteresses de Tanger en Afrique, et de Bombay dans l'Inde. Quoique très vertueuse, elle ne réussit pas à se faire aimer de son époux. Après la mort de Charles II, elle résida quelques années encore en Angleterre qu'elle quitta en 1693. En 1701, don Pedro, son frère, roi de Portugal, que ses infirmités empêchaient de tenir les rênes du gouvernement, lui confia la régence qu'elle exerça avec beaucoup de prudence et de fermeté. Pendant son administration l'armée portugaise reconquit plusieurs places sur les Espagnols auxquels elle s'apprêtait à faire une guerre vigoureuse, mais ayant, dans le conseil, rencontré de l'opposition de la part du prince de Brésil, elle se démit de la régence et mourut peu de temps après, le 31 décembre 1705.

1. *Entrée de lord Montague à Lisbonne.* On voit une longue file de cavaliers marchant devant quarante carrosses à quatre chevaux, que suit celui de l'ambassadeur, précédé et suivi de trompettes et entouré de pages nombreux ; ce carrosse est attelé de six chevaux comme celui qui le précède. Le cortège se dirige vers la gauche où est Lisbonne, il passe sur un pont où sont inscrits ces mots : *Bridge d'Alcontare.* A droite, une flotte nombreuse, près de petites barques pavoisées : *Sic sic Juuat Ire per altum.* Dans le haut, des deux côtés des armes de l'Ambassadeur : *O Magnifique Entrada do Ambassador et Admiral Montagu em Lixboa.;* au-dessous : *The Entrance. . . . into the Citty of Lisbone the* 28 *day of Marth* 1662. Dans l'estampe, à gauche : *Magna comitante Caterua.* Dans la marge , une inscription en trois lignes : *Illus^{mi}* et *Excel^{mi}. Do^s Eduard^s comes de Sandwich, vice comes de Hinckinbroock Baron Montagū. . . . , una cum se ipso Dedicat. Theodorūs Stoop suæ Ma^{tis} Reginæ Angliæ Pictor.*

2. *Marche solennelle de la reine dans Lisbonne, lors de son départ, le* 20 *avril* 1662. On voit, à gauche, le palais du roi ; à droite, les maisons de la ville ; sur la place richement décorée, plusieurs arcs de triomphe, une longue file de carrosses ; le cortège se termine par celui de l'ambassadeur, et enfin par celui du roi de Portugal, assis à côté de sa sœur. Au milieu, les troupes rangées en bataille. Dans le haut : *The publique proceding of the Queenes. . .* Au-dessous : *Reais Festas e arcos triumfais en Lixboa ǭ se Fizeraõ. . . . .* Un peu plus bas : *Palais of Lisbon.* Dans la marge : seren^{mo} ac poten^{mo} carolo II^{do}, d.g. magnæ britanniæ. . . . . d.d.d. *Consecratq̨ Teod^o Stoop* 1662. A gauche, une légende numérotée 1 à 4 ; à droite, une autre légende, 5 à 8.

Nous connaissons un premier état avant la lettre et avant les numéros de renvoi dans l'estampe qui correspondent aux légendes placées de chaque côté dans la marge. L'estampe n'est pas dans son intégrité ; un quart manque, à gauche.

3. *Départ de la reine.* La scène se passe au-dessous du palais du roi que l'on voit à gauche, et au-dessus duquel on lit *the Pallace ;* à droite, la flotte anglaise ; sur le devant, une foule d'embarcations pavoisées. On voit la reine, à qui son frère donne la main, entrer dans une barque ; l'ambassadeur d'Angleterre et une foule de seigneurs et de dames sont encore sur le rivage, dans une galerie, au-dessus de laquelle est écrit *the royall Gallery.* Dans le haut, on lit : *The manner how her Matie Dona Catherina. . . . .* Au-dessous : *Vista de Lixboa e cum e rainha da gran Bretah se Embarquo per Englaterra.* Dans la marge : *Exmo S^r. Francisco de Mello. . . . Embaixa dor Extraor dinario a el Rey da gram Bretanha, etc. Dedicat V. C. Rodrigo Stoop.* Des deux côtés, des légendes en anglais.

4. *Jacques, duc d'York, rejoint la flotte anglaise.* Toute la scène est occupée par les deux flottes en vue de l'Angleterre. Dans le milieu est le vaisseau amiral ; à gauche, se voit le navire de plaisance du roi, celui du duc d'York est à droite. Dans le haut : *The duke of York's meeting. . . . . Royal Navy. . . . .* Au-dessous : *O chegado duque de Jorck no Cannal entre o Frota d'Englaterra.* Dans le bas : *To the most High Puissant and Illustrius Prince Iames Duke of Yorke. . . . This plate is humbly dedicated by his most Obedient and humble servant R^o. Stoop.* Des deux côtés, des légendes en portugais et en anglais, au nombre de seize en tout, auxquelles correspondent les numéros de l'estampe.

5. *Débarquement de la reine à Portsmouth.* Cette ville est à gauche, la flotte est à droite ; du même côté, dans le fond, l'île de Wight. La reine vient de mettre pied à terre, sur le devant à gauche ; elle va monter en voiture ; le duc d'York lui donne la main. Tous les forts de la ville tirent des salves d'artillerie. A gauche, au-dessus de la ville : *Portsmouth Bon voyage.* Dans le haut, sur une ligne : THE MANER OF THE QUEENES MA^{ties}. . . . DIS EMBARCASAŌ DE RAINHA DA GRAN BRETAN. EM PORTSMVIT. 25 *majo.* Dans la marge : *To the most noble Prince Iames Duke, Marques , and Earle of Ormond, Earle of Ossery. . . . This plate is humbly dedicated by his most obedient, and humble servant Roderigo Stoop.* Des deux côtés, une légende composée en tout de dix numéros correspondant aux mêmes placés dans l'estampe.

6. *Arrivée du roi Charles II et de la reine à Hamptoncourt, venant de Portsmouth.* Le cortège se dirige vers le château qu'on voit dans le fond à gauche; dans le milieu, un carrosse attelé de six chevaux qu'occupent seuls le roi et la reine; derrière eux, à droite, une nombreuse suite. Dans le haut : *The Comming of ẙ King's Matie and ẙ Queenes from Portsmouth to Hampton court.;* au-dessous : *Passage del Rey de gran Bretanha Carolo II., e o Rainha dona Catarina de Portsmuit per a Hamton=couri.* Il n'y a rien dans la marge du bas. (B. 7.)

L'inscription indique suffisamment que le voyage à Hamptoncourt a précédé l'entrée à Londres, qui n'a eu lieu que le 23 août suivant (2 septembre).

7. *Entrée de la reine à Londres.* Elle arrive dans le milieu sur la barque royale avec le roi, précédé par les barques du lord-maire et de plusieurs autres corporations, suivie également d'une foule d'autres embarcations qui remplissent tout le fleuve; le cortège se dirige vers la droite; sur la rive, à gauche, on tire des salves d'artillerie. Dans le haut, des armoiries accompagnées d'écussons; au-dessous : *Agua Triumphalis.* A gauche : *The Triumphall Entertainment of ẙ King and Queenes Matie; by ẙ Right hon^ble ẙ Lord Maior and Cittizens of London. at their coming from Hampton=court to Whitehall (on ẙ River of Thames) Aug : ẙ 23, 1662.* Du côté opposé : *Entrada Publica q̃ a S^ma R. da G'. B. ses na Cid^e de Londres e Como Magnificam^te foi recibida da nobocsa e Pouo della em 2 de Sept : 1662.* Dans le bas : *To the right Honble : S^r : Iohn Frederick K^t. Lord Mayor,...* Le reste s'applique aux aldermens, sheriffs et membres des corporations de Londres. . . . . *This Plate is most humbly dedicated by theyre most obedient Servant Rod : Stoop.* (B. 6.)

La différence de date sur l'inscription s'explique par cette raison : les Anglais suivaient encore l'année julienne, quand depuis longtemps tous les Etats catholiques avaient accepté le calendrier grégorien. Celui-ci n'a été reçu en Angleterre qu'en 1755.

* Cette suite est de la plus grande rareté; on n'en connaît que quelques exemplaires. La nôtre, à très grandes marges, est de la plus belle conservation.

Vente Rigal, 200 francs, il manquait le *Départ de la Reine.* On sait que la *Vue de Lisbonne* ne fait pas partie de cette suite. Verstolk ne possédait pas ces estampes.

Pour que cette série soit complète, il nous paraîtrait indispensable d'y joindre le portrait de *Catherine de Bragance*, ci-après :

Catherine de Bragance. Elle est coiffée en cheveux à la mode portugaise, portant un collier de perles; une collerette rabattue tombe sur ses épaules; sa robe enrichie de broderies est soutenue par de larges paniers. Elle tient ses gants de la main gauche. On lit au bas : CATHARINA D. G. MAGNÆ BRITANNIÆ FRANCIÆ ET HIBERNIÆ REGINA FILIA IOANNIS IIII REG. PORTVG. *Consecrat I. Stoop.;* à gauche, au-dessous : *Lisbona* 1662. *N. Meunier f.*

Haut., 418 millim.; larg., 329.

Cette pièce, non décrite, unique peut-être, prouve d'une manière assez certaine que *Meunier*, dont les vues d'Espagne ont beaucoup de rapport avec la manière de Stoop, a vraisemblablement été le collaborateur de celui-ci pour les vues de Lisbonne qui portent le nom de *Stoop*. Le portrait de Catherine est au British Museum. Il est évident que ce dernier, pressé par le temps, n'a pas pu faire le portrait de l'infante que *Meunier* aura gravé pour lui.

SUPPLÉMENT

W. 20-27. *Vues de Lisbonne et de ses environs*. Suite de huit estampes, sans numéros.

20. *Vue de Lisbonne.* Dans le milieu, le palais du roi; à droite et à gauche, deux montagnes couvertes d'édifices; au bas, à droite, une longue estacade; sur le devant, le Tage où se voit une nombreuse flotte. Dans le haut, sur un cartouche supporté par des chimères, surmonté de la couronne du Portugal, entouré de palmes d'armes et drapeaux, on lit : *A Illust^{ssa} L^{ta} D. Catharina Rajnha da gran Bretanha D. V. C. R. Stoop,* 1662. *Lix^a.* (1.)

Haut., 176 millim.; larg., 278; la marge du bas, 14.

21. *Vue de Santo Amato.* A droite, s'élève sur une montagne une église surmontée d'un dôme à laquelle on accède par plusieurs rampes; au milieu, un couvent remarquable par plusieurs tours; dans le fond, à gauche, la vue de Belem; sur le devant, du même côté, un fort; plus loin, le Tage et ses navires; sur le devant, un carrosse et une litière. Dans la marge : *Vista de Santo Amato E Prospectiua do Lugar de Bellem.* (2.)

Haut., 165 millim.; larg., 275; la marge du bas, 20.

22. *Vue du Couvent « da Madre de Deus ».* Vers la gauche, un quai coupé par des marches donne accès au couvent, auquel on arrive

par des escaliers ; à droite, un long quai et des édifices ; sur le devant, le Tage et des petits navires. Dans la marge : *Vista do Convento da Madre de Deus.* (3.)

Haut., 164 millim.; larg., 275 ; la marge du bas, 22.

23. *Vue du Palais du roi.* Vers la gauche, s'élève un grand pavillon carré, auquel se relient de longues galeries qui se prolongent même en retour d'équerre sur la droite ; devant, est une grande place couverte de piétons et de cavaliers, et, à droite, un carrosse à six chevaux ; à gauche, des fortifications et un grand navire. Dans la marge : *O Palacio Reyal De Lixboa.* (4.)

Haut., 138 millim.; larg. 228 ; la marge du bas, 12.

24. *La Place du palais* (et non *la Cour*, comme le dit Robert-Dumesnil). Elle est entièrement bordée, même du côté du Tage, de galeries garnies de nombreux spectateurs. Dans le milieu, s'élève un grand mât surmonté d'un drapeau ; plus loin, une fontaine. Des soldats et de nombreux personnages sont au milieu de la place ; à droite, des picadores paraissent attaquer un taureau. Dans la marge : *Touros Reays nas Festas de Casamento da Raynha da Gran Bretanha Em Lixboa* 1661. (5.)

Haut., 134 millim.; larg., 225 ; la marge du bas, 12.

25. *Palais de l'Infant don Pedro.* Il s'élève à gauche, orné de deux pavillons, et contigu à un autre édifice ; sur le devant, une foule nombreuse, des carrosses et une litière ; dans le fond, à droite, le Tage couvert de navires. Dans la marge : *O Palacio do Infante Dom Pedro Em o Corpus Sancto Em Lixboa.* (6.)

Haut., 140 millim.; larg., 230 ; la marge du bas, 14.

26. *La Tour de Belem.* Elle s'élève vers la droite, au milieu de l'eau, composée de trois étages et surmontée d'un drapeau ; à droite, une haute montagne baignée par le fleuve ; à gauche, plusieurs navires, dont un salue d'un coup de canon la tour qui lui répond. Dans la marge : *A Torre E entrada da Barra de Bellem.* (7.)

Haut., 136 millim.; larg., 225 ; la marge du bas, 10.

27. *Couvent de Saint-Jérôme, à Belem.* L'église s'élève à droite ; elle est d'une architecture gothique, comme tous les bâtiments du

couvent qui se prolongent presque à l'extrémité de la gauche, où l'on voit des édifices avec la tour, tout au fond. Sur le devant, un certain nombre de passants ; des chèvres paissent à gauche ; du même côté, le Tage et des navires. Dans la marge : *O Convento de S^{to} Hieronimo Em Bellem. (8.)*

Haut., 133 millim.; larg., 228 ; la marge du bas, 18.

* 1er état d'une suite très rare, avant l'adresse de *Ram* et les numéros. Elle vient de M. le conseiller Clauss, de Leipsic. Cette suite, citée par Weigel, est avec des très grandes marges et sur papier au filigrane *DS*, avec une folie à deux cornes et à sept boules.

2e Avec l'adresse et les numéros, également très rare. Les deux états sont au British Museum.

Nous croyons devoir terminer, par quelques documents historiques, ces suites si précieuses, puisqu'elles sont les seules qui nous fassent connaître le Portugal au dix-septième siècle.

Le roi, qui régnait alors dans ce pays, était Alphonse VI, frère de Catherine de Bragance ; il avait succédé à Jean IV, en 1656, sous la tutelle de sa mère qui prit les rênes du gouvernement. Il avait d'abord été destiné à l'état ecclésiastique du vivant d'Alphonse, son frère aîné. Ce prince était peu capable de régner. Il parcourait, dit-on, la nuit, les rues de Lisbonne avec une troupe de spadassins et se livrait à tous les excès et à toutes sortes de violences. Après avoir éloigné sa mère du gouvernement, il avait choisi pour le diriger le comte de Cartel-Melhor. Celui-ci, qui paraît avoir gouverné avec quelque sagesse, pour écarter des bruits répandus sur les infirmités du roi, lui fit épouser, en 1663, Mlle d'Aumale, princesse de Savoie-Nemours ; mais Alphonse vécut éloigné d'elle. La jeune reine s'unit alors secrètement avec le frère du roi, né en 1648. Ce prince animé par l'ambition et l'amour parvint à chasser le secrétaire d'État Carthel-Melhor et, par une révolution aussi étonnante que subite, se fit déclarer régent, et força le roi à abdiquer en sa faveur. Cette révolution, à laquelle le mécontentement public servit de prétexte, fut sanctionnée par les États. La reine, retirée dans un couvent, accusa alors Alphonse d'impuissance, prétendit que le mariage n'avait pas été consommé, et parvint à le faire casser à Rome ; ensuite elle épousa don Pedro, son beau-frère. Le malheureux roi, arrêté et dépouillé en 1667, fut relégué dans l'île de Tercère pendant huit ans, et ensuite transféré au château de Cintra, en Portugal, sous prétexte d'un complot tendant à l'arracher de l'exil et à le rétablir sur le trône. C'est là qu'il mourut, le 12 septembre 1683, à l'âge de quarante et un ans. Don Pedro se fit alors couronner roi, et la même année il perdit sa femme dont il avait une fille à laquelle il voulait assurer le trône. Les représentations des grands l'obligèrent à une nouvelle alliance ; il épousa en 1687 une princesse de Bavière qui lui donna un fils. Nous avons vu plus haut que par suite d'infirmités il avait confié la régence à Catherine de Bragance, veuve de Charles II ; il mourut d'apoplexie à Alcantara, le 9 décembre 1706, à l'âge de cinquante-huit ans.

On nous permettra de citer aussi ce curieux passage du tome II des *Mémoires de Saint-Simon* : « En 1699, la reine de Portugal, sœur de l'impératrice, de la reine d'Espagne et de l'électeur Palatin, mourut aussi et laissa plusieurs enfants. Elle était seconde femme du roi D. Pedro, qui avait, de concert avec sa belle-sœur, détrôné son frère comme fou et imbécile, qu'il tint enfermé à Tercères en 1669, puis à Cintra, à sept lieues de Lisbonne, jusqu'à sa mort en 1683. Il épousa en même temps cette même reine, sœur de la duchesse de Savoie, grand'mère de madame la duchesse de Bourgogne, qui prétendit que ce premier mari ne l'avait jamais été. Elles étaient filles du duc de Nemours, tué en duel à Paris, pendant les guerres civiles, par le duc de Beaufort, frère de sa femme ; et ce duc de Nemours était frère aîné du duc de Nemours, mari de la Longueville, qu'on a vu perdre ce grand procès contre M. le prince de Conti, et faire ensuite le voyage de Neufchâtel. De ce mariage D. Pedro, qui ne prit que le titre de régent du vivant du roi son frère, n'eut qu'une seule fille, qui mourut prête à être mariée ; sa mère mourut trois mois après son premier mari. »

27 bis. Plan du fleuve du Tage et de la cité de Lisbonne. On voit, à droite, le profil de la ville de Lisbonne, et plus loin, du même côté, s'étend le fleuve sur lequel se trouvent des vaisseaux, près de la rive, du côté de la ville. On lit sur le fleuve : RIO TEIO ; au bas, à gauche, un groupe de trois personnages, ainsi que cette inscription : *The Scale of English Miles.* Au haut de la planche, à gauche, les armes d'Angleterre et une table d'explication. Dans le titre, au milieu de la planche, un écusson en largeur, où on lit : THE RIVER TAGVS AND CITTY *of* LISBONA. Au coin inférieur, à gauche : *R. Stoop.*

Haut., 230 millim.; larg., 412 (?).

Cette pièce sur satin, de la plus grande rareté, est au British Museum.

28. Bataille navale vue à vol d'oiseau. On lit en haut : *Rare Afbeeldinge van den Blodigen See-Schlacht der twe Machtige Vloten van syn Ma=t van Groot—Britannia En de Here State Grāl der verenichte Nederlanden. Geschiet omtrent Saoul bay den 3 en 4 Juine des Jaers* 1665.

Haut., 311 millim.; la marge du bas, 98 ; larg., 493.

Dans la marge du bas, sont les noms des capitaines des vaisseaux et d'autres commandants. A l'angle droit : *Ro Stoop f. London.*

Cette pièce est au Cabinet des estampes de Copenhague. On la croit unique.

Charles II, en 1665, ayant déclaré la guerre aux Hollandais, envoya contre eux le duc d'York, son frère, avec une flotte formidable. Le prince Rupert, qui commandait sous le duc, contribua beaucoup au gain de la bataille ; les Hollandais, dont Ruyter était l'amiral, perdirent dix-neuf vaisseaux. On sait que le prince Rupert fut, plus tard, sinon l'inventeur du moins un des grands propagateurs de la gravure en manière noire.

29. *Panorama du théâtre de la guerre avec carte*. Celle-ci est dans le haut, sous la forme d'un rideau que des génies environnés de trophées paraissent dérouler. On voit, au-dessus, des branches de laurier, dont les feuilles sont très grandes. Dans le bas, des bagages espagnols, des mules, des chariots et des fuyards, poursuivis par les vainqueurs, sont sur le premier plan. Dans le haut de la marge du bas : *Entrado do Exercito del Rey de Castella, governado por D. Joam de Austria, no Reino de Portugal*. . . . . Dans l'autre partie : *Rol dos cabos Portugueses, etc.*

Weigel ne donne pas la mesure. Nous ne sommes pas certain que l'épreuve du comte Harrach, de Vienne, vendue 215 francs, soit la même que celle-ci. Weigel mentionne une autre pièce qui se trouvait chez le baron Lockhorts, sous le titre : *Bataille entre les Espagnols et les Portugais*; elle pourrait bien être la même que son numéro 29.

29 *bis. Le Chasseur à cheval*. Il donne du cor et franchit un monticule en se dirigeant vers la gauche. Deux chiens, l'un assis, l'autre buvant, sont sur le devant de l'estampe ; à droite, un homme conduit un âne ; dans le fond, du même côté, des arbres et une ville ; à gauche, des arbres, et dans le fond, une autre ville. Cette pièce, inconnue à Bartsch et à Weigel, a été citée pour la première fois par Defer, dans le catalogue Debois, mais annoncée à tort comme le numéro 35 des fables d'Ogilby.

Haut., 442 millim., larg., 184.

* 1ᵉʳ. état. Non décrit. L'âne et l'homme qui le conduit ne se voient pas encore ; on n'aperçoit, du même côté, ni le grand arbre ni la ville ; il n'y a pas de contre-tailles contre la patte gauche du lévrier couché, ni de plante entre ce chien et celui qui boit ; le berger et son troupeau ne sont pas tracés, ni la ville dans le fond ; avant le trait autour de la composition.

* 2ᵉ. C'est celui décrit. Un fort trait de bordure limite l'estampe. Debois, 150 francs ; Verstolk, 103 francs.

30-53. *Les Fables d'Ésope*. Suite de vingt-quatre pièces ; les numéros se trouvent à droite sur les terrasses ou dans les marges ; à six de ces pièces, 26, 29, 55, 68, 70 et 79, on lit le nom de *Stoop*. Les curieux, ayant trouvé dans l'exécution des dix-huit autres beaucoup de rapport dans la manière dont elles sont gravées avec celle de Stoop, ont cru devoir les lui attribuer.

Haut., 216 à 221 millim., non compris la marge de 34 à 41 ; larg., 167 à 169.

30. *Le Lion et d'autres animaux*. A gauche, un cerf mort, des

chiens et un singe sur un cheval; à droite, le lion, le tigre, l'ours et le loup. Dans la marge, à droite, le numéro 3.

31. *La Guerre des Grenouilles et des Souris.* Dans le milieu, un combat singulier; autour, l'armée des grenouilles et des souris; à droite, deux souris portent une souricière; au-dessus des deux armées, plane un milan; dans le fond, à gauche et à droite, deux citadelles; dans l'estampe, au bas, à gauche, le numéro 6.

32. *Les Colombes et les Faucons.* A gauche, s'élève un grand colombier; les faucons poursuivent les colombes; à droite, dans les airs, Vénus et l'Amour sur un char. Dans la marge, à droite, le numéro 20.

33. *Le Lion devenu vieux.* Il est couché à droite; derrière lui, le bœuf qui va le frapper d'un coup de corne, l'âne et l'ours; à gauche, le cheval lui lance une ruade, un sanglier le menace; tout au bas, à droite, dans la marge : 23.

34. *Le Renard et la Cigogne.* On y a représenté les deux scènes. A droite, sur une espèce de piédestal, on voit un grand plat où le renard plonge son museau, tandis que la cigogne ne l'attaque qu'avec son bec. Dans le milieu, la cigogne plonge son bec dans le goulot d'une bouteille, tandis que le renard tire la langue. Dans le fond, un temple ruiné et des mulets. Sur le couronnement du piédestal : *R° Stoop f.* Au bas de la marge, à droite : 26.

35. *Le Combat des oiseaux et des quadrupèdes.* Ceux-ci sont à gauche, et les oiseaux à droite; au milieu, l'aigle va se précipiter sur le lion. Sur la terrasse, à droite : *R° Stoop f.* Dans le bas de la marge, à droite : 29.

36. *Le Geai et les Paons.* Ceux-ci le dépouillent de son plumage emprunté. A droite, le mur d'un jardin, et au-dessus, dans les airs, Junon dont le char est traîné par deux paons. Dans le bas de la marge, à droite : 30.

37. *Le Cheval et l'Ane.* On voit celui-ci dans le fond, à gauche; il brait à l'encontre d'un cheval traînant une lourde charrette. Sur le devant, du même côté, l'âne est chargé de ballots; un cheval portant

un cavalier le regarde avec dédain. Dans le fond, trois cavaliers au galop. A droite, dans la marge : 35.

38. *L'Amour et la Mort.* On lit : 39.
Weigel dit que ce numéro est difficile à reconnaître.

39. *L'Assemblée des oiseaux.* On les voit des deux côtés de l'estampe ; au milieu, un perroquet sur une branche ; à gauche, une chouette sur une autre branche. Dans la marge, à droite : 40.

40. *Le Paysan et Hercule.* On voit le premier étendu à terre levant les mains au ciel ; dans le fond, il fouette ses quatre chevaux pour tirer son chariot de l'ornière ; dans le haut, à gauche, Hercule dans les airs ; du même côté, une ville. Au bas de la marge, à droite : 41.

41. *Le Faucon et le Coucou.* Ils sont vis-à-vis l'un de l'autre, chacun sur une branche ; à gauche, un colombier devant lequel est un faucon pendu à l'une des branches d'un arbre mort ; un coucou semble l'insulter. Au bas, à droite : 43.

42. *Le Cheval et l'Ane.* On voit un homme près d'un cheval chargé de ballots, tandis que l'âne dort à droite. Au fond une futaie, et plus loin, des montagnes. Au bas de la marge, à droite : 48.

43. *Le Lion, le Chasseur et sa Fille.* Le numéro 51 n'est plus lisible.

44. *Le Roi égyptien et ses Singes.* Au fond du théâtre, quatre musiciens ; au milieu, dansent des singes dont quelques-uns se disputent des dragées que leur jette un homme debout vers la gauche. Sur le devant, un roi coiffé d'un turban entouré de Turcs et de dames. Au bas, à droite : *R° Stoop f.* Au-dessous, dans la marge : 55.

45. *L'Araignée et l'Hirondelle.* On la voit dans le haut, entraînant l'insecte dont elle tient dans le bec une partie de la toile ; à droite, un grand mur, au haut duquel est le nid de l'hirondelle. Au bas de la marge, à droite : 60.

46. *L'Amour, la Renommée et la Mort.* Tous trois tiennent une coupe. A droite, un cortège funéraire, qui sort des portes d'une ville ; il paraît se diriger vers une église qui est à gauche. Dans la marge, à droite : 61.

47. *Le Diable et le Malfaiteur*. Celui-ci, dans sa prison, est à genoux devant le diable qui est à droite. Dans la marge, à droite : 63.

48. *Jupiter et l'Ane*. On le voit chargé de bouteilles, dans le fond ; il est aussi à gauche, portant des peaux à un tanneur. Des deux côtés, cet animal paraît invoquer Jupiter qu'on voit dans le ciel. Au bas de la marge, du même côté : 68 ; sur la terrasse, à droite : *R° Stoop f.*

49. *Suite de la fable précédente*. A droite, des cavaliers tartares attaquent des cavaliers chrétiens qui sont du côté opposé ; l'âne s'enfuit sur le devant. Dans le fond, un champ de bataille jonché d'hommes et de chevaux morts. Au bas de la marge, à droite : 69.

Plus tard cette planche a été fortement retouchée. C'est ainsi qu'on la trouve dans la seconde édition d'Ogilby.

50. *L'Ane couvert de la peau du Lion*. Dans le fond, un champ de bataille couvert de cadavres, dans lequel sont quelques chevaux blessés ; sur le devant, à droite, l'âne couvert de la peau du lion, qu'un homme menace d'un bâton Au bas, à gauche : *R° Stoop f.* Dans la marge, à droite : 70.

51. *Le Chevreau et le Loup*. Celui-ci, couvert d'une peau de chevreau, se dirige vers la gauche où, dans une cabane, on voit un chevreau. Au bas de la marge, à droite : 72.

52. *L'Alouette et ses petits*. N° 77.

53. *Le Villageois et la Cigogne*. Au bas, à droite : *R. Stoop f.* Le numéro 79 est au milieu du bas.

Rigal, 54 francs ; Robert-Dumesnil, 114 francs ; la suite avec le *Lion devenu vieux*, avant le numéro, et les *Deux muets*, épreuve rognée du haut et du bas. Cette dernière pièce ne fait pas partie de cette série.

Weigel fait remarquer que quelques-unes de ces pièces ont été retouchées au burin probablement pour réparer des défauts de l'eau-forte. Mais ces retouches ne doivent pas être confondues avec celles qui ont été faites plus tard : par exemple, le numéro 29, dans la seconde édition des *Fables d'Esope*.

On trouve les estampes que nous avons décrites dans les deux éditions. Voici le titre de la première : *The Fables of Aesop paraphras'd in Verse : adorn'd with Sculptures, and illustrated with annotations. By J. Ogilby, London, printed by Th. Roycroft for the author* 1665.

Cette édition contient quatre-vingt-quatre pièces in-folio, par *Stoop* et *Hollar*. On y trouve le portrait de Ogilby gravé par *Lombart* d'après *Lely*.

Le titre de la seconde édition est ainsi conçu : *The Fables of Aesop paraphas'd in Verse : adorn'd with Sculptures; and illustrated with annotations. The 2ᵈ Edition by J. Ogilby. Aesopic's : or a second Collection of Fables, etc., by J. Ogilby. London, Th. Roycroft,* 1668. Grand in-folio.

La première partie de cette seconde édition comprend quatre-vingt-huit pièces ; le portrait d'Ogilby ne s'y trouve pas. Quelques pièces ont été retouchées. Weigel cite particulièrement le numéro 69, ainsi que quelques pièces de *Hollar*.

La seconde partie renferme soixante-trois pièces en partie gravées d'après *F. Barlow*, par *W. Hollar*, ses élèves et ses contemporains *F. Gaywood*, *B. Dudley* et autres.

54. *Cromwell en danseur de corde*. Sous le portique d'une maison, le Protecteur se livre à cet exercice au son de la musique de trois hommes du peuple assis à gauche. Près de ceux-ci, Satan délivré de ses chaînes bat la mesure, appuyé contre un sac d'argent. Au-dessus de la corde sont deux bouffons dont l'un est le général Fairfax. A gauche, vers le fond, deux singes glissent sur une corde ; l'un porte la couronne papale ; à droite, sous un portique orné des armoiries des sept Provinces-Unies, s'avance la princesse d'Orange conduite par Pallas. Au-dessus, la Renommée et trois génies. Ce morceau, sans nom de maître, a été publié comme pièce volante ; il est accompagné d'une explication et de vers hollandais imprimés avec des lettres mobiles et de lettres romaines pour les noms de personnages.

Haut. de la pièce seule, 237 millim.; larg., 286.

Plus bas, sur la feuille explicative : *Den Engelchen* KOORT—DANSSER. *a) Hier sweeft de Staatzucht in haar top, en treet, op d'iutgerekte strop, een maat van't eigen—batig speelen etc. A) Meester Cromwel. B) Kortizaan. C) Meester Fairfax, etc.*

* Très rare épreuve qu'on ne peut attribuer qu'à Stoop. Collection Drugulin.

Weigel cite encore, sans y insister, cinq batailles hollandaises :

a. Bataille près d'une église. Dans un cartouche on lit : *Graef Jan van Nassou geslaghen en ghevangen Anno* 1630. En bas, à gauche : *Fig.* 11, *fol.* 102.

Haut., 277 millim.; larg., 358.

Cette estampe est en partie exécutée d'après celle de *W. Baur* dans l'édition romaine in-folio du *Strada de Bello Belg.* 2 vol. *Romæ,* 1632 à 1647.

b. Combat de cavalerie. A droite, une maison ; on lit en haut : *Don Cantelmo tot Burgerhout By Antwerpen gesloghen Anno* 1643. De même, à droite : *Tweede Deel fol.* 146.

Haut., 275 millim.; larg., 357.

c. Un Plan de bataille. A droite, un combat de cavalerie; à gauche, près d'un cartouche, deux soldats et cette inscription : *Het Sas van Gent Beleegert den 28. Jully Anno 1614 en Door Aewort verovert den 6. September.* En haut, à gauche : *Twcede del fol. 168.*

Haut., 277 millim.; larg., 365.

d. Plan d'une ville et de ses environs. A droite, une troupe de cavaliers; en bas, à gauche, on lit : *Veroveringe van THIEMEN Anno 1635.* En haut, à gauche : *Fig. 21, fol. 215.*

Haut., 277 millim.; larg., 356.

Weigel dit que l'exécution de cette pièce se rapproche le plus de la pointe de Stoop. Nous l'avons vue au British Museum; elle nous a paru très douteuse.

e. Plan d'une ville et de ses environs. En haut, à droite, on voit la ville de Wesel prise d'assaut; on lit cette inscription : *Inde, naere duystre Nacht quam dit Wesel onver-wacht.* A gauche : *De Wyt vermaerde Stadt Wesel — verovert — 1629.*

Haut., 277 millim.; larg., 355.

Weigel fait remarquer que la première de ces pièces est une imitation d'une es-tampe de *W. Baur.* Les autres aussi ne sont que des imitations et, de plus, des copies en contre-partie de celles du livre dont nous donnons le titre : *Frederik Hendrik Nassau zyn leven en bedryf, door J. Commelyn. 2 Deele. Amst.,* 1651. In-folio.—Weigel pense que la traduction française en deux volumes est ornée des mêmes gravures. Le titre est ainsi conçu : *Histoire de la vie et des actes mémorables de Frédéric Henri de Nassau, par J. Commelyn. Amsterdam,* 1663.

Prise de Tirlemont en 1615. Pièce non décrite. Catalogue Camberlyn.

On trouve au British Museum la planche suivante pour un éventail :

A gauche, un berger assis joue de la flûte en gardant ses moutons. Devant lui, à droite, deux femmes suivies d'un chien. La scène se passe dans un paysage. Sans nom.

Haut., y compris le cercle du bas, 185 millim.; larg., 360.

Pièce douteuse.

SUANEVELT, SWANEVELT ou SWANEUELT (HERMAN van), dit Herman d'Italie, né à Woerden, vers 1620, mort dans la même ville, en 1690[1]; à Rome, suivant presque tous les biographes, et en 1655 si l'on s'en rapporte aux registres de l'Académie de peinture de Paris. Il eut, dit-on, pour premier maître Gérard Dow. Jeune encore, il voyagea en Italie, se fixa à Rome et devint élève de Claude Lorrain qu'il prit pour modèle. Il vint à Paris, travailla avec Patel à la décoration du cabinet de l'Amour dans l'hôtel du

---

1. D'après la Biographie hollandaise (*Nederlaasch Woordenboeck*), par Van der Aa.

président Lambert, à l'extrémité de l'île Saint-Louis ; il fut reçu membre de l'Académie de peinture le 8 mars 1653. On connaît des tableaux de lui, datés de Paris en 1654. Ce maître a gravé à l'eau-forte des vues et paysages ornés pour la plupart de figures touchées avec sentiment. Ses estampes sont harmonieuses de ton, piquantes d'effet, et exécutées avec beaucoup de légèreté. Ses tableaux ne sont pas communs et se rencontrent rarement dans les ventes. Le musée du Louvre en possède cinq : un vient de l'ancienne collection, un autre décorait le cabinet de l'Amour à l'hôtel Lambert ; trois autres paysages ont été acquis par Louis XVIII en 1816 et en 1817.

ŒUVRE DE H. SUANEVELT

1-24. *Suite de vingt-quatre estampes*, représentant des vues prises pour la plupart dans la campagne de Rome, dans des formes ovales.

Haut., 48 millim.; larg., 72 à 75.

1. *Titre*. Deux hommes, vers la gauche, sont arrêtés devant une pierre sur laquelle on lit : VARIÆ CAMPESTRŪ FANTASIÆ A HERMANO VAN SUANEVELT INVENT̄ ET IN LUCEM EDITÆ. *cum privileg Regis*.

2. *Le gros Arbre*. On le voit à gauche ; sur un monticule, à droite, près d'une colline escarpée, un homme assis parle à un homme debout qui porte un bâton.

3. *Les deux Hommes au sommet d'une colline nue*. A gauche, une espèce de saule.

4. *La grosse Tour ronde*. Elle s'élève, à droite, accompagnée de deux arcades ; deux hommes passent sous la première ; au bas d'une colline, un homme se dirige vers la gauche suivi d'une femme et d'un enfant ; tout à fait à gauche, un groupe d'arbres.

5. *Les deux Hommes assis*. Ils sont vus par le dos ; à gauche s'élève une colline escarpée couronnée d'arbres ; un homme, portant un bâton, se dirige vers le fond.

6. *Le Pont.* On y remarque une grande arche et une plus petite à gauche ; du côté opposé, deux hommes sont en conversation.

7. *La Grotte.* A son entrée, un homme debout et une femme assise ; à gauche, une rivière et des collines.

8. *Les Rochers.* Ils s'élèvent à droite ; à gauche, un groupe d'arbres près d'une mare que surplombe un grand rocher.

9. *Le Rocher percé.* A l'entrée, un homme portant un bâton va s'engager sous la voûte que l'on voit à gauche ; du même côté, deux hommes s'éloignent.

10. *La Route entre les arbres.* On en voit un groupe à gauche ; près du gros arbre, qui est à droite, deux hommes sont assis.

11. *Le Chemin montant.* Il se poursuit vers la droite, où l'on voit deux hommes ; deux autres sont près d'un gros arbre, au milieu : l'un assis, l'autre debout.

12. *Les Vaches au haut de la colline.* Elles sont à gauche, gardées par un pâtre ; au milieu, une rivière bordée d'arbres.

13. *L'Arbre touffu.* Il s'élève à gauche, où l'on voit un homme portant un bâton ; au milieu, une souche.

14. *Le petit Pont de pierre.* On le voit à gauche près de deux arbres accolés ; à droite, un homme suivi d'une femme.

15. *La Maison sur le rocher escarpé.* Elle s'élève à droite ; à gauche, deux hommes, dont un semble montrer cette maison.

16. *L'Arbre à double tronc.* A gauche, près d'une colline escarpée, un homme se dirige vers le fond ; plus loin, à droite, deux hommes.

17. *Les deux Arbres à tiges croisées.* Ils sont au milieu ; à droite, deux hommes se dirigent vers le fond.

18. *Le Rocher couronné d'arbres.* Ils s'élèvent à droite ; un homme passe à leur pied.

19. *Le Chemin escarpé.* Il est bordé par un rocher ; à droite, deux

hommes le gravissent ; à gauche, une plaine bordée au fond par des montagnes.

20. *Les trois Hommes portant bâton.* Les deux premiers sont vus de dos, à droite ; le troisième s'éloigne dans le milieu ; à gauche, une pièce d'eau bordée de grands arbres.

21. *Les deux Hommes assis au bord de l'eau.* Ils sont, à droite, près de deux grands arbres ; à gauche, des arbres et des fabriques.

22. *Les deux Hommes, vus de face, portant bâton.* Ils se dirigent vers le devant, à droite ; à gauche, une maison au sommet d'une montagne.

23. *Le Rocher percé par un chemin.* A droite, deux hommes vont le traverser ; tout au fond, un homme ; une colline surmontée d'arbres s'élève à gauche.

24. *La Souche penchée près de la rivière.* On voit un grand arbre à droite ; une rivière dans le milieu que borde, à gauche, une colline escarpée surmontée d'arbres ; deux personnes s'avancent vers le devant.

* Cette suite ne porte pas de numéros.

Verstolk, 100 fr. 80 c.; Rigal, 36 francs ; Simon, 33 francs.

25. *Satyre jouant de la flûte à plusieurs tuyaux.* Devant lui deux femmes et un enfant ; plus loin, un autre Satyre couché à terre ; à droite, une rivière et des arbres. Pièce ovale.

Haut., 65 millim.; larg., 83.

* Ce morceau n'est pas commun. Il faisait partie du fonds de la Calcographie romaine et passe pour avoir été détruit du temps de la conquête française.

Verstolk, avec autre paysage même sujet et autre représentant un édifice entouré d'arbres, 200 francs.

Il en existe une copie trompeuse par *B. P. Gibbon.*

26-32. *Différents animaux,* suite de sept estampes, sans numéros.

Haut., 77 millim.; larg., 108.

26. *Les Chameaux.* On en voit deux à droite : l'un entier vers le milieu de l'estampe, l'autre ne montre que la tête ; à gauche, un homme

conduit un chameau; ils se dirigent vers le fond où s'élèvent des pyramides. (1.)

27. *Les Bœufs*. Ils sont à gauche : l'un couché, l'autre debout; à droite, le bouvier assis au pied d'un gros arbre joue de la flûte. (2.)

28. *Les Anes*. Ils sont au nombre de trois : l'un, à gauche, dont on ne voit que la tête, brait; un autre est debout près de lui, le troisième est couché dans le milieu; un homme assis, à droite, les garde; fond de paysage. (3.)

29. *Les Béliers*. On en voit quatre, à gauche, dirigés vers la droite; vers le milieu, un cinquième est couché; dans le fond, à droite, un berger et une bergère; celle-ci caresse un agneau. (4).

30. *Les Chèvres*. Deux sont à gauche; l'une broute un arbre; à droite, une est couchée et l'autre debout. Dans le fond, deux bergers et un troupeau. (5.)

31. *Les Chèvres d'Angora*. Elles sont à droite, au nombre de trois; l'une d'elles est couchée; à gauche, un homme portant un bâton parle à une femme. (6.)

32. *Les Cochons*. On en voit quatre sur le devant, trois à gauche, et un à droite; un homme les garde; plus loin, du même côté, près de bâtiments en ruine, un homme garde un troupeau de cochons; dans le fond, une ville. (7.)

* 1er état. Avant toutes lettres; les angles des planches sont aigus.

2e. Egalement avant toutes lettres, mais les angles sont arrondis.

Robert-Dumesnil, 44 fr. 25 c.

3e. Avec *Herman Swanevelt fecit*, dans la marge, à gauche, et à droite : *A Paris, chez Audran*.

Verstolk, les trois états, 65 fr. 10 c.; Robert-Dumesnil, 25 fr. 50 c.

33. *Les Satyres*. On en voit un à genoux devant un grand vase rempli de raisins que regarde un petit Satyre. Sur la gauche, une jeune femme à demi nue est assise, tenant une coupe de la main gauche, se retournant vers une autre femme debout derrière elle, qui tient un vase à la main. Au bord du milieu de la terrasse : *H Sweneuelt fec.*, à droite : *Chez Audran*.

Haut., 83 millim.; larg., 108.

* 1er état. Avant ce titre : *Cayer d'animaux,* inscrit sur la cuve.

2e. Avec le titre.

Robert-Dumesnil, les deux états, 44 fr. 25 c.; Verstolk, *id.*, 44 fr. 10 c.

Weigel pense qu'il doit y avoir une épreuve avant le nom du graveur et l'adresse d'*Audran,* mais il ne dit pas l'avoir vue.

34. *Saint Jean-Baptiste assis dans le désert.* Il est à gauche sous de grands arbres, ayant sa croix d'un côté et son mouton de l'autre ; dans le fond, à droite, une rivière bordée d'arbres ; sur une pierre, du même côté : *HVS* entrelacés, monogramme du maître.

Haut., 86 millim., sans la marge ; larg., 113.

* 1er état. Sans aucune lettre dans la marge. Collection Verstolk. La marge à droite est couverte d'une série de tailles verticales.

* 2e. Dans la marge, à gauche : *Appresso Gio Bátta de Rossi in P. Nauona.*

3e. A la place de l'adresse précédente, on lit : *in Roma presso Carlo Losi* 1773.

4e. Cette adresse est effacée.

Verstolk, les quatre états, 105 francs.

On connaît une copie du sens opposé par *C. Goyrand.* On lit au milieu : *Ego vox Clamantis in Deserto*; à gauche: *Goirand fecit.*; à droite : *Maupercher excud. Cum Priuil. Regis.*

35. *Jésus-Christ tenté par le démon.* Notre-Seigneur debout, à droite, repousse dédaigneusement les offres du diable, qui lui parle ; celui-ci a une jambe de bois. La scène se passe dans un paysage ; à gauche, un grand arbre à moitié dénudé, au pied duquel jouent des lapins. Dans la marge : *HVS* entrelacés.

Même dimension.

1er état. Avant l'adresse de *Rossi.*

* 2e. On lit dans la marge, à droite : *Appresso Gio Bátta de Rossi in P. Nauona.*
Verstolk, avec troisième état, 50 francs.

3e. L'adresse de Rossi est remplacée par : *in Roma presso Carlo Losi* 1773.

4e. Cette adresse est effacée.

36-48. *Diverses vues de Rome dédiées à Gédéon Tallemant.* Suite de treize pièces, y compris le titre, non numérotées.

Haut., 86 à 88 millim.; larg., 140 à 142.

36. *Titre.* Il est suspendu au haut d'une arcade, à travers laquelle on ne voit des deux côtés qu'une indication de paysage. A droite, une femme tient une palette et des pinceaux ; à gauche, une autre femme tient un tableau. Sur le rideau : *Illustrissimo viro Gedeoni Tallemant Galliarum Regis a Secretis Consiliis. . . . . . Herman va Suancvell;*

au bas du rideau, les armes du personnage ; au-dessous, une équerre, un compas, un crayon et des livres. Dans la marge : *Diverses veues desseignees en la Ville de Rome par Herman van Suanevelt et gravees par iceluy avec privilege du Roy.* (1.)

37. *Osteria dans les ruines du palais des empereurs.* Elle s'élève à gauche ; sous un avant-toit, quelques buveurs ; deux hommes viennent vers le devant ; deux autres s'éloignent dans le fond, se dirigeant vers la droite, où l'on voit quelques fabriques et des arbres. (2.)

38. *Les quatre Arcades.* On les voit à droite, près d'un vieux mur ; près d'un pan de muraille tombé, un homme debout parle à une femme assise ; à gauche, deux personnes se dirigent vers le fond, où dans le lointain on aperçoit une ville. (3.)

39. *Le vieux Bâtiment ruiné.* Il est à droite, un homme monté sur un âne chargé s'avance du même côté, tandis qu'à gauche, on voit deux personnes assises ; un homme portant bâton se dirige vers le fond. (4).

40. *Une Villa.* Elle s'élève à droite, remarquable par un toit couvert en tuiles et par une porte en arcade ; le long de son mur, deux ecclésiastiques s'avancent vers la droite ; à gauche, trois personnes sont assises sur une espèce de rocher. (5.)

41. *Le grand Arbre à côté de la maison.* Celle-ci, où l'on voit plusieurs toits d'inégale hauteur, est à droite ; à sa porte, deux hommes, l'un debout, l'autre assis ; sur le devant, à droite, deux hommes chargés se dirigent vers cette maison ; au bas, à gauche, une pièce d'eau. (6.)

42. *La Femme à l'éventail précédée d'un chien, et la Vieille au chapelet.* Elles sont sur le devant, à droite, et se dirigent vers une ancienne construction surmontée d'une espèce de tour ; on voit à la porte une femme appuyée sur un mur, et une autre qui peigne ses cheveux ; tout à fait à gauche, un vieux mur surmonté de vases dans l'un desquels est un agavé. (7.)

Filigrane : le haut de la grande couronne de France.

43. *La Tour ronde au bord du Tibre.* Elle s'élève à gauche, enclavée dans une fabrique qu'on voit au pied d'une montagne. Le Tibre, dans lequel se remarquent les débris d'un pont, vient du fond de la droite; deux hommes s'y baignent; sur un chemin, au premier plan, à droite, deux hommes vus par le dos. (8.)

44. *La Tour aux quatre pointes.* Elle est à droite, contiguë à une maison; sur un chemin, dans le milieu, un homme parle à un autre homme assis à côté d'une femme; à gauche, un homme à cheval s'éloigne vers le fond. (9.)

45. *Ruines du palais des Césars.* On y remarque une grosse tour ronde ouverte, qui s'élève au-dessus de murs à moitié démolis, qu'un mur assez bas, où est une porte ouverte, enferme vers la droite. A gauche, sur une éminence, sont deux hommes vus de dos, dont l'un, faisant un geste de la main droite, semble montrer le Tibre dans le lointain; un pauvre debout, près d'un pauvre assis, leur demande l'aumône. (10.)

46. *Le Couvent.* Il se trouve vers la droite; un moine est sur le seuil de la porte; sur le milieu du devant, un homme vu de dos parle à une vieille debout, auprès de laquelle une femme est assise. (11.)

47. *Vue de l'église des quatre Saints couronnés.* Elle est au milieu et à droite. A gauche, dans un mur en ruines, une statue de la sainte Vierge, au-dessus de laquelle sont les instruments de la passion; devant elle, au bord de la route, deux moines agenouillés; plus loin, deux autres moines se dirigent vers le fond; dans le milieu, à gauche, s'élèvent trois grands pins d'Italie; plus loin, les arcades d'un aqueduc. (12.)

48. *L'Arbre penché.* Il s'incline vers une maison, composée de plusieurs bâtiments qui se tiennent; sur le devant, à droite, un homme faisant un geste de la main gauche, et une femme portant un panier, se dirigent vers le fond, où, plus loin, sont aussi deux hommes vus par le dos. Au fond, à gauche, une montagne auprès de laquelle est une grande fabrique. (13.)

* 1er état. Avant l'adresse de *Bonnart*.

Rigal, 62 francs; Robert-Dumesnil, 51 francs; Verstolk, avec deuxième état, 103 francs.

2º. On lit *H. Bonnart* sur toutes les pièces.

Robert-Dumesnil, 17 fr. 50 c.

3º. Cette adresse est supprimée.

49-52. *Paysages ornés de Satyres.* Suite de quatre estampes, sans numéros.

Haut., 110 millim.; larg., 162.

49. *Les deux Satyres conduisant un troupeau de chèvres.* Ils sont à droite, et dirigent vers une grotte, à gauche, un troupeau de chèvres; trois hommes sont assis à l'entrée. Dans la marge, à gauche : *Herman Van Suanevelt Inventor et fecit.;* à droite : *cum privilegio Regis.* Cette inscription est répétée sur les trois suivantes. (1.)

50. *Le Satyre qui danse.* Il est dans le milieu; à gauche, une Dryade va frapper sur le derrière un Satyre qui joue de la flûte; à droite, un marécage et des rochers, au pied desquels est un Satyre. (2.

51. *Le Satyre cueillant des fruits.* Il est à droite, accroché à un tronc d'arbre, offrant des fruits à deux Dryades; à gauche, un Satyre sort d'un chemin creux. (3.)

52. *Un Feu dans une grotte.* A gauche, un Satyre l'attise, ayant une femme près de lui; vers la droite, un Satyre fait avancer vers lui un petit Satyre que pousse une Dryade. (4.)

1er état. Avant la lettre. Au British Museum, on trouve les numéros 49, 51 et 52. Il est probable que le numéro 50 existe dans cet état.

* 2º. Celui décrit; avant les numéros et avant l'adresse.

Rigal, 30 francs; Robert-Dumesnil, 18 fr. 75 c.; Verstolk, 51 fr. 25 c.

Filigrane : grand écu couronné à la fleur de lis, avec un cœur au-dessous.

3º. On lit : *H. Bonnart ex. Au coq.*

4º. Cette adresse est supprimée.

53-65. *Diverses vues de Rome.* Suite de treize estampes, sans numéros.

Haut., 108 millim.; larg., 180.

53. *Titre.* Un grand piédestal s'élève au milieu, accompagné de chaque côté d'une fontaine qui coule dans une vasque antique; au pied, la Ville de Rome assise, le casque en tête, appuyée d'une main sur une

lance et de l'autre sur un bouclier; deux enfants en toge la regardent. A droite, la vue du Colisée et des fabriques; à gauche, une tour, et la pyramide de Caïus Sextius; sur le devant, des débris de colonnes et un bas-relief. Sur le piédestal : *Diuerses veuës dedans et dehors de Rome, dessinée par Herman van Swaneuelt. Dediée aux Vertueux. Auec Priuil. du Roy. 1653. (1.)*

Filigrane : une aiguière.

54. *Vinia Mamsrona.* Cette villa s'élève à gauche; on voit, au-devant, un tronc d'arbre dénudé, près duquel passe trois hommes, deux à droite, un à gauche; de ce côté, au milieu et à droite, une futaie. Dans la marge : *Vinia Mamsrona for della porta pinciana;* à gauche : *HS fe. et. ex. Cum pr Re. (2.)*

55. *Les Thermes de Caracalla.* Tout le fond est occupé par des ruines; à droite, deux hommes vus de dos. Dans la marge : *Parte delle terme Antoniano Herman Van Swaneuelt fecit et Exudit Cum preuilegio Regis* 1652 ou 1653. (3.)

56. *Vue de l'Aqua Acetosa.* On voit, à droite, une barque sur le Tibre; dans le fond s'élève un vieux château à remparts crénelés; à gauche, un terrain accidenté, et de grands arbres sur une éminence. Dans la marge : *Veduto daqua assuttosa for di Roma;* à gauche : *HS. fe. et. ex. Cum pr. Re.* (4.)

57. *Sépulture sur la voie Appienne.* A droite et dans le milieu, s'élèvent des constructions remarquables par une grosse tour ronde, et par une osteria, au fond. Sous l'avant-toit, plusieurs buveurs; sur un chemin au milieu, trois personnes, dont une vue par le dos. Dans la marge : *Sepultura in Viea apia;* à droite : *HS fe. et. ex. Cum pr. Re.* (5.)

Filigrane : une aiguière.

58. *Osteria a prima porta.* Cette fabrique occupe presque toute l'estampe; elle est liée à une tour que l'on voit à droite, et vers laquelle un homme se dirige par un escalier à plan incliné; sur le devant, l'hôtelier verse le coup de l'étrier à deux cavaliers; dans le fond, à gauche,

quelques arbres, dans la marge : *Hosteria a priema porta;* à droite :
HS. fe. et. ex. Cum pr Re. (6.)

Filigrane : grand écu de Florence, entouré d'ornements.

59. *Vue de Saint-Adrien.* Cette église couronnée d'un dôme s'élève
vers la gauche; le Tibre est à droite, où sur une langue de terre sont
assis deux dessinateurs. Dans la marge : *St Adriano in Via flaminia;*
à droite : *HS. fe. et. ex. Cum pr Re.* (7.)

Même filigrane que ci-dessus.

Aujourd'hui Saint-Adrien n'est plus sur les bords du Tibre : hors la porte Flaminienne la route est bâtie des deux côtés. La promenade sur les bords du fleuve existe
encore, mais elle est devenue très étroite.

60. *Ferme hors la porte du Peuple.* C'est un assemblage de plusieurs bâtiments d'inégale hauteur qui occupe tout le fond, dans le milieu de la planche; au-devant, pâture un troupeau de moutons. Deux
hommes viennent de la gauche; à droite, un fort bouquet d'arbres;
dans la marge : *Casa Rustico for delle porta del populo;* à droite :
HS. fe. et. ex Cum pr Re. (8.)

Même filigrane.

61. *Vigne du pape Jules.* On la voit à gauche, près du Tibre qui
coule de ce côté; à droite, des rochers et des arbres; sur le devant, au
milieu, des hommes portant des bâtons sont en conversation. Dans la
marge : *Vinnia Papa Julio in via flaminia;* à droite : *HS. fe. et. ex.
Cum pr Re.* (9.)

Filigrane : même écu de Florence.

Ce palais est celui du pape Jules III, qui succéda à Paul III, le 8 février 1550, et
qui mourut le 23 mars 1555 dans sa soixante-quatrième année. Il n'est plus aujour-
d'hui sur les bords du Tibre, l'autre côté de la voie Flaminienne ayant été bâti depuis
cette époque.

62. *Première vue de Zugro.* Dans le milieu d'une route qui est à
droite, un homme et une femme se dirigent vers le spectateur; au haut
d'une colline, à gauche, un pâtre garde des bœufs. Dans la marge :
Veduta dal Zugro; à droite : *HS. fe. et. ex. Cum pr Re.* (10.)

63. *Autre vue de Zugro.* A gauche, un homme pousse un âne
devant lui, tandis qu'un autre homme va vers le fond; à droite, une

caverne, devant laquelle passent deux hommes; deux autres se dirigent vers le, fond; au loin, dans le milieu, des fabriques. Dans la
marge : *Altro Veduto dal Zugro;* à droite : *HS. fe. et. ex. Cum pr
Re.* (11.)

Filigrane : une aiguière.

64. *Troisième vue de Zugro.* On voit, à gauche, un chemin qui
monte vers le devant, où sont deux hommes; il tourne ensuite vers le
milieu, et redescend dans une vallée; on y remarque quatre hommes,
qui se dirigent vers le fond; à droite, une colline où s'élèvent quelques
arbres; au milieu, une grande montagne; à gauche, un arbre élevé,
près duquel est une haie; plus bas, du même côté, des ruines. Dans
la marge : *Altro vedutin dal Zugro;* à gauche : *HS fe. et. ex Cum
pr Re.* (12.)

Filigrane : une aiguière.

65. *Vue hors de la porte Pia.* A gauche, s'élève une construction
remarquable par un bâtiment en forme de tour carrée, et un autre
auquel on accède par un escalier; le long du mur de cette habitation,
deux hommes s'avancent; dans le fond, du même côté, une tour ronde;
à droite, des clôtures rustiques, des arbres et quelques fabriques.
Dans la marge : *For dalla porta piea;* à gauche : *HS fe. et. ex Cum
pr Re* (13.)

Filigrane : grand écu de Florence.
* 1er état. Tel qu'il est décrit; le tracé des lignes est très apparent; les angles des
planches sont aigus ; avec l'*ex.* du maître.
Rigal, 74 francs; Robert-Dumesnil, 57 fr. 25 c.; Verstolk, 100 fr. 80 c.
2e. On lit à gauche : *H. Bonnart ex. Au coq.*
3e. Cette adresse est effacée.

66-69. *Paysages ornés de sujets de l'ancien Testament.* Suite de
quatre estampes, non numérotées.

Haut., 122 à 124 millim.; larg., 198 à 200.

66. *Abraham invite les trois anges à entrer dans sa maison.* Ils
sont à droite; Abraham vient au-devant d'eux; derrière un pli de terrain, un homme conduit un âne, vers le fond; à gauche, des ruines;
dans le bas, du même côté : *H. Swaneüelt Fe. Rom.*[1] (1.)

1. On voit au British Museum, le dessin d'*Abraham et les trois anges*; il est du sens opposé à
l'estampe.

* 1er état. Celui décrit; avant l'adresse de *K. Audran.*

2e. On lit : *K. Audran excudit,* après le nom du maître.

3e. On lit : *à Paris, chez Pierre Mariette, rue St Jacques, à l'Espérance avec priui-lege;* ainsi que le numéro dans la marge.

4e. Toute adresse est supprimée.

67. *Agar consolée par l'ange.* Ils sont tous deux vers la gauche, elle tient une cruche, et l'ange la conduit vers une pièce d'eau qui est à droite. Dans l'estampe, à gauche, au-dessous d'un gros arbre : *H. Swaneŭelt Fe Rom.* (2.)

* 1er état. Avant l'adresse de *K. Audran*

2e. Avec *K. Audran ex.*

3e. L'adresse de *K. Audran* est remplacée par celle de *Mariette;* l'estampe porte alors le numéro 1.

4e. Toute adresse est supprimée.

68. *L'ange Raphaël rassure le jeune Tobie.* Celui-ci est effrayé à la vue d'un énorme poisson qui vient de la droite; à gauche, un paysage, un pont et des fabriques. Au haut, du même côté : *H. Swaneŭelt Fe. Rom.* (3.)

1er état. C'est celui décrit.

* 2e. Au-dessous du nom du maître : *K. Audran ex.*

* 3e. A la place de l'adresse précédente, on lit : *P. Mariette ex.*

* 4e. Cette adresse a été enlevée. Le papier est un peu bleuâtre, mais les épreuves ne sont pas mauvaises.

69. *Elie dans le désert.* Il est assis à gauche, à l'entrée d'une grotte ; l'ange lui apporte sa subsistance; au milieu, une cascade, près de laquelle sont de grands arbres ; à droite, sur un monticule, un cerf et une biche; au fond du même côté, un bois; dans le haut, à droite : *H. Swaneŭelt Fecit Rom.* (4.)

* 1er état. Avant *K. Audran excudit.*

* 2e. Avec cette adresse sur le ciel, au-dessous du nom de *Swaneŭelt.*

3e. L'adresse de *Mariette* a remplacé celle d'*Audran.*

4e. Toute adresse est effacée.

Rigal, avant l'adresse d'*Audran,* sauf à la deuxième pièce, et avant les numéros, 112 francs, avec numéros suivants, jusqu'à 77.

Robert-Dumesnil, toutes avant l'adresse, 91 fr. 30 c.

Verstolk, avant et avec l'adresse, 50 francs.

Robert-Dumesnil, avec l'adresse de Mariette et les numéros, 38 francs.

70-71. *Deux paysages ornés de sujets mythologiques.*

Haut., 146 millim.; larg., 210.

70. *Pan et Syrinx*. Au centre de l'estampe, la nymphe se précipite au milieu des roseaux, poursuivie par le dieu qui, croyant la saisir, embrasse une touffe de ceux-ci. La rivière coule vers le devant, divisée par un gros rocher qui est à droite ; dans le fond, du même côté, un arbre renversé ; à gauche et au milieu, un groupe de vieux arbres. Sur une pierre dans l'eau, à droite : *HS ;* dans la marge, à gauche : *Appresso Giō. Bātta de Rossi in P. Nauona* [1].

* 1er état. Non décrit ; avant l'inscription citée ci-dessus. Collections Wilson, Esdaile et Verstolk.

Verstolk, 80 francs.

2º. Avec l'inscription citée plus haut.

3º. L'adresse de *Rossi* est remplacée par ces mots : *In Roma presso Carlo Losi* 1773 ; une forte salissure qui se trouvait dans la marge au-dessus de *P. Nauona*, et qui devrait se retrouver au-dessus de *Losi* 1773, est effacée.

4º. Cette adresse est enlevée. La planche existe encore à Hambourg ; les épreuves sont très mauvaises.

71. *Salmacis et Hermaphrodite*. La nymphe, à gauche, sous de grands arbres, regarde le jeune homme qui se baigne dans un ruisseau du côté opposé. Dans l'eau, au bas de la droite : *HS*. Dans la marge, à gauche : *Appresso Gio. Bātta de Rossi in P. Nauona*.

1er état. Avant la lettre. British Museum.

* 2º. C'est celui décrit.

* 3º. L'adresse précédente est remplacée par celle-ci : *In Roma presso Carlo Los l'Anno* 1774.

4º. L'adresse de *Losi* a été effacée. La planche existe encore à Hambourg ; les épreuves sont très mauvaises.

Weigel mentionne des épreuves avant la lettre ; avant le monogramme du maître.

On connaît de ces deux pièces des copies du sens opposé par *Cl. Goyrand* pour *Israel Henriet* ; à gauche, sur l'eau, à l'estampe de Sa'macis : *Israel ex.* ; dans la marge quatre vers :

A cet obiet aussy beau.....

Ces copies ont l'adresse de *Drevet*.

Robert-Dumesnil, 54 fr. 75 c., avec copies à l'adresse de *Drevet* ; Verstolk, 86 francs, avec les deux copies.

72-76. *Cinq vues, quatre de Paris et une de Rome*, sans numéros.

72. *Vue de l'île Louviers*. Elle est vue en longueur, sur la Seine ;

---

1. On voit, au British Museum, le dessin original de *Pan et Syrinx ;* il est du sens opposé ; il y a un gros tronc d'arbre, à droite.

vers la droite, plusieurs bateaux ; sur le bord du même côté, un homme
chargé et une femme qui lave. Au milieu du fond, l'île Saint-Louis, l'hôtel Lambert et l'hôtel Bretonvilliers ; à gauche, une église gothique,
peut-être Saint-Médard ; à droite, le pont Marie, couvert de maisons.
Tout le fond est gravé par Israël Silvestre ; l'île Louviers, les eaux et
les arbres sont l'œuvre de Suanevelt. On lit dans la marge : *Veuë de
l'Isle Louuier, et d'une partie de l'Isle nostre Dame;* à gauche :
Israel Siluestre delin et. fe; à droite : *Israel ex. cum priuil. Regis* (1.)

Haut., 140 millim., y compris la marge; larg., 243.

* 1er état. Celui décrit. Filigrane : grande croix de Malte entourée d'une chaîne.
2e. Le nom d'*Israel Siluestre* est supprimé.

L'île qui a reçu le nom de Saint-Louis s'appelait encore à cette époque île Notre-
Dame. Elle était divisée en deux parties séparées par un petit bras de rivière ou fossé.

Le projet d'y bâtir remonte à Henri IV. En 1614, Louis XIII acquit cette île du
chapitre de Notre-Dame. Christophe Marie, entrepreneur général des ponts de France,
fut chargé par acte du 19 avril de la même année de toute l'entreprise. Le 11 octobre
1614, le roi et la reine mère posèrent la première pierre du pont Marie. Les bâtiments
de cette île, commencés en 1614, ne furent achevés qu'en 1647, par Hébert et autres
propriétaires.

Le pont Marie avait d'abord été couvert de maisons, mais en 1678 une crue extraordinaire de la Seine entraîna deux arches. Deux notaires demeuraient sur ce pont ;
l'un d'eux fut englouti avec toutes ses minutes. La restauration de ces deux arches fut
assez longue, mais on n'éleva point de maisons en cet endroit. Ainsi, depuis 1678 jusqu'en 1788, ce pont resta en partie couvert de maisons. Dans cette dernière année, on
commença la démolition des maisons qui restaient ; l'année suivante, le pont en fut
entièrement débarrassé. C'est à tort que Bartsch et Regnault-Delalande disent que l'on
voit le pont Saint-Michel, il était absolument impossible de l'apercevoir de l'île Louviers. Cette dernière a été de nos jours réunie à la terre ferme, le petit bras de la
Seine ayant été comblé.

73. *Vue du Palais d'Orléans.* L'édifice élevé par Marie de Médicis,
et qui s'appelle aujourd'hui palais du Luxembourg, est dans le milieu
du fond. Il est séparé du terrain des Chartreux par une clôture en
planches. Sur le devant, vers la gauche, près d'un grand arbre, un
homme de qualité et une dame se promènent. Les constructions sont
gravées par Israël Silvestre, le reste est l'œuvre de Suanevelt. Dans
la marge du bas : *Veue du palais d'Orléans du costé des Chartreux.
Ce Magnifique Palais.   . . . ;* à gauche : *Israel Siluestre delin. et
fe.;* à droite : *Israel ex. cum priuil Regis.* (2.)

Haut., 135 millim., la marge comprise ; larg., 245.

* 1er état. Celui décrit.

2e. Le nom d'*Israel Siluestre* est enlevé.

Ce palais s'appelait d'Orléans, parce qu'il était alors la résidence de Monsieur, frère de Louis XIII.

74. *Vue de Gondy.* Cette maison de campagne était située à Saint-Cloud ; on l'aperçoit dans le fond à droite ; à gauche, un large escalier conduit à une terrasse qui se prolonge du côté opposé. Sur le devant, une pièce d'eau et quelques personnes. Les fabriques sont gravées par Israël Silvestre, le paysage par Suanevelt. Dans la marge : *Veue de Gondy maison de plaisance de Messire Jean-François de Gondy Premier Archeuesque de Paris.* A gauche : *Israel Siluestre fecit ;* à droite : *Israel ex. cum priuil. Regis.* (3.)

Haut., 134 millim., marge comprise ; larg., 248.

* 1er état. Celui décrit. Le tracé des lignes est très apparent ; le coin de la planche, dans le bas à gauche, est aigu.

Filigrane : très grand cercle ; à l'intérieur, des armoiries.

2e. A gauche, les mots *Israel Siluestre fecit* sont supprimés ; le coin de la planche de ce côté est fortement arrondi ; le tracé des lignes ne se voit plus.

75. *La Nymphe de la Seine.* Tout le fond est occupé par les deux galeries de du Cerceau et de Métezeau et par une partie du bâtiment qui fut depuis démoli sous le règne de Louis XIV. Au milieu, un grand rocher où la Seine assise, appuyée sur son urne, montre de la main droite les armes de la France ; trois autres naïades sont sur le rocher garni d'un groupe d'arbres. Israël Silvestre n'a gravé que les bâti-ments. Dans la marge : *Les riuières d'Oyse, et de Marne ayant marié leurs eaux auec celles de la Seyne. . . . . .* Au bas : *Israel Siluestre delineavit et fecit. A Paris chez Israel au logis de Monsieur Le Mer-cier Orfeure de la Reyne, rue de l'Arbre Sec, proche de la Croix du Tiroir. Auec priuilege du Roy.* (4.)

Haut , 135 millim., y compris la marge ; larg., 248.

* 1er état. Celui décrit.

2e. Le nom d'*Israel Siluestre* est supprimé.

76. *La Vue de Rome.* Dans le fond, le Vatican, l'église Saint-Pierre, le château Saint-Ange et une partie de la ville de Rome. A gauche, le Tibre, près duquel sont Rémus et Romulus allaités par la louve ; à droite, le Teverone. Le fond est gravé par Israël Silvestre. Au bas de

l'estampe, à droite : 1654. Dans la marge : *Voicy un petit racourcy de cette grande ville de Rome, et dont la vieillesse, après tant de desolations et de ruines est encore si belle et si venerable.* . . . . Plus bas : *Israel Siluestre delin. et fecit. A Paris Chez Israel Henriet,* . . . *Auec priuil. du Roy.* (5.)

Haut., 153 millim., y compris la marge ; larg., 213.

* 1er étal. Celui décrit.

2°. Le nom d'*Israel Siluestre* a été enlevé.

Robert-Dumesnil, les cinq pièces, 172 fr. 15 c ; Verstolk, 52 fr. 50 c.

77-80. *Suite de quatre paysages,* sans numéros.

Haut., 171 millim., y compris la marge ; larg., 270.

77. *Les Pêcheurs.* Ils sont à droite ; l'un vide une nasse, l'autre porte un grand seau, au bord d'une rivière qui tombe en cascade sur le devant ; à gauche, un chemin dans les rochers où sont deux hommes dont l'un a un portefeuille sous le bras ; du même côté, dans le fond, des fabriques sur une éminence à pic. Toute la partie droite est occupée par une montagne boisée à mi-hauteur ; sur un chemin, trois hommes. Dans la marge, à droite : *Herman Van Swaneuelt in. fe. et. ex. Cum. pr Re.* (1.)

* 1er état. Sans aucune lettre dans la marge. Les bords du cuivre sont fortement marqués au bord de la planche. Filigrane : grandes armoiries avec écu orné de trois étoiles et de trois lézards dans le milieu. Simon, 90 francs.

* 2°. Celui décrit. Filigrane : écu de Florence.

3°. Les mots *et. ex.* sont effacés et remplacés par l'adresse de *H. Bonnart.*

4°. Cette adresse est supprimée.

Nous possédons le dessin original ; il est du sens opposé. Filigrane : écusson couronné traversé en diagonale par un champ de gueule.

78. *La Fileuse et les quatre Bœufs.* Celle-ci est assise à gauche, trois bœufs sont couchés sur un tertre près d'elle ; un autre descend vers la droite, pour boire ; de ce côté, une cascade tombe du haut d'une vieille muraille, sur laquelle est un homme vu de dos ; au milieu, sur une espèce de terrasse couronnée d'arbres, s'élève une maison, à la porte de laquelle, près d'une table, deux personnes sont assises ; de l'autre côté, sous des arbres, une femme assise joue avec un enfant. Dans la marge, à droite : *Herman Van Swaneuelt in fe. et. ex. Cum pr Re.* (2.)

* 1er état. Sans aucune lettre dans la marge. Le bord du cuivre est parfaitement marqué dans le bas. Epreuve signée : *F. Gawet* 1819.

Robert-Dumesnil, 63 fr. 50 c.; Simon, 50 francs.

* 2e. Celui décrit. Filigrane : une grande aiguière.

3e. Les mots *et. ex.* sont enlevés et remplacés par l'adresse de *H. Bonnart.*

4e. Cette adresse est supprimée.

79. *Les deux Cavaliers.* Sur un chemin taillé dans des rochers, ils se dirigent vers la droite, suivis de deux hommes à pied; au-dessous d'eux, coule une rivière sur le bord de laquelle, à gauche, deux hommes sont assis; du même côté, sur un chemin montant ombragé d'arbres, deux hommes se dirigent vers le fond, où, dans le lointain, on aperçoit des fabriques et une montagne; les rochers, à droite, sont richement boisés. Dans la marge, à droite : *Herman Van Swaneuelt in. fe. et. ex. cum pr. Re.* (3.)

* 1er état. Sans aucune lettre dans la marge. Le bord du cuivre dans le bas et à gauche est fortement marqué.

Filigrane : vraisemblablement écu de Florence.

Simon, 70 francs.

* 2e. Celui décrit. Filigrane : écu de Florence.

3e. Les mots *et. ex.* sont remplacés par l'adresse de *H. Bonnart.*

4e. Cette adresse a été enlevée.

80. *La petite Cascade.* Sur le devant, une rivière qui coule dans les rochers forme une cascade qui tombe en deux parties. A droite, dans un site très rocheux, un dessinateur assis. A gauche, dans le fond, sur une éminence, une auberge; plus loin, vers le milieu, une montagne. Dans la marge, à droite : *Herman Van Swaneuelt. In fe. et. ex. Cum pr Re.* Le mot *In* qui avait été omis est placé au-dessus de la ligne. (4.)

* 1er état. Sans aucune lettre dans la marge. Quelques salissures dans la marge à gauche. Epreuve signée . *F. Recberger* 1803, et *F. Gav·t* 1819. Filigrane : une grande lettre *H.*

* 2e. Celui décrit. Filigrane : écu de Florence.

3e. Les mots *et. ex.* sont enlevés et remplacés par l'adresse de *H. Bonnart.*

4e. Cette adresse a disparu.

Verstolk, les quatre pièces avant la lettre, 273 francs.

Une suite de ces quatre pièces avant la lettre faisait partie de la collection Maberly, vendue en 1853. Une suite semblable est au British Museum.

Robert-Dumesnil, deuxième état, nos 78, 79 et 80, 44 fr. 25 c.

81-82. *Deux paysages.*

Haut., 171 à 173 millim.; larg., 275.

81. *Le Soir*. Sur le devant, à droite, s'avancent deux hommes près d'une colline couronnée de cinq arbres ; vers le fond, un homme descend vers un bois baigné par une rivière qui est à gauche ; un homme la traverse sur des roches sortant de l'eau ; à gauche, s'étend un pays boisé au pied d'une montagne que gravissent quatre hommes, et au haut de laquelle un berger fait paître son troupeau, au pied d'une grande maison. Dans la marge, à gauche : *HS. fe. et. ex. pr. Re.*

* 1er état. Avant toute inscription dans la marge. Filigrane : un cor de chasse suspendu et surmonté de fleurs de lis.

Robert-Dumesnil, 76 fr. 50 c.

* 2e. Celui décrit. Filigrane : grand écu de Florence.

3e. L'adresse du maître a été remplacée par celle de *Mondhare*.

4e. Cette adresse est supprimée.

82. *Le petit Pont de bois*. On le voit, à droite, près d'une roche qui est dans l'eau ; un homme le traverse ; sur le devant, au bord de la rivière, un homme est assis à côté d'une femme ; au milieu, sur un escarpement, on voit un troupeau et une tour ronde au milieu des arbres. A gauche, la rivière est bordée par des roches couvertes d'une espèce de forêt. Dans la marge, du même côté : *HS. fe. et. ex. Cum pr Re.*

* 1er état. Sans aucune lettre dans la marge. Même filigrane que plus haut.

* 2e. Celui décrit. Filigrane : une aiguière.

Robert-Dumesnil, nos 81-82, 63 fr. 50 c.

3e. A la place de l'adresse du maître, celle de *Mondhare*.

4e. Cette adresse est supprimée.

Rigal, nos 77 à 82, 48 francs, deuxième état; Verstolk, premier et deuxième état, 237 fr. 30 c.; Simon, premier et deuxième état, 71 francs.

83-94. *Différents paysages ornés de fabriques.* Suite de douze estampes, non numérotées.

Haut., 178 à 185 millim., y compris la marge; larg., 272 à 277.

83. *Le Cardinal*. Il s'avance au milieu, lisant son bréviaire, suivi de deux valets qui sont près de lui et de deux autres qu'on aperçoit vers la gauche, dans l'éloignement; à droite, près d'un vieux mur, un mendiant demande l'aumône. Tout le fond est occupé par des ruines,

probablement du palais des Césars. A gauche, dans la marge : *Herman van Suaneuelt Jnventor fecit et excudit*. A droite : *cum privilegio Regis*. Cette inscription est répétée sur toutes les pièces. Au numéro 86, on lit : *Inventor* au lieu d'*Jnventor*, et au numéro 89 : *Privilegio*, avec un *P* majuscule. (1.)

* 1er état. Celui décrit. Nous possédons toute la suite.

Filigrane : cor de chasse couronné suspendu à un ruban.

2e. Avec cette adresse : *H. Bonnart ex. au Coq*. — 3e. On lit : *à Paris, chez Mondhare*. Cette adresse remplace la précédente. — 4e. Toute adresse est supprimée.

84. *Les Ruines en amphithéâtre*. Sur le devant, à gauche, deux hommes sont assis au pied d'un arbre ; au milieu, deux hommes vont vers la droite ; plus loin une femme se dirige vers une petite porte qui donne accès aux ruines ; elles forment le fond, entremêlées de beaucoup d'arbres. (2.)

Même adresse que précédemment.

85. *La Dame ombragée par un parasol*. Au milieu, l'homme qui le porte marche devant elle ; derrière elle, deux suivantes ; vers la droite, un berger gardant un troupeau de chèvres qui s'étend jusqu'à l'autre côté, où est un vieux mur bordé d'une mare. Tout le fond est occupé par des ruines. (3.)

Mêmes états que précédemment. Le premier a pour filigrane l'écu aux boules surmonté d'une fleur de lis, écu de Florence.

86. *Le Salut*. Un cavalier, qui vient de la droite, salue deux dames qui sont à gauche, accompagnées d'une servante ; à droite, un dessinateur assis près d'un homme debout, vu de dos ; sur le milieu du devant, une pièce d'eau. Tout le fond est occupé par des ruines et diverses constructions ; au milieu, un homme à genoux prie devant un oratoire. (4.)

Mêmes états que précédemment. Le premier a pour filigrane une aiguière.

87. *L'Hôpital*. Il est à droite, et vers la porte se dirigent deux hommes portant un malade sur une civière, accompagnés de quatre femmes. A gauche, cinq personnes dont trois debout et deux assises ; on en voit encore trois autres dans le fond ; sur le devant, à droite, une pièce d'eau ; tout le fond, de ce côté, est occupé par des ruines et des bâtiments ; à gauche, un mur couvert d'arbres. (5.)

Mêmes états que précédemment. Le premier a pour filigrane l'écu aux boules surmonté d'une grande fleur de lis, écu de Florence.

88. *Les Voyageurs.* On les voit sur le devant, à gauche, se diri-geant vers le fond, où deux autres les précèdent, tandis qu'un homme, monté sur un âne, va du côté opposé. Du même côté, un pont sur lequel passent plusieurs personnes. La rivière se dirige vers la droite, où, sur une haute montagne boisée, s'élèvent des fabriques et un château bordé de tours; à gauche, sur une petite éminence, un bouquet d'arbres. (6.)

Mêmes états que précédemment.

89. *Le Bois bordé par un ruisseau.* Des arbres touffus occupent toute la droite et se prolongent vers la gauche; de ce côté, sur le devant, un vieillard portant un fardeau, en compagnie d'une femme qui tient un panier du bras droit, s'avancent vers le spectateur; au fond, un paysage. (7.)

Mêmes états que précédemment. Le premier a pour filigrane un cor de chasse surmonté de trois fleurs de lis.

Au British Museum on voit une épreuve sans aucune lettre dans la marge.

90. *Les Blanchisseuses.* Elles sont à droite, au bord de l'eau, près d'une chapelle, située au bas d'une montagne; près d'une petite cascade, dans la rivière, un homme debout, les pieds dans l'eau; du même côté, sur un pont, un homme et une femme tenant un panier du bras gauche; au milieu, une grosse touffe d'arbres, près d'un ravin qui s'enfonce vers la gauche, au delà duquel s'étend une large plaine bordée par des montagnes. (8.)

Mêmes états que précédemment. Même filigrane que le numéro 89.

On voit au Britih Museum une estampe privée de sa marge, mais antérieure au premier état, avec l'adresse du maître. La montagne à gauche est presque blanche; les arbres, à gauche, et le terrain sont peu travaillés et légers; la cascade, près de l'homme qui a les jambes dans l'eau, vers les arbres, n'a que quelques tailles dans la seconde partie.

Dans l'état avec *excudit*, la montagne, les arbres et le terrain à gauche sont retra-vaillés; la cascade offre aux pieds de l'homme une partie noire, ensuite une partie blanche, enfin une partie plus noire formant deux étages, près des arbres. Celle-ci est blanche dans l'état précédent.

91. *La Grotte de la nymphe Égérie.* Sous une voûte à demi ruinée,

se voit la statue de la nymphe ; devant elle, est la table qu'y fit placer l'empereur Charles-Quint Sur le devant, vers la gauche, un homme fait un signe de son bâton à une femme qui est près de lui ; plus loin, à droite, trois hommes et trois femmes assis font un repas sur l'herbe ; du même côté, sur un chemin qui descend, trois couples s'éloignent en dansant. (9.)

Mêmes états que précédemment. Filigrane du premier état : une aiguière,

92. *Les Joueurs de boules près de la porte de Salara.* Ils sont au nombre de quatre ; deux spectateurs les regardent ; derrière trois qui sont à droite, un mur en ruine ; plus loin, une grande construction à tours crénelées, au bas de laquelle est la porte ; à gauche, quelques arbres, sur un chemin ; près d'une haie deux hommes, en manteau, vus par le dos. (10.)

Mêmes états que précédemment. Filigrane du premier état : une aiguière.

93. *Une Distribution aux pauvres à la porte d'un couvent.* On les voit en divers groupes, vers la droite ; un homme s'avance du côté du spectateur ; à gauche, des débris de colonnes ; vers le fond, un homme debout cause avec une femme ; d'autres s'éloignent. L'édifice est remarquable par une grande voûte crevée entre deux plus basses. Ce serait la vue de la Chartreuse de Termini dans les Thermes de Dioclétien. (11.)

Mêmes états que précédemment. Filigrane du premier état : grand écu aux boules.
Au British Museum se trouve une épreuve antérieure, avant toute inscription dans la marge.

94. *Le Château au haut d'un rocher.* Il s'élève tout à fait à gauche ; à ses pieds, sur un chemin, un homme pousse un âne devant lui ; à gauche, au bord de l'eau, deux arbres sur une masse de roches ; au milieu, deux hommes vont vers le fond ; plus loin, à droite, trois hommes vus par le dos ; à droite, une plaine ombragée d'arbres et et bornée à l'horizon par une montagne. (12.)

Mêmes états que précédemment. Filigrane du premier état : grand écu avec les boules.
* Nous possédons du numéro 94 un état antérieur sans aucune inscription dans la marge. Le ciel est moins travaillé ; au haut, à droite, on n'y remarque que quelques traits. Dans l'état avec l'*excudit*, les traits noirs descendent plus bas et se prolongent

beaucoup plus loin vers la gauche. Filigrane : grand écu couronné avec une fleur de lis dans le milieu.

Rigal, premier état avec l'*excudit*, 95 francs ; Robert-Dumesnil, 82 fr. 75 c.; Verstolk, 77 francs ; Simon, 54 francs.

Robert-Dumesnil, avec l'adresse de *Bonnart*, 38 francs.

95-96. *Deux Paysages à sujets mythologiques.*

Haut., 194 millim.; larg., 257.

95. *Mercure impose silence à Battus.* Ils sont tous deux vers la gauche, Battus auprès d'un bœuf, et Mercure avec les quatre chevaux d'Apollon, qui sont sous un groupe de grands arbres. Au milieu, une rivière au bord de laquelle est un arbre cassé; de l'autre côté, un bois; dans le fond, une cascade et des montagnes. Dans la marge, à gauche : *H=swaneüelt fecit Rome;* à droite: *J: Valdor excü cum priuili Regis.*

1er état. Avant la lettre. Les jambes de derrière du cheval, qui regarde à gauche, sont à peine exprimées; sa tête et son cou, dans le haut, sont en partie blancs; la montagne, dans le milieu du fond, n'a pas de couleur; les arbres du fond sont à peine accusés, ainsi que la rivière dont il est difficile de se rendre compte. British Museum.

2e. Plus travaillé. La tête et le cou du cheval sont entièrement ombrés ; ses jambes de derrière sont mieux exprimées; la montagne du fond est profilée dans le haut; les arbres, à droite, sont mieux exprimés; la rivière commence à se détacher. Egalement avant la lettre. British Museum.

M. le docteur Sträter nous signale un état avant le ciel; la planche n'est pas encore nettoyée; avec beaucoup de barbes, surtout dans le fond du bas, à droite, et au grand arbre à gauche. Nous ne nous rappelons pas si les deux estampes du British Museum ont un ciel.

* 3e. Celui décrit. Filigrane : cor de chasse couronné

* 4e. A la place de l'adresse de *Valdor*, on lit : *Se vendent à Paris chez Pierre Mariette, rue S. Iacques a l'Esperance auec priu. du Roy;* mais avant le numéro.

5e. Avec le numéro 4 au coin de la gauche dans la marge.

* 6e. On ne voit plus l'adresse de *Mariette*, mais le numéro 4 est resté.

96. *Mercure change Battus en pierre de touche.* Le dieu est à droite, et Battus dans le milieu, appuyé de la main droite sur un bœuf, tandis qu'il étend le bras gauche. Derrière Mercure, de grands arbres; à gauche, des ruines couronnées d'arbres et baignées par une rivière; dans le fond, un bois et une montagne. Dans la marge : *H swaneüell fecit Rome;* à droite : *J. Valdor excü cum priüil. Regis.*

* 1er état. Avant le ciel. Le sommet de la plus haute montagne dans le fond est à peine profilé à gauche; du même côté, l'éminence qui borde la rivière n'est presque ombrée partout que d'une seule taille, notamment au-dessus de la tête de Battus et de

son épaule gauche; le petit arbre tordu, près de la rivière, s'y aperçoit à peine; quelques travaux manquent sous la voûte de la première grotte, à gauche. Au delà du bœuf, le terrain n'est formé que de simples tailles, et les trois petites langues de terre qui s'avancent dans la rivière n'y sont pas modelées; il n'y a pas de contre-tailles sur les ombres portées du bœuf, sur le terrain où est Battus, ni sur la pierre derrière lui, ni sur l'ombre portée de Mercure, ni sur le terrain entre les arbres; les deux creux sur le plus gros arbre, derrière Mercure, sont à peine exprimés; les arbres, à droite, sont très légers, ainsi que leur feuillage. Cette estampe privée de sa marge est vraisemblablement avant la lettre. Collection Verstolk.

Verstolk, 63 francs.

2e. Avant la lettre; vraisemblablement terminé. Le catalogue Verstolk annonce l'état précédent comme une épreuve d'essai.

Verstolk, avec les trois états suivants, 119 fr. 70 c.

Nous croyons qu'une épreuve avant la lettre est au British Museum.

Weigel annonce un état avant la lettre, peu fini, presque unique.

* 3e. Avec le nom du maître et l'adresse de *Valdor*. Le ciel est gravé; la montagne du fond mieux profilée; il y a quelques travaux de plus sous la voûte à gauche; l'éminence qui borde la rivière du même côté est ombrée de contre-tailles; le petit arbre tordu se détache très bien; le terrain derrière le bœuf est ombré de contre-tailles, et les trois langues de terre dans la rivière sont séparées et très distinctes; les ombres portées du bœuf, le terrain sur lequel est Battus, la pierre derrière lui, l'ombre portée de Mercure, le terrain sous les grands arbres, montrent de nombreuses contre-tailles. Les deux creux du gros arbre sont très bien modelés; les troncs et le feuillage sont repris partout.

4e. L'adresse de *Mariette* a remplacé celle de *Valdor*, mais avant le numéro.

5e. On voit le numéro 1 à gauche, en avant du nom du peintre.

6e. Le numéro 1 se lit toujours, mais l'adresse de *Mariette* a été enlevée.

Au British Museum, on voit le dessin original de cette pièce. Il est du sens opposé, les personnages sont à gauche.

97-100. *La Fuite en Égypte, représentée de quatre différentes manières.* Suite de quatre estampes, non numérotées.

Haut., 210 millim., y compris 7 millim. de marge; larg., 270.

97. *Les Chérubins sur la colline.* Ils sont à gauche dans un léger nuage, sous quatre grands arbres, et semblent guider la Sainte-Famille, qui se dirige du milieu vers la gauche : la Vierge tenant l'enfant Jésus dans ses bras, montée sur l'âne, et suivie de saint Joseph. Dans le fond, à droite, deux voyageurs s'éloignent du même côté. Sur le devant, une pièce d'eau, bordée d'une forêt, derrière laquelle sont de hautes montagnes. Dans la marge, à gauche : *Herman van Suanevelt Jnventor fecit et excudit;* à droite : *Cum privilegio Regis.* (1.)

Filigrane : grand écu de Florence d'un côté, de l'autre une aiguière.

98. *Le grand Arbre et la Cascade.* On les voit à droite. A gauche, un ange tient l'âne, tandis que saint Joseph aide la Vierge à descendre ; sur le bord d'un tertre, un autre ange adore l'enfant Jésus couché à terre ; deux voyageurs s'éloignent dans le fond. Le site est très montagneux. *Même inscription* dans la marge. (2.)

Filigrane : un cor de chasse.

99. *L'Ane conduit à la rivière.* On voit saint Joseph qui descend à droite, près d'un arbre cassé, vers la rivière bordée au fond d'un groupe d'arbres. A gauche, sous des rochers, deux anges adorent l'enfant Jésus assis sur les genoux de sa mère ; dans le fond, du même côté, un site montueux où deux voyageurs s'éloignent sur un chemin escarpé. *Même inscription* dans la marge. (3.)

Filigrane : une ancre couronnée.

100. *La Grotte.* On la voit à droite où, contre un arbre, la sainte Vierge est assise tenant sur ses genoux l'enfant Jésus, qu'adorent deux anges ; saint Joseph est assis plus loin, vers le milieu, tandis que l'âne descend vers la rivière, qui est à gauche. Tout le site est boisé ; dans le bas, à gauche, une haute montagne, au milieu de laquelle s'élève une ville. Dans la marge : *Herman van Suanevelt inventor et fecit excudit$_g$* ; à droite : *cum privilegio Regis.* (4.)

1er état. Avant la lettre ; les quatre estampes dans cette condition sont au British Museum.

Weigel signale des épreuves avant toutes lettres et avant quelques travaux ajoutés.

* 2e. Celui décrit, avec l'adresse du maître. Filigrane : écusson de Florence d'un côté, de l'autre une aiguière.

Robert-Dumesnil, 26 fr. 75 c. ; Verstolk, 46 fr. 20 c.

3e. Avec l'adresse de *H. Bonnart.*

4e. Cette adresse est supprimée.

101-106. *L'Histoire d'Adonis.* Suite de six estampes, numérotées de 1 à 6 dans la marge, au milieu.

Haut., 250 millim., y compris 18 millim. de marge ; larg., 329 à 331.

101. *Naissance d'Adonis.* A droite, l'enfant qui naît de Myrrha, changée en arbre, est reçu par Diane suivie de ses nymphes ; à gauche, un tronc d'arbre, une rivière et un bois touffu avec une biche ; à droite,

une cascade et, dans le fond, des rochers, des bois et des montagnes.
Dans la marge, quatre lignes : *Adonis Naist de Mira*. . . . . *Loccasion
pour auoir Lenfant;* au-dessous : *Hermann Van Swanenell fecit et
Excudit cum preuilegio Regis* 1654. 1.

102. *Vénus enlève Adonis.* Sur le devant, à droite, Diane et ses
nymphes sont endormies au pied d'un bouquet de grands arbres; sur
le devant, un gros arbre tronqué dont la plus grande partie est à terre;
à gauche, Vénus, sur son char traîné par deux colombes et suivi de
l'Amour, s'enfuit en enlevant Adonis. Dans le fond, à droite, une rivière
et une montagne; à gauche, un grand bois et des montagnes escarpées. Dans la marge : *Venus trouuent Diane Endormye*. . . . *Cherche
Venus pour Rauoir Adonis;* au-dessous, *la même inscription*, seulement on lit *Swaneuell*. 2.

103. *Vénus présente à Diane l'Amour et Adonis.* La fille de l'onde
est à droite, tenant les deux enfants; derrière elle, ses deux colombes.
Au milieu, Diane et ses nymphes venant de la gauche; au fond, des bois,
une rivière et des montagnes. Dans la marge : *Diane trouue Venus,
Venus Ne pouuant eschapper courut a sa Ruze* . . . . *ainsy Adonis
demeura entre les Mains de Venus;* au-dessous, *la même inscription*
que la précédente. 3.

104. *Vénus exerçant Adonis à la petite chasse.* La déesse, suivie
de l'Amour et d'Adonis, poursuit des lièvres; ils sont à droite et dirigent leur marche vers la gauche, où l'on voit, près d'un ravin, un arbre
étendu à terre, et plus loin un bois garni de vieux arbres; au fond, une
rivière, une plaine accidentée et boisée, et des montagnes. Dans la
marge : *Venus exerse Adonis a Chose de peu*. . . . . *Ne sont point
Capable daucune Vertu;* au-dessous, *la même inscription.* 4.

105. *La Mort d'Adonis.* Il est étendu à terre dans le milieu, et ses
deux chiens tiennent en respect le sanglier qui est à gauche, près d'un
tronc d'arbre; à gauche, des rochers couronnés d'arbres; à droite, un
vieil arbre à moitié dénudé, de grandes plantes, une rivière, et, de
l'autre côté, une forêt et des montagnes. Dans la marge : *Adonis Ren-*

contre le Sanglier et fut tué. . . . . *Sans Esperence de Jamais plus se Réleuel;* au-dessous, *la même inscription.* 5.

106. *Vénus pleure la mort d'Adonis.* Il est étendu à gauche, ayant ses deux chiens près de lui ; l'Amour jette ses flèches et brise son arc ; Vénus éplorée descend de son char ; au milieu, un tronc d'arbre ; une rivière qui coule vers la droite est bordée des deux côtés de grands arbres ; au fond, de hautes montagnes. Dans la marge : *Venus pleure son Adonis*. . . . . *Son Nom et sa Memoire Meurt tout ensemble et on ne parle de luy ;* au-dessous, *la même inscription.* 6.

* 1er état. Avec l'adresse du maître ; les angles de la planche sont aigus.

Filigrane : armes accolées de France et de Navarre.

Verstolk cite un premier état de cette suite où le ciel, entre les arbres, est moins travaillé. Vendu 131 fr. 30 c.

2°. Également avec l'adresse du maître, mais les angles de la planche sont arrondis.

Filigrane : une grande étoile.

Rigal, 91 francs ; Robert-Dumesnil, 108 francs.

3°. On lit sur chaque pièce : *Chez H. Bonnart, rue St-Jaques, au Coq.*

4°. Cette adresse est effacée. Les épreuves sont mauvaises.

Dans la galerie de Florence, on voit les dessins originaux des numéros 1, 2, 3, 5 ; ils sont en contre-partie.

107-110. *Les Pénitents.* Suite de quatre pièces, sans numéros.

Haut., 234 à 239 millim.; larg., 324.

107. *Sainte Madeleine faisant pénitence.* Elle est couchée, à gauche, sur une natte, à l'entrée d'une grotte, au-dessus de laquelle sont deux anges dont l'un joue de la harpe et l'autre du violon ; le dessus de la grotte est formé par de hauts rochers boisés ; à droite, un gros arbre ; plus bas, une forêt, une pièce d'eau et des montagnes. Dans la marge : *Herman van Suanevelt Jnventor fecit et excudit;* à droite : *cum privilegio Regis.* (1.)

108. *Le Diable et saint Antoine.* Ils sont tous deux à gauche ; saint Antoine repousse les fruits que lui offre le tentateur ; au milieu, une rivière qui coule vers la droite ; tout le fond est occupé par de très grands arbres. Dans la marge, *même inscription.* (2.)

109. *Saint Jérôme dans le désert.* Il est accoudé, vers la droite, sur

un livre placé sur une pierre, où se trouvent une gourde et une tête de mort; près de lui est le chapeau de cardinal et plus loin une croix de bois; près du trait de bordure est la grotte; au-dessus sont d'énormes rochers couronnés d'arbres, où l'on voit deux lions qui viennent en face l'un de l'autre; à gauche, une rivière et une cascade. Le site est montueux, couronné d'arbres et terminé dans le lointain par des montagnes. *Même inscription* dans la marge. (3.)

110. *Saint Paul, premier ermite, et saint Antoine.* A gauche, sous un avant-toit à l'entrée d'une grotte, les deux saints sont assis : saint Paul à gauche, saint Antoine à droite, ayant son cochon couché près de lui. Tout ce côté est rocailleux et couvert de grands arbres; le fond est montueux; une rivière en sort, se terminant, à droite, par une petite cascade. A droite, d'où vient le corbeau portant un pain dans son bec, on voit une éminence où sont des grands arbres. *Même inscription* dans la marge. (4.)

* 1er état. Avec l'inscription telle que nous l'avons rapportée plus haut. Les angles des planches sont aigus.

Filigrane : armes de France et de Navarre dans deux écus accolés.

Robert-Dumesnil, 51 francs; Verstolk, 73 fr. 50 c.

Nous croyons qu'il doit y avoir des épreuves avant la lettre; le numéro 109 en cet état est au British Museum.

Il existe deux états avec l'*excudit* : 1er. Celui que nous avons décrit plus haut avec les angles aigus;—2e. Tous les angles du cuivre sont légèrement arrondis, mais l'angle du haut, à gauche, l'est très fortement, en sorte que les deux traits de bordure sont coupés dans cet endroit. C'est ce que nous remarquons dans une épreuve de *Saint Jérôme* que nous possédons.

Filigrane : une grande étoile dans un rond bordé de chiffres romains; au-dessus : *DD*.

Nous croyons qu'on doit trouver toute cette suite tirée sur papier à l'étoile avec les angles arrondis.

2e. L'*excudit du maître* a été enlevé; on trouve sur chaque pièce l'adresse de *H. Bonnart.* — 3e. A la place de l'adresse précédente, on lit : *A Paris, chez Vanheck!* — 4e. Cette dernière adresse est supprimée; les épreuves sont mauvaises.

111. *Balaam.* On le voit, à gauche, cherchant à faire avancer son ânesse arrêtée par un ange qui tire son épée; ils sont sur une petite éminence où s'élèvent de grands arbres; à droite, un arbre tronqué, une petite cascade, et, au delà, un pays boisé; dans le fond, des montagnes.

Haut., 230 millim.; larg., 311.

* 1er état. Avant le nom du maître et le trait de bordure autour de la composition.
Verstolk, 157 fr. 50 c.

* 2° Egalement avant la lettre ; mais dans le haut et à droite, jusqu'à mi-hauteur, le trait de bordure est formé de deux traits légers tracés l'un sur l'autre. Collections Robert-Dumesnil et Verstolk.

Verstolk, 80 francs.

* 3°. Dans le haut, à droite : *V. Swaneüelt Fecit Rom.* ; au-dessous : *K. Audran excudit*.

Filigrane : une certaine quantité de lettres formant un nom.

Le catalogue Rigal semble faire entendre qu'il y a un état avec le nom du maître, mais sans l'adresse.

4°. L'adresse d'*Audran* a été supprimée, et dans la marge du bas on lit : *à Paris, chez Pierre Mariette rue St. Jaques, à l'espérance. Auec Priul. du Roy.*

5°. On a ajouté à l'adresse précédente un numéro 2, à droite, dans la marge du bas.

* 6°. L'adresse de *Mariette* a été supprimée. On lit, à droite, au-dessous du numéro 2 : *Poilly Excudit* ; à gauche : *Auec Priuil. du Roy.*

7°. Toute adresse a été enlevée.

112-115. *Quatre Paysages en hauteur,* sans numéros.

Haut., 297 millim.; larg., 237 à 243.

112. *L'Anier.* Il s'avance vers le milieu, monté sur un âne chargé, tandis qu'il en fait marcher un autre devant lui. A gauche, sur une éminence où sont de grands arbres, trois personnes sont assises ; à droite, un berger fait paître son troupeau près d'une rivière qui vient du fond, où sont, à gauche, des arbres et des fabriques ; à droite, des montagnes ; sur le devant, du même côté, un groupe de trois arbres. Dans la marge : *Herman van Suanevelt Jnventor fecit et excudit ;* à droite : *cum privilegio Regis.* Aux numéros 1 et 3, il n'y a pas de point sur l'i d'*excudit.* (1.)

113. *La Montagne.* Elle s'élève jusque dans le haut, à droite, entrecoupée d'arbres et de rochers qui surplombent ; on voit, vers le milieu, un paysan descendre, poussant devant lui un âne chargé ; au bas, une rivière et une petite cascade avec quelques rochers dans l'eau ; à gauche, deux hommes sur le bord, dont l'un étend le bras à gauche ; dans le fond, un pays entrecoupé de montagnes. *Même inscription* que précédemment. (2.)

114. *La grande Cascade.* Elle tombe du haut d'une montagne qui est à droite, presque à pic, dans un bassin que l'on voit dans le bas.

Vers le milieu, trois hommes, précédés d'un âne, se dirigent au fond, où l'on aperçoit deux hommes au bord de l'eau ; sur une éminence, à gauche, un homme et une femme s'avancent, tandis qu'un homme, vu de dos, descend ; au fond, une rive coupée et, plus loin, des arbres et une montagne. *Même inscription* que précédemment. (3.)

115. *Le Bouquet d'arbres.* Trois sont debout et un penché au sommet d'un rocher, qui est au milieu, bordant un chemin qui va vers la droite, sur le bord duquel deux dessinateurs sont assis ; dans le bas, au bord de l'eau, un homme se baisse pour boire ; à gauche, deux hommes sur un chemin, dont l'un étend le bras droit, tandis que deux autres, précédés d'un âne, se dirigent vers le fond, où l'on aperçoit des arbres, de l'eau et des montagnes. *Même inscription* dans la marge. (4.)

1er état. Avant la lettre. On voit au British Museum, de cet état, le numéro 112, et aussi deux états différents du numéro 113. Le numéro 115 s'y trouve avant la lettre et avant des travaux près les petits arbres. Il est probable que le numéro 114 existe dans la même condition.

Le catalogue Rigal signale de ce numéro 115 une épreuve avant la lettre et avant nombre de travaux, principalement au bouquet des grands arbres sur le rocher.

Rigal, nos 115 et 78, avant la lettre, 96 francs.

* 2e. No 112 : avant des travaux sur les rochers, qui ne sont ombrés que d'une seule taille, principalement celui qui est à côté du chardon. — No 113 : le terrain, à gauche, et la marge du bas, à droite, sont très sales. Les deux autres n'offrent aucune différence.

Filigrane : écus accolés de France et de Navarre.

* 3e. Avec les travaux sur les rochers, à gauche ; on y voit quelques contre-tailles. Le numéro 1 seul n'a pas de point sur l'*i* d'*excudit*.

Filigrane : grande étoile dans un rond entouré de chiffres romains ; au-dessus, le lettres *DD*. Ce filigrane indique un tirage postérieur.

Simon, 160 francs.

4e. Avec cette adresse : *H. Bonnart ex. Au Coq.*

5e. Cette adresse est supprimée. Les épreuves sont mauvaises.

116. *Le Chevrier au bord du ruisseau.* On voit, à droite, une maison à laquelle on accède par un escalier ; une femme est assise à la porte et une autre femme portant un panier sur la tête s'y dirige. Au milieu, huit chèvres, dont trois sont au bord de la rivière qui, à la gauche de l'estampe, serpente vers le lointain, bordée à gauche par de grands arbres. Sur le bord, le chevrier debout parle à un homme assis. Sans nom de maître.

Haut., 88 millim.; larg., 164.

* Cette pièce, gravée légèrement à l'eau-forte, sans travail de burin ni de pointe sèche, est très rare. Filigrane : une aiguière.

Robert-Dumesnil, 67 fr. 75 c ; Verstolk, 63 francs.

117. *Pièce inédite. Paysage.* Au milieu sont quatre personnes ; parmi elles, à gauche, une femme ayant un paquet sur la tête ; près d'elle, un homme vu par le dos, couvert d'un manteau, parle à un muletier vêtu d'une peau de mouton, coiffé d'un bonnet fourré ; derrière le mulet qu'il tient par la bride, on en voit un autre portant sur la croupe un paysan qui a un bâton dans la main droite. A gauche, un bois s'étend jusqu'à la droite du fond, vers quelques fabriques au pied de montagnes ; au bas du tertre sur lequel sont les figures, des roseaux, et, à droite, un bouquet d'arbres. Sans nom de maître.

Haut., 113 millim.; larg., 151.

* Morceau très rare, dont la composition et la pointe sont identiques aux meilleures eaux-fortes de Suanevelt. Collections Debois et Simon.

Filigrane : cor de chasse surmonté de fleurs de lis.

Simon, 155 francs.

L'œuvre de Rigal, vendu en 1817, s'est élevé à 818 francs ; Robert-Dumesnil (1837), 1,471 francs ; Debois, vendu en bloc, 3,000 francs, et revendu en détail, en 1862, chez Simon, 1,200 francs ; Verstolk (1851), 3,102 francs, avec portrait de Suanevelt, pièce très rare.

Celle-ci, premier état, 149 francs ; deuxième, 63 francs.

PIÈCES ATTRIBUÉES A SUANEVELT

Weigel signale sept paysages, dans le *Traité de la peinture*, par Léonard de Vinci, avec les dessins de N. Poussin et de Ch. Errard. On les trouve dans l'édition italienne que nous avons sous les yeux, donnée par R. Trichet et du Fresne, ainsi que dans l'édition française de R. Fréart, S. de Chambray, toutes deux publiées à Paris chez J. Langlois, imprimeur ordinaire du roi, 1651, in-folio. Ce livre dédié, à la reine Christine de Suède, est enrichi de très belles gravures, de frontispices et de culs-de-lampe ; en tête, un portrait de Léonard de Vinci, gravé par R. Lochon.

La seconde partie renferme le *Traité de la peinture et de la statuaire* par *Leon Batista Alberti, de Florence,* dont le portrait est placé en tête, suivi de la dédicace à Charles Errard, peintre du roi de France.

A. *Un vieux Mur* derrière lequel il y a une tour, une église et un obélisque. Page 45.

B. *Une vieille Tour* devant laquelle il y a trois figures; au fond, à gauche, une pièce d'eau, deux figures, des bocages, une fabrique et des montagnes. Page 92.

C. *Une Tour* au pied de laquelle est une auberge où sont, sous un avant-toit, deux personnes, près d'une table; à droite, où est la mer, une autre figure. Page 93.

D. *Les Remparts d'une ville* où sont trois tours à créneaux. La ville est dans le fond. Trois personnes sont en dehors; une autre va franchir la porte de la ville, à travers laquelle, dans l'éloignement, on aperçoit trois autres figures. Page 97.

E. *A travers une grande arcade* on aperçoit, à gauche, une vieille tour avec quelques ruines; en arrière, près du bord, les bases d'un édifice; au milieu, deux pyramides dans un paysage; le soleil se lève à droite; sur le devant, trois figures au bord de l'eau. Page 98.

F. *Au milieu, près d'une rivière* qui s'étend sur le devant, s'élèvent deux vieilles forteresses reliées par un pont; deux figures sont sur la droite, près d'un bocage; tout le fond est occupé par de hautes montagnes. Page 102.

G. *A droite, on voit un chemin* qui suit les flancs d'une haute montagne, au bas de laquelle on aperçoit, dans l'éloignement, un bois; sur le devant, trois figures; à gauche, une pièce d'eau et un terrain accidenté. Page 113.

Weigel a cru reconnaître, dans les numéros B, C, D, la finesse et la douceur qui distinguent les pièces de Swanevelt. Il engage les amateurs à remarquer l'exécution des arbres et des figures, l'effet du soleil, etc.

Quant à ce qui nous concerne, nous ne pouvons voir dans ces pièces l'œuvre du maître auquel on les attribue. Ces paysages n'ont pas une grande importance; il est très possible qu'un autre graveur les ait exécutés. Le doute même ne nous paraît pas exister. Nous nous bornons à les mentionner, parce que Weigel a cru devoir le faire.

Deux estampes.

Haut., 149 millim.; larg., 241 ; la marge du bas, 20.

1. *Le Sarcophage antique.* Au milieu, sur un tertre, s'élève un sarcophage sculpté sur un piédestal en ruines ; trois personnages en costume antique, à la droite, le regardent ; du même côté, deux hommes portant bâton et besace se dirigent vers le fond. Au-dessous du monument, un homme et une femme sortent d'une espèce de caverne. Derrière le sarcophage, un homme est assis, près d'un arbre courbé ; au fond, un fleuve et une ville ; à droite, une plaine et des montagnes boisées ; à gauche, un arbre tronqué et un ravin. Dans la marge : *Se Vendenta Paris chez Pierre Mariette rue S. Iacques a l'Espérance avec priu. du Roy. H. Swaneuell inu. et sculp.*

2. *Les Pêcheurs.* Ils sont au milieu, vus de dos, au bord d'une rivière pleine de roseaux, de l'autre côté de laquelle, à droite, on aperçoit un bois, et sur une montagne des fabriques. Derrière les pêcheurs, un rocher au bas duquel s'élèvent deux grands arbres près d'un autre tronqué. A gauche, un chemin sur lequel s'avancent un homme et une femme portant un panier suspendu à son bras gauche ; un homme, portant besace et bâton, se dirige vers le lointain, où l'on voit une plaine accidentée bordée par des collines. Dans la marge, *même inscription*, la première lettre du mot *vendent* n'est pas une majuscule.

* 1er état. Celui décrit. Robert-Dumesnil dit, dans son catalogue, que ces deux pièces à la dispersion du fonds de Mariette ont formé, avec les numéros 95 et 96 de l'œuvre de Suanevelt, une suite de quatre pièces. M. Faucheux, décrivant l'œuvre de M. Simon, dit que les deux estampes de cet amateur avaient non seulement l'adresse de *Mariette*, mais le *Sarcophage* le numéro 3, et les *Pêcheurs* le numéro 2.

* 2e. L'adresse de *Mariette* a été enlevée, mais les numéros sont restés dans la marge au bas de la gauche.

Bartsch dit, sans donner aucune preuve à l'appui, que ces deux estampes sont l'œuvre de C. Goyrand. Il est certain qu'elles ne sont pas l'œuvre de Suanevelt, mais probablement exécutées d'après ses dessins.

Agar consolée par l'ange. Ils sont dans un paysage ; le petit Ismaël est à gauche. *H. Swanevell fec.* Dans la marge, douze vers latins et une dédidace à *Magd. Fabry* par le graveur *J. Valdor. P. Mariette exc.* In-folio oblong.

*1er état. Avant la lettre.

* 2e. Avec l'inscription ci-dessus citée.

On croit que ce paysage a été gravé à l'eau-forte par C. Goyrand, et les figure au burin par J. Valdor, d'après un dessin de Suanevelt.

Paysage à la fuite en Égypte. Herm. inv. Io. Valdor ex. 1644 Dans la marge : huit vers latins et une dédicace. In-folio oblong.

On présume que cette pièce a été gravée par les artistes mentionnés ci-dessus.

Paysage avec des rochers à pic, sur lesquels croissent des arbres. A leurs pieds s'étend une rivière, jusqu'au premier plan où sont trois arbres. Sous le premier, une femme assise, allaitant son enfant, et un homme dont le bâton et la besace sont à terre. Dans la marge du bas, à gauche : *Herman van Swanevelt Inventer*.

Haut., 167 millim.; la marge du bas, 5; larg., 234.

1er état. Celui décrit.

2e. Après *Inventer*, on lit : *fecit et excudit*, ajoutés plus tard par une autre main.

3e. Au bas, à droite : *Le Roux ex.*

Paysage avec cascade. Elle est à droite, sur le premier plan; à gauche, deux hommes, une femme et un chien; au milieu, un pêcheur allant à la rivière. *Même inscription* qu'à la pièce précédente.

Haut., 176 millim.; larg., 232.

On connaît trois états, comme ceux de la pièce précédente. Il existe une copie de cette pièce dans *Walker's Painters-Etchings*.

Paysage au coucher du soleil. On voit, à gauche, un chemin où marchent des figures et des bestiaux; au premier plan, une femme avec un enfant et un chien; à côté d'elle, un homme avec un bâton; à droite, de l'eau et une cascade, des fabriques et des montagnes. In-folio oblong.

Estampe exécutée probablement par C. Goyrand, d'après un tableau ou un dessin de Suanevelt. On en trouve une copie dans *Walker's Painters-Etchings*.

Verscheyde Aerdige LANDSCHAPPEN *geteekent door H. V. Swanevelt. N. Visscher exc.* In-quarto oblong. Suite de douze pièces.

Ce sont des copies réduites et en contre-partie, avec quelques changements, des numéros 77 à 80, 82, 83 à 90, 94, 97, 99 et 100.

On ne connaît pas le graveur qui les a exécutées; on ne pense pas qu'elles soient l'œuvre de C. Goyrand, ni de Mauperché. D'ailleurs elles sont très médiocres.

Robert-Dumesnil, avec cinq autres pièces, 38 francs; Verstolk, 10 fr. 50 c. seulement.

MORCEAUX NON DÉCRITS PAR WEIGEL.

Paysage entrecoupé par une rivière. A gauche, trois rustres en conversation. *Le Roux ex.* Mentionné dans le catalogue Verstolk, 21 francs.

L'Arbre renversé dans la rivière. Le tronc d'arbre est encore resté à droite, au bord d'un chemin où deux hommes sont en conversation. Celui qui est de face fait un signe avec le bras gauche. Au coin droit, un grand arbre; au fond, des fabriques sur des rochers; au milieu, la rivière forme une petite cascade près d'un groupe d'arbres placés au sommet d'une roche. Tout à fait à gauche, un troupeau de bœufs longe le bord escarpé de la rivière. Dans la marge, à gauche : *Herman van Suanevell Inventor fecit et excudit;* à gauche : *Le Roux Ex.*

Haut., 162 millim.; la marge du bas, 9; larg., 232.

Vraisemblablement trois états, comme précédemment. Il est probable que les paysages cités avec l'adresse *Le Roux ex.* sont au moins au nombre de quatre.

La Femme gardant le troupeau de bœufs. Elle est à gauche, assise les jambes pendantes sur le bord escarpé d'une rivière, où se trouvent deux grands arbres ; au milieu, coule une rivière sur le bord de laquelle sont deux pêcheurs, l'un allant à l'eau avec une grande nasse sur son épaule; plus loin, vers le fond, une cascade partagée par quelques roches ; au delà, un pont de bois; dans l'éloignement, des fabriques sur une éminence au pied d'une montagne. A droite, une plaine accidentée où deux hommes s'éloignent. Sans nom de maître, mais dans le goût de Suanevelt.

Haut., 167 millim.; larg., 223.

* Le trait de bordure n'existe que dans le haut et dans le bas.

Les deux Pêcheurs sur le pont. L'un, vu de dos, est assis sur le parapet; l'autre tire de l'eau une grande nasse ; ils sont dans le milieu de l'estampe ; deux hommes sortent du pont et se dirigent vers la gauche; l'un d'eux paraît porter un lourd fardeau ; dans le fond, de ce côté, des montagnes ; à droite, des hommes sur un chemin pratiqué dans des rochers, au sommet desquels s'élèvent des arbres et une grande église remarquable par un clocher carré. Sans nom de maître.

Haut., 167 millim.; larg., 252.

L'Homme à la hotte. Un compagnon de voyage marche auprès de lui ; ils sont tous deux à la gauche du devant ; sur le même chemin, un homme s'éloigne ; tout à fait à gauche, des rochers escarpés surmontés d'une grande église, dont on voit le chevet et le clocher carré ; de l'autre côté du chemin, quelques arbres, une rivière, où, dans le lointain, on voit un pont de deux arches ; à droite, des rochers garnis d'arbres ; dans le fond, quelques fabriques et des montagnes.

Haut., 149 millim.; larg., 234.

* La marge du bas est coupée.

Les deux Voyageurs et le Porte-Balle. Ils marchent les uns à la rencontre de l'autre, à la gauche, par un chemin montant qui conduit à un bois ; une rivière serpente dans le milieu et coule vers la droite; dans le fond, du même côté, un pont vers lequel se dirigent deux hommes ; plus loin, des arbres, des fabriques et des montagnes. Dans la marge : *H. swaneüelt Inuentor;* à droite : *J. Valdor excú cúm priúil Regis.*

Haut., 130 millim.; larg., 184.

* Jolie pièce dans le goût de *Mercure et Battus.*

Les quatre Hommes dans une campagne. Ils se dirigent vers le fond ; deux à droite, un dans l'éloignement, et le quatrième à gauche, où l'on voit une pièce d'eau et une ceinture d'arbres au-dessous d'une grande fabrique ; à droite, un arbre fourchu sur un tertre.

Haut., 120 millim.; larg., 160.

* Pièce très médiocre.

1-4. *Suite de quatre paysages,* numérotés au bas de l'estampe à droite, sauf le numéro 2 qui est dans la marge au-dessous. Sans nom de maître.

Haut., 116 à 117 millim.; larg., 166.

1. *L'Homme monté sur l'âne.* Il s'avance à gauche, vers le spectateur, tandis que deux hommes s'éloignent dans le fond; au milieu, une rivière traversée par un pont d'une seule arche est bordée, à droite, par des rochers couronnés d'arbres, au-dessus desquels s'élève une fabrique; au fond, une plaine accidentée, une ville et des montagnes.

2. *Les deux Porte-Balle.* Ils viennent par un chemin qui tournoie sur la droite. Au milieu, coule une rivière traversée par un pont à plusieurs arches, au milieu duquel est une grosse tour crénelée; à gauche, s'élève une grosse montagne, entrecoupée de bois, au pied de laquelle est une grande fabrique.

3. *Le grand Pont de bois.* Il traverse une rivière qui coule du fond vers la droite. Celle-ci est bordée par une roche à pic, sur laquelle s'élève une église dont on voit le chevet et la tour; au pied de cette roche, quatre personnes; à gauche, deux hommes s'apprêtent à passer sur le pont; du même côté, sur le devant, où est un gros arbre, un homme s'avance avec une femme qui porte un sac sur la tête; au fond, la rive est bordée d'arbres; plus loin, des montagnes.

4. *Les deux Pêcheurs.* On les voit tenant leur ligne au bord d'une rivière qui est à droite. Celle-ci forme une petite cascade vers le milieu; à droite, des rives escarpées, des fabriques au milieu des arbres, et une grande montagne; à gauche, sur un chemin bordé de grands arbres, trois personnes : un homme et une femme s'avançant sur le devant, un homme se dirigeant vers le fond.

* Ces quatre pièces paraissent exécutées d'après des dessins de Suanevelt. Toute cette série vient de la collection Saint.

Nous voyons dans le catalogue Verstolk :

Deux Voyageurs au bord d'une rivière; pièce inconnue. Verstolk, 21 francs;
Deux Paysages montagneux. Vendus 6 fr. 30 c.;
Enfin le *Portrait de Suanevelt,* premier et deuxième état, dont nous avons parlé page 361.

TABLE DE L'ŒUVRE DE SUANEVELT

PIÈCES ATTRIBUÉES A SUANEVELT

SUYDERHOEF (Jonas), dessinateur et graveur à l'eau-forte et au burin, est, dit-on, né à Leyde dans les premières années du dix-septième siècle et mort célibataire, peut-être à Harlem, dans les premiers jours du mois de mai 1686. C'est ce que paraît prouver la demande de l'ouverture d'un tombeau dans l'église Saint-Bavon, circuit nord, n° 233, pour Jonas Suyderhoef. Ce graveur, selon M. Van der Willigen, appartenait à une famille harlémoise ancienne et distinguée. Son bisaïeul, Willem Suyderhoef, était bourgmestre, conseiller de la ville de Harlem et conseiller secret de Guillaume, prince d'Orange. Un de ses oncles était bourgmestre et conseiller de Schiedam pendant que le père de Jonas, Adrien Pieterzoon Suyderhoef, était secrétaire de Cornelis Haga, premier ambassadeur des Provinces-Unies à Constantinople en 1656. M. Van der Willigen ne peut donner la date de la naissance de Jonas, mais il affirme qu'il assista comme témoin au baptême de plusieurs enfants de son frère Adriaan Suyderhoef. Il fut élu commissaire de la Gilde de Saint-Luc le 16 mars 1677. Il fut élève de Soutman qu'il surpassa. La première date que l'on trouve sur une de ses estampes est 1641, la dernière est 1669. Suyderhoef procédait surtout à l'eau-forte, et ne se servait du burin que pour l'achèvement de ses planches. D'après Nagler (*Kunstler Lexikon*, t. XVIII, p. 20), il s'attachait plutôt à un travail artistique qu'à la pureté des lignes. Il rendait à merveille la diversité des couleurs et des procédés de la peinture et arrivait toujours, même dans les travaux vivement enlevés, à un ensemble satisfaisant. Bartsch, dans l'introduction de son ouvrage sur l'iconographie (t. I, p. 181), le place au nombre des graveurs du premier ordre; « il produisait, dit-il, des œuvres d'un genre tout personnel, aussi remarquables par la vigueur du ton que par la perfection du travail. Si l'on n'y trouve pas aussi la finesse et la netteté du burin, elles ont par contre une chaleur, une vérité et une expression qui ne laissent rien à désirer. »

M. Wussin, conservateur en chef de la bibliothèque de l'Université de Vienne, a publié en 1861 un très bon catalogue de ce maître, qui en 1862 a été traduit, annoté et augmenté par M. H. Hymans, conservateur à la bibliothèque royale de Bruxelles. Nous n'aurions certainement pas osé entreprendre un nouveau travail qui ne pouvait qu'être un abrégé du leur, s'il n'était pas impossible de passer sous silence l'œuvre de Suyderhoef dans un « Manuel de l'Amateur d'Estampes », et si, en même temps, nous n'eussions pas rencontré, dans le livre de M. Van der Willigen : *Les Artistes de Harlem*, dans le catalogue Visser et autres, une foule de remarques et même des pièces absolument inconnues aux deux premiers écrivains. Sous ce rapport, notre description sera une amélioration. Nos numéros, avec quelques modifications, sont ceux de nos prédécesseurs.

ŒUVRE DE SUYDERHOEF

PORTRAITS.

1. *Aart* ou *Aert van Leyden*. Il est tourné vers la droite, coiffé d'un bonnet plat; au-dessous de l'ovale, sur une banderole, une inscription en deux lignes : EFFIGIES CELEBERRIMI PICTORIS ARTI LEIDENSIS. . . . . E TABVLA QVAM SVA OLIM PINXIT MANV. Plus bas : *Ex. Musœo Hieronymi de Backere* IC. *I. Suyderhoef sculp*. *P. Goos, exc.*

Haut., 222 millim.; larg., 164.

1ᵉʳ état. Avant les lettres IC qui suivent le nom de *Backere*. Avant le nom du graveur et l'adresse. — 2ᵉ. Encore avant l'adresse, mais avec le nom et les lettres IC. — 3ᵉ. Celui décrit.

Visser, deuxième état, 21 francs.

2. *Aken (Conrad Vietor van)*. Debout, tourné vers la gauche, portant des moustaches et une barbiche pointue, il a le costume de prédicant; sa fraise est plissée, un livre est dans ses mains jointes. Dans la marge : M : CONRADVS VIETOR VAN AKEN. GEBOREN ANNO 1588. GESTORVEN *A°*. 1657. PREDIGER. . . . . Suivent des vers hollandais disposés en trois colonnes deux à deux : *Den prenter geeft. . . Help God wÿ met hem erven!* A gauche : *F. Hals pinxit.*, *I. Suijderhoef sculp.*, et à droite : *I. V. D. Linden.*

Haut., 315 millim.; larg., 230.

Ce personnage, (qui fut ministre à Harlem, s'appelait Victor, surnommé Van AKEN, parce qu'il était d'Aix-la-Chapelle.

Visser, 54 fr. 50 c.

3. *Albert II, empereur d'Allemagne*. Il est, dans un ovale, vu de face, un peu tourné vers la gauche, portant de fortes moustaches

et des cheveux légèrement bouclés ; sur sa tête, une couronne ouverte ; sur sa cotte de mailles, le manteau impérial. Sur la base, le
chiffre IV, et cette inscription en quatre lignes : ALBERTVS II, ALBERTI
I ABNEPOS, ... HVSSITICAM FACTIONEM OPPRIMIT, TVRCAM FVGAT, . . .
DECEDIT VI KAL. NOVEMBR. *CIƆCCCCXXXIX*, ÆT. XLIV.; plus bas :
P. Soutman Inuenit Effigiauit et Excud. Cum Priuil. I. Suijderhoef
Sculp. 1644.

Haut., 436 millim.; larg., 383.

Iᵉʳ état. Avant le numéro IV. — 2ᵉ. Celui décrit, avec le numéro.

Ce portrait est le quatrième de la suite des : *Effigies imperatorum domus Aus*
triacæ.

4. *Albert, archiduc d'Autriche.* Le prince est de face, tourné vers
la gauche ; ses cheveux sont courts, il a une moustache et une barbiche ;
il porte le collier de la Toison d'or. On lit, en deux lignes : *Albertus,*
Archidux· Austriæ, et dux Burgundiæ . . . . Plus bas, à gauche :
P. P. Rubens Pinxit, P. Soutman Effigiauit et Excud., à droite :
I. Suijderhoef Sculpsit cum Priuil. Sa Cæ. M., dans un ovale entouré
d'une guirlande de fruits.

Haut., 396 millim.; larg., 265.

1ᵉʳ état. Avant le numéro XII. — 2ᵉ. Avec ce numéro.
C'est la douzième pièce de la suite : *Ferdinandus II et III.*

5. *Amélie de Solms.* Vue de face, tournée vers la droite, elle porte
une robe ouverte ; elle a des perles dans les cheveux, aux oreilles, au
cou, etc., dans un ovale orné de génies, de fleurs et de l'écu de la
maison de Solms. Aux quatre angles, des fleurs et des guirlandes. On
lit, en deux lignes : AMELIA DE SOLMS PRINC. AURIACA, etc. Tout au
bas, à gauche : *G. Hondthorst Pinxit. P. Soutman Inven. Effigiauit et*
Excud. Cum Privil.; à droite : *I. Suiderhoef Sculp.*

Haut., 436 millim.; larg., 581

1ᵉʳ état. Avant le numéro 8, au bas de l'inscription. — 2ᵉ. Avec ce numéro.

6. *Ampsing (Samuel).* En buste, portant la robe de pasteur, il est
nu-tête, tourné vers la gauche ; il a des moustaches et une barbiche ; il
presse sur sa poitrine un livre dans les pages duquel il a l'index. Dans
le fond, au-dessus de la tête : SURSUM ANIMVS, à gauche : ÆTAT. 40,
au-dessous : *F. Hals pinxit;* plus bas encore : *I. Suijderhoef sculp.*

Dans la marge du bas : SAMUEL AMPZINGIUS HARLEMENSIS. . . . . . Au-dessous de l'inscription, huit vers en deux colonnes ; plus bas, à droite : *P. S.*

Haut., 313 millim.; larg., 228.

1er état. Celui décrit. — 2° On lit à la gauche du bas : *G. Bankcynigh. excudit.* — 3°. Avec cette adresse : *Hugo Allardt excud.*

7. *Auguste-Marie, fille de Charles Ier, roi d'Angleterre.* C'est une jeune femme, vue de face, tournée vers la droite ; elle porte au cou un collier de perles ; sa robe est bordée de dentelles. Elle est dans un ovale orné de génies, de fleurs et de fruits, aux armes d'Angleterre ; dans les angles, des palmes et des couronnes. On lit, en trois lignes : AUGUSTA MARIA CAROLI MAGNÆ BRIT. . . . Au-dessous, le chiffre 10, et tout au bas, à gauche : *G. Hondthorst Pinxit, P. Soutman Inven. Effigiavit et Excud. Cum Privil.*, à droite : *I. Suyderhoef sculp. A° 1643.*

Haut., 434 millim.; larg., 351.

1er état. Avant le numéro 10. — 2^d. Celui décrit.
Visser, 33 fr. 60 c.
C'est le numéro 10 de la suite : *Comites Nassaviæ.*

7 *bis. Banck (Laurentius).* Il en buste, de face, dans un ovale ; ses cheveux longs tombent sur sa robe de docteur. Dans l'ovale : LAURENTIUS BANCK, *Norcopensis Gothus, Philosoph. ac J. U. D. . . in Acad. Franquerensi.* Sur un fond ombré, autour de l'ovale : *I. Suyderhoef.* Au-dessous, douze vers latins : *Viros qui. . . . . carbo notat. Dominus Acronius. . . . .* C'est le nom de l'auteur des vers.

Hauteur totale, 432 millim.; larg., 297.

Ce portrait, décrit par M. Van der Willigen, est à Leide, chez M. Bodel Nijenhuis.

8. *Bartholinus (Thomas).* En buste, presque de face, tourné vers la gauche, il porte des cheveux longs, un manteau est rejeté sur son épaule gauche. Dans la marge, en trois lignes : THOMAS BARTHOLINUS, CASP. FIL. D. MED. ET ANATOM. IN ACADEM. HAFNIENSI . . . . ÆTATIS 35. *A°. 1651.* Plus bas, à gauche : *Carl. van Mander pinxit.;* à droite : *Ionas Suiderhoef sculpsit.*

Haut., 147 millim.; larg., 95.

Se trouve, page 17 du livre : *Thome Bartholini Casp. fil. Anatomia.* . . . 1651, et aussi dans l'édition 1660, in-8°. M. Van der Willigen parle d'un portrait tout semblable, mais tourné à droite. On lit : *ætatis 35. A° 1656.*

Il figure au commencement du Traité d'anatomie du D^r *Th. Bartholinus*, traduit par Thomas Staffard, chirurgien. Dordrecht, 1656, in-8°. Au verso, un texte imprimé. Sur une autre épreuve dont le verso est blanc, mais dont le fond a la forme d'un losange, on lit : *ætatis* 35, *A°* 1651.

Nous ne pouvons dire si c'est le même portrait que Wussin indique comme tourné à gauche.

9. *Beeckerts van Thienen (Adrien)*. En buste de face, un peu tourné vers la droite, sa tête est nue ; du manteau qui l'enveloppe sortent les doigts de la main droite. Dans la marge, en deux lignes : ADRIANUS BEECKERTS A THIENEN LUGD. BAT. JURISCONSULTUS. . . . . ACAD. RECTOR. ÆT. XXXIV. ANNO 1657.; puis quatre vers latins en deux colonnes : *Aspice cui proprium.* . . . . *dextera nulla suum.* Plus bas, à gauche : *I. D. Vos pinxit. I. Suyderhoef sculp.*, à droite : *N. Visscher excudit. Henricus Bruno.* (C'est l'auteur des vers.)

Haut., 315 millim.; larg., 226.

1er état. Avec l'adresse : *C. Banheÿningh excudit.* Visser, 52 fr. 50 c.

2e. Celui décrit. — 3e. Avec l'adresse de *J. Covens et Mortier.*

10. *Beenius (Jean)*. Il est tourné vers la gauche, assis dans un fauteuil et vu jusqu'aux genoux, la tête couverte d'un bonnet, portant une barbe épaisse, les manches de son vêtement sont flottantes, ses deux bras posent sur les appuis du fauteuil ; il tient de la main gauche un livre entre les pages duquel son index est passé. Sur le siège du fauteuil : ÆTATIS 73 *A°* 1661. Sur la muraille à droite, des armoiries avec cette devise : VITA NIHIL. Dans la marge, en trois lignes : ADM : REV : DUS : JOANNES BEENIVS. . . . . NATVS *A°* M.D.LXXXVIII. OBIIT, *A°* M.DCLXV. Suivent, en trois colonnes de trois lignes, des vers latins. Tout au bas, à gauche : *H. Van Vliet pinxit;* à droite : *J. Suyderhoef sculpsit.*

Haut., 346 millim.; larg., 311.

Ce personnage était licencié en théologie à l'abbaye de Grimbergen, l'inscription portant : S. THEOL. LICENT. IN ABBATIA GRIMBERGENSI QVONDAM.

10 *bis. Bevere (Corneille de)*. En buste, de face, un peu tourné vers la gauche, il porte sur ses cheveux longs une calotte ; il a des moustaches et une barbiche. Autour de l'encadrement : CORNELIS DE BEVERE, RIDDER, ... Dans le coin inférieur de gauche : *I. Suijderhoef*, et à droite : *sculpsit.* Sur le socle, quatre vers hollandais, et au-dessous : *J. V. S.* Sur le coin supérieur, à gauche : *Fol.* 222.

Haut., 186 millim.; larg., 122.

1er état. Avant toutes lettres; chez M. Bodel Nijenhuis. — 2°. Avant : FOL 222 de la description de Dordrecht par M. Balen. — 3°. Celui décrit.

Ce portrait, inconnu à Wussin et décrit par M. Hymans, se trouve dans le *Beschryvinge der stadt Dordrecht*. . . . Dordrecht, 1677, in-4°, pp. 222-223.

11. *Beyma* (*Julius*). Il est dans un ovale, de face, tourné vers la gauche ; sa barbe est courte ; sur sa tête, un chapeau à larges bords. Autour de l'ovale : JULIUS A BEYMA, *I. C. Primarius juris Civilis Professor*. . . . . *Obijt* 1598. *Ætat*. 59. A la gauche du bas, hors de l'ovale : *I. Suijderhoef sculp.* ; à droite : *C. Fontanus excud.*

Haut., 174 millim.; larg., 137.

1er état. Avant les noms de *Suijderhoef* et de *Fontanus*. Chez M. Bodel Nijenhuis.
2°. Celui décrit.

12. *Bloemaert* (*Augustyn*). A mi-corps, portant un petit bonnet rond, avec des moustaches et une petite barbe, il est assis à une table ; de la main gauche posée sur le bras du fauteuil, il tient une plume, et de la droite une feuille de papier sur laquelle on lit : *Obiit* 14 *nov*. 1659. *Æt*. 75. Dans le bas, sur deux colonnes de quatre lignes, une pièce de vers hollandais : *D. Hollantsche AUGUSTYN*. . . *BLOEMAERT blinck nu noch met schooner glans*. Plus bas, à gauche : *I. ver Spronck pinxit. I. Suijderhoef sculpsit*, et à droite : *J. v. Vondel*, auteur des vers.

Haut., 317 millim.; larg., 230.

1er état. Avant la date du décès. Voir catal. J. D. Nijman. — 2°. Celui décrit.
Au Cabinet des estampes de Paris se trouve une épreuve avec cette désignation : *avant l'écriture près de la boule du monde.*
Visser, 63 francs.

13. *Bodding van Laar* (*Nicolas*). A mi-corps, tourné vers la droite, il est debout, près d'une table où il va écrire ; il porte une longue barbe. Dans le fond, au-dessus de la tête : *Anno* 1639. *Ætatis suæ* 33. *NB* entrelacés. Dans la marge : MYN GEWIN IS GEKRUYST.

Haut., 145 millim.; larg., 89.

1er état. Avant toute lettre. — 2°. Celui décrit.
M. Van der Willigen a rencontré une épreuve portant des vers manuscrits par J. Van de Velde.

14. *Boxhorn* (*Marcus-Zuerius*). En buste, dans un ovale, il est tourné à droite, la tête nue, le front couvert de cheveux longs et plats. On lit : MARCVS ZVERIVS BOXHORNIVS, ... PROFESSOR, AETATIS ANN. XXVIII.

Tout au bas, à gauche : *Dubordiui Pinsit*, et au-dessous : *I. Suijderhoef Sculpsit ;* à droite : *I. Lauwijck Excud.* Dans la marge du bas, une pièce de vers, en deux colonnes de quatre lignes : *Si Romana suis . . . . . regna papyrus habet ;* plus bas, à droite : ADRIANUS HOFFERUS, ... auteur des vers.

Haut., 324 millim.; larg., 228.

Dans la collection *Albertine* on trouve une épreuve qui a en plus une bande de 41 millim. de hauteur, portant une dédicace de l'éditeur à *Pierre Juste Daviler.* Elle montre des corrections à la plume. Une épreuve du même état se trouve au Cabinet des estampes de Paris.

La dédicace primitive offre pour principales différences le mot *supreme* modifié en *prudentissime, Duilere* changé en *Davilere ,* et *solatia* corrigé par *solatio.*

Cette épreuve, très rare, vient du Cabinet Frank.

Une autre épreuve avec les fautes non corrigées, Visser, 609 francs.

1er état. Avant le nom du peintre et du graveur. — 2e. Avec *Lauwÿck Excud.* — 3e. *Clement de Jonghe* est ajouté au milieu. — 4e. Cette dernière adresse est effacée ; sous les vers, on lit : *C. Dankerts Excud.* — 5e. On a ajouté, au milieu du bas, sous les vers : *Danker Dankertz, Excud.* — 6e. Non décrit, avec l'adresse de *H. Foccken.*

14 bis. Camminga (Watze van). En buste, dans un ovale, tourné à droite, il porte un pourpoint de soie noire ; sa tête est couverte d'une petite calotte, d'où sort une abondante chevelure. Autour de l'ovale : WATZO FR. VAN CAMMINGA, *anno Salutis MDCLVIII æt. suæ* LV *regiminis suæ Amelandiæ* XVIII. Au bas de l'ovale, à gauche : *A. P. Nijhoff pinxit ;* à droite : *I. Suijderhoef sculp.* En bas, quatre vers hollandais. Au-dessous : *G. Adius, Ameland. Pens.*

Hauteur totale, 352 millim.; larg., 217.

Le portrait se trouve avant les statuts, etc., d'Ameland. Leuwarden, 1658. Pet. in-8, chez M. Bodel Nijenhuis.

14 ter. Camer (Willem van der). Il est dans un ovale, le visage tourné un peu vers la droite. *F. H. (Franc Hals) pinx.* 1630. *J. S. Sculp.* 1651.

Au cabinet d'Amsterdam on trouve cette estampe, mais un peu rongée.

Haut., 279 millim.; larg., 232.

15. Charles-Quint. Cet empereur est tourné vers la gauche, portant une barbe assez forte, et décoré des insignes de la Toison d'or, dans un ovale orné de fleurs et de fruits, au haut duquel est l'écusson impérial avec la devise : PLVS VLTRA, on lit en trois lignes : *Carolus V. Dei Gratia Imperator Semper Augustus,* . . . . . Plus bas, à gauche :

Tilianus Pinxit; à droite : *I. Suiderhoef Sculpsit;* encore plus bas, à
gauche : *P. Soutman Effigiauit et Excud.;* à droite : *Cum Priuil.
Sa. Cæ. M.*

Haut., 409 millim.; larg., 270.

1er état. Avant le numéro 9 au milieu du bas. — 2e. Avec ce numéro. — 3e. Ce
chiffre est effacé.

Cette pièce est le numéro 9 de la suite : *Duces Burgundiæ*.

16. *Charles Ier, roi d'Angleterre.* Il est de face, légèrement tourné
vers la gauche; nu-tête, portant la moustache relevée et la barbe en
pointe; un médaillon est suspendu à son cou. Dans la marge, en deux
lignes : *Carolus, Magnæ Britanniæ, Franciæ, . . .;* plus bas, à gauche :
Ant. Van Dijck Pinxit; à droite : *I. Suijderhoef Sculpsit;* plus bas, à
gauche : *P. Soutman effigiauit,* et au dessous, faiblement marqué : *et
excud.;* à droite : *Cum Priuil. Sa. Cæ. M.*

Haut., 400 millim.; larg., 272.

1er état. Avant le numéro 10. — 2e. Avec ce numéro.

Cette pièce est le numéro 10 de la suite : *Ferdinandus II et III.*

17. *Charles le Téméraire, duc de Bourgogne.* Couvert de son
armure, vu de face, il est tourné vers la gauche; sur son manteau
garni de fourrure est le collier de la Toison d'or. On lit, en trois lignes :
Carolus Dictus Bellicosus Seu Pugnax Dux Burgundiæ. . . . . .; au-
dessous, à gauche : *P. Soutman effigiauit et excud. cum Priuil. Sa.
Cæ. M.;* à droite : *I. Suijderhoef Sculpsit.*

Haut.; 413 millim.; larg., 280.

1er état. Avant le numéro. Les angles de la planche sont aigus. — 2e. Au milieu
du bas, le numéro 6. — 3e. Ce numéro est effacé.

C'est le numéro 4 de la suite : *Duces Burgundiæ*.

18. *Chambre (Jean de la).* Debout, nu-tête et tourné vers la droite,
il porte des cheveux courts, une moustache frisée et une barbiche
pointue. Une plume est dans sa main qu'il élève. Dans la marge, en
trois lignes : *Verscheyden geschriften geschreven. . . . . pennen,
tot Haarlem. Anno* 1638. A droite : *F. Hals pinxit.;* plus bas : *J. S.
Hoef sculpsit.*

Haut., 253 millim.; larg., 770.

1r état. Le travail de la tête semble fait au pointillé; du reste, celui décrit.

Vente Visser, 126 francs. Avec des retouches et des corrections de la main du
maître.

2e. Sur l'ombre portée du menton, à droite, on voit une contre-taille; dans le fond, les deux tailles qui le formaient sont croisées d'une contre-taille un peu inclinée, allant de gauche à droite. Dans l'angle du bas de la droite, il y a une troisième rangée de tailles obliquant de gauche à droite. Le personnage paraît plus âgé.

Ce portrait fait partie d'une suite de six modèles d'écriture, sous ce titre : *Verscheyde geschriften.* . . . Haarlem, 1638.

19. *Clauberg (Jean).* Il est debout, à mi-corps, tourné vers la gauche; sur sa tête, un petit bonnet surmontant ses cheveux plats; il porte les moustaches et la barbe, une robe de docteur le couvre. Dans la marge, en trois lignes : JOANNES CLAUBERGIVS SS. THEOLOGIÆ ET PHILOSOPHIÆ DOCTOR. . . . . .; plus bas, à gauche : *I. Caspar Pfeffer pinxit;* au milieu : *I. Suÿderhoef sculp.;* à droite : *Adriaen Wÿngaerden excud.*

Haut , 322 millim.; larg., 226.

1er état. Avant toute lettre. Musée d'Amsterdam. — 2e. Celui décrit. — 3e. Avec l'adresse *J. Tangena excud.*

20. *Cocceius (Johan).* En buste, tourné à droite, il porte une petite calotte de velours noir; il a une moustache et une barbiche; son vêtement de dessous est couvert par une toge de professeur. Au haut de la planche : NATUS BREMÆ A. C. 1603. 30 JULY-9 AUGUSTI. Dans la marge du bas : IOANNES COCCEIVS IN ACADEMIA LVGDVNO-BATAVA . . . ; plus bas, à gauche : *J. d. Vos pinxit,* 1652.; au milieu : *J. Suÿderhoef sculpsit;* à droite : *C. Banheÿnigh excudit.*

Haut., 305 millim.; larg., 228.

1er état. Celui décrit. — 2e. L'adresse est *Hugo Allerdt, exc.* — 3e. Voir n° 49.

21. *Crucius (Jacques).* Dans un ovale, en buste, tourné à gauche, il porte les moustaches et la barbe, et une calotte sur la tête; pardessus son vêtement, un manteau fourré. On lit, autour de l'ovale : JACOBVS CRUCIUS VERBI DEI MINISTER. . . . ; puis des caractères hébreux. Dans la marge : *Effigiem Cruccii.* . . . . *noscere, Scripta legat.;* au dessous, la traduction hollandaise. A gauche: *Suÿderhoef Sculpsit,* et à droite : *P. Goos Excudit.*

Haut., 211 millim.; larg., 147.

22. *De Dieu (Louis).* En buste, tourné vers la gauche, nu-tête, les cheveux et la barbe coupés court, dans un ovale autour duquel on lit :

LVDOVICVS DE DIEV. GALLO BELGICI COLLEGII REGENS. . . . .; dans la marge du haut, à gauche et à droite, des caractères hébreux; au bas, à gauche : *Natus Flissingæ 7 Apr. A.* 1590; à droite : *Denatus Leidæ 23 Dec. A.* 1642. Dans la marge du bas, huit vers en deux colonnes : *Ora vides, . . . reddit imago virum.*; sous ces vers : MARCVS ZVERIVS BOXHORNIVS; près du bord de la planche, à gauche : *P. Dubordieu Pinxit*; à droite : *I. Suijderhoef Sculp. Cornelius Banheinningh excudit.*

Haut., 326 millim.; larg., 232.

1er état. Celui décrit. — 2e. A'la place de la première adresse : *H. Focken Exc.*

23. *Descartes (René).* En buste, tourné à gauche, portant des cheveux longs, les moustaches et la barbe; il est enveloppé d'un manteau, et tient son chapeau dans les doigts de la main droite. Dans la marge du haut : NATVS HAGÆ TVRONVM PRIDIE CAL. APR. 1596. DENATUS HOLMIÆ CAL. FEB. 1650. Dans la marge du bas : RENATUS DESCARTES, NOBILIS GALLUS, ... MATHEMATICUS ET PHILOSOPHUS; suivent deux distiques : *Talis erat vultu. . . . . solus in orbe fuit.* Au bas de la planche, à gauche : *F. Hals pinxit;* au milieu : *I. Suijderhoeff sculpsit;* à droite : *P. Goos excudit.*

Haut., 311 millim.; larg., 228.

1er état. Avant toutes lettres. Cabinet des estampes d'Amsterdam.— 2e. Avant l'adresse de *P. Goos.*— 3e. Avec;celui décrit. Visser, 84 francs. — 4e. Avec l'adresse de *Clement de Jonghe* 1. —5e. Cette adresse ne parait presque plus. — 6e. A la place de l'adresse de C. de Jonghe on lit : *Carolus Allardt excudit Cum Privilegio*. — 7e. Elle a été complètement enlevée. On ne lit plus dans la marge du haut : NATVS HAGÆ TVRONVM. . . . . La planche n'a plus que : haut., 311 millim.; larg., 224.

24. *Constantin l'Empereur ab Oppyck.* En buste, de face, un peu tourné vers la gauche, nu-tête; il porte des moustaches et une forte barbe; sur sa poitrine, deux anneaux d'une chaîne. Autour de l'ovale : CONSTANTINVS L'EMPEREVR AB OPPYCK S. S. THEOLOGIÆ D. PROFESSOR. . . . . ÆTATIS SUÆ Aº 50. Au bas, à gauche : *Baudrigeen Pinxit;* au-dessous : *I. Suyderhoef Sculpsit;* à droite de l'ovale : *Iac. Lauwijck Excudebat;* dans la marge, quatre distiques : *Cæsaris hæc facies, ... Barbarus orbis, erat.*; au-dessous, à droite : ANTONIVS T . . . I. C.

Haut., 317 millim.; larg., 235.

1. Le catalogue de la vente de Kruyff dit que cet état n'est autre chose qu'une copie parfaitement différente, ainsi que par les caractères du texte et par les dimensions.

1er état. Celui décrit. — 2e. Après *Iac. Lauwyck excudebat*, on lit dans le bas : THYSIVS . . . — 3e. Au-dessous des vers, à gauche : *C. Dunckertz excud.* — 4e. Sous les quatre derniers vers, à droite : *Danker Dankertz Exc.*

Visser, premier état, 77 fr. 70 c. Le mot THYSIVS est écrit à la plume.

25. *Ferdinand III, empereur d'Allemagne.* Ce prince est de face, tourné vers la droite, portant une armure, le manteau impérial et la Toison d'or; la main gauche sur la poignée de son épée, il tient le sceptre de la droite. Dans le fond, une salle ronde ornée de statues. L'ovale est surmonté d'une couronne de laurier; aux angles, des attributs. Sans titre, ni nom de peintre ou de graveur.

Haut., 500 millim.; larg., 386.

26. *Ferdinand III, empereur d'Allemagne.* Vu de face, un peu tourné vers la gauche, portant les moustaches et une barbiche, décoré de la Toison d'or; il est dans un ovale, entouré de guirlandes de fruits. On lit, en deux lignes : *Ferdinandus. III Dei gratia Imperator semper Augustus. . . .* Au-dessous : *P. Soudtman effigiauit et excud. Cum Priuil. Sa. Cæ. M., I. Suijderhoef Sculpsit.*

Haut., 411 millim.; larg., 272.

1er état. Avant le numéro 3. — 2e. Avec ce numéro.
C'est le numéro 3 de la suite de *Ferdinandus IIus*, etc.

27. *Frédéric III, empereur d'Allemagne.* Ce prince est dans un ovale, entouré de trophées, tourné vers la droite, portant la couronne impériale; son armure est couverte d'un manteau; sur la base de l'encadrement : III, et l'inscription suivante : FRIDERICVS III, ALBERTI I FIL. RODOLPHI I NEP. . . . . . OBIT CIↃ CCCXXX.; au-dessous : *P. Soutman Inuenit Effigiauit et Excud. Cum Priuil. I. Suijderhoef Sculp.* 1644.

Haut., 434 millim.; larg., 353.

1er état. Avant le numéro. — 2e. Celui décrit.
C'est le numéro 3 de la suite : *Effigies imperatorum domus Austriacæ* 1.

28. *Frédéric-Henri d'Orange-Nassau.* En buste, de face, tourné vers la gauche, en armure, il porte un col rabattu, garni de dentelles,

---

1. Cet ouvrage, publié par Soutman en 1644, renferme quatre parties. La première, celle que nous venons de citer, contient treize portraits; la deuxième, FERDINANDVIS IIus et IIIus, vingt-deux; la troisième, DVCES BURGUNDIÆ, treize; la quatrième, les COMITES NASSAVIA, dix. Dans la seconde édition, le nom de Soutman est remplacé par celui de *F. de Wit.*

d'où pendent deux glands ; dans un ovale orné de génies et de trophées, et dont les angles sont garnis d'attributs. Sous le portrait, en deux lignes, dans un espace vide : FR. HENRICUS NASSAVIUS, PRINCEPS AURIACUS, etc. ; tout au bas, à gauche : *G. Hondthorst Pinxit ;* à droite : *I. Suijderhoef Sculp.;* au-dessous : *P. Soutman Inuen, Effigiavit et Excud, Cum Priuil.*

Haut., 434 millim.; larg., 355.

1ᵉʳ état. Avant toute lettre. L'ovale est légèrement marqué. Cabinet des estampes d'Amsterdam. — 2ᵉ. Celui décrit. — 3ᵉ. Sous l'inscription, le numéro 7.

C'est le numéro 7 de la suite : *Comites Nassavia.*

28 *bis. Gendt (Bartholdt van).* Il est dans un ovale, un peu tourné vers la droite ; ses cheveux sont légèrement bouclés ; il porte des moustaches et une petite barbe ; son col est plat, un pourpoint de soie le couvre. Au bas, une inscription en sept lignes, mais le nom de Suyderhoef ne s'y trouve pas.

Haut., 203 millim.; larg., 26.

Ce personnage fut un des négociateurs de la paix de Westphalie.

29. *Gilles de Glarges.* Il est à mi-corps, debout, tourné vers la gauche, portant moustaches, favoris et barbe pointue ; sur la tête, un bonnet de velours ; il relève des deux mains le manteau fourré qui le couvre. Sous les armoiries, à la gauche du haut : OB 1611 ÆT 82. Dans la marge du bas : GILLIS DE GLARGES, VRYHEER TOT ESLEMS . . . VAN DE VNIVERSITEYT TOT LEYDEN. Suivent dix vers, sur trois colonnes : *Aspicis ora viri. . . . spiritus astra tenet.;* tout au bas, à gauche : *M. Mierevelt pinxit;* au-dessous : *I. Suijderhouf sculp.* 1643.; à droite : *G. Suerendonck comp.;* plus bas: *Michiel Segerman Excud.*

Haut., 355 millim.; larg., 249.

1ᵉʳ état. Non décrit ; avec l'adresse de *Segerman*, mais la gravure a 4 millim. 1/2 de plus dans le haut ; la marge blanche, dans le haut, est moins large ; il y a dans le bas 2 millim. 1/2 de plus de marge. — 2ᵉ. Celui décrit. La gravure est moins grande dans le haut, où l'on remarque une bande plus claire, dans le fond, par suite d'un *grattage.* La marge du bas a été coupée. — 3ᵉ. Il y a des épreuves où, au-dessous des vers cités, on lit, sur une planche rapportée, douze vers hollandais en trois divisions : *En Stut . . . . Ouvrderff'lijcktreyt.* On lit l'adresse de *Clément de Jonghe.* — 4ᵉ. Avec *Dancker Danckertz excudit.* — 5ᵉ. *Jean de Ram exc.*

Visser, premier état, 63 francs. — Deuxième, 40 francs.

On connaît des épreuves où, sur une planche additionnelle, on a ajouté des vers hollandais.

30. *Goltzius (Henri)*. Vu de trois quarts, tourné vers la droite, il porte un bonnet rond et la barbe; un vêtement de velours le couvre; dans un ovale, décoré d'un écu, surmonté d'une tête d'aigle tournée vers la gauche; au-dessus, sur une banderole : EER BOVEN GOLT. Dans la marge du bas : *Henricus Goltzius sculpturæ et picturæ ambitum… occupans*. Tout au bas de la planche, à gauche : *I. Suyderhoef sculpxit;* à droite : *C. Visscher Excud. Cum Priuil.*

Haut., 400 millim.; larg., 263.

1er état. On lit *P. Soutman Exc. Cum Privil.* — 2e. Celui décrit.

30 *bis. Guillaume de Nassau*. En buste, de face, les cheveux relevés, portant des moustaches et une barbiche; il est couvert d'une armure; dans un ovale entouré de génies et de trophées, orné dans le haut de l'écu des Nassau. Au bas, en deux lignes : GUILIELMUS NASSAVIUS, PRINCEPS AURIACUS, etc.; au-dessous, le chiffre 4 ; aux angles, des couronnes. Tout au bas, à gauche : *P. Soutman Inuen, Effigiavit et Excud. Cum Priuil.;* à droite : *I. Suiderhoef Sculp.*

Haut., 431 millim.; larg., 355.

1er état. Avant le numéro 4. — 2e. Celui décrit,
C'est le quatrième portrait de la suite : *Comites Nassaviæ.*

30 *ter. Guillaume de Nassau.* C'est un jeune homme, vu de face, tourné vers la gauche, portant un chapeau orné de deux plumes d'autruche; il est dans un ovale entouré d'attributs, surmonté de l'écusson des Nassau; aux angles de la planche, des branches d'arbre. Dans le bas : GUILIELMUS NASSAVIUS, NAT. PRINCEPS AURIACUS, etc. ; au-dessous, le chiffre 9. Tout au bas, à gauche : *G. Hondthorst Pinxit. P. Soutman Inven.;* à droite : *Effigiavit et Excud. Cum Privil. I. Suiderhoef Sculp.*

Haut., 456 millim.; larg., 378

1er état. Avant le numéro 9. — 2e. Celui décrit.
C'est le neuvième portrait de la suite indiquée ci-dessus.

31. *Haslang (George Christophe, baron de)*. En buste, nu-tête, vu de face, tourné vers la droite; il porte les moustaches et la barbe. Dans la marge du bas, en sept lignes : *Illustrissimus ac Excellentissimus Dominus Dñus Georgius Christophorus Liber Baro ab Has-*

lang. . . . . ad tractatus pacis universalis Legatus Plenipotentiarius.
Au-dessous, à droite : *I. Suyderhoef sculp.*

Haut., 246 millim.; larg., 135.

1ᵉʳ état. Avant toute lettre. Les angles de la planche sont aigus. — 2ᵉ. Celui décrit.
Les angles sont arrondis. — 3ᵉ. On lit : *Rombout van den Hoeye ex.*

32. *Heereboord* (*Adrien*). De face, un peu tourné vers la gauche,
il porte des moustaches et une petite barbiche; un manteau est jeté sur
son épaule gauche. Autour de l'ovale : ADRIANVS HEEREBOORD,
LVGDVNO-BATAVUS, L. A. M. PHILOSOPHIÆ . . . . ÆTATIS XXXIII. 1647. Au
haut de la planche, à gauche : ΣΟΦΩΣ, et à droite. ΚΑΙ ΣΑΦΩΣ. Dans la
marge du bas, six vers latins : *Accipe, Spectator, . . . muta tabella
loqui.* Plus bas, à gauche : *P. Dubordieu pinxit;* au milieu : HENRICVS
BRVNO, et à droite : *Jonas Suijderhoef sculp.*

Haut., 317 millim.; larg., 224.

* 1ᵉʳ état. Non décrit. La tête est moins travaillée; le cou est entièrement couvert
par le col plat; la toge de professeur couvre presque tout le corps et ne laisse voir que
la partie boutonnée du pourpoint.

Visser, 163 fr. 80 c.

2ᵉ. La tête est plus travaillée. Le cou se voit aussi, le col est changé et devenu
beaucoup plus large; le manteau, ou toge professorale, n'est plus ici jeté que sur
l'épaule droite.

M. Van der Willigen décrit quatre états de cette manière :

1ᵉʳ. Moins soigné; le côté droit du nez est beaucoup plus large. — 2ᵉ. Avec
une dédicace en latin imprimée au verso. — 3ᵉ. Il ne contient ni la lampe ni le livre.
La même inscription en latin est imprimée au revers du feuillet. —4ᵉ. On ne voit pas
la lampe; le verso est blanc.

33. *Le même.* A mi-corps, tourné vers la droite, enveloppé de son
manteau, assis dans un fauteuil, coiffé d'un petit bonnet, il a des
moustaches et une barbe légères; devant lui, sur une table, un pupitre
où est un livre ouvert. On lit, en trois lignes : ADRIANUS HEEREBOORD.
LUGDUNO-BATAVUS. L.A.M. ET PHILOSOPHIÆ. . . . . PROFESSOR. . . . .
ÆTATIS 45. ANNO 1659. Plus bas, à droite : *I. Suijderhoef sculp.*

Haut., 211 millim.; larg., 151.

34. *Hegger* (*Rodolphe*). Vu de face, un peu tourné vers la gauche,
il a des moustaches, des favoris et une barbe pointue; sur sa tête, une
calotte de velours ; un manteau fourré l'enveloppe. Autour de l'ovale :
RUDOLPHUS HEGGERUS L. W. ECCLESIÆ. . . . . . AD XXXV ANNOS PASTOR.

A° 1656. Dans la marge, en deux colonnes, huit vers hollandais. Au-dessous, à gauche : *I. D. Vos pinxit. J. Suijderhoef sculp.;* au milieu : *C. Banheyningh excudit;* à droite : *J. J. « Verweÿ ».*

Haut., 319 millim.; larg., 228.

1ᵉʳ état. Celui décrit. — 2ᵉ. On lit, à la place de l'adresse de *Banheyninjh: Hugo Allerdt excudit.* — 3ᵉ. Cette dernière adresse est remplacée par *Carolus Allard excudit.*

35. *Heinsius (Daniel).* En buste, tourné vers la gauche, coiffé d'une calotte, il a des moustaches et une barbe courte; à sa boutonnière, une médaille, où l'on voit le lion de Saint-Marc, est suspendue à un ruban. Autour de l'ovale : DANIEL HEINSIVS, D. MARCI EQVES, ... Dans la marge du haut : QUANTVM EST QVOD NESCIMVS. Au bas, à gauche : *Merek Pinxit;* à droite : *I. Suijderhoef sculp.* Dans la marge du bas, huit vers en deux colonnes : *Si tabulam cælare. . . . . et dedit ipse sibi.;* au-dessous, à droite : *Guilielmus Grotius.*

Haut., 319 millim.; larg., 226.

1ᵉʳ état. Avant toute adresse; celui décrit. Visser, 73 fr. 50 c. —2ᵉ. Sous le nom de *Suijderhoef: Cornelus Banheinningh Excud.* — 3ᵉ. Avec l'adresse *H. Allardt.*— 4ᵉ. Cette adresse, effacée, laisse encore des traces.

36. *Henriette-Marie, reine d'Angleterre.* Elle est tournée à droite; ses cheveux, son cou et ses oreilles sont ornés de perles; le haut de sa robe est couvert d'une riche dentelle. On lit en deux lignes : *Henrietta Maria Caroli Vxor, Magnæ, Britanniæ,* . . . Au-dessous, à gauche : *Ant. Van Dÿck pinxit, P. Soûtman Effigiaüit et Excûd.;* à droite : *I. Suijderhoef Scûlpsit. Cum Priüil Sa. Cæ. M.*

Haut., 404 millim.; larg., 272.

1ᵉʳ état. Avant le numéro 11. — 2ᵉ. Avec ce numéro.
C'est le onzième portrait de la suite : *Ferdinandus II^{us}, III^{us}.*

37. *Herman (Heereman François).* En buste, tourné vers la gauche, il porte des cheveux courts, une moustache et une barbiche; autour de son cou, une large fraise plissée. A la gauche du haut : *V. de Geest f.;* et au-dessous : *J. Suyderhoef S.*

Haut., 155 millim.; larg., 124.

1ᵉʳ état. Avant la lettre. Cabinet des estampes de Paris. — 2ᵉ. Avec le nom du maître.

Ce portrait a été fait pour un livre. Il existe des épreuves avant et d'autres avec un texte hollandais au revers.

37 *bis. Autre portrait du même personnage.* Il est plus jeune, vu de trois quarts, tourné à gauche, portant une large fraise avec un manteau. On lit quatre vers latins : *Qui dicta scitis. . . . . terris labor.* En dessous, au milieu : *I. S. Sculp.* Imprimé comme feuille volante, avec des vers de *Anna Roemers* en caractères de typographie. Non décrit.

Haut. du cuivre, 133 millim.; larg., 81.

* 1er état. Avant les remarques que nous allons indiquer plus bas. Vente Visser, 189 francs.

2e. Les quatre vers sont signés de *P. Winsemius*, avec la date de 1639. On voit les initiales du peintre : *J. R. pinx.* Celles de *Suylerhoef* sont en plus petits caractères que dans le premier état.

Visser, 58 fr. 80 c.

38. *Heydan (Abraham).* Il est en buste, vu de face, tourné vers la gauche, coiffé d'un bonnet, portant une barbe courte et pointue ; il est enveloppé d'un manteau qui laisse voir cependant les boutons de son vêtement de dessous. Dans la marge, en trois lignes : ABRAHAMVS HEYDA-NVS ECCLESIÆ LEYDENSIS PASTOR. . . . Au-dessous, à gauche : *I. Van Schooten pinxit;* au milieu : *Ionas Suijderhoef sculpsit;* à droite : *Cornelis Banheinning excudit.*

Haut., 317 millim.; larg., 220.

1er état. Celui décrit. On compte dix boutons au vêtement de dessous. — 2e. On a modifié le col et le manteau. Le col est plus petit; les côtés ne se rejoignent pas par devant; les pointes sont éloignées de 56 millim.; le manteau, retravaillé, ne touche plus aux deux bords de la planche ; il est plus fermé, en sorte que huit boutons seulement paraissent; à gauche, les ombres du visage ont été renforcées. Avec la même adresse. — 3e. Celle-ci est remplacée par : JOCHEM BORMEESTER.

39. *Hollebeck (Jacques).* Il est en buste, vu de trois quarts, tourné à gauche, portant une forte barbe; sa tête est couverte d'une calotte. Vers la droite du haut, dans un espace ménagé en clair : *Ætatis suæ* 55. A° 1648. Dans la marge : JACOBVS HOLLEBEKIVS, THEOLOGVS. . . suivent quatre vers hollandais; à gauche : *J. Suijderhoef sculpsit;* à droite : *Pieter Goos Excudit.* Dans une épreuve qui est au Cabinet des estampes de Paris, on lit dans la marge : IACOBVS HOLBEECK IS GEBO-REN TOT LEYDEN A° MDXCIII AVGVST. IV.

Haut., 309 millim.; larg., 218.

1er état. Avant l'âge et l'année, mais avec l'adresse de *Pieter Goos.* — 2e. Celui décrit.

Une épreuve sur satin se trouve dans la collection de M. Bodel Nijenhuis.

40. *Hoornbecck (Jean).* Le prédicateur, en buste, est de face, tourné vers la gauche, nu-tête; il porte de légères moustaches et une barbiche; il tient un livre fermé de la main droite. Dans le fond, à gauche du personnage : *Ætatis* XXXIV. *A°* MDCLI. Dans la marge, en trois lignes : IOHANNES HOORNBEECK. S. THEOL. DOCTOR . . . . Au-dessous, à gauche : *J. Suÿderhoef sculps.;* à droite : *Pieter Goos excudit.*

Haut., 324 millim.; larg., 259.

1ᵉʳ état. Avant l'âge du personnage et l'année; avant que le personnage fût annoncé comme docteur et professeur à Utrecht, et avant l'adresse de *Goos.* — 2ᵉ. Avec l'année, la date et l'adresse. C'est celui décrit. On lit : DOCTOR IN ECCLESIA, ET ACADEMIA ULTRAIECTINA. — 3ᵉ. Le mot ULTRAIECTINA est changé en LUGDUNO-BATAVA. — 4ᵉ. Avec l'adresse de *A. De Jonghe.* — 5ᵉ. On lit celle de *J. Tangena.* Dans le haut de l'estampe : *Piæ memoriæ*; la planche a été retouchée. M. Fransen, amateur hollandais, m'a fait savoir qu'il avait vu une estampe avec cette adresse, mais sans les mots : *Piæ memoriæ.*

40 *bis. Huygens (Const.).* Ce poète, secrétaire du prince d'Orange, est en buste, vu de trois quarts, tourné à droite, placé dans un ovale. On lit, au bas, quatre vers : *Ordinis et Veri. . . . anus.;* au-dessous : CONSTANTER. Pièce ovale.

Haut., 190 millim.; larg., 67, pris sur l'ovale.

* Estampe restée inconnue à MM. Wussin et Hymans; décrite pour la première fois dans le catalogue Visser. Vendue 105 francs. Elle est aussi au Cabinet des Estampes de Paris.

41. *Jean sans Peur.* Le duc de Bourgogne est vu de trois quarts, tourné vers la gauche, portant un chapeau orné de pierreries et une pelisse bordée de fourrures. Dans un cartouche, au-dessous de l'ovale, en trois lignes : *Joannes Dictùs Intrepidùs Dùx Bùrgùndiæ,* . . . . Au-dessous à gauche : *P. Soutman effigiauit et excud.;* à droite : *I. Suÿderhoef Sculpsit;* plus bas encore, au milieu : *Cum Priuil. Sa. Cæ. M.;* au bas de la planche, le chiffre 2.

Haut., 411 millim.; larg., 292.

1ᵉʳ état. Avant le numéro. — 2ᵉ. Celui décrit.
C'est le deuxième portrait de la suite : *Duces Burgundiæ.*

42. *Jean, comte de Nassau.* Vu de face, tourné vers la droite, un peu chauve, il porte des moustaches et une barbe courtes; une armure le couvre; sur sa poitrine, la Toison d'or. Sous l'ovale, dans un cartouche, en trois lignes : *Joannis Comes nassoùiæ. . . . . Aùrei Velleris*

eqûes . . . . Au-dessous, à gauche : *Ant. Van Dijck Pinxit;* à droite :
I. Sûijderhoef Scûlpsit; plus bas encore, à gauche : *P. Soûtman
Effigiaûit et Excûd.;* à droite : *Cûm Priuil. S. Cœ. M.*

Haut., 405 millim.; larg., 267.

1er état. Avant le numéro 22 ; celui décrit. — 2e. Avec le numéro.
C'est le vingt-deuxième et dernier portrait de la suite : *Ferdinandus II^{us}, III^{us}.*

43. *Jeanne la Folle.* Cette reine, vue de face, tournée vers la droite,
est coiffée d'une espèce de bonnet; sur sa robe, un bijou en forme de
fleur. Au-dessous de l'ovale, orné d'une guirlande de fleurs, se voit un
cartouche où on lit en trois lignes : *Johanna Vxor Philippi I. Regina
Castiliœ* . . . . Au bas de la gauche : *P. Soutman effigiauit et excud.
Cum Priuil Sa. Cœ. M;* à droite : *I. Suijderhoef Sculpsit.* Au bas,
hors du trait carré, le chiffre 7.

Haut., 400 millim.; larg., 263.

1er état. Avant le numéro. – 2e. Celui décrit. — 3e. Le numéro est enlevé.
C'est le septième portrait de la suite : *Duces Burgundiæ.*

44. *Isabelle-Claire-Eugénie.* Le visage un peu tourné vers la
droite, elle porte un diadème de perles et de pierreries; des perles
ornent ses oreilles; autour de son cou, une large fraise. Elle est dans
un ovale orné de fleurs. On lit en trois lignes : *Isabella Clara Eugenia,
Coniux Alberti.* . . . . Au-dessous, à gauche : *P. P. Rubens Pinxit;*
à droite : *I. Suyderhoef Sculpxit;* tout au bord du cartouche : *P. Soutman effigiauit et Excud. Cum Priuil. Sa. Cœ. M.*

Haut., 405 millim.; larg., 270.

1er état. Avant le numéro 13. — 2e. Avec ce numéro.
Treizième portrait de la suite : *Ferdinandus II^{us}, III^{us}.*

44 bis. *Junius (Adrien).* Il est dans un ovale, en buste, tourné à
droite, la tête couverte d'un bonnet; vêtu d'un manteau de fourrure;
derrière lui, un écusson. On lit six vers de Scriverius, avec l'adresse de
H. Allardt.

Cité par M. Hymans, qui n'indique pas la mesure.

45. *Kerckove (Jean-Polyandre van den).* Vu presque de face, un
peu tourné vers la gauche, il a une calotte sur la tête; sa barbe
longue et carrée passe par-dessus sa fraise; il porte un vêtement
noir recouvert d'un pardessus. Autour de l'ovale : IOHANNES PO-

LYANDER à KERCKHOVEN S.S. THEOLOGIÆ DOCTOR. . . . . . Aº DNI
CIƆIƆCXL. ÆTATIS SVÆ LXXII. *Pie & Prudenter.* Au bas, à gauche :
Baudrigéen [1] *Pinxit, I. Suÿderhoef Sculpsit.* A droite : *Iac.
Lauwick Excudebat. Lugduni-Batavorum. Aº* 1641. Dans la marge
du bas, huit vers latins, en deux parties : *Hactenus impositum nobis. . . . . nulla tabella foret;* à droite : *P. S.* Entre les deux
parties, un espace, ayant la forme d'un cœur, contient la dédicace
de l'éditeur *Lauwick* à *Iohan. P. a Kerckhoven,* seigneur de Heen-
vliet et inspecteur des forêts de Hollande.

Haut., 319 millim.; larg., 230.

1er état. Avec *I. Lauwyick Excudebat.* Visser, 39 fr. 80 c. — 2e. Dans la marge du
bas, sous les quatre premiers vers, à gauche : *C. Dankertz excud.* — 3e. On lit sous les
quatre derniers vers : *Dancker Dankaerts excud.* — 4e. Il porte l'adresse de *Tangena.*

On connaît un portrait du même personnage, mais en sens inverse : *Corn. van
Dalen sc.*

Le catalogue Visser cite une épreuve à l'adresse de *Jean Digne.* Il dit aussi que
Van Dalen a adopté tellement la manière de Suyderhoef que, sans la signature, on
attribuerait sans hésiter cette feuille au dernier.

46. *Keyser (Henri de).* Il est tourné à droite, en pourpoint ;
sa moustache et sa barbe sont très courtes ; autour du riche ovale
qui l'encadre : HENDRICK DE KEYSER, . . . ; au-dessous : *Gheboren* 1565
den 15 *may. Ghestorven* 1621 *den* 15 *may.* Au bas, à gauche,
sur le bord : *T. Keyser delineavit* 1621 ; à droite : *I. Suÿder-
hoff F.* Au-dessous, on a ajouté des vers hollandais en quatre
lignes, imprimés en typographie : HIER LEEFT. . . . . SCHOOT GHE-
BOOREN.; au-dessous, à droite : I. V. VONDELEN.

Hauteur de la planche seule, 204 millim.; larg., 155.
Planche additionnelle, haut., 33 millim.

1er état. Avant toute lettre. Le catalogue Visser dit : premier état, le quatrain en
typographie, mais le caractère et l'orthographe différents ; on lit : *Albast* " et *Geboren* "
au lieu de *Abast* " et *Ghebooren* ". — 2e. Également en typographie, mais le caractère est
changé et les fautes sont corrigées. — 3e. Les vers de *Vondel* sont en caractères gravés sur une planche additionnelle; particularité non connue de Wussin.

47. *Knijff (Jean).* Portant une forte barbe longue et large, la
main gauche posée sur sa poitrine, il est à mi-corps, de face,
un peu tourné vers la gauche. Du même côté, au haut du fond :

1. Le catalogue Visser dit *Baudrighem.*

ÆTAT. 50; à droite : *I. Suijderhoef sculp.* 1654. Dans la marge du bas : JOANNES KNIIFF VLTRAIECTINVS. ECCLESIÆ ALCMARIANÆ PASTOR. Suivent, à gauche, six vers hollandais et, à droite, le même nombre en latin. Au-dessous, à gauche : *Tot Alcmaer by Symon Brekegeest;* au milieu : *N. a. vogelsanck;* à droite : *R. Neuhusius.*

Haut., 315 millim.; larg., 232.

1er état. Avant l'adresse. — 2e. Celui décrit.

48. *Koets* (*Jean*). En buste, tourné à gauche, nu-tête, portant des moustaches et une barbiche, il tient de la main gauche un crucifix, et fait un geste de l'index de la droite. Autour de l'ovale : REV^{dq.} ADMODVM DNVS JOANNES KOETSIVS HARLEMENSIS. NATVS ANNO CIↃ IↃCI 24 DECEMB. DENATVS ANNO CIↃ IↃCCXLVII. 20 JUNII; au bas de la droite : *J. Suyderhoef sculp.* Dans la marge du bas, sur une annexe, des vers hollandais en deux colonnes de quatorze lignes.

Haut., 351 millim.; larg., 228.

1er état. Non décrit; avec vingt vers latins en deux divisions : *Exprimit et verum. . . . . quæ super est.* — 2e. Celui décrit.

49. *Kyper* (*Albert*). Dans un ovale, à mi-corps, tourné vers la gauche, nu-tête, il porte des moustaches et une barbe petites; une robe de docteur le couvre. Dans la marge du bas, en deux lignes : ALBERTVS KYPERVS, PHIL. ET MED. DOCTOR. . . . . Au-dessous, à gauche : *D. Baillÿ pinxit;* au milieu : *I. Suijderhoef sculpsit;* à droite : *C. Banheÿning excudit.*

Haut., 292 millim.; larg., 216.

1er état. Celui décrit. — 2e. On lit : *Hugo Allardt excudit.* — 3e. L'inscription est changée ainsi : JOHANNES COCCEIVS S. THEOLOGIÆ. . . . . Au-dessous, quatre vers latins; *D. Bailly pinxit, P. Suyderhoef sculpsit. Johannes de Ram excudit.*

50. *Laccher* (*Pierre*). De face, tourné légèrement vers la gauche, la tête couverte d'une calotte, il porte des moustaches et une barbiche légère; douze boutons ferment son vêtement sur sa poitrine. Autour de l'ovale : PETRUS LACCHER PASTOR MEDIOBURGUNSIS ÆTATIS LV ANNO 1665. Sous l'encadrement, à gauche : *J. Suyderhoef sculp.* Dans la marge, six vers hollandais, au-dessous desquels, à droite : *Joannis Wilmerdonck.*

Haut., 299 millim.; larg., 220.

50 *bis*. *Léopold Ier*. Cet empereur d'Allemagne est à mi-corps dans un ovale, tourné vers la droite ; il porte une armure et un riche manteau ; sa tête est couronnée de lauriers ; dans sa main droite, un sceptre ; la gauche est appuyée sur la garde de son épée.

Haut., 491 millim.; larg., 331.

Une épreuve avant le nom se trouvait dans la collection Verstolk. Cette épreuve, vendue 82 francs, est au musée Teyler.

51. *Maesterlius* (*Jacques*). Vêtu d'un manteau et d'un vêtement de dessous, il est à mi-corps, nu-tête, dirigé vers la droite. Dans la marge du bas : JACOBVS MÆSTERTIVS IVRISCONSVLTVS. . . .; puis quatre vers latins : *Quem docuit. . . . . non pereuntis honor.*; tout au bas, à gauche : *N. Van Negre pinxit, J. Suÿderhoef Sculpsit*; au milieu : *Caspar Kinschotius*, nom de l'auteur des vers ; à droite : *C. Dankertz Excudebat Lugduni Batavorum.*

Haut., 330 millim.; larg., 230.

1er état. Avec l'adresse de *Jac. Lauwyck excudebat Lugduni-Batavorum*. Visser, 69 fr. 30 c.— 2e. L'adresse de *C. Dankertz* a remplacé la précédente. — 3e. On lit *Clement de Jonghe*. — 4e. Avec l'adresse *D. Dankerts exc.* — 5e. On lit *C. Dankerts exc.* Sur l'épreuve du Cabinet des estampes on lit : *Dancker Danckertz Exc.*

Ce personnage, né à Termonde, en 1610, descendait d'une ancienne famille anglaise.

52. *Marie de Bourgogne*. Elle est dans un ovale entouré de fleurs, vue de face, dirigée vers la gauche ; sa coiffure élevée cache ses cheveux ; une croix ornée d'une perle pend à son cou. Dans le cartel du bas, en trois lignes : *Maria Coniux Maximiliani Imperatoris. . . . . .* Au-dessous, à gauche : *P. Soutman effigiauit et Excud. Cum Priuil. Sa. Cæ. M.*; à droite : *I. Suÿderhoef Sculpsit.*

Haut., 405 millim.; larg, 251.

1er état. Avant le numéro.— 2e. On lit le chiffre 6, au milieu du bas, sous le trait carré.— 3e. Le numéro 6 est effacé.

Sixième portrait de la suite : *Duces Burgundiæ*.

53. *Maximilien, empereur*. Vu de face, légèrement tourné vers la droite, il porte des cheveux longs et une barrette ; un manteau fourré le couvre ; sur sa poitrine, la Toison d'or. Au bas, dans un

cartel, en deux lignes : *Maximilianús, Dei Gratia, Imperator Semper Augústús. . . . . Au-dessous, à gauche : L. Van Leïjden Pinxit;* plus bas : *P. Soútman Effigiaúit et Excúd ;* à droite : *I. Súïjderhoef Scúlpxit;* au-dessous : *Cúm Priúil. Sa. Cœ. M.*

Haut , 405 millim.; larg., 274.

1ᵉʳ état. Avant le numéro 5, au bas du trait de la bordure. — 2ᵉ. Avec ce numéro.
Cinquième portrait de la suite : *Duc·s Burgundiæ.*

54. *Maximilien, archiduc d'Autriche.* Nu-tête, de face, un peu tourné vers la droite, portant les moustaches et la barbe, il est vêtu d'un pourpoint noir; sur sa poitrine la croix de l'ordre Teutonique, répétée sur son manteau de fourrure. Dans un cartouche, en trois lignes : *Maximilianús Archidúx Aústriæ, Dúx Búrgúndiæ* etc. *Serenissimús, Teútonici Ordinis Súpremús Commendator.* Au-dessous, à gauche : *P. P. Rúbens Pinxit P. Soútman Effigiaúit et Excud.;* à droite : *I. Súïjderhoef Scúlpxit;* plus bas, vers la droite : *Cúm Priúil. Sa. Cœ. M.*

Haut., 396 millim.; larg., 270.

1ᵉʳ état. Avant le numéro 16. Visser, 63 francs.
2ᵉ. Avec ce numéro.
Seizième portrait de la suite : *Ferdinandus II*ᵘˢ, *III*ᵘˢ.

55. *Mey (Jean de).* Vu de face, tourné vers la gauche, portant des cheveux courts, de petites moustaches et une barbe courte, une calotte sur la tête, un manteau rejeté sur ses épaules, il a la main droite posée sur sa poitrine. Autour de l'ovale : ioannes de mey ecclesiæ mediob. pastor. . . . . a° dom. 1660 et æt. 44 ; sur le socle, à gauche : *C. Evlesdïjck pinxit.;* à droite : *Suïjderhoef Sculpsit.;* au-dessous, quatre vers : deux latins, deux hollandais.

Haut., 178 millim.; larg., 117.

Le peintre s'appelait non *Evlesdyck*, mais *Eversdyck.* M. Van der Willigen dit que le nom a été mal lu.

56. *Mez (Zacharie de).* Il est vu jusqu'aux genoux, en costume sacerdotal ; il est assis près d'une table, sur laquelle est posé un crucifix. Au-dessous, les armes avec un chapeau de cardinal.

Cette pièce, citée par Nagler, est évidemment douteuse, surtout si le personnage qu'il dit être *Zacharie de Mez, évêque de Tralles,* est né en 1661 ou 1662.
Ce portrait aurait dû être renvoyé aux pièces douteuses.

57. *Moncade* (*François de*). Vu de face, un peu tourné vers la gauche, portant des moustaches et une barbiche, les cheveux rejetés en arrière; il est revêtu d'une armure. Au-dessous d'un ovale entouré d'une guirlande de fruits, dans un cartouche, on lit en trois lignes : *Franciscus de Moncada, Marchio de Aÿtona.* . . . . Au-dessous, à gauche : *Ant. Van Dÿck Pinxit, P. Soûtman Effigiaûit et Excûd. Cûm Priûil. S. C. M.;* à droite : *I. Sûÿderhoef Scûlpxit.*

Haut., 400 millim.; larg., 272.

1ᵉʳ état. La première lettre de *Franciscus* est minuscule. Avant le numéro 21. —
2ᵉ. La première lettre est une majuscule. Avec le numéro 21.

Portrait de la suite : *Ferdinandus II*ᵘˢ*, III*ᵘˢ.

58. *Moritz* ou *Maurice de Nassau.* Dans un ovale orné de trophées et de génies où l'on voit, dans le haut, l'écu de cette maison; le personnage est en buste, vu de face, tourné vers la gauche, portant une petite moustache. A l'intérieur de l'ovale : MAURITIUS NASSAVIUS, PRINCEPS AURIACUS, etc. Au-dessous, le numéro 6. Dans les angles, des attributs. Au bas, à gauche : *P. Soutman Inuen., Effigiavit et Excud. Cum Priuil.;* à droite : *I. Suiderhoef Sculp.*

Haut., 436 millim.; larg., 357.

1ᵉʳ état. Avant le numéro. — 2ᵉ. Celui décrit.
Sixième portrait de la suite : *Comites Nassaviæ.*

59. *Neuhus* (*Edo*). En buste, nu-tête, dirigé vers la gauche; il porte une barbe assez longue; un vêtement de dessous et une pelisse fourrée le couvrent. Autour de l'ovale : EDO NEUHUSIUS GYMNASIARCHA. . . . ÆTATIS LVIII . . . . OBIIT VII MARTII. CIƆ.IƆCXXXVIII. Au-dessus de l'ovale : NON VIDI DERELICTVM IVSTVM; au-dessous de l'ovale, à droite : *I. S. sculp.* Dans la marge du bas, huit vers latins : NEVHVSII *facies hæc est.* . . . . . *Versibus esse parem.* Au-dessous, dans l'angle, à droite : *P. à Doma. I. C. Fris. Ordd. Rationarius.*

Haut., 209 millim.; larg., 149.

60. *Neuhus* (*Renier*). Il est dans un ovale, de face, un peu tourné vers la droite, portant des cheveux longs, avec moustaches et barbiche; sur ses épaules, un manteau. Dans un espace blanc : REINE

RUS NEUHUSIUS. I C. GYMN. ALCM. RECT.; au-dessous, à gauche : *V. Bergh del. pinxit;* à droite : *I. Suÿderhoef sculp.*

Haut., 126 millim.; larg., 66.

61. *Nuyts (David).* En buste, de face, un peu tourné vers la gauche, nu-tête, il porte des cheveux courts, les moustaches et la barbe; un manteau le couvre. Dans la marge du bas : OP HET AFBEELT VAN D'HEER DAVID NVYTS. Suivent huit vers hollandais : *Hier siet. . . . . Soo veele* NUYSTEN GAFF; à la gauche : GEBOREN TOT ANTWERPEN ANNO 1568; à droite : GESTVRVEN INDEN HAGE DEN 24 SEPTEMBER. ANNO 1631. Tout au bas, dans l'angle à gauche : *I. Suyderhoef Sculpsit.*

Haut., 351 millim.; larg., 270.

1ᵉʳ état. Le titre est : OP HET AFBEELT VAN Sʳ DAVID NUŸTS. Au-dessous, huit vers hollandais, en caractères gothiques, ainsi que le titre. De chaque côté, est inscrite la liste des donations faites par le personnage. Au-dessous, à gauche : *I. Suÿderhoef Sculpsit* 1645; au milieu : *I. Kats* (auteur des vers); à droite : *d'Aelmosseniers Van Leyden. Excud.*

Collections Van Leyden, de Vries et Verstolk. Verstolk, 122 francs.

2ᵉ. Celui décrit. L'inscription des différents legs est effacée, non sans laisser des traces. Les vers hollandais sont changés et sont imprimés en caractères ordinaires.

Visser, 50 fr. 40 c.

David Nuyts avait légué à divers établissements de bienfaisance une somme de 176,310 florins. Ce portrait fut gravé par ordre des aumôniers de Leyde, ses exécuteurs testamentaires.

62. *Nuyts (Madeleine).* Femme du précédent. En buste, de face, tournée vers la droite; elle a les cheveux relevés et un bonnet noir, et porte une robe de velours noir. Dans la marge du bas : MAGDALENA NUYTS. Suivent seize vers hollandais sur deux colonnes; au-dessous, à gauche : *I. Suyderhoef sculp.*

Haut., 405 millim.; larg., 274.

* 1ᵉʳ état. Avant la lettre. Très rare. Collection Verstolk, 140 francs.
2ᵉ. Celui décrit.

63. *Philippe dit le Beau.* Dans un ovale entouré d'une guirlande de fruits; ce prince est de face, tourné vers la gauche; ses cheveux sont longs et bouclés; sur sa tête, une barrette, ornée de perles et de pierreries; il porte le collier de la Toison d'or et une fourrure sur ses épaules. Au bas, dans un cartouche, ces trois lignes : *Philippus. I. Dictus Pulcher Rex Castiliœ. . . . .* Au-dessous, à gauche : *P. Soutman effigiauit et Excud.;* au milieu : *Cum Priuil. Sa. Cœ. M.;* à droite : *I. Suÿderhoef Sculpsit.*

Haut., 407 millim.; larg., 276.

1er état. Celui décrit. — 2e. Au milieu du bas, le numéro 8.— 3e. Il est effacé. Huitième portrait de la suite : *Duces Burgundiœ.*

64. *Philippe II, roi d'Espagne.* Il est dans un ovale, entouré de guirlandes de fruits, de face, tourné vers la gauche, vêtu de noir, couvert d'un chapeau espagnol où l'on remarque un bijou ; il a toute sa barbe ; sur sa poitrine, le collier de la Toison d'or. Au bas, dans un cartouche, en trois lignes : *Philippus II Catholicus, Hispaniarum rex. . . . .* Au-dessous, à gauche : *Ant. Moro Pinxit;* à droite : *I. Suÿderhoef Sculpxit;* plus bas, à gauche : *P. Soutman Effigiauit et Excud.;* à droite : *Cum Priuil. S. C. M.*

Haut., 390 millim.; larg., 272.

1er état. Avant le numéro.—2e. Au milieu du bas, le numéro 10.—3e. Il est effacé. Dixième portrait de la suite : *Duces Burgundiœ.*

65. *Philippe III, roi d'Espagne.* De face, tourné vers la gauche, portant des cheveux courts, des moustaches et une barbiche ; il est décoré de la Toison d'or; dans un ovale entouré de guirlandes de fruits. Dans le cartouche du bas, en deux lignes : *Philippus III Catholicus Hispaniarum Rex et Indiarum. . . . .* Au-dessous, à gauche : *P. Soutman Effigiauit Et Excud. Cum Priuil. Sa. Cœ. M.;* à droite : *I. Suÿderhoef Sculpsit.*

Haut., 405 millim.; larg., 276.

1er état. Celui décrit. — 2e. Au milieu du bas, le numéro 11. — 3e. Il est effacé. Onzième portrait de la suite: *Duces Burgundiœ.*

66. *Piccolomini (Octave).* Il est dans un ovale, en buste, tourné vers la droite; sa chevelure est épaisse; il porte les moustaches et la barbe ; sur son armure brille la Toison d'or. Dans la marge du bas, en quatre lignes : *Don Octavio Picolomini de Aragona. . . . .* A côté, à gauche : *Francis Lucx. Van Lucxensteyn Pinxit;* au-dessous : *Pet. Soutman Invenit, effigiauit et excud.;* à droite : *J. Suyderhoef Sculp.*

Haut., 417 millim.: larg., 303.

67. *Plante (François).* En buste, nu-tête, tourné vers la gauche ;
il porte des moustaches et une barbiche ; un manteau, dont il serre
les pans de la main gauche, l'enveloppe. Dans la marge du bas :
FRANCISCVS PLANTE. Suivent douze vers latins : *Nil agis hic pictor,* . . . . *vivida fama manet.* Au-dessous, près du bord, à
gauche : *D.D. Santvoort pinxit.* Au milieu : GEORGIUS CORVINUS.
auteur des vers ; à droite : *Ionas Suÿderhoef Sculp.*

Haut., 363 millim.; larg., 234.

* Ce portrait est inséré dans le volume : *Francisci Plante Mauritiados, libri XII.* . .
Lugd. Bat, 1647, in-fol. On y trouve le portrait de Maurice de Nassau par *Th. Matham*
et treize eaux-fortes de *Post.* Ce portrait se rencontre toujours plié, parce qu'il a été
enlevé du volume précédent. Les épreuves sans plis sont très rares. Une de cet état,
qui se trouvait à la vente Visser, a été achetée, pour le British Museum, 640 fr. 50 c.
Il s'en trouvait une autre dans la collection de *Kruiff.* Nous l'avons acquise pour le
prix de 336 francs.

68. *Post (François).* En buste, tourné vers la gauche, portant
moustaches et barbiche légères, coiffé d'un chapeau pointu ; il
est assis sur un siège à dossier, sur l'appui duquel son bras gauche
est posé. D'après *Franch Hals.*

Haut., 224 millim.; larg., 274.

* 1er état. Avant la lettre.— 2e. M. Wussin dit : avec la lettre. Nous n'avons jamais
vu cet état. Sur l'épreuve avant la lettre de la collection Albertine, on lit, écrit à la
main : *François Post, peintre du prince Mauriti, gouverneur des Indes Occidentales.*
Vente Van der Dussen, 58 fr. 80 c.; Verstolk, 60 fr. 80 c.

69. *Rede (Godard van).* Dans un ovale, vu de face, un peu
tourné vers la gauche, il a des cheveux longs et plats, des mous-
taches et une barbiche ; son col brodé est orné de deux glands.
Dans la marge du bas, en six lignes : *Godartus a Rede, Dominus
Nederhorstii.* . . . . *Legatus Plenipotentiarius.* Tout au bas : *I.
Suyderhoef sculp.;* à droite : *A. v. Waesberge excu.*

Haut., 203 millim.; larg., 126.

1er état. Avant l'adresse. — 2e. Celui décrit. — 3e. On lit : *Romb. v. d. Hoye exc.*

70. *René de Nassau.* Vu de profil, tourné vers la gauche ; il
porte des cheveux plats ; sa barbe est peu fournie ; sur sa poitrine, le collier de la Toison d'or. L'ovale qui l'encadre est formé

de génies et de trophées d'armes, que surmonte l'écu de cette maison. Sous le portrait, en deux lignes : RENATUS NASSAVIUS, DE CHALON PRINCEPS AURIACUS, etc. Au-dessous, au milieu, le chiffre 3 ; tout au bas, sous l'encadrement, à gauche : *P. Soutman Inven. Effigiavit et Excud.;* à droite : *Cum Privil. I. Suiderhoef Sculp.*

Haut., 438 millim.; larg., 357.

1er état. Avant le numéro 3. — 2e. Celui décrit.

71. *Reves (Jacques de).* En buste, vu de trois quarts, dirigé vers la gauche, la tête couverte d'une calotte, portant moustaches et barbiche, il est vêtu d'une pelisse noire, dans laquelle il a les doigts de la main droite ; dans le fond, au-dessus de sa tête : VINCAT AMOR CHRISTI ; dans le fond, à gauche, à la hauteur de la tête : *F. Hals Pinsit;* au-dessous : *I. Suijderhoef sculp.;* dans la marge du bas : IACOBUS REVIVS S.S. THÉOL. D. ET COLLEG. THEOL. . . . . Au-dessous, six vers latins sur trois colonnes : *Quem coeli illustrat. . . . . tali* REVIVS *ore fuit.;* tout au bas, à droite : *Daniel Heinsius.*

Haut., 328 millim.; larg., 228.

1er état. On lit : *A. V. Dyk. Pinsit.* — 2e. Celui décrit. A la place de *A. V. Dyk: F. Hals.* Visser, 54 fr. 60 c.

72. *Rivet (André).* Dans un ovale, en buste, légèrement tourné vers la gauche, la tête couverte d'une calotte, il a des moustaches relevées et une barbiche pointue ; un manteau garni de velours l'enveloppe. Dans l'ovale : NON HIC SITAM HABEMUS. FUTURAM INQUIRIMUS., ΑΠΛΩΣ ΚΑΙ ΣΑΦΩΣ ; au bas, à gauche : *P. Dubordieu pinxit;* à droite : *I. Suijderhoef sculp.* Dans la marge du bas, en six lignes : ANDREAS RIVETVS PICTO SAMMAXENTINVS, ... ET PRIMÆ EDVCATIONI CELSISSIMI PRINCIPIS GVLIELMI AVRIACI PRÆFECTVS. . . . . AN. ÆTATIS LXXV.CIƆ.IƆ.C.XLVII ; plus bas, au milieu : *Cornelus Banheinningh excud.*

Haut.; 328 millim.; larg., 224.

1er état. Avant l'adresse. Visser, 37 fr. 80 c. — 2e. Celui décrit. Visser, 21 francs. — 3e. On lit : *C. Allard excud.*

M. Van der Willigen cite un quatrième état, avec *Hugo Allardt excudit.*

73. *Rouberg (Jean van).* Dans un ovale, tourné vers la droite, il a des cheveux longs et bouclés, des moustaches et une barbiche légère ; une calotte couvre sa tête ; son vêtement est noir. Au fond,

une draperie. Autour de l'ovale : OP DE AF-BEELDING VAN DE HEER BURGERMEESTER IOHAN VAN ROUBERG. Sur le socle : *V. Eversdijck pinxit. I. Suijderhoef sculp.* Au-dessous, deux vers hollandais ; à droite, dans le coin : *J. V. H.* Ce sont les initiales de l'auteur des vers, Jean van Hoogstraten.

Haut., 205 millim.; larg., 149.

Le catalogue Verstolk indique deux états, sans autre désignation.

74. *Salmasia (Claude Saumaise).* En buste, vu de face, un peu tourné vers la gauche ; il porte des cheveux longs, des moustaches et une barbiche ; à gauche de la tête : *N. Van Negre.* . . . . Au-dessous : *I. Suijderhoef Sculp.* Dans la marge du haut : CLAVDIVS DE SALMASIA ; dans la marge du bas, huit vers latins en deux colonnes : GALLIA *quo nuper.* . . . . *Circulus orbis erit.* Tout au bas : LVGD. BATAU. EXCUDEB. IOAN. MAIRE ; au milieu : CIƆIƆCXLI. A droite : C. BARLAEVS, auteur des vers.

Haut., 417 millim.; larg., 303.

Visser, épreuve non pliée, 63 francs.

75. *Le même.* A mi-corps, debout, tourné vers la droite ; nu-tête, avec de longs cheveux, une moustache et une barbiche ; il est enveloppé d'un manteau. Son bras gauche est accoudé sur une balustrade. Sur les colonnes du mur, au fond : REGUM ÆQVABAT OPES ANIMIS ; dans le lointain, une statue près d'une pyramide. Dans la marge du bas : CLAVDIVS A SALMASIA ; au-dessous, à droite : *I. Suijderhoef sculp.*

Haut., 230 millim.; larg., 172.

1er état. Avant l'impression, au verso. — 2e. Avec lettre imprimée.

Le portrait figure au verso de la quatrième feuille : *Claudii Salmasii viri maximi epistolarum liber primus.* . . . . *Lugduni Batavorum ex typographia Adriani Wyngaerden,* 1656. In-4°.

76. *Schade (Jean).* Il est vu jusqu'aux genoux, assis dans un fauteuil, tourné vers la gauche, coiffé d'une calotte, portant moustaches et barbiche, devant une table où est un livre ouvert, appuyé contre le socle d'un crucifix ; à droite, sur un pan de mur, des armoiries. Dans la marge du bas, en huit lignes : ADMODVM R^{us} ET AMPLISSIMVS D^{us} D. IOANNES VLTRAJECTINVS. . . . . . CVNCTIS LVGENTIBVS DIEM OBIT IV SEPTEMBRIS ANNO SERVATORIS NATI MDCLXV. ÆTAT.

LII. Au-dessous, à gauche : *H. Van Vliet pinxit;* à droite : *J. Suyderhoef sculpsit.*

Haut., 448 millim.; larg., 307.

77. *Schrevel (Théodore).* Tourné à gauche, nu-tête, les cheveux relevés, la barbe longue, il est enveloppé d'une pelisse fourrée et tient de la main droite un livre ; entre les feuillets, il a posé l'index. Autour de l'ovale : THEODORVS SCHREVELIVS GYMNASIARCHA. . . . . ΕΧΘΡΩΝ ΑΔΩΡΑ ΔΩΡΑ. Au bas, à gauche : *F. Hals Pinxit;* au milieu : *Cornelius Banheinningh excudit ;* à droite : *I. Suijderhoef Scu.* Dans la marge du bas, huit vers latins : *Tunc pinxisse virum. . . . . fessa senecta rogat.* Au-dessous, dans l'angle à droite : *C. Barlæus.*

Haut., 218 millim.; larg., 147.

1er état. Avant l'adresse et avant que les mots *Screevelium* et *Landasse* fussent corrigés en *Schrevelium* et *Laudasse*. Visser, 84 francs. — 2e. Celui décrit. — 3e. On lit : *H. Focken excudit.*

78. *Schurman (Anne-Marie).* Assise à une table, la main droite posée sur un livre ouvert, les cheveux ornés d'un cordon de perles, elle est vêtue d'un manteau fourré. Dans la marge du bas : ANNA MARIA A SCHURMAN, et quatre vers latins : *Divini pictoris opus. . . . .* Au-dessous, à gauche : *Joannes Liuius pinxit*; au milieu : *Daniel Heinsius ex tempore ;* à droite : *Jonas Suijderhoef sculpsit.* Plus bas encore, vers la droite : *C. Banheinningh excud.*

Haut., 352 millim.; larg., 255.

1er état. Avant l'adresse de *Banheinningh.* Le premier vers latin commence par *Divina,* au lieu de *Divini*; après Suyderhoef, on lit : *Sculpxit,* et non *sculpsit.* Musée Teyler. — 2e. Celui décrit. Avant les travaux lourds au visage qui défigurent l'état suivant. Visser, 273 francs. — 3e. Avec l'adresse d'*Hugo Allardt excud.* Lourdement retouché.

79. *Sibel (Gaspar).* A mi-corps, tourné vers la gauche, vêtu de la robe de docteur, la tête couverte d'une calotte, portant toute sa barbe ; il tient un livre de la main gauche et fait un geste de la droite. Dans le fond, à gauche : *Ætatis* 48. *a°* 1657. Dans la marge du bas : CASPARVS SIBELIVS *S.S. Ministerio functus. . . . .* Suivent six vers latins en trois colonnes : *. . . . . Tu pie Belga, cole*

G. S. Tout au bas, à gauche : *F. Hals Pinxit ;* à droite : *J. Suyderhoef Sculpsit.*

Haut., 297 millim.; larg., 228.

1er état. Avant l'adresse de *Tangena.* Visser, 128 fr. 10 c.
2e. Avec l'adresse précitée. Ces deux états sont non décrits.

80. *Le même.* Assis, tourné à droite, vêtu de la robe de docteur, il porte toute sa barbe ; un livre ouvert est dans sa main
droite ; la gauche est élevée. Dans le fond, à droite : *Ætatis* 53,
A° 1642. Dans la marge du bas : CASPARUS SIBELIUS *S. Ministerio
functus. . . . .* Puis six vers latins : *Ecce virum Belgis. . . . . tu
pie Belga, cole.* Tout au bas, à gauche : *F. Hals Pinxit;* au milieu : *G. S.;* à droite : *J. Suyder-hoef Sculpsit.*

Haut., 199 millim.; larg., 120.

1er état. C'est celui décrit avant l'imprimé au revers. Visser, 37 fr. 80 c.
2e. Avec l'adresse de *Tangena* et un texte latin au verso.

81. *Sigismond, roi de Pologne.* Il est dans un ovale, entouré
de guirlandes de fruits, en costume royal, la couronne sur la tête,
de face, légèrement tourné vers la gauche, portant des moustaches et la barbe ; sur sa poitrine, le collier de la Toison d'or. Au-
dessous, dans un ovale, en deux lignes : *Sigismúndús III. Poloniæ
et Súeciæ Rex. . . . .* Au-dessous, à gauche : *P. Soútman Pinxit,
Effigiaúit et Excúd. Cúm Priúil. Sa. Cæ. M.;* à droite : *I. Súj-
derhoef scúlpxit.*

Haut., 400 millim ; larg., 265.

1er état. Avant le numéro. Visser, 56 fr. 70 c. — 2e. Avec le numéro 8.
Huitième portrait de la suite : *Ferdinandus* II^{us}, III^{us}.

82. *Smaltius (Noé).* Tourné vers la gauche, nu-tête, avec des
cheveux longs, la moustache un peu forte, il est enveloppé d'un
manteau ; sa main gauche est posée sur sa poitrine. Dans le fond,
sur la base d'une colonne : *J. Th. Pas. pinxit;* dans la marge du
bas : Mr NOACH SMALTIUS CHIRURGYN: . . . . . ÆT. XXXIX; au-dessous, huit vers hollandais en deux colonnes; plus bas encore, à
gauche : *W. v. Heemskerch;* au milieu : *J. Suijderhoef sculp.* 1668.;
à droite : *W. v. Nieuwenhuysen. A. L. M.*

Haut., 313 millim.; larg., 220.

Le nom du peintre est bien *Thomas Pas*, dont on rencontre en Hollande de très beaux dessins.

83. *Spanheim* (*Frédéric*). Debout, un peu tourné vers la gauche, la tête couverte d'une calotte, il porte une forte moustache et une barbe courte ; une robe de docteur l'enveloppe. Tout au haut de la planche : SEMPER FACIENDVM, QVOD FACTVM VELLEMVS NOVISSIME. Sous le portrait, en deux lignes : FRIDERICVS SPANHEMIVS S.S. THEOL. DOCTOR ET PROFESSOR. . . . . RECTOR ÆTAT. XLVII, A° CIƆIƆCXLVII ; puis seize vers latins en deux colonnes : *Non satis est, divina loqui, . . . hic Pietatis habes.* Sous ces vers, au milieu : *C. Barlæus ;* au-dessous, en très petits caractères, à gauche : *P. Dubordieu pinxit ;* à droite : *I. Suijderhoef sculp., C. Banheinningh excud.*

Haut., 332 millim.; larg., 222.

1er état. Celui décrit, Visser, 46 fr. 20 c.— 2e. Avec *J. Allardt excudit.* — 3e. On lit : *Hugo Allardt excudit;* le mot *sculp.* est changé en *sculpsit.* — 4e. On lit : *J. Tangena excudit.*

84. *Swalm* (*Eléazar*). Assis dans un fauteuil, vu de face, légèrement tourné vers la gauche, la tête couverte d'une calotte ; il porte une longue barbe ; les manches de sa pelisse fourrée sont ouvertes ; sa main droite pose sur le bout du bras du fauteuil, la gauche sur sa poitrine ; au fond, une espèce de niche. Dans la marge du bas, six vers hollandais en deux colonnes : *Aldus draacht Swalmius een kroon. . . . .* Plus bas, à gauche : *Rembrandt Pinxit. I. Suijderhoef Sculpsit.;* à droite : *P. Goos Excudit. H. Geldorpius.*

Haut., 325 millim.; larg., 251.

1er état. Celui décrit. Visser, 44 fr. 10 c.

2e. La planche est réduite. Haut., 276 millim.; larg., 176. Le fond est retravaillé ; il ne reste de la main droite que le pouce. Cet état figure un dessin sur papier attaché dans le haut par trois clous. On lit, en deux lignes : ELEAZAR SWALMIVS *Ecclesiastes Harlemensis.* Le trait de bordure est double.

Le catalogue Visser fait observer que ce n'est pas à Eléazar Swalm, mais à son frère, que peuvent s'appliquer les mots *Ecclesiastes Harlemensis.* Ce portrait serait donc celui d'*Henricus Swalm.*

85. *Le même.* C'est une contre-partie plus petite du numéro précédent. Dans la marge du bas : ELEAZARVS SWALMIVS, THEOLOGVS ECCLESIASTES AMSTELREDAMENSIS. Au-dessous, dix vers hollan-

dais en deux colonnes : *Aldus draacht Swalmius*, ... Tout au bas, à gauche : *Rembrandt Pinxit;* au milieu : *Pieter Goos Excudit;* à droite : *H. Geldorpius.*

Haut., 218 millim.; larg., 166.

1er état. Non décrit ; à l'adresse de *Lod. Lodewijcx.* Visser, 29 fr. 40 c.
2°. Celui décrit.

86. *Swalm* (*Henri* et non *Eléazar*). Assis en costume de docteur, tourné vers la gauche, coiffé d'une calotte, portant une large barbe ; il a la main gauche posée sur sa poitrine, et de la droite tient un livre, dans les pages duquel il passe l'index. Dans la marge du bas, huit vers hollandais; au-dessous, à gauche : *F. Hals Pinxit.;* à droite : *I. Suyderhouf Schulp.*

Haut., 315 millim.; larg., 224.

1er état. Avant la lettre. Col. Buckingham. — 2e. Celui décrit. Visser, 75 fr. 60 c.
Ces deux personnages sont différents et ne représentent pas la même personne. Autrement il faudrait supposer qu'Éléazar Swalm aurait commandé dans la même année son portrait à Rembrandt et à F. Hals.

87. *Teelinck* (*Maximilien*). En buste, de face, tourné vers la gauche, avec des moustaches et une barbe courte, la tête couverte d'une calotte, il porte le costume de docteur, recouvert d'un manteau. Autour de l'ovale : MAXIMILIANVS TEELINGIVS PASTOR ME-DIOBURGENSIS NATVS XXVI APRIL MDCII. DENATVS XXVI NOVEMBER 1635 ; dans la marge du bas, en deux colonnes, huit vers hollandais ; tout au bas, au milieu : *J. Suyderhoef sculpsit.*

Haut., 276 millim.; larg., 207.

88. *Tegularius* (*Adriaan*). A mi-corps, assis, tourné vers la gauche, coiffé d'une calotte, portant moustache et barbiche, il rassemble de la main gauche les plis de son manteau, et pose la droite sur sa poitrine. Dans la marge du bas, en deux colonnes de quatre lignes, des vers hollandais : *Dits'* TEGVLARIVS. . . . . Au-dessous, à gauche : *F. Hals pinxit., I. Suijderhoef sculpsit;* à droite : *Robbert Tinne ken excudit. I. C.*

Haut., 342 millim.; larg., 251.

Visser, 210 francs.

89. *Trigland* (*Corneille*). En buste, dans un ovale, vu de face, légèrement tourné vers la gauche, portant des moustaches et une

barbiche ; il est vêtu d'une robe de docteur et d'un manteau. Dans la marge du bas, en deux lignes : *Cornelius Triglandius S.S. Thealogiæ Doctor, Ecclesiæ Hagiensis Pastor.* . . . Au-dessous, à gauche : *J. Mytens pinxit;* au milieu : *J. Suyderhoef sculpsit;* à droite : *H. Hondius excudit.*

Haut., 375 millim., larg., 270.

90. *Tromp* (*Martin van*). Dans un ovale formé de feuilles de chêne et de laurier, au sommet duquel sont deux trompettes et une couronne, il est debout, à mi-corps, portant un pourpoint de velours noir et un hausse-col; sous sa fraise, une chaîne d'or est sur sa poitrine ; sa tête, dont les cheveux sont coupés ras, est découverte. Au bas de l'ovale, dans un cartel avec des attributs, on lit : *Martinus Trompius H. F. Hollandiæ.* . . . . *Rerum Maritimarum Vice-præfectus.* Tout au bas de la planche, au milieu : *H. Pot Pinxit. I. Suiderhoef Sculp.*

Haut., 409 millim.; larg., 317.

Le catalogue Verstolk cite deux épreuves : l'une avec les boulets, vendue 26 francs ; l'autre de la planche diminuée, 6 fr. 30 c.

A la vente Borluut de Noortdonck, une épreuve sur satin fut vendue 30 francs.

90 *bis.* *Le même personnage.* C'est le même portrait, mais seulement en buste, sans les accessoires. Sur une planche additionnelle, quatre vers hollandais : *Tromp die trompte.* . . . . *des Vyands Admirael.* . . . . Avec l'adresse de *S. Savry.* Cette estampe est également attribuée à ce dernier.

Haut., avec la planche des vers, 224 millim.; larg., 145.

Le catalogue Visser fait remarquer que c'est une répétition tellement trompeuse, qu'on l'a acceptée pour la même planche. Suyderhoef, ou Savry, a ici légèrement adouci les traits un peu durs de l'amiral. C'est vraisemblablement une épreuve de cette répétition qui fut vendue 6 fr. 30 c. chez Verstolk.

Visser, 420 francs.

90 *ter.* *Ver Moelen* (*Jacobus*). Portrait en buste, de trois quarts, tourné vers la droite, vêtu d'un pourpoint à demi boutonné, que couvre un large col rabattu.

Haut., 154 millim.; larg., 112.

Pièce non décrite ; citée dans le catalogue Camberlyn.

Visser, 189 francs.

91. *Victor van Aken.* Voir le numéro 2.

92. *Visscher* (*Adolphe*). Debout, tourné vers la droite, coiffé d'une calotte, portant des moustaches et une légère barbiche, il est vêtu de la robe pastorale et placé derrière une table. Sous le portrait, en deux lignes : M. ADOLPHUS VISSCHER IS GEBOREN MDCV. DEN VI. OCTOBER. GESTORVEN MDCLII. DEN XVII. NOVEMBER. . . . . Au-dessous, deux pièces de vers de six lignes chacune. Au milieu, entre ces deux pièces : *I. Suijderhoef sculp.;* au-dessous : *Zacharias Weber excud.;* à droite : *I. V. Dousberg.*

Haut., 305 millim.; larg., 211.

93. *Voet* (*Gisbert*). Tourné vers la droite, il porte le costume de ministre. Autour de l'ovale : GISBERTVS VOETIVS PRIMVS IN CELE-BERRIMA ACADEMIA. . . . . DOCTOR ET PROFESSOR, ÆTATIS SVÆ. LI. 1640. Au-dessous, à gauche : *H. Troyen,* et à droite : *Excudebat.;* dans la marge du bas, quatre vers latins : *En tibi Voetiadæ. . . . exprimit ipse suis.* Tout au bas, à gauche : *J. Suijderhoef sculpsit ;* à droite : *A. M. à Schurman.*

Haut., 278 millim.; larg., 174.

1ᵉʳ état. Celui décrit. Visser, 65 fr. 10 c.

2º. Après les mots ÆTATIS SVÆ, on lit 88. 1616. Au lieu de l'adresse de *Troyen,* la planche porte celle de *R. Hocius Excudebat.* Le chiffre LI a laissé des traces. *Hoeius* est *Romb. v. d. Hoye.*

La date de 1616 est une faute ; le personnage étant mort dans sa quatre-vingt-huitième année, c'est 1676 qu'il faut lire.

Le catalogue Visser fait remarquer qu'on n'a conservé de la planche originale que la toge de professeur, l'ovale, l'encadrement et les vers de Marie Schurman. La tête est un nouveau travail se rapprochant du burin de Munnikuyzen ; à la place du grand col plat, on voit une petite collerette.

3ᵉ. On lit l'adresse de *Tangena.*

Visser, nº 555, cite un portrait du même personnage ; il est à mi-corps, assis, dirigé vers la droite, la main droite sur un livre; il y a aussi des vers de Marie Schurman ; Clemendt de Jonghe, etc. Cette pièce, attribuée à Suyderhoef dans le catalogue Verstolk, paraît être due plutôt au burin de *Salomon Savry.*

Visser, 19 francs.

Au Cabinet des Estampes de Paris se trouve dans l'œuvre de Suyderhoef, et paraissant être de la main du maître, une reproduction en contre-partie du même portrait, de format plus petit et un peu plus vieux. Il est dans un ovale autour duquel on lit : GISBERTVS VOETIVS THEOLOG. IN ACAD. . . . . ÆTATIS L IX. Aº 1647. Dans la marge du bas sont gravés les mêmes vers latins. Sans nom de graveur.

Haut., 166 millim.; larg., 130.

94. *Vrechemius.* Dans un ovale, vu de face, tourné vers la gauche,

coiffé d'une calotte, il est couvert d'un manteau, et ses deux mains posent sur un papier. Autour de l'ovale : ECCLESIÆ DORDRECHTANÆ PASTOR JOHANNES VRECHEMIUS ; à gauche : *A. van Veer pinx.;* à droite : *I. Suyderhoef sculp.* Dans la marge du bas, quatre lignes hollandaises.

Haut., 324 millim.; larg., 230.

Ce portrait fort rare n'a pas été connu de Wussin. M. Hymans l'a décrit d'après l'exemplaire du musée d'Amsterdam. Il figurait à la vente Visser, où il fut vendu 168 francs.

95. *Wartenberg (François-Guillaume).* Cet évêque d'Osnabruck est de face, légèrement tourné vers la gauche ; il porte des moustaches et une barbiche. Autour de l'ovale : R^{MUS} et ILL^{MUS} D. D. FRANCISCVS GVILHELMVS D. G. EPISCOPVS OSNABVRG..... Dans les angles supérieurs sont des armoiries et des couronnes. Au bas de l'estampe, quatre vers latins : *Heus pictor..... non nisi nube potest.* Au-dessous, à droite : *Bernh. Rottenderff. D.* Sans nom de graveur.

Haut., 180 millim.; larg., 122.

Au catalogue Verstolk, figurent deux états sans autre désignation, vendus ensemble 56 fr. 90 c.

96. *Wassenaer (Jean-Jacques van).* En buste, nu-tête, tourné vers la gauche, les cheveux longs, les moustaches et une barbiche moyennes, il porte une armure et une écharpe passée sur l'épaule gauche. Au haut de la gauche, des armoiries. Au bas de la planche, en trois lignes : *Io : Jacob van Wassenaer Heere van Obdam..... L'. Admirael van Hollant en West-Vrieslant.* Tout au bas, à droite : *Honthorst pinxit. I. Suijderhoef sculp. T. V.Bosch excud.*

Haut., 405 millim.; larg., 311.

1er état. Avant la lettre. — 2e. Celui décrit.

97. *Wikenburg.* A mi-corps, assis, tourné vers la gauche, coiffé d'une calotte, il porte des moustaches et une barbiche légères ; son vêtement est celui d'un ministre ; sa main droite pose sur sa poitrine. Dans la marge, deux distiques : *Æra Wikenburgi... abiisse suum. H. U.* Sans nom de graveur. Dans l'épreuve du Cabinet des estampes, on lit sous *H. U. : I. Suyderhoef sculp.*

Haut., 372 millim.; larg., 290.

1er état. Avant le nom de *F. Hals.* Visser, 126 francs. — 2e. On lit : *Fr. Hals pinsit.* — 3e. Avec cette adresse : *C. vander Scalcke excud.* Ce troisième état, avec l'adresse, porte le nom du peintre à gauche et le nom du graveur au-dessous des letttres *II. U*, comme nous l'indiquons ci-dessus, d'après l'épreuve du Cabinet des estampes de Paris.

98. *Guillaume de Nassau*. Voir le numéro 30 *bis*.

99. *Guillaume de Nassau*. Voir le numéro 30 *ter*.

100. *Winsem (Pierre)*. De face, légèrement tourné vers la gauche, portant les moustaches et la royale, il a les cheveux partagés par le milieu ; sur sa poitrine, un anneau suspendu à un ruban. Autour de l'ovale : PIERIVS WINSEMIUS I. C. *Illustr., Ordinum Frisiæ Historiograph. . . . . . Ætat. suæ* 58 *Obijt* CIƆ.IƆXCLIV. Sur un fond de tailles horizontales, à gauche : *I. Suijderhoef sculp.* ; à droite : *C. Fontanus excud.* Dans la marge du bas, huit vers latins : *Posteritas venerare. . . . . non moritura viget.* ; au-dessous, à droite : H. NEVHVSIVS *Fris. Advoc.*

Haut., 215 millim.; larg. 262.

1er état. Avant d'avoir été inséré dans le livre suivant. Visser, 12 fr. 50 c.

Ce portrait se trouve dans *P. Winsem, J. C. Historiarum ab excessu Caroli V Cæsaris. . . . . sive rerum sub Philippo II per Frisiam gestarum. Ab anno* CIƆIƆLV *usque ad annum* CIƆIƆLXXXI *assertæ libertalis. Libri septem Leonardiæ Excudebat Claudius Fontanus. . . . . Anno* CIƆIƆCXLVI. In-fol.

101. *Wladislas VI, roi de Pologne*. Il est dans un ovale entouré de guirlandes de fruits, de face, tourné vers la droite, portant moustaches et barbiche, revêtu d'une armure, l'écharpe posant sur l'épaule gauche ; il est décoré de la Toison d'or. Sous le portrait, dans un cartouche, en deux lignes : *Vladislaus VI Poloniæ et Sueciæ Rex. . . . . Au-dessous, à gauche : P. Soutman Pinxit Effigiauit et Excud.* ; à droite : *I. Suijderhoef Sculpsit.* ; plus bas encore, vers le milieu : *Cum Priuil. Sa. Cæ. M.*

Haut., 400 millim.; larg., 261.

1er état. Avant le numéro. Visser, 65 francs. — 2°. Avec le numéro 9.

C'est le neuvième portrait de la suite : *Ferdinandus II^{us} et III^{us}*.

101 *bis*. *Personnage inconnu*. Il est assis dans un fauteuil, coiffé d'une calotte, portant toute sa barbe ; de la main droite il tient un livre, de l'autre une plume ; à droite, dans les vitraux d'une fenêtre, des armoiries ; sur une table, divers objets et une feuille de papier où sont des caractères allemands. A droite : *Alb. Freyse delinea; J. S. Sculp.* In-4. Ce portrait se trouve dans un livre. Au verso, on voit Jésus chez Marthe et Marie. de *C. V. Queboren.*

M. Hymans n'indique pas la mesure.

102. *Les quatre Bourgmestres d'Amsterdam.* Ils attendent l'arrivée de la reine Marie de Médicis dans une salle ornée de statues placées dans des niches; ils sont assis à une table, coiffés tous quatre de chapeaux à larges bords. Corneille van Davelaer, avocat, entre par la gauche, tenant son chapeau de la main droite, et annonçant l'arrivée de la reine. Dans la marge du bas, en deux lignes : EFFIGIES NOBILISSI-MORUM ET AMPLISSIMORUM DD. CONSULUM QUI REIP. AMSTELODAMENSI PRÆFUERE TUNC, . . . Suivent les noms et qualités des personnages : D. ANTONIUS OETGENS. . . . D. ALBERTUS CONRADI BURGH. . . . . D. PETRUS HASSELAER. D. ABRAHAMUS BOOM . . . Au-dessous, à gauche : *T. D. Keÿser pinxit;* à droite : *I. Suÿder hoef Sculpcit.*

Haut., 320 millim.; larg., 380.

* 1er état. Avant les noms du peintre et du graveur. Collections Verstolk et Van den Zande.

Verstolk, 377 fr. 50 c.; Van den Zande, 461 francs.

2e. Avec *T. D. Keÿzer pinxit* seulement. — * 3e. Celui décrit.

M. Hymans fait remarquer que, dans l'épreuve du Musée de Bruxelles, la lettre D qui précède les noms des magistrats est majuscule; il en est ainsi dans le premier état comme dans le troisième.

Cette belle estampe a été gravée pour l'ouvrage intitulé : *Inkomst* . . . . . *Van Maria de Medicis t'Amsterdam.* . . . . . *door K. V. Baesle* (Baslæus). Ce titre est orné de planches intéressantes de *Peter Nolpe.* . . . . . On rencontre rarement des exemplaires avec la gravure de Suyderhoef.

Une épreuve du premier état est au Cabinet des estampes de Paris. Le tableau original est au Musée de la Haye; il avait fait auparavant partie de la collection Braamcamp.

103. *L'Assemblée des plénipotentiaires ratifiant le traité dit de Munster.* Ils sont dans une salle, à la voûte de laquelle pend un lustre orné d'une statue de la Vierge. A droite, une fenêtre; à gauche, sur un écriteau : PAX OPTIMA RERVM. Au milieu, autour d'une table où l'on voit une cassette et divers documents, sont groupés de nombreux person-nages; deux d'entre eux posent la main droite sur l'Evangile. D'autres personnages sont de chaque côté; à gauche, on remarque un gentil-homme ayant au côté une longue épée, tenant de la main droite un cha-peau à plumes, tandis que sa gauche est sur le dossier d'un fauteuil; à droite, un moine. Cette composition contient un grand nombre de figures. Au bas de la gauche, dans l'estampe : *Geraert ter Burch* *pinxit ;* à droite : *Jonas Suijderhoef sculpsit.* Dans la marge du bas, en trois lignes : ICON EXACTISSIMA, QUA AD VIVUM EXPRIMITUR SOLENNIS CONVĒTUS LEGATORUM PLENIPOTENTARIORUM HISPANIARUM REGIS PHILIPPI IV. ET ORDINUM GENERALIUM FŒDERATI BELGII, QUI PACEM PER-PETUAM. . . . . MONASTERII WESTPHALORŪ IN DOMO SENATORIA. ANNO CIƆIƆCXLVIII. IDIBUS MAII.

Haut., 465 millim.; larg., 581.

1ᵉʳ état. Avant toute lettre. Verstolk, 262 fr. 50 c.

Cette épreuve laissait à désirer pour sa conservation; la même, vente Thorel, 915 fr.

2ᵉ. Avec la lettre, mais avant les noms des artistes. — * 3ᵉ. Celui décrit.

Les belles épreuves sont très rares. Le Cabinet des estampes de Paris en possède une superbe, payée 300 francs en 1825 à la vente Karcher; la nôtre est aussi très recommandable. La plus belle que nous ayons vue est celle du comte de Béhague, vendue 1,000 francs en 1877, et rachetée par nous 600 francs à la vente Beurnonville. On rencontre des épreuves médiocres avec un large trait échappé contre le premier pied du fauteuil.

Au Cabinet des estampes de Paris on voit une épreuve sur satin.

Au British Museum, il y a un état avant toutes lettres et avant PAX OPTIMA RERUM. C'est l'épreuve avant la lettre décrite ci-dessus.

Cette paix, dite de Munster, représente et désigne celle qui a été conclue en 1648 entre la Hollande et l'Espagne, et qui précéda de plusieurs mois la grande paix de Westphalie, qui fut également conclue à Munster au mois d'octobre 1648, mais signée à Osnabruck. On la confond souvent avec la première. Le tableau original de Terburg porte en hauteur 334 millim. sur 344 de largeur; le peintre en refusa 6,000 florins. Après sa mort, il échut à un de ses héritiers, à Deventer, où il resta longtemps. Il passa ensuite dans le cabinet Van Leyden, à Amsterdam ; lorsque cette célèbre collection fut vendue à Paris en 1804, le tableau fut adjugé 16,000 francs. Après être resté dans la collection du prince Talleyrand jusqu'en 1817, il devint la propriété de M. Buchanam. Il fit ensuite partie de la collection du duc de Berry. La duchesse ayant fait vendre ses tableaux, en 1837, il fut acquis par le prince Demidoff, moyennant 45,000 francs. Les tableaux dits de San Donato furent vendus en 1869, et l'œuvre de Terburg fut poussée à 182,000 francs. Lord Hertfort en devint propriétaire; Sir Richard Wallace, son successeur, en a fait présent à la Galerie nationale d'Angleterre.

Il existe un tableau semblable au Musée d'Amsterdam ; il est attribué à Terburg. Des connaisseurs prétendent que c'est l'esquisse du précédent; d'autres n'y voient qu'une copie médiocre.

SUJETS DE L'HISTOIRE SACRÉE

104. *La Chute des Réprouvés.* Voir Rubens, n° 127, page 82.

105. *Les Monstres infernaux.* Au milieu d'un fouillis de chimères se tordant et se déchirant, on voit trois formes humaines entraînées dans un tourbillon. Au centre, un effroyable dragon. Au

bas de l'estampe, à gauche : *P. P. Rubens pinx*. Sans nom de graveur, mais vraisemblablement de Suyderhoef. C'est un épisode du tableau de la Pinacothèque de Munich.

Haut., 128 millim.; larg., 176.

106. *La Sainte Vierge et l'Enfant Jésus*. Voir Rubens, n° 31, page 100.

107. *Jésus-Christ porté au tombeau*. Joseph d'Arimathie et Nicodème se dirigent vers la droite, portant le corps du Sauveur et descendant les marches du sépulcre ; les trois saintes femmes les suivent par derrière. Sur les marches du bas : *Michael Agnolo Carauaggio Pinxit. I. S. sculpsit*. Dans la marge, huit vers latins : *Hinc ut recedam,* .... *Me stringe paúlùm spiritù*. Au milieu, tout au bas : *Cum Priuil*.

Haut., 315 millim.; larg., 199.

Nagler décrit quatre états :

1er état. A l'eau-forte pure. Avant toute lettre.—2e. Avec la lettre, sans adresse. — 3e. On lit: *Carolus Allard excudit*, sur la deuxième marche, près du pied gauche de Nicodème. — 4°. Avec CHRIST MORT. *A Paris, chez Basan*. On ne voit plus les noms des artistes. La planche est retravaillée et défigurée.

Cette planche a été aussi attribuée à Soutman. Voir Œuvre de Rubens, n° 107, page 76.

SUJETS MYTHOLOGIQUES

108. *L'Ivresse de Bacchus*. Voir Rubens. *Bacchanales*, n° 54, page 151.

109. *Silène ivre*. Voir Rubens. *Bacchanales*, n° 58, page 152.

110. *La Famille des Satyres*. Le site est sauvage ; vers la gauche, plusieurs satyres mâles et femelles jouent avec des panthères. Une femme satyre à genoux, couronnée de pampres, retient une panthère ; celle-ci, couchée sur le dos, étend ses pattes vers un de ses petits, qu'un satyre tient par le cou ; un troisième satyre, vu par la gauche, lui suspend au-dessus de la tête une grappe de raisin. A droite, trois panthères ; l'une se retourne vers la femme couchée ; au milieu, une autre panthère poursuit un singe grimpant le long d'un tronc d'arbre ; dans la marge du bas, en trois colonnes, des vers latins : *Hic Satÿri Satÿræ que tuas*. . . . . *deserta per avia mentes*. Au-dessous, au bord

de la planche : *P. van Laar pinxit.*; à droite : *I. Suÿderhoef sculpsit. Robbert Tinneken excudit.*

Haut., 623 millim.; larg., 527.

1er état. Celui décrit. — 2e. Avec *Nicolaus Vischer excudit.* — 3e. On lit l'adresse de *P. de Wit.* — 4e. Au bas de la gauche : *P. Schenk Junior excudit n° 66.*

SUJETS ALLÉGORIQUES

111. *La Nuit.* La déesse couronnée de pavots repose dans une grotte, vue de face, appuyant sa tête sur sa main droite. Elle porte deux grandes ailes noires et une robe étoilée. Deux enfants adossés dorment devant elle. Au milieu, une souris ronge un morceau de chandelle; vers la droite, au-dessus, et derrière une lanterne allumée, est perché un hibou. Dans le coin du haut, à gauche, dans le ciel qu'on entrevoit au fond de la grotte, brille le croissant de la lune. Au milieu de la marge du bas : *Nox.* En deux colonnes, huit vers latins : *Languida, dormitans hœc femina,* .... *Displiceat vitœ Nox scelerata tuœ.* Au-dessous, à gauche : *J. Sandrart Pinxit.*; à droite : *Suyderhoef sculpsit.*

Haut., 344 millim., larg., 247.

C'est le pendant de la pièce dite *le Jour*, gravée par *Falck.*

Ces deux estampes font partie de la suite de douze mois gravés par *Van Dalen, Persin, Halwegh, J. Falck* et *Suyderhoef*, dont le titre est : *Duodecim mensium necnon diei et noctis icones.* Les tableaux originaux ont passé de la galerie du château de Schleissheim dans la Pinacothèque de Munich.

112. *Avril.* Un personnage de face, coiffé d'une toque à plumes, vêtu d'un pourpoint de velours, portant moustache et barbiche, tient une guitare de la main droite, et de la gauche une corbeille de fleurs. Dans le fond, un jardin; à droite, on trait des vaches dans une métairie. Au haut, à gauche, le signe du Taureau. Dans la marge du bas : APRILIS., et huit vers latins en deux colonnes : *Terribilis cœlo vernantem.* .... *Daphnis inire viam.* Au-dessous, à gauche : *Ioachimus Sandrart Pinxit.*; à droite : *I. Suÿderhoef sculpsit.*

Haut., 351 millim.; larg., 251.

Cette estampe fait partie de la suite des Douze mois.

113. *Mai.* Sur le premier plan, tournée vers la gauche, une jeune fille qui cueille une tulipe tient de la main gauche une guirlande de fleurs. Elle est dans un jardin, où est à droite une fontaine, et à gauche un château ; au milieu, un étang où sont des nacelles. Dans la marge du bas : MAIVS, et huit vers latins en deux colonnes : *Nunc, Melibœe, tuœ gliscant. . . . . non cupit esse suœ.* Au-dessous, à gauche : *Ioachimus Sandrart Pinxit.;* à droite : *I. Suÿderhoef Sculpsit.*

Haut., 351 millim.; larg., 251.

Même suite que la précédente.

114. *Juin.* Un vieux portant de la barbe, vu de face, nu-tête, est assis occupé à tondre un mouton ; au fond, des hommes et des moutons ; plus loin, une haute montagne. Au haut, à gauche, le signe de l'Ecrevisse. Dans la marge du bas : IVNIVS., et huit vers latins en deux colonnes : *Dum Cancri chelis. . . . . vertice fige pedem.* Au-dessous, à gauche : *Ioachimus Sandrart Pinxit;* à droite : *I. Suÿderhoef Sculpsit.*

Haut., 344 millim.; larg., 245.

Même suite.

115. *Août.* Un moissonneur, la tête couronnée de fleurs et d'épis, portant la barbe, tourné vers la droite, fauche un champ de blé. Dans un site montagneux qui est au fond, sont quatre moissonneurs, un chariot chargé et un paysan. Au haut, à gauche, la Vierge. Dans la marge du bas : AVGVSTVS., et huit vers en deux colonnes : *Triptolemi iam dona vides. . . . . nil facimus.* Au-dessous, à gauche : *Ioachimus Sandrart Pinxit.;* à droite : *I. Suÿderhoef Sculpsit.*

Haut., 340 millim.; larg., 238.

Même suite.

SUJETS DE FANTAISIE

116. *Le Fumeur.* De face, un peu tourné à gauche, assis dans un fauteuil près d'une table; sur la tête un chapeau bossué; dans sa main droite, une pipe ; il tient une cruche de la gauche. Dans la marge du bas, à gauche : *A .v. Ostaden pinxit ;* à côté : *J. Suyderhoef sculpsit.*

Haut., 220 millim.; larg., 176.

1er état. Celui décrit. Visser, 27 fr. 30 c.. — 2e. Dans la marge du bas à droite : *Ex formis Nicolai Visscher.* — 3e. On a ajouté : *Cum Privil : Ordin : General : Belgii Fœderati,* au-dessous du nom de l'éditeur.

117. *Monsieur Peeckelhaering.* A mi-corps, tourné vers la gauche, un bonnet sur la tête, la moustache hérissée, il élève de la main droite une canette dont il a soulevé le couvercle et dont il fait voir l'ouverture. Dans le fond : *F. Hals pinxit.* Dans la marge du bas, quatre vers hollandais en deux colonnes : *Sict Monsieur Peeckelhaering an, ... is altyt breack.*

Haut., 265 millim.; larg., 209.

118. *La Vieille.* Elle est assise à table, tournée vers la gauche, coiffée d'un petit bonnet, tenant de la main gauche un verre, et repoussant de la droite la cruche que tient un homme debout. Sur la table, divers ustensiles de tabagie. Dans la marge du bas : *Ni pateat fundus. . . . . namque profunda latent.* Au-dessous, à gauche : *A. Ostaden pinxit.* Au milieu : *C. de Jonghe excudit*; à droite : *J. Suyderhoef sculpsit.*

Haut., 207 millim.; larg., 189.

1ᵉʳ état. Avant toute lettre. — 2ᵉ. Avec la lettre; celui décrit. — 3ᵉ. On lit : *De Wit excudit.* La planche est retouchée.

119. *Le Buveur.* Il est dans un intérieur rustique, assis sur un tonneau, vêtu d'une jaquette, coiffé d'un chapeau noir, tenant un long verre. Sa pipe est sur une table à droite. Un autre buveur est vu de face, tenant de la main gauche sa pipe allumée. Derrière eux, une femme courbée vue de dos. Dans la marge du bas : *Vivamus Bacchi-plenos. . . . . vivere mi, bibere est.* Au-dessous, à gauche : *A. Ostaden pinxit;* au milieu : *Clement de Jonghe excudit;* à droite : *J. Suyderhoef sculpsit.*

Haut., 220 millim.; larg., 176.

1ᵉʳ état. Avant la lettre. — 2ᵉ. Avant les vers. On lit : *A. Ostade pinxit*, gravés à la gauche du bas, là où plus tard est écrit *Vivamus.*—3ᵉ. Celui décrit. On peut encore voir le nom d'*Ostade* dans les bonnes épreuves. — 4ᵉ. L'adresse de *F. de Wit* remplace celle de *Clement de Jonghe.*

120. *Les Trois Commères* ou *Parques hollandaises.* Dans un encadrement ovale, trois vieilles femmes entourent un tabouret où sont une pipe, une tabatière et un morceau de papier. Celle de gauche est de face, coiffée d'un mouchoir, elle tient de la main gauche une grande bouteille carrée, élevant un verre de la droite ; une autre, assise à droite, porte un bonnet de fourrure, et tient de la main gauche une écuelle. Au haut de l'estampe, dans le fond : *A . v. Ostaden pinxit;* au-dessous : *J. Suyderhoef sculpsit.*

Haut., 207 millim.; larg., 218.

* 1er état. Avant l'adresse ; les angles de la planche sont blancs Collections de Friès et marquis de Brême. — 2°. Les angles sont restés blancs. Au bas de la droite : *Dancker Danckerts Excud.* — 3°. A la place de cette dernière adresse, on lit : *Nicolaus Visscher excud.* Les angles sont encore blancs. L'ovale mesure 263 millim. — 4°. L'adresse est restée la même. Les angles sont couverts de fortes tailles horizontales ; l'ovale mesure 268 millim. — 5°. Avec l'adresse de *P. Schenk.* — 6°. La planche est retravaillée ; l'adresse précédente est effacée.

121. *Le Ménétrier* ou *Jan de Moff* Dans un intérieur rustique, deux buveurs et un ménétrier sont à table. Ce dernier, assis sur une escabelle, est à gauche, et joue du violon. Un homme assis vis-à-vis de lui lève de la main gauche un verre demi-plein, et chante en marquant la mesure de la main droite ; devant lui est posée une grande cruche. Un troisième est assis derrière la table, nu-tête, tenant une pipe de la main gauche. Dans le fond, une armoire avec des ustensiles de ménage. Sous la fenêtre qui est à droite est un banc où l'on remarque une écuelle. A la droite du bas, au-dessous d'une branche sèche, à terre : *A . v. Ostaden pinxit, I. Suyderhoef sculp.* Dans la marge du bas, quatre vers hollandais en deux colonnes : *A ls Jan de Moff.* . . . . .

Haut., 282 millim.; larg., 222.

1er état. Avant les noms des artistes et les vers hollandais. La marge du bas est blanche , les angles du cuivre sont aigus. Collection Albertine. — 2°. Avec les noms des artistes et les vers, mais avant l'adresse. — 3°. Sous les vers à droite : *C. J. Visscher Excu.* Des tailles croisées ont renforcé le terrain, surtout dans le coin du bas, à droite. Les noms des artistes se lisent à peine. — 4°. L'adresse de Visscher est enlevée, non sans laisser quelques traces. — 5°. Au bas de la gauche : *J. Covens et C. Mortier Excudit.*

Les trois premiers états, Werstolk, 210 francs.

Le tableau original est dans la Dulwich Galery.

122. *Le Coup de couteau.* Dans une grande pièce, on voit trois soldats dont l'un a saisi son adversaire à la gorge et le tient renversé, prêt à le frapper d'un couteau qu'il tient de la main gauche, tandis qu'un troisième lui arrête le bras. A gauche, un fragment de tonneau, et, derrière, un tambour. Dans le fond, à droite, un homme armé de pincettes

descend rapidement les marches d'un escalier ; on voit à terre des
cartes à jouer et de l'argent. A la gauche du bas : G. TERBVRGH PINXIT.
Au-dessous : *I. Suijderhoef sculpsit.* Dans la marge du bas, des vers
latins : *Liber alit, Cytherea Juvat . . . . et chartula picta nocent.
solide.*

Haut., 305 millim.; larg., 385.

    * 1ᵉʳ état. Avant les vers et l'adresse. Visser, 109 fr. 20 c.; Verstolk, 138 fr. 60 c.
— 2ᵉ. Avec les vers et l'adresse de *Clement de Jonghe.* — 3ᵉ. A la place de cette
adresse : *F. de Wit excudit.* — 4ᵉ. On lit : *Marrebek exc.*

    123. *Les Joueurs de trictrac.* Cinq hommes sont autour de la table;
l'un d'eux est assis dans un fauteuil ; son adversaire s'apprête à lancer
les dés de la main gauche; un des spectateurs assis, vu de dos, s'accoude
à la table et étend sa jambe gauche ; un autre debout tient des deux
mains une cruche ; le dernier, assis, fume sa pipe qu'il tient de la main
droite. Au milieu de la salle, une femme vue de dos, tenant un dévidoir, cause avec un homme. Au fond, une porte ouverte, où accède un
escalier à quatre marches ; à droite, près d'une grande cheminée, sont
suspendus trois jambons et un morceau de lard. Un panier est suspendu
à la première poutre ; sur le premier plan, à droite, un chien dort.
Au bas, à gauche, en dehors du trait de bordure : *A. v. Ostade
pinxit ;* à côté : *J. Suijderhoef fecit.*

Haut., 344 millim.; larg., 276.

    * 1ᵉʳ état. Avant l'adresse : *Nicolaus Visscher excudit cum Priuilegio,* mais avec les
noms des artistes. On ne voit pas de contre-tailles sur le sol, derrière les pieds du
vieux ; avant les tailles continuées sur le sol du petit cabinet du fond. La tête de la pipe
qui est à terre n'est pas blanche; le coussin sur le siège à droite n'est presque partout
ombré que d'une simple taille. Collection Guichardot. Vendu 230 francs.
    * 2ᵉ. Avec l'adresse ci-dessus. Retouché, mais plein d'effet. La tête de la pipe
est blanche. — 3ᵉ. L'adresse de *Visscher* est enlevée. La planche a été retravaillée.
On voit quelques tailles très fines sur la tête de la pipe. Ces tailles ont disparu dans
des épreuves postérieures. — 4ᵉ. Avec l'adresse *C. Valk excud. cum privil.*
    Le tableau original, en 1861, se trouvait chez M. C. Bredel.

    124. *Les Paysans sous la treille,* ou *le grand Balai.* Devant un ca-
baret rustique deux hommes sont assis sous une treille. L'un, au milieu, vu de face, lève sa pipe de la main droite; l'autre, qui est à
droite, tient sa pipe de la gauche. L'hôtesse, à la gauche de l'estampe,

qu'un enfant accompagne, remplit un verre. Un grand balai est du même côté sur le premier plan. Au fond, une femme et deux hommes. Vers le bas de la droite : *A. v. Ostade pinxit. J. Suyderhoef fecit.*

Haut., 405 millim.; larg., 353.

* 1er état. Avant toutes lettres; avant un grand nombre de travaux dans toute la planche. Le balai n'a sur le manche que des contre-tailles très claires à gauche, il n'y en a pas à droite ; à gauche, l'ombre sur le balai est très faible ; on ne voit derrière le balai que cinq à six pierres ; le panier suspendu à la maison se voit très distinctement ; l'estampe est d'un ton très clair ; il n'y a pas de nom d'artiste ni de trait autour de la composition.

Verstolk, 231 francs.

* 2e. Celui décrit. D'un ton très vigoureux et complètement terminé, mais avant l'adresse. Les angles de la planche sont fortement arrondis. — 3e. Avec l'adresse de *Clement de Jonghe*. — 4e On lit : *Leon Schenk excudit*, au bas de la gauche.

Le tableau original a fait partie du cabinet Braamcamp ; il est décrit en 1810 au catalogue Walsh Porter. Il fut vendu 6,500 francs.

125. *Le vieux Chanteur à la fenêtre.* A gauche, sous une vigne qui serpente au haut de la maison, un vieillard chante, tenant des deux mains une feuille de musique ; à droite, un jeune homme, coiffé d'un bonnet plat, tient de la main gauche une chandelle allumée ; derrière le chanteur, un vieux appuie la main gauche sur la fenêtre ; derrière celui qui éclaire, deux autres figures sont dans l'ombre. Au-dessus de la fenêtre, un pot et une cuiller. Dans la marge du bas, huit vers latins en deux colonnes : *Non mea Sacrilegi. . . . . lumen suppeditante canens.* Au-dessous, à gauche : *A. van Ostade delini.;* au milieu : *Clement de Jonghe excudit;* à droite : *Solide.* Sans nom de graveur.

Haut., 387 millim.; larg., 205.

1er état. Celui décrit. — 2e. A la place de la première adresse, on lit : *Frans Carelse excudit.*

C'est le même sujet qui a été gravé par *Ostade*, et qui est connu sous le nom de *les Harangueurs.*

126. *Le jeune Chanteur à la fenêtre.* Sept personnes à une fenêtre, toutes la tête couverte ; à gauche, un homme chante, tenant des deux mains un papier de musique ; du même côté, plusieurs

hommes, dont l'un qui se penche éclaire la scène avec une chandelle qu'il tient à la main. Dans la marge du bas, huit vers latins : *Mopso Nisa data est. . . . . tua forma placet.* Au-dessous, à gauche : *A. Van Ostade delini.;* au milieu : *Frans Carelse excudit.;* à droite : *Solide.*

Haut., 307 millim.; larg., 207.

1ᵉʳ état. *Clement de Jonghe excudit.* — 2ᵉ. Celui décrit.
C'est une espèce de pendant à la pièce précédente.

127. *La Rixe.* Dans un cabaret sont huit figures, parmi lesquelles deux paysans qui se sont pris de querelle. L'un, porteur d'un chapeau pointu, est encore à table, où le retient un homme ; à cette même table, un autre homme et une femme effrayée. L'adversaire est à gauche, tenant un couteau; une femme, qui le tient par le bras droit, s'efforce de l'arrêter; un chien est sous la table; près du foyer, à droite, un vieillard se lève et saisit les pincettes de la main gauche. Au fond est la porte d'une cave, et au-dessus un escalier; à la voûte, un panier est accroché sur une corde tendue où sèche du linge; des cartes sont à terre. Dans la marge du bas : *A. Ostaden pinxit.;* au milieu : *J. Suijderhoef sculpsit.*

Haut., 446 millim.; larg., 373.

* 1ᵉʳ état. Non décrit, peut-être unique. La porte ouverte dans le fond ne se détache pas de la muraille, son épaisseur n'est pas indiquée, elle ne se profile pas dans le bas en dessous ; l'escalier, en forme d'échelle, est beaucoup moins travaillé ; les marches ni le montant ne se profilent ; le trait qui dessine le montant du fond et celui qui arrête l'autre montant au-dessus de l'épaule gauche de l'homme assis, qui lève la main, ne sont pas tracés ; le bras de la femme qui retient l'homme armé d'un couteau est moins accusé ; l'homme qui lève la main a des places blanches, dans la toque, qui ne sont pas encore couvertes de points; une large place blanche s'aperçoit sur son épaule, ainsi que sur sa cuisse droite ; le premier pied de son escabeau est, dans sa partie claire, ombré d'une seule taille perpendiculaire ; sur le bras gauche de l'homme assis qui tient un couteau, il y a des places blanches qui ne sont pas encore couvertes de petits points; la porte ouverte de la cave n'est pas profilée au-dessus de l'épaule droite du même homme. Les deux grandes planches, contre le panier d'osier suspendu, n'offrent pas encore les places blanches dont nous parlerons dans l'état suivant ; la muraille, au-dessous de la boîte d'allumettes et de l'appui de la fenêtre, est d'une teinte uniforme ; le plat, debout sur l'armoire, entre la fenêtre et la cheminée, ne se profile pas du côté de la fenêtre; les jambes de l'homme qui tient les pincettes sont ombrées par des tailles et des contre-tailles. Collections Scitivaux et

Debois. M. Defer, dans le catalogue de ce dernier, ne décrit pas ces remarques.

Dans la vente Visser, nous trouvons cette description : « Premier des cinq états, non terminé ; avant un si grand nombre de travaux et tant de changements que la planche offre un aspect entièrement différent dans l'état suivant. Le graveur a tout à fait changé la distribution de la lumière, et sur le groupe au milieu, où les parties ombrées sont beaucoup plus claires dans le deuxième état ; de même sur l'homme et l'enfant qui se trouvent à droite. Aussi les accessoires, comme le panier accroché à la voûte, les planches, les poutres autour de l'escalier, le mur à droite, la fenêtre, le chien sous la table, la chaise à gauche, ont complètement changé de caractère. » Visser, 191 fr. 10 c.

Nous ne savons si cette note peu claire s'adresse à notre premier état ou à celui que nous allons décrire.

* 2e. Avant l'adresse de *Clemendt de Jonghe*. La porte ouverte dans le fond est parfaitement profilée, son épaisseur est indiquée du côté de la muraille ; les marches et les montants de l'escalier sont bien profilés ; sur le bras de la femme qui retient l'homme debout armé d'un couteau, on aperçoit une ombre vigoureuse tracée d'une manière horizontale formant un pli ; sur le milieu de la toque de l'homme qui lève la main, il reste une petite place blanche, mais toutes les autres sont couvertes par des points légers ; on en remarque également sur son épaule et sur sa cuisse droite ; le premier pied de l'escabeau sur lequel il est assis est marbré, dans sa partie claire, de deux ombres noires descendant de droite à gauche. Sur le bras gauche de l'homme qui tient le couteau, des points légers atténuent les places blanches ; au-dessus de son épaule droite, la porte de la cave est parfaitement profilée. La planche à gauche, au-dessus du panier suspendu, offre une série de traits blancs dans le milieu ; la muraille, au-dessus de la boîte aux allumettes et au-dessus de l'appui de la croisée, offre une série de travaux qui ressemblent à des marbrures en zigzag. Le plat, entre la cheminée et la fenêtre, est parfaitement profilé dans toutes ses parties, surtout à gauche ; les jambes de l'homme qui tient les pincettes sont toujours ombrées de tailles et de contre-tailles.

Van den Zande, 330 francs ; Verstolk, 210 francs.

* 3e. Les tailles et les contre-tailles qui ombraient les jambes de l'homme armé de pincettes ont été enlevées et remplacées par de simples tailles horizontales, assez fortes, au burin ; mais on ne voit pas encore dans la marge à droite l'adresse de *Clemendt de Jonghe*. Une épreuve de cet état figurait dans la vente Thorel ; nous en avons donné une semblable à la Bibliothèque de Rouen.

4e. On lit *Clemendt de Jonghe excudit.*, au bas de la droite. — 5e. Cette adresse est remplacée par celle de *F. de Wit*.

Un dernier état est signalé dans le catalogue Verstolk, sans aucun signe qui le fasse distinguer.

Le tableau original est, dit-on, dans la Pinacothèque de Munich. Une reproduction est indiquée comme étant en Angleterre, connue sous le nom de *Snic and Snac*. Serait-ce ce dernier tableau qui a figuré en 1880 dans la vente de San Donato à Florence, et qui a été vendu 51,000 lires ?

128. *Le Bal.* Dans un cabaret de campagne, éclairé au fond par une grande fenêtre, treize personnes sont assemblées ; presque

toutes regardent danser un couple au son du violon, dont joue un ménétrier qui est assis sur un siège élevé, à gauche, près de l'entrée d'une cave. Une vieille, assise contre un foyer, tourne le dos ; sur le devant, un chien lèche l'intérieur d'une poêle à frire qu'on voit à terre. Dans la marge du bas, à gauche : *A. Ostaden pinxit.;* au milieu : *J. Suijderhoef sculpsit.;* à droite : *P. Goos excudit.*

Haut., 450 millim.; larg., 380.

* 1ᵉʳ état. Celui décrit. Collections Debois et marquis de Brême. —2ᵉ. L'adresse de *P. Goos* est remplacée par celle de *Justus Danckerts.* — 3ᵉ. Avec la même adresse, suivie de : *Cum Privil : Ordin : Hollandiæ et West-Frisiæ.* La planche retouchée n'a plus que 377 millim. de large. Plus tard, la planche étant passée dans les mains de Basan, il en fit tirer des épreuves; elles sont très usées et portent l'adresse de *Justus Danckerts.*

129. *La Chasse aux lions et aux tigres.* Voir Œuvre de Rubens : *Suite de chasses et de paysages,* nᵒ 2, page 244.

130. *Le Chemin de la montagne.* On voit une route escarpée, à la gauche de laquelle sont deux forts sapins, dont le sommet touche le bord de la planche. Au premier plan, un vacher nu-tête mène à l'abreuvoir un bœuf, une vache, deux moutons et un bouc. Un personnage, coiffé d'un chapeau et couvert d'un manteau, qu'un âne précède, arrive du fond ; un chien, qui est à droite, contre un pan de rocher, les regarde. Dans la marge du bas, à gauche : *Berghem pinxit.;* au milieu : *J. Suijderhoef sculpsit.;* à droite : *P. Goos excudit.*

Haut., 444 millim.; larg., 371.

1ᵉʳ état. Avant *P. Goos excudit.* — 2ᵉ. Celui décrit. — 3ᵉ. A la place de l'adresse de *P. Goos,* on lit celle de *Léon Schenk.*

Nagler appelle cette pièce le *Retour des Champs;* Weigel, le *Paysage au troupeau.*

PIÈCE NON DÉCRITE

131. Frontispice gravé d'un livre intitulé : IL NVOVO TESTAMENTO. . . . . *Tradotto in lingua Italiana da Giouanni Diodati di nation lucchese.* En bas, dans un cartouche ornementé, la date de 1665 ; plus bas, au milieu : *I. S. sculp.*

Haut., 115 millim.; larg., 85.

* Pièce non décrite de Suyderhoef. Ce livre a été publié à Harlem : *Appresso Jacob Albertz Libraio* 1665. Ce titre très rare a échappé aux recherches de MM. Wussin et Hymans.

Visser, 73 fr. 50 c.

Au Cabinet des estampes de Paris, on a classé dans l'œuvre de Suyderhoef les portraits suivants :

Jacobus a Campen. Il est nu-tête, appuyé sur une grosse pierre de taille, regardant à gauche. Au bas : IACOBUS à CAMPEN. . . ARCHITECTVS. . . Plus bas, six vers hollandais ; au-dessous : *L. Meyer.* Sans noms d'auteurs.

Haut., 327 millim.; larg., 241.

Élisabeth, comtesse palatine du Rhin. Elle est tournée à gauche, nu-tête, la gorge très découverte, portant un collier de perles et une robe ornée de perles. L'inscription est dans la bordure de l'ovale ; sans nom d'auteurs. Au bas, huit vers latins, et au-dessous : *Caspar Barlæus.*

Haut., 174 millim.; larg., 147.

Jean Waleus. Il est tourné à gauche, nu-tête, avec une grande collerette rabattue. On lit autour de l'ovale : IOHANNES WALEUS. . . Sans noms d'auteurs. Au bas, huit vers latins.

Haut., 273 millim.; larg., 223.

TABLE DE L'ŒUVRE DE SUYDERHOEF

66 Piccolomini.
67 Plante.
68 Post.
69 Rede.
70 René de Nassau.
71 Reves.
72 Rivet.
73 Rouberg.
74 Salmasia (Saumaise).
75 *Le même.*
76 Schade.
77 Schrevel.
78 Schurman.
79 Sibel.
80 *Le même.*
81 Sigismond.
82 Smaltius.
83 Spanheim.
84 Swalm (Eléazar).
85 *Le même.*
86 Swalm (Henri).
87 Teelinck.
88 Tegularius.
89 Trigland.
90 Tromp.
90 *bis Le même.*
90 *ter* Ver Moelen.
91 Van Aken (voir n° 2).

92 Visscher (Adolphe).
93 Voet.
94 Vrechemius.
95 Wartenberg.
96 Wassenaer.
97 Wikenburg.
98 \
99 / Voir n°s 30 *bis* et 30 *ter*.
100 Winsem.
101 Wladislas VI.
101 *bis* Personnage inconnu.

SUJETS HISTORIQUES

102 Quatre bourgmestres.
103 Traité de Munster.

SUJETS DE L'HISTOIRE SACRÉE

104 Chute des réprouvés.
105 Les Monstres infernaux.
106 La Vierge et l'enfant Jésus
107 Jésus-Christ au tombeau.

SUJETS MYTHOLOGIQUES

108 Ivresse de Bacchus.
109 Silène ivre.
110 La Famille des Satyres.

SUJETS ALLÉGORIQUES

111 La Nuit.
112 Avril.
113 Mai.
114 Juin.
115 Août.

SUJETS DE FANTAISIE

116 Le Fumeur.
117 M. Peeckelhaering.
118 La Vieille.
119 Le Buveur.
120 Les trois Commères.
121 Le Ménétrier.
122 Le Coup de couteau.
123 Les Joueurs de trictrac.
124 Les Paysans sous la treille.
125 Le vieux Chanteur.
126 Le jeune Chanteur.
127 La Rixe.
128 Le Bal.
129 La Chasse aux lions.
130 Le Chemin de la montagne.
131 Frontispice, pièce non décrites, et autres.

TENIERS (DAVID, dit LE JEUNE), peintre et graveur à l'eau-forte, né à Anvers en 1610, baptisé à Saint-Jacques le 15 décembre de la même année ; mort à Bruxelles en 1690, dit Descamps ; M. Michiel donne la date de 1694. On ne connaît de lui que quelques pièces sur lesquelles on diffère ; d'autres lui sont attribuées. Les estampes de David Teniers ne sont pas communes, et quoiqu'elles ne soient pas sans mérite, elles ne peuvent être mises en parallèle avec celles de beaucoup d'autres artistes qui comme lui ont manié le pinceau avec une grande supériorité. Ses dessins mêmes sont assez rares ; quant à ses tableaux ils sont extrêmement nombreux, même ceux qui ne peuvent donner lieu à aucune contestation ; ils remplissent les musées et les cabinets des amateurs. Teniers ayant peint jusqu'à la fin de sa vie, on remarque une assez grande inégalité dans ses productions. Les unes, et nous les attribuons à sa vieillesse, sont d'un ton rougeâtre ou bitumineux, mais les autres sont du faire le plus brillant ; la couleur

en est chaude, claire, limpide et brillante. Parmi les quinze tableaux
que possède le musée du Louvre, il en est un certain nombre qui se
rattachent à cette période et que l'on peut placer à côté des tableaux
des plus grands maîtres. Nous citerons en ce genre *Saint Pierre
reniant Jésus-Christ,* les *Œuvres de miséricorde,* et surtout l'*Enfant
prodigue* qui est un type de la plus brillante manière de David Teniers.
Il en existait deux des plus remarquables dans la collection du duc de
Berry : l'*Homme à la chemise blanche* et le *Déjeuner de Jambon;* ce
dernier a été revendu 78,000 francs dans la première vente Démidoff
en 1869. La même année, les *Marchands de poissons,* de la vente Deles-
sert, atteignaient le prix de 160,000 francs. On rencontre quelquefois
des tableaux qui ont tous l'esprit de leur auteur et qui semblent avoir
été faits au bout de la brosse, c'est à peine s'ils lui ont coûté quelques
heures. Il avait reçu les premières leçons de son père, peintre médiocre; mais il s'était perfectionné avec Rubens. Teniers est un des
peintres les plus étonnants, les plus naturels et les plus aimables de
l'école flamande. Il paraît avoir joui, dans le siècle dernier surtout,
d'une faveur des plus marquées. Des graveurs d'un grand talent, Tardieu, Surugue, Basan, et surtout le célèbre Lebas, se sont occupés sans
relâche de le reproduire, et ils y ont réussi à souhait. C'est en consul-
tant l'œuvre de ces graveurs qu'on peut apprécier la fécondité, la pres-
tesse et l'esprit de ce maître.

Le catalogue Rigal attribue à Teniers le père, dit le Vieux, né à
Anvers en 1582 et mort dans la même ville en 1649, une partie des
estampes dont nous allons nous occuper. C'est un point plus que
douteux : M. Middleton, qui a bien voulu nous envoyer un travail
très intéressant sur l'œuvre gravé de David Teniers le Jeune, affirme
qu'aucune de ces pièces n'est due à la pointe de Teniers le Vieux,
mais que toutes celles que l'on possède sont de la main de son fils.
Il ajoute que pour toutes celles-ci, à l'exception des premiers états,
elles ont été retravaillées entièrement par des mains moins habiles, et,
dans quelques cas, beaucoup plus modernes ; une partie des planches
doit être donnée à Coryn Boel, Wyngaerde et autres.

Weigel a avancé le premier, dans son *Kunstkatalog,* que les derniers états des planches de Teniers démontrent le travail d'une main
étrangère. M. Middleton soutient en outre que, dans les écoles hollan-

daise ou flamande, on doit accepter cette base absolue, que seulement les premiers états sont l'œuvre des maîtres dont ils portent le nom.

Les eaux-fortes, qu'on peut avec une probabilité suffisante attribuer à Teniers le Jeune, ne sont pas difficiles à reconnaître ; elles font voir la touche d'une main légère et délicate ; la composition en est aisée, et sans affectation ; les figures et les traits sont pleins d'expression, mais le résultat final n'en est jamais entièrement satisfaisant, et ce n'est pas trop dire que le principal intérêt que nous éprouvons à la vue de ces estampes n'est pas le résultat d'une supériorité que l'on trouve en elles-mêmes, mais seulement de ce qu'elles sont exécutées par un artiste dont les peintures et les dessins ont recueilli l'assentiment général.

Les numéros du catalogue Rigal ayant été acceptés depuis long-temps, nous nous faisons un devoir de les suivre.

ŒUVRE DE DAVID TENIERS

1. *Fête flamande*. Composition de trente-quatre figures. La scène se passe dans la cour d'une maison de paysan ; vers le milieu, un villageois et une villageoise dansent au son de la musette d'un homme monté sur un tonneau placé à la droite, près d'une maison ; on voit plusieurs convives autour d'une table dressée, vers la gauche, près d'une cloison en planches. A terre : D. TENIERS FEC., vers la droite ; au milieu : *Abraham Teniers excudit*.

Haut., 194 millim.; larg., 223.

M. Guichardot, dans le catalogue de Camberlyn, signale trois états :

* 1er. Celui décrit; avant divers travaux au burin. Filigrane de notre épreuve : folie à deux cornes, cinq dents et trois boules.

2e. Avec les travaux indiqués ci-dessus, mais avant les lignes horizontales sur le ciel.

3e. Avec les lignes horizontales.

2-5 *Scènes de paysans*. Suite de quatre estampes, sans numéros.

Haut. 72 à 74 millim.; larg., 56.

2. *Fumeur assis* sur un morceau de bois ; il tient un pot de sa main droite posée sur son genou, le coude appuyé sur une table, vers la

droite, derrière laquelle un paysan est assis ; dans l'embrasure d'une
porte ouverte, une femme apporte un plat. (1.)[1]

1er état. Eau-forte pure, sans aucune retouche au burin.

2°. Avec la retouche : on la remarque dans le rude contour du visage et du bonnet du fumeur, sur le pot et dans les tailles régulières du morceau de bois sur lequel
le fumeur est assis, derrière ses jambes, ainsi que dans l'ombre de son pied gauche.

A la vente Kalle se trouvaient les numéros 2 et 5, premier état, à l'eau-forte pure
et avec la bordure faible. Vendus ensemble, 125 francs. Rigal ne possédait de ces
deux pièces que les copies en contre-partie.

On connaît trois copies :

1° En contre-partie ; le travail est très grossier ; les ombres sont dures et plus
régulières que dans les ouvrages de Teniers ; sans inscription. M. Middleton signale
encore un état très rare de cette copie ; on voit un 3 dans le bas, à droite.

2° Egalement en sens contraire ; très médiocre. Dans le coin du bas, à gauche, il
y a un 4, et au-dessous de la ligne de bordure : *DT. inv.*

3° Aussi du sens opposé ; très faible ; les ombres, dans le fond, sont semées d'un
grand nombre de points.

3. *Deux fumeurs au coin du feu.* L'un est assis, l'autre, à sa
gauche, est debout ; il y a une petite marge entre la ligne qui contourne
la planche et le bord. Cette estampe est très rare. (2.)

Il en existe une copie exécutée grossièrement. Dimension : haut., 27 millim.;
larg., 25.

4. *Paysan assis sur une caisse.* Il est devant un feu, laissant
échapper la fumée de sa bouche ; à droite, derrière lui, un pisseur. (3.)

5. *Paysan assis sur un petit banc.* Il accorde un luth ; à droite,
derrière lui, une vieille assise tient un papier à la main ; du côté opposé, un luth près d'un tonneau sur lequel est une cruche. Sans nom
d'auteur. (4.)

On trouve des numéros 3, 4 et 5 trois copies de chacune de ces pièces, exécutées
par la même main, à laquelle on doit les copies du numéro 2.

Nagler a fait la description du numéro 5 non sur l'original, mais sur une copie
qui a : haut., 69 millim.; larg., 57.

6-9. *Figures de Pèlerins.* Suite de quatre estampes, à laquelle un
numéro 9 *bis* est ajouté.

Haut., 92 à 95 millim.; larg., 52 à 61.

1. Il nous semble bien que M. Middleton nous avait indiqué cette inscription dans le bas : *DT
in et excud. cum privilegio* ; mais nous ne trouvons pas sa note.

6. *Pèlerin.* Sa tête est nue; il est debout, dirigé vers la gauche, tenant un bourdon dans sa main droite et un chapelet de la gauche. (1.)

1er état. Tel qu'il est décrit; avant les travaux que nous allons citer ci-dessous et avant le monogramme du maître.

2e. Toute la planche a été retravaillée au burin; on voit des tailles diagonales, tirées de droite à gauche, sur la manche droite, entre le poignet et le coude. Dans le coin du bas, à gauche : *D F* [1].

7. *Pèlerin.* Tête nue, tourné vers la droite, il tient son bourdon de la main droite et son chapeau de la gauche; à sa ceinture, une gourde; au bas, à droite : *D F.* (2.)

1er état. Celui décrit. — 2e. Retravaillé.

8. *Pèlerin.* Tête nue, tourné vers la gauche, portant à sa ceinture un chapelet et une gourde; il tient un bourdon; au bas, à gauche : *D F.* (3.)

1er état. Celui décrit.

2e. Un travail régulier vertical forme l'ombre du dedans du manteau.

9. *Pèlerin ou Pèlerine.* Le personnage est dirigé à droite, en chapeau de paysan, tenant des deux mains son bourdon et son chapelet. Dans le bas, à droite : *D F.* (4.)

1er état. Celui décrit. — 2e. Plus travaillé.

9 *bis. Pèlerin placé vers la droite.* Il a les deux mains croisées,

1. Nous suivons dans ces remarques la description de M. Middleton. Autrefois nous les avions décrites ainsi d'après les estampes du British Museum :

No 1. *Pèlerin.* (R. 6.)

1er état. Exécuté très légèrement. Les tailles sur la poitrine sont fines et espacées, l'intérieur du manteau est peu ombré; la jambe gauche, au-dessus du soulier, n'a pas de contre-tailles.

2e. Sur la poitrine il y a des tailles fortes et serrées; l'intérieur du manteau est ombré de fortes contre-tailles; il y a des contre-tailles sur la jambe gauche, au-dessus du soulier. De légère qu'elle était, l'épreuve est devenue très noire.

No 3. *Pèlerin.* (R. 8.)

1er état. Très léger. Le tour de la tête est à peine exprimé; l'ombre, derrière le pied gauche, est peu étendue; elle ne touche pas le bord de la planche. Il n'y a pas de contre-tailles dans l'intérieur du manteau.

2e. Le tour de la tête est fortement exprimé; l'intérieur du manteau est ombré de contre-tailles; il est très noir; l'ombre du pied gauche touche le bord de la planche.

No 5. *Pèlerin.* (9 *bis.*)

1er état. Très légèrement fait. Sur le devant et vers le bas, le manteau est blanc; il n'y a pas de contre-tailles sur le talon droit; l'ombre portée de ce talon n'est formée que de simples tailles.

2e. Il y a des travaux dans le bas du manteau, à droite, sur le devant. Ce manteau, qui n'était que très légèrement tracé, est ici entièrement ombré de tailles et de contre-tailles et très noir. Il y a des contre-tailles sur le talon droit; l'ombre portée du pied est croisée de contre-tailles obliques; il y a une ombre portée au bâton; elle n'existait pas dans l'état précédent.

la tête nue; son bâton, posé de face à terre, passe derrière lui et s'élève au-dessus de sa tête; au bas de la droite : *D F*. Pièce décrite pour la première fois dans le catalogue Camberlyn. (5.)

Haut., 94 millim.; larg., 64.

1er état. Celui décrit.

2e. Retouché au burin. Des tailles verticales et très régulières et des diagonales tirées de gauche à droite ombrent toute la partie postérieure du manteau, et une ombre tirée de droite à gauche se voit sur la main.

M Middleton regarde ces deux suites comme étant l'œuvre de *Teniers;* mais il ne lui attribue que les premiers états. Les retouches lui paraissent avoir été faites par *V. Wyngaerde,* ou par un graveur employé par lui.

10. *Vieillard à longue barbe*. Il est vu à mi-corps, la tête de trois quarts forcés, dirigée vers la droite, couverte d'une toque; sa robe est garnie de fourrure, ses mains sont dans un manchon; au fond, dans une niche où l'on voit un sablier et une espèce de flacon : *DTF*.

Haut., 170 millim.; larg., 108.

M. Middleton cite une épreuve qui est à Amsterdam, où l'on a dessiné, au-dessus de la tête de l'homme, dans une place claire, une cotte d'armes ou un écusson, et sur la signature de l'artiste on lit, d'une écriture ancienne : MP DOENM.

DIVERSES COMPOSITIONS DE TENIERS,

MORCEAUX DONT ON LUI ATTRIBUE AUSSI LA GRAVURE

11. *Saint Antoine*. L'anachorète, tenant un livre à la main, est assis dans une grotte, tourné vers la gauche; les démons sous différentes formes essayent de le tenter; à terre, vers la gauche, un diable est assis, tenant un chapelet; au-dessous de lui : *D*.

Haut., 171 millim.; larg., 113.

* Copie en contre-partie. Collecton Camberlyn. C'est également une copie qui se trouve décrite dans le catalogue Rigal.

Haut. de cette copie : 140 millim.; larg., 117.

M. Middleton signale deux états de l'original :

1er. Celui décrit; de sens opposé.

2e. Retouché au burin. L'ombre au bas, à droite, sur la banquette et derrière le démon assis, a été recouverte avec une série de traits obliques; l'ombre épaisse sur la manche gauche du saint montre une série de tailles horizontales.

12. *Paysan jouant du violon de poche*. Il est assis sur une chaise

VI.   27***

de bois ; à gauche, dans le fond, trois villageois devant une cheminée. Sur le devant, près du trait carré : *D. T. in. et excud. cum priuilegio.*

Haut., 70 millim.; larg., 104.

* Collection Camberlyn.

13. *Conversation amoureuse.* Un villageois, le verre à la main, a le bras droit passé autour du cou d'une femme avec laquelle il est à table ; au fond, dans une niche, une bouteille et un flacon ; sur la caisse qui sert de siège à la femme : *D.*

Haut., 122 millim.; larg., 172.

1ᵉʳ état. Avant le monogramme.

* 2ᵉ. On lit le chiffre du maître; quelques retouches au burin ont été ajoutées. Filigrane : folie à deux cornes, cinq dents et trois boules.

Rigal signalait deux épreuves : l'une était très légère de ton.

M. Middleton n'admet pas cette pièce comme l'œuvre de Teniers, il l'attribue à *Coryn Boel.*

14. *Intérieur de cuisine.* Derrière un bœuf ouvert et suspendu avec des cordes, on voit un paysan près d'une femme qui accroche une marmite à la crémaillère d'une cheminée ; à droite, des légumes et des ustensiles ; sur la muraille du même côté : *D. inuet.*

Haut., 146 millim.; larg., 200.

* 1ᵉʳ état. A l'eau-forte pure; avant le monogramme de Teniers et les travaux au burin ; le trait de bordure est très léger. Collection Camberlyn.

Filigrane : fleur de lis dans un écu, surmonté d'une couronne de forme bizarre.

* 2ᵉ. Avec le monogramme; le trait carré est renforcé; l'estampe est terminée au burin. Même collection. Filigrane : fleur de lis dans un écu, surmonté d'une couronne fleurdelisée.

Camberlyn, les deux états, 39 francs.

15-19. *Les cinq Sens de l'homme.* Suite de cinq pièces, sans numéros.

Haut., 63 millim.; larg., 52 à 54.

15. *La Vue.* Un paysan en toque regarde dans un miroir placé à droite. (1.)

16. *L'Ouïe.* Un vieux pâtre debout, la tête nue, tourné à droite, joue du flageolet. (2.)

17. *L'Odorat.* Une jeune femme, dirigée vers la droite, tient un bouquet à la main. (3.)

18. *Le Toucher*. Un paysan, tenant un couteau, semble exprimer la douleur que lui fait éprouver une coupure à la main gauche. (4.)

19. *Le Goût*. Un vieillard à barbe, tête nue, tient un verre de la main gauche. (5.)

A ces cinq morceaux : Ɖ, placé à la droite, sur la première pièce, au bas du derrière de la bordure de la glace ; aux autres, au haut du fond.

1er état. Avant le monogramme.

2°. Avec le chiffre du maître. Particulièrement dans le numéro 17, l'*Odorat*, se trouvent des retouches au burin.

20. *Deux Fumeurs debout*. Derrière eux, un buveur à table avec deux paysans jouant aux cartes ; dans le fond, à gauche, deux hommes près d'une cheminée. Sur une caisse qui sert de siège à l'un des joueurs : Ɖ. Rigal dit que les uns attribuent la gravure de cette pièce à *Coryn Boel ;* d'autres la croient de *Fr. van den Wyngaerde*.

Haut., 149 millim.; larg., 214.

* 1er état. Eau-forte pure ; avant le monogramme et avant le trait carré. Collection Camberlyn.

* 2°. Complètement terminé ; avec le monogramme ; un trait de bordure entoure la composition. Même collection. Filigrane : un cor dans un écusson couronné.

Camberlyn, 50 francs, les deux états.

21-24. *Scènes pastorales*. Suite de quatre pièces, sans numéros.

Haut., 102 à 104 millim.; larg., 133 à 135.

21. *Les Joueurs de boules*. (1.). Le catalogue Rigal ne dit rien de plus.

Cette estampe, dit M. Middleton, est de *Coryn Boel*.

22. *Danse en rond*. Deux villageois et deux villageoises dansent au son de la musette d'un paysan assis sur un tonneau placé à droite ; dans le fond, deux chaumières ; sur le devant, un banc. Dans la marge, à gauche : *T. D. Teniers. in et excud. cum priuilegio*. (2.)

22 *bis*. Autre pièce représentant le *même sujet*, mais du sens opposé. La composition est beaucoup plus grande. L'arbre, qui n'était pas entier derrière le joueur de musette, se détache complètement et les planches se prolongent derrière cet arbre ; de l'autre côté du banc, la planche, dont on voit le commencement dans la pièce précédente, est ici en entier appuyée sur une autre planche, derrière laquelle on voit encore des arbres. Les travaux sont très différents : le joueur de musette n'est pas.

ombré par des contre-tailles ; le petite maison n'a pas de contre-tailles dans le bas ; au haut de la grande, on voit des tuiles figurées ; cette place est blanche dans la pièce précédente ; les planches sont moins travaillées. On lit, à gauche, dans la marge : *D : T :F.* Collection Camberlyn.

Haut., 122 millim.; larg., 144 millim. sur le témoin du cuivre.

M. Guichardot regarde cette pièce comme une copie de la précédente ; mais les travaux sont tellement différents qu'il est bien difficile de la considérer ainsi. C'est peut-être le même sujet répété.

23. *Vieux Paysan assis.* Il est à droite, au bord d'un chemin, s'entretenant avec deux villageois debout devant lui ; à gauche, un homme, vu par le dos, se dirige vers le fond. Dans le bas : *D. Teniers in. et excud. cum priuilegio.* (3.)

* 1ᵉʳ état. Eau-forte pure ; le pignon de la grande maison n'est pas profilé à gauche ; le trait carré est très fin. Collection Camberlyn.

* 2ᵉ. Entièrement retravaillé d'un ton vigoureux ; le trait qui borde la composition est fort. Collection Camberlyn.

24. *Scène de nuit.* Une vieille, deux paysans et une femme allaitant un enfant se chauffent à un feu allumé, à peu de distance d'une grande chaumière, à la droite d'une campagne vue au clair de la lune. Dans la marge : *D. Teniers in et excud. cum priuilegio.* (4.)

* Camberlyn, les cinq pièces, 21 francs.

M. Middleton pense que la seule estampe que l'on peut attribuer à Téniers est tout au plus le numéro 22.

25-31. *Figures de Paysans et de Femmes.* Suite de sept pièces, sans numéros.

Haut., 115 à 122 millim.; larg., 88 à 92.

25. *Paysan en chapeau à large bord.* Debout, appuyé sur un bâton, il regarde un plat d'œufs posé sur un banc qui est à droite. A terre : D TENIERS I. *et excu. cum. priuilegio.* (1.)

26. *Paysan debout.* Il tient de la main droite son chapeau, et de l'autre un balai. Dans la marge du bas : *D. Teniers in et excud. cum priuilegio.* (2.)

27. *Vieux manchot.* Il fait faire l'exercice à un chien ; à gauche, près de la chaise sur laquelle il est assis, un chien se repose. Dans le haut, à gauche : *D Teniers In. et excud. cum priuilegio.* (3.)

28. *Vieux Villageois se disposant à jouer de la musette.* A sa gauche, un pot sur un tonneau. Dans le bas, la même inscription. (4.)

29. *Deux Paysans dirigés vers la gauche.* L'un, debout, s'appuie sur une longue perche ; l'autre, qui marche, en porte une sur l'épaule. Dans le bas, l'inscription est la même. (5.)

30. *Le Joueur de flûte traversière.* (6.) Rien de plus au catalogue Rigal.

31. *Vieille Femme disant son chapelet.* Dans la marge : *D. Tenier in et. excud. cum priuilegio.* (7.)

* Cette suite, moins le numéro 30, vient de la collection Camberlyn ; vendue 40 francs.

Le catalogue Rigal attribue ces pièces à *Coryn Boel.* Aucune ne paraît être de la main de Teniers.

32. *Paysan vu à mi-corps.* La tête couverte d'un bonnet fourré, il tient de la main droite une cruche et de l'autre un verre plein. Au haut, à gauche : *D. In ex Cum priuilegio.*

Haut., 126 millim.; larg., 197.

Cette pièce pourrait bien appartenir à la suite précédente ; mais à cause d'une différence sensible de mesure, le catalogue Rigal a bien pu la placer séparément.

33-36. *Scènes pastorales.* Suite de quatre pièces, sans numéros.

Haut., 83 à 88 millim.; larg., 99 à 108.

33. *Paysan et Paysanne dansant.* Ils se livrent à cet exercice au son de la musette et du flageolet de deux villageois placés à droite ; un grand poteau se voit à gauche. Dans l'estampe : *. $. F* ; dans la marge, à gauche : *D. Teniers in.* ; à droite : *F. v. W. ex.* (1).

1er état. Eau-forte pure

2e. Retouché au burin. Nagler dit que ce travail a été exécuté par *Coryn Boel*, ce qui ne s'accorde pas avec le monogramme placé dans l'estampe.

Le catalogue Rigal signale de cette pièce une copie en contre-partie.

34. *Vue d'un village.* A droite, s'élèvent deux grandes maisons réunies par un portail ; dans le fond, un clocher ; à gauche, quatre paysans s'entretiennent. Dans l'estampe : *. $. F* ; au haut, à droite : *D. Teniers Jnu* ; à gauche : *fran. van den Wyngaerde ex.* (2).

35. *Paysan parlant à une femme.* Celle-ci tient un enfant ; elle est

debout sous la porte de sa chaumière ; à droite, deux maisons ; à gauche, deux paysans près d'un petit monticule couvert d'arbres ; au coin
du bas, à gauche : $, *F.*; dans le haut du même côté : *D. Teniers Jnu.;*
à droite : *F. v. W. ex.* (3.)

36. *Trois Villageois conversant.* Ils sont près d'une maison, à une
fenêtre de laquelle est une vieille femme ; à droite, un paysan sort par
une porte. Dans l'estampe : *F.* $; dans la marge, à gauche : *D. Tenier
in.;* à droite : *F. v. W. ex.* (4.)

36 *bis. Groupe de neuf Paysans.* Deux d'entre eux dansent. Sur
un poteau-enseigne s'élevant vers le centre, à gauche : 1670 ; cette
date est à rebours. On lit, comme sur les précédentes : $ *F.* Cette
estampe est probablement exécutée d'après un tableau du maître. Non
décrite.

On connaît une copie de cette pièce, mais bien inférieure ; il n'y a pas de date
sur le poteau-enseigne.

36 *ter. Trois Villageois conversant.* C'est la copie ou la reproduction en contre-partie du numéro 36. Elle est d'une plus grande dimension. Une troisième maison se trouve à gauche, derrière les palissades.
A la fenêtre de la maison est une jeune femme, à la place de la vieille
que l'on voyait précédemment. Sur le terrain, à droite, dans une place
blanche : *Đ.*

Haut., 120 millim.; larg., 144.

* Toutes les pièces de cette suite, à l'exception du numéro 36 *bis,* viennent de la
collection Camberlyn. Vendues 31 francs.

37-40. *Scènes pastorales.* Suite de quatre pièces, sans numéros.
Haut., 140 à 144 millim.; larg., 250 à 254.

37. *Les Tireurs au blanc.* Ils tirent avec un arc ; à gauche, deux
chaumières ; composition de huit figures. Dans la marge, à droite : *D
Teniers in et excud. priuilegio.* (1.)

* 1er état. Celui décrit. — 2e. Avec l'adresse de *F. v. d. Wyngaerde.*
Filigrane du premier état : folie à deux cornes, cinq dents et trois boules.

38. *Les Joueurs de boules.* L'un d'eux lance une boule qu'il tient
de la main gauche ; ils sont près d'un cabaret de campagne ; à gauche,

des chaumières ; composition de dix figures. On lit, à droite : *D Teniers in et ex. priuilegio.* (2.)

1ᵉʳ état. Celui décrit.

* 2ᵉ. On a ajouté à gauche : *f. v. W. ex.*, initiales de Wyngaerde ; l'*ex.* de Teniers est effacé non sans laisser de traces.

39. *La Danse au son de la musette.* Un jeune homme et une jeune fille dansent près d'un cabaret ; le joueur de musette est placé à droite. Composition de neuf figures ; dans le coin, à gauche : *D Teniérs In excud cum priuilegio.* (3.)

* 1ᵉʳ état. Celui décrit.

2ᵉ. Avec l'adresse de *Wyngaerde.* On y voit beaucoup de retouches. L'homme qui est dans le fond est ombré par des tailles verticales.

40. *Réunion de Buveurs et de Fumeurs.* Ils sont devant la porte d'un cabaret. Composition de six figures ; vers la gauche : *D Teniers in et excud. cum priuilegio.* (4.)

1ᵉʳ état. Celui décrit. — 2ᵉ. On a ajouté vers la droite : *fran. v. Wyn. ex.*

' Notre suite vient de la collection Camberlyn. Vendue 68 francs.

Ces pièces ne sont pas l'œuvre de Teniers, mais vraisemblablement des copies de ses tableaux. C'est ce qui est évident pour les numéros 37 et 38, où les personnages font de la main gauche ce qu'ils devraient exécuter de la droite.

PIÈCES DONT LE CATALOGUE RIGAL N'A PAS DONNÉ LA DESCRIPTION

41. *Homme assis.* Tourné à droite et coiffé d'un chapeau, il enlève un emplâtre de dessus l'autre main ; dans le haut, à gauche : *F. D.*, à rebours.

Haut. 108 millim.; larg., 90.

* 1ᵉʳ état. Avant divers travaux repris au burin, notamment le contour du genou. Collection Camberlyn.

* 2ᵉ. Terminé ; le contour du genou est mieux exprimé. Même collection. Camberlyn, 16 francs.

42. *Le Départ pour le Sabbat.* A gauche, une vieille femme compose un maléfice ; à droite, devant un grand feu, une femme enfourche un balai ; un diable s'enfuit par la cheminée. Sans nom de maître.

Haut., 114 millim.; larg., 108.

* 1ᵉʳ état. A l'eau-forte pure ; avant les contre-tailles circulaires sur le flanc du diablotin qui part par la cheminée ; la main gauche de la vieille, qui est derrière la jeune femme nue, est claire contre le trait qui la profile ; il n'y a pas de contre=

tailles sur les cuisses et les jambes de la femme nue ; le petit meuble où est une bouteille n'est ombré que de simples tailles. Le terrain est d'une teinte uniforme; le cercle où est la tête de mort est très légèrement ombré ; à gauche, il y a du même côté, près de cette tête, un espace blanc qui est couvert de travaux dans l'état suivant ; l'ombre au-dessus de la chouette est très légère, ainsi que celle qui est au-dessus du diable, à gauche; sur le montant gauche de la chaise de la vieille, il n'y a pas de contre-tailles obliques; la vieille n'a pas de contre-tailles sur le cou ; l'ombre portée sur son bras est très légère; la robe dans le bas est peu ombrée ; les plis en sont à peine accusés. Il n'y a pas de contre-tailles sur le drap de la table; la roue sous la table est très visible ; le terrain au-dessous est légèrement ombré ; on ne voit pas en cet endroit les tailles diagonales qui couvrent la roue et le terrain dans l'état suivant. Le vieux petit diable, près de la femme assise, n'a que quelques traits légers sur le visage; on ne voit pas les contre-tailles obliques qui, dans l'état suivant, le couvrent entièrement; le grand diable n'a pas de contre-tailles obliques sur le ventre; les traits qui accusent le montant de la cheminée sont très légers. Collection Camberlyn.

* 2°. Vigoureusement terminé ; avec les travaux additionnels indiqués ci-dessus ; même collection.

Les deux états, Camberlyn, 30 francs.

Nous n'attribuons pas à Teniers ces deux pièces. Dans les estampes que nous venons de décrire nous reconnaissons formellement Teniers comme l'auteur du numéro 1. Les numéros suivants, jusqu'à 10 inclusivement, sont probables Il y a beaucoup de pièces douteuses dans les suivantes, jusqu'au numéro 22 inclusivement. A partir de celui-ci, tous les autres ne sont pas son œuvre ; on ne peut pas non plus lui attribuer tous les seconds états.

Plusieurs artistes ont gravé d'après Teniers et ont participé à des pièces qu'on lui attribue : nous citerons *Coryn Boel*, né à Anvers, qui florissait dans le dix-septième siècle, et *Wyngaerde*, son contemporain. *François Steen*, né à Anvers en 1604, a aussi gravé d'après Teniers.

AUTRES PIÈCES DOUTEUSES

Paysage en hauteur. A droite, deux hommes debout attendent un homme assis qui arrange sa chaussure ; dans le milieu de l'estampe, un chien; au fond, deux hommes et un village. A gauche, dans la marge : D. TENIERS P. J. L. KRAFF F. Planche en hauteur.

Le Château. Une rivière avec une barque. Un personnage est reçu par deux paysans. Dans le milieu, vers la gauche : D. F. Planche en largeur.

Paysage. Deux hommes sont à droite ; l'un est debout, l'autre assis ; dans le milieu, un chien. Vers le fond, un paysan, un village et un clocher. Sur une pierre, à gauche : D. Cette pièce paraît être une imitation du paysage gravé par *Kraff*.

Le Château avec des tours. Trois hommes, à gauche, sont en conversation. Un chien est près d'eux ; une grande croix, à droite. Dans le bas : Đ. *T.* Planche en largeur.

L'Étang aux cygnes. Dans le fond, un château. Un homme est au bord de l'eau. Trois hommes accompagnés d'un chien conversent, à droite. Dans le bas : Đ. Planche en largeur.

Les Joueurs de boules. Copie libre et en sens contraire des *Joueurs de boules,* n° 38. On lit, dans le bas : *I. L. K. f.,* 1677.

Larg., 220 millim.

La Bohémienne disant la bonne aventure à un gentilhomme. Sans nom. Planche en hauteur.

L'Homme qui court. Il est précédé d'un chien. Sans nom. Planche en largeur.

Intérieur, où l'on voit trois personnes. Une d'elles est assise sur un tonneau arrangé en forme de chaise. Sans nom. Planche en hauteur.

L'Homme qui lit une gazette. Sans nom. Planche en hauteur.

Le Joueur de luth, assis sur un morceau de bois ; un homme est derrière lui. Dans le haut, à droite : Đ. Planche en hauteur.

L'Homme qui joue du violon. Il est assis, à gauche ; trois hommes, à droite, près d'une cheminée. Planche en largeur.

Le Sabbat. Une femme nue, à cheval sur un balai, est dans la cheminée ; à gauche, au bas, sur un morceau du bois : *D. Teniers.* Planche en largeur.

Le Sacrifice d'Abraham. Dans le bas : DAVID TENIERS PINX. Au-dessous : *Cum Privileg. S. C. M.* ANDR ALTOMONTE MC^{vs}. Planche en hauteur.

Ces pièces sont au British Museum. Nous regrettons de ne pouvoir en donner la mesure.

TROOSTWIJK (WOUTER JOANNES van), peintre et graveur à l'eau-forte, né à Amsterdam, le 28 mai 1782, mourut, le 20 septembre 1810, dans la même ville. Il apprit le dessin chez Anthony Andriessen, et la peinture chez le frère de celui-ci, Juriaan Andriessen. Il apprit la gravure à l'eau-forte d'Anthonie Van den Bosch. Troostwijk est sous l'influence de Van de Velde et de Paul Potter ; mais, quoique ses productions ne soient pas sans mérite, c'est un graveur froid qui se ressent de l'époque de décadence dans laquelle se trouvait l'école hollandaise, et dont, jusqu'à présent, elle a fait de vains efforts pour se relever. M.Van der Kellen a décrit l'œuvre de ce maître : il comprend trente numéros. A l'exception de douze pièces qui figurent dans le catalogue Rigal et dont les premières épreuves sont extrêmement rares, toutes les autres ont été tirées à très petit nombre : deux quelquefois, six au plus. Toutes ces pièces sont donc introuvables ou de la dernière rareté. En décrivant cet œuvre, nous n'entrerons dans quelques détails que sur les pièces que l'on aura quelque chance de rencontrer. Nos numéros sont ceux de M. Van der Kellen.

ŒUVRE DE TROOSTWIJK

1. *La Vache debout, vue de dos, et la vache tournée vers la droite.* Sans nom de maître.

Haut., 181 millim.; larg., 162.

1er état. Le ciel est tout à fait blanc ; la bordure dans le haut, et sur les côtés qui l'avoisinent, se distingue à peine.

Il n'existe que trois épreuves et deux contre-épreuves.

2e. Plus travaillé, avec un ciel ; la bordure est renforcée au burin.

On ne connaît que six épreuves.

2. *Les deux Vaches près de l'enclos.* Elles sont sur le devant, à gauche : l'une debout, vue de profil, et tournée vers la droite ; l'autre couchée et vue de dos. Au second plan, à droite, un homme, coiffé d'un chapeau, est assis sur le gazon. Dans le lointain, du même côté, un moulin à vent. Le ciel est blanc. Sans nom.

Haut., 186 millim.; larg., 240.

On ne connaît que trois épreuves et deux contre-épreuves.

3. *La Vache couchée près de la vache debout, tournée vers la gauche.* Sans nom.

Haut., 185 millim.; larg., 183.

On ne connaît que deux épreuves.

4. *La Vache couchée, vue de face, et la vache debout, vue de dos.*
Celle-ci est à gauche, un peu tournée vers la droite où se trouve la
vache couchée. Sans nom.

Haut., 170 millim ; larg., 188.

Six épreuves et deux contre-épreuves sont seulement connues.

5. *La Vache couchée près de la vache debout, tournée vers la
droite.* Celle-ci est vue de profil, l'autre est couchée à gauche. Dans le
fond, à droite, un moulin à vent ; au milieu du fond, un berger, conduisant un troupeau de moutons, se dirige sur la gauche. Au haut du
ciel, à gauche : *W. J. v. Troostwijk.* 1810.

Haut., 148 millim.; larg. 185.

* Épreuve tirée sur papier mince. Filigrane : *HR.*

6. *Les deux Vaches au pâturage.* L'une debout broute à gauche ;
l'autre, appuyée contre un grand arbre coupé dans le haut, est à
droite, vue de dos. Dans le fond, un paysage accidenté. Dans le haut,
à gauche, en deux lignes : *W. J. v. T* 1810.

Haut., 146 millim.; larg., 190.

* Même papier, même filigrane.

7. *Les trois Vaches près de l'arbre.* Une est debout, à droite,
tournée vers la gauche ; les deux autres sont au pied d'un saule presque
dépouillé de branches. Au milieu du fond, une femme est occupée à
traire une vache. A gauche, des arbres ; dans le fond, à droite, au delà
d'une rivière, un moulin. Au haut du ciel, à gauche : *W. J. v. T* 1810.

Haut., 154 millim.; larg., 189.

* Même papier. Filigrane : grand écusson, avec des espèces de rubans croisés
dans le milieu.

8. *Le Taureau qui se gratte.* Il est à gauche, tourné vers la droite.
Il se gratte le cou contre un grand poteau ; une vache, vue de dos et la
tête tournée à droite, est couchée de ce côté. Au haut du ciel, à droite :
W. J : van Troostwijk 1810.

Haut., 161 millim.; larg., 190.

* Papier mince ; filigrane : *HR.*

9. *La Laitière.* Elle est à gauche, occupée à traire une vache dont

VI.28

la tête est presque de face, un peu tournée vers la droite. Un seau est derrière la laitière, et un chien est endormi auprès; plus loin, une vache, vue de face, est couchée au pied d'un arbre ; à droite, sur le devant, deux moutons couchés ; plus loin, un âne, vu par derrière, debout contre un parc; sur le ciel, du même côté : *W : J : van Troostwijk 1810, f.*

Haut., 152 millim.; larg., 191.

1er état. La marge, qui a une hauteur de 12 millimètres, est couverte de griffonnements, d'essais de pointe, parmi lesquels on distingue : à gauche, une petite branche d'arbre ; à droite, une partie de cloison rustique.

On ne connaît que deux ou trois épreuves.

* 2e. Le cuivre est coupé dans le bas, où la marge n'a plus 2 millimètres. Papier mince ; filigrane : grand écusson avec rubans croisés dans le milieu.

10. *La Vache et la Poule.* La vache, vue de profil, est tournée vers la gauche ; du même côté, sur le faîte du toit d'une petite grange, une poule est couchée. Au fond, devant une barrière rustique, une vache, debout, est vue par derrière, et deux moutons couchés. Le ciel est presque blanc. Sans nom.

Haut., 156 millim.; larg., 188.

Il n'existe que trois épreuves de cette estampe.

11. *La Vache qui boit.* Elle est vue de profil, tournée vers la gauche, les quatre pieds dans l'eau. Au second plan, à gauche, un paysan, coiffé d'un chapeau, porte deux seaux au moyen d'un joug. Il n'y a, çà et là, que quelques légers travaux sur le ciel. Sans nom.

Haut., 156 millim.; larg., 186.

Trois épreuves de cette planche seulement sont connues.

12. *La Vache, debout, tournée vers la gauche.* Le fond est entièrement blanc. Dans la marge, à gauche, comme essais de pointe, un *B* et un monogramme difficile à déchiffrer.

Haut., 89 millim.; larg., 126.

C'est la première pierre que le maître ait gravée; on en tira six épreuves et deux contre-épreuves.

13. *Le Bouvillon.* Il broute, tourné vers la droite, ayant sur la tête une espèce de joug attaché par une chaîne rivée au sol. Au fond, un cheval, des bœufs et la mer. Sans nom.

Haut., 101 millim.; larg., 126.

* Papier mince. Filigrane : le même écusson décrit ci-dessus. Au bas : WR.

14. *Le Bœuf broutant, tourné vers la gauche.* Au milieu du fond, un clocher. Au haut, à droite : *W. J. v. T.* 1810. En deux lignes.

Haut., 100 millim.; larg., 125.

* Papier mince. Filigrane : même écusson ; au-dessous : *WR.*

15. *La Vache debout dans l'eau.* Elle est de profil, tournée vers la gauche. L'eau occupe toute la largeur de la planche ; le ciel est blanc. Sans nom.

Haut., 97 millim.; larg., 121.

16. *La Brebis se dirigeant vers le fond de la droite.* Sur le ciel, quelques légers nuages seulement. Sans nom.

Haut., 97 millim.; larg., 120.

Ces deux estampes ont été gravées sur le même cuivre ; il n'y en a eu que très peu d'épreuves.

17. *La Vache couchée.* Elle est de face, couchée à la gauche, la tête tournée vers la droite. A l'angle gauche, quelques lignes marquent le ciel. Sans nom.

Haut., 96 millim.; larg., 121.

18. *La Brebis tournée vers le devant.* Elle se dirige vers la droite. Quelques lignes horizontales à droite marquent le ciel. Sans nom.

Haut., 95 millim.; larg., 120.

Cette planche et la précédente sont gravées sur le même cuivre. On n'en connaît que très peu d'épreuves.

19. *Tête de chien dormant.* Elle est tournée vers la droite. Sans nom.

Haut., 87 millim.; larg., 97.

* C'est une étude du chien dormant qu'on voit dans le numéro 9.
Papier mince. Filigrane : *HR.*

20. *Le Chien dormant, au moulin à vent.* Il est couché en rond, la tête tournée vers la droite. De ce côté, près d'un champ de blé, une chaumière et un moulin à vent. A l'angle gauche du haut, quelques traits horizontaux marquent le ciel. Sans nom.

Haut., 82 millim.; larg., 90.

21. *Le Chien dormant, au fond montagneux.* Il est couché en rond, la tête tournée vers la gauche. Dans le fond, à gauche, une clôture de roseaux près d'un arbre mort. A l'horizon, au milieu et à droite, une chaîne de collines. Sans nom.

Haut., 81 millim.; larg., 91.

* Papier mince. Filigrane : même écusson ; au-dessous : WR.

22. *Le Chien dormant.* C'est un chien noir, qui dort couché sur le côté droit et tourné vers la gauche. Le ciel est tout à fait blanc. Dans l'angle gauche du haut : *W. J. v. T.* 1808.

Haut., 91 millim.; larg., 115.

1er état. Avant que la planche ait été remordue à l'eau-forte, avant les initiales du maître et avant la date; avant les essais de pointe dans la marge supérieure et avant les taches à droite sur le ciel et à terre.

Il n'existe que trois épreuves.

2e. Celui décrit. On n'a tiré que peu d'épreuves.

23. *Chien assis.* Il est tourné vers la gauche. Sans nom.

Haut., 88 millim.; larg., 98.

* Même papier. Filigrane : HR.

24. *Les trois Têtes de bélier.* L'une est à droite, tournée vers la gauche; l'autre à gauche, tournée vers la droite; la troisième est vue par derrière. Toutes les trois sont remarquables par de grandes cornes. Le fond est blanc. Sans nom.

Haut., 87 millim.; larg., 98.

Cette estampe et la précédente ont été gravées sur le même cuivre. On voit la marque de la séparation dans le haut.

1er état. Avant que la planche ait été divisée.

* 2e. La planche est séparée. Papier mince. Filigrane : HR.

25. *Tête de vache, vue de trois quarts.* Elle est tournée vers la droite. Tout le fond est presque blanc. Sans nom.

Haut., 92 millim.; larg., 84.

On n'a tiré que très peu d'épreuves de cette estampe.

26. *Tête de vache au front blanc.* Elle est tournée vers la droite. Tout le fond est sans travaux. Au haut, à gauche : *W. J. v. T.* 1810. En deux lignes.

Haut., 96 millim.; larg., 87.

* 1er état. Celui décrit. Papier mince. Filigrane : HR.

2ᵉ. La planche, remordue à l'eau-forte, est d'un ton beaucoup plus fort. On voit des coulures d'eau-forte autour de la tête.

27. *Tête de bélier.* Elle est de face, sur un fond blanc. Sans nom.

Haut., 115 millim.; larg., 92.

1ᵉʳ état. Celui décrit.

2ᵉ. Le champ autour de la tête est rempli de griffonnements et d'essais de pointe : on voit, en bas, un tronc d'arbre ; à gauche, des feuillages ; en haut, une tête d'homme vue par derrière, une vache sans jambes vue de profil ; à droite, une tête d'homme, une de femme, une de vache, toutes de profil et tournées vers la droite.

28. *L'Homme assis au pied de l'arbre.* Il est à droite, tourné vers la gauche ; sa tête est couverte d'un chapeau ; à ses pieds, un chien qui dort.

Haut., 141 millim.; larg., 118.

1ᵉʳ état. Celui décrit.

2ᵉ. Toute la planche a été éclaircie au brunissoir ; on a essayé d'enlever un bouc que l'on voyait à gauche ; à sa place, une plante à grandes feuilles a été introduite ; mais le bouc reste encore visible. Les numéros 27 et 28 ont été gravés d'abord sur une même planche, dont la hauteur totale est de 260 millimètres.

Du premier état des numéros 27 et 28, on ne connaît que trois épreuves et deux contre-épreuves.

Du second état, il n'existe que trois épreuves.

29. *Le Chasseur buvant.* Au premier plan, deux chiens de chasse sont couchés sur le gazon ; au second plan, à gauche, un chasseur assis, tourné vers la droite, boit d'une cruche qu'il tient des deux mains ; son fusil est près de lui. A l'angle droit du haut : *W. J. v. T.* 1808.

Haut., 179 millim.; larg., 152.

On ne connaît que six épreuves.

30. *Le Porte-Balle.* On voit un vieux, la tête couverte d'un chapeau, d'où sortent de longs cheveux, assis sur un escalier de pierre et un peu tourné vers la droite. Dans le fond, à droite, un gros arbre, dont le tronc est coupé par la bordure du haut. Sans nom.

Haut., 158 millim.; larg., 92.

On ne connaît que six épreuves et deux contre-épreuves de cette planche.

On voit, par ce qui précède, qu'à l'exception de douze pièces qui auront été mises dans le commerce, toutes les autres ne sont que des essais dont il n'a été tiré que peu d'épreuves. Le graveur, pour une raison quelconque, paraît avoir abandonné ces planches. Les douze épreuves, qui sont plus communes, sont encore très rares. Rigal les possédait ; les nôtres viennent du marquis de Brême. M. van der Kellen ajoute que plusieurs épreuves de pièces rares ont été détruites par l'auteur lui-même, que plusieurs sont restées dans la famille et qu'enfin elles n'ont pas été publiées.

A la vente Verstolk, figurait un œuvre en soixante-quatre pièces ; mais ce nombre venait de beaucoup d'épreuves tirées sur différentes espèces de papier. Il fut vendu 682 fr. 30 c.

UDEN ou VDEN (Lucas van), peintre-graveur à l'eau-forte, naquit à Anvers, le 18 octobre 1595. Il était fils d'un peintre qui fut son maître, mais qu'il ne tarda pas à surpasser. Devenu un des meilleurs paysagistes de son temps, il fut distingué par Rubens, qui l'employa à peindre les fonds et les ciels de ses tableaux, et qui, lui-même, enrichit plusieurs fois de figures les paysages de Van Uden, quoique ce dernier fût un des paysagistes qui ont le mieux fait la figure.

La touche de ce peintre est légère, son feuillé a beaucoup de mouvement ; ses compositions montrent une grande étendue de pays ; ses lointains sont clairs, ainsi que les ciels. On ignore l'année de sa mort, quoique sa vie passe pour avoir été longue.

Il était estimé dans le siècle dernier : un de ses tableaux figurait chez le comte de Vence, et deux dans le cabinet de Blondel de Gagny. Aujourd'hui ses tableaux ne se rencontrent pas facilement.

« Les estampes, dit Bartsch, que ce peintre nous a laissées représentent généralement des paysages ; elles ont toutes les qualités de ses tableaux. » Le savant iconographe fait cependant remarquer qu'elles diffèrent entre elles, et pour le genre de travail et pour le degré de leur mérite ; ce qui prouvait que Van Uden devait avoir gravé à différentes époques de sa vie. C'est une erreur de Bartsch qui a attribué à notre graveur des pièces de *P. H. Immenraet,* dont il n'a pu expliquer les initiales. Van Uden a aussi gravé d'après Rubens. M. Hymans, dans son *Histoire de la gravure dans l'école de Rubens,* ne consacre à Van Uden que quelques lignes seulement.

ŒUVRE DE UDEN

MORCEAUX GRAVÉS SUR SES PROPRES COMPOSITIONS.

1-12. *Douze différents paysages avec figures et animaux,* sans numéros.

Haut., 95 à 99 millim.; larg., 72 à 75.

1. *Pays couvert de bois.* Vers le milieu, près d'un homme tenant un bâton et assis à terre, deux femmes avec des paniers sur la tête ; un jeune garçon est avec elles. A terre, à gauche : *Lucas V. V. F.*

Le catalogue Rigal dit qu'on a de cette pièce des premières épreuves avant des travaux au burin, et où l'homme n'a pas de bâton.

2. *Trois grands arbres, sur une butte,* au milieu du devant d'une campagne ; à droite, un berger debout près d'une femme assise ; au coin, à terre : *L. V. V. fe.*

3. *Paysan près d'un homme et d'une femme, assis à la gauche d'une campagne.* Il est debout, appuyé sur un bâton ; à droite, une rivière ; à terre, au-dessous des figures : *Lucas V. V.*

4. *Berger appuyé sur sa houlette.* Des moutons autour de lui ; au fond, à droite, une pièce d'eau ; à gauche, quatre arbres ; sur le devant, à une pierre : *Lucas V. V.*

5. *Femme assise et deux enfants debout, à la gauche d'une campagne.* A l'opposé, au delà d'un ruisseau, une église et une grande chaumière ; sur le ciel : *Lucas van Vden fecit. F. V. W. ex.*

6. *Deux Villageois sur le penchant d'une colline,* où l'on voit trois grands arbres ; à droite, au delà d'une rivière, une montagne boisée ; à gauche : *L. V. V.*

7. *Deux Cavaliers faisant boire leurs chevaux à une rivière,* sur laquelle est un pont d'une seule arche ; près du pont, un monument avec fronton ; à gauche, une maison et un bois.

8. *Sur une rivière, une seule arche d'un pont détruit.* A gauche, deux grands arbres ; à terre, au-dessous d'un paysan, d'une femme et d'un enfant : *L V V fe.*

9. *Campagne éclairée par la lune.* A droite, un pâtre et deux enfants se chauffent à un feu ; près d'eux, une villageoise trait une vache, et l'on voit trois chèvres ; à gauche, au bord d'une rivière, un vacher et deux vaches.

10. *Villageoise et deux vaches,* près d'une butte, où se voit un gros arbre ; au milieu du devant, une vache qui se dirige vers la gauche ; près de là, à une pierre : *L V V.*

11. *Trois Pâtres gardent une vache, des moutons et des chèvres,* sur une colline, au bord d'une rivière ; à droite, un tertre au bas duquel est : *L. V. V. F.*

Le catalogue Rigal dit qu'on a de ce morceau des épreuves avant la retouche au burin et avant les lettres *L. V. V. F.*

12. *Un Pâtre et une Bergère gardent des moutons près d'une colline boisée.* Vers le milieu, dans le lointain, un château et, en avant, un grand jardin ; sur le ciel : *Lucas Van Vden fecit ;* au-dessous : *Franᶜ. v. Wyngaerde ex.,* et, au coin de la terrasse : *W.*

Les premières épreuves sont pleines de barbes.
Nous ne possédons que les numéros 3 et 4.

13-20. *Différents paysages.* Numérotés de 1 à 8, en chiffres romains.

Haut., 81 millim.; larg., 108.

1. *Homme se reposant près d'une femme assise, un enfant sur ses genoux.* A gauche, des bois ; dans le fond, à droite, des montagnes ; du même côté, sur le ciel : *Lucas van Vden inuenit ;* au-dessous : *Franciscus vanden Wijngaerde excudit.* (B. 13.)

2. *Près d'un canal, des bois et des habitations champêtres.* A gauche, un homme, assis à terre, près de deux troncs d'arbres. (B. 14.)

3. *Homme près d'une femme, un panier au bras droit ;* dans la campagne, un gros arbre seul ; à terre, à gauche, dans l'ombre : *P. A I.* (B. 15.)

4. *Sur des buttes et des collines, de grands arbres ;* sur le milieu du devant, un homme et un enfant assis, quelques moutons ; au coin, à droite, sur l'eau : *P A I.* (B. 16.)

Weigel dit que la figure du numéro 16 joue du violon.

5. *Berger et des moutons près d'une rivière ;* plus loin, à gauche, un bois touffu ; au milieu et à la droite du fond, des chaumières et une église entourée d'arbres ; sur l'eau : *P A I.* (B. 17.)

6. *Dans un bois*, une paysanne montée sur un âne, un enfant dans ses bras, est accompagnée d'un villageois ; à la droite du devant deux grands arbres sur une butte ; vers le milieu, un berger assis, gardant des moutons. (B. 18.)

Bartsch dit qu'il y a des épreuves avant les travaux au burin. On y remarque encore que la jambe gauche du berger et le terrain où paissent les moutons sont blancs ; au bas de la butte où sont les deux grands arbres, une plante à larges feuilles, et, au bas, les lettres *P A I.* très faiblement tracées. Weigel mentionne des épreuves retouchées, mais avant le numéro.

7. *Campagne* où un homme conduit des porcs ; à droite, à une butte, un très gros arbre ; au delà des bois, à droite, sont des champs. (B. 19.)

Dans le deuxième état, les porcs sont conduits par une femme.

8. *Dans une campagne*, une paysanne marche, un bâton à la main et un panier au bras ; à droite, trois saules ; à gauche, quatre arbres, dont trois très gros, et une maison ; du même côté, sur le devant, dans l'ombre : *P A I.* (B. 20.)

Le catalogue Rigal mentionne une suite avant les chiffres romains.

Ni Bartsch ni Regnault-Delalande n'ont pu expliquer ce que signifiaient les lettres *P A I.* Ils les regardaient comme les initiales du peintre d'après lequel Van Uden avait exécuté ses eaux-fortes. Weigel dit que ces pièces ne sont pas de Van Uden, mais de *P. A. Immenraet*, contemporain de Van Uden, et dont les productions sont très rares.

Il ajoute que *F. V. Wyngaerde* forma une suite du second état de ces pièces, leur donna des numéros et les ajouta à l'œuvre de Van Uden, d'après les dessins duquel elles peuvent bien avoir été gravées.

Sur la première pièce, il y a : *Lucas van Vden inuenit.* D'autres pièces d'Immenraet portent dans le second état l'adresse de *Wyngaerde*; elles sont moins bien exécutées et plus maigres que celles de Lucas van Uden.

21-26. *Différents paysages,* la plupart avec figures. Sans numéros.

Haut., 90 millim.; larg., 131 à 133.

1. *Vaste campagne.* En avant, à droite, deux chaumières sur un terrain élevé, au bord duquel est un très gros arbre ; dans le bas, sur le devant, un homme tient une grande perche ; à gauche, une colline boisée; du même côté, au bord du devant, sur l'eau : *L V. V.*; au ciel, à droite : *Franc. vanden Wyngaerde exc.* (B. 21.)

2. *Paysan,* un sac sur l'épaule, appuyé sur un long bâton ; il parle à une femme, qui porte un panier de chaque main ; à gauche, un grand arbre seul ; à droite, des collines boisées ; au-devant, sur l'eau d'une mare : *L. V. V.* Du même côté, sur le ciel : *Franc. vanden Wyngaerde exc.* (B. 22.)

3. *Canal bordé d'arbres.* A droite, deux monticules ; à chacun, un grand arbre ; au bord du devant, à une pierre : *L V V. ;* à gauche sur le ciel : *Franc. vanden Wyngaerde exc.* (B. 23.)

Dans la collection Kalle, premier état avant l'adresse de *Wyngaerde.*

4. *Groupe de chaumières,* à la gauche d'un canal bordé de bois ; à la droite du devant, deux chasseurs : l'un a un fusil, l'autre retient un chien ; au-dessous, à une pierre : *L. V. V. V. W ;* à gauche, sur l'eau : *F. v. W. exc.* (B. 24.)

5. *Petite rivière,* qui serpente entre des terrains inégaux et très boisés ; à gauche, deux hommes ; l'un assis à terre, l'autre debout ; sur le devant, à une pierre, près de deux saules : *L. V. V. ;* à droite, sur le ciel : *Franc. vanden Wyngaerde excud.* (B. 25.)

6. *Vue d'un étang.* A gauche, des collines et des monticules boisés ; près de là, un paysan, assis à côté d'un berger qui garde des moutons ; à droite, dans la marge : *Franc. vanden Wyngaerde excud.* (B. 26.)

On connaît un état avant l'adresse de **F. van Wyngaerde,** les estampes sont moins chargées de burin ; le second état est celui décrit.

27-32. *Différents paysages avec figures et animaux ;* suite sans numéros.

Haut., 90 à 92 millim.; larg., 122 à 131.

1. *Berger assis, gardant des moutons,* au bas d'un chemin bordé d'arbres ; au haut du chemin, des chaumières ; au delà, des champs ; à gauche, l'église d'un village ; au coin, à droite, à terre : *P. A . I.* (B. 27.)

Ce morceau est également de **P. A. Immenraet.** (Voir ci-dessus.)

2. *Pays* où sont, à droite, deux hommes ; ils tiennent de longues perches ; près d'eux, des animaux ; plus loin, à gauche, une rivière, près d'un bois ; dans la marge : *Franc. vanden Wyngaerde exc.* (B. 28.)

Le catalogue Rigal signale un premier état avant la retouche au burin et avant le nom de Wyngaerde.

Nous possédons une épreuve du deuxième état.

3. *Pays* en partie couvert de bois ; au haut d'un coteau, quelques maisons ; sur le devant, à gauche, une mare ; à droite, deux vieilles souches ; au-dessous, dans la marge : *Franc. vanden Wyngaerde excud.* (B. 29.)

Le catalogue Rigal signale des épreuves avant la retouche au burin et avant l'adresse de Wyngaerde.

Notre épreuve est du second état, avec cette adresse.

4. *Femme, un vase sur la tête,* et jeune garçon passant devant un homme assis sur une butte, au milieu du devant. Cette pièce est très rare (B. 30.)

Il existe un second état de cette pièce : les trois figures sont supprimées et remplacées par celles de deux Amours courant l'un après l'autre. Weigel dit, d'après Robert-Dumesnil, que cette estampe a servi de vignette à un livre dédié à Philippe II. Quant au nom de ce personnage il y a une erreur : Van Uden n'avait que trois ans lorsque Philippe II mourut en 1598. Ce doit être, tout au plus, Philippe III.

5. *Villageois* conduisant un chariot attelé de trois chevaux; à droite, une colline couronnée de quatre arbres ; du côté opposé, une église avec un clocher terminé en pointe ; sur le ciel : *Franciscus van-den Wijngaerde excudit.* (B. 31.)

6. *Campagne* à la gauche de laquelle un berger joue de la flûte, assis près de vieilles souches, au bord d'un ruisseau qui est sur le devant; plus loin, une grande colline boisée ; à droite, une chaumière ; dans le fond, un vaste pays ; à gauche, sur l'eau : *L. v. V. fe.;* à droite : *F. v. W. ex.* (B. 32.)

Le catalogue Rigal mentionne une épreuve avant le mot *fe* et avant les initiales de Wyngaerde. Cette remarque existe pour tous les numéros. Lorsque l'adresse de l'éditeur s'y trouve, la planche a été retravaillée rudement, et les ombres sont généralement renforcées par des tailles régulières croisées.

Notre épreuve est du second état ; elle a le mot *fe* et les initiales de l'éditeur.

Saint Isidore debout, la tête entourée d'une auréole; il garde une vache et cinq chèvres, à la gauche d'une campagne ; dans la marge : s. ISIDORO Pᵒⁿ D. MAᵈ. Planche en largeur. (B. 33.)

M. Robert-Dumesnil signale un premier état, inconnu à Bartsch, avant l'auréole autour de la tête du saint et avant l'inscription au milieu du bas. Au bas de la gauche on lit : LVCAS V. V. 1630. Quoique ayant une très belle marge, cette pièce rare, accompagnée du numéro 35, ne fut vendue, à Londres, en 1837, que 30 fr. 50 c.

Deux Chasseurs dans une campagne : l'un son fusil sous le bras, l'autre tenant un chien en laisse ; plus loin, deux collines et de grands arbres ; à droite, une volée de six oiseaux ; au bord de la terrasse, du côté des chasseurs : *P A . I.* Planche en largeur. (B. 34.)

Cette pièce est de **P. A.** *Immenraet.* Le catalogue Rigal signale une épreuve avant les oiseaux.

Dans le second état, on voit les oiseaux ; l'estampe a été retouchée. M. Middleton nous a fait connaître que les lettres **P A. I.**, dans le bas du coin à gauche, ont été couvertes par des tailles horizontales et d'autres obliques.

Berger debout. Il garde les moutons, à la gauche d'une campagne où est un grand arbre ; plus loin, au milieu, vers la droite, des bois, des chaumières, un colombier et une grande maison ; sur le devant un ruisseau ; de l'autre côté, à une pierre : *P A . I. ;* à droite, sur le ciel : *F. v. W. ex.* Planche en largeur. (B. 35.)

Cette pièce est également de **P. A.** *Immenraet.* Les premières épreuves sont avant les initiales de l'éditeur. Dans le deuxième état, on voit l'adresse de *Wyngaerde* et les lettres **P A. I.**, sur un espace en partie ombré sur le premier plan à gauche ; dans le troisième, ces lettres sont presque entièrement cachées par un travail d'ombre ajouté.

36-41. *Différents paysages avec figures et animaux.* Suite sans numéros.

Haut., 113 à 117 millim.; larg., 162.

1. *Vue d'un village,* où l'on voit un puits et une charrette ; vers le milieu du devant, un berger garde des moutons. (B. 36.)

2. *Berger gardant des moutons près d'un village ;* à gauche, une longue charrette à deux roues ; à droite, un grand arbre isolé. (B. 37.)

3. *Pâtre* assis sur un banc de gazon, au pied d'un gros arbre ; il garde des moutons en jouant de la cornemuse ; à droite, une route. (B. 38.)

4. *Deux paysans, un jeune garçon et quatre vaches,* à la gauche

du devant, plus loin, une grande maison avec un pignon à degrés ; vers le milieu du devant, un arbre seul ; à droite, un étang. (B. 39.)

5. *Village.* Dans le fond, à droite, un château à pignon s'élevant en degrés ; en avant, au milieu, une pièce d'eau. (B. 40.)

6. *Berger debout*, au pied d'un grand arbre ; il a un bâton sur l'épaule et joue de la flûte ; il garde trois moutons. A gauche, dans le fond, un hameau ; au haut, du même côté : *L. v. Vden fecit ;* au bas, à droite : *F. v. W. ex.* (B. 41.)

Cette dernière pièce est seule de Van Uden ; les cinq autres sont de *J. Bonne-croy*, graveur français. Elles ont été décrites par Robert-Dumesnil, tome III, sous les numéros 1 à 5, de l'œuvre de J. Bonnecroy.

Wyngaerde en a formé une suite, en y ajoutant une pièce originale de L. van Uden.

Pays, en partie couvert de bois traversés par des chemins ; à la gauche, vers le milieu, un homme, un paquet sur le dos et tenant un long bâton, est assis à terre ; plus loin, entre les arbres, des chaumières ; on aperçoit, au fond, à gauche, un bourg ; sur le devant, à une pierre : *L. v. V*, et, à terre : *F. v. W. ex.* (B. 42.)

Haut., 88 millim.; larg., 164.

* 1er état. Non décrit, avant *F. v. W. ex.*, et avant des travaux ; on n'y voit pas l'homme assis, un paquet sur le dos. Épreuve avec de grandes marges. Collection Camberlyn.

* La même pièce, deuxième état ; on y voit l'homme assis et les initiales de l'éditeur. Même collection. Vendues ensemble 199 francs.

Village garni d'arbres ; près d'une colline, un homme, précédé d'un chien ; à la droite du devant, une femme, avec un panier sur la tête. Sans nom de maître. (B. 43.)

Haut., 117 millim.; larg., 162.

Femme, un panier sur la tête ; derrière elle, un chien ; elle fait l'aumône à un pauvre ; à gauche, quelques petites maisons ; sur le devant, un berger et quatre moutons. Sans nom de maître. (B. 44.)

Haut., 122 millim.; larg., 180.

Les numéros 43 et 44 ne sont pas de Van Uden, mais de *J. Bonnecroy*. M. Robert-Dumesnil les décrit, numéros 6 et 7, dans l'œuvre du susdit graveur.

45-47. *Différents paysages avec figures.* Suite sans numéros. Le numéro 60, dont nous parlerons plus bas, fait partie de cette suite.

Haut., 88 millim.; larg., 212 à 216.

1. *Campagne, boisée en partie,* où coule une rivière; vers le milieu du devant, un petit pont, d'une seule arche; à gauche, un villageois, un long bâton sur l'épaule, et une villageoise en marche ; à terre, au-dessous de ces figures : *Lucas V. V.* ; les lettres *ca* sont tracées à rebours; à droite, sur le ciel : *Franc. vanden Wÿngaerde ex.* (B. 45.)

2. *Berger et villageois, assis près de trois moutons,* sur le devant d'un vaste pays ; à la gauche, un vieux tronc d'arbre abattu ; au bord de la terrasse : *F. v. W. ex.* (B. 46.)

3. *Vaste pays,* vu par un temps de pluie; à gauche, une colline couverte de grands arbres ; près de là et en avant, un villageois, appuyé sur un long bâton, parle à une paysanne ; derrière lui, deux enfants ; du même côté, au coin, à terre : *L. V. V, f.;* au-dessous, dans la marge : *F. v. W. ex.* (B. 47.)

On connaît deux états des numéros 45, 46, 47.

1er état (n° 45). La signature du maître est dans le coin du bas, à gauche.

2e. L'adresse de *Wÿngaerde* est dans le haut, à droite. Les ombres dans le premier plan ont été renforcées.

1er état (nos 46 et 47). Avant l'adresse ; la marque du maître est très légèrement gravée sur l'avant-plan.

2e. Avec *F. v. W. ex.* et quelques retouches sur le premier plan.

Le catalogue Rigal décrit, du numéro 47, une première épreuve où il n'y a sur la terrasse que les lettres *L. V.* légèrement tracées.

Trois hommes s'efforcent de relever un chariot sur un chemin; à droite, des collines et des monticules boisés ; à gauche, une paysanne tire de l'eau d'un puits; plus loin, sous les arbres, des chaumières; au bas, du même côté, à terre, au-dessous de troncs d'arbres couchés : *Lucas van Vden pinxit invent. et fecit.* ; et, à droite : *Franc. vanden Wyngaerde excud.* (B. 48.)

Haut., 191 millim.; larg., 304.

Weigel mentionne un premier état à l'eau-forte pure, avant des travaux ajoutés et avant l'adresse.

2e. Avant l'adresse de *Wyngaerde.*

3e. Celui décrit.

La Fuite en Égypte. Dans un pays où serpente une rivière, la sainte Vierge tenant l'enfant Jésus dans ses bras et montée sur un âne que conduit saint Joseph; la gauche de la rive opposée est garnie de rochers couverts de bois ; au haut d'un des rochers, un vieux château ; au fond, des montagnes ; dans la marge, à gauche : *Lucas van Vden pinxit et fecit* ; à droite : *Franciscus vanden Wyngaerde excudit.* (B. 49.)

Haut., 216 millim., y compris 7 de marge ; larg., 318.

Weigel signale trois états :
1er. Eau-forte pure, avant des travaux ajoutés et avant l'adresse.   .
Rigal dit : Avant partie des contre-tailles sur les arbres qui couronnent les rochers.
2°. Avant la retouche, mais avec l'adresse.
3°. Retouché.

50. *Vue de l'abbaye de Saint-Bernard*, sur l'Escaut, prise à vol d'oiseau ; au bas, à droite, à un cartouche, la dédicace : *Admodum reverendo et amplissimo Domino D. Judoco Gillis. . . .* ; et, à gauche, dans la marge : *Luc van Vden fecit.* (B. 50.)

Haut., 326 millim. ; larg., 443.

MORCEAUX GRAVÉS PAR VAN UDEN D'APRÈS DIFFÉRENTES MAÎTRES.

D'APRÈS TIZIANO

51-53. *Paysages et vues avec figures et animaux.* Suite sans numéros. Trois pièces.

Haut., 88 à 90 millim. ; larg., 129 à 131.

1. *Campagne,* où deux pâtres gardent des moutons : à la gauche, des flammes sortent de monuments en ruines, qui sont sur une colline ; à droite, une rivière ; en bas, à gauche, la marque du maître : *L. V.* ; à gauche : *Titianus inuenit* ; à droite : *Franc. vandén Wyngaerde ex.* (B. 51.)

Le catalogue Rigal dit qu'on a de ce paysage des épreuves avant la retouche et avant la lettre.

2. *Ville* au bas d'une colline ; dans les airs, vers la droite, un démon fuit à l'aspect de la statue d'une sainte élevée sur le dôme d'un temple. Dans la marge, à gauche : *Titianus inuenit* ; à droite : *Franc. vanden Wyngaerde ex.* ; au milieu : *L. van Vden fecit.* (B. 52.)

Le catalogue Rigal signale une assez bonne copie en contre-partie, sans marque ni inscription.

3. *Pays couvert de montagnes*, entre lesquelles serpente une rivière; sur le devant, des cavaliers galopent vers la droite; à terre, à gauche, les noms de *Titianus* et celui de *Wyngaerde*. (B. 53.)

54-55. *Deux paysages*.

Haut., 234 à 237 millim.; larg., 365 à 367.

1. *La sainte Vierge* sort d'une étable, l'enfant Jésus dans ses bras; à sa gauche, saint Joseph, appuyé sur un long bâton; vers le milieu, deux femmes lavent du linge à un ruisseau; à terre, à gauche : *Titianus inuentor;* au-dessous : *L. v. Vden fe Franc. Wyngaerde ex.* (B. 54.)

2. *Le bon Samaritain* amène à une hôtellerie un homme blessé et le fait enlever de dessus son cheval; à droite, dans une espèce de niche en planches attachée à un grand arbre, un groupe de la sainte Vierge et de l'enfant Jésus; à droite : *Titianus inuen-tor.;* au-dessous : *L. v. Vden fe Franc. vanden Wyngarde ex.* (B. 55.)

Le catalogue Kalle mentionne un premier état à l'eau-forte pure, avant que la marge du bas du cuivre ait été coupée et avant toute lettre.

D'APRÈS RUBENS

Couvent des Capucins ; en avant, de grands arbres et une rivière; à gauche, deux religieux, un cavalier et une dame tenant un enfant; devant eux, un chien court vers un petit garçon assis sur l'herbe; du même côté, à terre : *L. V. V. fec.;* et, au-dessous : *F. V. W. ex.* (56.)

Haut., 221 millim.; larg., 320.

Le catalogue Rigal signale deux épreuves : la première, avant des tailles passées de droite à gauche sur le corps du chien et avant nombre de travaux et de raccords à toutes les parties de la composition; l'autre est l'état décrit.

Weigel croit que cette pièce n'est pas gravée d'après Rubens, mais d'après un tableau original de Van Uden lui-même.

Paysan faisant boire deux chevaux à une rivière, d'où sortent deux vaches; sur la rive opposée, une villageoise, un pot à lait sur la tête ; au milieu et à gauche, des rochers et des bois ; à gauche : *Pet. Paul Rubenius pinxit;* au milieu : *Lucas van Vden fecit;* à droite : *Franciscus vanden Wyngaerde excudit.*

Haut., 183 millim ; larg., 272.

1er état. Eau-forte pure. Au bas, à gauche, légèrement gravé : *Lucas van Uden.*

2e. En partie retravaillé. La signature a été effacée et regravée comme elle est décrite ci-dessus. — 3e. Plus retravaillé. Non seulement la tête, mais le cheval au long cou sur le premier plan sont fortement ombrés. — 4e. L'inscription est effacée. Une forte ligne de bordure traverse la place où elle avait été gravée ; au-dessous de cette ligne : *Pet. Paul Rubens ;* dans le centre : *Lucas van Uden fecit,* et sur la droite : *Franciscus vanden Wyngaerde excudit.* (57.)

Weigel fait observer que les premières épreuves portent : *Lucas van Uden pinxit et excudit* Il pense que le paysage peut bien avoir été peint par Van Uden et les figures par Rubens. Le tableau original avait autrefois fait partie des cabinets d'Armagnac et de Tallard ; il est maintenant en Angleterre.

Deux villageoises dans une prairie, où sont cinq vaches. On voit une des villageoises debout, un panier de légumes sur la tête ; l'autre est à genoux, tenant un pot ; à gauche, un homme fait boire deux chevaux ; à droite, à une pierre : *Pet. Paul Rubenius pinxit. Lucas van Vden fecit.* Cette inscription est en deux lignes. A terre, au milieu : *Franciscus vanden Wyngaerde excudit.* (58.)

Haut., 196 millim.; larg., 297.

1er état. Décrit par Regnault-Delalande. Il est presque à l'eau-forte ; plusieurs parties des terrains ne sont couvertes que de simples tailles. Il y a beaucoup moins de travaux sur la partie supérieure des figures du devant, sur le pot à lait, sur la brouette et sur les animaux. Avant toutes lettres.

2e. Avec les travaux ajoutés, mais avant le nom de Rubens.—3e. C'est celui décrit. — 4e. L'estampe est retravaillée. L'extrémité gauche de la large pierre sur laquelle est l'inscription est entièrement couverte de tailles horizontales ; les plus élevées sont prolongées sur la grande plante ; une large herbe sauvage, feuillée, se trouve sur la gauche de la pierre.

Un Étang. Plus loin sont des bois ; à la droite du devant, une villageoise à genoux ; on voit une jeune fille traire une vache ; du même côté, au-dessous de deux souches, à une pierre : *Lucas van Vden fe Fran. v. Wyngaerde ex.,* en deux lignes ; à gauche, sur l'eau : *P. P. Rubens pinxit.* (59.)

Haut., 210 millim.; larg., 315.

Weigel cite trois états : 1er. Presque à l'eau-forte pure, avant beaucoup d'additions et avant toutes lettres. — 2e. Avec les travaux ajoutés, mais avant le nom de P. P. Rubens. — 3e. C'est l'état décrit.

Vue d'un vaste pays. A gauche et vers le milieu, des collines ; de l'autre côté, des terres entrecoupées de taillis ; à gauche, sur le devant, un jeune garçon joue du flageolet ; un paysan, appuyé sur son bâton, l'écoute ; sur une pierre : *L. v. V.;* à droite, sur l'eau : *F. v. W.* (60.)

Ce morceau, dit Weigel, doit se joindre aux numéros 45 à 47 et former ainsi une suite de quatre estampes. Cette pièce n'a pas été connue de Bartsch. Dans le catalogue Robert-Dumesnil et dans Weigel, cette pièce rappelle l'*Église sur le penchant de la colline.*

Haut., 86 millim.; larg., 209.

Le catalogue Rigal, qui appelle cette estampe *Vue d'un vaste pays,* mentionne deux états :

1er. Avant des travaux au burin sur presque toutes les parties de la composition ; principalement aux habitations, aux arbres, aux collines et au terrain, à gauche ; avant la lettre.— 2e. C'est l'état décrit ci-dessus.

Le Village près de l'eau. Il est environné de plantations d'arbres et se réfléchit dans une rivière qui coule sur le devant. A gauche, sur une colline, un groupe d'arbres près d'un chemin, où un homme debout parle à un autre assis. (W. 61.)

Décrit par Robert-Dumesnil et Weigel.

Robert-Dumesnil (W., 60 et 61), 57 fr. 15 c. Le numéro 60 ne devient être que le deuxième état.

Vue à vol d'oiseau de la seigneurie de Cleydael. L. Van Uden delineavit et fecit. Grand in-fol.

Cette pièce, la plus capitale du maître, inconnue à Bartsch et à Weigel, faisait partie des collections Camberlyn et d'Isendoorn. Ces deux derniers catalogues n'en indiquent pas la dimension.

VELDE (Adriaen ou Adrijaen van de) est né à Amsterdam, en 1639, selon Descamps qui place la date de sa mort au 21 janvier 1672. Les eaux-fortes gravées par lui sont touchées avec un grand sentiment ; on y trouve l'imitation de la nature portée à un haut degré de perfection. Nous ferons remarquer que, si l'on adopte la date de 1639 pour l'époque de sa naissance, il en résultera que les numéros 17, 18, 19, 20 et 21 qui sont très remarquables, ont été exécutés par lui à l'âge de

quatorze ans, ce qui paraîtra peut-être difficile à croire, quelle qu'ait
été la précocité de son génie. Les numéros 1 à 10, gravés entre les
années 1657 et 1659, ne sont pas non plus sans laisser des doutes sur
la date de sa naissance, en prouvant qu'à l'âge de dix-huit ans Van de
Velde possédait déjà le talent le plus consommé. Ses dernières gravures
datées sont de 1670, et son talent n'avait fait que grandir. Pour la
peinture, il fut élève de Wynants, et quels que soient les talents de ce
dernier, il est certain qu'il fut surpassé par son élève. Les tableaux de
Van de Velde sont du faire le plus précieux et de plus en plus recherchés. Le musée du Louvre en possède six qui tous furent achetés par
Louis XVI. Ils sont datés depuis 1660 jusqu'en 1668. *La Plage de
Schvelingen* [1], qui porte la première date, n'est pas moins de nature à
attirer l'attention sur l'époque de la naissance de notre artiste. C'est
certainement un des tableaux les plus précieux de cette série. Les
productions de Van de Velde atteignent de hauts prix dans les ventes :
un tableau de lui, qui se trouvait dans la galerie Pommersfelden, fut
porté, en 1866, à 40,000 francs; nous avons acquis, à la vente Schnei-
der, *Mercure et Argus,* une des plus remarquables productions du
maître, pour le prix de 30,000 francs, et une autre, provenant de Van
Helsteuter, de Patureau et Demidoff, moyennant 48,000 lires. Van de
Velde traitait également bien le paysage, les animaux et les figures ; il
a enrichi de cette manière les tableaux de plusieurs artistes, et leur a
donné ainsi une plus grande valeur. On rencontre sa collaboration
dans les tableaux de Wynants, son maître, dans ceux de Moucheron,
de Van der Heyden, Hobbema, J. et S. Ruisdaël, J. Hackaert, Verboom,
Lingelbach, J. v. Hagen et W. v. de Velde, et même de Waterloo. Van
de Velde a même appliqué son talent à reproduire des sujets de l'Ancien Testament. Nous trouvons un tableau célèbre de ce genre dans la
collection Fesch, il représentait *la Fuite de Jacob* et fut vendu
49,500 francs ; il est aujourd'hui dans la galerie de sir Richard Wallace. Nous connaissons une très jolie *Sainte Famille*, dans la collection de M. Léon Prat, à Canteleu, près Rouen. Ce tableau faisait
partie de la galerie de M. Victor Letellier dont nous avons déjà parlé.
On voit aussi dans l'église de Spinhuyssterz, à Amsterdam, au maître-

1. Adrien van de Velde était aussi peintre de marines. On voit dans la galerie Six un charmant
tableau représentant une *Marée montante et des dunes.*

autel, un *Crucifiement*. Ses dessins sont très recherchés et très rares ; on les rencontre peu dans les ventes. La collection Revil, vendue en 1842, en possédait cinq, dont plusieurs douteux ; il en possédait encore deux qui, en 1845, furent vendus : *La Charrette à foin,* dessin colorié, 1,491 francs, et *la Chèvre traite*, dessin lavé à l'encre de Chine, 799 francs. M. Claussin, dont la vente eut lieu le 2 décembre 1844, en possédait quatre des plus précieux, entre autres le dessin original de notre tableau *Mercure tuant Argus*, et enfin *le Berger et la Bergère*, dessin tout à fait capital et le plus beau que, jusqu'à présent, il nous ait été donné de voir ; il fut acheté par M. Reizet ; aujourd'hui il fait partie de la collection de Mgr le duc d'Aumale. Nous en possédons aussi quelques-uns : *Vache au pâturage*, collection Revil ; étude pour le tableau de *Mercure et Argus*, même collection ; *Bestiaux au pâturage*, même sujet que le tableau du Louvre, et *le Repos des Chasseurs*, ces deux derniers venant de la collection Jacob de Vos.

ŒUVRE D'ADRIEN VAN DE VELDE

1-10. *Différents animaux.* Suite de dix estampes.

Haut., 108 millim.; larg., 133.

1. *Le Vacher et le Taureau.* Le vacher est debout, à gauche, vu par le dos ; il sonne du cor qu'il tient de la main gauche et étend son bras sur l'animal tourné vers la droite ; sur le ciel, à gauche : *A V.V. f.* 1659. Ce dernier chiffre est à rebours.

2. *La Vache couchée.* Elle est au milieu, de face, la tête un peu tournée vers la droite ; de ce côté, une vache debout et deux moutons dans un champ. Sur une pierre, vers la gauche : *Adriaen vande Velde : f.* 1657. Le chiffre 6 est à rebours.

• 3. *Les trois Bœufs.* L'un debout, vers la droite, regarde du côté opposé, où l'on voit par le dos un autre bœuf couché ; dans le fond, à droite, un bœuf pâture ; au milieu, dans le lointain, des animaux ; sur le devant, à gauche, près d'un bâton : *A. V. Velde f.*

4. *Les deux Vaches et le Mouton.* Une d'elles est en travers de l'estampe, tournée vers la gauche, où se trouvent, au second plan.

une vache couchée et un mouton vu de dos. Sur le devant, près d'un morceau de bois, à droite : *A . V. V. f.*

5. *Les trois Vaches.* L'une d'elles marche vers la droite, où l'on voit, au second plan, près d'un saule dépouillé, deux autres vaches, l'une par derrière, l'autre tournée vers la droite. Au haut du ciel, à gauche : *A. V. V.*

6. *Le Bœuf dans l'eau.* Il est au milieu, tourné vers la gauche ; dans le fond, du même côté, deux bœufs, dont l'un est debout, et d'autres animaux au pâturage. Au haut, à gauche : *A . V. V. f.*

7. *Le Cheval.* Il est au milieu, tourné vers la droite, et broutant ; au fond, dans le milieu, est un cheval debout, tourné un peu vers la gauche ; un mouton est à ses pieds ; d'autres animaux sont au pâturage. Au bas, à gauche *: A . V. V. f.*

8. *Le Veau.* Il est de profil, tourné vers la gauche, et broutant ; un tronc d'arbre est à terre derrière lui ; au fond, quelques animaux au pâturage. A la coupure du tronc d'arbre, à terre : *A. V. Velde f.* 1659.

9. *Les Chiens.* Deux sur le devant, à droite, se battent ; un est renversé ; à gauche, au second plan, deux chiens rongent des os ; un autre court dans le fond. Au haut de la gauche : *A. V. Velde f.* 1659.

10. *Les Chèvres.* Près d'une clôture en planches qui est à gauche, une chèvre se repose ; un chevreau est couché à côté d'elle, la tête tournée vers la droite ; de ce côté, au sommet d'une petite élévation, une brouette est renversée ; dans le coin, une fourche. Au haut de la droite : *A. V. Velde. f.*

* 1er état. De la plus grande rareté ; avant *Just. Danckerts exc.* vers la droite. Collections de Fries, Claussin et Verstolk. Cet état chez Ploos van Amstel, 1799, 44 francs ; J. Yver, 1816, 210 francs ; B. de Bosch, 1817, 208 francs ; Verstolk, 433 francs.

Plusieurs de ces pièces sont sur papier à l'écusson avec fleur de lis surmonté d'une couronne ayant dans le bas un W. Les pontuseaux ont 30 millim. dans toutes les pièces ; les angles du cuivre sont aigus. Nous allons détailler en outre les remarques de chaque pièce.

1. *Le Vacher et le Taureau.* Il y a une forte tache, à gauche, au-dessus du monogramme ; il y a un trait échappé au milieu du ciel, contre le trait de bordure ; d'autres se voient à droite ; toutes les marges sont très sales.

2. *La Vache couchée.* Le trait de bordure est interrompu par places, et n'est pas encore entièrement formé; avant les retouches sur l'oreille droite de la vache couchée, où l'on voit deux coups de lumière; l'omoplate n'est ombrée que de deux traits croisés en losange. Les marges sont sales et plusieurs traits forts, obliques, débordent dans la marge du bas à gauche; au-dessus de la montagne, du même côté, une série de traits obliques légers.

3. *Les trois Bœufs.* Dans le milieu du dos de la vache couchée, il y a une série de travaux assez forts sur une longueur de 10 millim. qui plus tard ont été enlevés au brunissoir; à gauche, au-dessus du nuage, il y a une tache ronde, et une autre à droite, un peu au-dessous du ciel, contre le trait de bordure, dans laquelle tache on voit comme un *p*. Dans le coin du bas, à gauche, la marge est très sale; dans l'estampe, au coin du bas, à droite, il y a une forte tache noire de forme ronde. Il y a un trait échappé devant la tête du bœuf debout.

4. *Les deux Vaches et le Mouton.* Avec le filigrane dont nous avons parlé plus haut. Avec une tache noire dans le coin du haut, à droite; tout le trait de bordure, en bas, du même côté, présente une forte salissure.

5. *Les trois Vaches.* On voit une très forte salissure sur le haut du ciel, à droite; une autre, très forte, se trouve vers le milieu de l'azur à gauche; il y a un grand nombre de taches noires sur le dos de la vache; il y a un trait échappé, dans le coin du bas, à gauche; les marges sont très sales.

6. *Le Bœuf dans l'eau.* On voit à gauche, dans le bas, sur la ligne de bordure, une tache d'eau-forte sur une longueur de 35 millimètres; on remarque quatre longs traits échappés horizontaux, qui viennent aboutir à la tête du bœuf; les marges sont sales.

7. *Le Cheval.* Le trait de bordure n'est pas continu; contre ce trait, de larges traces d'eau-forte continues, mais irrégulières, occupent tout le bas de la planche; de longues taches d'eau-forte se voient particulièrement à droite, dans le haut, et à gauche; les marges sont très sales.

8. *Le Veau.* Avec le filigrane de l'écusson à fleurs de lis, avec un W, dans le bas; avec quelques taches derrière la queue du veau et de fortes taches d'eau-forte au bout du tronc d'arbre, près du nom; les marges sont sales.

9. *Les Chiens.* Avec un fort trait échappé, au bas de la ligne du contour dans le coin, à gauche; avec une forte tache d'eau-forte sur le ciel, à droite, et dans le coin du haut, à gauche, près du nom du maître. Toute l'extrémité du morceau, à terre, à gauche des chiens, est blanc; auprès, on voit une espèce de vase.

10. *Les Chèvres.* Tout le ciel est couvert de taches d'eau-forte; sur le toit qui domine la clôture en planches, on voit une tache d'eau-forte qui a une longueur de 14 millimètres sur 4 de largeur; tout le bas est rempli de taches d'eau-forte; les marges sont très sales.

2e état. Avec l'adresse de *Just. Danckerts* sur la première pièce. Dans la collection Liphart, il s'en trouvait une suite sur papier à la folie. C'est ainsi qu'elle est décrite:

1. Avec une grande tache d'eau-forte au haut de la marge, à gauche, au-dessus du monogramme, et qui plus tard a été enlevée.

2. La ligne de contour indique plusieurs parties interrompues, et n'est pas encore entièrement formée; avant les retouches sur l'oreille droite et l'omoplate de la vache couchée.

3. Au milieu du dos de la vache couchée, des deux côtés de la partie claire, la plus haute, de l'épine du dos, on voit deux ombres gravées à l'eau-forte en forme de creux, qui ont été entièrement enlevées dans les épreuves postérieures, et les traces du brunissoir se reconnaissent alors distinctement.

4. Avec une tache d'eau-forte sur le coin droit de la planche, dans le haut, et qui fut plus tard enlevée; la bordure à droite est parfaitement formée, mais plus tard fut effacée, dans le bas, avec la pierre ponce.

5. On voit de grandes taches d'eau-forte dans le coin, à droite, dans le haut et dans la lumière, sur le dos de la vache.

6. Avec une grande tache noire d'eau-forte sur le tiers inférieur du trait de bordure à gauche; à sa place, on voit plus tard une place blanche.

7. Le trait de bordure est seulement visible dans quelques endroits et manque dans le haut, à gauche, jusque dans le milieu de la planche.

8. Avec de longues mais étroites taches d'eau-forte dans la lumière, derrière la queue du veau, et qui lui sont parallèles; ces taches ont été plus tard enlevées.

9. Le trait de bordure à gauche, dans le bas, le long de la partie lumineuse du terrain, n'a pas mordu à l'eau-forte, mais il est encore visible quoique faible; plus tard il a entièrement disparu.

10. On remarque seulement dans la lumière quelques lignes fines provenant du brunissoir.

3e état. 1. L'adresse de *Just. Danckerts ex.* est effacée sur le premier morceau. On reconnaît cette épreuve à ce que la forte tache, au haut, à gauche, est effacée; un trait échappé large, qui se trouvait au haut du ciel, à gauche, a disparu; une foule de traits échappés, que l'on voyait à droite, ont été enlevés; les marges sont complètement nettoyées.

2. On voit sur l'oreille droite de la vache, contre la tête, une série de contre-tailles obliques, ainsi que sur l'épaule, au-dessous de l'oreille; dans le coin du bas, à gauche, une place claire dans le premier état est devenue très noire; il y a une petite tache sur le ciel, contre le trait de bordure; elle est accompagnée d'une série de points noirs; les marges sont nettoyées. Filigrane *C. W B.*

3. La partie noire, dans le milieu du dos de la vache couchée, a été éclaircie; des deux côtés de l'échine, les traits qui l'accusaient, au lieu d'être forts, sont devenus très fins; la tache ronde sur les nuages, à gauche, a disparu; à droite, dans le haut, on ne voit plus la petite tache où était un *p*; à cet endroit, le trait de bordure est interrompu; la grosse tache noire, dans le coin, à droite, a disparu; la marge est nettoyée, dans le bas, à gauche.

4. Dans le coin du bas, à gauche, une place blanche a été éteinte par quelques tailles diagonales; vers le bas, sur le trait de bordure, à droite, une forte tache a été enlevée et le trait manque en cet endroit; les marges sont nettoyées, notamment à droite, où la salissure du haut a été effacée. Filigrane : armoiries rondes.

5. La forte tache dans le haut, et celle qui était sur le milieu du ciel, ont été enlevées; les marges sont nettoyées; les taches rondes, que l'on voyait sur le dos de la vache, sont très affaiblies.

6. Tout l'azur du ciel est presque disparu, dans le haut, à droite; la large tache, près du trait de bordure, dans le bas, à gauche, a été enlevée; tous les traits échappés horizontaux, qui aboutissaient à la tête du bœuf, ne se voient plus; les marges sont nettoyées. Filigrane : *C. W B.*

7. Les énormes taches onduleuses, qui occupaient tout le bas, contre le trait de bordure, ne se voient plus, ni celles que l'on apercevait contre le trait carré, à gauche, à droite et dans le haut, de ce côté. Filigrane : armoiries rondes; au-dessous : *N. C.*

8. Il y a une foule de points noirs, dans le coin du bas, à gauche, et au-dessus de la montagne, à la hauteur de la tête de la vache; des taches noires sont effacées derrière le tronc d'arbre, près du nom du maître; les marges sont nettoyées. Filigrane : armoiries rondes, ayant au-dessous *N. C.*

9. Les taches noires, dans le haut du ciel, ont été effacées; à gauche, un morceau de bois plat, qui est à terre, est blanc à l'extrémité ; il était couvert de tailles dans le premier état; à côté, il y a une grande place blanche ; dans le premier état, on voyait une espèce de vase. Toutes les marges ont été nettoyées. Filigrane : *C. W. B.*

10. La tache noire sur le toit est presque disparue ; une tache noire sur le terrain, au-dessus de la fourche, et une autre contre le trait de bordure, dans le bas, à gauche, ont été enlevées; il y a une série de points au-dessous de la brouette, et une autre série plus haut, au-dessous du nom du maître: toutes les marges sont nettoyées. Filigrane : *C. W. B.*

Nous lisons dans Weigel : « Les planches existent encore; les épreuves modernes sont faibles ; elles portent des traces de taches de rouille. On en trouve aussi avec l'adresse de *Danckerts;* elles sont tirées sur papier qui paraît ancien, l'adresse y a été remise de nouveau. Si on les compare à des épreuves sur lesquelles l'adresse est authentique, on trouve qu'elles ont été tirées sur les planches déjà plus usées que celles du troisième état; elles portent des traces de légères retouches. Les planches qui existent encore sont dans l'Institut bibliographique de Hildbourghausen. »

Regnauld-Delalande, dans le catalogue Rigal, indique des copies des numéros 1, 3, 4, 5, 6 et 8; elles sont en contre-partie ; à droite, à terre, au numéro 1, *le Vacher : P. V. Somer.*

11-16. *Différents animaux.* Suite de six pièces.

Haut. des trois premières pièces 122 à 131 millim.; larg., 156 à 157.

11. *La Vache au pâturage.* Elle est sur le devant d'un pré ; plus loin, à droite, près d'un gros arbre, deux moutons. Tout au bord de la terrasse : 1670. *A. V. V. f.*

12. *Le Bœuf pie.* Il broute l'herbe sur le devant d'un pré ; plus loin, à droite, un bélier et un mouton couchés ; dans le fond, à gauche, un autre mouton ; au bord de la terrasse : *A. V. V. F.;* et, au-dessous : 1670.

13. *Deux Vaches couchées dans un pré.* L'une est debout, de profil ; l'autre couchée et de face ; à gauche, tout au bord de la terrasse : *A. V. V. f.*

Ces trois pièces : Rigal, 400 francs.

14. *Brebis debout, sur le devant d'un pré.* Elle allaite un agneau ; plus loin, à gauche, un agneau couché ; derrière lui, une grande plante ; tout au bord de la droite, à terre : *A. V. V. F.*

15. *Bélier et Mouton couchés sur l'herbe.* L'un regarde vers le spectateur, l'autre est vu par le dos ; au fond, à gauche, un très petit arbrisseau ; tout au bord de la terrasse, vers le même côté : *A. V. V. F.* 1670. A droite, dans la marge, la lettre *A*, finement tracée.

Haut., 68 millim.; larg., 95.

Ces pièces, en anciennes épreuvées, sont de la plus grande rareté. Nous n'avons jamais eu que l'occasion de voir dans le commerce les deux dernières en anciennes épreuves. Plus tard, les planches ont été retrouvées dans un bon état de conservation ; on en a tiré des épreuves qui sont lourdes et un peu trop noires dans les ombres ; tandis que les anciennes sont légères, couvertes d'essais de burin et du ton le plus argentin. Il faut les trouver sur papier ancien, avec la marque de la folie. Nous ne croyons pas qu'on ait rencontré cette suite depuis la vente Verstolk. Liphart possédait seulement le numéro 11 en ancien tirage.

Nous devons à l'obligeance de M. le docteur Sträter de pouvoir faire connaître quelques particularités sur les numéros 14 et 15 ; ainsi, on ne pourra confondre les épreuves anciennes avec les modernes :

14. *Brebis debout, sur le devant d'un pré.* Les anciennes épreuves sont sur papier marqué par une folie à sept dents. Elles se distinguent, en outre, par une grande légèreté. Le ciel est finement tracé. Le cou de la brebis est à peine profilé. Le terrain sous elle et derrière est peu noir ; avant des traits échappés, dont nous allons parler.

Dans le *tirage moderne,* le ciel a été repris ; il est bien accusé partout ; les petits travaux qui accentuent le cou de la brebis sont plus rapprochés et le marquent davantage. Sous la brebis et derrière elle, le terrain est beaucoup plus noir. A droite, à partir de la tête de la brebis, on voit un certain nombre de traits échappés ; une égratignure semble partir de l'œil gauche ; un trait traverse le nez.

15. *Bélier et Mouton couchés sur l'herbe.* Les premières épreuves sont sur papier marqué par une folie à sept dents, très légères, argentines ; le ciel est d'un ton uniforme.

Tirage moderne. Tous les travaux sont lourds et ont été repris ; particulièrement à droite, ils figurent un nuage fortement accusé.

Weigel dit qu'on a d'assez bonnes copies de ces cinq pièces, publiées par l'Institut bibliographique de Hildbourghausen dans *le Livre universel des Arts.*

16. *Chèvre couchée*, dite *le petit Bouc.* Elle est tournée de profil, dirigée vers la droite, où, plus loin, est un agnelet qui se gratte le dos. Au bas, à gauche : *A. V. V.*

Même dimension que précédemment.

* Épreuve de la plus grande rareté, sur papier à la folie. Collection Galichon.
Debois, 970 francs ; Verstolk, les six pièces, 724 fr. 50 c.

La planche du numéro 16 n'a pas été retrouvée. Il existe des copies de cet excellent morceau par M. *Benj. P. Gibbon*, pour le catalogue de M. Sheepshanks qui n'a jamais paru. Cette copie est très trompeuse. On la reconnaît à ce qu'elle est un peu terne, tandis que l'original est très brillant.

Il se trouve une autre copie dans *le Livre des Arts*, publié par l'Institut bibliographique de Hildbourghausen.

On connaît, du numéro 11, une copie en contre-partie ; elle est assez bien gravée. On lit, au bas, dans la marge, à gauche : *A. V. V. D.*

Haut., 129 millim.; larg., 169.

Il existe une copie du numéro 12 ; elle est en contre-partie, par le même graveur que la précédente ; de même, dans la marge, à gauche : *A. V. V. D.*

Haut., 131 millim.; larg., 167.

Il y a aussi, du numéro 13, une copie en contre-partie.

Le catalogue Rigal fait de cette série deux suites de trois pièces ; c'est également l'avis de M. Middleton.

17. *Le Berger et la Bergère avec leur troupeau.* Celle-ci caresse son chien ; elle est assise, tournée vers la droite, contre un berger couché à terre, vu par le dos ; à droite, deux moutons près d'une chèvre et d'une vache debout ; derrière la vache, deux moutons et une chèvre. A gauche, sur le ciel : *A drijaen, Vande, Velde, fe, et, Ex*, j653., tracé en trois lignes ; dans la marge, à gauche : *A. vande Velde Pinx.* Vers la droite : *Isack Houwens : Excudit.* Ces noms sont gravés au burin.

Haut., 200 millim.; larg., 268.

* 1er état. On voit, à droite, derrière la vache, près du trait carré, un rond blanc, d'environ 6 millimètres, où les tailles à cette place n'ont pas été mordues par l'eau-

forte. Les épreuves de cet état sont sur papier à la folie. La nôtre vient des collections Donnadieu et Debois.

Rigal, 200 francs; Robert-Dumesnil, 140 francs; Verstolk, 147 francs; Debois, 710 francs.

2e. La place blanche est couverte de traits, et, dans plusieurs autres endroits, des travaux semblables ont été ajoutés.

3e. On lit dans la marge du bas, à gauche : *A. Van de Velde Pinx.*; vers la droite : *Ex formis Frederici de Wit*.

4e. L'adresse de *de Wit* est effacée. On en reconnaît quelques traces. Au milieu, un peu à gauche, on voit l'adresse : *Isak Houwens Excudit*; à droite, dans la marge, le numéro 3.

Il existe des épreuves modernes où l'inscription de la marge du bas été effacée, et où l'on a essayé de faire revivre la place blanche du premier état. Elles sont tirées sur papier fort et grossier ; elles sont sèches et froides.

Le catalogue Rigal décrit une copie de cette pièce. Elle est dans le sens de l'original; à gauche, au ciel, les noms et l'année sont beaucoup mieux imités que le sujet. Cette copie médiocre a, de moins, un millimètre et demi sur la hauteur et quatre sur la largeur. On ne trouve pas dans la marge les nom de Van de Velde et d'Houwens.

Weigel dit : « Il y a une copie moderne qui est plus petite. » Nous présumons qu'elle a été faite à Francfort par le graveur *Schweyer*. Peut-être est-ce la même que la précédente.

18. *La Porte du bourg*. Une villageoise, montée sur un bourriquet, et un jeune garçon, à pied, sont près de cette porte ; près d'eux, un paysan conduit un âne chargé d'un panier; deux moutons précèdent les ânes; à gauche, des fabriques et un cabaret; près de là, quatre hommes à table. Du même côté, sur le ciel : *A·V·Velde f.*; et au-dessous : 1653. Le chiffre 3 est à rebours.

Haut. et larg., 122 millim.

Rigal, avec numéro suivant, 355 francs; Robert-Dumesnil, 145 fr. 75 c.; Verstolk, 472 fr. 50 c.

* Pièce très rare.

19. *Halte des chasseurs*. Ils sont sur la gauche, près de trois colonnes supportant une architrave en ruines; la droite, dans le fond, est bordée par un pavillon auquel tient un mur de jardin. On lit au haut, à gauche : *A·V·Velde·f*. 1653. Les deux derniers chiffres sont à peine visibles.

Même dimension que le numéro précédent.

* Pièce très rare. Dans l'épreuve du cabinet de l'archiduc Charles (Albertine), les deux derniers chiffres de 1653 ne sont pas marqués. Cette estampe ne se trouvait pas dans la collection Verstolk.

20. *Le Paysan et la Paysanne*. Celui-ci, qui est à gauche, s'appuye

sur un bâton qu'il tient des deux mains ; la femme, qui est de face et qui est dirigée vers la droite, porte un panier à son bras gauche ; un chien marche à côté d'elle ; plus loin, derrière le paysan, un arbre sans feuilles ; entre les figures, deux moutons. Sans nom de maître et sans date, mais probablement de l'année 1653, attendu qu'il est gravé dans le goût du numéro 17.

Haut., 124 millim.; larg., 119.

Cette pièce est de la plus grande rareté, elle manquait chez Rigal et chez Verstolk.

Bartsch a fait la copie de ce morceau dans le sens de l'original. A droite, au ciel, près du trait carré : *A. Bartsch* ; à gauche, le nom de *Van de Velde.*

La mesure a 2 millimètres de moins sur la hauteur.

21. *Paysan à cheval.* Il est presque dans le milieu, portant un large manteau et un chapeau rond, se dirigeant vers le devant de la gauche. Derrière lui, un villageois à pied précède un mulet chargé et un bœuf que conduit une paysanne ; dans l'éloignement, un pâtre et des moutons. A gauche, au ciel : *A. V. Velde, f.* 1653.

Haut., 171 millim.; larg., 198.

Cette pièce est la plus rare de l'œuvre.
Rigal, 101 francs ; Verstolk, 420 francs.

PIÈCES DÉCRITES PAR RIGAL ET WEIGEL

W.22. *Paysage avec des paysans et des voyageurs.* Il est en partie bordé par une rivière : à droite, deux villageois debout ; à l'horizon, le clocher d'une église de village ; vers la droite, presque au-dessus de l'hôtellerie : *A. V. Velde f.* Morceau peu terminé.

Haut., 50 millim.; larg., 86.

On ne connaît que deux épreuves : celle décrite dans la collection Rigal et celle qui est au musée d'Amsterdam.
Rigal, 405 francs.
On connaît une copie très bien exécutée par *Benj. P. Gibbon,* elle était destinée au catalogue de M. Sheepshanks.

23. *La Fileuse.* Elle est assise près d'une tente où un homme est couché ; elle parle à un villageois qui est à ses pieds dans un chemin creux et qui s'appuie sur le terrain ; plus loin, à gauche, un âne et deux chèvres ; du même côté, sur le ciel : *A. V. Velde f.,* au-dessous : 1653. Le chiffre 3 est à rebours.

Haut., 61 millim.; larg., 88.

Rigal, 950 francs.

L'épreuve de cette collection était la seule connue ; elle provenait du cabinet Van Leyden, elle est entrée dans celui de l'archiduc Charles (Albertine).

24. *Le Cavalier et les deux Chasseurs.* Celui-ci, de la main gauche élevée, paraît indiquer un rendez-vous à l'un des chasseurs debout près de lui ; l'autre chasseur est assis du côté opposé ; derrière lui, cinq chiens d'espèces différentes. A gauche, au ciel : *A. V. Velde f.* 1653, le tout tracé à rebours.

Haut., 63 millim.; larg., 86.

Rigal, 950 francs.

Cette épreuve, qui provenait de la collection Van Leyden, était la seule connue ; elle a depuis passé au British Museum.

Il existe une très belle copie par *Benj. P. Gibbon* pour le catalogue qui n'a jamais paru de M. Sheesphanks, une autre copie moins fidèle se trouve dans le *Painters Etchings* de Walker.

Weigel cite ensuite les numéros suivants :

25. *La Vache couchée.* Elle est au milieu de l'estampe, vue de profil, la tête de face ; ses cornes s'étendent éloignées l'une de l'autre. Dans le lointain du paysage plat, on voit à droite une vache couchée, un cheval debout et un garçon. Vers la droite du premier plan, sont les lettres *ED* entrelacées, mais qui paraissent tracées en caractères d'imprimerie.

Haut., 115 millim.; larg., 146.

Les lettres *ED* ne seraient-elles pas le chiffre d'Edme Durand, à qui cette pièce a appartenu ? Elle se trouve maintenant chez l'archiduc Charles et au musée d'Amsterdam.

26. *Mouton couché.* Pièce marquée *A. v. V.*

Cette pièce ressemble à la manière de Van der Meer de Jonge. *Benj. P. Gibbon* en a exécuté une excellente copie pour M. Sheepshanks.

Weigel cite ensuite une pièce de *Ferg* qu'on a prise pour une œuvre de Van de Velde. La date de 1651, écrite à la main, a probablement occasionné l'erreur.

VERBOOM ou BOOM (V. A. H.), peintre et graveur à l'eau-forte, vivait au milieu du dix-septième siècle, ainsi que le constate cette inscription : *A. H. Vboom f.* 1654, marquée très distinctement sur un tableau, vu par Bartsch dans la collection du comte de Truchsess. Les productions de cet artiste sont très rares. Dix dessins de ce maître se trouvaient à la vente Jacob de Vos Ibzn.

ŒUVRE DE VERBOOM

1. *Le Hameau.* Sur le devant, vers la gauche, on voit un grand arbre; à droite, sont quelques arbres assez grêles; le milieu est occupé par une haie délabrée, dans laquelle une porte a été ménagée. Dans le lointain s'aperçoit une chaumière dont le toit dépasse ceux des maisons très basses entre lesquelles elle est placée; en haut de la gauche: *Vbooni f.*

Haut., 131 millim.; larg., 176.

* 1er état. Avant l'azur du ciel, avant des travaux dans toutes les parties de la planche; la composition est bordée d'un trait de la plus grande finesse, interrompu dans beaucoup de places et notamment dans le haut; à l'eau-forte; de la plus grande rareté. Verstolk, 141 francs.

* 2e. La composition est bordée d'un trait carré très fort; le ciel est marqué de traits horizontaux fortement accusés pour indiquer l'azur; les travaux ont été repris partout, notamment sur le tronc d'arbre, dans le coin à gauche.

2. *La Pièce d'eau.* Une ligne droite très rapprochée forme l'horizon; au coin, à droite, on voit un gros arbre penché; une pièce d'eau s'étend depuis le milieu jusqu'au coin à gauche; la rive est garnie de six à sept arbres de différentes grandeurs et plantés à des distances inégales. Sans nom de maître.

Même dimension.

1er état. Avant les traits horizontaux tracés sur le ciel et avant les travaux additionnels; eau-forte pure; très rare. Verstolk, 164 francs.

* 2e. Le ciel est tracé; l'estampe retouchée est entourée d'un trait fortement marqué.

Bartsch s'exprime ainsi sur les deux états : « On a des premières épreuves moins chargées de burin et avant les ciels exprimés par des traits horizontaux du faire le plus sec. »

SUPPLÉMENT

3. *Paysage montagneux.* Sur le devant, on voit un cheval, deu chiens et un homme; à gauche s'élève un grand arbre atteignant le bord supérieur de la planche; à droite, des rochers. Collections de Fries, Verstolk, marquis de Brême.

Haut., 530 millim.; larg., 610.

Verstolk, 193 francs; Brême, 80 francs.

* Cette pièce très rare n'est décrite ni par Bartsch, ni par Weigel.

4. *Le Château en ruines*. Il est sur le bord d'une pièce d'eau ; derrière quelques arbres penchés qui sont à droite, on remarque quelques vieilles arcades ; la plus grande partie des ruines s'élève au delà de la pièce d'eau et se prolonge vers la gauche. Au haut, de ce côté : *Vboom*, à rebours. Collections Verstolk et Drugulin.

Haut., 124 millim.; larg., 162. Mesure prise sur le trait de bordure, très fin, qui manque tout à fait à gauche et dans le bas. Haut., sur le témoin du cuivre, 129 millim.; larg., 172.

* Cette épreuve, probablement unique, manque à toutes les collections; elle n'a été été décrite ni par Bartsch, ni par Weigel.

Verstolk, 336 francs.

Il existe à Hambourg une estampe de Verboom qui est de la grandeur des deux premières pièces ; mais, malgré les instances du conservateur du musée, le possesseur n'a pas voulu consentir à nous en laisser prendre une photographie.

VERSCHURING ou VERSCHUURING (Henri), peintre, né à Gorcum, en 1627, mort dans la même ville en 1690; élève de Jean Both. Verschuring a gravé à l'eau-forte. Descamps cite de lui plusieurs tableaux importants. Nous n'en avons jamais rencontré, mais nous possédons de lui un dessin capital, signé : *H. Verschùring f*. 1672, représentant une bataille; filigrane : cor de chasse dans un écu couronné ; au-dessous : *W. R.* M. Guichardot en possédait deux dessins : l'un signé, l'autre portant les initiales du maître.

ŒUVRE DE VERSCHURING

1. *La Bataille*. Elle se livre encore près d'une espèce de pyramide qui s'élève à droite. Deux cavaliers, l'un tenant un bouclier, l'autre nu-tête, sonnant d'une trompette, se précipitent vers la gauche, où l'on voit sur le devant un homme effrayé qui enlève la selle d'un cheval renversé. Dans le fond, du même côté, la bataille paraît continuer. Au bas, à droite : *H. Verschùring f.*

Haut., 198 millim.; larg., 149.

1er état. Avant les travaux sur le cou du cheval monté par l'homme armé d'un bouclier.

* 2º. Celui décrit ; le cou du cheval est ombré comme le reste du corps. Filigrane : écu dans lequel est pendu une espèce de cor de chasse.

2. *Les Voyageurs.* Un homme enveloppé d'un manteau et monté sur un cheval, accompagné d'une femme qui est sur un âne, soutenant un jeune garçon assis devant elle, se dirige vers la droite. Un chien qu'on voit, à gauche, les deux pattes de devant en l'air, aboie contre eux. Dans le fond, du même côté, au haut d'un rocher escarpé, on aperçoit deux figures. Sur le devant, à droite : *H. Verschüring f.*

Même dimension que la précédente.

* Collection Debois. Filigrane : *I W.*

Debois, 81 francs ; Verstolk, 54 fr. 60 c.; Robert-Dumesnil, 107 francs.

3. *Les deux Chiens.* Cette pièce est légèrement gravée. Sur la gauche, un lévrier, vu de dos, lève la tête comme pour hurler ; sur la droite, un dogue couché tourne la tête vers le lévrier. Au bas de la gauche, les lettres : *H. V. S.* entrelacées, monogramme du maître.

Haut., 56 millim.; larg., 140.

4. *Les trois Chiens.* Sur la droite, un lévrier debout, dirigé du même côté, retourne sa tête vers un chien couché, et vu par le dos ; un chien courant est debout vers le fond à gauche. Au bas, le chiffre de l'artiste.

Bartsch donne à cette pièce la même dimension. Le catalogue Rigal dit que celle-ci est plus grande : elle aurait 140 millimètres de largeur.

D'après une note de M. Middleton, ces deux dernières planches auraient été percées, dans le haut et à gauche, par des trous ronds, et peut-être pour être fixées sur quelque boîte ou cassette.

PIÈCES NON DÉCRITES

5. *Le Cavalier tenant un cheval par la bride.* Il est à gauche, dirigé du même côte, monté sur un cheval et en tenant un autre par la bride. Derrière lui deux lévriers, l'un debout, l'autre assis. Sans nom de maître. Il y a deux traits de bordure dans le haut.

Haut., 166 millim.; larg., 145.

* Collection du marquis de Brême. Filigrane : grand écu rond avec des ornements dans la bordure ; au milieu, un lion la queue en l'air.

6. *Le gros Chien couché.* Il est à terre vers la droite ; sur son collier, les lettres *A. I. M.* Vers le fond, à droite, au milieu, on aperçoit un feuillage. Pièce douteuse. British Museum.

Haut., 43 millim.; larg., 91.

7. *Paysage d'Italie*, avec figures et bétail ; décrit dans le catalogue
Verstolk.

Deux épreuves dont l'une retouchée. Verstolk, 31 fr. 50 c.

VISSCHER (CORNELIS), dessinateur et graveur à l'eau-forte et au
burin, passe pour être né à Harlem en 1610[1], il serait mort dans la
même ville en 1670. M. Van der Willigen qui a fait des recherches sur
les artistes de Harlem n'a rien trouvé sur la naissance de celui-ci. Mais
le registre des mariages de l'année 1640 porte que le 28 mai de cette
année, Cornelis, Corneliss Visscher, jeune homme de Sparendam, demeurant Scheepmakersdijk, épousa Neeltje Jans van Heke, jeune fille
d'Overveen, où elle avait son domicile. Le registre des décès porte que
Cornelis Visscher fut inhumé le 7 juin 1662, au cimetière dit Saint-
Anna Kerkhof. On y enterra, le 21 janvier 1671, Cornelis Claess Visscher,
et, le 21 septembre 1671, l'épouse de Cornelis Janss Visscher. Il résulte
de tous ces documents que l'on ne sait rien de bien précis sur la vie
de notre artiste. Il est cependant avéré qu'il était d'une santé très
faible et qu'il mourut jeune.

« Il est impossible, dit avec raison Watelet, de mieux peindre avec la
pointe et le burin, et de les faire contraster plus hardiment entre eux,
et de mieux imiter avec l'outil le badinage de l'eau-forte. On peut conclure, avec raison, de cet adroit et savant mélange, que Cornelis Visscher est le plus parfait modèle qu'un jeune graveur puisse se proposer
pour la conduite et la variété des travaux. » Nous ne connaissons aucun
tableau de lui, mais comme dessinateur au crayon, à la pierre d'Italie
et à la pierre noire, il a peu de rivaux. Nous possédons quelques dessins de cet excellent maître qui ne laissent rien à désirer pour la perfection et pour la vérité.

Visscher a gravé, d'après ses propres dessins, et aussi d'après
Berghem, Brouwer, Pierre de Laer, Ostade, Rubens, etc., et une certaine partie de ses planches d'après les tableaux qui étaient dans le

---

1. Le *Cabinet de l'Amateur* mentionne que le dessin original de son portrait n° 1 du Catalogue,
qui appartenait à Josi, portait cette inscription : *C. Visscher, âgé de 20 ans A°. 1649.* (Cité à titre
de renseignement.)

cabinet du bourgmestre Reynst. Nous suivons les numéros et les divisions du catalogue de Smith[1].

ŒUVRE DE CORNELIS VISSCHER

PREMIÈRE CLASSE

SUJETS DE L'HISTOIRE SAINTE ET AUTRES SUJETS DE DÉVOTION

1. *Le Départ d'Abraham pour la Mésopotamie.* La marche se dirige vers la droite. Dieu plane au milieu du ciel et semble montrer la route. D'après le tableau de *Bassan* qui faisait partie du cabinet Reynst[2]. (Wussin, 98.)

Haut., 290 millim.; larg., 370.

* 1er état. Avant les paroles, et avant toute lettre. Collection Verstolk.
2e. Celui décrit.

On lit sur le ciel, en deux lignes : *Abi Abrame a terra tua.* . .

2. *Dieu apparaît à Abraham et lui promet ainsi qu'à sa postérité le pays de Chanaan.* Abraham est à genoux au milieu de ses troupeaux ; un ange, tourné vers la gauche, est au milieu des airs. Ce sujet représente aussi bien l'*Arrivée d'Abraham à Sichem.* D'après le tableau du cabinet Reynst. (W. 99.)

Haut., 305 millim.; larg., 375.

* 1er état. Avant les paroles, et avant la lettre. Collection Verstolk.
2e. Celui décrit.

3. *Suzanne et les Vieillards.* Elle est assise sur une pierre, à gauche, presque nue, de trois quarts tournée à droite, étendant le bras gauche vers un des vieillards ; l'autre a la main droite posée sur l'épaule droite de Suzanne. A gauche, une fontaine, et, dans le fond, des arbres et de la verdure. D'après le tableau du Guide, du cabinet Reynst. Sans nom de peintre ni de graveur. (W. 100.)

Haut., 291 millim.; larg., 375.

---

1. On connaît trois catalogues publiés de nos jours : le premier, à Paris, en 1846, dans le *Cabinet de l'Amateur*, etc.; celui de Smith, publié à Londres en 1864, et le troisième par Johann Wussin, conservateur de la bibliothèque de l'Université de Vienne, qui a paru en 1865, à Leipzig, chez Rudolph Weigel. Notre catalogue n'ajoutera que peu de chose à ces deux derniers.

2. Ce cabinet était riche en tableaux qui passèrent dans la collection de Charles Ier; les gravures préparées de son vivant furent publiées par sa veuve. Les quatre portraits de Van Dalen, d'après Titien, font partie de ce recueil.

1er état. Avant le nom du peintre et celui du graveur.

2e. On lit dans la marge : *Guido Reni Pinxit ; Corn. Visscher Sculp.*

3e. L'adresse de *F. de Wit excudit* se lit à droite.

4. *La Sainte Vierge et l'enfant Jésus*, d'après le tableau de Titien. Marie est au milieu, regardant à droite ; près d'elle l'enfant Jésus couché sur un linge tient une fleur ; à gauche, deux anges dont l'un tient un poisson, un chien les précède. La scène se passe dans un paysage. Au bas de la marge, à gauche : *Titiaen Pinxcit*. Le tableau faisait partie du cabinet Reynst. (W. 101.)

Haut., 285 millim.; larg., 360.

* 1er état. Sans aucune lettre.

2e. Celui décrit. *Tixianus pinxit*, suivant Smith.

3e. La planche est usée et le nom du maître effacé.

5. *La Sainte Famille avec sainte Anne et saint Jean*. La sainte Vierge est au milieu, tenant sur ses genoux l'enfant Jésus qui se retourne vers saint Jean, placé à droite, et lui offrant une poire ; à gauche, sainte Anne, et derrière elle, saint Joseph. Au bas, à gauche : *Johannes vander Horst excudit.;* à droite : *Corn. Visscher fecit.* (W. 102.)

Haut., 287 millim.; larg., 230.

1er état. Avant l'adresse.

2e. Au coin, à gauche, on lit : *Johannes vander Horst excudit.*

3e. L'adresse précédente est effacée. On voit à la place : *F. de Wit Excudit.*

6. *La Sainte Famille dans un paysage*. La sainte Vierge, assise, tient sur ses genoux l'enfant Jésus, à qui saint Jean, qui est à droite, présente des fruits ; à gauche, sainte Anne ; au fond, à droite, saint Joseph assis. Sans nom de peintre, ni de graveur, mais présumablement d'après Palma le vieux. D'après le tableau du cabinet Reynst. (W. 103.)

Haut., 280 millim.; larg., 381.

6^a. *La Sainte Famille contre la muraille*. A côté d'un reste de mur peu élevé qui est à droite, à l'ombre d'un chêne, Marie est assise tenant de la main gauche l'enfant Jésus assis sur ses genoux, prenant de ses mains la croix avec banderole que le petit saint Jean lui offre. Sainte Élisabeth, à genoux, tient son jeune fils de la main droite. Derrière ce groupe, saint Joseph, le bras gauche appuyé sur la saillie du mur, les regarde. Un petit agneau est couché derrière saint Jean. A gauche, à la marge : *Corn. Vischer inv. et fecit.* (W. 104.)

Haut., 383 millim.; larg., 425.

Cette pièce, restée inconnue, est très rare ; elle paraît être des commencements du maître. Wussin l'a décrite d'après l'épreuve qui est à l'Albertine.

7. *La Vierge et l'enfant Jésus, d'après Rubens.* Elle est assise entourée d'anges, sur des nuages, tenant des deux mains son divin Fils. Dans la marge, on lit en deux lignes : QVÆ EST ISTA. . . . . . ; à gauche : *P. Paulo Rubens Pinxit. Cum Privilegio;* à droite : *P. Soutmanno Dirigente, Corn. Vischer Sculpsit.,* en deux feuilles. (W. 107.)

Haut., 608 millim.; larg., 461.

 * 1ᵉʳ état. Avant les noms des artistes et l'adresse.
 2°. Celui décrit.
 3ᵉ. Dans le milieu du bas : *F. de Wit excudit.*
 4°. Cette adresse est effacée.

8. *Le Christ au tombeau.* Il est étendu dans le milieu, la tête à droite où un disciple le soutient; à gauche, la sainte Vierge évanouie et deux saintes femmes. Dans l'estampe, au bas, à gauche : *Tintorettus pinxit;* au milieu : *Corn. Visscher figuravit aqua forti.* (W. 105.)

Haut., 393 millim.; larg., 283.

 * 1ᵉʳ état. Avant les noms du peintre et du graveur. Collections Esdaile et Verstolk. Smith dit n'avoir vu que deux épreuves de cet état : une dans la collection de l'archiduc Charles, et celle-ci.
 * 2ᵉ. C'est celui décrit.
 3ᵉ. Dans la marge, à droite : *Nicolaus Visscher Excudit.*
 4°. Cette adresse est effacée et remplacée par celle de *D. Dankerts.*

9. *La Résurrection de Jésus-Christ.* Il s'enlève dans les airs, la tête tournée vers la gauche, ses mains et ses pieds portent les marques des clous. Le Saint-Esprit plane au-dessus de sa tête. Il est partout entouré d'une gloire d'anges. Dans le bas, sur une grande banderole : EGO ET PATER VNV SVMVS. D'après le tableau du cabinet Reynst. (W. 106.)

Haut., 406 millim.; larg., 310.

 * 1ᵉʳ état. Avant les noms du peintre et du graveur. Collection Verstolk.
 2ᵉ. On lit au milieu de la marge : *Corn. Vi scher Schulp.;* à gauche : *P. Veronese Pinxit,* et à droite : *F. de Wit excudit.*
 3°. L'adresse de *de Wit* est supprimée.

10-13. *Les quatre Évangélistes*. Suite de quatre estampes.

Haut., 228 millim.; larg., 192.

10. *Saint Mathieu.* Vu de face, la main gauche placée sur un livre, il tient une plume de la main droite. Au milieu de la marge : s. MATHEVS ; à gauche : *Corn. Vischer Inveniebat;* à droite : *Corn. Vischer Sculpebat et Excudebat Harlemi* 1650. (1.) (W. 108.)

1ᵉʳ état. Avec ces mots à gauche : *Corn. Vischer inveniebat;* à droite : *Corn. Vischer Sculpebat.*

2ᵉ. Dans une seconde ligne, on lit : *Et Excudebat Harlemi* 1650.

3ᵉ. *Et Excudebat Harlemi* 1650 est effacé.

11. *Saint Marc.* Il a le bras droit appuyé sur un livre placé sur un pupitre, à gauche, et la main sur la poitrine ; la tête du lion se voit à droite. Au milieu de la marge : s. MARCVS, et les mêmes inscriptions que précédemment. (2.) (W. 109.)

1ᵉʳ état. Avant : *Et Excudebat Harlemi* 1650.

2ᵉ. Celui décrit. L'adresse est ajoutée dans une seconde ligne.

3ᵉ. *Et Excudebat Harlemi* 1650 est effacé.

12. *Saint Luc.* Il est assis de face, regardant à gauche, près d'une table, écrivant dans un livre ; derrière lui, sur un chevalet, le portrait de la sainte Vierge. Au milieu de la marge : s. LVCAS, et la même inscription qu'au numéro 10 ; le mot *inveniebat* ne commence pas par une majuscule. (3.) (W. 110.)

1ᵉʳ état. Celui décrit.

2ᵉ. Avec la même inscription, mais on y a ajouté : *Et Excudebat Harlemi* 1650.

3ᵉ. Les mots *Corn. Vischer inveniebat* sont effacés, mais non sans laisser de traces. Musée de Dresde.

4ᵉ. *Et Excudebat Harlemi* 1650 a été enlevé.

13. *Saint Jean.* Debout, il tient un livre ouvert de la main gauche et une plume de la droite ; à gauche, un paysage avec quelques fabriques ; à droite, un aigle. Au milieu de la marge : s. IOANNES, et les mêmes inscriptions que précédemment. (4.) (W. 111.)

1ᵉʳ état. Celui décrit.

2ᵉ. On a ajouté : *Et Excudebat Harlemi* 1650.

3ᵉ. L'adresse précédente a été enlevée, mais non sans laisser de traces.

Cette suite, annoncée chez Verstolk comme d'un état antérieur, était une falsification, l'année et l'adresse avaient été grattées.

14. *Saint François aux pieds de l'enfant Jésus.* Il est à genoux, à · droite, tourné vers la gauche où la sainte Vierge lui présente son divin Fils ; au-dessus d'elle, une gloire d'anges ; à droite, un moine dont on ne voit que la moitié du corps. Au milieu de la marge : CVPIO DISSOLVI, ET ESSE CVM CHRISTO. philip. j.; à gauche : *P. P. Rubens pinxit.;* à droite : *P. Soutman excud. Cum Priuil.* (W. 112.)

Haut., 422 millim., sans la marge ; larg., 350.

1er état. Décrit par Smith; avant l'adresse de *Soutman.*

* 2e. Avec cette adresse, mais avant la bordure terminée ; le trait carré n'existe pas dans toute la partie inférieure du côté gauche. Collection Verstolk.

3e. L'adresse de Soutman est effacée et remplacée par *F. de Wit excud Cum Priuil.* Au-dessus du titre, on lit : *C. Visscher sculpsit.*

4e. L'adresse de *de Wit* a été enlevée.

15-34. *Suite des saints de Flandre,* vingt estampes.

Haut., 398 millim.; larg., 300.

15. *Frontispice et titre.* On voit à gauche saint Pierre, et à droite saint Paul. On lit en dix-sept lignes : IESV CHRISTO, FIDELI MILITANTIS ECCLESLÆ IMPERATORI, . ¡ . . . SANCTISSIMOS SACRI BELLI DVCES, PATRLÆ APOSTOLOS, . . . DICAT, CONSECRAT, ANNO CIƆ IƆCL. On voit Jésus-Christ assis, tenant sa croix, ayant à sa gauche saint Pierre qui tient les clefs. Sur le socle où il est posé : VICIT HÆRESES; à droite, saint Paul appuyé sur son épée, également sur un socle où est écrit : SVBEGIT GENTES ; au bas, la Religion assise tenant sa croix de la main gauche, et en même temps enchaînées la Guerre et la Discorde. A gauche, dans l'estampe : *P. Soutmannus inveniebat et Excudebat Harlemi* 1650 *Cum Previlegio. F. de Wit excudit Amstelodami.* (1.) (W. 114.)

1er état. Avant l'adresse.

2e. Avec l'adresse de *Soutman* sur le titre.

3e. Avec cette adresse : *Gedrucht t'Amsterdam by Frederick de Wit.*

4e. Celui décrit, l'adresse a été changée.

16. *Saint Aloyn.* En pied, couvert d'une toque à panache, armé de toutes pièces, portant un manteau d'hermine, appuyé de la main droite sur une grande épée, et portant sur la gauche un faucon ; il regarde un peu à droite. Dans la marge, en trois lignes : ALOYNVS, COGNOMENTO BAVO, . . . SERVIVIT VSQVE AD ANNVM DOMINI DCXXXI. HARLEMENSIVM PA-

TRONVS. COLITVR. I .OCTOB.; au-dessous, la traduction en flamand en deux lignes. A gauche : *P. Soutmanno Dirigente. Corn. Vischer Sculpebat Cum Priuilegio.;* à droite : *P. Soutmannus Inveniebat et Excudebat Harlemi* 1650. (2.) (W. 115.)

17. *Saint Willebrod.* Il porte le costume d'archevêque et la mitre ; il tient une église dans la main droite et de l'autre la crosse ; à droite, un tonneau, une grande gourde et une palme. Dans la marge : WILLE-BRODVS INTER DISCIPULOS S. EGBERTI PRIMVS, ... TOTIVS FERE BEL-GII PER ANNOS XLVI APOSTOLVS. COLITVR VII. NOVEMB. Au-dessous, la traduction en deux lignes flamandes; à gauche : *P. Soutmanno Diri-gente. Corn. Vischer Sculpebat Cum Priuilegio.;* à droite : *P. Sout-mannus Inveniebat et Excudebat Harlemi* 1650. (3.) (W. 116.)

18. *Saint Suitbert.* Il porte le costume et la mitre d'évêque ; il marche vers la droite, et tient sa crosse de la main gauche. Dans la marge, en deux lignes : SUITBERTUS, SECUNDUS S. EGBERTI DISCIPU-LUS, . . . INFÉRIORUM SAXONIUM APOSTOLUS, ... COLITVR 1. MARTII; au-dessous, une traduction flamande en deux lignes ; à gauche : *P. Soutmanno Dirigente, Corn. Vischer Sculpebat Cum Priuile-gio.;* à droite : *P. Soutmannus Inveniebat et Excudebat Har-lemi* 1650. (4.) (W. 117.)

19. *Saint Marcellin.* Il est nu-tête, dirigé vers la droite, la main gauche appuyée sur un livre ouvert. On lit sur une page : VITA. *suiber-tus;* sur l'autre : S. SVIBERTI; il tient une plume de la main droite ; son corps est couvert d'une chasuble. Dans la marge : MARCELLINVS EX XII S. EGBERTI DISCIPULIS . . . . . COLITUR XIV. IULII. En deux lignes au-dessous, traduction flamande. A gauche : *P. Soutmanno Diriente. Corn. Vischer sculpebat. cum Privilegio.;* à droite : *P. Soutmannus inveniebat et excudebat Harlemi.* 1650. (5.) (W. 118.)

20. *Saint Iéron.* Il a le corps tourné vers la droite; sa tête ceinte d'une gloire est dirigée vers la gauche ; il porte une chasuble au milieu de laquelle se lit IHS. Ces lettres sont surmontées d'une croix avec trois clous au-dessous; dans sa main droite est une épée; sur sa gauche, un faucon. Dans la marge, en deux lignes : IERON SCOTUS PARENTUM NO-

BILIUM FILIUS UNICUS . . . . *â* DANIS, ET NOORDMANNIS IBIDEM MAR-
TYRIO EST CORONATUS. COLITVR XVIII. AUGUSTI. Au-dessous, en deux
lignes, est la traduction en flamand. A gauche : *P. Soutmanno
Dirigente. Corn. Vischer sculpebat. Cum Privilegio.;* à droite : *P.
Soutmannus inveniebat et excudebat Harlemi.* 1650. (6.) (W. 119.).

21. *Saint Egbert.* Il est en costume de moine, tourné vers la gauche,
les yeux levés au ciel, bénissant douze disciples qui sont dans le bas à
gauche. Dans la marge, en deux lignes : EGBERTUS ABBAS. . . . FECIT
ID PER XII DISCIPULOS. COLITVR XXIV. APRILIS. Au-dessous, la traduction
flamande en deux lignes. A gauche : *P. Soutmanno Dirigente. Corn.
Vischer Sculpebat Cum Priuilegio.;* à droite : *P. Soutmannus Inveniebat et Excudebat Harlemi* 1650. (7.) (W. 120.)

22. *Saint Wulfran.* La mitre en tête, couvert de la chape épisco-
pale, tenant de la main gauche sa croix, et tourné vers la gauche, il
invite le roi de la Frise à embrasser le christianisme. Dans la marge :
WULFRANUS, IN FRANCIA SENONENSIS ARCHI-EPIS. . . . . COLITUR XX.
MARTII.; au-dessous, se lit la traduction flamande en deux lignes. A
gauche : *P. Soutmanno Dirigente. Corn. Vischer sculpebat. cum
Privilegio.;* à droite : *P. Soutmannus inveniebat et excudebat Haer-
lemi.* 1650. (8.) (W. 121.)

    1ᵉʳ état. Le saint n'a pas de barbe.
    2ᵉ. Il porte une barbe.

23. *Saint Martin.* Il est à cheval, se dirigeant vers la droite, la tête
tournée à gauche; il coupe son manteau pour en donner la moitié au
diable assis à terre, sous la forme d'un mendiant. Dans la marge, en
deux lignes : MARTINUS *é* PANNONIA, MAGNI HILARII IN GALLIA DISCI-
PULUS. . . . ULTRAIECT. PATRONUM ELECTUS. COLITUR XI. NOVEMB.;
au-dessous, la traduction flamande en deux lignes. A gauche : *P.
Soutmanno Dirigente Corn. Vischer Sculpebat. Cum Priuilegio.;*
à droite : *P. Soutmannus Inveniebat et Excudebat Harlemi* 1650.
(9). (W. 122.)

24. *Saint Odolf.* La tête entourée d'une gloire, portant le surplis,
l'étole et l'aumusse, il tient un bâton auquel est attaché une espèce de
sac et de l'autre une assiette; il se dirige vers la gauche où, sur une

pierre, est un livre ouvert sur lequel il y a un bonnet carré; à droite, une maison brûle. Dans la marge, en deux lignes : ODULPHUS BRABANTUS, PASTOR IN OORSCHOT. . . . COLITVR XII IUNII. Au-dessous, la traduction flamande en deux lignes. Au bas, à gauche : *P. Soutmanno Dirigente. Corn. Vischer Sculpebat Cum Priuilegio.;* à droite : *P. Soutmannus Inveniebat et Excudebat Harlemi* 1650. (10.) (W. 123.)

1er état. Le saint est jeune, vu de face; avant la maison à droite, et le rocher à gauche.

2e. La tête est vue de trois quarts, mais le saint n'a pas encore de barbe; le rocher ne se voit pas encore à gauche.

3e. On voit le rocher; le saint porte une longue barbe.

25. *Saint Grégoire.* Il est tourné vers la gauche, la mitre en tête, couvert d'une chape, tenant de la main droite un livre, et de l'autre une crosse. Dans la marge en deux lignes: GREGORIUS, PUER *à* S. BONIFACIO ADOPTATUS; . . . . EPISCOPI FORMATOR. COLITUR XXV. AUGUSTI. Au-dessous, la traduction flamande en deux lignes. A gauche : *P. Soutmanno Dirigente. Corn. Vischer Sculpebat. Cum Priuilegio.;* à droite : *P. Soutmannus Inveniebat et Excudebat Harlemi* 1650. (11.) (W. 124.)

26. *Saint Frédéric.* Il est tourné à gauche, la mitre en tête, couvert d'une chape et entouré d'une gloire; deux épées sont enfoncées dans sa poitrine; on voit le bout de sa crosse à gauche. Dans la marge : FRIDERICVS NOBILIS FRISO VIII ULTRAJECTENSIVM EPISCOPVS : . . . A SICARIIS IN TEMPLO OCCIDITVR. Au-dessous, la traduction flamande en deux lignes. A gauche : *P. Soutmanno Dirigente. Corn. Vischer Sculpebat Cum Priuilegio.;* à droite : *P. Soutmannus Inveniebat et Excudebat Harlemi* 1650. (12.) (W. 125.)

27. *Saint Boniface.* Il est tourné un peu vers la gauche, la mitre en tête, couvert d'une chape, tenant de la main droite un livre percé d'une épée, dans l'autre une croix et un fouet. Le bout de la croix fait jaillir une source. Dans la marge, en deux lignes : BONIFACIVS, EXTRA S. EGBERTI DISCIPVLOS, LABORAVIT IN FRISIA. . . . . FRISIAM SANGVINE SVO PVRPVRAVIT. COLITVR V. IVNII, AVT IVLII. Au-dessous, la traduction flamande en deux lignes. A gauche : *P. Soutmanno Dirigente. Corn. Vischer Sculpebat Cum Priuilegio.;* à droite : *P. Soutmannus Inveniebat et Excudebat Harlemi* 1650. (13.) (W. 126.)

28. *Saint Lebuijn.* Il est de profil, tourné vers la droite, la tête nue entourée d'une gloire ; il porte la chasuble ; sa main droite tient une croix avec un étendard ; un livre est dans sa gauche. Dans la marge, en deux lignes : LEBUINUS ANGLO-SAXO, ... COLITUR XII. NOVEMB. Au-dessous, la traduction flamande en deux lignes. A gauche : *P. Soutmanno Dirigente. Corn. Vischer sculpebat. Cum Previlegio.;* à droite : *P. Soutmannus inveniebat et excudebat Harlemi.* 1650. (14.) (W. 127.)

29. *Sainte Cunera.* Elle est tournée vers la gauche, la tête entourée d'une gloire, les mains l'une contre l'autre. Dans la marge, en deux lignes : CVNÉRA D. URSVLÆ CONSAGVINÆA ET CVM VNDECIM MILLIBVS VIRGINVM. . . . EIVS OSSA A S. VILLEBRORDO ELEVATA. Au-dessous, la traduction flamande en deux lignes. A gauche : *P. Soutmanno dirigente. Corn. Vischer Sculpebat. Cum Priuilego.;* à droite : *P. Soutmannus Inveniebat et Excudebat Harlemi* 1650. (15.) (W. 132.)

30. *Sainte Lydwina.* Elle est tournée vers la gauche, la tête couronnée de roses, et entourée d'une gloire recevant de la main droite une branche de roses que porte un ange, et tenant de la main gauche un crucifix ; elle est enveloppée d'une espèce de manteau. Dans la marge en deux lignes : LYDWINA VIRGO SCHIEDAMENSIS A°. ÆT. XIV FRACTA IN GLACIE COSTA. . . RAMO AB ANGELO ACCEPTO. Au-dessous, la traduction flamande en deux lignes. A gauche : *P. Soutmanno Dirigente. Corn. Vischer Sculpebat. Cum Priuilegio.;* à droite : *P. Soutmannus Inveniebat et Excudebat Harlemi* 1650. (16.) (W. 133.)

31. *Saint Gangulph.* Tourné vers la gauche, couvert d'un casque à crinière, revêtu d'une armure et portant par-dessus un manteau à cotte de mailles, il s'appuie de la main droite sur une épée dont la pointe fait jaillir une source ; à son bras gauche, un bouclier dans le milieu duquel est une croix. Dans la marge en deux lignes : GANGULPHUS BURGUNDUS EQUES, ... COLITUR II. MAY. Au-dessous, la traduction flamande en deux lignes. A gauche : *P. Soutmanno Dirigente. Corn. Vischer Sculpebat Cum Priuilegio.;* à droite : *P. Soutmannus Inveniebat et Excudebat Harlemi* 1650. (17.) (W. 128.)

32. *Saint Adelbert.* Il est de face, portant une espèce de chasuble,

tenant de la main droite un livre sur lequel il appuie un doigt de la gauche; autour de sa tête, une gloire; à terre, à droite, une couronne et un sceptre. Dans la marge, en deux lignes : ADELBERTVS REGIS DEIRORVM IN ANGLIA FILIVS, . . . COLITVR XXV. IVNII. Au-dessous, la traduction flamande en deux lignes. A gauche : *P. Soutmanno Dirigente. Corn. Vischer Sculpebat Cum Priuilegio.;* à droite : *P. Soutmannus Inveniebat et Excudebat Harlemi* 1650. (18.) (W. 129.)

33. *Saint Engelmund.* Il est un peu tourné vers la droite, sa tête nue est entourée d'un nimbe crucifère; de la main droite il tient un livre, et du bout d'un bâton qui est dans sa main gauche il fait jaillir une source. Dans la marge, en deux lignes : ENGELMUNDUS NON EX NUMERO XII. DISCIPULORUM S. EGBERTI , ... COLITUR XXI. IUNII. Au-dessous , la traduction flamande en deux lignes. A gauche : *P. Soutmanno Dirigente. Corn. Vischer Sculpebat Cum Priuilegio.;* à droite : *P. Soutmannus Inveniebat et Excudebat Harlemi* 1650. (19.) (W. 130.)

34. *Saint Werenfrid.* Il est nu-tête, un peu tourné vers la droite, couvert d'une chasuble, tenant un livre ouvert de la main droite, et de la gauche une espèce de barque où est un cercueil. Dans la marge, en deux lignes : WERENFRIDUS EX XII S. EGBERTI DISCIPULIS UNUS : . . . COLITUR XIV. *Augusti.;* au-dessous, la traduction flamande en deux lignes. A gauche : *P. Soutmanno Dirigente. Corn. Vischer Sculpebat. Cum Priuilegio;* à droite : *P. Soutmannus Inveniebat et excudebat Harlemi* 1650. (20.) (W. 131.)

35. *Le Tombeau de saint Marius.* On le voit couché sur le monument, la tête tournée à gauche. Dans un renfoncement qui est au milieu du tombeau : FORTITER SED SVAVITER. Dans la marge, en deux colonnes, huit lignes en hollandais : *Hier Fluimert* MARIVS. . . . . (W. 140.)

Haut., 456 millim.; larg., 333.

1er état. Au centre, dans un enfoncement : *Corn. Visscher fecit,* et à droite : *J. V. Vondel.*

2e. C'est celui décrit; les noms sont effacés.

36. *Le Jugement dernier.* Composition d'un grand nombre de figures. Au milieu, le Sauveur est assis dans sa gloire, levant la main

droite pour prononcer le jugement. A sa droite, saint Jean-Baptiste, la Vierge et saint Pierre; à sa gauche, les apôtres et les saints. Descendant d'en haut vers la droite, saint Michel, dont la main droite est armée du tonnerre, chasse les damnés vers les portes de l'enfer où ils sont saisis par les démons. Dans la marge, en deux lignes : OMNES ENIM . . . . . SIVE MALVM. 2. COR. 5. Au milieu : *Cum priuilegio:* à gauche : *P. Paul. Rubens pinxit. Corn. Visscher sculp.;* à droite : *Pet.* *Soutman excud.* En deux feuilles. (W. 113.)

Haut., 594 millim.; larg., 468.

1er état. Avant l'adresse de *Soutman.*
2°. Celui décrit.
3°. On lit : *F. de Wit et Petr. Soutman excud.*
4°. Cette adresse est effacée. (N. T. B. 124. — Voir *œuvre de Rubens,* page 82.)

DEUXIÈME CLASSE

SUJETS HISTORIQUES

37. *Achille à la cour de Lycomède.* Il est debout, habillé en femme, tourné vers la droite, tenant de la main gauche une épée et le fourreau de l'autre; sur le devant, vers la droite, deux femmes examinent des bijoux et des colifichets ; derrière elles, cinq autres jeunes filles; à gauche, Ulysse et ses compagnons. Dans la marge du bas, six lignes en trois colonnes : *Ecce puellares. . . . . ad arma manu.* A gauche : *P. P. Rubens pinxit Corn. Visscher sculp.;* à droite : *Pet. Soutman excud. Cum priuilegio.* (Voir *œuvre de Rubens,* page 137, n° 1.) (W. 134.)

Haut , 534 millim.; larg., 450.

Les épreuves postérieures ont l'adresse de *Covens et Mortier.*

38. *Énée portant son père.* On voit Troie en flammes. Énée se dirige vers la droite, il porte Anchise dont il tient de la main gauche la jambe droite, et avec la main droite le bras gauche du petit Ascagne; derrière, Créuse, dirigeant ses regards vers le fond et étendant le bras droit. A droite, des débris de colonnes, et sur une pierre : *BB.* entrelacés. A gauche : *C. Visscher f.* D'après B. Breenberg. (W. 135.)

Haut., 79 millim.; larg., 107.

39. *Sophonisbe*. Elle est vue à mi-corps et tournée vers la gauche, regardant à droite et tenant des deux mains un vase; les doigts de la main droite et le vase ne sont que tracés à la pointe sèche. Sans nom de peintre ni de graveur. (W. 137.)

Haut., 90 millim.; larg., 70.

Une épreuve unique de cette pièce, ou du moins de la dernière rareté, est dans la collection de l'archiduc Charles (Albertine).

40. *Charles-Gustave, roi de Suède, et la reine dans leur apparte-ment nuptial*. Composition d'un grand nombre de figures. Le roi et la reine, chacun sous un dais, sont tournés vers la gauche; le lit nuptial est à droite; la scène est éclairée avec un grand flambeau et un lustre. Dans la marge, une inscription latine en six lignes : *Serenissimus ac . . . . . in Oldenb. et Delmenh.* Sans nom de peintre ni de graveur. (W. 138.)

Haut., 307 millim.; larg., 446.

1er état. Avant toutes lettres. Cabinet des estampes de Paris.

* 2e. Non décrit; avant que les bougies du lustre soient allumées.

* 3e. Les bougies du lustre sont allumées; le groupe des génies est visible. Collection Verstolk.

41. *Couronnement du roi et de la reine de Suède*. Composition d'un grand nombre de figures. Le roi est assis à gauche, sous un dais, ayant la couronne sur la tête; la reine est assise au milieu sur un grand trône, et la couronne est placée sur sa tête par un vieillard chauve; à gauche, un grand lévrier; derrière lui, des hommes et des jeunes gens portent des torches. Dans la marge du bas : *Serenissimus ac . . . . . Oldenburg et Delmenhorst.*; à gauche : *Georgius Oven I. Sic ipsum Coronationis actum præsens adumbravit;* à droite : *Corn. de Visscher: Fecit aqua forti.* (W. 139.)

Haut., 428 millim.; larg., 685.

* 1er état. Avant toutes lettres; de la dernière rareté. Une épreuve est à l'Albertine.

2e. Celui décrit. Dans la dernière ligne, le mot *nata* est suivi de *Slevisci*.

3e. Après le mot *Ingriæ* on a ajouté *et Wismariæ*.

4e. Avant le mot *nata* est intercalé *Itemq3*, et après le mot *nata* celui de *Dux;* le mot *Cliviæ* est écrit *Clevix*. La figure du roi est entièrement changée; elle est beaucoup plus claire, sa chevelure est plus foncée, et sa moustache moins forte est plus longue.

TROISIÈME CLASSE

SUJETS GRAVÉS PAR VISSCHER D'APRÈS SES DESSINS

42. *La Fricasseuse ou Faiseuse de koucks.* Elle est assise devant une cheminée, entre un vieillard qui allume sa pipe et un enfant qui tient un beignet; derrière le vieillard, une jeune fille debout; un chat sur un rouet et des ustensiles sont à droite. Dans l'estampe, vers la gauche, près de la marge du bas : *Corn. Visscher Inv. et sculp.* (W. 162.)

Haut., 432 millim.; larg., 347.

1ᵉʳ état. Décrit par Smith. Avant que le fichu de la vieille femme et la chevelure du vieux bonhomme aient été ombrés de contre-tailles.

2ᵉ. Avec ces contre-tailles, mais avant celles que, dans l'état suivant, on voit sur la main gauche de la vieille.

* 3ᵉ. Avec ces contre-tailles sur la main de la vieille, mais avant l'adresse de *Clément de Jonghe exc.*, ordinairement placée entre le chenet de la cheminée et la partie ombrée où se trouve le nom de *Visscher*, etc. Collection Van den Zande.

Rigal, 161 francs ; Debois, 255 francs ; Verstolk, 262 fr. 50 c.; Van den Zande, 300 francs ; Simon, 205 francs.

4ᵉ. Avant le nom du graveur on lit : *Clemendt de Ionghe exc.*Verstolk, 46 francs.

5. L'adresse précédente est effacée et remplacée par celle de *J. Visscher.*

6ᵉ. A la place de *J. Visscher*, on lit : *N. Visscher exc.*

7ᵉ. La planche ayant été retouchée en France, toutes les adresses ont été effacées; on pourrait prendre ces dernières épreuves pour être du troisième état avant toute adresse, mais en effaçant celle de *N. de Visscher* on a anticipé sur la partie ombrée où est le nom du maître, et cette partie n'ayant pas été raccordée du même ton permet de reconnaître ce dernier état.

Nous possédons un dessin de Visscher où sont représentés la femme qui fait les gâteaux, et le chat. Il est signé *Corn. Visscher fecit*, et vient de la collection Revil, vendue en 1842. Dans ce dessin, qui est du sens opposé, la femme ne fait pas de gâteaux, mais est assise près d'un rouet. Ce dessin, au crayon, sur vélin, venait antérieurement de la collection Ploos van Amstel.

Le dessin du *Jeune garçon*, qui était autrefois dans la collection de M. le docteur Sträter, est aujourd'hui au Musée de Darmstadt.

43. *Le Marchand de mort aux rats.* Il est vu de face jusqu'aux genoux, tenant de la main droite étendue un paquet de sa drogue ; à droite, un jeune garçon tient au bout d'un grand bâton un panier où sont pendus des rats; au bas de la gauche, un chien. Sur un écriteau,

au haut d'un mur, à droite : *C. Visscher Inv. et sculp et exc.* A°. 1655.
(W. 160.)
Haut., 358 millim., sans la marge ; larg., 306.

1er état. Décrit dans le catalogue Schloesser : avant les armes d'Amsterdam dans le haut du placard imprimé et avant les mots *Inv. et sculp et exc.* et avant toute lettre dans la marge.

Schloesser, 575 francs.

* 2e. Les mots *Inv. et sculp.* ont été introduits, ainsi que les armes d'Amsterdam, mais avant *et exc.* Encore sans aucune lettre dans le bas. Collection Verstolk.

Verstolk, 430 fr. 50 c.

* 3e. Avec les mots *et exc*, mais la marge du bas n'a pas d'inscription. Au-dessous de l'œil droit du marchand, la place blanche qui existait dans l'état précédent est éteinte par de légers travaux. Collection Turin, de Lyon.

Debois, 400 francs.

* 4e. Dans la marge du bas sont deux distiques latins, sur une ligne : *Fele fugas mures!. . . . mures felesque fugabo.*; au-dessous, à droite : *Clemendt de Jonghe excudit.* Les armes, dans le haut du placard imprimé, sont encore visibles, mais très affaiblies.

5e. L'adresse de *Clemendt de Jonghe* est effacée et remplacée par celle de *F. de Wit excudit.*

6e. Cette dernière adresse a été enlevée.

44. *La Bohémienne.* Une nourrice, vue jusqu'aux genoux, assise à droite et tournée vers la gauche, donne à teter à un enfant; près d'elle, un autre mange de la bouillie; un troisième est attaché sur son dos et pleure. Dans la marge, à droite : *C. de Visscher fecit.* (W. 159.)
Haut., 360 millim., sans la marge; larg., 307.

1er état. Peut-être unique; au Cabinet des estampes de Paris. L'épreuve est non terminée. La tête de l'enfant que la femme porte et le cou de l'autre qui est derrière son dos sont entièrement blancs, ainsi que le pot et la cuiller que tient l'enfant debout; les vêtements et le paysage sont entièrement à l'eau-forte, tandis que les chairs ne sont qu'au burin, sans aucune autre préparation.

2e. Terminé, mais sans aucune lettre dans la marge.

* 3e. Celui que nous avons décrit, seulement avec le nom de *Visscher.* Collection Scitivaux et Debois.

Debois, 350 francs; Verstolk, 283 fr. 50 c.

4e. Avec le titre; dans la marge : *Spondeo divitius pauper,* . . Au bas de l'estampe, à droite : *Clemendt de Ionghe exc.*

5e. L'adresse de *Clemendt de Ionghe* est effacée, mais dans les dernières épreuves de ce tirage les mots *et exc* sont encore visibles.

Le dessin original à la pierre noire, sur peau de vélin, était dans la collection de Vos Jbz. Haut., 36 millim.; larg., 28. Un autre dessin se trouvait chez A. G. de Visser. On voyait aussi chez de Vos Jbz un dessin représentant une Bohémienne et son enfant, à la pierre noire, sur vélin; haut , 35 millim.; larg., 27. Cette composition n'a pas été gravée par Visscher.

45. *Jeune garçon et jeune fille tenant une ratière*. La jeune fille, à droite, a la main gauche appuyée sur une ratière et regarde en souriant un jeune homme, qui est à gauche, tenant une lumière. *Cornellus Visscher Sch.* (W. 154.)

Haut., 138 millim.; larg., 195.

1ᵉʳ état. Moins travaillé ; avant les contre-tailles sur le menton du jeune homme et avant le nom du maître.

* 2ᵉ. Également avant le nom, mais avec les contre-tailles sur le menton du jeune homme.

3ᵉ. Celui décrit.

46. *Le gros Chat*. On le voit accroupi, tourné vers la droite ; un rat est derrière lui ; sur une pierre, à gauche : *Corn. Visscher fecit.*; dans la marge du bas : *C. Visscher Excudit.* (W. 152.)

Haut., 135 millim.; larg., 183.

1ᵉʳ état Avant *C. Visscher fecit.*

2ᵉ. Avec cette inscription.

* 3ᵉ. C'est celui décrit; on lit *C. Visscher Excudit.*

Le dessin original se trouvait dans la collection de Vos Jbz. Il était à la pierre noire et à la plume de roseau, signé : *C. Visscher Aᵒ.* 1657.

47. *Le petit Chat sur une serviette.* Sa tête est tournée vers la gauche. Sans nom de maître. (W. 153.)

Haut., 94 millim.; larg., 120.

* Pièce très rare, on n'en connaît que quelques exemplaires.

Revil, 1,200 francs ; Verstolk, 330 francs.

48. *Funérailles d'un roi.* Des hommes sortant d'une grande porte soutiennent le cercueil sur leurs épaules, le cortège se dirige vers la droite. Sans nom de maître. Sur l'épreuve qui est au musée d'Amsterdam on lit, écrit à la plume : *C. de Visscher fec.* (W. app., 12.)

Haut., 98 millim.; larg., 120.

1ᵉʳ état. Avant le nom du maître.

2ᵉ. Celui décrit.

49. *Les trois Chiens.* L'un est placé en travers de l'estampe, la tête tournée à droite ; derrière lui sont les deux autres, l'un regardant à droite, l'autre à gauche. Sans nom de peintre ni de graveur. (W. app., 16.)

Haut., 136 millim.; larg., 86.

La seule épreuve connue faisait partie de la collection Verstolk ; elle est aujourd'hui au British Museum.

50. *Tableau de la Bourse d'Amsterdam*. Dans le haut, Mercure tient un caducée de la main gauche et une bourse de l'autre; sur les côtés, des parchemins et des livres; dans le fond, une divinité fluviale. Sur la tablette une inscription hollandaise en 46 lignes : *A en de* BEURS-BUERS KNECHT. Sans nom de peintre ni de graveur. (W. app., 13.)

Haut., 358 millim.; larg., 213.

La seule épreuve connue était dans la collection Verstolk.

QUATRIÈME CLASSE

SUJETS D'APRÈS DES MAÎTRES ITALIENS

51. *Buste de femme, d'après Parmesan*. Elle a la tête un peu inclinée vers la droite; sa main droite est sur sa poitrine. Le tableau original qui faisait partie du cabinet Reynst est aujourd'hui dans la galerie du palais d'Hampton-Court. (W. 136.)

Haut., 365 millim.; larg., 258.

* 1er état. Avant toutes lettres.
2e. Décrit par R. Weigel, on lit : *Guarrin del Sento*.
3e. Dans le coin du bas, à gauche, on lit : *Corn. Visscher sculp.*
4e. Dans le coin, à droite, se trouve : *G. Valk ex.*
Wussin donne à cette pièce le nom d'*Artémise*.

52. *L'Antiquaire, d'après Corrège*. Il est assis devant une table sur laquelle sont des objets d'art et des médailles; il tient une statuette; autour de lui, des bustes et des statues. Le tableau qui faisait partie du cabinet Reynst est aujourd'hui dans la galerie du palais d'Hampton-Court. (W. 36.)

Haut., 306 millim.; larg., 380.

* 1er état. Avant toutes lettres.
2e. On lit, à gauche, dans la marge : *Antonio Corregio pinxit;* au milieu : *Corn. Visscher fecit*, et à droite : *Bloteling excud.*
3e. L'inscription est effacée.
C'est à tort que ce tableau a été donné à Corrège ; il est signé: *Laurentius Lottus* 1527. Le nom du personnage représenté est *Andrea di Odone*. Le tableau ayant été nettoyé, on a pu lire le nom du peintre.

CINQUIÈME CLASSE

SUJETS D'APRÈS DES PEINTRES HOLLANDAIS ET FLAMANDS

I. *D'après Berghem.*

53-56. *Suite de quatre paysages en largeur, avec figures et animaux*, numérotée de 1 à 4.

Haut., 189 millim.; larg., 274 à 276.

53. *Paysan monté sur un âne.* A gauche, est une fontaine près de laquelle sont deux femmes : l'une avec un panier, l'autre appuyée sur la margelle; au fond, est l'homme monté sur l'âne; il est vu de dos portant un long bâton; sur la fontaine, immédiatement au-dessous d'un buste : *Berghem delin.*, plus bas : 1655 et *C. de Visscher f.* (W. 174.)

1er état. Les noms des artistes sont légèrement tracés à l'eau-forte; avant que les jambes de devant de l'âne, sur la droite, aient été indiquées; avant le numéro et l'adresse.

2e. Les noms des artistes sont au burin. Les jambes de devant de l'âne sont tracées. On lit le numéro 1 ; au milieu de la marge : *Clemendt de Ionghe excudit t'Amstēr inde Calverstraat.*

3e. L'adresse de Clemendt de Ionghe est effacée, on lit à la place : *Ex formis Nicolai de Visscher.* Dans cet état, l'estampe est grossièrement retouchée d'un bout à l'autre.

4e. Il porte l'adresse de *P. Schenck Junior Exc.*

54. *Pâtre appuyé sur une vache.* Il parle à une paysanne allaitant un enfant qui est à la gauche. Dans l'estampe, en bas, à gauche : *C. Berghem delin.;* et au-dessous : *C. de Visscher f.* (W. 175.)

1er état. Avant les noms des artistes et les numéros.

2e. Avec les noms des artistes; le numéro 2 est dans la marge, à droite.

3e. Lourdement retouché dans toutes ses parties et dur d'aspect.

55. *Une Femme et des animaux passant à gué une rivière.* A droite, un paysan fait boire son cheval. Dans l'estampe, sur le ciel, à gauche : *C. Berghem delin.*, et au-dessous : *C. de Visscher f.* (W. 176.)

1er état. Avant les noms des artistes et le numéro.

2e. C'est celui décrit plus haut; le numéro 3 est dans la marge.

3e. Retouché grossièrement dans toutes ses parties et dur d'aspect.

56. *Le vieux Pâtre.* Il est assis à la gauche d'une campagne où sont treize animaux; sur le ciel, au haut de la droite : *C. Berghem Delin.;* au dessous : *C. de Visscher f.* (W. 177.)

1er état. Avant le nom des artistes et le numéro.

2e. Avec les noms des artistes et le numéro 4.

3e. L'estampe est grossièrement retouchée dans outes ses parties et dure d'effet.

57-60. *Suite de quatre estampes en hauteur,* numérotée de 1 à 4.

Haut., 261 millim. à 266 ; larg., 205 à 207.

57. *Berger en gilet de peau de mouton.* Il est vu de dos, passant une rivière à gué, se dirigeant vers le fond ; à droite, près de lui, une vache et une chèvre ; à gauche, une femme vue de face et un chien sortant de l'eau. Au haut du ciel, à droite : *C. Berghem Delineavit C. Visscher f.* (W. 178.)

1er état. Il n'y a que les contours. Smith, qui le mentionne, ne l'a pas vu, mais le cite d'après l'autorité d'un catalogue imprimé en 1767, à Amsterdam, qui indique ce premier état comme faisant partie de la collection du baron van Leyden, heer (seigneur) van Vlaardingen. Note de M. le docteur Sträter.

* 2e. Terminé ; mais les noms des artistes sont gravés à l'eau-forte ; il n'y a pas encore de numéro. Collection de Vos et Verstolk.

3e. Les noms des artistes sont au burin. Dans la marge du bas, on lit : *Clemendt de Ionghe excudit tAmsterdam inde Calverstraat,* enfin l'estampe porte le numéro I.

4e. L'adresse de *Clemendt de Ionghe* est remplacée par *Nicolaus Visscher excudit.*

5e. On a ajouté l'adresse suivante : *P. Schenck Junior Exc.,* et à droite le numéro 54.

6e. L'adresse ci-dessus est effacée.

58. *Femme montée sur un âne et Paysan à pied.* Elle se dirige vers le fond, vue par le dos, prête à passer à gué un ruisseau qui est au second plan ; à droite, devant elle, une vache derrière un chien ; du même côté, au delà du ruisseau, une vache et deux moutons sur un monticule ; à gauche, à côté de la femme, un paysan à pied, portant un bâton ; dans le fond, une vaste campagne. Sur le ciel, à gauche : *Berghm delinea,* au dessous : *C. Visscher f.* (W. 179.)

* 1er état. Les noms des artistes gravés à l'eau-forte sont à peine lisibles ; le nom du peintre est écrit : *Berghm;* avant le numéro. Collection de Vos et Verstolk.

2e. Les noms des artistes sont au burin ; le nom du peintre est corrigé et l'estampe porte le numéro II ; Wussin dit 2.

59. *Paysanne un panier sur la tête.* Elle est, vers la gauche, près d'une femme qui, à droite, est occupée à traire une vache ; sur le

devant, à gauche, une chèvre broute de grandes herbes ; dans le fond,
un homme vu de dos et une vaste campagne. Sur le ciel, à gauche ;
C. Berghem Delinea ; au-dessous : *C. Visscher f.* (W. 180.)

* 1ᵉʳ état. Les noms des artistes sont légèrement tracés à l'eau-forte ; avant le numéro. Collection de Vos et Verstolk.

2ᵉ. Les noms sont gravés au burin ; le mot *Delinea* est écrit *Delinia ;* on voit le
numéro III ; Wussin dit 3.

60. *Paysan près d'une femme assise sur un âne.* Elle est à droite,
allaitant un enfant ; un chien se dresse derrière l'animal ; à gauche, sur
le premier plan, un cheval et un bœuf couchés ; dans le fond, un cheval debout pisse ; près de lui, un berger fait marcher un troupeau de
moutons. Sur le ciel, à droite : *C. Berghem Delinea,* au-dessous : *C.
Visscher f.* (W. 181.)

Haut., 268 millim.; larg., 214.

* 1ᵉʳ état. Les noms sont légèrement tracés à l'eau-forte ; avant le numéro. Collection de Vos et Verstolk.

2ᵉ. Avec les noms au burin et le numéro IV ; Wussin dit 4.

61. *Les Moutons.* Un bœuf, dans le milieu, a la tête tournée vers la
droite ; cinq moutons sont à gauche près d'une vache. On voit, dans le
fond, une femme montée sur un âne et suivie par un chien. Sans nom
de peintre ni de graveur ; dans la marge, à droite, le numéro 2. (W.,
non catal.)

Haut., 235 millim.; larg., 310.

62. *Femme tenant une quenouille.* A droite, on voit une rivière et
une arche d'un pont en ruine, avec une tour à son extrémité. Dans le
milieu, une femme, vue de dos, tient une quenouille de la main droite
et file de la gauche ; un homme est assis à ses pieds, les jambes nues,
la main gauche posée sur sa jambe droite, et portant un petit bonnet
sur la tête ; derrière eux est une vache, la tête tournée vers la droite ;
au fond, des montagnes et les ruines d'un château. Dans la marge, à
droite, le numéro 3 ; sans nom de peintre ni de graveur. (W., non catal.)

Haut., 296 millim.; larg., 388.

1ᵉʳ état. Celui décrit.

2ᵉ. La planche est diminuée ; on ne voit plus aucune partie du pont, mais la tour
reste, ainsi que les figures.

63. *Homme buvant de l'eau.* Un chemin s'étend à travers l'estampe
et se prolonge vers le fond, à droite ; un homme, vu par derrière, monté

sur un âne, fait marcher devant lui trois bœufs, son chien est à gauche ;
sur le devant, à gauche, un homme, vu par derrière, boit ; près de lui
une femme, montée sur un âne, appuie son menton sur sa main
gauche. Le fond est composé de grands rochers, allant de la gauche au
milieu jusqu'au haut de l'estampe. Sans nom de peintre ni de graveur ;
dans la marge, à droite, le numéro 3. C'est le pendant du numéro précédent. (W. 185.)

Haut., 280 millim.; larg., 388.

* 1er état. Avant le numéro 3. Collections de Vos et Verstolk.

2e. Avec le numéro 3.

3e. La planche est diminuée ; il reste seulement le groupe à gauche, les chèvres
et une partie de l'un des bœufs à droite ; au haut du ciel, à droite, la lettre *C*.

II. *D'après Brouwer.*

64. *Intérieur de cabaret.* Sur le devant un jeune homme, tourné un
peu à gauche, assis sur un tonneau, joue du violon ; dans le fond,
quatre figures près d'une cheminée. Dans l'estampe : *A. Brouwer
pinxit., Corn. Visscher fecit aqua forti.* Dans la marge, en bas :
Trahit sua quemque voluptas. (W. 158.)

Haut., 250 millim.; larg., 190.

* 1er état. Avant l'inscription dans la marge. Collection Verstolk.

Verstolk, 105 francs.

2e. L'inscription est faite à la pointe.

3e. L'inscription est au burin.

4e. On lit dans la marge, à droite : *Clemendt de Jonghe excudit.*

5e. Entièrement retouché, d'un effet noir et désagréable. L'adresse de *Clemendt
de Jonghe* est effacée ; des ombres noires ont été ajoutées sur le devant, à droite, ainsi
que des tailles perpendiculaires à la cheminée et sur les bonnets de deux hommes assis auprès ; le dos de la vieille femme est beaucoup plus travaillé. On voit distinctement les dents de l'homme qui joue du violon.

6e. Dans le bas, à gauche, on lit : *J. Covens et C. Mortier Excudit.*

65. *Six Paysans fumant et buvant.* On voit, à droite, un homme
assis, tenant sa pipe de la main gauche et de l'autre un pot ; à gauche,
un homme prend du tabac dans un papier ; derrière lui, on aperçoit la
tête d'un homme assoupi, appuyée sur l'épaule de l'autre homme qui
est au milieu du fond et lance une bouffée de tabac ; au milieu, dans le
fond, un homme boit ; à droite, on voit la tête d'un homme qui dort.
Sans nom de peintre ni de graveur. (W. 157.)

Haut., 167 millim.; larg., 208.

66. *Chirurgien pensant le pied d'un homme.* Celui-ci est assis, à droite ; le chirurgien est à genoux, à gauche ; dans le milieu, une femme à une table ; dans une seconde pièce, à gauche, un garçon prépare des drogues. Dans l'estampe, à gauche : *Brouwer pinxit.*, et vers la droite : *Corn. Visscher fecit.* Dans la marge, à gauche : *Vre, seca, purga, cura Chirurge! dolori*, et à droite : *Sentiat, id patiens, est medicina dolor.*, après le dernier mot : *Solide.* (W. 168.)

Haut., 360 millim.; larg., 270.

1er état. Avant les contre-tailles sur la porte ; non terminé ; mais cependant avec *Corn. Visscher fecit*. Avant le nom du peintre au-dessous du pied droit du chirurgien, et avant l'inscription dans la marge du bas.

* 2e. Avant le nom du peintre, avant l'inscription dans la marge du bas, mais avec les contre-tailles sur la porte. Terminé. Collections Verstolk et Van den Zande.

* 3e. Toujours avant l'inscription dans la marge du bas, mais avec *Brouwer pinxit* au-dessous du pied droit du chirurgien. Collection de Grave.

4e. Celui décrit, mais avant l'adresse de *Clemendt de Ionghe*.

5e. Dans le milieu du bas : *Clemendt de Ionghe Excudit.*

6e. Cette adresse est effacée et remplacée par *J. Covens et C. Mortier excudit.*

III. *D'après Pierre de Laer.*

67-69. *Suite de trois estampes d'après les tableaux du cabinet Reynst.*

67. *Attaque d'un convoi.* A gauche, on voit un chariot couvert d'une longue toile, traîné par deux chevaux, tournés vers la droite ; du côté opposé, dans le fond, une grande partie de l'estampe est occupée par une montagne couverte de grands arbres ; à droite, on aperçoit un autre chariot. Sans nom de peintre ni de graveur. (W. 169.)

Haut., 360 millim.; larg., 480.

1er état. C'est celui décrit.

2e. R. Weigel mentionne un état où on lit dans le bas : *P. de Laer pinxit Romæ.*

3e. Dans la marge, à gauche : *P. de Laer pinxit ;* au milieu : *C. Visscher fecit ;* à droite : *G. Valk Excudit.*

4e. L'adresse de *Valk* est effacée.

68. *La Bataille à coups de pistolet.* On voit l'intérieur d'une caverne ; à droite, est un carrosse attelé de quatre chevaux et attaqué par des brigands ; dans le fond, du même côté, on aperçoit l'entrée d'une grotte ; au milieu, un homme tient un cheval ; à gauche, trois

cavaliers se battent à coups de pistolets. Sans nom de peintre ni de graveur. (W. 170.)

Haut., 308 millim.; larg., 382.

1er état. C'est celui décrit.

2e. R. Weigel cite un état avec *P. de Laer Pinxit Romæ.*

3e. Dans la marge, à gauche : *P. de Laer Pinxit* ; au milieu : *C. Visscher fecit*, et à droite : *G. Valk Excudit.*

4e. L'adresse de *Valk* est effacée.

69. *Le Four.* Sur le devant, à droite, se trouve un groupe de dix bohémiens, assis ou couchés à terre, à l'exception de l'un d'eux qui est assis sur une espèce de baquet retourné ; près du four, un homme attise le feu ; sur le four, on voit une quantité de personnes ; à gauche, deux buffles ; plus loin, une rivière, une barque et un pont. Sans nom de peintre ni de graveur. (W. 171.)

Haut., 309 millim.; larg, 390.

1er état. C'est celui décrit.

2e. R. Weigel mentionne un état où les mots : *P. de Laer Pinxit*, sont suivis de *Romæ.*

3e. Dans la marge, à gauche : *P. de Laer Pinxit* ; au milieu : *C. Visscher*, et à droite : *G. Valk Excudit.*

4e. L'adresse de *Valk* est effacée.

70. *Homme sur le bord d'une rivière.* Au milieu, une femme est assise, les pieds dans l'eau, montrant quelque chose à un homme ; sur la droite, deux bœufs sont dans l'eau ; un chien est occupé à boire. Dans la marge, à gauche : *P. van Laer pinxit;* au milieu : *Corn. Visscher fecit aqua forti*, et à droite : *Edewaert de Booys excud.* (W. 184.)

Haut., 320 millim.; larg., 430.

1er état. Avant toutes lettres.

* 2e. Avec les noms du peintre et du graveur, mais avant *Edewaert de Booys excud.*

3e. Celui décrit.

71. *Le Chasseur à cheval tenant un chien en laisse.* Il est à droite ; sur le devant ; à gauche, sont deux chiens le nez vers la terre ; au milieu, on voit un arbre mort dont les branches touchent le haut de l'estampe. On lit, à gauche, dans la marge : *P. Van Laer pinx*, dans le milieu : *Corn. Vischer fecit aqua forti*, et à droite :

Edewaert de Booys excud. C'est le pendant du morceau précédent
(W. 173.)

Haut., 320 millim.; larg., 430.

1ᵉʳ état. Avant toutes lettres.

2ᵉ. C'est celui décrit.

3ᵒ. L'adresse de *de Booys* est effacée ; à sa place on lit : *E. Cóoper ex.*

4ᵉ. Après les noms de *Visscher and Cooper,* on lit : *E Col'ectione Thomæ Walker
Londini.* Wussin, après *Walker,* ajoute : *Arm.*

5ᵒ. L'adresse de *Cooper* est effacée, on lit : *Printed and sold by Tho: Glass next
the Exchange Stairs in Cornhill London.*

Ces deux pièces paraissent avoir fait partie de la suite des deux Berghem catalo-
gués sous les numéros 62 et 63.

72. *Le Matin* ou *les Bergers et leur troupeau.* Ceux-ci sont à
gauche, près d'un arbre au pied duquel est un chien ; le troupeau est
dans le milieu et à droite ; dans la marge, à gauche : *P. D. Laer pinx.,*
et au milieu : *Corn. Visscher fecit.* (W. 165.)

Haut., 360 millim.; larg., 290.

* 1ᵉʳ état. Avant les noms. Collection Verstolk.

Verstolk, 99 francs.

* 2ᵉ. Celui décrit. Collection Verstolk.

Verstolk, 23 francs.

73. *Scène de nuit* ou *les Voleurs au clair de lune.* A gauche, le feu
est à la ferme ; un voleur, du même côté, emmène une femme qui se
lamente ; un autre voleur tire un cheval auquel un autre est attaché ;
le mari est étendu mort. Dans la marge, à gauche : *P. D. Laer pinx.,*
et au milieu : *Corn. Visscher fecit.* C'est le pendant du morceau
précédent. (W. 164.)

Haut., 350 millim ; larg., 285.

* 1ᵉʳ état. Avant les noms des artistes. Collection Verstolk.

Verstolk, 90 francs ; Van den Zande, 110 francs.

* 2ᵉ. Celui décrit.

Verstolk, 20 francs.

74. *Les Mendiants.* Quatre sont vers la gauche ; au milieu, deux
autres jouent aux cartes ; au coin du haut, à gauche, dans l'estampe :
P. di Laer Pinxit Rome ; à droite, dans la marge, le numéro 4. Sans
nom de graveur. (W. 172.)

Haut., 282 millim.; larg., 380.

1ᵉʳ état. Avant le numéro 4.

* 2ᵉ. Celui décrit. Collection Verstolk.

75. *Les Porcs.* Au milieu, on en voit un tourné vers la gauche ; du même côté, deux chèvres ; à droite, sont deux autres porcs. Sans nom de peintre ni graveur. (W. 183.)

Haut., 241 millim.; larg., 311.

76. *Trois Chevaux dans une écurie.* On en voit un, à gauche, attaché par une corde à un râtelier ; derrière celui-ci, un cheval pisse ; à droite, un troisième est sellé par un domestique. Sans nom de peintre ni de graveur. (W. 167.)

Haut., 295 millim.; larg., 389.

1er état. Celui décrit.

2°. Dans le haut, au-dessus du râtelier : *P. di Laer pinxit. Rome.*

3°. Dans la marge : *t'Amsterdam, gedruckt by Frederic de Widt, voor aan inde Calverstraat by der Dam, Inde witte Pas-Caart.*

4°. A droite, en bas : *P. Schenk Exc.*

5°. La précédente inscription est complètement effacée.

77. *Maréchal ferrant un cheval.* A gauche, on voit la forge ; le maréchal va frapper sur le fer ; à droite, un seigneur à cheval et un enfant après lequel un chien aboie. Au coin du haut, à gauche : *P. D. Laer P. Romœ.* (W. 166.)

Haut., 198 millim.; larg., 275.

* 1er état. Celui décrit ; avant le numéro 4. Collections de Grave et Verstolk de Soelen.

2°. Le numéro 4 est au bas de la droite.

78. *L'Homme et la Femme assis à terre.* Celui-ci a le bras passé autour de la taille de la femme ; il est assis à droite, tourné vers la gauche ; à droite, un chien dort sur la terre. Dans l'estampe, au haut de la droite : *P. D. Laer p. Romœ.* (W. app., 15.)

Haut., 210 millim.; larg., 155.

IV. *D'après Adrien Van Ostade.*

79. *Intérieur de Tabagie.* Des hommes, des femmes et des enfants sont réunis près d'une cheminée ; au milieu, un homme vu de dos, montrant son visage de profil, et tenant sa pipe de la main droite ; à gauche, est assise une vieille femme, vue de profil, regardant à droite et tenant un miroir dans la main droite ; près d'elle, à sa gauche, un jeune garçon est debout. Morceau connu sous le nom de *les Patineurs.*

Dans la marge, à gauche : *Cornelius de Visscher Sculpsit.;* au milieu : *Adr. Van Ostade Pinxit.*, et à droite : *Nicolaus Visscher Excudit.* (W. 163.)

Haut., 426 millim.; larg., 288.

1er état. Décrit par Smith. Avant toutes lettres, avant que les ombres aient été renforcées, avant les contre-tailles à la cheminée. Cette épreuve, que l'on peut regarder comme unique, après avoir fait partie de la collection Stewart, était entrée dans celle de Verstolk, à la vente duquel elle a été achetée par le British Museum.

Verstolk, 390 fr. 50 c.

* 2e. Complètement terminé, mais avant toutes lettres. Collections Scitivaux et Debois.

Debois, 100 francs; Verstolk, 178 fr. 50 c.

3e. C'est celui décrit.

4e. On lit l'adresse de *Clément de Jonghe.*

Plus tard, Basan en a fait faire un tirage.

Le tableau original se trouve dans la galerie Six, à Amsterdam. Note de M. le docteur Sträter.

80. *Les Musiciens ambulants.* Ils sont sous une arcade ; au milieu, un jeune garçon joue du violon ; près de lui, à gauche, un vieux joue de la vielle ; dans le fond, à droite, une chaumière entourée d'arbres. Composition de six figures. Dans la marge, à droite : *A. V. Ostade pinxit.*, et au-dessus : *C. Visscher fecit aqua forti.* (W. 161.)

Haut., 353 millim.; larg., 320.

1er état. Avant toutes lettres. British Museum, collection Albertine.

* 2e. Celui décrit. Collections Claussin, Revil, Simon et Debois.

Debois, 553 francs.

3e. On lit l'adresse de *Clément de Jonghe.*

4e. Cette adresse est effacée, on voit des tailles perpendiculaires sur le bonnet du petit garçon, à gauche.

Plus tard, Basan a fait faire un tirage de cette planche.

81. *Les Buveurs.* Dans une tabagie, deux hommes et une femme boivent ensemble ; l'un des hommes assis, vu de dos, tient une cruche de la main droite ; la femme élève son verre, l'autre paysan est debout. Dans l'estampe, près de la marge, à gauche, en quatre lignes : *A. V. Ostade pinxit.*, *Corn. Visscher fecit.* Dans la marge, au milieu : VIVITUR PARVO BENE.; et de chaque côté, quatre lignes : *Men Seyt... en toeback.;* au milieu : *Clemendt de Ionghe excudit.* (W. 156.)

Haut., 230 millim.; larg., 204.

1er état. C'est celui décrit.

2e. Sous l'adresse mentionnée, on a ajouté : *P. Schenck junior excudit*, et le numéro 43.

82. *Les Mangeurs de poissons*. Dans une tabagie sont un homme et une femme ; celle-ci est assise à gauche. Dans la marge, à droite : *A. V. Ostade pinxit excud. C. Visscher fecit aqua forti*. (W. 155)

Haut., 251 millim.; larg., 219.

1er état. Avant toutes lettres. Signalé par M. le docteur Sträter.

2°. Avant les mots *pinxit excud*.

3e. C'est celui décrit.

4e. Le mot *et* est intercalé entre *pinxit* et *excud*.

5e. Au coin de la gauche : *Clemendt de Jonghe Excudit*.

6e. L'adresse précédente est effacée et remplacée par *Nicolaus Visscher Excudit*.

7e. L'adresse de *Valk* a succédé à celle de *Visscher*.

8°. Toutes les lettres sont effacées, mais alors le tirage est moderne et les épreuves sont très mauvaises.

83. *Allégorie sur les sept Provinces-Unies*, ou bien, *les Armées de Hollande*. A droite, est Mars, et à gauche, Minerve. On voit les médaillons des quatre princes de Nassau-Orange. Sur un cartouche : CEDANT ARMA TOGÆ. Au bas, à droite, tracé à l'eau-forte : *A. V. Veen inv. Corn. Viss. fecit.* (W. 141.)

Haut., 192 millim.; larg., 151.

La seule épreuve connue a été décrite dans un catalogue de M. Rudolph Weigel ; elle appartient à un amateur. Cette pièce se trouve en tête du livre : HISTORIE OF VERHAEL *van* SAKEN *van Staet en Oorlogh*, etc., par *L. van Aitzemer* (Wussin : AITZEMA), à la Haye, 1657, in-4°. Une seconde épreuve se trouve au Cabinet des estampes de Paris.

VI. *Portraits.*

84. *Cornelis de Visscher*. Il est à mi-corps, tourné vers la droite, portant sur la tête un chapeau de forme élevée. Dans la marge : *Corn. Vischer fecit An* 1649. (W. 55.)

Haut., 133 millim.; larg., 90.

1er état. On voit une petite gravure dans la main gauche du personnage qui est placée sur la poitrine ; avant des travaux sur le col qui tombe sur les épaules.

* 2°. La petite gravure est supprimée ; il y a des travaux de plus sur le col.
Debois, 30 francs.

85. *Autre portrait de Corn. de Visscher*. Il est tourné vers la droite,

la bouche ouverte comme s'il souriait. Au milieu de la marge : *C. Visscher fecit A°*. 1651. (W. 56.)

Haut., 144 millim., larg., 93.

86. *Alexandre VII*. Il est dans un ovale, portant un camail de pourpre, un peu tourné vers la gauche et regardant presque de face; dans le haut, à gauche, un ange lui apporte la tiare. Autour de l'ovale de la bordure, on lit : ALEXANDER VII PONT. OPT. MAX, et dans le haut : JUSTICIA ET VERITATE. Dans le bas, les armes du pape et huit vers latins sur deux colonnes. Au milieu, au-dessous des vers : *Corn. Visscher delin. sculp. et excud.* (W. 2.)

Haut., 310 millim.; larg., 235.

* 1er état. Avant le petit bouquet d'arbres sur le mur, à deux centimètres au-dessus de l'épaule droite du personnage ; avant beaucoup de travaux : notamment avant des contre-tailles perpendiculaires sur le front, avec l'espace blanc au-dessous de la narine, et encore avant des contre-tailles sur le vêtement au-dessous du col. Cet état est peut-être antérieur à celui que Smith indique comme unique et qui est au British Museum. Filigrane : aigle impériale.

* 2e. On voit le petit bouquet d'arbres sur le mur; les muscles de la face du personnage sont fortement marqués, mais avec une petite place blanche contre la narine.

* 3e. Avec beaucoup de changements sur le visage ; le petit espace blanc près du nez est couvert de traits légers, mais avant l'adresse de *Clemendt de Jonghe*. On trouve des épreuves de cet état et du précédent avec une planche ajoutée contenant une dédicace latine en quatre lignes par J. de la Torre.

Verstolk, 126 francs.

Il existe au British Museum une épreuve qui contient une dédicace en trois lignes au moyen d'une planche rapportée. Au-dessus : *Petrus Nieukerkius Amstelodami.*

4e. *Excud* est effacé; on lit à la suite du nom de Visscher : *Clemendt de Jonghe excudit.*

Wussin mentionne sous son numéro 2 un autre portrait du pape Alexandre VII, en ovale, portant les mêmes inscriptions; sans nom d'auteur, mais avec cette adresse : *Allardt Excudit.*

Haut., 441 millim.; larg., 345.

Cette planche est en contre-partie de la précédente, et beaucoup plus grande, comme on le voit par la mesure ci-dessus.

87. *John Boelensz*. Il est vu à mi-corps, regardant à gauche, la main droite sur sa poitrine; on voit à gauche un petit crucifix. Autour de l'ovale : R. P. JOANNES BOELENSZ ORD : MINOR : . . . Au-dessous de l'ovale, dans un écu se trouve une croix avec deux bras et des mains : l'une tient un crucifix et l'autre un livre. Au bas de l'estampe est une

inscription hollandaise en six lignes sur deux colonnes ; dans le milieu :
Iacob Iansen Straetman excud. (W. 5.)

Haut., 290 millim.; larg., 193.

1er état. Avant toutes lettres.

2e. C'est celui décrit.

3e. L'adresse de *Straetman* est effacée, mais il en reste des traces; au bas, à gauche : *C. de Visscher fecit,* et à droite : *F. de Wit excudit.*

88. *Henderuckus du Booys.* Il est nu-tête, un peu tourné vers la gauche et regardant de face ; un manteau est sur ses épaules ; dans le bas : HENDERVÇKVS DV BOOYS ; à gauche : *Ant. van Dyck pinxit,* et au-dessous : *Corn. Vischer sculp.;* à droite : *Edewaert du Booys excudit.* (W. 7.)

Haut., 211 millim.; larg., 185.

1er état. Avant la lettre.

2e. Avec la lettre, mais avant le nom de *Visscher* et l'adresse de *de Booys.*

3e. Avec le nom du graveur, mais avant l'adresse.

4e. L'adresse de *de Booys* est légèrement gravée à l'eau-forte.

5e. L'adresse de *de Booys* est au burin.

6e. On lit à droite : *E. Cooper excu lit*; et au milieu du bas : *E. Collectione Nobilissimi Joannis Domini Somers.* (Voyez, œuvre de Van Dyck, t. Ier, p. 268).

89. *Gellius de Bouma.* Ce ministre de l'évangile à Zutphen est représenté assis, vu jusqu'aux genoux, et dirigé à droite; près de lui, à gauche, sur une table, un livre ouvert, et sur un papier : *C. de Visscher ad viuum deli. et sculp.* Dans la marge, sur une ligne : GELLIVS DE BOVMA . . . . Au-dessous, quatre lignes de vers latins et quatre en hollandais. Sous les vers, à droite : *J : Visscherus.* (W. 8.)

Haut., 349 millim.; larg., 284.

* 1er état. Avant la totalité de l'écriture sur les feuilles du livre, épreuve dite aussi *au livre blanc.* Collection Revil.

Revil, 329 francs; Debois, 525 francs; Verstolk, 378 francs; Van den Zande, 355 francs ; Simon, 620 francs.

2e. Il y a de l'écriture sur le troisième feuillet du livre.

Van den Zande, 75 francs.

3e. On voit l'année 1656 dans le milieu du bas.

4e. Cette date est effacée, mais avant l'adresse dont nous allons parler.

5e. Au milieu du bas : *T'ot Amsterdam by Iohannes Covens en Cornelis Mortier.*

6e. Cette adresse est effacée.

90. *J. W. de Brederode.* Il est à mi-corps, dans un ovale, tourné vers la gauche. On lit dans la bordure : ANTES MEVRTO QUE MVDADO.;

dans la marge, une inscription en cinq lignes. Au-dessous, à droite : *Cum. Privil.* Sans nom de peintre ni de graveur, mais ce portrait est évidemment d'après Honthorst. (W. 9.)

Haut., 410 millim.; larg. 288.

91. *D. R. Camphuysen.* — *Cromwell.* — *D. R. Camphuysen.* Il est dans un ovale entouré de palmes, il porte un manteau sur les épaules et tient une plume dans la main droite ; il écrit sur un papier ces mots : *Mortuus vivo.* On lit dans le bas, au milieu : D. R. CAMPHVYSEN, et au-dessous, six lignes en hollandais. Au fond, dans l'estampe, à gauche : *C. Casteleÿn Inv.*, et à droite. *C. Vischer Sculp.* (W. 11.)

Haut., 245 millim.; larg., 195.

Du portrait de Camphuysen, deux états :

1ᵉʳ état. Avec la tête d'un ange ailé, entre l'enfant qui est à droite de la Charité et celui qui joue de la flûte ; les mots *Mortuus vivo* sont légèrement tracés à l'eauforte.

2ᵉ¹. La tête de l'ange est effacée ; les nuages couvrent cette place ; les mots *Mortuus vivo* sont au burin.

Du portrait de Cromwell, trois états :

3ᵉ. Le portrait de Camphuysen est enlevé et remplacé par celui de Cromwell ; il tient dans la main droite un bâton de commandement ; une couronne, un sceptre et une hache sont sur l'ovale au-dessus de sa tête. Autour de cet ovale : OLIVIER CROMWELL LUYTENANT GENERAEL. . . . . . Autour sont des figures allégoriques ; dans le bas, une inscription de sept lignes en hollandais. On n'y voit plus les noms de *C. Castelleyn* et de *C. Vischer.*

Il existe dans la bibliothèque Bodléienne, à Oxford, un premier état avant l'adresse de *Clemendt de Jonghe*, où les ornements qui sont à droite et à gauche ne sont que légèrement indiqués. Peut-être unique.

*4ᵉ. Aussi avant l'adresse de *Clemendt de Jonghe*, mais les ornements sont terminés à droite et à gauche seulement ; avant que la tablette du bas soit terminée. Extrêmement rare. Collection Drugulin.

5ᵉ. Avec l'adresse de *Clemendt de Jonghe.*

92. *Charles V.* Il est vu de trois quarts, un chapeau sur la tête, tourné à droite, portant l'ordre de la Toison d'or. Au bas de l'estampe, à droite : *I. C. Visscher excudebat*, les trois premières lettres sont entrelacées. Dans la marge : CAROLUS V. D. G. ROMAN. IMP. SEMPER AUG. sur une seule ligne ; en dessous, une inscription en hollandais. (W. app., 6.)

Haut., 326 millim.; larg., 244.

93. *Lieven Coppenol.* Il est vu de trois quarts, assis de face, le corps tourné vers la droite ; il tient une plume élevée dans la main droite.

Dans la marge, en une seule ligne : *Op de Print vanden Onweder-gaelicken Schrijver Lieven Van Coppenol.;* au-dessous, est une inscription de six lignes en hollandais, sur deux colonnes ; à gauche, en quatre lignes : *C. de Visscher ad vivum delineavit Tribus diebus ante mortē ultimam manum imposuit. A°.* 1658. (W. 13.)

Haut., 260 millim.; larg., 222.

* 1ᵉʳ état. Avant toutes lettres, avant que le pli de la manche droite de la robe du personnage ait été ébarbé, en telle sorte que le pli forme une ligne toute droite, et avant que le bord de cette manche au-dessus des boutons soit ombré dans le milieu. Collection Verstolk.

Verstolk, 176 fr. 50 c.; Debois, 150 francs.

M. Fransen nous a déclaré posséder une épreuve où le rebord du parement de la manche de l'habit n'a pas de tailles diagonales recourbées, allant de droite à gauche ; il est tout à fait blanc. Les endroits éclairés des plis de la manche sont à différents endroits sans travaux.

* 2°. Également avant toutes lettres, mais le pli de la manche est ébarbé; la ligne de ce pli est interrompue dans le milieu; un autre pli recommence vers la droite ; le bord de cette manche, près des boutons, est entièrement ombré de traits légers. Collection du prince Tuffiakin. Filigrane : armes d'Amsterdam.

Van den Zande, 39 francs.

3°. C'est celui décrit. L'inscription semble indiquer que C. Visscher est mort en 1658.

4°. L'année 1658 est effacée. Chez M. Fransen, le quatrième état est imprimé sur une feuille très large, in-folio. De chaque côté du portrait il y a des vers hollandais en typographie. Une deuxième feuille de vers, destinée à être collée au-dessous de la première, porte l'adresse : *t'Amsterdam. Ter Druckerye van Thomas Fonteyn. Voor Borrit Jansz Smit. Boeckverkooper op't Water in de Roo-wagen,* 1661.

Cromwell, voir *Camphuysen,* n° 91.

94. *Jan Janszoon de Dood.* Il est vu à mi-corps, de profil, tourné vers la droite, portant un chapeau de forme élevée qui couvre son oreille droite. Sans nom de peintre ni de graveur, et sans inscription dans la marge. (W. 15.)

Haut., 180 millim.; larg., 130.

Cette pièce est rare ; elle passe pour être gravée d'après Metzu.

95. *Gassendi.* Il est à mi-corps dans une bordure octogone, portant l'habit ecclésiastique et tourné vers la gauche. A droite, dans la bordure : *C. Visser Sculp.,* dans le bas, huit lignes en latin. Ce portrait est placé en tête de l'*Institutio Astronomica.* (W. 19.)

Haut., 155 millim.; larg., 140.

96. *Constantin Huygens.* A mi-corps, de profil, tourné vers la droite, il porte une médaille suspendue par un ruban à son cou. Dans le haut : CONSTANTER, dans le bas au milieu : CIƆ IƆ C LVII. A gauche : *Christianus C. F. Hugenius delineavit*, et à droite : *C. de Visscher Sculpsit.* Ce portrait est placé en tête de l'ouvrage intitulé : *Koren-bloemen by C. Huygens, Amsterdam*, 1658 [1]. (W. 21.)

Haut, sur l'ovale, 177 millim.; larg., 138 ; haut. de la planche, 190 millim.; larg., 158.

1er état. Avant toutes lettres ; la médaille sur la poitrine du personnage est blanche.

* 2e. Egalement avant toutes lettres ; la médaille est ombrée. Collections de Graaf et du marquis de Brême. Filigrane : papier à la folie.

3e. C'est celui décrit.

97. *Pierre Isbrandi.* Il est représenté à mi-corps, de face, un peu tourné à droite ; il tient un livre de la main gauche et son pouce est entre les feuillets. Autour de l'ovale, cette inscription : R^{do}. ADMODVM DÑS AC MAGISTER PETRVS ISBRANDI UYT-GEESTANVS. . . Dans la marge, six lignes en hollandais ; au milieu : *Cornelius Visscher fecit,* et à droite : *N. S.* (W. 23.)

Haut., 245 millim.; larg., 210.

1er état. Avant la bordure, les vers au-dessous et le nom de *Visscher.*

2e. Avant le bouclier et l'inscription, et avant le nom de *Visscher.*

3e. Comme dans le précédent, mais avec le nom du graveur.

4°. C'est celui décrit, mais sans la devise.

5e. On lit dans le petit bouclier la devise suivante : *Dient god in blydscap.*

6e. Les lettres *N. S.* sont effacées, on lit à la place : *satis si bene ;* et au-dessous : *R. I.*

7e. L'inscription en six lignes est enlevée et remplacée par une autre en douze lignes sur deux colonnes.

98. *Pierre Isbrandi.* Il est tourné à gauche. Ce morceau paraît une copie du précédent ; il est plus petit. Dans le bas, la même inscription en six lignes et les lettres *N. S.* au bas de la droite, mais on n'y voit pas le nom de Visscher. (W. 24.)

Haut., 189 millim.; larg., 170.

Smith dit que Nagler mentionne deux états de cette pièce : l'un avant, l'autre avec le nom de *C. de Visscher Sculpt.* ; mais il n'a jamais vu d'épreuve avec le nom.

---

1. C'est le même personnage qui, en qualité de secrétaire du prince Frédéric-Henri, fut en relations avec Rembrandt au sujet de plusieurs tableaux que le stathouder avait achetés au peintre. Il était grand admirateur de Corneille. En tête de l'édition du *Menteur*, que les Elzevirs imprimèrent en 1645, il fit insérer deux pièces de vers, l'une en latin, l'autre en français, dont la prosodie lui était moins familière, à la louange du grand poète. Celui-ci, en 1650, lui dédia sa comédie héroïque de *Don Sanche.*

99. *Robertus Junius*. Il est représenté de trois quarts, assis à la droite et regardant de face ; sa tête est couverte d'une espèce de calotte ; il porte les moustaches et la royale ; au haut de l'estampe, à gauche : ORA ET LABORA ; au-dessous de cette inscription : *Corn. Visscher delineavit et sculptor, A° 1654.* Au bas : ROBERTUS IUNIUS. ROTEROD. . . . Cette inscription est en deux lignes. Au-dessous, quatre vers latins et quatre vers hollandais, enfin une dédicace. (W. 25.)

Haut., 292 millim.; larg., 235.

1er état. Avant toutes lettres, avant que le derrière de la chaise ait été fait ; avant le nom de Visscher.

Verstolk, 325 fr. 50 c.

2e. Encore avant la lettre, on ne voit pas le derrière de la chaise, mais on lit : *Cornelius Visscher Delineavit et sculptor*, mais sans l'année.

3e. Dans le même état, à l'exception de la chaise qui est terminée.

Verstolk, 241 fr. 50 c.

4e. Avec la lettre, mais avant l'année 1654. La dédicace comprend le nom de *Cock*, ses prénoms et ses qualités.

5e. Franciscus Benningius Cock est nommé en premier, tandis que c'était, dans le quatrième état, D. Nicolaus Tulpius qui occupait cette place ; il est ici au troisième rang, mais on lit encore : AMSTELODAMO.

6e. L'année 1654 est ajoutée après le nom de *Visscher*, mais la dédicace s'arrête à D. Alberto Patri, tout ce qui concerne Cock a été enlevé ; AMSTELODAMO a été changé en AMSTELODAMI ; il n'y a pas encore l'adresse de Goos.

7e. On lit : *P. Goos excudit.*

8e. L'adresse de Goos est effacée ; à sa place, on lit : *I. Robijn excudit.*

Il existe une copie du portrait de ce ministre hollandais. L'inscription est dans la langue des Pays-Bas. Après ORA ET LABORA, on lit : *Corn. Visscher delineavit, Hend. Rakotzi sculp.*

Haut., 306 millim.; larg., 218.

M. Piot, dans son catalogue de Visscher, cite :

Robert Junius. Reproduction du portrait précédent, gravé dans le même sens, mais plus petit. L'épreuve était sans aucune lettre, ni dans le champ de l'estampe, ni dans la marge.

Haut., 263 millim.; larg., 215.

M. Piot ajoute : « Il ne nous semble pas de Corn. Visscher, bien qu'il soit exécuté vigoureusement dans le sens de l'artiste. Il faut se garder de le confondre avec l'original. »

100. *Robertus Junius*. Il est à mi-corps dans un ovale, légèrement tourné à gauche ; il regarde presque de face, sa tête est couverte d'une espèce de calotte, il porte les moustaches et la royale. Dans le haut, on lit : ORA ET LABORA ; autour de l'ovale : ROBERTUS IUNIUS, ...

oud 48. Au-dessous de l'ovale; à gauche : *Palmidas pinxit,* et à droite : *C. Visscher sculp.,* 1654. Dans la marge, à gauche, quatre distiques latins ; à droite, huit lignes en hollandais, et au-dessous une dédicace. (W. 26.)

Haut., 252 millim.; larg., 210.

* 1ᵉʳ état. Avant l'adresse de Goos. Collections de Fries et Verstolk. Filigrane : une folie.

* 2ᵉ. Au bas, à gauche : P. *Goos excudit* ; les deux premières lettres sont superposées. Même filigrane.

3ᵉ. L'adresse de P. Goos est effacée ; on lit à la place : *H. Focken Excudit.*

101. *Engellie Pieters Kort-leve.* Elle est à mi-corps dans un ovale, tournée à gauche, coiffée d'un béguin, ayant au cou une large fraise, et regardant presque de face. Dans la marge, en deux lignes : ENGELTIE PIETERS KORT-LEVE. Sans nom de peintre ni de graveur. (W. 29.)

Haut., 187 millim.; larg., 151.

102. *M. S. Van Kranenburg.* C'est le pendant du numéro précédent. Le personnage est vu de trois quarts, à mi-corps, tourné à droite, dans un ovale. Dans la marge, en deux lignes : MEESTER MICHIEL SPARENBEECK VAN KRANENBVRGH.; au bas, à droite : *CF. Visscher fesit.* Les deux lettres *CF.* superposées sur le *V* et formant monogramme. (W. 44.)

Haut , 188 millim.; larg., 154.

Les numéros 101 et 102 sont, dit Bartsch, gravés à l'eau-forte et retouchés au burin.

103. *Jean Merius.* Il est vu de trois quarts, tourné à droite, devant un crucifix qui est devant lui posé sur une table. On voit un écusson accroché à un pilier, vers le haut de la gauche, et au-dessus, sur une banderole : AMICVS FIDELIS PROTECTIO FORTIS. Dans la marge, sur une seule ligne : R. D. Mʳ. JOANNES MERIUS, PASTOR. . . . Au-dessus, à gauche, six lignes en latin, et à droite, six lignes en hollandais; au milieu : *Corn. Visscher Delineavit et sculpsit.* (W. 33.)

Haut., 400 millim.; larg., 300.

1ᵉʳ état. Avant toutes lettres. Musée d'Amsterdam.

2ᵉ. C'est celui décrit. Le dessin original était dans la collection Muilman.

104. *Adrian Motmans.* Il est dans un ovale, à mi-corps, tourné vers la gauche; il porte le costume ecclésiastique. Autour de l'ovale : R P. F. ADRIANVS MOTMANS, *Ord.* F. F. MINORVM. . . . Dans la marge,

huit lignes en hollandais sur deux colonnes. Au milieu, au-dessous de celles-ci : *Corn. Visscher fecit*, et à droite : JUSTE. (W. 35.)

Haut., 202 millim.; larg., 178.

105. *Jean Maurice, comte de Nassau.* Il est dans une bordure ovale, à mi-corps, couvert de son armure sur laquelle passe une écharpe. Autour de l'ovale : QVA PATET ORBIS.; dans le bas, une inscription latine en quatre lignes, et à droite : *Cum Previlegio.* Sans nom de peintre ni de graveur. (W. 22.)

Haut., 360 millim.; larg., 295.

1ᵉʳ état. Avant les lignes marginales; l'inscription est en trois lignes seulement; à droite, on lit : *Cum Privil.*

2ᵉ. C'est celui décrit, et des petites lignes marginales ont été ajoutées au bas de l'estampe.

106. *Guillaume, comte de Nassau.* Il est à mi-corps, dans un ovale, couvert de son armure sur laquelle passe une écharpe; il regarde vers la gauche. Dans la marge : WILHELMVS A NASSAV. . . Dans tout le bas, à droite : *Hugo Allard excudit.* Sans nom de peintre ni de graveur. (W. app., 10.)

Haut., 434 millim.; larg., 324.

107. *Henriette de Nassau.* Elle est dans un ovale, regardant à gauche, la tête inclinée vers l'épaule droite; elle porte une longue chevelure. Dans le bas : HENRIETTE A NASSOV. . . . . Au milieu : *Ger. van Hondt-horst Pinxit*, mais sans nom de graveur. C'est le pendant du numéro 109 et la contre-partie du numéro 137. (W. app., 5.)

Haut., 326 millim.; larg., 255.

108. *Guillaume Iᵉʳ, prince d'Orange.* Il est à mi-corps, dans un ovale, regardant légèrement vers la droite; il est couvert de son armure et porte une grande collerette. Autour de l'ovale : SÆVIS TRANQUILLUS IN UNDIS.; dans la marge, une inscription en cinq lignes. (W. app., 9.)

Haut., 376 millim.; larg., 290.

109. *Amélie, princesse d'Orange.* Elle est de face, dans un ovale, inclinée vers la gauche, ses cheveux sont tressés avec des perles. Dans la marge, en deux lignes : AMELIA DE SOLMS. . . . Au-dessous : *Ger. van Hondt-horst Pinxit.* En contre-partie du numéro 135. (W. app., 1.)

Haut., 326 millim.; larg., 255.

110. *François-Guillaume,* évêque d'Osnabruck. Il est à mi-corps, dans un ovale, tourné vers la gauche ; sa tête est couverte ; il porte les moustaches et la barbe ; une croix est sur sa poitrine. Autour de l'ovale : R^MUS. ILL^MUS. D. D. FRANCISCVS GVILHELMVS D. G . . . Dans la marge, six lignes en latin ; au-dessous : *Bernh. Rottendorff, D.* Sans nom d'auteurs. (W. 50.)

Haut., 178 millim.; larg., 126.

1er état. La figure est très claire, et la barbe n'est ombrée que de simples tailles perpendiculaires.

2e. Retravaillé ; la barbe est ombrée par de fortes contre-tailles.

111. *Jean de Paep.* Il est à mi-corps, vers la gauche, étendant la main droite vers le fond, à droite, où est la Bourse d'Amsterdam. Au milieu du bas, un cartouche avec inscription en neuf lignes et un médaillon représentant deux guerriers. Dans le haut, à gauche, les armes de la ville d'Amsterdam. Sans nom de peintre ni de graveur. (W. 37.)

Haut.; 280 millim.; larg., 198.

1er état. Avant toute inscription.

2e. Avec une inscription hollandaise en neuf lignes.

112. *Jean de Paep.* Il est en buste, le corps un peu tourné vers la droite, et regardant à gauche. A droite, dans l'estampe, au-dessus de l'épaule gauche du personnage : *C. Visscher fe.* Dans la marge, six lignes en hollandais. L'estampe est un peu cintrée du haut. (W. 38.)

Haut., 154 millim.; larg., 142.

* 1er état. Avant toutes lettres. Collections Edme Durand, Debois, Van den Zande.

Debois, 181 francs ; Verstolk, 86 francs ; Van den Zande, 190 francs ; Simon, 190 francs.

2e. Egalement avant la lettre, mais avec le nom de Visscher. On connaît des épreuves où, à l'aide d'une planche rapportée, on a tracé une inscription hollandaise en quatre lignes : *Vive E. E. — ten dienst.*

3e. C'est celui décrit. On voit une inscription en cinq lignes : AEN ALLE . . . . . . *St Jans straet* ; mais avant l'adresse qui suit. M. Piot dit : *Visscher f.;* Smith : *fe.;* Wussin : *fl.*

4e. Avec l'adresse de *N. Visscher.*

5e. Cette adresse est effacée.

113. *Adrian Pauw.* Il est à mi-corps, nu-tête, placé vers la droite, portant une robe de fourrure ; il a des moustaches et une barbe carrée ; sur sa poitrine, on voit une médaille suspendue à une chaîne. A gauche, des armoiries, et au-dessous : ÆTATIS LXVI ANNO MDCLII. Dans la

marge, une longue inscription en neuf lignes : *Hadrianus Pauw*, . . .
Extraordinarius.; au-dessous, à gauche : *Ger. van Honthorst pinxit ;*
et à droite : *Directione P. Soulmanni Corn. Vischer Æri Incidit
Cum Priuil.;* au milieu : PIETATE PATIENTIA ET PACE. (W. 39.)

Haut., 356 millim.; larg., 250.

1er état. Avant la lettre.

2e. Avec la lettre ; la devise de Pauw se trouve en haut de la planche.

3e. La devise est en bas.

114. *Philippe Rovenius.* Il est assis à gauche, dirigé à droite, vu
jusqu'aux genoux, de face avec des moustaches et une petite barbe ; il
porte le costume d'évêque; il a le bras droit appuyé sur son siège et
tient un rouleau de papier. Dans la marge, en une seule ligne : ILLVS-
TRISSIMVS AC REVERENDISSIMUS DOMINUS, D. PHILIPPUS ROVENIUS, . . .
Au-dessous, douze lignes en latin sur trois colonnes de quatre lignes
chacune; au coin à droite : PIE. (W. 41.)

Haut., 403 millim.; larg., 325.

1er état. C'est celui décrit.

2e. Au milieu, dans le bas : *Corn. de Visscher fecit.*

115. *Guillaume de Ryck.* Il est assis à gauche, regardant de face ;
il porte des moustaches et une grande barbe carrée: sa tête est couverte d'une calotte; sa main gauche est posée sur sa poitrine; au haut,
à gauche, des armoiries ; à droite, des livres ; sur la muraille, au-
dessous des armoiries, en deux lignes : ÆT 46 A° 1655. Dans la marge :
DEN WEL EERVAREN GVILLIAM DE RYCK, OOGE MEESTER TOT AMSTERDAM.;
au-dessous, douze lignes en hollandais sur deux colonnes, de six
lignes chacune; au milieu : *Corn : Visscher delinia : et sculp.* (W. 40.)

Haut., 316 millim.; larg., 271.

1er état. Au Cabinet des estampes de Paris : avant toutes lettres, avant des contre-
tailles sur les rayons à la droite du haut, dont le coin est blanc. Au bas de l'épaule
droite du personnage, contre le dossier du fauteuil, le vêtement n'a pas encore été
élargi sur une épaisseur de 5 millimètres,on voit encore la barre du fauteuil ; les bords
du vêtement de dessous sont presque blancs. Peut-être unique.

* 2e. Avec tous les travaux additionnels que nous venons de détailler, mais encore
avant toutes lettres. Collections Scitivaux et Debois.

Debois, 1,020 francs ; Verstolk, 577 fr. 50 c.

3e. Avec la lettre et la date de la naissance; l'oreille droite est vue tout entière ;
le haut en est fortement ombré.

Verstolk, 126 francs.

4e. Le haut de l'oreille est éclairci ; quatre cheveux le couvrent dans le milieu, en
s'inclinant vers la gauche.

. . 5⁰. Les douze lignes sur deux colonnes sont effacées; à la place, on lit en grosses lettres : *Den wijdt beroemde. . . .*; et à droite : *Corn : de Visscher delinia : et sculp.*

6⁰. La bouche est à demi ouverte; les deux lèvres sont distinctement marquées; sur l'oreille, on voit quelques petites parties qui ne sont ombrées que d'une taille; les travaux faits sur la jointure des doigts sont adoucis; le visage est altéré; la collerette est élargie.

116. *Pierre Scriverius.* Il est représenté à mi-corps, dans une bordure carrée ornée d'oves, tourné à gauche et regardant de face, la tête couverte d'un grand chapeau; il porte des moustaches et une barbe pointue; il est vêtu d'une robe fourrée; sa main gauche est appuyée sur un livre et ses doigts sont passés dans les feuillets. Au-dessous du livre : LEGENDO ET SCRIBENDO.; plus bas : PETRVS SCRIVERIVS, HARLE-MENSIS., et vingt et une lignes latines en trois colonnes, contenant sept lignes chacune; au-dessous : HVGO GROTIVS.; à gauche : *Corn. Vischer sculpsit P. Soutmanno Dirigente,;* et à droite : *P. Soutman pingebat, et excudebat Harlemi* 1649. *Cum Priuilegio.;* au milieu du haut, dans la bordure : ÆTATIS SVÆ LXXIIII. (W. 42.)

Haut.,395 millim.; larg., 282.

1ᵉʳ état. Avant le nom de Visscher. Une épreuve se trouvait dans la collection Marshall. Vendue 265 francs.

* 2⁰. Avec le mot *hac* pour *hæc* au commencement de l'avant-dernier vers.

Van den Zande, 40 francs.

3⁰. On lit *hæc*, mais avant l'éraillure que l'on remarque dans l'état suivant.

4⁰. Avec une éraillure, sur la moustache et sur la barbe, provenant de la retouche de la planche.

117. *Héléna Léonora de Sieveri.* Tournée vers la droite, coiffée en cheveux, elle porte une collerette brodée et tient sa main gauche avec sa main droite. Dans la marge : HELENA LEONORA DE SIEVERI; à gauche : *Ant van Dyck pinxcit Corn Vischer sculp.;* à droite : *E. Cooper excudit;* dans le milieu du bas : *E Collectione. . . .* (W. 43.)

Haut., 211 millim.; larg., 185.

1ᵉʳ état. Avant toutes lettres.

2ᵃ. Avec la lettre, mais avant le nom de *Visscher* et avant l'adresse.

3⁰. Avant l'adresse en bas, à droite.

4⁰. Avec cette adresse : *Eduwaert du Booys excudit.* Ces mots sont légèrement tracés à l'eau-forte.

5⁰. Cette adresse est gravée au burin.

6⁰. C'est celui décrit. L'adresse de *E. Cooper* a remplacé la précédente. . (Voir œuvre de Van Dyck, nᵒ 172.)

118. *Louise, comtesse de Solms.* Elle est à mi-corps, tournée à droite dans un ovale, portant une perle sur le front. Autour de l'ovale : PIETE EST MON DIADEME ; dans la marge, une dédicace latine en quatre lignes, se terminant par : *Petrus Soutman,* A°. CIƆ IƆ CXLVII. Dans le bas, à droite : *Cum privil.* Sans nom de peintre ni de graveur, mais indubitablement d'après *Honthorst.* (W. 10.)

Haut., 409 millim.; larg., 297.

1ᵉʳ état. Le dernier mot dans l'ovale est écrit : DIADEMO.

2ᵉ. Également avec DIADEMO, mais les fautes *Coelo* et *Exprssam* corrigées en _Cœlo et *Expressam.*

3ᵉ. Le mot DIADEMO corrigé en DIADEME. C'est l'état décrit.

Anneken Jacobs van Thetenbul. Voir n° 196.

119. *Jacobus Ver Moelen.* Il est à mi-corps, de face, légèrement tourné à droite ; il est nu-tête et porte des moustaches, mais pas de barbe. Dans la marge : IACOBVS VER MOELEN. Sans nom de peintre ni de graveur. (W. app., 7.)

Haut., 133 millim.; larg., 109.

120. *Vondel.* Il est assis, tourné vers la gauche, la tête presque de face, couverte d'une calotte ; il porte les moustaches et la royale, et tient un papier à la main ; un grand chapeau est sur son genou droit ; à gauche, une bibliothèque, et sur les livres du haut, un enfant couché et un faune debout qui joue de la flûte ; sur un papier, au-dessous des livres : *C. de Visscher ad viuum deli. et sculp.* (W. 46.)

Haut., 230 millim.; larg., 210.

* 1ᵉʳ état. C'est celui décrit, avant toutes lettres. Collections Scitivaux et Debois.

* 2ᵉ. Le faune n'existe plus, il a été remplacé par une figure de la Religion ; l'enfant qui est à côté n'a pas de main ; sur la carte pendue à gauche où, dans l'état précédent, on ne voyait que quelques lignes, on aperçoit, à gauche, une ville, et à droite, quelques nuages. Dans le milieu de la petite boîte, à gauche, contre les livres du bas, il y a un mascaron légèrement tracé ; sur le papier que tient le personnage et qui était blanc dans l'état précédent, on lit : *Justus ex fide vivit,* en caractères très légers ; le manteau est moins travaillé que dans l'état suivant ; sans aucune lettre dans la marge du bas.

Van den Zande, 110 francs.

3ᵉ. Le mascaron sur la boîte est fortement tracé.

4ᵉ. Toujours avant la lettre dans le bas ; l'inscription sur le papier que tient Vondel est restée très légère, mais il y a des travaux additionnels sur le manteau.

5ᵉ. On lit dans le bas quatre vers latins : *Quod tuba Virgilii.... arte prior;* et au-dessous, à droite : PRUDENTER ; sur le papier que tient le personnage : HOR. BEABIT DIVITE

LINGUA.; mais le nom de Visscher n'est pas encore à la droite du bas ; l'enfant a une main avec laquelle il tient une flûte ; derrière la figure de la Religion, on voit, accroché contre la muraille, un tableau d'Énée sauvant son père.

6ᵉ. Dans le bas de la marge, à droite, on lit : *C. de Visscher ad vivum Deli. et sculp.*; le nom de Visscher est effacé sur le papier au-dessous des livres, on voit à la place une tête de faune de profil ; l'âge du personnage et la date ne sont pas encore sur la boîte.

7ᵉ. Les inscriptions sont complètes ; sur la boîte, on lit : 1657 ÆT. 70, mais avant l'adresse.

8ᵉ. Au bas, à gauche : *Iustus Danckers Excud.*

9ᵉ. L'adresse de *P. Schenck Inu.* est ajoutée à la précédente ; elle porte la date de 1728.

10°. Les adresses sont effacées.

121. Vondel. Il est dans un ovale à mi-corps, penché vers la droite ; au haut, à gauche : *Ætat;* et à droite : LXXXIV ; sur un piédestal, au-dessous, quatre lignes en hollandais ; sans nom de peintre ni de graveur. (W. app., 8.)

Haut., 180 millim., larg., 131.

1ᵉʳ état. Avant toutes lettres.

2ᵉ. C'est celui décrit. M. Piot dit : ÆTATE ; Smith : *Ætat;* Wussin : *Œtat.*

122. Cornelius Vosbergius. Il est à mi-corps, tourné vers la gauche et regardant légèrement vers la droite ; il est nu-tête, portant les moustaches et la royale, mais sans barbe ; à gauche, sur le piédestal d'une colonne : *C. Visscher Delinea. et sculp.* Dans l'estampe, sur une colonne à la hauteur de la tête : ÆTA. 35. Dans la marge, en une seule ligne : R. D. M. CORNELIVS VOSBERGIVS PASTOR...; à gauche, au-dessous, six vers latins ; et à droite, une inscription hollandaise en six lignes ; au milieu : P. B. M. D. (W. 47.)

Haut., 318 millim.; larg., 221.

123. D. P. de Vries. Il est à mi-corps, tourné vers la gauche, et regardant de face ; de la main droite élevée, il tient un bâton, dont on ne voit qu'une petite partie, et posé sur le côté gauche. Dans un large cartouche qui occupe tout le bas de l'estampe, une inscription hollandaise en huit lignes. Dans le bas du cartouche, à gauche : *Corn. Visscher delineavit et sculp.*; et à droite : *A° 1653*; autour de l'ovale : DAVID PIETERZ, DE VRIES, ARTELLERY — MEESTER VAN DE STATEN VAN WEST. . . . (W. 48.)

Haut., 200 millim.; larg., 146.

1er état. Avant la couronne de laurier sur la tête du personnage. Musée d'Amsterdam.

2e. Avec la couronne.

Ce portrait est placé en tête de la relation de ses voyages, dans les nouveaux Pays-Bas, *Kort historiael, etc.,* 1653.

124. *Joannes Wachtelaer.* Il est de trois quarts, presque de face, assis à droite, mais dirigeant ses regards vers la gauche; il a des moustaches et une petite barbe; sa main gauche est sur l'appui de son siège, et de la main droite, il tient un livre dans lequel il a l'index; au haut, à gauche, un écusson; dans le bas, du côté droit, on voit une table où sont un livre ouvert et un papier sur lequel est écrit : *Gratia et Vigiliâ.* Dans la marge, sur une seule ligne : ADMODUM REVERENDUS ET AMPLISSIMUS DOMINUS, D. JOANNES WACHTELAER, . . . Au-dessous, huit vers latins sur deux colonnes; au milieu : *Corn. de Visscher sculpsit,* et vers la droite : PIE. (W. 49.)

Haut., 402 millim.; larg., 309.

1er état. Avant toutes lettres et avant les oiseaux dans l'écusson.
2e. Également avant toutes lettres, mais on voit les oiseaux.
3e. C'est celui décrit.

125. *Jacob Westerbaen.* Il est à mi-corps, son visage est de trois quarts, tourné à droite; il a une longue chevelure, des moustaches et une petite barbe. Dans la marge, en deux lignes : *Jacob Westerbaen. . . .;* au milieu : *Corn : de Visscher sculp.* (W. 51.)

Haut., 101 millim.; larg., 83.

* 1er état. Avant toutes lettres. Collection d'Affry.
2e. Avec la lettre, mais avant le nom de Visscher.
3e. C'est celui décrit.
4°. Retravaillé par une main étrangère ; on le trouve, en cet état, dans le livre intitulé : *Gedichten van J. Westerbaen : s' Gravenhage* 1657.
5*. Avec l'adresse de *Coehoorn.*

126. *Andreas Deonyszoon Winius.* Il est assis, à droite, tourné vers la gauche, nu-tête, vu de trois quarts, portant une longue chevelure, des moustaches et une longue barbe; à deux colonnes, à gauche, sont suspendues des armures ; sur la base de l'une d'elles, on lit : *Corn. Visscher Delinea : et Sculp.,* et sur la barrique qui est derrière le personnage : le chiffre 1000, suivi de quelques caractères. Au-dessus de

cette barrique, des armes à feu ; il y a de l'écriture sur le papier que Winius tient à la main. Pièce connue sous le nom de l'*Homme aux pistolets*. (W. 53.)

Haut., 311 millim.; larg., 251.

*1er état. Avant l'écriture sur le papier que tient le personnage, et avant le chiffre 1000 sur la barrique qui est derrière lui ; on a ajouté à notre épreuve l'inscription, sur une planche séparée, des noms et qualités du personnage. Collections Van Leyden, Van Puten, Denon, Scitivaux et Debois. Le même état est au Cabinet des estampes. de Paris et au British Museum.

Debois, 1,660 francs; Verstolk, 630 francs.

2e. Le nombre *A°* 2500, qui n'était pas encore inscrit sur le tonneau, à gauche, y a été inséré.

3e. L'espace vide carré, au-dessus du côté gauche du piédestal, a disparu. L'écriture est tracée en mots que l'on croit russes sur le papier que tient le personnage. Sur l'objet en métal placé sur le tonneau, on lit : 1650 *D*. Le tonneau, à droite, porte au milieu le nombre 1000. *D*. entre les deux cercles du milieu. On lit : *Corn. Visscher Delinea : et Sculp*. La lettre *D* n'est pas absolument exacte.

Verstolk, 346 fr. 50 c.; Debois, 620 francs; Arosarena, 610 francs.

127. *Guillaume Van den Zande*. Il est dans un ovale, à mi-corps, les regards tournés vers la droite, portant l'habit ecclésiastique; ses cheveux tombent sur ses épaules. Autour de l'ovale : R^DVS ADMODVM DNVS GVLIELMVS VANDEN ZANDE. . . . Au-dessous de l'ovale, à gauche : *P. Soutman pinxit*. 1652.; et à droite : *C. Visscher sculpsit.;* plus bas, sur un cartouche, quatre lignes en hollandais. (W. 54.)

Haut., 258 millim.; larg., 183.

128. *Portrait d'un homme inconnu*. Il est à mi-corps, le visage de trois quarts, tourné vers la droite, portant des moustaches et une petite barbe pointue; sa chevelure est courte et couchée à plat sur le front. Sans nom de peintre ni de graveur, et sans inscription dans la marge du bas. (W., non catal.)

Haut., 157 millim.; larg., 121.

129. *Tête de vieille femme*. Vue de profil, tournée vers la droite, la tête penchée sur la poitrine. Dans la marge, en trois lignes : *Cornelius de Visscher ad vivum delineavit et fecit aqua forte. Nicolaus Visscher Excudit*. Ce portrait est appelé la *Mère de Visscher*. (W. 57.)

Haut., 127 millim ; larg., 188.

1er état. Avant toutes lettres.

* 2e. C'est celui décrit.

3e. L'adresse de *Nicolaus Visscher* est effacée; on lit à la place : *Joannes de Ram*
Excudit.

4e. Avec l'adresse de *Kraling* (*R. de Veigel*).

129ª. *Autre Portrait de vieille.* Elle est tournée vers la droite, coiffée d'un grand chapeau qui recouvre un bonnet; sur sa robe, un long fichu ; aussi appelée la *Mère de Visscher*, sans nom de maître. W., non catal.)

Haut., 124 millim.; larg., 128.

* Pièce rare.

130-133. Suite de quatre grands portraits numérotés, dans le haut, de 1 à 4.

On trouve en même temps un titre imprimé portant : QVATVOR PER-SONNÆ QVIBVS LEYDA DEBET. . . . . A ces portraits sont joints ceux de *Scriverius*, par Visscher; de *Goltzius*, par Suyderhoef, et de *Para-celse*, par Sompel. Covens et Mortier sont devenus propriétaires des planches des quatre portraits, mais ils n'y ont pas mis leur adresse.

Haut., 352 millim.; larg., 293.

130. *Franciscus Valdesius.* Il est de trois quarts, vêtu de noir à l'espagnol; il est nu-tête et porte des moustaches et de la barbe ; à gauche, un rideau est derrière sa tête; à droite, on voit une vue de la ville de Leyde pendant le siège. Dans la marge, sur une seule ligne : FRANCISCVS VALDESIVS, HISPANI DVX EXERCITVS.; au-dessous, au milieu, huit vers latins sur deux colonnes; à gauche, en quatre lignes : *Pictura ad vivum.* . . . Et à droite, en cinq lignes : *Corn. Vischer sculpsit Petro Soutmanno dirigente et excudente Harlemi* 1649; et plus bas : *Cum Privilegio.* (1.) (W. 45.)

1er état. Avant l'inscription dans la marge.
2e. C'est celui décrit.

131. *Magdalena Moonsia.* Vue de trois quarts, vêtue de noir, elle porte un collier de perles, une triple chaîne est sur sa poitrine; on voit, à gauche, dans le lointain, une vue de Leyde. Dans la marge, sur une seule ligne : DOMICELLA MAGDALENA MOONSIA.; au-dessous, huit vers latins sur deux colonnes; au milieu † *a* 1573. * *a* 1574. 26 *May;* et au-dessous : PETRVS SCRIVERIVS ; à gauche, en quatre lignes : *Exstat pic-*

tura. . . . A droite, en quatre lignes : *Corn. Vischer sculpsit Petro Soutmanno.* . . ., et plus bas : *Cum Privilegio.* (2.) (W. 34.)

M. Wussin décrit trois états:

1er. Le numéro II, à la marge supérieure, n'a pas de point. Dans la marge inférieure, à gauche de la première partie du poème latin, à la quatrième ligne, on lit : *Huga comitis,* changés plus tard en *Hagæ.* A droite, à côté de la première ligne du poème latin, on lit : * *a.* 1573., et au-dessous : † *a.* 1574. 26 *May.*

2e. Toujours avant le point après le numéro II. Le mot *Haga* est changé en *Hagæ;* pas d'autre changement.

3e. Après II, il y a un point ; au-dessous des vers latins, on trouve la traduction hollandaise imprimée typographiquement.

132. *Janus Dousa.* Il est de trois quarts, tourné à gauche; sa main droite s'appuie sur un bâton, et sa gauche se place sur un livre posé sur une table; sur le dos du livre, en deux lignes : DVLCES ANTE OMNIA MVSÆ. Dans le haut à gauche, on voit une vue de Leyde pendant le siège. Dans la marge, sur une seule ligne : IANVS DOVSA, NOORTWICI TOPARCHA, V. G.; au-dessous, huit vers latins sur deux colonnes et plus bas : PETRVS SCRIVERIVS; à gauche, en trois lignes : *Ex Imagine.* . . . et à droite, en cinq lignes : *Corn. Vischer sculpsit Petro Soutmanno dirigente et excudente Harlemi* 1649. *Cum Privilegio.* (3.) (W. 16.)

1er état. Avant l'inscription.

2e. C'est celui décrit, avec le numéro III dans le haut.

3e. Le numéro est effacé.

133. *Ludovicus Boisotus.* Il est de trois quarts, revêtu de son armure, nu-tête, il a des moustaches et de la barbe ; une chaîne est sur sa poitrine; dans le haut, à gauche, on voit Leyde secourue pendant l'inondation par trois vaisseaux. Dans la marge, sur une seule ligne : LVDOVICVS BOISOTVS, PRÆFECTVS MARI.; au-dessous, huit vers latins sur deux colonnes; au milieu, sur deux lignes : *a.* 1574. 3. *Octobris.*, et plus bas, dans le milieu : PETRVS SCRIVERIVS.; à droite, en quatre lignes : *Corn. Vischer sculpsit Petro Soutmanno* . . . . et dans le bas : *Cum Privilegio.* A gauche, en quatre lignes : *Pictura ad Vivum expressa extat apud Petrum Scriverium Lugduni Batavorum.* (4.) (W. 6.)

Le catalogue Verstolk annonce un premier état de ces portraits, avec la traduction en hollandais.

134-145. Suite de douze portraits de princes et princesses, alliées
à la famille de Nassau. Cette suite a un titre imprimé avec cette
inscription : FREDERICVS HENRICVS, ILLUSTRISSIMVS ORANGIÆ PRIN-
CEPS. . . .

Haut., 357 millim.; larg., 297.

Smith fait observer qu'il y a quelque difficulté en ce qui regarde le nombre des
portraits ; des auteurs en donnent quinze à cette suite et d'autres seize, mais il per-
siste à n'en compter que douze; la difficulté vient de ce que Soutman a publié aussi
une autre suite d'après *Honthorst,* avec le titre suivant : EFFIGIES VARIÆ NOBILISSIMARVM
AC REGALIUM PERSONARVM ; . . . . Dans cette série sont compris les portaits de Brédérode
(n° 90), de Jean-Maurice, comte de Nassau (n° 105), de Guillaume de Nassau (n° 106),
de Guillaume, prince d'Orange (n° 108), et de Louise, comtesse de Solms (n° 118).

134. *Fréderick-Henry, prince d'Orange.* Entièrement de face,
légèrement tourné vers la gauche; portant des moustaches, une
petite barbe et un collet de dentelles, et orné des insignes de la Jarretière; au-dessous de l'ovale, en deux lignes : FREDERICVS HENRICVS...
ARAVSIONVM. Au bas, dans le milieu : *Cum. Priuilegio, An.* 1649;
à gauche : *Ger van Hondt-horst Pinxit.*, et à droite : *Corn. Vischer
sculpsit, P. Soutman dirigente.* (1.) (W. 17.)

135. *Amélia, princesse d'Orange.* Presque entièrement de face,
regardant vers la droite; ses cheveux sont tressés avec des perles ;
une seule grosse perle est placée sur le haut de la tête ; elle porte un
collier de perles, et des boucles de cheveux tombent de chaque côté de
la tête; au-dessous de l'ovale, en deux lignes : AMALIA DE SOLMS. . . .
VXOR., plus bas, au milieu : *Cum Piuelegio, An* 1649; à gauche :
Ger. van Hondthorst Pinxit, et à droite : *Corn. Vischer sculpsit :
P. Soutman dirigente.* (2.) (W. 4.)

136. *Guillaume, prince d'Orange.* Revêtu d'une armure, avec
cheveux flottants, regardant vers la droite; il porte un collet uni avec
deux glands de soie, ainsi que les insignes de l'ordre de la Jarretière,
sur la droite, suspendus à un large ruban sur ses épaules; au-dessous
de l'ovale en deux lignes : WILHELMVS A NASSAV. . . . ARAVSIONVM. . . ;
plus bas, au milieu: *Cum. Priuilegio. An.* 1649; à gauche : *Ger. van
Hondthorst Pinxit.*, et à droite : *Corn.Vischer.Sculpsit. P. Soutman
dirigente.* (3.) (W. 52.)

137. *Henriette-Catherine de Nassau.* Elle est représentée enfant, des boucles de cheveux tombant sur chaque épaule ; ses cheveux sont retenus par des perles en une touffe derrière la tête ; au-dessous de l'ovale, en trois lignes : HENRIETTA CATHARINA. . . . FRISIÆ COMITI, etc.; plus bas, au milieu : *Cum Priuilegio An.* 1649.; à gauche : *Ger. van Hondt-horst Pinxit.*, et à droite : *Corn. Vischer Sculpsit. P. Soutman dirigente.* (4.) (W. 20.)

1er état. C'est celui décrit.

2e. Les mots *An.* 1649 *et P. Soutman dirigente* sont effacés ; on lit : *Johannis de Ram excudit.*

138. *Louise de Nassau.* Représentée en buste, tournée vers la droite, elle porte un collier de perles, un vêtement léger, clair, avec un gros diamant ainsi qu'une grosse perle sur la poitrine ; au-dessous de l'ovale, en trois lignes : LOISA A NASSAV . . . S. R. IMP.; à gauche : *Ger. van Hondt-horst Pinxit.*, et à droite : *Corn. Vischer Sculpsit. P. Soutman dirigente. Cum Priuilegio An* 1649 (5.) (W. 30.)

139. *Marie, fille de Charles Ier.* Presque entièrement de face, tournée vers la gauche ; ses cheveux tombent en boucles de chaque côté du cou ; elle porte un collier de perles avec un gros diamant dans le milieu ; au-dessous en trois lignes : MARIA CAROLI 1MI. . . . PRINCIPIS VXOR.; à gauche : *Ger. van Hondt-horst pinxit.*, et à droite : *Corn. Vischer sculpsit. P. Soutman dirigente. Cum Priuilegio, An.* 1649. (6.) (W. 31.)

140. *Albertine-Agnès de Nassau.* Elle est représentée jeune, tournée vers la droite ; ses cheveux, par derrière, sont tressés avec des perles ; ils tombent en boucles de chaque côté du cou. Elle porte un collier garni de perles, et un bijou et une perle se voient en partie sur le devant de la poitrine ; au-dessous de l'ovale, en deux lignes : ALBERTINA AGNES. . . . SECVNDO-GENITA. Dans le bas, au milieu : *Cum Priuilegio, An.* 1649; à gauche : *Ger. van Hondthorst Pinxit.*, et à droite : *Corn. Vischer Sculpsit. P. Soutman dirigente.* (7.) (W. 1.)

1er état. C'est celui décrit.

2e. *P. Soutman dirigente* est effacé; à la place, on lit : *Johannis de Ram Excudit.*

141. *Marie de Nassau.* Elle est représentée tout enfant, en

buste, tournée vers la droite, des boucles de cheveux de chaque côté de la face, un simple collier de perles et un vêtement uni collant. Au-dessous de l'ovale, en deux lignes : MARIA A NASSAV. . . . QVARTOGENITA.; plus bas, dans le milieu : *Cum Priuilegio An* 1649.; à gauche : *Ger. van Hondt-horst Pinxit.;* et à droite : *Corn. Vischer Sculpsit P. Soutman dirigente.* (8.) (W. 32.)

142. *Christine, reine de Suède.* Représentée en buste, tournée vers la gauche, ses cheveux tombant de chaque côté de son visage, presque sur le cou ; elle porte un grand collet de dentelles, un vêtement noir couvert de pierreries, un joyau avec une couronne au haut et trois grosses perles par-dessous, sur le devant de sa poitrine. Au-dessous de l'ovale, en deux lignes : CHRISTINA GVSTAVI . . . REGINA.; plus bas, au milieu : *Excudebat P. Soutman Harlemi* 1650, et à droite : *Cum Privil.* Sans nom de peintre ni de graveur. (9.) (W. 12.)

143. *Frédérick-Guillaume, marquis de Brandebourg.* Entièrement de face, légèrement incliné vers la droite, il a de longs cheveux flottants sur chaque épaule et porte une robe d'hermine, sur laquelle est placé un collet de dentelles. Au-dessous de l'ovale, en deux lignes : FREDERICVS WILHELMVS. . . . ELECTOR.; plus bas, au milieu : *Cum Priuilegio An* 1649.; à gauche : *Ger. van Hondt-horst Pinxit.,* et à droite : *Corn. Vischer Sculpsit P. Soutman dirigente.* (10.) (W. 18.)

144. *Charles-Louis, comte Palatin.* Représenté de face, incliné vers la gauche, il porte un rabat uni avec gland de soie sur le devant, une robe d'hermine; ses cheveux flottent sur chaque épaule. Au-dessous de l'ovale, en deux lignes : CAROLVS LODEVICVS, ... IMPERII ELECTOR.; plus bas, au milieu : *Cum Priuilegio An* 1650.; à gauche : *Ger. van Hondthorst Pinxit.,* et à droite : *Corn. Vischer Sculpsit P. Soutman dirigente.* (11.) (W. 28.)

145. *Charles II, roi d'Angleterre.* Il est représenté jeune, avec des cheveux noirs flottants, revêtu d'une armure avec une légère écharpe par-dessus, tourné vers la gauche; au-dessous de l'ovale, en deux lignes : CAROLVS II. . . ET HIBERNIÆ REX.; plus bas, au milieu : *Cum Priuilegio An* 1650.; à gauche : *Ger. van Hondthorst Pinxit.,* et à droite : *Corn. Vischer Sculpsit P. Soutman dirigente.* (12.) (W. 27.)

146-185. Suite de trente-huit portraits en buste des comtes de Flandre, avec un frontispice et l'addition d'une pièce finale. Cette suite a été publiée à Harlem en 1650, dans un livre intitulé : PRINCIPES HOLLANDIÆ, ZELANDIÆ ET FRISIÆ. . . . Le livre contient cent vingt-deux pages en latin, renfermant les biographies de divers comtes et comtesses ; au commencement, il y a une dédicace en deux pages, aux États de Hollande et de Westfrise, imprimées en encres rouge et noire.

Toute cette suite, haut., 405 millim.; larg., 285.

146. *Frontispice où se voient des personnages allégoriques.* Dans le fond, vers la gauche, est assis un dieu marin, tenant un trident de la main droite. On lit sur une draperie : DIVVLGABAT P. SOVTMAN. *Harlemi* 1650. *Cum Privil.* Au milieu, une femme, tenant un navire dans la main droite, est assise sur un canon, sur lequel on lit à gauche : HÆC, et à droite : LIBERTATIS ERGO. (W. 58.)

1ᵉʳ état. Avant la retouche et avec la première inscription : PRINCIPES HOLLANDIÆ, ZELANDIÆ, ET FRISIÆ *ab anno Christi* DCCCLXIII. *U. S. W.*

2ᵉ. La planche est retouchée, principalement sur les cottes d'armes et les écussons ; au lieu de six, on en compte sept ; ce dernier a été placé au-dessus de la tête de l'enfant portant une tablette. Les armes qui s'y trouvent sont celles de la ville de Rotterdam. Au lieu de la première inscription, on lit : PRINCIPES HOLLANDIÆ, ET WESTFRISIÆ... La planche appartient à l'édition destinée à Philippe IV, roi d'Espagne.

3ᵉ. Avec la lettre du deuxième état. On lit dans la marge, au milieu du bas : *Cornelis Visscher sculpsit.* C'est le frontispice du recueil de portraits parus chez Soutman : *Principes Hollandiæ.*

147. *Théodoric.* Entièrement de face, regardant légèrement en haut vers la droite, il a de longs cheveux flottants, barbe et moustaches ; un bonnet en forme de turban, avec un rang de perles dessus et des petites plumes dans le centre, couvre sa tête : ANNO CHRISTI DCCCLXIII. THEODERICVS, . . . Sur l'ornement, au-dessous de l'ovale à gauche, on lit : *Cum Previl.* Au bas, une tablette avec huit vers latins séparés par des armoiries. Tous les portraits de cette suite ont la même tablette avec armoiries au milieu et vers latins. (I.) (W. 59.)

1ᵉʳ état. On voit le fond, mais avant toutes lettres et avant le numéro.

2ᵉ. Avec la lettre, mais avant ANNO CHRISTI DCCCLXIII.; les côtés de la planche sont entièrement blancs.

3ᵉ. Complètement terminé ; avec la lettre, mais avant le nom de *Visscher.*

4°. A droite, au-dessous de l'ovale : *C. Visscher sculp.*

148. *Théodoric II*. De trois quarts, tourné vers la droite, il a une longue barbe et des moustaches ; sur sa tête, un petit bonnet avec plume tournée vers la droite ; il est revêtu d'une armure, ainsi que d'une robe brodée, relevée avec une fourrure sur ses épaules. THEODORICVS II,. . . On lit : *Cum Previl.* (II.) (W. 60.)

1ᵉʳ état. Avant le fond, le numéro et la lettre.
2ᵉ. Celui décrit.
3ᵉ. Au-dessous de l'ovale, à droite vers le milieu : *C. Visscher sculp.*

149. *Arnulphus*. Presque entièrement de face, légèrement tourné vers la gauche, il a des moustaches, mais vraisemblablement pas de barbe apparente ; il porte un casque sur la tête avec plume dans le haut, et un gorgerin autour du cou. ARNVLPHVS, THEODORICI II. FILIVS,. . . On lit : *Cum Previl.* (III.) (W. 61.)

1ᵉʳ état. Avant le fond, le numéro et la lettre.
2ᵉ. C'est celui décrit.
3ᵉ. A droite : *C. Visscher sculp.*

150. *Théodoric III*. Trois quarts de face, tourné vers la droite, il a de longs cheveux, des moustaches légères et pas de barbe. Sur la tête est un petit bonnet autour duquel un bandeau de joyaux avec une aigrette, et trois plumes dans le milieu ; il porte une armure avec une robe brodée, garnie de fourrures sur les épaules : THEODORICVS III,. . . (IV.) (W. 62.)

1ᵉʳ état. Avant le numéro et la lettre et avant le fond.
2ᵉ. C'est celui décrit.
3ᵉ. A gauche, au-dessous de l'ovale : *C. Visscher sculp.*

151. *Théodoric IV*. Presque entièrement de face, regardant vers la gauche, il porte une armure, et, sur la tête, un casque avec plumes, et une chaîne entoure son cou ; pas de moustaches, ni barbe ; ses cheveux ne se voient que d'un côté de la face. Une robe brodée couvre ses épaules : THEODORICVS IV, . . . (V.) (W. 63.)

1ᵉʳ état. Avant le fond, le numéro et la lettre.
2ᵉ. C'est celui décrit.
3ᵉ. A gauche : *Cornelis Visscher sculp.*

152. *Florentius Iᵉʳ*. Vu de profil, tourné vers la droite, il est couvert d'une armure et d'un casque avec plume tombante ; une chaîne est autour de son cou : FLORENTIVS I, . . . (VI.) (W. 64.)

1ᵉʳ état. Avant le fond, le numéro et la lettre.
2ᵉ. C'est celui décrit.
3ᵉ. A gauche :}Cornelis Visscher sculpsit.

153. *Gertrude.* Elle est vue entièrement de face, portant un vêtement de veuve, avec un capuchon tombant des deux côtés de la tête;
un léger voile est placé au-dessous; des boucles de cheveux, du bas de
ce voile, tombent sur le cou. GERTRVDIS, . . . (VII.) (W. 65.)

1ᵉʳ état. La tête et le capuchon sont complètement terminés; la poitrine et le reste
du corps ne sont qu'au trait, on ne voit pas encore le fond, mais l'estampe a le numéro
et la lettre.
2ᵉ. Le reste du personnage est terminé, mais on ne voit pas encore le fond.
3ᵉ. C'est celui décrit.
4ᵉ. A gauche : Corn̄. Visscher sculpsit.

154. *Robert.* Presque entièrement de face, regardant vers la droite,
avec de longs cheveux flottants, sans moustaches ni barbe. Sur la tête
est un petit bonnet avec plumes penchées vers la droite, ainsi qu'un
joyau placé à gauche; il porte une armure, et sur ses épaules une
robe brodée, garnie de fourrure. ROBERTVS, . . . (VIII.) (W. 66.)

1ᵉʳ état. Avant le fond, le numéro et la lettre.
2ᵉ. C'est celui décrit.
3ᵉ. A gauche : Cornelis Visscher Sculp.

155. *Godefroy.* Vu de profil, tourné vers la droite; sur sa tête, un
casque avec plume penchée vers la gauche, il porte ses moustaches,
mais pas de barbe. GOTFREDVS DVX GIBBOSVS, . . . (IX.) (W. 67.)

1ᵉʳ état. Avec le fond, mais avant la lettre et le numéro IX.
2ᵉ. Avec le numéro IX, avec la lettre, mais avant le nom du graveur. Le coin du
haut, à droite, est encore rectangulaire. Cet état se constate dans les exemplaires
dédiés à Philippe IV, roi d'Espagne.
3ᵉ. Comme dans l'état précédent, toujours avant le nom du graveur. Le coin du
haut, à droite de la planche, est coupé légèrement en biais.
Dans cet état, la planche fait partie de l'édition destinée aux États de Hollande.
4ᵉ. A gauche, dans le bas : Cornelis Visscher sculpsit.

156. *Théodoric V.* Il est représenté en jeune homme, presque entièrement de face, tourné vers la droite; il a de longs cheveux flottants,
mais pas de moustaches ni barbe; il porte sur la tête un chapeau singulier avec des bords à la Van Dyck, un jabot sous son menton et une
robe brodée. THEODERICVS V, . . . (X.) (W. 68.)

1ᵉʳ état. Le personnage porte un petit chapeau rond orné d'un joyau; avant le fond, le numéro et la lettre.

2ᵉ. C'est celui décrit. Le chapeau rond est effacé; le personnage porte une coiffure plate d'une forme singulière.

3ᵉ. A gauche : *Corn. Visscher sculp.*

157. *Florentius II.* Tout à fait de face, avec des grands yeux, des cheveux longs, avec moustaches, mais pas de barbe, regardant vers la droite, il a un bonnet ressemblant à un petit turban sur la tête, avec des rangs de perles et d'autres joyaux au-dessus, et une plume dans le milieu; il porte une riche draperie flottante, attachée sur son épaule droite par une fibule. FLORENTIVS IIᵛˢ, . . . (XI.) (W. 69.)

1ᵉʳ état. C'est celui décrit.

2ᵉ. A gauche : *Corñ. Visscher sculp.*

Smith indique un état antérieur à notre premier, mais sans dire en quoi il consiste. Vussin, qui n'a pas rencontré cet état, pense que par analogie il doit être avant le fond, avant le numéro XI, avant le nom du graveur, et présumablement avant toute lettre.

157ᵃ. *Florentius II.* C'est un second portrait, mais celui-ci est tourné à gauche. Cette pièce n'a pas de lettre ni de numéro. La seule épreuve connue est au musée d'Amsterdam. (XI ᵇⁱˢ.) (W. 69ᵃ.)

158. *Théodoric VI.* Presque entièrement de face, la tête inclinée vers la gauche; il a de longs cheveux flottants, mais ni moustaches ni barbe. Il porte un riche manteau flottant, relevé avec de l'hermine, attaché autour de son cou par un bouton; sur la tête, un bonnet avec un joyau dans le milieu, incliné en avant vers la gauche. THEODERICVS VI, . . . (XII.) (W. 70.)

1ᵉʳ état. Avant le fond, le numéro et la lettre.

2ᵉ. C'est celui décrit.

3ᵉ. A gauche : *C. Visscher Sculpsit.*

159. *Florentius III.* Entièrement de face, légèrement incliné vers la gauche, avec de longs cheveux flottants, de la barbe et de grosses moustaches, il porte un vêtement brodé, garni de fourrure, et sur la tête un bonnet ressemblant à un petit turban, orné de joyaux et de plumes. FLORENTIVS IIIᵛˢ, . . . (XIII.) (W. 71.)

1ᵉʳ état. Avant le fond, le numéro et la lettre.

2ᵉ. C'est celui décrit.

3ᵉ. A gauche : *Corn. Visscher sculp.*

160. *Théodoric VII.* Presque entièrement de face, tourné vers la droite, ayant des moustaches, mais pas de barbe, il porte une armure, avec un manteau sur ses épaules, attaché par un cordon, avec deux glands de soie; il a de longs cheveux flottants, et sur la tête une draperie qui tombe derrière lui. THEODERICVS VIIˢ, . . . (XIV.) (W. 72.)

> 1ᵉʳ état. Avant le fond, le numéro et la lettre.
> 2ᵉ. C'est celui décrit.
> 3ᵉ. A gauche : *Cornelis Visscher Sculpsit.*

161. *Ada.* Entièrement de face, tournée vers la droite, avec ses cheveux tombant en boucles de chaque côté de la face; sur la tête, un bonnet ressemblant à un turban, richement orné de perles et de plumes dans le milieu. ADA, THEODERICI VIIᴹ. . . . (XV.) (W. 73.)

> 1ᵉʳ état. Avant le fond, le numéro et la lettre.
> 2ᵉ. C'est celui décrit.
> 3ᵉ. A gauche : *Corn̄. Visscher sculpsit.*

162. *Guillaume Iᵉʳ.* Presque entièrement de face, tourné vers la droite; il porte une armure, avec une draperie flottante sur son épaule, attachée vers la gauche par un cordon avec deux glands de soie; il a de grosses moustaches et la barbe, et sur la tête un bonnet ressemblant à un turban avec des rangs de perles dessus, dont tombe une large draperie, par devant, sur son épaule droite. WILHELMVS Iᴹˢ, . . . (XVI.) (W. 74.)

> 1ᵉʳ état. Le fond est tracé légèrement, mais avant le numéro et la lettre.
> 2ᵉ. C'est celui décrit; le fond est terminé.
> 3ᵉ. A gauche : *Corn̄. Visscher sculpsit.*

163. *Florentius IV.* Vu de profil, tourné vers la gauche, il est dans une armure, coiffé d'un casque, sur lequel est placé un bonnet avec un lion assis dans le haut. Ce casque est presque entièrement fermé, de sorte qu'on voit très peu de la face au delà de l'œil et du nez. Il porte un manteau sur son épaule gauche, et, du même côté, un ceinturon auquel sont suspendues quatre clochettes rondes. FLORENTIVS IVᵀˢ, . . (XVII.) (W. 75.)

> 1ᵉʳ état. Le fond est légèrement tracé, mais avant le numéro et la lettre.
> 2ᵉ. C'est celui décrit; le fond est terminé.
> 3ᵉ. A gauche : *C. Visscher sculp.*

164. *Guillaume II.* Vu de trois quarts, tourné vers la gauche, il porte une armure, ainsi qu'un casque, au haut duquel sont placées une couronne ducale et des plumes, une fourrure sur chaque épaule, et en travers de la poitrine un double rang de chaînes. WILHEL-MVS II°°, . . . (XVIII.) (W. 76.)

1ᵉʳ état. Le fond est tracé légèrement, [mais avant la lettre et le numéro. Les armes consistent en un lion et en un aigle les ailes éployées seulement.

2ᵉ. C'est celui décrit, le fond est terminé, les armes consistent en un grand aigle les ailes éployées, occupant le centre; le lion, au trait, est au milieu d'un petit écusson.

3ᵉ. A gauche : *Corn. Visscher sculpsit.*

165. *Florentius V.* Presque entièrement de face, tourné vers la droite, avec de grosses moustaches et la barbe, revêtu d'une armure ainsi que d'un manteau fourré attaché sur ses épaules par un joyau; il porte un chapeau ressemblant à un petit turban; au-dessus, une couronne seigneuriale richement ornée de perles et autres bijoux, et quatre petites plumes dans le milieu. FLORENTIVS Vᵘˢ, . . (XIX.) (W. 77.)

1ᵉʳ état. Avec un fond légèrement tracé, mais avant le numéro et la lettre.

2ᵉ. C'est celui décrit.

3ᵉ. A gauche : *Corn̄. Visscher sculp.*

166. *Jean Iᵉʳ.* Entièrement de face, incliné vers la gauche, il a de longs cheveux flottants, mais pas de moustaches ni de barbe; autour de son cou apparaît la partie supérieure d'un vêtement à fleurs, mais le reste est caché par une draperie; il porte un petit bonnet orné d'un joyau, auquel sont attachées deux plumes sur la droite. IOHANNES PRI-MVS, . . Le texte annonce qu'il avait assassiné son père. (XX.) (W. 78.)

1ᵉʳ état. Avant le fond, le numéro et la lettre.

2ᵉ. C'est celui décrit.

3ᵉ. A gauche : *C. Visscher sculpsit.*

167. *Jean II.* Entièrement de face, avec barbe et moustaches; sur la tête, un chapeau festonné, à larges bords, et de forme basse; il porte un riche vêtement orné de fleurs avec un joyau et une rose suspendus au milieu. IOHANNI Iᴹᵒ SVCCESSIT COMES HANNONLÆ. . . . (XXI.) (W. 79.)

1ᵉʳ état. Le fond est légèrement tracé, mais avant la lettre et le numéro.

2ᵉ. C'est celui décrit.

3ᵉ. A gauche : *Corn̄. Visscher sculpsit.*

168. *Guillaume III, père de Philippe, femme d'Édouard III, roi d'Angleterre.* Presque entièrement de face, tourné vers la gauche, avec une petite barbe et de grandes moustaches, revêtu d'une armure, et, sur les épaules, d'un manteau brodé sur les bords, attaché en travers de la poitrine par un cordon duquel pendent deux glands de soie dans le milieu; il porte un chapeau orné de perles et de quatre plumes sur le devant, dont descend une draperie sur la droite: WILHELMVS III^{us}, . . . (XXII.) (W. 80.)

> 1er état. Avant le fond, le numéro et la lettre.
> 2e. C'est celui décrit.
> 3e. A gauche : *Corn. Visscher sculpsit.*

169. *Guillaume IV.* Presque entièrement de face, tourné vers la gauche, revêtu d'une armure qui couvre la partie inférieure de sa face et son menton, il n'a ni barbe ni moustaches, et porte un casque du haut duquel pendent, sur la droite, trois larges plumes. WILHELMVS IV^{us}, . . . (XXIII.) (W. 81.)

> 1er état. Avant le fond, les armes, la lettre et le numéro.
> 2e. C'est celui décrit.
> 3e. A gauche : *Cornelis Visscher sculpsit.*

170. *Marguerite.* Presque entièrement de face, tournée vers la droite; sur la tête, une couronne impériale et, au-dessous, un voile léger qui tombe de chaque côté sur les épaules; elle porte un large collier, auquel est suspendu un joyau. AVGVSTA MARGARETA, WILHELMI III^{tii} FILIA, . . . (XXIV.) (W. 82.)

> 1er état. C'est celui décrit.
> 2e. A gauche : *Cornelis Visscher sculpsit.*
> Smith indique surtout un premier état sans autre désignation. Wussin pense qu'il est avant le numéro XXIV, avant le nom du graveur, et avant toute lettre.

171. *Guillaume V.* Son corps est de profil, tourné vers la gauche; mais sa tête est de trois quarts, regardant vers le devant, par-dessus son épaule gauche; il a des moustaches, une barbe et de longs cheveux flottants, et porte un chapeau fourré, relevé sur le devant, mais tombant par derrière sur la droite ; sur le devant sont placés un joyau et quatre petites plumes. WILHELMVS V^{us}, . . . (XXV.) (W. 83.)

1er état. Avant le fond, le numéro et la lettre.

2e. C'est celui décrit.

3e. A gauche : *Cornelis Visscher sculpsit.*

172. *Albert de Bavière.* Entièrement de face, légèrement tourné vers la droite, de grosses moustaches et la barbe ; il porte un bonnet qui paraît fait avec quatre larges feuilles, dont pend de chaque côté une draperie, derrière les épaules. ALBERTVS BAVARVS. . . (XXVI.) (W. 84.)

1er état. C'est celui décrit.

2e. A gauche : *Corn̄. Visscher Sculpsit.*

Smith indique un état antérieur à notre premier, mais sans autre désignation.

Wussin pense par analogie qu'il est ayant le numéro XXVI, avant le nom du graveur et avant la lettre.

173. *Guillaume VI.* Vu de trois quarts, tourné vers la droite, revêtu d'une armure et d'un casque qui couvre les deux côtés de sa face, ainsi que son menton ; des grosses moustaches, mais seulement l'indice d'une petite barbe ; des plumes sont placées au sommet du casque, et l'on voit une portion du manteau sur son épaule droite. WILHEL-MVS VI^{tvs}, . . . (XXVII.) (W. 85.)

1er état. Avec le fond, légèrement tracé, mais avant la lettre et le numéro.

2e. C'est celui décrit.

3e. A gauche : *Corn̄. Visscher sculpsit.*

174. *Jean de Bavière.* Aux trois quarts de face, tourné vers la droite, avec de grandes moustaches et une barbe courte, de longs cheveux tombant sur son épaule gauche ; la tête couverte d'une draperie qui pend sur son épaule droite, il porte un riche vêtement avec des perles autour de son cou, auquel est suspendu un joyau. IOHANNES BAVARVS, . . . (XXVIII.) (W. 86.)

1er état. Non terminé ; le haut de la tête est la seule partie qui soit à peu près achevée. Il n'y a pas encore de coiffure ; avant le fond, le numéro et la lettre.

2e. C'est celui décrit ; entièrement terminé.

3e. A gauche : *Cornelis Visscher Sculpsit.*

175. *Jacoba.* Vue de trois quarts, tournée vers la gauche, un voile couvrant la tête, tombant sur ses épaules et un coussin (une plaque) de perles de chaque côté de son front ; elle porte un riche vêtement avec une palatine d'hermine sur les épaules, attachée par devant avec

un joyau; sur l'ornement, au-dessous de l'ovale, mais au-dessus des vers, sur la gauche : *Ian van Eyck pinx.*, et, sur la droite : *Ex Pictura apud V. C L. P. Scriverium.* IACOBA, WILHELMI VI^{TI}. FILIA, . . . (XXIX.) (W. 87.)

Smith indique un premier état sans autre désignation. Selon Wussin, cet état serait avant le fond, avant le numéro XXIX, avant la lettre et avant le nom du graveur, qui d'ailleurs manque à la planche telle qu'elle est décrite.

Cette princesse fut la célèbre Jacqueline de Hainault, dont l'histoire est bien connue.

176. *Philippe Ier, duc de Bourgogne.* Presque entièrement de face, tourné vers la droite, il n'a ni moustaches ni barbe, il porte une armure et un casque d'une forme singulière, surmonté par une couronne ducale; l'ordre de la Toison d'or est suspendu à un collier de joyaux. Sur l'ornement, au-dessous de l'ovale, mais au-dessus des vers, à gauche: *Ian van Eyck pinx.* PHILIPPVS I^{MVS} INTREPIDI... (XXX.) (W. 88.)

1er état. Avant le fond, le numéro et la lettre.
2e. C'est celui décrit.
3e. A droite : *Corñ. Visscher Sculpsit.*

177. *Charles le Téméraire, duc de Bourgogne.* Presque entièrement de face, tourné vers la gauche; des moustaches, mais pas de barbe; une armure avec un casque, au haut duquel est placée une couronne ducale; il porte sur son armure une robe qui paraît être faite de fourrure, et, par dessus, un collier de joyaux où est suspendue la Toison d'or. Sur l'ornement, et vers la gauche : *Ian van Eyck pinx.* CAROLVS I^{MVS}, . . . (XXXI.) (W. 89.)

1er état. Avant le fond, le numéro et la lettre.
2e. C'est celui décrit.
3e. A droite : *Corñ. Visscher sculp.*

178. *Marie, fille de Charles le Téméraire.* Vue de trois quarts, tournée vers la droite, un capuchon noir sur la tête, avec un léger voile au-dessous, qui tombent tous les deux sur les épaules; autour du cou, une double chaîne, à laquelle est suspendue une croix avec une grosse perle au-dessous; sur l'ornement, à gauche : *Rogier van Brugghe pinx.* MARIA CAROLI I^{MI} FILIA VNICA, . . . (XXXII.) (W. 90.)

1er état. Avant le fond, le numéro et la lettre.
2e. C'est celui décrit.
3e. A droite : *C. Visscher sculp.*

179. *Maximilien.* Vu de trois quarts, tourné vers la gauche, avec de longs cheveux, mais sans moustaches ni barbe, couvert d'une armure et, par dessus, d'un manteau brodé et enrichi de joyaux ; il porte le collier et les insignes de la Toison d'or, et, sur la tête, la couronne impériale ; sur l'ornement se lit, à gauche : *Lucas van Laÿden pinx.* MAXIMILIANVS AVSTRIACVS, . . . (XXXIII.) (W. 91.)

1er état. C'est celui décrit.
2e. A droite : *Cor͞n. Visscher sculp.*
Smith indique un premier état antérieur à celui que nous mentionnons, mais sans autre désignation. Wussin présume qu'il doit être avant le fond, avant le numéro XXXIII, avant la lettre, mais encore avant le nom du graveur.

180. *Philippe le Beau, père de Charles-Quint.* Vu de trois quarts, tourné vers la gauche ; il a de longs cheveux tombant, mais pas de barbe ni de moustaches ; revêtu d'une armure, et, par dessus, d'une robe d'hermine, il porte le collier et les insignes de la Toison d'or ; sur la tête, une couronne ducale ; sur l'ornement à gauche : *T. Mostart pinx.* PHILIPPVS II^{DVI}, HOLLANDIÆ, etc. . . (XXXIV.) (W. 92.)

1er état. C'est celui décrit.
2e. A droite : *C. Visscher sculp.*
Smith indique un premier état antérieur au nôtre, mais sans autre désignation. Wussin mentionne toujours ces particularités présumables : avant le fond, avant XXXIV, avant la lettre et avant le nom du graveur.

181. *Charles-Quint.* Vu de trois quarts, tourné vers la gauche, avec barbe et moustaches, couvert d'une armure, et, par dessus, d'une robe brodée et enrichie de joyaux, il porte le collier et les insignes de la Toison d'or ; sur sa tête est la couronne impériale, et autour du cou un petit collet renversé ; sur l'ornement, et vers la gauche : *Titianus pinx.* CAROLVS AVSTRIACVS, HISPANIAR. ETC. . . . (XXXV.) (W. 93.)

1er état. Avant le fond, le numéro et la lettre.
2e. C'est celui décrit.
3e. A droite : *C. Visscher sculp.*

181ᵃ. *Charles-Quint.* Autre portrait. Il regarde aussi à gauche ; mais il n'y a pas de fond ; la bouche est fermée, et sur la tête un bonnet couvert d'un rang de joyaux ; il est sans aucune lettre : la seule épreuve connue est au musée d'Amsterdam. (W. 93ᵃ.)

182. *Philippe II, roi d'Espagne.* Vu de trois quarts, tourné vers la droite, barbe et moustaches légères; il porte un vêtement noir brodé au collet par-devant et sur les bras, ainsi qu'un cordon autour du cou auquel sont suspendus les insignes de la Toison d'or; sur la tête, un chapeau noir avec une large plume blanche par derrière; sur l'orne-ment on lit, à la gauche : *Titianus pinx.* PHILIPPVS II"ᵉEIVS NOMINIS. . . XXXVI.) (W. 94.)

1ᵉʳ état. Avant le fond, avant le numéro XXXVI, avant la lettre et avant le nom du graveur.

2ᵉ. Avec le fond, avec le numéro précité, avec l'inscription de sept lignes qui se termine par le mot MONARCHA; mais avant le nom du graveur; les mots *Titianus pinx.* se trouvent seuls, sans le millésime 1549.

3ᵉ. A gauche, après *Titianus pinx.*, on a ajouté *A°* 1549; l'inscription de ce por-trait qui, dans l'état précédent, n'avait que sept lignes, en a huit dans celui-ci; les deux mots COMITVM VLTIMVS ayant été ajoutés. Dans le premier état, l'inscription se terminait par MONARCHA. Le nom de SCRIVERIVS a été encore introduit à droite, au-des-sous des vers.

4ᵉ. Sur les ornements de l'ovale, à droite : *C. Visscher sculpsit.*

Smith indique un état antérieur à notre premier, mais sans autre désignation. C'est le premier état que nous avons donné plus haut, d'après Wussin, qui ne l'indique que par analogie.

183. TABVLA XXXVII. *Philippe III.* Presque entièrement de face, tourné vers la gauche avec des moustaches et une petite barbe, il porte une large fraise autour du cou, ainsi qu'une armure et une robe brodée par dessus; sur sa tête une couronne ducale, et il est décoré du collier et des insignes de la Toison d'or; sur l'ornement, à gauche : *A. Moro pinx.* PHILIPPVS III"ᵉ, . . . (W. 95.)

1ᵉʳ état. C'est celui décrit.

2ᵉ. Les mots TABVLA XXXVII qui étaient au milieu du haut sont effacés; à la place, il y a des tailles.

3ᵉ. Sur les ornements, à droite, vers le milieu : *C. Visscher sculpsit.*

Smith indique un état antérieur à notre premier, mais sans autre désignation. C'est celui que Wussin par analogie croit devoir décrire ainsi : « Avant le fond, avant toute lettre, avant le nom du graveur et avant : TABVLA XXXVII, à la partie supérieure de l'ovale. »

Ce portrait fait partie de l'ouvrage, mais non de la suite PRINCIPES HOLLANDIÆ.

184. TABVLA XXXVIII. *Philippe IV.* Vu de trois quarts, tourné vers la gauche, avec moustaches et barbe et un collet raide, relevé en haut,

revêtu d'une armure par-dessus une robe richement brodée, il porte le
collier et les insignes de la Toison d'or, et, sur la tête, une couronne
ducale; sur l'ornement, dans le coin, à gauche : *P. P. Rubens pinx.*
PHILIPPVS IV^us. . . . (W. 96.)

1er état. C'est celui décrit.

2e. Les mots TABVLA XXXVIII sont effacés; à la place, il y a des tailles.

3e. A gauche, vers le milieu : *Corn. Visscher sculp.* Dans cet état, la planche est
retouchée dans toutes ses parties, principalement au visage ; les moustaches, qui dans
l'état précédent étaient fines et les pointes dirigées vers le bas, sont élargies et cour-
bées en l'air; la barbe est aussi plus ombrée et allongée, etc.; les cheveux, sur le côté
droit de la tête, qui auparavant descendaient aussi bas que le collet, sont raccourcis
au point de laisser un intervalle de plus d'un demi-pouce entre les deux ; le collet, du
même côté, est aussi diminué.

Smith indique un état antérieur à notre premier, mais sans autre désignation.
Wussin le décrit encore par analogie avant le fond, avant TABVLA XXXVIII à la partie
supérieure de l'ovale, avant la lettre et le nom des auteurs.

Il ne fait pas partie non plus de la suite PRINCIPES HOLLANDIÆ.

185. *Pièce finale des deux précédentes séries.* Sur le devant, s'étendant presque tout au travers de l'estampe, on voit un rocher sur lequel
sont inscrits quatre vers latins; au-dessous, au milieu : *P. Scriverius H.;* du centre du rocher un palmier s'élève jusqu'au haut de la
planche, où ses branches se divisent; on y voit suspendus un sabre nu
et un bouclier, avec quatre étoiles et une croix par dessus ; au haut du
ruban qui les soutient, on lit, à gauche : VICIT VIM, et à droite : VIRTVS.
Vers le haut, parmi les branches, à droite et à gauche, des enfants,
quelques-uns ailés, laissant tomber des étoiles et des croix. Au delà du
rocher, dans le bas, est une vaste prairie où paissent des animaux;
dans le lointain, la vue de Harlem, dont la cathédrale occupe presque
le milieu. (W. 97.)

1er état. C'est celui décrit.

2e. Dans la marge, à droite : *Cornelis Visscher sculpsit.*

186-195. *Les Goths et les Visigoths.* Suite de dix estampes, y compris le titre.

Ces planches représentent des figures entières, avec le portrait de
Gustave-Adolphe et de sa fille Christine. Huit de ces planches ont le
nom sur une seule ligne, les deux dernières l'ont en deux lignes; on

n'y voit pas le nom de Visscher ; la seule inscription est : *Excudebat P. Soutman Harlemi* 1650, et à droite : *Cum Privil.*, le titre et le numéro.

186. I. Il y a deux textes imprimés : l'un contenant la dédicace à la reine Christine, par M. Z. Boxhorn ; l'autre, l'explication du sujet. Ces textes sont numérotés II et III ; le portrait de Gustave-Adolphe porte le numéro IV, les numéros suivants se continuent jusqu'à XII, ils sont au milieu du bas.

I. *Titre.* On voit, à gauche, le roi Gustave couvert de son armure, tenant une lance dans la main droite, il foule aux pieds l'Envie ; à droite, Christine tenant de la main gauche une corne d'abondance, et de la droite une branche chargée de feuilles et de fruits ; au milieu, sur un rideau tenu par deux anges, on lit : PEPLVS SIVE GOTHORUM, . . . *Edente* PETRO SOVTMANNO *Pictore et Chalcographo Harlemensi*, ANNO *CIƆ IƆCL ;* à droite : *Cum Privil.* (W. 142.)

Haut., 446 millim.; larg., 311.

1ᵉʳ état. Avant les mots : *Cum Privil.*

2ᵉ. On lit : *Cum Privil.* à la droite du socle, au-dessous des pieds de la reine Christine.

187. IV. *Gustave-Adolphe.* Placé sur la gauche, mais tourné vers la droite, il est revêtu de son armure, et tient près de lui une massue de la main droite ; sa main gauche est sur la poignée de son sabre ; dans le fond, à droite, une escarmouche de cavalerie. Dans le bas : GUSTAVVS. . . . REX. (W. 143.)

Haut., 445 millim.; larg., 313.

188. V. *Christine.* Elle est au milieu de l'estampe, tournée vers la gauche ; sa main est sur un livre où se trouve une couronne, le tout posé sur une table ; une fleur est dans sa main gauche ; à droite, derrière elle, un rideau. Dans le bas : CHRISTINA. . . . REGINA. (W. 144.)

Haut., 448 millim.; larg., 313.

189. VI. *Le Goth.* Il porte une cotte de mailles, et tient une hache d'armes dans la main gauche, et une lance dans la droite ; derrière son dos, un arc et des flèches. Dans le bas : GOTHVS. (W. 145.)

Haut., 455 millim.; larg., 318.

190. VII. *Le Vandale.* Il porte un manteau par-dessus son armure et tient une lance dans la main droite ; son bouclier, sur lequel repose sa main gauche, a la forme d'un losange. Au bas : WANDALVS. (W. 146.)

Haut., 457 millim.; larg., 318.

191. VIII. *Le Suève.* Vu de profil, la tête nue, tournée vers la gauche, il tient un sabre dans la main droite. Dans le bas : SVEVVS. (W. 147.)

Haut., 445 millim ; larg., 311.

192. IX. *L'Hérule.* Le casque en tête, une étoffe autour du corps, il tient un arc de la main gauche et une flèche dans la droite. Dans le bas : HERVLVS. (W. 148.)

Haut., 443 millim.; larg 311.

193. X. *Le Gépide.* Il est sur une colline, marchant vers la gauche, sa tête est tournée vers la droite ; il est couvert d'une armure ; son sabre est dans sa main gauche ; de la droite, il tient une hache d'armes. Au bas : GEPIDA. (W. 149.)

Haut., 442 millim.; larg., 318.

194. XI. *Le Marcoman.* Il ressemble à un druide, il a une guirlande de feuillage sur la tête ; sa barbe est très longue ; de la main gauche, il tient une lance dont on ne voit pas l'extrémité ; sa droite pose sur un bouclier d'osier. Dans le bas : MARCOMANVS. (W. 150.)

Haut., 448 millim.; larg., 308.

195. XII. *Le Quade.* De profil, tourné vers la gauche, couvert d'une armure, sur laquelle est une peau de lion ; il a une lance sur son épaule et sa main droite pose sur un bouclier ; il porte un casque grotesque. Dans le bas : QVADVS. (W. 151.)

Haut., 443 millim.; larg., 311.

196-198. Trois pièces représentant une opération de chirurgie. On y voit les doubles portraits du même homme et de la même femme.

196. *Deux Têtes de la même femme avec un bonnet.* Celle de gauche porte une loupe, et dans celle de droite la loupe est enlevée et se voit dans le bas. Dans le haut, à gauche : AUCT. II. *Pag.* 39. Dans le bas, une double inscription en latin et en flamand : *Anna. Jacob. F. . . Anneken Jacobs van Thetenbul. . . .* (W. 186.)

Haut., 155 millim.; larg., 245.

1er état. Avant l'inscription, dans le haut à gauche; dans le bas, les deux inscriptions sont en flamand.

2e. Celui décrit. Smith dit : AUCT., et Wussin : *Auct.*

197. *Deux Têtes du même homme.* Il est vu deux fois de face et porte des moustaches; sur celui de gauche, on voit la loupe; sur celui de droite, elle a été enlevée. Au haut, à droite : AUCT. II. *Pag.* 46. Dans le bas, une inscription latine : *Henrico Henrici F. . . .* (W. 187.)

Haut., 153 millim.; larg., 243.

1er état. Avant l'inscription, dans le haut à droite.

2e. Celui décrit. Même remarque pour AUCT.

198. *Deux Profils de la même femme, tournée vers la droite.* Dans celui de gauche, on voit la loupe; dans celui de droite, elle a été enlevée. Au haut, à droite : AUCT. II. *Pag.* 54. Dans le bas, une inscription latine : *Clara Jacobi. . . .* (W. 188.)

Haut., 158 millim.; larg., 245.

1er état. Avant l'inscription, dans le haut à droite.

2e. Celui décrit. Même observation pour AUCT. Smith dit : PAG.

Ces pièces ont dû être publiées, dans l'origine, en feuilles volantes. Les inscriptions étaient en latin et en flamand. Depuis, elles ont été insérées dans un supplément (*Auctarium*) à l'*Armamentarium Chirurgicum Ioannis Sculteti, Ludg. Batav.* 1693. 8 vol. Ce supplément était intitulé : AUCTARIUM II *Continens* PETRI HADRIANI F. VERDUIN *Chirurgi Amstelodamensis peritissimi* OBSERVATIONES CHIRURGICAS. E. *Belgica in latinam linguam translatas a* JOHANNE TILINGIO, M. D. LUGDUN. BATAV. 1693.

Un des plus beaux œuvres de C. Visscher faisait partie de la collection Verstolk. On y comptait 283 pièces, dont plusieurs très rares. Elles produisirent ensemble la somme de 11,922 francs.

———

TABLE DES ESTAMPES DE CORNELIS VISSCHER
DONNANT LA CONCORDANCE DES NUMÉROS DE WUSSIN

PREMIÈRE CLASSE	Numéros de Wussin		Numéros de Wussin
ANCIEN ET NOUVEAU TESTAMENT. — SUJETS DE DÉVOTION		7 La Vierge et Jésus, d'après Rubens. .	107
		8 Le Christ au tombeau..	105
		9 L'Ascension.	106
1 Départ d'Abraham pour la Mésopotamie.	98	10 Les quatre Evangélistes : Saint Mathieu	108
2 Arrivée d'Abraham à Sichem	99	11 Saint Marc	109
3 Suzanne et les Vieillards	100	12 Saint Luc.	110
4 La Vierge, d'après Titien	101	13 Saint Jean	111
5 La Sainte-Famille avec sainte Anne et saint Jean	102	14 La Vision de saint François.	112
6 La Sainte-Famille dans un paysage . .	103	15 Saints de Flandre. Frontispice.	114
6ᵃ La Sainte-Famille contre la muraille..	104	16 Saint Aloyn (Bavon).	115
		17 Saint Willebrod.	116

VISSCHER (Jan) est né vraisemblablement à Harlem, dans le dix-septième siècle, sans qu'on puisse fixer l'année de sa naissance. M. Van der Willigen, dans *les Artistes de Harlem*, parle d'un Jan Dirckz Visscher qui fut inhumé dans l'église Saint-Bavon, le 31 mai 1667, et d'un Jan Visscher qui reçut la sépulture dans ladite église, le 17 septembre de la même année. On croit que Jan Visscher était frère de Cornelis. Son œuvre contient cent soixante pièces d'après Berghem, Karel Dujardin, Ostade et Wouwerman, dont trente portraits. Il a gravé à l'eau-forte et au burin.

Le Bal. La scène se passe dans une grande chaumière, où des paysans boivent et se divertissent pendant qu'un homme et une femme dansent au son de la vielle et d'un violon d'un jeune garcon et d'un vieillard placés à droite. Dans la marge, à gauche : *C. Berghem pinxit.*; au milieu : *Johannes Visscher fecit.;* à droite : *Justus Danckerts excudit.*

Haut., 446 millim.; larg., 370.

1ᵉʳ état. Non décrit. Le tablier de la femme qui danse est blanc sous le corsage. La jambe de l'homme assis à droite est blanche ; son bonnet a un large coup de lumière; le linge qui couvre le sein de la femme qui est à côté de lui est blanc ; à droite, le poteau de la porte est blanc. Le joueur de vielle a sur la cuisse gauche une large place blanche, où il n'y a aucun travail ; sur l'épaule droite du joueur de violon. le vêtement n'est pas ombré et le dos et le cou du chien sont blancs. L'encadrement droit de la fenêtre, à gauche, est blanc. Avant la lettre. British Museum.

* 2ᵉ. Terminé, mais sans aucune lettre dans la marge. Collection de Grave. Rigal, 204 francs.

3ᵉ. Avec les noms du peintre, du graveur et de l'éditeur. L'épreuve est signée : *Mariette* 1667. Rigal, 17 francs.

4ᵉ. Après *excudit*, on lit : *Cum privilegio ordin. Hollandiæ West-frisiæ.*

Le Tâtonneur. Un ivrogne est à côté d'une paysanne, assise à droite, qu'il veut caresser ; derrière lui, un homme debout. Dans le bas de la marge, à gauche, on lit : *I. Visser sculpsit;* au milieu : *Ostade pinxit.;* à droite, *F. de Wit excudit.*

Haut., 302 millim.; larg., 256. La marge du bas, 25 millim.

* Très rare épreuve avant la lettre, c'est-à-dire avant les noms d'auteurs et l'adresse dans la marge du bas. Collections E. Durand et marquis de Brême.

* Autre épreuve sans les noms, mais la marge du bas est coupée au-dessus du témoin du cuivre. Les noms se trouvant en réalité placés très bas, il est très probable

qu'ils ont été enlevés. Les inscriptions sont à 32 millim. au-dessous du trait de bordure.

3°. L'adresse de *P. Schenk ex.* a remplacé celle de Wit.

Les Joueurs de trictrac sous la treille. Ils sont dans le milieu, à une table ; deux hommes à droite les regardent ; à gauche, un homme assis tient sa pipe ; près de lui, deux enfants ; dans l'intérieur de la maison, un homme et une femme ; à droite, dans le fond, deux hommes et une femme en conversation. Dans la marge : *Hæc Sacra, Spectator,... quis nobis ditior esse potest? Solide.* Au-dessous, à gauche : *J : de Visscher fecit. ;* au milieu : *A : van Ostaden pinxit.* ; à droite : *N : de Visscher excudit.*

Haut., 276 millim.; larg., 245.

* 1er état. Avant toutes lettres. Notre épreuve, signée : *P. Mariette* 1670, vient des collections Scitivaux et Debois.

Debois, 301 francs.

2°. Celui décrit.

Le Dévideur et la Fileuse. Dans un intérieur rustique, on voit un homme à gauche ; à droite, une femme et un enfant ; un chien est couché du même côté. Dans le bas, six vers hollandais : *Siet ons werck..... een prachtich huys.* A gauche : *A. v. Ostade Pinxit. J. de Visscher fecit* ; à droite : *Jan Cralinge excudit.*

Haut., 265 millim.; larg., 212.

* 1er état. Avant toutes lettres. Notre épreuve est signée *P. Mariette* 1670. Colleclections Scitivaux et Debois.

Debois, 221 francs.

2°. Celui décrit.

La Danse à la porte d'un cabaret. Devant une vieille maison composée de plusieurs bâtiments réunis, un homme et une femme dansent au son d'une clarinette et d'une vielle, dont jouent deux hommes placés chacun sur un tonneau ; à droite et à gauche, des buveurs ; au milieu, des enfants ; l'un d'eux agace un chien ; plus loin, une maison à pignon pointu et une réunion de paysans ; à droite, quelques petits arbres rabougris, des débris de bois et une roue. Au bas, quatre vers hollandais : *Nu is't de reghte..... geen kermis is.* A gauche : *Joan de Visscher fecit.;* au milieu : *Ad. van Ostade pinxit.;* à droite : *Nicolaus Visscher excudit.*

Haut., 232 millim.; larg., 352.

* 1er état. Avant toutes lettres. Notre épreuve a une grande marge.

2e. Celui décrit.

Le Bal dans la grange. Près d'une porte ouverte, à droite, deux hommes jouent, l'un du violon, l'autre de la cornemuse, et font danser deux couples ; à droite, trois fumeurs et une vieille femme; vers la gauche, un chien couché, deux enfants et une chaise sur laquelle est un pot; tout à fait au fond, un râtelier et des bottes de paille. Au bas, quatre vers hollandais: *Hier is al weer de Vreught... als daar de messen wanken.* Au-dessous, à gauche : *Joan de Visscher fecit.* Au milieu : *Ad. van Ostade pinxit.* A droite : *Nicolaus Visscher excudit.*

Haut., 232 millim.; larg., 350.

* 1er état. Avant la lettre. Notre épreuve a une grande marge.

2e. Celui décrit.

Noce de villageois. Plusieurs de ceux-ci sont attablés à droite, sur le devant; ce sont deux hommes et deux femmes ; deux hommes sont debout; du même côté, contre la muraille, sous une espèce de dais, deux hommes et deux femmes, dont la mariée. A gauche, on voit un joueur de violon et un petit vielleur; deux hommes sont sur une es- pèce d'escalier; plus loin, à gauche, un homme et une femme assis, près desquels est un homme debout; plus loin, au fond, contre l'âtre d'une cheminée, une vieille femme. Dans la marge, à gauche : *A. v. Ostaden Invent.* Au-dessous : *J. de Visscher fecit.*; à droite : *Justus Danckerts Excudit.*

Haut., 243 millim.; larg., 378.

* 1er état. Avant toutes lettres.

2e. Celui décrit. Avec les noms d'auteurs et d'éditeur. La planche est entière.

3e. La planche a été divisée par le milieu et forme deux sujets en hauteur, qui portent chacun les noms d'auteurs et l'adresse de *Danckerts.*

Un Nègre dans un paysage. Il est dirigé à gauche et regarde à droite; il tient un arc et une flèche; on aperçoit un carquois sous son vêtement; un grand rocher surplombe au-dessus de sa tête. Dans la marge, deux vers hollandais : *Dus heeft den Moor..... het wilt in't oogh.* Au-dessous, à gauche : *C. de Visscher ad vivum deliniavit.* A droite : *J. de Visscher sculpsit.*

Haut., 290 millim. sans la marge; larg., 275.

1er état. Avant la lettre. Une épreuve dans cette condition faisait partie de la collection Verstolk ; elle était retouchée au crayon.

* 2e. Avant l'adresse de *J. Van der Horst*. Celui décrit.

3e. Avec l'adresse précitée.

4e. L'adresse de *J. Van der Horst* a été effacée et remplacée par celle de *Justus Danckerts.*

VISSCHER ou DE VISSCHER (Lambert), graveur à l'eau-forte et au burin ; il passe pour frère de Cornelis Visscher. On le dit né à Amsterdam, en 1634 ; on ignore l'année de sa mort. M. Van der Willigen ne parle pas de Lambert Visscher.

Jean de Witt, Grand-Pensionnaire de Hollande. Il est dans une grande galerie et tient de la main droite une empreinte du sceau de la République ; dans le fond, on voit l'assemblée des États généraux. Au bas : *Joan de Wit Raet Pensionnaris van Holland*, etc. ; au-dessous, quatorze vers hollandais. Plus bas : *L. Visscher sculp.* A droite : *G Bidlo*, auteur des vers.

Haut., 520 millim., marge comprise ; larg., 380.

1er état. Avant la lettre. Très rare.

* 2e. Celui décrit. Collection Camberlyn.

3e. A la place de l'assemblée des Etats généraux, on a substitué le portrait de l'amiral, frère du Grand-Pensionnaire.

VLIEGER (Simon de), peintre et graveur à l'eau-forte, né à Amsterdam en 1612 ; il y florissait de 1630 à 1640. Il fut, dit Bartsch, un excellent peintre de marines et passe pour avoir enseigné son art à Guillaume Van de Velde. Nous ne connaissons de lui aucun tableau ; Verstolk possédait de lui trois dessins, nos 101, 102, 279 ; cinq sont cités dans le catalogue Guichardot. Vlieger n'est pas mentionné dans Descamps, ni dans la *Biographie universelle*. Le catalogue du musée d'Anvers nous apprend qu'une marine de ce maître s'y trouve. Ses gravures sont très rares et très recherchées.

ŒUVRE DE SIMON DE VLIEGER

1. *Le Ruisseau.* Il coule, du milieu du fond, vers la droite ; bordé, de ce côté, par un bois du milieu duquel, sur le devant, sort un grand

arbre. A gauche, un homme, portant un bâton sur l'épaule, s'éloigne sur un chemin au bord duquel s'élève un grand arbre. Au milieu de la droite, dans l'eau : *S. D. V.*

Haut., 92 millim.; larg., 135.

* 1er état. Avant les initiales du maître, et avant plusieurs travaux.

. Isendoorn, 300 francs.

2e. Celui décrit.

Oppermann, 112 fr. 50 c.

2. *Le Village aux deux clochers.* Il est situé au pied d'une montagne, qui descend de la gauche vers la droite; les deux clochers, qui dominent les maisons, sont terminés en pointe; on y voit aussi plusieurs arbres. Vers la droite, au bord d'un chemin qui mène au village, est un bouquet de bois touchant par ses extrémités presque le bord de la planche. Au bas de la droite : *S. D. V. fec.* C'est le pendant du numéro 1.

Même dimension.

Oppermann, 112 fr. 50 c

3. *La Forêt claire.* Elle est sur la gauche et s'étend jusqu'au milieu de l'estampe; sur le devant, de ce même côté, est une mare, et, vers la droite, dans un chemin, un homme, avec son bâton sur son épaule, se dirige vers le fond; il n'est vu qu'à moitié. Un pré, vers la droite, est bordé de plusieurs arbres et arbrisseaux; au fond, une montagne boisée. Morceau avec un double trait de bordure, hors duquel, au bas de la gauche, les lettres *S. V. D.*

Haut., 86 millim.; larg., 131.

Nous lisons dans le catalogue Kalle : « Il y a, par ci par là, des barbes sur les travaux à la pointe sèche, et principalement sur la seconde bordure qui est tracée à la pointe. L'épreuve est tirée sur papier à la grande folie; on voit encore l'empreinte de la planche. »

Kalle, 65 fr. 75 c.; Liphart, 51 fr. 75 c.; Oppermann, 21 fr. 50 c.

4. *La Langue de terre.* Elle part de la gauche et avance jusque vers la droite, dans une rivière sur laquelle nagent, de ce côté, des canards. Au fond, un village et un pays lointain; tout à fait à gauche, contre la rive, un bateau; la langue de terre est couverte de grands arbres. Au bas de la droite, sur l'eau : *S. D. V. f.*

Haut., 90 millim.; larg., 133.

* 1ᵉʳ état. Avant l'azur dans le haut et avant le numéro 2 dans le coin du haut à gauche. Il n'y a pas d'*f* après le *V*. Le gros tronc d'arbre, dans le milieu de la langue de terre, est beaucoup plus clair, notamment le long de son contour gauche ; l'intérieur du bateau, à partir des deux arbres penchés, n'offre que quelques tailles fines horizontales ; avant quelques travaux sur l'eau, à gauche ; le reflet du gros tronc d'arbre dans l'eau n'est pas continu et ne touche pas le trait de bordure. Collection Mecklenburg.

* 2ᵉ. Avec un azur sur tout le haut du ciel et avec le numéro 2, au haut, à gauche. Après le *V* se voit une *f*. Le gros tronc d'arbre a été repris, et presque toutes les parties blanches y sont éteintes, notamment à gauche ; son reflet est continu, et une série de tailles perpendiculaires a été ajoutée pour le conduire jusqu'au trait de bordure. Dans le bateau, à partir des deux arbres penchés, la partie claire qui existait précédemment est éteinte par des tailles verticales ; le dessous du bateau est très noir et les reflets y sont plus fortement accusés.

5. *Le Transport du blé*. A droite, au bord de l'eau, au haut d'une colline où s'élève une maison et à laquelle on accède par une échelle, on porte des gerbes, près d'un grand arbre, que l'on met en tas ; une partie est encore au bord de la rivière, qui s'étend sur toute la largeur ; on y voit deux bateaux de l'un desquels on enlève un grand panier. Sur l'eau, à gauche, au-dessous de deux canards : *S. de V.*

Haut., 106 millim.; larg., 133.

1ᵉʳ état. A l'eau-forte pure. British Museum. Dans le catalogue Drugulin (1866) une épreuve est annoncée d'eau-forte pure, avant le grand arbre entièrement terminé, probablement unique.

* 2ᵉ. Celui décrit.

Oppermann, 75 francs.

6. *Le Bois près du canal*. A droite, du milieu d'une haie entourant un petit bois, un homme sort, passant à côté d'un autre homme qui a les coudes appuyés sur la barrière. La haie est bordée d'un canal, qui remplit toute la largeur de l'estampe et se perd, à gauche, dans le lointain. Une petite barque est attachée au rivage, près d'une langue de terre sur laquelle, vis-à-vis de la haie, s'élèvent quelques grands arbres ; on voit au travers quelques chaumières. Au bas de la gauche, sur l'eau : *S. de V.*

Haut., 135 millim.; larg., 151.

* Oppermann, la planche sale, 81 fr. 25 c.

7. *La Montagne verte*. On la voit à gauche, commençant au bord d'une pièce d'eau qui est à droite, coupée par un chemin montant, bordé d'arbres des deux côtés. Au coin du bas, à droite : *S. de V.*

Haut., 129 millim.; larg., 151.

* 1ᵉʳ état. Avant un peu d'azur au haut du ciel. Le fond, à droite, n'existe pas; l'arbre qui a le pied dans la rivière, du même côté, n'a pas d'ombre portée sur l'eau ; les arbres que baigne la rivière, les roseaux, le chemin montant à gauche, sont peu travaillés ; tous les arbres sur la montagne sont très légèrement faits; le gros que l'on voit à gauche, sur une éminence, se termine par un tronc nu et des branches sèches. Dans le fond, sur la montagne, entre deux groupes d'arbres, le terrain est marqué par quelques tailles courtes verticales. Filigrane : la lettre *L*.

Collection Liphart, 206 fr. 25 c.

2ᵉ. Avant le lointain, à la droite. Musée d'Amsterdam.

* 3ᵉ. Il y a un léger azur tracé sur toute la longueur du ciel ; dans le fond, à droite, on a tracé une espèce de montagne; l'arbre qui a le pied dans la rivière a, sur l'eau, une ombre portée qui touche presque le trait de bordure ; les arbres au bord de la rivière, les roseaux, le chemin montant, les arbres sur la montagne, ont tout leur effet. Le grand arbre à gauche a une très belle tête de feuillage, qui monte vers le trait carré ; sur le terrain, au fond, entre les deux bouquets d'arbres, sous les tailles verticales, il y a une série de tailles horizontales ; les marges, surtout à droite, sont couvertes de salissures.

8. *L'Auberge*. Elle est à gauche, sur une rive élevée, dans un ancien bâtiments en ruines. A la porte, sous une treille, plusieurs hommes, assis, boivent ensemble ; plus loin, sont des cavaliers, et, vers la gauche, des hommes : l'un assis, les autres debout contre des tonneaux. Sur une large rivière, qui occupe toute la droite, passe un bac sur lequel sont plusieurs personnes et un carrosse attelé de deux chevaux ; sur la berge, se voit un cavalier. Le devant est occupé par trois hommes, dont un chargé d'un fardeau, qui se reposent au milieu d'un troupeau de chèvres, près de deux ânes qui pâturent. Au bas de la droite sur l'eau : *S. de V.*

Haut., 178 millim.; larg., 277.

1ᵉʳ état. Avant que le ciel fût coloré, avant beaucoup de travaux et avant le nom.

Isendoorn, 433 francs.

2ᵉ. Le ciel en partie enlevé, avec les travaux ajoutés, avant le nom.

Isendoorn, 128 francs.

* 3ᵉ. Avec les initiales du maître ; la marge du bas est couverte de salissures. Filigrane : écu gondolé, à la fleur de lis, surmonté d'une couronne.

Le catalogue Oppermann mentionne une épreuve sur papier à la folie.

Kalle, 34 fr. 25 c.; Liphart, 112 fr. 50 c.; Oppermann, 116 fr. 25 c.

9. *Le Bourg*. On voit, à gauche, quelques maisons adossées contre un édifice antique, qui se termine par une espèce de tour. Par la porte, surmontée d'un écusson, sort un cavalier ; plus loin, sont deux hommes

assis sur une pierre; dans le fond, on voit un grand mur, percé de deux portes cintrées, et des fabriques. Sur le devant, se trouve un chariot attelé de trois chevaux, un bouvier conduisant trois bœufs, et un pauvre demandant l'aumône; à gauche, sous un grand arbre, un homme tire de l'eau d'un puits; des chevaux boivent à une auge; puis, quelques personnes et des animaux. Dans la marge, à gauche : s. DE VLIEGER. C'est le pendant du morceau précédent.

Haut., 180 millim.; larg., 277.

* 1ᵉʳ état. Non décrit. A gauche, dans la grande arcade, au-dessus de la petite fenêtre dont le volet est ouvert, il n'y a pas de travaux; il n'y en a pas non plus au-dessus de l'arcade du haut et sur le mur, au-dessous des broussailles; il y a moins de travaux contre la porte, dans le bas, et au-dessus de l'entrée de la cave. Sur la deuxième arcade, au-dessus du premier cintre, il n'y a pas de travaux, mais seulement au-dessous du second cintre contre les broussailles; dans la troisième arcade, la partie qui avoisine le petit toit est blanche; le toit qui touche à la tour, au-dessus de la porte, est presque blanc; la maison qu'il couvre et celle qui lui est contiguë n'ont que quelques traits pour marquer les ouvertures. Le terrain à gauche n'est ombré que de tailles légères et assez espacées; la place sur laquelle court le chien est blanche; à gauche, contre le trait de bordure, le terrain n'a pas de contre-tailles; il est moins travaillé dans toute la largeur de l'estampe; tout le dessus du carrosse est sans travaux; les chevaux et les bœufs n'ont pas de contre-tailles; le bâton du bouvier est presque blanc; les travaux sur son épaule gauche sont à peine accusés; on ne voit rien dans l'écusson au-dessus de la porte de la tour, dont le sommet n'est pas profilé; l'arbre voisin est très léger; l'homme vu de dos, assis, est blanc; le mur et les fabriques du fond ne sont pas visibles. A droite, il n'y a pas de tailles sur le terrain, autour du museau du lévrier; le grand arbre est très légèrement fait; les grandes branches du haut sont à peine tracées; l'intérieur de l'auge où boivent les chevaux est presque clair; sur les parois, il n'y a pas de contre-tailles; le terrain est blanc derrière le porc vu de face; avant des tailles fines sur le dos du porc vu de profil, à droite; le long du trait de bordure dans le haut, il y a de larges taches d'eau-forte; dans le haut, l'azur est à peine marqué. Cette estampe, dont la marge est coupée, pourrait bien être avant le nom. Filigrane : Æ.

* 2ᵉ. Il y a quelques travaux de plus sur les deux maisons contiguës à la tour, et, sous le banc de la première des deux, on voit, à gauche, des contre-tailles horizontales et quelques-unes du même sens de l'autre côté contre le terrain; la tour est profilée dans le haut, et le parapet, au-dessus des créneaux, offre, sur le côté, une série de tailles horizontales et, sur la face, des ornements ronds; au-dessous, il y a un certain nombre de tailles légères; il y a des armes dans l'écusson; la couronne et les lions sont ombrés; sur la pierre, contre l'homme assis vu de profil, il y a quelques tailles horizontales; plus loin, s'élève un groupe de plusieurs arbres légèrement tracés, et on aperçoit la muraille où sont deux portes; mais les fabriques ne sont pas visibles. Le terrain sur le devant est encore dans le même état; mais la couverture du carrosse, au-dessus des bœufs, jusqu'à la hauteur du bâton du bouvier, est

ombrée de tailles légères horizontales ; tandis que la partie supérieure reste toujours blanche ; les chevaux ont été retravaillés : le premier, sur le cou et sur le ventre ; le deuxième a l'épaule gauche couverte de tailles fines ; il y a quelques travaux de plus sur le ventre du bœuf qui est dans le milieu, et quelques tailles fines sur l'épaule gauche de l'homme qui les conduit. A droite, la tête du lévrier s'enlève toujours sur un fond clair ; le grand arbre est un peu plus travaillé ; on voit des tailles fines serrées sur le dos et le derrière du porc vu de profil. Dans le haut, l'azur est plus accusé, surtout à gauche ; il descend sur la tour et les arbres voisins. On voit de très fortes salissures le long du trait carré, à droite.

*3°. La partie supérieure de la grande arcade, à gauche, est ombrée, ainsi que la muraille, au-dessus de la fenêtre ouverte et au-dessous, jusqu'au soupirail de la cave ; la partie supérieure de la deuxième arcade, sous les broussailles et entre les deux cintres, est entièrement ombrée ; il en est de même pour la troisième, dans la partie qui touche au haut du petit toit ; sur ce toit, il y a des contre-tailles, ainsi que sur la face gauche d'un petit bâtiment qui domine la tour ; les tailles de la face de celle-ci, ont été renforcées, les façades des deux maisons contiguës sont plus travaillées, particulièrement la seconde, où l'on voit, derrière l'homme assis, des tailles horizontales qui n'existaient pas précédemment ; à gauche, le terrain est ombré par de nouveaux travaux et paraît assez noir ; le terrain est ombré près du chien et sous lui ; contre le trait carré du bas, on voit de nombreuses contre-tailles ; il est plus travaillé sur toute la largeur de l'estampe. Derrière le mendiant, sous les chevaux, le carrosse et les bœufs, les parties blanches sont éteintes ; la couverture du carrosse est entièrement ombrée ; le visage du bouvier et son bâton sont devenus noirs ; un petit rond qui semblait un jour dans la couverture du carrosse a été très diminué, mais les traces restent encore ; le cou du premier cheval est entièrement ombré ; les bœufs ont été retravaillés, notamment celui qui est le plus à droite ; les arbres du fond sont plus vigoureusement accusés, le mur a tout son effet, et les fabriques à droite sont très visibles ; derrière le bouvier, jusqu'au fond, le terrain est marqué par beaucoup plus de travaux ; il y a des tailles fines des deux côtés de la tête du lévrier. A droite, toutes les branches du grand arbre sont bien accusées, et il a tout son effet ; devant les trois hommes, le terrain a été renforcé, ainsi que derrière les porcs ; l'intérieur de l'auge est ombré ; il y a quelques contre-tailles sur ses parois, le long du trait de bordure. Les coulures d'eau-forte ont été enlevées.

Nous pensons qu'il y a un état postérieur, où la bordure a été renforcée.

10. *Les Pêcheurs.* Ils sont réunis au bord de la mer : l'un d'eux, à gauche, suivi d'un chien, porte un poisson de chaque main ; près de lui, deux autres pêcheurs ; au milieu, on décharge une charrette attelée d'un cheval qui broute ; plus loin, à la droite des pêcheurs, des femmes assises et des poissons à terre ; en arrière, vient un chariot attelé de deux chevaux ; dans le fond, des dunes. Dans la marge, à gauche : *S. de Vlieger.* C'est vraisemblablement la vue de Scheveningen, près de la Haye.

Haut. 176 millim.; larg., 170.

*1er état. Avant les contre-tailles obliques qui forment une ombre vers le cou, au-dessous de la selle du cheval qui broute. Le ciel est très visible dans toutes ses parties ; les montagnes du fond sont bien distinctes. Collection Alféroff, de Bonn.

Filigrane : folie à cinq dents avec le chiffre 4 et trois boules.

M. le docteur Sträter nous a signalé un état avant les travaux à la pointe sèche sur le ciel et avant le fond où est la tour.

*2e. Autour de la selle, sur l'épaule gauche du cheval, on voit une série de contre-tailles courtes tirées obliquement. Le ciel est en partie disparu ; mais les montagnes du fond sont encore visibles.

Filigrane : folie à sept dents avec le chiffre 4 et trois boules.

Dans les épreuves postérieures, les montagnes ne sont presque plus visibles.

Kalle, 64 francs ; Liphart, 266 francs ; Oppermann, 112 fr. 50 c.

11-20. *Différents animaux.* Suite de dix pièces, numérotées de 1 à 10.

11. *Le Lévrier et le Chien courant.* Le premier, à gauche, est debout, la tête tournée vers la droite ; l'autre, tourné vers la gauche, est couché, regardant de face. Sur une éminence, à droite, une chaumière entourée d'arbres. 1.

Haut., 115 millim.; larg., 135.

12. *Les deux Lévriers et le Chien courant.* Le premier est assis à gauche, regardant du même côté ; l'autre lévrier est de profil, tourné vers la gauche ; le chien courant est couché derrière eux, tourné vers la droite. 2.

Haut., 124 millim.; larg., 140.

13. *Le Cheval au pâturage.* Il est dirigé vers la gauche, entravé des deux pieds de devant, tourné devant une clôture en planches fermée par un cadenas. 3.

Haut., 129 millim.; larg., 146.

14. *Le Cheval au traîneau.* Il est dans le milieu, tourné vers la gauche, attelé à un traîneau sur lequel est un tonneau. A gauche, deux chevaux à une mangeoire ; deux hommes, l'un debout, l'autre assis ; sur le tonneau : *S. V. f.* Filigrane : *M* avec une autre lettre. 4.

Haut., 122 millim.; larg., 149.

15. *Le Bélier et les Moutons.* Ils forment un groupe. Le bélier est à gauche ; une brebis pleine, tournée du même côté, broute ; deux autres moutons sont couchés, la tête tournée à droite. Dans le coin du bas, à gauche : *S. de V.* Filigrane : un cerf. 5.

Haut., 126 millim.; larg., 153.

16. *Les Porcs gras*. Ils sont couchés tous deux à gauche, dans une étable, tournés vers la droite. Derrière eux, des bottes de paille et des paniers ; au haut, sur les planches : *S. DE V.* à rebours. Filigrane : *M* avec une autre lettre. 6.

Haut., 126 millim.; larg., 151.

17. *Les Oies*. Elles sont au nombre de trois : deux dans le milieu, vis-à-vis l'une de l'autre ; la troisième est sur une butte de terre, à gauche, regardant du côté opposé. Dans le fond, la mer, et des navires dans l'éloignement ; au milieu du bas : *S. de V.* 7.

Haut., 126 millim.; larg., 151.

18. *Les Dindes*. Ils sont dans une basse-cour. A droite, un coq d'Inde fait la roue, tandis qu'une femelle picore dans une auge. A gauche, un autre coq d'Inde est sur le perchoir, et sa femelle sort la tête du volailler. A gauche, dans le bas : *S. de V.* 8.

Haut., 129 millim.; larg., 156.

19. *Le Bouc et les Chèvres*. Celui-ci est debout, à gauche ; les chèvres sont couchées du côté opposé, ainsi qu'un chevreau. Dans le fond, un pays montueux. Au milieu du bas : *S. de V.* 9.

Haut., 131 millim.; larg., 151.

20. *Le Chien enchaîné*. Il est couché à la porte de sa loge, qui est à droite ; il regarde du côté opposé, où l'on voit un paysage et des chaumières. Tout au bas de la droite : *S. de V.* Au haut, vers la gauche : *Just. Danckers Exc.* Filigrane : un cerf. 10.

Haut., 131 millim.; larg., 153.

1er état. A l'eau-forte pure.

* Nous ne possédons que le numéro 19 que nous allons décrire.

Le Bouc et les Chèvres. Le trait de bordure est fin et interrompu par places. La corne gauche du bouc est blanche dans le milieu, ainsi que son oreille droite ; son front est blanc ; son œil droit est mal exprimé ; sa jambe droite, devant et derrière, n'est pas profilée dans le bas ; il y a un grand coup de lumière au haut de sa jambe gauche de derrière ; à gauche, sa crinière n'est presque qu'au trait ; son corps est peu travaillé, et l'on ne voit pas sur sa croupe cinq ou six contre-tailles assez fortes qui se trouvent dans l'état suivant ; l'œil de la première chèvre couchée n'est pas exprimé ; sa corne droite est blanche ; il y a une large place blanche sur le cou de la seconde chèvre et au-dessous du museau du chevreau. Les plantes, les arbres et le fond sont très légèrement exprimés. Les ombres portées du bouc sont étroites, et les plantes, à droite, contre le trait de bordure, ne sont marquées qu'au trait. Collections Verstolk et d'Iscndoorn.

Isendoorn, 168 fr. 50 c.

* 2e état. Le trait de bordure est fort et continu. Les cornes, les pattes, l'œil et la crinière du bouc sont complètement terminés; son corps est vigoureusement retravaillé, et sur le haut de sa croupe on voit une série de cinq ou six contre-tailles; l'œil de la première chèvre est exprimé; les parties blanches que nous avons signalées sont éteintes. Toutes les parties du paysage sont poussées à leur effet. Les ombres sont très élargies et très noires.

* 2e. Suite complète : avant les numéros et l'adresse de *Danckerts* sur la dernière pièce. Collection Maberly; Rigal, 51 francs.

3e. Avec les numéros et l'adresse.

Robert-Dumesnil, 53 fr. 50 c.

Verstolk décrit encore : *Un petit paysage* entrecoupé d'une rivière, non mentionné et inconnu, vendu 52 fr. 50 c.; douteux. L'œuvre entier, chez Verstolk, à l'exception des numéros 1 et 2, 619 fr. 50 c. Le même catalogue cite : Répétition des numéros 5, 6 deux fois, 8, 9, 10, 13, 19 et 20, premières et belles épreuves, quelques-unes à l'eauforte; 9 estampes. — 420 francs.

VLIET (J. G. VAN), peintre et graveur à l'eau-forte, né à Delft, vers 1608, vivait dans les années qui vont de 1631 à 1635, comme le prouvent les dates marquées sur plusieurs de ses estampes. Il fut plutôt condisciple qu'élève de Rembrandt. Celui-ci lui témoigna une certaine affection. On en a la preuve par un certain nombre de portefeuilles remplis d'estampes de Van Vliet qu'on trouva dans la maison de Rembrandt, lorsqu'on fit son inventaire. Ses estampes sont généralement dures et monotones, offrant des ombres trop noires en opposition avec des lumières trop tranchantes. Plusieurs de ses productions sont ignobles et semblent atteindre les dernières limites du trivial; quelquesunes, au contraire, sont distinguées; il est à croire qu'en les exécutant, il s'est conformé à la direction et aux conseils de Rembrandt. Il est bien inférieur à Ferdinand Bol et à Liévens.

ŒUVRE DE J.-G. VAN VLIET

1. *Loth et ses Filles*. Le patriarche est assis à terre, dans le milieu, tenant une coupe renversée; une de ses filles, assise vers la gauche et vue presque de dos, tient un vase de la main droite; l'autre est vue de face et debout derrière Loth. A droite, s'élève un grand rocher qui

forme le commencement de la grotte ; à gauche, dans le fond, la ville de Sodome en feu ; un peu en avant, la femme de Loth changée en statue de sel. On lit dans la marge, à gauche : *Rt* ou *RH Van Rijn. inventor;* au milieu : 1631; à gauche : *JG Van Vliet fecit*[1].

Haut., 279 millim.; larg., 225.

* 1er état. Avant les tailles diagonales, dans le fond à droite, sur le rocher. Collection Debois.

Robert-Dumesnil, 121 francs; Debois, 149 francs ; Verstolk, 117 fr. 50 c.

2e. Au haut de la planche, dans le coin à droite, on aperçoit une série de tailles assez serrées, qui sont tirées diagonalement, de droite à gauche, en ondoyant ; la partie du fond, où se détache la coupe que tient Loth, est éclaircie, principalement sur la droite.

Debois, 31 francs ; Van den Zande, 50 francs.

3e. On lit, au milieu de la marge : *Clemendt de Jonghe excudit*. Planche faible.

On voit au British Museum, le dessin au crayon rouge de cette pièce ; il est du sens opposé.

2. *Isaac et Esaü*. Isaac, qui vient d'apprendre qu'il a été trompé par Rébecca, est dans un lit dont sa femme ouvre le rideau ; il a la bouche ouverte et se frappe la poitrine de ses deux poings. Esaü, qui vient demander sa bénédiction, est vu par le dos, un genou en terre, s'appuyant, de la main gauche dont il tient son arc, sur une marche qui est au pied du lit. A droite, est une table sur laquelle on aperçoit un pain et de la viande dans un plat. Sur le devant, à côté de la table, un grand vase. Au bas, vers la droite : *J. Lieuius, jnv. JG, v, Vliet fecit.*

Haut., 473 millim.; larg., 387.

Robert-Dumesnil, 40 francs ; Verstolk, 44 fr. 10 c.

3. *Suzanne et les Vieillards*. Ceux-ci, l'un placé à côté et l'autre derrière elle, la surprennent au bain. Sur le devant, à droite, une fontaine ; dans le fond, à gauche, un gros arbre. Sur un degré, au bas d'une balustrade, qui est à droite : *J. lieuense, jnv. JG. V. Vliet, fec.*

Haut., 549 millim.; larg., 432.

Robert-Dumesnil, 26 fr. 25 c.; Verstolk, 50 fr. 40 c.

4. *Résurrection de Lazare*. Dans le milieu, au delà du tombeau, Jésus-Christ est debout, ayant le bras droit élevé. A ses côtés, diffé-

---

1. Dans cette estampe, les initiales *JG* sont entrelacées, et forment monogramme, ainsi que dans presque toutes les pièces du présent œuvre.

rentes personnes expriment leur étonnement. Vers le bas, à droite, Lazare sort du tombeau, et, vers le haut, du même côté, est un rideau jusqu'au bas de l'estampe. Sur une petite marge, dans le bas : *JG. van Vliet fecit.* Cette pièce est tellement mauvaise comme dessin et comme exécution, qu'on a supposé qu'elle était des commencements de Van Vliet.

Haut., 378 millim.; larg., 297.

1er état. Avec le fond blanc. Catalogue Verstolk. Vendu 25 fr. 20 c.
2e. Le fond est ombré.
Van den Zande, 17 francs.

5-10. *La Passion de Jésus-Christ.* Suite de six estampes.

Haut., 216 millim.; larg., 169.

5. *La Cène.* Jésus-Christ, assis au milieu de la table, pose la main gauche sur l'épaule de saint Jean, et étend l'autre vers un disciple assis sur le devant, à la gauche. (1.)

6. *Jésus-Christ saisi par les Juifs.* Judas lui donne le baiser, et Pierre, frappant Malchus de son épée, est sur le devant, à gauche; un des Juifs, vu de dos, est debout, à la droite de l'estampe. Au milieu du bas : *JG. v. Vliet fecit.* (2.)

Le catalogue Verstolk signale un état non mentionné, mais [sans autre désignation.
Verstolk, 34 fr. 65 c., avec l'état ordinaire.

7. *L'Ecce Homo.* Jésus-Christ est debout, à droite, les mains liées, couvert d'un manteau qu'un des satellistes soutient par derrière. A la droite du Sauveur, Pilate parlant au peuple. (3.)

Le catalogue Verstolk parle d'un état non mentionné, [sans autre désignation.
Verstolk, 31 fr. 50 c., avec l'état ordinaire.

8. *Le Crucifiement.* Les Juifs s'efforcent d'élever la croix à laquelle Jésus-Christ est attaché. Dans le fond, à gauche, la Vierge et plusieurs autres figures, ainsi que des soldats armés de piques; sur le devant, à droite, un Juif debout, couvert d'un manteau court, s'appuie des deux mains sur un bâton. (4.)

1er état. Le fond est blanc, sur la droite de l'estampe, et avec la figure de l'apôtre qui se voit entre la Vierge et la croix.

2e. Cette figure de l'apôtre est effacée ; tout le fond est couvert de tailles.
Les deux états : Verstolk, 35 fr. 70 c.

9. *Jésus-Christ porté au tombeau.* Un des disciples, qui soutient le corps par-dessous les bras, monte à reculons un escalier qui est à droite ; l'autre, qui le porte par les jambes, est sur le devant, à gauche, vu par le dos. Au milieu du fond, au haut de l'escalier, paraît la Vierge, accompagnée d'une sainte femme ; sur le troisième degré de l'escalier : *JG. fecit.* (5.)

10. *La Résurrection.* On voit Jésus-Christ planant en l'air, tenant un drapeau de la main gauche et levant l'autre vers le ciel. Les gardes, dans leur effroi, se jettent les uns sur les autres. On lit, sur le bord du tombeau : *JG. Vliet fe.* (6.)

11. *La Samaritaine.* Jésus-Christ, presque de face, est assis près du puits sur le bord duquel son bras gauche est posé. A droite, près du puits, la Samaritaine est debout, vue par le dos, la main droite placée sur le seau, et, de l'autre, tenant une cruche. Au bas de la gauche, sur un des degrés : *JG. v. Vliet*, et, au-dessus, le nom d'un peintre qu'on a peine à lire et qu'on croit être *J. v. Schoeten.*

Haut., 268 millim.; larg., 207.

Robert-Dumesnil, 40 francs ; Verstolk, 44 fr. 20 c.

12. *Le Baptême de l'eunuque de la reine Candace.* Au milieu, l'eunuque est de profil, un genou en terre, les mains jointes, dirigé vers la droite. Il est vêtu d'une robe très riche, fermée par une ceinture. Au-dessus de lui, saint Philippe, vu de face, lui verse de l'eau sur la tête. Dans le haut, on voit le char de l'eunuque, surmonté d'un grand parasol et entouré de nombreuses figures, parmi lesquelles un Maure, à cheval, tient la bride de la main gauche et, de la droite, porte un bâton sur son épaule. Au milieu du bas, en dedans de la planche : *Rt* ou *RH. v. Rijn jnv. JG. v. Vliet fec,* 1631.

Haut., 588 millim.: larg., 426.

Il existe une copie assez trompeuse ; elle est de sens inverse. L'eunuque est dirigé vers la gauche ; le Maure, à cheval, tient la bride de la main droite. On lit : *Rt. v. Rijn Inv.*, mais on ne voit ni le nom de *Van Vliet* ni l'année.

13. *Saint Jérôme*. Il est au milieu d'une grotte, vu par derrière, à genoux devant un grand livre ouvert, tenant un crucifix des deux mains, de profil, dirigé vers la gauche. Sur le devant, une natte de paille étendue par terre; sur la droite, le devant du corps du lion couché, les pattes en avant et la tête levée. Au bas, du même côté : *Rt* ou *RH. v. Rijn jn. JG. v. Vliet fec.* 1631.

Haut., 360 millim.; larg., 288.

* 1ᵉʳ état. Avant l'adresse. Notre estampe est signée au verso : *Pierre Mariette 1667, Daudet 1777 et Ch. Scitivaux 1817.*

Robert-Dumesnil, 44 fr. 25 c.; Verstolk, 149 fr. 45 c.; Van den Zande, 90 francs.

2ᵉ. Au-dessous de l'année 1631, on lit : *Dancker Danckerts excu.*

Copie du sens opposé : *RH. v. Rinbrand in.*

14. *Saint Jérôme*. On voit un ermite assis vers la gauche, au pied d'un tronc d'arbre, lisant dans un grand livre qu'il soutient des deux mains devant une espèce de table couverte d'un tapis, sur lequel sont une écritoire et un sablier. Au fond, à droite, une natte, un livre ouvert, une tête de mort, une croix et quelques vases. A droite, sur le devant, les débris d'un tonneau; au bas, à gauche, à travers des hachures : *JG. v. Vliet fecit.* Pièce rare.

Haut., 338 millim.; larg , 218.

1ᵉʳ état. Avant l'adresse de *I. C. Visscher.*

Verstolk, 23 fr. 50 c.

2ᵒ. Avec cette adresse.

Verstolk, 6 fr. 15 c.

15. *Le Vendeur de chansons*. Il est debout vers la gauche, distri-buant des chansons à des paysans assemblés, ainsi que sa femme qui l'accompagne. Dans le milieu du fond, un clocher et, vers la droite, une maison. Au bas de la gauche, on lit difficilement dans l'ombre le nom de *Van Vliet* et l'année.

Haut., 342 millim.; larg., 218.

1ᵉʳ état. Celui décrit; avant toute adresse.

Verstolk, 31 fr. 50 c.

2ᵉ. Dans le haut, à droite : *I. Visscher excud.*

3ᵉ. Dans le bas, à gauche, au-dessous de la petite fille : *I. Covens et C. Mortier excudit;* l'adresse de *Visscher* n'est pas enlevée.

Ces trois états sont au British Museum. Il existe aussi un état avec l'adresse de *C. Danckerts* au haut de la droite.

16. *Les Débauchés*. A gauche, un officier assis tient sur ses genoux

une femme, derrière le dos de laquelle est son bras droit, et de l'autre
il élève un verre; sur la table qui est près d'eux, un pot et divers ustensiles; derrière eux, une femme tenant un verre et un pot les regarde;
plus loin, un lit; sur la droite, près d'une cheminée qui flambe, un
homme prend dans ses bras une femme assise, dont la robe est un peu
relevée et qui tient un verre de la main droite. Sur le devant, à terre,
un verre cassé, une pipe et des cartes. Au bas, à gauche : *JG. Van
Vliet fecit.*

Haut., 208 millim.; larg., 286.

* 1er état. Celui décrit. Collection Verstolk.
Verstolk, 44 francs.
2e. On lit : *Peyenaar excu.*
3e. L'adresse précédente est remplacée par *I. de Ram excudit.*
4e. Dans celui-ci on lit : *t'Amsderdam By Gerard van Keulen.*

17. *Gogaille de paysans.* Composition de dix figures. Vers la
gauche, un homme à demi-levé entame un jambon; un autre, assis
vers la droite, lève un pot de bière; du même côté, un homme vomit, et
sur le devant, un homme assis sur une cuve se baisse pour regarder
dans un pot. A gauche, un homme embrasse une femme. Dans le coin
du bas, à droite : *JG. Van Vliet fecit.*

Haut., 210 millim.; larg., 288.

* 1er état. Celui décrit. Collections Robert-Dumesnil et Verstolk.
Robert-Dumesnil, 37 fr. 70 c., avec la pièce précédente. Verstolk, 81 fr. 90 c.
2e. On lit : *Peyennaar excu.*
3e. Cette adresse est remplacée par *I. de Ram excudit.*

18. *Vieille Femme lisant.* Elle est assise sur un siège sculpté,
tournée vers la gauche, les yeux fixés sur un livre, où sa main gauche
est posée, le pied droit appuyé sur une chaufferette, coiffée d'une
étoffe brodée, liée sur sa tête avec une bande, dont les bouts, qui se
terminent en franges, tombent sur son épaule; son corps est couvert
d'un manteau de velours. Au haut, à droite : *Rt* ou *RH. Van Rijn
jnventor, JG. Van Vliet fecit.*

Haut., 275 millim.; larg., 225.

* 1er état. Avant les tailles horizontales sur le fond, à gauche, du milieu de la hauteur jusqu'à la chaufferette; le catalogue Verstolk ajoute : « L'ombre de la main, ainsi
que le manteau, sont avant les derniers travaux. »
Verstolk, 44 fr. 10 c.; Van den Zande, 38 francs.

2°. Avec les tailles horizontales sur le fond et les autres travaux additionnels, mais avant l'adresse.

Verstolk, 23 fr. 10 c. Van den Zande, 29 francs.

3°. On lit : *Dancker Danckerts Excud.*

19. *Buste d'homme, d'après Rembrandt.* Il est presque de face, un peu dirigé vers la gauche. Ses cheveux sont crépés et son visage est couvert d'ombre. Le fond est blanc. On lit en haut de la gauche : *Rt* ou *RH. jnventor*, et sur la droite : *JG. v. Vliet fec.* 1634.

Haut., 225 millim.; larg., 189.

20. *Buste d'un Oriental.* C'est un vieillard, presque de face, tourné un peu vers la droite, portant des moustaches et coiffé d'une espèce de turban orné d'une aigrette, avec une attache de diamants ; une robe à larges rebords de fourrures le couvre. Le fond est blanc. Au haut de la gauche : *JG. v. Vliet fec.* Vers la droite : *Rt* ou *RH inŭentor*.

Haut., 227 millim.; larg., 189.

Le catalogue Van den Zande indique une épreuve du premier état avant divers travaux, sans autre désignation.

21. *Buste d'homme riant.* C'est un guerrier vu de face, le corps un peu dirigé vers la droite ; il porte un hausse-col ; le fond est blanc. Au haut de la gauche : *JG. v. Vliet fec.*, et vers la droite : *Rt* ou *RH Inŭentor*.

Haut., 225 millim.; larg., 189.

22. *Homme affligé.* C'est un vieillard à mi-corps, vu de profil et dirigé vers la droite ; il a les mains jointes et les doigts entrelacés. Le fond est blanc. Au haut de la gauche : *Rt* ou *RH. jnuentor. JG. v. Vliet fec.* 1634.

Haut., 171 millim.; larg., 185.

1er état. Avant l'adresse.

2e. Au-dessous du nom de Vliet, on lit : *Dancker Danckerts.*

Le catalogue Gersaint prétend qu'il existe un tableau de Rembrandt représentant Judas rapportant dans le conseil des Juifs les trente deniers, et que la tête du traître est la même que celle gravée par Van Vliet.

Verstolk, les deux états, 42 francs.

23. *Buste de vieillard.* Il porte une grande barbe blanche, vu de face, et un peu dirigé vers la droite. Sa tête est coiffée d'une petite ca-

lotte et son corps est couvert d'un manteau, qu'un bouton ferme vers
le cou. Le fond est blanc. Au haut de la gauche : *Rt* ou *RH. jnventor*,
et vers la droite : *JG. v. Vliet fec.* 1634.

Haut., 212 millim.; larg., 180.

24. *Buste d'un Oriental.* Il est vieux, vu de face, portant des moustaches. Sa tête est couverte d'un grand bonnet de fourrure lié vers le
front avec une ceinture; sa robe est bordée de fourrure. Le fond est
légèrement ombré. Au haut de la gauche : *Rt* ou *RH. Van Ryn jn.
JG. van Vliet fecit* 1633.

Haut., 210 millim.; larg., 176.

25. *Buste de vieillard.* Vu de face, regardant en bas; il est chauve
en partie et porte une grande moustache; on voit ses deux oreilles; il a
un petit collet autour de son cou, et son corps est enveloppé d'un manteau ouvert par devant. Le fond est blanc. Dans le haut de la droite :
Rt. in. Le nom de Van Vliet ne s'y trouve pas, quoique la pièce lui
appartienne.

Haut., 149 millim.; larg., 129.

1er état. La collerette à droite, dans le haut, est profilée par un trait léger.
2e. On voit à la même place plusieurs traits à côté l'un de l'autre.
Ces deux états se trouvent au British Museum.

26. *Buste d'un officier.* Il est de profil, dirigé vers la droite. Ses
cheveux longs tombent sur son dos; sur sa tête, un bonnet fourré orné
de deux plumes; une pelisse le couvre; il porte un hausse-col et une
chaîne. Au haut, vers la gauche : *Rt v. Ryn. In.;* au milieu : 1631.
Vers la droite : *JG. v. Vliet fecit.*

Haut., 149 millim.; larg., 129.

1er état. Celui décrit.
2e. Il y a des épreuves où on lit au bas, en caractères d'imprimerie : *Georgius Ra-
goci, Dei gratiæ princeps Transilvaniæ,* . . . *T'Amsterdam, Gedruckt by Hugo Allardt,
inde Kalverstraat in de Werelt Kaert.* Les inscriptions de la marge sont enlevées.

On connaît encore de Van Vliet la copie de *Rembrandt au manteau riche,*
n° 7.

27-31. *Les cinq Sens de nature.* Suite de cinq estampes.

Haut., 243 millim.; larg., 196 à 198.

27. *Le Goût.* Dans un intérieur, deux paysans sont assis à gauche

autour d'un tonneau; l'un boit dans une grande cruche, l'autre mange des gâteaux, qu'une femme assise à droite, auprès d'une cheminée, continue à faire frire. Filigrane : folie avec le chiffre 4 et trois boules. (1.)

28. *L'Ouïe*. Trois hommes font de la musique dans une chambre; un d'eux, assis à gauche, joue du luth; un autre, debout, joue de la flûte, et le troisième chante, tandis qu'un quatrième debout, à droite, les écoute. (2.)

29. *L'Odorat*. A droite, une femme assise près d'un homme qui essaye de la retenir, repousse de la main la fumée de tabac qu'un jeune homme assis vis-à-vis d'elle, près d'une table, lui souffle au visage. Au bas de la planche, à droite : *JG. v. vliet fe.* (3.)

30. *Le Toucher*. Dans sa pharmacie un chirurgien de campagne panse la jambe d'un paysan, qui pousse des cris de douleur. Celui-ci est assis sur une chaise à droite, tandis qu'une vieille femme, du côté opposé, joint les mains et paraît compatir à la souffrance du blessé. Vers la gauche, dans le bas : *JG. v. vliet. fec.* (4.)

31. *La Vue*. Un vieillard, assis à gauche, ayant des lunettes sur le nez, lit dans un grand livre posé sur une table, à la lueur d'une lampe qui brûle derrière un globe, qui est à droite posé sur trois pieds; dans le fond, du même côté, une bibliothèque; à gauche, quelques gros livres à terre. Collections de Fries et Verstolk   (5.)

Les angles du cuivre du numéro 30 ne sont pas arrondis. M. Guichardot, dans le catalogue Van den Zande, cite de ce numéro deux états postérieurs. Dans l'un, les angles du cuivre sont arrondis, mais il n'y a pas l'adresse de *Clément de Jonghe*. Dans l'autre, on lit cette adresse. Il mentionne également une épreuve du numéro 27, où l'angle droit du cuivre est aigu.

Robert-Dumesnil, 38 fr. 15 c.; Verstolk, 60 fr. 80 c.; Van den Zande, 40 francs.

32-49. *Les Arts et Métiers*. Suite de dix-huit pièces.

Haut., 110 millim.; larg., 162.

32. *Le Sculpteur*. Il est dans le milieu et dégrossit une figure couchée sur une table; à gauche, une statue sur un piédestal; à droite, une porte dont le bas est fermé et le haut ouvert; au fond, un établi, des outils et des modèles en plâtre. A gauche, au coin de la table : *JG. fe.* Les deux premières lettres forment un monogramme. (1.)

33. *Le Forgeron.* Le maître est assis derrière l'enclume, tenant une barre de fer sur laquelle deux ouvriers s'apprêtent à frapper ; le chauffeur est dans le fond, près de la forge qui est à droite. Sur le devant, à terre, de grosses tenailles. Au bas de la gauche : *JG. V. Vliet fe j635.* (2.)

34. *Le Serrurier.* Placé au milieu, derrière une table, il lime un morceau de fer dans l'étau ; devant lui un couteau, des clefs, une serrure, un cadenas ; derrière lui, à gauche, un ouvrier forge une patte en fer ; du même côté, la forge ; dans le fond, des outils. Au bas, à droite : *JG. Vliet fe* 1635. (3.)

35. *Le Maçon.* Il est à droite, près d'une cuve retournée, élevant un mur, près du cadre d'une fenêtre et à côté du jambage d'une porte. Un manœuvre, vu par le dos, est à gauche, apprêtant le mortier. (4.)

36. *Le Charpentier.* Il est dans le milieu, tourné vers la droite, tenant sa hache des deux mains pour équarrir un morceau de bois qui est à terre ; à gauche, un compagnon rabote une planche. Sur le devant, des outils. Dans le bas, à droite : *JG. vliet fec.* (5.)

37. *Le Vannier.* Au milieu, le maître tourné vers la droite tresse un grand panier ; à gauche, un garçon tourne un brin d'osier ; sur le devant, du même côté, un gros panier terminé ; à droite, une porte seulement ouverte dans le haut ; au fond, des paniers de diverses formes. Dans le bas, au milieu : *JG. vliet fe.* (6.)

38. *Le Faiseur de balais.* On le voit dans le milieu liant un balai et se retournant vers un garçon placé à gauche qui, une hache à la main, va couper les bouts d'un balai. Dans le fond, des bottes de bouleau, sur lesquelles est une fourche. Au-dessus, un tableau ; à droite, une porte dont le haut est seul ouvert ; dans le bas, des balais et des bottes de bouleau. Au milieu : *JG. fe.* Les deux premières lettres sont réunies. (7.)

39. *Le Chaudronnier.* Assis sur un banc, dans le milieu, il façonne un chaudron, tandis que son ouvrier, avec un grand ciseau, coupe un morceau de tôle derrière lui, à droite ; dans le fond, des ustensiles,

parmi lesquels on remarque une lanterne et une bassinoire ; sur le devant, à droite, des tenailles, un marteau, etc. ; à gauche, une espèce de grand panier. Au milieu de l'estampe, à gauche : *JG vliet fe.* (8.)

40. *Le Tailleur.* Debout près d'une table qui est à droite, il coupe un morceau de drap sur lequel est placé son aune ; deux garçons, sur une espèce de plate-forme qui est à gauche, dans le fond, sont occupés à coudre ; en l'air, sur une corde, des habits. (9.)

41. *Le Cordonnier.* Il est debout, à droite, devant une table, éclairée par une grande fenêtre, coupant un morceau de cuir ; derrière lui, à gauche, son ouvrier confectionne des chaussures ; contre le mur du fond, des grosses bottes et divers ustensiles. (10.)

42. *Le Voilier.* On voit deux ouvriers assis : l'un, à droite, sur un siège élevé ; l'autre, à gauche, sur un siège plus bas, occupés à coudre une voile. Dans le fond, des cordes et autres ustensiles ; sur le devant, à droite, un grand paquet et des grosses cordes. (11.)

43. *Le Chapelier.* Il est assis sur le devant, à gauche, occupé à border un chapeau rond avec des cordelettes, dont un garçon, assis à droite, vis-à-vis de lui, tient et arrête les extrémités de ses deux mains. Dans le fond, à gauche, des placets où sont des boîtes et des chapeaux ; au fond, à droite, un chapeau, des écharpes et une glace ; sur le devant, des chapeaux à terre. Auprès, à droite : *JG. v. vliet fe.* (12.)

44. *Le Vitrier.* Placé au milieu, devant une table, il ajuste, avec des bandes de plomb, des verres pour une fenêtre. Un garçon, vu par le dos, travaille dans le fond, à la gauche. Du même côté, sur le devant, un vitrail ; à droite, une espèce d'armoire. (13.)

45. *Le Tondeur de drap.* Il est nu-tête, avec son compagnon coiffé d'un chapeau, debout, placés l'un derrière l'autre, armés de grands ciseaux. (14.)

46. *Le Tourneur.* Il est à gauche devant son établi, dont il fait marcher le mécanisme avec son pied ; derrière lui, des outils accro-

chés ; au fond, sur une planche, des chaufferettes, des boîtes, une chaise, et sur le devant un rouet. (15.)

47. *Le Boulanger*. Il est à droite, enfournant un pain ; un garçon en arrange d'autres sur un fournil qui est à gauche. Dans le fond, une balance et une pelle. Au haut du four : *JG. v. Uliet fe*. 1635. (16.)

48. *Le Tonnelier*. Debout, vers la gauche, il rabat les cercles d'une futaille, tandis que son garçon, derrière lui, prépare des douves ; à droite, une table, un tonneau et une échelle. Dans le milieu du bas : *JG. vliet fe*. (17.)

49. *Le Tisserand*. Il est à droite derrière son métier, dont il prépare les chaînes ; à gauche, son ouvrier est occupé à un dévidoir. Dans le fond, une balance est accrochée ; sur le devant, un balai et d'autres ustensiles. (18.)

* 1er état. Avant l'adresse. Collection Verstolk.
Robert-Dumesnil, 33 francs ; Verstolk, 36 fr. 80 c.
2e. Sur le dernier morceau, *le Tisserand*, on lit : *C. Danckerts excud*.

50. *Le Mathématicien*. Il travaille dans sa chambre pendant la nuit, assis, à droite, devant une table et tourné vers la gauche ; il écrit dans un livre ; un autre est devant lui appuyé contre un globe. Dans le fond, à droite, un lit, et vers le haut, à gauche, quelques ustensiles sur une planche ajustée au mur. Au milieu du livre appuyé contre le globe : *J. G. fe*.

Haut., 176 millim. ; larg., 129.

1er état. Mentionné dans le catalogue de Van den Zande : avant divers travaux additionnels, la boule qui sert d'ornement au lit se détache avec vigueur sur le fond.
Van den Zande, 8 francs.
2e. Même catalogue. Avec les divers travaux faits depuis à la planche ; la boule du lit se détache à peine du fond.
3e. Au-dessus de la tête du mathématicien, on lit : *C. Danckerts exc*.

51. *Les Joueurs de cartes*. Ils sont au nombre de deux ; l'un, qui paraît être un homme de condition, est assis à droite ; l'autre, ayant un sabre et une giberne, est à gauche. Dans le fond, de ce même côté, deux spectateurs, l'un debout, l'autre assis, tenant un verre de la main gauche élevée. Au bas de la droite : *JG. v. Vliet fe*.

Haut., 176 millim. ; larg., 139.

52. *Le Vert galant.* Il est assis tenant une femme sur son genou. A gauche, un plat et un verre sont sur une table couverte d'un tapis ; à terre, une pipe cassée. Dans le fond, au-dessus des figures, un tableau; vers la droite, une cheminée et une chaise.

Haut., 167 millim.; larg., 135.

Le catalogue Verstolk signale un premier état avec les bords raboteux. C'est seu·lement un indice de primauté d'épreuve.

Verstolk, 21 francs.

53. *L'Arracheur de dents.* L'opérateur et le patient sont dans le milieu. Ce dernier paraît vivement souffrir ; à gauche, dans l'ombre, une femme accroupie profite de ce moment pour fouiller dans son escarcelle. Près de la femme, le panier du paysan rempli d'œufs, dans l'anse duquel est un bâton. Du même côté, une armoire ouverte, des bouteilles et des ustensiles ; à droite, contre la muraille, un banc, et au-dessus un plat à barbe et une trousse. Du même côté dans le bas : *JG. van Vliet fecit.*

Haut., 151 millim.; larg., 135.

* Épreuve signée *Rechberger*, 1802. Verstolk a écrit au bas : *Non mentionnée.* L'ombre, derrière le pot, à gauche, n'est pas croisée par des tailles horizontales; de même au British Museum.

Un sujet semblable est décrit dans l'œuvre de Lucas de Leyde.

54. *Les Joueurs de trictrac.* L'un des joueurs est assis vers la gauche; l'autre, debout, vu par le dos, s'appuie de son bras gauche sur la table. A droite, une dame assise, ayant derrière elle un homme debout. Dans le fond, à gauche, un lit à rideaux.

Haut., 151 millim.; larg., 133.

55. *Le Vendeur de mort aux rats.* Il est debout, à gauche, tourné vers la droite, tenant de la main droite un grand bâton, au bout duquel pend une espèce de cage, et de la gauche un paquet de drogues. Il y en a aussi sur sa table, autour de laquelle sont quatre paysans ; au milieu du haut : *JG van Vliet fec.*

Haut., 153 millim.; larg., 133.

Le catalogue Verstolk cite un premier état non mentionné, sans autre désignation.

56. *La Famille.* A gauche, une femme assise tient, entre ses bras, un enfant emmaillotté, écoutant avec attention un vieillard assis vis-à-vis d'elle, sur un panier renversé, placé sur le devant, au milieu de l'estampe. Sur une des marches de l'escalier : *JG. fe.*

Haut., 153 millim.; larg., 137.

M. Guichardot, dans le catalogue Van den Zande, décrit deux états :

1er. Les angles du cuivre sont très aigus.

2e. Ils sont arrondis.

57. *Portrait d'Amélie de Solms.* La princesse d'Orange est debout à mi-corps, dirigée un peu vers la droite, appuyant sa main droite sur sa hanche et tenant de l'autre un plumet. Dans la marge du bas : *Amelia van Solms by der Gratien Gods princesse van Orangien Graeffine van Nassau Meurs Bueren leerdam,* etc. *Marquisinne vander veer en Vlissingen,* etc. *Me Vrouve en Baronisse van Breda de Stadt Graef ende Diest,* etc. *J. G. van Vliet fecit,* 1634. Pièce très médiocre.

Haut., 203 millim.; larg., 156.

58. *Buste de vieillard.* Il est vu de trois quarts ; sa tête, chauve au sommet, est un peu penchée vers la gauche et éclairée du côté droit. Il a la bouche ouverte et paraît souffrir. Il y a des tailles dans le fond, vers la tête.

Haut., 68 millim.; larg., 43.

59-72. *Différentes figures seules.* Suite de quatorze estampes.

Haut., 95 millim.; larg., 68 à 75.

59. *Titre.* Deux hommes tiennent un cartouche, que celui de la gauche montre de la main droite. On y lit : *JG. van Vliet fecit,* 1635. (1.)

60. *Un Mercier.* Il porte une cassette attachée à une bandoulière. (2.)

61. *Un Gueux.* Il est vu par le dos, ayant les mains dans ses poches. (3.)

62. *Autre, vu par derrière.* Il a les mains derrière le dos. (4.)

63. *La Marchande de fruits.* Elle porte de la main droite un panier rempli de verdure et de fruits. (5.)

64. *La Femme au coq.* Elle le porte sous son bras. (6.)

65. *Le Marchand de volailles.* Il porte un panier rempli de ces animaux. (7.)

66. *La Blanchisseuse.* Elle porte sur sa tête un seau contenant du linge. (8.)

67. *Le Soldat.* Il tient un long bâton de la main gauche, et appuie la droite sur sa hanche. (9.)

68. *L'Homme coiffé d'un bonnet.* Il est enveloppé dans un manteau court, dont les manches sont pendantes. (10.)

69. *Un Homme de condition.* Il s'appuie de la main gauche sur son bâton, et de l'autre sur sa hanche. (11.)

70. *L'Homme au manteau court, bordé de fourrure.* (12.)

71. *Le Soldat.* Il porte un fusil sur l'épaule gauche ; un chien l'accompagne. (13.)

72. *Une Femme de condition.* Elle a ses mains dans un petit manchon. (14.)

1er état. Avant l'adresse de *Danckerts*. Verstolk, 37 fr. 70 c.
2e. Avec l'adresse précitée. Verstolk, 31 fr. 50 c.
3e. L'adresse de *Danckerts* est effacée. Verstolk, 27 fr. 30 c.

Nous lisons dans le catalogue de Robert-Dumesnil :

« La suite des différentes figures seules, 57 à 70. Les numéros 60, 61 et 67 de l'état constaté par Bartsch ; les autres d'un état postérieur, probablement le deuxième, portant sur le titre l'adresse de J. *Danckerts*, et chaque pièce revêtue d'un numéro qui ne correspond pas à l'ordre de la nomenclature de Bartsch. » Cette suite vendue 89 fr. 10 c.

73-82. *Différents Gueux ou Mendiants.* Suite de dix estampes, numérotées au coin du bas, à droite.

Haut., 90 à 95 millim.; larg., 63 à 68.

73. *Titre.* Deux pauvres estropiés sont assis au bas d'une toile tendue, derrière laquelle on voit un homme donnant l'aumône au pauvre qui est à gauche de l'estampe. Sur la toile : *By't geeue bestaet ons leeue. JG. van Vliet fec.*, 1632. 1.

74. *Gueux avec jambe de bois.* Il marche à l'aide de deux béquilles, en se dirigeant vers la droite : *JG. van Vliet inū.* 2.

75. *Autre Gueux.* Il porte une femme sur son dos, et marche vers la droite. Au haut, du même côté : *JG. van Vliet jnv.* 3.

76. *Autre, vu par le dos.* Il marche vers la droite, à l'aide de deux béquilles. Au haut, à droite : *JG. van Vliet jn.* 4.

77. *Autre, accroupi sur une butte.* Il s'appuie des deux mains sur son bâton ; il porte au côté gauche une giberne, une épée et une calebasse ; ses pas sont dirigés vers la gauche. Au haut, à droite : *JG. van Vliet j̄nū.* 5.

78. *Une Gueuse.* Elle est assise à gauche, au pied d'un arbre, tournée vers la droite ; elle enlève la vermine d'un enfant couché à ses pieds. Vers le haut, à droite : *JG. van Vliet in =.* 6.

79. *Un Mercier.* Il est assis dans le milieu, au pied d'un arbre, étendant la main droite et posant l'autre sur sa cassette. Au haut, à droite : *J.G. van Vliet jnū.* 7.

80. *Un Vendeur de mort aux rats.* Il dirige ses pas vers la gauche. Au haut, du même côté : *van Vliet jn ».* 8.

81. *Un Soldat.* Il porte un bouclier sous son bras droit. Au haut, à droite : *JG van Vliet jnū.* 9.

82. *Une Femme jouant du violon.* Elle danse en même temps. Au haut, à gauche : *JG van Vliet inu.* 10.

Au British Museum, quatre états du titre :

1er. Avant le numéro ; 2e, avec le numéro 1 ; 3e, au bas, à droite, près du numéro : *F. de Wit exc.*; 4e, l'adresse est effacée.

Les autres pièces de la suite sont avant ou avec les numéros, et avec les numéros effacés. Les numéros sont inscrits au coin du bas, à droite.

Robert-Dumesnil, avant l'adresse et les numéros, 70 francs.

Nous avons vu, au British Museum, deux suites de copies : la première porte la date de 1630, on lit au-dessus de l'année : *J. V. Uliet fe.*

Les autres estampes portent le monogramme de Van Vliet, elles ont une largeur de 75 millim., ainsi que le titre.

Nous ne pouvons dire si c'est dans cette suite que le numéro 75 représente un *Gueux portant une balle*, et le numéro 81, *un Vielleur*.

La deuxième suite de copies porte la date de 1632. On lit sur le titre, dans le bas : *J. V. Vliet fe*, et dans le haut : *Byt gecue Bestaelt Ons Leuce.* Les autres pièces de la suite n'ont pas de monogramme, la largeur des estampes est de 68 millim.

83-92. *Autre suite de différentes figures.* Dix pièces numérotées.

Haut., 63 à 68 millim.; larg., 50 à 54.

83. *Titre.* Un homme et une femme tiennent un écusson sur lequel on lit : *JG. van Vliet fecit,* 1632. 1.

84. *Un Gueux.* Il tient un bâton de la main gauche, et de l'autre un panier. 2.

85. *Une Femme.* Elle porte une hotte sur le dos et un panier à son bras droit. 3.

86. *Homme vu de face.* Il est couvert d'un manteau court ; sur sa tête, un bonnet orné d'une plume. 4.

87. *Un autre Homme vu de face.* Sur sa tête, un chapeau rond. 5.

88. *Le Paysan qui pisse.* Il est de face, le corps tourné vers la droite. 6.

89. *Homme marchant vers la droite.* Il est coiffé d'une espèce de turban, et couvert d'un manteau court, bordé de fourrure ; il tient une baguette à la main, et porte une épée au côté droit. 7.

90. *Une Femme.* Elle porte sur son bras droit un enfant emmaillotté.8.

91. *Un Gueux qui vomit.* A gauche, on voit un cochon. 9.

92. *Un Mercier.* Il a la main droite en avant et dirige ses pas vers la droite. 10.

1er état. Celui décrit, avant l'adresse et le numéro.

Robert-Dumesnil, 38 fr. 15 c.; Verstolk, 21 francs.

2°. Sur le premier morceau : *I de Ram Excud*, et au coin du bas, à droite, le numéro 1. Les autres pièces de cet état portent aussi un numéro.

PIÈCES ATTRIBUÉES A VAN VLIET

Nous trouvons dans le catalogue Verstolk, la pièce suivante :

Jésus et Nicodéme, par *Van Vliet.* Epreuve non mentionnée, avec la marge non nettoyée.

Verstolk, 48 fr. 50 c.

Et dans le catalogue Rigal :

Vieille vue à mi-corps, dirigée vers la gauche, la tête vue de trois quarts forcés ; un mouchoir rayé entoure ses cheveux, et un fichu couvre ses épaules. Sans nom de maître, attribuée à *J. G. van Vliet.*

Nous avons trouvé au Cabinet des estampes de Paris la pièce suivante, gravée par le maître, comme le prouve la fin de la dédicace que nous rapportons ci-dessous.

Le prince d'Orange (Frédéric-Henri). Il est représenté à che-

val, dirigé à droite, couvert de son armure, une écharpe passée
dessus flotte au vent; il porte une grande collerette rabattue et
tient de la main droite le bâton de commandement. Au bas, on
lit : FRED. HENRICO. D. G. PRINCIPI AURIACO. COMITI NASS. . . . . *humiliter offert et dedicat, Iohannes Van Vliet, Author*. Au-dessous,
des vers latins en deux colonnes, avec armoiries au milieu :
Quem Procerum votis, . . . Commoda : civis habet. Au-dessous :
CASPAR BARLÆUS. 1634. A droite, vers le milieu : *Minten Scrip*.

Haut., 790 millim.; larg., 570. La marge, contenant l'inscription, a 175 millim. de haut.

VORSTERMAN (Lucas), dit *le Vieux*, peintre et graveur à l'eau-
forte et au burin; né, dit-on, à Anvers, en 1578, et, selon MM. Michiels
et Hymans, à Bommel, dans la Hollande, fut élève de P.-P. Rubens. Son
portrait a été gravé par Van Dyck et aussi par Wyngaerde, d'après
Lievens. Ces deux portraits indiquent dans les yeux du graveur des
signes d'égarement. On sait que Vorsterman avait été atteint d'une
folie momentanée. L'année de sa mort n'est pas connue. Voir *Icono-
phie de Van Dyck* et *Rubens et son école*.

La Descente de croix. (Voir œuvre de Rubens, page 73, n° 99.)

Jésus-Christ descendu de la croix. Il est étendu dans le milieu, la
tête à droite; il est soutenu par la sainte Vierge, derrière laquelle est
la croix renversée ; quelques figures d'anges volent en l'air. Au bas,
sur le terrain, la couronne d'épines et des clous. A gauche, trois anges
contemplent le Sauveur et versent des larmes. A la gauche : *Anton.
Van Dyck inuen.;* au milieu : *Cum priuilegio*, et à droite : *Lucas
Vorsterman sculp*. Dans la marge, six vers latins : *Ille meis. . . . . .
tristis erat*.

Haut , 312 millim.; larg., 440.

* 1ᵉʳ état. Avant toutes lettres, c'est-à-dire avant les noms du peintre, du graveur
et le privilège, et avant les six vers dans la marge du bas. De la plus grande rareté.

Une épreuve est au Cabinet des estampes de Paris, où elle était annoncée comme
unique. Notre épreuve a des taches et laisse à désirer pour la fraîcheur.

* 2ᵉ. Celui que nous avons décrit plus haut; avant la troisième ligne dont nous
nous allons parler. Collection Scitivaux.

Debois, 389 francs.

3°. Une troisième ligne a été introduite au-dessous des vers; elle commence par *Per Illustri...*

Il existe, de cette estampe, une copie assez trompeuse, dont on rencontre quelquefois des épreuves avant la lettre. Elle est plus dure que l'original.

La Mise au tombeau. Dans une caverne, le Christ est étendu, dans le milieu, sur la pierre du sépulcre. Sa tête est vers la gauche. Plusieurs disciples le soutiennent sur le linceul. Dans le fond est la sainte Vierge, accompagnée de deux saintes femmes, dont une a le bras gauche du Christ passé autour de son cou. A droite, la Madeleine, prosternée, embrasse les pieds du Sauveur. Dans la marge : *O tristes animæ. . . . . . summæ ianua lœtitiæ.;* MARIÆ MAGNÆ BRITANNIÆ SERENISSIMÆ REGINÆ. *hæc Christi corporis humatio. a Luca Vorstermanno in æs incisa* DD. *Ex Arundeliana penu deprompta. a Raphaello Vrbin delin. Cum priuileg. Reg. excusa.* 1628.

Haut., 165 millim.; larg., 160, pris sur le témoin du cuivre.

Epreuve signée : *P. Mariette,* 1668.

Le Rosaire. Dans le milieu, la sainte Vierge, assise, tenant l'enfant Jésus dans ses bras, les pieds posés sur les genoux de sa mère, fait un geste de la main gauche vers saint Dominique, placé à droite, sur le front duquel est tracée une croix; il tient dans chaque main un rosaire, qu'il va donner à plusieurs personnages agenouillés à droite et dans le milieu; à gauche, trois religieux debout. Dans l'estampe, à gauche : *Michel Angnolo Carauagio pinx.;* à droite: *Vorsterman fec. Cùm priuil.* Dans la marge : ILLVSTRISSIMO REVERENDISSIMOQ. DNO. D ANTONIO TRIEST. GANDAVI EPISCOPO. IN EVERGHEM COMITI. . . . D.D. L. VORSTERMAN.

Haut., 520 millim.; larg., 395.

Van den Zande, 50 francs.

Saint Georges combattant le dragon. Le saint est dans le milieu, lançant son cheval vers la droite et perçant de sa lance le dragon qui est à l'entrée de sa caverne. La princesse de Cappadoce est à genoux, à gauche; du même côté, dans le fond, un bois sur une éminence. Sur le harnais du cheval : RAPHELLO S. V. Dans la marge : NOBILISSIMO POTENTISSIMOQ₃. DNO GUILIELMO COMITI DE PEMBROOCK. BARONI HERBERT ETC : SENESCHALLO DOMVS REGIÆ GARTERII ORDS, ... *Eximiam hanc*

Raphaelis picturam quæ hactenùs latùit inter eiùs rariora. . . . .
Lùcas Vorsterman scùlptor. DD. 1627. *Cum priùileg. Reg. et.*
Pr : RAPHEL VRBIN *inù.*

Haut., 280 millim.; larg., 232.

Cette gravure n'a pas été exécutée d'après le tableau qui est au musée du Louvre,
mais d'après un autre qui, dit-on, a passé à Saint-Pétersbourg.

Le Coup de fléau. (Voir œuvre de Rubens, page 171, n° 59.)

Le Connétable de Bourbon. Il a le corps tourné vers la gauche; il
regarde à droite. Sa main droite est posée sur son casque, qui est sur un
un appui, à gauche; l'index de sa main gauche est dirigé du même côté;
il porte un bonnet et une robe de fourrure. Dans l'estampe, on lit à rebours : OMNIS SALVS IN FERRO EST. Dans la marge : *Sereniss : Caroli Du-
cis Bourboniæ Comitis Monpenseriæ et Auerniæ, Magni Galliæ
Conestablÿ : vera effigies in præsentia Caroli V Jmperatoris depicta
a Tiliano. . . . atq₃ demum Sculpta a Vorstermanno. Cum priuil :
Reḡ : exc.*

Haut., 300 millim. avec la marge du bas ; larg., 220.

Van den Zande, 20 francs.

Le tableau original était dans la collection du comte d'Arundel, grand maréchal
d'Angleterre.

Thomas Morus. Le grand chancelier d'Angleterre est vu presque de
face, coiffé d'une petite toque, portant la barbe et les moustaches; il
dirige un peu ses regards vers la droite. Sa main droite, fermée, est
élevée à la hauteur de son cou; de la main gauche, il tient une espèce
de portefeuille. Sur une table, devant lui, un chien est assis à la
gauche. Dans la marge : HEROA CERNIS? MORVS EST : FIDEI ILLE MARTYP
OPTIMÆ; KEIMHAION SÆCLI SVI. V. N. IOANNI WAVERIO ANTVERPIENSI,
EQVITI. . . . A SE AERI INCISAM, OBSERVANTIÆ ERGO, LVCAS VORSTER-
MANS L. M. DICAT. M. IↃ. CXXXI. A gauche, tout au bas : *H. Holbenius
pinxit. V. sculpsit.*

Haut., 257 millim., avec la marge du bas; larg., 168.

Van den Zande, 80 francs.

Le tableau était dans le cabinet de Wavérius, célèbre par le portrait que *Van Dyck*
a fait de lui, que *Pontius* a gravé, et dont les épreuves à l'eau-forte sont si rares et
si chères.

UYL ou VIL, ou bien VYL (J. DEN). Cet artiste n'est connu que par un très petit nombre d'estampes qui sont très rares, et dont une est marquée de son nom. Bartsch dit que les animaux représentés sont assez bien caractérisés; mais il y a peu de goût dans le dessin. Ces planches sont gravées d'une pointe fine et timide; les ombres y sont produites par un mélange de petits points et de traits courts et courbés, et d'autres griffonnements sans esprit. Les estampes de J. den Vyl, ajoute Bartsch, approchent de quelques-unes de Nicolas de Moojaert, sans cependant en égaler le mérite. On ne connaît ni l'époque de sa naissance, ni celle de sa mort.

ŒUVRE DE VYL

1. *Le Bœuf et le Mouton.* Celui-ci est couché à droite, au bord d'un petit ruisseau qui coule du fond jusqu'au bas; du même côté, deux saules dans le lointain; sur l'autre bord, à gauche, le bœuf est debout, vu de dos; contre le trait de bordure, une chaumière. Sans nom de maître.

Haut., 86 millim.; larg., 113.

* Collections Verstolk et d'Isendoorn.
Verstolk, 125 francs; d'Isendoorn, 26 francs.

2. *Le Taureau.* Il est à gauche, vu presque de dos, debout, devant une barrière fermée, entre une clôture de planches et un ruisseau qui est à droite, de l'autre côté. Sans nom.

Haut., 86 millim.; larg., 119.

* Collections Verstolk et d'Isendoorn.
Verstolk, 52 fr. 50 c.; d'Isendoorn, 49 francs.

3. *Les deux Bœufs.* L'un, couché, est dirigé vers la droite; l'autre, debout, est tourné vers la gauche. Cet animal pisse. Vers le haut de la droite : *J. den Vyl fe.*

Haut., 92 millim.; larg., 122.

1er état. Avant le nom du maître.
2e. Celui décrit.
3e. Avec l'adresse suivante : *L. Lodewijck Excudit.*

Weigel dit qu'il se trouvait dans la collection Verstolk deux autres pièces in-8° oblong, *un Chien* et *un Buffle*, tous deux debout. Il ajoute que le travail à la pointe est absolument différent; mais quant au dessin et au caractère, ces pièces ont quelque ressemblance avec le peu d'autres morceaux que nous possédons de cet artiste.

Nous avons le catalogue Verstolk sous les yeux, et nous ne trouvons pas ces deux pièces mentionnées à l'article de ce maître.

WAEL (Jean-Baptiste de), dit le Vieux, peintre et graveur à l'eau-
forte, né à Anvers, en 1557; mort en 1633. C'est de lui dont Van Dyck
a fait un très beau portrait à l'eau-forte, dont l'inscription porte : pictor
hvmanarvm figvrarvm. Bartsch dit que ses tableaux n'existent qu'en
très petit nombre, et qu'il faut parcourir beaucoup de galeries et des
cabinets avant d'en rencontrer un seul. Il ajoute qu'il en est de même
de ses estampes : on ne les rencontre que rarement. Avant Barstch,
les iconographes ne les avaient pas citées. Elles ont été mises au jour
en Italie; elles décèlent un grand mérite par un dessin ingénieux et
savant, joint à une pointe ferme et pleine d'esprit.

ŒUVRE DE JEAN-BAPTISTE DE WAEL, dit LE VIEUX

1-14. *Différents sujets mêlés de figures et d'animaux,* suite de
quatorze estampes, numérotées.
Haut., 86 à 88 millim.; larg., 129 à 133.

1. *Titre.* A droite, une pauvre femme a posé sa cruche sur le bord
d'une fontaine, où boit un chasseur, ainsi qu'un des deux chiens qui
l'accompagnent. Près de la fontaine, un mur et deux colonnes. Sur un
piédestal placé un peu en arrière : *Illmo ac Orn^{mo} Dño Gasparo de
Roomer bonarum Artium Mæcenati dign^{mo} D. D. D. Joannes Bap^{ta}
da wael.* Dans la marge du bas : *Con Licenze de'Superiori. In Roma
da Vincenzo Billij uicino l'Orologio della Chiesa Noua.* A droite, le
numéro 1.

2. *Le Pêcheur.* Il a le bras gauche étendu et tient sa ligne de la
main droite, tandis qu'à gauche, une femme fait passer la rivière à son
troupeau de vaches et de chèvres. Au bas, à droite, le numéro 2.

3. *Les Fauconniers.* Un cavalier à gauche, suivi de deux chiens,
précédé d'une dame à cheval, devant laquelle marchent un piqueur, portant un fusil, et deux autres chiens; ils se dirigent vers la droite. Au
bas, à droite, le numéro 3.

4. *Le Chariot.* Il est chargé de bagages qu'un homme monté dedans
s'efforce de retenir, tandis qu'un autre homme s'appuie fortement
contre la roue pour l'empêcher de verser. Derrière le chariot, une

femme porte sur la tête un grand panier où sont des poules ; elle tient à son bras gauche un autre panier rempli, couvert d'une étoffe ; un chien est devant elle. Le chariot, attelé d'un cheval, dont le conducteur paraît crier, vient de la droite et se dirige vers la gauche. Au bas, à droite, le numéro 4.

5. *Le Mulet chargé de deux oies.* Il est précédé d'un homme portant une malle et suivi d'un bélier, de deux chèvres et d'une femme portant un enfant sur le bras droit, et de l'autre un panier. La marche se dirige vers la gauche. Au bas, à droite, le numéro 5.

6. *La Femme sur l'âne qui brait.* L'animal est, dans le milieu, tenu par la bride par un homme [qui semble soutenir la femme, tournée vers la droite, où est un chien. Derrière cet âne, à gauche, une femme, tenant un enfant dans ses bras, s'avance montée sur un mulet caparaçonné. Au bas, à droite, le numéro 6.

7. *Les Joueurs.* Ils sont à table, dans un cabaret, jouant aux cartes ; un autre paysan est assis à gauche, tenant d'une main un pot, et de l'autre un verre ; derrière lui, un cuisinier devant une cheminée allumée ; près des deux joueurs, d'autres paysans. Au bas, à droite, le numéro 7.

8. *Les Pèlerins.* Dans le milieu, un pèlerin, portant une femme dans ses bras, s'apprête à passer à gué un ruisseau ; à droite, un homme et un enfant en costume de pèlerins ; dans le fond, à gauche, deux cavaliers suivis d'un chien. Au bas, à droite, le numéro 8.

9. *Le Joueur de cornemuse.* Il marche vers la gauche, suivi de plusieurs béliers et d'une femme montée sur un âne, ayant un enfant dans ses bras et un autre en croupe. Au bas, à droite, le numéro 9.

10. *La Querelle.* Dans un cabaret, à la suite d'une partie de cartes, un homme placé à droite lève une grosse bouteille pour la jeter à la tête de son adversaire ; un homme et une femme cherchent à le retenir. De l'autre côté de la table, d'autres personnes cherchent à retenir son ennemi. Au bas, à droite, le numéro 10.

11. *Les Voyageurs au repos.* A droite, un homme monté sur un âne joue de la guitare, ayant un autre homme assis près de lui ; à

gauche, on voit une femme assise tenant un enfant dans ses bras ; tandis qu'une autre femme, ayant sur la tête un panier où sont deux oies, est debout derrière celle-ci. Au bas, à droite, le numéro 11.

12. *L'Enfant pouilleux.* Il a la tête couchée sur les genoux d'une vieille à lunettes, qui est en train de le nettoyer ; à droite, une femme debout tient un enfant dans ses bras ; à gauche, une autre femme tire de l'eau d'un puits, la tête tournée vers un chien qui la regarde. Au bas, à droite, le numéro 12.

13. *Les Mères.* Dans le milieu, une vieille, tournée vers la gauche, tient un fuseau, regardant une femme assise qui a un enfant sur ses genoux ; derrière celle-ci, un homme s'appuie sur le bât d'un âne ; à droite, une autre femme, près de laquelle est un enfant debout, est occupée à dévider. Au bas, à droite, le numéro 13.

14. *Le Chirurgien de village.* Il fait une opération à la tête d'un paysan assis dans le milieu, sur un escabeau ; deux paysans et un chien sont à droite, derrière le patient ; à gauche, une vieille mettant ses lunettes semble surveiller l'opération ; près d'elle, une femme et deux enfants, dont elle tient l'un sur son bras droit. Au bas, à droite, le numéro 14.

1er état. Avant l'adresse de *Vincent Billij* et les numéros. Très rare. Van den Zande, 37 francs.

* 2e. Celui décrit avec l'adresse et les numéros. Collection Galichon.

3e. L'adresse a été enlevée, mais les numéros sont restés.

Nous lisons dans le catalogue Arosaréna :

Paysans italiens, autour d'une table, devant une auberge ; à droite, un jeune garçon et une jeune fille sont assis sur un tronc d'arbre renversé.

Épreuve à l'eau-forte pure, d'une pièce non décrite par Bartsch. Arosaréna, 9 francs.

On connaît encore deux autres graveurs du même nom. Le premier : Corneille de Wael, que l'on croit fils du précédent. Il serait né à Anvers, en 1594, et mort à Gênes, en 1662. Nous citons quatre pièces, d'après le catalogue Camberlyn:

Intérieur où sont représentés des gens attablés, et buvant ou fumant. Vers la droite du haut, dans le fond : *C. D. W.*

Autre sujet du même genre. On remarque, à gauche, un homme assis tenant un pot, et, à droite, deux autres hommes et une femme debout. Sans nom, ni marque.

Les Suites d'un duel. Deux hommes transportent un blessé ; on voit, à droite, une femme tenant un enfant dans ses bras.

Pièce attribuée à ce maître.

Scène de marionnettes. Elle a lieu en présence de nombreux spectateurs. Belle pièce en largeur, sans nom ni marque, également attribuée à Corneille de Wael.

Le second, Jean-Baptiste Wael, peintre et graveur à l'eau-forte, passe pour être de la famille des précédents; il florissait vers le milieu du dix-septième siècle.

La Parabole de l'enfant prodigue. Suite de cinq pièces.

Haut., 189 à 196 millim.; larg., 297 à 299.

Les trois premières pièces sont gravées par un anonyme.

Dans les marges, aux deux derniers morceaux : *l'Enfant prodigue gardant les pourceaux*; *l'Enfant prodigue venant retrouver son père* : C. ou *Cor. de Wael Inv. Inuentor Jan. Baptist.* ou *Baptista de Wael fecit.* A la première : 1658. Les cinq pièces sont exécutées d'après Corneille de Wael.

Paysage avec chasseur aux canards, suivi de son chien. La scène se passe près d'un vaste étang, bordé de grands arbres. Dans la marge, à gauche : *I. Foucquier. pinxit*; à droite : *Jan B. Wael F 1658. A Voet exc.*

Haut., 225 millim.; larg., 322.

1er état. Avant divers travaux, notamment les contre-tailles diagonales sur le chemin, derrière le chien.

2e. Avec les contre-tailles derrière le chien, et d'autres travaux pour produire plus d'effet, et avec l'adresse indiquée ci-dessus.

3e. Le chasseur et le chien ont été supprimés, et l'on a gravé le baptême de Jésus-Christ à la place qu'occupaient les canards; les nom et prénom du graveur ont été effacés ainsi que la date, et l'adresse de *Ioan. Van Sande* a été substituée à celle de *A. Voet.*

WATERLO, ou WATERLOO (ANTOINE, ou ANTONI) est né, si l'on s'en rapporte à Descamps, en 1618. Les uns le font naître à Amsterdam, les autres à Utrecht; d'autres à Lille, en Flandre. Il paraît avoir vécu pendant un certain nombre d'années entre Maarsen et Breukelen, aux environs d'Utrecht. Ses estampes et ses dessins paraissent pour la plus grande partie représenter les environs de cette ville. Descamps dit que ses tableaux furent recherchés de son temps et le sont encore aujourd'hui; ses ciels sont clairs et légers, ainsi que ses lointains et ses arbres, et ses plantes de bonne couleur et bien variées. Il représente la nature telle qu'il la voyait. Ses tableaux, quelquefois froids, plairont cependant toujours par l'exactitude avec laquelle il saisissait les passages de lumière à travers les arbres et la réflexion des objets dans l'eau. Descamps ajoute : « Un honnête patrimoine et ses ouvrages quoique bien vendus ne préservèrent pas ce peintre de mourir dans la misère ; il fut enterré dans l'hôpital Saint-Job où il est mort, près d'Utrecht. » On affirme cependant qu'il est mort à Amsterdam le 28 février 1677.

Descamps ne cite particulièrement aucun de ses tableaux. Personnellement nous n'en avons vu jamais qu'un seul. Il était agréablement composé et enrichi de belles figures dues au pinceau d'Adrien van de Velde qui avait aussi signé le tableau. Il venait de la collection d'Aigremont, où il fut, croyons-nous, vendu 5,000 francs environ [1].

Ses dessins sont beaucoup moins rares. Il y en avait six dans la collection Verstolk, dont plusieurs sont annoncés comme très beaux. Onze figuraient à la vente Guichardot : ils furent vendus en trois lots.

Bartsch a parlé avec beaucoup d'éloges de ce maître dont il nous paraît avoir bien caractérisé le talent et la manière :

« Les sujets de Waterloo, dit-il, étaient les bois qu'il rendait en véritable maître. On y trouve toute la vérité de la nature, surtout dans le feuillé qu'il rendait d'une manière admirable. Un petit coin de forêt, une partie de ruiseau, à bords garnis de verdure, un rocher, un village isolé situé sur la rive d'un canal, un ermitage : voilà les sujets qu'il a exécutés de préférence. »

Selon Bartsch, il n'a pas assez soigné le clair obscur ; les lumières sont souvent trop nombreuses et trop dispersées. Il était peu habile dans l'art de dessiner les figures : aussi emprunta-t-il le pinceau de divers artistes pour faire orner ses tableaux. Les figures que l'on rencontre dans ses estampes prouvent assez sa grande infériorité dans ce genre.

Comme graveur, voilà le procédé qu'il employait : Il laissait mordre délicatement l'eau-forte sur ses planches sans jamais les assujettir une seconde fois à cette opération. Pour garantir ses fonds contre l'effet de l'eau-forte, il avait soin de les couvrir et obtenait par ce moyen la dégradation des plans. Bartsch cite particulièrement à l'appui de ce qu'il avance l'estampe n° 56, où la grande masse de bois se dégage

---

1. Le musée de Dresde possède deux tableaux de Waterloo, et celui de Munich trois ; un d'eux seul est signé. Ce peintre-graveur a fait une excursion dans le nord de l'Allemagne ; on voit au musée de Hambourg plusieurs dessins signés de lui avec des noms de villages des environs de cette ville ; en outre, les dessins pour les estampes *B.* 71-76 et plusieurs autres semblent être faits sur les bords de la Meuse, entre Liège et Dinant. (Note communiquée par M. le docteur Sträter.)

parfaitement de l'arbre qui est à gauche du devant, et qui est très creusé par l'eau-forte. Mais ordinairement il laissait mordre ses planches dans un degré général de force, et il ajoutait ensuite, avec le burin seul, l'accord des tons, ainsi que les ombres fortes, partout où il le jugeait nécessaire. Bartsch prend alors pour exemple le numéro 55, où trois divers plans ont été mordus faiblement et au même degré. Les dégradations ont été effectuées après coup par un travail de burin plus ou moins abondant; Waterloo s'est en général beaucoup servi de cet instrument.

Il est résulté de ces procédés un assez grave inconvénient : les planches de notre artiste ayant été délicatement gravées à l'eau-forte et chargées de beaucoup de burin, il arriva qu'à mesure qu'elles s'usaient, les traits de l'eau-forte devinrent visiblement plus faibles, tandis que les coups de burin opposant plus de résistance à l'impression ne diminuèrent point dans la même proportion, aussi les tons se confondirent et l'harmonie fut détruite. C'est ce qui a fait croire que ces mauvaises épreuves avaient été retouchées; mais c'est une erreur, cet effet est produit par l'usure de la planche.

Quelques-unes en très petit nombre ont été effectivement retouchées au burin postérieurement par des mains étrangères, mais ce nouveau travail n'a eu lieu que dans les devants couverts d'ombres, rarement dans les troncs d'arbres, jamais dans le feuillé.

Quelques autres en plus grand nombre ont été retouchées à l'eau-forte. Ce qu'il est facile de remarquer : dans tous les endroits où la délicatesse est requise, les traits y sont grossiers et crus; il n'y a aucune dégradation dans les tons, les lointains sont aussi vigoureux que les devants. Le tout ensemble n'offre qu'un assemblage de masses noires et monotones opposées à des clairs tranchants dépourvus de ces douces demi-teintes et de ces coups d'un noir vif qui produisent l'effet brillant si justement admiré dans les bonnes épreuves.

Bartsch décrit cent trente-six pièces, auxquelles nous n'aurons probablement rien à ajouter qu'on puisse donner sérieusement à l'artiste dont nous allons décrire l'œuvre.

ŒUVRE D'ANTOINE WATERLOO

* *Premier Titre.* On lit : HET GEHEELE WERK *Van den Vermaar-*
den LANDSCHAP SCHILDER ANTHONI WAATERLOO : *Bestaande in Hondert
en ses-en-dartig verscheyde* LANDSCHAPPEN, *Alle door hem zelf
Konstig geteeckent en in'l Koper gemaakt. Zeer dienstig voor
alle Landschapschilders en Liefhebbers van de Teekenkonst.* Au-
dessous, la figure d'Atlas portant le globe. Au bas : t'AMSTERDAM,
Gedrukt en te bekomen by CORNELIS DANCKERTS, *voor aan op de
Nieuwendyk, in den Atlas.* Pièce très rare. Collection d'Isendoorn.

Haut., 3!0 millim.; larg., 200.

Isendoorn, 64 francs.
Filigrane : armes d'Amsterdam.

* *Second Titre* en français et en hollandais.

On lit RECEUIL DES PAÏSAGES D'ANTOINE WATERLO GRAVÉES PAR
LUI MÊME., puis une barre. Au-dessous : VERZAMELING VAN LANDS-
CHAPPEN ALLE ZELFS GEINVENTEERD, EN GE-EST DOOR ANTONI WA-
TERLO. Assez rare ; collection Camberlyn.

Haut., 370 millim.; larg., 260.

Filigrane : un certain nombre de grandes lettres en deux lignes.
Camberlyn, 9 francs.

PIÈCES EN LARGEUR

1. *Les deux Paysans dans l'allée d'un bois.* Ils se dirigent vers le
fond, sur un chemin qui est à gauche, au bout duquel on voit de grands
arbres ; au milieu est une forte masse de grands arbres ; à droite, s'élèvent deux sapins ; sur le devant, de ce côté, une pièce d'eau. Au haut
de la planche, à gauche : *A. W. ex.*

Haut., 81 millim.; larg., 97.

1er état. Eau-forte pure, avant le ciel, la signature et le numéro. Le groupe
central des arbres est non terminé, laissant voir des espaces clairs.

* 2e. Celui décrit. Deux épreuves, l'une sur papier au filigrane de la folie, l'autre
avec les armes d'Amsterdam. Collection Guichardot.

* 3e. Avec le numéro 8 au coin droit du haut de la planche. Collection Robert-
Dumesnil.

2. *Le Bâtiment ruiné*. Il occupe toute la largeur de la planche. Au milieu est une grande arcade surmontée d'un pan de mur; on aperçoit au travers de la grande ouverture comme les restes d'un aqueduc. Sur le devant, à gauche, des broussailles; à droite, une mare. Au haut de la gauche : *A . W. ex.*

Haut., 88 millim.; larg., 102.

1ᵉʳ état. Décrit dans le catalogue Verstolk; avant le ciel et avant l'ombre auprès du côté gauche de l'arcade.

Verstolk, avec l'état suivant, 145 francs.

* 2ᵉ. Deux épreuves, avant le numéro, l'une d'elle est sur papier aux armes d'Amsterdam. Collection Guichardot.

*3ᵉ. Dans l'estampe, au haut à gauche, le numéro 7. Collection Robert-Dumesnil.

3-6. *Suite de quatre estampes*, numérotées au haut de la droite.

3. *Le Rocher percé*. Il s'étend de la droite à la gauche; des arbres le couronnent; un chemin le traverse; dans le fond, des collines. A l'entrée de la route, à droite, est assis à terre un homme portant un paquet sur le dos. A la gauche du haut : *A . W. f.;* à droite : 1.

Haut., 102 millim.; larg., 117.

* 1ᵉʳ état. Avant le numéro 1, à la droite du haut. Filigrane : armes d'Amsterdam.

On connaît un état avant le nom dans la collection de M. le docteur Sträter, peut-être unique.

* 2ᵉ. Avec le numéro, mais avant l'adresse.

* 3ᵉ. Au-dessous des lettres *A. W. f.* on lit *R. et I. Ottens ex.*

4ᵉ. Cette adresse est effacée, les épreuves sont très mauvaises.

4. *L'Ermitage*. Il est à gauche, au pied d'une montagne rocheuse garnie d'arbres par places; auprès s'élèvent deux grands arbres; à droite, un homme portant un paquet suspendu à un bâton s'avance sur un chemin qui va vers le milieu; tout le fond est accidenté de collines où l'on remarque des touffes de bois. Dans le haut, à gauche : *A. W. f.;* à droite : 2.

Haut., 102 millim.; larg., 119.

* 1ᵉʳ état. Avant le numéro. Filigrane : armes d'Amsterdam.

* 2ᵉ. Avec le numéro 2.

3ᵉ et 4ᵉ. Comme précédemment.

5. *La petite Cascade*. Elle tombe au milieu du devant, entre deux

rives escarpées. Celle de droite est formée d'un grand rocher couronné d'arbres; à gauche, sur une colline, s'élèvent trois arbres; du même côté, dans le fond, des montagnes; l'eau s'écoule sur le devant, vers la droite. Au haut, à gauche : *A. W. f.;* à droite : 3.

Haut., 104 millim.; larg., 119.

* 1er état. Avant le numéro. Filigrane : armes d'Amsterdam.

M. le docteur Sträter signale un état avant les ombres claires du ciel sur les rochers, à droite. Musée de Brême.

* 2e. Avec le numéro 3 au coin du haut à droite.

3e et 4e. Comme précédemment.

6. *Le petit Pont de bois tortueux.* Au bout d'une éminence qu'on aperçoit à droite, et sur laquelle un homme fait marcher son troupeau, on voit ce pont qui se dirige en demi-cercle vers une caverne que l'on découvre dans un rocher du même côté. La montagne que couronnent des pins s'élève presque au haut de l'estampe. Sur le devant, à gauche, deux hommes s'éloignent sur un chemin que bordent quelques arbres. Au haut de la gauche : *A. W. f.;* à droite : 4.

Haut., 102 millim.; larg., 119.

* 1er état. Avant le numéro. Filigrane : armes d'Amsterdam.

* 2e. Au coin du haut, à droite, le numéro 4.

3e et 4e. Comme précédemment.

7-18. *Suite de douze estampes,* numérotées au haut, à gauche.

Haut., 88 à 92 millim.; larg., 135 à 140.

7. *Le Retour du pêcheur.* Il accoste avec sa barque une maison située à gauche, attenant à un vieux mur et entourée d'arbres. La rivière occupe tout le devant et se prolonge vers la droite, où l'on voit une ville que dominent un clocher et un moulin. Dans la marge, à gauche : *Antoni Waterlo fecit et excudit.* Au haut, à gauche, le numéro 1.

Filigrane : grande fleur de lis dans un écu à bords droits, ayant pour fleuron une fleur de lis.

Le catalogue Rigal dit que le premier état est avant le numéro 7. Robert-Dumesnil ajoute que le vêtement du pêcheur est presque blanc.

8. *L'Arrivée des voyageurs à l'auberge.* On voit celle-ci dans le milieu; auprès, à droite, sont des palis, et entre deux arbres une

barrière en bois en mauvais état. A la porte de l'auberge sont deux hommes assis sur un banc; un chariot, chargé de monde et attelé de deux chevaux, est arrêté devant une mangeoire. A gauche, près du chariot, un homme et un enfant paraissent demander l'aumône; dans le fond, du même côté, une chaumière. Au haut, à gauche : 11.

1er état. Avant le numéro. A l'eau-forte pure. Le catalogue d'Isendoorn décrit un état avant beaucoup de travaux, avant plusieurs branches à l'arbre du devant; l'arbre sortant entre les deux cheminées est pourvu de feuilles.

Liphart, 175 francs.

2°. Également à l'eau-forte pure, mais avec le numéro, sans autres travaux. Collection de M. le docteur Sträter.

* 3°. Celui décrit. La planche a été retravaillée. Filigrane : aigle à deux têtes surmonté d'une couronne.

9. *Le Puits* ou plutôt *la Conduite d'eau*. Près des remparts d'une ville où l'on remarque, à droite, une tour ronde près d'une maison, et à gauche, au bout d'un mur percé d'une arcade, une autre tour surmontée d'un toit pointu, s'élève un réservoir planté sur quatre pieux, dont le grand levier se balance dans une solive fourchue. La rivière sur laquelle nagent des canards occupe tout le devant et se prolonge au fond, à gauche, où l'on voit un village sur l'autre bord. Au haut, à gauche : 3.

* 1er état. Avant qu'un trait de burin sépare l'eau du terrain, au-dessous de la grosse tour et du réservoir; avant le trait échappé traversant la bascule qui sert à monter l'eau. Filigrane : la lettre *H*.

2°. Avec le trait de burin et le trait échappé.

Nous avons vu une épreuve sur papier mince au filigrane des armes d'Amsterdam. M. le docteur Sträter pense qu'il existe un état avant le numéro. Le catalogue d'Isendoorn mentionne un état où les figures sont moins travaillées.

10. *Le Village au moulin à eau*. Il est à droite; un homme arrange le conduit par lequel l'eau doit tomber sur la roue; près du bâtiment antique et couvert de chaume, deux personnes debout parlent à un homme assis chargé d'un paquet; plus loin, vers le fond, à gauche, une auberge devant laquelle est un chariot; au fond, une tour carrée. Au haut, à gauche : 4.

1er état. Décrit dans le catalogue Rigal : « A l'eau-forte, avec des différences dans la forme des arbres, avant des contre-tailles sur les trois figures et à plusieurs parties de la chaumière, au delà du moulin. » *Id.* Isendoorn.

* 2°. Celui décrit, retravaillé. Filigrane : folie à cinq dents.

11. *L'Église du village.* Elle s'élève au second plan, à droite, surmontée au milieu d'un petit clocher; près de l'église, plusieurs petites maisons s'étendent vers la gauche, où, dans le fond, on voit sur une rivière une barque montée de deux hommes; sur le devant, à droite, un homme est assis. Au haut, à gauche : 5.

1er état. Décrit dans le catalogue Rigal : avant des contre-tailles sur un des hommes dans le bateau; M. Middleton ajoute : avant le numéro.
* 2e. Celui décrit, retravaillé.
M. le docteur Sträter possède un premier état avant deux croisées à la sacristie, au-dessus de la petite maison, vers le milieu; avant les tailles perpendiculaires et diagonales sur le terrain élevé, à droite; avant le rameau pendant sur ce terrain, et avant plusieurs rameaux ajoutés à l'arbuste sec, tout à fait à gauche.

12. *La Tour carrée près de l'eau.* Elle est surmontée de grands créneaux et appuyée contre un mur qui s'étend jusqu'au bord de la droite, et près duquel est un bateau. Sur la rivière qui occupe tout le devant, sont deux bateaux montés chacun par deux hommes. Elle est bordée à droite par des arbres, et plus loin par une autre tour couverte d'un toit; de l'autre côté, à gauche, un village dans des arbres. Au haut, à gauche : 6.

1er état. Décrit dans le catalogue Rigal : avant des contre-tailles au haut des murs de la tour et sur les hommes dans une nacelle. M. Middleton ajoute : avant le numéro. Le catalogue Liphart dit : avant la retouche au burin. Le petit buisson sur le haut du mur droit, juste sur le bord, ne montre aucun travail de feuilles ni aucune des nombreuses branches introduites plus tard. Le catalogue d'Isendoorn dit : 1er état, presque à l'eau-forte pure. La grande fenêtre de la tour manque encore. Les arbres ne présentent que du feuillage et pas encore de branches. Avant le numéro. Cet état est chez M. le docteur Sträter.
Liphart, 81 francs.
2e. Avec cette grande fenêtre et avec le numéro, mais avant les rameaux tombants sur le mur, à droite, et sur le mur entre les hommes, dans le grand bateau et la petite tour; constaté par M. le docteur Sträter.
* 3e. Celui décrit, retravaillé. Filigrane : folie.

13. *Les trois Pêcheurs à la ligne sur le petit pont.* Deux sont debout, le troisième est assis. A gauche et au milieu, des chaumières dans les arbres; sur le devant, à droite, un cours d'eau; dans le fond, du même côté, le clocher d'une église. Au haut, à gauche : 7.

* 1er état. A l'eau-forte pure, avant beaucoup de travaux sur les arbres et sur le terrain à gauche, et avant le numéro.

* 2°. Celui décrit, retravaillé.

Weigel dit que plus tard le numéro 7 a été changé en 11.

14. *Les quatre Paysans sur l'élévation de terre.* Elle est dans le milieu et presque entièrement entourée de claies; deux hommes sont assis et deux debout. Dans le coin, à droite, les débris d'une claie; à gauche, des palis, et dans l'éloignement, deux chaumières au milieu d'arbres. Au haut, à gauche, le numéro 8.

1er état. Décrit dans le catalogue Rigal : avant des contre-tailles sur la claie et la colline, à la droite du devant et probablement avant le numéro.

*. 2°. Celui décrit, retravaillé.

15. *Le Chariot sur le chemin de Schevelingue.* Il est rempli de monde et gravit une colline à droite, précédé d'un cavalier devant lequel marchent trois piétons; au milieu, dans le fond, un clocher et un village; à gauche, la plage, la mer et des navires. Au haut, du même côté : 9.

1er état. Avant le numéro, presqu'à l'eau-forte pure. Duc d'Aremberg, docteur Sträter, British Museum.

* 2e. Celui décrit, retravaillé.

3°. Le numéro 3 a remplacé le numéro 9.

16. *L'Échelle conduisant à l'eau.* Elle est, à droite, contre un mur sur lequel sont trois hommes, dont deux raccommodent des tonneaux; au-dessous, un homme dans une barque; plus loin, contre ce mur, une tour hexagone, se terminant en forme de pigeonnier, est adossée à une maison, au delà de laquelle on voit un quai et des navires. La rivière occupe le devant et le fond, à gauche; au delà, on aperçoit un village. Au haut, à gauche : 10.

1er état. Avant le numéro et avant les tailles descendantes, au côté droit de la tour.

* 2e. Celui décrit, retravaillé. Filigrane : une folie.

3e. Le numéro 4 a été substitué au numéro 10.

17. *Le Bélier, la Brebis et le Bouc.* On ne voit que le cou et la tête de celui-ci, derrière un pli de terrain à droite; le bélier est couché au milieu et la brebis debout, vers la gauche. Vers le milieu, du même côté : *B*, les fragments d'une plume, et au-dessus *f*. Au haut, à gauche, le numéro 11.

Cette pièce n'est pas de Waterloo. Bartsch l'attribue à Marc de Bye. Rechberger la croyait de A. van Boresom ; Josi la donnait à Karel du Jardin ; d'autres pensent qu'elle est l'œuvre de Bernard Graat. L'éditeur l'a probablement insérée pour compléter la douzaine. Weigel dit qu'on connaît des épreuves d'essai du numéro 17.

Cette pièce est en réalité de Bernard Graat qui l'a signée par un *B* et une branche fourchue en forme de crabe. On sait que Graat signifie *crabe*. M. le docteur Sträter possède une première épreuve avant *f* au-dessous de l'arête de poisson.

  * Deux épreuves : dans l'une, la fente du bas ne s'aperçoit pas dans l'estampe.

18. *Les deux Tours pointues.* Elles sont de hauteur inégale, s'élevant à gauche, où plus loin on voit des arbres et une porte ouverte. En avant des tours, sont des murs ressemblant à des fortifications ; à gauche, près d'un escalier de pierre qui mène à l'eau, est une barque montée de deux hommes ; au milieu, un groupe de navires ; dans le fond, au delà, une ville ; à droite, quelques bâtons debout dans l'eau. La rivière occupe presque tout le devant. Au haut, à gauche : 12.

1er état. Avant le numéro et avant les retouches au burin. British Museum.

* 2e. Celui décrit, retravaillé. Notre suite, 2e état, vient de la collection Guichardot. Guichardot, 90 francs.

Verstolk possédait toute la suite en premier état, vendue 430 fr. 50 c.

19. *L'Entrée du bois.* On la voit, à gauche, sur une éminence où s'élève un groupe de grands arbres. Dans le fond, à droite, de grandes constructions avec une tour ; sans nom de maître.

Haut., 86 millim.; larg., 156.

* 1er état. Avant le numéro 12. Filigrane : armes d'Amsterdam.

2e. Le numéro 12 se lit à droite sur le ciel.

20. *L'Écluse.* Elle est à droite ; au milieu se voit une espèce de canal ; et, dans le fond, une ville où se remarquent plusieurs édifices et des moulins ; à gauche, s'élève une grande maison en planches près de laquelle sont quelques petits arbres, que domine un arbre mort. Effet de soir. Au haut de la gauche : *A. W. ex.*

Haut., 92 millim.; larg., 156.

Ces deux pièces, collection Guichardot, 32 francs.

21-32. *Suite de douze estampes.* Marquées, au haut de la gauche, des lettres *a* à *m*.

Haut., 92 millim.; larg., 140 à 146.

21. *Les Planches de bois attachées aux quatre arbres.* Elles sont en forme de barrière, à gauche ; du même côté, un pont de bois traverse une rivière qui occupe une partie du devant, en se perdant à droite où,

dans le fond, on aperçoit quelques navires. Un homme sort du pont et se dirige vers une chaumière entourée d'arbres qui occupe le milieu. Au haut, vers la droite : *Antoni Waterlo fe. et ex. a.*

Filigrane : **R**.

22. *Le Cimetière au bord de l'eau.* Il est vraisemblablement autour d'une église, qui s'élève à gauche, entouré d'un mur où est une porte ouverte ayant de chaque côté deux grands arbres ; sur le chemin de halage, au milieu, un cheval traîne un bateau qui se dirige vers le fond où est un village ; à droite, dans l'éloignement, un moulin et des bateaux. *b*.

Filigrane : folie à sept dents, avec le chiffre 4 et trois boules. Au Musée de Brême se trouve un état avant les contre-tailles sur le mur du cimetière.

23. *La Chaumière au haut de la colline.* Elle est à droite ; plusieurs personnes se voient auprès ; de longues haies de planches partent de la chaumière et s'étendent vers la gauche, où, dans l'éloignement, on voit une clôture semblable traversée par un chemin sur lequel s'avancent deux hommes ; plus loin, vers le milieu, une chaumière. *c*.

Le catalogue Rigal indique un premier état avant des contre-tailles sur le tronc d'arbre, à la gauche, et sur le chien, à la droite.

24. *Le Clocher pointu du village au bord de la mer.* Il s'élève vers la gauche, entouré de plusieurs maisons ; le rivage est bordé, dans plusieurs places, de séries de pieux ; à gauche, il y a une échelle pour descendre à l'eau, au bas de laquelle une femme à genoux lave du linge ; deux moines se voient un peu plus loin sur le bord ; à droite, quelques pieux dans l'eau, et vers le fond des navires agités. *d*.

Filigrane : **H**.

Le catalogue Drugulin cite un premier état avant le rameau horizontal de l'arbre à droite du clocher.

25. *Le Départ des pêcheurs.* Ils sont deux, partant de la gauche, sur une barque, au pied d'un mur du haut duquel trois personnes les regardent ; des constructions terminées par une tour à toit pointu s'étendent vers la droite. Au milieu, sur une estacade, deux hommes pêchent ; près de la tour, deux hommes sont dans un bateau ; dans le fond, des arbres, du milieu desquels s'élèvent un clocher et un moulin ; sur le devant, à droite, des roseaux d'où sort une perche debout. *e*.

Filigrane : grand écusson surmonté d'une couronne et entouré d'ornements ; au-dessus de la couronne, d'autres ornements surmontés d'une boule et d'une croix.

26. *Les deux Vaches dans le bac.* Le bateau est à gauche ; sur le devant, à droite, quelques pieux et une langue de terre ; au delà, une rivière qui occupe toute la largeur de la planche ; plus loin, à droite, une espèce de colombier entre deux groupes d'arbres ; au milieu, un vieux château où s'élève une grosse tour ronde ; plus loin, vers la gauche, un fort groupe d'arbres ; du même côté, au delà de la rivière, un village. *f.*

Filigrane : une folie ; dans notre épreuve, on ne voit que les trois boules du bas.

M. le docteur Sträter possède une épreuve d'un premier état, non décrit, avant que la place blanche, au milieu du bas où l'eau-forte n'avait pas mordu, fût couverte par des traits horizontaux au burin.

27. *Le Voyageur passant à côté de deux grands arbres.* Ceux-ci sont au bas de la droite ; le voyageur ayant un bâton sur son épaule est plus loin, sur une éminence, se dirigeant vers la gauche ; du même côté, dans le fond, une ville avec plusieurs clochers et des moulins. Au milieu s'élève une maison rustique, entourée d'arbres, sur une émi-nence ; au bas, des pieux dans l'eau, et deux pêcheurs dans une barque ; à gauche, près de la maison, un chariot arrêté, un homme à cheval ; du même côté, des navires. *g.*

Filigrane : armes d'Amsterdam.

Le catalogue Rigal indique un état où le genou gauche du voyageur n'est pas ombré.

28. *Le Troupeau et l'Homme à cheval sur le pont.* Ils sont à droite, se dirigeant vers la gauche, où l'on voit deux chaumières au milieu des arbres ; dans le fond, du même côté, un village. L'eau, après avoir passé sous le pont, occupe toute la largeur de l'estampe. *h.*

Filigrane : folie à sept dents, avec le chiffre 4 et trois boules.

29. *Le petit Hameau.* Il s'étend de la droite, où l'on voit un homme assis, jusqu'à la gauche, où viennent un cavalier et un piéton avec un chien. Quelques arbres ombragent les chaumières. *i.*

30. *Les trois Paysans sur la butte hors du hameau.* Ils sont à gauche sur une petite butte : deux sont assis, l'autre debout portant un long bâton. Derrière eux s'étend une haie, près de laquelle est un

arbre isolé ; à droite, on aperçoit les maisons du hameau au milieu des arbres. Dans le fond, à gauche, une ville. *k.*

Le catalogue Rigal signale un état avant des contre-tailles sur le terrain, à droite, et au milieu du devant.

31. *La Guérite au haut du mur.* Elle est dans le milieu, au bout d'un mur délabré, derrière lequel s'élèvent des arbres ; plus loin, vers la gauche, une grande maison ; au delà, une échelle qui mène à l'eau près de laquelle sont deux hommes dans une barque ; sur le devant, deux pêcheurs dans un bateau paraissent tirer un filet ; la rivière sur laquelle sont plusieurs navires occupe tout le fond, à droite, et toute la largeur du devant. *l.*

Même filigrane que le numéro 27.

32. *Les quatre Hommes sur le pont de pierre.* Deux sont assis et deux debout ; de la gauche vient un homme précédé d'un chien ; sur le devant, une rivière où l'on voit, à droite, un homme dans un bateau ; derrière lui est un grand arbre ; plus loin, du même côté, un hameau dans les arbres ; au fond, à gauche, un village. *m.*

Même filigrane que le précédent.

* 1er état. Avant la retouche et avant l'adresse de *R. et I. Ottens ex.* sur le premier morceau, et cette même adresse surmontée du nom de graveur sur le ciel du numéro 29. Cette suite est numérotée par des lettres depuis *a* jusqu'à *m.* On y a joint une épreuve du numéro 29 avec *A. Waterlo fe.* et l'adresse d'*Ottens.* Collection Camberlyn. Notre suite commence par une épreuve du troisième état.

Camberlyn, 30 francs ; Guichardot, 85 francs.

2e. Avec *a* et *Antoni Waterlo fe. R. et I. Ottens ex.*

3e. Avec *A* et *Antoni Waterlo fe et ex.*

4e. Avec *A* et *Antoni Waterlo fe.*

5e. Du fonds de Basan. En haut, à gauche, au lieu de *A,* on lit : *Tom. II* et à droite : *Antoni Waterlo fe.;* page 259. Ces inscriptions se rapportent au *Dictionnaire des graveurs,* de Basan ; Paris, 1789, 2 vol. in-8. L'estampe a été insérée dans le tome deuxième.

6e. Comme le quatrième état : *A et Antoni Waterlo fe.*

Sur la neuvième pièce *B,* n° 29, portant la lettre *i,* le nom manque dans le premier état ; dans le deuxième, on lit : *A. Waterlo fe.,* et, au-dessous : *R. et I. Ottens ex.;* dans les épreuves postérieures, cette adresse est supprimée.

33-38. *Suite de six estampes,* numérotées.

Haut., 115 millim.; larg., 137 à 140.

33. *Les Voyageurs.* L'un porte un bâton, l'autre un paquet; ils sont dans un chemin qui conduit à une rivière traversant toute l'estampe, et qui baigne un bois situé dans le fond; vers la droite, sur une petite éminence, s'élèvent deux grands arbres. Au haut, à gauche : *Antoni Waterlo. in. et f. et. ex.;* de l'autre côté, dans le haut, le numéro 1.

Filigrane : une folie.

34. *La Femme sur le petit pont de bois.* Elle parle à une autre femme qui est dans une chaumière placée à gauche, près d'une autre qui lui est contiguë; au delà du pont s'élèvent deux grands arbres près desquels une femme assise à terre parle à un homme chargé d'un paquet; ils sont tous deux sur un chemin sinueux, se prolongeant vers le fond, où sont deux rangées d'arbres; à droite, d'autres arbres sur une colline; sur le devant, deux saules dont un penché au bord d'une mare. Au haut, à droite : *A. W. f.;* à gauche : 2.

Filigrane : une folie.

35. *Le Troupeau de moutons traversant l'eau.* Dans le fond, à gauche, un homme tenant un bâton dirige le troupeau vers le devant; l'eau longe un chemin montant vers la droite et bordé dans le haut de quatre grands arbres de chaque côté; dans le fond, des collines. Au coin du haut, à gauche : *A. W. ex.;* au milieu : *I. E. fe;* à droite : 3.

Filigrane : une folie.

On n'a pu encore expliquer les lettres *I. E. f.* Il est possible que le dessin ou le premier essai soit l'œuvre d'un élève du maître ou d'un autre artiste; mais cette pièce porte tellement l'empreinte du talent de Waterloo, qu'il est bien difficile de ne pas y reconnaître son travail ou sa coopération.

36. *Les deux Hommes et le Chien au bord de l'eau.* Ils sont tout à fait à gauche, dans un pays boisé qu'un chemin ombragé d'arbres traverse vers le milieu; deux grands arbres s'élèvent au coin de la droite; au haut, à gauche : *A. W f.* 4.

Filigrane : une folie; on le rencontre sur les numéros 33, 34, 35 et 36 dans la collection de M. le docteur Sträter.

37. *Les deux Pâtres au pied de l'arbre.* Ils sont un peu vers la droite; l'un assis tenant un bâton, l'autre couché; un chemin qui vient

de la droite tourne au bord de l'arbre, et se continue vers la gauche où est un site rocheux ; deux grands arbres s'élèvent à gauche ; de l'autre côté, à droite, un bois sur une colline. Dans le haut, à droite : *A . W . f.* 5.

38. *L'Arbre au milieu du devant.* Un chemin passe auprès, à droite ; on y voit contre le bord un homme assis tenant un bâton, parlant à une femme qui porte un grand panier sur la tête ; deux chiens jouent derrière celle-ci ; dans le fond, du même côté, un grand bois ; à gauche, sur le devant, un marais au delà duquel une chaumière s'aperçoit dans les arbres ; plus loin, une montagne. Au haut, à gauche : *A . W . f.;* à droite : 6.

* 1er état. Avec l'inscription suivante au numéro 33 : *Antoni Waterlo, in. et f. et ex.*, et avec le numéro 38 de la dernière rareté.

2e. Les mots *et ex.* ont été supprimés et remplacés par l'adresse de *R. et I. Ottens*.

3e. Cette dernière adresse est supprimée.

Il y a, dit Weigel, des épreuves de cet état qui sont tout à fait retouchées à l'eauforte. Alors, à la place de l'estampe presque introuvable : *L'Arbre au milieu du devant,* n° 38, on a substitué, *le Ruisseau*, pièce douteuse dont parle Bartsch, tome 2, pages 140 et 141. Cette pièce est également marquée d'un 6 au haut de la droite.

Nous devons faire remarquer que nous trouvons les mentions suivantes dans les catalogues Rigal et d'Isendoorn :

« 1er morceau avant le numéro » (Rigal).

« 2e morceau avant une branche en forme de V à l'arbre qui est le plus rapproché de la chaumière, à la hauteur du toit ; avant les tailles diagonales dans le haut de l'arbre qui fait le milieu dans un groupe de trois vus au fond vers la gauche. » (Isendoorn).

M. Middleton nous signale une autre remarque : La lumière brillante dans l'eau n'a pas été retravaillée à la pointe sèche. L'arbre qui touche le bord de la planche, à droite, est moins travaillé ; les lumières sur les arbres dans le lointain, au milieu, sont blanches.

3e morceau marqué des lettres *I. E. fc.*; avant des tailles au terrain à droite, et au mouton le plus en avant (Rigal).

5e morceau avant des contre-tailles au bas du terrain, à la gauche de la terrasse.

Nous lisons dans le catalogue Verstolk : « Suite de six estampes, premières épreuves superbes, surtout le numéro 38 extrêmement rare. »

Verstolk, 850 fr. 50 c. Quelles particularités avaient ces premières épreuves ? C'est ce que nous ne pouvons dire.

M. Middleton nous signale une copie très habilement faite du numéro 38, mais sans nous faire savoir à quel signe on peut la reconnaître. Il en existe une, par J. Wessely, sur laquelle on lit : *J. Wessely, cop.* 1860. Elle est insérée dans l'*Archiv für Zeichnende Künste,* par Robert Naumann, 1863, p. 154.

39. *La Chaumière au clair de la lune.* A gauche, très près d'un canal se voit une petite maison couverte de chaume; une cheminée sort du toit; près de la porte s'élève un grand arbre, et à côté de la maison, sur le bord de l'eau, d'autres arbres et arbrisseaux se prolongent sur la droite, dans le lointain, où l'on aperçoit sur l'autre bord un clocher pointu et, au-dessus, la lune en partie voilée par des nuages. Au haut de la gauche : *A. W. ex.*

Haut., 108 millim.; larg., 137.

* 1ᵉʳ état. C'est celui décrit.

2ᵉ. Marqué d'un numéro 6 au haut, à droite.

3ᵉ. Avec les tailles perpendiculaires sur le mur de la chaumière.

40. *La Nuit claire.* Tout le devant est un pacage couvert en partie d'herbes. Plus loin, sur toute la largeur de la planche, un bourg laisse voir des maisons; derrière, des arbres de différentes espèces, dominés par une église et un clocher carré; on distingue deux autres villages sur les deux plans qui suivent; une chaîne de montagnes accuse l'horizon. A haut de la gauche : *A. W. ex.,* c'est le pendant du morceau précédent.

Même dimension.

1ᵉʳ état. Avant les initiales du maître. Vente à Rotterdam, mais l'épreuve n'était pas belle.

* 2ᵉ. Celui décrit. Filigrane : armes d'Amsterdam.

3ᵉ. Un numéro 5 est inscrit au haut de la droite.

41-46. *Suite de six estampes,* sans numéros.

Haut., 108 millim.; larg., 156 à 160.

41. *L'Homme et la Femme au pied du chêne.* Ils sont assis à droite au pied d'un groupe de trois arbres, dont un gros et deux autres plus petits, sur le bord d'un chemin qui va vers le fond, où l'on voit un clocher; de l'autre côté du chemin, des groupes d'arbres divisés en trois parties se massent vers la gauche. Au haut, à gauche : *A. W.* (1.)

42. *L'Homme et son chien au bas de la butte.* On y voit un gros arbre isolé, et, plus loin, l'homme au bord d'un chemin. Au fond et à gauche s'élèvent des arbres en trois groupes; tout au fond des chaumières et un clocher. Au haut, à gauche : *A W.* (monogramme). (2.)

43. *L'Homme couvert d'un manteau et son chien.* Il va vers la gauche. Toute la partie droite est occupée par de vieilles constructions masquées sur le devant par une [grande baraque en planches, à la porte de laquelle sont deux hommes, l'un assis, l'autre debout ; plus loin, des murs couronnés d'arbres, au milieu desquels une chaumière ; au delà, dans le bas, deux tours : l'une carrée avec un toit, l'autre ronde ; tout au fond, à gauche, d'autres constructions. Dans le haut, à gauche : *Antoni Waterlo fe.* (3.)

44. *La Porte de la haie sous les arbres.* Elle est à gauche, ouverte, menant à une grande chaumière ; sur un chemin qui passe auprès, deux hommes se dirigent vers le fond ; à droite, un vieux mur crénelé soutenu par des contre-forts au pied d'une mare ; plus loin, une espèce d'auberge que domine une grosse tour, et un bâtiment au milieu des arbres. Dans le haut, à gauche : *A W F.* (4.)

45. *Le petit Pont de bois d'un rocher à l'autre.* Il est jeté au-dessus d'une petite cascade tombant au milieu de grosses pierres ; trois hommes le traversent, dont un pousse vers la gauche un troupeau de moutons. Le rocher de droite est couvert d'arbres et dominé par une chaumière ; à gauche, sur une colline, d'autres arbres ; au milieu, dans la rivière, quelques roches et des troncs d'arbres. Au haut, à gauche : *Antoni Waterlo fe. et in. et ex.* (5.)

46. *Les deux Voyageurs conversant au bas d'une petite colline.* Ils sont à gauche : l'un assis, l'autre debout ; près d'eux un chemin mène vers un groupe d'arbres dont deux isolés sont en avant ; au milieu, une chaumière, une église, et, sur la montagne, un moulin ; sur le devant, un chemin part de la droite où, sur une éminence, on remarque un arbre fourchu. Au haut, à gauche : *A W.* (6.)

Bartsch fait remarquer que cette suite a été gravée d'une pointe extrêmement délicate, et qu'ainsi les bonnes épreuves en sont fort rares. On les trouve ordinairement grises, surtout dans les ombres des devants, où les traits ont l'air d'être confondus par l'eau-forte. Collection Guichardot. Suite vendue 108 francs.

Weigel cite une épreuve du numéro 46 imprimée en rouge. On ne doit pas confondre ces sortes d'épreuves avec d'autres modernes imprimées de la même manière ; ces dernières sont affreuses et ne méritent pas la peine d'être regardées.

47-52. *Suite de six estampes*, sans numéros.

Haut., 124 à 126 millim.; larg., 144 à 146.

47. *Les deux Ermites*. Ils montent à gauche, le long d'une petite rivière qui tombe en cascade sous un pont; au milieu, sur une éminence, s'élève la chapelle entourée d'arbres et de buissons; à droite, l'extrémité de la rivière, et, au delà, des montagnes. Au haut, à gauche : *Antoni Waterlo fe. et in.* (1.)

Filigrane : folie à sept dents avec un 4 et les trois boules.

48. *L'Anier*. Il descend de la droite, faisant marcher son âne devant lui, dans un chemin bordé, dans le haut, d'arbres des deux côtés; vers la gauche, un ruisseau coule vers le devant; dans le fond, du même côté, un village. Au haut, à droite : *Antoni Waterlo fe. et in.* (2.)

49. *L'Homme endormi au bord du chemin*. Il est à droite, contre un petit tertre; un rocher garni d'arbres s'élève un peu en arrière; vers la gauche, surplombe un grand rocher couvert de grands arbres dont plusieurs sont penchés; sur le devant, un peu d'eau, des roseaux et des broussailles; au fond, un pays boisé. Au haut, à droite : *Antoni Waterlo fe. et in. et ex.* (3.)

Le dessin se trouve au musée de Hambourg.

50. *La Rivière bordée de rochers*. Elle coule à droite, tombant sur le devant en petite cascade; tout à fait à droite, de grands rochers garnis d'arbres au sommet l'encadrent; au milieu, vers la gauche, se montre un rocher surplombant, ayant trois grands arbres au sommet; de l'autre côté, un chemin se dirige vers le fond, près d'un grand arbre isolé, tout à fait à gauche; au pied du rocher du milieu, un paysan assis s'amuse avec deux chiens; au fond s'étend un vaste pays boisé. Au haut, à droite : *Antoni Waterlo in. et ex.* (4.)

Filigrane : folie à sept dents, avec un 4 et trois boules dans le bas.
Il existe une épreuve d'essai avant le nom; le tronc d'arbre, à gauche, est moins fort. Musée de Hambourg.

51. *La Chapelle avec l'escalier*. Elle est tout à fait à gauche, sur le

bord d'un chemin qui passe près d'une roche couronnée de deux grands arbres et d'arbrisseaux, dominant une rivière qui tombe en cascade sous un pont où passe un homme, et ensuite qui coule vers la droite. On voit sur le bord opposé une auberge entourée d'arbres, contre un chemin qui descend à la rivière. Au haut, à gauche : *Antoni Waterlo in. et ex.* (5.)

52. *Le Pont de planches.* Il est à droite au-dessus d'un cours d'eau qui vient du fond de la gauche et donne accès à un chemin montant bordé d'arbres dans le haut. On y voit trois hommes : deux en bas, l'un assis, l'autre debout; un troisième vient du fond. Au milieu s'étendent dans l'eau deux troncs d'arbres renversés; en arrière, le cours d'eau se partage en deux bras, tandis que l'un coule à droite, l'autre se dirige vers la gauche, entre deux rives escarpées bordées de grands arbres. Au haut, à droite : *Antoni Waterlo fe. et in.* (6.)

    * Collection Drugulin.

    M. Guichardot, dans le catalogue Camberlyn, annonce une suite semblable : avant l'adresse de *R. et I. Ottens* au premier morceau, et la retouche au burin dans les parties ombrées.

    Weigel dit qu'on connaît des épreuves d'essai des numéros 47, 48, 51 et 52.

    Le catalogue Rigal signale une épreuve du numéro 51, avant des contre-tailles sur les masses de rochers qui soutiennent le pont.

53-58. *Suite de six estampes,* sans numéros. Bartsch n'en fait pas une suite.

Haut., 113 à 124 millim.; larg., 135 à 142.

53. *Le Voyageur près du bois.* Il marche accompagné d'un chien vers le fond de la gauche, près d'un grand massif d'arbres qui s'élève dans le milieu, et qu'un ruisseau, coulant vers la droite, sépare d'un bois placé au second plan. Un chemin part de la droite et se dirige vers le fond à gauche. Sur le terrain, à droite : *A W. F.* (1.)

    * 1er état. Eau-forte pure. Sur le devant, à gauche, toutes les herbes sont légères, le chemin est presque blanc ; les arbres, à droite, de l'autre côté de la rivière, ne forment qu'une masse confuse ; l'eau est d'un ton uniforme et les tailles qui l'accusent sont fines ; les ombres portées sous les arbres et le feuillage de ceux-ci sont sans effet. Derrière la pierre, au-dessous des gros arbres du milieu, quelques traits indécis semblent figurer des herbes. La hauteur de l'estampe est seulement de 109 millimètres ; la marge du bas a 5 millimètres.

* 2e. Complétement retouché ; l'estampe a 113 millimètres de hauteur, et la marge du bas 1 millimètre. On voit dans le bas, à gauche, la trace fortement marquée de la partie qui a été ajoutée. Les herbes et les plantes que l'on voyait dans l'état précédent ne forment plus qu'une masse et ont été allongées vers la droite ; l'ombre portée sur le chemin est très noire, et s'étend en pointe jusqu'à la droite ; au-dessus de cette ombre portée, le chemin est ombré presque partout par une série de tailles obliques ; de l'autre côté de la rivière, les arbres se détachent bien, surtout le saule qui est en avant et les roseaux qui bordent la rive ; les effets de l'eau ont été accusés par des entre-tailles ; sur le devant, une très forte ombre noire occupe toute la largeur ; sur sa face antérieure, en remarque une série de tailles verticales ; les ombres portées sous les grands arbres sont très fortes, et le feuillage, renforcé par une masse de travaux, a tout son effet ; derrière la pierre, au-dessous du gros arbre, les herbes sont bien caractérisées.

54. *La Maison garnie de verdure au bord de la rivière.* Elle est à droite, séparée de la rive par une clôture en planches, dans laquelle on remarque une porte formée de deux montants de bois et d'une traverse ; elle est complètement encadrée dans des arbustes et des arbres ; la rivière coule du devant de la droite, vers le fond ; sur la rive opposée s'étend un grand chemin, bordé à l'entrée par deux arbres à droite et par un seul à gauche, près du trait de bordure ; un peu plus loin, on voit un bois sur le bord de l'eau ; dans le lointain, une ville. A gauche, dans la marge du bas : *A W. F.* (2.)

* 1er état. Eau-forte pure. La rivière, sur le devant, est marquée de traits uniformes et les plantes contre le trait de bordure sont très distinctes ; la maison, la clôture en avant et les arbres paraissent presque blancs ; on n'aperçoit pas la ville dans le lointain ; le feuillage des deux arbres, dans le milieu, a peu d'effet, ainsi que les herbes le long de cette rive ; il en est de même des arbres du fond à gauche, à l'extrémité desquels sort un arbre mort à branches entrelacées ; les langues de terre dans l'eau ne sont pas séparées ; sur le grand arbre, à gauche, on ne voit pas encore sortir une branche morte à l'opposé de celle qui a été coupée.

* 2e. Entièrement retravaillé. Les tailles de la rivière sur le devant ont été renforcées et forment comme différentes ombres ; les herbes sur le bord ne s'aperçoivent presque plus ; les herbes de la rive, à droite, la clôture en planches, la maison dont le toit est devenu d'une teinte uniforme, et les arbres, ont été renforcés par une multitude de travaux ; on remarque notamment sur les arbustes et sur le premier arbre, à droite, un grand nombre de tailles obliques, ainsi que sur les autres arbres à la suite ; on aperçoit la ville dans le lointain ; les troncs des deux grands arbres, dans le milieu ont été fortement repris dans la partie droite, et éclaircis à gauche ; le feuillage en est devenu noir, et partout on y voit des séries de tailles obliques ; les herbes sur cette rive sont vigoureusement accusées ; les arbres du fond ont été retravaillés comme les précédents ; les branches de l'arbre mort ont été augmentées, il semble y avoir un reste de feuillage ; dans la rivière s'étendent deux langues de terre bien mar-

quées; le feuillage du grand arbre, à gauche, qui était léger et sans effet, est devenu d'un noir intense qui tranche même avec celui des deux arbres qui sont de l'autre côté; vers le trait de bordure, on voit sortir du tronc de l'arbre isolé une petite branche morte tortueuse.

55. *L'Entrée du bois entouré d'une haie.* Il est baigné à gauche par une rivière; sur la rive du même côté s'élèvent des arbres et des arbrisseaux touffus de diverses essences; sur la rive opposée se dressent deux grands arbres au bord d'un chemin qui conduit à une porte pratiquée dans la clôture en planches, par où un homme va passer; à gauche, dans le fond, au milieu d'arbres, une chaumière; au bas de la gauche, sur l'eau : *A W. F.* (3.)

*1ᵉʳ état. Il n'y a pas d'homme à l'entrée de la porte; le montant de celle-ci, à droite, est blanc sur son épaisseur; sur l'autre montant il y a un coup de lumière dans le haut, ainsi que devant la porte; les deux arbres, à droite, ont les troncs presque blancs, leur feuillage est très léger; il en est de même des arbres autour de la chaumière; on ne voit qu'un seul tronc d'arbre dans le milieu, devant lequel il y a une ombre portée; dans le haut de la tige, à droite, il y a trois petites branches sèches; l'ombre, sur le terrain du devant, est légère; les plantes à côté sont indécises; le terrain plus loin se coupe à angle droit avec la rivière; le feuillage du grand arbre dans le milieu est très léger, ainsi que celui des broussailles au-dessous et de tous les autres arbres de l'autre côté de la rivière; celle-ci est très claire, particulièrement vers le devant où la touffe de roseaux, à droite, n'existe pas. A l'eau-forte pure.

2ᵉ. On voit, sous la porte, l'homme portant un bâton.

*3ᵉ. Les deux montants de la porte sont complètement ombrés, sauf un petit clair au haut de celui qui est à gauche; le coup de lumière sous la porte est éteint; les troncs des deux arbres, à droite, sont ombrés et le feuillage est retravaillé; il y a beaucoup plus de branches se bifurquant sur l'arbre qui est auprès de la porte, tout à fait à droite; les deux pierres au-dessous du petit tertre sont bien mieux accusées, et se détachent sur un fond noir; derrière le gros arbre du milieu, un nouveau tronc a été introduit; c'est de son pied que part l'ombre portée qui traverse le chemin et se prolonge derrière la première pierre; sur le feuillage, entre la chaumière et le palis, on remarque des tailles obliques et d'autres horizontales; on aperçoit une multitude de travaux sur le feuillage des arbres du milieu; l'espace clair qui existait entre la cime, dans le centre, et une grande branche qui penchait vers la droite, est éteint par un travail nouveau; les trois branches sèches ont disparu sous une addition de feuillage; les broussailles, derrière le gros arbre, sont vigoureusement accusées; celles qui sont au milieu du devant se détachent fortement et une ombre portée noire et élargie se prolonge en diminuant jusqu'au coin du bas, à droite; le petit tertre où sont les gros arbres ne se coupe pas, à angle droit, avec la rivière; il est arrondi, et l'eau paraît ainsi couler vers la droite; au bas de ce tertre est une touffe de roseaux, et la rivière, sur le devant, est couverte d'une forte ombre portée qui a fait disparaître des points ronds ressemblant, ou à des cailloux, ou à des plantes aquatiques;

tous les travaux, le long du bord gauche de la rivière, ont été renforcés; le feuillage des arbustes et des arbres de ce côté a été vivement accusé; les arbres du fond, qui étaient tout à fait indécis, ont été détachés par de nombreuses branches qui n'existaient pas précédemment.

56. *Les deux Hommes devant la barrière*. Elle est appuyée contre des palis; derrière trois arbres entrelacés qui s'élèvent à gauche, on aperçoit une maison couverte en chaume; sur le devant, un chemin, au bord duquel on voit un tronc coupé, mène à cette barrière près de laquelle, à droite, on remarque un fort groupe d'arbres où sont en avant des saules; une rivière coule du même côté. Dans la marge, à gauche : *A W. F.* (4.)

* 1er état. A l'eau-forte pure. A droite, on entrevoit à peine le bois de l'autre côté de la rivière, et le bord, contre le trait carré, n'est pas accusé. Toutes les broussailles, à droite, sont peu marquées; sur le devant, l'ombre portée est assez claire ; au milieu les herbes s'avancent en pointes jusqu'à 8 millimètres de la barrière; à droite, tous les arbres paraissent très légers, et dans le haut une petite branche fourchue se détache sur le ciel, composée seulement d'un trait léger; les arbres, au fond et à gauche, n'ont que peu de travaux; au pied du groupe des trois arbres, les plantes offrent beaucoup de parties éclairées.

* 2e. Retravaillé dans toutes ses parties. Tout à fait à droite, on aperçoit un bois de l'autre côté de la rivière ; les tailles qui accusent celle-ci, et les herbes dans le milieu et sur les bords, ont été renforcées; sur le devant, l'ombre portée est très vigoureuse ; des travaux font ressortir, à gauche, les plantes et les pierres; on remarque au-dessous une série de contre-tailles obliques, les herbes, arrondies dans le haut, sont éloignées de 10 millimètres de la barrière; la route est éclaircie. Au milieu, tous les arbres ont été repris ; la petite branche fourchue a été grossie, elle a perdu le petit cercle qui terminait la branche inférieure qui paraît plus que doublée; tous les arbres autour de la maison, ainsi que le groupe de trois arbres, se détachent vigoureusement sur le tronc du premier; entre les deux premières touffes, on aperçoit une série de grosses tailles longitudinales. La bordure est plus forte, surtout à droite.

57. *Le Bois dans la rivière*. Celle-ci vient du fond, où l'on aperçoit une église et un village; elle semble couler vers la gauche, et un de ses bras paraît s'enfoncer entre deux masses d'arbres. Sur une langue de terre ou sur une île, s'élève une troisième série d'arbres, mais plus petits ; à droite, derrière des roseaux, se montre un arbre tronqué et dénudé. Dans la marge, à gauche : *Antoni Waterlo jn. et fe.* (5.)

* 1er état. A l'eau-forte pure. On voit à droite, sortant des roseaux, un arbre mince qui offre un tronc d'arbre et quatre branches mortes ; entre celles-ci, s'aperçoit dans le fond un arbre en avant de l'église ; sur la langue de terre ou dans l'île, les deux

arbres entrelacés, et ceux qui sont par derrière, n'ont qu'un feuillage très léger ; les troncs des deux arbres entrelacés sont assez minces et laissent voir beaucoup de places blanches ; dans le bois à gauche, on ne voit que le tronc du gros arbre fourchu et peut-être l'indication d'un autre tronc par derrière ; vers le haut du gros arbre, on aperçoit une branche morte très tortillée ; le feuillage de tout ce groupe est très clair ; en allant vers la gauche, le petit arbre n'a que des branches entrelacées très minces ; les troncs des arbres, qui sont à gauche, ont beaucoup de parties claires ; ils sont assez minces ; le feuillage est également très léger ; les eaux sont claires, notamment au droit de l'arbre mort.

2e. On voit un feuillage à l'extrémité des branches de l'arbre mort ; à droite, une branche morte, deux fois fourchue, s'élève de la partie haute brisée du tronc qui a été considérablement élargi. Cet état nous est indiqué par M. Middleton, mais nous ne pouvons dire s'il contient la plus grande partie des remarques que nous allons détailler plus bas.

* 3e. Retravaillé. A 25 millimètres à partir du bas de la planche, une branche morte passe derrière le tronc, elle est deux fois fourchue ; l'espace clair dans l'eau, à la gauche de cet arbre, est marqué par un assez grand nombre de lignes horizontales qui se continuent au delà de l'arbre et débordent sur la marge ; par suite de l'introduction de la branche morte, on ne voit plus la tige de l'arbre qui est en avant de l'église ; le feuillage s'aperçoit seulement entre les branches de l'arbre qui est à droite ; tout le fond a été retravaillé ; l'arbre, qui est devant la façade de l'église, est couvert de tailles horizontales ; sur la langue de terre ou dans l'île, tout le feuillage a été repris ; à la droite des deux arbres entrelacés, on voit une forte place noire sur le feuillage, produite par une série de tailles obliques ; à gauche, où l'on ne remarquait qu'un gros arbre fourchu, on en voit un nouveau ; plus à droite, deux autres, à côté du gros arbre, et un cinquième, plus loin, dont le tronc, s'élançant dans le feuillage, a fait disparaître la branche morte si tortueuse, dont nous avons parlé ; le feuillage de tout ce groupe est vigoureusement accusé ; les branches du petit arbre, à gauche, ont été renforcées ; tout à fait à gauche, les troncs des deux arbres ont été renforcés, et les clairs qu'on y remarquait, notablement diminués ; leur feuillage est retravaillé dans toutes ses parties ; un clair, que l'on voyait dans le milieu de la rivière, contre des roseaux, est éteint par des entre-tailles ; il n'en subsiste plus qu'une petite partie sur le devant. Un azur est tracé, à droite.

58. *Le gros Arbre penché.* Il s'incline à gauche vers une pièce d'eau qui occupe tout le devant de l'estampe. On remarque au second plan trois monticules : celui de gauche est garni d'un grand bois qui se prolonge en s'abaissant vers la droite, où se dresse un arbre fourchu ; deux arbres, l'un près de l'autre, s'élèvent sur le deuxième monticule ; le troisième, peu élevé vers la droite, est bordé par des roseaux excrus de la pièce d'eau, où dans le bas, à droite, on lit : *A W. F.* (6.)

* 1er état. A l'eau-forte pure. Le tronc du gros arbre incliné est blanc dans la moitié, à gauche ; les deux troncs d'arbre en arrière sont presque blancs ; tout le

feuillage de cette partie est très léger ; au lieu de deux arbres dans le milieu, il n'y en a qu'un seul se bifurquant sur un tronc assez bas qui est clair en grande partie ; le feuillage est presque blanc, ainsi que celui du bois qui s'étend par derrière ; l'arbre, à droite, n'a qu'une bifurcation et prend naissance à 6 millimètres au-dessus de la pièce d'eau du fond ; le premier monticule, à gauche, est presque blanc ; derrière l'arbre, qui est dans le milieu, s'élève un petit monticule encore moins ombré que le premier ; à droite, l'arbre forme comme une ombre portée, et le troisième monticule, à droite, n'est marqué que par quelques traits légers ; le tertre, où est l'arbre penché, est peu ombré, ainsi que les roseaux et la pièce d'eau, où le monogramme du maître se détache sur un fond très clair. Collection Camberlyn.

Camberlyn, 61 francs.

* 2º. Le clair sur le tronc du gros arbre est notablement diminué au-dessus des trois premières branches, et tout le long du tronc ou remarque de grosses tailles un peu circulaires qui en marquent le contour ; tout le feuillage est très noir ; les deux troncs d'arbres plus loin offrent moins de places claires, et toute cette partie est vigoureusement retravaillée. Le petit tertre, sur lequel est l'arbre penché, a été repris dans toutes ses parties ; le premier monticule, très accusé, est ombré de contre-tailles obliques ; au milieu s'élève un autre monticule, au sommet duquel sont deux arbres, l'un contre l'autre, dont le pied est à 16 millimètres au-dessus de l'eau ; leurs troncs n'ont qu'un clair dans le milieu, le petit monticule par derrière a disparu ; l'ancienne ombre portée forme un pli de terrain, et le troisième monticule, resté clair, offre quelques tailles de plus ; le fond boisé, ainsi que les deux arbres du milieu, ont été complètement retravaillés ; l'arbre, à droite, offre un feuillage noir ; il est deux fois fourchu, et même le commencement d'une nouvelle petite branche touche le trait de bordure ; les eaux ont été renforcées par de nombreuses entre-tailles ; des espèces de pierres ou de plantes qu'on y voyait ont disparu et les initiales du maître ne se montrent plus que sur un fond noir.

Le catalogue d'Isendoorn décrit un deuxième état avant plusieurs travaux à la pointe sèche sur les arbrisseaux, entre la bordure gauche et le grand arbre, et sur le feuillage au pied de l'arbre.

Cette suite en épreuves d'eau-forte pure est très rare. Verstolk les possédait, elles furent vendues, avec le deuxième état, 756 francs.

Notre suite du deuxième et du troisième état vient de la vente Guichardot.

Guichardot, 75 francs.

Le catalogue Rigal indique les remarques suivantes :

Nº 53, avant des tailles rentrées sur l'ombre à la gauche du devant.

M. Guichardot, catalogue Van den Zande dit : Avant divers travaux ajoutés depuis au burin à la gauche du devant. Vendu 8 francs.

Nº 54. Avant des tailles ajoutées sur les devants, vers la droite, à gauche, aux terrains, aux corps, aux branches et au feuillage des arbres.

Répété dans le catalogue Van den Zande, vendu 11 francs.

Nº 55. Avant des raccords faits au burin. Cet état n'est pas le même que l'eau-forte.

Nº 56. Avant des tailles à la partie ombrée du devant de la terrasse. Cet état n'est pas le même que l'eau-forte.

Catalogue Van den Zande. Avant des tailles ajoutées à la partie ombrée du terrain, à gauche. Vendu 6 fr. 50 c.

Toutes ces remarques nous paraissent manquer de précision et de clarté.

Le catalogue Kalle indique une suite tirée sur papier à la grande folie. Kalle,
68 francs.

59-64. *Suite de six estampes* marquées, au haut de la droite, des
lettres *a* à *f*.

Haut., 117 à 124 millim.; larg., 140 à 142.

59. *L'Homme et la Femme près du petit pont*. Ils sont au milieu de
l'estampe, se disposant à traverser un petit ruisseau qui sort de la
droite et occupe tout le devant. Près du pont, on voit de grands arbres
entourés d'un palis en planches ; à gauche, s'élève un arbre isolé, vers
le milieu duquel on aperçoit quelques branches sèches ; au fond, du
même côté, une masse de grands arbres. Sur le ciel, à gauche : *Antoni Waterlo fe.;* en face, à droite : *a*.

60. *Le Voyageur et son chien*. Ils se dirigent dans le fond, sur un chemin montant, à droite, au pied duquel sont des rochers couronnés par
deux arbres, de l'un desquels on ne voit que le tronc ; de l'autre côté du
chemin, un ruisseau coule sous de grands arbres qui occupent toute
la gauche ; au fond, dans le milieu, quelques arbres et des collines. Au
haut, à gauche : *A. Waterlo fe;* de l'autre côté : *b*.

Dans les premières épreuves, les angles sont aigus.

61. *Les trois jeunes Garçons et leurs Chiens*. Ils sont assis à droite,
près d'un tertre couronné d'arbres, au bord d'un chemin, au milieu
desquels sont leurs chiens ; de l'autre côté, séparé par une butte de
terre, un autre chemin se dirige, comme le premier, vers un fond boisé ;
à gauche, s'élève un rocher où sont plusieurs arbres, dont l'un surplombe au-dessus du chemin. Au bas, dans le coin à droite : *A W*.
entrelacés ; du même côté, dans le haut : *c*.

On connaît un premier état avant les contre-tailles dans le coin, à gauche, du
haut, chez M. le docteur Sträter.

62. *L'Allée dans le bois*. Elle est à droite, bordée de grands arbres

des deux côtés ; deux hommes se dirigent vers le fond, où l'on voit les troncs de plusieurs grands arbres ; à gauche, une petite cascade tombe sur le devant ; de l'autre côté, une futaie. Au haut, à gauche : *Antoni Waterlo fe.;* à droite : *d.*

63. *Les deux Cavaliers.* Ils s'avancent sur le devant, à droite : l'homme monté sur un cheval, la dame sur un mulet ; un chien les précède, un piéton les suit ; ils paraissent sortir d'un ravin boisé, bordé à droite par une montagne couverte d'arbres, et à gauche par une série de mamelons sur lesquels sont des arbres ; du même côté, au second plan, un arbre à moitié dépouillé de feuilles, et, en avant, un grand arbre isolé. Au haut, à gauche : *A Waterlo fe.;* à droite : *e.*

64. *Les deux Garçons et le Chien aboyant.* Ils sont à gauche sur un chemin ; l'un d'eux est accroupi, son compagnon semble exciter le chien contre lui. Derrière eux, sur une petite éminence, s'élèvent cinq grands arbres ; tout à fait à gauche, au second plan, se voit un groupe de grands arbres ; à droite, un chemin au bord duquel sont quelques arbres ; le fond est un pays boisé. Au haut, à gauche : *A Waterlo fe.;* à droite : *f.*

* 1er état. Avant l'adresse de *R. et I. Ottens* sur le premier morceau, et la retouche au burin dans les parties ombrées. Collection Camberlyn.

Camberlyn, 97 francs.

Dans la collection de M. le docteur Sträter, une épreuve du numéro 63 porte un *g* au lieu d'un *e.*

Le sixième morceau est avant les tailles ajoutées, à droite et à gauche de la terrasse, et à la portion des taillis derrière le bas des deux arbres croisés, placés vers le milieu.

Weigel dit qu'il y a des épreuves d'essai des numéros 59 et 60.

M. Guichardot, dans le catalogue Van den Zande, comme dans celui de Camberlyn, signale du numéro 62 une épreuve avant quelques travaux repris au burin, notamment sur le tronc d'arbre du milieu.

Van den Zande, 33 fr. 50 c. Camberlyn, 58 francs.

Il mentionne aussi un deuxième état avec les travaux repris au burin, mais avant que la planche ait été remordue à l'eau-forte.

Il cite dans le catalogue Camberlyn une épreuve du numéro 63, avant quelques travaux repris au burin, notamment au pied du gros arbre que l'on voit sur le devant à gauche, et aussi avant que la lettre alphabétique *g*, gravée par erreur, ait été effacée et remplacée par un *e.* Camberlyn, 27 francs.

2e. On lit l'adresse d'*Ottens* sur le numéro 59.

3e. Cette adresse est supprimée.

65-70. *Suite de six estampes* numérotées au haut, à droite.

Haut., 133 millim.; larg., 146.

65. *Le Portefaix.* Il est au second plan, au milieu de l'estampe, se dirigeant vers le fond par un chemin qui part de la droite, au bord duquel est un gros arbre tronqué ; vers la gauche, des rochers et une petite cascade ; plus à gauche, des rochers sur lesquels s'élèvent deux arbres penchés, et, derrière, une chapelle surmontée d'une croix. Au haut, du même côté : *Antoni Waterlo f. et in.;* à droite : 1.

Filigrane : aigle à deux têtes.

66. *Le Chemin près du grand chêne.* Cet arbre est placé sur un tertre à droite, au pied duquel un paysan vu de dos, et assis, parle à un homme debout enveloppé d'un manteau ; sur le chemin qui est dans le milieu, on voit paraître deux hommes portant bâtons, dont l'un monte et l'autre descend ; au coin du bas, à gauche, un vieil arbre tronqué ; plus loin, un groupe d'arbres sur un tertre ; dans le fond, un bois. Au haut, à gauche : *A W f.;* à droite : 2.

On connaît un premier état avant le rameau dans l'arbre, à gauche, au second plan ; eau-forte pure.

67. *Les deux Allées.* Sur le devant, à droite et au milieu, un chemin se bifurque ; au fond, entre des arbres, se montre un homme enveloppé de son manteau ; à gauche, une allée plus large s'enfonce entre deux rangées d'arbres. Au haut, du même côté : *A W.* (monogramme); à droite : 3.

1er état. On voit une petite partie claire, sous le rameau le plus proéminent, dans le milieu, qui a été agrandie dans le deuxième état. Le premier état est dans la collection de M. le docteur Sträter.

68. *L'Homme et la Femme sur le monticule.* Ils sont assis en avant, au milieu, sur un petit tertre au pied d'un monticule, où s'élèvent trois grands arbres, près desquels passe un chemin, à droite, auprès d'une chaumière entourée d'arbres ; à gauche, une chaumière dans des arbres, et un fond boisé. Au haut, à gauche : *A W* (monogramme) *ex.;* à droite : 4.

Filigrane : aigle à deux têtes.
On connaît un premier état avant des tailles obliques sur le toit de la chaumière qui est beaucoup plus clair.

Le catalogue Liphart ajoute : Sur les arbres et les buissons qui l'environnent, sur le tuyau de cheminée au-dessus du toit, sur le pignon du toit, il n'y a pas de forts traits de burin qui arrondissent le sommet du toit.

Le catalogue Kalle indique un état avant nombre de travaux au burin pour renforcer les branches et le feuillage des trois grands arbres, etc.

69. *Le Paysan sur le chemin large.* Il est au milieu, dans le fond, portant un bâton sur l'épaule, se dirigeant vers la gauche, près de quelques chaumières entourées d'arbres ; à droite, sur un tertre, deux grands arbres, et plus loin deux autres, en avant d'un autre groupe de chaumières ; à gauche, de l'autre côté du chemin, un arbre penché ; dans le fond, un pays boisé. Au haut, à droite : 5.

1er état. Sur le devant, un savetier et un mendiant. Munich, Hambourg, British Museum.

2e. Celui décrit.

Filigrane : aigle à deux têtes.

Le catalogue Kalle indique aussi une épreuve de la même pièce avant que la planche ait été ébarbée.

70. *La Laitière.* Elle s'avance vers la gauche, tenant un enfant de la main droite, et portant sur sa tête une planche sur laquelle sont placés plusieurs pots ; à droite, une longue rangée d'arbres ; à gauche, des arbres et des buissons sur un tertre ; dans le lointain, une ville. Au haut, à droite : 6.

On connaît un état antérieur avec deux arbres seulement, au milieu du devant. British Museum, duc d'Aremberg, docteur Sträter.

* 1er état. Décrit ci-dessus. Collection Guichardot. Filigrane : aigle à deux têtes. Guichardot, 76 francs.

2r. Sous le numéro 65, on lit : *R. et I. Ottens.*

3e. Cette adresse est supprimée.

Weigel cite une épreuve exceptionnelle du numéro 69 qui est dans le Cabinet royal des estampes à Munich, elle est aussi au British Museum et à Hambourg. On voit un cavalier sur le premier plan et, à gauche, un mendiant qui lui demande l'aumône. Dans les bonnes épreuves ordinaires, on en aperçoit encore les traces.

Le catalogue Rigal signale des secondes épreuves :

N° 66. On a ajouté des travaux au grand chêne, à la droite, et au tronc d'arbre, à gauche.

N° 70. Il y a des contre-tailles sur la femme et sur l'enfant, et une troisième épreuve, où sont des troisièmes tailles, sur le corps du gros chêne.

71-76. *Suite de six Paysages,* sans numéros.

Haut., 113 millim.; larg., 167.

71. *La double Cascade.* A travers une ouverture qui existe à gauche, entre deux rochers, un torrent tombe en double cascade et forme une pièce d'eau qui occupe toute la largeur de l'estampe ; de grands arbres couronnent la cime de ces rochers, tandis qu'un groupe d'arbres occupe tout le fond ; à droite, des rochers et quelques petits arbres ; dans le lointain, un site montueux ; sur le ciel, à droite : *A W f.* (1.)

Filigrane : armes d'Amsterdam. Il y a aussi des épreuves sur papier à la folie.

72. *La triple Cascade.* Une rivière, que l'on voit dans le milieu du fond, tombe de cette manière ; à gauche et à droite, des rochers ; de ce côté, dans l'éloignement des montagnes, un château-fort et une ville. A gauche, un chemin monte derrière un grand rocher couronné d'arbres ; de l'autre côté du chemin, une montagne surmontée par un château-fort. Au haut du ciel, à droite : *A. W. F.* (2.)

Filigrane : folie à cinq dents.

73. *Le Rocher stérile.* Il est très large dans le milieu et vers la gauche ; un chemin montant se dirige de ce côté, où l'on voit, dans l'éloignement, des maisons et le clocher d'une église dominés par une haute montagne ; à droite, une rivière où l'on voit sur la rive opposée des arbres, un clocher et de hautes montagnes. Sur le devant, trois hommes sont en conversation. Au haut, à droite : *A W. F.* (3.)

Filigrane : une folie.

74. *Le Pays désert couvert de rochers.* Ils sont tous accumulés vers la droite, entremêlés d'arbres dans les anfractuosités ; cet amas monte jusqu'au haut de l'estampe ; une pièce d'eau occupe presque toute l'estampe en partant de la droite ; dans le fond, à gauche, un pays accidenté et montueux. Au haut du ciel, de ce côté : *A. W. F.* (4.)

75. *La grande Chute d'eau.* Elle tombe, dans le milieu, entre des rochers couverts d'arbres, dont celui de gauche surplombe au-dessus de la cascade ; un chemin monte à l'extrémité de la droite ; on voit à gauche quelques branches sèches renversées ; plus loin, dans le coin, se dressent plusieurs grands arbres. Au haut, du même côté : *A W.* entrelacés. (5.)

Filigrane : folie à cinq dents.

76. *La Chaumière et la Chapelle au bas de la montagne.* On les voit à gauche, dominées par des rochers et des arbres ; elles s'élèvent au bord d'un chemin où un homme, portant bâton et paquet, se dirige vers le fond ; un autre homme est sur le bord de la chaumière ; à droite, un grand rocher couronné d'arbres ; dans le lointain, au milieu, un village au pied d'une montagne. Au haut de la planche, vers la gauche : *A W. f.* (6.)

Filigrane : armes d'Amsterdam, et aussi papier à la folie.

* Ces pièces sont rares, surtout en belles épreuves. Collection Camberlyn.

Camberlyn, 45 francs ; Verstolk, 63 francs.

Les planches n'ont pas été retrouvées, mais il doit en avoir été fait plusieurs tirages, puisque l'on rencontre des épreuves anciennes qui ont perdu leur velouté et sont devenues sèches.

Weigel mentionne d'anciennes épreuves imprimées en rouge des numéros 74, 75, 76.

77-82. *Suite de six estampes* marquées des lettres A à F, au haut de la droite.

Haut., 149 à 156 millim.; larg., 122 à 133.

77. *Le Dôme et la Chute d'eau.* A droite, au milieu des rochers, un grand dôme domine une ville ; au-dessous de celle-ci, par plusieurs ouvertures d'un aqueduc, s'échappe une rivière qui tombe par une succession de cascades, et qui se répand sur le devant de l'estampe ; du même côté, un chemin montant, où sont deux hommes, conduit à une chaumière dominée par des rochers ; vers la gauche, un arbre isolé penche sur l'eau ; tout à fait à gauche, contre un rocher couronné d'arbres, se voit un chemin près duquel sont plusieurs personnes ; dans le fond, des rochers. Au milieu, sur le ciel : *Antoni Waterlo fe, et in ex.;* à droite : A.

Filigrane : la folie.

78. *Le petit Pont oblique.* Il traverse une cascade qu'un gros rocher sépare en deux parties, et sur lequel s'élève une croix ; un homme et une femme marchant en sens contraire le traversent ; à droite, monte un chemin bordé de rochers boisés ; à gauche, un grand rocher couronné d'arbres surplombe au-dessus de la cascade, sur le bord de laquelle on aperçoit quelques morceaux de bois renversés ; au haut, à gauche : *A. Waterlo fe. et in.;* à droite : B.

Filigrane : la folie.

79. *La Mère et ses trois Enfants en marche.* On la voit sur le devant, dans un chemin qui va vers la droite ; un homme portant un paquet la suit ; tout à fait à droite, des arbres, et, sur un tertre, deux grands entrelacés ; à gauche, sur un mamelon, un grand arbre et trois autres en arrière ; contre le trait de bordure, un bouquet de bois. Au haut du même côté : *A. W.;* à droite : C.

Filigrane : folie à cinq dents.

80. *Les Traqueurs.* Au milieu s'élève un fort bouquet d'arbres d'où sort un cavalier se dirigeant vers la droite, précédé d'un chien et suivi d'un homme qui court ; sous les arbres, trois hommes ; à gauche, sur le devant, on voit quatre hommes : deux assis et deux debout ; derrière eux des buissons, et plus loin un bouquet de bois ; à droite, au coin d'un terrain accidenté, un buisson ; dans le haut, à gauche : *A . W. f.* à droite : D.

Filigrane : une folie.

81. *Le Berger et le petit Pont de pierre.* Sous ce pont, par deux arches, tombe une cascade ; le berger qui le traverse avec son troupeau se dirige vers la droite, où se trouve d'abord un bois touffu, et plus loin un pays montueux dominé par un château que surmonte une grosse tour ronde. La rivière qui tombe d'abord en cascade, au haut de la gauche, forme au-dessous une pièce d'eau, et passe ensuite sous le pont, le long d'un rocher, où l'on remarque deux arbres, dont l'un très penché sur l'eau qui s'étend ensuite sur presque tout le devant de l'estampe. Au haut de la gauche : *Antoni Waterlo fe. et in.;* à droite : E.

Filigrane : une folie.

82. *Le Vacher et le Moulin.* Cet édifice rustique est à droite sur le bord d'une petite rivière ; des arbres l'entourent ; sur le bord opposé s'élèvent quatre grands arbres groupés deux à deux ; à gauche, le vacher pousse devant lui trois vaches et quelques moutons sur un chemin, au bord duquel on voit plusieurs saules. Au fond, des bois ; à droite : F.

Filigrane : une folie. Les deux suites, dans cet état, chez M. le docteur Sträter.

* Cette suite est rare, même en épreuves de second tirage. Les planches n'ont pas été retrouvées. Collection Camberlyn.

Verstolk, 42 fr. 10 c. ; Camberlyn, 45 francs.

Le catalogue Kalle en indique une suite sur papier à la folie, vendue 44 francs.

83-88. *Suite de six estampes*, sans numéros.

Haut., 135 millim.; larg., 164 à 167.

83. *Le Groupe des quatre Arbres.* Ils s'élèvent au milieu sur un tertre, près d'un chemin placé à droite, bordé d'arbres du côté opposé, et sur lequel sont une femme et un homme vus de dos avec un enfant marchant en sens contraire; une mare peu large occupe tout le devant; à gauche, des broussailles, un arbre tronqué d'où s'élève une seule branche, et dans le fond, un village que domine un clocher pointu. Au haut, du même côté : *Antoni Waterlo fe. et ex.* (1.)

Filigrane : une folie à cinq boules.
On connaît des épreuves d'essai de cette estampe.

84. *Le Chasseur aux canards.* Il est à gauche, un genou en terre, ayant son chien devant lui, et visant des canards nageant sur un étang qui occupe tout le devant de la planche; vers le milieu et à droite, l'étang est bordé de grands arbres des deux côtés. Derrière le chasseur, un large chemin conduit vers le fond. (2.)

* 1er état. A l'eau-forte pure. Devant le chien, au-dessus de la touffe d'herbe, il n'y a pas de grandes plantes qui se croisent en forme de cercle; la langue de terre dans l'eau est peu accusée; on n'y voit pas encore de fortes touffes de roseaux à son extrémité; également avant des touffes d'herbes devant le chasseur; les tailles sur l'eau ne touchent pas le bord droit de la planche; au-dessous des arbres, à droite, les deux groupes de plantes aquatiques ne sont pas reliés par des roseaux droits; tous les arbres sont beaucoup plus légers, notamment ceux dans le milieu du fond; avant que les rameaux de la longue branche qui tombe à terre derrière le grand arbre, devant le chasseur, n'aient été notablement augmentés.

* 2e. Toute la planche a été retravaillée. La grande branche, dont nous venons de parler, compte beaucoup plus de rameaux dans le bas; sur le bas du terrain à gauche, les herbes ont été reliées dans le milieu par une série de tailles en zigzag; de grandes plantes dominent les herbes qui suivent et se réunissent en cercle; sur l'extrémité de la langue de terre se dressent des roseaux, et à sa pointe une nombreuse touffe de roseaux s'élève au-dessus de l'eau; au-dessous des arbres, à droite, des roseaux relient les deux groupes de plantes aquatiques; dans le coin du bas, à droite, les travaux touchent le bord de la planche.

85. *Le Chasseur aux lièvres.* Au milieu du devant, il gravit un monticule précédé d'un chien qui court et que suivent deux autres; plus haut, se montre un groupe de huit grands arbres; un chemin qui vient du fond, à droite, contourne le devant et se dirige vers une éminence

qui est à gauche, vers le milieu de laquelle est une femme portant un panier sur sa tête et un autre sur le bras ; au fond, du même côté, une petite montagne couronnée d'arbres ; à droite, le toit d'une chaumière entourée d'arbres. (3.)

Filigrane : vraisemblablement une folie.

86. *Le Crépuscule au bois*. Un cavalier se dirige à gauche, sur un chemin montant et ombragé de grands arbres des deux côtés ; au pied de cette colline, un homme chargé d'un ballot est assis ; vers la droite, une pièce d'eau occupe tout le devant ; un chemin se dirige vers un fond ombragé d'arbres élevés ; à droite, on voit d'autres grands arbres devant lesquels se dresse un arbre isolé. Sur l'eau, tout au bas de la droite : *A W*. (4.)

Filigrane : folie à cinq dents.
On connaît de cette pièce des épreuves d'essai, avant beaucoup de travaux : notamment avant le rameau sec sortant de l'arbre à gauche, sur une hauteur, à 32 millim. de la bordure, à gauche, et à 38 millim. de la bordure du haut. Chez Liphart. Vendue 150 francs.

87. *Les Baigneurs*. Sur toute la largeur du devant s'étend un ruisseau interrompu par une butte de terre dans le milieu ; sur le bord, au milieu, deux baigneurs s'essuient ; tout à fait sur le devant, un troisième est assis ; à gauche, un quatrième nage. Du même côté, sur une langue de terre, deux grands arbres ; dans le fond, une ville surmontée de plusieurs clochers ; au milieu, un bois dominé par quatre grands arbres ; à droite, une colline boisée. (5.)

On connaît des épreuves d'essai où, derrière la colline, à droite, sur la route qui conduit vers le devant, on voit deux hommes qui ont été recouverts plus tard d'un buisson par de forts travaux au burin. Collection Liphart. Vendue 150 francs.

88. *La Famille en repos*. Trois personnes sont réunies à la gauche du bas, au bord d'un grand chemin : un homme couché, une femme assise, allaitant un enfant, et un petit garçon debout ; sur ce chemin qui se dirige vers le fond de la droite, est un homme accompagné d'un enfant ; sur un plateau élevé à gauche, on voit sur le devant deux grands arbres, tandis que beaucoup d'autres s'élèvent de l'autre côté ; vers le fond, un bouquet de bois ; à droite, sur une colline, des broussailles et quelques arbres. Sur le ciel, à gauche : *A. Waterlo fe*. (6.)

On connaît des épreuves d'essai avant les rameaux secs, à gauche de l'arbre s'élevant à droite.

* Notre suite vient de la collection Guichardot.

Camberlyn, 45 francs; Verstolk, 42 francs; Guichardot, 185 francs.

Au musée de Munich, il y a une épreuve d'essai du numéro 83, sur laquelle le tronc du quatrième arbre, à gauche, qui a été gravé au burin, manque tout à fait. Aussi dans la collection Liphart. Cette dernière estampe vendue 150 francs.

Dans les bonnes épreuves, on remarque encore la perspective interrompue par le tronc d'arbre.

Wessely signale du numéro 85 un état, où la longue branche transversale de l'arbre à droite est encore sans feuilles; il signale aussi, du numéro 86, un état où l'on n'a pas encore ajouté une forte branche sèche à l'arbre, à gauche, sur la hauteur, à 32 millimètres du bord de la planche.

Les planches de cette suite sont également perdues.

89-94. *Suite de six estampes*, sans numéros.

Haut., 117 à 122 millim.; larg., 207 à 210.

89. *Les deux Chemins allant vers le ruisseau.* Il occupe toute la largeur du devant. Le plus large chemin descend de la droite où l'on voit une grande montagne entrecoupée d'arbres et de rochers, sur l'un desquels, dans le milieu, on remarque plusieurs pins; un homme précédé d'un chien descend sur ce chemin; contre celui qui est à gauche s'élève, dans le milieu de l'estampe, un mamelon couvert de petits arbres que dominent deux autres assez élevés; ce chemin est encaissé dans un autre mamelon qu'on voit à gauche; tout le fond, de ce côté, offre une vaste campagne. Au haut, à gauche : *Antoni Waterlo. fe.* (1.)

* Le catalogue Verstolk annonce deux états, sans autre désignation. M. Guichardot décrit ainsi le premier état : Avant des contre-tailles sur le terrain au bas de la droite.

Le catalogue Rigal dit que le deuxième état est avec des secondes tailles au petit tertre à la droite du devant, et sur le terrain du troisième plan à gauche.

90. *Vue d'une ville de Hollande.* Elle s'élève dans une campagne à gauche, surmontée d'un grand clocher et de deux moulins. Sur le devant, deux chemins; un homme s'avance sur celui du milieu; à droite, des barrages derrière lesquels est une rivière où l'on remarque deux voiles; tout le fond, du même côté, est occupé par une vaste campagne. Au haut du ciel, à gauche : *A W. ex.* (2.)

La ville représentée est celle de Reenen.

* M. Guichardot décrit ainsi le premier état : Avant les travaux au burin, ajoutés sur les premiers plans.

Bartsch dit que l'on a de mauvaises épreuves, où les buttes, aux deux côtés du chemin qui est au devant près des champs, sont retouchées au burin.

91. *Le Village au bord du canal.* Il s'étend sur toute la largeur de l'estampe, mais à droite, sur la rive rapprochée du spectateur, sont quatre personnes; le village également occupe toute la largeur de la planche; on y remarque, vers le milieu, une espèce de petit port entre deux estacades; un autre port plus grand existe à la gauche; devant et derrière le village, il y a plusieurs groupes d'arbres; tout le fond est occupé par une vaste campagne qui se perd à l'horizon; elle est entrecoupée de villages et de canaux. Au haut, à gauche : *A W. ex.* (3.)

* M. Guichardot se borne à dire que le premier état est avant les travaux au burin, faits depuis à la planche. Bartsch avait dit auparavant: « Les épreuves, dans lesquelles le bord du canal qui est en deçà se trouve retouché au burin, sont mauvaises. »

Il existe un tout premier état au musée d'Amsterdam que M. le docteur Sträter donne à Hercule Seghers.

Dans le deuxième état, Waterloo n'a rien changé à la gravure, mais il a ajouté le premier plan et les figures. Il est probable que Waterloo et Rembrandt se sont rencontrés à la vente d'Hercule Seghers.

Il est vraisemblable également que les numéros 90 et 93 sont de ce maître, car le travail de ces planches ressemble à d'autres compositions du même, et nullement à celui de Waterloo. Ces trois planches ne sont pas signées de la même manière : *A. W. exc.,* tandis qu'aux numéros 89, 92 et 94 on lit: *Antoni Waterlo f.*

M. Sträter pense que le premier état est d'Hercule Seghers, auquel Waterloo a seulement ajouté le premier plan.

92. *Le Village sur la colline.* Plusieurs grosses constructions s'élèvent au haut de la droite, sur une éminence, au bas de laquelle passe un chemin bordé de broussailles et d'un grand arbre dans le milieu ; à gauche, quelques mamelons; plus loin, une rivière bordée d'arbres sur la rive opposée; dans le fond, une large colline surmontée d'un moulin. Au haut, à gauche : *Antoni Waterlo. fe.* (4.)

* M. Guichardot décrit ainsi le premier état : « Avant les travaux faits depuis au burin, principalement sur le premier plan. » Notre épreuve est sur papier à la folie.

93. *Le Village dans la vallée.* Au delà d'une éminence accidentée qui borde à gauche une colline surmontée d'un château à tours et

créneaux, le village s'étend presque jusqu'à l'extrémité de la droite, où l'on remarque une grande montagne. Toute la partie du fond offre la vue d'un pays plat, d'une vaste étendue, garni de plusieurs villages et entrecoupé de différents canaux et rivières. Au haut, à gauche : *A W. ex.* (5.)

* M. Guichardot décrit ainsi le premier état : « Avant les travaux au burin ajoutés principalement sur la levée de terre à gauche qui porte un mur fortifié. »

Bartsch dit qu'il y a de mauvaises épreuves de cette planche dans lesquelles la petite colline qui est la plus ombrée, et qui se trouve au milieu du devant, est retouchée par des traits de burin tracés en travers.

Les numéros 90 et 93 pourraient bien être aussi de H. Seghers.

94. *Le Moulin à eau au pied d'une montagne.* Il est à gauche, au bord d'un cours d'eau dont on ne voit qu'une petite partie, sur la rive duquel s'élèvent deux grands arbres, près d'un chemin où se voit un homme ; à droite, des rochers boisés ; plus loin, une colline plate au sommet de laquelle sont des grands arbres ; à gauche, derrière des arbres, une plaine sur une hauteur que domine dans le fond une très haute montagne. Au haut, à gauche : *Antoni Waterlo f.* (6.)

* M. Guichardot décrit ainsi le premier état: « Avant quelques travaux ajoutés au burin, sur le devant à droite, près du trait carré. » Notre épreuve est sur papier à la folie. Collections Verstolk et Van den Zande.

Verstolk, 75 fr. 50 c., Van den Zande, 110 francs, Camberlyn, 110 francs.

Le catalogue Kalle cite cette suite sans indiquer de remarques, et dit qu'elle est tirée sur papier à la grande folie. Vendue 38 francs.

Il y a tout lieu de croire que les retouches du deuxième état ne sont pas de Waterloo.

95-106. *Suite de douze estampes*, sans numéros.

Haut., 146 à 156 millim.; larg., 203 à 210.

95. *La Place devant l'auberge.* Elle est, à gauche, attenante à une masse de constructions, qui se prolongent vers la droite, et que dominent deux grosses tours carrées dont la plus éloignée est couverte d'un toit pointu. Devant ces tours est une espèce de verger entouré d'une clôture en planches. A la porte de l'auberge, on voit une femme sur le seuil et deux hommes assis ; plus loin, sur un tertre, sont trois hommes assis et deux debout ; au bas, quatre personnes : une femme tenant un enfant, deux hommes, l'un couché et l'autre assis ; un homme debout

suivi d'un chien parle à la femme ; à droite, quelques pierres et deux morceaux de bois. (1.)

Filigrane : folie à cinq dents, au bas le chiffre 4 et trois boules.

96. *La Ville ruinée.* Elle s'étend par étages vers la gauche. De ce côté, est une grande tour carrée dominant de vieilles constructions ; contre elle s'élève une église surmontée d'une croix ; vers le milieu, on voit une espèce d'église, puis une vieille tour carrée ; à droite, près d'un grand arbre, une maison rustique ; sur un chemin qui passe auprès, deux hommes conversent : un debout, l'autre assis, ayant près d'eux un âne chargé ; au milieu du bas, un berger et son troupeau sortent de dessous une vieille voûte ; à gauche, sont plusieurs personnes : l'une est assise, l'autre puise de l'eau à une fontaine ; de l'autre côté, une femme portant un panier sur la tête est suivie d'un enfant, se dirigeant vers une voûte en ruines ; tout à fait à gauche, des hommes roulent une pierre. Au haut, du même côté : *Antoni Waterlo. f.* (2.)

Filigrane : folie à sept dents, avec trois boules dans le bas et le chiffre 4.

97. *Les deux Ponts.* Ils sont au milieu : l'un en pierre, l'autre en bois ; à l'entrée, à droite, s'élèvent trois arbres près desquels passe sur un chemin un homme conduisant un âne. Les ponts aboutissent à un village élevé sur une colline ; sur la rive, à gauche, un large escalier conduit à la première maison, derrière laquelle s'élève une assez grande église surmontée d'un clocher ; à gauche, contre l'escalier, de vieilles constructions, et au-dessous, des rochers ; au bout du petit pont, du même côté, un homme, une femme et un chien. Au haut, à gauche : *Antoni Waterlo in. et fe.* (3.)

* 1ᵉʳ état. Avant beaucoup de travaux, au pied des trois grands arbres et sur les montagnes du fond qui sont très claires ; avant les tailles fines verticales sur la maison au-dessus de l'escalier ; avant des contre-tailles obliques sur le rocher du milieu à gauche, au-dessous de l'arbre couché. Collections Liphart et Oppermann.

Liphart, 150 francs ; Oppermann, 177 francs.

Filigrane : grand écusson ayant quelque rapport avec les armes d'Amsterdam.

* 2ᵉ. Les grands arbres, les terrains au-dessous et les montagnes du fond sont beaucoup plus travaillés ; il y a des tailles verticales sur la maison près de l'escalier et des contre-tailles obliques sur le rocher du milieu, à gauche, au-dessous de l'arbre couché. Filigrane : folie à sept dents.

98. *Les Voyageurs au bord du grand chemin.* A gauche, un homme et une femme, ayant un panier près d'eux, se reposent au bord d'un tertre, tandis qu'un autre voyageur suivi d'un chien s'éloigne vers le fond; au bas, du même côté, s'élèvent deux grands arbres. A droite, au bas d'une montagne escarpée, au haut de laquelle on voit une espèce de forteresse, tombe une rivière bordée de rochers et d'arbres, et formant plusieurs cascades; au fond, au milieu et à gauche, une vaste campagne. Du même côté, dans le haut : *Antoni Waterlo in. et fe.* (4.)

On connaît une épreuve d'essai : avant les changements à la montagne, vers le milieu de l'estampe; la montagne la plus éloignée est sans travaux à la pointe sèche, à gauche; les rameaux sortant de l'arbre, tout à fait à gauche, sont moins forts; celui du haut manque entièrement. Musée de Hambourg. Collection de M. le docteur Sträter.

Le catalogue Kalle indique une épreuve avec des barbes sur les fins travaux à la pointe sèche. Vendue 40 francs.

99. *L'Allée naturelle.* Elle monte à gauche, bordée de grands arbres des deux côtés, deux hommes sont visibles vers le fond; à droite coule une rivière dont les deux rives boisées montrent une échappée dans l'éloignement. (5.)

Filigrane : folie avec le chiffre 4, et trois boules au-dessous.

M. le docteur Sträter possède une épreuve, où le chemin à gauche, les arbres et le premier plan sont bien moins travaillés; avant le rameau sec entre les grands arbres vers la droite; peut-être unique.

100. *La grande Porte.* Au milieu du fond, elle s'ouvre entre deux maisons, dont la plus grande se prolonge tout à fait à droite, au milieu d'arbres. On accède à l'autre par un chemin se terminant par un escalier. Auprès est une femme; tout au bas, à gauche, quelques personnes sont au bord du chemin dominé en cet endroit par des arbres. (6.)

On connaît un premier état : avant les tailles perpendiculaires sur la face claire de la maison, à gauche du pont.

101. *Les deux Ponts de pierre.* Le premier, composé de deux arches dont une en bois, où passent deux hommes à cheval, conduit, à gauche, à une vieille porte où l'on remarque, à droite, une tour carrée

et, à gauche, un vieux mur crénelé ; au bas, du même côté, un mur de quai en pierre, couvert d'arbustes ; au milieu, vers le fond, un autre pont de trois arches ; à droite, au bas d'un mur de quai, sur un chemin en pilotis, un homme pêche à la ligne. (7.)

102. *Le Troupeau près du pont de pierre.* Un pâtre, qui est à droite, pousse des bœufs à l'entrée de ce pont, vers une route que l'on voit de l'autre côté. A gauche, sont deux maisons rustiques entourées d'arbres et entre lesquelles s'élève une porte. A droite, une roche couronnée d'arbres surplombe au-dessus d'un chemin ; au milieu, du même côté, sur le devant, quelques hommes au bord de l'eau. Au haut, à gauche : *Antoni Waterlo in et fe.* (8.)

103. *Le Moulin dans le bois.* Il est à droite, sur le devant, entouré de grands arbres ; à gauche se voit un chemin montant où un homme charge un âne avec des fagots, tandis qu'un autre baissé arrange un paquet ; près de celui-ci, deux chiens ; dans le fond, du même côté, de grands arbres. Au haut, à gauche : *Antoni Waterlo in et fe et ex.* (9.)

M. le docteur Sträter possède un état, peut-être unique, avant les retouches au burin sur la colline, entre les grands arbres et le moulin, sur le toit de la maison et dans l'eau, sur le chemin à gauche, et dans les arbres.

104. *Le Fauconnier et le Chasseur.* Ils s'avancent, à gauche, sur le devant d'un large chemin, accompagnés de deux chiens ; à droite, une rivière bordée de saules forme une petite cascade ; dans le fond et à gauche, sur une éminence, de grands arbres. Au haut, du même côté : *Antoni Waterlo in et fe.* (10.)

M. le docteur Sträter possède un premier état, peut-être unique, avant les retouches au burin, dans les arbres, dans le terrain à gauche, aux extrémités des feuilles, avant le quatrième arbre, à droite sur la colline, de l'autre côté de la cascade.

105. *Le Repos des deux Chasseurs.* On les voit assis à l'ombre de deux grands arbres, près d'un chemin qui est à gauche ; un chien est dans le milieu du chemin ; un autre se repose près de son maître ; du même côté et dans le fond, des chaumières dans un enclos entouré de palissades ; à droite, une rivière bordée d'arbres et d'arbustes, et dans le fond, un clocher. (11.)

106. *Le Bout du bois et le Village sur la hauteur.* A gauche, deux femmes sont assises à terre accompagnées d'un chien, sur le bord d'un chemin où, dans le fond, on aperçoit le haut du corps d'un homme ; plus loin, du même côté, est un fort bouquet d'arbres ; au fond, dans le milieu, le village se dresse sur une éminence où l'on aperçoit un troupeau et deux personnes ; à droite, coule une petite rivière, dont les rives sont bordées de roseaux. Au haut, à gauche : *Antoni Waterlo in et fe.* (12.)

* 1er état. Presque unique. A gauche les arbres sont légèrement tracés ; contre le bord de l'estampe, à mi-hauteur, il y a une place blanche ; les plantes, dans le coin à gauche, et le terrain au-dessus sont à peine indiqués ; on ne voit pas au côté gauche du grand arbre une petite branche fourchue sèche qui existe dans l'état suivant, contre le tronc ; le grand arbre n'est pas profilé d'une manière dure ; le tronc coupé qui est au delà n'est profilé que par des traits légers ; les pierres dans l'eau se distinguent à peine ; sur la première on ne voit pas de contre-tailles à droite ; les roseaux sont confus, surtout à droite.

*2e. Les arbres, à gauche, sont fortement accusés ; la place blanche est éteinte par quelques tailles horizontales ; les plantes à gauche et le terrain au-dessus sont fortement accentués ; la petite branche fourchue est introduite contre le tronc du grand arbre ; le grand arbre est fortement profilé ; le tronc coupé plus loin est cerné par des traits accentués ; on distingue mieux les pierres dans l'eau, et celle qui est sur le devant offre des contre-tailles à droite ; les roseaux sont accusés par des traits vigoureux. Filigrane : armes d'Amsterdam.

* Cette suite qui vient de la collection Drugulin est rare ; les planches n'ont pas été retrouvées.

On rencontre aussi des épreuves terminées sur papier à l'*Agnus Dei.*

107-112. *Suite de six estampes* numérotées dans la marge, au bas de la gauche.

Haut., 216 millim.; larg., 279 à 283.

107. *L'Entrée dans la forêt par le petit pont de bois.* Un ruisseau, qui occupe tout le devant de l'estampe et où nagent deux canards, est traversé, vers la gauche, par un pont qui, de ce côté, conduit à une forêt peuplée de grands arbres et où l'on voit au fond quelques palissades ; à droite, une petite plaine, et au delà, des chaumières dans des arbres ; au fond, dans le milieu, un village que dominent un clocher et un moulin. Au bas, à droite, dans la marge : *Antoni Waterloo fe.;* à gauche : I.

1er état. Avant deux branches sèches, l'une au haut du tronc d'arbre, l'autre dirigée vers la droite et près du trait carré, à la partie la plus élevée du premier arbre isolé; avant des tailles verticales sur le second arbre isolé et avant une touffe d'herbe sur l'eau, entre les joncs et le premier des deux canards. Catalogue Rigal.

M. le docteur Sträter signale une épreuve à l'eau-forte avant beaucoup de travaux. A la place du numéro 1, on lit : I. Collections Liphart et Oppermann. Vendue : Liphart, 150 francs; Oppermann, 225 francs. Dans l'état ordinaire on lit : 1.

* 2°. Avec les deux branches sèches, avec des tailles verticales sur le second arbre et avec la touffe d'herbe sur l'eau, mais les cimes des arbres, surtout à gauche, sont restées blanches, ainsi que le terrain dans le bas du même côté; sur la grosse racine il y a une petite place blanche. Filigrane : folie avec trois boules seulement dans le bas.

* 3°. Entièrement retravaillé. Même filigrane que l'état précédent.

Nous avons vu une épreuve moins belle, dépouillée sur les devants, tirée sur papier mince aux armes d'Amsterdam, où les pontuseaux sont à 23 millimètres.

108. *Les Parties de bois nouvellement coupées.* A droite, s'élèvent trois grands arbres l'un contre l'autre; plus loin, en avant d'autres arbres, s'étend une clôture en bois; dans le milieu du fond, une clôture du même genre enferme un bois plus petit; à gauche, s'élèvent d'autres grands arbres entre une clôture de bois qu'accompagnent des arbrisseaux; une route assez large vient sur le devant. A droite, dans la marge du bas : *Antoni Waterlo fe.;* à gauche : 2.

* 1er état. Les arbres, dans le fond, sont légèrement indiqués; à gauche, au-dessous de la barrière et des arbustes qui l'accompagnent, le terrain presque blanc est marqué par des petits traits épars; au dessous, la route est blanche; on voit sur le bord une plante assez forte, mais légèrement tracée; avant des contre-tailles assez fortes au-dessous de la clôture, vers le milieu.

* 2°. Les arbustes du fond, au milieu, sont accusés par une série de tailles assez dures; au bas, devant la clôture, il y a une série de contre-tailles obliques; le terrain est plus accentué devant la barrière, à gauche, et devant les arbustes qui l'accompagnent; à la place de la plante isolée dont nous avons parlé, on voit un grand nombre de broussailles; toute la route est ombrée dans cette partie, et dans le coin du bas, à gauche, il y a une série de contre-tailles onduleuses tirées obliquement.

Filigrane : une folie. Nous avons vu des épreuves dépouillées, sur papier assez épais marqué de plusieurs grandes lettres.

109. *L'Homme et la Femme traversant le ruisseau.* Ils viennent de la droite, précédés par un chien, en face d'un homme assis sur l'autre bord qui passe la botte de sa jambe gauche, tandis que son pied droit est encore dans l'eau; plus loin, du même côté, une chaumière dans les arbres qui se prolongent jusque dans le fond. Au milieu, au second plan, sur une éminence, s'élève un grand arbre; au devant, près de l'eau; un tronc d'arbre; au fond, à gauche, un champ labouré est clôturé par une haie; tout au bord sont deux grands arbres coupés par

le haut de la planche; un chemin monte du bord et redescend ensuite vers le fond. Dans la marge, à gauche: *Antoni Waterloo fe.;* à gauche : 3.

1er état. Avant des secondes tailles sur deux des figures, à la butte et à l'arbre isolé, derrière l'homme assis, et avant des petites branches sèches au haut du premier des deux grands arbres qui sont à la gauche. Catalogue Rigal.

* 2e. On voit les petites branches sèches sur l'azur, près des nuages; avec les secondes tailles sur la butte et l'arbre isolé, mais avant quelques travaux sur les deux figures, à droite, notamment avant deux fortes tailles en forme de V au bas du vêtement qui couvre la cuisse gauche de l'homme. Collection Oppermann.

Filigrane : une folie.

* 3e. Entièrement terminé; avec quelques travaux supplémentaires sur les deux figures dans l'eau et la double taille dont nous venons de parler.

Filigrane : une folie à deux cornes sur la tête, ayant par derrière une espèce de queue terminée par une boule.

110. *Le Paysan avec la pelle.* Il est vu de dos dans le milieu, parlant à un berger couché à terre, dont les cinq moutons paissent, çà et là, sur un tertre où sont trois arbres. A droite, de grands arbres, parmi lesquels on remarque un gros tronc, paraissent former l'entrée d'un bois; tout au bas, du même côté, un peu d'eau. Un chemin, qui part du milieu du bas, se dirige vers la gauche; au delà d'une clôture en bois, on voit une chaumière dans les arbres. Au bas, dans la marge, à droite : *Antoni Waterloo fe.;* à gauche : 4.

1er état. Avant de petites branches mortes à l'extrémité de la première branche du second des gros arbres qui sont à droite; branche qui se détache vers le milieu, sur la partie où le ciel est blanc ; avant des contre-tailles sur la souche, à deux branches mortes placées en avant de la droite, et, à gauche, à la partie du terrain qui est ombrée. Rigal.

* 2e. Entièrement terminé. Filigrane : une folie.

111. *Le Voyageur se reposant dans la forêt.* Il est à droite, au bord d'un chemin, ayant encore sa balle sur le dos, tenant un bâton et regardant son chien qui est assis; plus loin, dans le fond, de grands arbres et un homme qui s'éloigne; au milieu est une pièce d'eau, au bord de laquelle sont trois saules ; elle se prolonge vers le fond de la gauche, près de deux arbres occupant le bord, dont un est très gros ; tout le fond est occupé par les arbres de la forêt. A droite, dans la marge : *Antoni Waterloo fe.;* à gauche : 5.

* 1er état. Avant nombre de travaux sur les arbres et sur les plantes; avant deux ou trois fortes contre-tailles en cercle sur le milieu du tronc du gros saule penché à

gauche, et avant les tailles longitudinales sur le saule penché à droite et dont la plus forte part du milieu des deux tronçons du haut. Deux épreuves de cet état sur papier à la folie : l'une vient de la collection Oppermann, vendue 250 francs.

    * 2º. Entièrement terminé ; tous les arbres et toutes les plantes sont retravaillés ; on voit sur les deux saules les travaux dont nous venons de parler. Filigrane : une folie.

112. *Les deux Hommes dans le creux*. On les voit sortir du fond d'un chemin, pour ainsi dire, divisé en deux parties, dont l'une part du fond où est une forêt, et dont l'autre se prolonge vers la gauche jusqu'au devant de l'estampe ; à droite, plusieurs gros arbres et des broussailles bordent une pièce d'eau ; à gauche s'élève une rangée de plusieurs grands arbres ; plus loin, une campagne, et, tout au fond, une ville. Dans la marge, à droite : *Antoni Waterloo fe.;* à gauche : 6.

    * 1ᵉʳ état. Avant nombre de travaux sur les arbres et sur les plantes. Le tronc du gros arbre, à droite, semble partagé en deux parties ; on ne voit pas encore, sur celle qui est le plus à droite, une série de grosses tailles longitudinales pour mieux accuser ce tronc ; la première grosse branche du même arbre qui porte trois rameaux est presque blanche dans sa partie gauche ; au bas du tronc de cet arbre, on ne voit pas encore une série de fortes tailles pour mieux accentuer la grosse broussaille qui le touche. Toute la partie du terrain qui longe la route vers le milieu, à gauche, et qui forme une espèce de mamelon, est presque entièrement blanche dans le haut ; contre le chemin, à gauche, sur un petit morceau de terre, il n'y a pas encore une série de contre-tailles fines espacées. Les arbustes au delà du chemin sont presque clairs. Collection Oppermann. Vendu 276 francs.

    Filigrane : une folie.

    Kalle, même état. Aujourd'hui chez M. le docteur Sträter.

    * 2ᵉ. Le tronc du gros arbre, à droite, ne parait plus divisé en deux parties par suite de l'addition de fortes tailles longitudinales ; contre ses racines, à gauche, on voit une série de contre-tailles obliques pour mieux dégager la broussaille ; la grosse branche à trois rameaux, dont nous avons parlé plus haut, n'a plus qu'un mince clair vers sa gauche ; près du chemin la partie du terrain en demi-cercle, qui forme un mamelon, est entièrement couverte, dans le haut, de tailles fines longitudinales ; à gauche du chemin, sur le bord, une petite langue de terre contre les broussailles présente, sur sa droite, une série d'une dizaine de tailles fines et espacées, tirées obliquement. Les arbres au delà du chemin sont fortement ombrés. Filigrane : une folie.

    Notre suite terminée vient de la collection Galichon.

    Les épreuves sur papier aux armes d'Amsterdam sont moins belles.

    Rigal, 121 francs, avec cinq premières épreuves ; Verstolk, premières et belle épreuves, 420 francs.

113-118. *Suite de six estampes* numérotées au bas de la droite, dans la marge.

                                    Haut., 123 à 127 millim.; larg., 275 à 288.

113. *Le grand Tilleul devant l'auberge.* Il est dans le milieu, un peu
vers la gauche; un porte-balle se repose contre cet arbre, tandis que
son compagnon se dirige vers l'auberge qui est à droite, entourée de
grands arbres; un cavalier suivi d'un piéton s'en va vers le fond. A
droite, le chemin passe devant un palis; tout au coin, du même côté,
deux troncs d'arbres sont à terre. A gauche, sur le devant, une grosse
souche au milieu de broussailles; plus loin, un terrain accidenté terminé dans le fond par des chaumières entourées d'arbres, que des
collines dominent dans l'éloignement. Dans la marge, à gauche : *Anthonius Waterloo invenit et fecit.;* à droite : 1.

    * 1er état. A l'eau-forte; le lointain à gauche est moins terminé au burin;
on le reconnaît à ce que l'une des parties du terrain entrecoupé, qui se trouve
vers le fond, à gauche de l'estampe, n'y est ombrée que d'une simple taille, au lieu
que, dans l'épreuve ordinaire, elle est couverte d'une contre-taille.

    * 2e. Entièrement terminé; les arbres, particulièrement dans le fond à gauche,
ont été retravaillés. Filigrane : papier à la folie, à cinq boules, ayant une espèce de
queue derrière la tête.

114. *La Paysanne et sa Fille sur le petit pont de bois.* On les voit à
la gauche, au-dessus d'une cascade qui tombe entre de grands arbres;
elles se dirigent vers la droite. Au milieu, sur un tertre, un porte-balle
et une femme se reposent près de deux grands arbres; presque tout le
devant est traversé par une route qui va vers le fond de la droite, où
sont de grands arbres. Dans la marge, à gauche : *Antoni Waterlo
fe. et jnv.;* à droite : 2.

    * 1er état. A l'eau-forte. Tous les arbres sont légèrement travaillés et deux petits,
qu'on voit tout à fait à droite dans le fond, sont privés de feuillage. Derrière le
porte-balle, le terrain est clair. Toute la route, le long du tertre où celui-ci et la
femme sont assis, est claire; un terrain montant, près du pont, est presque clair; au-
dessous du pont à gauche, les broussailles et les pierres au bord de l'eau sont presque
blanches.

    * 2e. Entièrement terminé; les deux arbres dans le fond, à droite, sont couverts
de feuillage. Derrière le porte-balle, le terrain est noir; tout le chemin est complètement ombré, ainsi que le terrain montant à la sortie du pont. Au bord de l'eau,
à gauche, les broussailles et les pierres sont ombrées par de fortes et nombreuses
contre-tailles. Tous les arbres ont été retravaillés.

115. *Le Chemin à travers le bois.* Il serpente entre des arbres assez
espacés, partant du milieu de l'estampe et se prolongeant vers le fond;

un homme, chargé d'un paquet et vu de dos, est en marche au second plan, tandis qu'au fond on aperçoit deux autres figures. Au premier plan, sur le bord à gauche, s'élèvent deux grands arbres ; deux autres, dont l'un est penché, sont plus loin ; un rideau épais d'arbres ferme l'horizon. A droite, on voit le commencement d'une pièce d'eau ; plus loin, quelques groupes d'arbres et, dans le fond, un bois épais. Dans la marge, à gauche : *Anthonius Waterloo invenit et fecit.;* à droite : 3.

* 1ᵉʳ état. A l'eau-forte ; avant les figures sur le chemin. A droite, au bord de l'eau, la plante ne se prolonge pas sur le trait de bordure ; tous les arbres sont légèrement faits. A gauche, les deux gros troncs d'arbre sont peu travaillés et blancs dans certaines parties, ainsi que les plantes au-dessous ; entre ces premiers et l'arbre penché qui est au second plan, il n'y a pas une forte touffe de broussailles, et dans le bas elles ne touchent pas le tronc de l'arbre. Ce tronc et celui de l'arbre voisin sont peu ombrés, ainsi que le feuillage ; les arbres du fond sont presque blancs.

* 2ᵉ. Terminé. Les trois figures sur le chemin sont introduites. A droite, la plante se prolonge sur le trait de bordure. Les deux gros troncs d'arbre, à gauche, sont vigoureusement accusés, ainsi que les plantes au-dessous ; derrière l'arbre penché, il y a une série de broussailles, qui empiète sur le bas du tronc ; les troncs des deux arbres, dont la moitié était presque blanche, à gauche, sont presque entièrement ombrés ; les arbres du fond ont été vigoureusement repris.

116. *La Ferme au bord de l'eau.* Une rivière occupe tout le devant et se prolonge vers le fond ; on y voit un homme dans un bateau ; la ferme, qui occupe toute la gauche, s'étend vers le milieu ; deux grands arbres s'élèvent, à gauche, au bord de l'eau ; plus loin, vers le milieu, on voit deux grands arbres et deux saules ; à droite, on remarque un arbre en partie dénudé ; dans le fond s'étend une plaine terminée par un village dans des arbres. Dans la marge, à gauche : *Anthonius Waterloo invenit et fecit.;* à droite : 4.

* 1ᵉʳ état. A l'eau-forte. L'arbre tronqué et peu feuillu sur le devant, à droite, est tout à fait nu ; on n'y voit pas les branches qui sortent au bas du tronc à la hauteur du bateau ; le groupe d'arbres du bord de l'eau ne consiste qu'en deux saules et un arbre élevé. Les arbres sont légèrement traités.

Cette épreuve seule, Van den Zande, 137 francs ; même état, Kalle, 130 francs.

* 2ᵉ. Entièrement terminé. L'arbre tronqué est en partie revêtu de feuillage ; les roseaux au pied ont été renforcés. On voit, contre le bord de la planche, deux grosses branches, partant du bas du tronc, qui n'existaient pas précédemment ; sur la langue de terre, au bord de l'eau, entre le grand arbre et les deux saules, s'élève assez haut le tronc d'un quatrième arbre ; partout le feuillage est plus vigoureusement accusé.

Filigrane : une folie.

117. *Le Cavalier près d'une haie dans un bois.* On le voit s'avancer sur un chemin qui est à droite ; il va passer près de la porte ouverte d'une clôture en barrages. A droite, s'élèvent deux grands arbres près l'un de l'autre ; à gauche, on voit comme une maison dans le feuillage ; auprès est une pièce de terre où sont de grands arbres ; elle est attenante à un champ de blé qui s'étend jusqu'au bord gauche ; au fond, du même côté, une campagne. A gauche, dans la marge : *Antonius Waterlo invetor et fecit ;* à droite : 5.

* 1ᵉʳ état. A l'eau-forte. Avant une petite branche sèche s'élevant au-dessus des plantes qui sont à gauche du gros arbre placé à la droite ; avant une branche sèche au haut du même arbre, qui touche presque la cime du premier arbre au second plan ; avant des travaux sur les arbustes qui sont derrière les barrages, sur le terrain qui est au-dessous du champ de blé et sur le chemin plus bas au-dessous des plantes ; le visage du cavalier est peu distinct ; les arbres sont légèrement traités ; le terrain devant le cavalier est beaucoup plus clair.

Wessely signale une épreuve encore antérieure où l'on aperçoit deux autres cavaliers qui n'avaient pas réussi à l'eau-forte.

* 2ᵉ. Terminé. Au-dessus de la plante, au bas du gros arbre, à droite, s'élève une branche sèche, fourchue au sommet ; dans le haut du même arbre, une branche sèche touche presque le sommet d'un arbre au second plan. Le cavalier est plus distinct, et les tailles de la route au-devant de lui ont été renforcées ; les arbustes derrière et devant les barrages ont été retravaillés ; le terrain devant le champ de blé est vigoureusement accusé par places, la première rangée de blés a été fortement reprise ; à droite, contre les arbustes, le sommet du champ de blé est teinté par une série de tailles longitudinales ; sur le chemin, à partir de l'extrémité du barrage jusqu'aux plantes, les parties blanches sont éteintes.

Nous avons vu une épreuve avec la folie à cinq branches.

118. *Le Berger endormi sur le monticule.* On le voit, vers le milieu, couché à terre au delà des barrages, tandis que ses moutons paissent derrière lui. A gauche, s'élève un arbre isolé, en arrière duquel on voit un champ bordé, dans le fond, d'une forêt ; au milieu se présente un bois touffu ; à droite, sur un grand tertre, on voit un bel arbre divisé en deux tiges ; derrière est un gros clos fermé par une espèce de haie d'osier, où l'on remarque un arbre renversé en avant d'une épaisse orêt. Dans la marge, à gauche : *Antonius Waterlo inventor et fecit ;* à droite : 6.

* 1ᵉʳ état. A l'eau-forte. L'arbre isolé à haute tige, qui est sur le devant de la gauche, est privé de petites branches sèches qu'on voit au nombre de six dans les épreuves terminées ; la touffe d'herbes au bas de cet arbre, à droite, ne s'y trouve pas ; les arbres y sont légèrement traités.

Van den Zande, épreuve de cet état, 102 francs.

* 2°. L'arbre isolé dont nous venons de parler offre une branche sèche à la gauche du tronc et cinq à la droite; il y a une touffe d'herbes au bas de cet arbre.

Nous avons vu des épreuves médiocres de cette pièce avec le filigrane IL.

Notre suite du premier état vient des ventes Verstolk et Guichardot, elle a pour filigrane deux *C* entrelacés surmontés d'une couronne. C'est à ce filigrane que l'on connaît le premier des deux tirages du premier état. Les tracés des lignes qui bordent le nom du maître, etc., y sont très apparents. Waterloo a fait deux tirages de cette suite. Il existe du numéro 116 des premières épreuves avant que le trait dans la bordure, au haut à gauche, à 20 millim. de distance de la bordure supérieure, ne soit enlevé. Au numéro 118, à 27 millim. de la bordure, dans le bas, on voit plusieurs places où l'eau-forte n'a pas mordu, également au-dessus du nom de Waterloo, et une place au milieu du bas. Elles ont été presque immédiatement reprises par le maître. Le second tirage est sur papier à la folie.

1er état. Verstolk, 483 francs; Guichardot, 1,460 francs.

2°. Verstolk, 129 fr. 20 c.; Guichardot, 300 francs.

Le catalogue Kalle mentionne une suite sur papier à la grande folie, vendue 245 francs.

Les épreuves sur papier aux armes d'Amsterdam sont moins belles.

Bartsch signale des planches fortement usées, qui depuis ont été retouchées à l'eau-forte.

PIÈCES EN HAUTEUR

119-124. *Suite de six estampes*, sans numéros.

Haut., 232 à 237 millim.; larg., 284.

119. *Le Moulin*. Il est à droite, au milieu de grands arbres; on remarque sur une berge, au-dessus de la roue, deux vieux saules; au bas coule la rivière. Une paysanne, portant un grand chapeau, s'avance, accompagnée d'un enfant, sur un chemin élevé qui est à gauche et passe devant un saule, sur le tronc duquel est placée une petite chapelle; dans le fond, du même côté, un moulin à vent. Au bas de la droite, sur l'eau : *A Waterlo fecit*. (1.)

* 1er état. Le ciel, très léger à gauche, ne descend pas plus bas que la branche sèche du grand arbre à droite ; le nuage rond au-dessous est à peine indiqué ; les arbres sont beaucoup moins travaillés ; le toit du moulin est presque blanc, surtout à gauche ; le saule où est la chapelle a, sur le tronc, à gauche, une large place blanche ; les eaux sont beaucoup plus claires. M. le docteur Sträter nous signale une épreuve à l'eau-forte pure.

* 2°. Le ciel a été renforcé ; le nuage au-dessous de la branche sèche est tracé et ombré ; des travaux descendent jusqu'aux arbres inférieurs ; le toit du moulin est fortement ombré et d'un ton uniforme ; la place blanche sur le saule à gauche est beaucoup rétrécie ; les eaux sont vigoureusement accusées.

Le catalogue Kalle mentionne une épreuve sur papier à la folie, vendue 22 fr. 50 c. Nous avons vu des épreuves noires et retouchées où le fond, à gauche, avait presque disparu.

120. *Le Chien buvant dans le ruisseau.* On voit à gauche deux hommes : l'un assis au bord de l'eau essuyant son pied droit, l'autre debout derrière celui-ci et appuyé sur un bâton ; un chien est avec eux ; le ruisseau occupe le milieu du bas. A côté serpente un chemin dans des rochers bordés d'arbres ; les plus élevés dominent la droite. A gauche, sur une butte, s'élève un grand arbre isolé ; plus loin, du même côté, un bois, et au delà une montagne. Sur le ciel, au haut à gauche : *A. W. in. et. f.* (2.)

* 1ᵉʳ état. Avant quelques travaux sur les arbres, notamment au bas de la gauche, sur les arbres contre le trait de bordure, vers les montagnes du fond, et avant *A. W. in. et f.* ; aussi chez le duc d'Aremberg.

* 2ᵉ. Terminé ; c'est celui décrit.

Il y a des épreuves avec la marque de l'*Agnus Dei* et d'autres sur papier à la folie, et d'autres encore sur papier aux armes d'Amsterdam.

M. Guichardot, dans le catalogue Van den Zande, décrit une épreuve avant les travaux repris au burin sur les parties ombrées des troncs d'arbres.

121. *Le petit Bossu.* Il passe sur un pont au-dessus d'une cascade, se dirigeant vers la gauche, suivi d'un enfant qui porte un paquet et précédé d'un chien qui court. A gauche, sur des roches escarpées, s'étend une forêt composée de très grands arbres ; vers le coin du bas, à gauche, des arbustes pendent sur la rivière ; il en est de même, à droite, où, dans le fond, on découvre une vaste campagne boisée à l'entrée. Sur l'eau, au bas de la gauche : *A W inventor et fecit.* (3.)

M. Guichardot décrit aussi, dans le catalogue Van den Zande, une épreuve avant divers travaux repris au burin au corps des arbres et sur le terrain du devant.

122. *La Mère et ses trois Enfants au repos.* Celle-ci est à droite, ayant derrière elle des paquets et un bâton ; l'un des enfants est dans un petit fauteuil d'osier. Plus loin, du même côté, est une barrière de bois donnant entrée dans une ferme bordée de clôtures ; on voit, dans le milieu, la maison entourée de grands arbres qui sont très serrés à gauche ; de ce côté, derrière des barrages, un homme et une femme sont vus de dos ; au-dessous, la route qui mène à la barrière de la ferme. Dans le coin du bas de la droite : *A W. f.* (4.)

1er état. La branche, partant du saule à gauche et qui touche à la fenêtre de la maison, est sans feuillage ; les ombres des troncs d'arbres ne sont pas renforcées à la pointe sèche. Une épreuve, vraisemblablement du même état, figurait dans la collection Kalle ; vendue 76 francs.

* Deux épreuves terminées : l'une d'elles est sur papier à la folie.

Weigel signale une épreuve d'essai.

123. *Les deux Voyageurs au repos dans le bois.* Ils sont, à terre, à à gauche, près de grands arbres et d'arbrisseaux qui bordent une route où, sur la droite, on voit monter un cavalier que deux lévriers précèdent, et qui va passer sous de grands arbres. Dans le fond, du même côté, une campagne boisée. Tout en haut, à gauche : *A. W. f.* (5.)

M. Guichardot décrit enfin dans le même catalogue une épreuve avant divers travaux repris au burin, notamment au tronc des deux gros arbres qu'on remarque vers la droite.

* Deux épreuves terminées.

Weigel signale une épreuve d'essai.

On trouve des épreuves sur papier à l'*Agnus Dei* et aussi avec la marque de la grande folie.

124. *Le petit Pont traversant le ruisseau.* L'eau occupe tout le devant de la planche et se prolonge vers la gauche jusque sous le pont, près duquel sont deux grands arbres ; au delà, tout à fait à gauche, un clocher ; toute la droite est occupée par des arbres élevés, parmi lesquels on remarque deux saules. Sur l'eau, dans le bas de la gauche : *A W.* (6.)

Weigel mentionne encore une épreuve d'essai de ce numéro.

Le catalogue Kalle signale une épreuve, avant nombre de travaux au burin, tirée sur papier à la grande folie ; vendue 52 fr. 50 c.

* Deux épreuves ; l'une sur papier à la folie.

* Notre suite vient de la collection Drugulin, vendue 112 fr. 50 c.

Les épreuves sur papier aux armes d'Amsterdam sont moins belles.

125-130. *Paysages ornés de sujets mythologiques.* Suite de six estampes, numérotées au haut de la gauche.

Haut., 288 millim.; larg., 237 à 241.

125. *Alphée et Aréthuse.* Ils sont nus tous deux : la nymphe s'enfuit à droite, près de trois gros arbres, derrière lesquels est un fond boisé ; le dieu est dans une rivière qui s'étend depuis la gauche jusqu'au milieu; de ce côté, dans le fond, une forêt composée de grands arbres. Au haut, à gauche, sur le ciel : 1. *Antoni Waterlo in. et f.*

* Deux épreuves; l'une, venant de la collection Camberlyn, avant que les travaux aient été ébarbés. Filigrane : une folie.

Au British Museum il existe un état avant le nom du maître et le numéro 1.

126. *Apollon et Daphné.* Le dieu venant du fond, à gauche, poursuit la nymphe qui s'enfuit vers le milieu du devant; derrière elle s'élèvent deux grands arbres; un autre, à moitié tronqué, est au bas de la droite. Tout le fond, au milieu, est occupé par une forêt; à droite s'élève une montagne couverte de grands arbres; dans le fond, à gauche, une campagne accidentée. Sur une pierre, à droite : *A. W. F.* Dans le haut, à gauche : 2. *Antoni Waterlo in. et f.*

M. Bœrner, dans le catalogue Liphart, décrit un état avant la retouche sur la cime de l'arbre qui est au milieu du fond. Aussi chez M. le docteur Sträter.

Liphart, 150 francs.

127. *Mercure et Argus.* Le dieu, appuyé sur un tertre qui est à droite, joue de la flûte, et Argus commence à s'endormir; la vache Io, qui est par derrière, les regarde; tout ce côté est orné d'arbustes et de grands arbres. Au milieu, on remarque un terrain accidenté coupé par une route; au fond, à gauche, une chaumière dans des arbres; plus loin, des collines. Au haut, à gauche : 3. *A. W. in. et f.*

Wessely décrit un premier état où le collier, autour du cou de la vache Io, n'est pas ombré. –

128. *Pan et Syrinx.* La nymphe est à gauche, au milieu des roseaux, au pied d'un gros arbre; le dieu aux jambes de chèvre s'élance pour la saisir; au milieu, des arbustes, des roseaux et de grands arbres; à droite, une petite échappée sur un fond montueux. Tout le devant est occupé par la pièce d'eau. Au haut, à gauche : 4. *A W. in. et f.*; à la droite du bas, dans l'eau: *A. W. F.*

Wessely décrit un premier état avant les retouches sur les figures.

Il existe chez M. le docteur Sträter une épreuve avant un trait horizontal très fort au burin, à droite en bas, sur la pierre au-dessus de l'eau, et avant plusieurs travaux le long du bord, à gauche, dans le bas.

129. *Vénus et Adonis.* Ils sont à droite : la déesse presse son amant dans ses bras ; deux chiens sont auprès; l'Amour en tient un autre en

laisse. A gauche, vers le milieu, une rangée de trois grands arbres ;
plus loin, une forêt ; sur le devant, du même côté, une pièce d'eau ; au
fond, à droite, une rivière coule dans un terrain accidenté et boisé. Au
haut, à gauche : 5. *A . W. in. et f*.

* M. Bœrner, dans le catalogue Liphart, a décrit un premier état avant des retouches sur le pied gauche d'Adonis, sur le tertre et sur le chien ; on y remarque des
places provenant de ce que l'eau-forte a manqué ; avant que l'arbre, à droite, près du
bord de la planche, n'ait été retouché, ainsi que le bois au-dessous et sur les broussailles qui sont au-dessus de la tête du chien. Notre épreuve vient de la collection
Liphart. Filigrane : folie à sept dents avec le chiffre 4 et trois boules dans le bas.
Vendue 200 francs. Même épreuve chez M. le docteur Sträter.

Même état, Kalle, vendu 21 francs.

M. le docteur Sträter nous dit qu'il existe au British Museum un état avant le
nom et le numéro.

130. *La Mort d'Adonis*. Deux grands arbres s'élèvent au milieu,
vers la droite ; Adonis est étendu à gauche, près d'un chien qui se
lamente ; le sanglier, poursuivi par deux chiens, s'enfuit à droite, en
avant d'un grand bois qui occupe presque tout le fond ; à gauche, un
terrain accidenté, et, plus loin, un bois entouré d'une claie. Au haut de
la gauche : 6. *A . W. in et f*.

La catalogue Kalle signale cette suite en épreuves sur papier à la grande folie,
avant les retouches au burin. Kalle, 107 fr. 50 c.

Le catalogue d'Isendoorn signale une épreuve avant des taches de rouille sur le
ciel, à mi-hauteur vers la gauche. Vendue, avec la suite, 350 francs.

* Notre suite est sur du papier à la marque de l'*Agnus Dei*.

Rigal mentionne les cinq premiers morceaux avant partie des travaux rentrés
au burin.

131-136. *Paysages ornés de sujets de l'ancien Testament*, suite
de six estampes, sans numéros.

Haut., 291 à 293 millim. larg., 145 à 161.

131. *Le Départ d'Agar*. Abraham, sur un chemin qui est à droite,
fait un geste de la main gauche pour ordonner à Agar, qui est près de
lui, de s'éloigner ; le jeune Ismaël, armé d'un arc, les précède ; un chien
court derrière eux. Du même côté se voit, sur un tertre, une forêt d'arbres entourée d'une claie. A gauche, sur des rochers, quelques grands
arbres ; le fond est occupé par une pièce d'eau, par des collines acci-
dentées et en partie boisées. Au bas de la droite : *A . W. f. in*. (1.)

Filigrane : *Agnus Dei*.

132. *Agar consolée par l'ange.* On la voit, à droite, appuyée sur le coude contre une grosse pierre; l'ange, qui est debout, lui montre une source qui coule à gauche, près d'un grand arbre. Au second plan, dans le milieu, Ismaël est étendu à terre, au pied d'un monticule couvert de plusieurs groupes de grands arbres; dans le fond, à droite, un pays accidenté et boisé. Au-dessous d'Agar : *A W. f. et in.* (2.)

1ᵉʳ état. Décrit dans le catalogue Rigal. Les figures et partie des arbres, ceux du troisième plan, et du fond particulièrement, sont mal venus à l'eau-forte.

* 2ᵉ. Terminé. Celui décrit.

133. *Le Prophète de Juda.* Il est étendu mort, vers la droite, au second plan, et le lion, qui l'a tué pour n'avoir pas écouté la parole de Dieu, est assis près de lui; on aperçoit l'âne du prophète au fond d'un chemin qui va, vers le haut de la droite, dans un bois; une autre partie de bois entourée de claies se voit au milieu, près de deux grands arbres plantés sur une butte; au-devant, à gauche, un tronc d'arbre à terre et des plantes: plus loin, une grosse souche sur le bord d'une rivière qui serpente entre des grands arbres, au milieu d'un site accidenté que terminent dans le fond une ville et des collines; à droite, au-dessous d'un fort groupe de plantes que surmonte un arbre rabougri: *A. W. f. in.* (3.)

* 1ᵉʳ état. Les jambes du prophète sont encore nues et le bas de son vêtement, sur les cuisses, est très légèrement accusé; les arbres sont avant de nombreux travaux ; il n'y a pas de coup de lumière au bout du tronc d'arbre renversé; au bord de la rivière, il n'y a que quelques traces de plantes; contre le second tronc d'arbre du milieu, et plus loin, au-dessous du groupe des quatre arbres, on ne voit pas encore de légères contre-tailles perpendiculaires; toute la masse d'arbres, à gauche, est un peu confuse ; les cimes des arbres y sont à peine marquées, et assez près du trait de bordure, on ne voit pas encore deux tailles en croix; la souche n'est pas profilée, à droite, par un trait dur, et dans le milieu, on ne voit que quelques contre-tailles inégales. Au fond, le groupe des montagnes ne forme que trois grands mamelons. Collection Liphart. Vendu 375 francs. Filigrane : aigle à deux têtes.

* 2ᵉ. Les jambes du prophète sont encore restées dans le même état; tous les bords de la rivière sont marqués par des herbes ; au-dessous des arbres dont nous avons parlé, il y a des contre-tailles fines perpendiculaires ; à gauche, les arbres ont été retravaillés, les cimes en sont mieux marquées; les montagnes du fond sont changées et forment cinq mamelons ; un trait fort, à droite, profile la souche; des contre-tailles plus nombreuses en accusent le tronc; les grands arbres ont été repris, mais il n'y a pas encore, le long du tronc le plus grand, les nombreuses tailles longitudinales dont nous allons parler. Collections Liphart et Oppermann. Filigrane : une folie, avec le chiffre 4 et trois boules au-dessous. Liphart, 275 francs; Oppermann, 364 francs.

3°. Les bords des vêtements sur les cuisses du prophète sont très fortement accusés ; sur ses jambes, au-dessous du genou, il y a comme un trait fort qui semble indiquer un bas ; il y a un coup de lumière au bout du tronc d'arbre coupé ; tous les arbres ont été retravaillés et, sur le tronc du plus grand, il y a une série de tailles longitudinales onduleuses qui en accusent plus fortement le contour.

Filigrane : folie à cinq dents avec un 4 et trois boules.

134. *Le jeune Tobie et l'Ange.* Ils sont vus de dos, précédés d'un chien, descendant du haut d'un rocher vers le fond de la droite. A gauche, une cascade saute entre des rochers à pic, dont le sommet est boisé ; à droite, trois arbres dont le premier est très gros ; au fond, dans un pays montueux, la ville de Ragès, derrière laquelle s'élèvent de hautes montagnes ; au bas, à gauche, sur l'eau : *A. W. f. et in.* (4.)

Filigrane : une folie.

Un premier état avant le nom est au British Museum.

135. *Séphora circoncisant son fils.* Elle est à droite, à genoux ; l'enfant est sur une pierre ; près d'eux est Moïse, debout, que l'ange saisit par le bras droit, le menaçant de lui ôter la vie avec le glaive qu'il tient à la main ; derrière, s'élève une espèce d'auberge près de laquelle est un escalier, où monte un homme se dirigeant vers un pont qu'on voit, au milieu du haut, conduisant à une autre maison placée sur des rochers escarpés et ombragés par quelques arbres ; du même côté, à gauche, se prolongent des rochers ; à leur pied coule une rivière, un tronc d'arbre coupé est au milieu, sur le bord, non loin d'un chien qui est derrière l'ange. Au bas, à droite : *A. W. f. et in.* (5.)

Wessely et Liphart signalent un état : Avant l'introduction de retouches sur le tronc du gros arbre, au-dessus du rocher escarpé, vers la gauche, à l'endroit où le toit de la maison, qui se projette en avant, atteint le tronc d'arbre ; il manque encore les traits nombreux irréguliers tirés du haut en bas, qui suivent la courbe du tronc des arbres et les couvrent complètement. Épreuve sur papier à la folie.

Liphart, 175 francs.

136. *Élie dans le désert.* Il est à gauche, assis au pied d'un groupe de quatre arbres ; un corbeau se dirige vers lui, apportant un pain dans son bec ; tandis qu'au haut de la droite, un autre corbeau tenant un pain traverse les airs ; au milieu, un ruisseau coule de la gauche à la droite ; de ce dernier côté, une petite cascade traverse un site montagneux et boisé et tombe à travers des rochers. Sur le devant, un terrain mouvementé, des roseaux et de l'eau. Au haut de la gauche : *A. W. f. et in.* (6.)

* 1er état. A l'eau-forte; au-dessous de l'oiseau qui descend de la droite, il n'y a pas de tailles horizontales indiquant l'azur du ciel; le corbeau près du prophète est plus léger; sur le vêtement qui enveloppe les jambes d'Élie, il y a une large place blanche; les arbres et le paysage sont plus légers; les eaux au dessous des pierres sont claires; les plantes et les terrains sur le devant sont peu travaillés. Collection Drugulin. Vendu 87 fr. 50 c.

* 2e. Terminé. L'azur est tracé sous le corbeau; celui qui est près d'Élie est très noir; la place blanche sur le vêtement a disparu; mais les coulures d'eau-forte, sous le pain que porte le corbeau, dans le haut, ne sont pas éclaircies. Collection Camberlyn. Vendu 51 francs.

* 3e. Les coulures dont on vient de parler ont été enlevées.

PIÈCES ATTRIBUÉES

W. 137. *L'Homme au bord de la rivière*. Il est à droite, sur la rive; derrière lui, s'élèvent trois grands arbres, dont un tronqué. La rivière vient du fond et coule vers la gauche, bordée par de grands rochers que surmontent des édifices. Dans la marge, du même côté: *A. Waterlo fec.* Pièce douteuse.

Haut., 135 millim.; larg., 108, sans la marge du bas qui a 5 millim.

* 1er état. Avant quelques travaux ajoutés, au burin, dans les parties ombrées, notamment au bas du rocher. Collection Camberlyn.

* 2e. Avec les travaux additionnels.

Duchesne a cité cette pièce, dans le *Voyage d'un Iconophile*, page 303, d'après l'épreuve de la collection de M. F. Verachter, à Anvers. Il en existait une autre dans la collection du duc de Buckingham, où elle est indiquée comme premier essai de Waterloo.

Bartsch décrit la pièce suivante, selon nous très douteuse :

138. *Le Ruisseau*. Il sort du fond de la droite; sur un petit tertre, du même côté, s'élève un grand arbre dont une très grosse branche est inclinée; au milieu, une forêt composée de grands arbres; vers la gauche, une échappée de vue, et du même côté, contre le bord, sur une éminence, plusieurs arbres. Au coin du haut, à gauche : *A W ex.*

1er état. L'épreuve est légère. On ne voit pas encore, au bas du tronc de l'arbre penché, au-dessous de la branche qui pend sur l'eau, une série de tailles longues obliques, tirées de gauche à droite; le ciel est très léger, au haut à droite, et, au bas de la gauche, les tailles ne touchent pas le trait carré; l'eau est très visible dans le coin du bas à droite; avant le numéro 6.

* 2e. L'estampe est très poussée au noir; sur le tronc de l'arbre penché, on voit des contre-tailles obliques au-dessus de la bifurcation; l'azur est fortement tracé au

haut à droite ; au bas du même côté, l'eau n'est presque plus visible ; les tailles touchent le trait de bordure au bas à gauche ; toujours avant le numéro 6, au haut, à droite.

3°. Avec le numéro 6, et une série de longues contre-tailles obliques sur le tronc de l'arbre penché ; mais, comme dans l'état précédent, le creux, que l'on voyait très distinctement au pied de l'arbre dans le premier état, n'est plus visible ; l'estampe est sèche. Cette pièce a été ajoutée comme la sixième aux numéros 33-38, pour remplacer l'original de la dernière qui est presque introuvable.

139. *La Femme qui pêche au bord de l'eau.* Elle est assise au milieu, sur une petite langue de terre, vis-à-vis d'une cascade ; à droite, des arbres touffus garnissent la rive gauche et se prolongent dans le fond ; à gauche, une autre femme, vue de dos, passe entre deux grands arbres. Sur le ciel, à droite : *A W f.* Dans la marge du haut, à gauche : 3*de Verzoekh* 1637.

Haut., 105 millim.; larg., 131.

* Cette pièce a fait partie des collections de Mecklenburgh et Oppermann. Elle est très rare. Oppermann, 37 fr. 50 c.

Il est assez extraordinaire qu'on dise, dans le dernier catalogue, qu'elle est vraisemblablement le pendant du numéro 137 de Weigel. On n'avait qu'à se reporter à cet ouvrage pour s'apercevoir que le numéro 137 de Weigel est en hauteur, tandis que l'estampe dont nous nous occupons est en largeur ; et en outre, la dimension n'est pas la même.

Nous avons signalé avec soin tous les filigranes que nous avons pu connaître, c'est un précieux renseignement. Nous avons le plus souvent remarqué diverses *espèces de folies* et les *armes d'Amsterdam* ; on rencontre aussi l'*Agnus Dei* et deux *C* couronnés. Toutefois ces filigranes ne sont pas des indications absolues ; nous avons vu des épreuves médiocres sur des papiers à la *grande folie* et sur d'autres qui avaient les armes d'Amsterdam. Avant tout, il faut se fixer sur la beauté de l'épreuve ; il faut surtout, aux premiers plans, que le noir soit nourri, brillant et velouté.

On doit avant tout rechercher les épreuves à l'eau-forte pure, elles sont en général brillantes, fines et légères, mais elles sont extrêmement rares, et aucun œuvre, croyons-nous, ne les réunit au complet. Rigal et Verstolk en possédaient beaucoup, mais leurs œuvres étaient loin de les offrir toutes. Il faut choisir ensuite les épreuves plus travaillées, mais autant que possible avec des remarques, enfin les épreuves terminées, lorsqu'elles sont très belles ; celles-ci sont encore rares. Avec les filigranes indiqués ci-dessus, le papier est d'une belle qualité et le grain en est fin et serré. Dans les épreuves avec l'adresse *d'Ottens*, le papier est inférieur : outre les pontuseaux, on y remarque de longues côtes entre ceux-ci ; les épreuves postérieures sont aussi sur du papier épais et sans résistance ; nous en avons vu également sur du papier aux armes d'Amsterdam, mais il était très mince.

Nous avons décrit deux titres en commençant ; nous ne connaissons pas de recueil réuni à celui du premier, peut-être les épreuves sur papier d'Amsterdam ont-elles paru sous ce titre.

Quant au second, qui a pour filigrane un certain nombre de lettres alphabétiques, s'il a été placé en tête d'un recueil, les épreuves devaient être inférieures.

Les œuvres de Waterloo ne sont pas très rares, mais nous n'en connaissons aucun dans lequel on ait rassemblé toutes les eaux-fortes ou toutes les premières épreuves.

Un des plus nombreux est celui de Rigal, mais, quoiqu'il fût très remarquable, il n'atteignit que le prix de 884 francs. Celui de Robert-Dumesnil, qui n'avait pas de raretés et auquel manquait le numéro 38, s'éleva à 780 francs. Celui de Verstolk, le plus extraordinaire peut-être, fut vendu 5,174 francs. Celui de Camberlyn, qui possédait quelques raretés, atteignit le prix de 1,476 fr. 20 c. Celui de Guichardot, qui avait recueilli des pièces exceptionnelles de la collection Verstolk, s'éleva à 5,771 francs. Citons encore l'œuvre de Liphart, où se trouvaient plusieurs eaux-fortes, vendu 8,181 fr. 25 c.; et enfin, Oppermann, où se retrouvent des raretés de la collection Liphart, vendu, en 1882, 3,664 francs.

L'œuvre du Cabinet des estampes de Paris est assez remarquable, mais on n'y compte en eaux-fortes que les numéros 53 à 58.

Il y avait 88 planches de l'œuvre de Waterloo chez Basan, qui a publié une édition sous ce titre :

Suite de quatre-vingt-huit paysages de différentes grandeurs composés et gravés à l'eau-forte par Waterloo, etc., in-folio.

Le nombre est encore plus considérable dans l'édition de Basan et Poignant, à Paris. Les épreuves n'ont été tirées que sur mauvais papier et même imprimées en rouge.

TABLE DES ESTAMPES DE WATERLOO

D'APRÈS BARTSCH

130 Adonis (mort).
132 Agar consolé par l'ange.
131 Agar (le départ).
99 L'Allée naturelle.
62 L'Allée au bois.
67 Allées (les deux).
125 Alphée et Aréthuse.
48 L'Anier.
126 Apollon et Daphné.
38 L'Arbre au milieu du devant.
58 L'Arbre cru de biais.
8 L'Arrivée des voyageurs à l'auberge.
87 Les Baigneurs.
2 Le Bâtiment ruiné.
17 Le Bélier.
118 Le Berger endormi sur le monticule.
81 Le Berger sur le petit pont.
57 Le Bois dans la rivière.
121 Le Bossu (petit).
106 Le Bout du bois.
71 La Cascade (double).

5 La Cascade (petite).
72 La Cascade (triple).
117 Le Cavalier près de la haie.
63 Les deux Cavaliers.
51 La Chapelle avec l'escalier.
15 Le Chariot.
84 Le Chasseur aux canards.
85 Le Chasseur aux lièvres.
23 La Chaumière au haut de la colline.
39 La Chaumière au clair de lune.
76 Les deux Chaumières au pied de la montagne.
115 Le Chemin à travers le bois.
66 Le Chemin près du grand chêne.
89 Les deux Chemins au ruisseau.
120 Le Chien buvant dans le ruisseau.
75 La Chute d'eau (grande).
22 Le Cimetière au bord de l'eau.
24 Le Clocher pointu du village, etc.
86 Le Crépuscule au bois.
25 Le Départ des deux pêcheurs.
77 Le Dôme et la Chute d'eau.

WÉENIX ou WÉENINX (les). Le premier (Jean-Baptiste Gio Batta) fut peintre et graveur à l'eau-forte. Il naquit à Amsterdam, en 1621 ; il fut élève de Jean Micker, peintre médiocre, d'Abraham Bloemaert, et enfin de Nicolaas Moeyaert. A l'âge de vingt-deux ans, il partit pour l'Italie et séjourna à Rome quatre années. Ses ouvrages furent très recherchés. Attaché au cardinal Pamphile, il devint son peintre ; mais, sa femme n'ayant pas voulu faire le voyage d'Italie, il retourna en Hollande. Il demeura à Amsterdam, puis à Utrecht ; enfin il se retira dans le château de Huys-Termeyen, près le bourg d'Hoor, où il mourut, en 1660, à l'âge de trente-neuf ans. Ses tableaux, qui représentent en général des sites d'Italie, sont d'une couleur chaude et brillante et, par suite, très recherchés dans les ventes, où ils se présentent rarement. Deux d'entre eux faisaient partie de la collection de l'Élysée, et l'un surtout était très remarquable. Le musée du Louvre n'en possède qu'un seul, qui est signé : *Gio Balta Weenix f.*

Jean Wéenix, ou Wéeninx, qui passe pour être le fils du précédent, n'avait que seize ans lors de la mort de son père. Il naquit à Amsterdam, en 1644, et mourut dans la même ville, en 1719. C'est un des plus grands peintre de l'école hollandaise. Il s'exerça d'abord dans le genre de Jean-Baptiste. Nous possédons de lui un tableau capital : *la Partie de plaisir*, gravé par Delaunay. Quoique l'artiste n'eût alors que vingt-trois ans, il y montre déjà un talent consommé : l'architecture, les personnages, les animaux, le paysage, tout y est déjà traité avec une grande supériorité ; il s'y place même au-dessus de Jean-Baptiste Wéenix. Plus tard, il abandonna ce premier genre pour exécuter des tableaux de nature morte, destinés à orner les palais des princes et des rois. Jamais on n'avait traité ces tableaux d'une manière plus distinguée. Quoiqu'on les rencontre assez fréquemment, leur prix ne fait qu'augmenter chaque jour.

Wéenix conserva son talent jusque dans un âge très avancé ; nous possédons encore deux tableaux de nature morte. Le premier, qui représente une excellente composition, du faire le plus brillant, est daté de 1709 et, comme exécution, nous paraît même supérieur à *la Partie de plaisir*, antérieure de quarante ans ; il n'en est pas de même du second, daté de 1717. La composition est encore très bonne ; mais la main s'est alourdie, et la couleur est devenue noire.

Ses tableaux ornent les cabinets et les musées. Celui du Louvre en possède trois. Le premier représente un lièvre et des perdrix, avec des ustensiles de chasse ; il est signé : *J. Wœnix f* 1671 ; le deuxième, où sont des produits de chasse : *J. Weenix f.* 1696. Dans le troisième, il était revenu à son premier genre. Ce tableau a beaucoup d'analogie avec celui qui nous appartient ; il représente un *Port de mer,* signé : *J. Weenix* 1704.

ŒUVRE DES WÉENIX

1. *Le Taureau.* Il est vu presque par derrière, dirigé vers la droite du fond, où est une vache marchant vers la gauche ; mais dont les jambes sont cachées par un terrain élevé. Au pied d'un arbre presque sec, on remarque une autre vache dans le lointain, à gauche. Au bas de l'estampe, à droite : *Batta Weenix.*

Haut., 153 millim.; larg., 106.

Bartsch a gravé une copie de ce morceau. On lit au haut de la droite : **A. Bartsch sc.** Même grandeur que l'original.

2. *L'Homme assis.* Il est presque de face ; son corps est un peu dirigé vers la gauche ; un chapeau rond est sur sa tête ; il a la main droite appuyée sur le dos d'un grand chien. Sans nom de maître.

Haut., 169 millim.; larg., 129.

Bartsch dit : « Cette pièce, qui n'est pas terminée, est dessinée d'un très bon goût et d'une pointe spirituelle. » Weigel l'attribue à J. Wéenix.

Bartsch a gravé une copie de ce numéro 2, au haut de laquelle, à droite, on lit : **A. Bartsch sc.** La dimension est la même.

SUPPLÉMENT DE WEIGEL

3. *Le Taureau.* Il est de race italienne, debout, un peu tourné vers la droite, la tête de trois quarts ; dans le fond, du même côté, une tour carrée et un aqueduc de cinq arches ; à gauche, un buisson et des collines. Dans le bas, à droite, où sont des broussailles, on lit dans l'ombre : *G JB. Weenix* (les deux lettres *JB* sont entrelacées), et, dans la marge du haut, vers la gauche, en caractères à rebours : *Gio Batta Weenix a° 1649 8 19 ott^{bre}.*

Haut., y compris la marge supérieure, 178 millim.; larg., 106.

* Pièce très rare, dont Bartsch ne parle pas. Notre épreuve est dans son inté-grité. Elle vient de la collection Lamothe-Fouquet, de Cologne.

Lamothe-Fouquet, 600 francs.

L'épreuve de Rigal, où la marge du haut était coupée et qui était ainsi privée d'une inscription, fut vendue 308 francs.

4. *Vache debout dans une campagne.* Elle est vue presque par devant, un peu tournée vers la droite. Dans le fond, des montagnes s'élèvent vers la gauche. En haut, dans la marge : *Gio Batta Weenix. A o 1649, a di 19 Obre*, et en bas, à droite : *J. B. Weenix.*

Haut., 174 millim.; larg., 110.

5. *Sujet d'animaux.* Le taureau et l'âne sont dans l'eau. A droite, un chien nage; dans le fond, sous la voûte d'une fabrique en ruines, un homme marche sur la droite. In-8° oblong.

Haut., 156 millim.; larg., 108.

M. Middleton nous signale deux états : 1er. La planche est carrée. — 2e. Elle est réduite en ovale par l'enlèvement des coins.

Weigel ne donne pas la mesure, mais il présume que cette planche a été rognée et mise plus tard dans une forme ovale, ce qui nous est confirmé par M. Middleton.

6. *La Fontaine.* On voit un magnifique bâtiment, auquel on accède par un escalier qui est à droite, et, au milieu, une belle fontaine auprès de laquelle se trouvent un cavalier, une autre figure et un chien. Dans la marge du bas, à gauche : *J. Weenix.*

Haut., 156 millim.; larg., 108.

M. Middleton nous signale aussi deux états : 1er. Epreuve d'essai avec des lignes de bordure très légères. — 2e. Les contours, aussi bien que les lignes du bord, ont été renforcés; il y a une forte ligne de bordure au bas de l'estampe.

Cette estampe, possédée par M. Sheepshanks, a dû passer au British Museum.

On en trouve une bonne copie dans le *Walker's Painters Etchings.*

Weigel attribue encore cette pièce à Wéenix le fils.

7. *Vue d'Italie.* On voit, à gauche, un monastère, des villas et une fontaine avec un bassin. Sur le premier plan, à gauche, deux colonnes; à droite, deux pèlerins, un paysan et des chapiteaux de colonnes. Au bout, à droite, un numéro 5.

Haut., 113 millim.; larg., 203.

Weigel dit que cette estampe rappelle les premiers temps de J.-B. Wéenix, et qu'elle est dans le goût de N. Moyaert, son maître.

Le numéro 5 qu'on voit sur cette pièce permet de croire qu'elle a été insérée dan une suite quelconque.

WIERX ou WIERIX (JEAN), dessinateur et graveur au burin, né à Amsterdam, en 1550; l'année de sa mort n'est pas connue. M. Alvin le regarde plutôt comme né à Anvers, où sa famille était établie ; il place sa naissance dans la seconde moitié de l'année 1549, il ne connaît pas la date de sa mort ; mais, d'après ses indications, cet artiste travaillait encore en 1615.

Henri III, roi de France. Il est tourné vers la gauche, portant la coiffure qui a reçu son nom; à son oreille gauche, une perle. Dans une bordure historiée, dans le haut : HANRI 3ᵉ ROY DE FRANCE. Dans l'estampe, à gauche, au-dessus de l'épaule, les lettres : I H W ; et, au bas, quatre vers français sur deux colonnes :

Peintre afin que ton art imite la Nature | Pein sur son chef Pallas, sur ses leures Mercure
Au tableau de ce Roy dont lhoñeʳ touche aus Cieux | Mars dessus son visage, et l'Amour dans ses yeux

Ioan : Wirix scúl : Auec preuilége du Roy au Palais Paulᵉˢ de la Houue ex.

Haut., 364 millim.; larg., 257.

     * 1ᵉʳ état. Avant les mots : HANRY 3ᵉ ROY DE FRANCE, dans le haut. Collection Didot. Non décrit par M. Alvin.

     Behague, 660 francs ; Didot, 680 francs.

     * 2ᵉ. Celui décrit.

     3ᵉ. L'adresse de *Paulᶜˢ de la Houue* est biffée ; mais on ne voit pas encore celle de *Henry Hondius.*

     4ᵉ. A la place des mots : *au Palais,* et de l'adresse de *Paulᶜˢ de la Houue,* on lit : 1647. *Hagæ=Comit : Henricus Hondius excudit.*

Catherine de Bourbon, sœur d'Henri IV. Elle est tournée à droite, coiffée en cheveux surmontés d'un riche ornement de perles; une perle pend à son oreille droite. Sa collerette est ornée d'une large et belle dentelle ; sa robe est décorée d'ornements et de bouillons. Au bas, les quatre vers français suivants :

Qui void ce beau portrait cette Auguste aparence
Void tout L'honeur du Monde et l'abrégé de cieux
C'est le plaisir de l'ame, et le mirouer des yeux
Princesse des vertus ausi bien que de France

Dans un compartiment, à gauche : *Joan. Wierx sculpsit. 1600.*; à droite : *Auec priuil : du Roy Paulᶜˢ de la Houue excudebat.* (Alvin, 1872.)

Haut., 338 millim.; larg., 244.

1er état. Celui décrit.—2e. Au-dessous du mot *excudebat*, à droite, on lit : *au Palais*.
— 3e. L'adresse de *Paul*es *de la Houue* est remplacée par celle de : *Harman Adolfz
excudebat. Haerlemensis.* — 4e. La date de 1600, au bas, à gauche, est remplacée par
le mot *Antuerpiae*. L'adresse de *Harman Adolfz* est effacée; à sa place, on lit : *Henricus Hondius excu iit* 1647. *Hagæ=Comit.* En cet état, dans la marge du haut : CATHARINE
DE BOURBON.

L'Hopital (le chancelier de). Il est nu-tête, tourné à droite,
dans un cadre très orné, de style Renaissance, au haut duquel on
lit : *Si fractus illabatur orbis.* . . . Dans le bas du cadre : *Mich.
hospitalius Franciœ Cancellarius. Auec preuilége du Roy par le
Blond*; au-dessous du portrait, les initiales de J. Wiérix. (Alvin, 1931.)

Haut., 320 millim.; larg., 216.

    * Collection Thiers.

Jacques Ier et Anne, roi et reine d'Angleterre. Ils sont représentés
en pied, sur une même feuille, en regard l'un de l'autre : le roi à gau-
che, la reine à droite ; à gauche, vers le bas, les armes d'Angleterre.
Dans la marge du bas : IACOBVS. ET. ANNA ; REX. ET. REGINA. ANGLIÆ.
FRANCIÆ. SCOTIÆ. ET. HIBERNIÆ.; au-dessous : IOAN. WIRICX. F. ET.
EXCVD. CVMc. PRIVIL. SIG. DE BVSCHER. (Alvin, 1956.)

Haut., 285 millim.; larg., 225.

    M. le docteur Sträter possède de Jean Wiérix le portrait de Jean Pelaer (ou Pilier)
avant toutes lettres. Alvin, 2015 ; état non mentionné.

WIERX ou WIERIX (JÉROME), frère du précédent, dessinateur
et graveur au burin, né à Amsterdam ou peut-être à Anvers, en
1553. Selon M. Genard, il serait mort à Anvers, au mois de novembre 1619, et inhumé dans l'église de Saint-Jacques, où se trouve
son épitaphe.

Jeanne d'Albret, reine de Navarre. La mère d'Henri IV, placée sous un dais, portant un bonnet à la mode de l'époque,
regarde à gauche ; ses deux mains sont visibles. Elle est dans
une bordure historiée. Au bas : IANA ELEBRETA NAVARRORVM RE-
GINA. . . . REGIS MATER. (Alvin, 1840.)

Haut., 143 millim.; larg., 113, avec la bordure.

    Cette pièce serait, suivant Robert-Dumesnil, une copie de l'estampe de Marc
Duval ; on y verrait le monogramme de J. Wicrix. Nous ne l'y avons pas vu. Dans
l'estampe de Marc Duval, Jeanne d'Albret, regarde à droite.

    * Collection Thiers.

Henriette de Balzac d'Entraigues, duchesse de Verneuil. Cette maîtresse d'Henri IV est nu-tête, artistement coiffée en cheveux, un peu tournée vers la droite. Elle porte une grande fraise; sa poitrine est ornée d'un double collier de perles et d'un large bijou. Dans la marge du bas , on lit quatre vers :

> Tout le beau des beautez des empyricques dieux
> tout l'honorable port toute la grace exquize
> Des Aultres deitez, sont icy, comme es Cieux
> Dans l'admirable esprit de cette alme marquize

A gauche : *Hieronymus Wierx sculp. in septembri Anno* 1600.; et à droite : *Auec Pruil : du Roy. Paul^{es} de la Houue excudebat. Au pallaes a Parys.* (Alvin, 1860.)

Haut., 340 millim.; larg., 243.

* 1er état. Le troisième vers commence par *Aultres*, il n'est pas précédé du mot *Des.* On lit l'adresse de *Paul^{es} de la Houue*, mais avec *Ou pallaes.*

* 2e. Celui décrit, on lit devant *Aultres* le mot *Des* en avant de la ligne ; plus bas *Au pallaes.* Le tracé des lignes est très apparent.

* 3e. Avec la même adresse; mais elle est biffée par un trait sur chaque ligne ; le tracé des lignes est toujours apparent.

4e. L'adresse de *Paul^{es} de la Houue*, etc., est effacée et remplacée par *Herman Adolfz excudebat Haerlemensis.*

Henriette de Balzac mourut en 1633, âgée de soixante-quatre ans.

WIJCK (Thomas), peintre et graveur à l'eau-forte, est né, selon M. le docteur Van der Willigen, à Beverwijk, pendant le dix-septième siècle. Le 22 mai 1644, il épousa, par-devant les échevins, Trijntgen Adams, une jeune fille de Harlem. En 1642, il était membre de la Gilde de Saint-Luc; en 1658, il en était commissaire, et il en devint doyen en 1660. Thomas Wijck professait la religion catholique; il mourut à Harlem, en 1677. On trouve, dans le registre des décès, que le 19 août de l'année précitée, il fut demandé une sépulture pour Thomas Wijck, en l'église Saint-Bavon, nef du milieu, n° 83.

On lit dans Bartsch : L'œuvre de Thomas Wijck consiste en vingt et une estampes exécutées dans le goût de Pierre Laer, dont il était un heureux imitateur. Elles sont gravées d'une pointe aussi légère que spirituelle, et quoique l'artiste n'y mêle ni burin, ni

pointe sèche, elles ne laissent pas que d'offrir un très bel effet
de clair obscur. La façon de graver de ce maître est reconnaissable
aux petits traits entrecoupés qui suivent, d'une manière savante.
les différentes formes qu'ils doivent désigner. Ces traits sont plus ou
moins serrés, mais rarement couverts d'une contre-taille. Les estampes de Thomas Wijck sont si rares qu'il y a peu de collections
dans lesquelles elles se trouvent au complet. Weigel porte à vingt-
cinq estampes l'œuvre de notre artiste.

Les tableaux de Thomas Wijck ne sont pas communs, quoiqu'en
général le prix n'en soit pas très élevé. Leur rareté vient peut-être
de ce qu'on ne les recherche pas beaucoup; d'ailleurs ils ont très
souvent noirci. Ils représentent presque toujours des laboratoires
d'alchimistes. Le musée du Louvre ne possède aucun tableau de
ce maître; il y en a un très beau au musée de Harlem, catalogué
sous le numéro 99.

Son portrait dessiné, qui le représente assis devant son chevalet,
faisait partie de la collection du docteur Van der Willigen.

ŒUVRE DE THOMAS WIJCK

1. *La Fileuse.* Elle est assise à gauche, tournée vers la droite ;
dans le fond, du même côté, un homme assis à terre, sous une
arcade, la regarde. Sans nom de maître.

Haut., 50 millim.; larg., 41.

* 1er état. On remarque, dans un coin du bas, à droite, un petit roud.

* 2e. Au-dessous du petit rond, on en trouve un plus grand, ce qui produit un 8 à
base élargie.

* 3e. Ce numéro 8 a été effacé; mais on en aperçoit encore les traces, qui ont disparu dans des épreuves d'un tirage plus récent.

2. *Les Joueurs de cartes.* Ils sont trois réunis à gauche ; l'un est
assis de ce côté et vu de dos ; l'autre, à droite, est de profil ; entre
eux est un homme penché ; un quatrième est à mi-corps sous une
voûte. A terre, à droite : *TW* réunis. C'est le monogramme du maître.

Haut., 70 millim.; larg., 34.

* Deux épreuves : l'une est sur papier de Chine.

3. *La Couseuse.* Elle est assise au milieu, la tête de face, le dos tourné vers la droite ; à gauche, un homme vu de dos est assis à ses pieds ; au fond, une femme tenant un panier ; plus loin, près de colonnes en ruines, un homme près d'un âne. Au milieu du bas, le monogramme du maître.

Haut., 85 millim.; larg., 27.

* Deux épreuves : l'une sur papier de Chine.

4. *L'Homme ajustant sa chaussure.* Il est au milieu, vu de dos, le pied gauche posé sur une grande pierre. A droite, un homme debout ; à gauche, trois autres sont assis et jouent aux cartes ; sur le devant, de ce côté, un grand baquet ; dans le fond, un homme près d'un âne, et de grandes constructions. Au milieu du bas, le monogramme.

Haut., 85 millim.; larg., 75.

* Trois épreuves : une sur chine, deux sur papier blanc.

5. *Le Marchand de marrons.* Il est à la gauche et les fait rôtir dans une poêle. En face de lui, sur le devant de la droite, un paysan couvert d'un grand chapeau est debout, appuyé contre une pierre carrée. Entre ces deux figures, une vieille assise et un jeune garçon, et un peu plus vers le fond, une femme debout. A droite, une autre vieille regarde par la fenêtre d'une maison. Au haut de la gauche, le chiffre du maître.

Haut., 86 millim.; larg., 75.

Cette pièce est très rare. Il en existe des contre-épreuves.

6. *La Fileuse et le Forgeron.* Celle-ci est assise à gauche, ayant derrière elle un homme debout, près d'une arcade. Au milieu, le forgeron à genoux frappe sur une enclume, tandis qu'une femme le regarde. Au milieu du fond, un âne est près d'un tonneau ; plus loin, des ruines. Au bas, dans le coin à droite, le chiffre du maître.

Haut., 86 millim.; larg., 75.

1er état. Non décrit. Avant le monogramme.

* 2e. Avec le chiffre de l'artiste. Deux épreuves : l'une sur papier de Chine, l'autre sur papier blanc.

On connaît une copie en contre-partie de la pièce précédente. On lit dans la marge du bas : P. V. LAER. F. Nous avons déjà parlé de cette pièce, tome II, page 40, nᵘ 15, à l'article de *Laer*. Par elle-même, la pièce est jolie.

7-10. *Différents paysages ornés de ruines.* Suite de quatre estampes, non numérotées.

Haut., 81 millim.; larg., 117 à 122.

7. *La Tour ronde.* Elle s'élève à droite, dominant un port de mer. Sur le devant, à gauche, deux matelots semblent décharger un bateau qu'on voit en partie au milieu de la planche; plus loin, du même côté, un fanal s'élève au bout d'un môle; de l'autre côté, sont des navires, et, au delà, une haute montagne. Au haut, à droite, sur le ciel, le monogramme. (1.)

* Deux épreuves : l'une sur papier de Chine, l'autre sur papier blanc.

Il existe une très belle copie de cette pièce, par *Benj. P. Gibbon*, probablement. On la reconnaît à un travail plus régulier dans les ombres. Sur le dos de l'homme, à gauche, l'ombre dans l'original est faite par des tailles allant de l'épaule gauche jusqu'au côté droit ; dans la copie, ces traits vont du cou jusqu'à la taille.

8. *La Colonnade.* Elle s'élève vers la droite; dans le bas, un âne boit à une fontaine; tout auprès, une femme s'avance avec un panier sur la tête; elle est suivie d'un chien; dans le fond, à gauche, un port de mer. La colonnade et les constructions du fond paraissent rappeler le temple de la Concorde et le Capitole. Dans le milieu du bas, le chiffre de l'artiste. (2.)

* Deux épreuves : l'une sur papier de Chine, l'autre sur papier blanc.

9. *La Forge.* Sous une voûte antique, située à droite, on voit le forgeron occupé à son travail. Le milieu est occupé par de vieilles constructions; tout à fait à gauche, une porte à claire-voie; sur le devant, à droite, coule une fontaine. A terre, vers la gauche, le monogramme. (3.)

* Deux épreuves : l'une sur chine, l'autre sur papier blanc.

10. *Le Puits.* Il est dans le milieu, adossé à des constructions; le seau est sur la margelle; à droite, se remarque un escalier; plus loin, dans une cour, une femme est penchée sur un grand panier, près d'un âne dont on ne voit que la moitié du corps. Au haut, du même côté, le chiffre du maître. (4.)

* Deux épreuves, deuxième état : l'une sur papier de Chine, l'autre sur papier blanc.

Le comte de Fries possédait une suite de ces quatre pièces avant le monogramme de Thomas Wijck.

Weigel dit qu'on connaît une épreuve à l'eau-forte pure du numéro 10 ; elle est aussi antérieure au premier état, avant le monogramme. Dans les épreuves du troisième état du numéro 10. on lit sur le bassin de la fontaine : *Just. Danckers Exc.*

Le même auteur signale des copies des numéros 7 à 10. Les épreuves modernes ont quelque ressemblance avec celles-ci. Les planches existent encore en Angleterre.

11-12. *Les Mendiants*. Deux sujets tirés de l'*Histoire de Lazarille de Tormes*.

Haut., 126 millim.; larg., 113 à 115.

11. *Le Mendiant qui tombe à la renverse*. Pour se venger des mauvais traitements de l'aveugle, Lazarille l'engage, au passage d'un ruisseau, à sauter en face d'une colonne ; l'aveugle, qui est vers le milieu, tombe à la renverse ; un chien est derrière lui ; Lazarille est à gauche, derrière la colonne ; en arrière, deux enfants. Dans le fond, une statue et des constructions ; sur le devant, à droite, des débris de colonnes. A gauche, au bas d'une colonne, le monogramme.

1er état. Décrit par Weigel ; avant le monogramme.

* 2e. Avec le monogramme, mais le vêtement de Lazarille est clair, notamment sur le dos ; les angles de la planche sont aigus.

* 3e. Le vêtement de Lazarille est noir ; les angles de la planche sont arrondis.

12. *Le Mendiant mangeant du raisin*. Il est assis vers le milieu de l'estampe ; Lazarille, qui est à droite, lui dérobe une grande partie de la grappe. Tout le fond est occupé par de grandes constructions, où l'on remarque une tour ronde, et par un pont élevé sur lequel passe une femme sur un mulet, qu'accompagne un homme tenant un enfant emmailloté. A gauche, des débris de colonnes, et dans le haut, du même côté, la marque du maître.

* 1er état. Avant le monogramme.

* 2e. Avec le monogramme ; les angles de la planche sont aigus.

3e. Les angles de la planche sont arrondis.

On connaît des contre-épreuves de ces deux pièces.

Bartsch, qui n'a pas bien compris le sujet de ces pièces, les a interverties. Le numéro 11 devrait être le 12, et celui-ci le 11. Ce roman, qui raconte les espiègleries et les aventures d'un gueux, a créé en Espagne le genre *picaresque*. Il passe pour être l'ouvrage de Hurtado de Mendoza, jeune encore. Ce célèbre guerrier, qui fut pendant six ans plutôt le tyran que le gouverneur de Sienne, est auteur de poésies espagnoles très remarquables, qui le placent à côté de Boscan et de Garcilasso de la Véga. Il a aussi composé une histoire très estimée de la guerre faite par Philippe II aux Maures qui, réfugiés dans les Alpuxarras, montagnes des environs de Grenade, défendaient les derniers restes de leur indépendance. Les *Aventures de Lazarille de Tormes* ont été imprimées à Tarragone en 1586 et souvent réimprimées depuis ; elles ont été traduites en italien, en allemand et en français. Dans cette dernière langue, les éditions se sont succédé depuis 1560 jusqu'en 1801.

13. *La Cuisinière près du puits.* A gauche, sont deux femmes ; l'une porte un plat couvert ; l'autre est occupée à laver dans un bassin ; près du puits, un enfant joue avec un chien. La scène se passe dans une cour entourée de bâtiments, où l'on remarque une colonne antique cannelée, supportant deux cintres. Au milieu de la marge du bas, le monogramme.

Haut., 153 millim.; la marge du bas, 5 millim.; larg., 117.

1er état. Avant le monogramme.

2e. Cité par Rigal ; avant la contre-taille sur le pilier, au bord de la droite du devant.

* 3e. Avec cette contre-taille ; deux épreuves : l'une sur chine, l'autre sur papier blanc.

14. *La Femme aux deux paniers.* Elle est dans le milieu, portant un panier sur la tête et tenant l'autre de la main gauche ; elle parle à un homme qui est assis à gauche ; plus loin, du même côté, un homme et une femme montée sur un âne ; dans le fond, un port ; à droite, un enfant assis ; au haut, dans le coin, du même côté, le monogramme de l'artiste.

Haut., 108 millim.; larg., 117.

1er état. Avant le monogramme.
* 2e. Deux épreuves : l'une sur chine, l'autre sur papier blanc.

15. *Le Marchand oriental.* Il est à droite, au milieu de ballots, le bras droit étendu vers deux matelots qui transportent des marchandises vers une barque. De l'autre côté de la rivière, on voit des personnages dans une barque ; au delà, une grande fabrique ; au fond, un pont en ruines. La marque du graveur est au coin du haut de la gauche.

Même dimension que l'estampe précédente.

* 1er état. Avant le monogramme. — 2e. Celui décrit.

On connaît une copie du même sens et avec le monogramme. La planche existe encore en Angleterre.

16. *Le Magasin de marchandises.* Sous une grande voûte, un homme debout, vêtu à la grecque, parle à un homme assis coiffé d'un turban; derrière celui-ci, à gauche, des caisses et des ballots. Dans le fond, à droite, sont deux marchands, dont l'un porte un grand chapeau à bords rabattus. Dans le coin du bas, à droite, le chiffre du maître.

Haut., 115 millim.; larg., 106.

1ᵉʳ état. Avant le monogramme. — * 2º. Celui décrit.

17. *Les Matelots occupés sur le rivage.* Une rivière qui passe sous un pont élevé s'étend du fond de la gauche jusque sur le devant de la droite. De ce côté s'élèvent de grandes constructions, où l'on remarque des remparts et une tour carrée; sur la rive, à gauche, des personnages et des marchandises. Au haut de la gauche, le monogramme.

Haut., 117 millim.; larg., 108.

1ᵉʳ état. Avant le chiffre du maître.
* 2ᵉ. Avant quelques travaux dans le coin du bas, à droite.
* 3ᵉ. Dans le coin du bas, à droite, les travaux sont complétés.
Rigal décrit une copie de cette pièce.

18. *La Fileuse près du pêcheur.* Ils sont à droite, près d'un petit ruisseau, devant un rocher. Toute la partie gauche est occupée par de grandes constructions, auxquelles on accède par un pont, sur lequel est un homme à cheval. Dans le coin du haut, de ce côté, la marque de l'artiste.

Haut., 110 millim.; larg., 117.

1ᵉʳ état. Avant le monogramme.
* 2ᵉ. Deux épreuves : l'une sur papier de Chine, l'autre sur papier blanc.

19. *Le Pont.* Il s'étend de la droite à la gauche; on y accède par un chemin montant; à l'entrée, s'élèvent deux piliers et une grosse tour percée d'une porte qui occupe le milieu. On voit un navire sur la rivière, qui est à gauche. Au bord sont des personnages et des marchandises. Au haut, du même côté, le monogramme.

Haut., 124 millim.; larg., 137.

* 1ᵉʳ état. Avant le monogramme. — * 2ᵉ. Celui décrit.
Rigal mentionne une copie de cette estampe.

20. *Le Moulin à eau.* Il s'élève à gauche; en arrière, plusieurs petits navires; à droite, sur le rivage, des personnages et des ballots de marchandises; au fond, un escalier et des fabriques. Au haut, du même côté, le chiffre de l'artiste.

Haut., 140 millim.; larg., 167.

* 1er état. Avant le chiffre du maître. — * 2e. Celui décrit.

Rigal signale une copie. Celles des numéros 7, 10, 17, 19 et 20 se reconnaissent à ce qu'elles sont plus petites de 2 à 5 millim.

21. *La Femme près de l'homme qui se repose.* Ce groupe, près duquel se trouve un chien debout, est à droite, à peu de distance d'une vieille construction. La femme porte un panier sur la tête; au milieu, un chemin bordé d'une rampe monte vers la droite. Au bas est un petit édifice, où l'on voit une madone; derrière, s'élève un couvent. Tout à fait à gauche, des personnages, des navires et un pont ruiné. Au haut, du même côté, le monogramme.

Même dimension que l'estampe précédente.

* Belle épreuve.

Notre œuvre vient de la collection Verstolk.

Verstolk, 630 francs.

Weigel fait remarquer qu'il existe une assez bonne copie de ce morceau dans *Walker's Fac-Simile of Painters Etchings.* Elle sert de frontispice à l'ouvrage intitulé : *A Collection of forty two Fac-similes of rare Etchings...* London, in-folio. On connaît des contre-épreuves des numéros 5, 11, 12, 15, 17 et 18.

SUPPLÉMENT DE WEIGEL

W. 22. *Groupe de cinq Gueux sous la voûte d'un monument délabré.* Plusieurs personnes sont à gauche, sur le premier plan, et paraissent jouer. L'un d'eux, à gauche, est assis sur une grosse pierre; à droite, trois sont assis à terre; dans le milieu, l'un d'eux paraît agenouillé; sur le devant, un petit chien couché. Pièce gravée très légèrement.

Haut., 95 millim.; larg., 65.

W. 23. *Une Grotte.* Elle occupe toute la planche, perçant un rocher. La sortie se trouve au milieu, dans le haut, où pénètre la lumière. Au premier plan, sur un monticule de terre, est un homme assis tenant un bâton à la main ; à sa gauche est une femme ; au milieu du chemin, un homme assis sur un âne vient du fond. En bas, à gauche, le monogramme. Morceau gravé légèrement.

Haut., 122 millim.; larg., 83.

W. 24. *Le Pont près de la tour.* A gauche, un chemin y conduit. Une figure descend du pont ; derrière s'élève la tête d'un âne et la moitié du corps de son conducteur. Sous le pont, une petite cascade tombe, et l'eau coule jusqu'à la droite du premier plan, près du pont, à droite, remarquable par une tour ronde assez haute.

Haut., 122 millim.; larg., 83.

Ces trois estampes, qui paraissent uniques, sont dans le cabinet de l'archiduc Charles (Albertina), et viennent de Josi.

W. 25. *Le Coffre ouvert.* Il est posé sur une table, où sont deux bouteilles, une lampe et une coupe en verre renversée ; au fond, à gauche, une muraille, sur laquelle une estampe paraissant représenter un paysage. Il porte cette adresse : *Matham excu.*

Haut., 122 millim.; larg., 176.

* 1er état. Avant l'adresse de *Matham*, près de l'estampe accrochée, et avant des travaux sur la coupe.

2e. On lit : *Matham excu.* Il y a des épreuves où cette adresse se trouve répétée deux fois, la seconde sous la première. Des travaux sont ajoutés sur la coupe.

Brulliot, dans le Catalogue Arétin, attribue ce morceau à L. Bramer, avec beaucoup plus de raison, suivant Weigel, qu'à T. Wijck. Toutefois, il est encore incertain si Bramer a gravé à l'eau-forte.

Weigel attribue encore à notre artiste la pièce suivante :

Buste d'un paysan. La tête, coiffée d'un chapeau, est de profil, tournée à droite ; la bouche ouverte paraît crier ; à droite, se voit une partie du buste d'une paysanne.

Haut., 64 millim.; larg., 48.

1er état. L'eau-forte a mal mordu ; l'épreuve est moins travaillée ; avant la bordure renforcée au burin.

2e. La bordure est renforcée.

Cette pièce très spirituelle, dit Weigel, est dans le goût de Thomas Wijck. On l'a attribuée aussi à D. Ryckaert, à P. Sneyers et même à J. Steen. C'est donc un morceau très douteux.

WOUWERMANN (Philippe ou Philip), né à Harlem, où il fut
baptisé le 24 mai 1619, est célèbre comme peintre. Il mourut dans la
même ville en 1668, et fut inhumé, le 23 mai, dans la nouvelle église,
circuit du Nord, n° 203. Les frais s'élevèrent à 37 florins, somme
considérable pour l'époque. Sa veuve fut inhumée à Saint-Bavon, le
24 janvier 1670; les frais s'élevèrent à 21 florins. Ces frais et ceux des
contributions personnelles de Philippe Wouwerman, qui étaient de
50 florins, prouvent assez que sa position n'était pas précaire, comme
on l'a prétendu si longtemps. En 1718, la sépulture de Ph. Wouwerman fut transférée, le 7 novembre, à Anna-Maria et Cornelia Wouwerman, ses petites-filles. La question de savoir si Wouwerman a gravé à
l'eau-forte est aujourd'hui très controversée. On lui a attribué une
estampe que nous allons décrire plus bas. Aujourd'hui la critique
moderne penche à l'attribuer à Nicolaas Ficke, son élève. Il nous
semble que c'est plutôt ce nom qu'il faut lire sur les estampes en question. Cependant ce fait n'est pas assez établi pour qu'on doive changer
à la légère la première attribution. Le docteur Van der Willigen ne
donne aucun détail sur ce dernier.

ŒUVRE DE WOUWERMAN

Cheval debout. Il est de profil, dirigé vers la droite et attaché par
son bridon à un tronc d'arbre. Au haut de la gauche, on voit un chiffre
composé des lettres *FW* et *fc* et l'année 1643 écrits à rebours, mais
qu'il faut plutôt lire ainsi : *N. Ficke*, 1643. Toutes les lettres après
F sont bien douteuses.

Haut., 119 millim.; larg., 176 à 180.

Verstolk, 577 fr. 50 c. Le Cabinet des estampes de Paris a payé anciennement son
épreuve 1,200 francs.

Cette pièce est très rare. Notre épreuve, achetée à Rouen pour le prix le plus modique, nous a été offerte par notre regrettable ami Victor Letellier, dont nous avons
déjà eu l'occasion de parler.

On connaît deux copies de cette pièce : l'une, très exacte, est gravée par *Bartsch*,
mais son nom se lit en toutes lettres au-dessous de celui du graveur original;
l'autre a été faite à Paris; elle dénote une main timide; elle est peu expressive, peu
spirituelle.

Haut., 122 millim.; larg., 123.

Weigel parle encore d'une autre estampe qui se trouve au musée d'Amsterdam;
elle est marquée par les chiffres *N* et *F* entrelacés; c'est vraisemblablement *Nicolaas*

Ficke, le même qui a gravé le morceau précédent. Brulliot pensait que le monogramme de Wouwerman s'y trouvait précédemment.

Le Cheval et les deux Hommes. L'animal est vu de profil, tourné vers la gauche, où se trouvent deux hommes assis au pied de deux arbres. On lit le monogramme.

Haut., 149 millim.; larg., 189.

On connaît deux épreuves : celle qui est au musée d'Amsterdam, et une autre qui faisait partie de la collection Arétin. Voir Brulliot, *Dictionn. des monogrammes,* t. Ier, n° 2024.

Basan, Strutt, Huber et Rost ont également décrit une autre estampe.

Le Cheval sellé. Il est au milieu d'un paysage. Pièce en hauteur.

Cette pièce serait d'un effet très piquant.

Weigel en a vu une épreuve complète et les fragments d'une seconde. Il ajoute : « Nous devons avouer que la pointe soigneuse et la manière toute différente dont ce morceau est traité établit une grande différence avec ceux dont on a parlé ci-dessus.» Il penche à attribuer celui-ci à Philippe Wouwerman, et les deux premiers à son frère Pierre. Selon nous, si nous n'en jugeons que par l'inscription, nous serions porté à attribuer ce morceau à N. Ficke, ou à tout autre graveur dont le nom se rapprocherait de celui-ci.

ZÉEMAN (Reinier ou Remy Nooms, dit), peintre, né en Hollande, vers le commencement du dix-septième siècle; l'époque de sa mort est inconnue. Zéeman a gravé à l'eau-forte. Ce dernier nom est un sobriquet qui signifie *marinier.*

ŒUVRE DE ZÉEMAN

1. *Marine.* Un vaisseau à trois mâts vogue à pleines voiles, vers la gauche; du même côté, quatre hommes sont dans une barque; dans la marge : *R. Zeeman;* à droite : *Danker Dankerts Exc.*

Haut., 169 millim.; la marge du bas, 7; larg., 259.

1er état. Avant l'adresse ci-dessus. La marque du papier est la grande folie. Catalogue Kalle. — 2°. Celui décrit. — 3°. Cette adresse est effacée. On a gravé à gauche : *J. H.,* initiales d'un autre éditeur.

2. *Une Émeute de matelots.* Deux vaisseaux se dirigent, l'un à côté de l'autre, vers la gauche : sur l'un d'eux, vu à droite, douze matelots se battent à coups de couteau; au haut, du même côté, dans un ovale

entouré d'une couronne de laurier, un homme en buste, qu'on dit être
Schipper Kees de Jonge, capitaine de l'un des navires ; vers le bas,
sur l'eau : *Zeeman*, et dans la marge : *Dancker Danckerts Exc.*

Haut., 189 millim.; la marge du bas, 7; larg., 275.

* Superbe épreuve d'une pièce très rare ; elle est sans l'adresse de *Dancker Danckerts Exc.* La marge est couverte d'essais au burin et rien n'indique que l'adresse ait
été effacée.

Weigel, dans son supplément à Bartsch, dit que le premier état est avec l'adresse
indiquée ci-dessus, et le deuxième avec cette date effacée ; mais il ajoute que ce dernier état n'est ni moins beau ni moins rare que le premier.

3. *Les deux Blockhuisen sur l'Amstel.* Ce sont deux maisons forti-
fiées. A droite, un homme dans un bateau est contre des palissades ; à
gauche, sept personnes dans un canot ; en bas, dans la marge : *De
twee Blockhuisen op den Amstel. . .* A la suite, en deux lignes :
Gemaakt An°. 1651 *Afgebrooken A° 1654.*; à droite : *Getekent. . . .
door R. Zeeman.*

Haut., 189 millim.; la marge du bas, 11; larg., 338.

Le catalogue Rigal signale deux états :

1ᵉʳ. Avant le nuage au haut du ciel, au-dessus de la maison, à droite ; avant les
contre-tailles sur le bateau, près les palissades, et au canot qui est vers la gauche, et
avant les deux petites lignes : *Gemaakt An°.* 1651 et *Afgebrooken A° 1654.*

* 2ᵉ. C'est l'état décrit. Collections de Vos et Verstolk.

4. *Le Lazaret des pestiférés, hors d'Amsterdam.* Il est à droite,
vers le fond ; du côté opposé, un moulin à vent ; sur le devant, des
vaches paissent au bord d'un canal ; dans la marge : *Het Pest-huis
buiten Amsterdam. R. Zeeman Inventer et Fecit.* Très rare.

Haut., sans la marge du bas, 192 millim.; larg., 346.

5. *L'Hôtel de ville d'Amsterdam en flammes.* On le voit dans le
milieu tout embrasé ; à gauche, des pompiers et des soldats ; à gauche,
dans la marge, une inscription en trois lignes : *Het ovde stathvis tot
Amsterdam. Verbrandt. . . A°* 1652; et à droite, aussi en trois lignes :
R. Zeeman Inventoor et fecit. . . Très rare.

Haut., 339 millim.; larg., 514.

6-18. *Navires et Paysages*, suite de treize pièces, sans numéros

6. Un matelot, marchant vers la droite, porte un pavillon, sur lequel est écrit en six lignes : *Receüil de plusieurs Nauires, et Païsages. . . par R. Zeeman, 1650. . . à la ville d'Anuers.* (1.)

7. Au milieu, un navire vogue à pleines voiles vers la gauche ; à droite, des navires ; à gauche, une chaloupe où sont plusieurs hommes ; des montagnes. Dans la marge : *Galiot de Iean de Vyl de Rottredam.;* à gauche : *R. Zeeman fecit.* (2.)

8. Sur une mer orageuse, sont, vers la droite, des bateaux penchés ; à gauche, une chaloupe montée par plusieurs hommes ; dans la marge : *Batteau de Harlem a Amstredam ;* à gauche, même inscription. (3.)

9. Sur une mer calme, plusieurs bateaux avec leurs voiles sont à droite ; près du bord, une chaloupe où se trouvent deux hommes à côté de plusieurs pieux ; vers la gauche, des bateaux et une barque. Dans la marge : *Heu* ou *vaisseau ordinaire d'Amstredam a Leyde ;* à gauche, même inscription. (4.)

10. Au milieu d'une espèce de rocher sont sept personnes. Au fond, à droite, des bateaux ; à gauche, deux navires, dont un que l'on radoube ; des montagnes. Dans la marge : *Entrée du Haure du Texel ;* à gauche, même inscription. (5.)

11. A droite, un navire battu par les flots ; à gauche, une montagne escarpée. Dans la marge : *Tempeste de Mer ;* à gauche, même inscription. (6.)

12. Le soleil s'abaisse au milieu du fond ; à droite, sur un bout de terrain, deux hommes ; au milieu, quelques bateaux. Dans la marge : *Pescheurs qui san vont pour pescher ;* à gauche, même inscription. (7.)

13. Sur la mer une flotte ; à gauche, une barque où sont plusieurs hommes. Dans la marge : *Nauires de guerre de Hollande ;* à gauche, même inscription (8.)

14. A droite, deux navires et un clocher au fond ; à gauche, un canot avec des matelots ; deux hommes sur un rocher ; des montagnes. Dans la marge : *Passagers de Calais à Flesingue ;* à gauche, même inscription. (9.)

15. A droite, une carrière ; de la gauche arrivent quelques personnes, dont une femme montée sur un âne. Dans la marge : *Veüe d'une carrière entre Belle ville, et Charonne ;* à gauche : *R. Zeeman fe.* (10.)

16. *Veüe de Conflans.* (11.)

Nous n'avons pas rencontré cette pièce.

17. Au milieu, vers la droite, un moulin ; de la gauche arrive un homme monté sur un mulet; dans le fond, des arbres. Dans la marge : *Moulin a l'eau a Arceüil ;* à gauche : *R. Zeeman fecit.* (12.)

18. A gauche, un bateau se dirige vers la droite, où se voit une chaloupe montée par plusieurs hommes ; au fond, beaucoup de navires. Dans la marge : *Pescheurs de la Mer de Sud ;* à gauche, même inscription. (13.)

Planches en largeur. Dimension du titre : haut., 74 millim.; larg., 127 — Les douze autres pièces : haut., 58 millim.; larg., 122.

* Il existe une édition de cette suite où se trouve écrit sur la droite : *Gallays exc.* Je connais le numéro 12. — Note de M. Middleton.

19-22. *Les Éléments ;* à droite, les numéros, 1 à 4.

1. L'AIR. Quelques vaisseaux, sur une mer agitée ; à gauche, des côtes ; dans la marge, à droite : *R. Zeeman. Jn et f. Clemendt de Jonghe excudit.* — 2. LA TERRE. On voit un pays, à gauche duquel s'élève une montagne ; dans la marge, à droite : *R. Zeeman Jn. fe.* — 3. L'EAV. A droite, un vaisseau est près de périr dans une tempête. — 4. LE FEV. On voit un combat naval ; à gauche, un vaisseau embrasé ; à droite, dans la marge : *Reinier Zeeman Inventoor et feecit.*

Haut., 76 à 78 millim.; larg., 203 à 206.

* 1er état. Avant *Clemendt de Jonghe excudit,* et avant les numéros. Collection Verstolk.

2e. Sur la première pièce, à gauche : *Clemendt de Jonghe excudit,* et avec les numéros, dans la marge, à gauche.

3e. L'adresse de *Clemendt de Jonghe* est remplacée par celle de *Frans. Carelse excudit.*

4e. Celle-ci est effacée, on lit : *de Wit excudit.*

5e. Cette dernière adresse est enlevée et remplacée par *Iochem Ottens excudit Amstelodami.*

Les trois autres épreuves sont avant ou avec le numéro ; mais pour le numéro 22, il existe un troisième état retravaillé, l'inscription est effacée, et on lit en deux lignes : *De Roemryke over vinning vanden Franschen Admiral de Suffren op den Engelschen Admiral Hughes Behaard inde zeer van Ceylon op den 30 mey 1763.*

23-38. *Suite de marines,* divisée en deux parties : première suite, a 1-8; au premier morceau, un homme est devant un écriteau où est écrit en six lignes : *qvelqe port de Meer faicts par R. N. Zeeman A. amsterdam A°. 1656;* sur le ciel : *Eerste deel.;* dans la marge : *t'Amsterdam by Dancker Danckerts inde Calverstraat. . . . A gauche,*

ainsi qu'aux suivants où est le nom de Zeeman, la lettre *a* et les numéros 1 à 8, dans le coin de la marge, à gauche. — Seconde suite, 1 à 8 ;
au premier morceau, vers la droite, quatre lignes d'inscription ; sur la
voile d'un vaisseau : *Tweede deel.* VERSCHEYDE BINNE-WATERS. . .
door R. N. Zeeman ; dans la marge, comme au titre de la suite précédente, l'adresse de *Danckerts ;* dans les mêmes marges, le nom du
maître et les numéros 1 à 8.

23. Outre l'homme qui lit l'inscription, six hommes travaillent pour
arriver à l'embarquement de ballots et de tonneaux ; dans le fond, une
chaîne de montagnes s'abaisse vers la droite ; à gauche, dans la marge
du bas : *a*1.

24. Sur une mer calme, plusieurs vaisseaux ; à droite, au-dessus
d'une tour basse et ronde s'élèvent des trois-mâts avec leurs pavillons ;
de l'autre côté, au-dessus d'une montagne, le soleil ; à gauche : *a*2.
R. Zeeman.

25. Sur une mer, des canots et des vaisseaux ; celui de droite fait
feu des deux côtés ; à gauche, une ville est sur un rocher, elle se prolonge jusqu'au fond ; dans la marge du bas : *a*3. *R. Zeeman.*

26. Au premier plan, à droite, un grand phare ; au bord de la mer,
dans le fond, une ville que dominent des montagnes et qu'éclaire le
soleil ; à gauche, dans le bas : *a*4. *R. Zeeman.*

27. Mer légèrement agitée, avec deux vaisseaux à voiles. Il y en a
cinq, à gauche, dans le lointain ; au fond, un fort sur un rocher ; à
gauche, dans le bas : *a* 5. *R. Zeeman.*

28. Sur un rivage étroit, huit hommes, des ballots et des tonneaux ;
deux grands vaisseaux se dirigent à gauche ; du même côté, plusieurs
autres entrent dans une baie que bordent des montagnes ; au bas, à
gauche : *a*6. *R. Zeeman.*

29. La mer est calme. A droite, sur le devant, sept personnes sont
sur un rivage étroit ; un canot est près du rivage, deux vaisseaux de
guerre tirent du canon ; sur le canot, un homme, près d'un drapeau,
sonne de la trompette ; en bas, à gauche : *a*7. *R. Zeeman.*

30. A droite, sur un rivage étroit, on voit quatre hommes auprès

d'un canot; le soleil perce les nuages; à gauche, des constructions; au
bas : *a 8. R. Zeeman.*

On connaît trois états constatés par le catalogue Rigal.

1er. Avec l'adresse de *Danckerts.*

* 2e. On lit : *t'Amsterdam bÿ Clement de longe inde Calverstraat inde gekroande
konst en kaert-vinckel.* Collection Verstolk.

3e. Cette adresse a été enlevée, on lit de nouveau celle de *Danckerts.* Cet état se
reconnaît à ce que les épreuves, qui sont très belles avec la première adresse de Danckerts, sont très faibles avec celle-ci. On présume qu'après avoir vendu les planches à
Clément de Jonghe, Danckerts les a rachetées une seconde fois et qu'il y a apposé de
nouveau son adresse, substituée à celle du deuxième éditeur.

4e. Avec l'adresse de *Joannes de Ram.*

Weigel signale des copies de cette suite, mais elles n'ont pas de numéros et
elles portent le titre suivant : *Quelque port du Meer faicts par R. Zeeman.* Les
épreuves du deuxième état de ces copies peu trompeuses ont cette adresse : *B.
Cleynhens te Haarlem excudit.*

Seconde partie. Suite de huit estampes dont les numéros sont à
gauche, dans la marge, sauf 1, 2 et 3 qui sont à droite.

31. Titre décrit plus haut; dans la marge du bas : 1 *R. Zeeman.*

32. Mer très calme. A droite, sur le devant, deux vaisseaux à voiles;
à gauche, un plus petit; au fond, quatre vaisseaux; en bas, à droite :
R. Zeeman 2.

33. On voit trois vaisseaux poussés par le vent sur une mer agitée;
les nuages sont dirigés vers la gauche; à la droite du bas : 3.

34. Au milieu, sur le premier plan, une colline dont la mer baigne
la base. Des hommes portent des vases; on en voit un dans l'eau,
tenant une perche. Sur la mer, on aperçoit une digue, ainsi que trois
vaisseaux à voiles; en bas, à gauche : 4. *R. Zeeman.*

35. A gauche, sur une mer calme, sont deux vaisseaux à voiles;
à droite, un canot monté par deux hommes; dans le fond, vers la
droite, une ville; à la gauche du bas : 5. *R. Zeeman.*

36. A la droite du premier plan, un pêcheur ayant un filet sur
l'épaule se dirige vers un canot sur lequel il y a deux hommes; deux
autres sont sur le rivage; à gauche et dans le lointain, plusieurs navires; en bas, à gauche : 6. *R. Zeeman.*

37. A droite, un vaisseau; devant lui, sur le rivage, deux hommes; vers la droite du premier plan, un homme marche dans l'eau; plusieurs autres sont auprès d'un canot; en bas, à gauche : 7. *R. Zeeman.*

38. Rivage peu élevé; à gauche, sur une langue de terre, on voit deux hommes dont l'un a une perche sur l'épaule; à droite, deux autres sur une langue de terre; du même côté, un canot conduit par un rameur; sur la mer, plusieurs canots et vaisseaux à voiles; à la gauche du bas : 8. *R. Zeeman.*

Haut. des deux suites, 129 à 131 millim.; larg., 199 à 213.

On connaît quatre états :

* 1er. Avec l'adresse de *Dancker Danckerts*. Collections Verstolk et Robert-Dumesnil.

* 2e. Cette adresse est remplacée par celle de *Clément de Ionge*, citée plus haut. Collection Verstolk.

* 3e. Les mots *Tweede deel* sont effacés, et le titre *Verscheyde Binne-Waters.....* est remplacé par celui-ci : *Het Nut en en Vermakelik Gebruyk Van Verscheyde Binne-Vaters.... door R. N. Zeeman, W. de Broen Excudit.* Un nouveau trait de bordure, en dehors du premier, entoure la composition et empiète sur les numéros à plusieurs estampes.

4e. Avec l'adresse de *Ioannes de Ram*.

39-46. *Quelques Navires*, suite de huit estampes. Dans les marges, les numéros 1 à 8.

Haut., 115 millim.; larg., 205 à 207.

39. Port de mer. A la droite du devant, deux hommes se préparent à emporter un grand coffre sur lequel on lit : *Quelque Nauieres desseigner et graver par Remÿ Zeeman, A° 1652*; dans la marge du bas, l'adresse de *Van Merlen, rue St-Iacques, à la ville d'Anuers. 1.*

40. On voit à gauche un grand trois-mâts aux voiles ferlées, les mâts vont jusqu'au haut de la planche; devant le vaisseau, un bateau avec un mât; à droite, deux canots; dans le lointain, un vaisseau a les voiles déployées; à gauche, sur l'eau : *Zeeman. 2.*

41. Sur une mer tranquille, on voit à gauche trois vaisseaux de guerre ensemble; à droite, une ligne de vaisseaux s'étend dans le fond; à gauche, sur l'eau : *Zeeman. 3.*

42. La mer est un peu agitée; on voit à gauche un vaisseau avec

trois voiles blanches déployées; à droite, un grand vaisseau à voiles;
un autre dans le fond; au haut, à gauche : *Zeeman*. 4.

43. A gauche, sur une mer calme, trois vaisseaux à voiles sont
réunis; dans le lointain, deux vaisseaux, et vers la droite une ville avec
un port où l'on voit une forêt de mâts; au premier plan, à droite, un
canot chargé de monde va vers un groupe de vaisseaux; à la gauche
du bas : *Zeeman*. 5.

44. Dans le milieu, on travaille à un grand vaisseau couché sur le
côté droit; au premier plan, sur la droite, on voit sur un rivage étroit
un homme à côté d'un autre qui est assis à terre; à gauche, sur l'eau :
Zeeman. 6.

45. Près d'un grand vaisseau auquel on monte par une échelle, plusieurs hommes travaillent pour embarquer des marchandises; à gauche,
un rocher à pic; dans le .fond, vers la droite, cinq vaisseaux espacés
sur une mer agitée; au milieu du haut : *Zeeman*. 7.

46. Mer calme. Vers la droite est un grand trois-mâts que l'on
radoube; à gauche du vaisseau, une longue chaloupe avec un mât;
à gauche, à l'horizon, trois vaisseaux; dans le haut, à gauche : *Zeeman*. 8.

Haut.; 117 millim.; larg., 208 à 213.

On connaît quatre états :

1er. Avant toute adresse sur la première pièce.

2°. On lit seulement *Gallays ex.*, sur la marge, à droite. Cité dans le catalogue
Favart.

*3°. Avec cette adresse : *A Paris chez J. van Merlen, rue Saint-Iacques, à la ville
d'Anuers.* Collection Verstolk.

4°. On ne voit plus que les deux mots : *A Paris*; le reste a été enlevé.

Weigel pense qu'il y a encore un état auquel est ajouté : *Chez Drevet*, après les
mots : *A Paris*.

47-54. *Différentes vues d'Amsterdam.* Suite de huit estampes
numérotées. Planches en longueur.

47. *S. Anthonis Marckt met de Waegh.* A gauche, on lit : *Vers-
cheide gesichten binnen Amsterdam, . . gebracht door R. Zeeman.*;
à droite : *Clement de Ionghe excudit Amsterdam.* Au milieu du fond,
un bâtiment où l'on remarque une grosse tour entourée de quatre

autres plus petites; à droite, un quai bâti, bordé de grands arbres; à gauche, un autre quai bordé d'arbres; de ce côté, deux bateaux; du côté opposé, un débarcadère en bois sur lequel des femmes lavent; sur la muraille du quai, à droite : *Zeeman;* au-dessous, dans la marge, le numéro 1.

48. Vue d'un canal avec une écluse; derrière un pont, qui occupe le milieu du fond et sous lequel sont les portes d'une écluse, une forêt de mâts; des deux côtés, des quais bordés d'arbres; à droite, un homme manœuvre la porte de l'écluse pour faire passer des bateaux; sur le premier plan du même côté, des bateaux; au bas de la porte gauche de l'écluse : *Zeeman ;* dans la marge : *De Eenhoorns Sluys.;* dans le coin à droite, le numéro 2.

49. Un grand canal vient de la gauche sur le devant; dans le fond, à gauche, près d'un pont, une grande église et des arbres; à droite, un long quai bordé d'arbres; vers la droite du devant, une grande église; du même côté, sur l'eau, plusieurs bateaux; sur le mur du quai: *Zeeman ;* dans la marge : *De Noorder Marckt met de Kerck.,* et à droite, le numéro 3.

50. Dans le fond, une église est vue derrière un pont de trois arches; à droite et à gauche, des quais bordés d'arbres; sur le canal, des navires, dont plusieurs ont le pavillon hollandais; sur le milieu, vers la droite, un homme rame dans une barque; sur l'eau, à droite: *Zeeman;* dans la marge : *De Roowaensche Kaey.,* et à droite, le numéro 4.

51. Canal bordé d'arbres des deux côtés; plusieurs navires les voiles déployées, et portant le pavillon hollandais; on voit, à gauche, beaucoup de tonneaux sur le quai; une petite guérite soutenue sur des morceaux de bois est au-dessus de l'eau; sur le mur du quai, à droite : *Zeeman;* dans la marge : *Het veer van der Uytersche schiet-schuyten.;* au coin, à droite, le numéro 5.

52. Canal sur lequel est un pont en bois; dans le fond, des maisons et un grand clocher; tout le quai, à droite, est bordé de navires dont les voiles sont déployées et portant plusieurs pavillons; à gauche, un quai bordé d'arbres; sur un morceau de bois accroché à un des navires : *Zeeman ;* dans la marge : *De Appelmarckt.,* et au coin, à droite, le numéro 6.

53. Un canal entouré d'un quai circulaire bordé de maisons et
.d'arbres; à gauche, un certain nombre de navires ayant leurs pavillons
et dont les voiles sont déployées; sur le premier navire, à gauche :
Zeeman; dans la marge : *Het Leytsche veer.;* dans le coin, à droite, le
numéro 7.

54. Un canal bordé à droite et au fond par des maisons et par un
quai garni d'arbres; à gauche, un grand arbre, un homme sur un bateau; le canal est traversé par un pont en bois de cinq arches, dont
deux sont closes, et devant lequel sont deux bateaux; des hommes se
préparent à entrer dans celui qui est le plus près du quai, à droite; sur
un petit bateau, à gauche : *Zeeman;* dans la marge : *Het Naerder
veer.;* et dans le coin, à droite, le numéro 8.

Haut., 135 à 137 millim.; larg., 247.

* Epreuves, avec l'adresse de *Clément de Jonghe;* le tracé des lignes est très apparent.

Weigel signale un premier état avant l'adresse sur le premier morceau et avant
les numéros.

Dans le troisième état, l'adresse de *Clément de Jonghe* a été remplacée par celle de
F. *de Wit* sur la première pièce, mais les épreuves sont médiocres.

55-62. *Vues de Paris.* Suite de huit pièces, numérotées à droite
dans la marge.

Haut., 121 millim.; la marge du bas, 7; larg., 243.

55. *Vue du Louvre et des Tuileries.* Ils sont à droite, et le long du
quai passe un carrosse; la Seine coule de la droite à la gauche. On y
remarque un pont de bois rompu, et sur le devant un bateau de la-
veuses; à gauche, des maisons sur la berge. Au bord d'un bateau, du
même côté : *Zeeman.* Dans la marge : *Het hof van Madamoiselle en
een sluck vande Loeuer tot Parys.* A gauche : *R. Zeeman fecit;* à
droite : *Clemendt de Ionghe excudit Amsterdam.* 1.

1er état. Avant l'adresse de *Clemendt de Jonghe.*

2e. Celui décrit.

3e. On lit : F. *de Wit excudit Amstelodami.*

56. *Vue du château de Conflans.* Il occupe tout le fond, où, sur la
gauche, s'élève une église. A gauche, deux femmes portant un paquet
sur la tête gravissent une éminence où sont des arbres; sur le devant,
deux hommes, dont un assis; dans le fond, à droite, un homme monté

sur un âne ; au bas, à gauche, sur une pierre : *Zeeman ;* dans la marge :
Conflan tusschen Parijs en Cirranton. 2.

> 1er état. Avant l'inscription et le numéro.
> 2e. Celui décrit.

57. *Vue près de Saint-Denis.* Sur le devant, un ruisseau coule sous
un petit pont, au delà duquel est une voûte basse, surmontée par des
ruines. Auprès est une grande maison à droite, et de l'autre côté un
mur, derrière lequel sont des arbres. Deux hommes sont sur le pont ; à
droite, un homme conduit des mulets ; plus loin, une plaine bordée par
des collines. Dans la marge : *Een water Molen buyten S. de Nys.* 3.

> Mêmes états que le numéro 56.

58. *Réservoir dans le faubourg Saint-Marceau.* Il occupe presque
toute l'estampe, entre deux grands murs couronnés d'arbres. A droite,
on voit deux voûtes basses qui sont barrées ; vers le fond, un homme
sur un cheval dans l'eau. Sur le mur, à gauche : *Zeeman ;* dans la
marge : *De Tuin van Monsieur de Nue buiten vorburch S. Marsiou
tot Parijs.* 4.

> Mêmes états que précédemment.

59. *Vue de Chaillot.* Sur la gauche, une réunion de femmes et
d'hommes : l'un d'eux se livre à la danse. Un peu plus loin, un grand
bâtiment ; à droite, un cours d'eau surmonté d'un petit pont de deux
arches ; plus loin, un grand mur où sont des fabriques et de grands
arbres ; au fond, une grande construction. Dans la marge : *Ciahou aen
de landtsi buijten Parijs,.* 5.

> Mêmes états que précédemment.

60. *Vue dans le faubourg Saint-Marceau.* A gauche, la rivière de
Bièvre dans laquelle des femmes lavent du linge ; sur le devant, un
homme, monté sur un âne, en fait marcher d'autres, devant lui, près
d'un champ de blé que dominent, à droite, des constructions. Dans la
marge : *Het in komen vant voorburch S. Marsiou tot Parijs.* 6.

> Mêmes états que précédemment.

61. *Vue de Seine.* La rivière coule à droite. On y voit un certain
nombre de bateaux ; sur le devant, à gauche, une rive où l'on remarque

le mur d'un grand parc ; plus loin, au fond, des maisons. Dans la
marge : *De Rivier de Cÿne en de hoeck van de Malie baen tot Parÿs.* 7.
Mêmes états que précédemment.

62. *Vue de l'ancienne porte Saint-Bernard.* A droite, deux arches
d'un pont, et, dans le fond, la cathédrale ; à gauche, la porte, d'où l'on
sort par un petit pont de deux arches ; un peu plus loin, une vieille
église gothique. De nombreuses personnes animent le bord de la
Seine. Sur la berge, vers la gauche : *Zeeman;* dans la marge : *De
Poort S. Barnaert tot Parÿs.* 8.
Mêmes états que précédemment.
* Notre suite est celle décrite. Collection Verstolk.

63-98. *Différents vaisseaux d'Amsterdam.* Trois parties composées chacune de douze estampes.
Haut., 124 à 126 millim.; la marge du bas varie de sept à neuf lignes ; larg.,248.

63-74. EERSTE DEEL (première partie). A cette suite, dans les
marges, les numéros *a*1 à *a*12 : au premier morceau, à gauche ; aux
suivants, à droite.

63. *Vue du port d'Amsterdam.* Sur le ciel, au milieu : EERSTE
DEEL ; vers la gauche : *Wacht huijs of Camer-vande.* . . . Dans la
marge, en deux lignes : *Verscheÿde Schepen en Gesichten van Ams-
telredam,* . . . *gebracht, door Reinier Nooms,alÿas Zeeman;* à droite :
*C. Danckerts Exc. a*1.

64. *De Vergulde Dolphÿn een Straets-Vaerder, De Kat een Frans-
Vaerder,.* A gauche, un grand navire, vu de côté, sans voiles. *a*2.

65. *Twe Nieuwe Fregatten, gerust ten Oorloogh, tegen t'Parlement van Engelandt,.* A droite, une grande frégate, vue de côté, avec
voiles déployées. *a*3.

66. *t'Geele Fortuÿn een Ooster-Varder, De Liefde een Noorts-
Vaerder,.*Deux navires, avec voiles déployées, se dirigent à gauche.*a*4.

67. *De Harinck-packers Tooren,.* A droite, une grande tour ; sur
le devant, dans une chaloupe, sont trois hommes assis. *a*5.

68. *Een Boeÿer, Een Galioot,.* Deux navires avec voiles déployées,
sur une mer houleuse ; le navire de gauche est vu de côté. *a*6.

69. *Harinch-Buysen,.* Tout le fond est garni de bateaux et de navires surpris par un orage; la mer est très agitée. *a*7.

70. *Tocht Schuijten of Sparendammer Vissers,.* Quatre bateaux à droite, près d'une jetée, où sont deux hommes debout. *a*8.

71. *Bickers Eijlandt,.* Entrée d'un port; à gauche, une chaloupe ayant une grande voile déployée. *a*9.

72. *De Salemander een Oostindis Vaerder,.* Le navire est vu de côté, sans voiles. *a*10.

73. *Een Damsout, Een Smalschip,.* Trois bateaux avec voiles déployées, sur une mer orageuse; le ciel est orageux. *a*11.

74. *Een Isere Vareken, Een Waterschip of Zuijerzese Visser,.* Deux navires avec voiles déployées, tourmentés par les vents et jetés sur la gauche. *a*12.

Weigel signale quatre états de la suite 63 à 74 :

1er. Avant la lettre *a* devant les numéros 1 à 12, et peut-être avant l'adresse sur la première pièce.

2e. On lit sur la première pièce : *C. Danckerts exc.*

3e. *Amstelodami apud Dancker Danckerts.*

4e. On lit sur la première pièce l'adresse de *Clement de Jonghe.*

75-86. TWEEDE DEEL (deuxième partie). A droite, dans les marges, les numéros de 1 à 12. Chaque numéro est précédé de la lettre *b.*

75. *Canal près d'Amsterdam.* Vers la gauche une grande tour ; dans la marge, au milieu : *Monkel baens-Tooren;* on lit à la gauche : *Zeeman jnventor et fecit;* à droite : *C : Danckerts Excudebat.;* au milieu du haut : TWEEDE DEEL. *b*1.

76. *De Paerrel een Oostindis Vaerder, Den Dubbelen Arent een Westindis Vaerder,.* Deux vaisseaux sur le devant, dont celui vers la droite vu de côté, avec voiles déployées. *b*2.

77. *De Vrijheijt een Oorloogs Schip, De Hasewint een Spaens Vaerder,.* Les deux navires, avec voiles déployées, sont sur le devant; celui de droite est vu de côté. *b*3.

78. *Een Staten Iacht, Een uijtlegger of Watte Convoijer,.* Deux vaisseaux avec voiles déployées et drapeaux; dans le fond, à gauche, on voit trois navires qui s'éloignent. *b*4.

79. *Twe Steijger Schuijten,.* Quelques bateaux avec voiles déployées ; à gauche, une chaloupe montée par trois hommes. *b* 5.

80. *Een Waterschip voor d'Soutketen, Een Brouwers Water-Schuijt,.* Un grand bateau plat avec voile, monté par trois hommes, occupe tout le devant de la droite de l'estampe. *b* 6.

81. *De Swarte Beer een Groenlants Vaerder,.* Vers la droite, un navire vu de côté, avec drapeaux, sans voiles ; à gauche, des rochers. *b* 7.

82. *De Gelderse-haÿ en Schreiers-tooren,.* Entrée d'un canal ; vers la gauche, une tour peu élevée. *b* 8.

83. *Een Sammoreus,.* Un bateau plat avec voiles, monté par cinq hommes, se dirige vers la gauche. *b* 9.

84. *Een Vriesche Kaegh, Een Gelderse Kaegh,.* Deux bateaux, dont un, celui de gauche, a ses voiles déployées. *b* 10.

85. *Een Vriese Turrif pott, Een Dÿnop ofte Veense Turrif pondt,.* Deux bateaux à l'ancre sur une rivière ; celui de droite est vu de côté. *b* 11.

86. *Het Afloopen van een Schip,.* Toute la partie gauche de l'estampe est occupée par les ouvriers d'un port, qui retirent un navire de l'eau pour le remettre en chantier. *b* 12.

Weigel mentionne trois états :

* 1er. Avant la lettre *b*, placée devant les numéros 1 à 12 ; avec l'adresse de *C. Danckerts*, mais avant TWEEDE DEEL, dans le haut du ciel. Collections Robert-Dumesnil et Verstolk.

2°. Avec la lettre *b*, devant les numéros 1 à 12, et avec TWEEDE DEEL.

3°. L'adresse de *Danckerts* est effacée, ainsi que les mots TWEEDE DEEL, mais on voit l'adresse de *Clément de Jonghe.* Weigel signale une suite de copies en contre-partie. Elles sont l'œuvre de *Justus Danckerts.* Il a pris les numéros 2, 3 et 10 de la première partie, et les numéros 2, 3 et 4 de la seconde partie. Le numéro 4 des copies de la deuxième partie est coupé à droite. Sur une des pièces, on voit une banderole sur laquelle on lit : *t'Nieuw Schip Boeck.*

87-98. DERDE DEEL (troisième partie). Les estampes sont numérotées de 1 à 12.

87. *Port de mer.* Sur le pavillon du bateau dont on voit une partie, à la droite de l'estampe : *Verscheÿden Schepen en Gesichten van*

Amsterdam, . . . gebracht, door Reinier Nooms, alias Zeeman. C. Danckerts Excudit,. Au milieu du haut : DERDE DEEL. 1.

88. *Het Rockin, mette Beurs,.* Sur un canal sont quatre bateaux attachés ; dans le fond, à droite, une tour ou clocher. 2.

89. *Een Amsterdammer Lichter, Een Wieringer Lichter,.* Vers la gauche, un bateau plat, sans voiles ni cordages, conduit par deux hommes. 3.

90. *Een Vlotschuÿt, Een Schietschuÿt,.* A gauche, un bateau plat chargé de tonneaux et de ballots de marchandises. 4.

91. *Haegse, Delfse, en Rotterdamse, Nacht-Schuÿten,.* Effet de nuit sur une rivière ; à droite, un bateau plat à voiles. 5.

92. *Den Ouertoom,.* Le milieu est occupé par des ouvriers lançant un bateau sur une rivière qui s'étend à droite. 6.

93. *Haerlemse Iaegschuÿties,.* Au premier plan à gauche, sur une berge, sont deux hommes, un enfant et un cheval. 7.

94. *De Block-huÿsen,.* Vue de l'Amstel ; sur le devant sont des patineurs. 8.

95. *Schol-Schuÿties, of Pinckies,.* Quatre bateaux avec voiles déployées, battus par les eaux. 9.

96. *Een Modder-molen en eenige Modderschuÿten,.* La partie gauche, dans le fond, est occupée par un moulin. 10.

97. *Een Vlodt, Een Onderlegger,.* A droite, un bateau plat avec sa mâture, chargé de quelques tonneaux. 11.

98. *Twe Overlanders,.* Deux bateaux ; dans celui de gauche on voit une femme qui lave son linge. 12.

Trois états : 1er. Avant l'adresse sur la première pièce. — 2e. Celui décrit. — 3e. On voit l'adresse de *Clément de Jonghe.*

99-106. *Diverses batailles navales.* Suite de huit pièces, numérotées au bas de la droite.

Haut., 174 à 177 millim.; larg., 262.

99. Sur le rivage, plusieurs canons et autres engins de guerre. Sur la peau d'un tambour, on lit : *Nieuwe Scheeps* BATALIEN *int licht gebracht door Reinier Zeeman Gedruckt by Clement de Ionghe Tot Amster-*

dam. Au delà de ce tambour, un peu vers la gauche, un matelot sonne de la trompette, sur la banderole de laquelle est écrit : *Nouvelles inventions de combats Navaeles fet par Reinier Zeeman*. 1.

100. Bataille navale commençant. Au premier plan, à gauche, quatre vaisseaux en ligne de bataille, les voiles gonflées par le vent. Dans le fond, la bataille. 2.

101. A gauche, est un groupe de huit vaisseaux ; les intervalles qui les séparent sont remplis de fumée. Sur le premier plan, à droite, un mât avec son pavillon s'élève au-dessus des vagues. Dans le fond, à droite, cinq vaisseaux en bataille. 3.

102. A gauche, le feu est engagé entre quatre vaisseaux; à côté, un autre sombre; deux canots se dirigent vers lui pour sauver des matelots à la nage; dans le fond, à gauche, trois vaisseaux; à droite, cinq autres vaisseaux entourés de fumée. 4.

103. A droite et à gauche, sur le devant, on voit sombrer deux vaisseaux; les matelots sont à la nage dans le milieu. On voit également dans le milieu deux vaisseaux en flammes; l'équipage du plus éloigné se jette à la mer. Sur la voile d'un vaisseau rapproché : *Zeeman*. A droite, dans le fond, de nombreux vaisseaux, dont on ne voit qu'une partie. 5.

104. A gauche, trois vaisseaux ; le premier est vu de profil ; l'intervalle qui les sépare est plein de fumée. Sur le devant, à droite, la pointe d'un mât sort de l'eau; dans le milieu du fond, deux vaisseaux immobiles ; à droite, on en voit quatre autres au milieu de la fumée, les derniers des deux sont en flammes. 6.

105. A droite, un groupe de vaisseaux, dont la plupart sont dans la fumée. Sur le pavillon du vaisseau le plus rapproché, qui est vu de profil, on lit : *Zeeman*. A gauche, dans le lointain, plusieurs vaisseaux sont entourés de fumée et de feu. 7.

106. A gauche, quatre vaisseaux immobiles, rangés en ligne. Sur la voile du premier, dans le haut : *Zeeman ;* à droite, deux vaisseaux avec des voiles basses. 8.

Weigel décrit cinq états :

1ᵉʳ. Avant la lettre et les numéros; de la dernière rareté. Il existe, dit-on, des épreuves avant l'adresse, mais avec le numéro.

2ᵉ. Avec l'adresse de *Clément de Jonghe*.

3ᵉ. Cette adresse est remplacée par celle de *F. de Wit*.

4ᵉ. On a substitué à cette adresse celle de *G. Valk*; au bas de la planche, vers le milieu, le numéro 95.

5ᵉ. On lit l'adresse suivante : *B. Cleynhens te Haarlem ex.* Epreuves très faibles et même mauvaises.

107-118 *bis. Différentes marines, ports et rades.* Suite de treize estampes, sans numéros.

Haut., 275 à 277 millim.; larg., 192, sans la marge.

107. *Titre.* Place de carénage. Vers le milieu, deux hommes sont en train de scier une grande planche; vers la droite, un vaisseau dont on ne voit que la poupe. Bartsch a décrit cette pièce sous le numéro 140. (1.)

108. Un grand vaisseau, dont le devant et trois voiles sont tout à fait ombrés; à côté, un vaisseau vu de profil se dirige vers la gauche, où quatre autres vont également jusque dans le fond. Au haut, à gauche : *R. Zeeman fe.* (2.)

109. A droite, on calfate deux vaisseaux couchés sur le côté gauche. On voit, à gauche, un vaisseau avec de grands mâts et deux pavillons flottant du même côté. On voit aussi un canot s'avançant avec quatre hommes; deux sont debout et deux assis. Il y a le nom de *Zeeman.* (3.)

110. Sur le premier plan, un port et un rivage étroit entouré d'une palissade en bois qui s'étend sur toute la largeur de la composition et sur lequel sont huit hommes. On voit deux grands vaisseaux, l'un à droite, l'autre à gauche. Par l'ouverture de la palissade interrompue, vers le milieu, on aperçoit un canot. En dehors du port sont plusieurs vaisseaux en pleine mer. A cette pièce le nom du maître. (4.)

111. La mer est calme. A la gauche du premier plan, un grand vaisseau de guerre orné de cinq pavillons; à côté, deux petits canots et un autre canot se dirigent vers le vaisseau. A droite, cinq différents vaisseaux sur la mer; au fond de l'horizon, un rivage et une église. On lit le nom du maître. (5.)

112. Sur une mer un peu agitée, trois vaisseaux de guerre; celui de

droite, qui est de profil, a quatre grandes voiles gonflées; celui de
gauche se montre en grande partie par derrière; il paraît tirer du canon
contre le premier vaisseau. Dans le fond, un troisième vaisseau de
face. Pièce signée du maître. (6.)

113. Sur une mer calme, au premier plan vers la gauche, un canot
avec cinq hommes et des tonneaux. En dehors d'une palissade, près
d'une maison tout à fait à la droite de la composition, un grand vaisseau
est penché sur le côté, pour être radoubé. En haut, à gauche : *R. Zee-*
man. (7.)

114. A gauche, un vaisseau vu de profil est amarré par des câbles à
un autre vaisseau; entre les deux, quelques pieux sortent de la mer.
Sur le premier est un homme; à côté, un canot monté par deux
hommes. A droite, près d'un vaisseau, on voit des pieux. Pièce signée
du maître. (8.)

115. A droite, un vaisseau plat vu de profil; à la gauche du premier
plan, un canot rempli d'hommes se dirige vers deux grands vaisseaux
qui sont vus par devant. Pièce signée. (9.)

116. A gauche, un vaisseau est vu de profil, portant trois voiles
déployées; sur le devant de la droite, un canot monté par six hommes :
l'un est debout et retire une corde de l'eau. Sur la même ligne, dans le
lointain, un grand vaisseau vu de face. Avec le nom du maître. (10.)

117. A gauche, un vaisseau rasé et couché sur le côté; à droite, un
autre vaisseau couché sur le côté et calfaté. Avec le nom du maître.(11.)

118. A gauche, un vaisseau; deux autres sont à droite. Ils sont tous
trois calfatés. Sur le premier est un long radeau, sur lequel il y a cinq
hommes, un tonneau et un panier. Avec le nom du maître. (12.)

118 *bis*. On voit un espace entouré d'une palissade peu élevée, dont
l'intérieur renferme, à droite, un grand vaisseau; près de lui on en
radoube un autre couché sur le côté. A gauche, sur le premier plan,
un canot monté par huit hommes; un autre canot est conduit par
un homme seul, qui a une rame dans chaque main. En dehors de la palissade, une maison avec plusieurs vaisseaux. Avec le nom du
maître. (13.)

Weigel pense que cette belle suite est bien celle que Bartsch mentionne sous les numéros 140 à 151, dont il n'a vu que le titre qui forme la treizième pièce. Ce titre, ayant été égaré, a été depuis remplacé par une copie.

Weigel fait connaître six états :

1er. Epreuves d'essai, avant les numéros et le nom du maître, avant l'inscription sur la première pièce; avec une marge de 18 millim. dans le bas.

2e. Avec l'inscription en bas.

3. La marge en bas est coupée; avant le nom et avant l'adresse.

4e. A la gauche du haut des numéros 1 à 11, on y lit: *R. Zeeman fe*; il y a l'adresse suivante : *Ar. Tooker Excud. Londini*. On lit au numéro 1, et sur le pavillon d'un vaisseau : *Harum duodecim sculpturarum Inventor est et operator ille Exquisitissimus R. Zeeman*. On lit une dédicace par *Arthur Tooker*, 1675. Cet éditeur anglais doit les avoir reçues de Zeeman lui-même, comme on le lit dans l'appendice de l'*Ars Pictoria*, par Browne, Londini, 1675, page 39.

Dans cet état et dans ceux qui lui succèdent, la suite n'a plus que douze pièces.

5e. Sur le haut de la droite, on lit : *Carolus Allard Excudit Amstelodami*; les numéros de la gauche du haut sont en partie effacés et remplacés par les numéros 1 à 11 en bas à droite; mais les numéros n'ont plus le même ordre, les pièces sont retouchées çà et là; sur le titre et sous la dédicace de *Took-r*, on lit l'adresse d'*Allardt*.

Il y a des suites où la pièce qui fait le titre est déjà une copie.

6e. Le titre est une copie ; on y lit l'adresse suivante: *te Amsterdam by Hendrik de Leth in de Visser*.

On connaît d'autres copies de cette suite qui portent en bas, à gauche, l'adresse de *N. de Poilly*. Weigel dit qu'elles ne sont pas mauvaises, mais qu'on remarque trop la pointe du graveur et non la pointe spirituelle du peintre.

119-126. *Les Portes de la ville d'Amsterdam*. Suite de huit pièces, sans numéros.

Haut., 153 à 156 millim.; larg., 304 à 309. La marge du bas a 9 millim.

119. *Nieuwe en Eygentlycke Afbeeldinghe* DER STADTS-POORTEN VAN AMSTERDAM. *in 't licht gebracht door R. N. Zeeman*. Cette inscription se trouve sur une draperie pendue au haut à gauche. Tout le devant est occupé par un canal, bordé à droite par un quai en bois muni d'une balustrade. Vers le milieu, une grande maison, des personnages, et, vers le fond, des navires. A gauche, un pont qui se lève, des navires et des constructions. Dans la marge : DE STADTS-HERBERGH. A gauche : *Zeeman delineavit et fecit;* à droite: *Gedruckt t'Amsterdam bÿ Danc-ker Danckerts inde Calverstraat in de Danchbaerheyt.* (1.)

Filigrane: folie à sept dents avec le chiffre 4 et trois boules.

120. Tout le devant est occupé par un canal dans lequel, à gauche, est une estacade en bois. Un bateau se dirige vers le fond, où est un pont

qui se lève. A gauche, un quai, une porte de ville, un grand édifice et des maisons ; à droite, sur la berge, des personnages et un moulin ; un autre est au fond. Dans la marge : REGELIERS POORT ; à gauche : *Zeeman inventor et fecit ;* à droite : *C. Danckerts excudit.* (2.)

Filigrane : écu couronné à la fleur de lis, avec *G I S* au-dessous.

121. Une grande porte se dresse à droite, au devant de laquelle est un pont qui se lève au milieu ; devant une estacade est un bâtiment de bois contre lequel est un autre pont qui se lève ; au fond, un clocher, des maisons et des moulins ; à gauche, un quai avec balustrade, et, dans l'éloignement, des maisons. Dans la marge : DE NIEUWE REGU-LIERS POORT. ; à gauche : *Zeeman delineavit et fecit ;* à droite : *Danc-ker Danckerts Excudit.* (3.)

Filigrane : Folie à sept dents avec le chiffre 4 et trois boules.

122. On voit à gauche une porte basse qui aboutit à un canal. Der-rière est la ville, remarquable par un grand clocher. Vers le milieu, des estacades sur le canal et un pont qui se lève. Deux moulins se dressent vers le fond ; à droite, huit autres moulins. Dans la marge : SAAGH-MEULENS POORTIE ; à gauche : *Zeeman inventor et fecit. ;* à droite : *C : Danckerts exc :.* (4.)

Filigrane : écu couronné à la grande fleur de lis. Au-dessous : *G I S.*

123. A droite, une grande porte historiée avec les armoiries des Pays-Bas, ayant au-devant d'elle un pont en pierre avec deux ponts-levis. Au fond, des maisons ; sur l'eau, trois bateaux ; au milieu, vers la gauche, une large berge où sont des femmes. A gauche se lève la porte du pont, près de laquelle sont cinq hommes ; plus loin, un grand moulin. Dans la marge : HAERLEMMER POORT. 1617. (5.)

Filigrane : écu couronné à la grande fleur de lis. Au-dessous : *G I S.*

124. A droite, sur une éminence s'élève une série de moulins dont le premier est très grand. Sur le devant, un homme pêche à la ligne dans un canal qui occupe tout le milieu de l'estampe et sur lequel on voit un pont qui se lève et une longue estacade ; à gauche, des baraques ; au fond, un grand nombre de moulins. Dans la marge : RAAM POORTIE. ; à gauche : *Zeeman inventor et fecit ;* à droite : *C : Danckerts exc :.* (6.)

Même filigrane que précédemment.

125. A droite, sur une espèce d'éminence, une porte avec les armes des Pays-Bas ; elle est surmontée d'un campanile ; la base est cachée par des arbres ; plus loin, vers le fond, une ville derrière des arbres. Au milieu est un canal traversé par un pont à deux-ponts levis ; sur le devant, une grande estacade, près de laquelle un homme pêche à la ligne ; à la gauche, un quai, deux chariots, quelques maisons ; au fond, des navires. Dans la marge : s^r. ANTONIS POORT. 1636 ; à gauche : *Zeeman delineauit et fecit.;* à droite : *C : Danckerts exc :.* (7.)

Même filigrane.

126. A droite, sur une éminence, une porte carrée, ornée de sculptures. On voit auprès un certain nombre de figures ; sur le devant, un canal au milieu duquel est une estacade ; il est traversé par un pont à deux ponts-levis, à la tête duquel est une porte. Au fond, des maisons, un clocher avec horloge à plusieurs cadrans ; à gauche, des maisons et deux petits ponts. Dans la marge : HEYLIGEWECHS POORT 1638. (8.)

Même filigrane.
* 1er état. Avec l'adresse *de Dancker Danckerts.* Collection Kalle.
Kalle, 71 fr. 25 c.
2e. Avec l'adresse de *Justus Danckerts.*
Kalle, 26 fr. 25 c.

127-139. *Divers embarquements.* Suite de treize pièces, sans numéros.

Haut., 76 à 78 millim.; larg., 177 à 179.

127. Marine sur le rivage. A un grand cartouche entouré de coquillages : DIVERS EMBARQUEMENTS *et autres faicts par R. N^{us} Zeeman, à Amsterdam* (titre en quatre lignes). A gauche, sur la mer, un vaisseau ; à droite, deux barques. Dans la marge : *Gedruckt t'Amsterdam bij Dancker Danckerts in de Calverstraet In de Danckbaerheyt.* (1.)

128. Vue de mer ; à la gauche, deux rochers et des fortifications ; près de là, deux soldats. (2.)

129. Marine ; vers la droite, une barque montée par trois pêcheurs ; à gauche, dans le lointain, des dunes. (3.)

130. Marine ; vers la gauche, des ouvriers carènent un grand navire. (4.)

131. Vue de mer ; à gauche, des rochers et un fort avec deux tours rondes. (5.)

132. Campagne coupée par un chemin où l'on voit un villageois monté sur un âne ; à sa gauche, une paysanne en marche. (6.)

133. Cinq pêcheurs au bord de la mer ; plus loin, à gauche, trois autres pêcheurs dans une barque. (7.)

134. Quatre vaisseaux sur la mer ; au devant, sur le rivage, sept hommes, dont deux à la droite tenant des harpons. (8.)

135. Marine ; on voit des bâtiments à la voile se diriger vers la gauche. (9.)

136. Des matelots débarquent des ballots, un homme range des cordages ; à gauche, en mer, un vaisseau de haut bord. (10.)

137. Trois vaisseaux battus par la tempête ; à gauche, des rochers. (11.)

138. Marine, au clair de la lune ; sur le rivage, trois hommes près du feu ; sur mer, deux matelots dans une barque ; l'un deux tient une lanterne. (12.)

139. Fin d'une tempête ; sur le rivage, cinq hommes échappés du naufrage, trois hommes morts et des débris ; à gauche, au delà d'un grand rocher, un navire échoué ; dans le lointain, à droite, trois autres vaisseaux. (13.)

1ᵉʳ état. Avec l'adresse relatée ci-dessus.

2ᵉ. On lit : *Gedruckt t'Amsterdam by Justus Danckert in de Calverstraet in de Danckerts*, sur la première pièce.

140-151 *bis*. Suite de treize estampes. Ce sont celles que nous avons décrites aux numéros 107 à 118 *bis*.

152-154. *Batailles navales, à jamais mémorables, des amiraux de Ruyter, Tromp et Bankert, livrées les 7 et 14 juin et 21 août 1673, contre la flotte anglo-française.*

Trois pièces, format oblong.

Elles sont citées dans le Catalogue Marcus, Amsterdam, 1770 : « Trois petites pièces, de forme oblongue, arrêtées sur une Feuille. Elles représentent trois combats de Mer, le 7 et le 14. de Juin et le 21 d'Août 1673, entre les François, les Anglois et les Hollandois. » Ces pièces très rares ne se sont jamais rencontrées.

155-166. Suite de douze pièces, non numérotées.

Haut., 124 à 129 millim.; larg., 227 à 232.

155. Canal glacé où sont des patineurs; à gauche, un cheval et un traîneau. (1.)

156. Vue de mer; à droite, deux barques; sur la première, couverte et sans voile, un homme tient un flambeau allumé. (2.)

157. Deux hommes à cheval; l'un d'eux tient un cheval qui n'est vu qu'en partie; ils sont sur le bord d'une rivière dans laquelle un homme pêche à la ligne. (3.)

158. Combat entre deux vaisseaux; plus loin, à droite et à gauche, deux autres bâtiments. (4.)

159. Port de mer; à gauche, un fort; à droite, au delà d'une grande arcade, des vaisseaux. (5.)

160. Vue de mer, au clair de la lune; à droite, sur le rivage, quatre hommes près d'un feu. (6.)

161. Sur une rivière, un pont de huit arches; à gauche, à l'extrémité du pont, une vieille forteresse. (7.)

162. Rivage où l'on voit des agrès et des ustensiles; à gauche, trois hommes; à droite, un matelot porte un seau; dans le lointain, un vaisseau à trois mâts et d'autres navires. (8.)

163. Vue de mer pendant un orage; sur le devant, deux navires se dirigent vers la gauche; à l'extrémité du lointain, trois autres bâtiments. (9.)

164. Frégate sous voile; à gauche, en avant, un canot; au fond et à droite, une ville et quatre bâtiments. (10.)

165. Trois vaisseaux en mer; en avant de l'un d'eux, vers la gauche,

un canot; du même côté, dans le lointain, des hommes sur un banc de terre. (11.)

166. Vaisseau cinglant vers la gauche; à droite, des hommes font aborder un canot; dans le fond, des embarcations et deux montagnes. (12.)

Ces pièces sont marquées dans le bas, à gauche, par ces mots : *Seeman fecit*. Dans quelques-unes, on lit dans la marge, à droite : *Drevet, avec privilége*; dans d'autres : *Le Blond*.

Weigel ainsi que le catalogue Rigal n'en attribuent à Zéeman que quelques-unes; d'autres paraissent avoir été exécutées par une main étrangère, d'après les dessins de Zéeman.

Weigel pense qu'il doit y avoir deux états de ces planches: l'une avec l'adresse de *Le Blond*, l'autre avec celle de *Drevet*. Robert-Dumesnil dit que l'inspection des pièces fait reconnaître que Le Blond a été le premier éditeur.

167. *Bataille navale*. On voit, sur le devant, vers la gauche, les débris d'un vaisseau; plus loin, cinq autres sont enveloppés par la fumée. A gauche, sur l'un des vaisseaux qui fait jouer son artillerie, on lit : *Zeeman;* à l'angle de droite, sur l'eau, le numéro 4; ce qui laisse à penser que cette pièce a dû appartenir à une suite.

Haut., 163 millim.; larg., 261.

Décrit dans le catalogue Rigal, sous le numéro 155.

168. *Arrivée d'un vaisseau* avec des banderoles flottantes, et tirant de chaque côté un coup de canon. On voit trois bateaux: sur l'un d'eux, un homme tenant son croc en l'air; les deux autres cherchent à s'attacher au vaisseau.

Haut., 139 millim., non compris la marge; larg., 208.

*Cette pièce est dans la collection de l'archiduc Charles (Albertina) et dans la nôtre. Elle est aussi au musée de Copenhague.

169. *Vue d'une rivière de France avec un bac*. Sur le premier plan, deux arbres; sur le second, un château sur la rive.

Haut., 131 millim.: larg., 192.

Au musée de Copenhague.

170. *Marine*. On radoube un trois-mâts; on voit, à droite, une barque pontée, une palissade, et dans le fond, des vaisseaux. Dans la marge du bas, à droite : *Dancker Danckerts Exc.*

Haut., 181 millim., y compris la marge.; larg., 268.

Dans le catalogue Weigel, sous le numéro 116⁴.

171. *La Mascarade.* Sur le premier plan d'un port où sont des vaisseaux, on voit une foule de masques à cheval et à pied se dirigeant ensemble vers la droite ; autour, de nombreux spectateurs ; à gauche, un cabaret.

Haut., 176 millim.; larg., 337.

Décrit par Robert-Dumesnil. 29 fr. 50 c. L'épreuve était en très mauvais état.

172. *Petite marine.* Presque au milieu du premier plan, une barque sous voile montée par deux pilotes ; une autre barque à gauche, et dans le fond, à droite, cinq petites embarcations.

Haut., 41 millim., y compris la marge ; larg., 103.

Décrit par Robert-Dumesnil ; fait également partie de la collection de l'archiduc Charles (Albertina).

Vente Mecklembourg, 160 francs.

173. *Petite marine.* Sur le premier plan, vers la droite, on voit une chaloupe montée par treize personnes ; à gauche, des rochers ; à droite, dans le lointain, quatre bâtiments à voiles, autour desquels volent des oiseaux de mer. En bas, à droite : *Zeeman.*

Haut., 41 millim., y compris la marge ; larg., 103.

Collection de l'archiduc Charles (Albertina).

Vente Mecklembourg, 40 francs.

174. *Petite marine.* Sur les vagues d'une mer agitée, trois vaisseaux.

Haut., 42 millim., y compris la marge ; larg., 105.

Vente Mecklembourg, 120 francs.

Les numéros 172, 173 et 174 sont de la dernière rareté.

175. *Apothéose de l'amiral Marten Harpertsz Tromp.* Cette pièce a été exécutée en société avec *M. Mouzyn.* On voit l'amiral sur un char de feu, conduit aux portes de l'Éternité par la Renommée et la Mort ; cette partie située dans le haut est l'œuvre de *M. Mouzyn.* Dans le bas, on voit la principale bataille navale livrée le 7 août 1653, à la hauteur du Schevelingen, dans laquelle Tromp fut tué. Cette partie est l'œuvre de Zeeman. Dans l'angle du bas, à gauche, on lit : *Z M.;* vers la droite : *M. Mouzyn sculpsit;* plus loin, à droite : *Lod. Lodewycksz excudit.*

Haut., 187 millim.; larg., 279.

Décrit dans le catalogue Weigel, sous le numéro 5443.

DE Hr. MICHIEL Adr DE RUYTER
VICE-ADMIRAAL VAN HOL-
LANDT. ETC. A°. 1654.
Albt. Ô. Imvirt
M. Mouzyn sculpsit
Ick heb myn vlyt gedaan, u cierlijck af te maalen   Tot lof der Helden trou en 't Pujck der Admiraalen.
t'Amsterdam, by Lodewyck Lodewycksz. Boeckbinder en Printvercoper, inde Heere straat in 't Cunst boeck

176. *Marine*, avec deux vaisseaux et leurs chaloupes se dirigeant vers la droite. Sur le second plan, à droite, on voit deux vaisseaux; à la gauche du fond, des édifices.

Haut., 123 millim.; larg., 298.

177. Sur un débarcadère des matelots portent un coffre vers la droite. Dans le milieu du bas : *Remi Zeeman*. 1653.

Pièce ronde. Diam., 43 millim.

En dehors de la bordure, il y a dans la marge du bas, à gauche, le croquis d'une petite figure assise. Weigel attribue cette pièce, non à R. Zeeman, mais à *A. Zeeman*, qui gravait plus tard.

On trouve des copies et des imitations de ce maître ; elles sont travaillées plus grossièrement et portent l'adresse de *Carel Allardt*.

PIÈCES NON DÉCRITES COMME ÉTANT DE ZÉEMAN

Nous devons la connaissance des deux suivantes à l'obligeance de M. le docteur Sträter.

178. *Portrait de Michel de Ruyter*. Il est dans un ovale, nu-tête, tenant de la main gauche son bâton de commandement, et sa main droite gantée appuyée sur sa hanche, tenant le gant de la main gauche. Une chaîne et un médaillon tombent sur sa poitrine. On voit, à droite, le pommeau de son épée. Le tirage a mis évidemment le personnage du sens opposé. Derrière lui, la mer, et, à droite, trois vaisseaux. On lit au-dessus : De Hr. Michiel Adr. de Ruyter, Vice-Admiraal van Hollandt. Etc A°. 1654. L'ovale est entouré de trophées militaires, et dans le haut deux génies qui sonnent de la trompette tiennent une couronne de laurier. A gauche, sur un canon : *H. v. Alde ☉ Invent;* à droite, sur un autre canon : *M. Mouzin sculpsit;* au-dessous de chaque canon, une ancre.

Plus bas : *Scène maritime*. Vers le milieu, deux grands vaisseaux de guerre voguent vers le devant à pleines voiles, précédés d'une petite barque où sont deux hommes. Plus loin, dans le fond, trois navires ; à gauche, deux navires s'éloignent ; vers le bord : *Z. M.;* à droite, vers le fond, une flottille ; sur le devant, un bout de rivage où sont quatre hommes, dont deux sont assis. Tout en bas, deux vers hollandais sur une ligne :

> Jck heb mÿn vlÿt gedaann, u cierlÿck af te maalen
> Tot lof der Helden trou en't Puÿck der Admiraalen.

t'Amsterdam, by Lodewyck Lodowycksx Boeckbinder en Printver-coper, inde Heere straat in't Canst boeck.

Haut., 314 millim.; larg., 210.

179. Il faut joindre à cette estampe le portrait de l'amiral J. V. Galen, également dû à *Mouzin*, et au-dessous duquel se trouve la même marine. Cet amiral fut tué en 1653, dans une bataille contre les Anglais livrée en face de Livourne.

Cette pièce et la précédente sont dans la collection de M. le docteur Sträter.

Cette estampe est décrite par Bartsch, qui n'a pas regardé le monogramme de Zéeman.

Il paraît que, toutes deux, elles faisaient partie d'une suite de quatre portraits : celui de Martin Harpertsz Tromp, tué dans une bataille contre les Anglais, et celui de Corneille Tromp, son fils. Ce dernier fut le seul des quatre amiraux qui ne mourut pas de mort violente.

Le portrait de M. H. Tromp et celui de son fils ne sont pas connus jusqu'à présent.

A l'époque où ces estampes furent exécutées, Ruyter et Tromp n'étaient que vice-amiraux.

TABLE DES ESTAMPES GRAVÉES PAR R. ZÉEMAN

PIÉCES NON DÉCRITES

SUPPLÉMENT

AUX

TOMES Ier, II ET III DES ÉCOLES FLAMANDE ET HOLLANDAISE

TOME PREMIER

DU HAMEEL. (Voir page 102.)

M. Lehrs, conservateur au musée des estampes de Dresde, a bien voulu nous signaler pour cet article plusieurs erreurs de Passavant.

Le numéro 7, *Job*, appartient au seizième siècle et n'est pas signé *bos*, mais *hos*.

Le numéro 9 est une copie d'après Dürer. La signature serait *Hos*. Il appartient aussi au seizième siècle.

Le numéro 12, *une Bataille*, est d'un anonyme qui n'a rien de commun avec *Bosche*.

Le numéro 13, *Jeune homme coiffé d'une guirlande*, est une copie du maître de 1480. Le nom de *hameel*, qu'on a cru lire dans le bas, est plus que douteux.

Le numéro 14, *le Christ entre la Vierge et saint Jean*, est un travail brut dans la manière d'*Israel van Mecken*.

Le numéro 15, *Tentation de saint Antoine*, est d'un élève du maître *E. S.*

Les Gravures sur bois ne peuvent être de *Bosche*, l'une d'elles porte la date de 1522, postérieure à la mort du maître. Voir au Supplément du tome précédent (p. 586).

N° 3. *Les Cavaliers autour d'une chapelle*. Le roi, qui est à gauche, paraît être la même personne que le vieillard à droite.

VAN DYCK. (Voir p. 152.)

Nous pouvons encore citer huit dessins du maître.

On comptait dans la collection Jacob de Vos Ier :

Portrait de François Franck. Esquisse à la pierre noire.

Haut., 255 millim.; larg., 185.

Vendu, en 1883, 4,092 francs.

Portrait de Adam Van Oort ou *Noort*. En contre-partie de l'estampe, mais mis en carreau. Esquisse à la pierre noire.

Haut., 285 millim.; larg., 180.

Vendu 5,194 francs.

Portrait de Luc. Van Uden. A la pierre noire, terminé au lavis d'encre de Chine.

Haut., 230 millim.; larg., 160.

Il provenait antérieurement de Sir Thomas Lawrence. Vendu, 3,392 francs.

Portrait de Lucas Vorsterman. En contre-partie de l'estampe. A la pierre noire.

Haut., 245 millim.; larg., 175.

Il provenait de Sir Thomas Lawrence. Vendu 3,837 francs.

Dans une collection vendue à Berlin, le 23 février 1885, sous la direction de M. Meder et composée en grande partie des estampes du docteur Wolff, on trouvait :

Le Portrait de Cachopin. A l'encre de Chine.

Haut., 250 millim.; larg., 171.

On lit au bas : *A° 1634 A. Van Dyck portraict de Jacomo de Cachopin A. 43.* Il provenait de Verstolk. Vendu 625 francs. Avait probablement beaucoup souffert.]

Guillaume de Vos. Dessin au crayon noir. Vendu, 1,375 francs.

Haut., 252 millim.; larg., 191.

Le Portrait de Lucas Van Uden. Dessin au crayon noir.

Haut., 250 millim.; larg., 160.

Il provenait de la collection Goll. Vendu 125 francs; plus que douteux.

Portrait de Lucas Vorsterman. Dessin à la sanguine.

Haut., 263 millim.; larg., 129.

Ce sont donc, avec les dessins signalés au catalogue et au supplément du tome II, vingt-quatre dessins ou grisailles que nous avons mentionnés.

Il y en aurait trente-sept feuilles chez le duc de Buccleugh, et dix à Munich.

Deuxième Momper. (Eau-forte.)

Ce portrait provenait de Revil et de Verstolk, vendu 6,000 francs à la vente du docteur Wolff. Sa valeur ne s'est pas soutenue en 1885. Il a été adjugé à M. Meder pour 1,400 marcs (1,750 francs). Nous l'avons racheté à l'amiable, et nous en donnons ici la reproduction pour qu'on puisse bien se convaincre qu'il n'est pas du maître auquel on avait cru devoir l'attribuer.

On comptait, dans cette collection, en y comprenant quatre dessins décrits plus haut, cinq cent soixante-seize numéros.

Nous y avons acquis :

N° 193. *Don Emanuel Frockas Perera...* (D. 53) par le prix de 737 francs. La planche est plus grande. État indiqué comme non décrit, quoiqu'il l'ait été dans notre catalogue.

N° 329. *Deodat del Mont.* (D. 85.) Un état soi-disant non décrit avant les lettres G. H., et que nous avions signalé d'après le catalogue Alibert, 31 fr. 25 c.

N° 369. *Nicolas Fabrice de Peirèse.* (D. 95.) Avant toutes lettres, indiqué encore comme non décrit, quoiqu'il figure dans notre catalogue, où l'on signale même un état antérieur. Acheté 243 fr. 50 c.

N° 575. Frontispice pour l'édition de Jan Meyssens. 37 fr. 50 c.

Voir notre catalogue, page 246.

Comme c'est un parti pris à l'étranger d'indiquer comme non décrites un grand nombre de pièces dont les premiers états figurent dans notre catalogue, nous croyons devoir en donner ici la liste.

PIÈCES DÉCRITES EN PREMIERS ÉTATS PAR NOUS, EN 1881, ET QUE L'ON PERSISTE A DÉCLARER NON DÉCRITES

PORTRAITS DE VAN DYCK
OU QUI LUI SONT ATTRIBUÉS

Wael. Tout premier état avec le bras. (Voir Suppl., tome II.)
2°. *Leroy.* D., 18.
Cornelissen. Avant la lettre, terminé. D., 17.
Snellinx. Avant la lettre, terminé. D., 20.
Stevens. Avant la lettre, terminé. D., 21.

ICONOGRAPHIE
ÉDITION DE MART. VAN DEN ENDEN

Boschaert. D. 24., Avant la lettre.
Aremberg. D., 25.   Id.
Barbé. D., 26.   Id.
Brouwer. D., 27.   Id.
Vrancx. D., 31.   Id.
Mirevelt. D., 32. Deux états avant la lettre.
Wolfart. D., 33. Avant la lettre.
Hondius. D., 35.   Id.
Howard. D., 36.   Id.
Coster. D., 38.   Id.
Halmalius. D., 39.   Id.
Colyns de Nole. D., 41.   Id.
Puteanus. D., 43.   Id.
Tulden. D., 44.   Id.
Urphé Geneviève. D., 45.   Id.
Blancatcio. D., 47. Avant la lettre, non terminé; *id.* terminé.
Balen. D., 48. Avant la lettre.
Bazan. D., 49.   Id.
Breuck. D., 50.   Id.

Crayer. D., 52. Avant la lettre.
Frockas Perera... D , 53. Id.
Geest. D., 54.   Id.
Gevartius. D., 55.   Id.
Gusman. D., 56.   Id.
Gustave-Adolphe. D.,57. Id.
Médicis. D., 60.   Id.
Mytens. D., 62.   Id.
Nassau. D., 63.   Id.
Palamèdes. D., 64.   Id.
Pontius. D., 65.   Id.
Ravestein. D., 66.   Id.
Rombouts. D., 67. Avant la lettre; le cuivre plus grand.
Rubens. D., 68. Avant la lettre.
Savoye. D., 69.   Id.
Scaglia. D., 70.   Id.
Stalbent. D., 72.   Id.
Stenwyck. D., 73.   Id.
Van Loon. D., 74.   Id.
Snayers. D., 77.   Id.
Digby. D., 78.   Id.
Inigo Jones. D., 79.   Id.
Voerst. D., 80.   Id.
Cachiopin. D., 82.   Id.
Coeberger. D., 84.   Id.
Delmont. D., 85.   Id.
Gaston. D., 89.   Id.
Gentileschi. D., 90.   Id.
Jode. D., 91.   Id.
Mallery. D., 93.   Id.
Mildert. D., 94.   Id.

Peirese. D., 95. Avant la lettre, non terminé; *id.*, terminé.
Seghers. D., 101. Avant la lettre.

ÉDITION DE GILLIS HENDRICX

Ertvelt. D., 102. Avant la lettre.
Ruthven. D., 103.   Id.
Blois (Jeanne de).D.,105. Id.
Ferdinand d'Autriche. D., 107. Avant la lettre.
Faille. D., 109. Avant la lettre, non terminé; *id.*, terminé.
Leroy (Jacques). D., 114. Avant la lettre.
Ryckaert. D., 115. Epreuve d'essai.
Tassis. D., 116. Avant la lettre, non terminé; *id.*, terminé.
Isabelle. D., 118. Avant la lettre.
Moncade. D. 119. Avant la lettre, non terminé.
Volfgang. D., 120.   Id.

ÉDITION DE MEYSSENS

Bourbon. D., 122. Epreuve d'essai.
Urfé. D., 124. Avant la lettre.
Titre de l'édition de Meyssens. D., page 246.
Henriette de Lorraine. D., 126. Avant la lettre.
Meyssens. D., 128.   Id.
Pappenheim. D., 129. Avant la lettre, non terminé; *id.*, plus terminé.

Cusance (Béatrix de). D., 120. Avant la lettre.
Montfort. D., 141.   Id.
Barlemont. D., 147.   Id.
Aremberg (Marie d'). D., 148.   Id.

DIVERS

Opstal. D., 155. Avant la lettre, non terminé *id.*, plus terminé. Deux épreuves.
Symen. D., 156. British Museum. Avant *Jacobus de Man.*
Mirabelle. D., 157. Avant la lettre.
Rogiers. D., 158. Avant la lettre.
Foille. D., 160.   Id.
Ch. Louis et *Algernon Percy.* D., 161-2. Sur une même feuille.
Ferdinand d'Autriche. D., 163. Avant la lettre.

PORTRAITS SANS ADRESSES D'ÉDITEUR

Maharkysus. D., 175.   Id.
Wake (Anna). D., 179. Avant toutes lettres.
Bisthoven. D., 187. Avant la lettre non terminé; *id.*, terminé.
Wael. D., 193. Avant la lettre.
Leblon. D., 194.   Id.
Leroy. D., 196. Avant la lettre; deuxième état.
Chrétien. D., 198.   Id.
Mansfeld. D., 199.   Id.
Pembroke. D., 200.   Id.

Nous avons cité d'autres portraits avant la lettre, nous ne les mentionnons pas, ayant déjà été décrits. On trouvera d'autres états non décrits à *Leroy* (D., 6); *Momper* (D., 19); *Stevens* (D., 21); *Rockox* (D., 117); *Moncade* (D., 119); *Gerbier* (D., 164); *Rockox* (D., 169), etc.

CONCORDANCE DES NUMÉROS DE NOTRE CATALOGUE AVEC CEUX DE M. WIBIRAL

Nos de notre catal.	Wibiral
A. Jésus couronné d'épines	A
B. La Maîtresse du Titien	B

PORTRAITS A L'EAU-FORTE PAR LUI-MÊME

§ Ier

1 Breughel (Jean)	1
2 Breughel (Pierre)	2
Cornelissen. Voir § II.	
3 Dyck	4
4 Erasme	5
5 Franck (François)	6
6 Leroy	C
7 Momper (Josse de)	7
8 Oort ou Noort	8
9 Pontius ou Dupont	9
10 Snellinx (Jean)	10
11 Snyders	11

Nos de notre catal.	Wibiral
12 Suttermans (Juste)	12
Triest Voir § II.	
13 Vorsterman	14
14 Vos (Guillaume de)	15
15 Vos (Paul de)	16
16 Wael (Jean de)	17
Waverius. Voir § II.	

§ II

17 Cornelissen	3
18 2e Leroy (Philippe)	N. cat.
19 2e Momper	88
20 Snellinx	37
21 Stevens	93
22 Triest	13
23 Waverius	18

Nous aurions voulu donner la concordance avec les numéros de M. Herman Weber, mais son ouvrage n'est qu'un catalogue de vente pour écouler l'œuvre qui provenait de Verstolk. Ses numéros, au nombre de 412, ne s'appliquent qu'à chaque pièce qu'il mettait en vente à des prix marqués.

Il n'a mis aucun numéro à chacun des portraits qu'il décrivait, cependant, avec les remarques qu'il connaissait alors.

EVERDINGEN. (Voir p. 293.)

Nᵒ 17. *Le Hameau sur la pente d'une montagne.*

Il existe un troisième état non décrit, avec la bordure faible; les travaux à côté et au-dessous du monogramme vers la bordure ont été enlevés.

Nᵒ 29 *bis. Le Troupeau de moutons.*

Trois épreuves sont connues. De l'inspection de l'estampe il paraîtrait résulter que l'arbre sur le rocher, à droite, était primitivement tronqué et en forme de boule ; deux grands rameaux qui le surmontent semblaient y avoir été ajoutés.

N° 32. *Les deux Nacelles.*

M. le docteur Sträter nous signale un état intermédiaire entre le premier et le deuxième, mais sans autre détail.

N° 42. *Le Rocher pointu.*

Les angles sont aigus dans le premier et le deuxième état.

N° 44. *La Rivière au bord du grand rocher.*

1er état. Il y a des traits échappés près du clocher, à droite. Les angles de la planche sont arrondis.

2e. Les traits échappés existent encore, mais avant l'égratignure dont parle Drugulin.

3e. Celui décrit comme deuxième. Ces différences sont peut-être des variétés.

N° 58. *Les deux Barques dans la large rivière.*

M. le docteur Sträter nous signale deux états intermédiaires entre notre premier et notre deuxième, mais sans autre explication.

N° 60. *Les deux Nacelles vides.*

1er état. Nous ajouterons : Avec le défaut de morsure au-dessus de la haie, à gauche. Les travaux sur le ciel se prolongent jusqu'à la bordure à droite, où se trouve une tache provoquée par la morsure de l'eau-forte ; la planche est chargée de couleur.

2e. Le défaut de morsure est corrigé par quelques traits et la tache enlevée. Ce procédé a empiété sur les travaux du ciel ; ils ne touchent plus la bordure. La planche nettoyée est d'un ton clair.

N° 70. *Les trois Voyageurs au pied du grand rocher.*

M. Sträter pense que le deuxième et le troisième état doivent être intervertis.

N° 81. *La Forêt.*

Une épreuve avec les angles aigus est chez M. le docteur Sträter.

Le numéro 130 de la vente Guichardot : un volume oblong, renfermant quarante-quatre dessins, marines et paysages, peints à la détrempe, a été acquis par M. le docteur Sträter par le prix de 500 francs.

Les plus belles collections des estampes d'Everdingen sont au British Museum et à Brême.

M. le docteur Sträter possède aussi un très bel œuvre, dont un grand nombre de pièces en premier état et à toutes marges.

Dans la collection de Vos Jbz se trouvaient vingt-sept dessins de ce maître. Nous en avons acquis plusieurs très capitaux.

GOLTZIUS. (Voir p. 409.)

Nº 21. *L'Adoration des bergers.*

Le même iconophile nous signale des états que nous ne connaissions pas; au lieu de quatre décrits par nous, on en compterait six :

Les deux premiers comme nous les avons décrits :

3ᵉ. Avec le fond, mais avant le millésime.

4ᵒ. Le fond enlevé; avec la date de 1615.

5ᵉ Le fond est remis de nouveau par une main étrangère; on lit encore 1615.

6ᵒ. Le millésime est enlevé.

TOME DEUXIÈME

LUCAS DE LEYDE. (Voir p. 48.)

Dans une vente faite à Leipzig, le 29 octobre 1884, *la grande Agar* a été acquise par M. de Rothschild par le prix de 17,000 francs.

Dans une vente faite à Berlin, la même année, nous nous sommes rendu acquéreur de *l'Espiègle*, moyennant 5,000 francs.

MAITRE DES SUJETS TIRÉS DE BOCCACE. (Voir p. 150.)

Nº 1. *Le Christ en Croix.* M. Lehrs, conservateur du Cabinet des estampes à Dresde, par une lettre en date du 29 mars de cette année, a bien voulu nous faire remarquer que l'estampe du maître A, que Passavant regarde comme une copie de celle-ci, est absolument la même.

On a, dit ce dernier, tiré plus tard des épreuves sur papier qui portent le chiffre de Martin Schongauer.

Une épreuve sur papier se trouve à Berlin; elle est meilleure et plus ancienne que celle sur parchemin, et la marque de Schongauer a été ajoutée à la main.

Il en existe une, ajoute M. Lehrs, sur parchemin, au Cabinet des estampes de Paris, et une sur papier à l'Albertina de Vienne, où ne se trouve pas la marque de Schongauer. Il n'y a donc pas deux états de planches différents. Nous nous empressons de faire cette rectification.

DE LA RUYNE DES NOBLES MALHEUREUX

Nº 11. *L'Empereur Valérien servant de marchepied à Sapor.*

Cette pièce serait, dit-on, d'un élève de Martin Schongauer. Pour résoudre cette question, il faudrait bien savoir à quelle époque les illustrations ont été insérées dans le livre de Colard Mansion, imprimé en 1476. En supposant que les illustrations aient été exécutées postérieurement à cette date, Martin Schongauer avait-il pu former des élèves à cette époque ?

N° 14. *Un Disque avec figures et ornements de feuillage.* Cette estampe est attribuée par M. Lehrs à Israel de Mecken.

N° 27. *Ornement à guise de frise, avec l'Enfant Jésus et saint Jean.* La même attribution est également formulée pour cette pièce.

MAITRE W ✠ (Voir p. 164.)

P. 165. Le numéro 9, *saint Jacques le Mineur*, et le numéro 11, *saint Judas Thaddée*, offrent une grande similitude dans la description. Nous avons pu décrire le numéro 11 d'après l'estampe du Cabinet de Paris, mais quant au numéro 9 nous ne l'avons jamais vu.

N° 23. *Rinceau d'ornements.* M. Lehrs confirme parfaitement l'opinion de M. Favart que nous avons rapportée. Cette pièce est bien une retouche du numéro 112 du maître E. S.; cette retouche n'est pas du maître W ✠ mais seulement du maître A.

Le numéro 40, *Retable avec trois niches principales,* n'est pas au musée de Dresde, mais on y trouve notre numéro 67, *Salle basse.*

MAITRE LCZ 1492. (Voir p. 174.)

Notre numéro 7, *saint Georges,* n'appartient pas à ce graveur. Il est d'un autre anonyme. Une épreuve non rognée est dans la collection du prince Georges de Dresde.

NAIWJNCX. (Voir p. 190.)

Paysage non décrit. A gauche, des rochers au haut desquels s'élèvent deux grands arbres, dont le sommet est coupé par le bord de la planche; une rivière sort derrière ces rochers, et coule vers le devant de la droite, sur le bord d'une forêt. Le bas de la planche, à droite, et les marges sont couverts de salissures. Au haut du même côté : *H. Naiwjincx Jn. et Fec.*

Haut., 121 millim.; larg., 112.

Collection de M. le docteur Sträter.

TOME TROISIÈME

STOOP. (Voir p. 311.)

Dans le catalogue d'une vente qui vient de se faire en Hollande nous trouvons :

" *Magna Britannia divisa* ". *La Grande Bretagne divisée.* " *Great Britany divided* 1642. ' Représentation allégorique des troubles en Angleterre et de la discorde entre Charles Ier et son Parlement. Une composition de quelques centaines de figures, parmi lesquelles les principaux caractères qui se sont distingués dans cette révolution, depuis les troubles à Édimbourg en 1637, jusqu'à la bataille d'Edgehill, octobre 1642. Elle se compose de deux scènes; celle de la droite, intitulée : *Professio Romana. . . . or king without his Parliament*, offre une procession de royalistes et de papistes, dont les noms figurent dans le texte; on y remarque le Roi entraîné malgré lui, la Reine, Richelieu, Mazarin, le Clergé irlandais, O'Cony, O'Gowne, Mac-Mahon, Ponogh, les Lords Ikerin, Dunbony, Caterlagh, etc., etc. Le côté gauche de l'estampe est intitulé : *Professio Christiana. . . . or King Parliament;* il offre plusieurs scènes. Sur le devant, le cardinal de Richelieu et Louis XIII complotant avec les Lords Rivers, Mohun, Crafford, Thorton, Becket, Tyrone, etc.; au-dessus, l'exécution de Strafford; puis un plan à vol d'oiseau de Hull; plus à gauche, le Lord-Mayor Isaac Pennington, à la tête de plusieurs personnes, offrant son argenterie au roi, etc., etc.

Eau-forte capitale, attribuée à D. Stoop, deux feuilles rassemblées, on lit : *Amstelodami, Hans van der Pill* (Pseudonyme) 1642. Avec deux feuilles de texte très intéressant, en français et en anglais : *A breefe description of this Profession"* etc. Renvoi A-K et I-90, en typographie (6 colonnes).

Haut., 765 millim.; larg., 930.

De toute rareté. On n'en connait à peine que quelques exemplaires. British Museum. Collection de Windsor.

TABLE

Nous rappellerons ici que ce Supplément, dans une reliure à nouveau, peut être, si on le désire, reporté à la fin du tome II.

Paris. — Typ. Pillet et Dumoulin, 5, rue des Grands-Augustins.

REMBRANDT. (Voir t. II, p. 283.)[1]

Additions à la vie de Rembrandt. — On vient de publier dans *Oud-Holland* des documents précieux sur la phase ténébreuse de la vie de Rembrandt, mais malgré leur importance, MM. Bredius et Roever pensent que le temps n'est pas encore venu de faire une biographie complète du maître, s'appuyant sur des pièces authentiques.

Une partie des nouveaux documents publiés se compose de pièces de procédure relatives au procès que le tuteur de Titus dut soutenir contre les créanciers de Rembrandt, pour la défense de la portion de son héritage. L'autre partie mettra davantage le lecteur en rapport avec la naïve et sympathique personnalité d'Hendrickje Stoffels.

Le procès pour le règlement des droits de Titus ne fut pas intenté par les parents de Saskia.

Nous avons fait connaître le testament de la femme de Rembrandt en faveur de son mari et de son fils. D'après une clause légale qui existait alors, on n'aurait pas connu l'importance de l'héritage, aucun inventaire n'étant fait. Mais en 1647, les embarras de Rembrandt ayant éclaté, les parents de Saskia intervinrent dans l'intérêt du mineur, et Rembrandt dressa un état des biens tels qu'ils existaient cinq ans auparavant, lors de la mort de Saskia. La totalité s'élevait à 40,750 florins, dont Titus avait la moitié. On y trouve même la désignation de certains bijoux qui avaient appartenu à Saskia. Plus tard Rembrandt céda à son fils tous ses droits sur la maison qu'il possédait à la *St-Anthonis-Breestraat;* cette cession eut lieu le 17 mai 1656, et comme elle sembla faite en fraude des créanciers de Rembrandt, ceux-ci saisirent la Chambre des insolvables, mais le tuteur trouva moyen de vendre la maison de Saint-Anthonis et d'en réaliser le prix au profit de Titus, avant que le procès fût jugé avec les créanciers qui se prétendaient privilégiés par suite d'une hypothèque qu'ils avaient sur la maison, tandis qu'on répondait pour le mineur qu'il avait une hypothèque tacite depuis la mort de sa mère, qui primait ainsi celle des créanciers. Nous ne suivrons pas les actes de cette procédure. Le 19 mars 1659, nous trouvons des actes qui nous donnent une estimation des collections de Rembrandt. Les papiers d'art, raretés, antiquités, médailles possédés par Rembrandt, de 1640 à 1650, étaient estimés à 11,000 florins, et les peintures qu'il a dû posséder pendant le même temps, à 6,400 florins. Ces collections, comme on le sait, furent vendues à vil prix et bien au-dessous de l'estimation.

Une particularité très curieuse fait connaître que onze personnages, qui figurent dans la fameuse *Ronde de nuit,* ont payé à Rembrandt l'un dans l'autre 100 florins pour leur portrait, plus ou moins, suivant la place qu'ils occupaient. Ce tableau, suivant le témoignage d'un des personnages qui y figure, a dû rapporter au peintre 1,600 florins. Cette attestation est signée de Claes van Croysbergen.

Une autre personne vient également attester qu'en 1647 elle a acheté à Rembrandt un tableau de *Suzanne* qu'elle a payé 500 florins. On ne sait pas bien aujourd'hui quel était ce tableau.

D'autres attestations se rapportent à différents tableaux, dont le prix à cette époque pouvait paraître très rémunérateur.

Le 9 juillet 1642, Rembrandt avait donné une nouvelle preuve de l'affection qu'il portait à sa femme, en lui achetant une tombe dans la vieille église d'Amsterdam, dans

1. Cette partie pourra facilement être reliée plus tard à la suite du tome précédent.

la ci-devant chapelle des marchands de ressorts ; elle y avait été déposée quelques jours auparavant, et pendant vingt années, il ne pouvait plus vendre cette tombe. C'est ce qui eut lieu cependant par acte passé, le 27 octobre 1662, par-devant le notaire Pieter van Veen, lorsque Rembrandt était tombé dans le malheur.

Quelque temps après 1642, Hendrickje Stoffels avait commencé à occuper une modeste place dans la maison de Rembrandt. Le 1er octobre 1649, nous la voyons figurer dans un acte intervenu entre Rembrandt et la nourrice de Titus. Celle-ci en se retirant léguait à son nourrisson son modeste bien, déclarant l'avoir, en grande partie, gagné chez Rembrandt, et celui-ci lui donnait une somme de 150 florins et lui assurait une rente de 60 florins tant qu'elle maintiendrait son legs. Cette nourrice se nommait *Geertghe Dircx.* Cette somme réglait tous les comptes que Rembrandt pouvait lui devoir. Toutefois, la nourrice ayant fait de grandes difficultés pour signer l'acte devant le notaire, Rembrandt fut obligé d'augmenter considérablement la rente promise, qui fut portée à 160 florins ; mais ce second acte est resté en blanc, non signé. On ignore ce qu'est devenue cette affaire. Il est donc certain qu'en 1649, Hendrickje avait vingt-trois ans ; il paraît constant qu'elle était de Rarep ; on ne sait pas précisément si cet endroit est le petit village de Ransdorp, comme le prétend Houbraken, ou bien Rarep qui se trouve dans la province de Munster.

Hendrickje était depuis longtemps la compagne de Rembrandt (mais non sa femme). En 1658, lorsque Titus eut atteint sa dix-huitième année, il avait vraisemblablement, avec le consentement de son père, commencé à gérer ses intérêts, mais voilà qu'il s'associe avec Hendrickje Stoffels elle-même. Leur but paraissait avoir été de dégager Rembrandt de ses embarras d'argent, des assignations et des procès. Voici l'acte d'association :

« Le 15 décembre 1660, ont comparu Titus van Rhyn, assisté de Rembrandt van Rhyn son père, d'une part, et Hendrickje Stoffels, fille majeure, assistée pour ce qui en est besoin d'un tuteur choisi par elle, d'autre part, qui déclarent s'être mis d'accord sur une certaine association pour le commerce de tableaux, papiers d'art, gravures sur bois et sur cuivre et reproductions de ces dernières, raretés et tout ce qui s'y rapporte, association qui dure déjà depuis deux ans et qu'ils veulent continuer aussi longtemps que Rembrandt van Rhyn vivra et même qu'ils continueront encore encore, six ans après sa mort, aux conditions suivantes : qu'ils continueront la gestion de ladite maison déjà fondée en compte à demi, entre Titus van Rhyn et Hendrickje Stoffels, en reprenant et achetant tous les meubles, tableaux, objets d'arts et instruments qui s'y rapportent, et qu'ils payeront le loyer et les autres frais.

« En outre que non seulement les deux parties mettront dans cette affaire tout ce qu'ils possèdent, outre ce que Titus van Rhyn pourrait avoir conservé de dons, numéraire, gains personnels et autres, mais qu'ils y consacreront encore tout ce qu'ils pourraient en retirer par la suite ;

« Et que chacun prélèvera la moitié des profits, s'il y en a, ou subira la moitié des pertes, s'il s'en trouve ; qu'ils agiront tous deux loyalement l'un envers l'autre et qu'ils travailleront et feront tout ce qui dépendra d'eux pour la prospérité de ladite association.

« Cependant, attendu qu'ils ont besoin d'être assistés et aidés dans le commerce et tout ce qui s'y rapporte et que personne n'y est plus apte que le nommé Rembrandt van Rhyn, lesdits ont consenti à entretenir ce dernier et à le loger sans que pour cela il ait à payer de loyer, à condition que Rembrandt cherchera toujours le profit de la compagnie et tirera toujours le meilleur parti possible de tout ce qui peut la concerner, ce que, pour la présente, il accepte et promet également. Toutefois que ledit Rembrandt van Rhyn ne pourra en aucune façon prétendre à une part dans cette affaire, ni aux meubles, objets d'art, raretés et tous objets, ni à ce qu'un jour ou l'autre on peut trouver dans sa maison, et sur lesquels objets, meubles, etc., les parties conservent leur plein droit et légitimité à l'égard de tous ceux qui pourraient élever une action ou prétention sur ledit Rembrandt van Rhyn ; c'est pourquoi, et si grand besoin qu'il pourrait en avoir, il cède et transporte par la présente auxdites parties contractantes tout ce qu'il pourrait tirer actuellement desdits ou ce qu'il pourrait encore en tirer à l'avenir, sans que pour cela il ne puisse avoir ni réserver aucun droit, action ou prétention sur lesdits, sous aucun prétexte.

« Et attendu que ledit Rembrandt van Rhyn, ayant dû être aidé, a fait il y a quelque temps une cession pour laquelle il a tout abandonné, il reconnaît en conséquence avoir reçu desdites parties contractantes, à savoir : de Titus van Rhyn la somme de 950 florins, et de Hendrickje Stoffels la somme de 800 florins, sommes qui lui ont été remises pour être employées à son entretien et à son alimentation, et qu'il promet de restituer aussitôt que par son travail il aura gagné de l'argent ; et en garantie de ces deux sommes Rembrandt van Rhyn cède, transporte et donne auxdits Titus van Rhyn et Hendrickje Stoffels, ici présents et qui acceptent, tous les tableaux existants et le produit de ces derniers, comme tous ceux qu'il pourrait exécuter dans leur maison, ou qui pourraient s'y trouver plus tard, afin que ceux-ci soient la propriété des susdits et servent au payement des sommes annoncées, jusqu'à entier payement, sans que lui Rembrandt van Rhyn ne puisse garder ni réserver là-dessus aucun droit, action ou prétention, et ce sous aucun prétexte.

« En outre lesdites parties contractantes ont arrêté que l'un n'aura pas le droit, à l'insu de l'autre, de vendre, soustraire ou aliéner quoi que ce soit de la société et que, si cela arrivait, celui qui aura enfreint cette clause aura à payer à l'autre la somme de 50 florins, laquelle somme sera à déduire de l'argent que Rembrandt van Rhyn doit, en telle sorte que celui qui sera en défaut n'aura plus de droit qu'à autant en moins, tandis que l'autre aura droit à autant en plus, et cela chaque fois que le même cas se présentera.

« Les trois contractants (Titus assisté de son père) promettent, pour autant que cela les concerne respectivement, de se régler promptement sur la présente et de s'y conformer sans jamais s'y soustraire, à peine de contrainte par corps ou d'aliénation des biens et de poursuites devant les tribunaux et juges compétents. Ceci passé en toute bonne foi et à leur requête.

« Fait en cette ville, en présence de Jacob Leeuw et de Frédérick Helderbergh témoins, lesquels ont, ainsi que les comparants et moi notaire, apposé leur signature au bas de la présente.

« Ont signé :

« Titus van Rhyn,

« Hen trickje ——┼—— Stoffels (qui a mis ce signe), [1]

« Les témoins, et N. Listingh, notaire. »

1. Il est assez extraordinaire que Hendrickje, qui avait donné sa signature en 1669 dans l'acte relatif à la nourrice de Titus, n'appose ici qu'une croix.

Cette association donnait quelque sécurité au grand artiste; mais avec un tel génie, être réduit à n'avoir qu'un gîte et sa nourriture, rien n'était plus navrant! Quels services rendit-il à l'association? C'est ce que l'on ne peut savoir. Il pouvait multiplier les estampes, et vers cette époque sa pointe ne s'exerce plus ; il produit quelques beaux tableaux : les *Syndics de la Halle aux drops* et plusieurs autres. Aucun renseignement n'existe encore sur le prix qu'il en reçut, on ne sait pas s'ils profitèrent à la société. Est-ce à cette époque qu'il faut attribuer les nombreuses retouches de plusieurs planches de Rembrandt? Ce sont encore des points à éclaircir. Rembrandt était-il chargé de l'achat des tableaux et objets d'art, et Titus de la vente? Quel était le rôle réservé à Hendrickje Stoffels? Rien ne fait voir positivement qu'elle ait prêté son concours à ce commerce, mais ne suffit-il pas qu'elle y ait consacré toutes ses économies? Quel fut le sort de l'association? On ne le sait pas encore, mais on peut croire qu'il a été favorable. Le testament d'Hendrickje en demande la continuation après sa mort. Cette dernière, en 1661, devient gravement malade. Au mois d'août, son état est tel que, quoique ce fût un dimanche, elle fait venir le notaire pour lui dicter ses dernières volontés. Voici l'acte :

« Au nom de Dieu. *Amen.*

« Par le contenu de l'acte du testament, il est fait assavoir à qui il appartient qu'en l'année 1661, le dimanche septième jour du mois d'août, dans l'après-midi vers ..... heures, a comparu et paru devant moi, Nicolaes Listingh, notaire public à Amsterdam, et les témoins nommés ci-après, Hendrickje Stoffels, demeurant sur la Roosegraft, plus loin que la Nieuwe Doolhoff, en ville, connue par moi notaire qui, quoique malade de corps, et pourtant marchant et se tenant debout, ayant et gardant, d'après toutes les apparences, toute son intelligence, mémoire et prononciation, a dicté son testament ainsi qu'il suit, voulant par ainsi, en prévision de sa mort imprévue et inévitable, disposer de ses biens : à savoir qu'après recommandation chrétienne d'âme et de corps, et après révocation de tous testaments et dispositions antérieures, elle institue par la présente sa fille, Cornelia van Rhyn, héritière de tous meubles et immeubles, créances et autres qu'elle laissera après sa mort, sous cette condition expresse qu'en cas de décès de cette dernière sans avoir laissé d'héritier naturel vivant, lesdits biens devront revenir en totalité à Titus van Rhyn, demi-frère de ladite, qu'elle testatrice substitue par la présente, sans que sa fille puisse disposer contrairement, en aucune façon ni de son vivant, ni à l'occasion de sa mort.

« Elle testatrice nomme en outre comme tuteur de sa fille Rembrandt van Rhyn, père de cette dernière. Ce à quoi elle le prie amicalement et à qui elle donne plein pouvoir de vendre ou d'aliéner tous les meubles ou immeubles ou de placer l'argent en hypothèques, obligations ou autrement, ainsi qu'il jugera être le plus avantageux, sans qu'on puisse jamais le molester, contredire ou l'empêcher, et sans qu'on puisse exiger de lui, à la majorité de l'enfant, des comptes, preuves, reliquats ou explications d'aucune sorte, ni qu'on puisse le rendre responsable des dommages, pertes ou banqueroutes, avec faculté de nommer en cas d'indisposition, décès ou embarras un tuteur à sa place qui aura les mêmes pouvoirs que ceux que la testatrice a donnés à Rembrandt van Rhyn, et cela en dehors de l'autorité suprême et de la gestion *Weesmeesteren...,* tutelle ou administration comme toutes chambres des orphelins (*Weescameren*), amis... qu'elle testatrice exclut par la présente. Elle testatrice désire encore que la même société, telle qu'elle a été instituée avec le nommé Titus van Rhyn, d'après le contrat passé par moi notaire, le 15 décembre 1660, soit continué par Rembrandt van Rhyn aussi longtemps qu'il le jugera convenable... Tout ceci au cas où sa fille viendrait à mourir après sa mort, et s'il arrivait que cette dernière vînt à mourir avant elle, la testatrice et elle après sans avoir laissé d'autre rejeton, elle institue aussi comme légataire universel de tout ce qu'elle laissera après elle, Titus van Rhyn.

« La testatrice dit encore désirer et vouloir qu'au cas ou d'une façon ou d'une autre ses biens reviendraient audit Titus van Rhyn, le père de celui-ci en conservera les revenus pour son alimentation pendant toute sa vie, et cela en remplacement de ce qu'il aurait pu prétendre sur la succession de l'enfant, sans que ses revenus puissent être promis, exécutés ou..... par personne au monde pour le payement de dettes faites ou à faire, lesdits revenus ne pouvant uniquement servir qu'à son entretien et à son alimentation, de telle sorte qu'il ne pourra pas les employer ni..... ou engager sous aucun prétexte. Tout ceci étant suivant la déclaration de la testatrice sa dernière volonté désirée par elle et ordonnée de son propre mouvement, et a voulu qu'on validât tout ceci comme testament ou sinon comme codicille, donation entre vifs ou à cause de mort, suivant que cela sera le plus valable, et au cas où toutes les formalités devant la loi n'étaient pas observées dans cet acte, de même dans la donation, etc., elle prie d'annoter ceci à la date susdite et de livrer instrument de testament en forme.

« La présente a été passée en cette ville d'Amsterdam, en présence de Christiaen Dusart et Constantijn Everts témoins, qui ont soussigné cet acte ainsi que la testatrice et le notaire.

« La testatrice, ——⊢—— Hendrickje (Stoffels). »

On ne connaît pas précisément l'époque de la mort d'Hendrickje Stoffels [1]. On a fouillé les archives de plusieurs églises d'Amsterdam, malheureusement les registres de décès, avant 1664, font défaut; cependant on a tout lieu de présumer qu'elle était morte avant cette dernière année. MM. Bredius et Roever croient trouver une indication plus exacte dans la vente de la tombe de Saskia dans la Westerkerck, le 27 octobre 1662. Il a fallu pour cette vente que Rembrandt eût un grave motif, qu'ils trouvent dans le décès d'Hendrickje.

Il est hors de doute que la société entre Titus et Cornelia encore en tutelle fut continuée, et elle le fut même très probablement contre le gré du tuteur de Titia, après le décès de Titus. Lorsque Rembrandt mourut, l'association n'était pas dissoute.

Après la mort du peintre, ses créanciers ne paraissent avoir rien fait pour être payés de ce qui leur était dû, mais il en fut tout autrement de François van Byler, tuteur de Titia. Il douta que Rembrandt mourant n'eût rien laissé. Peut-être sa façon de vivre pouvait-elle faire croire qu'il n'était pas pauvre. Malgré l'opposition de Cornelia, fille de Rembrandt, il voulut faire dresser un inventaire et notifia sa prétention par un exploit d'huissier, auquel il fut répondu immédiatement que c'était inutile, attendu qu'il ne restait presque plus rien à inventorier. Il avait été dressé un inven-

---

1. Elle vivait à la fin du mois d'août 1661, ainsi que le constate cet acte :

« 31 août 1661, ont comparu Hendrickje Stoffels, fille majeure, demeurant en ville sur la Rosegraft..... et donne procuration à Jan Carstensz Pleckenpoel, bourgeois de Breevoort, son beau-frère, pour recevoir de l'argent et pour tout ce qu'elle aura à recevoir au delà de cette contrée..... »

taire deux jours après la mort du maître constatant que les meubles appartenaient moitié à Titus et moitié à Hendrickje ; Rembrandt n'en avait que l'usage. A la mort de ce dernier tous les meubles devaient être inventoriés pour être partagés entre les deux successeurs mineurs ayants droit. L'acte signifié par les tuteurs de Cornelia à van Byler contenait :

« Aujourd'hui 9 décembre 1669, moi Jan Quirynsz Spithoff, notaire public..., accompagné des témoins ci-dessous désignés, me suis rendu à la maison et auprès de François van Byler et lui avons insinué ce qui suit, au nom et de la part de Abraham Francen (Fransz) et de Christiaen du Sart, tuteurs de Cornelia van Rhyn, fille de Hendrickje Stoffels et de Rembrandt van Rhyn.

« Que vous, insinué, avez en qualité de tuteur nommé par les *Weesmeesteren* de cette ville, de l'enfant laissé par Titus van Rhyn, fait citer les insinuants par acte de 'huissier Gout, afin de voir inventorier, le mercredi 11 du courant, les biens laissés dans sa maison mortuaire par Rembrandt van Rhyn.

« De même les insinuants, en qualité de ce qui est énoncé ci-dessus, vous font dire, à vous insinué, que dans ladite maison mortuaire, il n'y a pas d'autres biens que ceux qui sont désignés dans le contrat de la société touchant la fille de Titus van Rhyn et la fille d'Hendrickje Stoffels, et que rien n'appartient audit Rembrandt van Rhyn en dehors de ses vêtements de toile et de laine et de ses instruments de travail, c'est pourquoi les insinuants s'opposent à aucun autre inventaire que celui desdits effets et instruments, protestant dudit dans le cas où le contraire arriverait, ainsi que de tous frais, dommages ou autres qui en résulteraient. L'insinué ayant lu ceci donna pour réponse qu'il désirait une copie. »

Ces renseignements ne sont pas absolument complets puisqu'ils ne font connaître ni comment et en quelle qualité Hendrickje est entrée dans la maison de Rembrandt, ni l'époque de sa mort, ni ce que devint Cornelia et la liquidation de l'association. Il n'en résulte pas moins qu'après l'époque de la mort de Saskia, Rembrandt vit ses affaires dérangées, que ses biens et objets d'art furent vendus pour payer ses dettes, et qu'après une procédure longue, coûteuse, il resta insolvable, et que jusqu'à la fin de sa vie il fut tourmenté par ses créanciers, qu'il ne put paralyser qu'en acceptant une situation qui le dépouillait de tout, et il ne put travailler que pour ses proches qui le nourrissaient. Malgré l'affection que ceux-ci lui témoignèrent toujours, cette situation n'était pas moins désolante. Il eut la douleur de voir mourir sa compagne fidèle Hendrickje ; son fils Titus, qui lui avait donné toutes les marques d'attachement, le précéda d'un mois dans la tombe ; la mort lui épargna la douleur de voir mourir sa belle-fille, qui, treize jours après lui, venait prendre sa place dans les caveaux de la Westerkerck.

Si Hendrickje Stoffels n'a jamais été la femme de Rembrandt, une découverte récente a fait disparaître un prétendu ¡mariage que les iconographes avaient cru probable.

Troisième mariage. Il paraît qu'il n'a jamais eu lieu, et si on l'a cru vraisemblable, cette erreur vient d'un texte mal lu, sur le registre des décès. En voici la teneur, que nous traduisons :

Rembrandt van reyn, peintre Rosc
Gracht, 8 ber (octobre)... 2.

Le 21 décembre 1674, Catharina van Wyck la veuve,
a déclaré n'avoir pas de moyens pour prouver que ses enfants
Jean Theunisz Blanckerhof... 2
ont hérité de leur père, ce que Catharina
Theunis Blanckerhof affirma être vrai
te syn. prs : (= présent) de Hr Hinlopen, une personne de la Chambre des Orphe-
lins.

Catharina van Wyck, qu'on a donnée pour femme à Rembrandt, n'aurait été autre chose que la veuve d'un peintre nommé Blanckerhof qui serait mort peut-être le 8 octobre 1669, le même jour que Rembrandt, et qui aurait été enterré dans la Westerkerck. La déclaration de Catharina Van Wyck, faite le 21 décembre 1674, n'aurait eu pour but que de pouvoir faire les publications légales, le 23 du même mois, de son mariage avec un tailleur.

Voici comment est libellé ce second acte, dont nous donnons la traduction :

Catharina van Wyck, veuve de Jan Blankerof, peintre de vues de mer, domicilié à Achterburgwal, près de Rosmarijnsteeg, a offert sa main et son cœur à Barend Barendsz, tailleur, né à Munster, veuf de Jannetje Pietersen, domiciliée à cette époque sur le Singel.

Cette publication aurait été affichée le 23 décembre 1674. MM. de Vries et Roever qui, dans *Ould-Holland* cité plus haut, signalent l'erreur, donnent cette explication :

Il paraît qu'à cette époque, les registres de décès étaient tenus par les fossoyeurs qui ne se piquaient pas toujours d'exactitude : ainsi ils enregistrent l'acte de décès de Rembrandt et n'inscrivent pas celui de Blanckerhof. Comment la mention, cinq ans après, peut-elle se trouver à la suite de l'acte qui concerne Rembrandt ?

Les mêmes auteurs disent que les fossoyeurs avaient l'habitude de laisser souvent, après l'acte qu'ils inscrivaient, un espace blanc pour y ajouter quelques renseignements, et c'est ainsi que, par inadvertance présumablement, la déclaration de la veuve Blanckerhof a été inscrite après l'acte de Rembrandt.

On conçoit très bien que la veuve qui voulait se remarier eût le désir de produire un acte de décès de son mari. S'il était mort vers le 8 octobre 1669, rien n'était plus simple que d'inscrire son acte de décès. Point du tout, on porte une déclaration que les enfants de la veuve n'ont rien eu de la succession de leur père. Cette mention pouvait être certainement faite à sa date véritable à l'époque, ou bien sur le registre où se trouve la publication des bans du nouveau mariage.

Avons-nous besoin de faire remarquer que si, Houbraken prétend avoir entendu dire que Blanckerhof est mort à Amsterdam en 1669, vers le 8 octobre, un certain Voorhout affirme qu'il était encore à Hambourg en 1674 ?

Nous appellerons l'attention sur la différence d'orthographe du nom de Blanckerhof, et, dans un cas, on porte la qualification de peintre, omise dans l'autre, ainsi que le nom ou prénom de Theunisz.

Malgré toutes ces obscurités, nous croyons qu'il est plus sage d'écarter définitivement ce prétendu mariage de Rembrandt, et de rendre à l'oubli des personnes, qui probablement n'auraient pas demandé à en sortir.

ŒUVRE DE REMBRANDT

FILIGRANES DES PAPIERS DONT IL S'EST SERVI

Disons d'abord qu'on rencontre des estampes sur parchemin, mais en petit nombre, même aussi sur satin ; en plus grand nombre sur papier du Japon et sur papier de Chine.

Sur parchemin, nous possédons : *Quatre sujets pour un livre espagnol*, les *Trois Croix*, le *Vieux* et le *Jeune Haring*. Nous avons rencontré la *Présentation au Temple* en hauteur. Nous avons offert à la bibliothèque de Rouen une *Descente de Croix* sur parchemin, avant l'adresse. Nous connaissons aussi la *Fuite en Egypte*, style d'Elzheimer, le *Saint François*, la *Femme nue les pieds dans l'eau, Abraham Franz avec le paysage. Rembrandt et sa femme*, sur satin, se trouvait dans la collection Didot.

Le papier du Japon est d'une très belle qualité, épais et même un peu rougeâtre. Pour former un œuvre parfait de Rembrandt, il faut autant que possible avoir les épreuves sur ce papier et sur papier blanc.

Le papier de Chine a une teinte jaune modérée ; il est ferme et résistant ; il ne faut pas le confondre avec un autre papier de Chine moderne, d'un jaune plus clair, et très cassant. On l'a employé dans l'épreuve falsifiée de *Reinier Anslo* et dans le troisième état du *Peseur d'or*.

Le nombre des estampes sur papier de Japon ou de Chine est assez restreint. Nous ne savons pas même si Rembrandt l'a employé pour le quart de ses pièces. On compte dans le catalogue d'Amadé de Burgy trente et une pièces. Dans la collection Verstolk, nous n'avons trouvé, en comptant des doubles et des estampes qui ne sont pas du maître, que soixante-dix gravures. On mentionne, dans ce catalogue, *Rembrandt et sa femme* sur papier de Chine ; environ cinquante-huit dans les mêmes conditions chez Jean Barnard, quarante chez Denon, vingt dans l'œuvre de Robert-Dumesnil et même un peu moins chez Didot.

Quant aux estampes sur papier, pour préciser le petit nombre de filigranes qu'en réalité nous n'avons pu constater, citons :

1631. Grandes armoiries avec l'aigle impériale. Nous retrouvons cette marque en 1634. On trouve aussi les armes d'Amsterdam.

1632. Grandes armoiries auxquelles est appendue la Toison d'or. *Id.*, 1633.

Agnus Dei. On trouve encore cette marque en 1633, en 1641 et en 1651.

1633. Bâton de Bâle. *Id.*, 1634. Ce filigrane se voit dans l'*Histoire de Harlem*, publiée en 1628.

1634. Aigle couronnée. Ecu couronné avec une grande fleur de lis ; en bas : *SW*. On retrouve cette marque en 1636, en 1638, en 1642, *id.*, 1643 ; au bas : *W. N.*; *id.*, 1648. Plusieurs fois, aigle à deux têtes aussi en 1641. La folie commence à apparaître en 1634.

1635. Armes d'Amsterdam, 1641, 1649, 1652, 1654.

1639. Folie à deux cornes et sept dents.

1640. Folie à sept dents, avec chiffre 4 et trois boules ; *id.*, grand écu couronné avec fleurs de lis ; au bas : *R. P.*; de l'autre côté : *W. K.*

1641. Grand écu couronné avec fleur de lis. Extrémité d'un écusson avec 4 et *W. R. I. H. S.* Avec couronne au-dessus. Folie à sept dents.

1642. Une folie.
1643. Une folie.
1645. Ecusson couronné avec fleur de lis.
1648. Une folie.
1650. Une folie.
1657. Folie à deux cornes et cinq dents.
1661. Folie avec chiffre 4 et **W. R.**

REMARQUES SUR QUELQUES ESTAMPES DE REMBRANDT

PREMIÈRE CLASSE — PORTRAITS DU MAITRE

N° 3. *Rembrandt à l'Oiseau de proie.*

Nous avons acquis récemment cette pièce, mais nous doutons beaucoup qu'elle soit de Rembrandt.

N° 5. *Rembrandt au visage rond.*

Gravé sur un des morceaux coupés de la *Fuite en Egypte* (griffonnée). La petite tête de femme, visible dans le premier état, est celle de la sainte Vierge.

N° 7. *Rembrandt au chapeau rond et au manteau brodé.*

Etat avec le fond blanc ; *id.*, teinté. Filigrane : armes d'Amsterdam.

N° 13. *Rembrandt avec la bouche ouverte.*

Il y a trois états au musée de Vienne. — 1er. La grande planche ; — 2e. Bords sales et raboteux ; avant le monogramme ; — 3e. Bords nets, avec le monogramme.

N° 23. *Rembrandt en ovale.*

2e état. Filigrane : on voit seulement **LB**. — 3e. Aigle couronnée.

N° 32. *Rembrandt sur une planche haute et étroite.*

Nous croyons qu'une autre épreuve se trouve à l'Albertina.

DEUXIÈME CLASSE — ANCIEN TESTAMENT

N° 39. *Abraham avec Isaac.*

Filigrane : écusson avec fleur de lis, couronné.

N° 42. *Jacob pleurant la mort de Joseph.*

M. Sträter nous a signalé un deuxième état avec des travaux en manière noire, à la gauche de la planche.

N° 46. *L'Ange disparaissant devant la famille de Tobie.*

Dans le premier état, entre le chien et le bras de la femme, il n'y a que deux tailles ; dans l'état suivant, des tailles presque horizontales ont été ajoutées. Le catalogue Weber (1856) indique deux états intermédiaires entre notre premier et notre deuxième.

L'un est avant les travaux additionnels, dans le coin à gauche, et avant les tout petits travaux semblables à la manière noire dans les ombres ; l'autre est avant les travaux additionnels, mais avec les petits travaux qui donnent l'effet de la manière noire. Le catalogue ajoute : On distingue le mieux les épreuves avant les travaux à la manière noire, de celles où ces travaux ont disparu, en examinant la place en bas et à gauche de la robe de Tobie le père, qui, dans les premières épreuves, est toute transparente.

N° 47. *Quatre Sujets pour un livre espagnol. Piedra gloriosa o de la Estatua de Nabuchadnesar. Amsterdam, An. 5415 (1655.)*

Ce livre, qui ne porte pas de nom d'imprimeur, paraît évidemment sorti des presses de Jean Jansson, d'Amsterdam. Les fleurons et les lettres ornées sont les mêmes que dans le *Valère Maxime* et dans l'*Apocalypse* de Meliton. qui portent le nom du même imprimeur. Ce renseignement nous a été fourni par M. Edouard Rahir, jeune bibliophile très instruit.

Nous avons acquis à l'une des dernières ventes de la bibliothèque Didot l'exemplaire de ce livre, dont les estampes ne sont que des copies de celles de Rembrandt, comme nous l'avons dit tome II, page 340.

TROISIÈME CLASSE — NOUVEAU TESTAMENT

N° 49. *L'Annonciation aux Bergers.*

Musée de Dresde, épreuve du premier état; deux au British Museum. A Amsterdam et à Vienne, épreuves du deuxième état. Sur une épreuve de troisième état, on trouve pour filigrane le bâton de Bâle.

N° 52. *La Circoncision.*

L'épreuve du docteur Sträter a les angles du cuivre aigus, ce qui est très rare chez Rembrandt.

N° 53. *La Circoncision en largeur.*

2ᵉ état. Non décrit. Folie à deux cornes, sept. dents, un 4 et trois boules.

N° 58. *La Fuite en Égypte* (effet de nuit).

Dans le deuxième état, on peut lire encore les chiffres de l'année, mais plus le nom de Rembrandt. Ce deuxième état est presque aussi rare que le premier. Le premier état est au musée de Vienne.

N° 63. *Le Repos en Égypte.*

Filigrane : aigle couronnée.

N° 66. *La Vierge au chat.*

Paraît être une imitation du numéro 8 de Mantegna.

N° 67. *Jésus au milieu des docteurs.*

L'épreuve de M. le docteur Sträter a les angles du cuivre aigus.

N° 69. *Jésus-Christ au milieu des docteurs.*

Filigrane : folie à deux cornes, cinq dents; *B. M.*

N° 71. *Jésus prêchant* ou *la Petite Tombe.*

Deux filigranes : folie à deux cornes, cinq dents ; — armes d'Amsterdam.

N° 72. *La Samaritaine en largeur.*

On trouve des épreuves postérieures, où un trait horizontal échappé coupe la flèche de la tour la plus élevée. M. le docteur Sträter en fait un quatrième état.

N° 73. *La Samaritaine aux ruines.*

Filigrane : écu couronné avec une grande fleur de lis au milieu ; au bas : S. W.

N° 75. *Le Bon Samaritain.*

Au musée d'Amsterdam, sur une épreuve du deuxième état, est écrit : *Rembrandt f. cum privil* 1633 (et non 1632).

Filigrane, 1er et 2e états : écu couronné avec bâton de Bâle et les lettres : *A. R.* 1er état. Epreuve de M. le docteur Sträter : armoiries au bas desquelles est suspendue la Toison d'or. — 4e état. Avant la lettre ; écu couronné avec bâton de Bâle, et dans le bas : *A. R.* — 5e état. Sur des épreuves, la folie ; copie de Savry : écu couronné avec bâton de Bâle. Le premier état est au musée de Vienne.

N° 77. *Jésus guérissant les malades,* (*Pièce de cent florins.*)

Filigrane : vraisemblablement armes d'Amsterdam.

N° 79. *Grande Résurrection de Lazare.*

4e état. Avant le bonnet sur la tête de l'homme effrayé. Filigrane : *Agnus Dei.*

N° 84. *Ecce Homo.* 1636.

Dans le premier état, où le groupe du milieu manque, l'estampe est datée de l'année précédente. Elle est signée sous l'horloge, en toutes lettres : *Rembrandt fec.* 1635. MM. de Vries et Roever prétendent que l'élève qui a travaillé avec le maître serait Salomon Koninck.

N° 85. *Les trois Croix.*

Nous avons acquis récemment en Angleterre, par le prix de 5,000 francs, une épreuve sur papier blanc annoncée comme étant du premier état, et qui n'est que du deuxième, comme celle du Cabinet des estampes de Paris. On affirme cependant qu'une épreuve du premier état sur papier blanc et une semblable se trouvent au musée d'Amsterdam et à celui d'Harlem.

N° 89. *La Descente de croix.*

Filigrane : grand écusson couronné avec fleurs de lis ; dans le bas : W.

N° 94. *Disciples d'Emmaüs.*

3e état. Décrit dans le catalogue Liphart ; les ombres sont renforcées au moyen de travaux serrés à la pointe ; on le remarque plus particulièrement à une rangée horizontale sur le pied droit de la table, au-dessous du tapis qui pend.

N° 95. *Les petits Disciples d'Emmaüs.*

La copie, par *Shurland,* est datée de 1765, et non de 1755, comme nous l'avons dit par erreur.

N° 101. *Le Baptême de l'Eunuque.*

Nous possédons une épreuve du premier état.

N° 106. *Saint Jérôme écrivant.*

1ᵉʳ état. Filigrane : folie à sept dents. — 2ᵉ. Ecu couronné avec fleur de lis au milieu, et W dans le bas.

N° 108. *Saint Jérôme en méditation.*

Nous avons pu nous procurer une épreuve du premier état.

N° 113. *Médée.*

Filigrane, 3ᵉ état, sur la garde du papier blanc : grand écu couronné avec fleur de lis et W dans le bas.

N° 115. *La grande Chasse aux lions.*

Filigrane, 2ᵉ état : grand écu couronné avec fleurs de lis ; au bas : *R. P.* ; de l'autre côté : *WK.*

N° 118. *Sujet de bataille.*

Filigrane : folie à sept dents.

N° 119. *Les trois Figures orientales.*

2ᵉ état. Filigrane : W dans le bas. Le reste est peu visible.

N° 122. *Le Vendeur de mort aux rats.*

2ᵉ état. Filigrane : *HN* entrelacés ; — épreuve de M. le docteur Sträter : grandes armoiries auxquelles est appendue la Toison d'or.

N° 123. *Autre Vendeur de mort aux rats.*

Cette estampe est de la dernière rareté ; on la comptait dans les Cabinets de Paris, d'Amsterdam et de Harlem. On ne savait comment expliquer que l'estampe d'Amsterdam était plus grande que celle de Paris ; au lieu de 124-81, cette dernière mesurait 145-99. MM. de Vries et Roever ont découvert que les épreuves des musées d'Amsterdam et de Harlem ne sont que des copies, non du numéro 123 de Rembrandt, mais du numéro 122. On ne connaît donc qu'une épreuve du numéro 123, qui est au musée de Paris. Nous avons pu nous procurer une épreuve de la copie qu'on avait si longtemps prise pour l'estampe originale.

N° 126. *Le Jeu de Kolef.*

L'épreuve de M. le docteur Sträter a les angles du cuivre aigus.

N° 127. *La Synagogue des Juifs.*

Filigrane, 3ᵉ état : une folie.

N° 132. *Juif à grand bonnet.*

Il existe un deuxième état avec des travaux repris au bonnet et au cou.

N° 143. *Philosophe en méditation.*

2ᵉ état. Filigrane : grande fleur de lis dans un écu couronné. Au bas : *W. R.*

VENDEUR DE MORT AUX RATS

C'est la copie de notre N°.122. Elle est aux Musées d'Amsterdam et de Harlem où elle passait pour l'original du N°123 — autre vendeur de mort aux rats.

154

154 bis

LE CHIEN ENDORMI.

C'est l'héliogravure de l'épreuve qui est à la Bibliothèque Nationale ;
notre N° 154 est peut-être reproduit d'après une copie infidèle.

N° 144. *Homme méditant.*

Filigrane : une folie.

N° 145. *Vieillard, homme de lettres.*

On ne connaissait que deux épreuves : celle du Cabinet des estampes de Paris et celle du musée de Harlem. Nous avons eu la chance d'en acquérir une troisième qui est dans son intégrité. La planche est irrégulière, ce qui est indiqué par les témoins du cuivre. A gauche, les travaux sont éloignés du bord de 3 millimètres et demi sur une hauteur de 154 millimètres ; au-dessus, jusqu'à peu de distance du haut, ces travaux touchent le bord. Dans le haut, à gauche, le cuivre irrégulier laisse une place blanche de 50 millimètres. Dans le bas, à droite, les travaux ne touchent pas le bord. La mesure prise sur l'estampe de Paris, qui n'est pas entière, est loin d'être exacte. Nous la rectifions : Haut., 244 millim.; larg., 212.

N° 153. *Le Cochon.*

2ᵉ état. Filigrane : écu avec fleur de lis surmonté d'une grande couronne ; au bas : **W. N.**

N° 154. *Le Chien endormi.*

Un doute s'étant élevé sur la reproduction que nous avons donnée dans notre *Rembrandt illustré*, nous donnons ici la première reproduction et une autre faite d'après l'épreuve du Cabinet des estampes de Paris.

N° 155. *La Coquille.*

2ᵉ état. Filigrane : une folie.

SIXIÈME CLASSE — GUEUX

N° 158. *Le grand Gueux debout.*

Filigrane : Tour double, ou ruche.

SEPTIÈME CLASSE — SUJETS LIBRES, ETC.

N° 183. *Le Lit à la française.*

2ᵉ état. Filigrane : un écu couronné avec la fleur de lis.

N° 187. *L'Homme qui pisse.*

Il y a un deuxième état avec la retouche sur la joue droite et le cou du personnage.

N° 188. *La Femme qui pisse.*

Dans le catalogue Oppermann, on indiquait un premier état avant divers travaux, ce n'était qu'une épreuve usée.

N° 193. *Académie d'un homme assis à terre.*

Il existe un premier état où les plis du manteau sur le bras droit sont moins travaillés.

N° 197. *Femme nue, les pieds dans l'eau.*

La mesure en largeur donnée par nous est fautive. Nous la rétablissons : Larg., 84 millim.

N° 198. *Vénus*, ou plutôt *Diane au bain.*

Filigrane, épreuve de M. le docteur Sträter : grandes armoiries avec l'aigle impériale.

N° 199. *La Femme à la flèche.*

Filigrane : une folie avec le chiffre 4 et les lettres *VR.*

HUITIÈME CLASSE — PAYSAGES

N° 207. *Ancienne vue d'Amsterdam.*

Filigrane : aigle à deux têtes et les lettres *I. B.*

N° 209. *Le Paysage aux trois arbres.*

Filigrane : une folie ; autre : *C. S. H.* et deux sautoirs.

N° 211. *Les deux Maisons au pignon pointu.*

Estampe inscrite à l'Albertina, sous le nom de *I. Koninck.*

N° 215. *Le Paysage à la tour carrée.*

Filigrane : une folie. Une quatrième épreuve du premier état est au musée de Vienne.

N° 218. *Le Canal.*

Filigrane : *I. L. D.*; extrémité d'une couronne avec fleurs de lis.

N° 220. *Le Paysage à la tour.*

Nous avons acquis une épreuve du premier état à la vente Griffiths par le prix de 7,500 francs. — 3° état. Filigrane : *W. K.*

N° 222. *La Chaumière et la Grange à foin.*

Filigrane : mouton. Extrémité d'un écusson avec 4 et *W. R.* Grand écu couronné avec fleur de lis : *I. H. S.*, avec couronne au-dessus.

N° 224. *L'Obélisque.*

Ce monument existe encore. M. le docteur Sträter a bien voulu nous donner la véritable inscription. Il faut lire : *De Mÿl-Paal op de Amstelvicase weg.*

N° 226. *Le Bouquet d'arbres au bord du chemin.*

La signature *D. With* figure au coin du haut, à gauche.

N° 227. *Le Paysage aux deux allées.*

Une épreuve de la grande planche est au musée de Vienne. Ce paysage, à l'Albertina, est donné à *I. Koninck.*

N° 230. *Le Moulin.*

Filigrane : *L. B.* 4, avec *W. I. B.*, restant de marque.

N° 231. *La Campagne du peseur d'or.*

Filigrane : mouton couronné, avec 4 et *W. R.*

N° 233. *Le Paysage au bateau.*

Filigrane : *L. R.*

N° 235. *Le Village à la vieille tour carrée.*

La seule épreuve qui est au Bristish Museum est signée dans le bas : *Rembrandt* 1651 ou 1653. C'est une falsification ; on l'a substitué à la plume au nom du graveur primitif. MM. de Vries et Roever ont établi que ce paysage est de *I. Koninck.* Le dessin qui est au British Museum est probablement du même.

W. N° 253. *Le Pêcheur dans une barque.*

Est donné à l'Albertina à *I. Koninck.*

W. N° 254. *Le Village séparé par une digue.*

On a lu au pied d'un arbre, à droite : *P. D. W. R.* C'est l'œuvre de *P. D. With.* La dernière lettre, qu'on a prise pour un *R*, n'est en réalité qu'un paraphe.

On doit aussi regarder comme appartenant au même graveur notre numéro 242, *la Maison basse au bord du canal*, ainsi que notre numéro 252, *le Paysage non fini*, dont les initiales du graveur ont été travesties en Paul Van Ryn.

N° 251. *La Rue de village.*

Est aussi attribuée au même graveur par MM. de Vries et Roever.

N° 253. *Le Paysage au canal.*

On n'en connaissait que des copies ; il a été trouvé en original dans la bibliothèque de la cour, à Vienne ; il est signé dans le coin du bas, à gauche : *P. D. With f.*

NEUVIÈME CLASSE — PORTRAITS DE PERSONNAGES CONNUS

N° 254. *Anslo.*

2ᵉ état. Filigrane : armes d'Amsterdam. Une héliogravure faite d'après l'estampe du premier état, de M. Rothschild, a failli occasionner une erreur très grave ; des places blanches qui se trouvaient sur la fourrure n'existent pas dans l'original. Un moment, nous avons cru à un état non décrit. Plus tard, ayant eu l'occasion de voir l'épreuve originale, nous nous sommes aperçu de notre méprise ; nous nous empressons de la rectifier ici.

N° 265. *Lutma.*

Epreuve de M. le docteur Sträter, filigrane : armes d'Amsterdam. Le troisième état est tiré sur papier jaune teinté imitant le japon.

N° 270. *Tolling.*

Le premier état, qui faisait partie de la collection Griffiths, vendu en 1883 38,000 francs, est aujourd'hui dans la collection de M. Rothschild. On n'en connaît que quatre épreuves.

2ᵉ état. La partie supérieure de la poitrine, *à droite*, est ombrée par des tailles horizontales. Nous sommes parvenu à nous procurer une épreuve de cet état, qui est également très rare.

DIXIÈME CLASSE — PERSONNAGES INCONNUS, TÊTES DE FANTAISIE

N° 279. *Homme à barbe courte et bonnet fourré.*

3ᵉ état. Filigrane : écu couronné à la fleur de lis. Dans les meilleures épreuves du troisième état, on remarque les vestiges de la main supprimée.

N° 280. *Vieillard à barbe carrée.*

Filigrane : folie à sept dents, le chiffre 4 et trois boules.

N° 285. *Troisième Tête orientale.*

Nous avons acquis cette estampe très rare à la vente Griffiths pour le prix de 3,000 francs.

N° 286. *Homme en bonnet.*

Dans la photographie du premier état, qui est au musée de Brunswick, la lettre *R* ne se voit pas.

N° 326. *Buste d'Homme au bonnet orné de plumes.*

MM. Roever et de Vries, qui contestent cette pièce, indiquent même le graveur : *Samuel Van Hoogstraten.* Sur un deuxième état, on a trouvé tracées à la main les lettres : *S. V. H.* Ils citent certaines gravures que l'on peut comparer avec celles-ci pour qu'aucune hésitation ne soit possible.

N° 328. *Le Nègre blanc.*

MM. de Vries et Roever font remarquer que le nom du graveur est écrit en haut, à gauche : *A. de Hae.* Il est répété dans le fond, à droite : mais on n'y peut voir que *A. d. H.* et une lettre qui ressemble à un *s.* Ce graveur pourrait être : *A. de Haas* ou *A. de Haen.* On n'en connaît pas du nom de Haes.

ONZIÈME CLASSE — PORTRAITS DE FEMMES

N° 329. *La grande Mariée juive.*

MM. de Vries et Roever lisent 1635 au lieu de 1634. — 1er état. Filigrane : écu couronné avec fleur de lis. — 3e état : aigle à deux têtes.

N° 336. *Vieille coiffée à l'orientale.*

Filigrane : aigle à deux têtes.

N° 340. *Vieille à bouche pincée.*

Filigrane : haut d'une couronne fleurdelisée.

N° 342. *Autre Buste de la mère de Rembrandt.*

Cette pièce, qui est au musée de Vienne, comme le constate Duchesne dans son *Voyage d'un Iconophile,* ne serait qu'une copie du numéro 341. La vieille est tournée à droite et non à gauche.

DOUZIÈME CLASSE — GRIFFONNEMENTS

N° 356. *Trois Têtes de femmes, dont une qui dort.*

Filigrane : sommet d'une couronne fleurdelisée.

N° 363. *Étude d'une petite Tête de femme.*

Cette estampe a, suivant MM. de Vries et Roever, quelque chose de mat et de pâle, qui caractérise les gravures de Hoogstraten.

Notre tome II⁰ était imprimé lorsque nous avons reçu les renseignements qui suivent. Nous avons pu les insérer dans le *Rembrandt illustré*, aux collections des gravures de ce maître.

COLLECTIONS PUBLIQUES

Musée de Berlin. — On peut citer : *Rembrandt au bonnet orné d'une plume,* épreuve superbe ; *Rembrandt appuyé,* 1ᵉʳ état ; *Rembrandt dessinant,* avant le paysage ; la *Fuite en Égypte,* effet de nuit, 1ᵉʳ état ; l'*Ecce Homo,* avant les contre-tailles, mais avec l'épaule supprimée ; les *Trois Croix,* 1ᵉʳ état sur parchemin et sur papier blanc ; le *Bon Samaritain,* 1ᵉʳ état ; *Saint Jérôme au pied d'un arbre,* 1ᵉʳ état ; *Saint Jérôme dans le goût de Dürer,* la *Petite Bohémienne* ; le *Petit Polonais* ; le *Paysage aux trois arbres ; Homme avec chaîne et croix,* 1ᵉʳ état ; les cinq premiers états de *Clement de Jonghe ; Faust,* 1ᵉʳ état ; *Lutma,* 1ᵉʳ état ; *Tête d'Homme chauve,* 1ᵉʳ état ; l'*Esclave à grand bonnet.* Cet œuvre est loin de se placer en première ligne.

Vienne. — Dans la collection impériale nous citerons : *Rembrandt dessinant,* 2ᵉ état de Claussin et de Wilson ; l'*Annonciation aux bergers,* 2ᵉ état, le haut des arbres est blanc ; la *Pièce de cent florins,* 1ᵉʳ état ; le *Paysage au canal* ; le *Chemin de village,* seule épreuve connue ; le *Jeune Haaring,* 1ᵉʳ état ; le *Grand Coppenol,* au fond blanc ; l'*Avocat Tolling* ; la *Troisième Tête orientale ;* la *Grande Mariée juive,* 1ᵉʳ état ; la *Tête de la mère de Rembrandt* (B. 353), mentionnée par Duchesne ; le *Griffonnement où se voit la tête de Rembrandt,* 1ᵉʳ état ; et l'*Etude d'une tête de femme.* Celle-ci porte à une dizaine le nombre des épreuves connues, en y comprenant celle mentionnée ci-dessous.

Albertina. — Quoique cette réunion soit très importante, elle ne possède pas toutes les grandes raretés. Citons : *Rembrandt à l'oiseau de proie ; Rembrandt de forme octogone ; Rembrandt sur une planche longue et étroite ;* la *Grande Résurrection de Lazare,* 1ᵉʳ et 4ᵉ états de Ch. Blanc ; *Jésus présenté au peuple,* 1ᵉʳ et 2ᵉ états ; les *Trois Croix,* 1ᵉʳ et 3ᵉ états ; la *Grande Descente de croix,* 2ᵉ et 3ᵉ états ; *Saint Pierre et saint Jean au trait ; Saint Jérôme dans le goût de Dürer,* 1ᵉʳ état ; *Saint François à genoux,* 1ᵉʳ et 2ᵉ états ; les *Deux Maisons au pignon pointu ; Asselyn,* 1ᵉʳ état ; le *Petit Coppenol,* 1ᵉʳ et 2ᵉ états ; *Fransz,* 1ᵉʳ état ; le *Jeune Haaring,* 1ᵉʳ état ; *Six,* 2ᵉ et 3ᵉ états ; la *Troisième Tête orientale ;* la *Grande Mariée juive,* 1ᵉʳ état ; les *Trois Têtes de vieillards ;* l'*Étude d'une Tête de femme.*

Francfort-sur-le-Mein. — Le musée de cette ville compte 294 pièces du catalogue de Bartsch ; la plupart des épreuves sont en belle qualité et en premiers états. On y remarque : *Rembrandt au nez large,* pièce très rare ; *Rembrandt sur une planche octogone ;* le *Moine dans le blé ;* le *Canal ;* la *Tête de vieille* (B. 360) ; et les *Trois Têtes de vieillards.* On voit que toutes les grandes raretés manquent.

DIX-HUITIÈME SIÈCLE — COLLECTIONS PARTICULIÈRES

Suther. — C'était un Suédois venu en France en 1770, où il résida plusieurs années. Il y forma une réunion d'estampes de Rembrandt qu'il transporta plus tard dans son pays. Cette collection est passée aujourd'hui en grande partie dans celle de M. le sénateur Rovinski, de Saint-Pétersbourg. Plusieurs épreuves très belles, achetées à Basan par Suther, vont nous fournir quelques détails curieux : La *Femme au bain,* sur

papier du Japon, achetée, en 1776, 21 livres ; la *Femme à la flèche*, en 1770, le même
prix ; *Antiope et Jupiter*, pièce signée Mariette 1703, acquise, en 1776, pour 24 livres ;
le *petit Coppenol*, 2e et 3e états ; le *Vieux Haaring*, acheté, en 1778, 54 livres ; *Lutma*,
avant la croisée, sur papier du Japon ; *Silvius*, acquis en 1775, moyennant 24 livres ;
le *Juif à la rampe*, la même année, 36 livres ; enfin, en 1784, le *Bourgmestre Six*,
1,600 livres tournois.

DIX-NEUVIÈME SIÈCLE.

M. Artaria, à Vienne. — Cette collection est nombreuse ; on y compte plusieurs raretés : *Rembrandt à l'oiseau de proie* ; le *petit Portrait de Titus*, sur papier du
Japon ; *Rembrandt avec sa mère* ; *Rembrandt dessinant*, deux épreuves avant le paysage ;
la *Fuite en Égypte* (B., 53), 1er état ; la *Pièce de cent florins*, 2e état, sur papier du Japon ;
l'*Ecce Homo*, 2e état ; la *Descente au tombeau*, papier des Indes ; le *Bon Samaritain*, 1er état ;
Saint Jérôme dans le goût de Dürer, 1er état, sur papier du Japon ; le *Tombeau allégorique*, même papier ; le *Vieux Mendiant assis à côté de son chien* ; le *Lit à la française*,
2e état ; le *Moine dans le blé* ; la *Femme à la flèche*, les trois états ; le *Grand Arbre à côté
de la maison* ; l'*Homme au lait*, 1er état ; le *Paysage au carrosse* ; la *Vache qui s'abreuve*,
1er état, sur papier du Japon ; le *Paysage aux palissades* ; le *Jeune Homme à la gibecière* ; les six états de *Clément de Jonghe* avec la contre-épreuve du troisième ; *Lutma*,
d'un premier état non décrit, nous dit-on ; *Aselyn*, 1er état ; *Jean Silvius*, 1er état ; le
Petit Coppenol, 2e état ; la *troisième Tête orientale* ; le *Vieillard sans barbe* (B., 297) ;
Tête d'Homme de face, 1er état non décrit, nous assure-t-on ; le *Vieillard à barbe carrée
et bonnet*, 1er état ; le *Vieillard à barbe droite* ; le *Nègre blanc* ; l'étude d'une *Tête de
femme*.

M. le docteur Sträter, à Aix-la-Chapelle. — Il possède une réunion très
intéressante pour la beauté des épreuves ; on y compte deux cent vingt pièces.
Parmi les plus précieuses, citons : *Rembrandt appuyé*, 2e état de la collection Verstolk ; *Rembrandt en ovale*, avec les oreilles ; la *Circoncision*, épreuve avec les angles
aigus, état non décrit ; la *Petite Tombe*, splendide ; la *Pièce de cent florins*, 2e état, des
collections Lawrence, Maberly et Griffiths ; le *Christ présenté au peuple*, 2e état ; les
Trois Croix, 1er état ; la *grande Descente de Croix*, avant l'adresse ; le *Bon Samaritain*,
1er état ; *Saint Pierre, au trait*, de la plus grande rareté ; *Saint François*, épreuve superbe ; *Médée*, 1er état ; la *Petite Bohémienne* ; la *Vieille Mendiante*, 1er état non décrit ;
le *Paysage aux trois arbres* ; le *Paysage aux trois Chaumières*, 1er état, très rare ; le
Canal (B. 221), épreuve chargée de barbes ; la *Chaumière et la Grange à foin*, épreuve
splendide ; la *Campagne du peseur d'or* ; *Faustus*, 1er état ; *Anslo*, 2e état ; *Clément de
Jonghe*, 1er et 3e états ; le *Juif à la rampe*, superbe ; le *Peseur d'or*, 2e état ; la *Vieille
qui dort*, superbe ; la *Feuille avec six têtes*, au milieu desquelles est la *Femme de
Rembrandt*, état non décrit.

M. Mossoloff, à Moscou. — Cette collection renferme trois cent quarante six
estampes dans plusieurs états ; les épreuves en sont belles. On y remarque : *Rembrandt
dessinant*, avant le paysage ; *Rembrandt, en ovale*, 2e état ; la *Grande Descente de croix*,
avant l'adresse ; *Jésus-Christ apparaissant à ses disciples* ; le *Bon Samaritain*, 1er état ;
Médée, 1er état ; la *Petite Bohémienne* ; les *Mendiants à la porte d'une maison*, 1er état ;
Jupiter et Antiope, 1er état ; le *Paysage aux trois arbres* ; le *Canal* ; le *Jeune Homme à la*

gibecière ; Renier Anslo, 2ᵉ état ; *Faustus,* 2ᵉ état ; *Clément de Jonghe,* 1ᵉʳ et 3ᵉ états ; le *Juif à la rampe,* très belle épreuve ; *Lutma,* 1ᵉʳ état ; *Wtenbogaerd,* 2ᵉ état de Bartsch ; le *Peseur d'or,* 2ᵉ état ; le *Petit Coppenol,* 3ᵉ état ; le *Bourgmestre Six,* 3ᵉ état ; la troisième *Tête orientale,* très rare ; l'*Esclave au grand bonnet,* 1ᵉʳ état ; le *Philosophe au sablier,* 1ᵉʳ état ; la *Vieille Femme assise* (B. 243), 1ᵉʳ état ; la *Vieille avec le voile noir,* les trois états ; les *Griffonnements en différents sens de la planche,* pièce rare.

M. le sénateur Rowinski, à Saint-Pétersbourg. — Nous citerons dans l'œuvre remarquable qu'il possède : *Rembrandt au nez large,* très rare ; *Rembrandt en ovale,* 2ᵉ état ; les *Quatre sujets pour un livre espagnol,* la planche non coupée, sur papier du Japon ; le *Christ présenté au peuple,* 1ᵉʳ état, suivi de trois autres différents ; l'*Ecce Homo,* 2ᵉ état ; les *Trois Croix,* notre troisième état le plus beau de tous ; le *Tombeau allégorique ; Médée,* 1ᵉʳ état ; la *Petite Bohémienne ;* la *Synagogue,* 1ᵉʳ et 2ᵉ états ; la *Femme aux oignons ;* la *Coquille,* 2ᵉ état ; plusieurs pièces rares dans la série des *Gueux ;* le *Lit à la française,* 2ᵉ état, sur papier du Japon ; le *Moine dans le blé,* d'une beauté extraordinaire ; la *Femme à la flèche,* 1ᵉʳ état ; le *Grand Arbre à côté de la maison ;* le *Chasseur,* 1ᵉʳ état ; le *Paysage aux trois arbres,* avec de grandes marges ; le *Paysage à la tour carrée,* sur papier du Japon ; le *Paysage à la tour,* 1ᵉʳ état, la planche non coupée ; l'*Obélisque,* 1ᵉʳ et 2ᵉ états ; le *Paysage à la barrière blanche,* non teinté ; le *Paysage aux palissades,* sur papier du Japon ; le *Paysage aux deux allées,* avec de grandes marges : l'*Abreuvoir,* les trois états ; le *Paysage non fini,* sur papier du Japon ; le *Paysage aux deux pêcheurs,* sur papier du Japon : on sait que plusieurs de ceux-c sont introuvables ; le *Jeune Homme à la gibecière ; Clément de Jonghe,* 1ᵉʳ état, et presque tous ceux qui suivent ; le *Vieux Haaring ; Lutma,* 1ᵉʳ état, sur papier du Japon ; *Silvius,* 1ᵉʳ et 2ᵉ états ; le *Petit Coppenol,* 2ᵉ, 3ᵉ et 4ᵉ états ; le *Juif à la rampe ;* la troisième *Tête orientale ;* le *Vieillard chauve* (B. 293), très rare ; l'*Homme faisant la moue,* les trois états ; l'*Homme à moustaches et grand bonnet,* 1ᵉʳ état ; la *Tête à bonnet,* de la plus grande rareté ; la *Tête de Vieille* (B. 360), dont on ne connaissait que deux épreuves : l'une au Cabinet d'Amsterdam, l'autre à celui de Paris ; les *Trois Têtes de Femmes,* dont l'une est endormie, 1ᵉʳ et 2ᵉ états ; les *Griffonnements en différents sens.* Vingt-sept pièces de cet œuvre proviennent de la collection du Suédois Suther.

DESSINS DE REMBRANDT AU MUSÉE DE HAMBOURG

D'APRÈS LA DESCRIPTION DE M. SUERMONDT

Abraham renvoyant Agar. Il repose la main gauche sur la tête d'Ismaël qui pleure, et étend la droite vers le spectateur ; à droite, Agar avançant. Tous les personnages vus de face. Fond de paysage avec grands arbres, bâtiments et un troupeau de vaches. A la plume. Excellent dessin ; première manière.

Un Ange indiquant une source à Agar. Elle est agenouillée, tournée à gauche, et implore l'ange les mains jointes, dans une attitude pathétique au plus haut degré. A gauche, Ismaël couché à terre. A la plume et lavé de bistre.
Capital et de la plus grande beauté.

Joseph debout expliquant leurs songes à ses compagnons de prison, assis devant lui.
A la plume et lavé de bistre. Trop faible pour Rembrandt. C'est le croquis pour le

tableau de Bol au musée de Schwerin, comme M. Suermondt s'en est assuré en visitant cette galerie.

Le Christ au mont des Oliviers, agenouillé et soutenu par l'ange. Un rayon de lumière venant de gauche éclaire le groupe ; à gauche du Christ, le calice. Au fond, une tour et beaucoup de monde ; sur le devant, les disciples dormant.

A la plume, bistre. Capital.

Saint Jérôme, assis devant sa cellule, lisant dans un livre ; derrière lui, le lion. Fond du paysage montagneux. Etude pour la fameuse eau-forte. A la plume, lavé de bistre. De toute beauté.

Saint François recevant les stigmates. Agenouillé, tourné vers la gauche ; à droite, un tronc d'arbre. Devant le saint, une tête de mort et un crucifix.

Plume et bistre, légèrement traité.

Vieillard barbu, dormant (ou mort), couché, la tête de profil tournée à gauche, les épaules appuyées contre un tas de paille Il a les mains jointes, et à son côté une pelle. Derrière lui, une vache debout et une autre couchée.

A la plume, lavé d'encre de Chine. Très beau.

Tête de jeune homme regardant à gauche, les cheveux bouclés.

Beau dessin à la pierre d'Italie et lavé d'encre de Chine, mais douteux ; pourrait être de *Lievens* (W. Bode cite ce dessin comme étude de Rembrandt : *Rembrandt-Studien*, p. 379).

Jeune fille nue couchée sur un lit. Pierre d'Italie, rehaussé de blanc. Magnifique dessin.

Homme debout près d'un four, se penchant sur un mortier qu'il tient devant lui. A la plume et lavé de bistre. Arrondi vers le haut.

Un rabbin (?) *debout*, regardant à gauche, étendant la main droite. Il porte un long manteau et un grand chapeau à larges bords. Son nez presque de profil est très crochu. Plume et bistre. Dessin magistral avec quelques carreaux.

Murs (*ou remparts*) *d'une ville entourés d'un canal.* Au milieu, une voûte ou écluse surmontée des armes de la ville d'Amsterdam, avec le millésime 1647. A gauche, sur le mur, une cloison en planches avec une fenêtre à laquelle se montre une figure puisant de l'eau ; à droite, sur l'autre rive, une maison à un étage avec escalier conduisant au canal. Au milieu, s'élèvent au-dessus du mur un haut pignon et de hauts arbres. Sur le devant, une barque avec un rameur, et, vers le fond, un petit bateau à voile. Arrondi vers le haut. A la plume et lavé de bistre. Dessin capital d'un effet étonnant, et exécuté avec le plus grand soin dans la plus belle manière du maître.

Deux Chaumières entourées d'arbres. Près d'un chemin se dirigeant à droite, trois figures : une femme et deux hommes. Plume et bistre. Capital.

Une allée entre deux rangées d'arbres, conduisant vers le fond, à gauche ; une chaumière, cachée en grande partie par un groupe d'arbres, à gauche, sur le devant.

A la plume, lavé de bistre.

Façade d'une maison. Un escalier en bois conduit à la porte ; à gauche, une citerne ; plus à droite, à côté d'une porte, une crèche. A la plume et lavé de bistre.

Très beau dessin ayant servi d'étude pour l'eau-forte du *Bon Samaritain* (?)

Lion debout, tourné vers la droite, la langue sortant de la gueule.

Au pinceau, lavé légèrement de bistre.

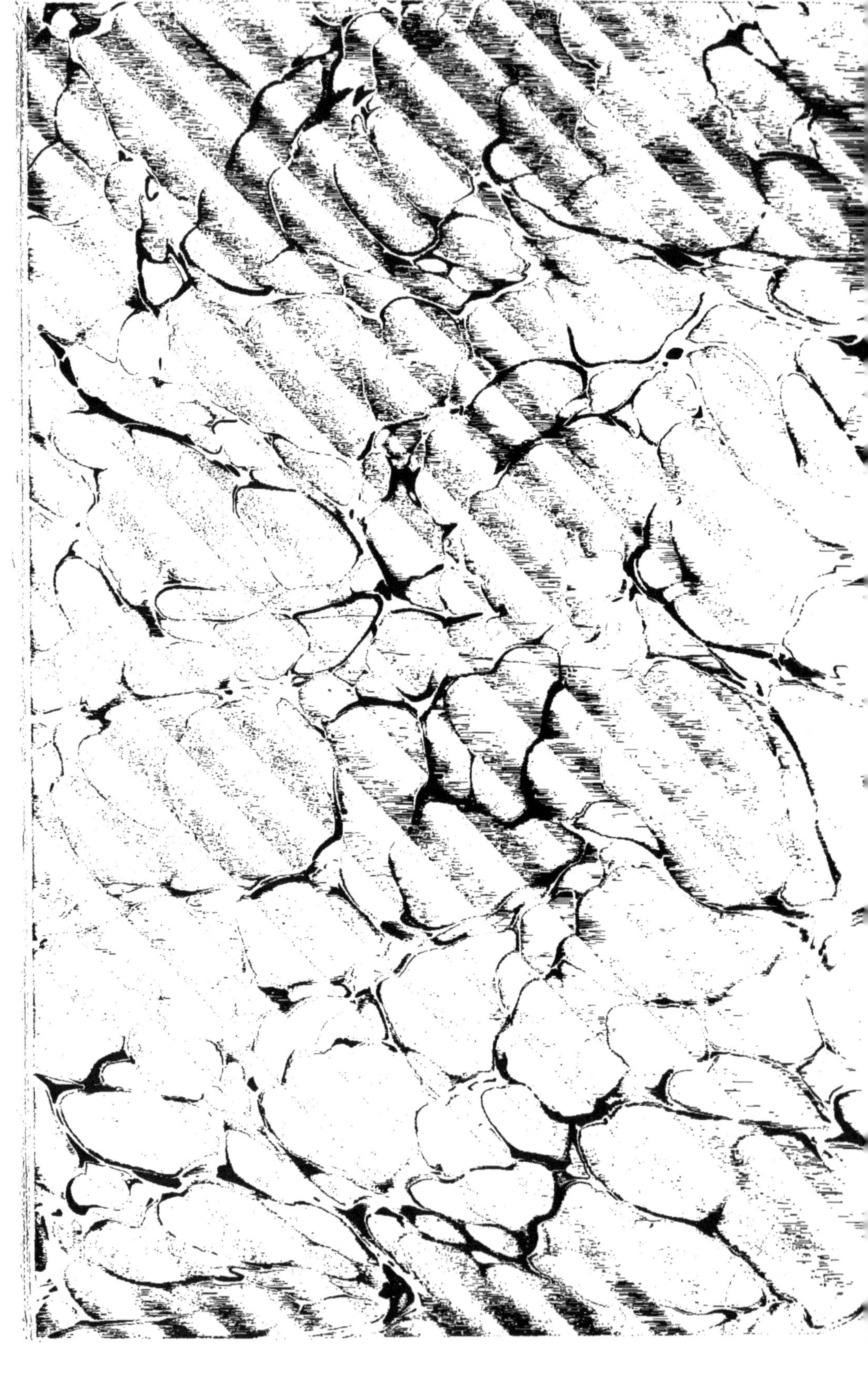

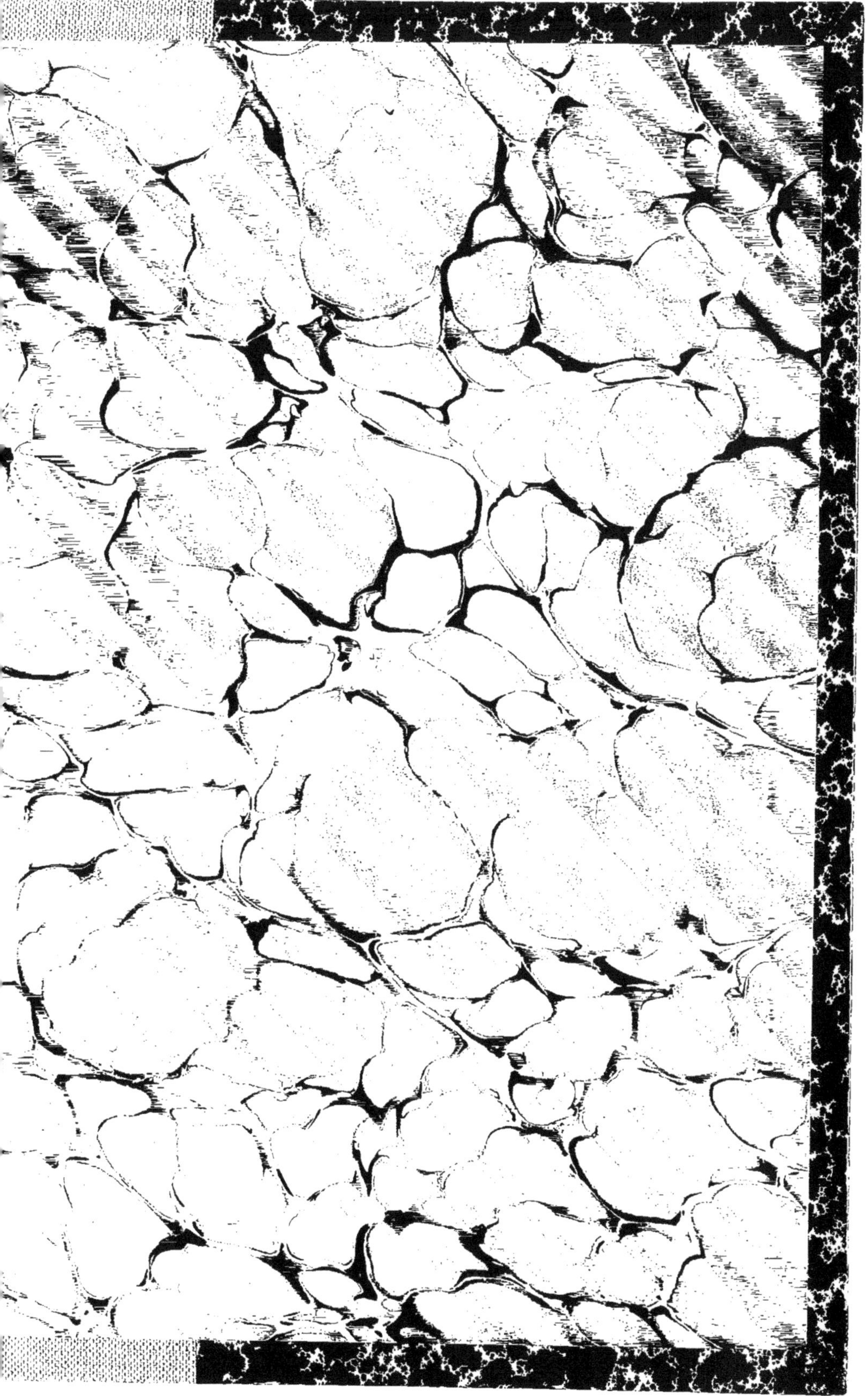

BIBLIOTHEQUE NATIONALE DE FRANCE
3 7531 00950801 2